中文版 AutoCAD 2012 室内装饰装潢制图

史宇宏 张传记 陈玉蓉 编著

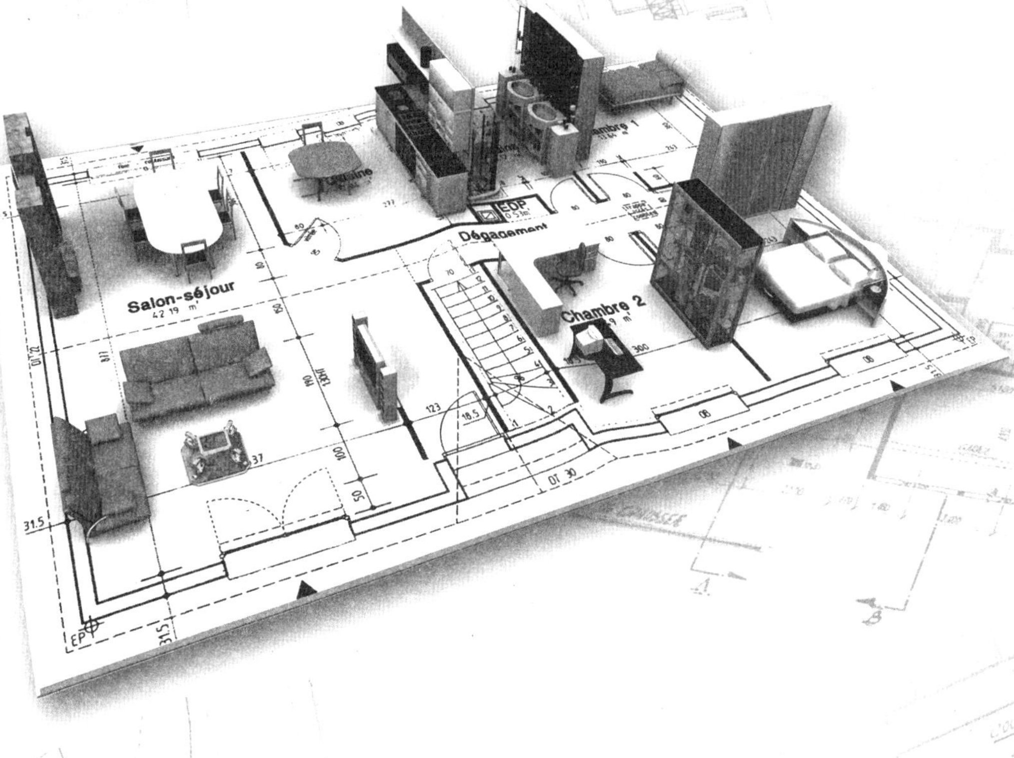

兵器工业出版社
北京希望电子出版社
Beijing Hope Electronic Press
www.bhp.com.cn

内 容 简 介

本书针对当今日益火爆的室内装修业，通过对普通住宅、高档跃层住宅、星级酒店包间、KTV 包间、多功能厅等多个室内装修案例的具体实施，详细讲解了不同功能的房间的设计要素和特点。

本书共 12 章内容，包括室内装饰装潢设计基础、室内设计的前期准备工作——制作样板、普通住宅室内平面设计案例、普通住宅室内吊顶设计案例、普通住宅室内立面设计案例、高档住宅跃一层设计案例、高档住宅跃二层设计案例、高档住宅室内立面设计案例、KTV 包厢空间设计案例、星级酒店包间设计案例、多功能厅室内设计案例以及室内图纸的后期输出与数据交换。通过本书的学习，可以使读者熟练掌握 AutoCAD 2012 绘图软件的操作方法和绘图技巧，并可以进一步学到如何设计建筑装修图，以及如何进行建筑装修图的后期输出等知识。

本书附赠 1 张 DVD 光盘，包括本书案例的视频教学文件、素材文件、图块文件、样板文件、效果文件及附赠的软件基础知识视频讲解文件，读者可以随时调用素材文件学习案例的制作方法，或跟随教学视频进行学习，以更快、更好地掌握所学知识。

本书适用于 AutoCAD 初、中级用户，可以作为理工科高等院校相关专业师生的辅导用书和相关专业课程的实训教材、技术培训教材，也可以作为广大科研人员的自学参考用书。

图书在版编目（CIP）数据

中文版 AutoCAD 2012 室内装饰装潢制图 / 史宇宏，张传记，陈玉蓉编著．--北京：兵器工业出版社，2011.11
ISBN 978-7-80248-662-1

Ⅰ．①中… Ⅱ．①史… ②张… ③陈… Ⅲ．①室内装饰设计：计算机辅助设计－AutoCAD 软件 Ⅳ．①TU238-39

中国版本图书馆 CIP 数据核字（2011）第 208152 号

出版发行：兵器工业出版社　北京希望电子出版社
邮编社址：100089　北京市海淀区车道沟 10 号
　　　　　100085　北京市海淀区上地 3 街 9 号
　　　　　金隅嘉华大厦 C 座 611
电　　话：010-62978181（总机）转发行部
　　　　　010-82702675（邮购）010-82702698（传真）
经　　销：各地新华书店　软件连锁店
印　　刷：北京市密东印刷有限公司
版　　次：2011 年 11 月第 1 版第 1 次印刷

封面设计：深度文化
责任编辑：王　强　赵丽丽
责任校对：佳图文化
开　　本：787mm×1092mm 1/16
印　　张：32
印　　数：1-3 000
字　　数：741 千字
定　　价：59.80 元（配 1 张 DVD 光盘）

前 言

Auto CAD绘图软件是美国Autodesk公司推出的众多计算机辅助设计软件之一，被广泛应用于生产生活的各个领域，它以功能强大、界面友好、操作简便、易学易用而深受广大设计人员的喜爱。

✓ 本书特点

本书针对当今日益火爆的室内装修业，通过普通住宅、高档跃层住宅、星级包房、KTV包间、多功能厅等多个室内装修案例的具体实施，详细讲解了不同功能的房间的设计要素和特点。通过本书，读者不仅可以学习如何将自己的设计理念直观地展现给业主，而且可以学习如何与其他的工程装修设计人员建立沟通的平台，交流自己的设计理念。

本书打破了其他同类图书中只注重实例操作过程而不注重设计理念和设计方法的传统写作模式，在力求做到内容丰富、全面、写作步骤精炼、准确的同时，还重点讲解了AutoCAD 2012室内装潢设计中读者必须首先掌握的室内设计理论知识，如“室内设计的概念”、“室内设计的程序”、“室内设计的分类”、“室内设计的原则”、“室内陈设设计”、“室内色彩设计”、“室内照明设计”、“室内绿化设计”以及“室内设计常用尺寸”等，使读者在掌握使用Auto CAD2012进行室内设计操作的同时掌握室内设计理论知识，另外，本书还针对不同的设计空间和设计图纸，详细讲解了其设计原理、空间的形成以及设计图纸的功能和设计思路等，使读者完全做到“手脑结合”，更加全面地掌握AutoCAD2012室内装饰装潢设计的实质内容，最终成为一个AutoCAD室内装饰装潢设计高手。

✓ 本书内容

全书共分12章，其具体内容如下。

第1章：室内装饰装潢设计基础。本章重点讲解了室内设计基础操作知识，例如，室内设计的内容、室内设计的风格、室内设计的常用尺寸以及室内设计制图规范等。

第2章：室内设计的前期准备工作——制作样板。本章主要讲解了绘图模板的功能、绘图模板的环境设置、室内绘图样板图层的设置、绘图样式、绘图样板边框设置以及样板图的页面布局等知识。

第3章：普通住宅室内平面设计案例。本章主要讲解了普通住宅平面设计理念、绘制普通住宅墙体结构图、绘制普通住宅室内布置图、绘制普通住宅地面材质图以及标注普通住宅室内布置图尺寸等设计过程。

第4章：普通住宅室内吊顶设计案例。本章主要讲解了普通住宅室内吊顶图的设计方案，内容包括绘制吊顶轮廓图、布置吊顶灯具以及标注吊顶图等设计过程。

第5章：普通住宅室内立面设计案例。本章主要讲解了普通住宅室内装潢立面图的方法，内容包括绘制客厅、餐厅C向立面图、主卧A向立面图、书房A向立面图、卫生间C向立面图等设计过程。

第6章：高档住宅跃一层设计案例。本章主要讲解了跃一层的设计方案，跃一层墙体图、装修布置图、吊顶图、客厅立面图、卧室立面图等的设计过程。

第7章：高档住宅跃二层设计案例。本章主要讲解了跃二层装修图的绘制方法，主要包括跃二层墙体结构图、布置图、材质图、吊顶图以及跃二层餐厅立面图等的设计过程。

第8章：高档住宅室内立面设计案例。本章主要讲解了高档住宅室内立面图的绘制方法，主要包括客厅、餐厅立面图、厨房、卫生间D向、门厅、书房、主卧A向、书房C向立面图等的设计过程。

第9章：KTV包厢空间设计案例。本章主要讲解了KTV包厢平面布置图、吊顶结构图以及立面装修图等的设计过程。

第10章：星级酒店包间设计案例。本章主要讲解了绘制并标注星级酒店包间装修布置图、绘制吊顶结构图、绘制吊顶灯具图以及立面装修图等的过程。

第11章：多功能厅室内设计案例。本章主要讲解了多功能厅装修布置图、吊顶图以及立面装修图等的设计过程。

第12章：室内图纸的后期输出与数据交换。本章主要讲解了室内设计图纸的打印输出以及数据交换等知识。

✓ 随书光盘内容

为了让广大读者朋友们更方便、更快捷地学习和使用本书，随书附赠1张DVD光盘，光盘内容如下：

"图块文件"目录下存放的是本书所有图块源文件。

"效果文件"目录下存放的是本书所有案例的最终效果。

"样板文件"目录下存放的是本书样板文件。

"素材文件"目录下存放的是本书调用的素材文件。

"视频文件"目录下存放的是本书所有案例的视频教学文件。

"附赠视频"目录下存放的是附赠的软件基础知识视频讲解文件。

✓ 其他声明

本书由史宇宏、张传记、陈玉蓉等执笔完成。另外，张伟、姜华华、车宇、刘海芹、卢春洁、王莹、付曙光、史小虎、王莹、林永、张伟、赵明富、张恒立、夏小寒、赵卉亓、边金良等也参与了本书的编写工作。

由于水平有限，书中难免会有疏漏和不足之处，恳请广大读者提出宝贵意见，希望各位读者来信指正，电子邮箱是bhpbangzhu@163.com。如果希望知悉图书的更多信息，请浏览北京希望电子出版社的网站www.bhp.com.cn。

编著者

目　录

第1章　室内装饰装潢设计基础

视频长度：2小时43分35秒

第2章 室内设计的前期准备工作——制作样板

视频长度：56分37秒

第3章 普通住宅室内平面设计案例

视频长度：1小时11分37秒

第4章 普通住宅室内吊顶设计案例

视频长度：52分59秒

第5章 普通住宅室内立面设计案例

视频长度：1小时41分24秒

第6章 高档住宅跃一层设计案例

视频长度：2小时26分53秒

第7章 高档住宅跃二层设计案例

视频长度：2小时7分2秒

第8章 高档住宅室内立面设计案例

视频长度：2小时34分48秒

第9章 KTV包厢空间设计案例

视频长度：1小时18分23秒

第10章　星级酒店包间设计案例

视频长度：1小时15分37秒

第11章　多功能厅室内设计案例

视频长度：1小时44分1秒

第12章 室内图纸的后期输出与数据交换

视频长度：32分6秒

第1章　室内装饰装潢设计基础

本章视频教学导航

小节名称	视频路径	视频长度
关于室内装饰装潢设计	视频文件\第1章\1.1.avi	00：07：48
室内装饰装潢设计的具体内容	视频文件\第1章\1.2.avi	00：08：04
室内装饰装潢设计的常见风格	视频文件\第1章\1.3.avi	00：04：24
AutoCAD室内装饰装潢设计操作基础	视频文件\第1章\1.4.avi	00：47：31
室内图纸常用图元的绘制与修改	视频文件\第1章\1.5.avi	01：24：06
室内图纸的标注与资源共享技能	视频文件\第1章\1.6.avi	00：50：23
室内装饰装潢设计常用尺寸	视频文件\第1章\1.7.avi	00：12：19
室内装饰装潢设计制图规范	视频文件\第1章\1.8.avi	00：09：40

1.1　关于室内装饰装潢设计

本节简单概述了室内装饰装潢的设计概念、设计步骤、设计原则以及设计范围等内容，使无专业基础的读者对其有一个快速的了解和认识。

1.1.1　室内装饰装潢设计概念

从广义上讲，“室内装饰装潢设计”是指包含人们一切生活空间的内部装饰装潢设计；从狭义上讲，“室内装饰装潢设计”可以理解为满足人们不同行为需求的建筑内部空间的装饰装潢设计，或者在建筑环境中实现某些功能而进行的内部空间组织和创造性的活动。

具体来说，室内装饰装潢设计就是根据建筑物的使用性质、所处环境、相应标准以及使用者需求，运用一定的物质技术手段和建筑美学原理，根据使用对象的特殊性以及他们所处的特定环境，对建筑内部空间进行的规划、组织和空间再造，从而营造出功能合理、舒适优美、满足人们物质生活和精神生活需要的室内环境。

1.1.2　室内装饰装潢设计的一般步骤

室内装饰装潢设计一般可以分为设计准备阶段、方案设计阶段、施工图设计阶段和设计实施阶段四个步骤，具体内容如下。

1. 设计准备阶段

设计准备阶段主要是接受委托任务书，明确设计期限并制定设计计划，明确设计任务和要求，熟悉设计有关的规范和定额标准，收集分析必要的资料和信息，包括对现场的调查踏勘以及对同类型实例的参观等。在签订合同或制定投标文件时，还包括设计进度安排、设计费率标准等。

2. 方案设计阶段

方案设计阶段是在设计准备阶段的基础上，进一步收集、分析、运用与设计任务有关的资料与信息，构思立意，进行初步方案设计，以及方案的分析与比较，确定初步设计方案，提供设计文件。室内初步方案的文件通常包括如下内容。

- 平面图，常用比例为1∶50、1∶100。
- 室内立面展开图，常用比例为1∶20、1∶50。
- 平顶图或仰视图，常用比例为1∶50、1∶100。
- 室内透视图。
- 室内装饰材料实样版面。
- 设计意图说明和造价概算。

初步设计方案需经审定后，方可进行施工图设计。

3. 施工图设计阶段

施工图设计阶段需要补充施工所必需的有关平面布置、室内立面和平顶等图纸，还需包括构造节点详细的细部大样图以及设备管线图，编制施工说明和造价预算。

4. 设计实施阶段

设计实施阶段即是工程的施工阶段。室内工程在施工前，设计人员应向施工单位进行设计意图说明及图纸的技术交底；工程施工期间需按图纸要求核对施工实况，有时还需根据现场实况提出对图纸的局部修改或补充；施工结束时，会同质检部门和建设单位进行工程验收。

1.1.3 室内装饰装潢设计的一般原则

在进行室内装饰装潢设计时，需要充分考虑到以下原则要求。

1. 满足使用功能要求

室内设计是以创造良好的室内空间环境为宗旨，把满足人们在室内进行生活、工作、休息的要求置于首位，所以在室内设计时要充分考虑使用功能要求，使室内环境合理化、舒适化、科学化。

除此之外，还要考虑到人们的活动规律，处理好空间关系、空间尺寸、空间比例，合理配置陈设与家具，妥善解决室内通风、采光与照明，注意室内色调的总体效果。

2. 满足精神功能要求

室内设计在考虑使用功能要求的同时，还必须考虑精神功能的要求。室内设计的精神就是要影响人们的情感，乃至影响人们的意志和行动，所以要研究人们的认识特征和规律；研究人的情感和意志；研究人和环境的相互作用。设计者要运用各种理论和手段去冲击影响人的情感，使其升华达到预期的设计效果。

3. 满足现代技术要求

现代室内设计置身于现代科学技术的范畴中，要使室内设计更好地满足精神功能的要求，就必须最大限度地利用现代科学技术的最新成果，协调好建筑空间的创新和结构造型的创新，充分考虑结构造型中美的形象，把艺术和技术融合在一起，这就要求室内设计者必须具备必要的结构类型知识，熟悉和掌握结构体系的性能、特点。

4. 符合地域特点与民族风格要求

由于人们所处的地区、地理气候条件的差异，各民族生活习惯与文化传统也会有所不同，同样，在建筑风格、室内设计方面也有所不同。在室内设计中还要兼顾以各自不同的风情体现出民族风格和地区特点。

1.1.4　室内装饰装潢设计的涉及范围

室内装饰装潢设计的涉及范围并不是仅仅局限于人们居住空间环境的设计，还包括一些限定性空间以及非限定性空间环境的设计，具体介绍如下。

- 人居环境空间设计，具体包括公寓住宅、别墅住宅、集合式住宅等。
- 限定性空间的设计，具体包括学校、幼儿园、办公楼、教堂等。
- 非限定性公共空间室内设计，具体包括旅馆、酒店、娱乐厅、图书馆、火车站、综合商业设施等。

各类建筑中不同类型的建筑之间，还有一些使用功能相同的室内空间，例如，门厅、过厅、电梯厅、中庭、盥洗间、浴厕，以及一般功能的门卫室、办公室、会议室、接待室等。当然，在具体工程项目的设计任务中，这些室内空间的规模、标准和相应的使用要求还会有不少差异，需要具体分析。

1.2　室内装饰装潢设计的具体内容

室内装饰装潢设计主要包括室内空间的再造与界面处理、室内家具、室内织物、室内陈设、室内照明、室内色彩以及室内绿化设计等。

1.2.1　室内建筑设计

室内建筑主要包括室内空间的组织和建筑界面的处理，它是确定室内环境基本形体和线形的设计，设计时以物质功能和精神功能为依据，考虑相关的客观环境因素和主观的身心感受。

室内空间组织包括平面布置，首先需要对原有建筑设计的意图充分理解，对建筑物的总体布局、功能分析、人流动向以及结构体系等有深入的了解，在室内设计时对室内空间和平面布置予以完善、调整或再创造。

室内界面处理是指对室内空间的各个围合，包括地面、墙面、隔断、平顶等各界面的使用功能和特点、界面的形状、图形线脚、肌理构成的设计，以及界面和结构的连接构造，界面和通风、水、电等管线设施的协调配合等方面的设计。界面设计应从物质和人的精神审美方面来综合考虑。

1.2.2　室内家具设计

家具是室内设计中的一个重要组成部分，与室内环境形成一个有机的统一整体。家具在室内设计中具有以下作用。

- 为人们的日常起居、生活行为提供必要的支持和方便。
- 通过家具组织限定空间。
- 家具能装饰渲染气氛，陶冶审美情趣。
- 反映文化传统，表达个人信息。

在设计家具时需要考虑人的行为方式、人体工效学、功能性、形态、工艺与技术、经济等多方面的因素。

1.2.3　室内织物设计

当代织物已渗透到室内设计的各个方面，其种类主要有地毯、窗帘、家具的蒙面织物、陈设覆盖织物、靠垫、壁挂等。

由于织物在室内的覆盖面积较大，所以对室内的气氛、格调、意境等起很大的作用，主要体现在实用性、分隔性、装饰性三方面。

1.2.4 室内陈设设计

室内陈设也是室内设计中不可缺少的一项内容。室内陈设品的放置方式主要有壁面装饰陈设、台面摆放陈设、橱架展示陈设、空中悬吊陈设四种。

室内陈设品的布置原则主要有以下几个方面。

- 满足布景要求（在适当的、必要的位置摆放）。
- 构图要求（规则式与不规则式）。
- 功能要求（如茶具等）。
- 动态要求（视季节性或具体情况增减和调整）。

1.2.5 室内照明设计

室内照明是指室内环境的自然光和人工照明。光照除了能满足正常的工作生活环境的采光、照明要求外，光照和光影效果还能有效地起到烘托室内环境气氛的作用。没有光也就没有空间、没有色彩也就没有造型了，光可以使室内的环境得以显现和突出。

自然光可以向人们提供室内环境中时空变化的信息气氛，可以消除人们在六面体内的窒息感。光随着季节、昼夜的不断变化，使室内生机勃勃；人工照明可以恒定地描述室内环境和随心所欲地变换光色明暗。光影给室内带来了生命，加强了空间的容量和感觉，同时，光影的质和量也对空间环境和人的心理产生影响。

人工照明在室内设计中主要有“光源组织空间、塑造光影效果、利用光突出重点、光源演绎色彩”等作用，其照明方式主要有整体（普通）照明、局部（重点）照明、装饰照明、综合（混合）照明。安装方式可分为台灯、落地灯、吊灯、吸顶灯、壁灯、嵌入式灯具、投射灯等。

1.2.6 室内色彩设计

色彩是室内设计中最为生动、最为活跃的因素。室内色彩往往给人们留下室内环境的第一印象。色彩最具表现力，通过人们的视觉感受产生的生理、心理和类似物理的效应，形成丰富的联想、深刻的寓意和象征。 色彩对人们的视知觉生理特性的作用是第一位的。不同的色彩色相会使人心理产生不同的联想。不同的色彩在人的心理上会产生不同的物理效应，如冷热、远近、轻重、大小等。感情刺激，如兴奋、消沉、热情、抑郁、镇静等。象征意义，如庄严、轻快、刚柔、富丽、简朴等。

室内色彩除对视觉环境产生影响外，还直接影响人们的情绪、心理。科学的运用色彩有利于工作，有助于健康，色彩处理得当既符合功能要求又能取得美的效果。室内色彩除了必须遵守一般的色彩规律外，还随着时代审美观的变化而有所不同。

色彩在室内设计中的作用主要有以下几方面。

- 为人创造适宜的心理感受。
- 调整室内空间。
- 调节室内光线。
- 营造空间环境的气氛。

1.2.7 室内绿化设计

室内绿化设计已成为改善室内环境的重要手段，在室内设计中具有不可代替的特殊作用。室内绿化可以吸附粉尘，改善室内环境条件，满足精神心理需求，美化室内环境，组织室内空间。更为重要的是，室内绿化使室内环境生机勃勃，带来自然气息，令人赏心悦目，起到柔化室内人工环境，在高节奏的现代生活中具有协调人们心理使之平衡的作用。

在运用室内绿化时，首先应考虑室内空间主题气氛等的要求，通过室内绿化的布置，充分发挥其强烈的艺术感染力，加强和深化室内空间所要表达的主要思想，其次还要充分考虑使用者的生活习惯和审美情趣。

1.3　室内装饰装潢设计的常见风格

室内设计的风格主要分为传统风格、现代风格、后现代风格、自然风格以及混合型风格等。

1.3.1　传统风格

传统风格的室内设计，是在室内布置、线形、色调以及家具、陈设的造型等方面，吸取传统装饰“形”、“神”的特征。例如，吸取我国传统木构架建筑室内的藻井天棚、挂落、雀替的构成和装饰等明、清家具造型和款式特征，又如西方传统风格中仿罗马风、哥特式、文艺复兴式、巴洛克、洛可可、古典主义等。传统风格常给人们以历史延续和地域文脉的感受，它使室内环境突出了民族文化渊源的形象特征。

1.3.2　现代风格

现代风格起源于1919年成立的鲍豪斯学派，该学派处于当时的历史背景，强调突破旧传统，创造新建筑，重视功能和空间组织，注意发挥结构构成本身的形式美，造型简洁，反对多余装饰，崇尚合理的构成工艺，讲究材料自身的质地和色彩的配置效果，发展了非传统的以功能布局为依据的不对称的构图手法。现时，广义的现代风格也可泛指造型简洁新颖，具有当今时代感的建筑形象和室内环境。

1.3.3　后现代风格

后现代风格是对现代风格中纯理性主义倾向的批判，后现代风格强调建筑及室内装潢应具有历史的延续性，但又不拘泥于传统的逻辑思维方式，探索创新造型手法，讲究人情味，常在室内设置夸张、变形的柱式和断裂的拱券，或把古典构件的抽象形式以新的手法组合在一起，即采用非传统的混合、叠加、错位、裂变等手法和象征、隐喻等手段，以期创造一种溶感性与理性、集传统与现代、揉大众与行家于一体的“亦此亦彼”的建筑形象与室内环境。

1.3.4　自然风格

自然风格倡导“回归自然”，美学上推崇自然、结合自然，才能在当今高科技、高节奏的社会生活中，使人们能取得生理和心理的平衡，因此室内多用木料、织物、石材等天然材料，显示材料的纹理，清新淡雅。

此外，由于其宗旨和手法的类同，也可把田园风格归入自然风格一类。田园风格在室内环境中力求表现悠闲、舒畅、自然的田园生活情趣，也常运用天然木、石、藤、竹等材质质朴的纹理。巧于设置室内绿化，创造自然、简朴、高雅的氛围。

1.3.5　混合型风格

近年来，建筑设计和室内设计在总体上呈现多元化，兼容并蓄的状况。室内布置中也有既趋于现代实用，又吸取传统的特征，在装潢与陈设中溶古今中西于一体，例如，传统的屏风、摆设和茶几，配以现代风格的墙面及门窗装修、新型的沙发；欧式古典的琉璃灯具和壁面装饰，配以东方传统的家具和埃及的陈设、小品等。

混合型风格虽然在设计中不拘一格，运用多种体例，但设计中仍然是匠心独具，深入推敲形体、色彩、材质等方面的总体构图和视觉效果。

1.4 AutoCAD室内装饰装潢设计操作基础

本节主要概述AutoCAD室内装饰装潢设计的软件操作基础必备技能，具体有工作空间与界面、文件基本操作、对象基本选择、绘图基本设置、视图实时调控以及坐标精确输入等。

1.4.1 AutoCAD 2012工作空间与界面

“工作空间”指的就是用于绘制图形、编辑图形、查看图形的一个综合性的空间，在此空间内，不仅有标题栏、状态栏、绘图区等界面元素，还包含一些可选择的界面元素，例如，菜单栏、工具栏、选项板、功能区等。

当成功安装AutoCAD 2012软件之后，通过双击桌面上的图标，或者单击“开始”|“程序”|“Autodesk”|“AutoCAD 2012”中的AutoCAD 2012 - Simplified Chinese选项，即可启动该软件，进入如图1-1所示的界面，此界面是“AutoCAD经典”工作空间下的界面。

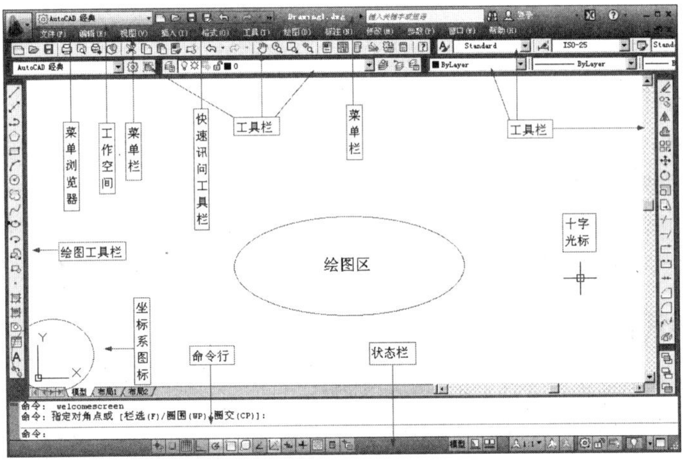

图1-1 “AutoCAD经典”工作空间

为了方便不同用户高效率绘图，AutoCAD 2012版本为用户提供了多种工作空间界面，图1-1所示的经典界面则是一种传统的工作空间。如果用户为AutoCAD初始用户，那么启动AutoCAD 2012软件后，则进入如图1-2所示的“二维草图与注释”。

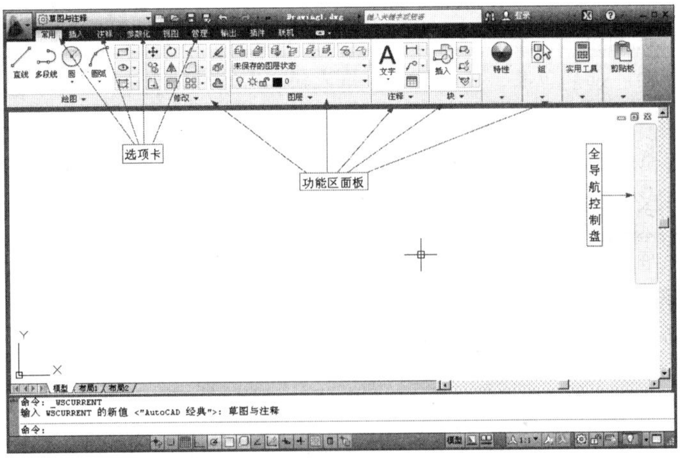

图1-2 “二维草图与注释”工作空间

除了“AutoCAD经典”和“二维草图与注释”两种工作空间外，AutoCAD 2012软件还为用户提供了“三维基础”和“三维建模”三种工作空间，以方便访问三维功能。另外，用户不仅可以根据自己的绘图习惯和需要选择相应的工作空间，还可以自定义、完善并保存自己的工作空间。

1. AutoCAD工作空间的相互切换

工作空间的相互切换具体包括以下几种。

- 单击标题栏上的AutoCAD 经典按钮，在展开的按钮菜单中选择相应的工作空间，如图1-3所示。
- 执行菜单栏中的【工具】|【工作空间】下一级菜单，选择工作空间。
- 在【工作空间】工具栏上展开【工作空间控制】下拉列表，如图1-4所示，选择相应的工作空间即可。
- 在状态栏上单击AutoCAD 经典按钮，从打开的按钮菜单中选择所需的工作空间，如图1-5所示。

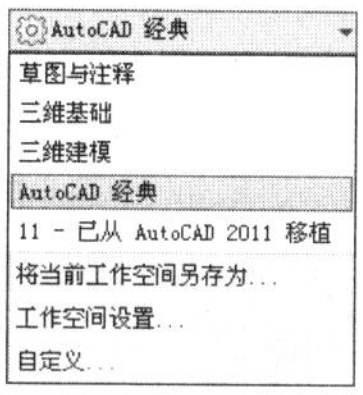

图1-3　工作空间按钮菜单

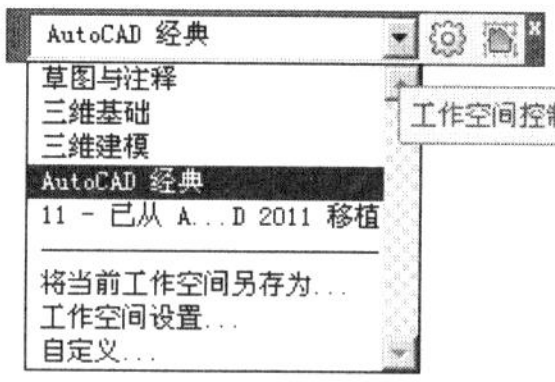

图1-4　【工作空间控制】列表

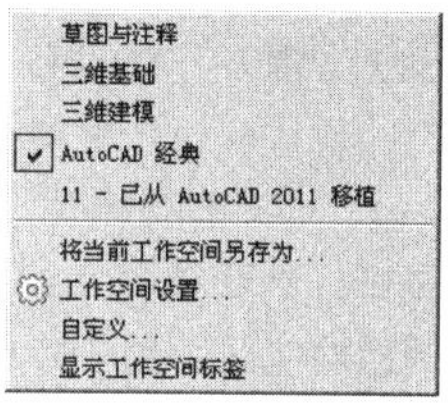

图1-5　按钮菜单

提示：无论选择何种工作空间，用户都可以在日后对其进行更改，也可以自定义并保存自己的自定义工作空间。

2. AutoCAD 2012操作界面概述

AutoCAD具有良好的用户界面，从图1-1和图1-2所示的空间界面中可以看出，AutoCAD 2012界面主要包括标题栏、菜单栏、工具栏、绘图区、命令行、状态栏、功能区等几部分，具体介绍如下。

- 标题栏。标题栏位于界面最顶部，包括应用程序菜单、快速访问工具栏、程序名称显示区、信息中心和窗口控制按钮等，其中“应用程序菜单”用于访问常用工具、搜索菜单和浏览最近的文档；“快速访问工具栏”用于访问某些命令以及自定义快速访问工具栏等。标题栏最右端的“最小化”、“恢复/最大化”、“关闭”按钮用于控制AutoCAD窗口的大小和关闭。
- 菜单栏。AutoCAD为用户提供了【文件】、【编辑】、【视图】、【插入】、【格式】、【工具】、【绘图】、【标注】、【修改】、【参数】、【窗口】、【帮助】12个主菜单，AutoCAD的常用制图工具都分门别类地排列在这些主菜单中，用户可以非常方便地启动各主菜单中的相关菜单项，进行必要的图形绘图工作。另外，菜单栏最右边按钮是AutoCAD文件的窗口控制按钮，用于控制图形文件窗口的显示。

提示：用户可以使用变量MENUBAR控制菜单栏的显示状态，变量值为1时，显示菜单栏；为0时，隐藏菜单栏。

- 工具栏。工具栏位于菜单栏下侧和绘图区两侧，将光标移至工具按钮上稍一停留，会出现相应的命令名称，在按钮上单击左键即可激活命令。在任一工具栏上单击右键，可打开工具栏菜单，共包括48种工具栏，其中带有“勾号”的表示当前已经被打开的工具栏，不带有此符号，表示该工具栏是关闭的。如果用户需要打开其他工具栏，只需在相应工具栏选项上单击，即可打开所需工具栏。

提示：由于AuoCAD的工作窗口有限，用户不可能将所有的工具栏都显示在工作界面内，只需将随时用到的一些工具栏打开，暂时不用的工具栏关闭，以扩大绘图区域。

- 绘图区。绘图区位于界面的正中央，图形的设计与修改工作就是在此区域内进行的。绘图区中的+符号即为十字光标，它由“拾取点光标”和“选择光标”叠加而成。绘图区左下部有三个标签，即模型、布局1、布局2。“模型”标签代表的是模型空间，是图形的主要设计空间；“布局1”和“布局2”分别代表了两种布局空间，主要用于图形的打印输出。

- 命令行。命令行位于绘图区下侧，它是用户与AutoCAD软件进行数据交流的平台，主要用于提示和显示用户当前的操作步骤，如图1-6所示。

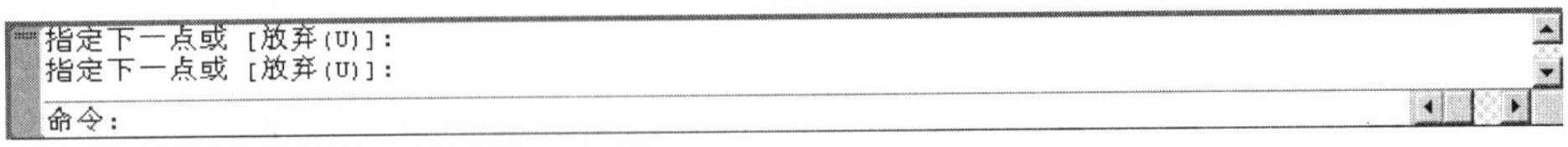

图1-6 命令行

提示： 通过按F2功能键，系统则会以“文本窗口”的形式显示更多的历史信息，再次按F2功能键，即可关闭文本窗口。

- 状态栏。状态栏位于界面最底部，左端为坐标读数器，用于显示十字光标所处位置的坐标值；中间为辅助功能区，用于点的精确定位、快速查看布局与图形以及界面元素的固定等。

1.4.2 AutoCAD 2012文件基本操作

在绘图之前，首先需要设置相关的绘图文件，为此，了解和掌握与文件相关的技能是绘制图形的前提条件。

1. 新建文件

当启动AutoCAD 2012后，系统会自动打开一个名为“Drawing1.dwg”的绘图文件，如果需要重新创建绘图文件，可以使用【新建】命令。执行此命令主要有以下几种方法。

- 执行菜单栏中的【文件】|【新建】命令。
- 单击【标准】工具栏或【快速访问工具栏】上的□按钮。
- 在命令行输入New。
- 按组合键Ctrl+N。

激活【新建】命令后，打开如图1-7所示的【选择样板】对话框，在此对话框中含有多种基本样板文件，其中“acadISo-Named Plot Styles”和“acadiso”都是公制单位的样板文件，两者的区别就在于前者使用的打印样式为“命名打印样式”，后者为“颜色相关打印样式”，读者可以根据需求进行取舍。

选择“acadISo-Named Plot Styles”或“acadiso”样板文件后单击 打开(O) 按钮，即可创建一张新的空白文件，进入AutoCAD默认设置的二维操作界面。

提示： 另外，AutoCAD为用户提供了“无样板”方式创建绘图文件的功能。具体操作就是在【选择样板】对话框中单击 打开(O) ▾ 按钮右侧的下三角按钮，打开如图1-8所示的按钮菜单，在按钮菜单上选择“无样板打开—公制”选项，即可快速新建一个公制单位的绘图文件。

图1-7【选择样板】对话框

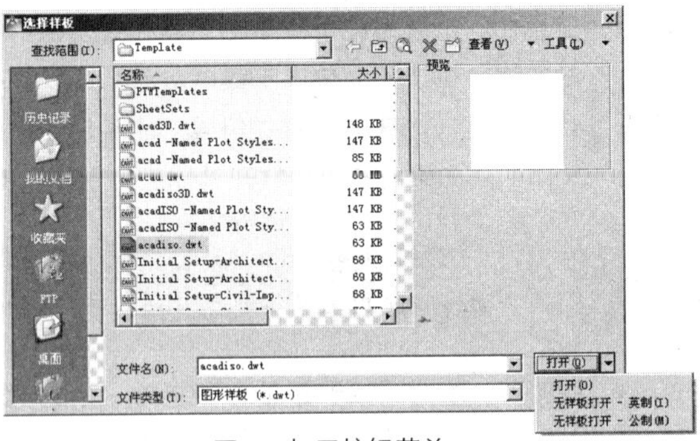

图1-8 打开按钮菜单

2. 保存文件

【保存】命令用于将绘制的图形以文件的形式进行存盘，存盘的目的就是为了方便以后查看、使用或修改编辑等。执行【保存】命令主要有以下几种方法。

- 执行菜单栏中的【文件】|【保存】命令。
- 单击【标准】工具栏或【快速访问工具栏】上的按钮。
- 在命令行输入Save。
- 按组合键Ctrl+S。

执行【保存】命令后，可打开如图1-9所示的【图形另存为】对话框，在此对话框内可以进行如下操作。

- 设置存盘路径。单击上侧的【保存于】下拉按钮，在展开的下拉列表中选择存盘路径。
- 设置文件名。在【文件名】文本框中输入文件的名称。
- 设置文件格式。单击对话框底部的【文件类型】下拉按钮，在展开的下拉列表中选择文件的格式类型，如图1-10所示。

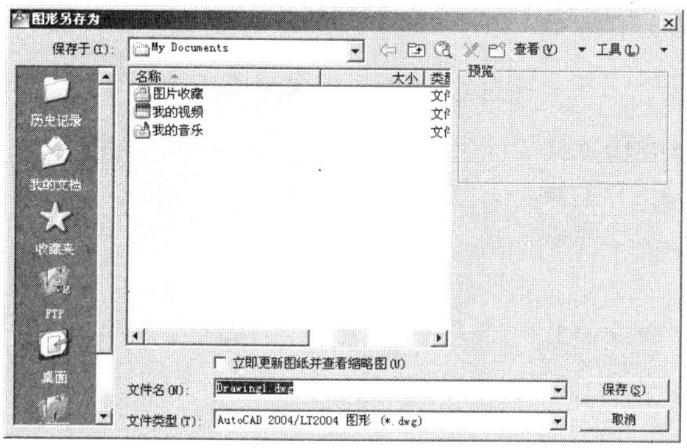

图1-9 【图形另存为】对话框

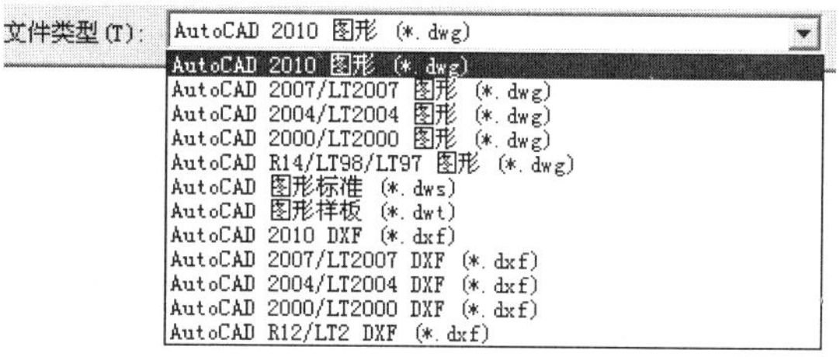

图1-10 设置文件格式

> **提示：** 默认的存储类型为“AutoCAD 2010图形（*.dwg）”，使用此种格式将文件存盘后，只能被AutoCAD 2010及其以后的版本所打开，如果用户需要在AutoCAD早期版本中打开此文件，必须使用为低版本的文件格式进行存盘。

当设置好路径、文件名以及文件格式后，单击 保存(S) 按钮，即可将当前文件存盘。另外，当用户在已存盘的图形的基础上进行了其他的修改工作，又不想将原来的图形覆盖，可以使用【另存为】命令，将修改后的图形以不同的路径或不同的文件名进行存盘。执行【另存为】命令主要有以下几种方法。

- 执行菜单栏中的【文件】|【另存为】命令。
- 单击【快速访问工具栏】上的按钮。
- 在命令行输入Saveas。
- 按组合键Crtl+Shift+S。

3. 打开文件

当用户需要查看、使用或编辑已经存盘的图形时，可以使用【打开】命令打开此图形。执行【打开】命令主要有以下几种方法。

- 执行菜单栏中的【文件】|【打开】命令。
- 单击【标准】工具栏或【快速访问工具栏】上的按钮。
- 在命令行输入Open。
- 按组合键Ctrl+O。

激活【打开】命令后，系统将打开【选择文件】对话框，在此对话框中选择需要打开的图形文件，如图1-11所示。单击打开(O)按钮，即可将此文件打开。

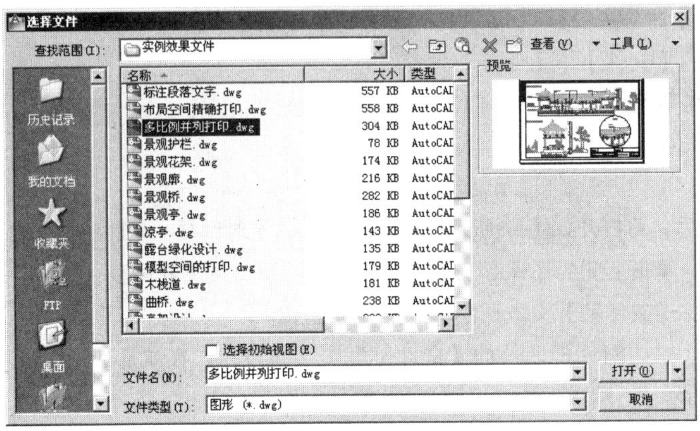

图1-11 【选择文件】对话框

4. 清理文件

有时为了给图形文件进行“减肥”，以减小文件的存储空间，可以使用【清理】命令将文件内部的一些无用的垃圾资源（如图层、样式、图块等）清理掉。执行【清理】命令主要有以下几种方法。

- 执行菜单栏中的【文件】|【图形实用程序】|【清理】命令。
- 在命令行输入Purge。
- 使用命令简写PU。

激活【清理】命令，系统可打开如图1-12所示的【清理】对话框，在此对话框中，带有“+”号的选项，表示该选项内含有未使用的垃圾项目，单击该选项将其展开，即可选择需要清理的项目，如果用户需要清理文件中的所有未使用的垃圾项目，可以单击对话框底部的全部清理(A)按钮。

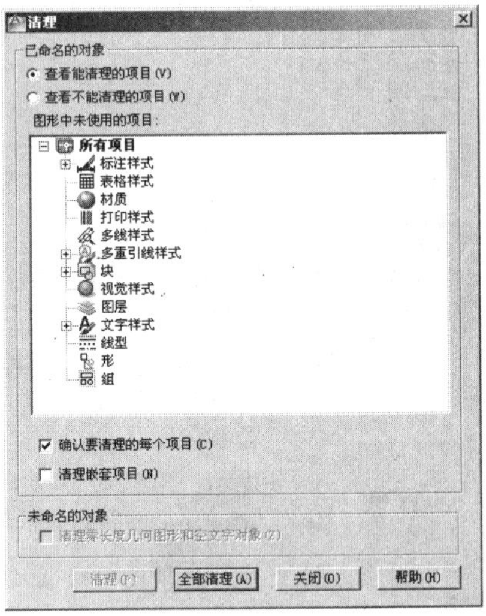

图1-12 【清理】对话框

1.4.3 AutoCAD 2012对象选择技能

“对象的选择”也是AutoCAD的重要基本技能之一，它常用于对图形进行修改编辑之前。常用的选择方式有点选、窗口和窗交三种。

1. 点选

“点选”是最基本、最简单的一种对外选择方式，此种方式一次仅能选择一个对象。在命令行“选择对象：”的提示下，系统自动进入点选模式，此时光标指针切换为矩形选择框状，将选择框放在对象的边沿上单击，即可选择该图形，被选择的图形对象以虚线显示，如图1-13所示。

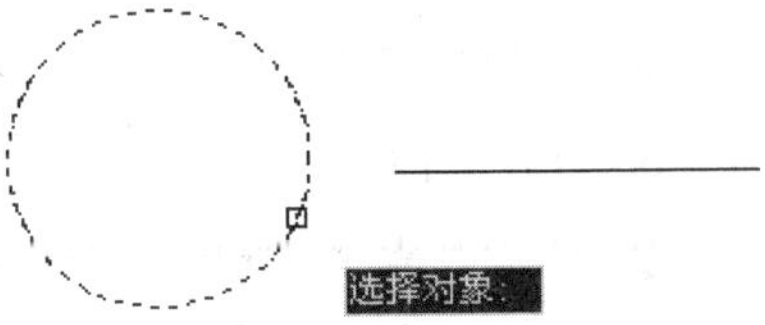

图1-13 点选示例

2. 窗口选择

“窗口选择”也是一种常用的选择方式，使用此方式一次也可以选择多个对象。在命令行“选择对象：”的提示下从左向右拉出一矩形选择框，此选择框即为窗口选择框，选择框以实线显示，内部以浅蓝色填充，如图1-14所示。

当指定窗口选择框的对角点之后，结果所有完全位于框内的对象都能被选择，如图1-15所示。

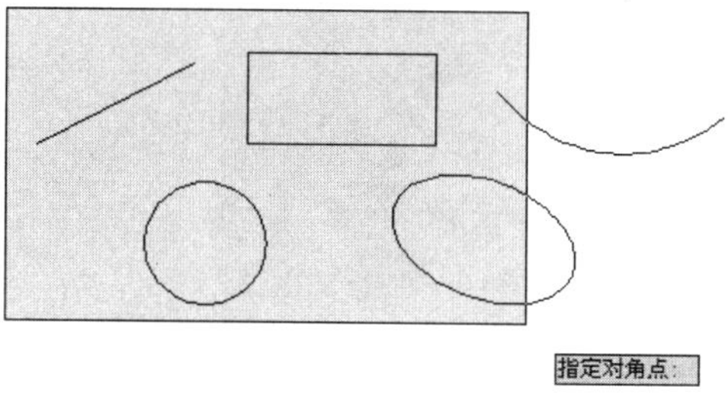

图1-14 窗口选择框

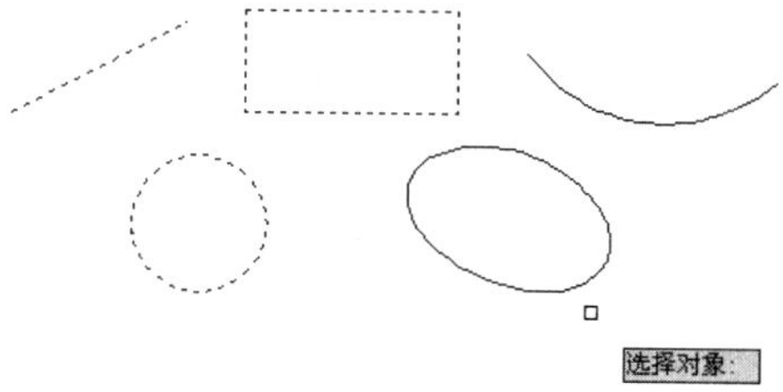

图1-15 选择结果

3. 窗交选择

“窗交选择”是使用频率非常高的选择方式，使用此方式一次可以选择多个对象。在命令行“选择对象：”提示下从右向左拉出一矩形选择框，此选择框即为窗交选择框，选择框以虚线显示，内部使用绿色填充，如图1-16所示。

当指定选择框的对角点之后，结果所有与选择框相交和完全位于选择框内的对象都能被选中，如图1-17所示。

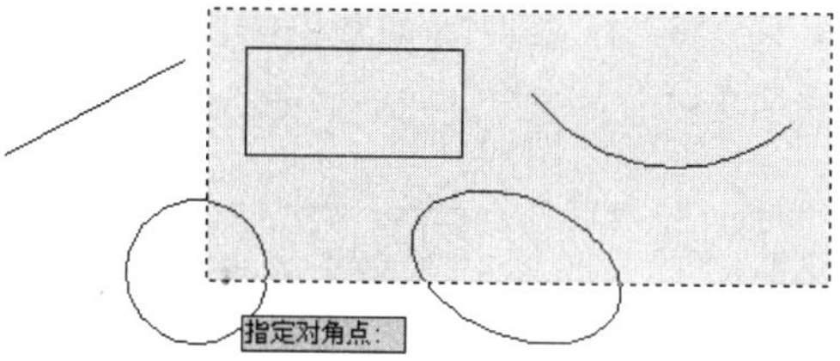

图1-16 窗交选择框

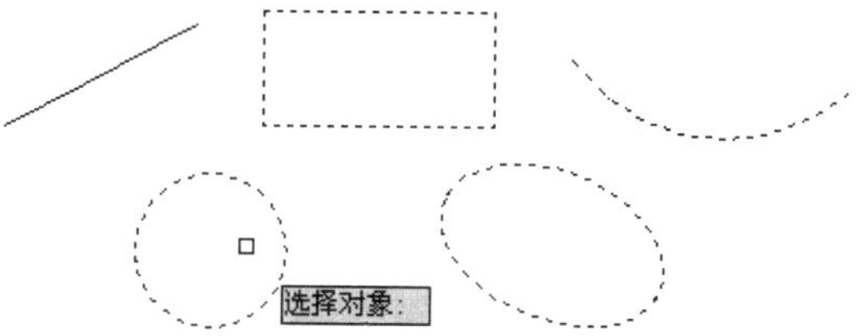

图1-17 选择结果

1.4.4 AutoCAD 2012绘图基本设置

本节主要学习AutoCAD 2012基本绘图环境的设置技能，具体有设置点的捕捉模式、追踪模式、图形界限及绘图单位等。

1.设置点的捕捉模式

【对象捕捉】功能用于精确定位图形上的特征点，以方便进行图形的绘制和修改操作。AutoCAD共提供了13种对象捕捉功能，以对话框的形式出现的对象捕捉模式为“自动捕捉”，如图1-18所示。一旦设置了某种捕捉模式后，系统将一直保持着这种捕捉模式，直到用户取消为止。自动对象捕捉主要有以下几种启动方式。

- 使用快捷键F3。
- 单击状态栏上的□按钮或对象捕捉按钮。
- 在图1-18所示的【草图设置】对话框中勾选【启用对象捕捉】复选框。

如果用户按住Ctrl键或Shift键右击，可以打开如图1-19所示的捕捉菜单，此菜单中的各选项功能属于对象的临时捕捉功能。用户一旦激活了菜单栏上的某一捕捉功能之后，系统仅允许捕捉一次，用户需要重复捕捉对象特征点时，需要反复地执行临时捕捉功能。

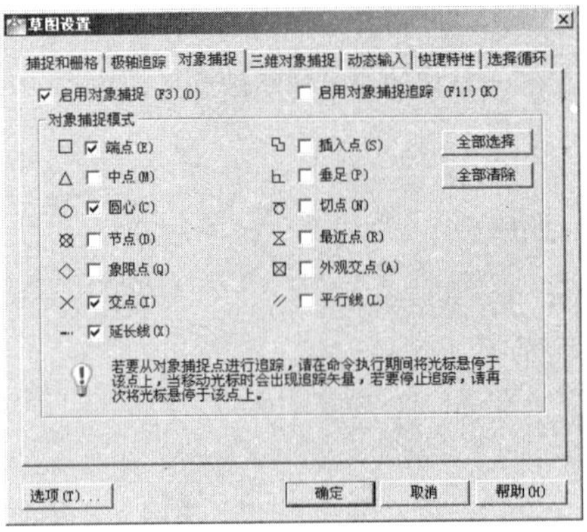

图1-18 【草图设置】对话框

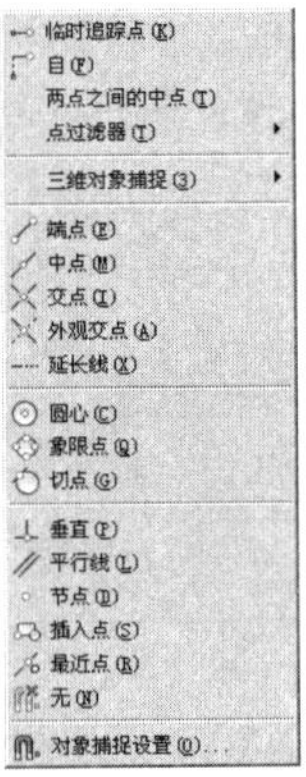

图1-19 临时捕捉菜单

13种对象的捕捉功能如下。

- 端点捕捉用于捕捉线、弧的两侧端点和矩形、多边形等角点。在命令行出现“指定点”的提示下激活此功能，然后将光标放在对象上，系统会在距离光标最近处显示出矩形状的端点标记符号，如图1-20所示，此时单击即可捕捉到该端点。
- 中点捕捉用于捕捉到线、弧等对象的中点。激活此功能后将光标放在对象上，系统会在对象中点处显示出中点标记符号，如图1-21所示，此时单击即可捕捉到对象的中点。
- 交点捕捉用于捕捉对象之间的交点。激活此功能后，只需将光标放到对象的交点处，系统自动显示出交点标记符号，如图1-22所示，单击就可以捕捉到该交点。

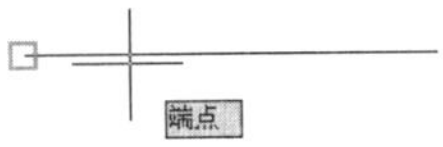

图1-20 端点捕捉

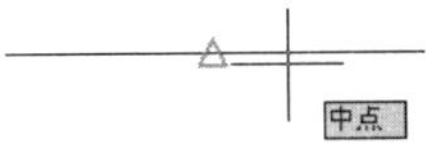

图1-21 中点捕捉

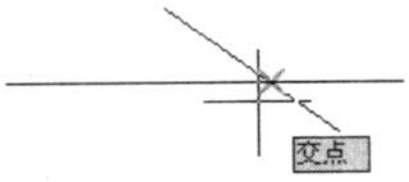

图1-22 交点捕捉

- 外观交点用于捕捉三维空间中、对象在当前坐标系平面内投影的交点，也可用于在二维制图中捕捉各对象的相交点或延伸交点。
- 延长线捕捉用于捕捉线、弧等延长线上的点。激活此功能后将光标放在对象的一端，然后沿着延长线方向移动光标，系统会自动在延长线处引出一条追踪虚线，如图1-23所示，此时输入一个数值或单击，即可在对象延长线上捕捉点。
- 圆心捕捉用于捕捉圆、弧等对象的圆心。激活此功能后将光标放在圆、弧对象的边缘上或圆心处，系统会自动在圆心处显示出圆心标记符号，如图1-24所示，此时单击即可捕捉到圆心。

图1-23 延长线捕捉

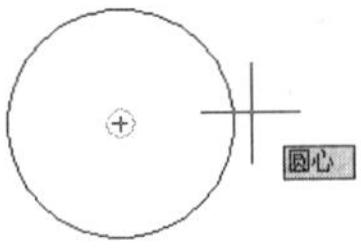

图1-24 圆心捕捉

- 象限点捕捉用于捕捉圆、弧等的象限点，如图1-25所示。
- 切点捕捉用于捕捉到圆弧、圆、椭圆、椭圆弧或样条曲线的切点，以绘制对象的切线，如图1-26所示。
- 垂足捕捉用于捕捉到与圆、弧直线、多段线、等对象上的垂足点，以绘制对象的垂线，如图1-27所示。

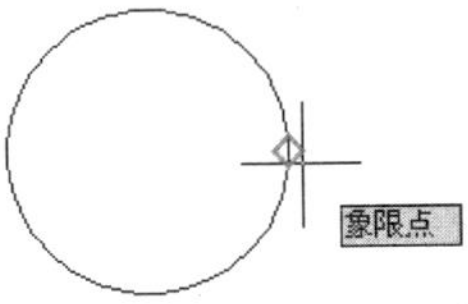

图1-25 象限点捕捉

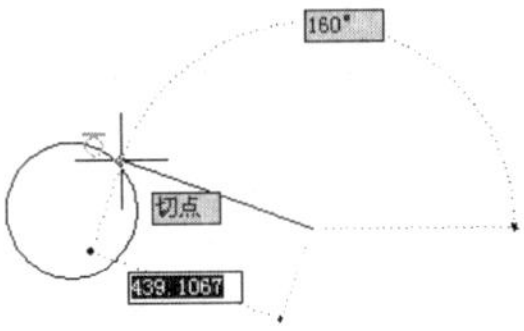

图1-26 切点捕捉

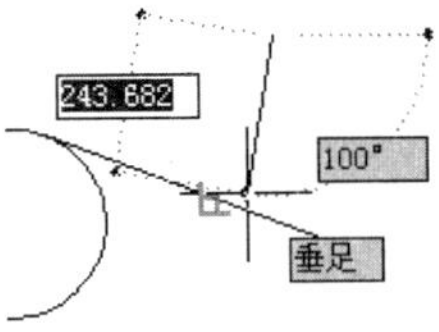

图1-27 垂足捕捉

➤ 平行线捕捉用于捕捉一点，使已知点与该点的连线平行于已知直线。常用此功能绘制与已知线段平行的线段。激活此功能后，需要拾取已知对象作为平行对象，如图1-28所示，然后引出一条向两方无限延伸的平行追踪虚线，如图1-29所示。在此平行追踪虚线上拾取一点或输入一个距离值，即可绘制出与已知线段平行的线，如图1-30所示。

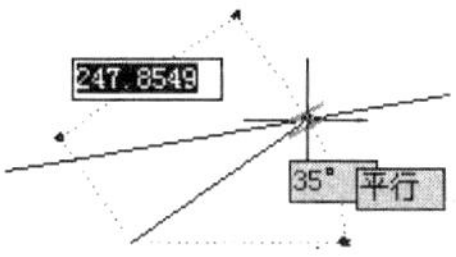

图1-28　拾取平行对象

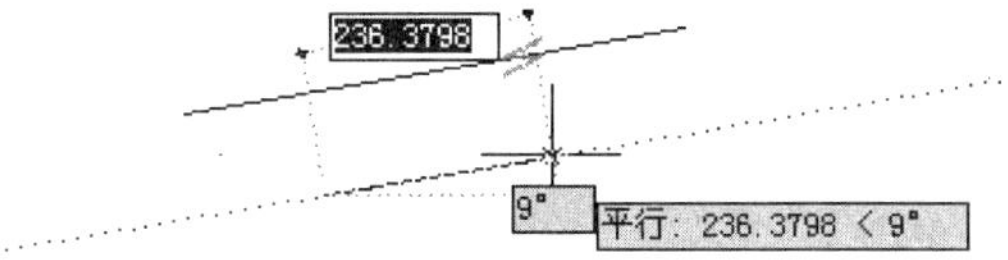

图1-29　引出平行追踪虚线

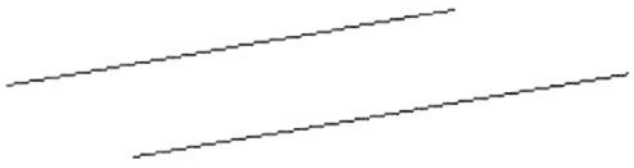
图1-30　绘制结果

➤ 节点捕捉用于捕捉使用【点】命令绘制的对象，如图1-31所示。

➤ 插入点捕捉用于捕捉图块、参照、文字、属性或属性定义等的插入点。

➤ 最近点捕捉用于捕捉光标距离图形对象上的最近点，如图1-32所示。

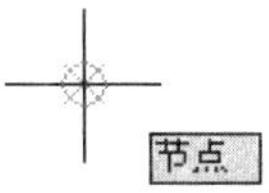

图1-31　节点捕捉

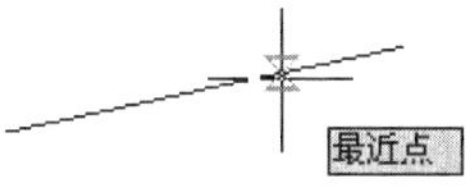

图1-32　最近点捕捉

2. 设置点的追踪模式

相对追踪功能主要在指定的方向矢量上进行捕捉定位目标点。具体有【正交追踪】、【极轴追踪】、【对象捕捉追踪】、【临时追踪点】四种。

➤ 【正交追踪】用于将光标强制性地控制在水平或垂直方向上，以辅助绘制水平和垂直的线段。单击状态栏上的按钮或按F8键，都可激活该命令。

➤ 【极轴追踪】是按事先给定的极轴角及其倍数显示相应的方向追踪虚线，进行精确跟踪目标点。单击状态栏上的按钮，或按下F10键，都可激活此功能。另外，在如图1-33所示的【草图设置】对话框中勾选【启用极轴追踪】复选框，也可激活此功能，同时也可设置增量角。

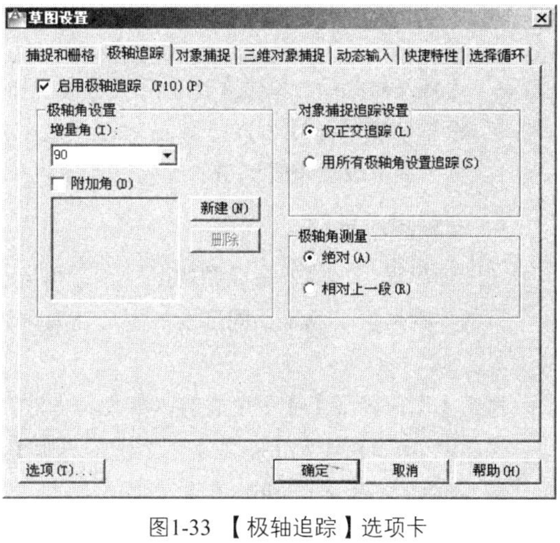

图1-33　【极轴追踪】选项卡

➤ 【对象捕捉追踪】也称为对象追踪，它是按与对象的某种特定关系来追踪点的，也就是控制光标沿着基于对象特征点的对象追踪虚线进行追踪。按下F11键或单击状态栏中的按钮，都可激活此功能。

➤ 【临时追踪点】。此功能用于捕捉临时追踪点之外的x轴方向、y轴方向上的所有点。单击工具栏中的按钮，或在命令行输入“_tt”，都可以激活临时追踪功能。

3. 设置绘图单位

【单位】命令主要用于设置长度单位、角度单位、角度方向以及各自的精度等参数。执行【图形单位】命令主要有以下几种方法。

➤ 执行菜单栏中的【格式】|【单位】命令。

- 在命令行输入Units或UN。

激活【单位】命令后，可打开如图1-34所示的【图形单位】对话框，此对话框主要用于设置如下内容。

- 设置长度单位。在【长度】选项组中的【类型】下拉列表中设置长度的类型，默认为“小数”。

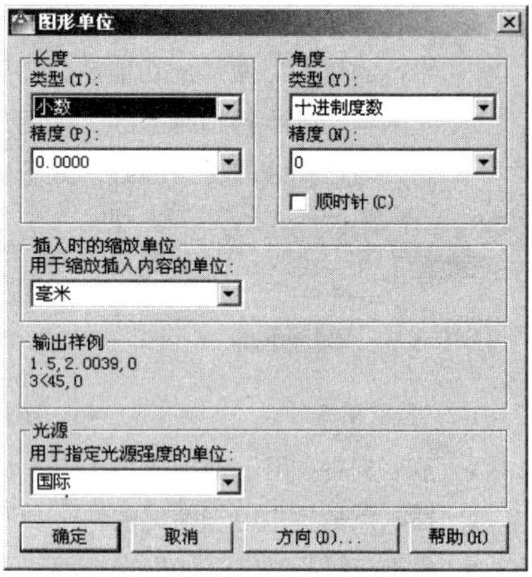

图1-34 【图形单位】对话框

> **提示：** AutoCAD提供了“建筑”、“小数”、“工程”、“分数”和“科学”五种长度类型。单击该选框中的▼按钮可以从中选择需要的长度类型。

- 设置长度精度。展开【精度】下拉列表，设置单位的精度，默认为“0.000”，用户可以根据需要设置单位的精度。
- 设置角度单位。在【角度】选项组的【类型】下拉列表中设置角度的类型，默认为“十进制度数”。
- 设置角度精度。展开【精度】下拉列表，设置角度的精度，默认为“0”，用户可以根据需要进行设置。

> **提示：**【顺时针】单选按钮用于设置角度的方向，如果单击该单选按钮，那么在绘图过程中就以顺时针为正角度方向，否则以逆时针为正角度方向。

- 【插入时的缩放单位】选项组用于确定拖放内容的单位，默认为“毫米”。
- 设置角度的基准方向。单击对话框底部的 方向(D)... 按钮，打开如图1-35所示的【方向控制】对话框，用来设置角度测量的起始位置。

4. 设置图形界限

“图形界限”指的就是绘图的区域，它相当于手工绘图时事先准备的图纸。设置“图形界限”最实用的一个目的，就是为了满足不同范围的图形在有限绘图区窗口中的恰当显示，以方便视窗的调整及用户的观察编辑等。

执行【图形界限】命令主要有以下几种方法。

- 执行菜单栏中的【格式】|【图形界限】命令。
- 在命令行输入Limits。

下面通过将某文件的图形界限设置为200×100，学习【图形界限】命令的使用方法和技巧。具体操作如下。

1 执行【图形界限】命令，在命令行“指定左下角点或 [开（ON）/关（OFF）] <0.0000,0.0000>：”提示下，直接按Enter键，以默认原点作为图形界限的左下角点。

2 继续在命令行“指定右上角点<420.0000,297.0000>：”提示下，输入“200,100”，并按Enter键。

3 执行菜单栏中的【视图】|【缩放】|【全部】命令，将图形界限最大化显示。

4 当设置了图形界限之后，可以开启状态栏上的【栅格】功能，通过栅格点，可以将图形界限直观地显示出来，如图1-36所示。

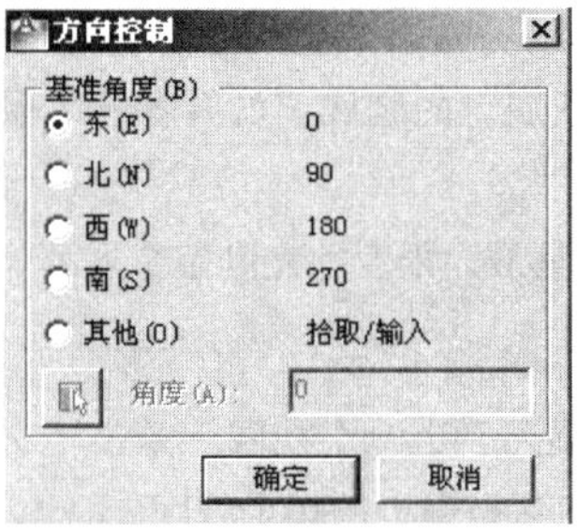

图1-35 【方向控制】对话框

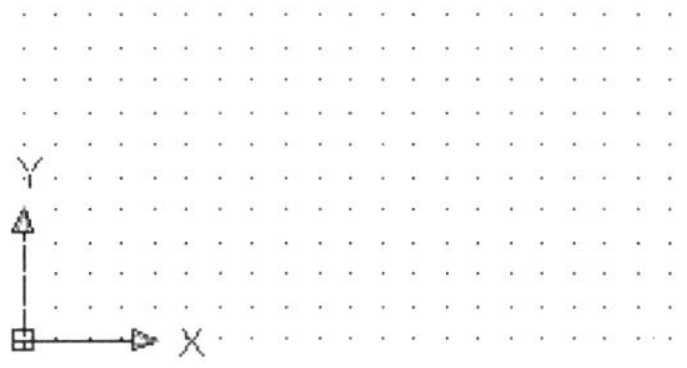

图1-36 图形界限的显示

提示： 当用户设置图形界限后，如果禁止绘制的图形超出所设置的图形界限，使用绘图界限的检测功能可以将坐标值限制在设置的作图区域内，这样就不会使绘制的图形超出边界。

1.4.5 AutoCAD 2012视图调控技能

AutoCAD为用户提供了多种视图调控工具，使用这些视图调控工具，可以方便、直观地控制视图，便于用户观察和编辑视图内的图形。常用调整功能如下。

1. 平移视图

由于屏幕窗口有限，有时我们绘制的图形并不能完全显示在屏幕窗口内，此时使用【实时平移】工具对视图进行适当的平移，就可以显示出屏幕外被遮扫的图形。

此工具可以按照用户的意向进行平移视窗，激活该工具后，光标变为“”形状，此时可以按住左键向需要的方向平移，而且在任何时候都可以按Enter键或Esc键结束命令。

2. 实时缩放

【实时缩放】工具是一个简捷实用的视图缩放工具，使用此工具可以实时地放大或缩小视图。执行此功能后，屏幕上将出现一个放大镜形状的光标，此时便进入了实时缩放状态，按住左键向下拖动鼠标，则可缩小视图；向上拖动鼠标，则可放大视图。

3. 缩放视图

- 【窗口缩放】用于缩放由两个角点定义的矩形窗口内的区域，使位于选择窗口内的图形尽可能被放大。
- 【动态缩放】用于动态地缩放视图。激活该工具后，屏幕将出现三种视图框，“蓝色虚线框”代表图形界限视图框，用于显示图形界限和图形范围中较大的一个；“绿色虚线框”代表当前视图框；“选择视图框”是一个黑色的实线框，它有平移和缩放两种功能，缩放功能用于调整缩放区域，平移功能用于定位需要缩放的图形。
- 【比例缩放】是按照指定的比例进行放大或缩小视图。在缩放过程中，视图的中心点保持不变。当在输入的比例数值后加X，表示相对于当前视图的缩放倍数；当直接输入比例数字，表示相对于图形界限的倍数；当在比例数字后加字母XP，表示根据图纸空间单位确定缩放比例。
- 【中心缩放】用于根据指定的点作为新视图的中心点进行缩放视图。确定中心点后，AutoCAD要求用户输入放大系数或新视图的高度。如果在输入的数值后加一个X，则为放大倍数，否则AutoCAD将这一数值作为新视图的高度。
- 【缩放对象】用于最大化显示所选择的图形对象。
- 【放大】用于放大视图，单击一次，视图被放大一倍显示，连续单击，则连续放大视图。
- 【缩小】用于缩放视图，单击一次，视图被缩小一倍显示，连续单击，则连续缩小视图。

- 【全部缩放】用于最大化显示当前文件中的图形界限。如果绘制的图形有一部分超出了图形界限，AutoCAD将最大化显示图形界限和图形这两部分所决定的区域；如果图形范围远远超出图形界限，那么AutoCAD将最大化显示视图内的所有图形。
- 【范围缩放】用于最大化显示视图内的所有图形，使其最大限度地充满整个屏幕。

4. 恢复视图

在对视图进行调整之后，使用【缩放上一个】可以恢复显示到上一个视图。单击一次按钮，系统将返回上一个视图，连续单击，可以连续恢复视图。AutoCAD一般可恢复最近的10个视图。

1.4.6 AutoCAD 2012坐标输入技能

AutoCAD设计软件支持点的精确输入和点的捕捉追踪功能，用户可以使用此功能进行精确定位点。在具体绘图过程中，坐标点的精确输入主要包括“绝对坐标”、“绝对极坐标”、“相对直角坐标”和“相对极坐标”四种，具体介绍如下。

1. 绝对直角坐标

绝对直角坐标是以坐标系原点（0,0）作为参考点进行定位其他点的。其表达式为（*x,y,z*），用户可以直接输入该点的*x*、*y*、*z*绝对坐标值来表示点。图1-37所示的A点，其绝对直角坐标为（4,7），其中4表示从A点向*x*轴引垂线，垂足与坐标系原点的距离为4个绘图单位；7表示从A点向*y*轴引垂线，垂足与原点的距离为7个绘图单位。

在默认设置下，当前视图为正交视图，用户在输入坐标点时，只需输入点的*x*坐标和*y*坐标值即可。在输入点的坐标值时，其数字和逗号应在英文状态下输入，坐标中*x*和*y*之间必须以逗号分割，且标点必须为英文标点。

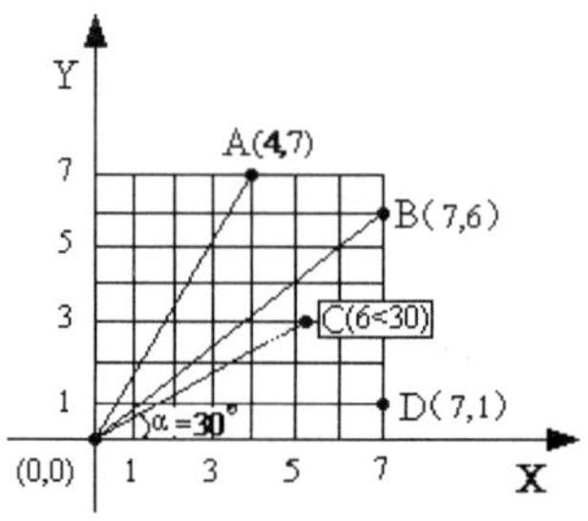

图1-37 坐标系示例

2. 绝对极坐标

绝对极坐标也是以坐标系原点作为参考点，通过某点相对于原点的极长和角度来定义点。其表达式为（L<α），L表示某点和原点之间的极长，即长度；α表示某点连接原点的边线与*x*轴的夹角。

如图1-37中的C（6<30）点就是用绝对极坐标表示的，6表示C点和原点连线的长度，30表示C点和原点连线与*x*轴的正向夹角。

> **提示：** 在默认设置下，AutoCAD是以逆时针来测量角度的。水平向右为0°方向，90°垂直向上，180°水平向左，270°垂直向下。

3. 相对直角坐标

相对直角坐标是某一点相对于对照点*x*轴、*y*轴和*z*轴三个方向上的坐标变化，其表达式为（@*x,y,z*）。在实际绘图当中常把上一点看做参照点，后续绘图操作是相对于前一点进行的。

如图1-37所示的坐标系中，如果以B点作为参照点，使用相对直角坐标表示A点，那么表达式则为（@7-4,6-7）=（@3,-1）。

> **提示：** AutoCAD为用户提供了一种变换相对坐标系的方法，只要在输入的坐标值前加“@”符号，就表示该坐标值是相对于前一点的相对坐标。

4. 相对极坐标点

相对极坐标是通过相对于参照点的极长距离和偏移角度来表示的，其表达式为（@L<α），L表示极

长，α表示角度。

在图1-37所示的坐标系中，如果以D点作为参照点，使用相对极坐标表示B点，那么表达式则为（@5<90），其中5表示D点和B点的极长距离为五个图形单位，偏移角度为90°。

5. 动态输入

在输入相对坐标点时，可配合状态栏上的【动态输入】功能，当激活该功能后，输入的坐标点被看做是相对坐标点，用户只需输入点的坐标值即可，不需要输入符号“@”，因系统会自动在坐标值前添加此符号。单击状态栏上的按钮，或按下F12功能键，都可激活【动态输入】功能。

1.5　室内图纸常用图元的绘制与修改

本节主要学习各类常用几何图元的绘制功能和图形的编辑细化功能，具体有点、线、曲线、折线、图形的复制与编辑等。

1.5.1　绘制点线图元

【单点】命令用于绘制单个点对象。执行此命令后，单击或输入点的坐标，即可绘制单个点，然后系统会自动结束命令。执行【单点】命令主要有以下几种方法。

- 执行菜单栏中的【绘图】|【点】|【单点】命令。
- 在命令行输入Point或PO。

提示：执行菜单栏中的【格式】|【点样式】命令，从打开的【点样式】对话框中可以选择点的样式，如图1-38所示，那么绘制的点就会以当前选择的点样式进行显示，如图1-39所示。

【多点】命令可以连续地绘制多个点对象，直至按下Esc键为止，如图1-40所示。执行【多点】命令主要有以下几种方法。

- 执行菜单栏中的【绘图】|【点】|【多点】命令。
- 单击【绘图】工具栏中的按钮。

执行【多点】命令后AutoCAD命令行操作如下：

命令：Point

　　当前点模式:PDMODE=0 PDSIZE=0.0000（Current point modes:PDMODE=0 PDSIZE=0.0000）

　　指定点：　　　　　　　　//在绘图区给定点的位置

　　……

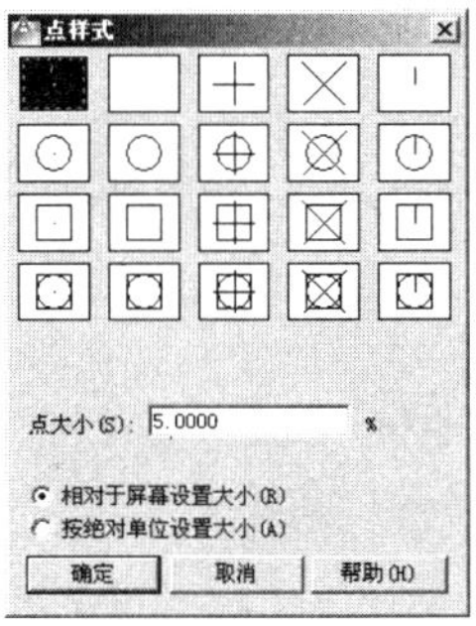

图1-38 设置点样式

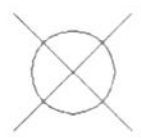

图1-39 绘制单点

图1-40 绘制多点

1. 定数等分

【定数等分】命令用于将图形按照指定的等分数目进行等分，并在等分点处放置点标记符号。执行【定数等分】命令主要有以下几种方法。

- 执行菜单栏中的【绘图】|【点】|【定数等分】命令。
- 在命令行输入Divide或DIV。

绘制长度为100的水平线段，然后执行【定数等分】命令对其等分。命令行操作如下：

```
命令: _divide
        选择要定数等分的对象:          //单击刚绘制的线段
        输入线段数目或 [块(B)]:        //5 Enter，等分结果如图1-41所示
```

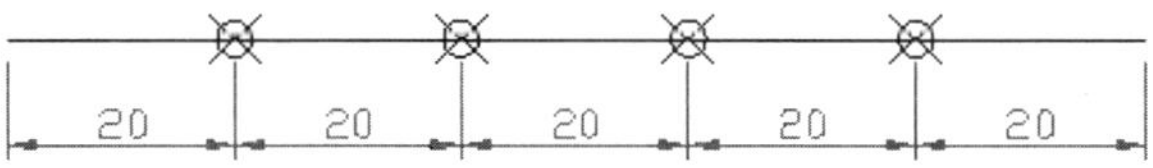

图1-41 等分结果

提示： 对象被等分以后，并没有在等分点处断开，而是在等分点处放置了点的标记符号。

2. 定距等分

【定距等分】命令用于将图形按照指定的等分间距进行等分，并在等分点处放置点标记符号。执行【定距等分】命令主要有以下几种方法。

- 执行菜单栏中的【绘图】|【点】|【定距等分】命令。
- 在命令行输入Measure或ME。

使用画线命令绘制长度为100的水平线段，然后执行【定距等分】命令将其等分。命令行操作如下：

```
命令: _measure
        选择要定距等分的对象:          //在绘制的线段左侧单击
        指定线段长度或 [块(B)]:        //25 Enter，等分结果如图1-42所示
```

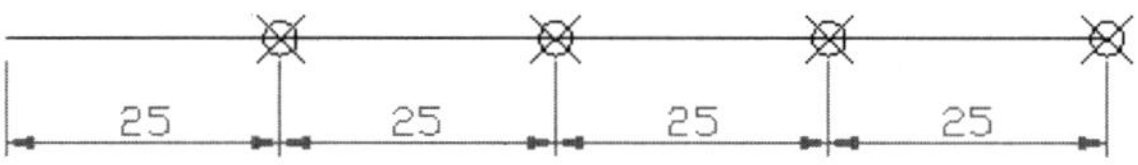

图1-42 等分结果

提示： 在选择等分对象时，鼠标单击的位置即是对象等分的起始位置。

3. 绘制直线

【直线】命令是最简单、最常用的一个绘图工具，常用于绘制闭合或非闭合图线。执行此命令主要有以下几种方法。

- 执行菜单栏中的【绘图】|【直线】命令。
- 单击【绘图】工具栏中的按钮。
- 在命令行输入Line或L。

执行【直线】命令后，命令行操作如下：

```
命令: _line
    指定第一点:                          //0,0 Enter，以原点作为起点
    指定下一点或 [放弃(U)]:              // 300,0 Enter，定位第二点
    指定下一点或 [放弃(U)]:              //300<60Enter，定位第三点
    指定下一点或 [闭合(C)/放弃(U)]:      //c Enter，闭合图形，结果如图1-43所示
```

提示： 使用【放弃】选项可以取消上一步操作；使用【闭合】选项可以绘制首尾相连的封闭图形。

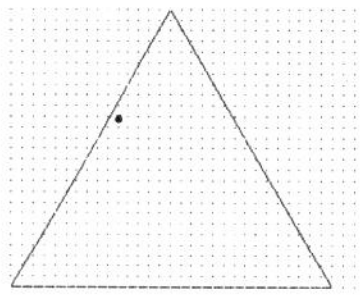

图1-43　绘制结果

4. 绘制多线

【多线】命令用于绘制两条或两条以上的平行元素构成的复合线对象，如图1-44所示。执行【多线】命令主要有以下几种方法。

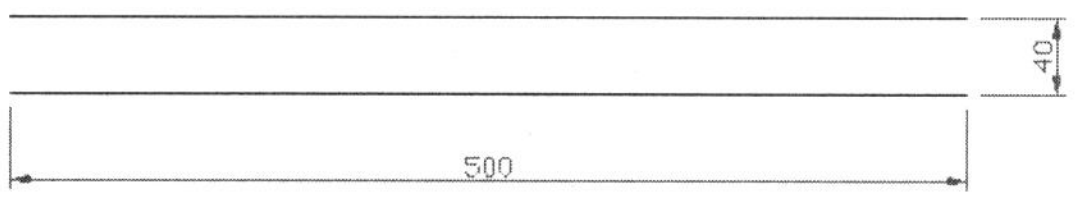

图1-44　绘制多线

- 执行菜单栏中的【绘图】|【多线】命令。
- 在命令行输入Mline或ML。

执行【多线】命令后，其命令行操作如下：

```
命令: _mline
    当前设置: 对正 = 上，比例 = 20.00，样式 = STANDARD
    指定起点或 [对正(J)/比例(S)/样式(ST)]:        //s Enter，激活【比例】选项
```

提示：【比例】选项用于设置多线的比例，即多线宽度。另外，如果用户输入的比例值为负值，这多条平行线的顺序会产生反转。

```
    输入多线比例 <20.00>:                          //40 Enter，设置多线比例
    当前设置: 对正 = 上，比例 = 50.00，样式 = STANDARD
    指定起点或 [对正(J)/比例(S)/样式(ST)]:        //在绘图区拾取一点作为起点
    指定下一点:                                    //@500,0 Enter
    指定下一点或 [放弃(U)]:                        // Enter，绘制结果如图1-44所示
```

提示：【对正】选项用于设置多线的对正方式，AutoCAD共提供了三种对正方式，即上对正、下对正和中心对正，如图1-45所示。

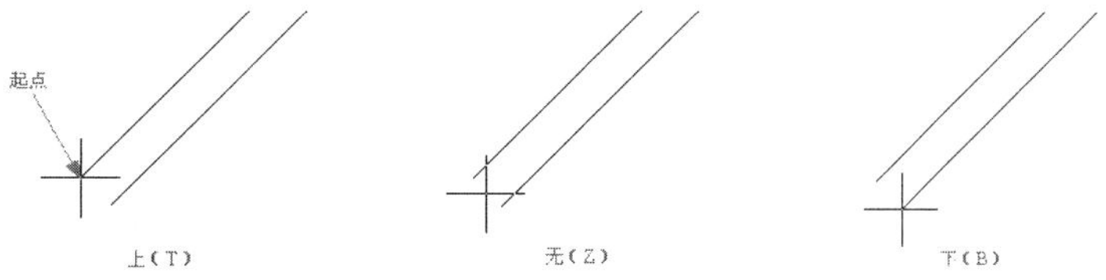

图1-45　三种对正方式

5. 绘制多段线

【多段线】命令用于绘制由直线段或弧线段组成的图形，无论包含多少条直线段或弧线段，系统都将其作为一个独立对象。执行【多段线】命令主要有以下几种方法。

- 执行菜单栏中的【绘图】|【多段线】命令。
- 单击【绘图】工具栏中的按钮。
- 在命令行输入Pline或PL。

执行【多段线】命令后，命令行操作如下：

命令: _pline

指定起点: //单击定位起点

当前线宽为 0.0000

指定下一个点或 [圆弧(A)/半宽(H)/长度(L)/放弃(U)/宽度(W)]: //w Enter

指定起点宽度 <0.0000>: //10 Enter，设置起点宽度

指定端点宽度 <10.0000>: // Enter，设置端点宽度

指定下一个点或 [圆弧(A)/半宽(H)/长度(L)/放弃(U)/宽度(W)]: //@2000,0 Enter

提示：【半宽】选项用于设置多段线的半宽；【宽度】选项用于设置多段线的起始宽度值，起始点的宽度值可以相同也可以不同。

指定下一点或 [圆弧(A)/闭合(C)/半宽(H)/长度(L)/放弃(U)/宽度(W)]: //a Enter

指定圆弧的端点或[角度(A)/圆心(CE)/闭合(CL)/方向(D)/半宽(H)/直线(L)/半径(R)/第二个点(S)/放弃(U)/宽度(W)]: //@0,-1200 Enter

指定圆弧的端点或[角度(A)/圆心(CE)/闭合(CL)/方向(D)/半宽(H)/直线(L)/半径(R)/第二个点(S)/放弃(U)/宽度(W)]: //l Enter，转入画线模式

指定下一点或 [圆弧(A)/闭合(C)/半宽(H)/长度(L)/放弃(U)/宽度(W)]://@-2000,0 Enter

指定下一点或 [圆弧(A)/闭合(C)/半宽(H)/长度(L)/放弃(U)/宽度(W)]://a Enter

指定圆弧的端点或[角度(A)/圆心(CE)/闭合(CL)/方向(D)/半宽(H)/直线(L)/半径(R)/第二个点(S)/放弃(U)/宽度(W)]: //cl Enter，闭合图形，绘制结果如图1-46所示

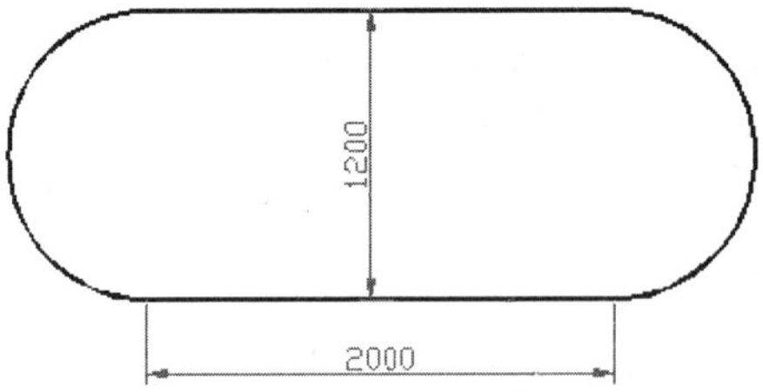

图1-46 绘制多段线

6. 绘制构造线

【构造线】命令用于绘制向两端无限延伸的直线。执行【构造线】命令主要有以下几种方法。

- 执行菜单栏中的【绘图】|【构造线】命令。
- 单击【绘图】工具栏中的按钮。
- 在命令行输入Xline或XL。

执行【构造线】命令后，其命令行操作如下：

```
命令: _xline
    指定点或 [水平(H)/垂直(V)/角度(A)/二等分(B)/偏移(O)]:  //在绘图区拾取一点
    指定通过点:                                          //@1,0 Enter，绘制水平构造线
    指定通过点:                                          //@0,1 Enter，绘制垂直构造线
    指定通过点:                                          //@1<45 Enter，绘制45°构造线
    指定通过点:                              // Enter，结束命令，绘制结果如图1-47所示
```

- 【水平】选项用于绘制水平构造线。激活该选项后，系统将定位出水平方向矢量，用户只需指定通过点就可以绘制水平构造线。
- 【垂直】选项用于绘制垂直构造线。
- 【角度】选项用于绘制具有一定角度的倾斜构造线。
- 【二等分】选项用于在角的二等分位置上绘制构造线，如图1-48所示。
- 【偏移】选项用于绘制与所选直线平行的构造线，如图1-49所示。

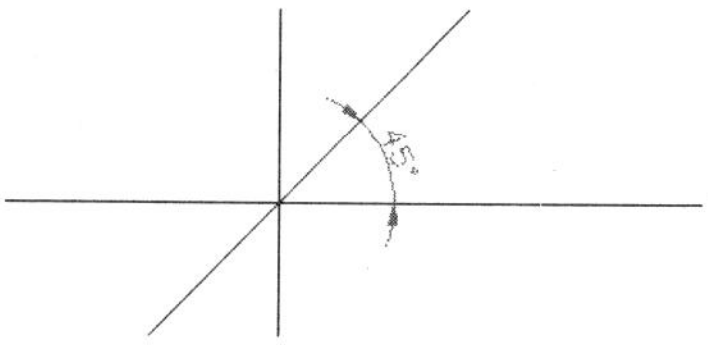

图1-47 绘制构造线

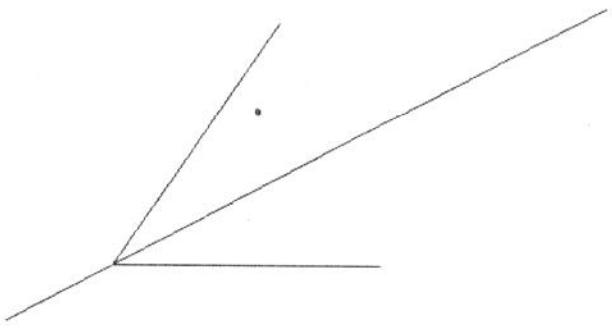
图1-48 二等分示例

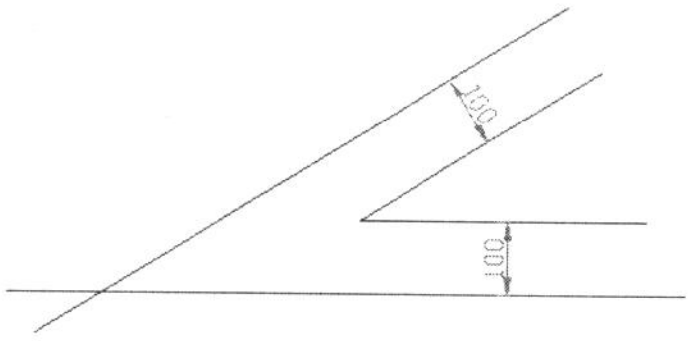
图1-49 偏移示例

7.【样条曲线】

【样条曲线】命令用于绘制由某些数据点拟合而成的光滑曲线。执行【样条曲线】命令主要有以下几种方法。

- 执行菜单栏中的【绘图】|【样条曲线】命令。
- 单击【绘图】工具栏中的~按钮。
- 在命令行输入Spline或SPL。

选择【样条曲线】命令，根据AutoCAD命令行的步骤提示绘制样条曲线。具体操作过程如下：

```
命令: _spline
    当前设置: 方式=拟合　节点=弦
    指定第一个点或 [方式(M)/节点(K)/对象(O)]:                    //捕捉点1
    输入下一个点或 [起点切向(T)/公差(L)]:                         //捕捉点2
    输入下一个点或 [端点相切(T)/公差(L)/放弃(U)/闭合(C)]:  //捕捉点3
    输入下一个点或 [端点相切(T)/公差(L)/放弃(U)/闭合(C)]:  //捕捉点4
    输入下一个点或 [端点相切(T)/公差(L)/放弃(U)/闭合(C)]:  // Enter，结果如图1-50所示
```

- 【节点】选项用于指定节点的参数化，以影响曲线通过拟合点时的形状。
- 【对象】选项用于把样条曲线拟合的多段线转变为样条曲线。
- 【闭合】选项用于绘制闭合的样条曲线。
- 【拟合公差】选项用来控制样条曲线对数据点的接近程度。
- 【方式】选项主要用于设置样条曲线的创建方式，即使用拟合点或使用控制点，两种方式下样条曲线的夹点示例如图1-51所示。

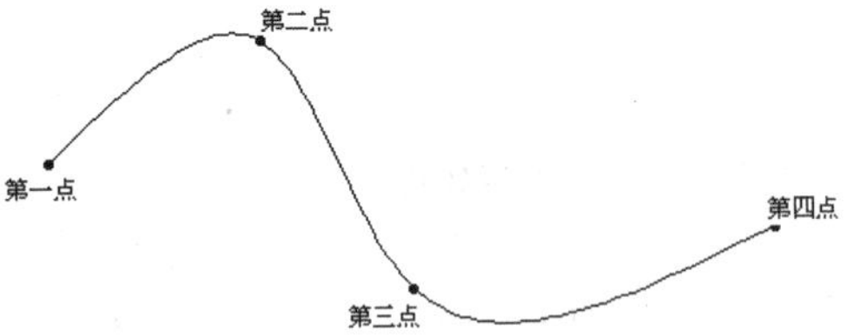

图1-50　样条曲线示例

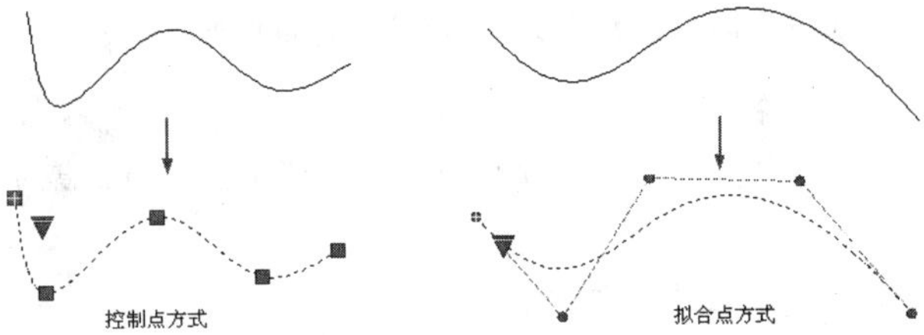

图1-51　两种方式示例

8. 【圆弧】

【圆弧】命令是用于绘制弧形曲线的工具，AutoCAD共提供了11种画弧功能，如图1-52所示。执行此命令主要有以下几种方法。

- 执行菜单栏中的【绘图】|【圆弧】级联菜单中的各命令。
- 单击【绘图】工具栏中的按钮。
- 在命令行输入Arc或A。

默认设置下的画弧方式为“三点画弧”，用户只需指定三个点，即可绘制圆弧。除此之外，其他10种画弧方式可以归纳为以下四类，具体内容如下。

- “起点、圆心”画弧方式分为“起点、圆心、端点”、“起点、圆心、角度”和“起点、圆心、长度”三种，如图1-53所示。当用户指定了弧的起点和圆心后，只需定位弧端点、角度、长度等，即可精确画弧。

图1-52　11种画弧

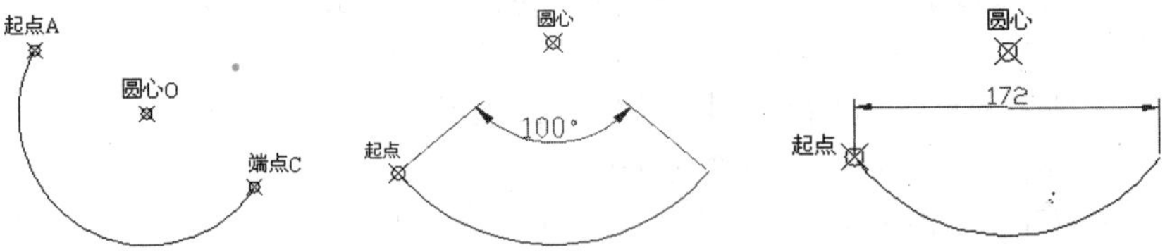

图1-53　“起点、圆心”方式画弧

- “起点、端点”画弧方式分为“起点、端点、角度”、“起点、端点、方向”和“起点、端点、半径”三种，如图1-54所示。当用户指定了圆弧的起点和端点后，只需定位出弧的角度、切向或半径，即可精确画弧。

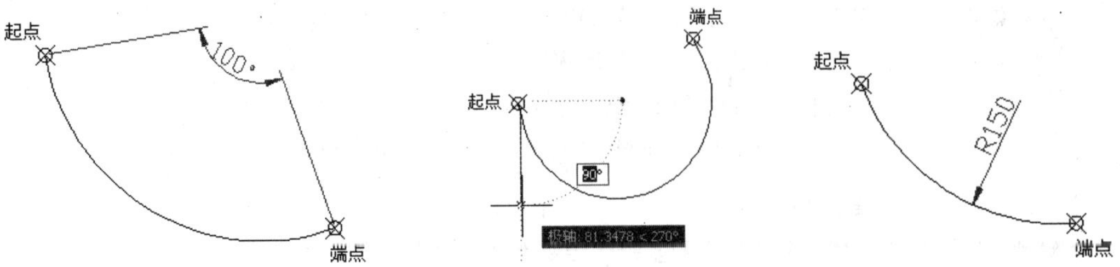

图1-54　“起点、端点”方式画弧

- “圆心、起点”画弧方式分为“圆心、起点、端点”、“圆心、起点、角度”和“圆心、起点、长度”三种，如图1-55所示。当指定了弧的圆心和起点后，只需定位出弧的端点、角度或长度，即可精确画弧。

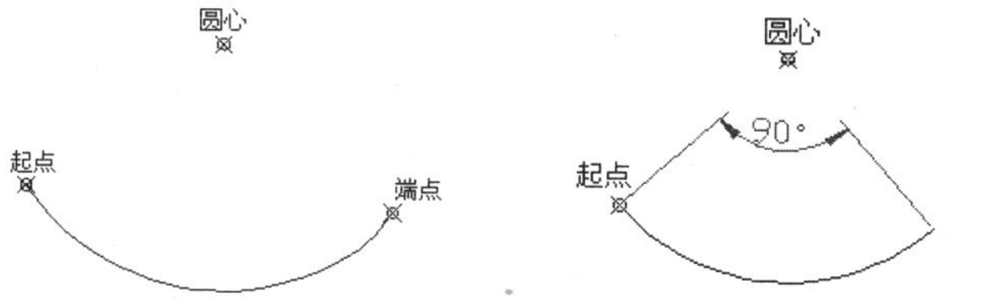

图1-55 “圆心、起点”方式画弧

- 连续画弧。当结束【圆弧】命令后，执行菜单栏中的【绘图】|【圆弧】|【继续】命令，即可进入“连续画弧”状态，绘制的圆弧与前一个圆弧的终点连接并与之相切，如图1-56所示。

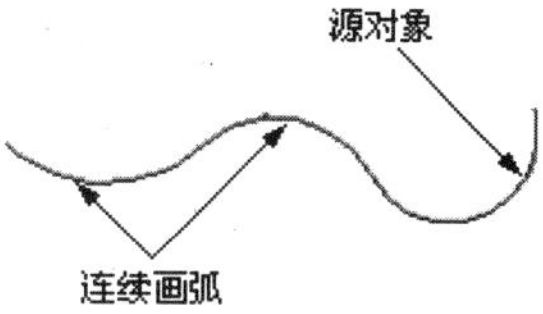

图1-56 连续画弧方式

1.5.2 绘制闭合图元

1.【圆】

AutoCAD为用户提供了六种画圆命令，如图1-57所示，执行这些命令一般有以下几种方法。

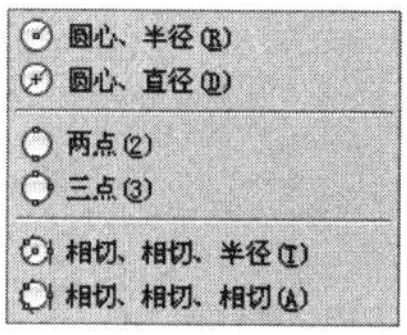

图1-57 六种画圆方式

- 执行菜单栏中的【绘图】|【圆】级联菜单中的各种命令。
- 单击【绘图】工具栏中的按钮。
- 在命令行输入Circle或C。

各种画圆方式如下。

- “圆心、半径”画圆方式为系统默认方式，当用户指定圆心后，直接输入圆的半径，即可精确画圆。
- “圆心、直径”画圆方式用于输入圆的直径进行精确画圆。
- “两点”画圆方式用于指定圆直径的两个端点，以进行精确定圆。
- “三点”画圆方式用于指定圆周上的任意三个点，以进行精确定圆。
- “相切、相切、半径” 画圆方式用于通过拾取两个相切对象，然后输入圆的半径，即可绘制出与两个对象都相切的圆图形，如图1-58所示。
- “相切、相切、相切” 画圆方式用于绘制与已知的三个对象都相切的圆，如图1-59所示。

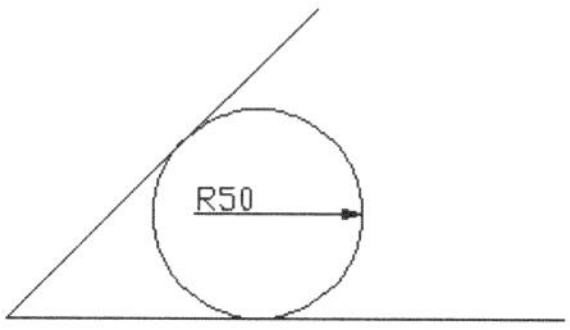

图1-58 “相切、相切、半径”画圆

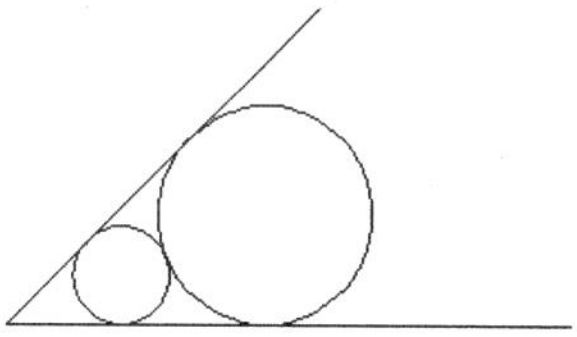

图1-59 “相切、相切、相切”画圆

2.【椭圆】

【椭圆】命令用于绘制由两条不等的轴所控制的闭合曲线，它具有中心点、长轴和短轴等几何特征。执行此命令主要有以下几种方法。

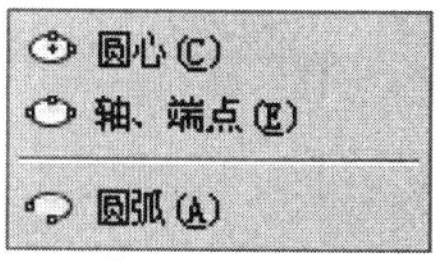

图1-60 椭圆子菜单

- 执行菜单栏中的【绘图】|【椭圆】级联菜单中的各种命令，如图1-60所示。
- 单击【绘图】工具栏中的按钮。
- 在命令行输入Ellipse或EL。

下面通过绘制长度 为150、短轴为60的椭圆为例学习使用【椭圆】命令。命令行操作如下：

```
命令: _ellipse
    指定椭圆轴的端点或 [圆弧(A)/中心点(C)]:        //拾取一点，定位椭圆轴的一个端点
    指定轴的另一个端点:                           //@150,0 Enter
    指定另一条半轴长度或 [旋转(R)]:                //30 Enter，绘制结果如图1-61所示
```

另外一种画椭圆的方式为“中心点”方式，此种方式需要首先定位椭圆中心，然后再指定椭圆轴的一个端点和椭圆另一半轴的长度。命令行操作如下：

```
命令: _ellipse
    指定椭圆轴的端点或 [圆弧(A)/中心点(C)]:        //C Enter
    指定椭圆的中心点:                             //捕捉大椭圆的圆心
    指定轴的端点:                                 //@0,30 Enter
    指定另一条半轴长度或 [旋转(R)]:                //20 Enter，绘制结果如图1-62所示
```

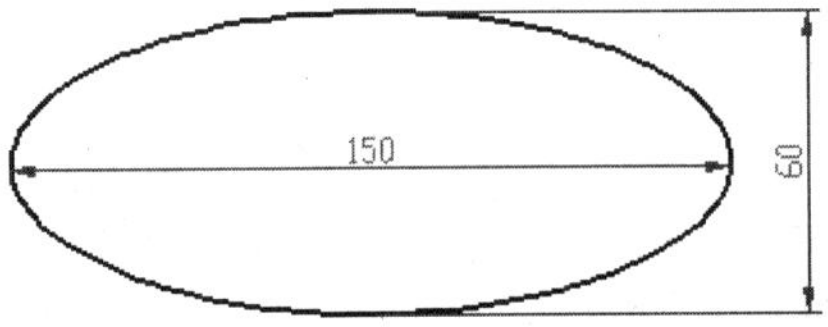

图1-61 绘制椭圆

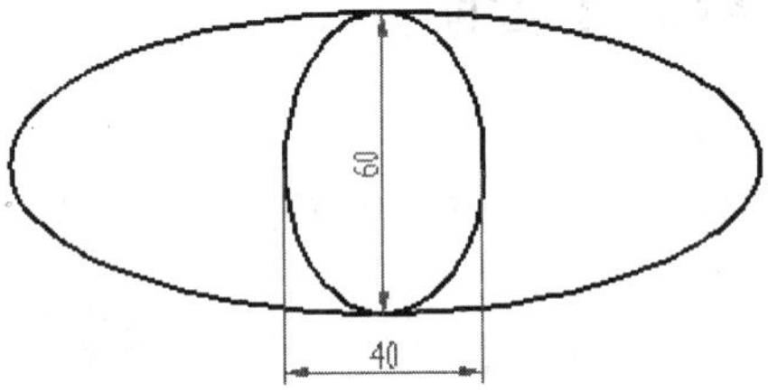

图1-62 绘制内部椭圆

3.【矩形】

【矩形】命令用于绘制矩形，执行此命令主要有以下几种方法。

- 执行菜单栏中的【绘图】|【矩形】命令。
- 单击【绘图】工具栏中的□按钮。
- 在命令行输入Rectang或REC。

默认设置下画矩形的方式为“对角点”方式，用户只需定位出矩形的两个对角点，即可精确绘制矩形。命令行操作如下：

```
命令: _rectang
    指定第一个角点或 [倒角(C)/标高(E)/圆角(F)/厚度(T)/宽度(W)]:    //拾取一点
    指定另一个角点或 [面积(A)/尺寸(D)/旋转(R)]:    //@200,100 Enter，绘制结果如图1-63所示
```

- 【尺寸】选项用于直接输入矩形的长度和宽度尺寸，绘制矩形。
- 【倒角】选项用于绘制具有一定倒角的特征矩形，如图1-64所示。
- 【圆角】选项用于绘制圆角矩形，如图1-65所示。在绘制圆角矩形之前，需要事先设置好圆角半径。
- 【厚度】和【宽度】选项用于设置矩形各边的厚度和宽度，以绘制具有一定厚度和宽度的矩形。
- 【标高】选项用于设置矩形在三维空间内的基面高度，即距离当前坐标系的XOY坐标平面的高度。

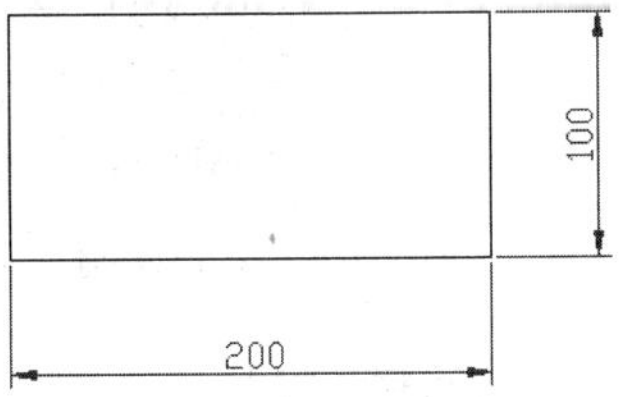

图1-63 绘制结果

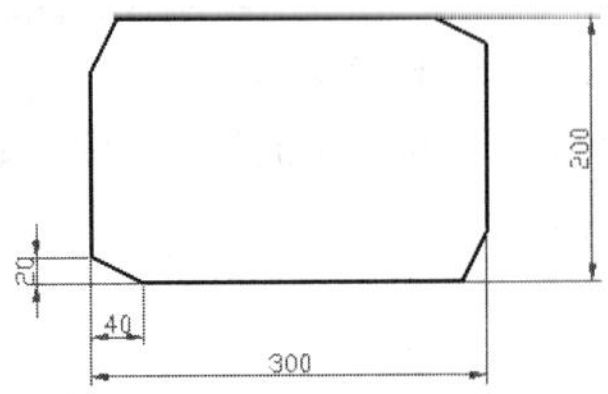

图1-64 倒角矩形

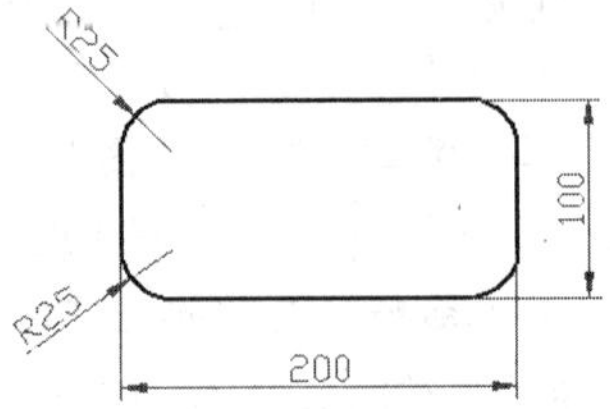

图1-65 圆角矩形

4. 【正多边形】

【正多边形】命令用于绘制等边、等角的封闭几何图形。执行此命令主要有以下几种方法。

- 执行菜单栏中的【绘图】|【正多边形】命令。
- 单击【绘图】工具栏中的⬠按钮。
- 在命令行输入Polygon或POL。

执行【正多边形】命令后，命令行操作如下：

```
命令: _polygon
    输入边的数目 <4>:                              //5 Enter，设置正多边形的边数
    指定正多边形的中心点或 [边(E)]:                //拾取一点作为中心点
    输入选项 [内接于圆(I)/外切于圆(C)] <I>:        //I Enter，激活【内接于圆】选项
    指定圆的半径:                                  //100Enter，绘制结果如图1-66所示
```

5. 【边界】

“边界”实际上就是一条闭合的多段线，此种多段线不能直接绘制，而需要使用【边界】命令从多个相交对象中进行提取或将多个首尾相连的对象转化成边界。执行【边界】命令主要有以下几种方法。

- 执行菜单栏中的【绘图】|【边界】命令。
- 在命令行输入Boundary或BO。

下面通过从多个对象中提取边界为例学习【边界】命令的使用方法。操作步骤如下。

1 根据图示尺寸，绘制如图1-67所示的矩形和圆。

2 执行【边界】命令，打开如图1-68所示的【边界创建】对话框。

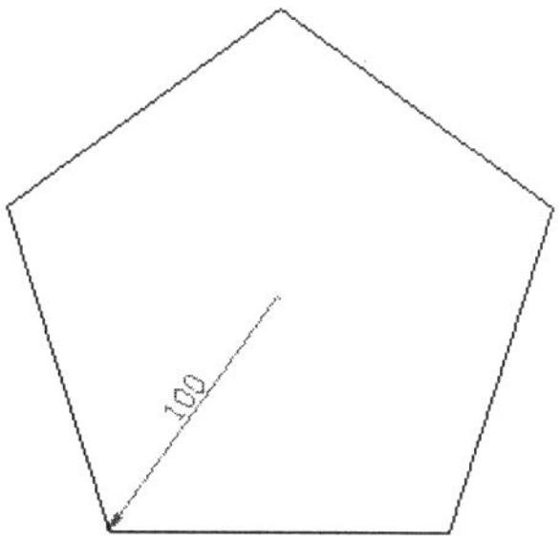

图1-66 绘制结果

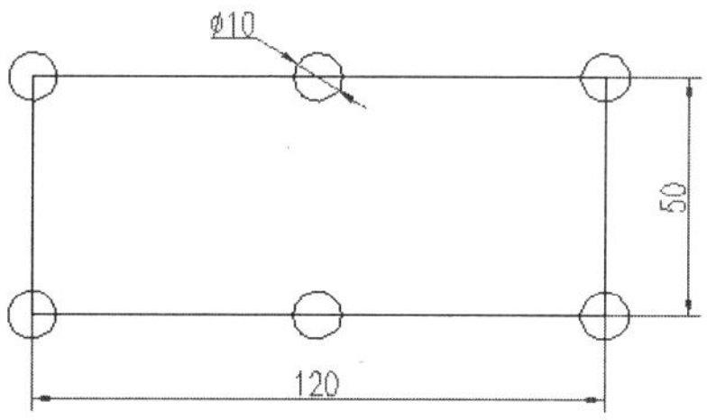

图1-67 绘制结果

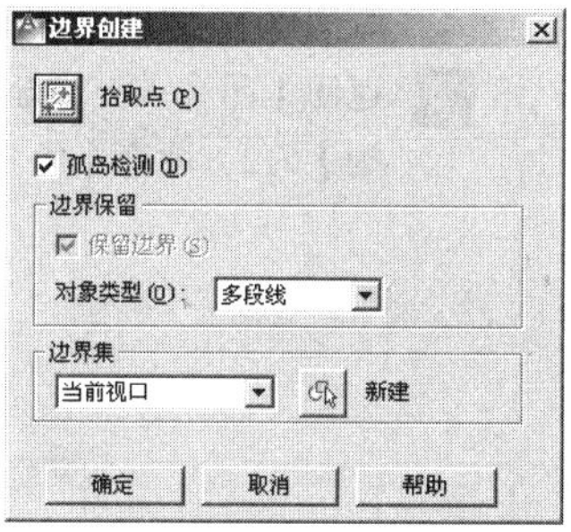

图1-68 【边界创建】对话框

3 采用默认设置，单击左上角的【拾取点】按钮▣，返回绘图区，在矩形内部拾取一点，此时系统自动分析出一个闭合的虚线边界，如图1-69所示。

4 继续在命令行“拾取内部点：”的提示下，按Enter键结束命令，结果创建出一个闭合的多段线边界。

5 使用快捷键M激活【移动】命令，选择刚创建的闭合边界，将其外移，结果如图1-70所示。

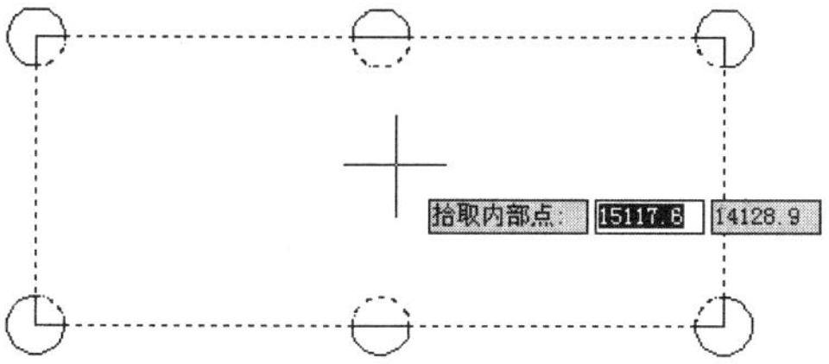

图1-69 创建虚线边界

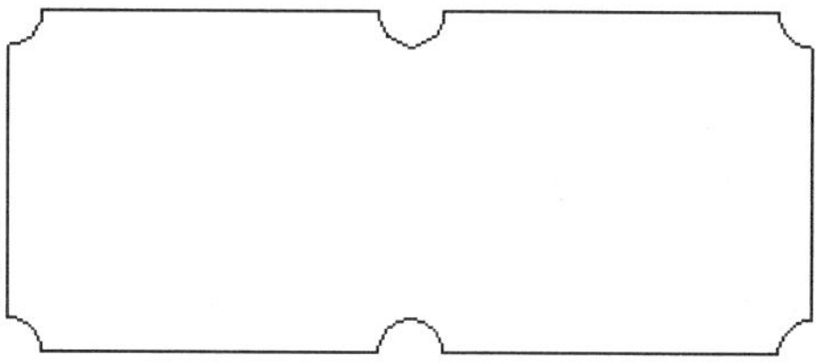

图1-70 移出边界

1.5.3 绘制图案填充

“图案”是由各种图线进行不同的排列组合而构成的一种图形元素，此类元素作为一个独立的整体被填充到各种封闭的区域内，以表达各自的图形信息，如图1-71所示。执行【图案填充】命令主要有以下几种方法。

- 执行菜单栏中的【绘图】|【图案填充】命令。
- 单击【绘图】工具栏中的按钮。
- 在命令行输入Bhatch或H或BH。

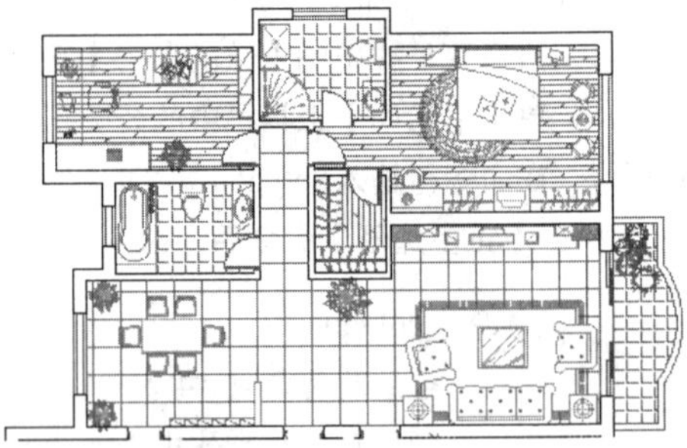

图1-71 图案填充示例

1. 绘制预定义图案

执行【图案填充】命令后，可打开如图1-72所示的【图案填充和渐变色】对话框，在此对话框内，AutoCAD共为用户提供了“预定义图案”和“用户定义图案”两种现有图案。下面学习预定义图案的具体填充过程。

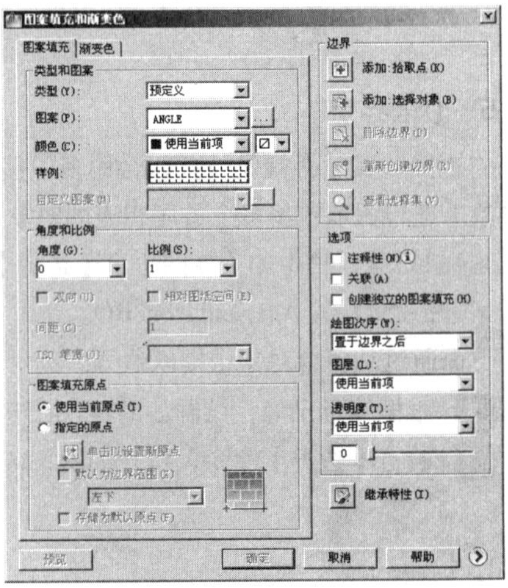

图1-72 【图案填充和渐变色】对话框

1. 打开本书配套光盘中的“图块文件\卧室立面图.dwg”，如图1-73所示。
2. 执行【图案填充】命令，在打开的【图案填充和渐变色】对话框中单击【样例】文本框中的图案，或单击【图案】列表右端的按钮，打开【填充图案选项板】对话框，选择如图1-74所示的填充图案。
3. 返回【图案填充和渐变色】对话框，设置填充【比例】为2、填充【角度】为0，如图1-75所示。

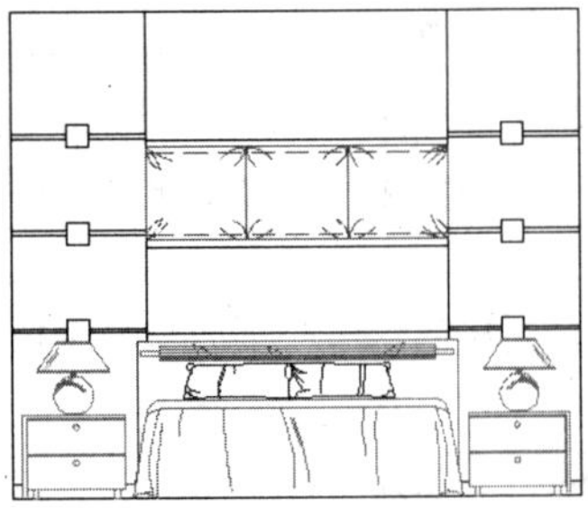

图1-73 打开结果

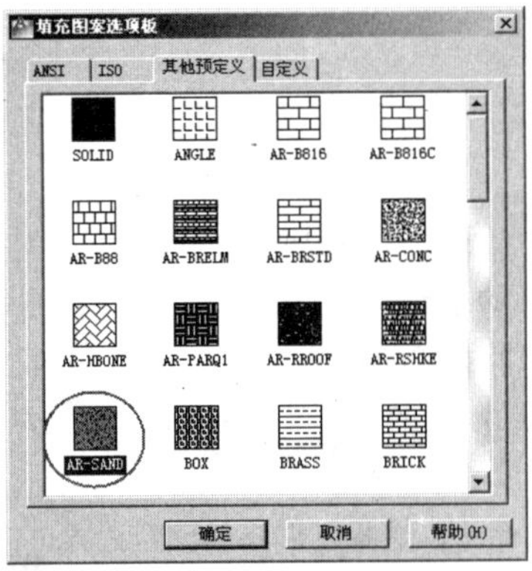

图1-74 选择填充图案

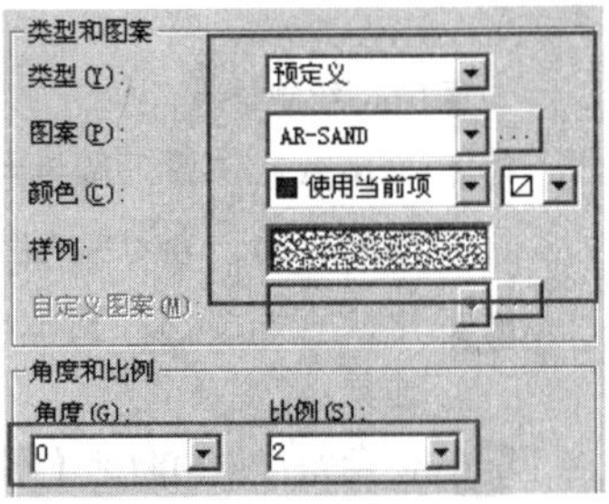

图1-75 设置填充参数

> **提示：**【角度】下拉列表框用于设置图案的角度；【比例】下拉列表框用于设置图案的填充比例。

4. 单击【添加:选择对象】按钮，返回绘图区，分别在如图1-76所示的A、B、C、E、F五个区域内部单击左键，以指定填充边界。
5. 按Enter键返回【图案填充和渐变色】对话框，单击确定按钮结束命令，填充结果如图1-77所示。

对话框选项解释如下。

- 【添加:拾取点】按钮用于在填充区域内部拾取任意一点，AutoCAD将自动搜索到包含该内点的区域边界，并以虚线显示边界。
- 【添加:选择对象】按钮用于直接选择需要填充的单个闭合图形。
- 【删除边界】按钮用于删除位于选定填充区内但不填充的区域；【查看选择集】按钮用于查看所确定的边界。
- 【继承特性】按钮用于在当前图形中选择一个已填充的图案，系统将继承该图案类型的一切属性并将其设置为当前图案。
- 【关联】复选框与【创建独立的图案填充】复选框用于确定填充图形与边界的关系。分别用于创建关联和不关联的填充图案。
- 【注释性】复选框用于为图案添加注释特性。
- 【绘图次序】下拉列表用于设置填充图案和填充边界的绘图次序。
- 【图层】下拉列表用于设置填充图案的所在层。
- 【透明度】下拉列表用于设置图案透明度。拖曳下侧的滑块，可以调整透明度值。当指定透明度后，需要打开状态栏上的按钮，以显示透明效果。

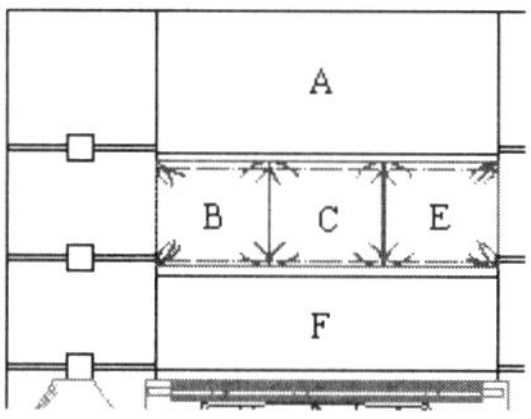

图1-76 定位填充边界

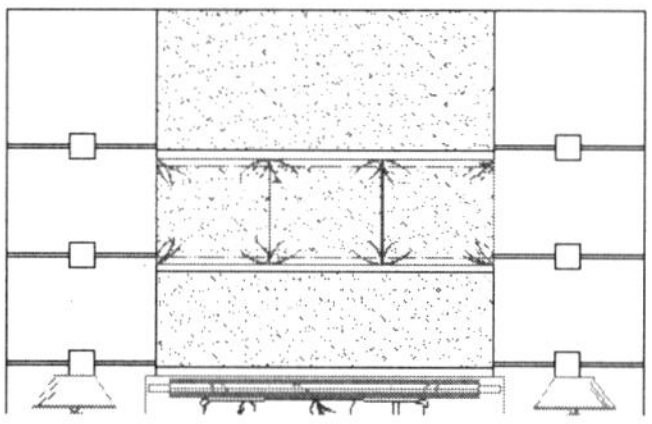

图1-77 填充结果

2. 绘制用户定义图案

下面通过为卧室立面墙填充墙面装饰线条图案为例学习用户定义图案的填充过程。具体操作步骤如下。

1 在【图案填充和渐变色】对话框中展开【类型】下拉列表，选择“用户定义”图案类型，然后设置填充比例等参数如图1-78所示。

2 单击【添加:选择对象】按钮，返回绘图区，以指定填充边界，填充如图1-79所示的图案。

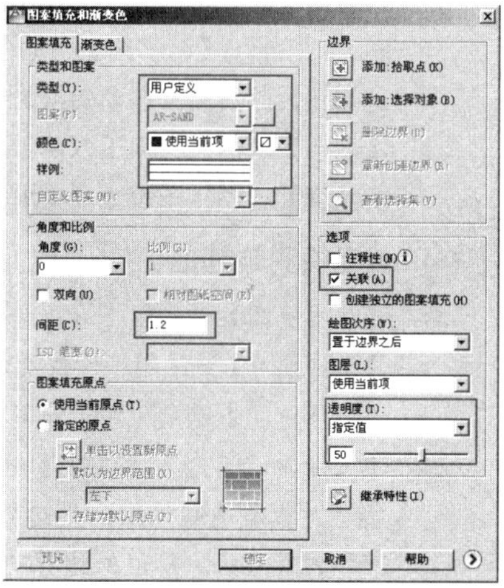

图1-78 设置填充图案和参数

【图案填充】选项卡用于设置填充图案的类型、样式、填充角度及填充比例等，各常用选项介绍如下。

- 【类型】下拉列表中包含“预定义”、“用户定义”、“自定义”三种类型。“预定义”只适用于封闭的填充边界；“用户定义”可以使用当前线型创建填充图样；“自定义”图样是使用自定义的PAT文件中的图样进行填充。
- 【图案】下拉列表用于显示预定义类型的填充图案名称。用户可从下拉列表中选择所需的图案。
- 【相对于图纸空间】复选框仅用于布局选项卡，它是相对图纸空间单位进行图案的填充。运用此复选框，可以根据适合于布局的比例显示填充图案。
- 【间距】文本框可设置用户定义填充图案的直线间距，只有选择了【类型】下拉列表中的【用户自定义】选项，此选项才可用。

- 【双向】复选框仅适用于用户定义图案，勾选该复选框，将增加一组与原图线垂直的线。
- 【ISO笔宽】选项决定运用ISO剖面线图案的线与线之间的间隔，它只在选择ISO线型图案时才可用。

3. 绘制渐变色图案

下面通过为灯罩和灯座填充渐变色，来学习渐变色图案的填充过程。操作步骤如下。

1 展开【渐变色】选项卡，然后单击【双色】单选按钮。

2 将颜色1的颜色设置为211号色；将颜色2的颜色设置为黄色，然后设置渐变方式等参数，如图1-81所示。

> 提示：如果在【图案填充和渐变色】对话框中勾选了【双向】复选框，系统则为边界填充双向图案，如图1-80所示。

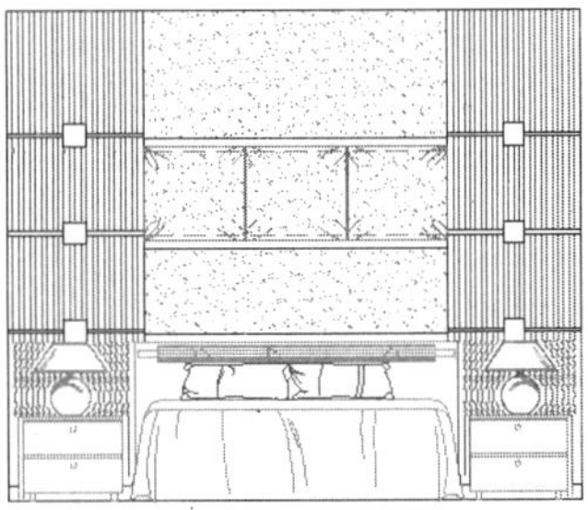

图1-79 填充结果

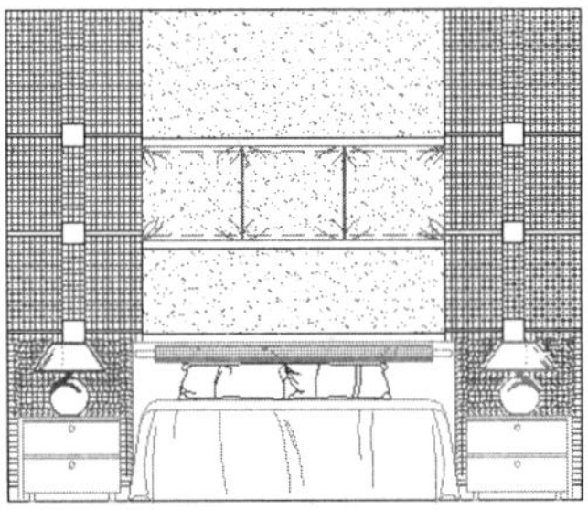

图1-80 双向填充示例

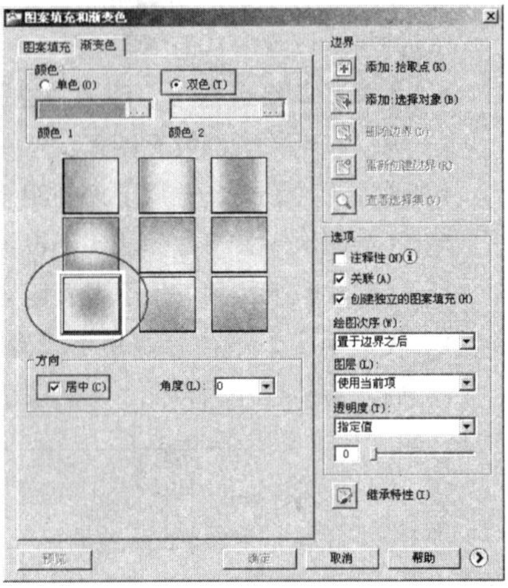

图1-81 设置渐变色

3 单击【添加:选择对象】按钮，返回绘图区指定填充边界，填充如图1-82所示的渐变色。

【渐变色】选项卡解释如下。

- 【单色】单选按钮用于以一种渐变色进行填充；显示框用于显示当前的填充颜色，双击该颜色框或单击其右侧的按钮，可以打开【选择颜色】对话框，用户可根据需要选择所需的颜色。
- 【暗—明】滑动条：拖动滑动块可以调整填充颜色的明暗度，如果用户单击【双色】单选按钮，此滑动条自动转换为颜色显示框。
- 【双色】单选按钮用于以两种颜色的渐变色作为填充色。
- 【角度】选项用于设置渐变填充的倾斜角度。

4. 孤岛检测与其他

- 【边界保留】选项用于设置是否保留填充边界。默认为不保留填充边界。
- 【允许间隙】选项用于设置填充边界的允许间隙值，处在间隙值范围内的非封闭区域也可填充图案。
- 【继承选项】选项组用于设置图案填充的原点，即使用当前原点还是使用源图案填充的原点。
- 【孤岛显示样式】选项组提供了“普通”、“外部”和“忽略”三种方式，如图1-83所示，其中“普通”方式是从最外层的外边界向内边界填充，第一层填充，第二层不填充，如此交替进行；“外部”方式只填充从最外边界向内第一边界之间的区域；“忽略”方式忽略最外层边界以内的其他任何边界，以最外层边界向内填充全部图形。

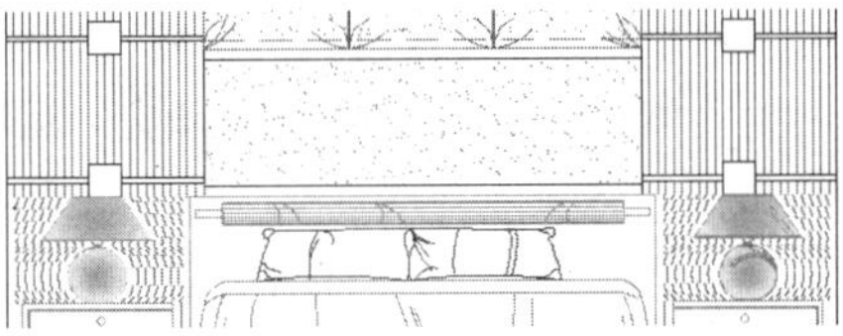

图1-82 填充渐变色

图1-83 孤岛填充样式

1.5.4　绘制复合图元

本节主要学习多重图形结构的快速创建功能，具体包括【复制】、【镜像】、【偏移】、【矩形阵列】、【环形阵列】、【路径阵列】等。

1. 复制图形

【复制】命令用于将图形对象从一个位置复制到其他位置。执行【复制】命令主要有以下几种方法。

- 执行菜单栏中的【修改】|【复制】命令。
- 单击【修改】工具栏中的按钮。
- 在命令行输入Copy或Co。

执行【复制】命令后，其命令行操作如下：

```
命令: _copy
    选择对象:                                              //选择内部的小圆
    选择对象:                                              // Enter，结束选择
    当前设置: 复制模式 = 多个
    指定基点或 [位移(D)/模式(O)] <位移>:                    //捕捉圆心作为基点
    指定第二个点或[阵列(A)] <使用第一个点作为位移>:          //捕捉圆上象限点
    指定第二个点或[阵列(A)/退出(E)/放弃(U)] <退出>:         //捕捉圆下象限点
    … …                                                    //捕捉圆的其他象限点
    指定第二个点或[阵列(A)/退出(E)/放弃(U)] <退出>:         // Enter，复制结果如图1-84所示
```

2. 镜像图形

【镜像】命令用于将图形沿着指定的两点进行对称复制，源对象可以保留，也可以删除。执行【镜像】命令主要有以下几种方法。

- 执行菜单栏中的【修改】|【镜像】命令。
- 单击【修改】工具栏中的按钮。
- 在命令行输入Mirror或MI。

执行【镜像】命令后，其命令行操作如下：

```
命令: _mirror
    选择对象:                                   //选择单开门图形
    选择对象:                                   // Enter，结束选择
    指定镜像线的第一点:                         //捕捉弧线下端点
    指定镜像线的第二点:                         //@0,1 Enter
    要删除源对象吗? [是(Y)/否(N)] <N>:          // Enter，镜像结果如图1-85所示
```

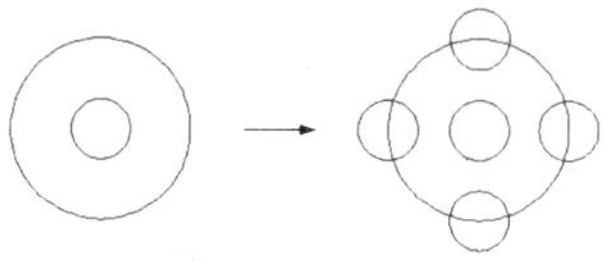

图1-84　复制结果

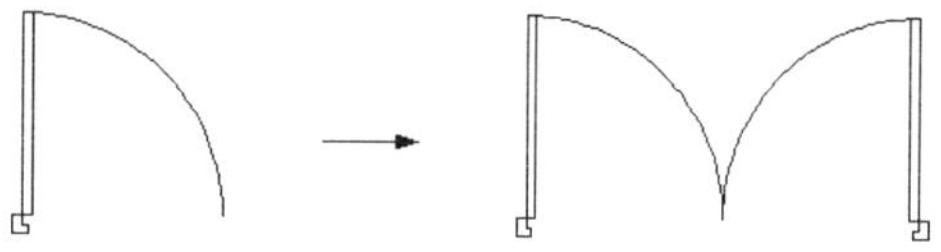

图1-85　镜像结果

3. 偏移

【偏移】命令用于将图形按照指定的距离或目标点进行偏移复制。执行【偏移】命令主要有以下几种方法。

- 执行菜单栏中的【修改】|【偏移】命令。

- 单击【修改】工具栏中的按钮。
- 在命令行输入Offset或O。

绘制半径为30的圆和长度为130的直线段，然后执行【偏移】命令对其距离偏移。命令行操作如下：

```
命令: _offset
    当前设置: 删除源=否  图层=源  OFFSETGAPTYPE=0
    指定偏移距离或 [通过(T)/删除(E)/图层(L)] <10.0000>:        //20 Enter，设置偏移距离
    选择要偏移的对象，或 [退出(E)/放弃(U)] <退出>:               //单击圆形作为偏移对象
    指定要偏移的那一侧上的点，或 [退出(E)/多个(M)/放弃(U)] <退出>:  //在圆的外侧拾取一点
    选择要偏移的对象，或 [退出(E)/放弃(U)] <退出>:               //单击直线作为偏移对象
    指定要偏移的那一侧上的点，或 [退出(E)/多个(M)/放弃(U)] <退出>:  //在直线上侧拾取一点
    选择要偏移的对象，或 [退出(E)/放弃(U)] <退出>:               // Enter，结果如图1-86所示
```

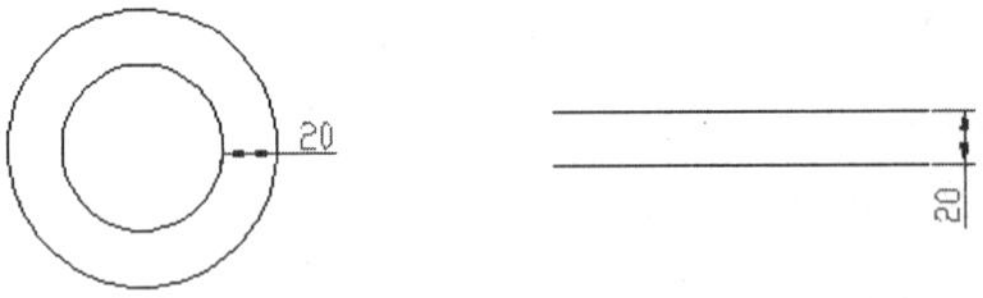

图1-86 偏移结果

> **提示：**【删除】选项用于将源偏移对象删除；【图层】选项用于设置偏移后的对象所在的图层。

使用命令中的【通过】选项，可以指定偏移后目标对象的通过点，进行偏移源对象。

1 首先随意绘制一个圆与一条直线，如图1-87所示。

2 执行【偏移】命令，对圆进行偏移，使偏移出的圆通过直线的左端点。命令行操作如下：

```
命令: _offset
    当前设置: 删除源=否  图层=源  OFFSETGAPTYPE=0
    指定偏移距离或 [通过(T)/删除(E)/图层(L)] <通过>:     //t Enter
    选择要偏移的对象，或 [退出(E)/放弃(U)] <退出>:       //选择圆
    指定通过点或 [退出(E)/多个(M)/放弃(U)] <退出>:       //捕捉直线的左端点
    选择要偏移的对象，或 [退出(E)/放弃(U)] <退出>:       //Enter，偏移结果如图1-88所示
```

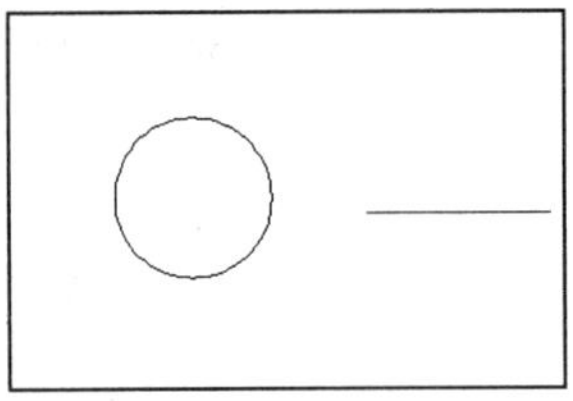

图1-87 绘制结果

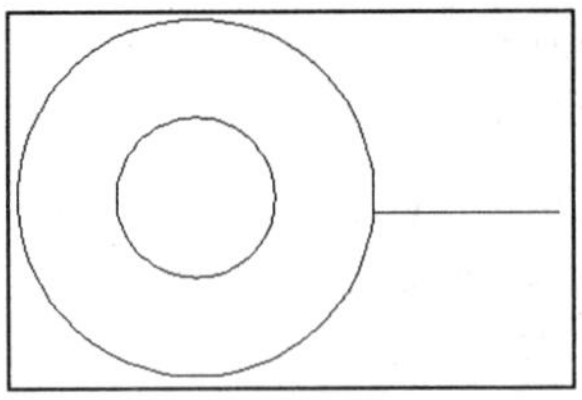

图1-88 偏移结果

4. 矩形阵列

【矩形阵列】命令是一种用于将图形对象按照指定的行数和列数，成“矩形”的排列方式进行大规模复制。执行【矩形阵列】命令主要有以下几种方法。

- 执行菜单栏中的【修改】|【阵列】|【矩形阵列】命令。
- 单击【修改】工具栏或面板上的按钮。
- 在命令行输入Arrayrect或AR。

下面通过创建如图1-89所示的图形结构，学习【矩形阵列】命令的操作方法和操作技巧。操作步骤如下。

1 打开本书配套光盘中的“素材文件\矩形阵列.dwg”，如图1-90所示。

2 执行【矩形阵列】命令，选择如图1-91所示的对象进行阵列四份，其中列偏移为50。命令行操作如下：

```
命令: _arrayrect
    选择对象:                                          //拉出如图1-91所示的窗口选择框
    选择对象:                                          // Enter
    类型 = 矩形  关联 = 是
    为项目数指定对角点或 [基点(B)/角度(A)/计数(C)] <计数>://c Enter
    输入行数或 [表达式(E)] <4>:                        //1 Enter
    输入列数或 [表达式(E)] <4>:                        //4 Enter
    指定对角点以间隔项目或 [间距(S)] <间距>:            //s Enter
    指定列之间的距离或 [表达式(E)] <60>: //50 Enter
    按 Enter 键接受或 [关联(AS)/基点(B)/行(R)/列(C)/层(L)/退出(X)] <退出>:
                                                       // Enter，阵列结果如图1-92所示
```

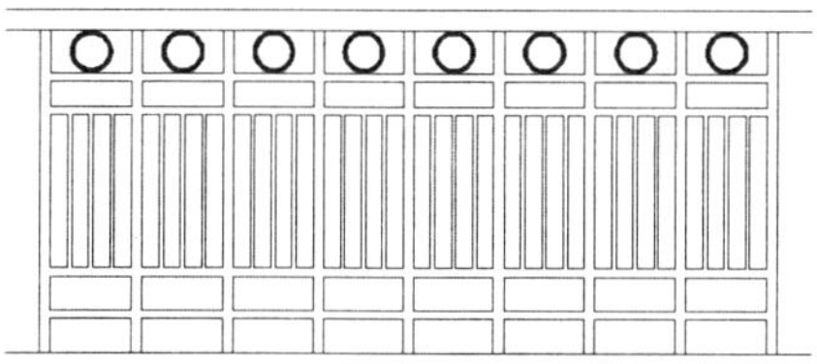
图1-89 矩形阵列示例

图1-90 打开结果

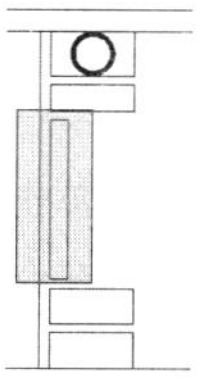
图1-91 窗口选择

3 重复执行【矩形阵列】命令，框选如图1-93所示的图形进行阵列。命令行操作如下：

```
命令: _arrayrect
    选择对象:                                      //拉出如图1-93所示的窗交选择框
    选择对象:                                      // Enter
    类型 = 矩形  关联 = 是
    为项目数指定对角点或 [基点(B)/角度(A)/计数(C)] <计数>:      //c Enter
    输入行数或 [表达式(E)] <4>:                    //1 Enter
    输入列数或 [表达式(E)] <4>:                    //8 Enter
    指定对角点以间隔项目或 [间距(S)] <间距>:        //s Enter
    指定列之间的距离或 [表达式(E)] <60>:           //215 Enter
    按 Enter 键接受或 [关联(AS)/基点(B)/行(R)/列(C)/层(L)/退出(X)] <退出>:
                                    // Enter，阵列后的对象夹点效果如图1-94所示
```

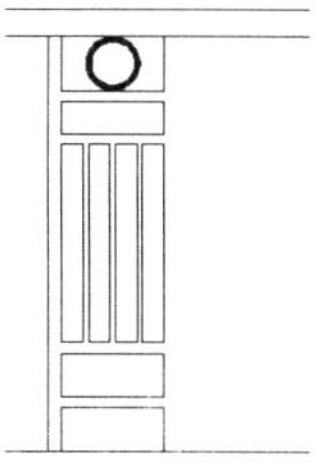
图1-92 阵列结果

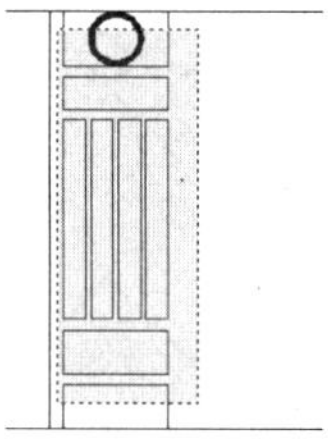
图1-93 窗交选择

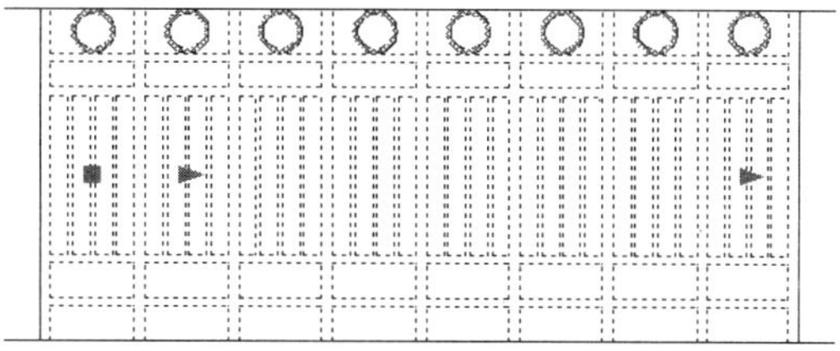
图1-94 阵列对象的夹点效果

选项解释如下。

- 【基点】选项用于设置阵列的基点；【角度】选项用于设置阵列对象的放置角度，使阵列后的图形对象沿着某一角度进行倾斜，如图1-95所示，不设置倾斜角度下的阵列效果如图1-96所示。
- 【行】选项用于设置阵列的行数；【列】选项用于输入阵列的列数。
- 【间距】选项用于设置对象的行偏移或阵列偏移距离。

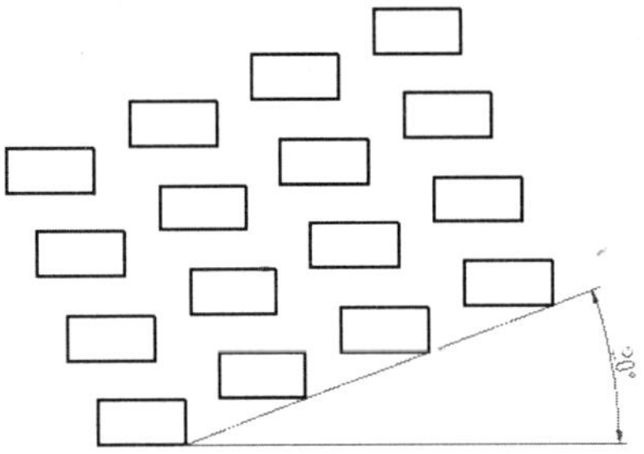

图1-95 角度阵列示例

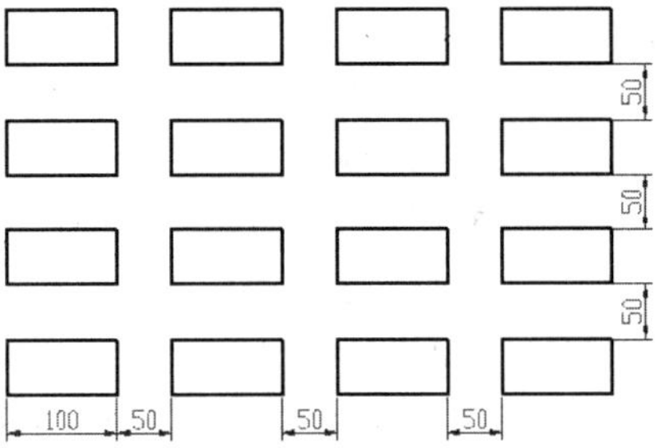

图1-96 不设置角度下的阵列效果

5. 环形阵列

【环形阵列】指的是将图形按照阵列中心点和数目成“圆形”排列，以快速创建聚心结构图形。执行【环形阵列】命令主要有以下几种方法。

- 执行菜单栏中的【修改】|【阵列】|【环形阵列】命令。
- 单击【修改】工具栏或面板上的按钮。
- 在命令行输入Arraypolar或AR。

下面通过典型实例学习【环形阵列】命令的使用方法和操作技巧。操作步骤如下：

1 打开本书配套光盘中的“素材文件\环形阵列.dwg”。

2 击【修改】工具栏中的按钮，激活【环形阵列】命令，按如图1-97所示的对象进行阵列。命令行操作如下：

```
命令: _arraypolar
    选择对象:                                              //拉出如图1-97所示的窗口选择框
    选择对象:                                              // Enter
    类型 = 极轴  关联 = 是
    指定阵列的中心点或 [基点(B)/旋转轴(A)]:                   //捕捉圆心
    输入项目数或 [项目间角度(A)/表达式(E)] <3>:                // 4 Enter
    指定填充角度(+=逆时针、-=顺时针)或 [表达式(EX)] <360>:            // Enter
    按 Enter 键接受或 [关联(AS)/基点(B)/项目(I)/项目间角度(A)/填充角度(F)/行(ROW)/层(L)/旋转
  项目(ROT)/退出(X)] <退出>:                                 // Enter，阵列结果如图1-98所示
```

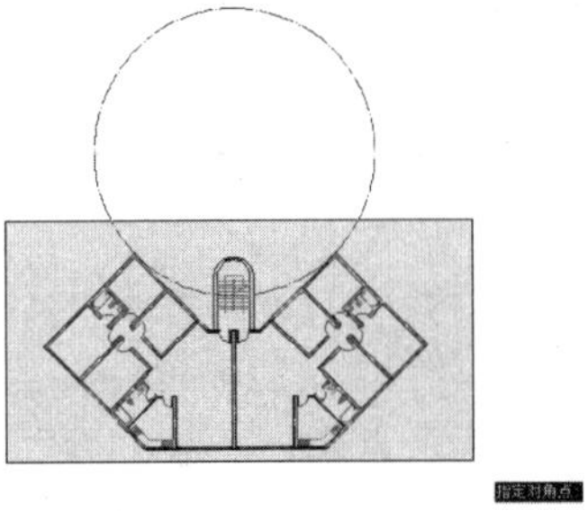

图1-97 窗口选择

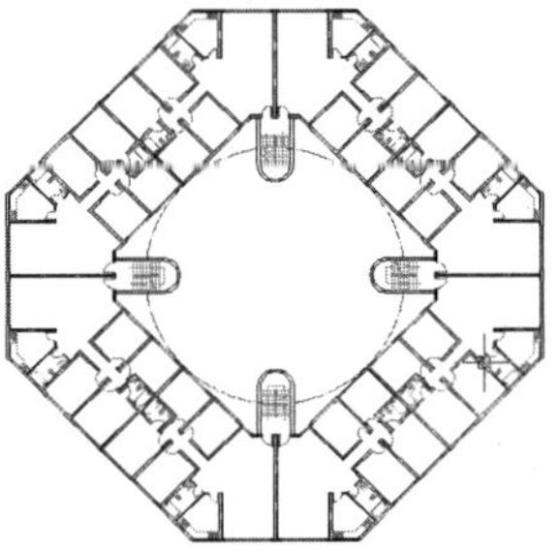

图1-98 阵列结果图

- 【基点】选项用于设置阵列对象的基点；【旋转轴】选项用于指定阵列对象的旋转轴。
- 【总项目数】文本框用于输入环形阵列的数量。
- 【填充角度】文本框用于输入环形阵列的角度，正值为逆时针阵列，负值为顺时针阵列。
- 【项目间角度】选项用于设置阵列对象间的角度。另外，用户也可通过单击右侧按钮，在绘图窗口中直接指定两点来定义角度。

6. 路径阵列

【路径阵列】命令用于将对象沿指定的路径或路径的某部分进行等距阵列，如图1-99所示。执行【环形阵列】命令主要有以下几种方法。

- 执行菜单栏中的【修改】|【阵列】|【路径阵列】命令。
- 单击【修改】工具栏或面板上的按钮。
- 在命令行输入A rraypath或AR。

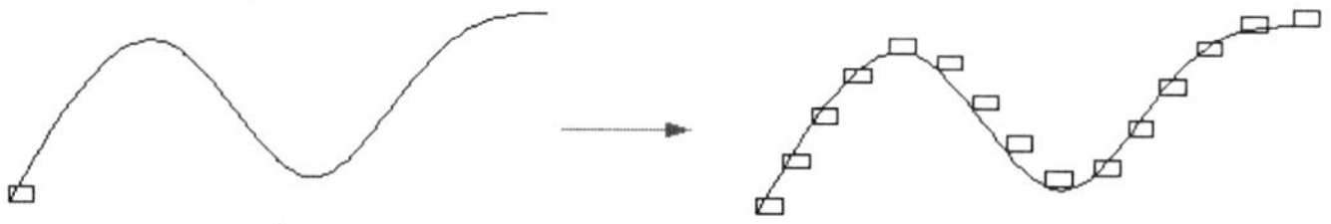

图1-99　路径阵列

执行【路径阵列】命令后，其命令行操作如下：

```
命令: _arraypath
    选择对象:
    选择对象:
    类型 = 路径  关联 = 是选择路径曲线:
    输入沿路径的项数或 [方向(O)/表达式(E)] <方向>:
    指定沿路径的项目之间的距离或 [定数等分(D)/总距离(T)/表达式(E)] <沿路径平均定数等分(D)>:
    按Enter键接受或 [关联(AS)/基点(B)/项目(I)/行(R)/层(L)/对齐项目(A)/Z 方向(Z)/退出(X)] <退出>:
```

1.5.5　图形的边角细化

本节主要学习图形的边角细化功能，具体包括【修剪】、【延伸】、【倒角】、【圆角】、【打断】和【合并】等。

1. 修剪图形

【修剪】命令用于沿着指定的修剪边界修剪掉图形上指定的部分。执行【修剪】命令主要有以下几种方法。

- 执行菜单栏中的【修改】|【修剪】命令。
- 单击【修改】工具栏中的按钮。
- 在命令行输入Trim或TR。

执行【修剪】命令后，命令行操作如下：

```
命令: _trim
    当前设置:投影=UCS, 边=无
    选择剪切边...
    选择对象或 <全部选择>:                    //选择直线
    选择对象:                                 // Enter, 结束选择
```

选择要修剪的对象，或按住 Shift 键选择要延伸的对象，或[栏选(F)/窗交(C)/投影式(P)/边(E)/删除(R)/放弃(U)]: //在圆的上侧单击，定位需要修剪的部分

选择要修剪的对象，或按住 Shift 键选择要延伸的对象，或[栏选(F)/窗交(C)/投影(P)/边(E)/删除(R)/放弃(U)]: // Enter，修剪结果如图1-100所示

图1-100 修剪结果

提示：当修剪多个对象时，可以使用【栏选】和【窗交】两种功能。【栏选】方式需要绘制一条或多条栅栏线，所有与栅栏线相交的对象都会被修剪掉。

2. 延伸图形

【延伸】命令用于延长对象至指定的边界上。执行【延伸】命令主要有以下几种方法。

- 执行菜单栏中的【修改】|【延伸】命令。
- 单击【修改】工具栏中的按钮。
- 在命令行输入Extend或EX。

执行【延伸】命令后，命令行操作如下：

命令: _extend

当前设置:投影=UCS，边=无

选择边界的边...

选择对象或 <全部选择>: //选择水平线段

选择对象: // Enter，结束选择

选择要延伸的对象，或按住 Shift 键选择要修剪的对象，或[栏选(F)/窗交(C)/投影(P)/边(E)/放弃(U)]: //在垂直线段的下端单击

选择要延伸的对象，或按住 Shift 键选择要修剪的对象，或[栏选(F)/窗交(C)/投影(P)/边(E)/放弃(U)]: // Enter，延伸结果如图1-101所示

图1-101 延伸结果

3. 倒角图形

【倒角】命令主要是使用一条线段连接两个非平行的图线。执行【倒角】命令主要有以下几种方法。

- 执行菜单栏中的【修改】|【倒角】命令。
- 单击【修改】工具栏中的按钮。
- 在命令行输入Chamfer或CHA。

执行【倒角】命令后，命令行操作如下：

命令: _chamfer

(“修剪”模式) 当前倒角距离 1 = 0.0000，距离 2 = 0.0000

选择第一条直线或 [放弃(U)/多段线(P)/距离(D)/角度(A)/修剪(T)/方式(E)/多个(M)]: // d Enter
指定第一个倒角距离 <0.0000>:　　//150 Enter，设置第一倒角长度
指定第二个倒角距离 <25.0000>:　　//100 Enter，设置第二倒角长度
选择第一条直线或 [放弃(U)/多段线(P)/距离(D)/角度(A)/修剪(T)/方式(E)/多个(M)]:
　　//选择水平线段
选择第二条直线，或按住 Shift 键选择要应用角点的直线:
　　//选择倾斜线段，结果如图1-102所示

- 【角度】选项用于指定倒角长度和倒角角度，进行对两图线倒角。
- 【多段线】选项用于为整条多段线的所有相邻元素边进行同时倒角操作。
- 【方式】选项用于确定倒角的方式。变量“Chammode”控制着倒角的方式，当变量值为0时，则为距离倒角；当变量值为1时，则为角度倒角。
- 【修剪】选项用于设置倒角的修剪模式，如“修剪”和“不修剪”。当将倒角模式设置为“修剪”时，被倒角的图线将被修剪；当倒角模式为“不修剪”时，那么用于倒角的图线将不被修剪，如图1-103所示。

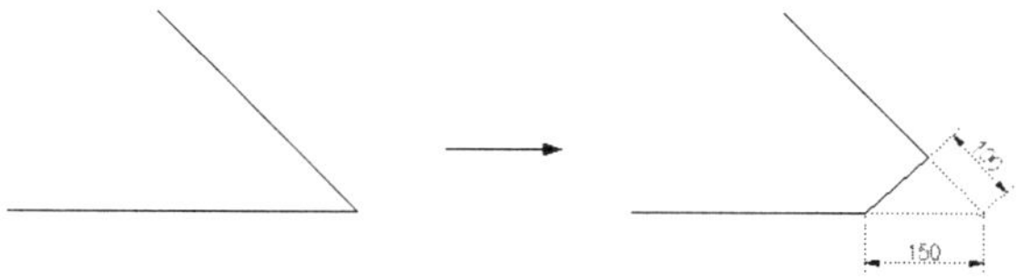

图1-102　倒角结果

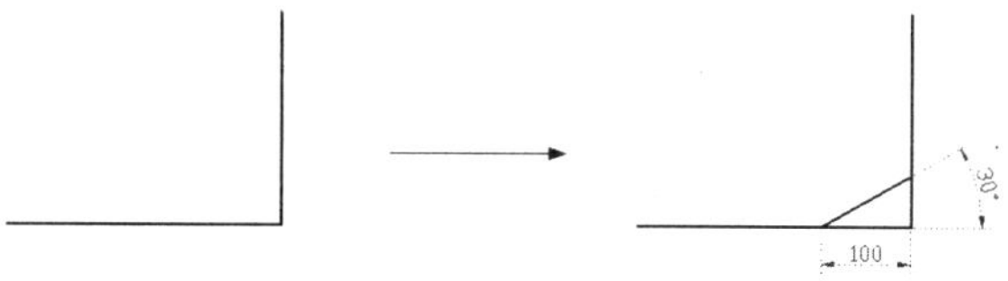

图1-103　非修剪模式下的倒角

4. 圆角图形

【圆角】命令主要是使用一段圆弧光滑地连接两条图线。执行【圆角】命令主要有以下几种方法。

- 执行菜单栏中的【修改】|【圆角】命令。
- 单击【修改】工具栏中的□按钮。
- 在命令行输入Fillet或F。

执行【圆角】命令后，命令行操作如下：

命令: _fillet
当前设置: 模式 = 修剪，半径 = 0.0000
选择第一个对象或 [放弃(U)/多段线(P)/半径(R)/修剪(T)/多个(M)]:　//r Enter
指定圆角半径 <0.0000>:　　//100 Enter，设置圆角半径
选择第一个对象或 [放弃(U)/多段线(P)/半径(R)/修剪(T)/多个(M)]:　//选择倾斜线段
选择第二个对象，或按住 Shift 键选择要应用角点的对象:　//选择圆弧，结果如图1-104所示

- 【多段线】选项用于对多段线每相邻元素进行圆角处理。
- 【多个】选项用于为多个对象进行圆角处理，不需要重复执行命令。
- 【修剪】选项用于设置圆角模式，即“修剪”和“不修剪”，“非修剪”模式下的圆角效果如图1-105所示。

图1-104　圆角结果

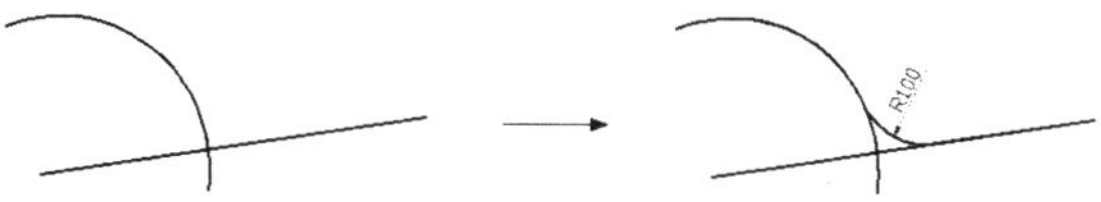

图1-105　非修剪模式下的圆角

5. 打断图形

【打断】命令用于打断并删除图形上的一部分，或将图形打断为相连的两部分。执行【打断】命令主要有以下几种方法。

- 执行菜单栏中的【修改】|【打断】命令。
- 单击【修改】工具栏中的按钮。
- 在命令行输入Break或BR。

执行【打断】命令后，命令行操作如下：

```
命令: _break
    选择对象:                          //选择上侧的线段
    指定第二个打断点 或 [第一点(F)]:    //f Enter，激活【第一点】选项
    指定第一个打断点:                  //捕捉线段中点作为第一断点
    指定第二个打断点:                  //@50,0 Enter，打断结果如图1-106所示
```

6. 合并图形

【合并】命令用于将同角度的两条或多条线段合并为一条线段，还可以将圆弧或椭圆弧合并为一个整圆和椭圆。执行此命令主要有以下几种方法。

- 执行菜单栏中的【修改】|【合并】命令。
- 单击【修改】工具栏中的按钮。
- 在命令行输入Join或J。

执行【合并】命令，将两条线段合并为一条线段，命令行操作如下：

```
命令: _join
    选择源对象:                        //选择左侧线段
    选择要合并到源的直线:              //选择右侧线段
    选择要合并到源的直线:              // Enter，合并结果如图1-107所示
    已将一条直线合并到源
```

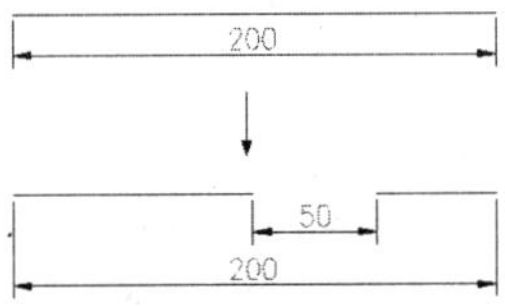

图1-106 打断结果

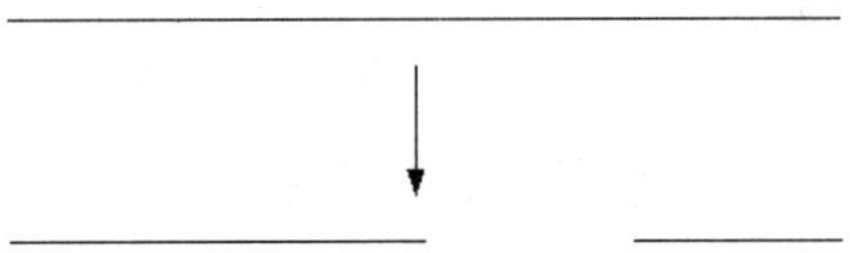

图1-107 合并线段

1.5.6 图形的基本编辑

本节主要学习图形的基本编辑功能，具体包括【拉伸】、【拉长】、【缩放】、【旋转】、【分解】和【移动】等。

1. 拉伸图形

【拉伸】命令用于通过拉伸图形中的部分元素，达到修改图形的目的。执行【拉伸】命令主要有以下几种方法。

- 执行菜单栏中的【修改】|【拉伸】命令。
- 单击【修改】工具栏中的按钮。
- 在命令行输入Stretch或S。

执行【拉伸】命令，命令行操作如下：

```
命令: _stretch
    以交叉窗口或交叉多边形选择要拉伸的对象...
    选择对象:                                      //拉出如图1-108所示的窗交选择框
    选择对象:                                      // Enter，结束选择
    指定基点或 [位移(D)] <位移>:                    //捕捉矩形的左下角点
    指定第二个点或 <使用第一个点作为位移>:           //捕捉矩形右下角点，结果如图1-109所示
```

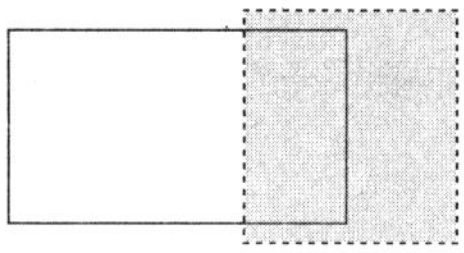

图1-108 窗交选择

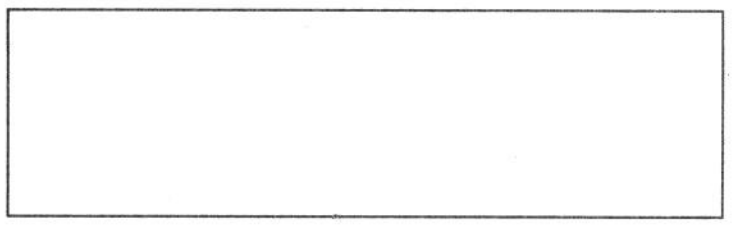

图1-109 拉伸结果

如果图形完全处于选择框内时，拉伸的结果只能是图形对象相对于原位置上的平移。

2. 拉长图形

【拉长】命令主要用于更改直线的长度或弧线的角度。执行【拉长】命令主要有以下几种方法。

- 执行菜单栏中的【修改】|【拉长】命令。
- 在命令行输入Lengthen或LEN。

绘制长度为200的直线段，然后执行【拉长】命令，将线段拉长50个绘图单位。命令行操作如下：

```
命令: _lengthen
    选择对象或 [增量(DE)/百分数(P)/全部(T)/动态(DY)]:      //DE Enter
    输入长度增量或 [角度(A)] <0.0000>:                    //50 Enter，设置长度增量
    选择要修改的对象或 [放弃(U)]:                         //在直线的左端单击
    选择要修改的对象或 [放弃(U)]:                         // Enter，拉长结果如图1-110所示
```

提示：如果增量值为正，将拉长对象。反之缩短对象。【百分数】选项是以总长的百分比拉长对象，百分数值必须为正且非零；【全部】选项用于指定一个总长度或者总角度进行拉长对象。

3. 旋转图形

【旋转】命令用于将图形围绕指定的基点进行旋转。执行【旋转】命令主要有以下几种方法。

- 执行菜单栏中的【修改】|【旋转】命令。
- 单击【修改】工具栏中的○按钮。
- 在命令行输入Rotate或RO。

执行【旋转】命令，将矩形旋转30°放置。命令行操作如下：

```
命令: _rotate
    UCS 当前的正角方向: ANGDIR=逆时针 ANGBASE=0
    选择对象:                                  //选择矩形
    选择对象:                                  // Enter，结束选择
    指定基点:                                  //捕捉矩形左下角点作为基点
    指定旋转角度，或 [复制(C)/参照(R)] <0>:      //30 Enter，旋转结果如图1-111所示
```

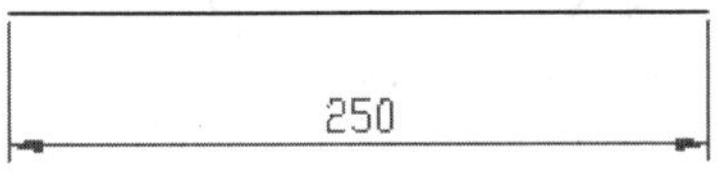

图1-110 拉长线段

图1-111 旋转结果

提示： 输入的角度为正值，系统将按逆时针方向旋转；输入的角度为负值，系统将按顺时针方向旋转。

4. 缩放图形

【缩放】命令用于将图形进行等比放大或等比缩小。此命令主要用于创建形状相同、大小不同的图形结构。执行【缩放】命令主要有以下几种方法。

- 执行菜单栏中的【修改】|【缩放】命令。
- 单击【修改】工具栏中的按钮。
- 在命令行输入Scale或SC。

执行【缩放】命令后，其命令行操作如下：

```
命令: _scale
    选择对象:                                          //选择如图1-112（左）所示的图形
    选择对象:                                          // Enter，结束选择
    指定基点:                                          //捕捉中点
    指定比例因子或 [复制(C)/参照(R)] <1.0000>:         //0.5 Enter，结果如图1-112（右）所示
```

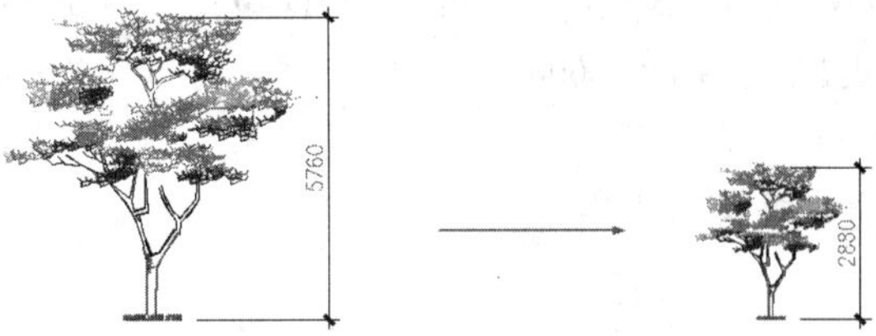

图1-112 缩放示例

5. 移动图形

【移动】命令主要用于将图形从一个位置移动到另一个位置。执行【移动】命令主要有以下几种方法。

- 执行菜单栏中的【修改】|【移动】命令。
- 单击【修改】工具栏中的按钮。
- 在命令行输入Move或M。

执行【移动】命令后，其命令行操作如下：

```
命令: _move
    选择对象:                                          //选择如图1-113所示的矩形
    选择对象:                                          // Enter，结束对象的选择
    指定基点或 [位移(D)] <位移>:                        //捕捉矩形左侧垂直边的中点
    指定第二个点或 <使用第一个点作为位移>:              //捕捉直线的右端点，结果如图1-114所示
```

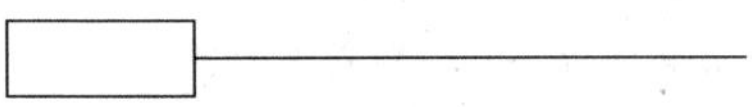

图1-113 定位基点

图1-114 移动结果

6. 分解图形

【分解】命令主要用于将组合对象分解成各自独立的对象，以方便对各对象进行编辑。执行【分解】命令主要有以下几种方法。

- 执行菜单栏中的【修改】|【分解】命令。
- 单击【修改】工具栏中的按钮。
- 在命令行输入Explode或X。

例如，矩形是由四条直线元素组成的单个对象，如果用户需要对其中的一条边进行编辑，则首先将矩形分解还原为四条线对象，如图1-115所示。

图1-115 分解示例

1.6　室内图纸的标注与资源共享技能

本节主要学习室内图纸的文字、尺寸等后期标注技能以及图形资源的组合、规划和共享技能。

1.6.1　标注图纸文字注释

1.设置文字样式

【文字样式】命令用于设置不同的字体、字高、倾斜角度、旋转角度以及一些其他的特殊效果，如图1-116所示。执行【文字样式】命令主要有以下几种方法。

- 执行菜单栏中的【格式】|【文字样式】命令。
- 单击【样式】工具栏中的按钮。
- 在命令行输入Style或ST。

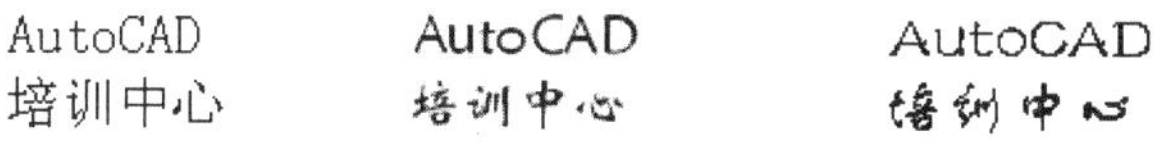

图1-116 文字效果示例

文字样式的设置、修改及效果的预览等一些操作，是在如图1-117所示的【文字样式】对话框中进行的，使用上述三种方式中的任意一种，都可打开此对话框。

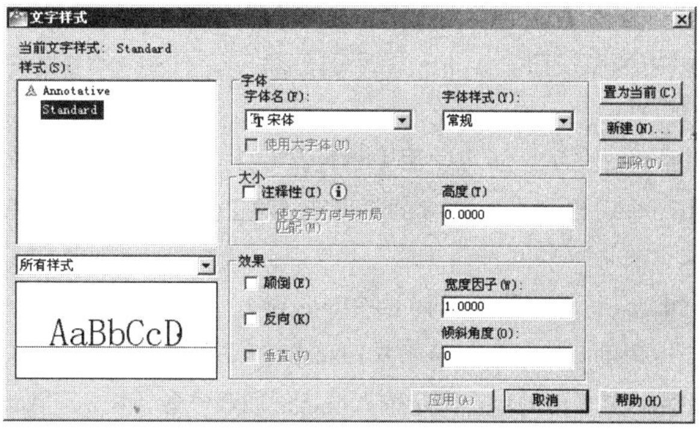

图1-117【文字样式】对话框

文字样式的设置步骤如下。

1 执行【文字样式】命令，在打开的【文字样式】对话框中单击新建(N)...按钮，为新样式赋名，如图1-118所示。

2 单击确定按钮，然后在【字体】选项组中展开【字体名】下拉列表，选择所需的字体，如图1-119所示。

图1-118 命名

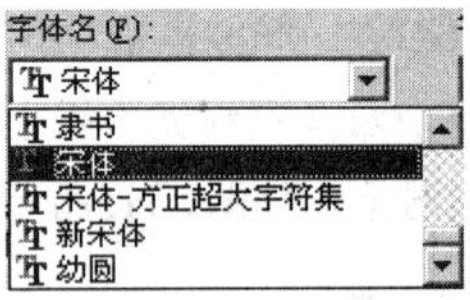

图1-119 字体名表框

3 取消勾选【使用大字体】复选框，结果所有AutoCAD编译型（.SHX）字体和已注册的TrueType字体都显示在此列表内，用户可以选择某种字体作为当前样式的字体。

4 在【高度】文本框中设置文字的高度。

> **提示：** 如果设置了高度后，那么当创建文字时，命令行就不会再提示输入文字的高度。建议在此不设置字体的高度。

5 勾选【颠倒】复选框，以设置文字为倒置状态；勾选【反向】复选框，以设置文字为反向状态；勾选【垂直】复选框，以控制文字呈垂直排列状态；在【倾斜角度】文本框中设置文字的倾斜角度，如图1-120所示。

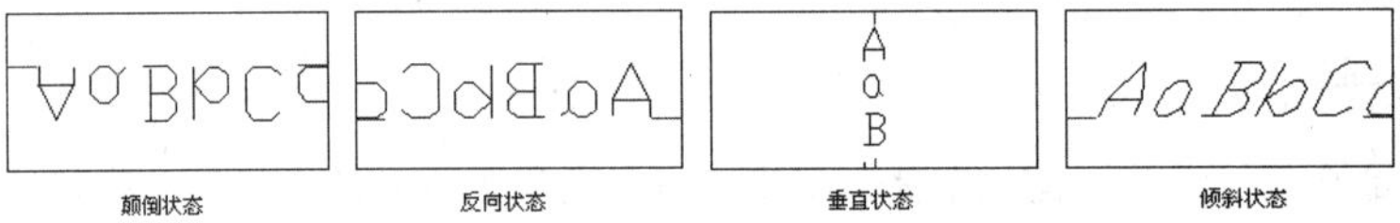

图1-120 设置字体效果

6 设置宽度比例。在【宽度因子】文本框内设置字体的宽高比。国标规定工程图样中的汉字应采用长仿宋体，宽高比为0.7。

7 单击预览(P)按钮，在【预览】选项组中直观地预览文字的效果；单击删除(D)按钮，可以将多余的文字样式删除。

8 单击应用(A)按钮，最后设置的文字样式将被看做当前样式。

2. 标注单行文字

【单行文字】命令主要用于创建单行或多行的文字对象，所创建的每一行文字，都被看做是一个独立的对象。执行【单行文字】命令主要有以下几种方法。

- 执行菜单栏中的【绘图】|【文字】|【单行文字】命令。
- 单击【文字】工具栏中的AI按钮。
- 在命令行输入Dtext或DT。

下面通过创建高度为10的两行文字，学习使用【单行文字】命令，操作步骤如下。

1 执行【单行文字】命令，在“指定文字的起点或 [对正(J)/样式(S)]:”提示下，在绘图区拾取一点作为文字的插入点。

2 在“指定高度 <2.5000>:”提示下输入10并按Enter键。

3 在“指定文字的旋转角度 <0>：”提示下按Enter键，采用当前设置。

4 此时绘图区出现如图1-121所示的单行文字输入框，然后在命令行输入“AutoCAD”，如图1-122所示。

5 按Enter键换行，然后输入“培训中心”。

6 连续按两次Enter键，结束【单行文字】命令，结果如图1-123所示。

图1-121 单行文字输入框

图1-122 输入文字

图1-123　创建文字

3. 标注多行文字

【多行文字】命令用于创建较为复杂的文字。无论创建的文字包含多少行、多少段，AutoCAD都将其作为一个独立的对象。执行此命令主要有以下几种方法。

- 执行菜单栏中的【绘图】|【文字】|【多行文字】命令。
- 单击【绘图】工具栏中的A按钮。
- 在命令行输入Mtext或T或MT。

下面通过创建如图1-124所示的设计要求，来学习段落文字的创建方法和技巧。

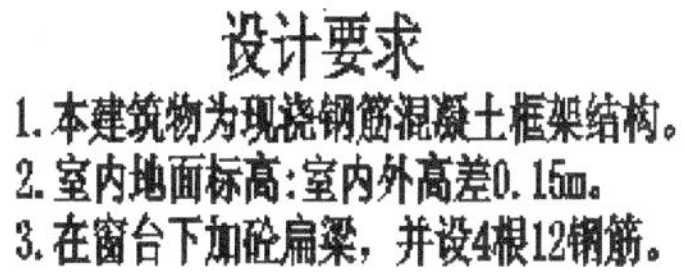

图1-124 创建段落文字

1 执行【多行文字】命令，在“指定第一角点:”提示下拾取一点。

2 在命令行“指定对角点或[高度(H)/对正(J)/行距(L)/旋转(R)/样式(S)/宽度(W)/栏(C)]:”提示下，在绘图区拾取对角点，打开【文字格式】编辑器。

3 单击【字体】下拉按钮，在下拉列表中选择“宋体”作为当前字体；在【文字高度】文本框内输入“12”。

4 在下侧的文字输入框内单击，指定文字的输入位置，然后输入“设计说明”等字样作为标题内容，如图1-125所示。

5 按Enter键换行，以输入其他文字内容。

6 在【文字高度】列表框中修改字体高度为9，然后输入如图1-126所示的三行文字内容。

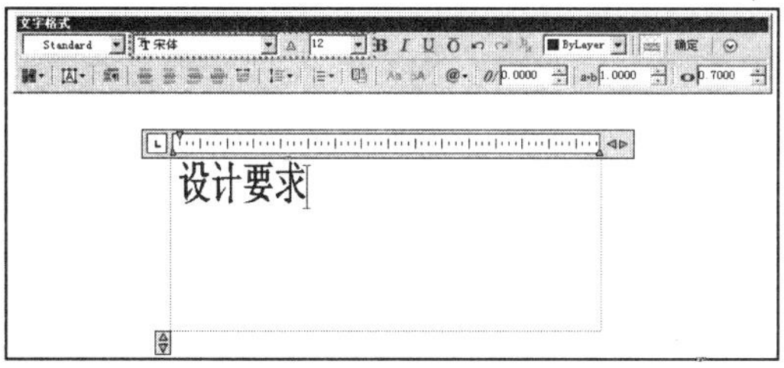

图1-125 输入标题

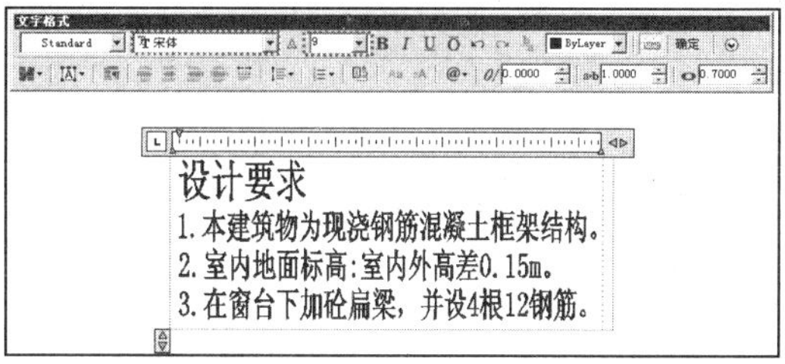

图1-126 输入段落文字

7 将光标放在标题前，然后连续按空格键，向右移动标题内容，结果如图1-127所示。

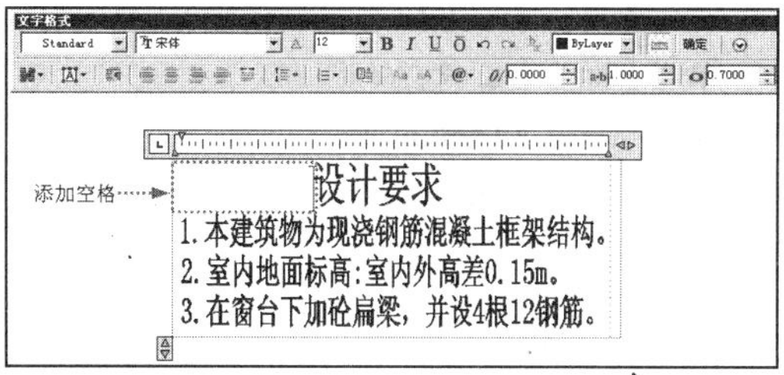

图1-127 添加空格

4. 标注引线文字

【快速引线】命令主要用于创建一端带有箭头、另一端带有文字注释的引线尺寸，其中，引线可以为直线段，也可以为平滑的样条曲线，如图1-128所示。

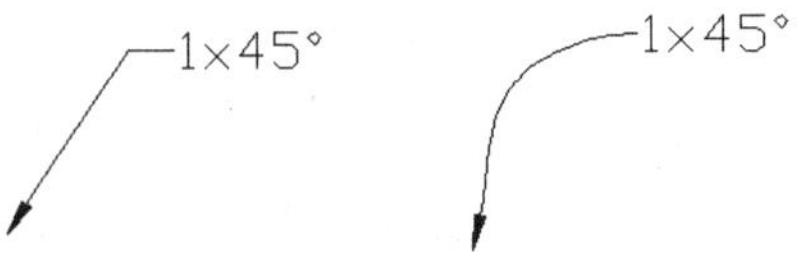

图1-128 引线尺寸示例

在命令行输入Qleader或LE，按Enter键，即可激活【快速引线】命令。命令行操作如下：

```
命令: LE                                        // Enter，激活【快速引线】命令
    QLEADER指定第一个引线点或 [设置(S)] <设置>: //在所需位置拾取第一个引线点
    指定下一点:                                 //在所需位置拾取第二个引线点
    指定下一点:                                 //在所需位置拾取第三个引线点
    指定文字宽度 <0>:                           // Enter
    输入注释文字的第一行 <多行文字(M)>://庭院灯Enter
    输入注释文字的下一行:                       // Enter，标注结果如图1-129所示
```

提示： 激活【设置】选项后，可打开如图1-130所示的【引线设置】对话框，在此对话框中修改和设置引线点数、注释类型以及注释文字的附着位置等。

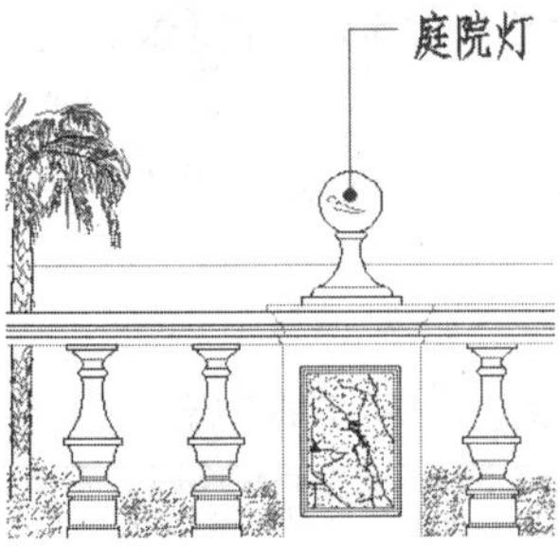

图1-129 标注引线注释

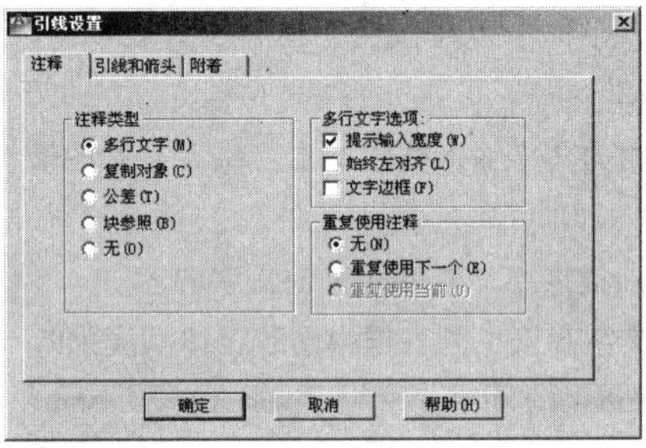

图1-130 【引线设置】对话框

1.6.2 标注图纸常用尺寸

1. 标注线性尺寸

【线性】命令是一个较为常用的尺寸标注命令，此命令主要用于标注两点之间的水平尺寸或垂直尺寸。执行【线性】命令主要有以下几种方法。

- 执行菜单栏中的【标注】|【线性】命令。
- 单击【标注】工具栏中的⊢按钮。
- 在命令行输入Dimlinear或Dimlin。

首先绘制长度为200、宽度为100的矩形，然后执行【线性】命令，配合端点捕捉功能标注矩形的长度尺寸。命令行操作如下：

```
命令: _dimlinear
    指定第一条尺寸界限原点或 <选择对象>:          //捕捉矩形左下角点
```

指定第二条尺寸界限原点:　　　　　　//捕捉矩形右下角点
指定尺寸线位置或[多行文字(M)/文字(T)/角度(A)/水平(H)/垂直(V)/旋转(R)]:
　　　　　　　　　　　　　　　　　　//在适当位置拾取一点，结果如图1-131所示
标注文字 = 200

- 激活【多行文字】选项后，可打开【文字格式】编辑器，以手动编辑尺寸的文字内容，或者为尺寸文字添加前缀后缀等。
- 【文字】选项用于通过命令行手动编辑尺寸文字的内容。
- 【角度】选项用于设置尺寸文字的旋转角度，如图1-132所示。
- 【水平】选项用于标注两点之间的水平尺寸，当激活该选项后，无论如何移动光标，所标注的始终是对象的水平尺寸。
- 【旋转】选项用于设置尺寸线的旋转角度，如图1-133所示。

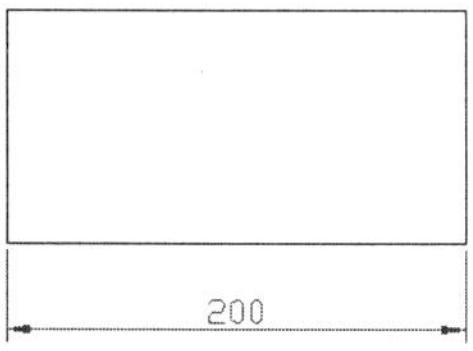

图1-131 标注长度尺寸

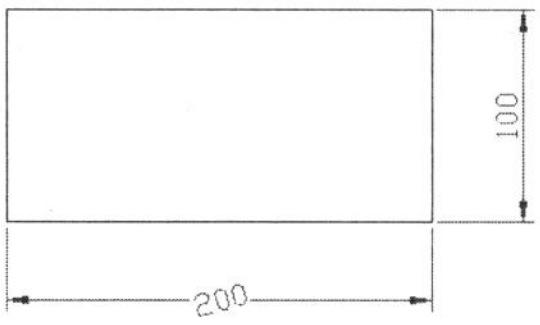

图1-132 角度示例

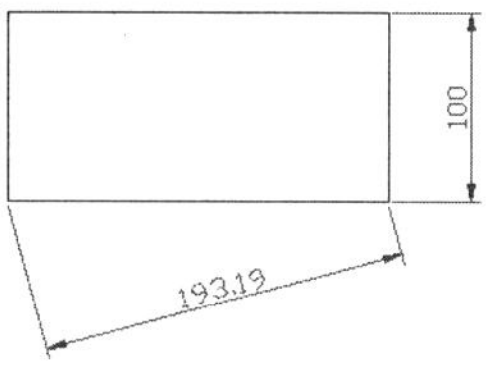

图1-133 旋转示例

- 【垂直】选项用于标注两点之间的垂直尺寸。

2. 标注对齐尺寸

【对齐】命令用于标注平行于所选对象或平行于两尺寸界限原点连线的直线型尺寸，此命令比较适合于标注倾斜图线的尺寸。执行【对齐】命令主要有以下几种方法。

- 执行菜单栏中的【标注】|【对齐】命令。
- 单击【标注】工具栏中的按钮。
- 在命令行输入Dimaligned或Dimali。

执行【对齐】命令后，其命令行操作如下：

命令: _dimaligned
指定第一条尺寸界限原点或 <选择对象>:　　　　//捕捉矩形的左上角点
指定第二条尺寸界限原点:　　　　　　　　//捕捉矩形的右下角点
指定尺寸线位置或[多行文字(M)/文字(T)/角度(A)]:　　//指定位置，结果如图1-134所示
标注文字 = 223.613

3. 标注点的坐标

【坐标】命令用于标注点的x坐标值和y坐标值，所标注的坐标为点的绝对坐标，如图1-135所示。执行【坐标】命令主要有以下几种方法。

- 执行菜单栏中的【标注】|【坐标】命令。
- 单击【标注】工具栏中的按钮。
- 在命令行输入Dimordinate或Dimord。

4. 标注弧长尺寸

【弧长】命令主要用于标注圆弧或多段线弧的长度尺寸。执行【弧长】命令主要有以下几种方法。

- 执行菜单栏中的【标注】|【弧长】命令。

➢ 单击【标注】工具栏中的按钮。

➢ 在命令行输入Dimarc。

执行【弧长】命令后，命令行操作如下：

```
命令: _dimarc
    选择弧线段或多段线弧线段:                    //选择需要标注的弧线段
    指定弧长标注位置或 [多行文字(M)/文字(T)/角度(A)/部分(P)/引线(L)]:
                                                 //指定弧长尺寸的位置，结果如图1-136所示
    标注文字 = 160
```

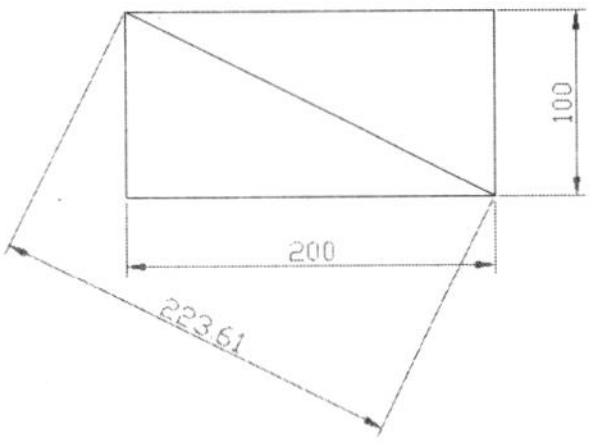

图1-134 标注对齐尺寸

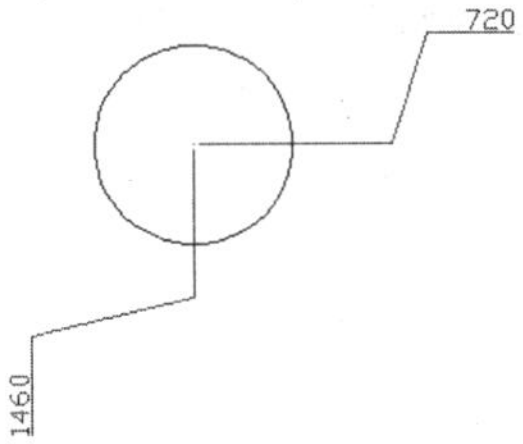

图1-135 点坐标标注示例

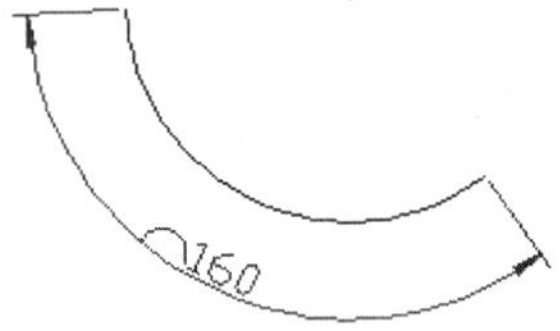

图1-136 弧长标注示例

5. 标注角度尺寸

【角度】命令主要用于标注图线间的角度尺寸或者是圆弧的圆心角等。执行【角度】命令主要有以下几种方法。

➢ 执行菜单栏中的【标注】|【角度】命令。

➢ 单击【标注】工具栏中的按钮。

➢ 在命令行输入Dimangular或Angular。

执行【角度】命令后，命令行操作如下：

```
命令: _dimangular
    选择圆弧、圆、直线或 <指定顶点>:     //单击矩形的对角线
    选择第二条直线:                       //单击矩形的下侧水平边
    指定标注弧线位置或 [多行文字(M)/文字(T)/角度(A) /象限点(Q)]:
                                          //在适当位置拾取一点，结果如图1-137所示
    标注文字 = 27
```

6. 标注半径尺寸

【半径】命令用于标注圆、圆弧的半径尺寸，所标注的半径尺寸是由一条指向圆或圆弧的带箭头的半径尺寸线组成。执行【半径】命令主要有以下几种方法。

➢ 执行菜单栏中的【标注】|【半径】命令。

➢ 单击【标注】工具栏中的按钮。

➢ 在命令行输入Dimradius或Dimrad。

执行【半径】命令后，命令行操作如下：

```
命令: _dimradius
    选择圆弧或圆:                                        //选择需要标注的圆或弧对象
    标注文字 = 55
    指定尺寸线位置或 [多行文字(M)/文字(T)/角度(A)]:    //指定尺寸位置，结果如图1-138所示
```

7. 标注直径尺寸

【直径】命令用于标注圆或圆弧的直径尺寸。执行【直径】命令主要有以下几种方法。

- 执行菜单栏中的【标注】|【直径】命令。
- 单击【标注】工具栏中的按钮。
- 在命令行输入Dimdiameter或Dimdia。

执行【直径】命令后，命令行操作如下：

```
命令: _dimdiameter
    选择圆弧或圆:                                   //选择需要标注的圆或圆弧
    标注文字 = 110
    指定尺寸线位置或 [多行文字(M)/文字(T)/角度(A)]:    //指定尺寸的位置，如图1-139所示
```

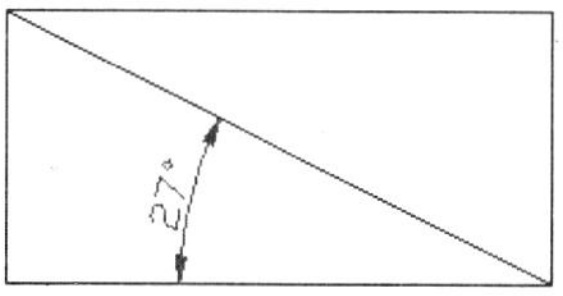

图1-137 标注角度尺寸

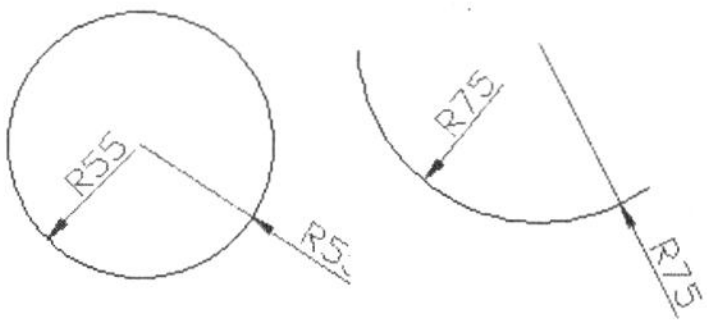

图1-138 半径尺寸示例

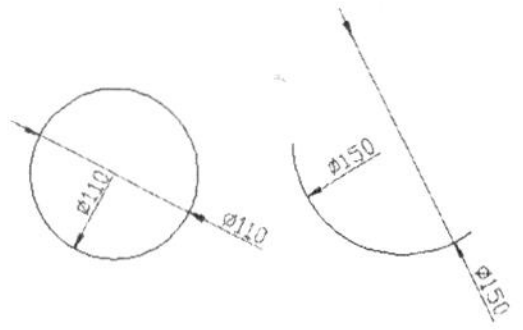

图1-139 直径尺寸示例

8. 标注折弯尺寸

【折弯】命令主要用于标注含有折弯的半径尺寸，如图1-140所示。执行【折弯】命令主要有以下几种方法。

- 执行菜单栏中的【标注】|【弧长】命令。
- 单击【标注】工具栏中的按钮。
- 在命令行输入Dimjogged。

执行【折弯】命令后，命令行操作如下：

```
命令: _dimjogged
    选择圆弧或圆:                        //选择弧或圆作为标注对象
    指定图示中心位置:                    //指定中心线位置
    标注文字 = 175
    指定尺寸线位置或 [多行文字(M)/文字(T)/角度(A)]: //指定尺寸线位置，结果如图1-140所示
```

9. 创建基线尺寸

【基线】命令需要在现有尺寸的基础上，以所选择的尺寸界限作为基线尺寸的尺寸界限，进行创建基线尺寸。执行【基线】命令主要有以下几种方法。

- 执行菜单栏中的【标注】|【基线】命令。
- 单击【标注】工具栏中的按钮。
- 在命令行输入Dimbaseline或Dimbase。

10. 创建连续尺寸

【连续】命令也需要在现有的尺寸基础上创建连续的尺寸对象，所创建的连续尺寸位于同一个方向矢量上，如图1-141所示。执行【连续】命令主要有以下几种方法。

- 执行菜单栏中的【标注】|【连续】命令。
- 单击【标注】工具栏中的按钮。
- 在命令行输入Dimcontinue或Dimcont。

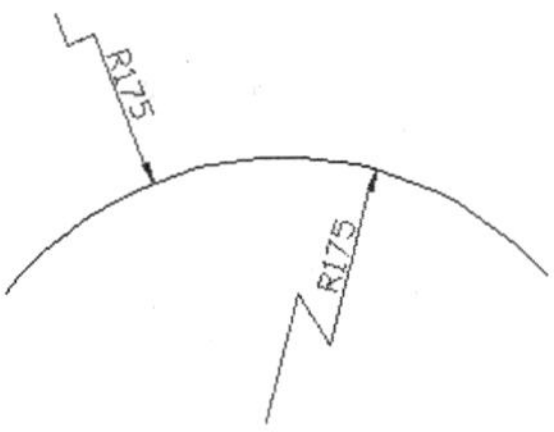

图1-140 折弯尺寸

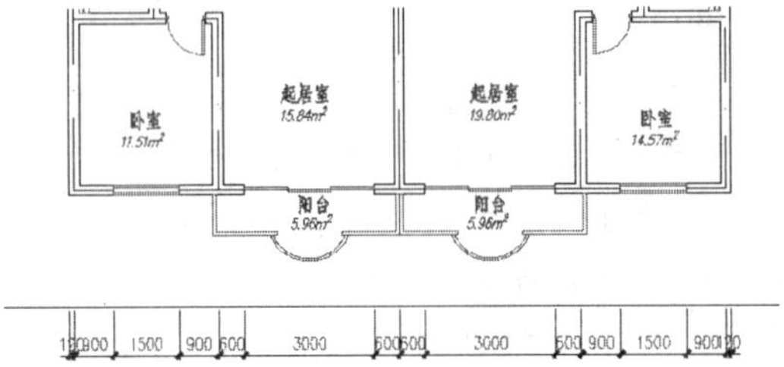

图1-141 连续尺寸

11. 快速标注尺寸

【快速标注】命令用于一次标注多个对象间的的水平尺寸或垂直尺寸。执行【快速标注】命令主要有以下几种方法。

- 执行菜单栏中的【标注】|【快速标注】命令。
- 单击【标注】工具栏中的按钮。
- 在命令行输入Qdim。

执行【快速标注】命令后，其命令行操作如下：

```
命令: _qdim
    关联标注优先级 = 端点
    选择要标注的几何图形:         //选择如图1-142所示的七条垂直轴线
    选择要标注的几何图形:         // Enter，退出对象的选择状态
    指定尺寸线位置或 [连续(C)/并列(S)/基线(B)/坐标(O)/半径(R)/直径(D)/基准点(P)/编辑(E)/设置(T)] <
  连续>: //向下移动光标，在距离细部尺寸850单位的位置上定位轴线尺寸，结果如图1-143所示
```

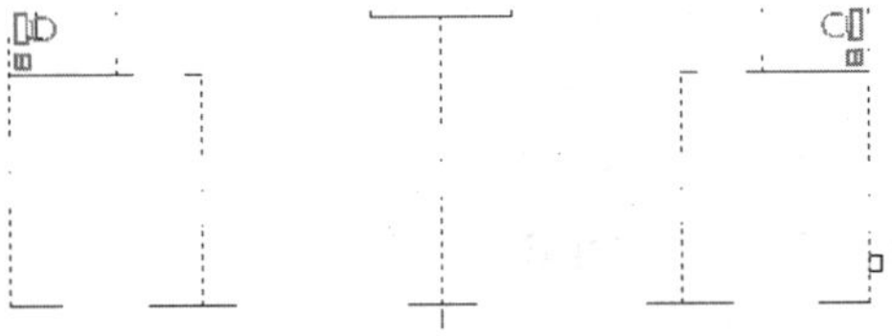

图1-142 选择轴线

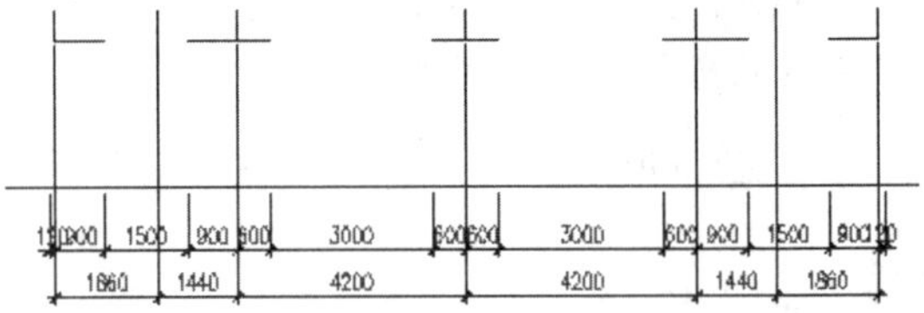

图1-143 轴线尺寸标注效果

1.6.3 图纸尺寸的完善与协调

1. 打断标注

【标注打断】命令可以在尺寸线、延伸线与几何对象或其他标注相交的位置将其打断。执行【标注打断】命令主要有以下几种方法。

- 执行菜单栏中的【标注】|【标注打断】命令。
- 单击【标注】工具栏中的按钮。
- 在命令行输入Dimbreak。

执行【标注打断】命令后，命令行操作如下：

```
命令: _DIMBREAK
    选择要添加/删除打断的标注或 [多个(M)]:        //选择如图1-144所示的尺寸对象
    选择要打断标注的对象或 [自动(A)/手动(M)/删除(R)] <自动>:     //选择矩形
    选择要打断标注的对象:              // Enter，打断结果如图1-145所示
    一个对象已修改
```

提示：【手动】选项用于手动定位打断位置；【删除】选项用于恢复被打断的尺寸对象。

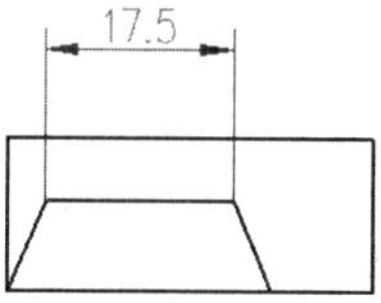

图1-144　源尺寸

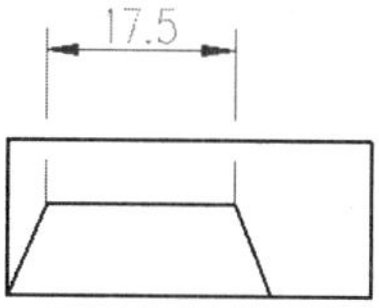

图1-145　打断结果

2. 标注间距

【标注间距】命令用于调整平行的线性标注和角度标注之间的间距，或根据指定的间距值进行调整。执行【等距标注】命令主要有以下几种方法。

- 执行菜单栏中的【标注】|【标注间距】命令。
- 单击【标注】工具栏中的按钮。
- 在命令行输入Dimspace。

执行【等距标注】命令，将图1-146所示的尺寸线间的距离调整为10个绘图单位。命令行操作如下：

```
命令: _DIMSPACE
    选择基准标注:                        //选择尺寸文字为16.0的尺寸对象
    选择要产生间距的标注::          //选择其他三个尺寸对象
    选择要产生间距的标注:           // Enter，结束对象的选择
    输入值或 [自动(A)] <自动>:             //10 Enter，结果如图1-147所示
```

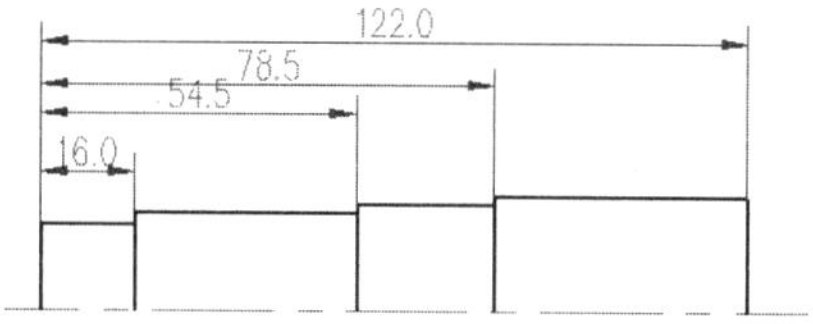

图1-146　源尺寸

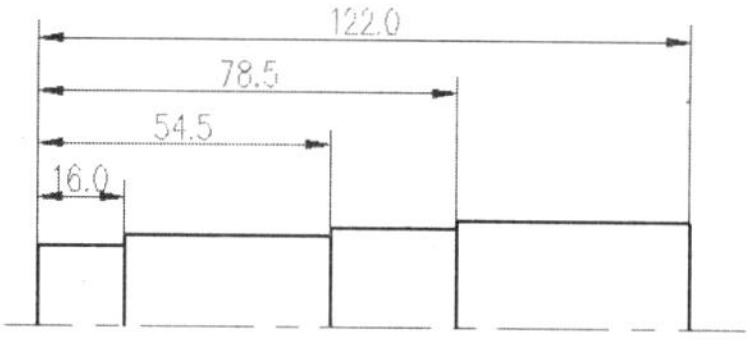

图1-147　调整结果

提示：【自动】选项用于根据现有的尺寸位置，自动调整各尺寸对象的位置，使之间隔相等。

3. 编辑标注

【编辑标注】命令主要用于修改尺寸文字的内容、旋转角度以及延伸线的倾斜角度等。执行【编辑标注】命令主要有以下几种方法。

- 执行菜单栏中的【标注】|【倾斜】命令。
- 单击【标注】工具栏中的按钮。
- 在命令行输入Dimedit。

4. 编辑标注文字

【编辑标注文字】命令主要用于重新调整尺寸文字的放置位置以及尺寸文字的旋转角度。执行【编辑标注文字】命令主要有以下几种方法。

- 执行菜单栏中的【标注】|【对齐文字】级联菜单中的各命令。
- 单击【标注】工具栏中的按钮。

- 在命令行输入Dimtedit。

下面通过更改某尺寸标注文字的位置及角度，学习使用【编辑标注文字】命令。

1 标注如图1-148所示的线性尺寸，然后执行【编辑标注文字】命令，根据命令行提示进行编辑尺寸文字。命令行操作如下：

```
命令: _dimtedit
    选择标注:                              //选择刚标注的尺寸对象
    为标注文字指定新位置或 [左对齐(L)/右对齐(R)/居中(C)/默认(H)/角度(A)]:
                                           //a Enter, 激活【角度】选项
    指定标注文字的角度:                    //15 Enter, 结果如图1-149所示
```

2 重复【编辑标注文字】命令，修改尺寸文字的位置。命令行操作如下：

```
命令: _dimtedit
    选择标注:                              //选择如图1-149所示的尺寸
    为标注文字指定新位置或 [左对齐(L)/右对齐(R)/居中(C)/默认(H)/角度(A)]:
                                           // L Enter, 修改结果如图1-150所示
```

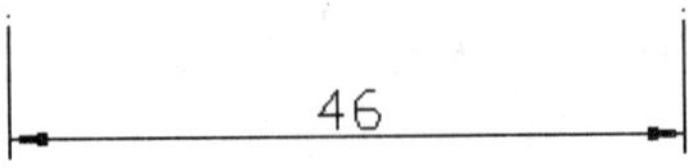

图1-148 标注尺寸

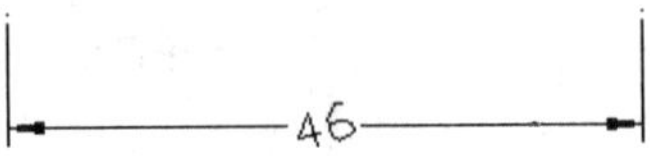

图1-149 更改尺寸文字的角度

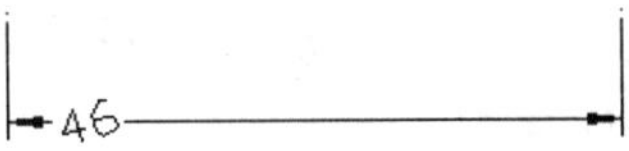

图1-150 修改尺寸文字位置

- 【左对齐】选项后用于沿尺寸线左端放置标注文字。
- 【右对齐】选项用于沿尺寸线右端放置标注文字。
- 【居中】选项用于把标注文字放在尺寸线的中心。
- 【默认】选项用于将标注文字移回默认位置。
- 【角度】选项用于按照输入的角度放置标注文字。

1.6.4 使用图块组织共享图形资源

1. 创建块

【创建块】命令用于将单个或多个图形对象组合成为一个整体图形单元，保存于当前图形文件内，以供重复引用。执行【创建块】命令主要有以下几种方法。

- 执行菜单栏中的【绘图】|【块】|【创建】命令。
- 单击【绘图】工具栏中的按钮。
- 在命令行输入Block或Bmake或B。

下面通过创建名为“平面椅”的图块，学习【创建块】命令的使用方法和技巧。操作步骤如下。

1 打开本书配套光盘中的“图块文件\平面椅.dwg”。

2 执行【创建块】命令，打开如图1-151所示的【块定义】对话框，在【名称】文本框内输入块名为“平面椅”，在【对象】选项组单击【保留】单选按钮，其他参数采用默认设置。

3 在【基点】选项组单击【拾取点】按钮，返回绘图区，捕捉如图1-152所示的中点作为块的基点。

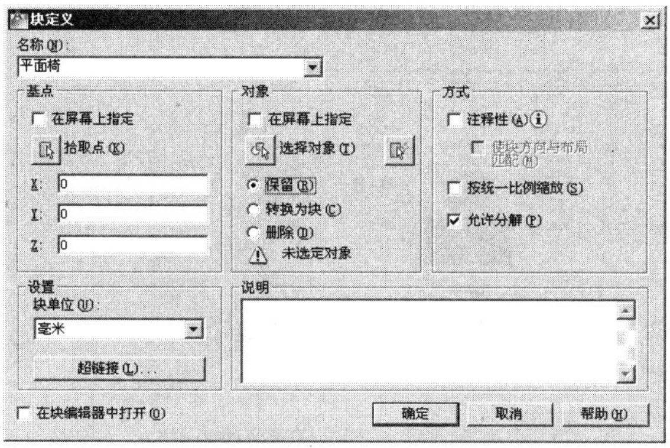

图1-151 【块定义】对话框

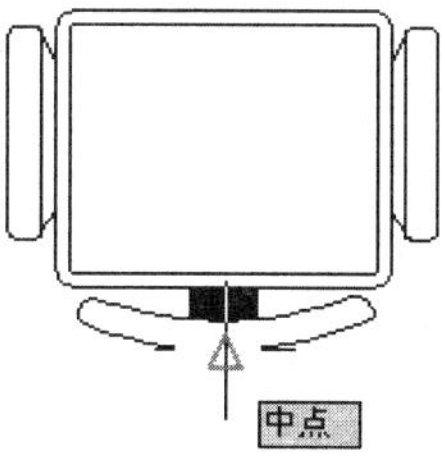

图1-152 捕捉中点

4 单击【选择对象】按钮，返回绘图区，选择“平面椅”图形，然后按Enter键返回到【块定义】对话框。

> **提示：**【转换为块】选项用于将创建块的源图形转化为图块；【删除】选项用于将组成图块的图形对象从当前绘图区中删除。

5 单击 确定 按钮关闭【块定义】对话框，结果所创建的图块存在于文件内部，将会与文件一起存盘。

2. 插入块

【插入块】命令用于将图块或已存盘的图形文件引用到当前文件中，以组合更加复杂的图形，如图1-153所示。执行【插入块】命令主要有以下几种方法。

- 执行菜单栏中的【插入】|【块】命令。
- 单击【绘图】工具栏中的按钮。
- 在命令行输入Insert或I。

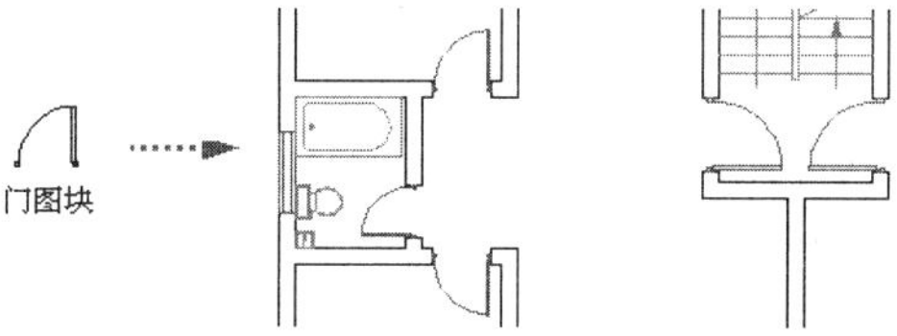

图1-153 图块的引用示例

1.6.5 使用设计中心共享图形资源

【设计中心】是AutoCAD软件的一个高级制图命令，主要用于CAD图形资源的管理、查看与共享等，与Windows的资源管理器界面功能相似，是一个直观、高效的制图命令。执行【设计中心】命令主要有以下几种方法。

- 执行菜单栏中的【工具】|【选项板】|【设计中心】命令。
- 单击【标准】工具栏中的按钮。
- 在命令行输入Adcenter或ADC。
- 按组合键Ctrl+2。

用户不但可以随意查看本机上的所有设计资源，还可以将有用的图形资源以及图形的一些内部资源应用到自己的图纸中。具体操作过程如下。

1 执行【设计中心】命令，打开设计中心窗口，在左侧树状窗口中查找并定位所需文件的上一级文件夹，然后在右侧窗口中定位所需文件，如图1-154所示。

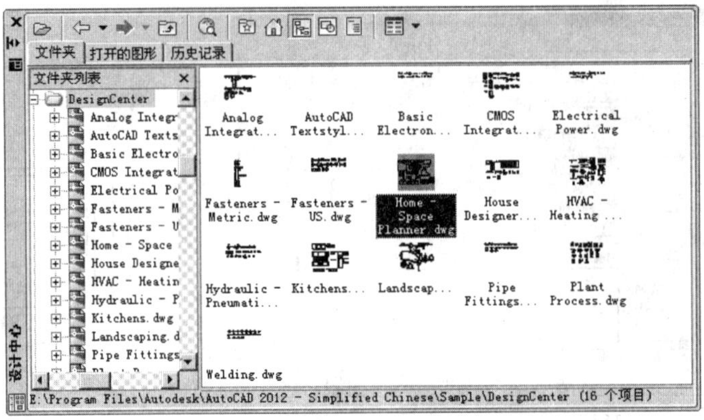

图1-154 共享文件

2 此时在此文件图标上右击，从弹出的快捷菜单中选择【插入为块】命令，如图1-155所示。

3 此时系统弹出【插入】对话框，根据实际需要，在此对话框中设置所需参数，单击[确定]按钮，即可将选择的图形共享到当前文件中。

4 共享文件内部资源。首先定位并打开文件的内部资源，如图1-156所示。

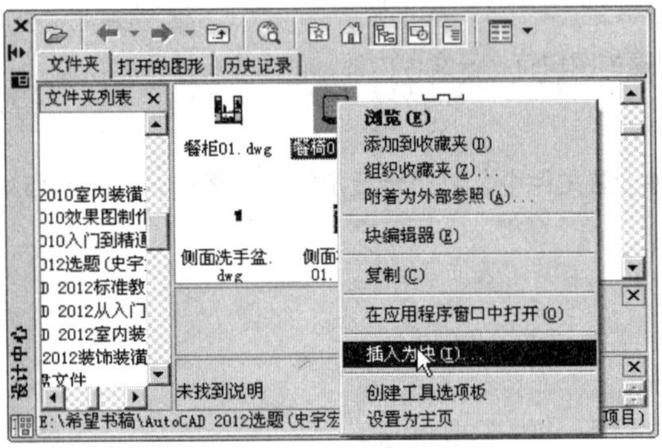

图1-155 选择【插入为块】命令

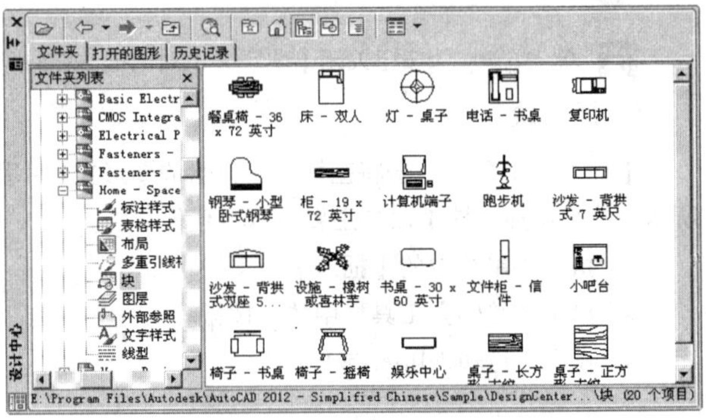

图1-156 浏览图块资源

5 在设计中心右侧窗口中选择某一图块右击，从弹出的快捷菜单中选择【插入块】命令，就可以将此图块插入到当前图形文件中。

1.6.6 使用工具选项板共享图形资源

【工具选项板】主要有组织、共享图形资源和高效执行命令的功能，其窗口则包含一系列选项板，这些选项板以选项卡的形式分布在【工具选项板】窗口中。执行【工具选项板】命令主要有以下几种方法。

- 执行菜单栏中的【工具】|【选项板】|【工具选项板】命令。
- 单击【标准】工具栏中的按钮。
- 在命令行输入Toolpalettes。
- 按组合键Ctrl+3。

下面通过向文件中插入图块为例，学习【工具选项板】的使用方法和技巧。操作步骤如下。

1 执行【工具选项板】命令，在打开的【工具选项板】窗口中展开【建筑】选项卡，如图1-157所示。

2 在【建筑】选项卡中单击“车辆-公制”图标，然后在“指定插入点或 [基点(B)/比例(S)/X/Y/Z/旋转(R)]：”提示下，在绘图区拾取一点，将图例插入到当前文件内，结果如图1-158所示。

3 另外，用户也可以将光标定位到“铝窗（立面图）-公制”图例上，然后按住鼠标左键不放，将其拖入到当前图形中。

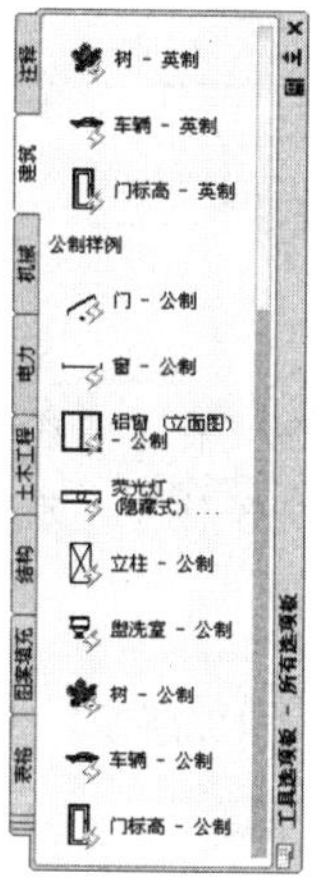

图1-157 【建筑】选项卡

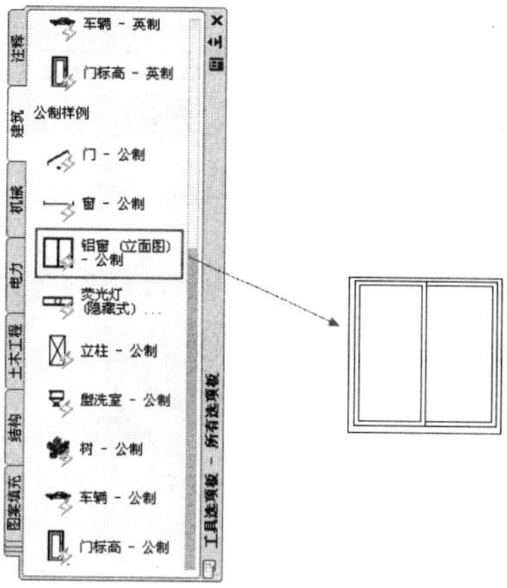

图1-158 插入结果

1.6.7　使用图层规划与控制图形资源

【图层】命令主要用于规划和组合复杂的图形。通过将不同性质、不同类型的对象（如几何图形、尺寸标注、文本注释等）放置在不同的图层上，可以很方便地通过图层的状态控制功能来显示和管理复制图形，以方便对其观察和编辑。执行【图层】命令主要有以下几种方法。

- 执行菜单栏中的【格式】|【图层】命令。
- 单击【图层】工具栏中的按钮。
- 在命令行输入Layer或LA。

1. 创建图层

在默认状态下，AutoCAD仅为用户提供了“0图层”，在开始绘图之前一般需要根据图形的表达内容等因素设置不同类型的图层。下面通过创建三个图层学习图层的具体创建过程。操作步骤如下。

1 执行【图层】命令，打开如图1-159所示的【图层特性管理器】对话框。

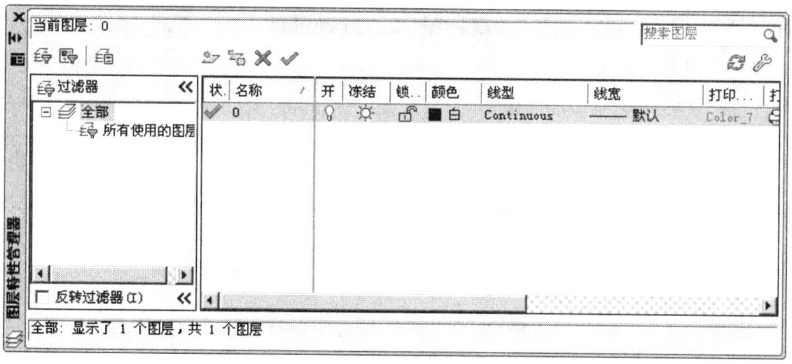

图1-159 【图层特性管理器】对话框

2 单击对话框中的按钮，新图层将以临时名称“图层1”显示在列表中，如图1-160所示。

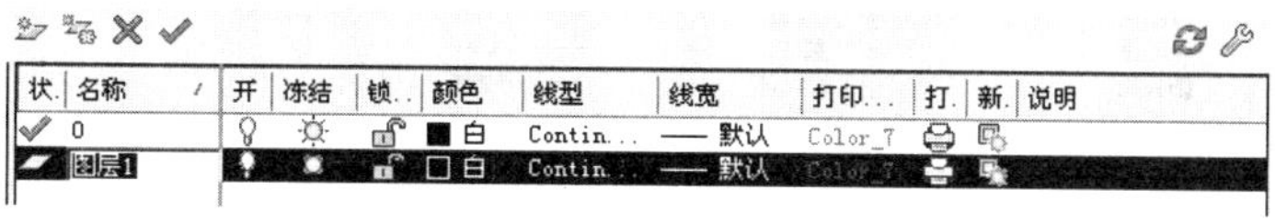

图1-160 新建图层

3 用户在反白显示的“图层1”区域输入新图层的名称，如图1-161所示，以创建第一个新图层。

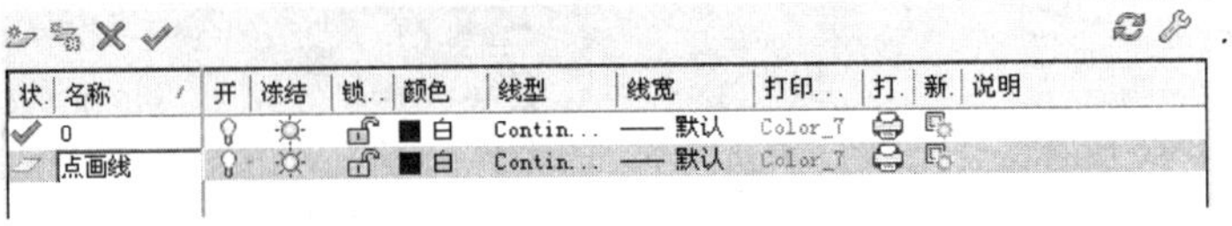

图1-161 输入图层名

提示：图层名最长可达255个字符，可以是数字、字母或其他字符；图层名中不允许含有大于号（>）、小于号（<）、斜杠（/）、反斜杠（\）以及标点等符号。另外，为图层命名时，必须确保图层名的唯一性。

4 按组合键Alt+N，或再次单击按钮，创建另外两个图层，结果如图1-162所示。

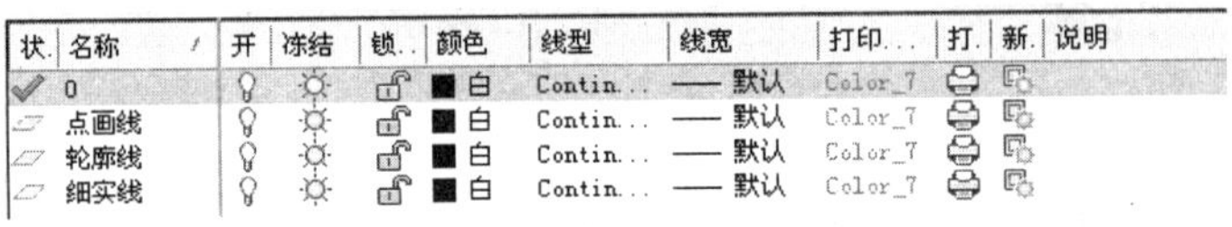

图1-162 创建新图层

提示：如果在创建新图层时选择了一个现有图层，或为新建图层指定了图层特性，那么以下创建的新图层将继承先前图层的一切特性（如颜色、线型等）。

5 单击名为“点画线”的图层，在如图1-163所示的颜色区域上单击，打开【选择颜色】对话框，然后选择如图1-164所示的颜色。

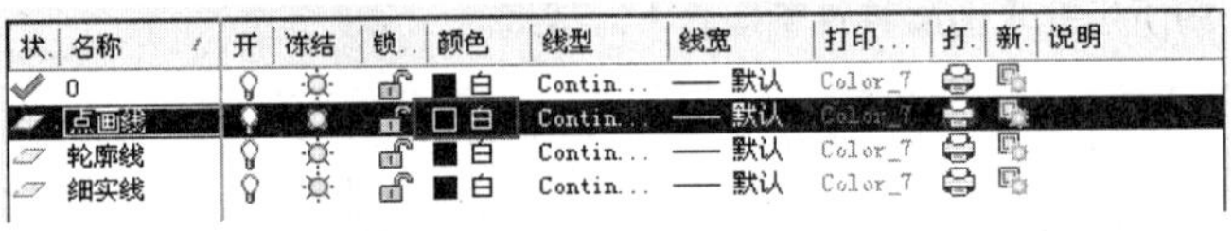

图1-163 修改图层颜色

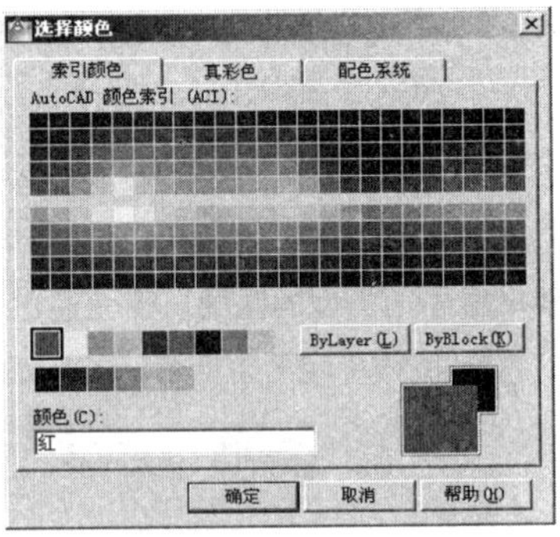

图1-164 【选择颜色】对话框

6 单击【选择颜色】对话框中的确定按钮，即可将图层的颜色设置为红色，结果如图1-165所示。

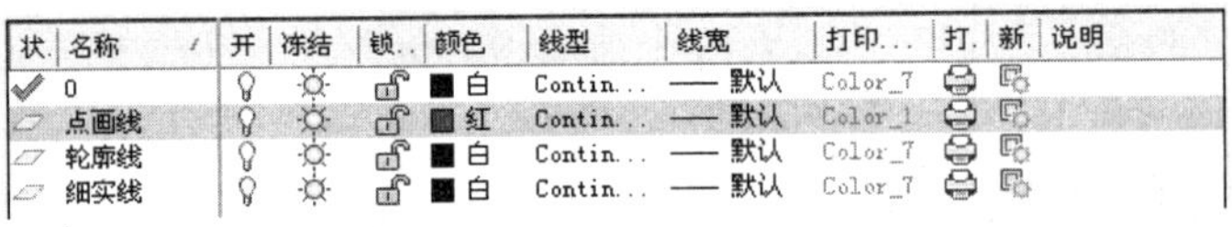

图1-165 设置颜色后的图层

7 参照上述操作，将“细实线”图层的颜色设置为102号色，结果如图1-166所示。

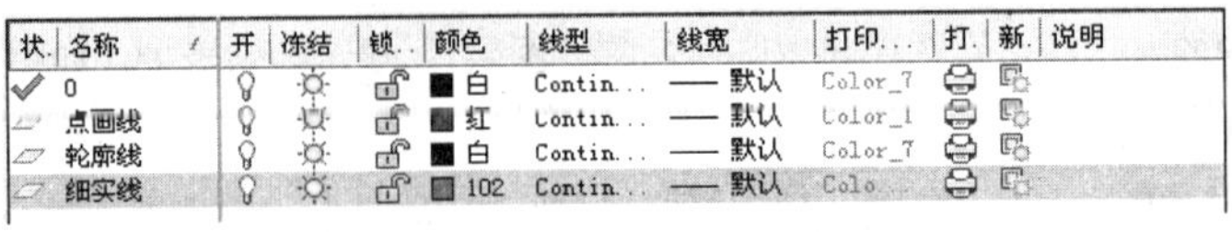

图1-166 设置结果

8 单击名为“点画线”的图层，在如图1-167所示的图层位置上单击，打开如图1-168所示的【选择线型】对话框。

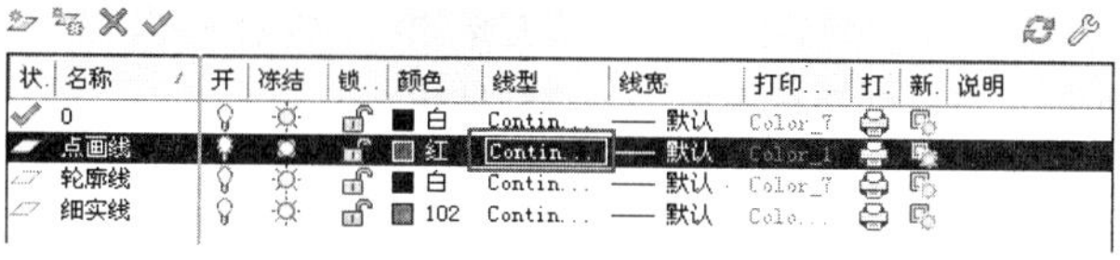

图1-167 指定单击位置

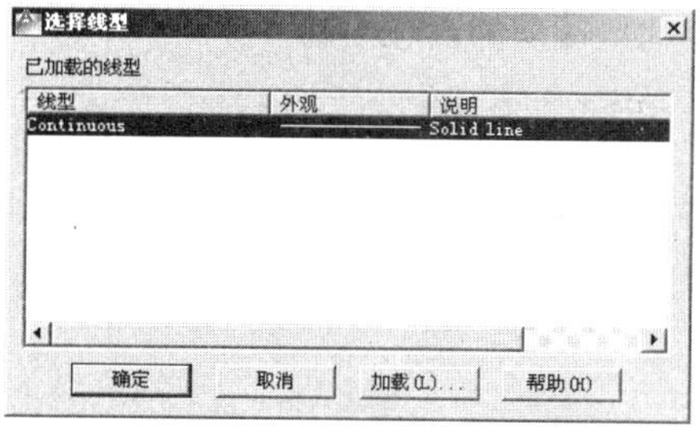

图1-168 【选择线型】对话框

9 在【选择线型】对话框单击 加载(L)... 按钮，打开【加载或重载线型】对话框，选择“ACAD ISO04W100”线型，如图1-169所示。

10 单击 确定 按钮，结果选择的线型被加载到【选择线型】对话框内，如图1-170所示。

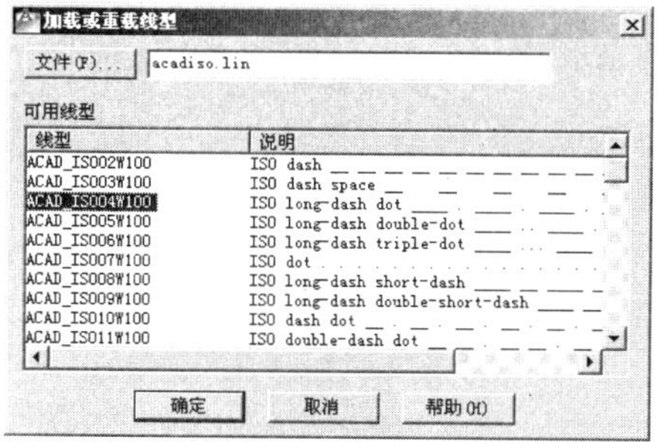

图1-169 【加载或重载线型】对话框

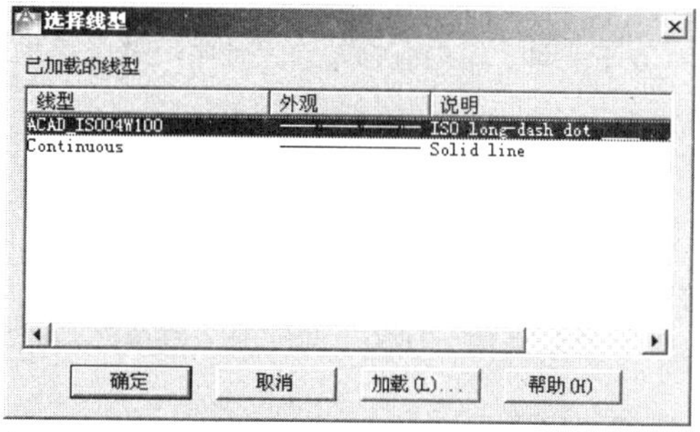

图1-170 加载线型

11 选择刚加载的线型后单击 确定 按钮，即将此线型附加给当前被选择的图层，结果如图1-171所示。

12 单击“轮廓线”图层，在图1-172所示位置单击，打开如图1-173所示的【线宽】对话框。

13 在【线宽】对话框中选择“0.30mm”线宽，然后单击 确定 按钮返回【图层特性管理器】对话框，结果“轮廓线”图层的线宽被设置为0.30mm，结果如图1-174所示。

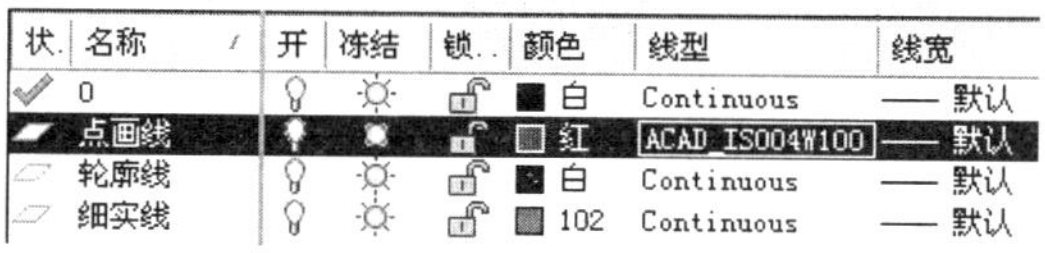

图1-171 设置线型

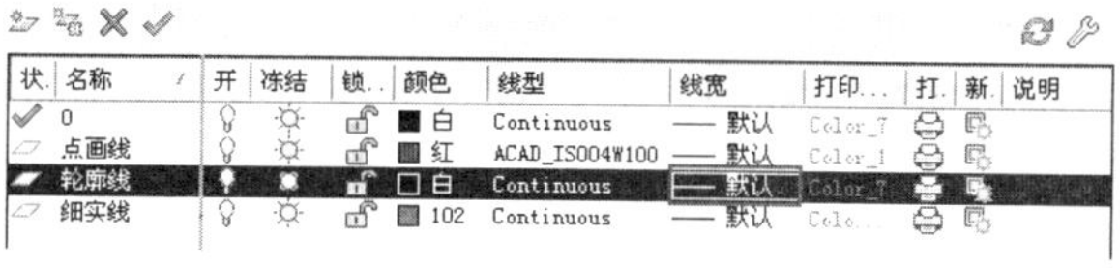

图1-172 修改层的线宽

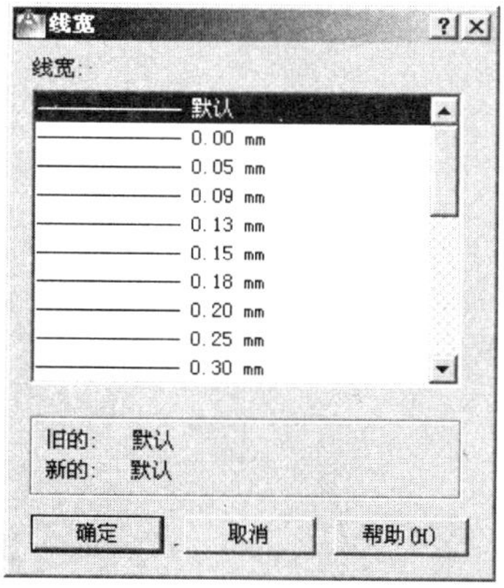

图1-173 【线宽】对话框

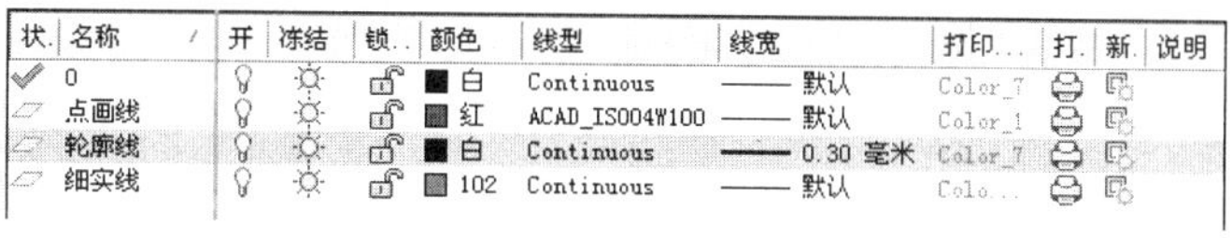

图1-174 设置结果

14 单击 确定 按钮关闭【图层特性管理器】对话框。

2. 图层的状态控制

为了方便对图形进行规划和状态控制，AutoCAD为用户提供了几种状态控制功能，具体包括开关、冻结、解冻、锁定与解锁等，如图1-175所示。状态控制功能的启动，主要有以下两种方式。

- 展开【图层控制】列表，然后单击各图层左端的状态控制按钮。
- 在【图层特性管理器】对话框中选择要操作的图层，然后单击相应的控制按钮。

图1-175 状态控制图标

1.7 室内装饰装潢设计常用尺寸

以下列举了室内装饰装潢设计中一些常用的基本尺寸，单位为毫米（mm）。

1.7.1 墙面

- 踢脚板高：80~200mm。
- 墙裙高：800~1500mm。
- 挂镜线高：1600~1800mm（画中心距地面高度）。

1.7.2 餐厅

- 餐桌高：750~790mm。
- 餐椅高：450~500mm。
- 圆桌直径：二人500mm、三人800mm、四人900mm、五人1100mm、六人1100~1250mm、八人1300mm、10人1500mm、12人1800mm。
- 方餐桌尺寸：二人700×850mm、四人1350×850mm、八人2250×850mm。
- 餐桌转盘直径：700~800mm。
- 餐桌间距：（其中座椅占500mm）应大于500mm。
- 主通道宽：1200~1300mm。
- 内部工作道宽：600~900mm。
- 酒吧台高：长900~1050mm、宽500mm。
- 酒吧凳高：600~750mm。

1.7.3 商场营业厅

- 单边双人走道宽：1600mm。
- 双边双人走道宽：2000mm。
- 双边三人走道宽：2300mm。
- 双边四人走道宽：3000mm。
- 营业员柜台走道宽：800mm。
- 营业员货柜台：厚600mm、高800~1000mm。
- 单背立货架：厚300~500mm、高1800~2300mm。
- 双背立货架：厚600~800mm、高1800~2300mm
- 小商品橱窗：厚500~800mm、高400~1200mm。

- 陈列地台高：400~800mm。
- 敞开式货架：400~600mm。
- 放射式售货架：直径2000mm。
- 收款台：长1600mm、宽600mm。

1.7.4　饭店客房

- 标准面积：大型客房为25m²、中型客房为16~18m²、小型客房为16m²。
- 床高：400~450mm。
- 床头高：850~950mm。
- 床头柜：高500~700mm、宽500 ~ 800mm。
- 写字台：长1100 ~ 1500mm、宽450 ~ 600mm、高700 ~ 750mm。
- 行李台：长910~1070mm、宽500mm、高400mm。
- 衣柜：宽800~1200mm、高1600~2000mm、深500mm。
- 沙发：宽600~800mm、高350~400mm、背高1000mm。
- 衣架高：1700~1900mm。

1.7.5　卫生间

- 卫生间面积：3~5m²。
- 浴缸：长度一般有1220、1520、1680mm三种，宽720mm、高450mm。
- 坐便：750 × 350mm。
- 冲洗器：690 × 350mm。
- 盥洗盆：550 × 410mm。
- 淋浴器高：2100mm。
- 化妆台：长1350mm、宽450mm。

1.7.6　会议室

- 中心会议室客容量：会议桌边长600mm。
- 环式高级会议室客容量：环形内线长700~1000mm。
- 环式会议室服务通道宽：600~800mm。

1.7.7　交通空间

- 楼梯间休息平台净空：等于或大于2100mm。
- 楼梯跑道净空：等于或大于2300mm。
- 客房走廊高：等于或大于2400mm。
- 两侧设座的综合式走廊宽度等于或大于2500mm。
- 楼梯扶手高：850~1100mm。
- 门的常用尺寸：宽850~1000mm。
- 窗的常用尺寸：宽400~1800mm（不包括组合式窗子）。
- 窗台高：800~1200mm。

1.7.8　灯具

- 大吊灯最小高度：2400mm。

- 壁灯高：1500~1800mm。
- 反光灯槽最小直径：等于或大于灯管直径两倍。
- 壁式床头灯高：1200~1400mm。
- 照明开关高：1000mm。

1.7.9 办公空间

- 办公桌：长1200~1600mm、宽500~650mm 、高700~800mm。
- 办公椅：高400~450mm、长×宽为450×450mm。
- 沙发：宽600~800mm、高350~400mm、背面1000mm。
- 茶几：前置型900×400×400mm、中心型900×900×400mm、左右型600×400×400mm。
- 书柜：高1800mm、宽1200~1500mm、深450~500mm。
- 书架：高1800mm 、宽1000~1300mm 、深350~450mm。

1.7.10 室内家具

- 衣橱：深度600~650mm、推拉门700mm、衣橱门宽度400~650mm。
- 推拉门：宽750~1500mm、高度1900~2400mm。
- 矮柜：深度350~450mm、柜门宽300~600mm。
- 电视柜：深450-600 mm、高度600-700 mm。
- 单人床：宽度有900mm、1050mm、1200mm三种，长度有1800mm、1860mm、2000mm、2100mm。
- 双人床：宽度有1350mm、1500mm、1800mm三种，长度有1800mm、1860mm、2000mm、2100mm。
- 圆床：直径1860mm、2125mm、2424mm（常用）。
- 室内门：宽800~950mm，高度有1900mm、2000mm、2100mm、2200mm、2400mm。
- 厕所、厨房门：宽度有800mm、900mm，高度有1900mm、2000mm、2100mm三种。
- 窗帘盒：高120~180mm，深度为单层布120mm、双层布160~180mm（实际尺寸）。
- 单人沙发：长度800~950mm、深度850~900mm、坐垫高350~420mm、背高700~900mm。
- 双人沙发：长1260~1500mm、深度800~900mm。
- 三人沙发：长1750~1960mm、深度800~900mm。
- 四人沙发：长2320~2520mm、深度800~900mm。
- 小型茶几（长方形）：长度600~750mm，宽度450~600mm，高度380~500mm（380mm最佳）。
- 中型茶几（长方形）：长度1200~1350mm；宽度380~500mm或者600~750mm。
- 中型茶几（正方形）：长度750~900mm，高度430~500mm。
- 大型茶几（长方形）：长度1500~1800mm、宽度600~800mm，高度330~420mm（330mm最佳）。
- 大型茶几（圆形）：直径750mm、900mm、1050mm、1200mm；高度330~420mm。
- 大型茶几（正方形）：宽度900mm、1050mm、1200mm、1350mm、1500mm；高度330～420mm。
- 书桌（固定式）：深度450~700mm（600mm最佳）、高度750mm。
- 书桌（活动式）：深度650~800mm、高度750～780mm。
- 书桌下缘离地至少580mm；长度最少900mm（1500~1800mm最佳）。
- 餐桌：高度750~780mm（一般），西式高度680~720mm，一般方桌宽度为1200mm、900mm、750mm。
- 长方桌：宽度为800mm、900mm、1050mm、1200mm，长度为1500mm、1650mm、1800mm、2100mm、2400mm。
- 圆桌：直径900mm、1200mm、1350mm、1500mm、1800mm。

- 书架：深度250~400mm（每一格）、长度600~1200mm、下大上小型下方深度350~450mm、高度800～900mm。
- 活动未及顶高柜：深度450mm，高度1800~2000mm。

1.8　室内装饰装潢设计制图规范

室内装修施工图与建筑施工图一样，一般都是按照正投影原理以及视图、剖视和断面等的基本图示方法绘制的，其制图规范，也应遵循建筑制图和家具制图中的图标规定，具体介绍如下。

1.8.1　图纸与图框尺寸

CAD工程图要求图纸的大小必须按照规定图纸幅面和图框尺寸裁剪。在建筑施工图中，经常用到的图纸幅面如表1-1所示。

表1-1　图纸幅面和图框尺寸（mm）

尺寸代号	A0	A1	A2	A3	A4
L×B	1188×841	841×594	594×420	420×297	297×210
c	10			5	
a	25				
e	20			10	

表1-1中的L表示图纸的长边尺寸，B为图纸的短边尺寸，图纸的长边尺寸L等于短边尺寸B的根下2倍。当图纸是带有装订边时，a为图纸的装订边，尺寸为25mm；c为非装订边，A0~A2号图纸的非装订边边宽为10mm，A3、A4号图纸的非装订边边宽为5mm；当图纸为无装订边图纸时，e为图纸的非装订边，A0~A2号图纸边宽尺寸为20mm，A3、A4号图纸边宽为10mm。各种图纸图框尺寸如图1-176所示。

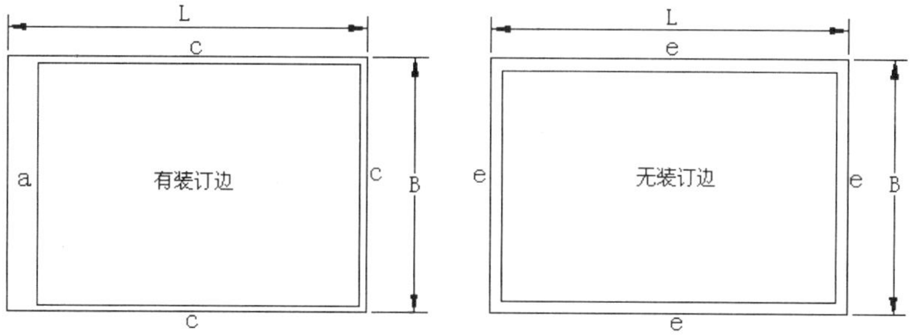

图1-176 图纸图框尺寸

提示：图纸的长边可以加长，短边不可以加长，但长边加长时需符合标准：对于A0、A2和A4幅面可按A0长边的1/8的倍数加长，对于A1和A3幅面可按A0短边的1/4的整倍数进行加长。

1.8.2　标题栏与会签栏

在一张标准工程图纸上，总有一个特定的位置用来记录该图纸的有关信息资料，这个特定的位置就是标题栏。标题栏的尺寸是有规定的，但是各行各业却可以有自己的规定和特色。一般来说，常见的CAD工程图纸标题栏有四种形式，如图1-177所示。

一般从零号图纸到四号图纸的标题栏尺寸均为40×180mm，也可以是30×180mm或40×180mm。另外，需要会签栏的图纸要在图纸规定的位置绘制出会签栏，作为图纸会审后签名使用，会签栏的尺寸一般为20×75mm，如图1-178所示。

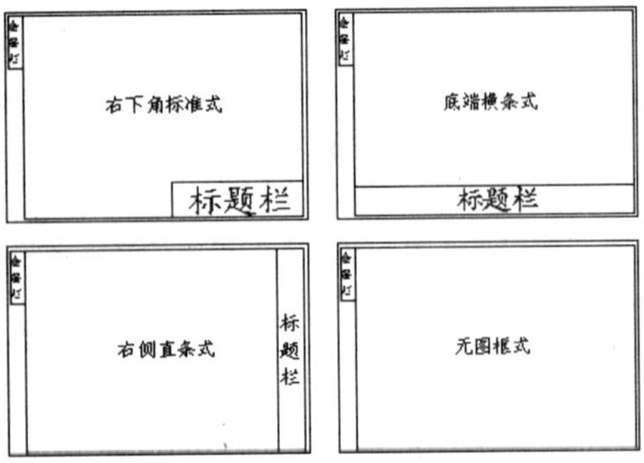

图1-177 图纸标题栏格式

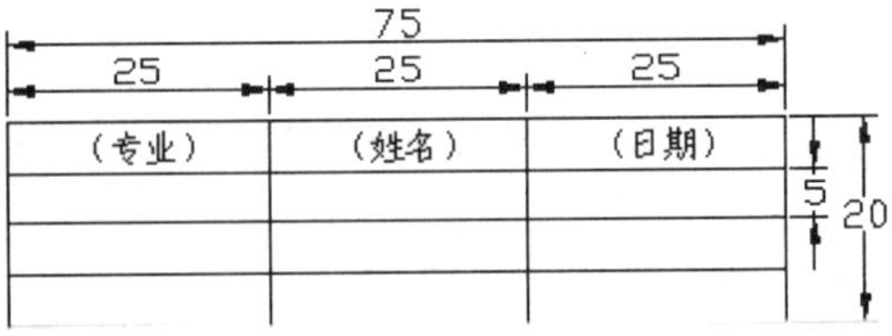

图1-178 会签栏

1.8.3 比例

建筑物形体庞大，必须采用不同的比例来绘制。对于整幢建筑物、构筑物的局部和细部结构都分别予以缩小绘出，特殊细小的线脚等有时不缩小，甚至需要放大绘出。建筑施工图中，各种图样常用的比例见表1-2所示。

表1-2 施工图比例

图名	常用比例	备注
总平面图	1:500、1:1000、1:2000	
平面图 立面图 剖视图	1:50、1:100、1:200	
次要平面图	1:300、1:400	次要平面图指屋面平面图、工具建筑的地面平面图等
详图	1:1、1:2、1:5、1:10、1:20、1:25、1:50	1:25仅适用于结构构件详图

1.8.4 图线

在建筑施工图中，为了表明不同的内容并使层次分明，需采用不同线型和线宽的图线绘制。每个图样，应根据复杂程度与比例大小，首先要确定基本线宽b，然后再根据制图需要确定各种线型的线宽。图线的线型和线宽按表1-3的说明来选用。

表1-3 图线的线型、线宽及用途

名称	线宽	用途
粗实线	b	1）平面图、剖视图中被剖切的主要建筑构造（包括构配件）的轮廓线 2）建筑立面图的外轮廓线 3）建筑构造详图中被剖切的主要部分的轮廓线 4）建筑构配件详图中的构配件的外轮廓线
中实线	0.5b	1）平面图、剖视图中被剖切的次要建筑构造（包括构配件）的轮廓线 2）建筑平面图、立面图、剖视图中建筑构配件的轮廓线 3）建筑构造详图及建筑构配件详图中的一般轮廓线
细实线	0.35b	小于0.5b的图形线、尺寸线、尺寸界线、图例线、索引符号、标高符号等
中虚线	0.5b	1）建筑构造及建筑构配件不可见的轮廓线 2）平面图中的起重机轮廓线 3）拟扩建的建筑物轮廓线

（续表）

名称	线宽	用途
细实线	0.35b	图例线、小于0.5b的不可见轮廓线
粗点画线	b	起重机轨道线
细点画线	0.35b	中心线、对称线、定位轴线
折断线	0.35b	不需绘制全的断开界线
波浪线	0.35b	不需绘制全的断开界线、构造层次的断开界线

1.8.5　字体

图纸上所标注的文字、字符和数字等，应做到排列整齐、清楚正确，尺寸大小要协调一致。当汉字、字符和数字并列书写时，汉字的字高要略高于字符和数字。汉字应采用国家标准规定的矢量汉字，汉字的高度应不小于2.5mm，字母与数字的高度应小于1.8mm。图纸及说明中汉字的字体应采用长仿宋体，图名、大标题、标题栏等可选用长仿宋体、宋体、楷体或黑体等。汉字的最小行距应不小于2mm，字符与数字的最小行距应不小于1mm，当汉字与字符数字混合时，最小行距应根据汉字的规定使用。

1.8.6　尺寸

图纸上的尺寸应包括尺寸界线、尺寸线、尺寸起止符号和尺寸数字等。尺寸界线是表示所度量图形尺寸的范围边限，应用细实线标注。尺寸线是表示图形尺寸度量方向的直线，它与被标注的对象之间的距离不宜小于10mm，且互相平行的尺寸线之间的距离要保持一致，一般为7~10mm。尺寸数字一律使用阿拉伯数字注写，在打印出图后的图纸上，字高一般为2.5~3.5mm，同一张图纸上的尺寸数字大小应一致，并且图样上的尺寸单位，除建筑标高和总平面图等建筑图纸以m为单位之外，均应以mm为单位。

1.9　本章小结

AutoCAD是一款集多种功能于一体的高精度计算机辅助设计软件，此软件可使广大图形设计人员能够轻松高效地进行图形的设计与绘制工作。本章在概述室内装饰装潢设计理念知识的基础上，主要讲述了使用AutoCAD 2012进行室内装饰装潢设计的基本操作技能以及室内图纸的绘制、修改、标注和资源的规划与共享技能，使读者快速了解相关的理论知识和初步应用AutoCAD，为后叙章节的学习打下基础。

通过本章的学习，能使无AutoCAD操作基础的读者和相关设计理论知识比较薄弱的读者，对其有一个宏观的认识和了解。如果读者对以上内容有所了解了，也可以跳过本章内容，直接从第2章开始学习。

第2章　室内设计的前期准备工作——制作样板

本章视频教学导航

小节名称	视频路径	视频长度
关于绘图样板文件	视频文件\第2章\2.1.avi	00：01：39
设置样板文件绘图环境	视频文件\第2章\2.2.avi	00：05：05
设置样板文件图层及特性	视频文件\第2章\2.3.avi	00：07：36
设置样板文件绘图样式	视频文件\第2章\2.4.avi	00：14：01
绘制样板文件图纸边框	视频文件\第2章\2.5.avi	00：15：47
绘制样板文件常用符号	视频文件\第2章\2.6.avi	00：09：53
样板文件的页面布局	视频文件\第2章\2.7.avi	00：03：06

2.1　关于绘图样板文件

在AutoCAD制图中，“绘图样板”也称“样板图”，或“样板文件”等，此类文件指的就是包含一定的绘图环境、参数变量、绘图样式、页面设置等内容，但并未绘制图形的空白文件，当将此空白文件保存为.dwt格式后，就成为了样板文件。用户在样板文件的基础上绘图，可以避免许多参数的重复性设置，大大节省绘图时间，不但提高了绘图效率，还可以使绘制的图形更符合规范、更标准，保证图面、质量的完整统一。

那么如何在此类样板文件的基础上绘图呢？操作非常简单，只需执行【新建】命令，在打开的【选择样板】对话框中选择并打开事先定制的样板文件即可，如图2-1所示。

提示：用户一旦定制了绘图样板文件，此样板文件会自动被保存在AutoCAD安装目录下的Template文件夹下。

图2-1 【选择样板】对话框

2.2　设置样板文件绘图环境

本章以设置一个A2-H式的绘图样板文件为例，来学习室内设计绘图样板文件的详细制作过程和技巧。下面首先从设置绘图样板的绘图环境开始，具体内容包括绘图单位、图形界限、捕捉模数、追踪功能以及各种常用变量的设置等。

2.2.1　设置图形单位

1 单击【快速访问】或【标准】工具栏中的□按钮，执行【新建】命令，打开【选择样板】对话框。

2 在【选择样板】对话框中选择“acadISO -Named Plot Styles”作为基础样板，如图2-2所示，新建空白文件。

> **提示：**“acadISO -Named Plot Styles”是一个命令打印样式样板文件，如果用户需要使用“颜色相关打印样式”作为样板文件的打印样式，可以选择“acadiso”基础样式文件。

3 执行菜单栏中的【格式】|【单位】命令，或使用快捷键“UN”激活【单位】命令，打开【图形单位】对话框。

4 在【图形单位】对话框中设置长度类型、角度类型以及单位、精度等参数，如图2-3所示。

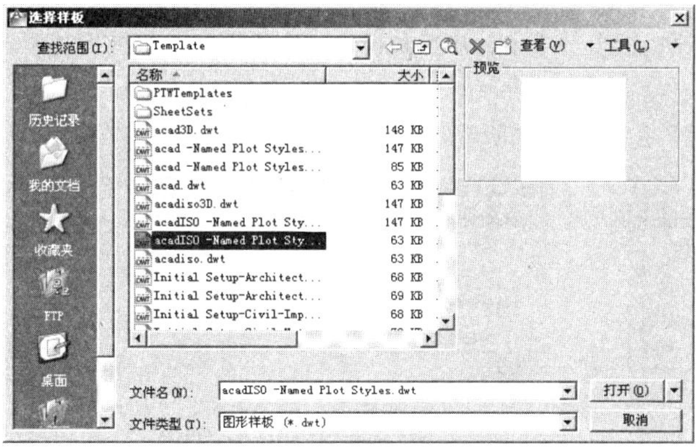

图2-2 【选择样板】对话框

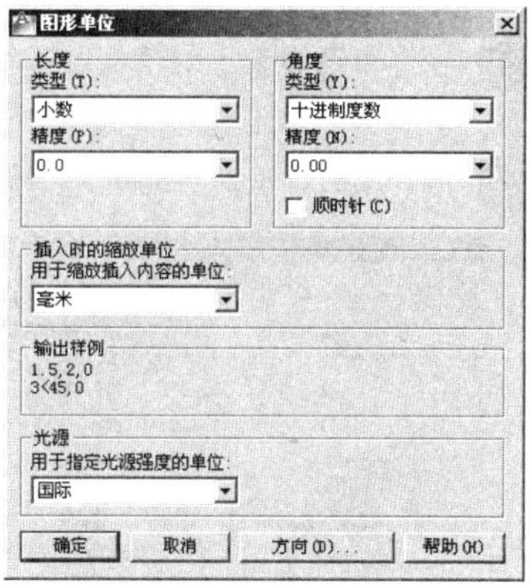

图2-3 【图形单位】对话框

> **提示：**在系统默认设置下，是以逆时针作为角的旋转方向，其基准角度为“东”，也就是以坐标系x轴正方向作为起始方向。

2.2.2　设置图形界限

1 继续上节操作。

2 执行菜单栏中的【格式】|【图形界限】命令，设置默认作图区域为59400×42000。命令行操作如下：

```
命令: '_limits
    重新设置模型空间界限:
    指定左下角点或 [开(ON)/关(OFF)] <0.0,0.0>:        //Enter
    指定右上角点 <420.0,297.0>:                      //59400,42000Enter
```

3 执行菜单栏中的【视图】|【缩放】|【全部】命令，将设置的图形界限最大化显示。

提示：如果用户想直观地观察到设置的图形界限，可按下F7功能键，打开【栅格】功能，通过坐标的栅格点，直观形象地显示出图形界限，如图2-4所示。

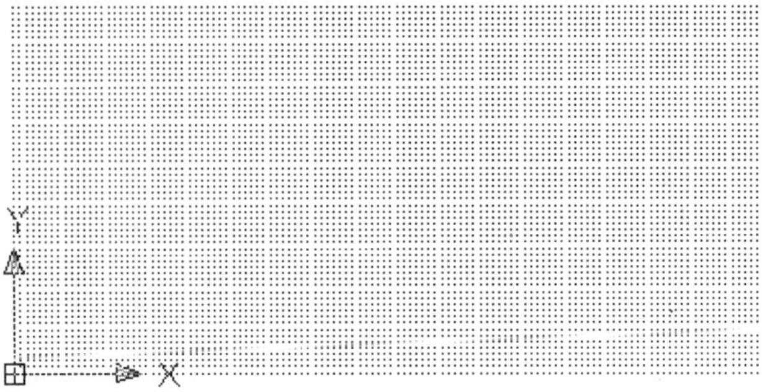

图2-4 栅格显示界限

2.2.3 设置捕捉追踪

1 继续上节操作。

2 执行菜单栏中的【工具】|【草图设置】命令，或使用快捷键“DS”激活【草图设置】命令，打开【草图设置】对话框。

3 在【草图设置】对话框中激活【对象捕捉】选项卡，启用和设置一些常用的对象捕捉功能，如图2-5所示。

4 展开【极轴追踪】选项卡，设置追踪角参数如图2-6所示。

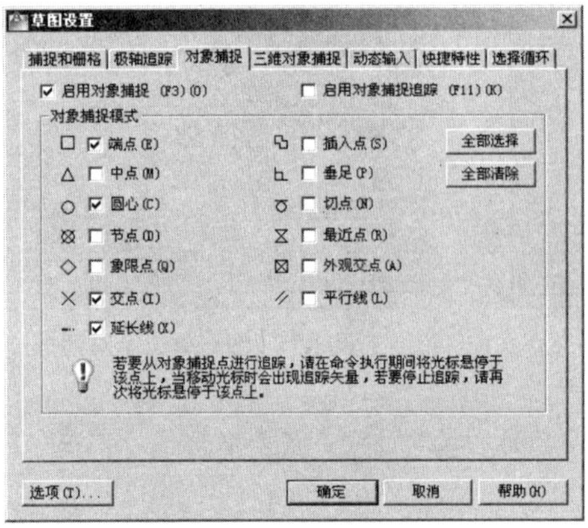

图2-5 设置捕捉参数

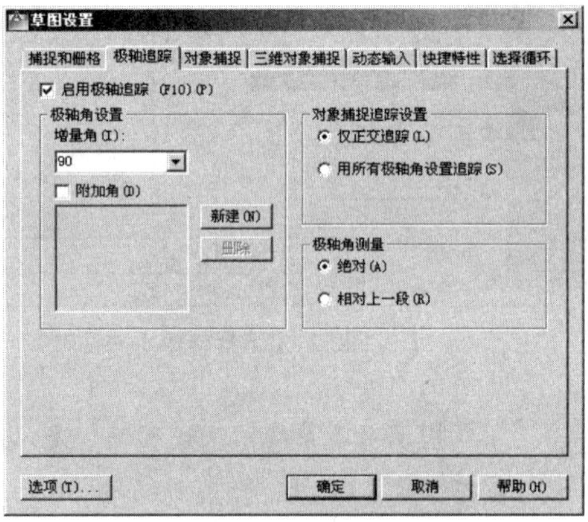

图2-6 设置追踪参数

5 单击确定按钮，关闭【草图设置】对话框。

提示：在此设置的捕捉和追踪参数并不是绝对的，用户可以在实际操作过程中进行随时更改。

6 按下F12功能键，打开状态栏上的【动态输入】功能。

2.2.4 设置系统变量

1 继续上节操作。

2 在命令行输入系统变量“LTSCALE”，以调整线型的显示比例。命令行操作如下：

```
命令: LTSCALE                          // Enter
    输入新线型比例因子 <1.0000>:        // 100 Enter
    正在重生成模型
```

3 使用系统变量“DIMSCALE”设置和调整尺寸标注样式的比例。具体操作如下：

```
命令: DIMSCALE                         // Enter
    输入 DIMSCALE 的新值 <1>:           //100 Enter
```

提示：将尺寸比例调整为100，并不是绝对参数值，用户也可根据实际情况进行修改设置。

4 系统变量“MIRRTEXT”用于设置镜像文字的可读性。当变量值为0时，镜像后的文字具有可读性；当变量值为1时，镜像后的文字不可读。具体设置如下：

```
命令: MIRRTEXT                         // Enter
    输入 MIRRTEXT 的新值 <1>:           // 0 Enter
```

5 由于属性块的引用一般有“对话框”和“命令行”两种，可以使用系统变量“ATTDIA”进行控制属性值的输入方式。具体操作如下：

```
命令: ATTDIA                           // Enter
    输入 ATTDIA 的新值 <1>:             //0 Enter
```

提示：当变量ATTDIA=0时，系统将以“命令行”的形式提示输入属性值；当变量ATTDIA=1时，以“对话框”形式提示输入属性值。

6 最后使用【保存】命令，将当前文件命名存储为“设置绘图环境.dwg”

2.3　设置样板文件图层及特性

下面通过为样板文件设置常用的图层及图层特性，学习层及层特性的设置方法和技巧，以方便用户对各类图形资源进行组织和管理。

2.3.1　设置常用图层

1 执行【打开】命令，打开上例存储的“设置绘图环境.dwg”文件。

2 单击【图层】工具栏中的按钮，执行【图层】命令，打开如图2-7所示的【图层特性管理器】对话框。

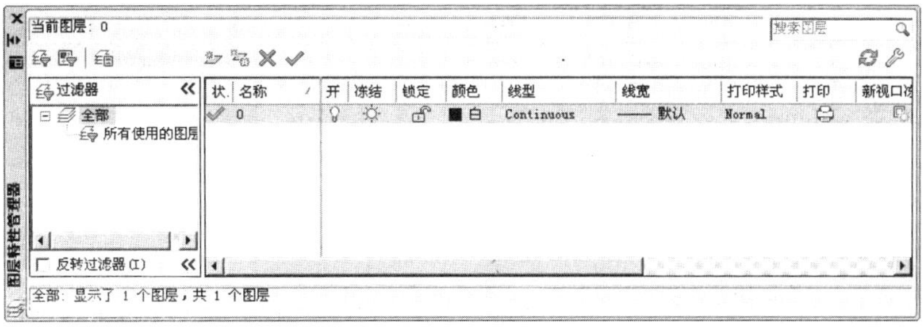

图2-7 【图层特性管理器】对话框

3 单击【新建图层】按钮，在如图2-8所示的“图层1”位置上输入“尺寸层”，创建一个名为“尺寸层”的新图层。

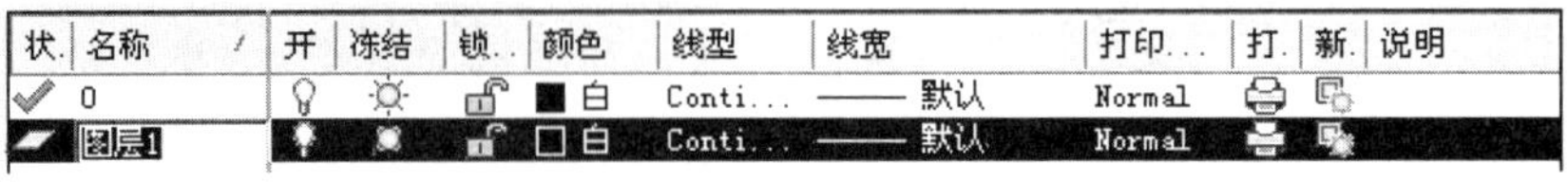

图2-8 新建图层

4 连续按Enter键，分别创建“灯具层”、“吊顶层”、“家具层”、“楼梯层”等图层，如图2-9所示。

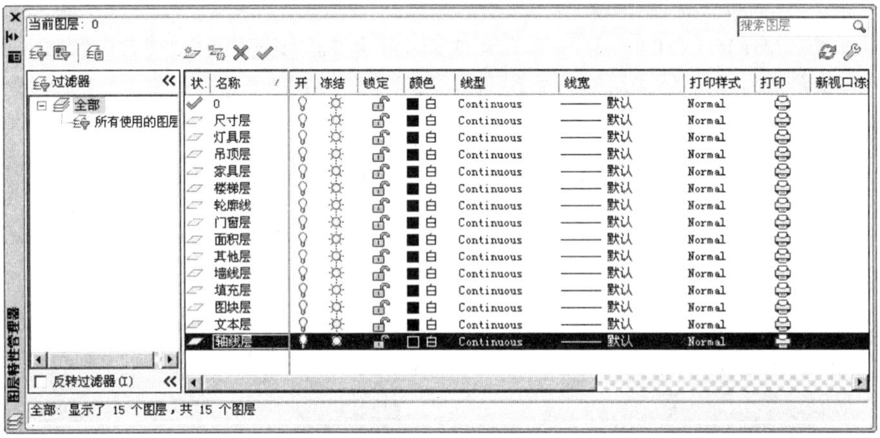

图2-9 设置图层

提示：连续两次按Enter键，也可以创建多个图层。在创建新图层时，所创建出的新图层将继承先前图层的一切特性（如颜色、线型等）。

2.3.2 设置图层颜色

1 继续上节操作。

2 选择“轴线层”，在如图2-10所示的颜色图标上单击，打开【选择颜色】对话框。

3 在【选择颜色】对话框中的【颜色】文本框中输入126，为所选图层设置颜色值，如图2-11所示。

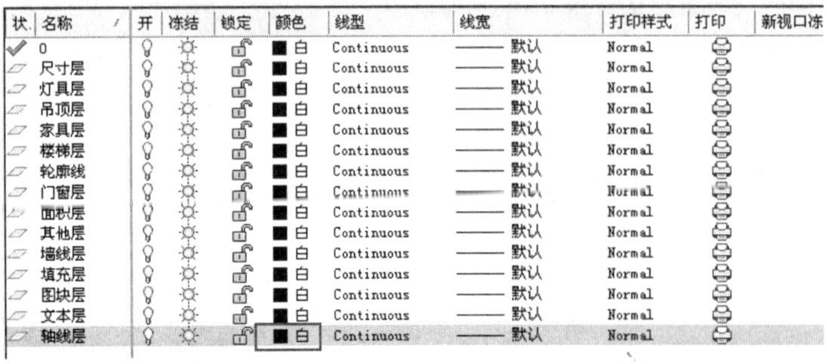

图2-10 修改图层颜色

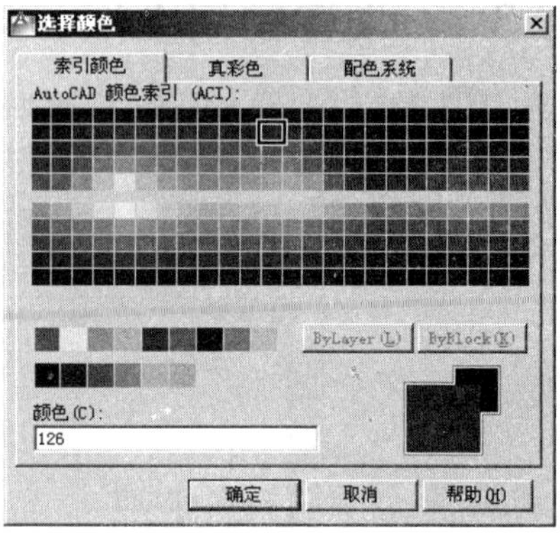

图2-11 【选择颜色】对话框

4 单击 确定 按钮返回【图层特性管理器】对话框，结果“轴线层”的颜色被设置为“126”号色，如图2-12所示。

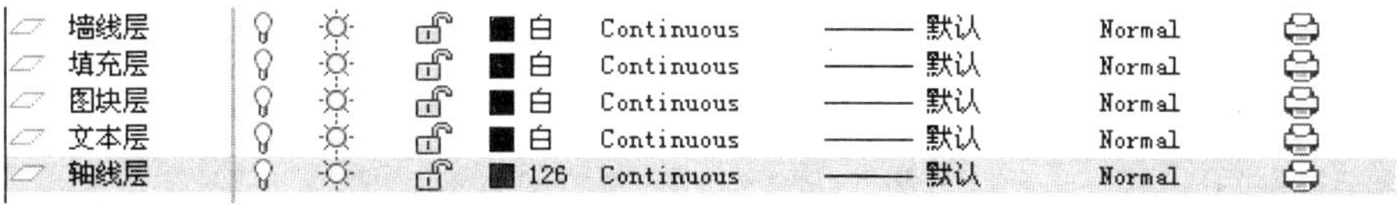

图2-12 设置结果

提示：用户也可以单击对话框中的【真彩色】和【配色系统】两个选项卡，如图2-13和图2-14所示，以定义自己需要的色彩。

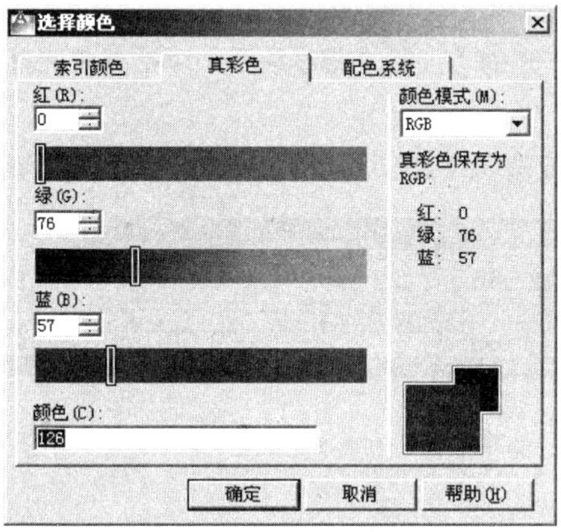

图2-13 【真彩色】选项卡

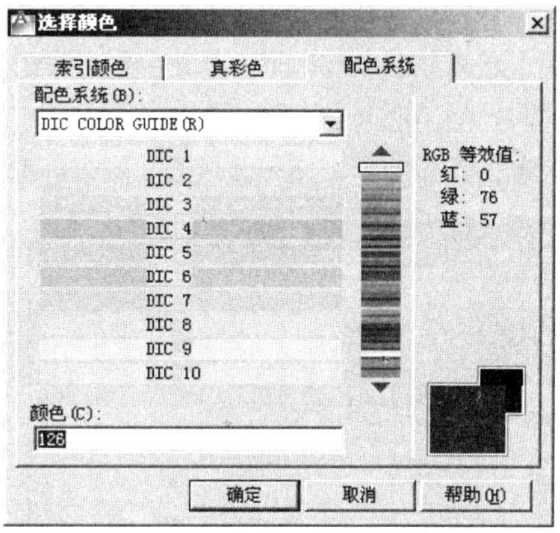

图2-14 【配色系统】选项卡

5 参照步骤2~步骤4的操作方法，分别为其他图层设置颜色特性，设置结果如图2-15所示。

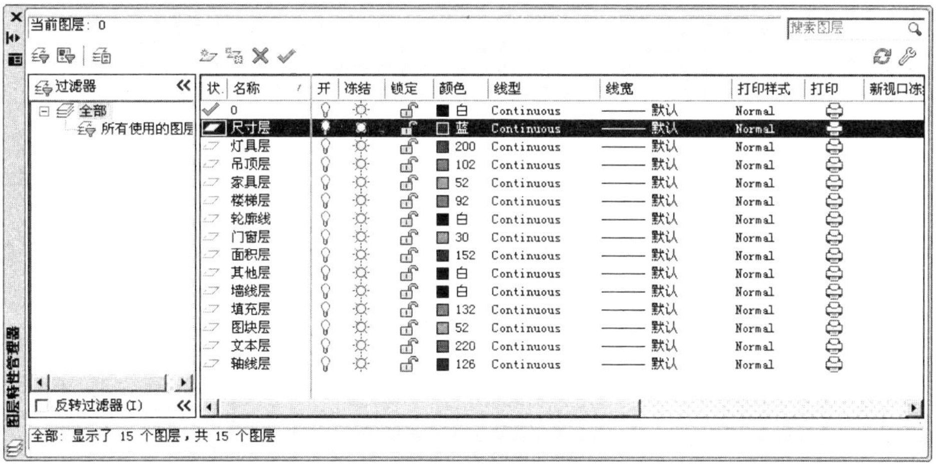

图2-15 设置颜色特性

2.3.3 设置与加载线型

1 继续上节操作。

2 选择“轴线层”，在如图2-16所示的“Continuous”位置上单击，打开【选择线型】对话框。

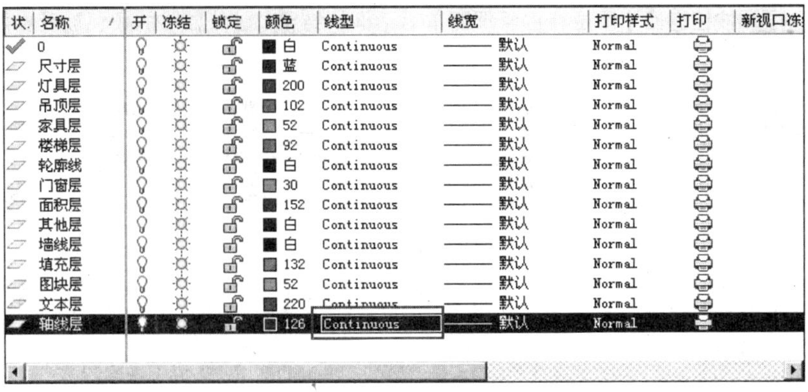

图2 16 指定位置

3 在【选择线型】对话框中单击加载...按钮，从打开的【加载或重载线型】对话框中选择如图2-17所示的“ACAD_ISO04W100”线型。

4 单击确定按钮，结果选择的线型被加载到【选择线型】对话框中，如图2-18所示。

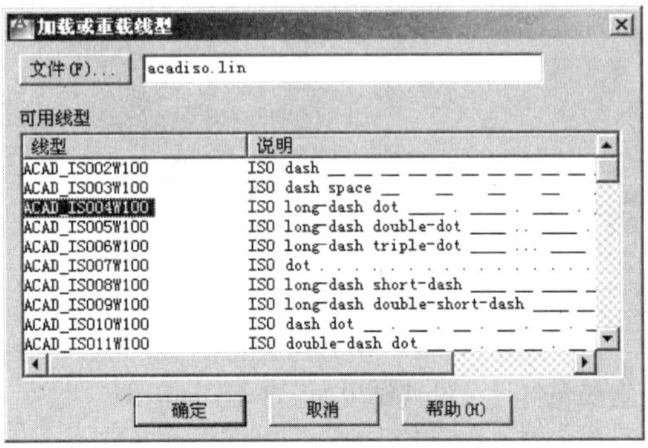

图2-17 选择线型

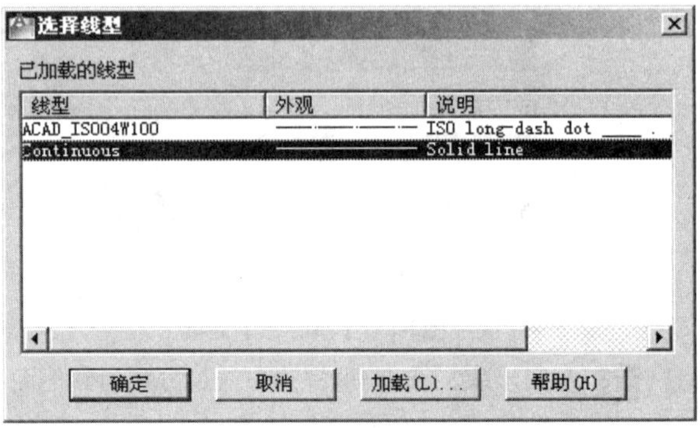

图2-18 加载线型

5 选择刚加载的线型后单击确定按钮，将加载的线型附给当前被选择的“轴线层”，结果如图2-19所示。

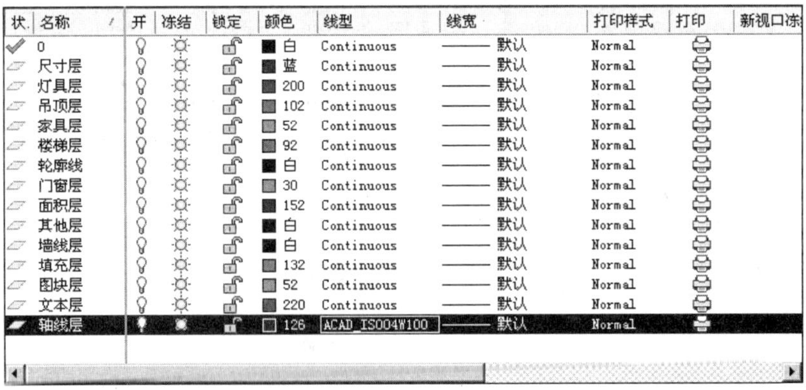

图2-19 设置图层线型

提示： 在默认设置时，系统将为用户提供一种“Continuous”线型，用户如果需要使用其他线型，必须进行加载。

2.3.4　设置与显示线宽

1 继续上节操作。

2 选择“墙线层”，在如图2-20所示的位置上单击，以对其设置线宽。

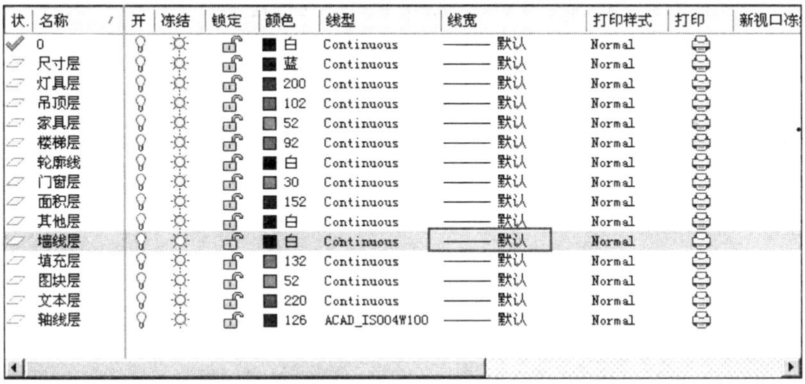

图2-20 指定单击位置

3 此时系统打开【线宽】对话框，选择1.00mm的线宽，如图2-21所示。

4 单击 确定 按钮返回【图层特性管理器】对话框，结果“墙线层”的线宽被设置为1.00毫米，如图2-22所示。

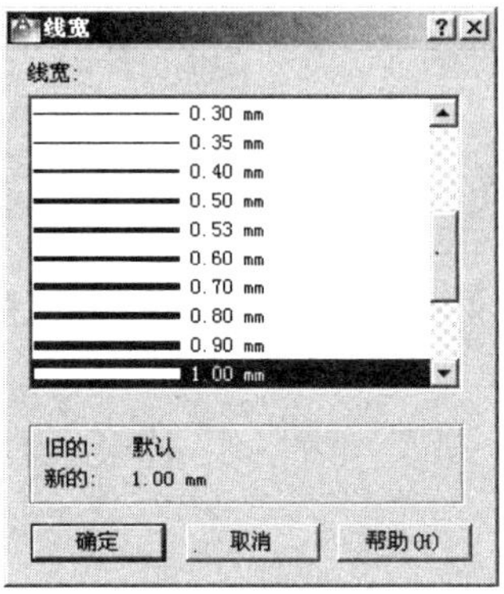

图2-21 选择线宽

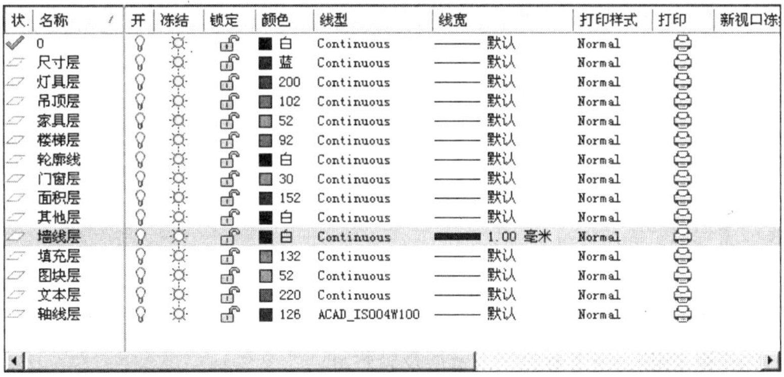

图2-22 设置线宽

5 在【图层特性管理器】对话框中单击×按钮关闭对话框。

6 最后执行【另存为】命令，将文件另存储为“设置层及特性.dwg”。

延伸知识——层的状态控制

1. 打开/关闭

该按钮用于控制图层的打开和关闭。默认状态下，所有图层都为打开的图层，即位于所有图层上的图形都被显示在屏幕上，其图层状态按钮显示为。在开关按钮上单击，按钮显示为（按钮变暗），该图层被关闭，位于该图层上的所有图形对象将在屏幕上关闭，该层的内容不能被打印或由绘图仪输出，但重新生成图形时，图层上的实体仍将重新生成。

2. 在所有视口中冻结/解冻

该按钮用于在所有视图窗口中冻结或解冻图层。默认状态下图层是被解冻的，按钮显示为。在按钮上单击，显示为时，表示该图层被冻结，位于该图层上的内容不能在屏幕上显示或由绘图仪输出，不能进行重生成、消隐、渲染和打印等操作。

提示： 关闭与冻结的图层都是不可见和不可输出的。但是被冻结图层不参加运算处理，可以加快视窗缩放、视窗平移和许多其他操作的处理速度，增强对象选择的性能并减少复杂图形的重生成时间。建议冻结长时间不用看到的图层。

3. 在当前视口中冻结或解冻

此按钮的功能与上一个相同，用于冻结或解冻当前视口中的图形对象，不过它在模型空间内是不可用的，只能在图纸空间内使用此功能。

4. 锁定/解锁/

此按钮用于锁定图层或解锁图层。默认状态下图层是解锁的，按钮显示为。在按钮上单击，按钮显示为，表示该图层被锁定，用户只能观察该图层上的图形，不能对其编辑和修改，但该图层上的图形仍可以显示和输出。

提示： 当前图层不能被冻结，但可以被关闭和锁定。

2.4 设置样板文件绘图样式

本节主要学习样板图中，各种常用样式的具体设置过程和设置技巧，如文字样式、尺寸样式、墙线样式、窗线样式等。

2.4.1 设置墙窗线样式

1. 打开上例存储的“设置层及特性.dwg”文件。
2. 执行菜单栏中的【格式】|【多线样式】命令，打开【多线样式】对话框。
3. 单击 新建(N)... 按钮，打开【创建新的多线样式】对话框，为新样式赋名，如图2-23所示。
4. 单击 继续 按钮，打开【新建多线样式：墙线样式】对话框，设置多线样式，如图2-24所示。

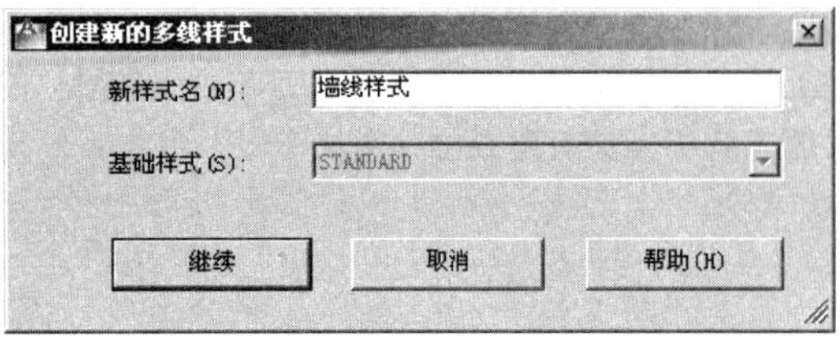

图2-23 为新样式赋名

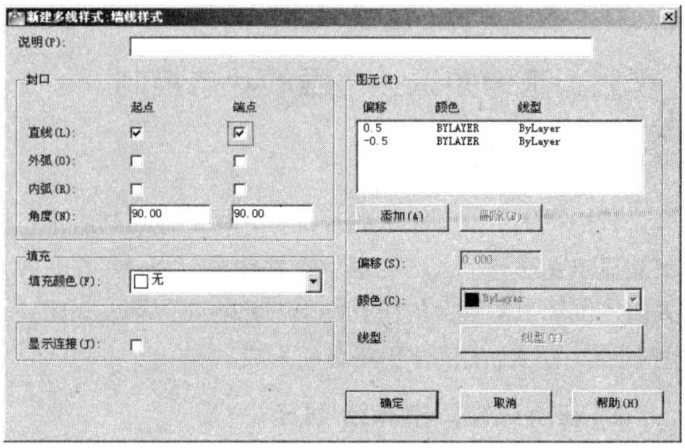

图2-24 设置封口形式

5 单击 确定 按钮返回【多线样式】对话框，结果设置的新样式显示在预览框内，如图2-25所示。

6 参照上述操作步骤，设置“窗线样式”样式，其参数设置和效果预览分别如图2-26和图2-27所示。

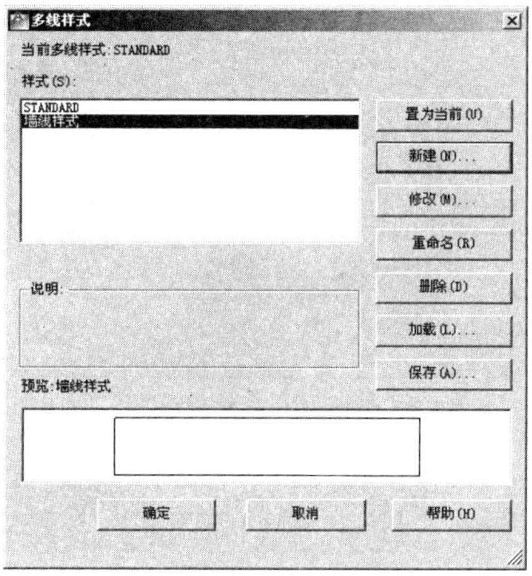

图2-25 设置墙线样式

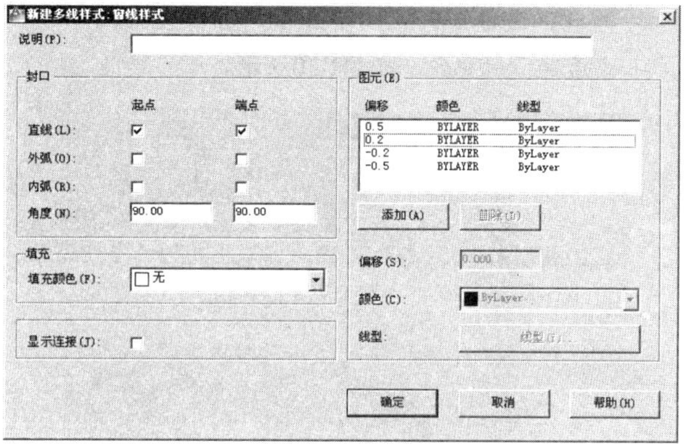

图2-26 设置参数

提示： 如果用户需要将新设置的样式应用在其他图形文件中，可以单击 保存... 按钮，在弹出的对话框中以*mln格式进行保存，在其他文件中使用时，仅需要加载即可。

7 选择“墙线样式”后单击 置为当前(U) 按钮，将其设为当前样式，并关闭对话框。

提示： 如果需要将新设置的样式应用在其他图形文件中，可以单击 保存... 按钮，在弹出的对话框中以*mln格式进行保存，在其他文件中使用时，直接加载即可。

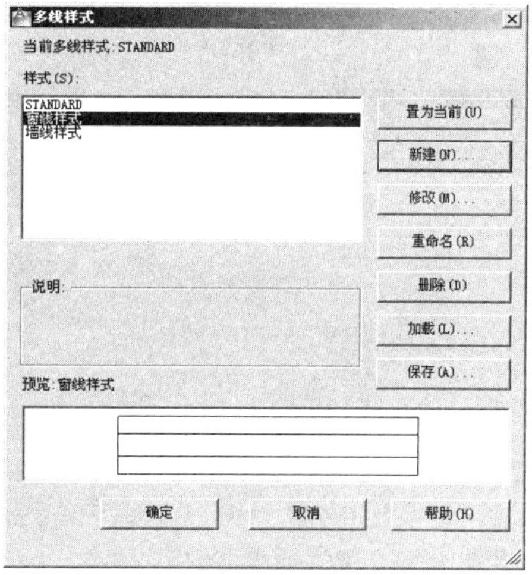

图2-27 窗线样式预览

2.4.2 设置文字样式

1 继续上节操作。

2 单击【样式】工具栏中的A按钮，激活【文字样式】命令，打开如图2-28所示的【文字样式】对话框。

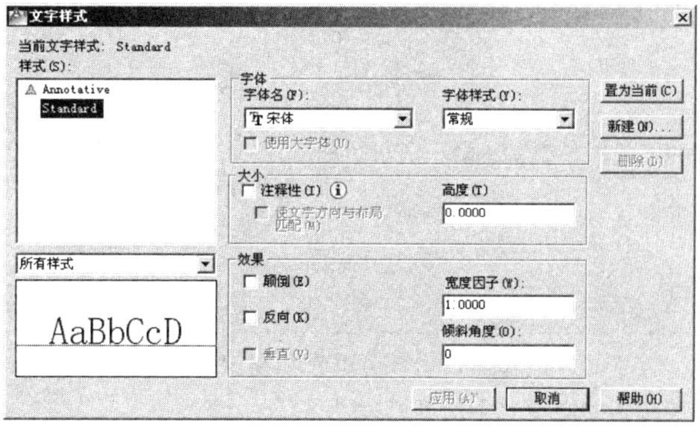

图2-28 【文字样式】对话框

3 单击 新建(N) 按钮，在打开的【新建文字样式】对话框中为新样式赋名，如图2-29所示。

4 单击 确定 按钮返回【文字样式】对话框，设置新样式的字体、字高以及宽度比例等参数，如图2-30所示。

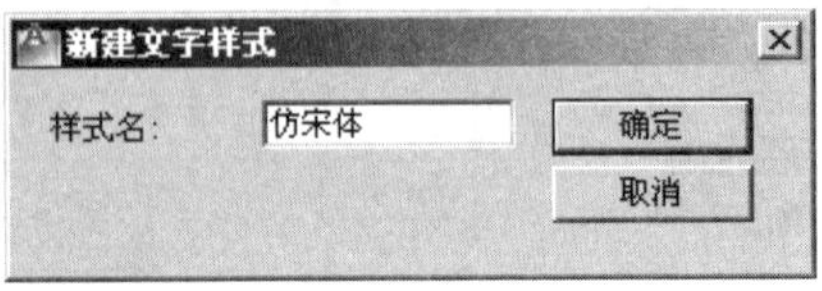

图2-29 为新样式赋名

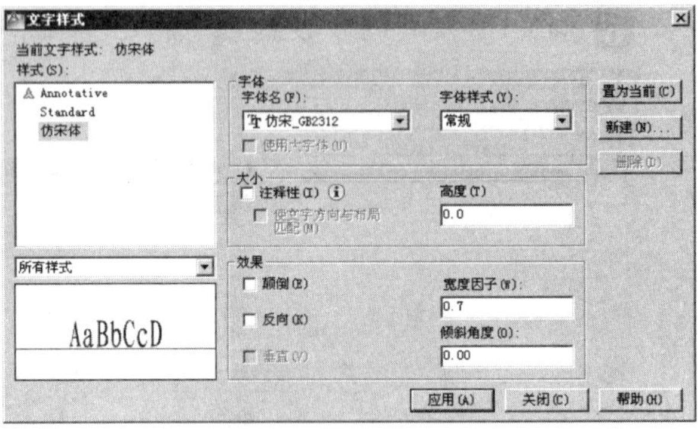

图2-30 设置“仿宋体”样式

提示： 当创建完一种新样式后，需要单击 应用(A) 按钮，然后再创建下一种文字样式。

5 单击 应用(A) 按钮，至此创建了一种名为“仿宋体”的文字样式。

6 参照步骤3~步骤5的操作方法，设置一种名为“宋体”的文字样式，其参数设置如图2-31所示。

7 参照步骤3~步骤5的操作方法，设置一种名为“COMPLEX”的文字样式，其参数设置如图2-32所示。

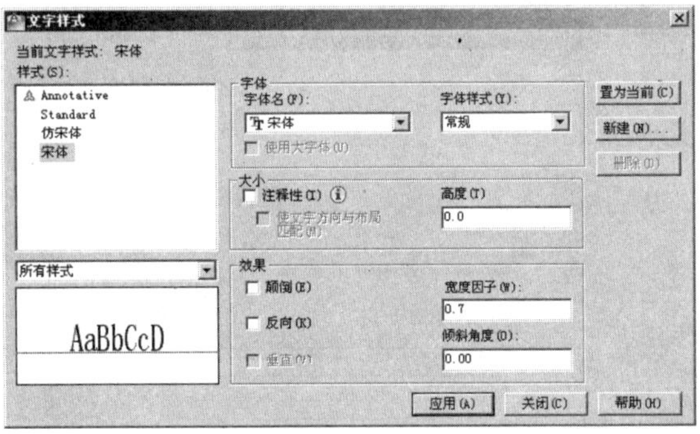

图2-31 设置“宋体”文字样式

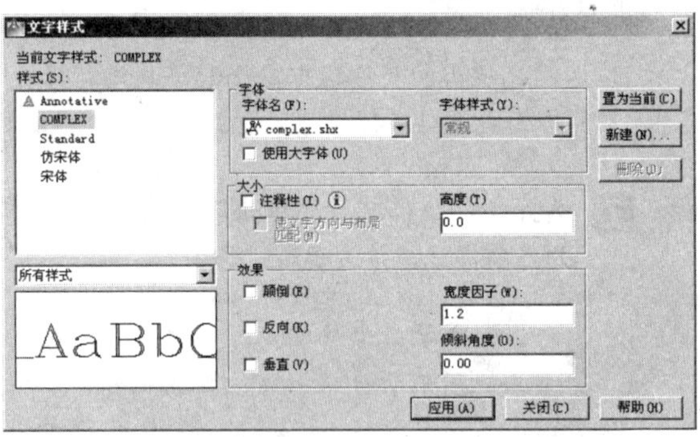

图2-32 设置“COMPLEX”文字样式

8 参照步骤3~步骤5的操作方法，设置一种名为“SIMPLEX”的文字样式，其参数设置如图2-33所示。

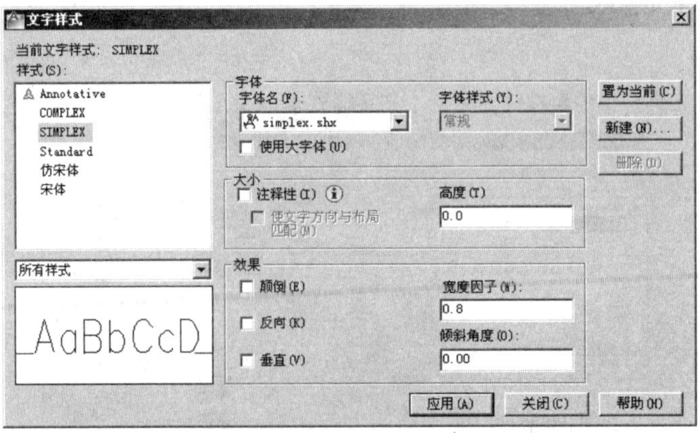

图2-33 设置“SIMPLEX”样式

9 单击 关闭 按钮关闭【文字样式】对话框。

2.4.3　设置标注样式

1 继续上节操作。

2 单击【绘图】工具栏中的按钮，绘制宽度为0.5、长度为2的多段线，并使用【窗口缩放】功能将绘制的多段线放大显示。

3 使用【直线】命令绘制一条长度为3的水平线段，并使直线段的中点与多段线的中点对齐，如图2-34所示。

4 单击【修改】菜单中的【旋转】命令，将箭头进行旋转45°，如图2-35所示。

图2-34 绘制细线

图2-35 旋转结果

5 执行菜单栏中的【绘图】|【块】|【创建块】命令，在打开的【块定义】对话框中设置块参数如图2-36所示。

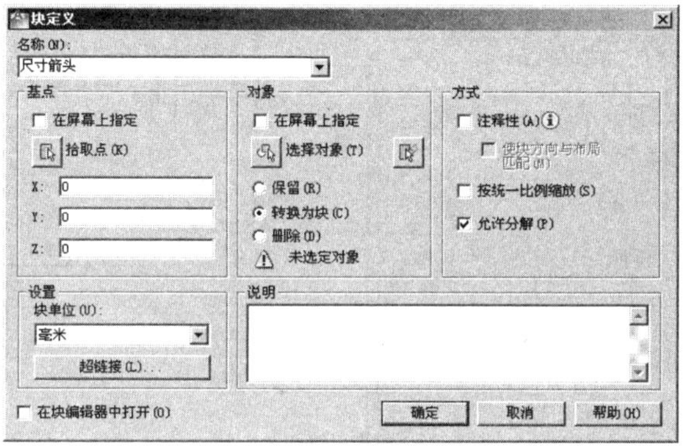

图2-36 设置块参数

6 单击【拾取点】按钮，返回绘图区捕捉多段线中点作为块的基点，然后将其创建为图块。

7 单击【样式】工具栏中的按钮，在打开的【标注样式管理器】对话框中单击新建(N)...按钮，打开【创建新标注样式】对话框，为新样式赋名，如图2-37所示。

8 单击继续按钮，打开【新建标注样式：建筑标注】对话框，设置基线间距、起点偏移量等参数，如图2-38所示。

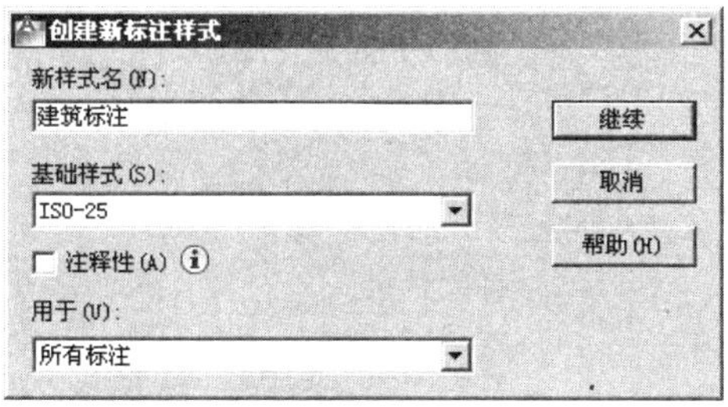

图2-37 【创建新标注样式】对话框

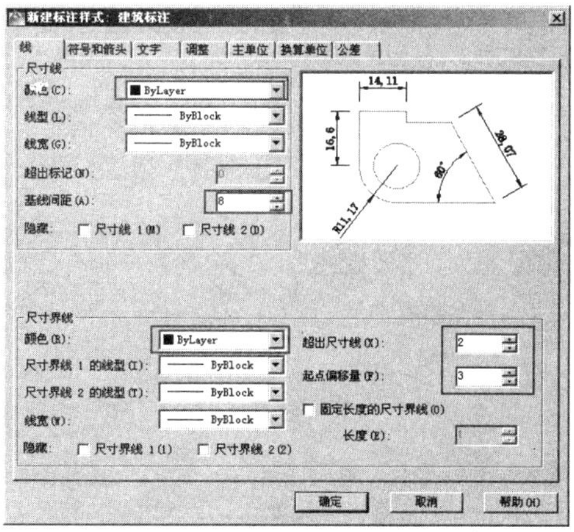

图2-38 设置参数

9 展开【符号和箭头】选项卡，然后单击【箭头】组合框中的【第一项】下拉按钮，在下拉列表中选择“用户箭头”选项，如图2-39所示。

10 此时系统弹出【选择自定义箭头块】对话框，然后选择“尺寸箭头”块作为尺寸箭头，如图2-40所示。

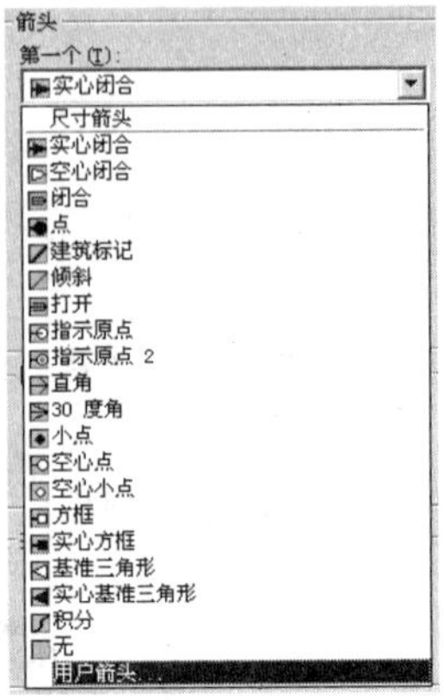

图2-39 箭头下拉列表

图2-40 设置尺寸箭头

11 单击 确定 按钮返回【符号和箭头】选项卡，然后设置参数如图2-41所示。

12 在对话框中展开【文字】选项卡，设置尺寸文字的样式、颜色、大小等参数，如图2-42所示。

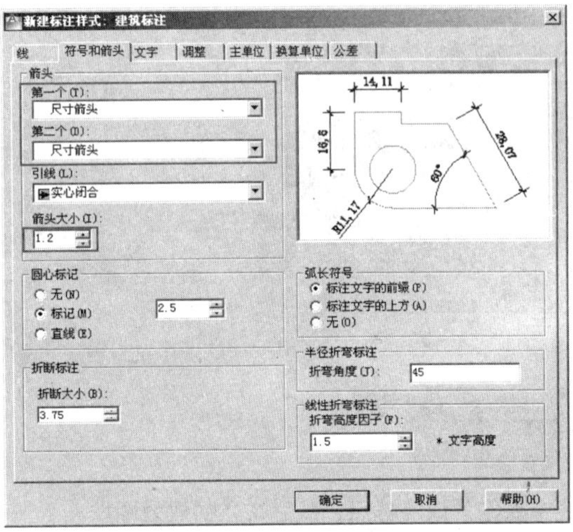

图2-41 设置参数

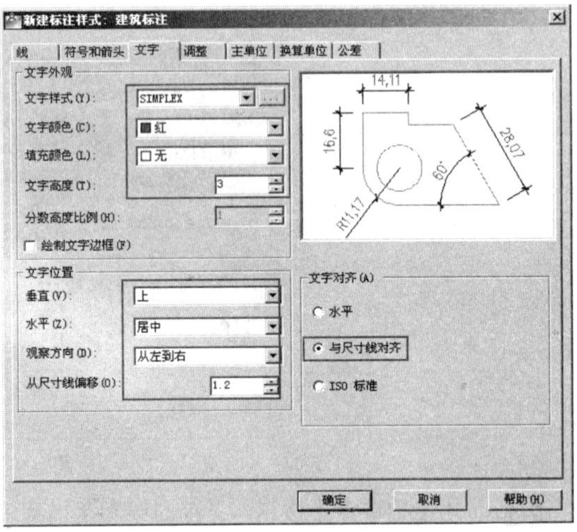

图2-42 设置文字参数

13 展开【调整】选项卡，调整文字、箭头与尺寸线等的位置如图2-43所示。

14 展开【主单位】选项卡，设置线型参数和角度标注参数如图2-44所示。

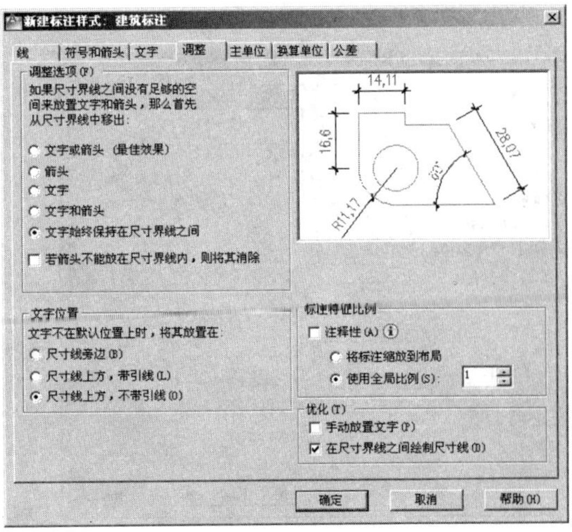

图2-43 【调整】选项卡

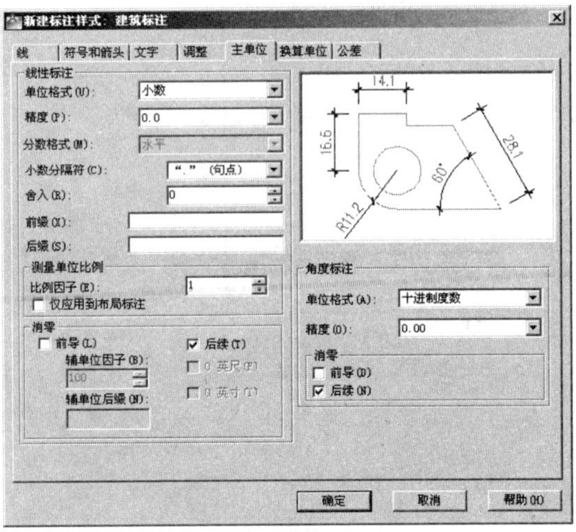

图2-44 【主单位】选项卡

15 单击 确定 按钮返回【标注样式管理器】对话框，结果新设置的尺寸样式出现在此对话框中，如图2-45所示。

16 单击 置为当前(U) 按钮，将“建筑标注”设置为当前样式。

17 在【标注样式管理器】对话框中单击 新建(N)... 按钮，打开【创建新标注样式】对话框，为新样式命名，如图2-46所示。

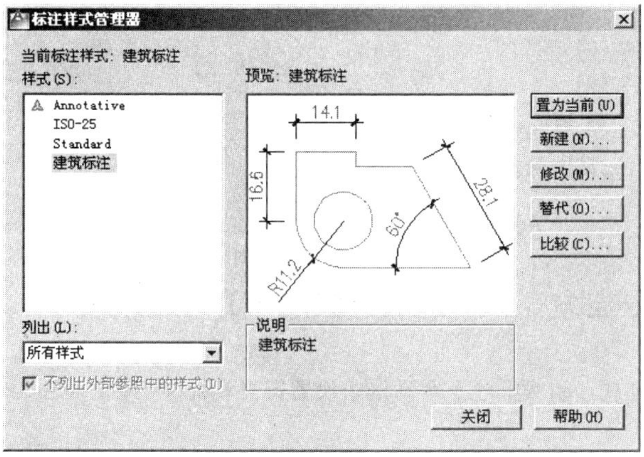

图2-45 【标注样式管理器】对话框

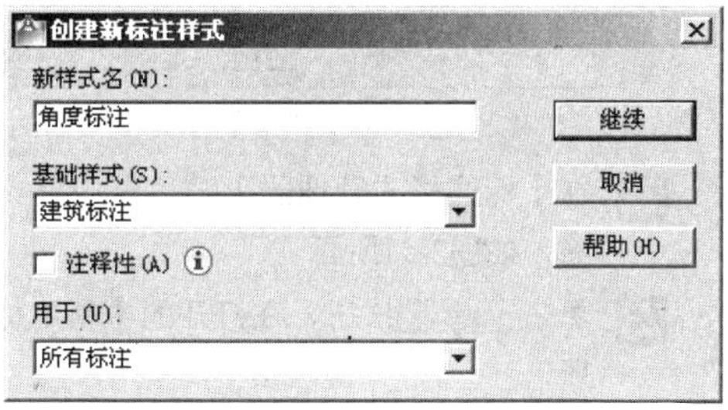

图2-46 为新样式命名

18 单击 继续 按钮，在打开的【新建标注样式：角度标注】对话框中设置符号和箭头参数，如图2-47所示。

19 展开【调整】选项卡，设置尺寸文字与箭头的位置，如图2-48所示。

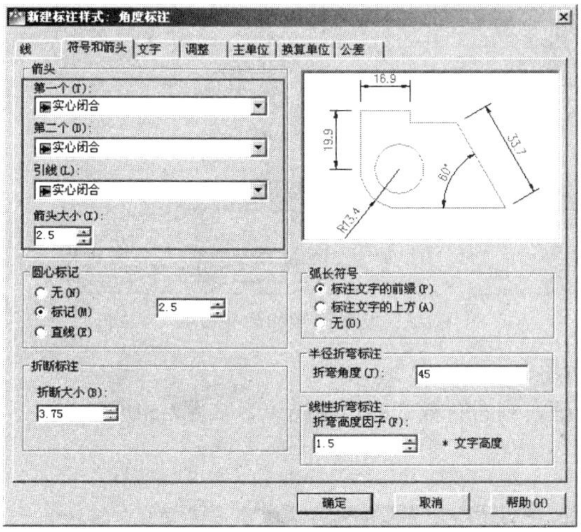

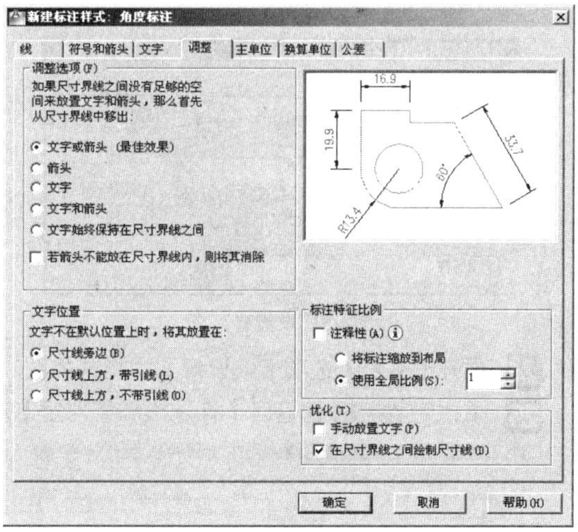

图2-47 设置符号和箭头参数　　　　图2-48 【调整】选项卡

20 展开【文字】选项卡，设置尺寸文字的对齐位置，如图2-49所示。

21 单击 确定 按钮返回【标注样式管理器】对话框，结果如图2-50所示。

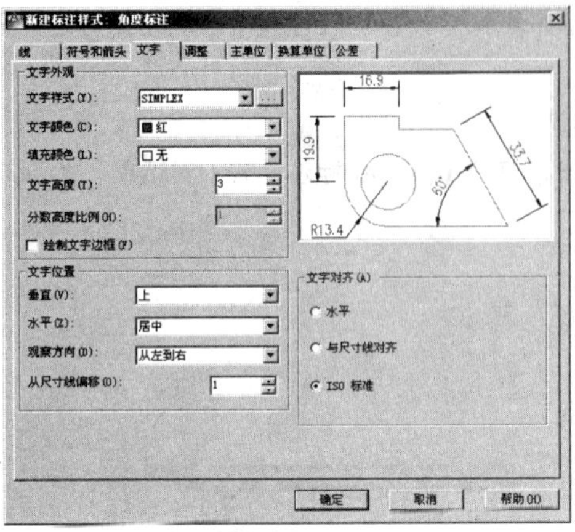

图2-49 【文字】选项卡

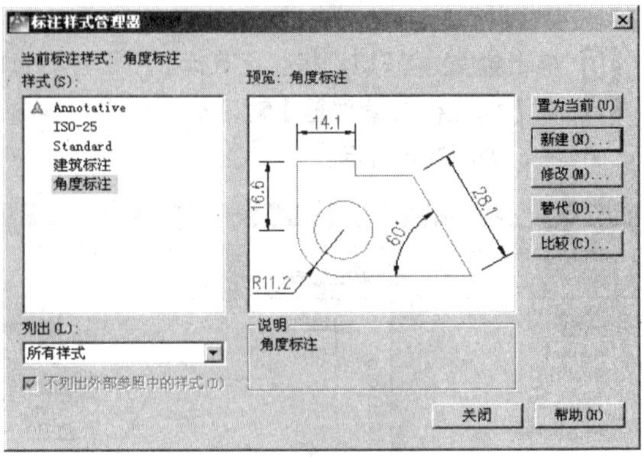

图2-50 设置文字对齐

22 在【标注样式管理器】对话框中单击 新建(N)... 按钮，打开【创建新标注样式】对话框，为新样式命名，如图2-51所示。

23 单击 继续 按钮，在打开的【新建标注样式：引线标注】对话框中设置符号和箭头参数，如图2-52所示。

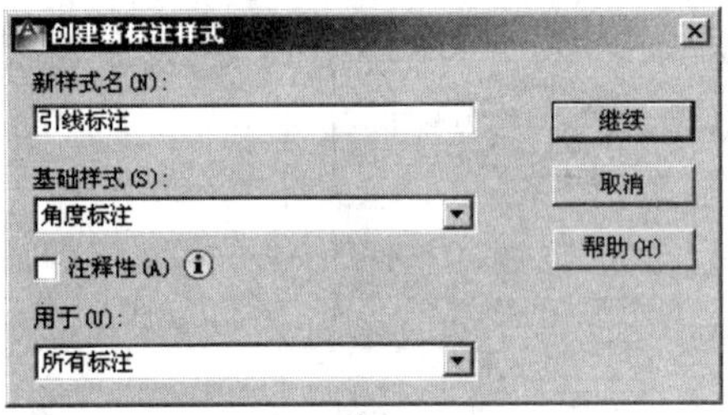

图2-51 设置样式名

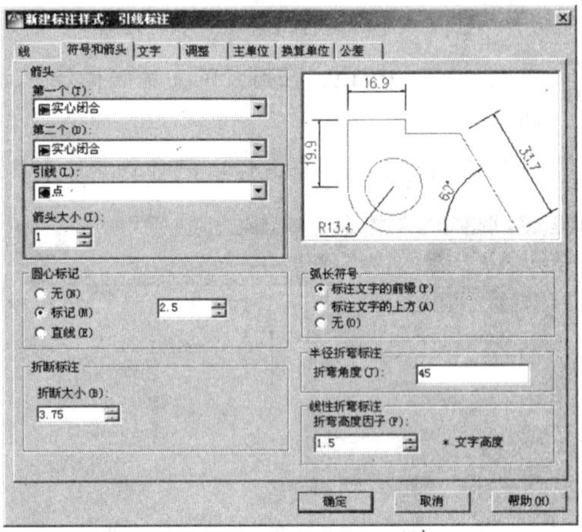

图2-52 设置符号和箭头参数

24 展开【文字】选项卡，设置文字样式如图2-53所示。

25 单击 确定 按钮返回【标注样式管理器】对话框，观看新样式的设置结果，如图2-54所示。

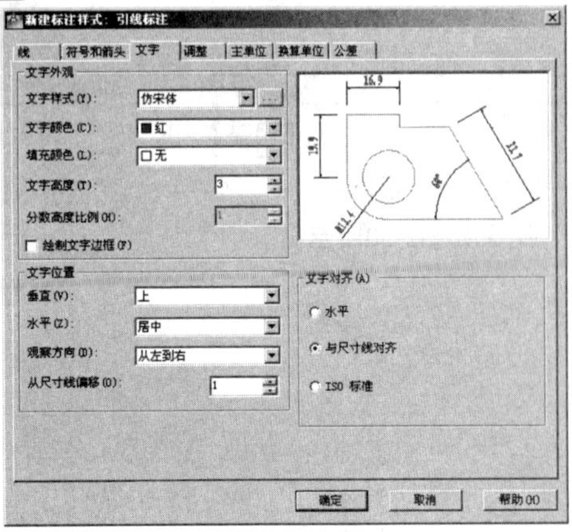

图2-53 设置文字样式

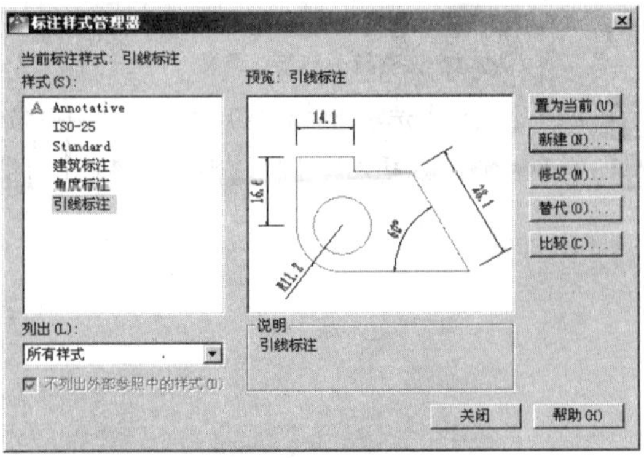

图2-54 设置新样式

26 选择“建筑标注”样式，将其设置为当前标注样式，如图2-55所示。

27 单击 关闭 按钮关闭【标注样式管理器】对话框。

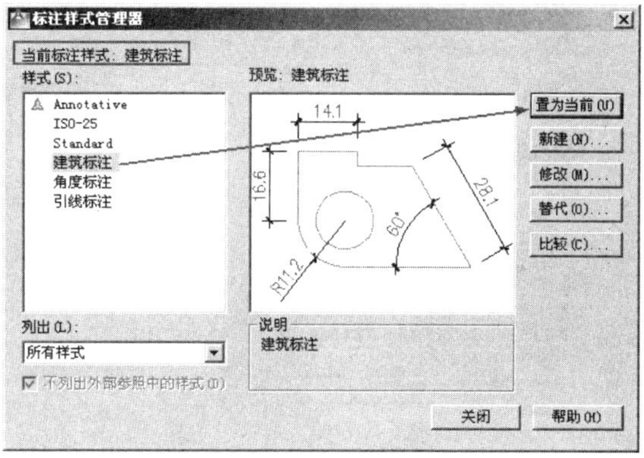

图2-55 设置当前标注样式

2.4.4 设置多重引线

1 继续上节操作。

2 执行菜单栏中的【格式】|【多重引线样式】命令，打开如图2-56所示的【多重引线样式管理器】对话框。

3 在【多重引线样式管理器】对话框中单击 新建(N)... 按钮，打开【创建新多重引线样式】对话框，为新样式命名，如图2-57所示。

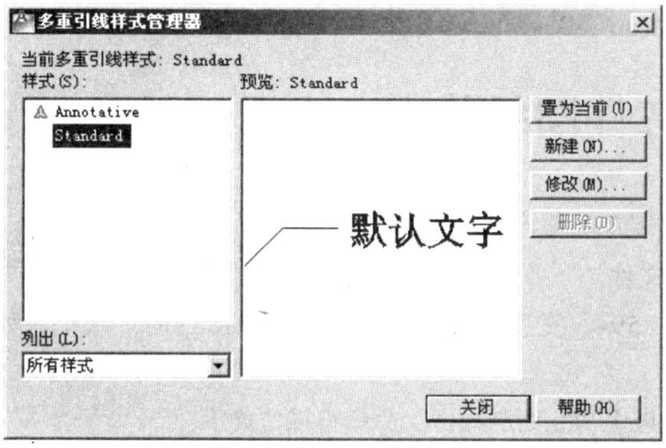

图2-56 【多重引线样式管理器】对话框

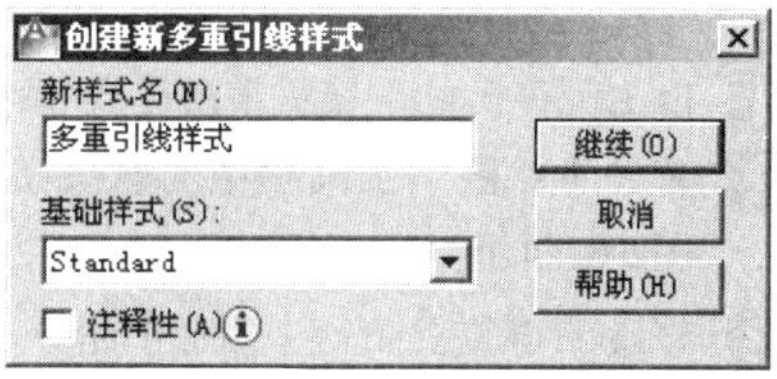

图2-57 为新样式命名

4 单击 继续(O) 按钮，在打开的对话框中展开【引线格式】选项卡，设置引线格式如图2-58所示。

5 展开【引线结构】选项卡，设置引线结构参数如图2-59所示。

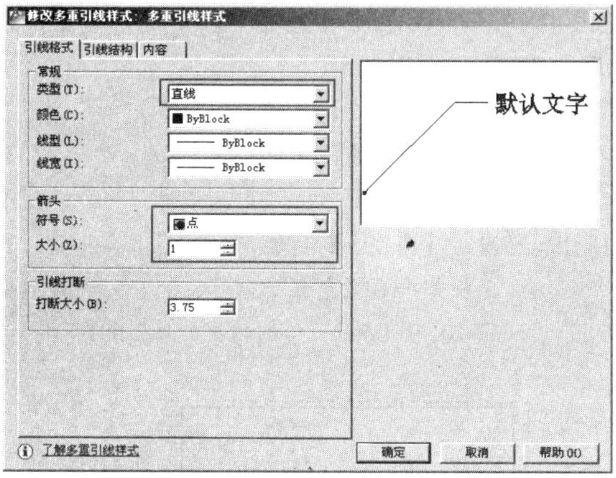

图2-58 设置引线格式

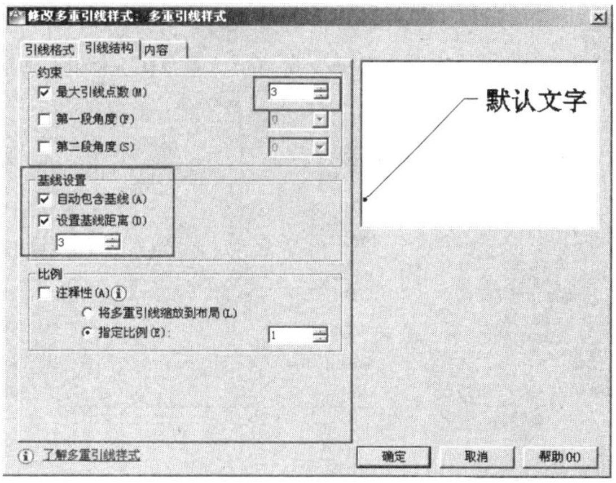

图2-59 设置引线结构参数

6 展开【内容】选项卡，设置多重引线样式的类型及基线间隙参数，如图2-60所示。

7 单击 确定 按钮，返回【多重引线样式管理器】对话框，将刚设置的新样式置为当前样式，如图2-61所示。

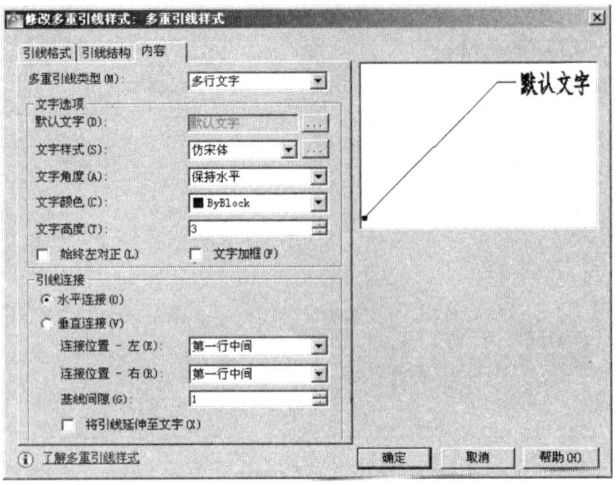

图2-60 设置引线类型及基线间隙参数

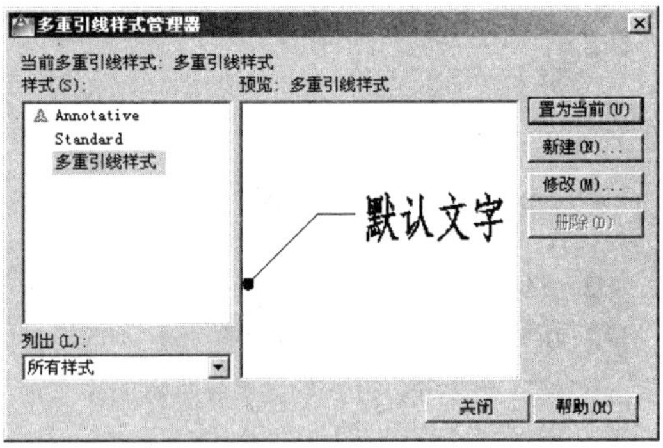

图2-61 设置当前样式

8 单击 关闭 按钮关闭【多重引线样式管理器】对话框。

9 最后执行【另存为】命令，将当前文件另存储为“设置绘图样式.dwg”。

2.5 绘制样板文件图纸边框

本节主要学习样板图中2号图纸标准图框的绘制技巧以及图框标题栏的文字填充技巧。

1 以上例存储的“设置常用样式.dwg”作为当前文件。

2 单击【绘图】工具栏中的□按钮，绘制长度为594、宽度为420的矩形作为2号图纸的外边框，如图2-62所示。

3 按Enter键重复执行【矩形】命令，配合【捕捉自】功能绘制内框。命令行操作如下：

```
命令:                                   //Enter
    RECTANG
    指定第一个角点或[倒角(C)/标高(E)/圆角(F)/厚度(T)/宽度(W)]:      //w Enter
    指定矩形的线宽<0>:                          //2 Enter，设置线宽
    指定第一个角点或[倒角(C)/标高(E)/圆角(F)/厚度(T)/宽度(W)]:
                                                //激活【捕捉自】功能
    _from 基点:                                 //捕捉外框的左下角点
    <偏移>:                                     //@25,10 Enter
    指定另一个角点或[面积(A)/尺寸(D)/旋转(R)]:     //激活【捕捉自】功能
    _from 基点:                                 //捕捉外框右上角点
    <偏移>:                                     //@-10,-10 Enter，绘制结果如图2-63所示
```

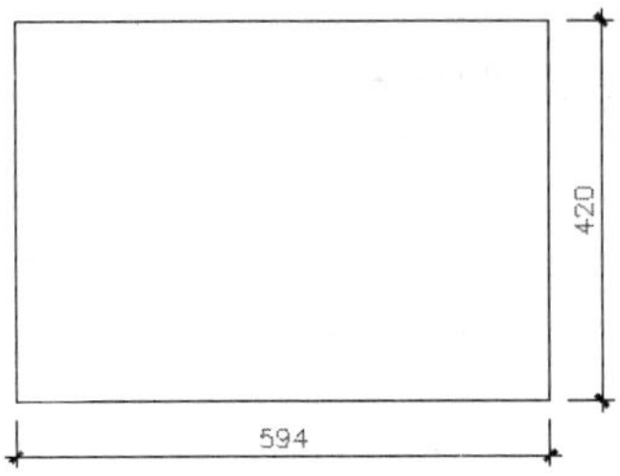

图2-62 绘制外框

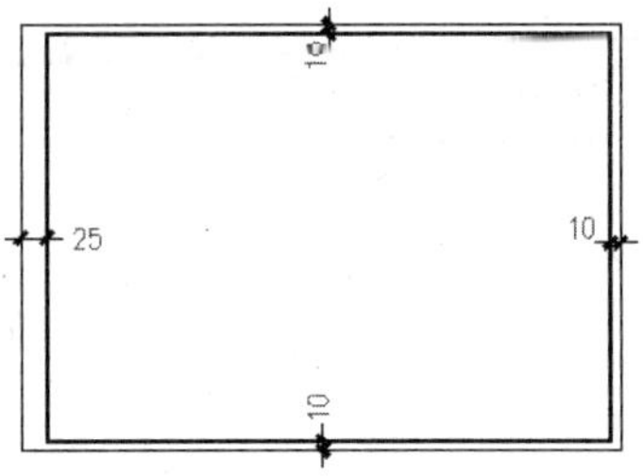

图2-63 绘制内框

4 重复执行【矩形】命令，配合【端点捕捉】功能绘制标题栏外框。命令行操作过程如下：

```
命令: _rectang
    当前矩形模式: 宽度=2.0
    指定第一个角点或 [倒角(C)/标高(E)/圆角(F)/厚度(T)/宽度(W)]:        // w Enter
    指定矩形的线宽 <2.0>:                                          //1.5 Enter，设置线宽
    指定第一个角点或 [倒角(C)/标高(E)/圆角(F)/厚度(T)/宽度(W)]:        //捕捉内框右下角点
    指定另一个角点或 [面积(A)/尺寸(D)/旋转(R)]:  //@-240,50 Enter，绘制结果如图2-64所示
```

5 重复执行【矩形】命令，配合【端点捕捉】功能绘制会签栏外框。命令行操作过程如下：

```
命令: _rectang
    当前矩形模式: 宽度=1.5
    指定第一个角点或 [倒角(C)/标高(E)/圆角(F)/厚度(T)/宽度(W)]:     //捕捉内框的左上角点
    指定另一个角点或 [面积(A)/尺寸(D)/旋转(R)]:     //@-20,-100 Enter，绘制结果如图2-65所示
```

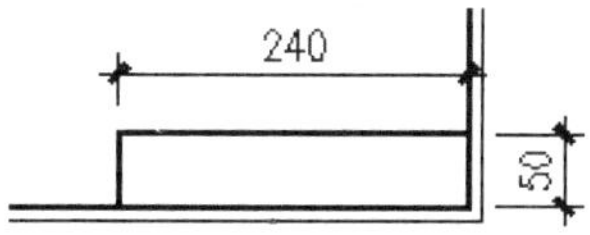

图2-64 标题栏外框

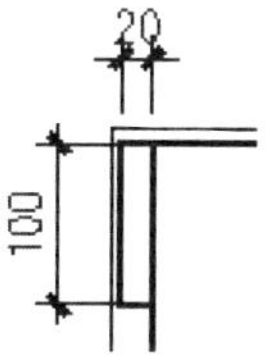

图2-65 会签栏外框

6 执行菜单栏中的【绘图】|【直线】命令，参照所示尺寸绘制标题栏和会签栏内部的分格线，如图2-66和图2-67所示。

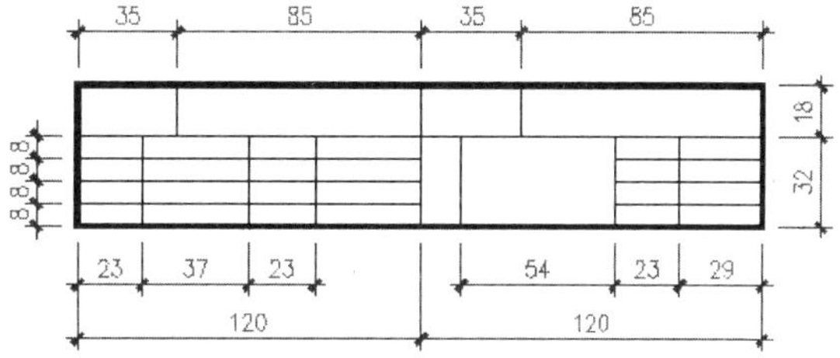

图2-66 标题栏

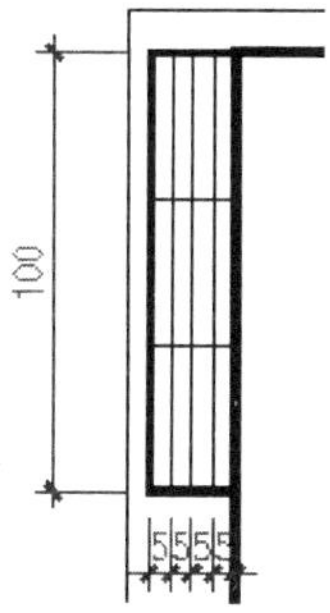

图2-67 会签栏

7 单击【绘图】工具栏中的A按钮，分别捕捉如图2-68所示的方格对角点A和B，打开【文字格式】编辑器，然后设置文字的对正方式如图2-69所示。

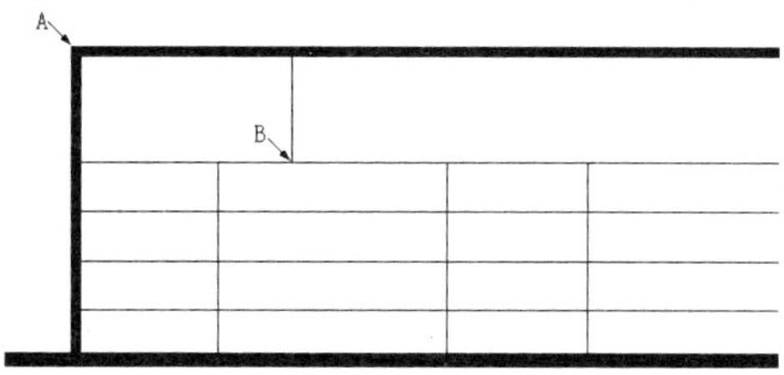

图2-68 定位捕捉点

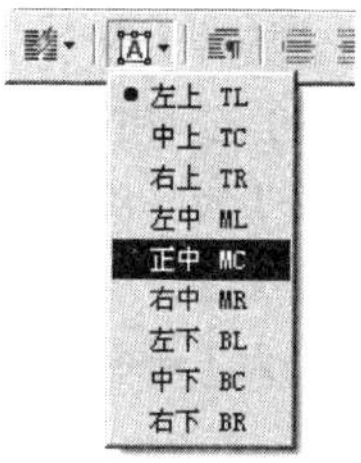

图2-69 设置对正方式

8 在文字编辑器中设置文字样式为“宋体”、字体高度为8，然后在输入框内输入“设计单位”，如图2-70所示。

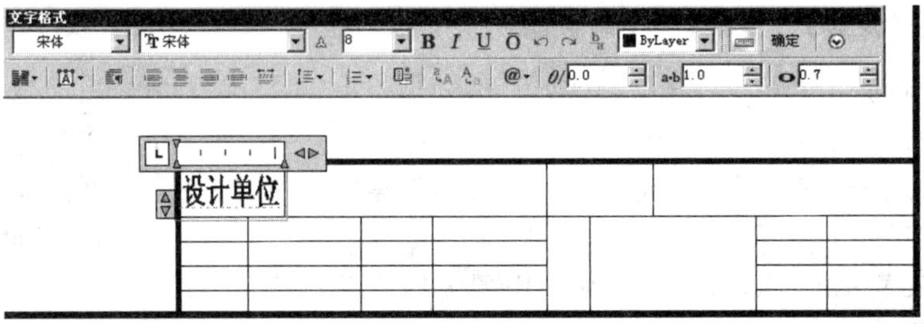

图2-70 输入文字

9 单击确定按钮关闭【文字格式】编辑器，观看文字的填充结果，如图2-71所示。

10 重复使用【多行文字】命令，设置文字样式、高度和对正方式不变，填充如图2-72所示的文字。

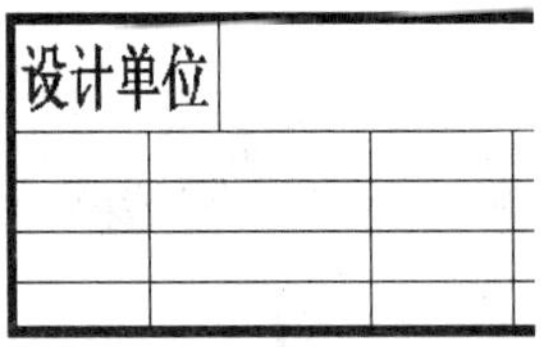

图2-71 填充结果

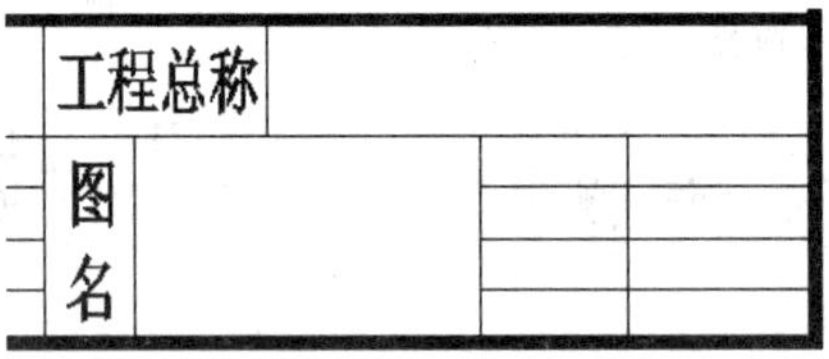

图2-72 填充结果

11 重复执行【多行文字】命令，设置字体样式为“宋体”、字体高度为4.6、对正方式为“正中”，填充标题栏中的其他文字，如图2-73所示。

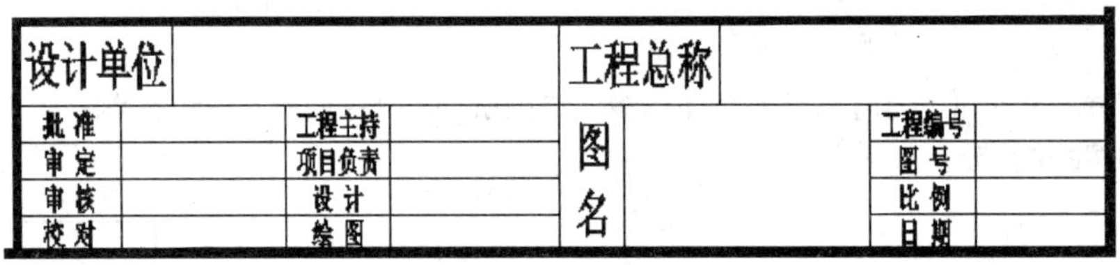

图2-73 标题栏填充结果

12 单击【修改】工具栏中的按钮，激活【旋转】命令，将会签栏旋转-90°，然后使用【多行文字】命令，设置样式为“宋体”、高度为2.5，对正方式为“正中”，为会签栏填充文字，结果如图2-74所示。

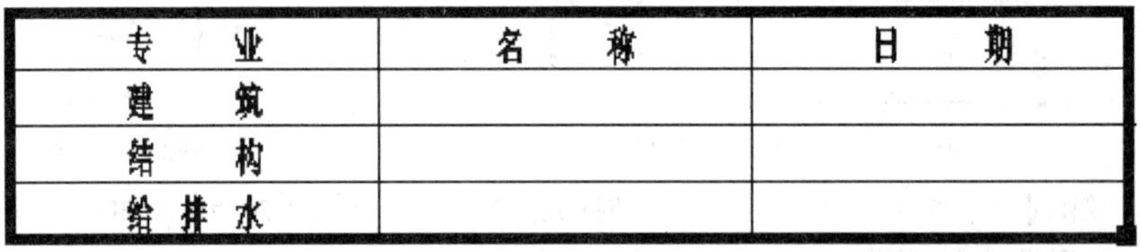

图2-74 填充文字

13 重复执行【旋转】命令，将会签栏及填充的文字旋转-90°，基点不变。

14 单击【绘图】工具栏中的按钮，或使用快捷键“B”激活【创建块】命令，打开【块定义】对话框。

15 在【块定义】对话框中设置块名为“A2-H”，基点为外框左下角点，其他块参数如图2-75所示，将图框及填充文字创建为内部块。

16 执行【另存为】命令，将当前文件另存储为“创建并填充图框.dwg”。

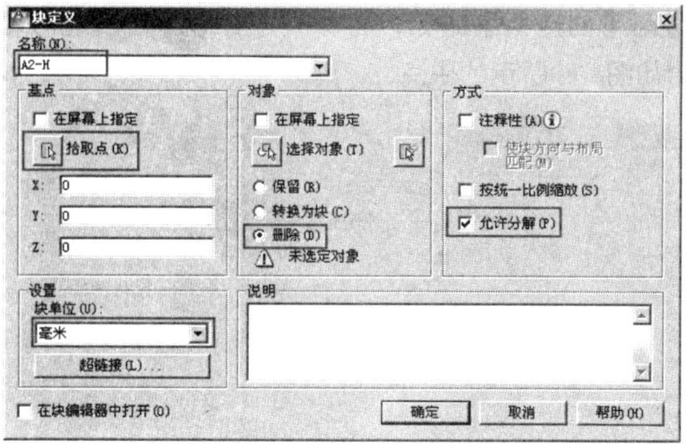

图2-75 设置块参数

2.6　绘制样板文件常用符号

本节主要学习室内装饰装潢样板文件中各种常用符号属性块的具体设置过程和设置技巧，具体包括标高符号、轴线标号和投影符号等。

2.6.1　绘制标高符号

1. 打开上例存储的“创建并填充图框.dwg”文件。
2. 执行菜单栏中的【绘图】|【多段线】命令，配合捕捉与追踪功能，在“0图层”上绘制如图2-76所示的标高符号。

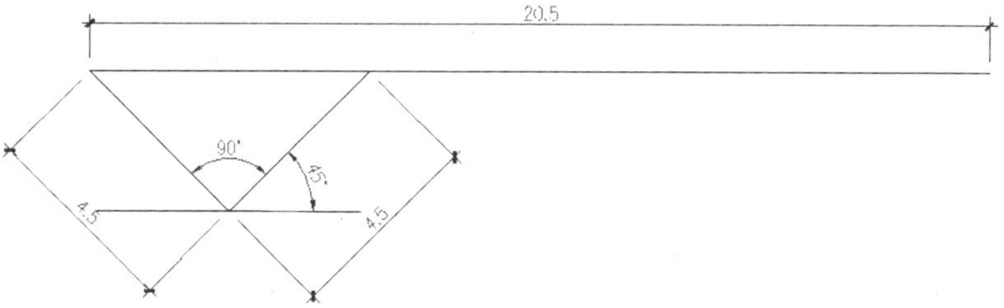

图2-76 绘制标高

3. 执行菜单栏中的【绘图】|【块】|【定义属性】命令，为标高符号定义如图2-77所示的文字属性。
4. 单击 确定 按钮，返回绘图捕捉标高符号右侧端点，将其作为属性的插入点，结果如图2-78所示。

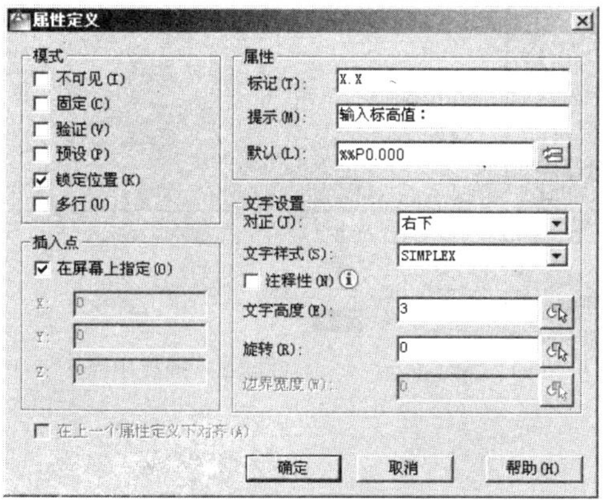

图2-77 【属性定义】对话框

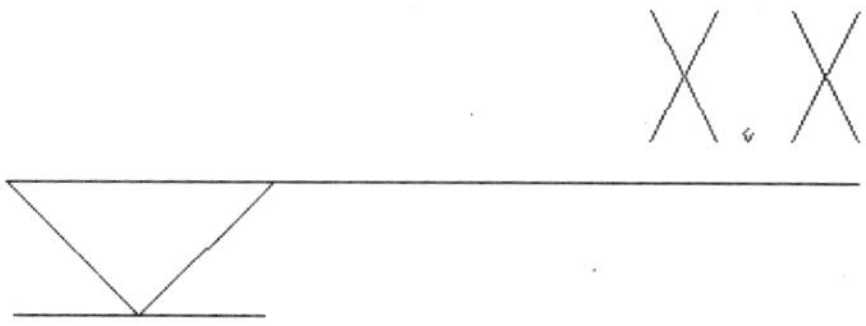

图2-78 定义属性结果

5 使用快捷键“B”激活【创建快】命令，将标高符号与属性一起创建为属性块，块参数设置如图2-79所示，块基点为如图2-80所示的中点。

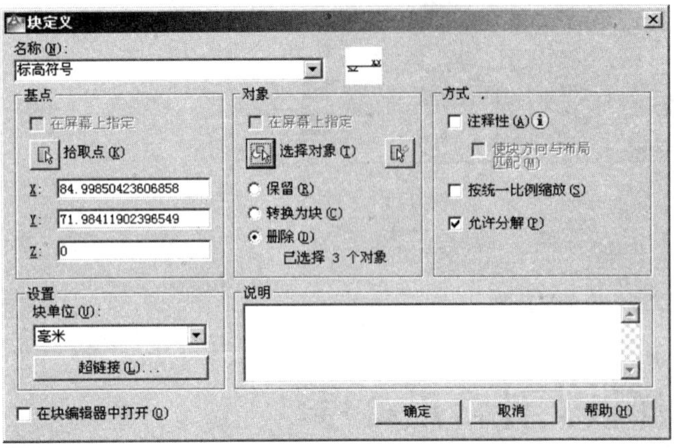

图2-79 【块定义】对话框

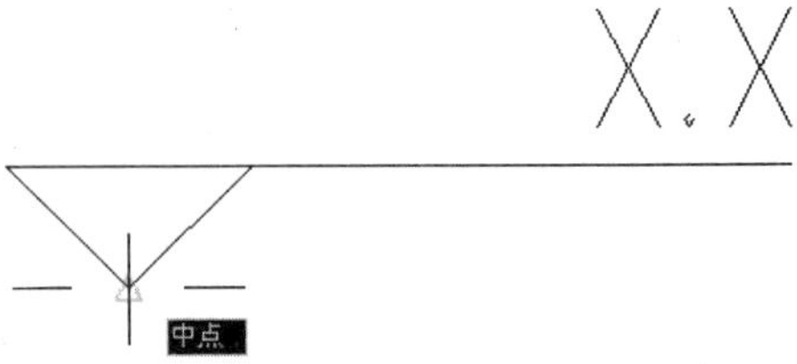

图2-80 捕捉中点

6 重复执行【多段线】命令，配合捕捉与追踪功能绘制如图2-81所示的标高符号02。

7 参照上述操作，为刚绘制的标高符号定义文字属性，参数设置如图2-77所示，定义结果如图2-82所示。

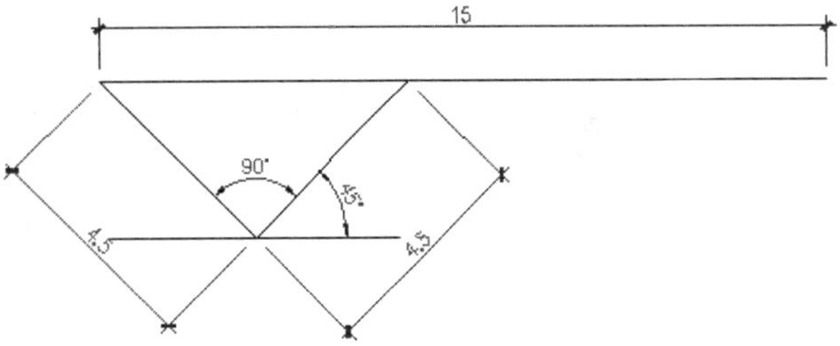

图2-81 绘制结果

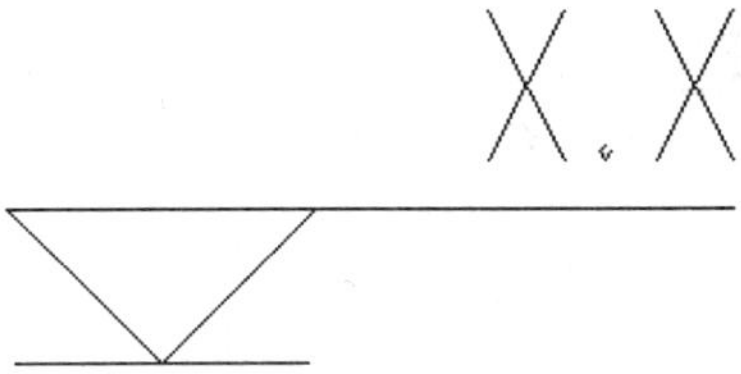

图2-82 定义属性

8 使用【创建快】命令将标高符号与属性一起创建为属性块，块参数设置如图2-83所示，块基点为如图2-84所示的中点。

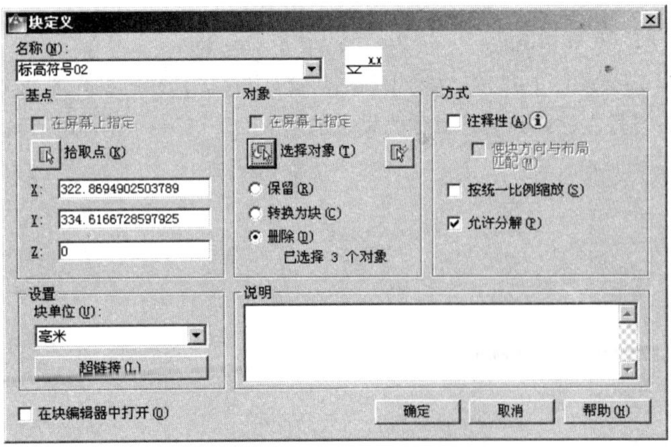

图2-83 【块定义】对话框

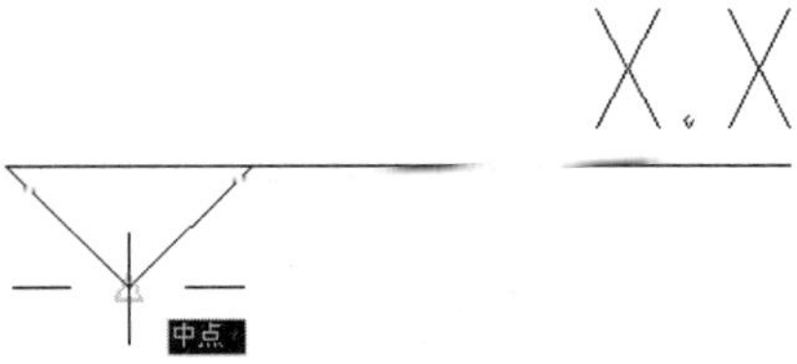

图2-84 捕捉中点

2.6.2 绘制轴线标号

1 继续上节操作。

2 执行画圆命令，在“0图层”上绘制直径为8的圆作为轴标号。

3 使用快捷键“ATT”激活【定义属性】命令，为轴标号圆定义文字属性，如图2-85所示。

4 单击 确定 按钮，返回绘图捕捉圆心，将其作为属性的插入点，结果如图2-86所示。

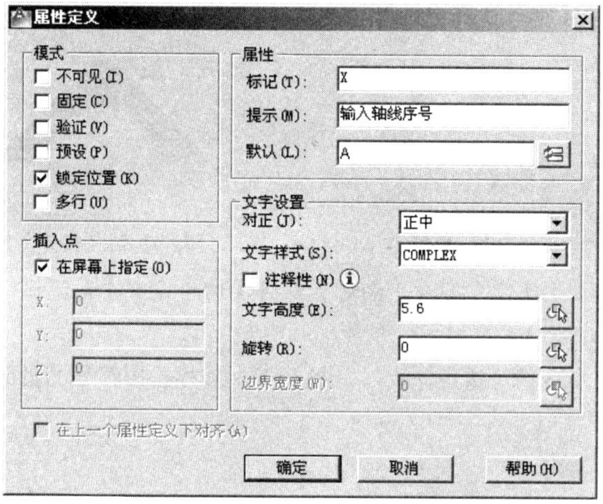

图2-85 【属性定义】对话框

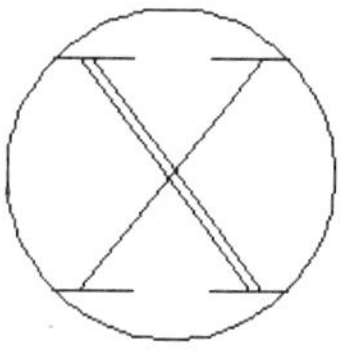

图2-86 定义属性

5 使用快捷键“B”激活【创建块】命令，将圆与属性一起创建为属性块，块参数设置如图2-87所示，块基点为如图2-88所示的圆心。

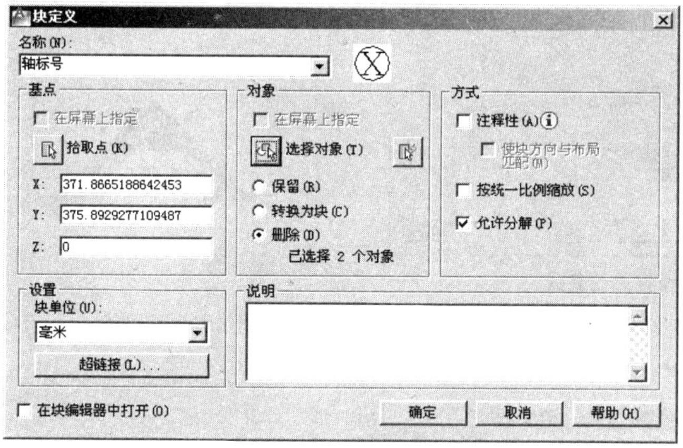

图2-87 【块定义】对话框

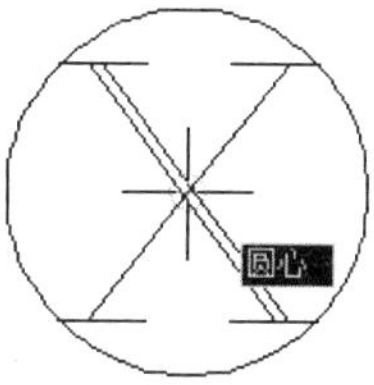

图2-88 捕捉圆心

2.6.3 绘制投影符号

1 继续上节操作。

2 使用快捷键“PL”激活【多段线】命令，在“0图层”内绘制直角三角形。命令行操作如下：

命令: _pline

指定起点: //在绘图区单击，指定起点

当前线宽为 0

指定下一个点或 [圆弧(A)/半宽(H)/长度(L)/放弃(U)/宽度(W)]: //@10<45 Enter

指定下一点或 [圆弧(A)/闭合(C)/半宽(H)/长度(L)/放弃(U)/宽度(W)]: //@10<315 Enter

指定下一点或 [圆弧(A)/闭合(C)/半宽(H)/长度(L)/放弃(U)/宽度(W)]:

//C Enter，结果如图2-89所示

3 使用快捷键“C”激活【圆】命令，以三角形的斜边中点作为圆心，绘制一个半径为3.5的圆。

4 使用快捷键“TR”激活【修剪】命令，以圆作为边界，将位于内部的线段修剪掉。将位于圆内的界线修剪掉，结果如图2-90所示。

5 使用快捷键“H”激活【图案填充】命令，为投影符号填充如图2-91所示的“SOLID”实体图案。

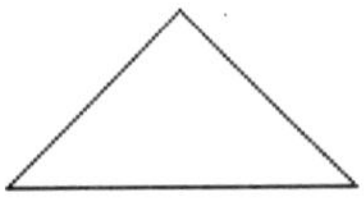

图2-89 绘制三角形

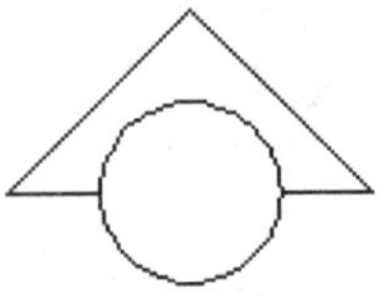

图2-90 投影符号

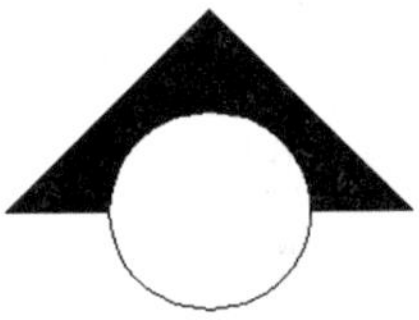

图2-91 填充实体图案

6 执行菜单栏中的【绘图】|【块】|【定义属性】命令，打开【属性定义】对话框，为投影符号定义文字属性，如图2-92所示。

7 单击确定按扭返回绘图区，在命令行“指定起点：”提示下，捕捉投影符号的圆心作为属性的插入点，为其定义属性，如图2-93所示。

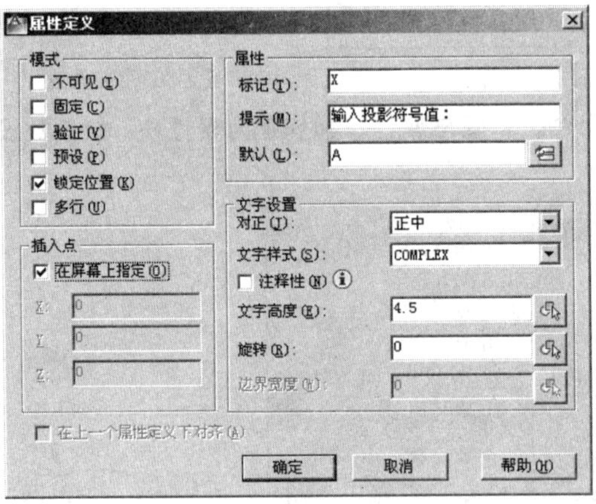

图2-92 设置属性参数

图2-93 定义属性

8 使用快捷键“B”激活【创建块】命令，将投影符号与属性一起创建为属性块，块参数设置如图2-94所示，块基点为如图2-95所示的端点。

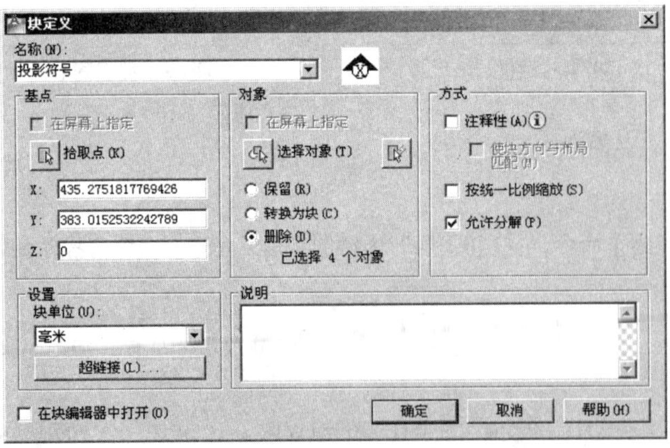

图2-94 【块定义】对话框

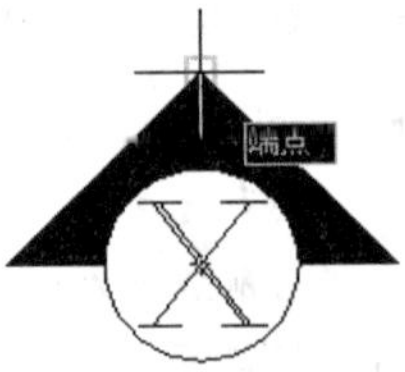

图2-95 捕捉圆心

9 最后执行【另存为】命令，将当前文件另存储为“制作常用符号属性块.dwg”。

2.7　样板文件的页面布局

本节主要学习室内装潢模板的页面设置、图框配置以及样板文件的存储方法和具体的操作过程等内容。

2.7.1 设置图纸打印页面

1. 打开上例保存的“制作常用符号属性块.dwg.dwg”文件。
2. 单击绘图区底部的“布局1”标签，进入到如图2-96所示的布局空间。

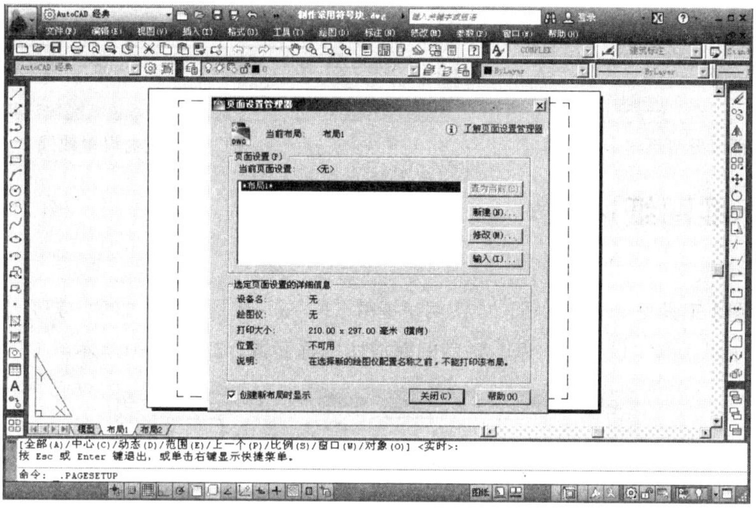

图2-96　布局空间

3. 在打开的【页面设置管理器】对话框中单击 新建(N)... 按钮，打开【新建页面设置】对话框，为新页面赋名，如图2-97所示。
4. 单击 确定(O) 按钮进入【页面设置—布局1】对话框，然后设置打印设备、图纸尺寸、打印样式、打印比例等各参数，如图2-98所示。

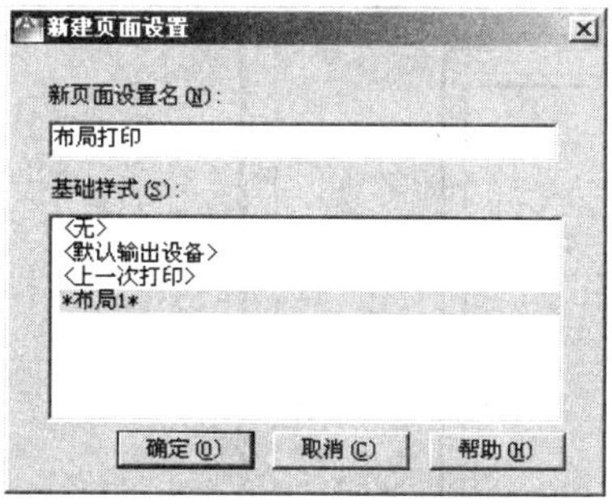

图2-97　为新页面赋名

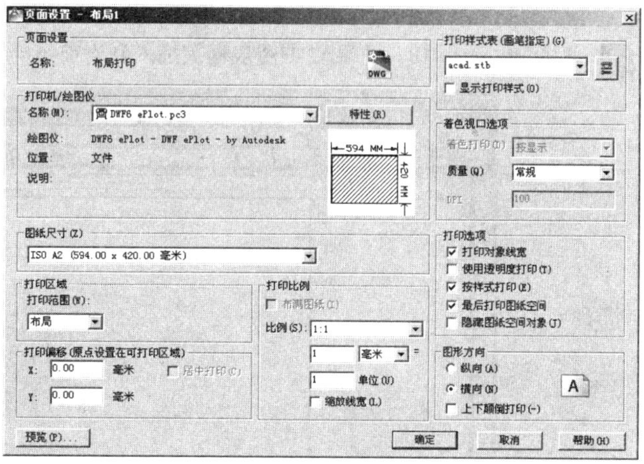

图2-98　设置页面参数

5. 单击 确定(O) 按钮返回【页面设置管理器】话框，将刚设置的新页面设置为当前，如图2-99所示。
6. 单击的 关闭(C) 按钮结束命令，新布局的页面设置效果如图2-100所示。
7. 使用【删除】命令将布局内的矩形视口边框删除。

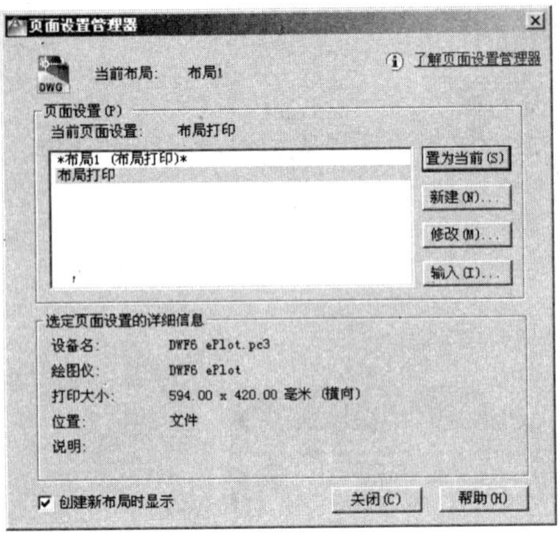

图2-99 【页面设置管理器】对话框

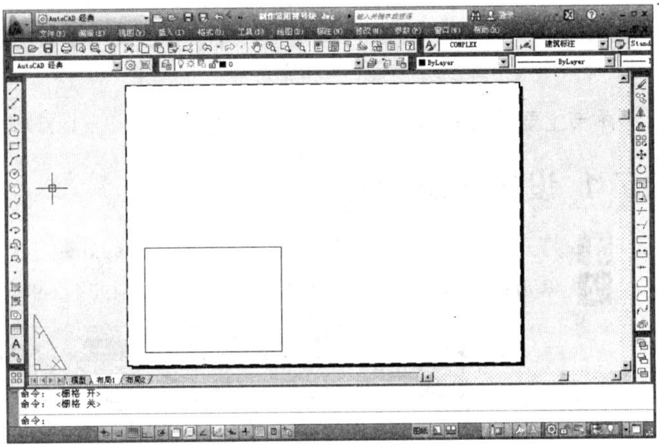

图2-100 页面设置效果

2.7.2 配置标准图纸边框

1. 继续上节操作。
2. 单击【绘图】工具栏中的按钮，或使用快捷键"I"激活【插入块】命令，打开【插入】对话框。
3. 在【插入】对话框中设置插入点、轴向的缩放比例等参数，如图2-101所示。

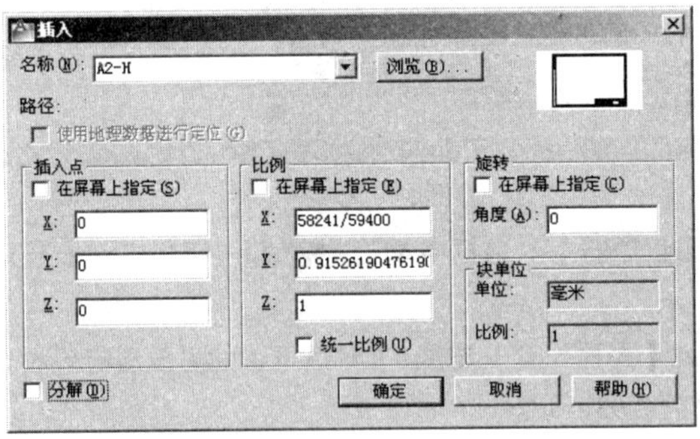

图2-101 设置参数

4. 单击 确定(O) 按钮，结果A2-H图表框被插入到当前布局中的原点位置上，如图2-102所示。

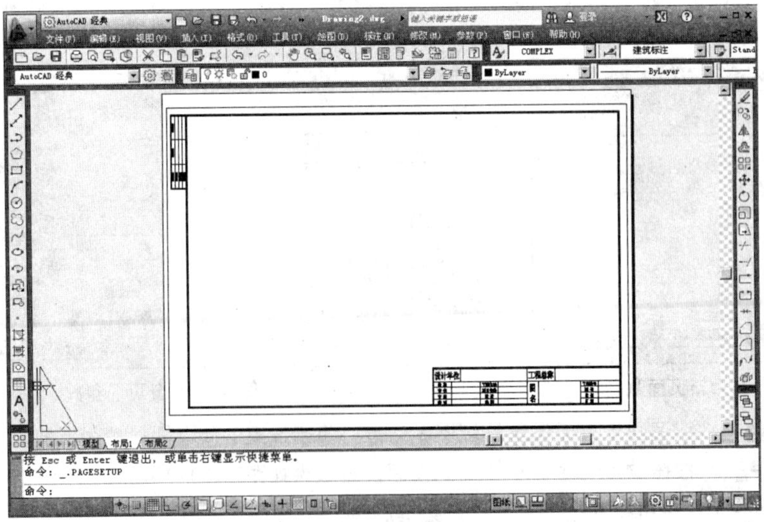

图2-102 插入结果

2.7.3　室内样板图的存储

1 继续上节操作。

2 单击状态栏中的图纸按钮，返回模型空间，

3 执行菜单栏中的【文件】|【另存为】命令，或按Ctrl+Shift+S组合键，打开【图形另存为】对话框。

4 在【图形另存为】对话框中设置文件的存储类型为“AutoCAD 图形样板（*dwt）”，如图2-103所示。

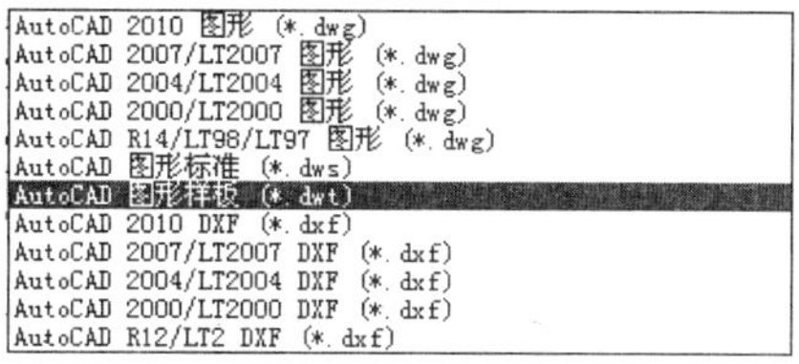

图2-103　【文件类型】下拉列表

5 在【图形另存为】对话框下部的【文件名】文本框中输入“室内设计图样板.dwt”，如图2-104所示。

6 单击保存按钮，打开【样板选项】对话框，输入“A2-H幅面样板文件”，如图2-105所示。

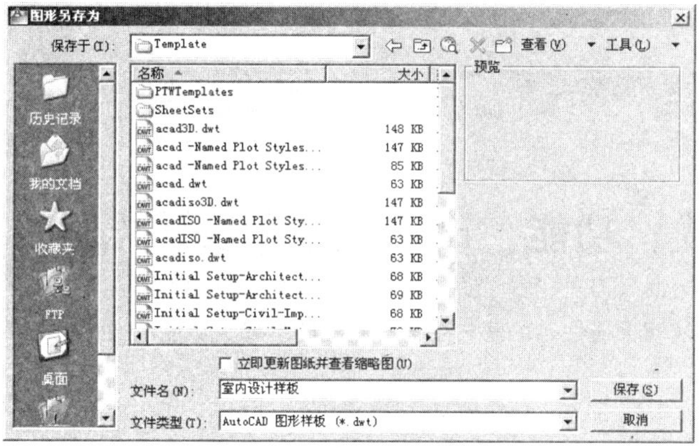

图2-104　样板文件的创建

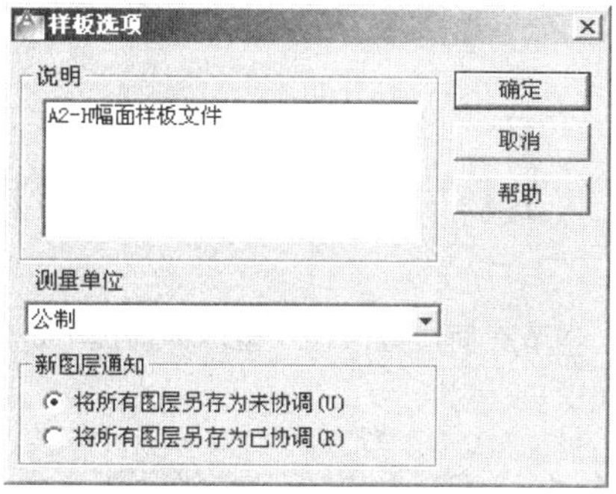

图2-105　【样板选项】对话框

7 单击确定按钮，结果创建了制图样板文件，并将其保存于AutoCAD安装目录下的“Template”文件夹目录下。

8 最后使用【另存为】命令，将当前图形另存储为“页面布局.dwg”。

2.8　本章小结

本章在了解了样板文件概念及功能的前提下，学习了室内装饰装潢绘图样板文件的具体设置过程和设置技巧，为以后绘制施工图纸做好了充分的准备。在具体的设置过程中，需要掌握绘图环境的设置、图层及特性的设置、各类绘图样式的设置、各类常用符号属性块的制作以及打印页面的布局、图框的合理配置和样板的另存储等技能。

第3章　普通住宅室内平面设计案例

本章视频教学导航

小节名称	视频路径	视频长度
平面布置图的形成、功能、设计内容和设计思路	视频文件\第3章\3.1.avi	00：06：09
绘制普通住宅墙体结构图	视频文件\第3章\3.2.avi	00：27：29
绘制普通住宅室内布置图	视频文件\第3章\3.3.avi	00：08：20
绘制普通住宅地面材质图	视频文件\第3章\3.4.avi	00：10：03
标注普通住宅室内布置图	视频文件\第3章\3.5.avi	00：19：36

3.1　平面布置图的形成、功能、设计内容和设计思路

本节在简述普通住宅概念的前提下，主要学习普通住宅的室内平面布置图的形成、功能、设计内容等理论知识。

3.1.1　普通住宅的概念

从消费角度上说，民用住宅一般分为普通住宅和高档住宅两种，普通住宅是指建筑容积率在1.0以上、单套建筑面积约在140平方米以下、按一般民用住宅标准建造的居住用住宅。此类住宅主要有多层和高层两种，多层住宅是指二至六层的楼房；高层住宅多指六层以上的楼房。

3.1.2　平面布置图的形成

平面布置图是假想用一个水平的剖切平面，在窗台上方位置将经过室内外装修的房屋整个剖开，移去以上部分向下所做的水平投影图。要绘制平面布置图，除了要表明楼地面、门窗、楼梯、隔断、装饰柱、护壁板或墙裙等装饰结构的平面形式和位置外，还要标明室内家具、陈设、绿化和室外水池、装饰小品等配套设置体的平面形状、数量和位置等。

3.1.3　平面布置图的功能

平面布置图是装修行业中的一种重要的图纸，主要用于表明建筑室内室外种种装修布置的平面形状、位置、大小和所用材料，表明这些布置与建筑主体结构之间，以及这些布置与布置之间的相互关系等。

另外，室内装修平面布置图还控制了水平向纵横两轴的尺寸数据，其他视图又多数是由它引出的，因而平面布置图是绘制和识读建筑装修施工图的重点和基础，是装修施工的首要图纸。

3.1.4　平面布置图设计内容

在具体设计时，需要兼顾以下几个表达特点。

1. 功能布局

住宅室内空间的合理利用，在于不同功能区域的合理分割、巧妙布局，充分发挥居室的使用功能。例如，卧室、书房要求静，可设置在靠里边一些的位置以不被其他室内活动干扰；起居室、客厅是对外接待、交流的场所，可设置靠近入口的位置；卧室、书房与起居室、客厅相连处又可设置过渡空间或共享空间，起间隔调节作用。此外，厨房应紧靠餐厅，卧室与卫生间贴近。

2. 空间设计

平面空间设计主要包括区域划分和交通流线两个内容。区域划分是指室内空间的组成。交通流线是指室内各活动区域之间以及室内室外环境之间的联系，它包括有形和无形两种，有形的指门厅、走廊、楼梯、户外的道路等；无形的指其他可能供作交通联系的空间。设计时应尽量减少有形的交通区域，增加无形的交通区域，以达到空间充分利用且自由、灵活、缩短距离的效果。

另外，区域划分与交通流线是居室空间整体组合的要素，区域划分是整体空间的合理分配，交通流线寻求的是个别空间的有效连接。惟有两者相互协调作用，才能取得理想的效果。

3. 内含物的布置

室内内含物主要包括家具、陈设、灯具、绿化等设计内容，这些室内内含物通常处于视觉中显著的位置，可以脱离界面布置于室内空间内，不仅具有实用和观赏的作用，对烘托室内环境气氛，形成室内设计风格等方面也起着举足轻重的作用。

4. 整体上的统一

“整体上的统一”指的是将同一空间的许多细部以一个共同的有机因素统一起来，使它变成一个完整而和谐的视觉系统。设计构思时，需要根据业主的职业特点、文化层次、个人爱好、家庭成员构成、经济条件等做综合的设计定位。

3.1.5　平面布置图设计思路

在设计并绘制平面布置图时，具体可以参照如下思路。

1）首先根据测量出的数据绘制出墙体平面结构图。

2）根据墙体平面图进行室内内含物的合理布置，如家具与陈设的布局以及室内环境的绿化等。

3）对室内地面、柱等进行装饰设计，分别以线条图案和文字注解的形式表达出设计的内容。

4）为布置图标注必要的文字注解，以体现出所选材料及装修要求等内容。

5）最后为布置图标注必要的尺寸及室内投影符号等。

3.2　绘制普通住宅墙体结构图

本节绘制如图3-1所示的普通住宅户型墙体结构图，主要学习户型墙体结构图的具体绘制过程和绘制技巧。

在绘制墙体结构平面图时，具体可以参照如下绘图思路。

- 使用【直线】、【偏移】、【修剪】、夹点编辑等命令绘制墙体定位轴线。
- 使用【打断】、【修剪】、【删除】等命令创建门洞和窗洞。
- 使用【多线】、【多线样式】命令绘制主墙线和次墙线。
- 使用【插入块】、【多段线】、【矩形】和【镜像】等命令绘制平面窗、阳台、单开门、推拉门等建筑构件。

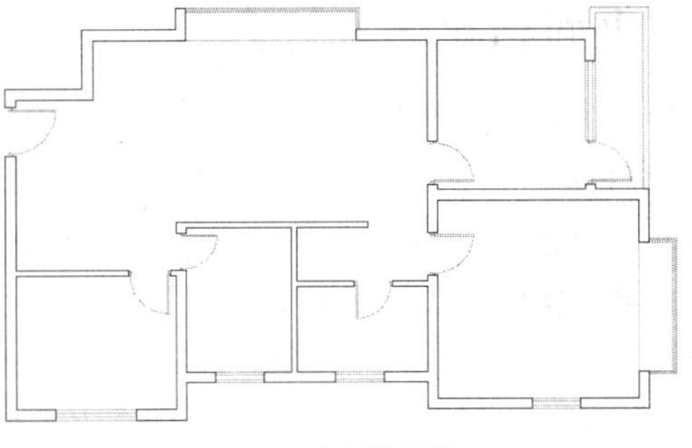

图3-1 实例效果图

3.2.1 绘制墙体纵横轴线

1 执行【新建】命令，在打开的【选择样板】对话框中选择本书配套光盘中的“室内设计样板”，如图3-2所示的样板，新建空白文件。

> **提示：** 为了方便以后调用该样板文件夹，用户可以直接将本书配套光盘中的“室内设计样板.dwt”复制至AutoCAD安装目录下的“Templat”文件夹下。

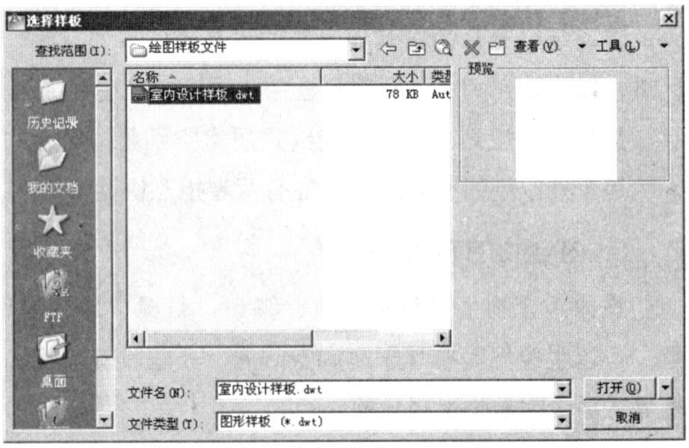

图3-2 选择基础样板

2 执行菜单栏中的【格式】|【图层】命令，在打开的【图层特性管理器】对话框中双击“轴线层”，将其设置为当前图层，如图3-3所示。

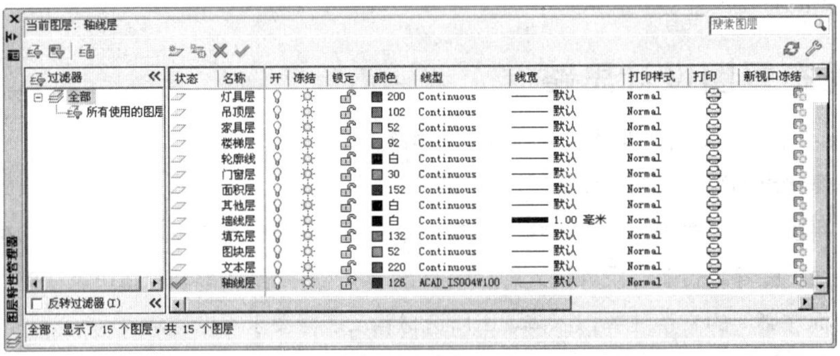

图3-3 设置当前层

3 在命令行输入“Ltscale”，将线型比例暂时设置为1。命令行操作如下：

```
命令: ltscale                         // Enter，激活命令
    输入新线型比例因子 <100.0000>:    //1Enter
```

4 单击状态栏中的按钮或按下F8功能键，打开【正交】功能。

> **技巧：**【正交】是一个辅助绘图工具，用于将光标强制定位在水平位置或垂直位置上。

5 单击【绘图】工具栏中的按扭，激活【直线】命令，绘制两条垂直相交的直线作为基准轴线。命令行操作如下：

```
命令: _line
    指定第一点:                              //在绘图区指定起点
    指定下一点或 [放弃(U)]:                  //向下引导光标，输入7600 Enter
    指定下一点或 [放弃(U)]:                  //向右引导光标，输入11800 Enter
    指定下一点或 [闭合(C)/放弃(U)]:          // Enter，绘制结果如图3-4所示
```

6 单击【修改】工具栏中的按钮，激活【偏移】命令，将水平基准轴线向上偏移。命令行操作如下：

```
命令: _offset
    当前设置: 删除源=否  图层=源  OFFSETGAPTYPE=0
    指定偏移距离或 [通过(T)/删除(E)/图层(L)] <通过>:          //200 Enter
    选择要偏移的对象，或 [退出(E)/放弃(U)] <退出>:           //选择水平基准轴线
    指定要偏移的那一侧上的点，或 [退出(E)/多个(M)/放弃(U)] <退出>:
                                                            //在所选轴线的上侧拾取点
    选择要偏移的对象，或 [退出(E)/放弃(U)] <退出>:           // Enter，结束命令
命令:
    OFFSET当前设置: 删除源=否  图层=源  OFFSETGAPTYPE=0
    指定偏移距离或 [通过(T)/删除(E)/图层(L)] <200.0>:        //2250 Enter
    选择要偏移的对象，或 [退出(E)/放弃(U)] <退出>:           //选择刚偏移出的水平轴线
    指定要偏移的那一侧上的点，或 [退出(E)/多个(M)/放弃(U)] <退出>:
                                                            //在所选轴线的上侧拾取点
    选择要偏移的对象，或 [退出(E)/放弃(U)] <退出>:           // Enter，结束命令
命令:
    OFFSET当前设置: 删除源=否  图层=源  OFFSETGAPTYPE=0
    指定偏移距离或 [通过(T)/删除(E)/图层(L)] <2250.0>:       //1650 Enter
    选择要偏移的对象，或 [退出(E)/放弃(U)] <退出>:           //选择刚偏移出的水平轴线
    指定要偏移的那一侧上的点，或 [退出(E)/多个(M)/放弃(U)] <退出>:
                                                            //在所选轴线的上侧拾取点
    选择要偏移的对象，或 [退出(E)/放弃(U)] <退出>:           // Enter，偏移结果如图3-5所示
```

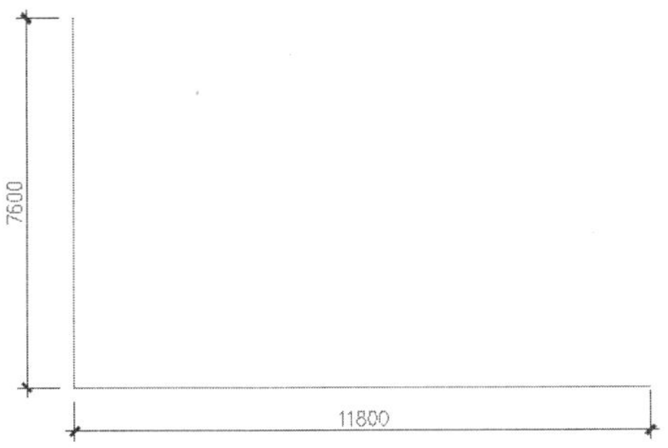

图3-4 绘制定位轴线

图3-5 偏移结果

7 重复执行【偏移】命令，将最下侧的水平轴线向上偏移，间距分别为700、1950、950、2400和1100，结果如图3-6所示。

8 重复执行【偏移】命令，将左侧的垂直轴线向右偏移，间距分别为1450、1750、2100、2550、2950和1000，偏移结果如图3-7所示。

图3-6 偏移水平轴线

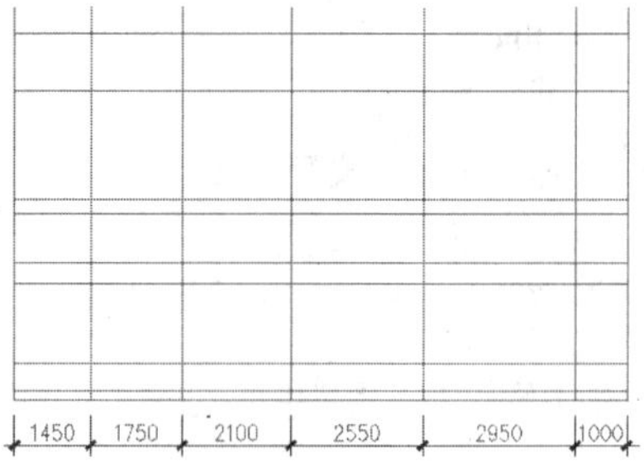

图3-7 偏移垂直轴线

9 在无命令执行的前提下，选择最上侧的水平轴线，使其呈现夹点显示状态，如图3-8所示。

10 在最右侧的夹点上单击，使其变为夹基点（也称热点），此时该点变为红色。

11 在命令行“** 拉伸 ** 指定拉伸点或 [基点(B)/复制(C)/放弃(U)/退出(X)]:”提示下捕捉如图3-9所示的交点，对其进行夹点拉伸，结果如图3-10所示。

12 按Esc键，取消对象的夹点显示状态，结果如图3-11所示。

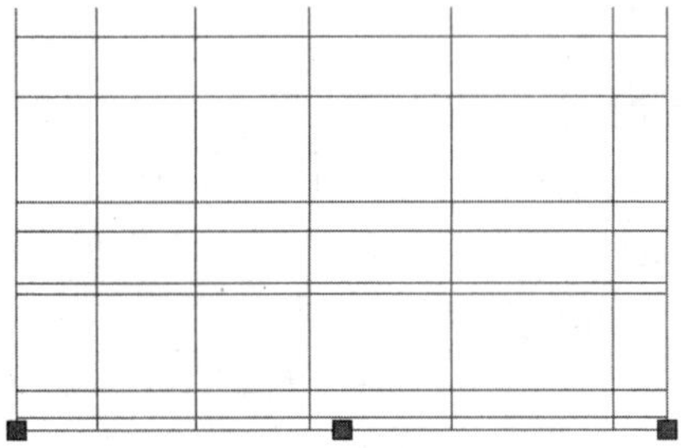

图3-8 夹点显示轴线

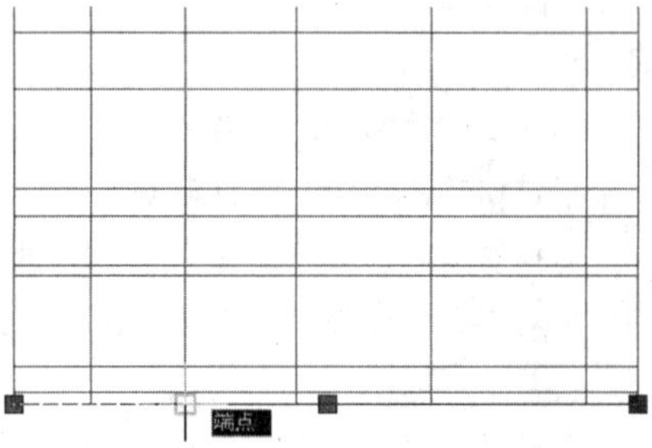

图3-9 捕捉端点

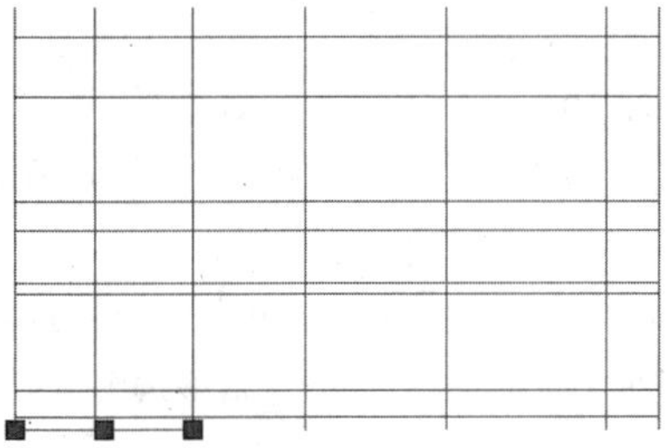

图3-10 拉伸结果

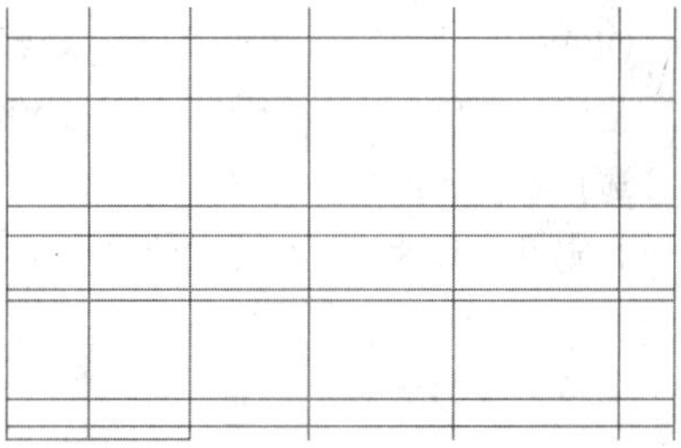

图3-11 取消夹点后的效果

13 参照步骤9～步骤12的操作方法，配合端点捕捉和交点捕捉功能，分别对其他轴线进行夹点拉伸，编辑结果如图3-12所示。

14 使用快捷键“TR”激活【偏移】命令，以图3-13所示的水平轴线1和2作为边界，对垂直轴线3进行修剪，结果如图3-14所示。

至此，普通住宅墙体定位轴线绘制完毕，下一小节将学习门窗洞口的开洞方法和开洞技巧。

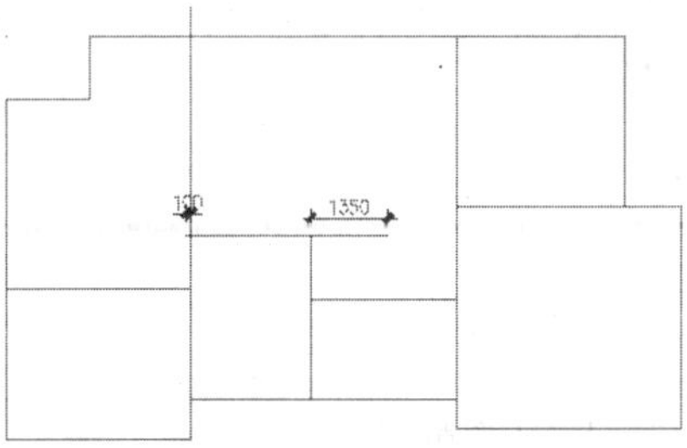

图3-12 编辑其他轴线

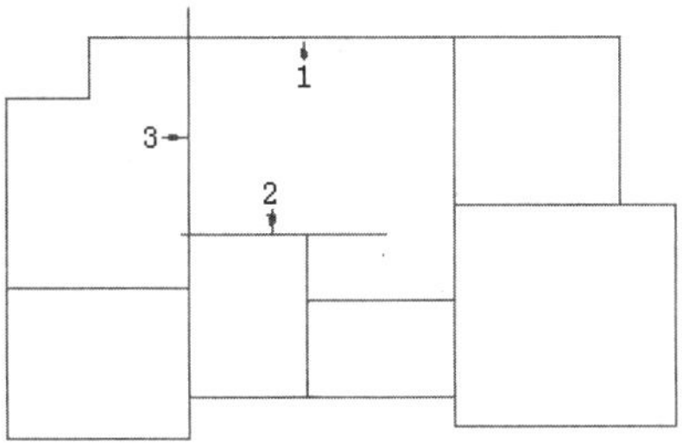

图3-13 定位修剪边界

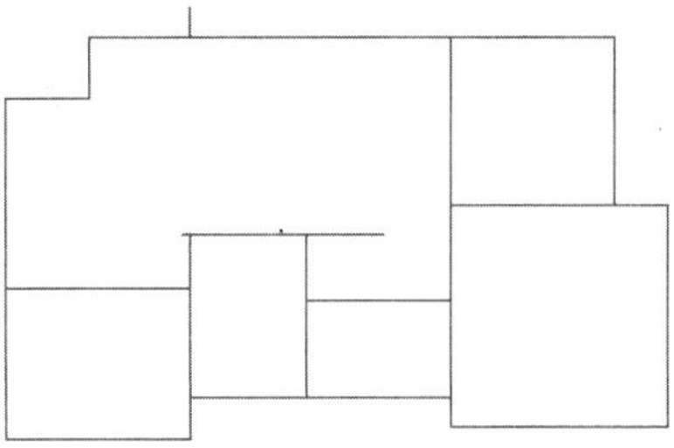

图3-14 修剪结果

3.2.2 绘制门洞和窗洞

1. 继续上节操作。
2. 单击菜单栏中的【修改】|【偏移】命令，将最左侧的垂直轴线向右偏移，以创建辅助线。命令行操作如下：

```
命令: _offset
    当前设置: 删除源=否 图层=源 OFFSETGAPTYPE=0
    指定偏移距离或 [通过(T)/删除(E)/图层(L)]:                  //850 Enter
    选择要偏移的对象, 或 [退出(E)/放弃(U)] <退出>:              //选择最左侧的垂直轴线
    指定要偏移的那一侧上的点, 或 [退出(E)/多个(M)/放弃(U)] <退出>: //在所选择轴线的右侧拾取点
    选择要偏移的对象, 或 [退出(E)/放弃(U)] <退出>:              // Enter, 结束命令
命令:
    OFFSET当前设置: 删除源=否 图层=源 OFFSETGAPTYPE=0
    指定偏移距离或 [通过(T)/删除(E)/图层(L)] <850.0>:           //2350 Enter
    选择要偏移的对象, 或 [退出(E)/放弃(U)] <退出>:              //选择刚偏移出的轴线
    指定要偏移的那一侧上的点, 或 [退出(E)/多个(M)/放弃(U)] <退出>: //在所选择轴线的右侧拾取点
    选择要偏移的对象, 或 [退出(E)/放弃(U)] <退出>:              // Enter, 结果如图3-15所示
```

3. 单击【修改】工具栏中的按钮，以刚偏移出的两条辅助轴线作为边界，对下侧的水平轴线进行修剪，以创建宽度为1500的窗洞，修剪结果如图3-16所示。
4. 单击【修改】菜单中的【删除】命令，删除刚偏移出的两条水平辅助线，结果如图3-17所示。

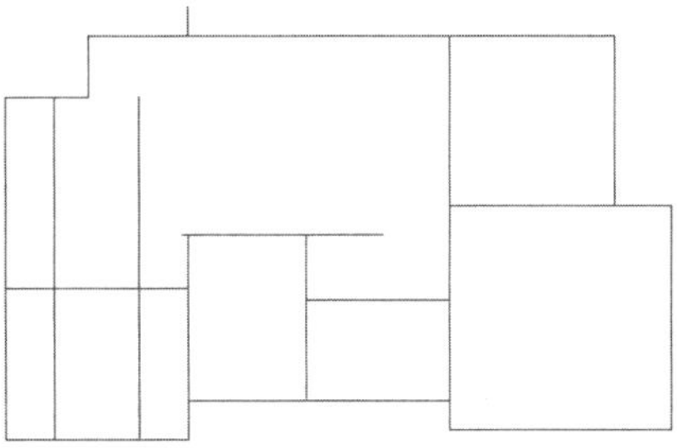

图3-15 偏移结果

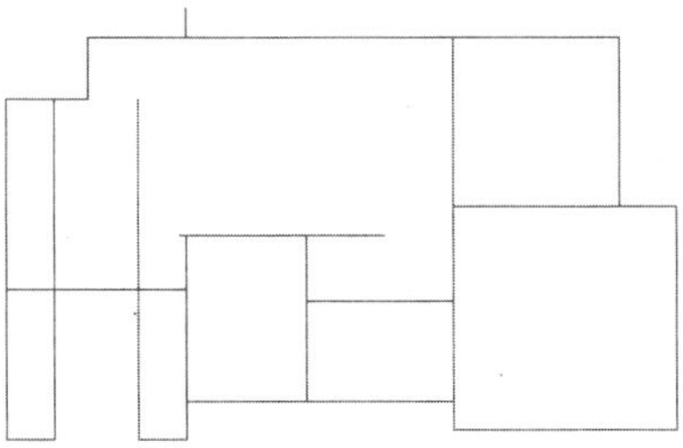

图3-16 修剪结果

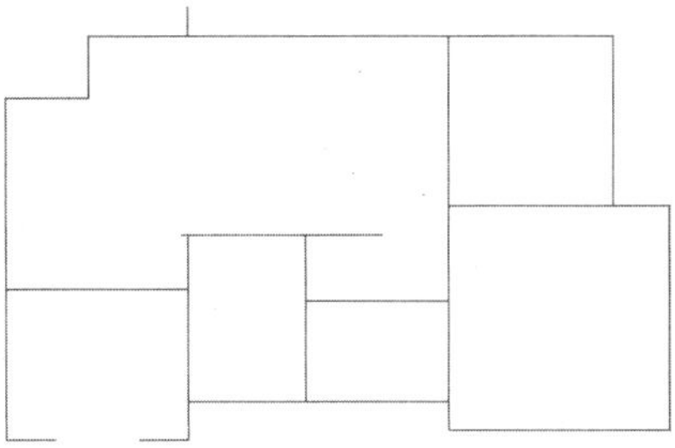

图3-17 删除结果

5 单击【修改】工具栏中的□按钮，激活【打断】命令，在最左侧的垂直轴线上创建宽度为900的门洞。命令行操作如下：

```
命令: _break
    选择对象:                          //选择最左侧的垂直轴线
    指定第二个打断点或[第一点(F)]:     //F按Enter，重新指定第一断点
    指定第一个打断点:                  //激活【捕捉自】功能
    _from 基点:                        //捕捉如图3-18所示的端点
    <偏移>:                            //@0,-250 Enter
    指定第二个打断点:                  //@0,-900Enter，结果如图3-19所示
```

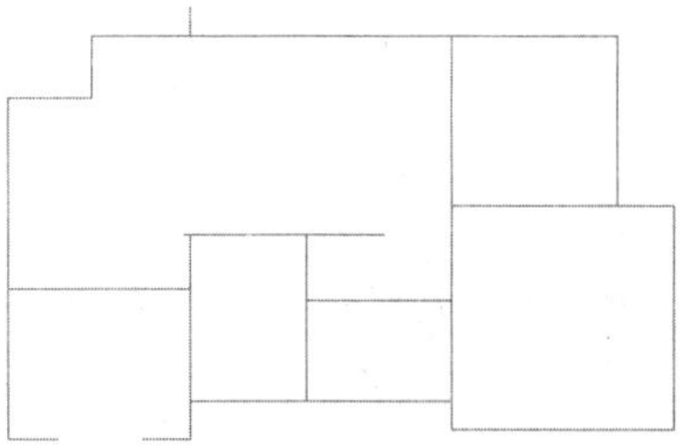

图3-18 捕捉端点

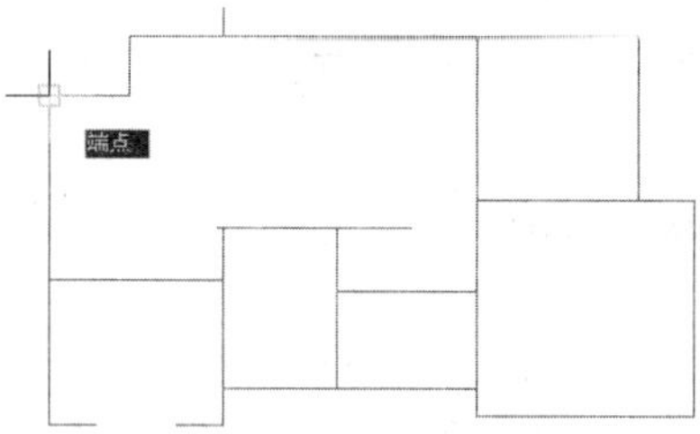

图3-19 打断结果

6 参照上述打洞方法，综合使用【偏移】、【修剪】和【打断】命令分别创建其他位置的门洞和窗洞，结果如图3-20所示。

7 在命令行修改系统变量“LTSCALE”的值为30，轴线图的最终效果如图3-21所示。

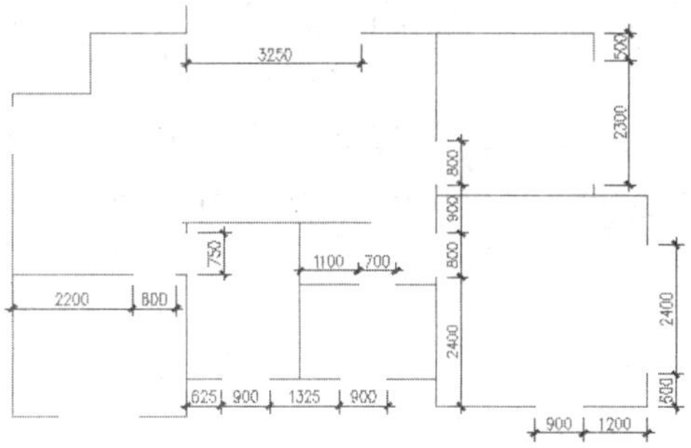

图3-20 创建其他洞口

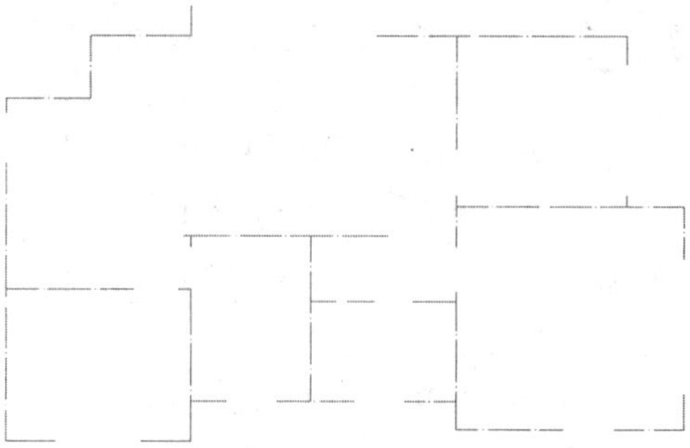

图3-21 更改线型比例后的效果

至此，门窗洞口创建完毕，下一小节将学习主墙线和次墙线的快速绘制过程和绘制技巧。

3.2.3 绘制和编辑主次墙线

1 继续上节操作。

2 展开【图层】工具栏中的【图层控制】下拉列表，将“墙线层”设为当前图层，如图3-22所示。

3 执行菜单栏中的【绘图】|【多线】命令，配合端点捕捉功能绘制主墙线。命令行操作如下：

图3-22 设置当前层

```
命令: _mline
    当前设置: 对正 = 上，比例 = 20.00，样式 = 墙线样式
    指定起点或 [对正(J)/比例(S)/样式(ST)]:            //s Enter
    输入多线比例 <20.00>:                            //200 Enter
    当前设置: 对正 = 上，比例 = 200.00，样式 = 墙线样式样式
    指定起点或 [对正(J)/比例(S)/样式(ST)]:            //j Enter
    输入对正类型 [上(T)/无(Z)/下(B)] <上>:            //z Enter
    当前设置: 对正 = 无，比例 = 200.00，样式 = 墙线样式样式
    指定起点或 [对正(J)/比例(S)/样式(ST)]:            //捕捉如图3-23所示的端点1
    指定下一点:                                      //捕捉如图3-23所示的端点2
    指定下一点或 [闭合(C)/放弃(U)]:                   //捕捉如图3-23所示的端点3
    指定下一点或 [放弃(U)]:                           // Enter，绘制结果如图3-24所示
```

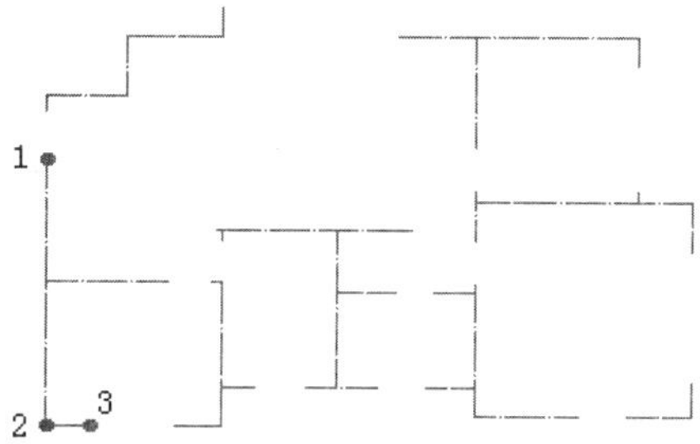

图3-23　定位端点

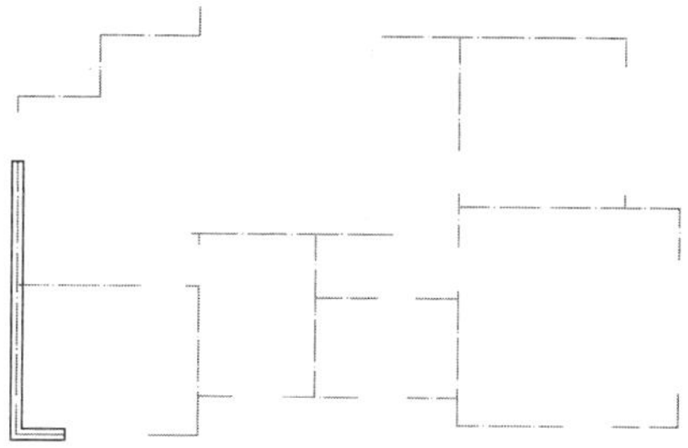
图3-24　绘制结果

4 重复执行【多线】命令，设置多线比例和对正方式保持不变，配合端点捕捉和交点捕捉功能绘制其他主墙线，结果如图3-25所示。

5 重复执行【多线】命令，设置多线对正方式不变，绘制宽度为100的非承重墙线。命令行操作如下：

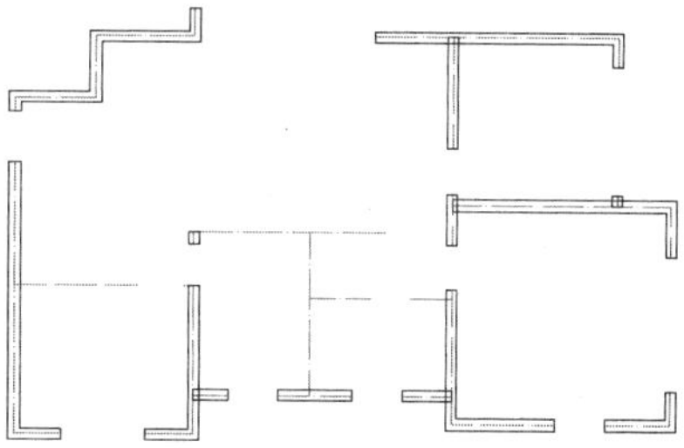
图3-25　绘制其他主墙线

```
命令: ML                                          // Enter，激活命令
    MLINE当前设置: 对正 = 无，比例 = 200.00，样式 = 墙线样式
    指定起点或 [对正(J)/比例(S)/样式(ST)]:          //S Enter
    输入多线比例 <200.00>:                          //100 Enter
    指定起点或 [对正(J)/比例(S)/样式(ST)]:          //捕捉如图3-26所示的端点
    指定下一点:                                    //捕捉如图3-27所示的端点
    指定下一点或 [放弃(U)]:                         // Enter，结果如图3-28所示
```

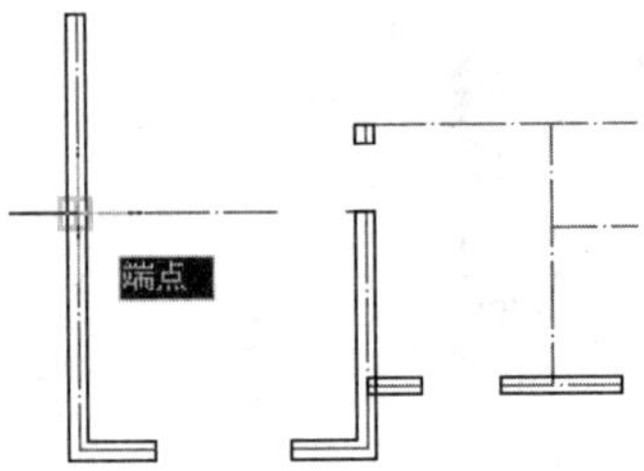

图3-26 捕捉端点

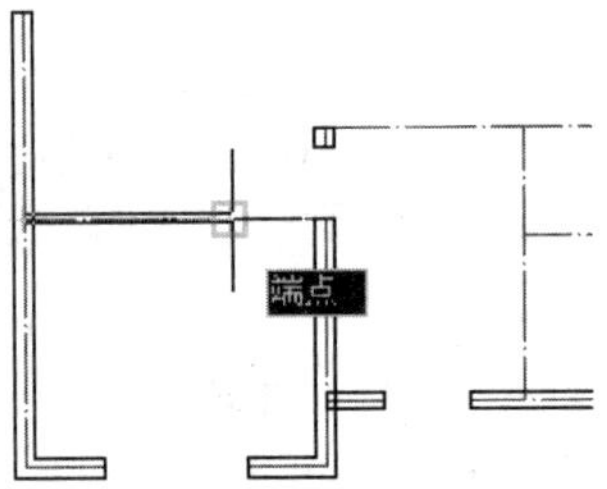

图3-27 捕捉端点

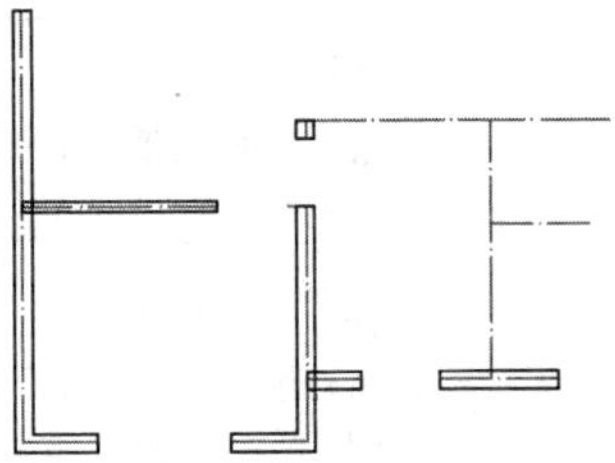

图3-28 绘制结果

6 重复执行【多线】命令，设置多线比例与对正方式不变，配合对象捕捉功能分别绘制其他位置的非承重墙线，结果如图3-29所示。

7 重复执行【多线】命令，配合交点捕捉和端点捕捉功能继续绘制非承重墙线。命令行操作如下：

```
命令: ml                                              // Enter
    MLINE当前设置: 对正 = 无, 比例 = 100.00, 样式 = 墙线样式
    指定起点或 [对正(J)/比例(S)/样式(ST)]:              //j Enter
    输入对正类型 [上(T)/无(Z)/下(B)] <无>:              //t Enter
    当前设置: 对正 = 上, 比例 = 100.00, 样式 = 墙线样式
    指定起点或 [对正(J)/比例(S)/样式(ST)]:              //捕捉如图3-30所示的交点
    指定下一点:                                        //捕捉如图3-31所示的端点
    指定下一点或 [放弃(U)]:                            // Enter, 绘制结果如图3-32所示
```

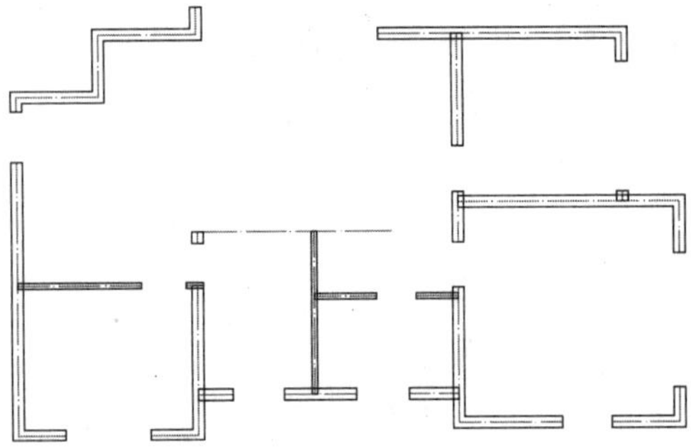

图3-29 绘制其他非承重墙线

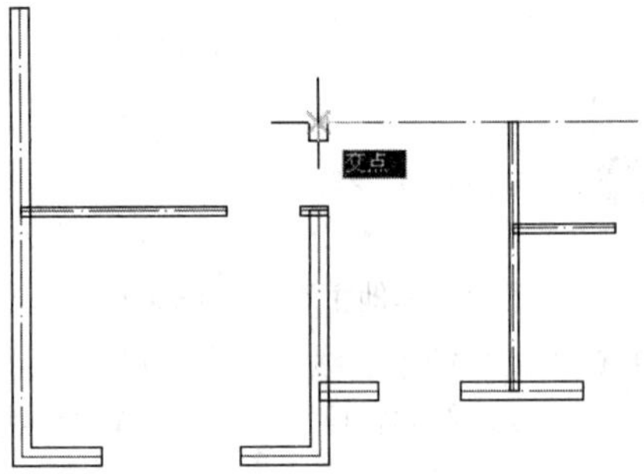

图3-30 捕捉交点

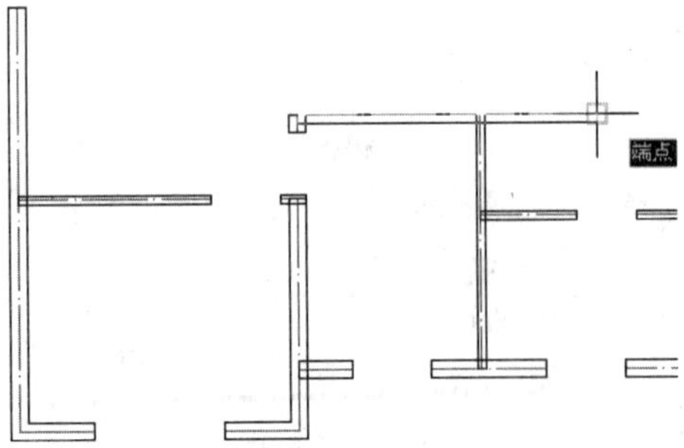

图3-31 捕捉端点

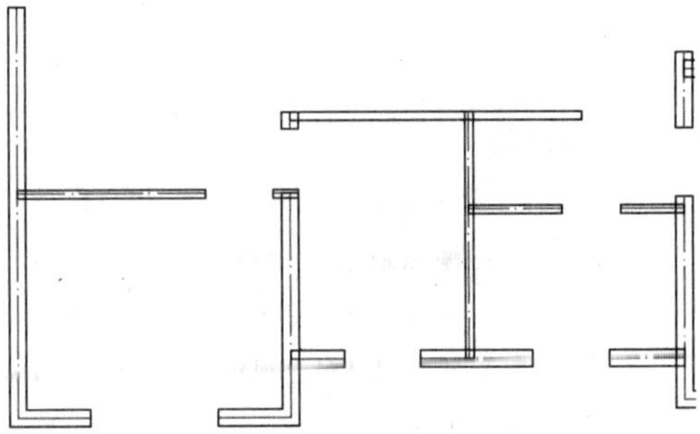

图3-32 绘制结果

8 展开【图层】工具栏中的【图层控制】下拉列表，关闭“轴线层”，结果如图3-33所示。

9 执行菜单栏中的【修改】|【对象】|【多线】命令，在打开的【多线编辑工具】对话框内单击按钮，激活【T形合并】功能，如图3-34所示。

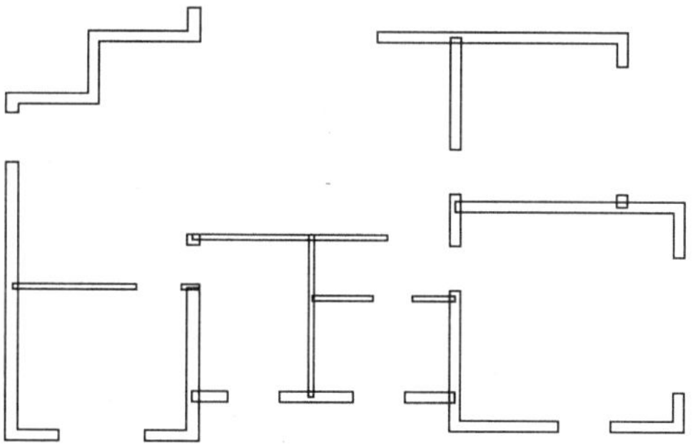

图3-33 关闭“轴线层”后的结果

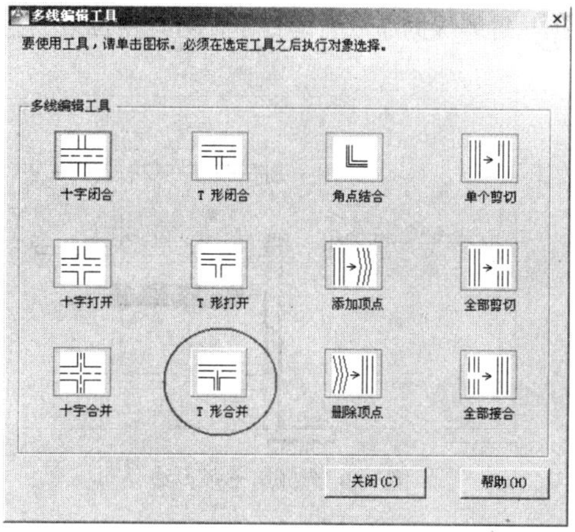

图3-34 【多线编辑工具】对话框

10 返回绘图区，在命令行的“选择第一条多线：”提示下，选择如图3-35所示的墙线。

11 在“选择第二条多线：”提示下，选择如图3-36所示的墙线，结果这两条T形相交的多线被合并，如图3-37所示。

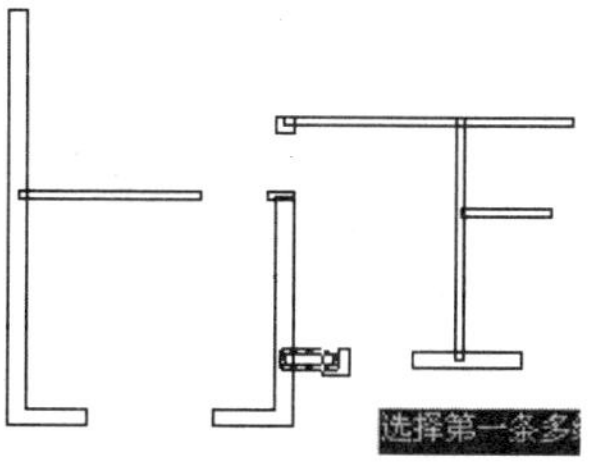

图3-35 选择第一条多线

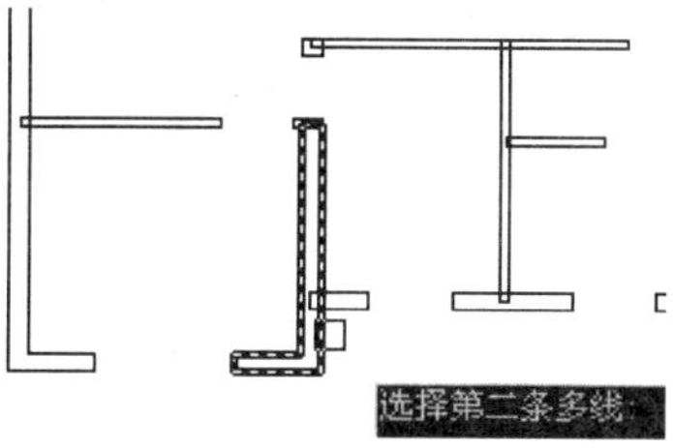

图3-36 选择第二条多线

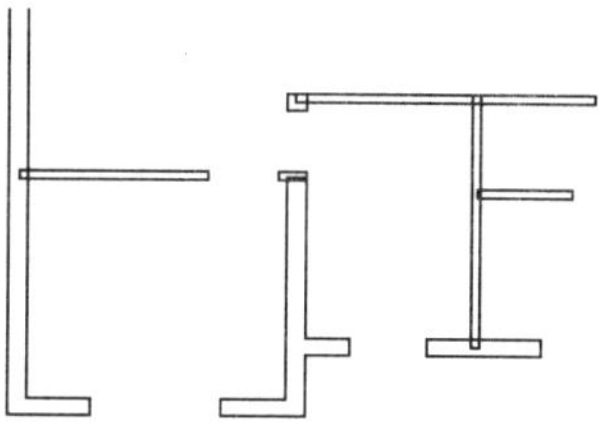

图3-37 合并结果

12 继续在“选择第一条多线或 [放弃（U）]：”提示下，分别选择其他位置T形墙线进行合并，合并结果如图3-38所示。

13 在任一墙线上双击，在打开的【多线编辑工具】对话框中激活【角点结合】功能，如图3-39所示。

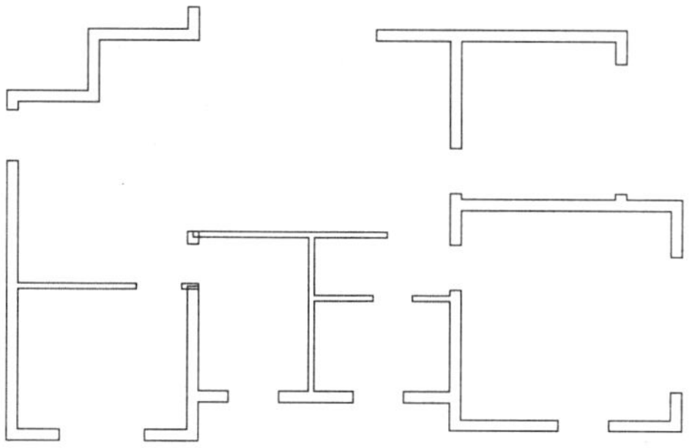

图3-38　T形合并其他墙线

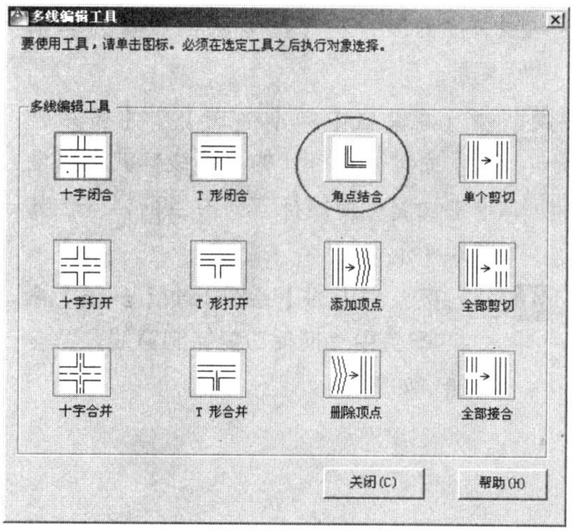

图3-39 【多线编辑工具】对话框

14 返回绘图区，在“选择第一条多线或 [放弃（U）]：”提示下，单击如图3-40所示的墙线。

15 在“选择第二条多线：”提示下，选择如图3-41所示的墙线，结果这两条T形相交的多线被合并，如图3-42所示。

16 继续根据命令行的提示，对其他位置的拐角墙线进行编辑，编辑结果如图3-43所示。

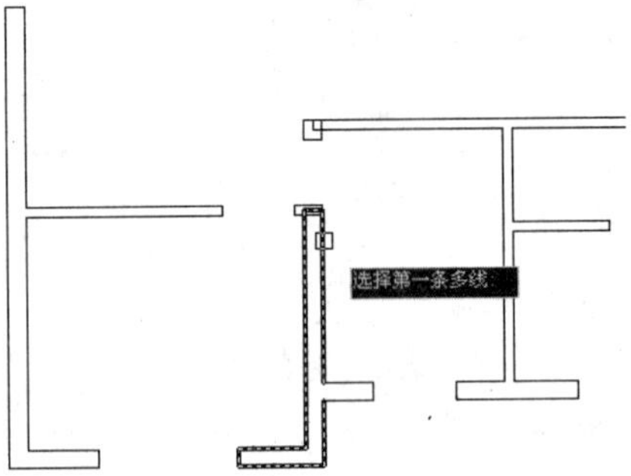

图3-40 选择第一条多线

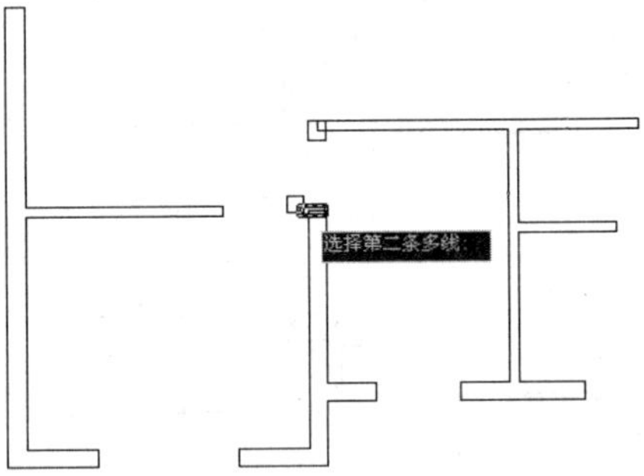

图3-41 选择第二条多线

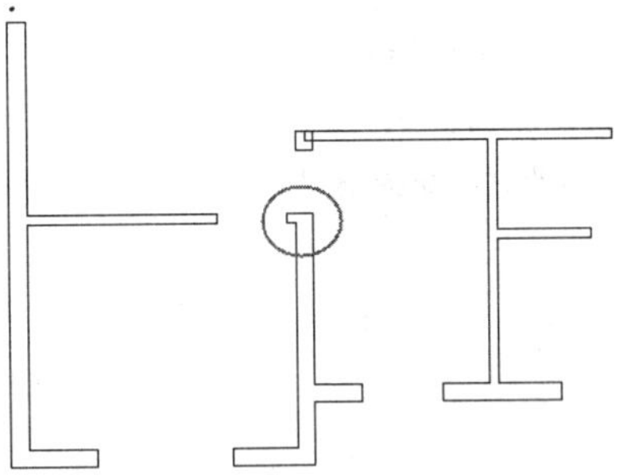

图3-42 角点结合

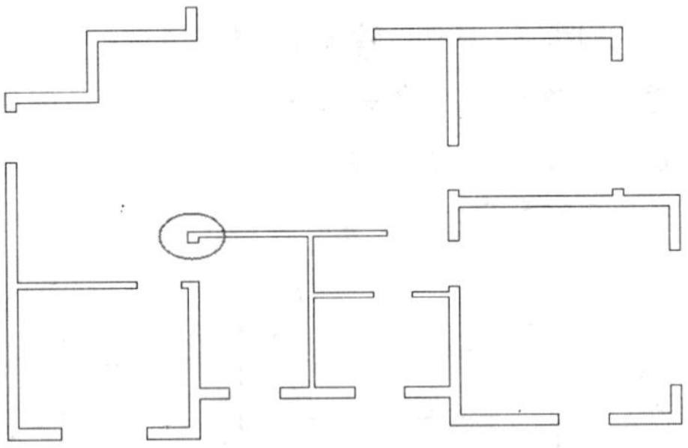

图3-43 编辑结果

至此，户型图纵横墙线编辑完毕，下一小节将学习户型图的平面窗、凸窗、阳台等建筑构件的绘制方法和技巧。

3.2.4 绘制窗子与阳台构件

1 继续上节操作。

2 展开【图层】工具栏中的【图层控制】下拉列表，将“门窗层”设置为当前图层。

3 执行菜单栏中的【格式】|【多线样式】命令，在打开的【多线样式】对话框中设置“窗线样式”为当前样式，如图3-44所示。

4 执行菜单栏中的【绘图】|【多线】命令，配合中点捕捉功能绘制窗线，命令行操作如下：

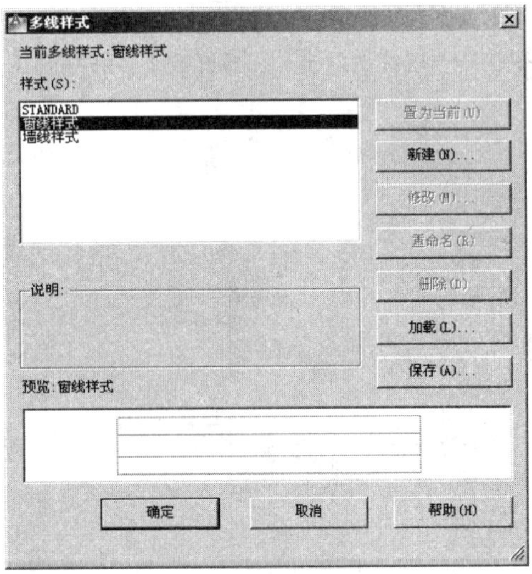

图3-44 设置当前多线样式

```
命令: _mline
    当前设置: 对正 = 上, 比例 = 100.00, 样式 = 窗线样式
    指定起点或 [对正(J)/比例(S)/样式(ST)]:                //s Enter
```

```
输入多线比例 <100.00>:                          //200 Enter
当前设置: 对正 = 上, 比例 = 200.00, 样式 = 窗线样式
指定起点或 [对正(J)/比例(S)/样式(ST)]:           //j Enter
输入对正类型 [上(T)/无(Z)/下(B)] <上>:          //z Enter
当前设置: 对正 = 无, 比例 = 200.00, 样式 = 窗线样式
指定起点或 [对正(J)/比例(S)/样式(ST)]:           //捕捉如图3-45所示中点
指定下一点:                                     //捕捉如图3-46所示中点
指定下一点或 [放弃(U)]:                          // Enter, 绘制结果如图3-47所示
```

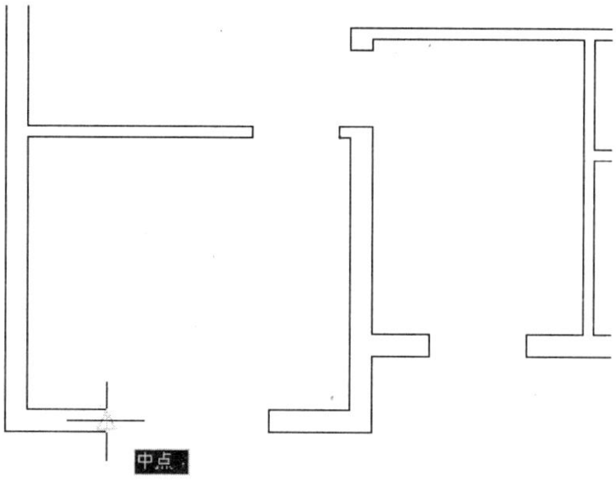

图3-45 捕捉中点

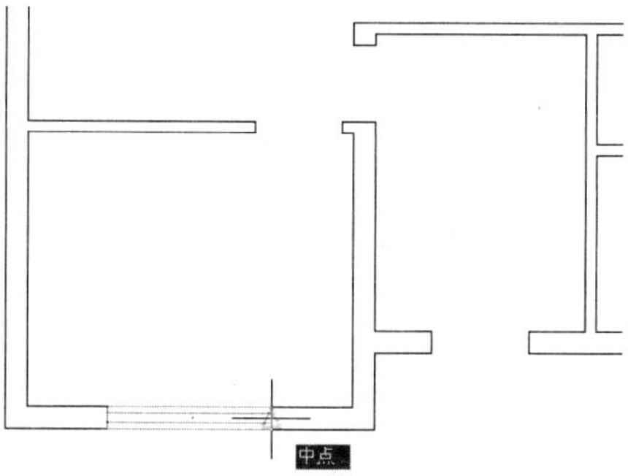

图3-46 捕捉中点

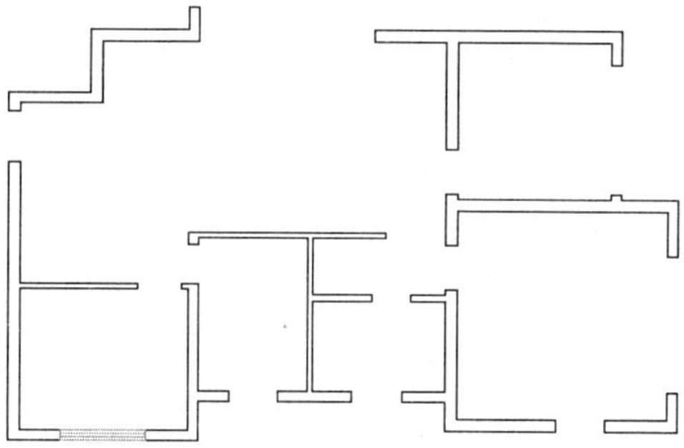

图3-47 绘制结果

5 重复步骤4的操作，设置多线比例和对正方式保持不变，配合中点捕捉绘制其他窗线，结果如图3-48所示。

6 执行菜单栏中的【绘图】|【多段线】命令，配合点的追踪和坐标输入功能绘制凸窗轮廓线。命令行操作如下：

```
命令: _pline
    指定起点:                                   //捕捉如图3-48所示的端点1
    当前线宽为 0.0
    指定下一个点或 [圆弧(A)/半宽(H)/长度(L)/放弃(U)/宽度(W)]: //捕捉如图3-48所示的端点2
    指定下一点或 [圆弧(A)/闭合(C)/半宽(H)/长度(L)/放弃(U)/宽度(W)]: // Enter
命令:                                           // Enter
    PLINE指定起点:                              //捕捉如图3-48所示的端点3
    当前线宽为 0.0
```

指定下一个点或 [圆弧(A)/半宽(H)/长度(L)/放弃(U)/宽度(W)]: //@450,0 Enter
指定下一点或 [圆弧(A)/闭合(C)/半宽(H)/长度(L)/放弃(U)/宽度(W)]:
//捕捉如图3-49所示的追踪虚线的交点

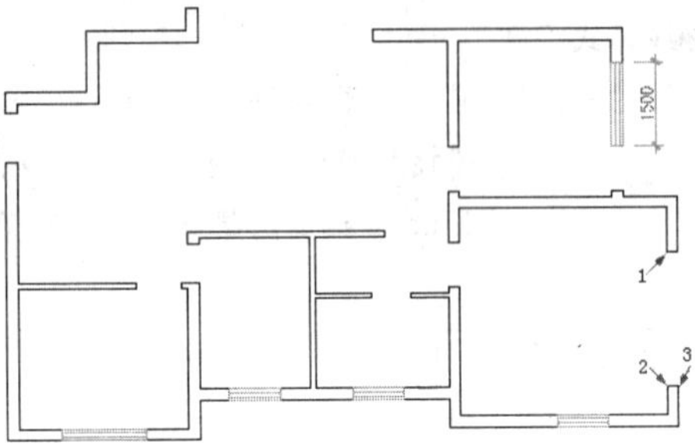

图3-48 绘制其他窗线

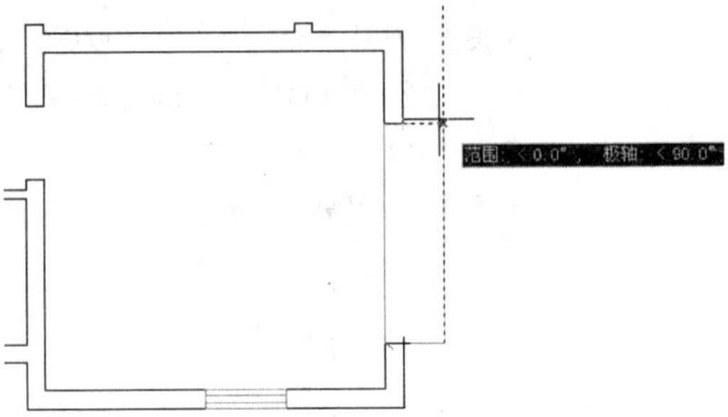

图3-49 捕捉追踪虚线的交点

指定下一点或 [圆弧(A)/闭合(C)/半宽(H)/长度(L)/放弃(U)/宽度(W)]: //@-450,0 Enter
指定下一点或 [圆弧(A)/闭合(C)/半宽(H)/长度(L)/放弃(U)/宽度(W)]:
// Enter，绘制结果如图3-50所示

7 使用快捷键“O”激活【偏移】命令，将凸窗轮廓线向外侧偏移。命令行操作如下：

命令: o
OFFSET当前设置: 删除源=否 图层=源 OFFSETGAPTYPE=0
指定偏移距离或 [通过(T)/删除(E)/图层(L)] <2350.0>: //100/3
选择要偏移的对象，或 [退出(E)/放弃(U)] <退出>: //选择右侧的凸窗轮廓线
指定要偏移的那一侧上的点，或 [退出(E)/多个(M)/放弃(U)] <退出>:
//在所选轮廓线的右侧拾取点
选择要偏移的对象，或 [退出(E)/放弃(U)] <退出>: //选择偏移出轮廓线
指定要偏移的那一侧上的点，或 [退出(E)/多个(M)/放弃(U)] <退出>:
//在所选轮廓线的右侧拾取点
选择要偏移的对象，或 [退出(E)/放弃(U)] <退出>: // Enter，结果如图3-51所示

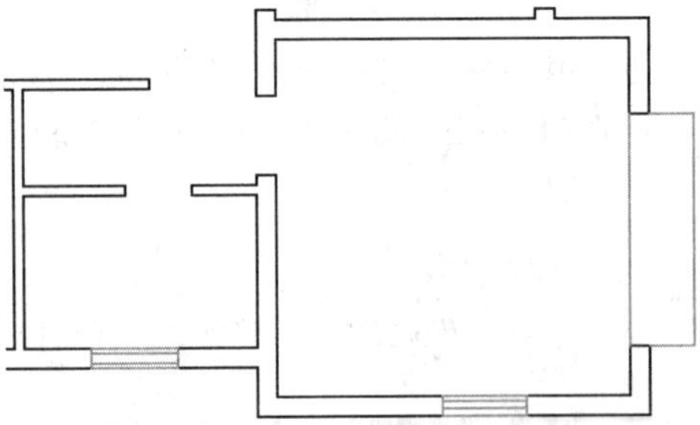

图3-50 绘制结果

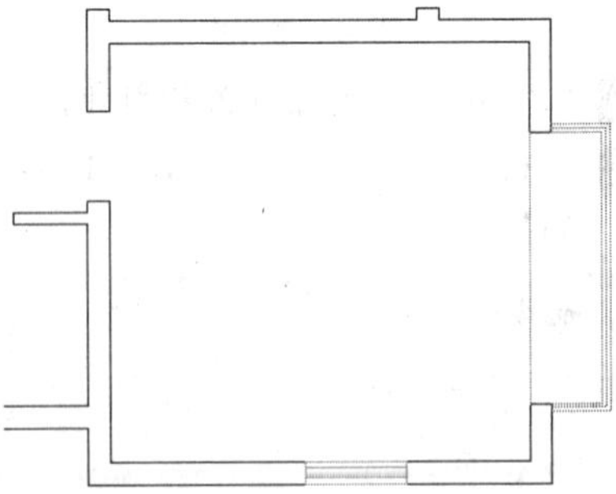

图3-51 偏移结果

8 参照步骤6和步骤7的操作方法，使用【多段线】和【偏移】命令绘制上侧的窗子轮廓线，结果如图3-52所示。

9 执行菜单栏中的【格式】|【多线样式】命令，将“墙线样式”设置为当前多线样式，如图3-53所示。

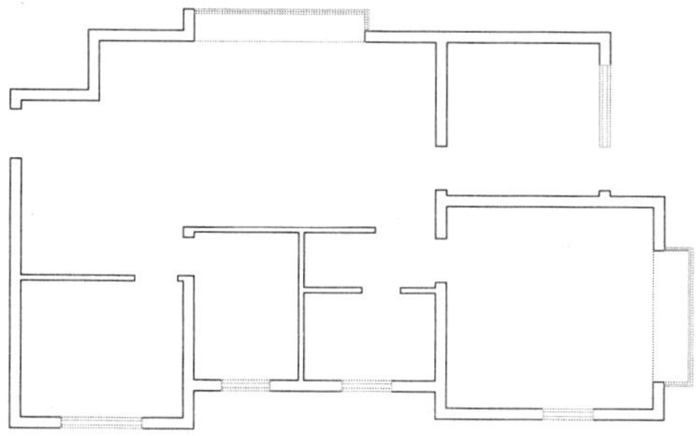

图3-52 绘制结果

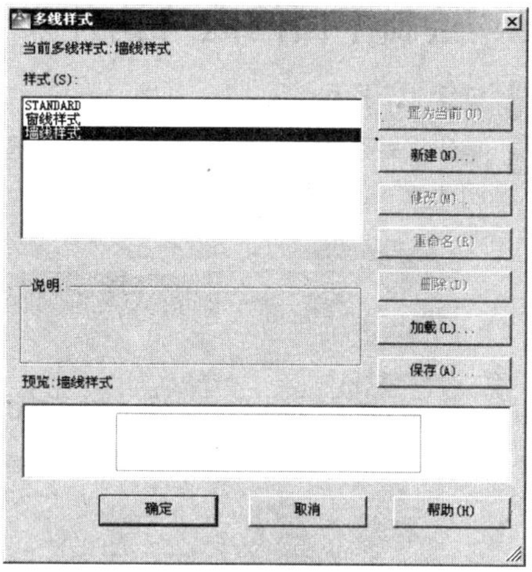

图3-53 设置当前样式

10 执行菜单栏中的【绘图】|【多线】命令，配合捕捉与坐标输入功能绘制阳台轮廓线。命令行操作如下：

```
命令: _mline
    当前设置: 对正 = 无, 比例 = 200.00, 样式 = 墙线样式
    指定起点或 [对正(J)/比例(S)/样式(ST)]:              //s Enter
    输入多线比例 <200.00>:                              //100 Enter
    当前设置: 对正 = 无, 比例 = 100.00, 样式 = 墙线样式
    指定起点或 [对正(J)/比例(S)/样式(ST)]:              //j Enter
    输入对正类型 [上(T)/无(Z)/下(B)] <无>:              //B Enter
    当前设置: 对正 = 下, 比例 = 100.00, 样式 = 墙线样式
    指定起点或 [对正(J)/比例(S)/样式(ST)]:              //捕捉如图3-54所示的端点
    指定下一点:                                         //@0,3400 Enter
    指定下一点或 [放弃(U)]:                             //@-1100,0 Enter
    指定下一点或 [闭合(C)/放弃(U)]:                     //@0,-400 Enter
    指定下一点或 [闭合(C)/放弃(U)]:                     //Enter, 绘制结果如图3-55所示
```

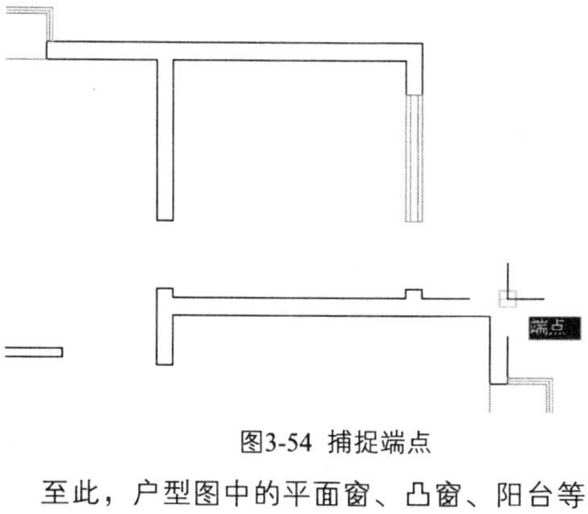

图3-54 捕捉端点

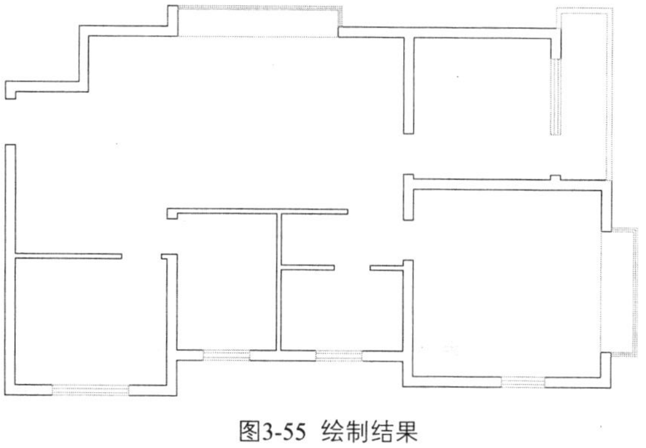

图3-55 绘制结果

至此，户型图中的平面窗、凸窗、阳台等建筑构件绘制完毕，下一小节将学习平面门构件的快速绘制方法和技巧。

3.2.5 绘制平面门建筑构件

1 继续上节操作。

2 单击【绘图】工具栏中的按钮，激活【插入块】命令，插入本书配套光盘中的“图块文件\单开门.dwg”，块参数设置如图3-56所示，插入点如图3-57所示的中点。

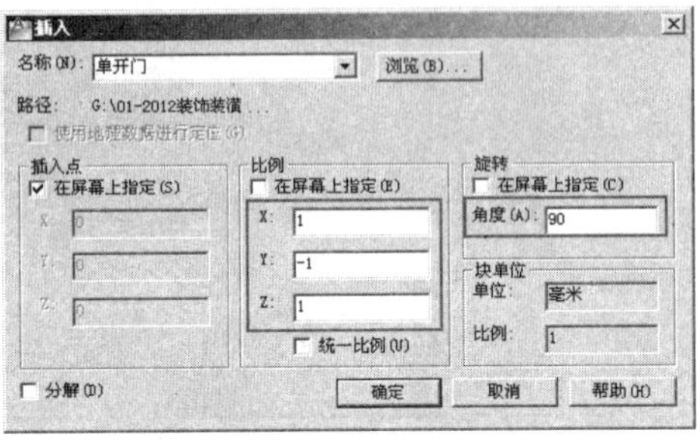

图3-56 设置参数

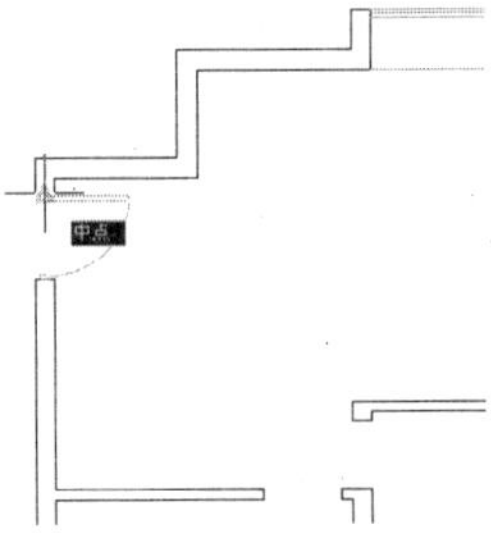

图3-57 定位插入点

3 重复执行【插入块】命令，设置插入参数如图3-58所示，插入点如图3-59所示的中点。

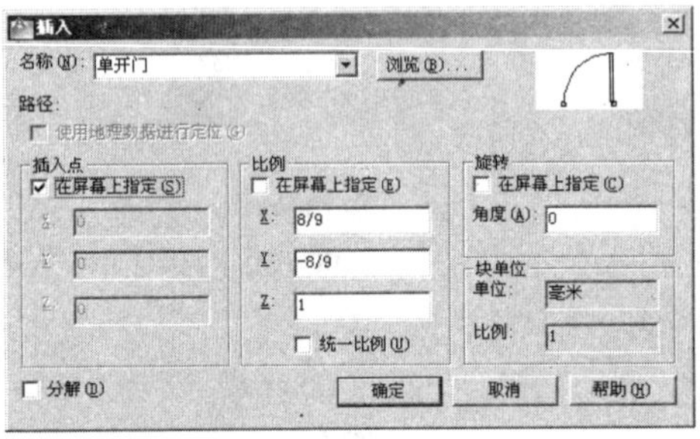

图3-58 设置参数

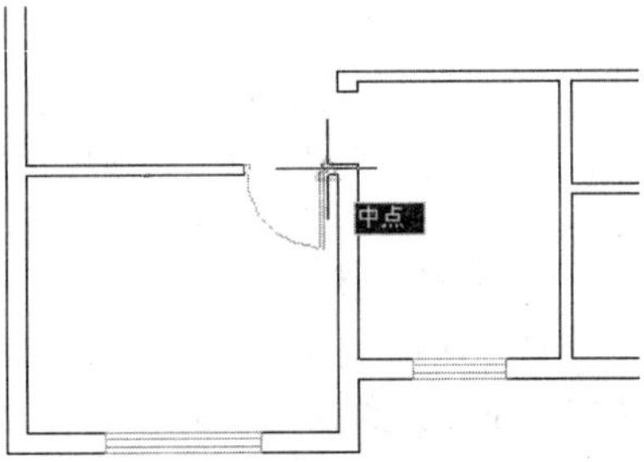

图3-59 定位插入点

4 重复执行【插入块】命令，设置插入参数如图3-60所示，插入点如图3-61所示的中点。

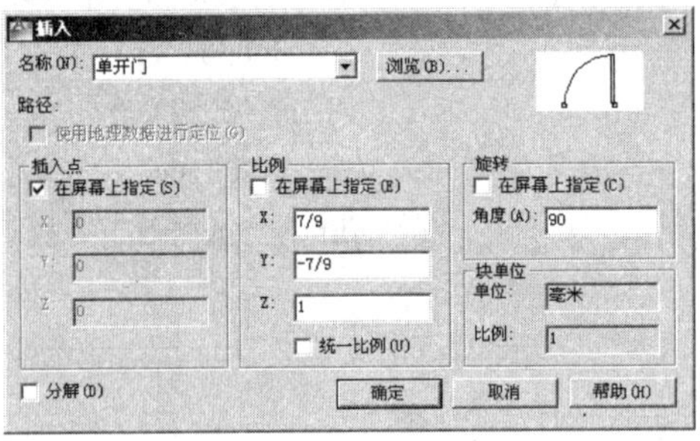

图3-60 设置参数

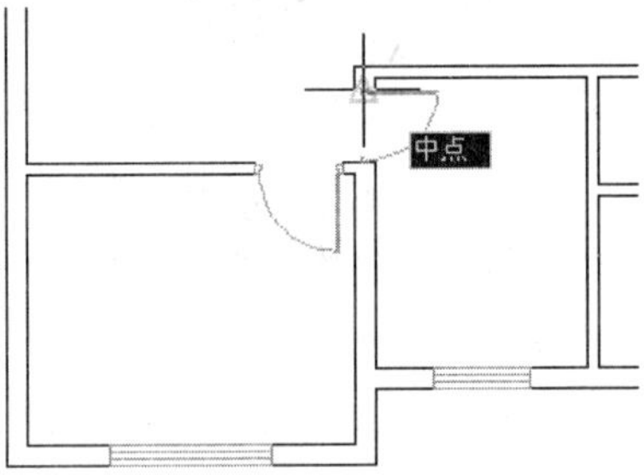

图3-61 定位插入点

5 重复执行【插入块】命令，设置插入参数如图3-62所示，插入点如图3-63所示的中点。

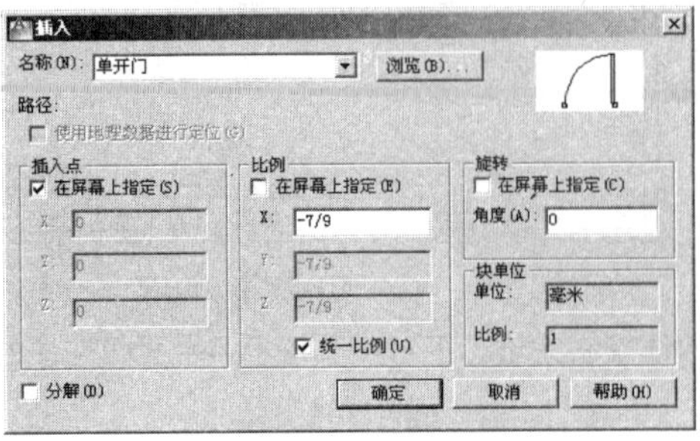

图3-62 设置参数

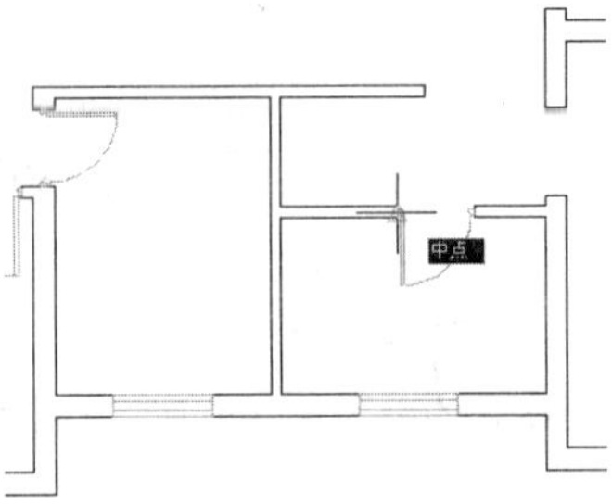

图3-63 定位插入点

6 重复执行【插入块】命令，设置插入参数如图3-64所示，插入点如图3-65所示的中点。

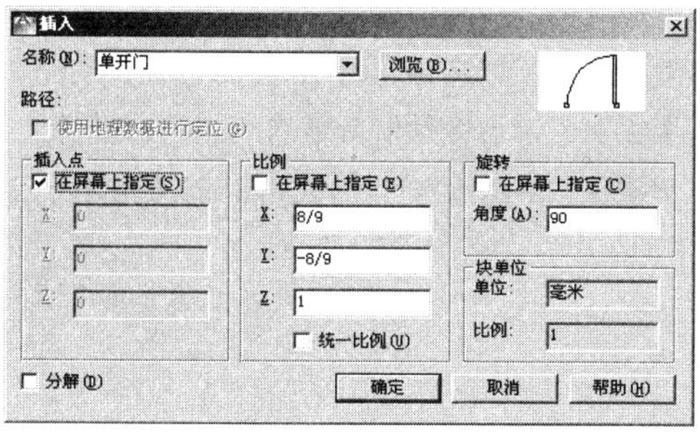

图3-64 设置参数

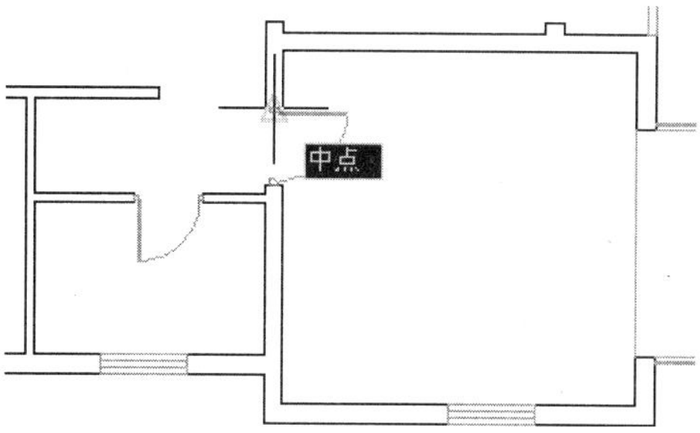

图3-65 定位插入点

7 重复执行【插入块】命令，设置插入参数如图3-66所示，插入点如图3-67所示的中点。

8 重复执行【插入块】命令，设置插入参数如图3-66所示，插入点如图3-68所示的中点。

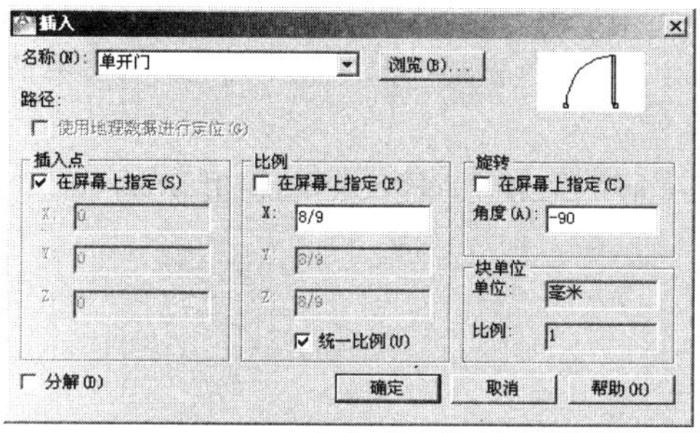

图3-66 设置参数

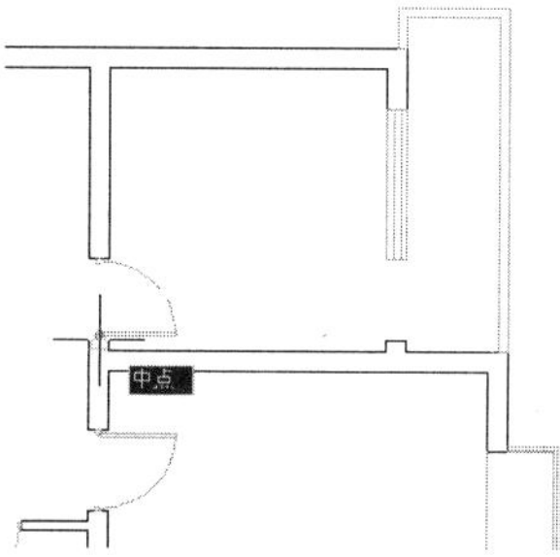

图3-67 定位插入点

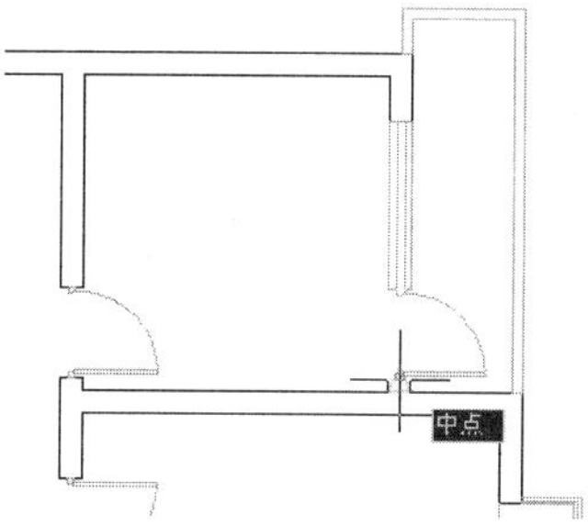

图3-68 定位插入点

9 调整视图，使图形全部显示。

10 最后执行【保存】命令，将图形命名存储为“普通住宅墙体图.dwg”。

3.3　绘制普通住宅室内布置图

本节通过绘制如图3-69所示的普通住宅户型室内布置图，主要学习户型家具布置图的具体绘制过程和绘制技巧。

图3-69 实例效果

在绘制普通住宅室内布置图时，具体可以参照如下绘图思路。

- 使用【插入块】命令为客厅布置电视、电视柜、沙发组合、绿化植物等。
- 使用【设计中心】命令为书房布置书桌、书架、沙发、装饰柜以及绿化植物等。
- 综合使用【插入块】、【设计中心】、【旋转】、【镜像】等命令绘制其他房间内的布置图。
- 使用【多段线】、【矩形】命令绘制鞋柜、装饰柜、储藏柜和厨房操作台等，对室内布置图进行完善。

3.3.1 绘制客厅家具布置图

1 打开上例存储的“普通住宅墙体图.dwg”文件。

提示： 读者也可以直接从本书配套光盘中的“效果文件\第3章\”目录下打开此文件。

2 执行菜单栏中的【格式】|【图层】命令，在打开的【图层特性管理器】对话框中双击“家具层”，将此图层设置为当前图层。

3 单击【绘图】工具栏中的按钮，在打开的【插入】对话框中单击 浏览(B)... 按钮，然后选择本书配套光盘中的“图块文件\沙发组合01.dwg”，如图3-70所示。

4 返回【插入】对话框，然后采用默认参数设置，将其插入到客厅平面图中，插入点为图3-71所示的中点。

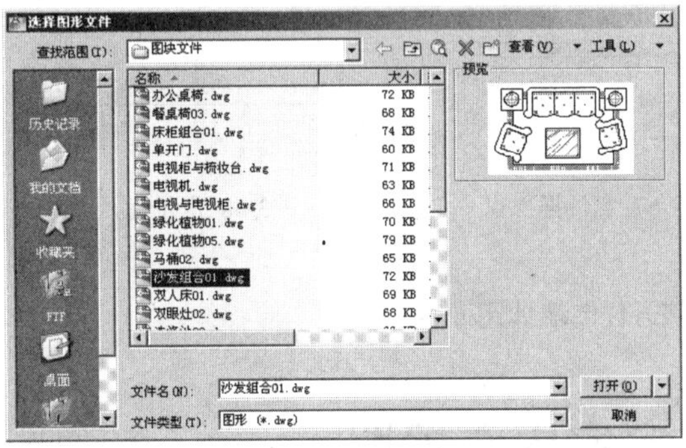

图3-70 选择文件

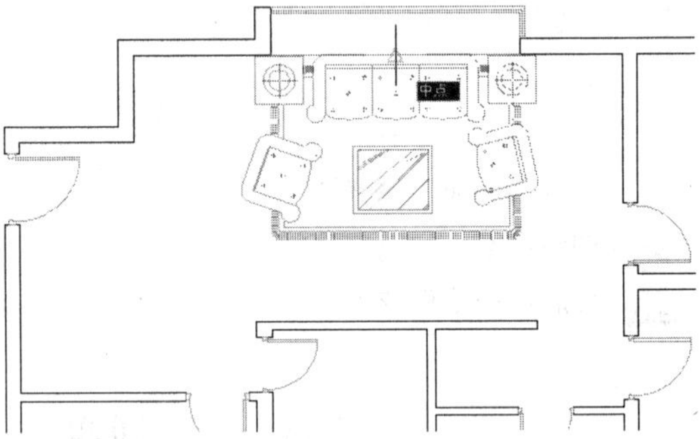

图3-71 捕捉中点

5 重复执行【插入块】命令，在打开的【插入】对话框中单击 浏览(B)... 按钮，选择插入本书配套光盘中的“图块文件\电视与电视柜.dwg”文件，如图3-72所示。

6 返回【插入】对话框，采用默认参数设置，配合中点捕捉功能将电视与电视柜图块插入到平面图中，插入点为图3-73所示的中点。

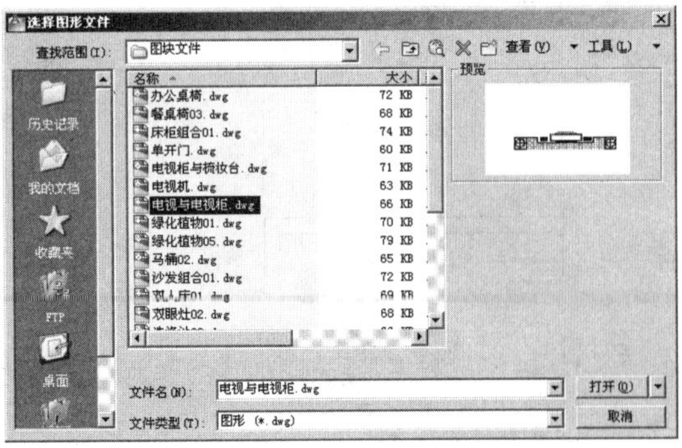

图3-72 选择文件

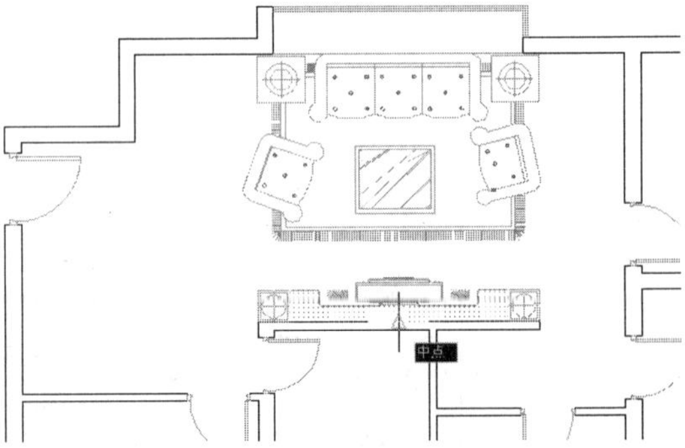

图3-73 引出对象追踪虚线

7 重复执行【插入块】命令，插入本书配套光盘中的“图块文件\绿化植物05.dwg”，将其以默认参数插入到平面图中，并适当调整其位置，结果如图3-74所示。

8 执行【镜像】或【复制】命令，将刚插入的植物图块进行复制，结果如图3-75所示。

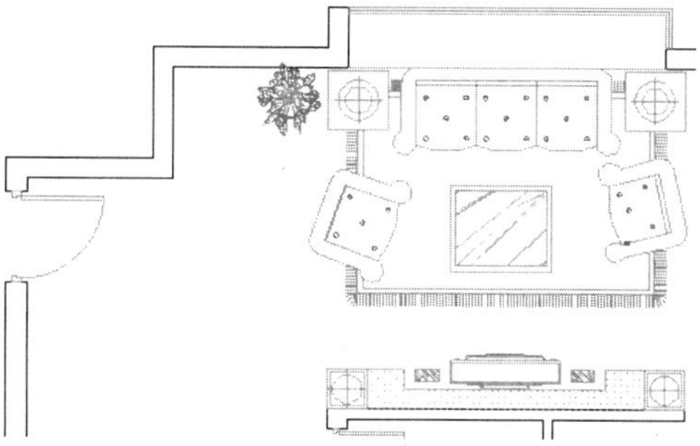

图3-74 插入结果

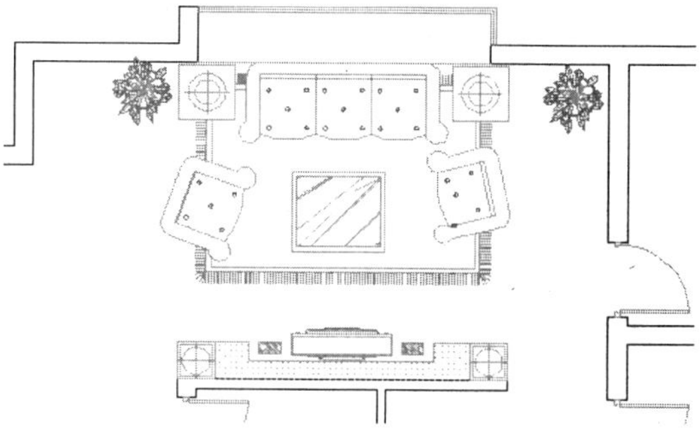

图3-75 复制结果

9 重复执行【插入块】命令，采用默认参数插入本书配套光盘中的“图块文件\装饰柜01.dwg”，插入点为图3-76所示的端点。

10 重复执行【插入块】命令，采用默认参数插入本书配套光盘中的“图块文件\植物花草02.dwg”，插入结果如图3-77所示。

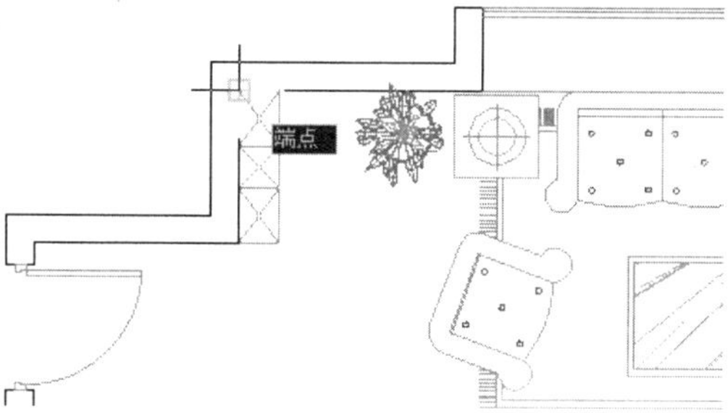

图3-76 定位插入点

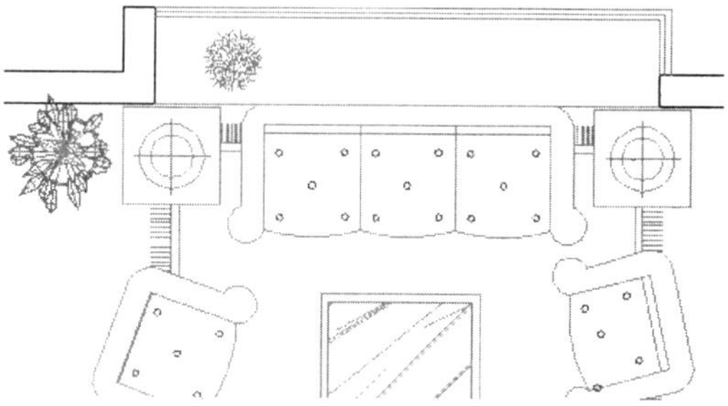

图3-77 插入结果

11 执行菜单栏中的【修改】|【镜像】命令，将刚插入的植物图块进行镜像，结果如图3-78所示。

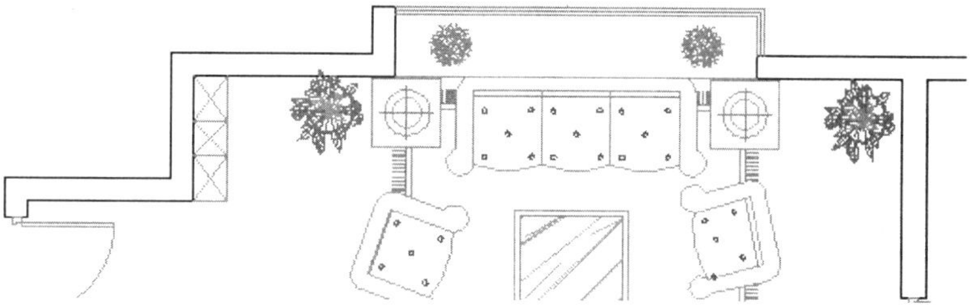

图3-78 镜像结果

至此，客厅家具布置图绘制完毕，下一小节将学习卧室家具布置图的绘制过程和绘制技巧。

3.3.2 绘制卧室家具布置图

1 继续上节操作。

2 单击【标准】工具栏中的按钮，在打开的【设计中心】窗口中定位本书配套光盘中的“图块文件”文件夹，如图3-79所示。

提示： 用户可以事先将本书配套光盘中的“图块文件”文件夹复制至用户机上，然后通过【设计中心】工具进行定位。

3 在右侧的窗口中选择“双人床01.dwg”文件，然后右击，在弹出的快捷菜单中选择【插入为块】命令，如图3-80所示，将此图形以块的形式共享到平面图中。

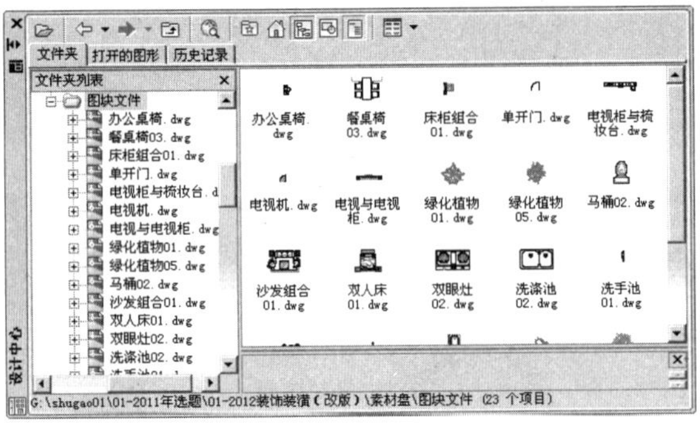

图3-79 定位目标文件夹

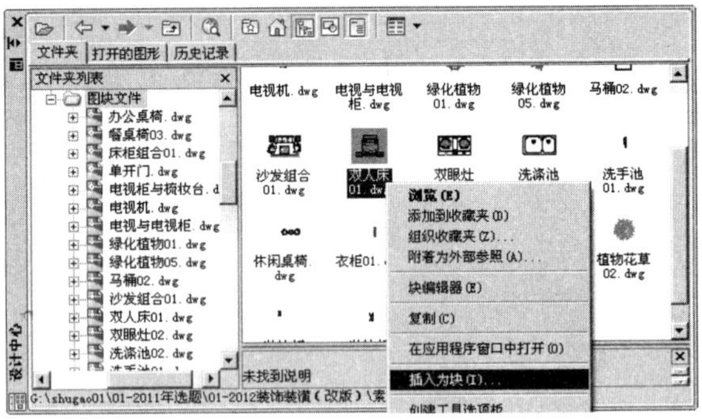

图3-80 选择文件

4 此时系统打开如图3-81所示的【插入】对话框，在此对话框内采用默认参数设置，然后配合端点捕捉功能将该图块插入到平面图中，插入点为图3-82所示的端点，插入结果如图3-83所示。

5 在【设计中心】右侧的窗口中向下移动滑块，找到“电视柜与梳妆台.dwg”文件并选择，如图3-84所示。

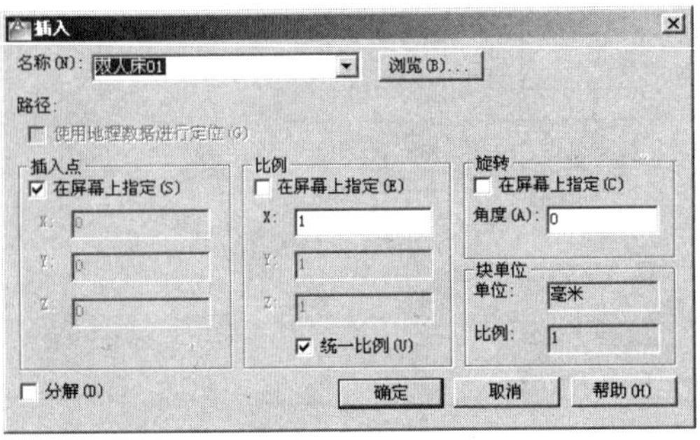

图3-81 定位插入点

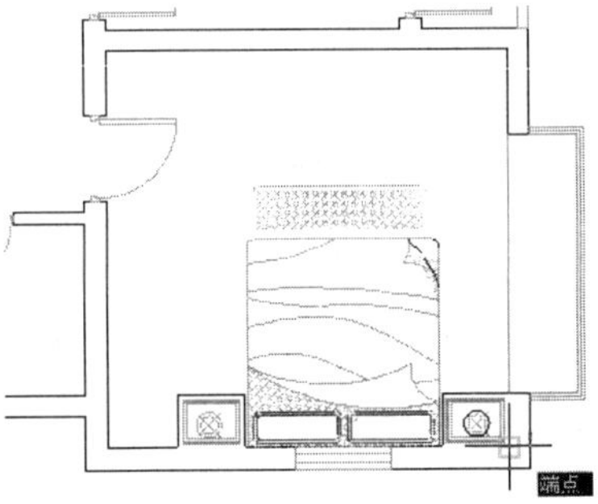

图3-82 插入结果

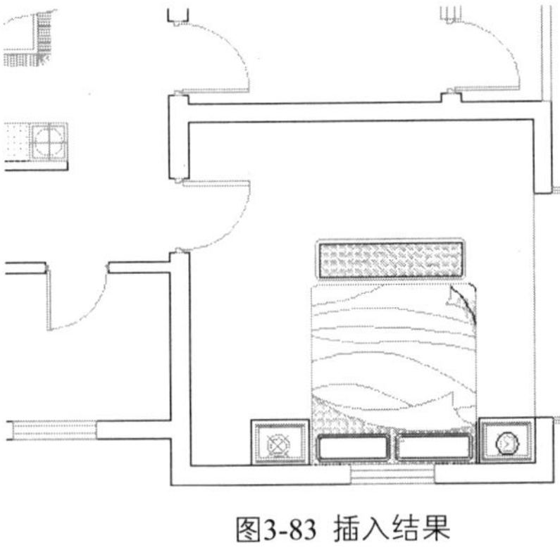

图3-83 插入结果

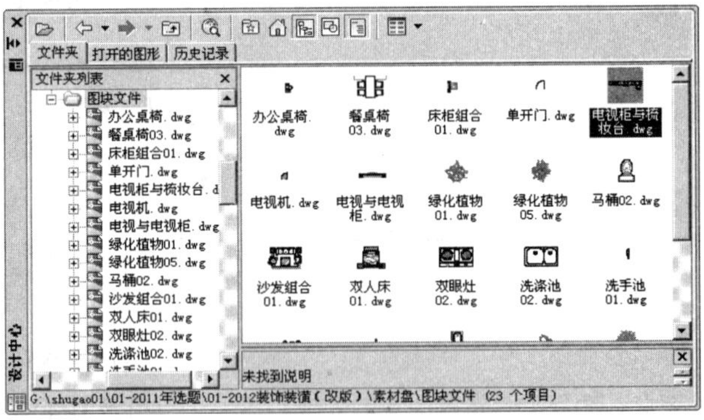

图3-84 定位文件

6 按住左键不放将文件拖曳至平面图中，配合端点捕捉功能将图块插入到平面图中。命令行操作如下：

命令: _-INSERT 输入块名或 [?]

单位: 毫米　转换:　1.0

指定插入点或 [基点(B)/比例(S)/X/Y/Z/旋转(R)]:　　//捕捉如图3-85所示的端点

输入 X 比例因子，指定对角点，或 [角点(C)/XYZ(XYZ)] <1>:　　// Enter

输入 Y 比例因子或 <使用 X 比例因子>:　　// Enter

指定旋转角度 <0.0>:　　// Enter，结果如图3-86所示

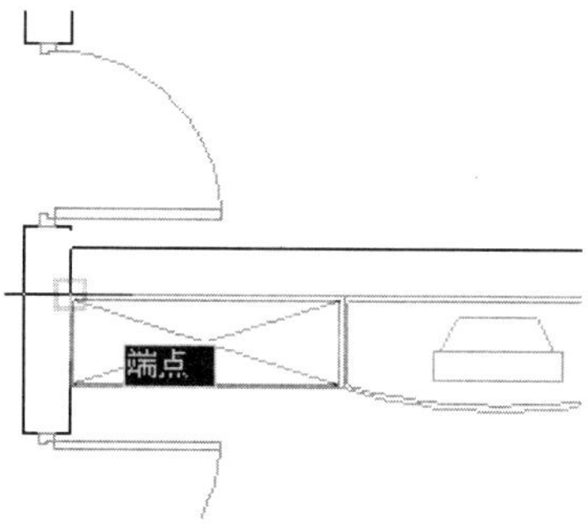

图3-85 捕捉端点

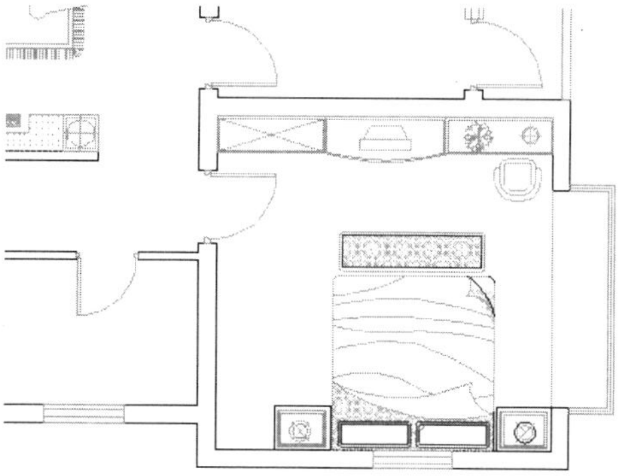

图3-86 插入结果

7 在右侧窗口中定位“衣柜01.dwg”图块，然后右击，在弹出的快捷菜单中选择【复制】命令，如图3-87所示。

8 返回绘图区，使用【粘贴】命令将衣柜图块粘贴到平面图中。命令行操作如下：

```
命令: _pasteclip
    命令: _-INSERT 输入块名或 [?]
    "G:\素材盘\图块文件\衣柜01.dwg"
    单位: 毫米   转换:    1.0
    指定插入点或 [基点(B)/比例(S)/X/Y/Z/旋转(R)]:                  //捕捉如图3-88所示的端点
    输入 X 比例因子，指定对角点，或 [角点(C)/XYZ(XYZ)] <1>:         // Enter
    输入 Y 比例因子或 <使用 X 比例因子>:                            // Enter
    指定旋转角度 <0.0>:                                            // Enter，结果如图3-89所示
```

9 参照上述操作，将“抱枕01.dwg”图块共享到平面图中，结果如图3-90所示。

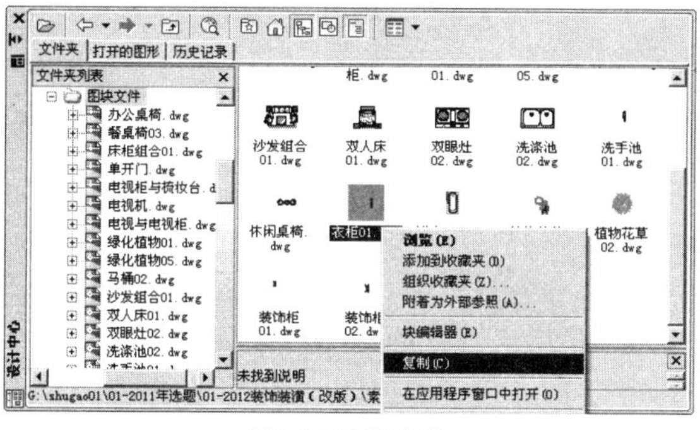

图3-87 定位文件

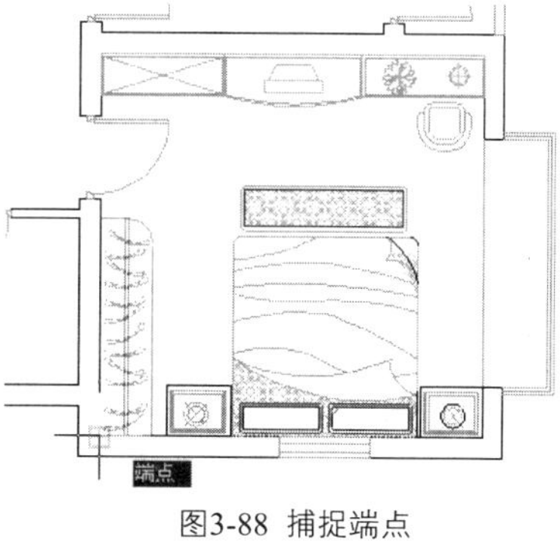

图3-88 捕捉端点

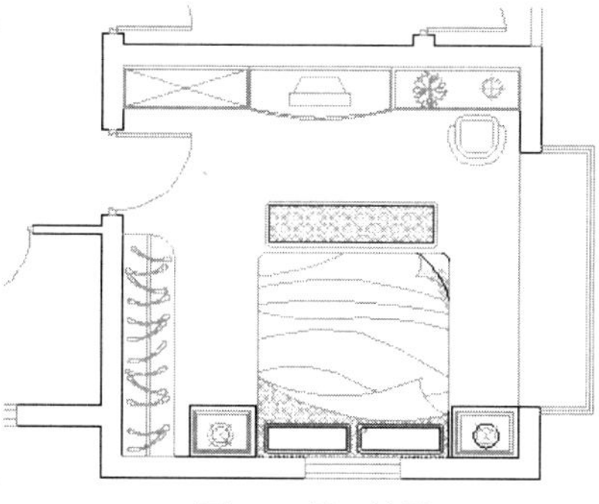

图3-89 插入结果

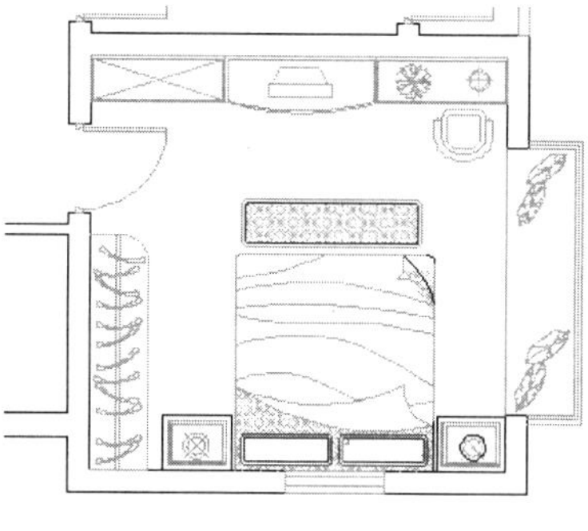

图3-90 插入抱枕图块

3.3.3 绘制其他家具布置图

参照3.3.1节和3.3.2节中的家具布置方法，综合使用【插入块】和【设计中心】命令分别为餐厅、厨房、卫生间、书房等布置各种室内用具图例，布置后的结果如图3-91所示。

接下来使用【多段线】命令配合坐标输入功能绘制厨房操作台轮廓线，结果如图3-92所示。

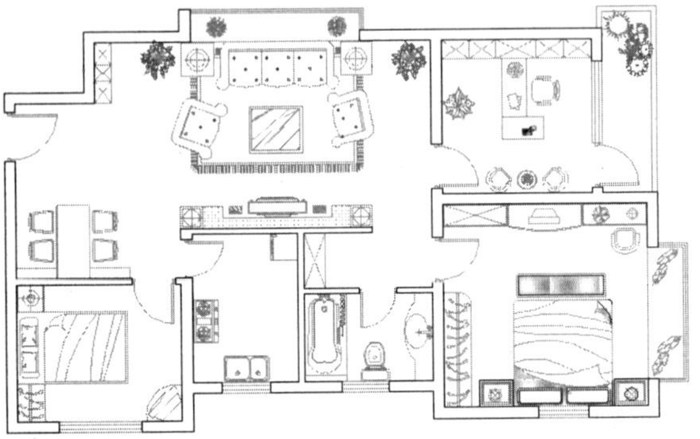

图3-91 布置其他图例

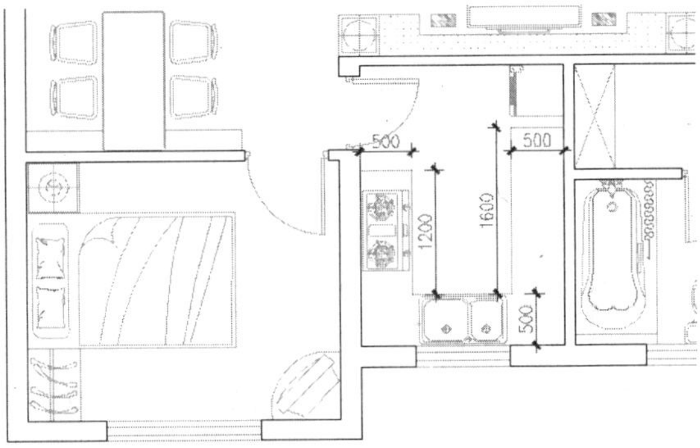

图3-92 绘制结果

3.4 绘制普通住宅地面材质图

本节通过绘制如图3-93所示的普通住宅户型地面材质图，主要学习地面材质图的具体绘制过程和绘制技巧。

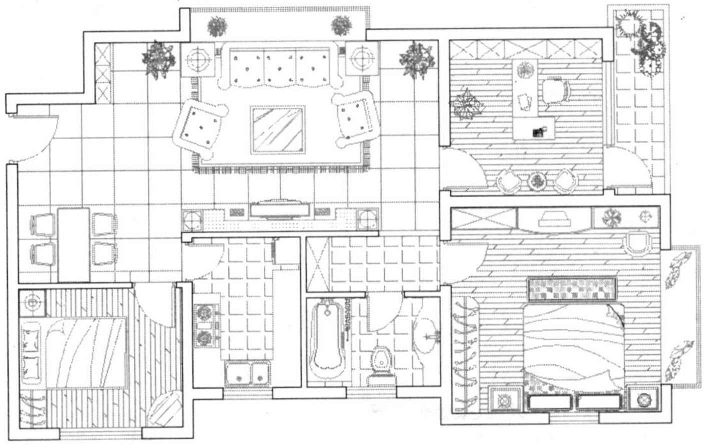

图3-93 实例效果

在绘制普通住宅地面材质图时，具体可以参照如下绘图思路。

- 使用【直线】命令封闭各房间位置的门洞。
- 使用【多段线】命令绘制某些图块的边缘轮廓线。
- 配合层的状态控制功能，使用【图案填充】命令中的“预定义”图案，绘制卧室、书房等的地板填充图案。
- 配合层的状态控制功能，使用【图案填充】命令中的“用户定义”图案，绘制客厅和餐厅600×600抛光地砖填充图案。
- 配合层的状态控制功能，使用【图案填充】命令中的“预定义”图案，绘制卫生间、厨房、阳台等位置的300×300防滑地砖图案。

3.4.1 绘制卧室与书房地板材质图

1 打开本书配套光盘中的“效果文件\第3章\普通住宅家具布置图.dwg”文件。

2 执行【图层】命令，在打开的【图层特性管理器】对话框中双击“填充层”，将其设置为当前层。

3 使用快捷键“L”激活【直线】命令，配合捕捉功能分别将各房间两侧门洞连接起来，以形成封闭区域，如图3-94所示。

4 在无命令执行的前提下，夹点显示床、电视、办公桌椅以及休闲桌椅等图例，如图3-95所示。

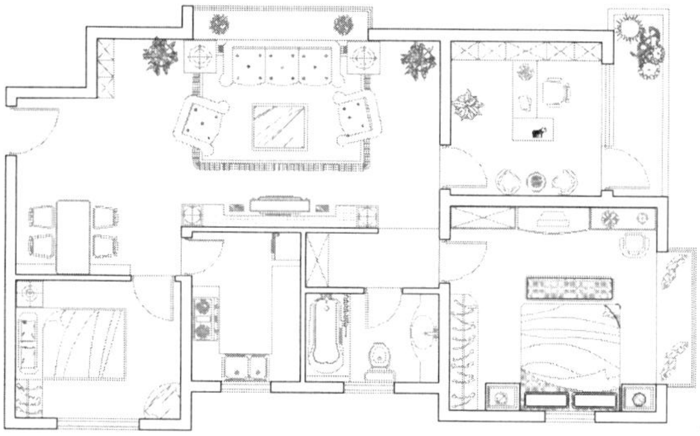

图3-94 绘制结果

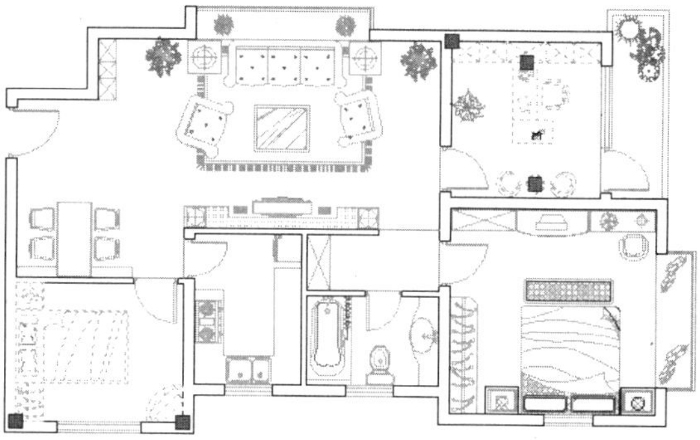

图3-95 夹点结果

5 展开【图层控制】下拉列表，将夹点显示的图形暂时放置在“0图层”上。

6 取消对象的夹点显示，然后单击【图层】工具栏中的【图层控制】列表，暂时冻结“家具层”，平面图的显示效果如图3-96所示。

7 单击【绘图】工具栏中的按扭，激活【图案填充】命令，选择如图3-97所示的图案。

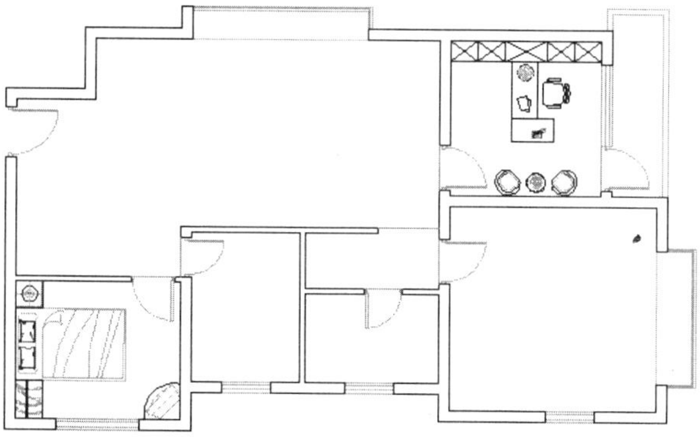

图3-96 冻结图层后的显示

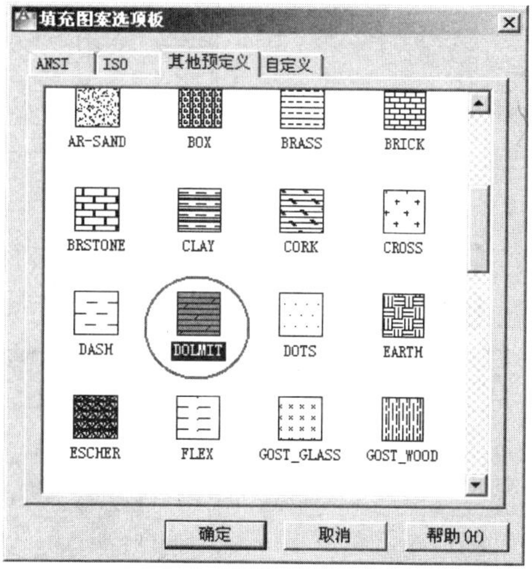

图3-97 选择填充图案

提示： 更改图层及冻结“家具层”层的目的就是为了方便地面图案的填充，如果不关闭图块层，由于图块太多，会大大影响图案的填充速度。

8 返回【图案填充和渐变色】对话框，设置填充比例和填充类型等参数如图3-98所示。

9 在对话框中单击【添加：拾取点】按钮，返回绘图区，分别在书房和次卧房间空白区域内单击，拾取如图3-99所示的填充边界，填充如图3-100所示图案。

10 在书房地板填充图案上右击，在弹出的快捷菜单中选择【图案填充编辑】命令，如图3-101所示。

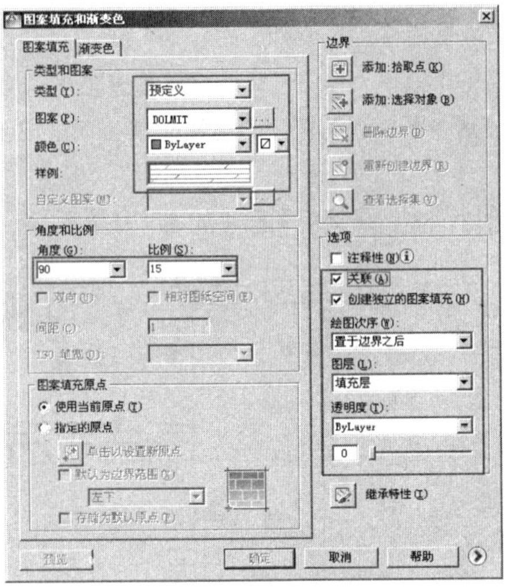

图3-98 设置填充参数

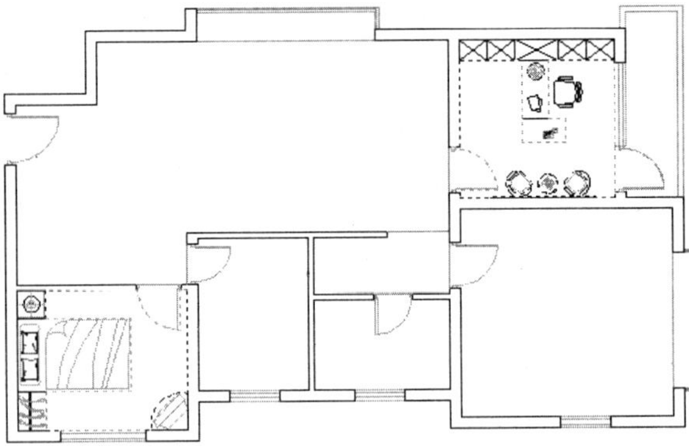

图3-99 指定填充区域

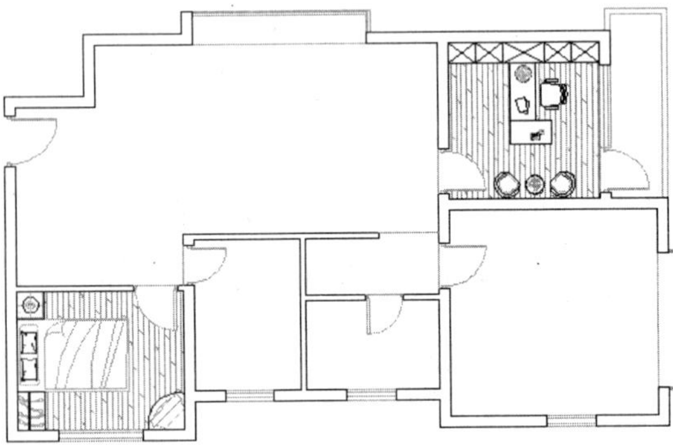

图3-100 填充结果

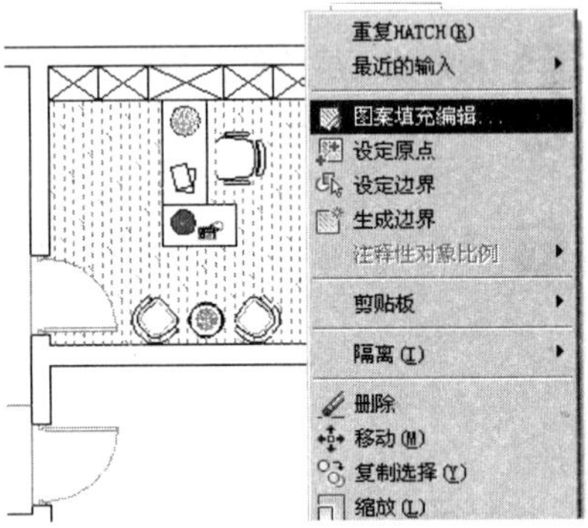

图3-101 图案填充右键菜单

11 此时在打开的【图案填充编辑】对话框中修改填充【角度】为0，如图3-102所示。

12 在【图案填充编辑】对话框中单击 确定 按钮，图案填充后的效果如图3-103所示。

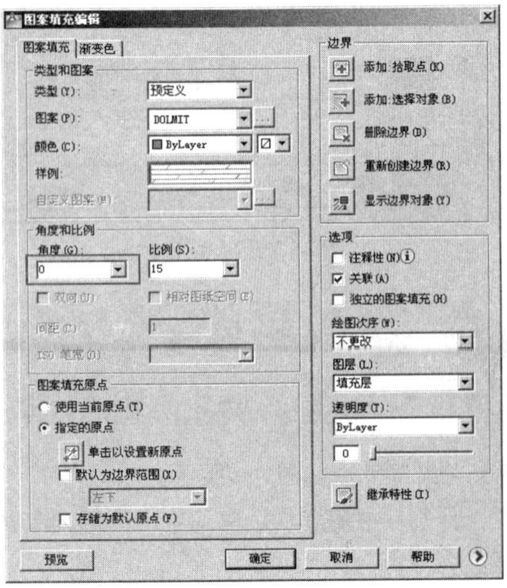

图3-102 修入填充比例

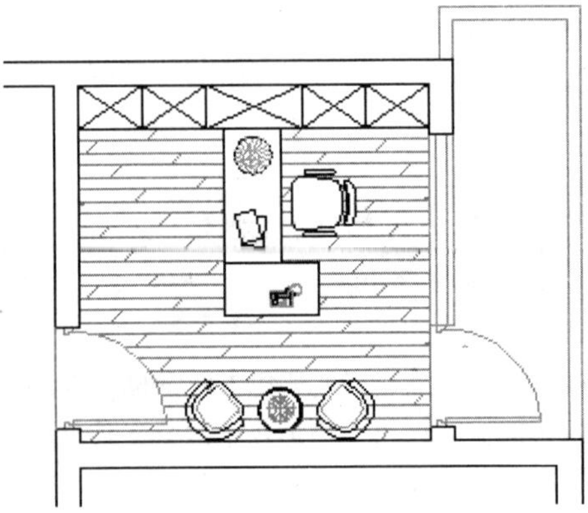

图3-103 图案填充后的效果

13 将“0图层”上的家具图块恢复到“家具层”上，同时解冻“家具层”，结果如图3-104所示。

14 执行菜单栏中的【绘图】|【多段线】命令，绘制双人床图块的外边缘轮廓，然后夹点显示所绘制的外轮廓以及其他对象，如图3-105所示。

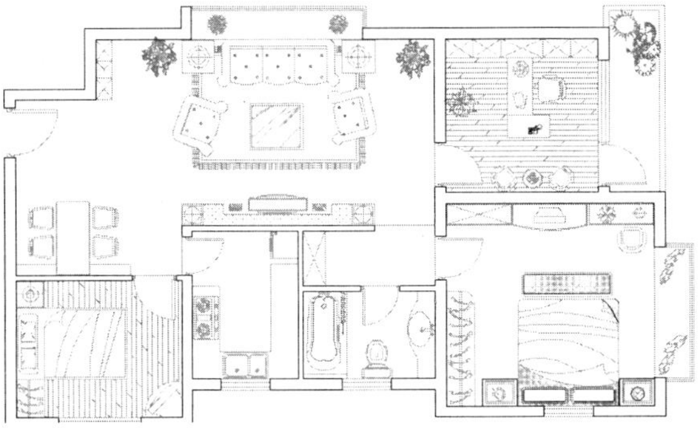

图3-104 操作结果

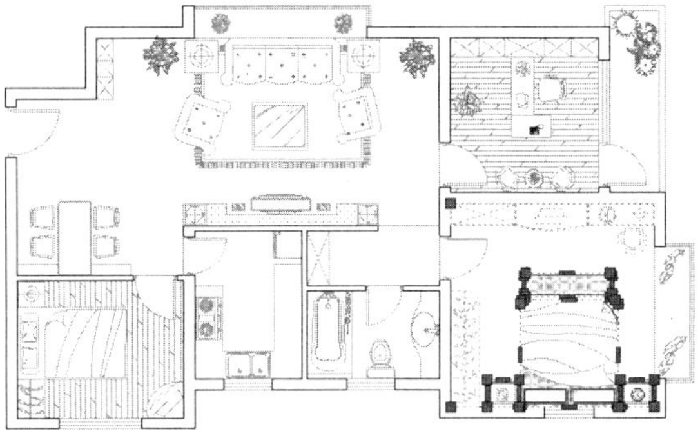

图3-105 夹点效果

15 展开【图层控制】下拉列表，将夹点对象暂时放到“0图层”上，并冻结“家具层”，此时平面图效果如图3-106所示。

16 执行【图案填充】命令，设置填充图案及填充参数如图3-102所示，为主卧室填充如图3-107所示的地板图案。

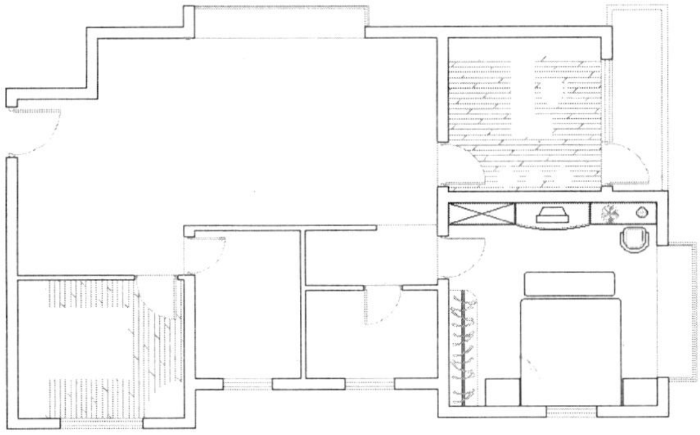

图3-106 平面图的显示

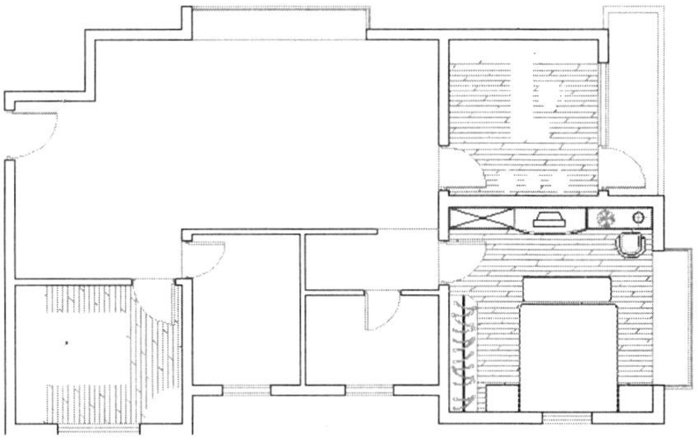

图3-107 填充结果

17 在无命令执行的前提下夹点显示如图3-108所示的对象，将其放到“家具层”上，然后解冻该图层，此时平面图的显示效果如图3-109所示。

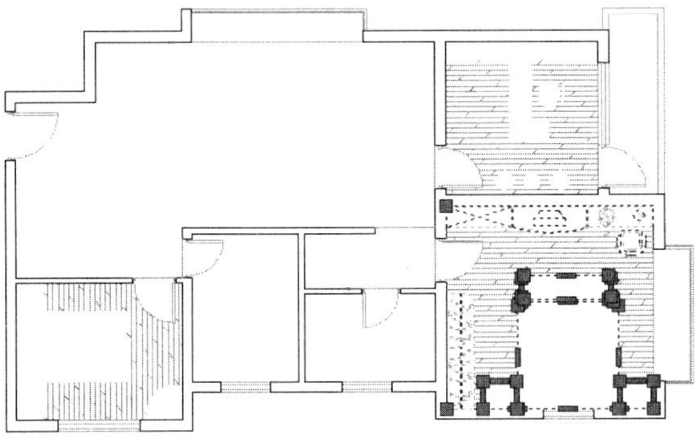

图3-108 夹点效果

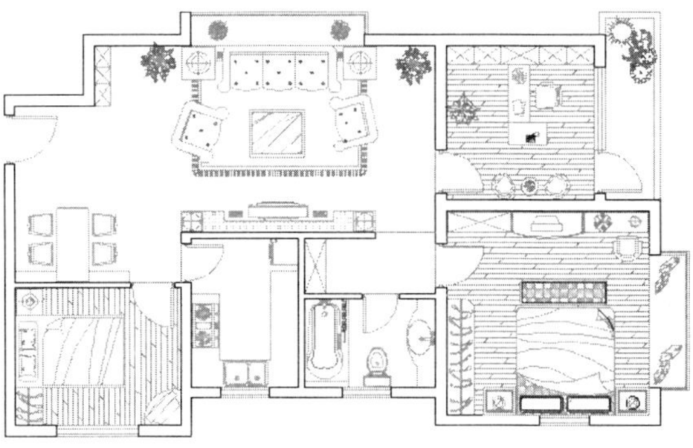

图3-109 平面图的显示

至此，卧室与书房地板材质图绘制完毕，下一小节学习客厅与餐厅抛光地砖材质图的绘制过程和绘制技巧。

3.4.2 绘制客厅与餐厅抛光地砖材质

1. 继续上节操作。
2. 执行【多段线】命令，配合对象捕捉功能绘制客厅沙发组合图例的外边缘轮廓，然后夹点显示外边缘轮廓及其他家具图块，如图3-110所示的对象。
3. 展开【图层控制】下拉列表，将夹点显示的图形暂时放置在“0图层上”，并冻结“家具层”，平面图的显示效果如图3-111所示。

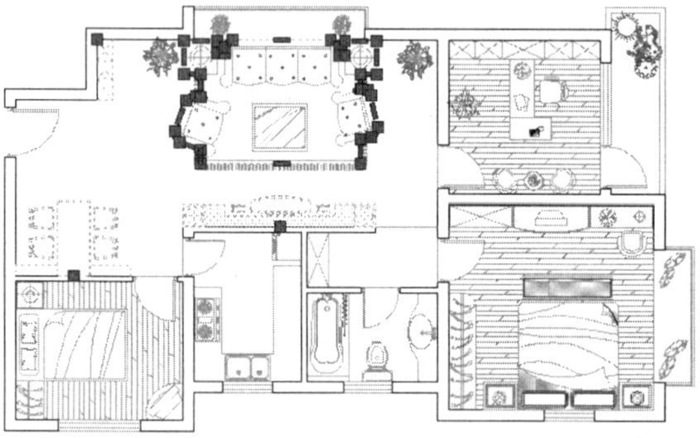

图3-110 夹点效果

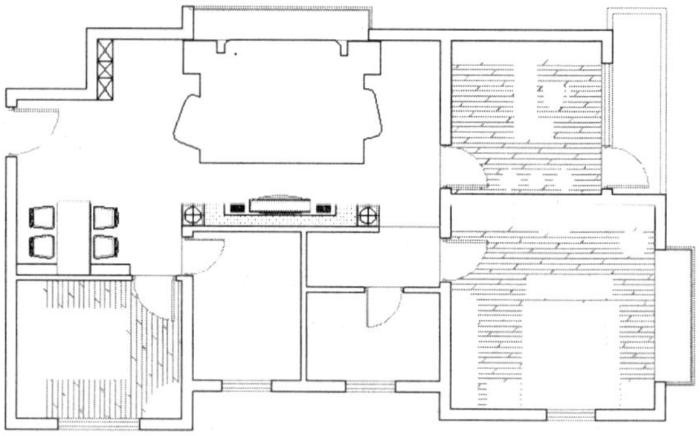

图3-111 冻结图层后的显示

4. 单击【绘图】工具栏中的按扭，打开【图案填充和渐变色】对话框，设置填充比例和填充类型等参数如图3-112所示。
5. 在对话框中单击【添加：拾取点】按钮，在客厅内部的空白区域上单击，系统会自动分析出填充区域，如图3-113所示。

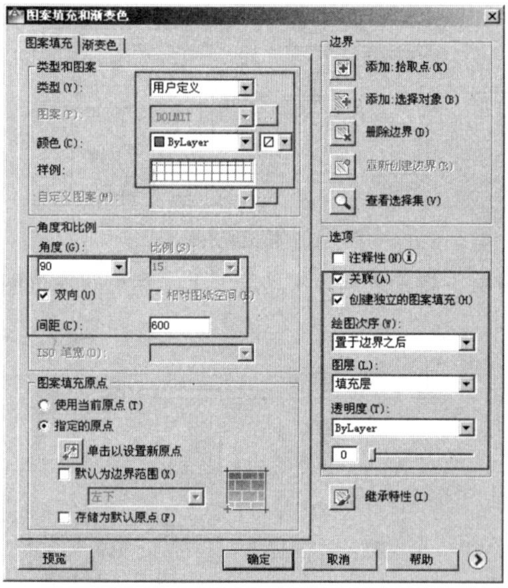

图3-112 设置参数

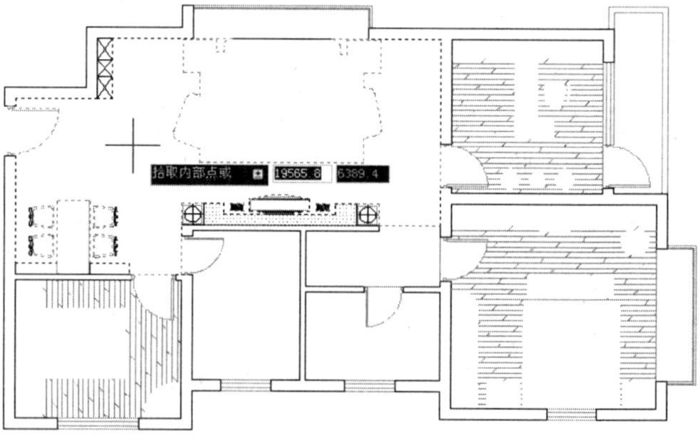

图3-113 拾取填充边界

6. 按Enter键返回【图案填充和渐变色】对话框，单击 确定 按钮，填充后的效果如图3-114所示。
7. 将客厅和餐厅内的各家具图例放置到“家具层”上，然后解冻“家具层”，结果如图3-115所示。

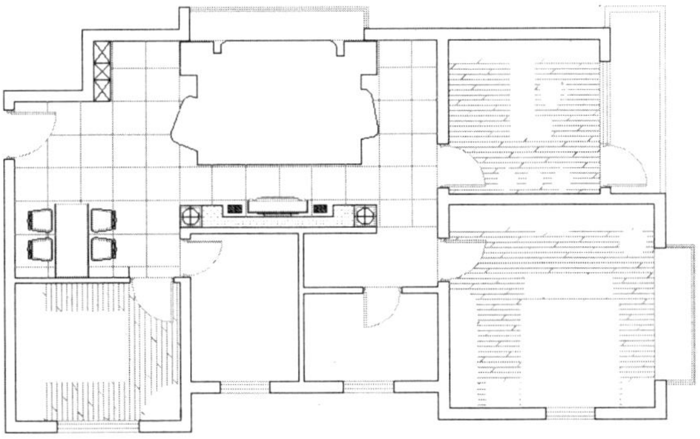

图3-114 填充结果

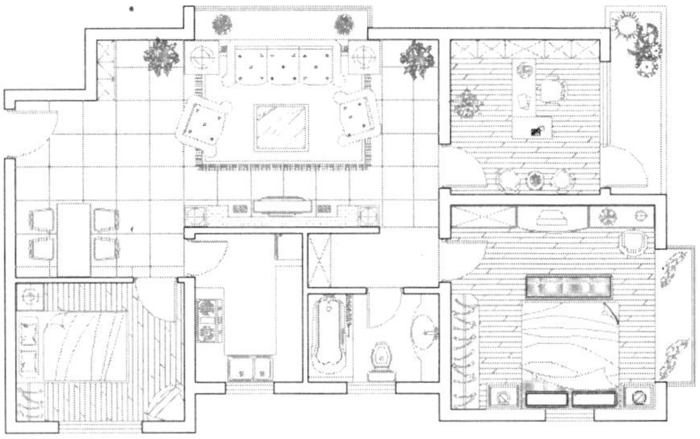

图3-115 操作结果

至此，客厅和餐厅地面材质图绘制完毕，下一小节学习厨房、卫生间、阳台等地砖材质图的绘制过程。

3.4.3 绘制厨房卫生间防滑地砖材质

1. 继续上节操作。
2. 在无命令执行的前提下，夹点显示如图3-116所示的对象。
3. 展开【图层控制】下拉列表，将夹点对象放到“0图层”上，并冻结“家具层”，平面图的显示效果如图3-117所示。

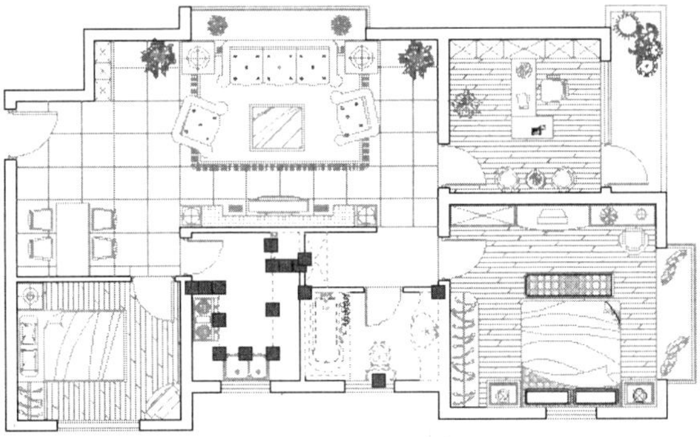

图3-116 夹点效果

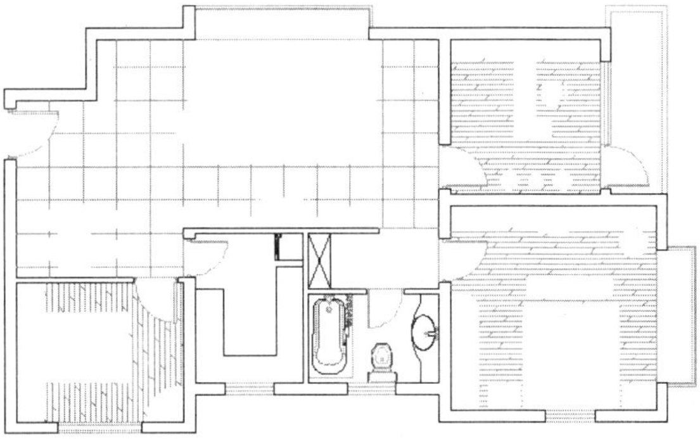

图3-117 平面图的显示

4. 使用快捷键“H”激活【图案填充】命令，在弹出的【图案填充和渐变色】对话框中设置填充图案的类型以及填充比例等参数如图3-118所示。
5. 单击【添加：拾取点】按钮，返回绘图区，分别在厨房、卫生间、阳台等空白区域单击，拾取如图3-119所示的填充区域，填充如图3-120所示的地砖图案。

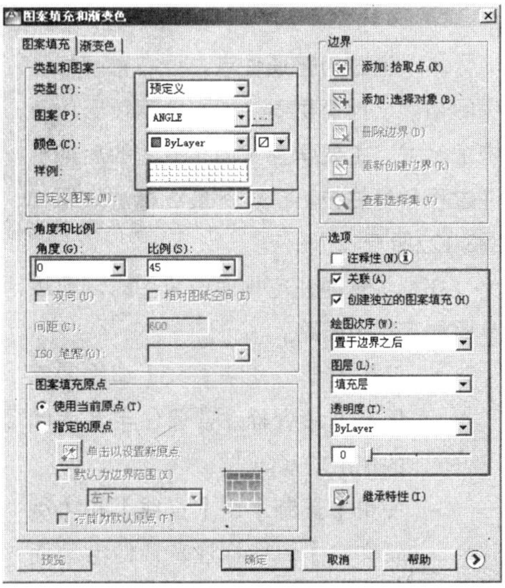

图3-118 设置参数

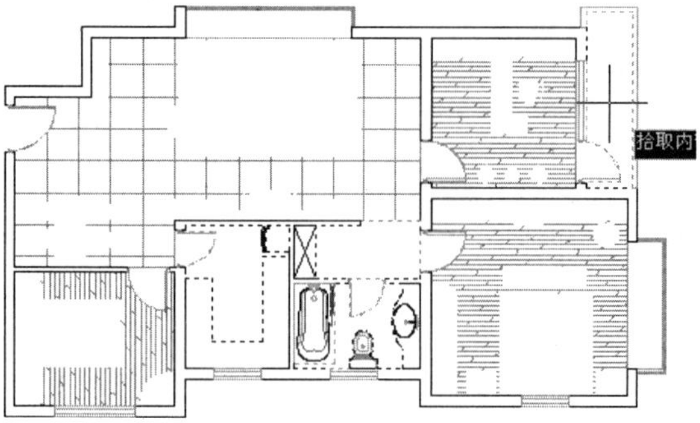

图3-119 拾取填充区域

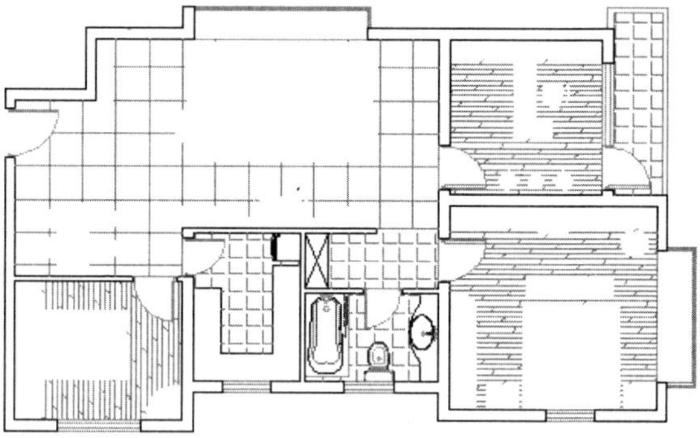

图3-120 填充结果

6 在无命令执行的前提下夹点显示如图3-121所示的对象。

7 展开【图层控制】下拉列表，将夹点对象放到“家具层”上，然后解冻“家具层”，结果如图3-93所示。

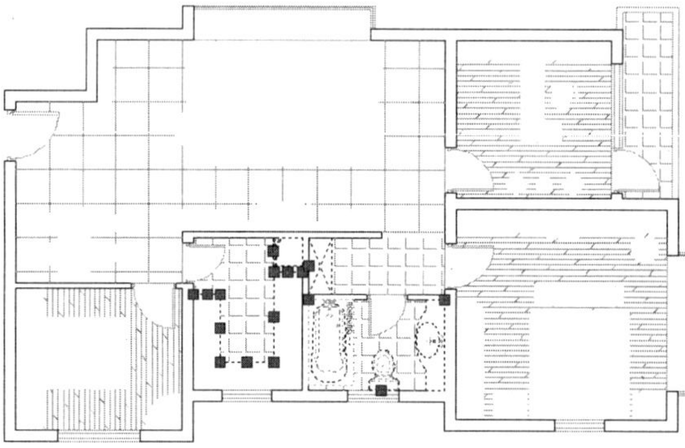

图3-121 夹点效果

8 最后执行【另存为】命令，将当前图形另名存储为“普通住宅地面材质图.dwg”。

3.5 标注普通住宅室内布置图

本节通过为普通住宅户型布置图标注房间功能、地面材质注解、墙面投影以及施工尺寸，主要学习室内布置图的后期标注过程和标注技巧。本例最终标注效果如图3-122所示。

在标注普通住宅地面布置图时，可以参照如下绘图思路。

- 使用【单行文字】、【编辑图案填充】命令标注普通住宅各房间的使用功能。
- 使用【复制】、【直线】和【编辑文字】命令标注普通住宅地面材质注解。

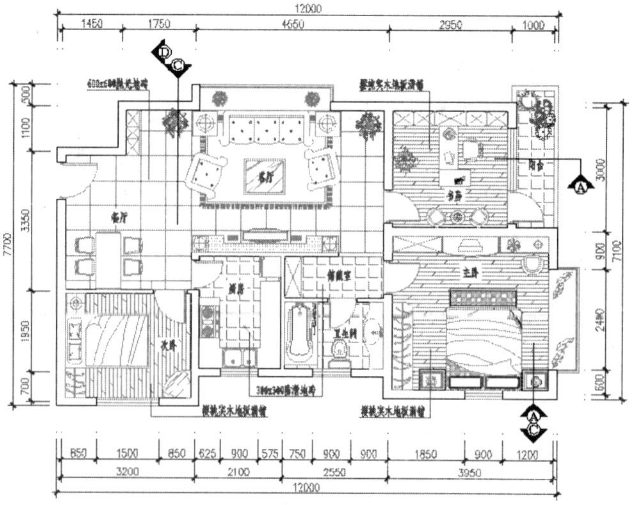

图3-122 实例效果

- 使用【插入块】、【编辑属性】、【复制】、【直线】等命令标注墙面投影。
- 使用【线性】、【连续】、【构造线】等命令标注布置图尺寸。

3.5.1 标注房间功能注释

1 打开上例存储的“普通住宅地面材质图.dwg”文件。

2 执行菜单栏中的【格式】|【图层】命令，在打开的【图层特性管理器】对话框中双击“文字层”，将其设置为当前图层。

3 单击【样式】工具栏中的 按钮，在打开的【文字样式】对话框中设置“仿宋体”为当前文字样式，如图3-123所示。

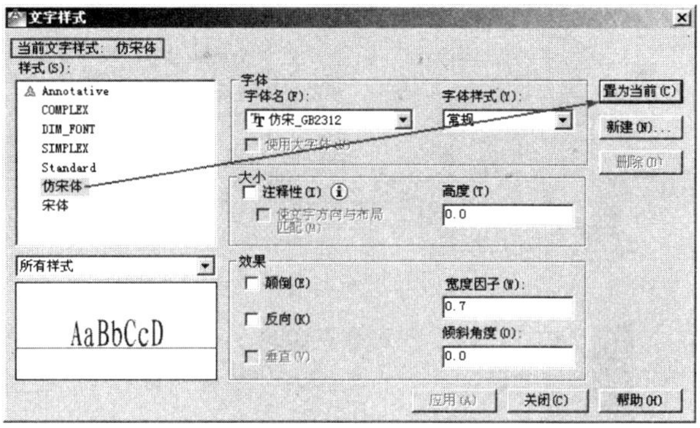

图3-123 设置当前文字样式

4 执行菜单栏中的【绘图】|【文字】|【单行文字】命令，在命令行“指定文字的起点或 [对正(J)/样式(S)]：”的提示下，在次卧房间内的适当位置单击，拾取一点作为文字的起点。

5 继续在命令行“指定高度 <2.5>：”提示下，输入200并按Enter键，将当前文字的高度设置为200个绘图单位。

6 在“指定文字的旋转角度<0.00>：”提示下，直接按Enter键，表示不旋转文字。此时绘图区会出现一个单行文字输入框，如图3-124所示。

7 在单行文字输入框内输入“次卧”，此时所输入的文字会出现在单行文字输入框内，如图3-125所示。

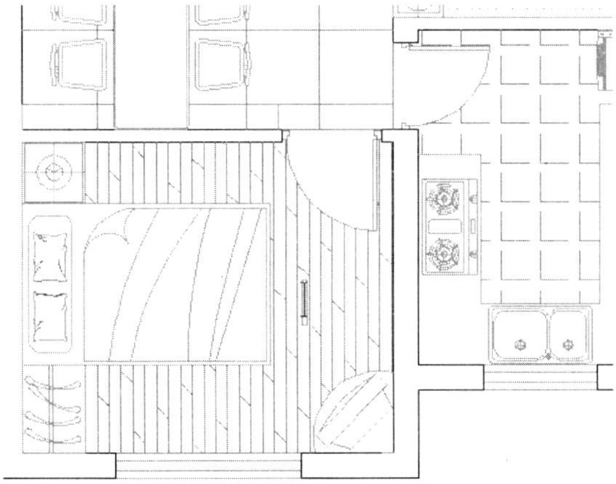

图3-124 单行文字输入框

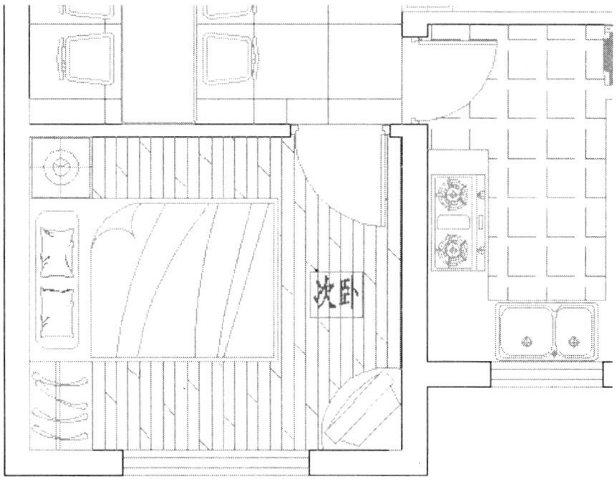

图3-125 输入文字

8 分别将光标移至其他房间内，标注各房间的功能性文字注释，然后连续按两次Enter键，结束【单行文字】命令，标注结果如图3-126所示。

9 夹点显示主卧室房间内的地板填充图案，然后右击，在弹出的快捷菜单中选择【图案填充编辑】命令，如图3-127所示。

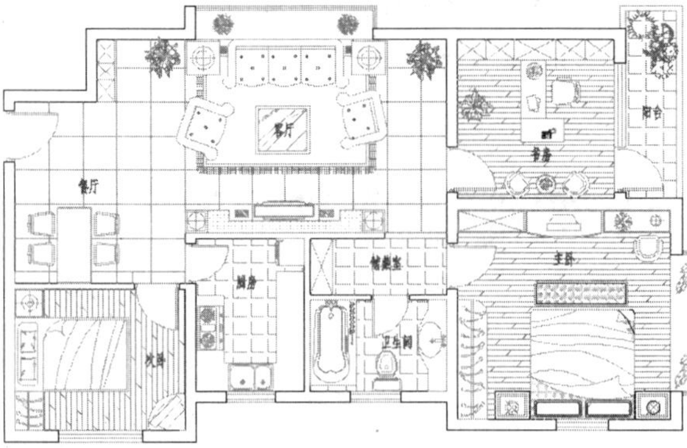

图3-126 标注其他房间功能

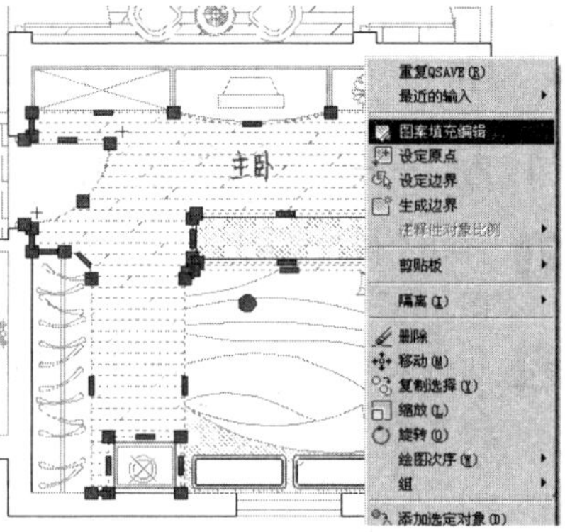

图3-127 图案右键菜单

10 在打开的【图案填充编辑】对话框中单击“添加：选择对象”按钮，如图3-128所示。

11 返回绘图区，在命令行“选择对象或 [拾取内部点(K)/删除边界(B)]:”提示下，选择“主卧”文字对象，如图3-129所示。

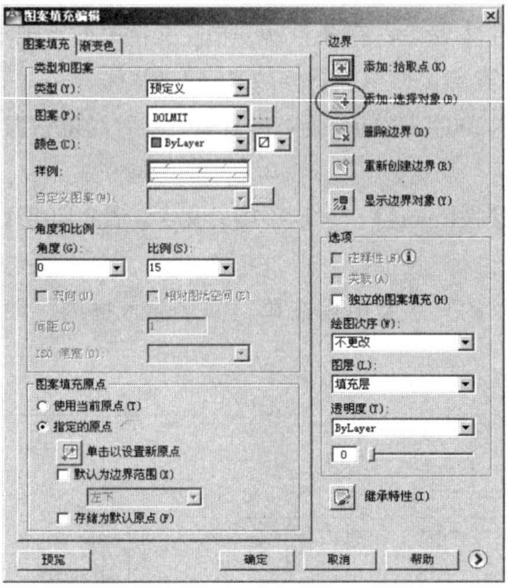

图3-128【图案填充编辑】对话框

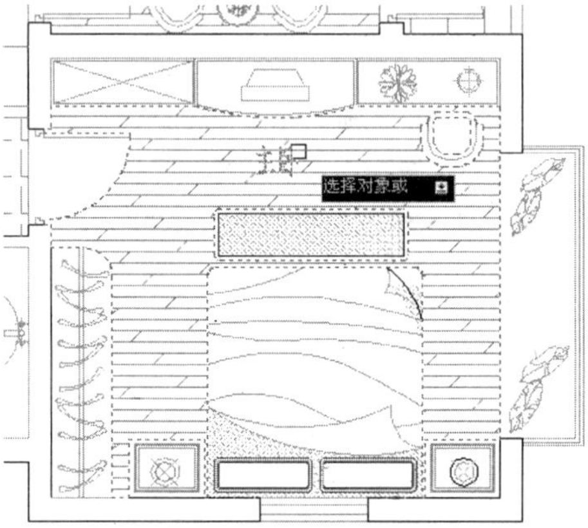

图3-129 选择文字对象

12 按Enter键，结果被选择文字对象区域的图案被删除，如图3-130所示。

13 参照步骤9~步骤12的操作方法，分别修改书房、次卧、厨房、阳台、卫生间等地砖填充图案，结果如图3-131所示。

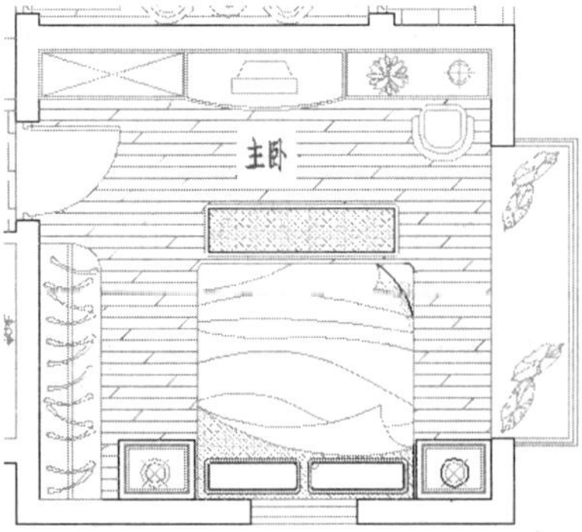

图3-130 修改书房地砖图案

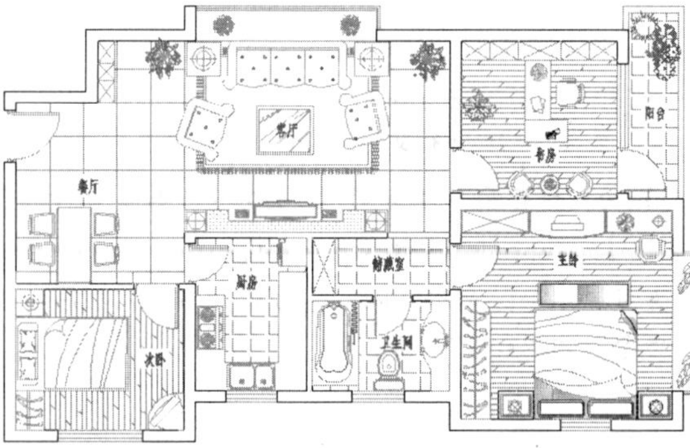

图3-131 修改其他填充图案

至此，普通住宅布置图的房间功能性注释标注完毕，下一小节将学习地面材质注释的标注方法和技巧。

3.5.2 标注地面材质注释

1 继续上节操作。

2 使用快捷键“L”激活【直线】命令，绘制如图3-132所示的直线作为文字指示线。

3 执行菜单栏中的【修改】|【复制】命令，选择其中的一个单行文字注释，将其复制到其他指示线上，结果如图3-133所示。

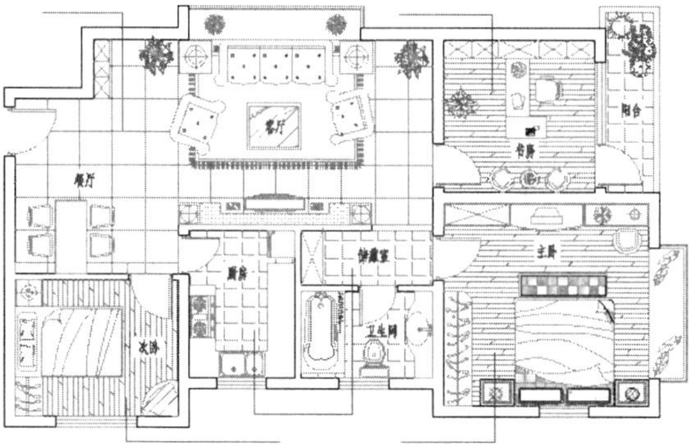

图3-132 绘制文字指示线

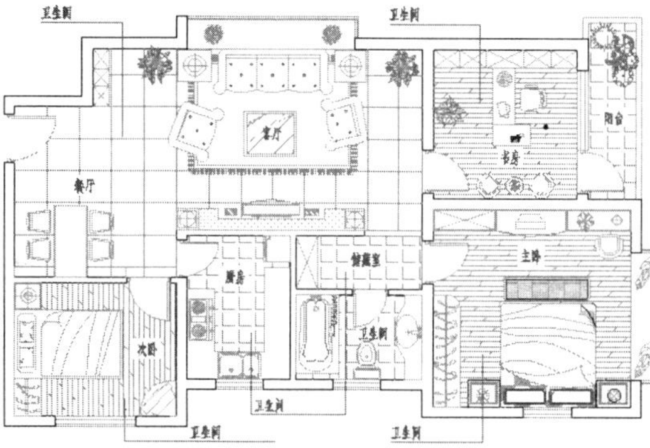

图3-133 复制结果

4 执行菜单栏中的【修改】|【对象】|【文字】|【编辑】命令，在命令行“选择注释对象或[放弃(U)]：”提示下，单击复制出的文字对象，此时该文字呈现反白显示的单行文字输入框状态，如图3-134所示。

5 在反白显示的单行文字输入框内输入正确的文字注释，并适当调整文件的位置，修改后的结果如图3-135所示。

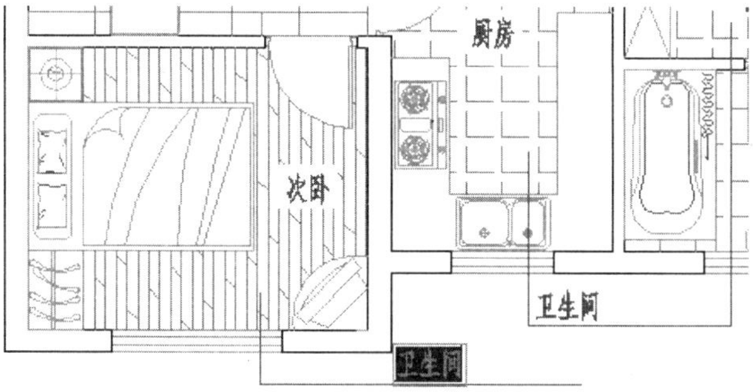

图3-134 选择文字对象

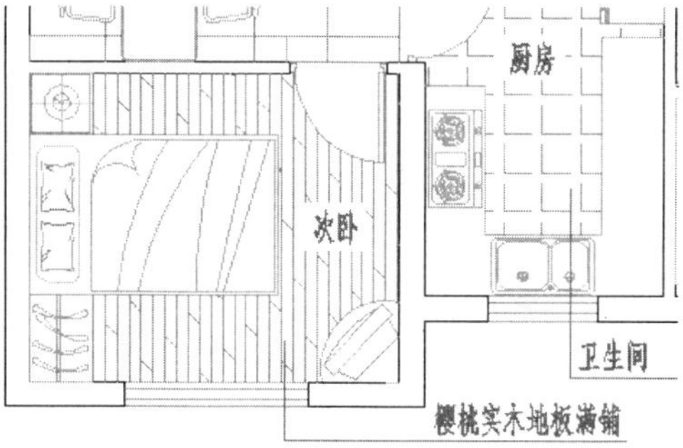

图3-135 修改结果

6 继续在命令行“选择文字注释对象或[放弃(U)]：”的提示下，分别单击其他文字对象进行编辑，输入正确的文字注释，并适当调整文字的位置，结果如图3-136所示。

至此，普通住宅地面材质注解标注完毕，下一小节将学习普通住宅布置图墙面投影符号的标注过程。

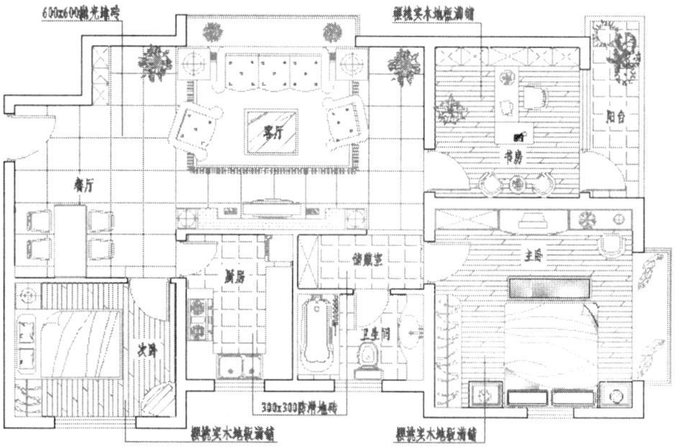

图3-136 编辑其他文字

3.5.3 标注室内布置图投影

1. 继续上节操作。
2. 使用快捷键“LA”激活【图层】命令，在打开的对话框中双击“其他层”，将其设置为当前图层。
3. 使用快捷键“L”激活【直线】命令，绘制如图3-137所示的直线作为投影符号的指示线。
4. 使用快捷键“I”激活【插入块】命令，采用默认属性值插入投影符号属性块，块参数设置如图3-138所示，插入点为图3-139所示的端点，插入结果如图3-140所示。

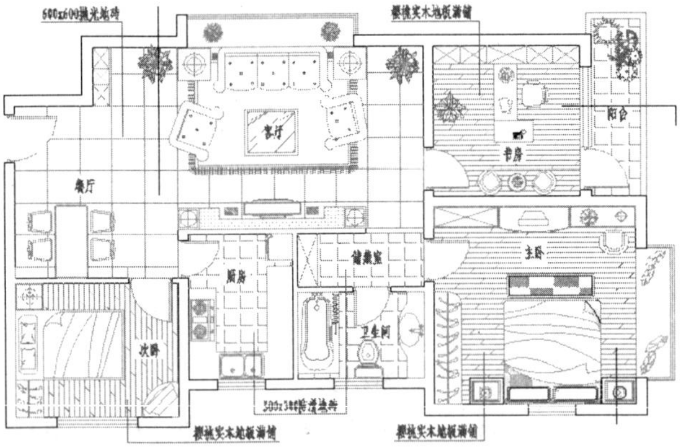

图3-137 绘制指示线

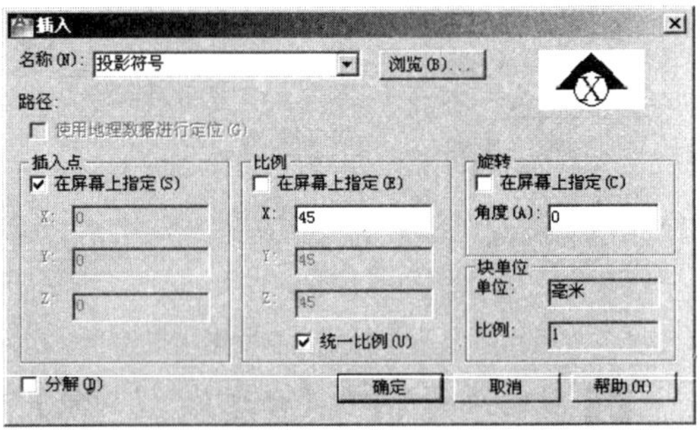

图3-138 设置参数

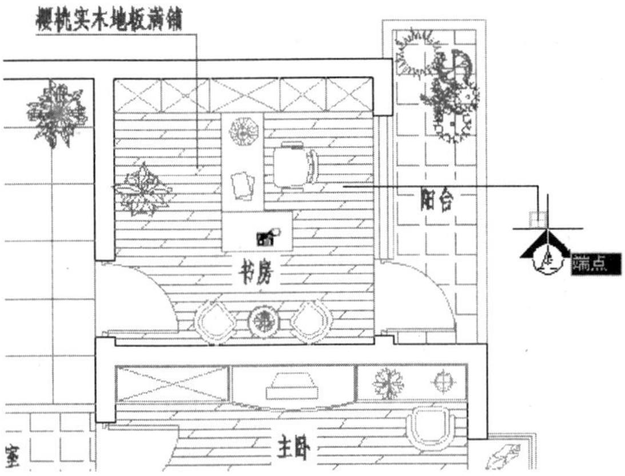

图3-139 捕捉端点

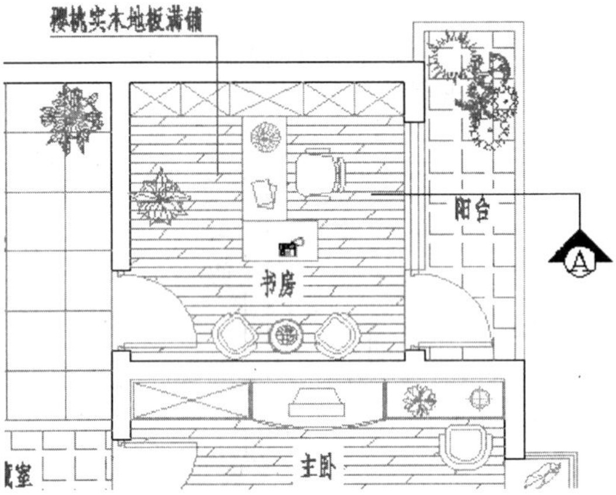

图3-140 插入结果

5. 重复执行【插入块】命令，设置块参数如图3-141所示，在左上侧的指示线末端插入投影符号属性块。命令行操作如下：

```
命令: i
    INSERT
    指定插入点或 [基点(B)/比例(S)/X/Y/Z/旋转(R)]:  //捕捉如图3-142所示的指示线的端点
    输入属性值
    输入投影符号值: <A>:                        //C Enter，插入结果如图3-143所示
```

6. 重复执行【插入块】命令，设置块参数如图3-144所示，继续插入投影符号属性块，结果如图3-145所示。

7 在最后插入的投影符号属性块上双击，打开【增强属性编辑器】对话框，修改【旋转】如图3-146所示，修改后的效果如图3-147所示。

8 执行菜单栏中的【修改】|【复制】命令，对投影符号属性块进行复制，结果如图3-148所示。

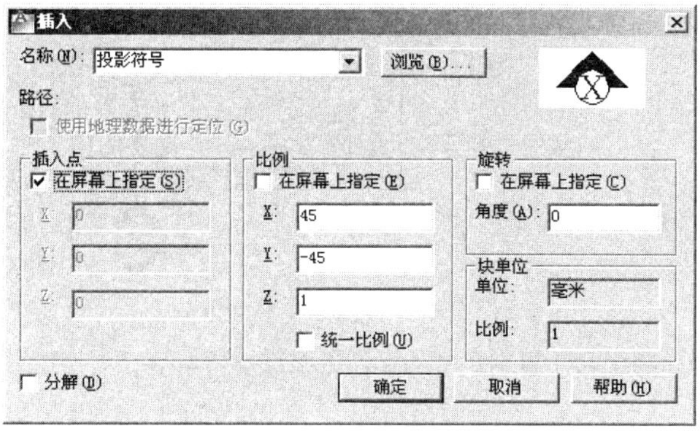

图3-141　设置块参数

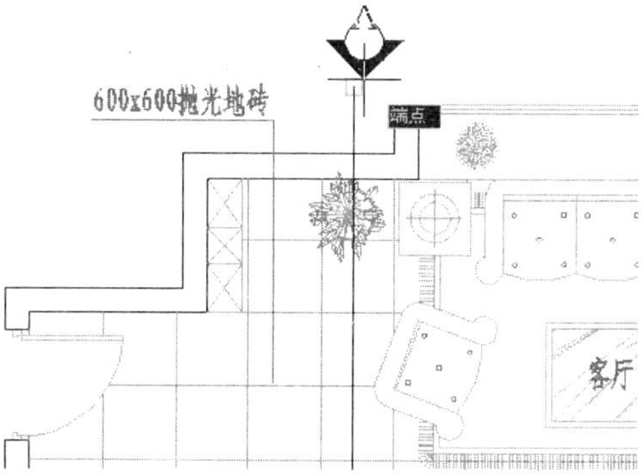

图3-142　定位插入点

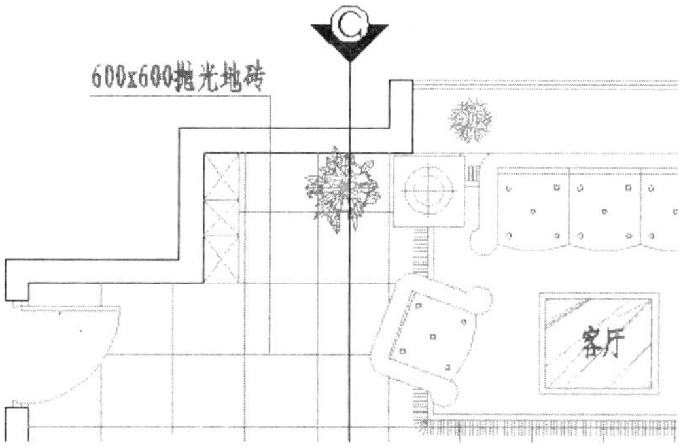

图3-143　插入结果

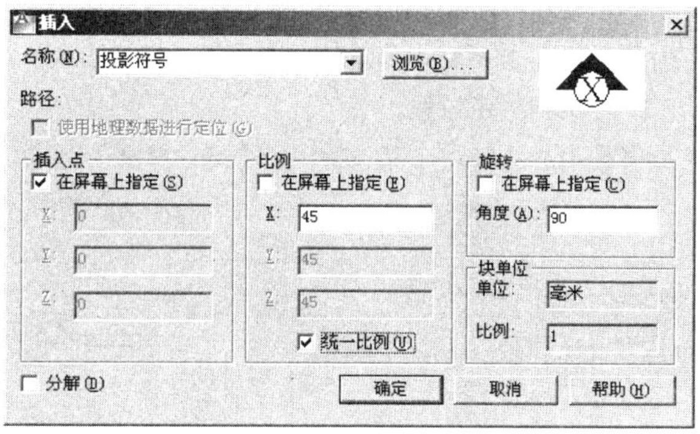

图3-144　设置块参数

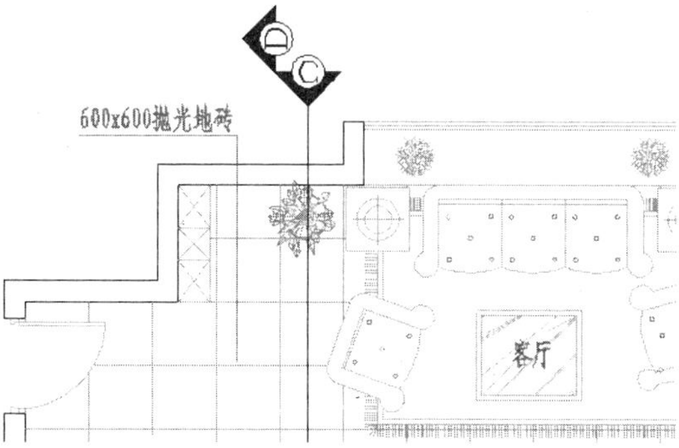

图3-145　插入结果

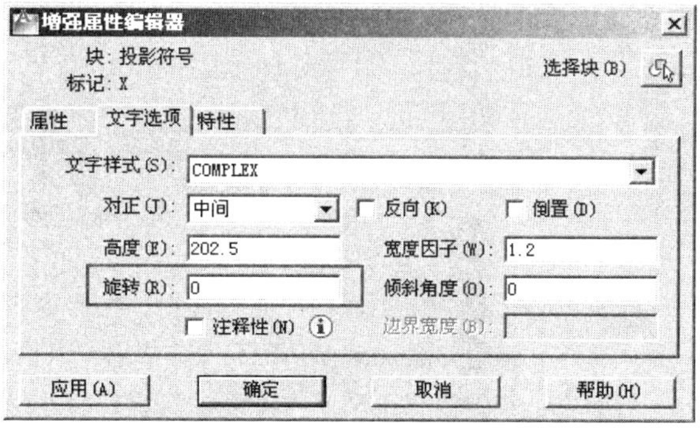

图3-146　【增强属性编辑器】对话框

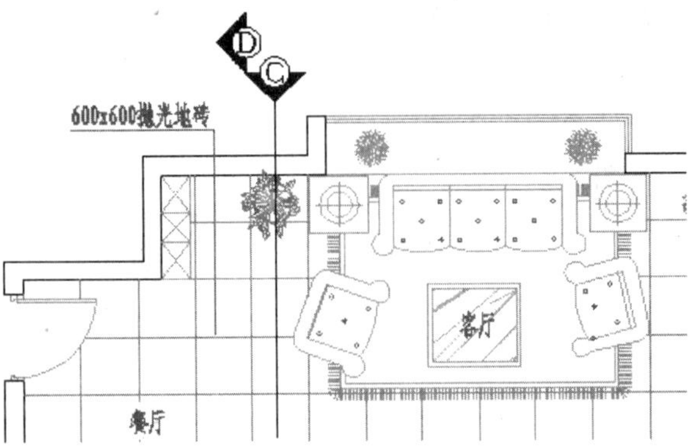

图3-147 修改结果

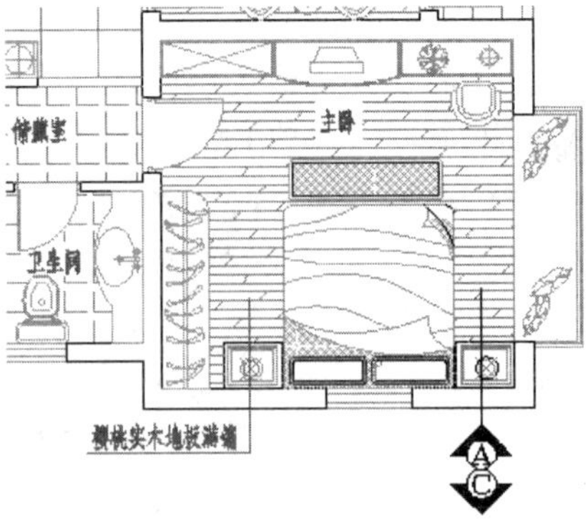

图3-148 复制结果

至此，布置图的墙面投影符号标注完毕，下一小节将学习布置图尺寸的标注过程及技巧。

3.5.4 标注室内布置图尺寸

1 继续上节操作。

2 单击【图层】工具栏中的【图层控制】列表，打开“轴线层”，然后设置“尺寸层”作为当前图层。

3 执行菜单栏中的【绘图】|【构造线】命令，配合捕捉与追踪功能绘制如图3-149所示的构造线作为尺寸定位线。

4 单击【标注】菜单栏中的【标注样式】命令，将“建筑标注”设为当前样式，同时修改标注比例如图3-150所示。

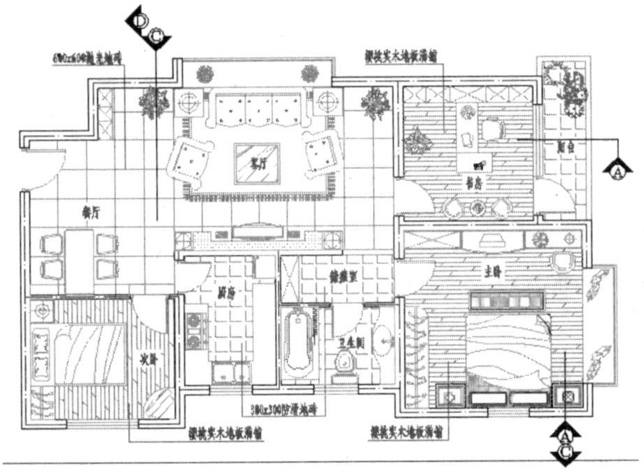

图3-149 绘制构造线

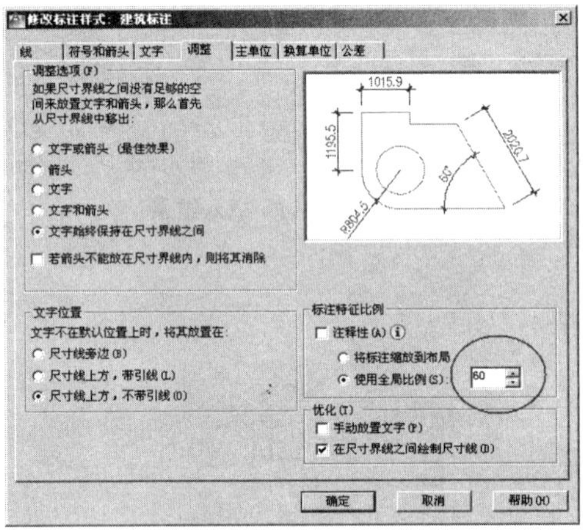

图3-150 修改标注比例

5 单击【标注】工具栏中的按扭，在命令行“指定第一条尺寸界线原点或 <选择对象>：”提示下，捕捉如图3-151所示的交点作为第一条标注界线的起点。

6 在“指定第二条尺寸界线原点:”提示下，捕捉追踪虚线与辅助线的交点作为第二条标注界线的起点，如图3-152所示。

7 在“指定尺寸线位置或 [多行文字(M)/文字(T)/角度(A)/水平(H)/垂直(V)/旋转(R)]：”提示下，向左移动光标，输入650并按Enter键，表示尺寸线距离尺寸界线原点的距离为650个绘图单位，如图3-153所示。

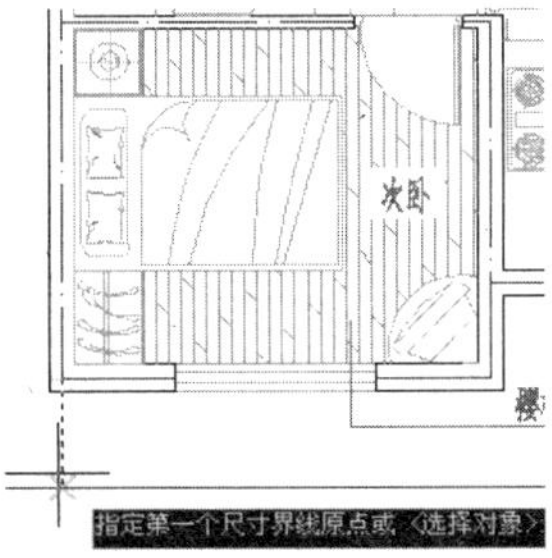

图3-151 定位第一原点

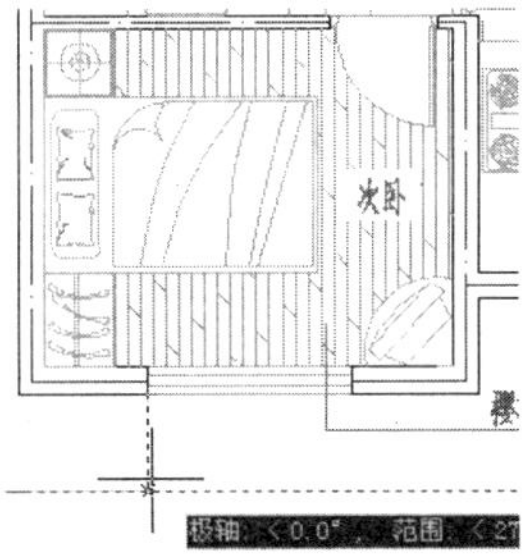

图3-152 定位第二原点

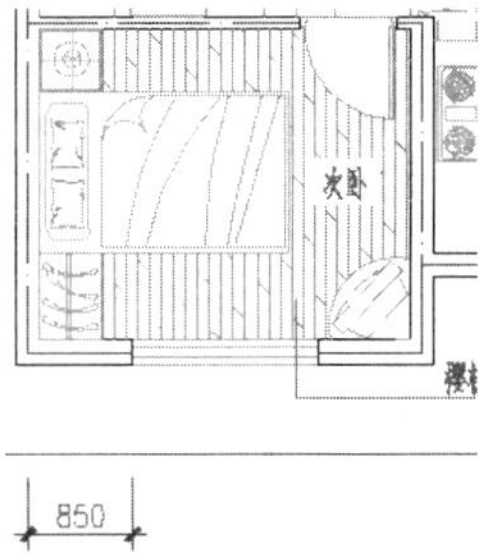

图3-153 标注结果

8 单击【标注】工具栏中的按扭，激活【连续】命令，在“指定第二条尺寸界线原点或 [放弃(U)/选择(S)] <选择>：”提示下，捕捉如图3-154所示的交点，标注连续尺寸。

9 继续在命令行的“指定第二条尺寸界线原点或 [放弃(U)/选择(S)] <选择>：”提示下，配合捕捉与追踪功能，继续标注上侧的连续尺寸，标注结果如图3-155所示。

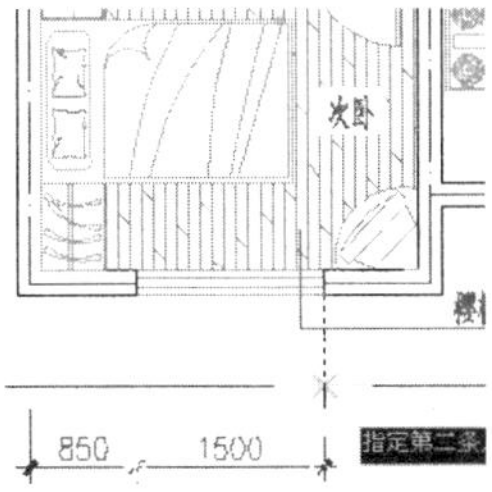

图3-154 捕捉交点

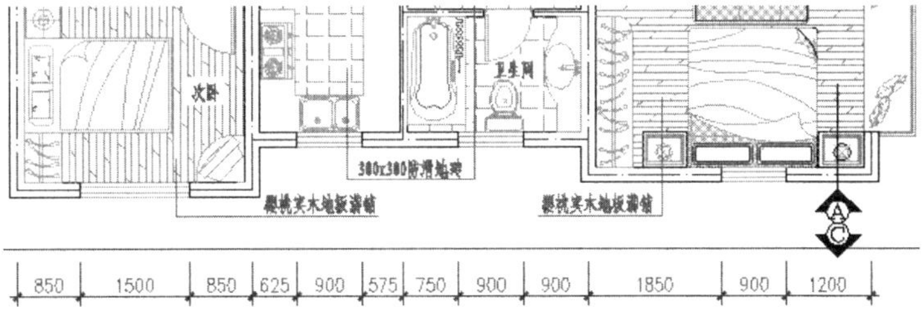

图3-155 标注结果

10 连续按两次Enter键，结束【连续】命令。

11 重复执行【线性】和【连续】命令，配合捕捉与追踪功能标注如图3-156所示的轴线尺寸。

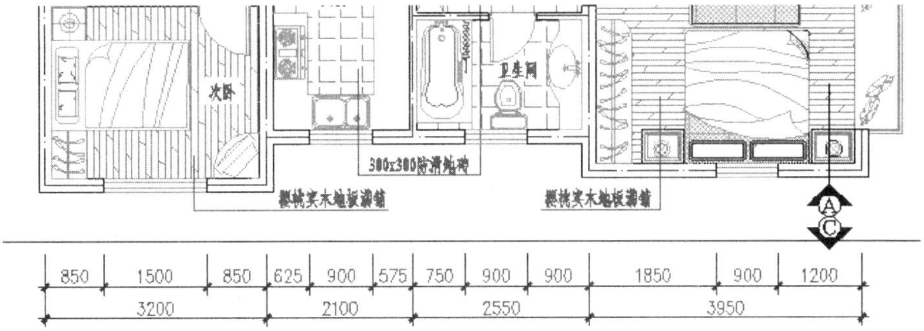

图3-156 标注结果

12 重复执行【线性】命令，配合捕捉与追踪功能标注平面图下侧的总尺寸，结果如图3-157所示。

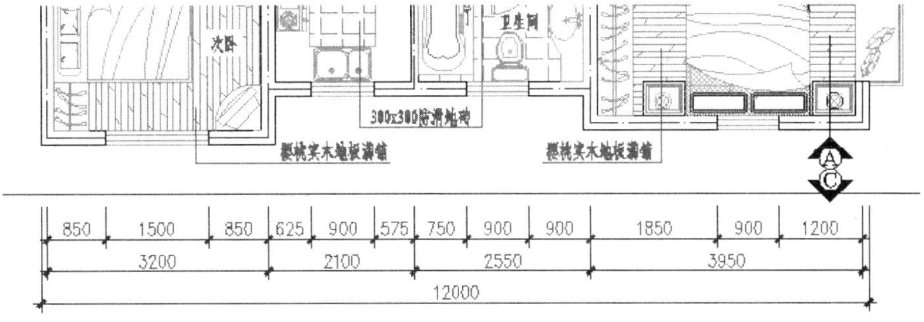

图3-157 标注总尺寸

13 参照上述操作，综合使用【构造线】、【线性】和【连续】命令，并配合捕捉与追踪功能，分别标注平面图其他侧的尺寸，结果如图3-158所示。

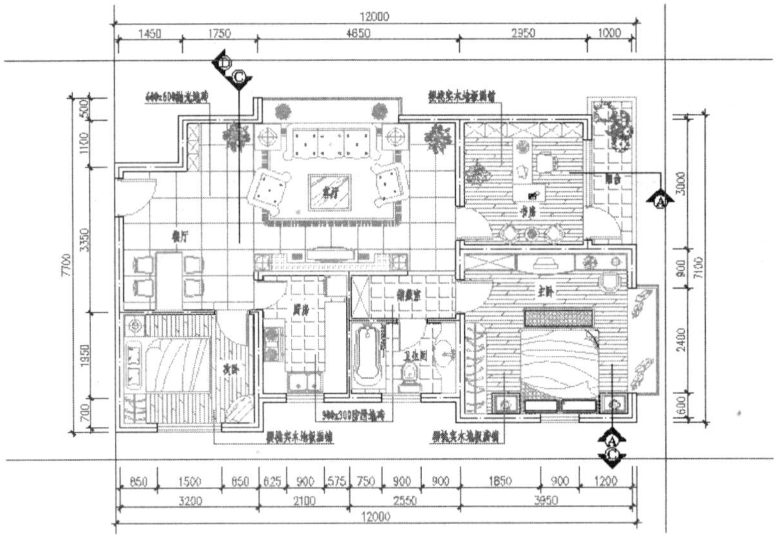

图3-158 标注其他侧尺寸

14 使用快捷键“E”激活【删除】命令，删除尺寸定位辅助线，并关闭“轴线层”，最终结果如图3-122所示。

15 最后使用【另存为】命令将当前图形另存为“标注普通住宅布置图.dwg”。

3.6 本章小结

本章在简述普通住宅平面布置图形成功能、设计内容以及绘图思路的前提下，通过绘制某普通住宅墙体结构图、绘制普通住宅室内布置图、绘制普通住宅地面材质图、标注普通住宅室内布置图四个典型实例，详细学习了普通住宅平面布置图的设计方法、具体绘图过程和绘制技巧。

希望读者通过本章的学习，在理解和掌握布置图形成、功能等知识的前提下，掌握平面布置图方案的表达内容、完整的绘图过程和相关图纸的表达技巧。

第4章　普通住宅室内吊顶设计案例

本章视频教学导航

小节名称	视频路径	视频长度
室内吊顶的形成、类型和设计思路	视频文件\第4章\4.1.avi	00：06：42
绘制普通住宅室内吊顶轮廓图	视频文件\第4章\4.2.avi	00：18：02
绘制普通住宅吊顶灯具布置图	视频文件\第4章\4.3.avi	00：16：15
标注普通住宅室内吊顶装修图	视频文件\第4章\4.4.avi	00：12：00

4.1　室内吊顶的形成、类型和设计思路

吊顶是室内设计中经常采用的一种手法，人们的视线往往与它接触的时间较多，因此吊顶的形状及艺术处理很明显地影响着空间效果。本节主要简述吊顶图的特点、形成以及一些常用的吊顶类型和设计手法。

4.1.1　室内吊顶图的形成特点

吊顶也称天棚、顶棚、天花板以及天花等，它是室内装饰的重要组成部分，也是室内空间装饰中最富有变化、最引人注目的界面，吊顶的形状及艺术处理很大程度上影响着空间的整体效果。一般情况下，吊顶的设计常常要从审美要求、物理功能、建筑照明、设备安装、管线敷设、防火安全等多方面进行综合考虑。

吊顶平面图一般采用镜像投影法绘制，主要是根据室内的结构布局，进行天花板的设计和灯具的布置，与室内其他内容构成一个有机联系的整体，让人们从光、色、形等方面感受室内环境。

4.1.2　几种较为常用的吊顶类型

1. 石膏板吊顶

石膏板是以熟石膏为主要原料掺入添加剂与纤维制成，具有质轻、绝热、吸声、阻燃和可锯等性能。石膏板吊顶多用于商业空间，一般采用600×600规格，有明骨和暗骨之分，龙骨常用铝或铁。

2. 轻钢龙骨石膏板吊顶

石膏板与轻钢龙骨相结合便构成了轻钢龙骨石膏板。轻钢龙骨石膏板天花有纸面石膏板、装饰石膏板、纤维石膏板、空心石膏板多种。从目前看，使用轻钢龙骨石膏板天花作隔断墙的较多，而用来做造型天花的则比较少。

3. 夹板吊顶

夹板，也称胶合板，具有材质轻、强度高，具有良好的弹性和韧性，耐冲击和振动、易加工和涂饰、绝缘等优点。它还能轻易地创造出弯曲的、圆的、方的等各种各样的造型吊顶。

4. 方形镀漆铝扣吊顶

此种吊顶在厨房、厕所等容易脏污的地方使用，是目前的主流产品。

5. 彩绘玻璃天花

这种吊顶具有多种图形图案，内部可安装照明装置，但一般只用于局部装饰。

4.1.3 室内吊顶的常用设计手法

归纳起来，吊顶一般可以设计为平板吊顶、异型吊顶、格栅式吊顶、藻井式吊顶、局部吊顶五种。

1. 平板吊顶

此种吊顶一般是以PVC板、铝扣板、石膏板、矿棉吸音板、玻璃纤维板、玻璃等作为主要装修材料，照明灯卧于顶部平面之内或吸于顶上。此种类型的吊顶多适用于卫生间、厨房、阳台和玄关等空间。

2. 异型吊顶

异型吊顶是局部吊顶的一种，使用平板吊顶的形式，把顶部的管线遮挡在吊顶内，顶面可嵌入筒灯或内藏日光灯，使装修后的顶面形成两个层次，不会产生压抑感。此种吊顶比较适用于卧室、书房等房间。

异型吊顶采用的云型波浪线或不规则弧线，一般不超过整体顶面面积的三分之一，超过或小于这个比例，就难以达到好的效果。

3. 格栅式吊顶

此种吊顶需要使用木材作成框架，镶嵌上透光或磨沙玻璃，光源在玻璃上面。这也属于平板吊顶的一种，但是造型要比平板吊顶生动和活泼，装饰的效果比较好。一般适用于餐厅、门厅、中厅或大厅等大空间，它的优点是光线柔和、轻松自然。

4. 藻井式吊顶

藻井式吊顶是在房间的四周进行局部吊顶，可设计成一层或两层，装修后的效果有增加空间高度的感觉，还可以改变室内的灯光照明效果。

这类吊顶需要室内空间具有一定的高度，而且房间面积较大。

5. 局部吊顶

局部吊顶是为了避免室内的顶部有水、暖、气管道，而且空间的高度又不允许进行全部吊顶的情况下，采用的一种局部吊顶的方式。

另外，由于城市的住房普遍较低，吊顶后会使人感到压抑和沉闷。随着装修的演变，无顶装修开始流行起来。所谓无顶装修就是在房间顶面不加修饰的装修。无吊顶装修的方法是，顶面做简单的平面造型处理，采用现代的灯饰灯具，配以精致的角线，给人一种轻松自然的怡人风格。什么样的室内空间选用相应的吊顶，不但可以弥补室内空间的缺陷，还可以给室内增加个性色彩。

4.1.4 室内吊顶图的设计思路

在设计并绘制吊顶图时，具体可以参照如下思路。

1）首先在布置图的基础上，初步准备墙体平面图。

2）补画天花图细部构件，具体有门洞、窗洞、窗帘和窗帘盒等细节构件。

3）为吊顶平面图绘制吊顶轮廓、灯池及灯带等内容。

4）为吊顶平面图布置艺术吊顶、吸顶灯以及筒灯等。

5）为吊顶平面图标注尺寸及必要的文字注释。

4.2 绘制普通住宅室内吊顶轮廓图

本节将在第3章绘制的普通住宅装修布置图的基础上，学习普通住宅吊顶平面图的绘制方法和绘制技巧。室内吊顶轮廓图的最终绘制效果如图4-1所示。

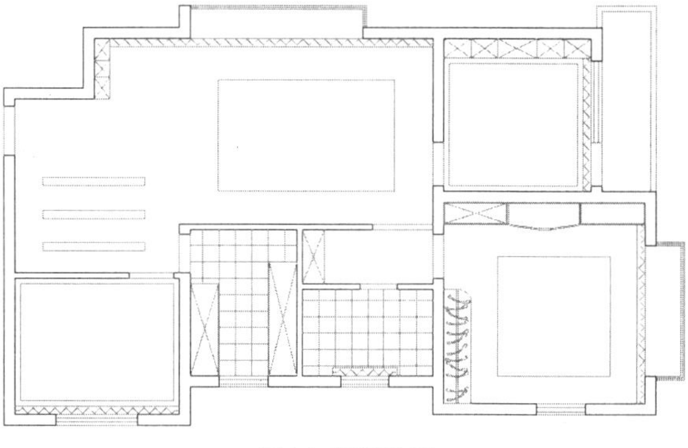

图4-1 实例效果

在绘制吊顶轮廓图时，具体可以参照如下绘图思路。

- 首先调用室内平面布置图文件，然后使用图层的状态控制功能初步调整平面图。
- 综合使用【删除】、【分解】、【直线】、夹点编辑以及图层的控制功能初步绘制吊顶轮廓图。
- 综合使用【直线】、【偏移】、【线性】、【特性】等命令并配合捕捉追踪功能绘制窗帘盒和卷帘。
- 综合使用【图案填充】、【延伸】等命令绘制厨房与卫生间吊顶。
- 综合使用【矩形】、【直线】、【阵列】、【构造线】、【偏移】、【圆角】等命令绘制餐厅与客厅吊顶。
- 最后使用【矩形】、【边界】、【偏移】命令绘制书房与卧室房间内的吊顶。

4.2.1 绘制室内吊顶墙体图

1 打开第3章保存的“标注普通住宅室内布置图.dwg”文件。

> **提示：**读者也可以直接从本书配套光盘中的“效果文件\第4章\”目录下打开此文件。

2 展开【图层控制】下拉列表，将“吊顶层”设置为当前图层，并冻结“尺寸层”、“文本层”、“填充层”、“其他层”和“轴线层”，如图4-2所示，此时平面图的显示效果如图4-3所示。

图4-2 【图层控制】下拉列表

3 执行菜单栏中的【修改】|【删除】命令，删除与当前操作无关的对象，结果如图4-4所示。

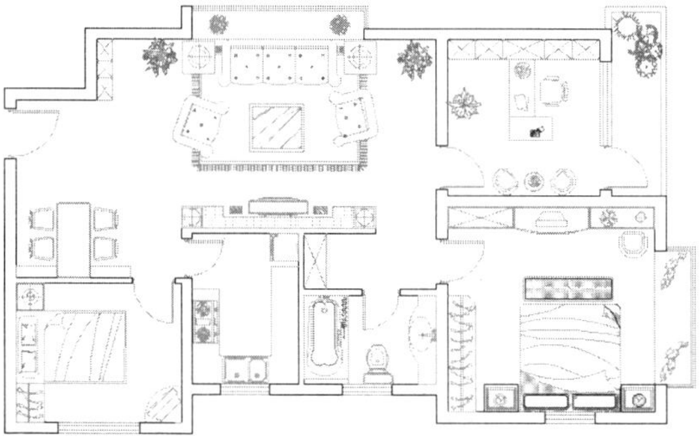

图4-3 平面图的显示效果

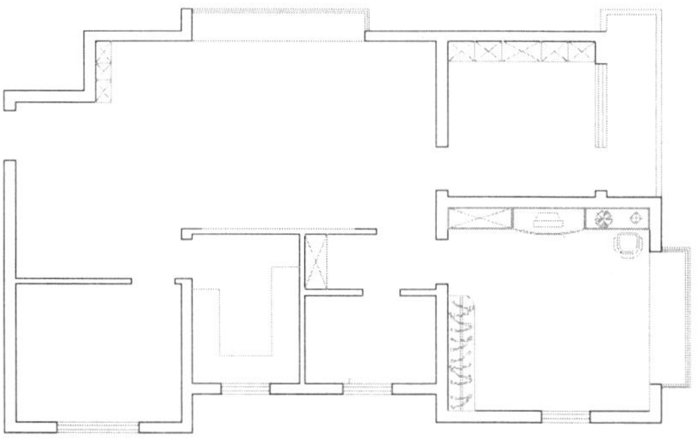

图4-4 删除结果

4 在无命令执行的前提下，夹点显示如图4-5所示的图形对象，然后执行【分解】命令进行分解。

5 执行【删除】命令删除多余的图形对象。并将分解后剩余的对象放到“吊顶层”上，修改其颜色为“随层”，操作结果如图4-6所示。

6 在无命令执行的前提下，夹点显示除“墙线层”和“吊顶层”外的所有对象，如图4-7所示。

7 展开【图层控制】下拉列表，将夹点显示的对象放到“吊顶层”上，将夹点对象的颜色设置为“随层”，并取消对象的夹点效果，操作结果如图4-8所示。

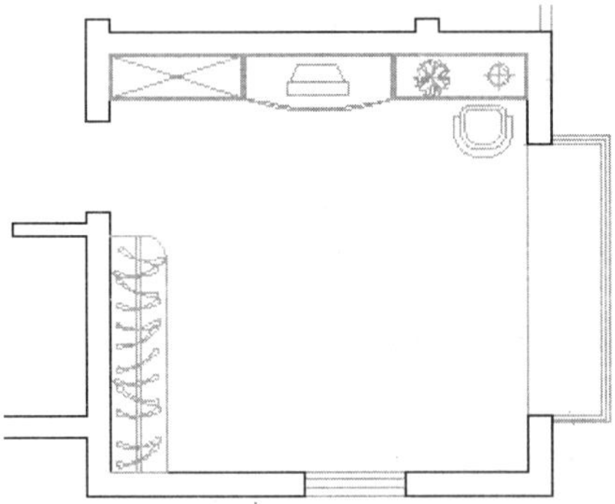

图4-5 夹点显示

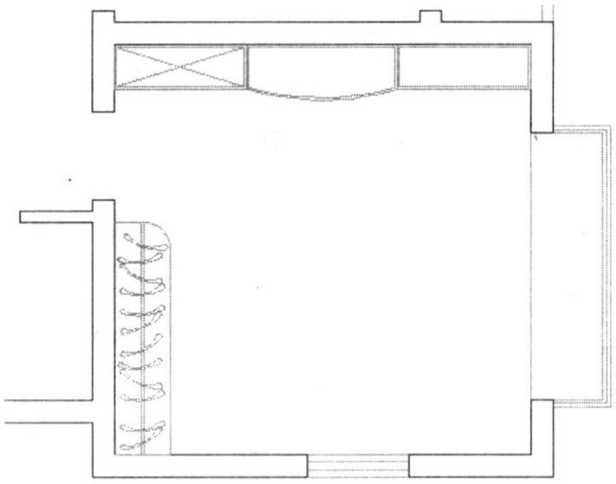

图4-6 操作结果

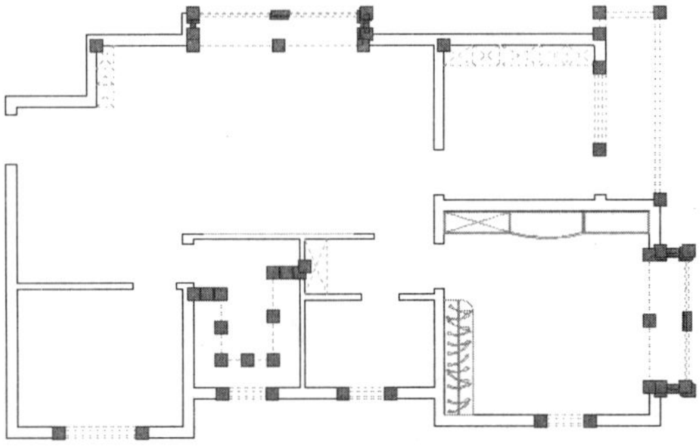

图4-7 夹点效果

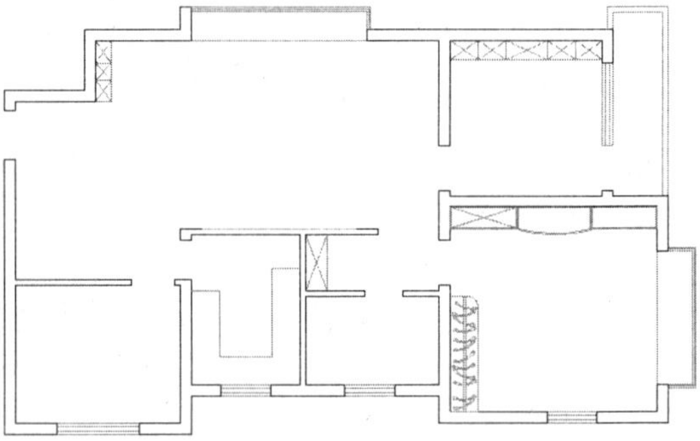

图4-8 操作结果

8 使用快捷键“L”激活【直线】命令，分别连接各门洞两侧的端点，绘制过梁底面的轮廓线，结果如图4-9所示。

9 使用快捷键“E”激活【删除】命令，删除厨房操作台位置的水平轮廓线，并对两条垂直的轮廓线进行延伸，结果如图4-10所示。

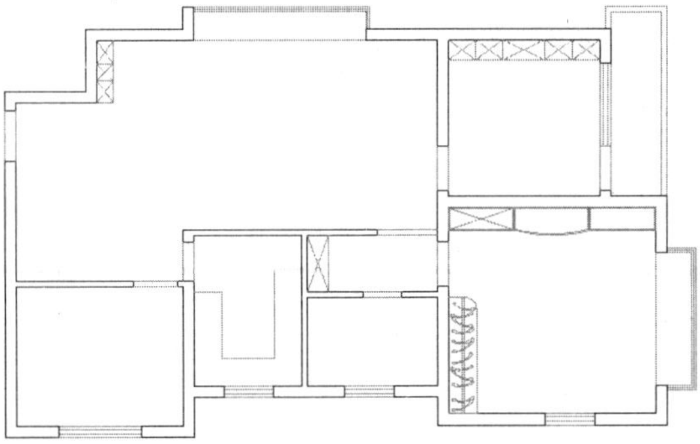

图4-9 绘制结果

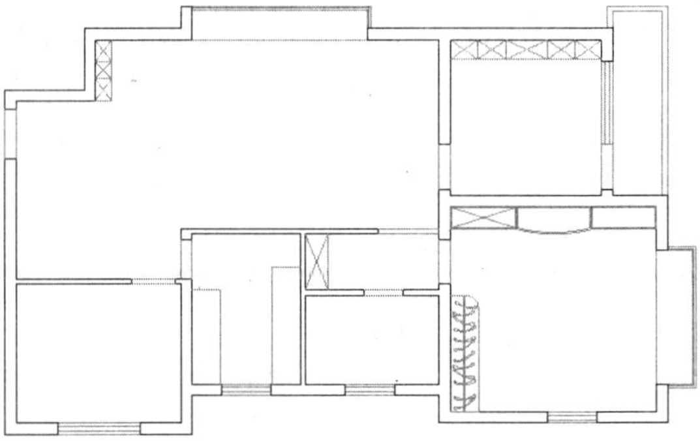

图4-10 延伸结果

至此，吊顶墙体图绘制完毕，下一小节将学习窗帘及窗帘盒构件的具体绘制过程和绘制技巧。

4.2.2 绘制窗帘及窗帘盒

1 继续上节操作。

2 使用快捷键“L”激活【直线】命令，配合【对象追踪】和【极轴追踪】功能绘制窗帘盒轮廓线。命令行操作如下：

命令: _line

指定第一点:　　　　　　　　//引出如图4-11所示的方矢量，然后输入150 Enter

指定下一点或 [放弃(U)]:

//水平向右引出极轴追踪矢量，然后捕捉追踪虚线与墙线的交点，如图4-12所示

指定下一点或 [放弃(U)]:　　　// Enter，绘制结果如图4-13所示

3 使用快捷键“O”激活【偏移】命令，选择刚绘制的窗帘盒轮廓线，将其向下偏移75个绘图单位，作为窗帘轮廓线，结果如图4-14所示。

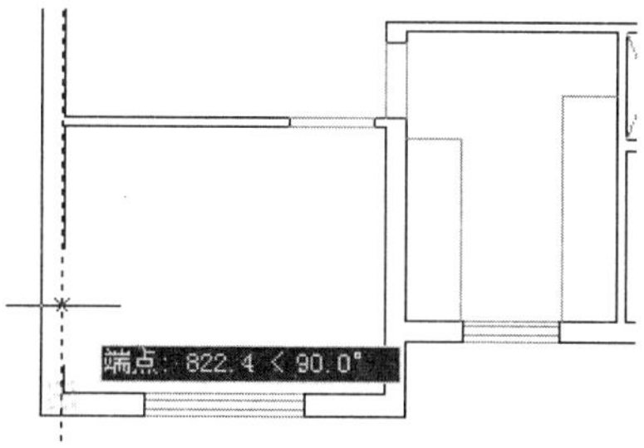

图4-11 引出对象追踪矢量

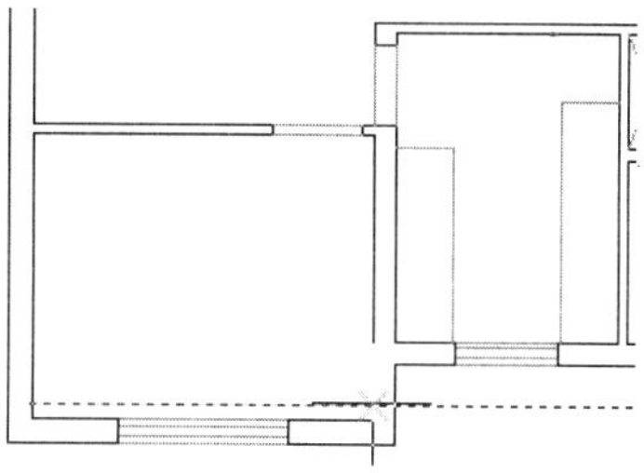

图4-12 引出极轴矢量

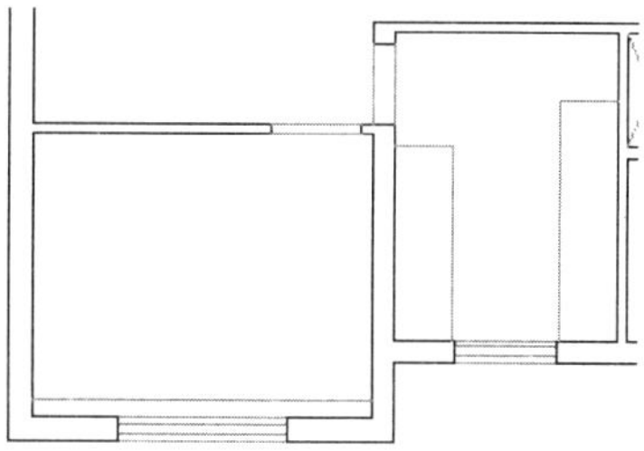

图4-13 绘制结果

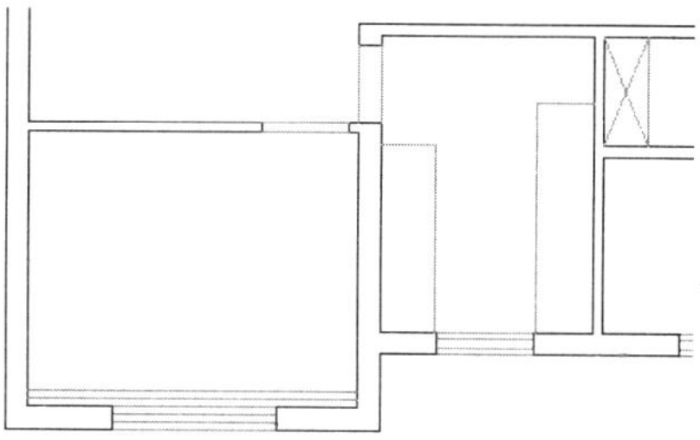

图4-14 偏移结果

4 执行菜单栏中的【格式】|【线型】命令，打开【线型管理器】对话框，使用此对话框中的“加载”功能，加载如图4-15所示的线型，并设置线型比例如图4-16所示。

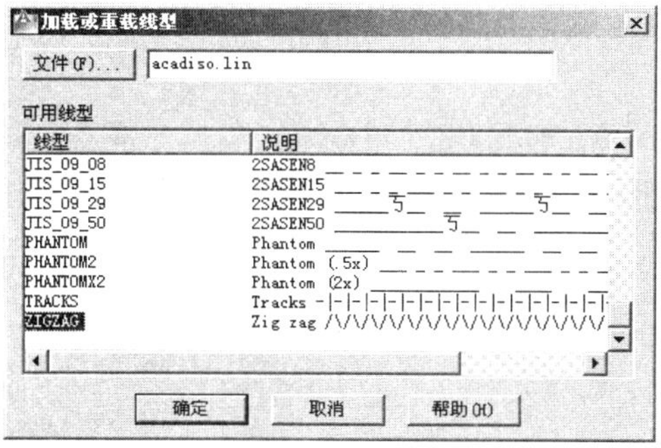

图4-15 加载线型

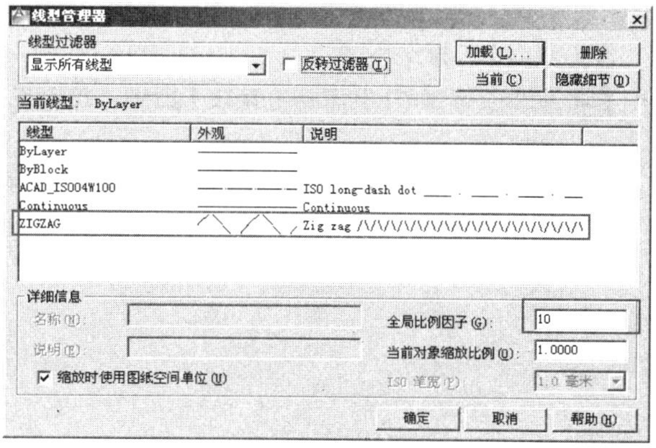

图4-16 设置线型比例

5 在无命令执行的前提下夹点显示窗帘轮廓线，然后按Ctrl+1组合键，激活【特性】命令，在打开的【特性】窗口中修改窗帘轮廓线的线型如图4-17所示。

6 在【特性】窗口中展开【颜色】下拉列表，然后修改窗帘轮廓线的颜色，如图4-18所示。

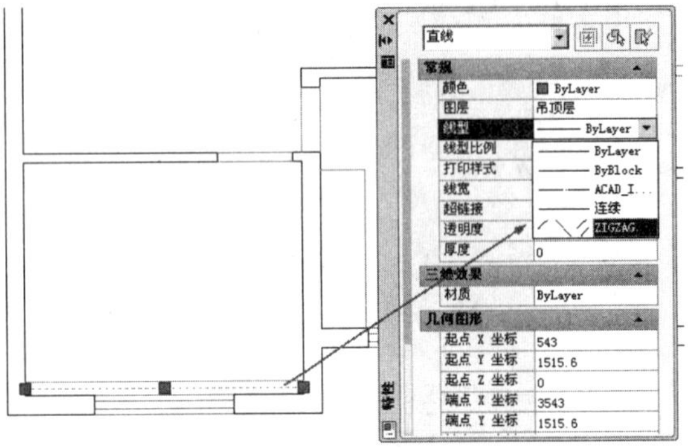

图4-17 修改线型

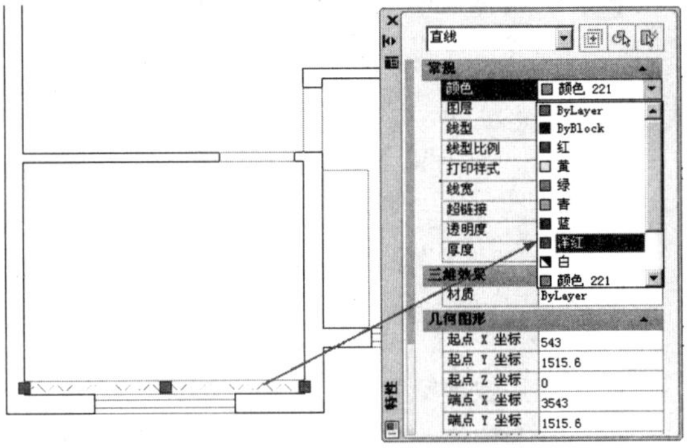

图4-18 修改颜色

7 按Ctrl+1组合键关闭【特性】窗口。

8 按Esc键取消对象的夹点显示状态，观看线型特性修改后的效果，如图4-19所示。

9 参照步骤2～步骤7的操作方法，分别绘制其他房间内的窗帘及窗帘盒轮廓线，绘制结果如图4-20所示。

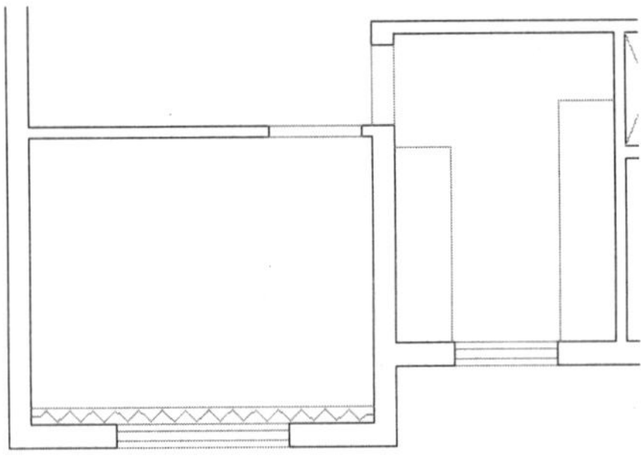

图4-19 修改后的效果

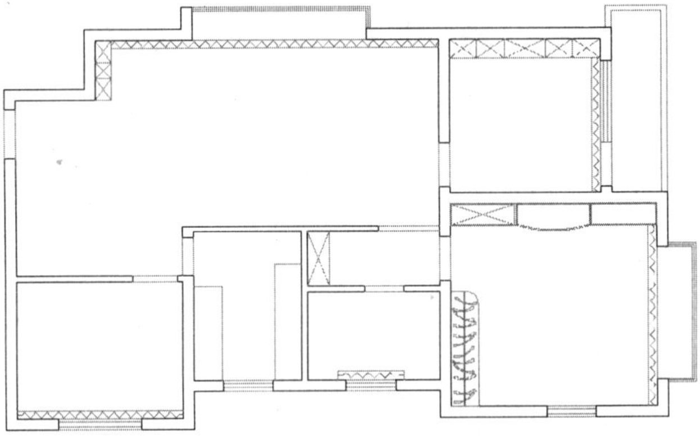

图4-20 绘制其他窗帘及窗帘盒轮廓线

至此，窗帘和窗帘盒轮廓线绘制完毕，下一小节将学习厨房、卫生间吊顶的绘制过程和绘制技巧。

4.2.3 绘制厨房与卫生间吊顶

1 继续上节操作。

2 使用快捷键“L”激活【直线】命令，配合捕捉与追踪功能绘制厨房吊柜示意线，结果如图4-21所示。

3 使用快捷键“H”激活【图案填充】命令，打开【图案填充和渐变色】对话框。

4 在【图案填充和渐变色】对话框中选择“用户定义”图案，同时设置图案的填充角度及填充间距参数，如图4-22所示。

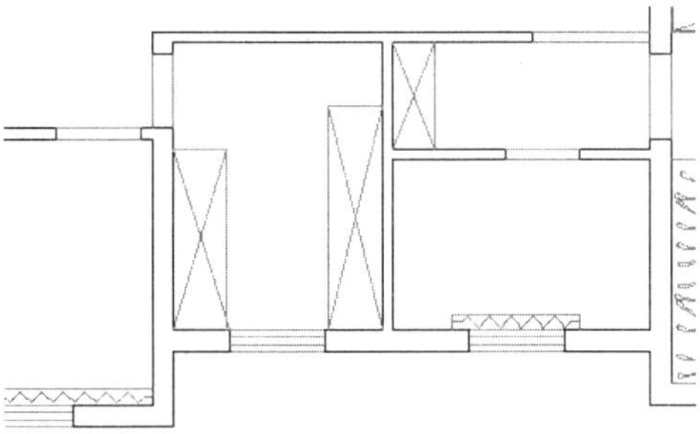

图4-21 绘制结果

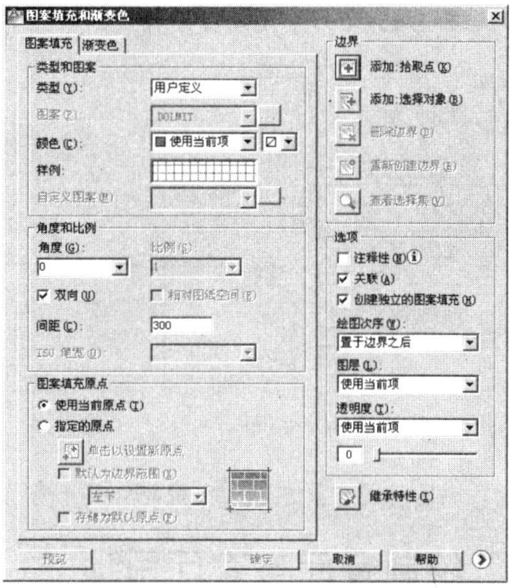

图4-22 设置填充图案与参数

5 单击【图案填充和渐变色】对话框中的“添加：拾取点”按钮，返回绘图区，分别在厨房和卫生间内单击，拾取填充边界，如图4-23所示。

6 返回【图案填充和渐变色】对话框后单击 确定 按钮，结束命令，填充后的结果如图4-24所示。

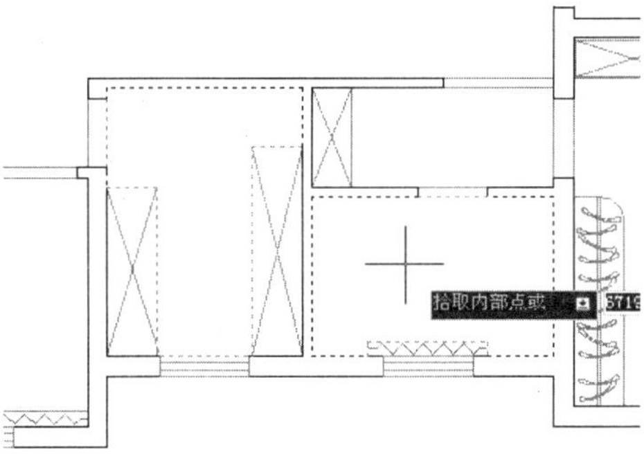

图4-23 拾取填充边界

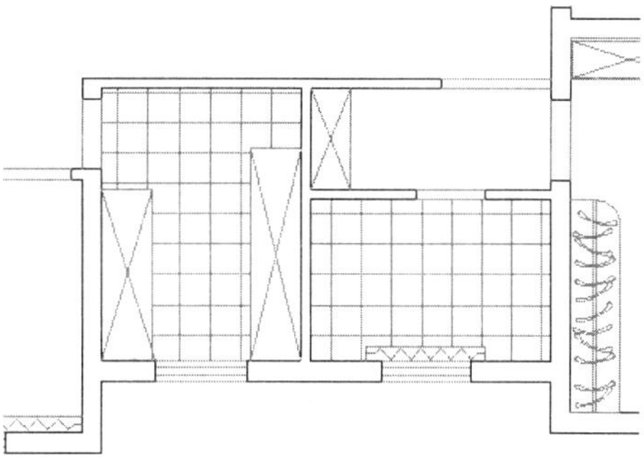

图4-24 填充结果

7 在填充的图案上右击，在弹出的快捷菜单中选择【设定原点】命令，如图4-25所示，重新设置图案的填充原点。

8 此时在命令行“选择新的图案填充原点:”提示下，激活【两点之间的中点】功能。

9 在命令行“_m2p 中点的第一点:”提示下捕捉如图4-26所示的中点。

10 在命令行“中点的第二点:”提示下捕捉如图4-27所示的中点，结果图案的填充原点被更改，更改后的效果如图4-28所示。

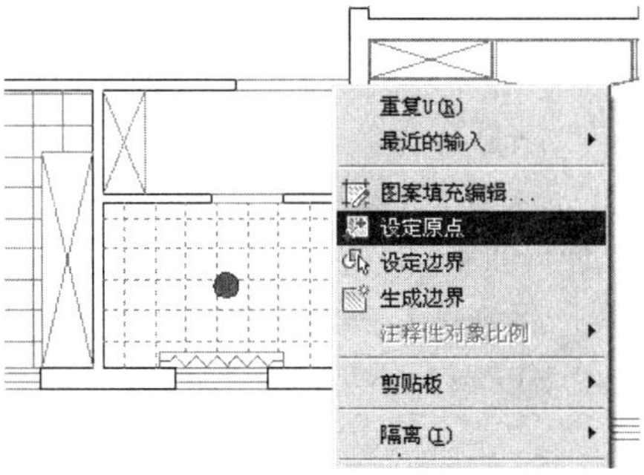

图4-25 图案填充右键菜单

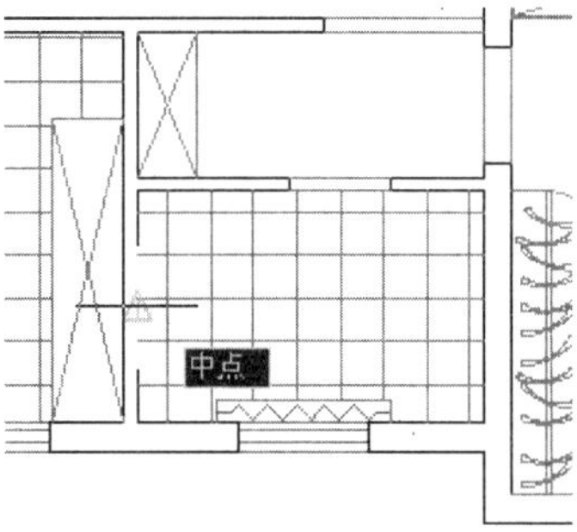

图4-26 捕捉中点

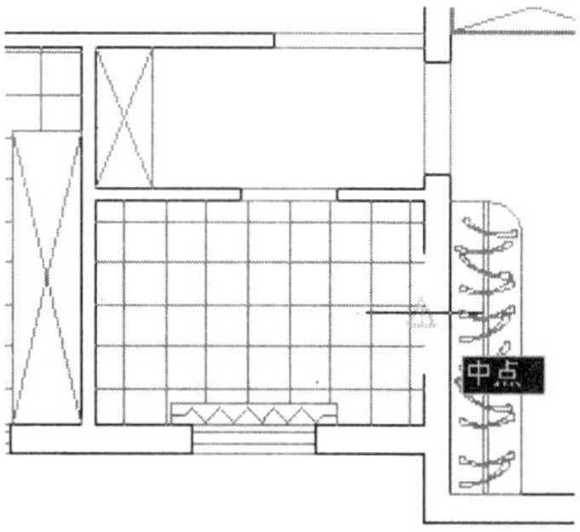

图4-27 捕捉中点

11 参照步骤7～步骤10的操作方法，更改厨房内的吊顶图案的原点，结果如图4-29所示。

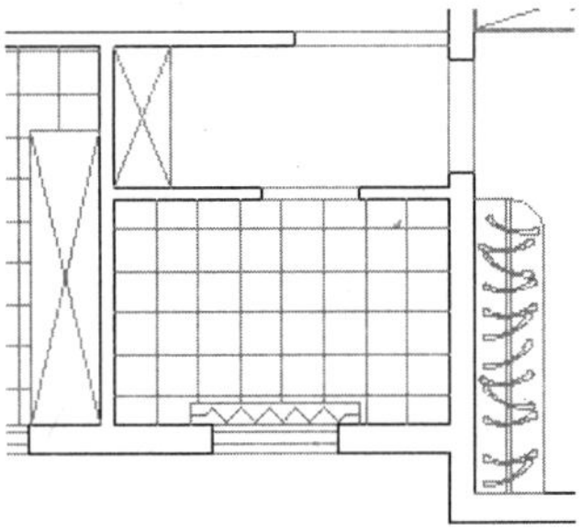

图4-28 更改原点后的效果

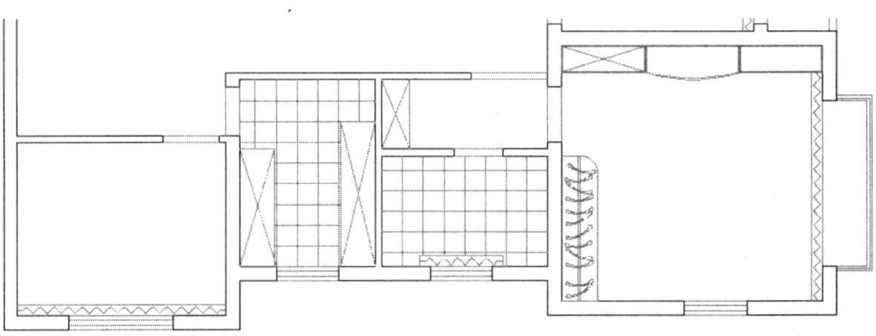

图4-29 更改厨房吊顶图案的填充原点

至此，厨房与卫生间吊顶绘制完毕，下一小节将学习餐厅与客厅吊顶的绘制过程和绘制技巧。

4.2.4 绘制餐厅与客厅吊顶

1 继续上节操作。

2 使用快捷键“XL”激活【构造线】命令，配合端点捕捉功能绘制如图4-30所示的四条构造线作为辅助线。

3 执行菜单栏中的【修改】|【偏移】命令，将构造线向内偏移。命令行操作如下：

```
命令: _offset
    当前设置: 删除源=否  图层=源  OFFSETGAPTYPE=0
    指定偏移距离或 [通过(T)/删除(E)/图层(L)] <75.0>:          //e Enter
    要在偏移后删除源对象吗? [是(Y)/否(N)] <否>:               //Y Enter
    指定偏移距离或 [通过(T)/删除(E)/图层(L)] <75.0>:          //700 Enter
    选择要偏移的对象, 或 [退出(E)/放弃(U)] <退出>:            //选择左侧的垂直构造线
    指定要偏移的那一侧上的点, 或 [退出(E)/多个(M)/放弃(U)] <退出>:
                                                            //在所选构造线的右侧拾取点
    选择要偏移的对象, 或 [退出(E)/放弃(U)] <退出>:            //选择右侧的垂直构造线
    指定要偏移的那一侧上的点, 或 [退出(E)/多个(M)/放弃(U)] <退出>:
                                                            //在所选构造线的在侧拾取点
    选择要偏移的对象, 或 [退出(E)/放弃(U)] <退出>:            // Enter
命令:
    OFFSET当前设置: 删除源=是  图层=源  OFFSETGAPTYPE=0
    指定偏移距离或 [通过(T)/删除(E)/图层(L)] <700.0>: 600 Enter
    选择要偏移的对象, 或 [退出(E)/放弃(U)] <退出>:            //选择上侧的水平构造线
    指定要偏移的那一侧上的点, 或 [退出(E)/多个(M)/放弃(U)] <退出>:
                                                            //在所选构造线的下侧拾取点
    选择要偏移的对象, 或 [退出(E)/放弃(U)] <退出>:            //选择下侧的水平构造线
    指定要偏移的那一侧上的点, 或 [退出(E)/多个(M)/放弃(U)] <退出>:
                                                            //在所选构造线的上侧拾取点
    选择要偏移的对象, 或 [退出(E)/放弃(U)] <退出>:            // Enter, 结果如图4-31所示
```

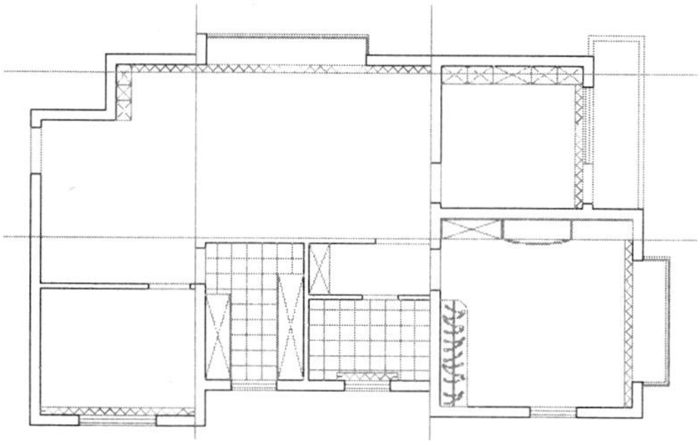

图4-30 绘制构造线

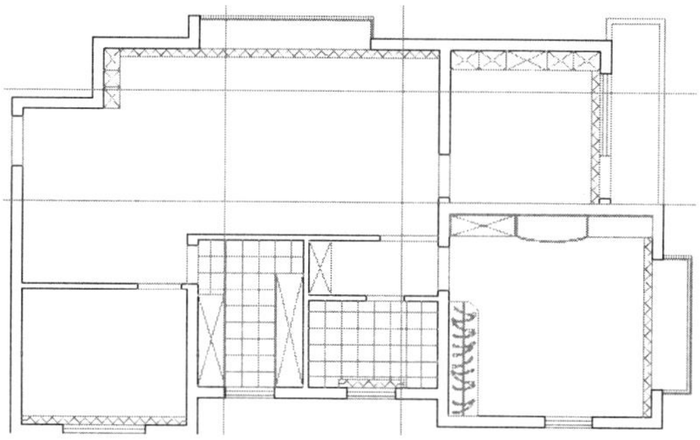

图4-31 偏移构造线

4 执行菜单栏中的【修改】|【圆角】命令，将圆角半径设置为0，然后对四条构造线进行编辑，结果如图4-32所示。

5 执行菜单栏中的【绘图】|【矩形】命令，配合【捕捉自】功能绘制餐厅位置的吊顶轮廓。命令行操作如下：

```
命令: _rectang
    指定第一个角点或 [倒角(C)/标高(E)/圆角(F)/厚度(T)/宽度(W)]:
                                        //按住Shift键右击，选择快捷菜单中的【自】命令
    _from 基点:                          //捕捉如图4-33所示的端点
    <偏移>:                              //@520,400 Enter
    指定另一个角点或 [面积(A)/尺寸(D)/旋转(R)]:   //@1860,150 Enter，绘制结果如图4-34所示
```

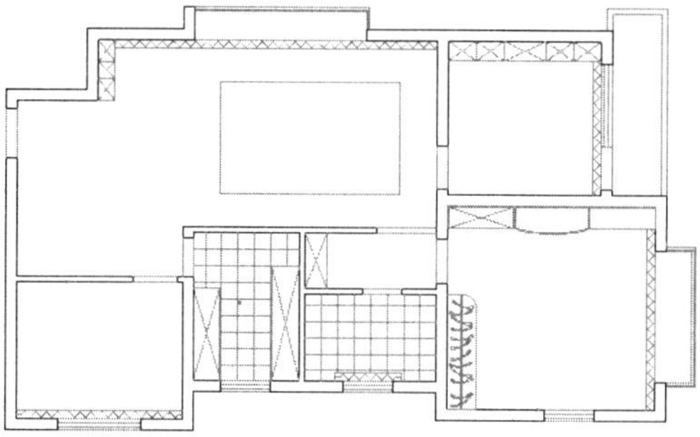

图4-32 编辑结果

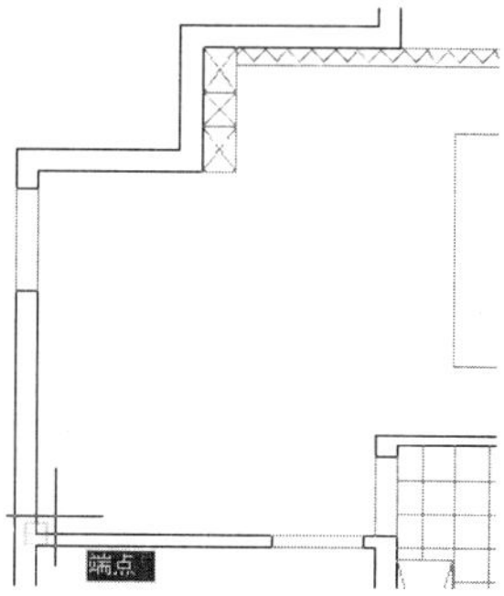

图4-33 捕捉端点

6 执行菜单栏中的【修改】|【阵列】命令，对刚绘制的矩形进行阵列。命令行操作如下：

```
命令: _arrayrect
    选择对象:                            //选择刚绘制的矩形
    选择对象:                            // Enter
    类型 = 矩形 关联 = 是
    为项目数指定对角点或 [基点(B)/角度(A)/计数(C)] <计数>: // Enter
    输入行数或 [表达式(E)] <4>:           //3 Enter
    输入列数或 [表达式(E)] <4>:           //1 Enter
    指定对角点以间隔项目或 [间距(S)] <间距>:  // Enter
    指定行之间的距离或 [表达式(E)] <225>:   //600 Enter
    按 Enter 键接受或 [关联(AS)/基点(B)/行(R)/列(C)/层(L)/退出(X)] <退出>:
                                        // Enter，阵列结果如图4-35所示
```

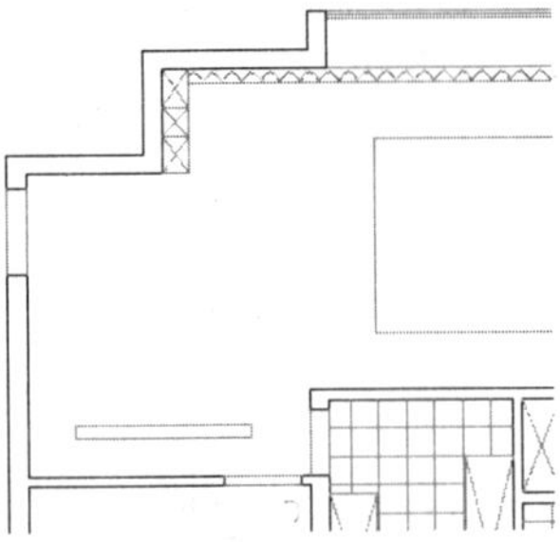

图4-34 绘制结果

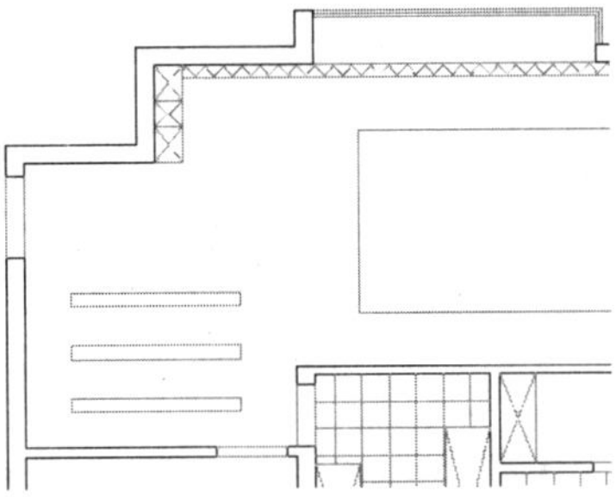

图4-35 阵列结果

至此，餐厅与客厅吊顶图绘制完毕，下一小节将学习书房和主人房吊顶图的绘制过程和绘制技巧。

4.2.5 绘制卧室与书房吊顶

1. 继续上节操作。
2. 执行菜单栏中的【绘图】|【矩形】命令，配合【捕捉自】功能绘制主卧室房间内的吊顶轮廓。命令行操作如下：

```
命令: _rectang
    指定第一个角点或 [倒角(C)/标高(E)/圆角(F)/厚度(T)/宽度(W)]:      //激活【捕捉自】功能
    _from 基点:                                   //捕捉如图4-36所示的端点
    <偏移>:                                      //@500,500 Enter
    指定另一个角点或 [面积(A)/尺寸(D)/旋转(R)]: //@2090,2200 Enter，绘制结果如图4-37所示
```

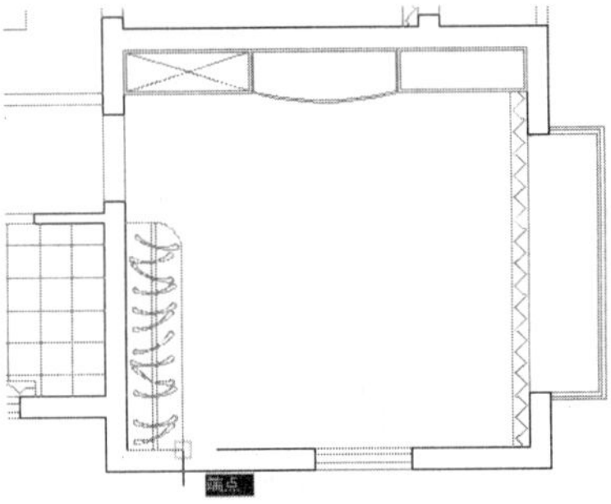

图4-36 捕捉端点

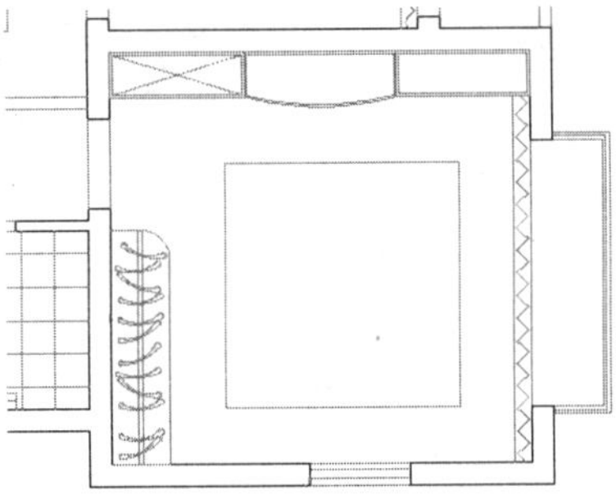

图4-37 绘制结果

3. 执行菜单栏中的【绘图】|【边界】命令，打开如图4-38所示的【边界创建】对话框。
4. 在【边界创建】对话框中采用默认设置，然后单击【拾取点】按钮，返回绘图区分别在书房和次卧室房间内拾取点，系统自动分析出如图4-39和图4-40所示的两条虚线闭合边界，以创建两条闭合的边界。

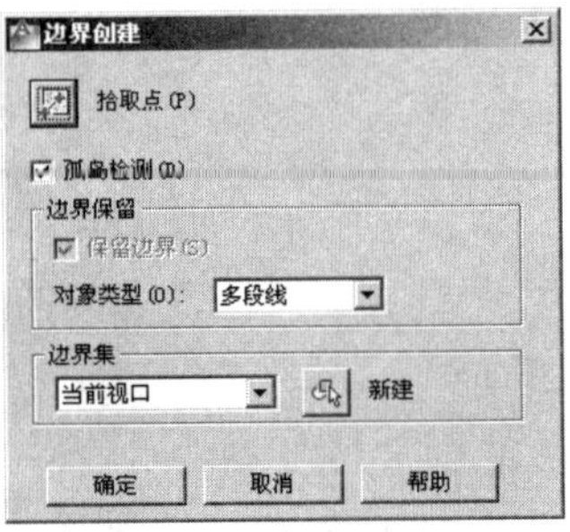

图4-38 【边界创建】对话框

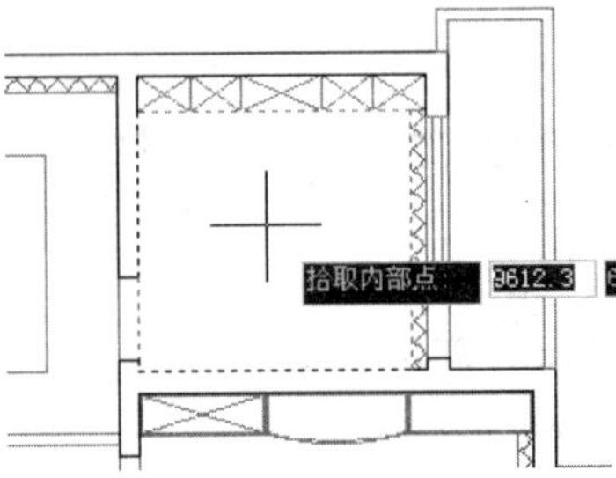

图4-39 创建边界

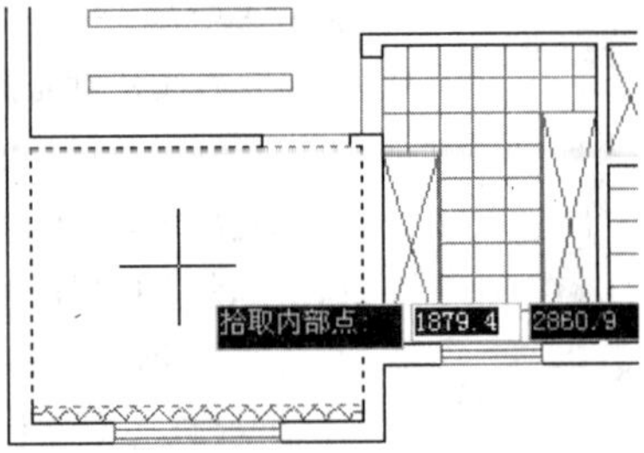

图4-40 创建边界

5 执行菜单栏中的【修改】|【偏移】命令，将次卧室房间内的矩形边界向内偏移。命令行操作如下：

```
命令: _offset
    当前设置: 删除源=否  图层=源  OFFSETGAPTYPE=0
    指定偏移距离或 [通过(T)/删除(E)/图层(L)] <100.0>:              //e
    要在偏移后删除源对象吗? [是(Y)/否(N)] <否>:                     //Y
    指定偏移距离或 [通过(T)/删除(E)/图层(L)] <350.0>:              //100 Enter
    选择要偏移的对象，或 [退出(E)/放弃(U)] <退出>:                 //选择次卧室房间内的矩形边界
    指定要偏移的那一侧上的点，或 [退出(E)/多个(M)/放弃(U)] <退出>:
                                                                  //在矩形边界内部拾取点
    选择要偏移的对象，或 [退出(E)/放弃(U)] <退出>:                 // Enter，偏移结果如图4-41所示
```

6 重复执行【偏移】命令，将书房内的矩形边界向内偏移100，并删除源对象，结果如图4-42所示。

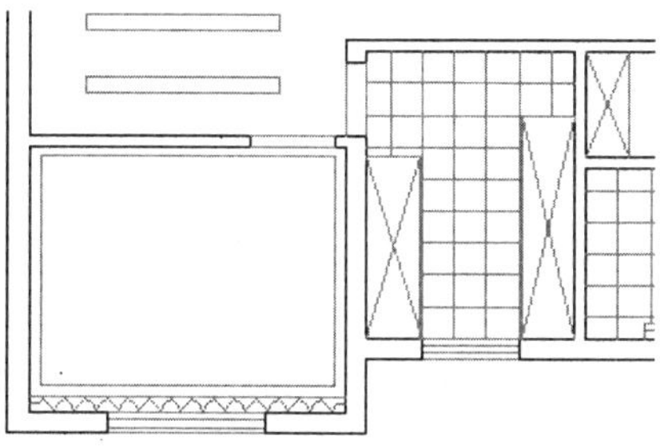

图4-41 偏移结果

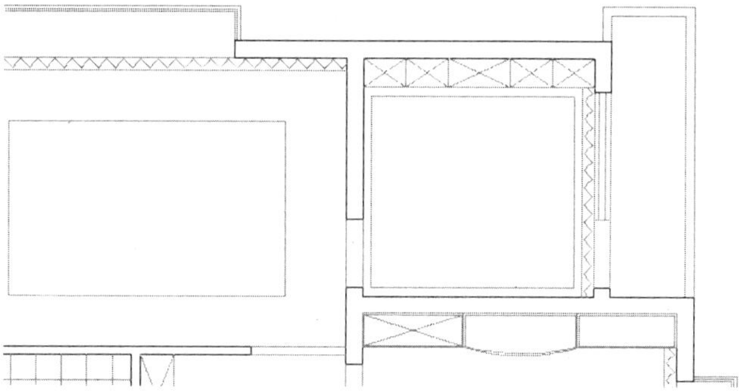

图4-42 偏移结果

7 执行【另存为】命令，将当前图形另存储为“普通住宅吊顶轮廓图.dwg”。

至此，卧室与书房吊顶图绘制完毕，下一节将学习吊顶灯具图的布置过程和布置技巧。

4.3　绘制普通住宅吊顶灯具布置图

本节通过为普通住宅吊顶图布置如图4-43所示的主灯及辅助灯具，主要学习吊顶灯具的快速布置方法和布置技巧。

在布置吊顶图灯具时，具体可以参照如下思路。

- 首先综合使用【圆角】、【偏移】、【线型】、【特性】等命令绘制吊顶灯带轮廓线。
- 使用【插入块】命令并配合【对象追踪】、【对象捕捉】功能布置吊顶艺术吊灯。

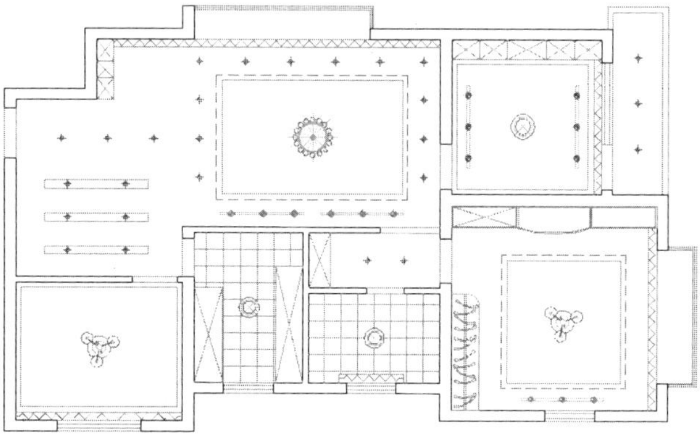

图4-43 实例效果

- 使用【插入块】、【复制】、【直线】等命令并配合【对象追踪】功能布置吊顶吸顶灯。
- 使用【插入块】、【复制】、【镜像】等命令布置轨道射灯。
- 使用【直线】、【分解】、【偏移】等命令绘制筒灯定位辅助线。

- 使用【定数等分】、【复制】、【多点】等命令布置餐厅与客厅筒灯。
- 使用【阵列】、【单点】、【定数等分】等命令布置其他筒灯。

4.3.1 绘制天花吊顶灯带

1 打开上例保存的“普通住宅吊顶轮廓图.dwg”文件。

2 展开【图层控制】下拉列表，将“灯具层”设置为当前图层，如图4-44所示。

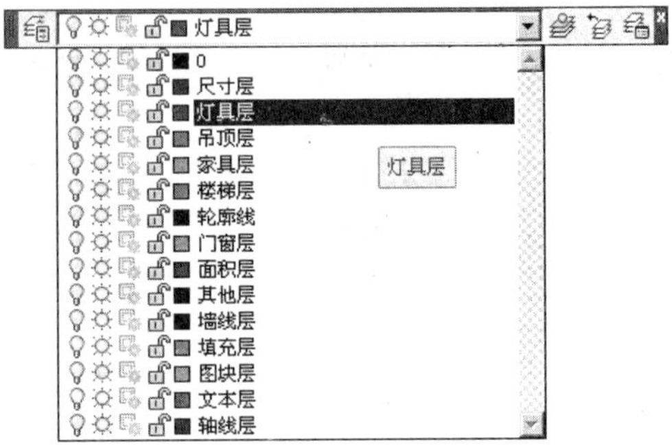

图4-44 设置当前层

3 使用快捷键“LT”激活【线型】命令，打开【线型管理器】对话框，然后单击 加载(L)... 按钮，加载如图4-45所示的线型。

4 执行菜单栏中的【修改】|【偏移】命令，将图4-46所示的客厅吊顶轮廓线向外偏移，作为灯带。命令行操作如下：

```
命令: _offset
    当前设置: 删除源=是  图层=源  OFFSETGAPTYPE=0
    指定偏移距离或 [通过(T)/删除(E)/图层(L)] <100.0>:          //e Enter
    要在偏移后删除源对象吗? [是(Y)/否(N)] <是>:                //N Enter
    指定偏移距离或 [通过(T)/删除(E)/图层(L)] <100.0>:          // Enter
    选择要偏移的对象, 或 [退出(E)/放弃(U)] <退出>:             //选择如图4-46所示的轮廓线1
    指定要偏移的那一侧上的点, 或 [退出(E)/多个(M)/放弃(U)] <退出>:
                                                              //在所选图线的左侧拾取点
    选择要偏移的对象, 或 [退出(E)/放弃(U)] <退出>:             //选择如图4-46所示的轮廓线2
    指定要偏移的那一侧上的点, 或 [退出(E)/多个(M)/放弃(U)] <退出>:
                                                              //在所选图线的下侧拾取点
    选择要偏移的对象, 或 [退出(E)/放弃(U)] <退出>:             //选择如图4-46所示的轮廓线3
    指定要偏移的那一侧上的点, 或 [退出(E)/多个(M)/放弃(U)] <退出>:
                                                              //在所选图线的右侧拾取点
    选择要偏移的对象, 或 [退出(E)/放弃(U)] <退出>:             //选择如图4-46所示的轮廓线4
```

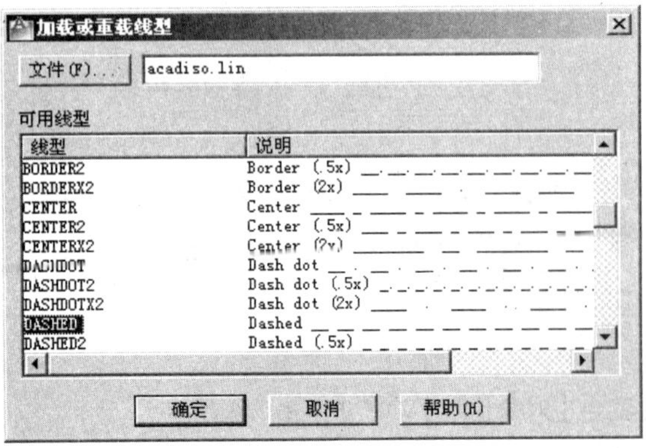

图4-45 加载线型

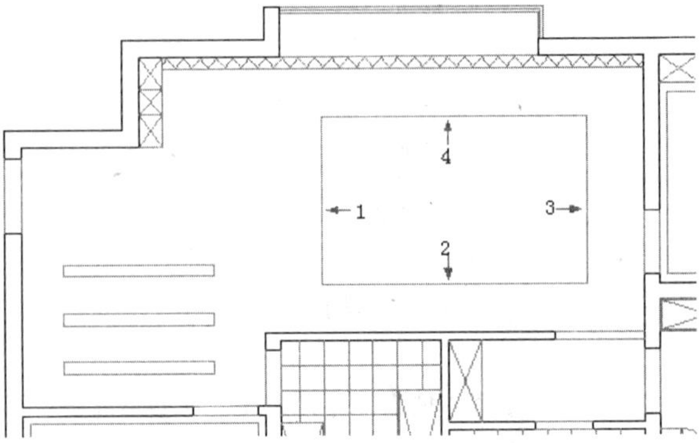

图4-46 定位偏移对象

指定要偏移的那一侧上的点，或 [退出(E)/多个(M)/放弃(U)] <退出>:

//在所选图线的上侧拾取点

选择要偏移的对象，或 [退出(E)/放弃(U)] <退出>:　　//Enter，偏移结果如图4-47所示

5 使用快捷键“F”激活【圆角】命令，对偏移出的四条轮廓线进行圆角编辑，结果如图4-48所示。

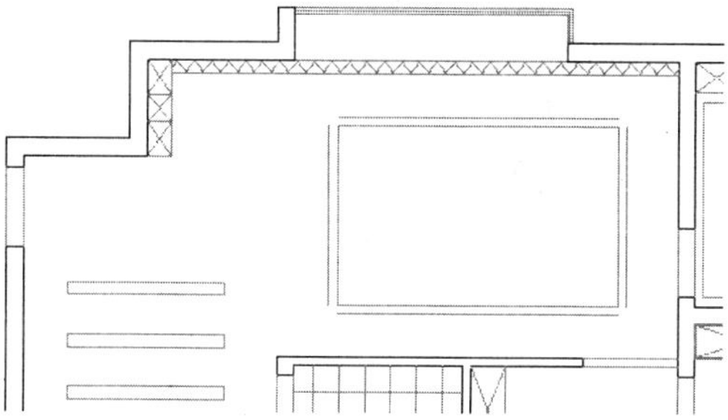

图4-47 偏移结果

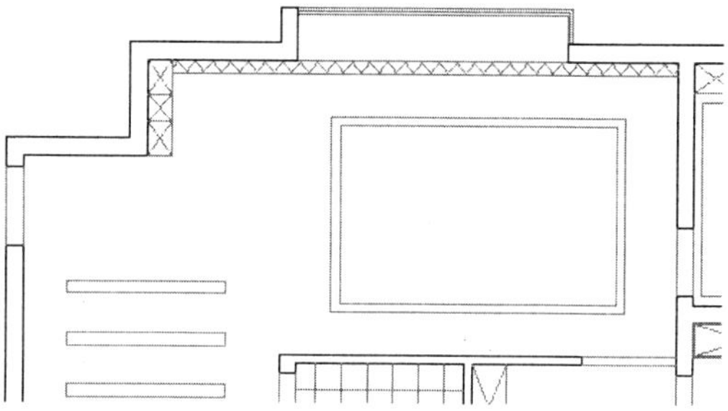

图4-48 圆角结果

6 执行菜单栏中的【修改】|【偏移】命令，选择如图4-49所示的主卧室矩形吊顶，然后向外偏移100个绘图单位，作为灯带，结果如图4-50所示。

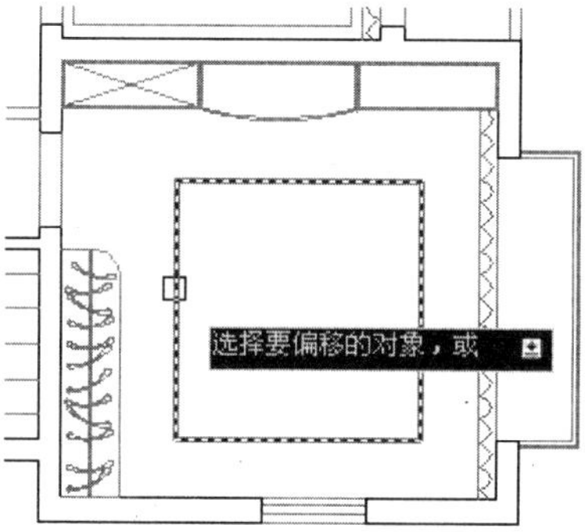

图4-49 选择对象

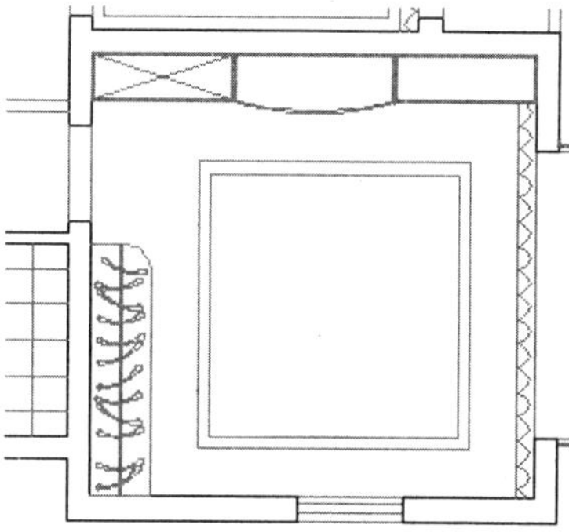

图4-50 偏移结果

7 在无命令执行的前提下夹点显示卧室与客厅内的灯带轮廓线，如图4-51所示。

8 执行菜单栏中的【工具】|【选项板】|【特性】命令，在打开的【特性】窗口内修改灯带轮廓线的线型特性如图4-52所示，修改夹点对象的线型比例特性如图4-53所示，修改夹点对象的图层特性如图4-54所示。

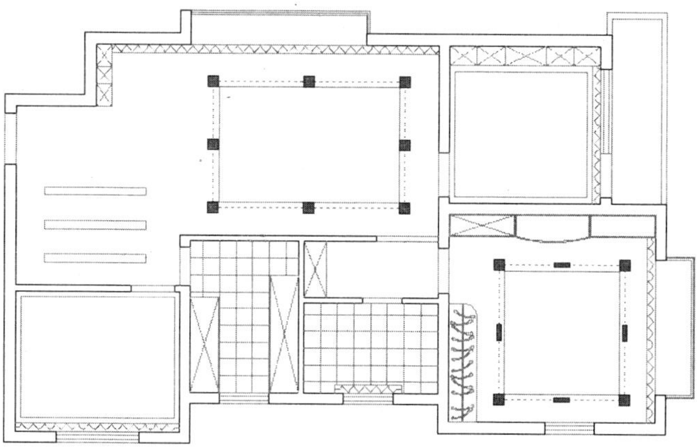

图4-51 夹点效果

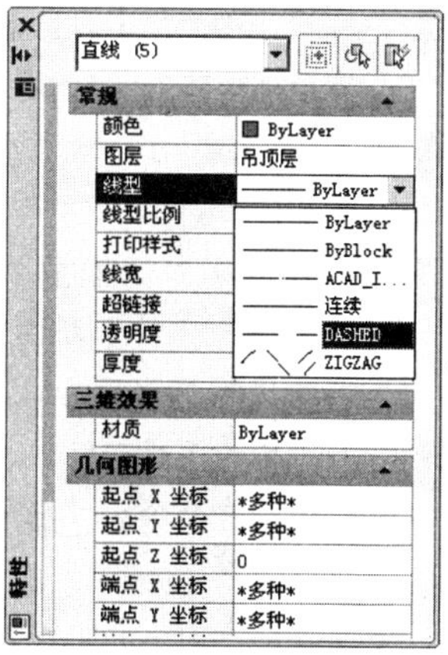

图4-52 修改线型

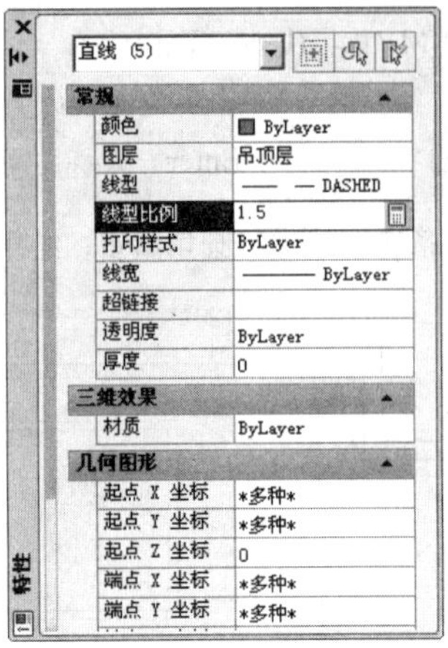

图4-53 修改线型比例

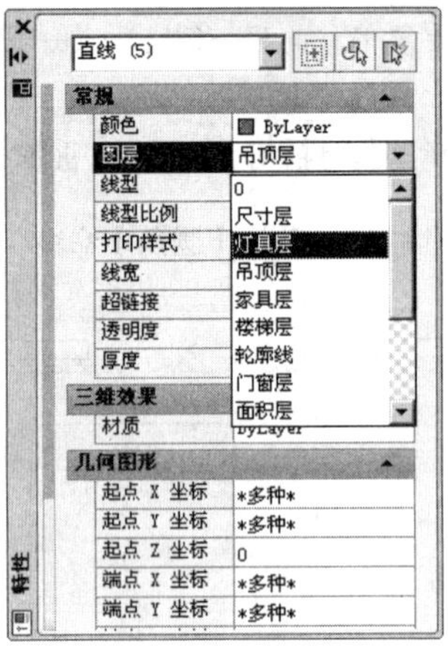

图4-54 修改图层

9 关闭【特性】窗口，然后按Esc键取消对象的夹点显示，结果如图4-55所示。

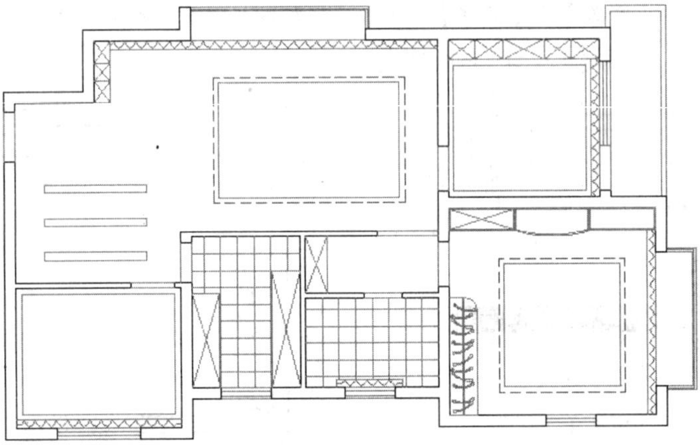

图4-55 修改结果

至此，吊顶图灯带轮廓线绘制完毕，下一小节将学习客厅与主人房艺术吊顶的布置过程和布置技巧。

4.3.2 布置天花艺术吊灯

1 继续上节操作。

2 打开状态栏上的【对象捕捉】与【对象追踪】功能，设置捕捉模式如图4-56所示。

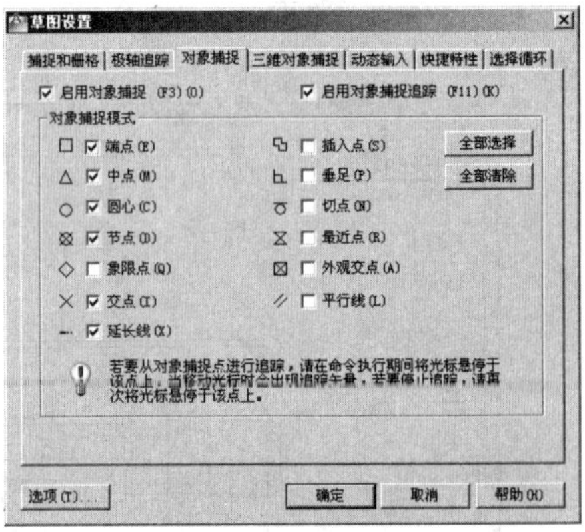

图4-56 设置捕捉模式

3 使用快捷键“I”激活【插入块】命令，打开【插入】对话框。

4 在【插入】对话框中单击 浏览(B)... 按钮，在打开的【选择图形文件】对话框中选择本书配套光盘中的“图块文件\艺术吊灯04.dwg”，如图4-57所示。

5 返回【插入】对话框，以默认的参数插入到客厅吊顶位置处。在命令行“指定插入点或 [基点(B)/比例(S)/旋转(R)]:”提示下，配合【对象捕捉】和【对象追踪】功能，引出如图4-58所示的两条追踪矢量。

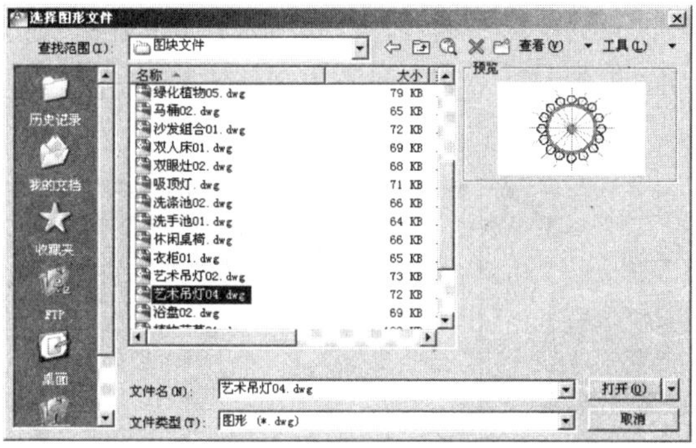

图4-57 选择文件

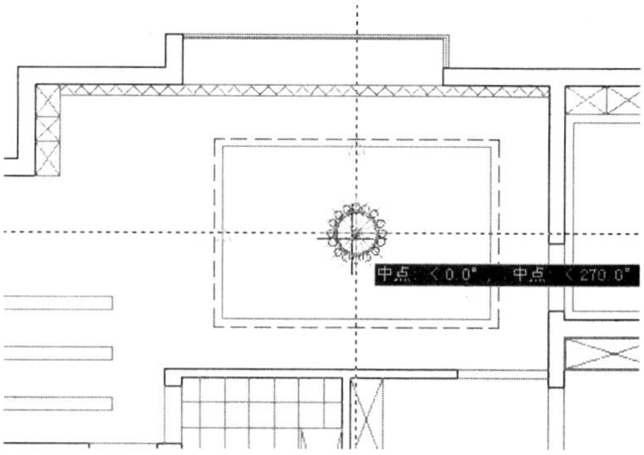

图4-58 引出对象追踪矢量

6 捕捉两条对象追踪虚线的交点作为插入点，插入结果如图4-59所示。

7 重复执行【插入块】命令，插入本书配套光盘中的“图块文件\艺术吊灯02.dwg”，其中块参数设置如图4-60所示。

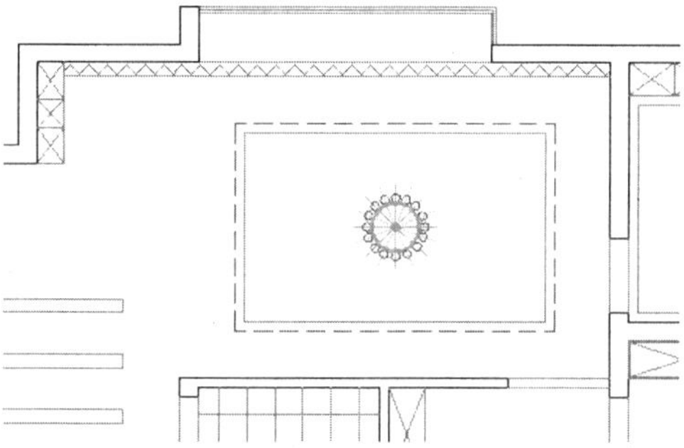

图4-59 插入结果

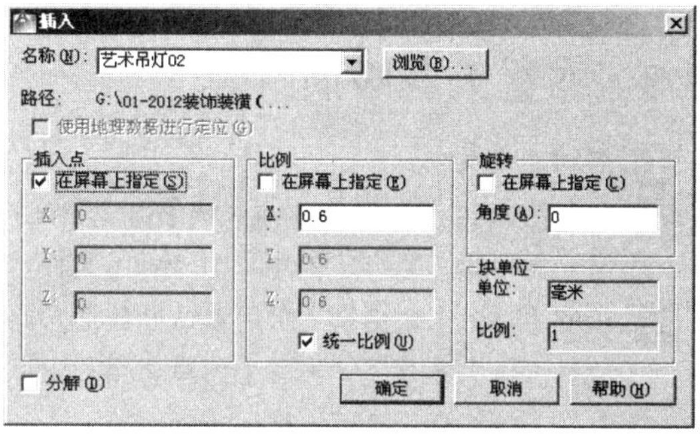

图4-60 设置插入参数

8 单击【插入】对话框中的 确定 按钮，然后返回绘图区，引出如图4-61所示的两条追踪矢量，捕捉其交点作为插入点，插入后的结果如图4-62所示。

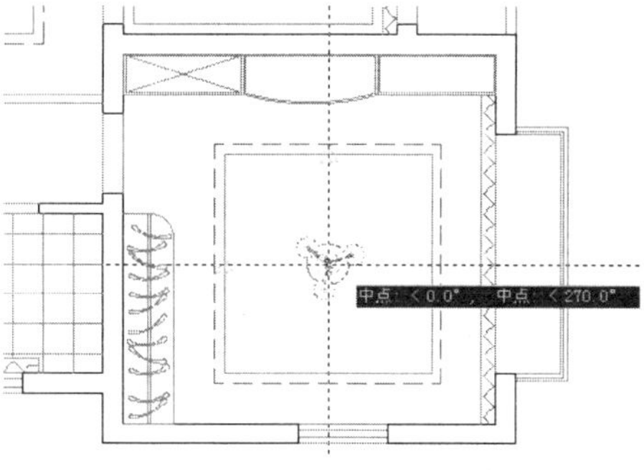

图4-61 定位插入点

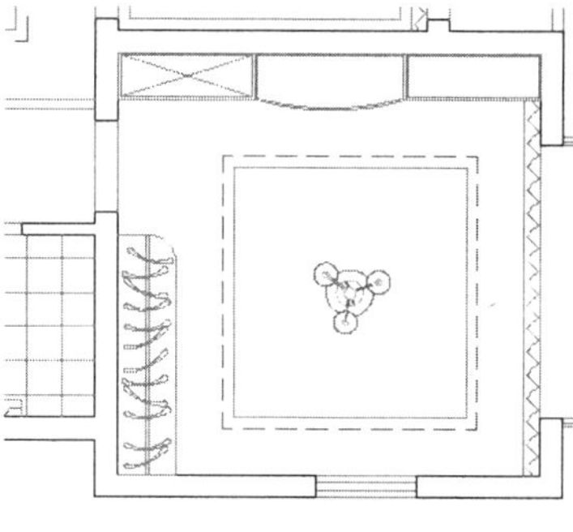

图4-62 插入结果

9 使用快捷键“CO”激活【复制】命令，将最后插入的艺术吊灯图块复制到次卧室吊顶内。命令行操作如下：

命令: co	// Enter
COPY选择对象:	//选择主卧室吊顶内的艺术吊灯图块
选择对象:	// Enter
当前设置: 复制模式 = 多个	
指定基点或 [位移(D)/模式(O)] <位移>:	//捕捉如图4-63所示的圆心

指定第二个点或 [阵列(A)] <使用第一个点作为位移>:　//捕捉如图4-64所示的追踪虚线的交点
指定第二个点或 [阵列(A)/退出(E)/放弃(U)] <退出>:　// Enter，复制结果如图4-65所示

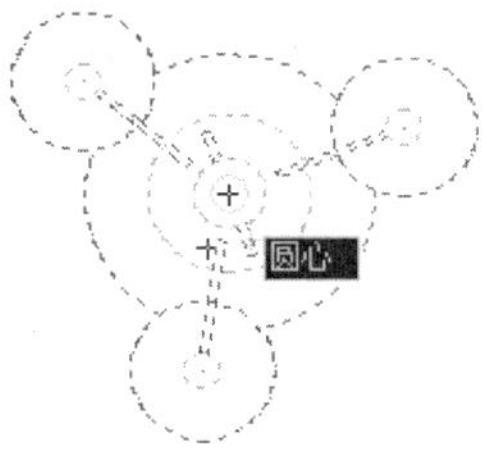

图4-63 定位基点

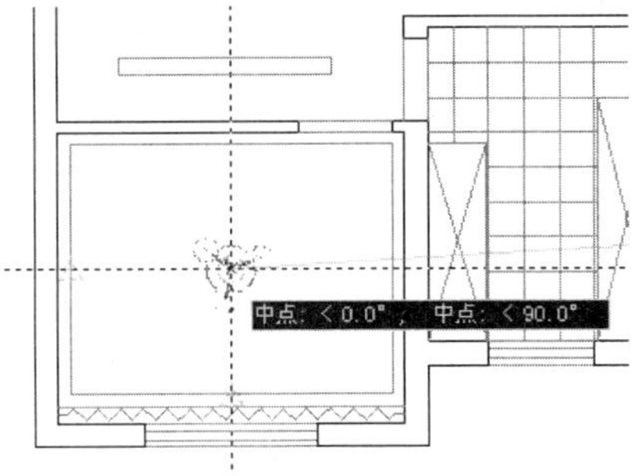

图4-64 定位目标点

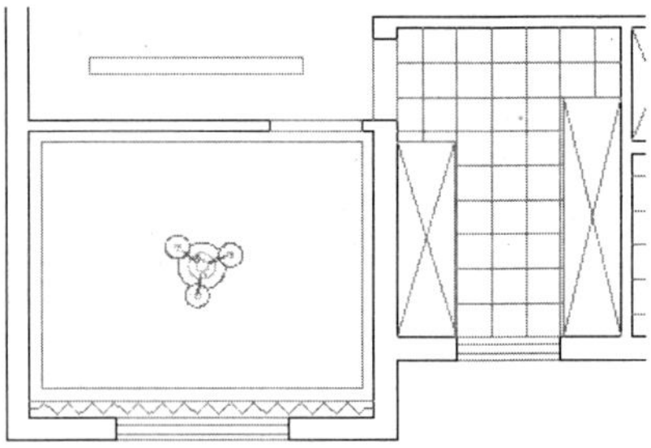

图4-65 复制结果

至此，客厅与主人房艺术吊灯布置完毕。在定位插入点时，要注意捕捉与追踪功能的双重应用技能。下一小节将学习吸顶灯的快速布置技能。

4.3.3 布置天花吸顶灯具

1. 继续上节操作。
2. 使用快捷键“I”激活【插入块】命令，在打开的【插入】对话框中单击 浏览(B)... 按钮，选择本书配套光盘中的“图块文件\吸顶灯.dwg”文件，如图4-66所示。
3. 返回【插入】对话框，采用默认参数插入此灯具图块。在命令行“指定插入点或 [基点(B)/比例(S)/旋转(R)] :”提示下，激活【两点之间的中点】功能，如图4-67所示。

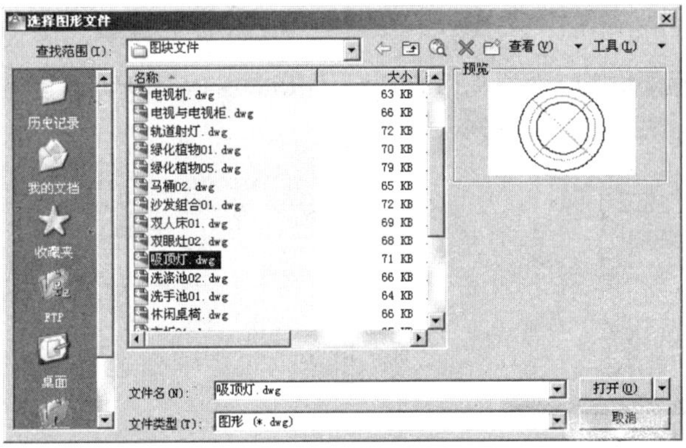

图4-66 选择文件

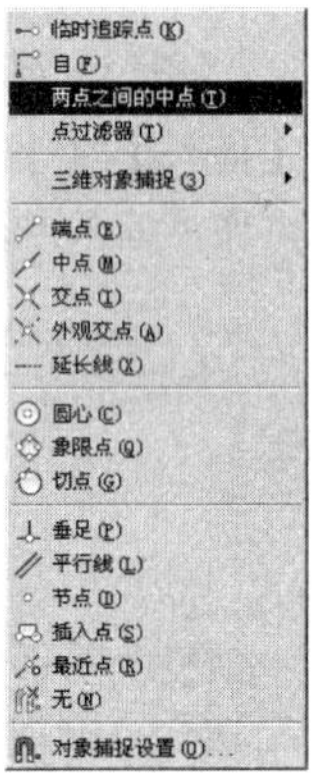

图4-67 临时捕捉菜单

4. 在“_m2p 中点的第一点:”提示下，捕捉如图4-68所示的中点。
5. 继续在“中点的第二点:”提示下，捕捉如图4-69所示的中点，插入结果如图4-70所示。

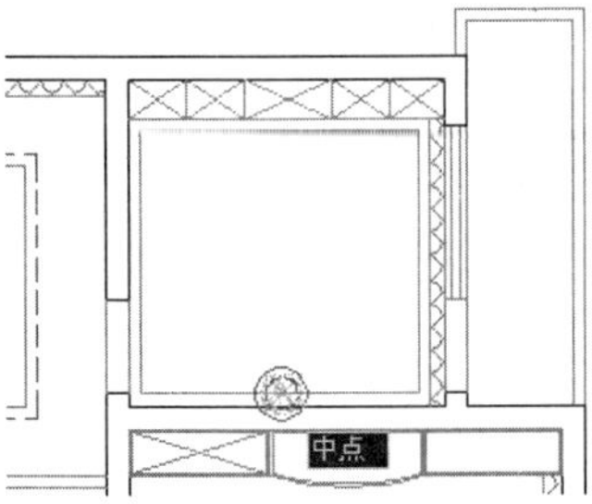

图4-68 捕捉中点

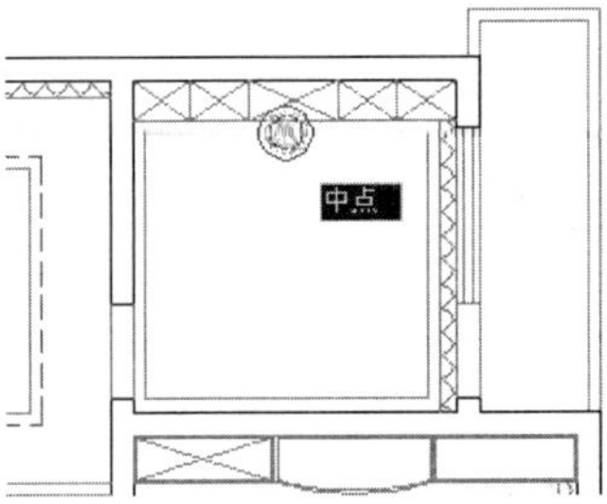

图4-69 捕捉交点

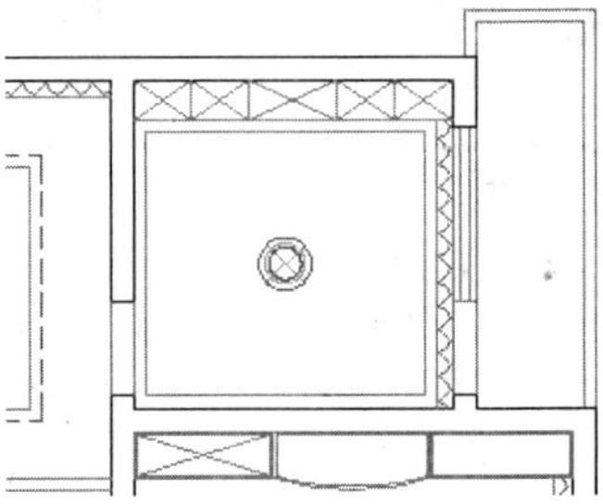

图4-70 插入结果

6 重复执行【插入块】命令，设置块参数如图4-71所示，然后配合【两点之间的中点】捕捉功能，分别捕捉如图4-72和图4-73所示的两个中点，定位插入点，插入结果如图4-74所示。

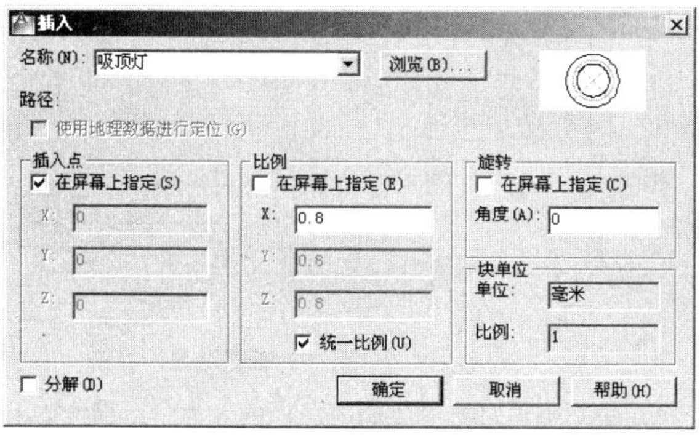

图4-71 设置块参数

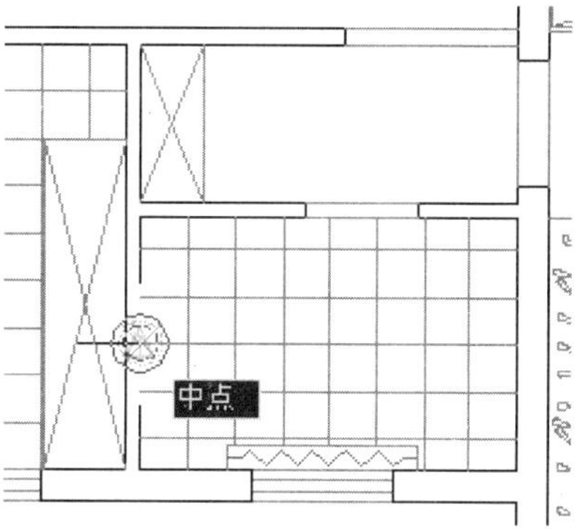

图4-72 捕捉中点

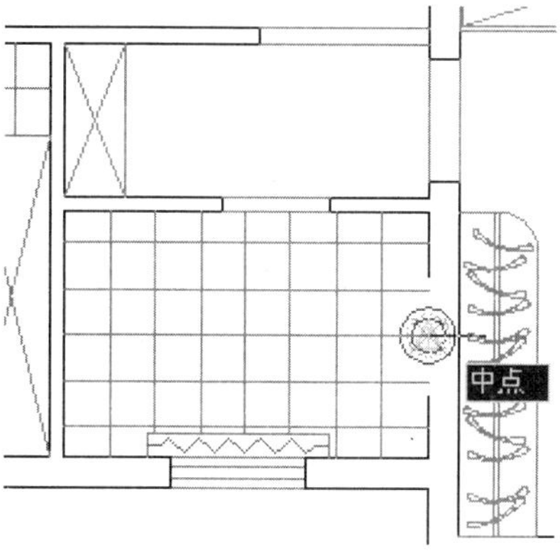

图4-73 捕捉中点

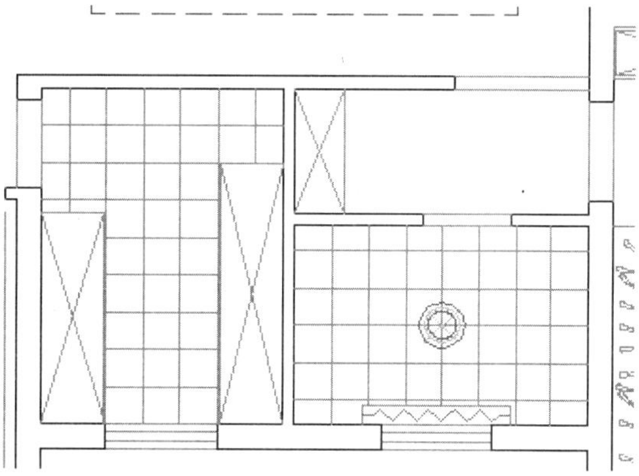

图4-74 插入结果

7 在卫生间吊顶填充图案上右击，在弹出的快捷菜单中选择【图案填充编辑】命令，如图4-75所示。

8 在打开的【图案填充编辑】对话框中设置填充孤岛的检测样式，如图4-76所示。

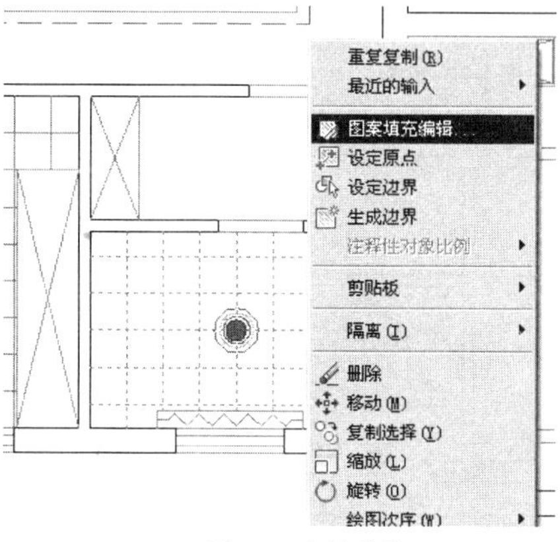

图4-75 右键菜单

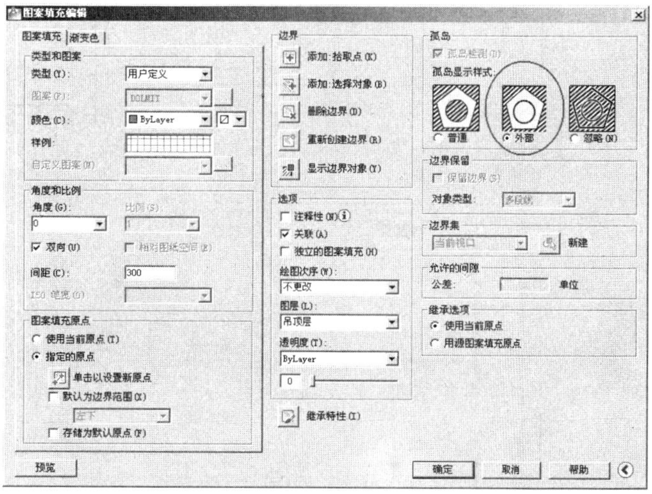

图4-76 【图案填充编辑】对话框

9 在【图案填充编辑】对话框中单击“添加：拾取对象”按钮，返回绘图区，选择如图4-77所示的吸顶灯图块，编辑后的效果如图4-78所示。

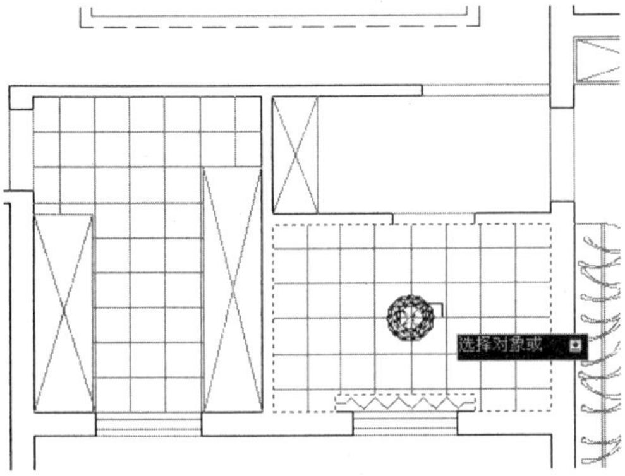

图4-77 选择图块

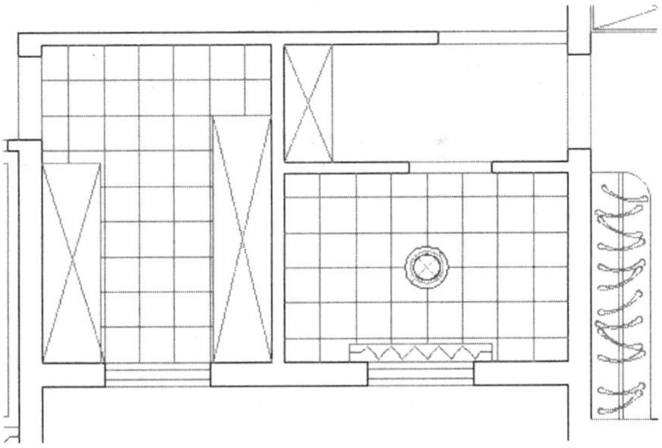

图4-78 编辑结果

10 使用快捷键“CO”激活【复制】命令，将卫生间吸顶灯复制到厨房吊顶内。命令行操作如下：

```
命令: co                                                    // Enter
    COPY选择对象:                                           // Enter
    选择对象:                                               // Enter
    当前设置: 复制模式 = 多个
    指定基点或 [位移(D)/模式(O)] <位移>:                     //捕捉如图4-79所示的圆心
    指定第二个点或 [阵列(A)] <使用第一个点作为位移>:          //激活【两点之间的中点】功能
    _m2p 中点的第一点:                                      //捕捉如图4-80所示的中点
    中点的第二点:                                           //捕捉如图4-81所示的中点
    指定第二个点或 [阵列(A)/退出(E)/放弃(U)] <退出>:         // Enter，结果如图4-82所示
```

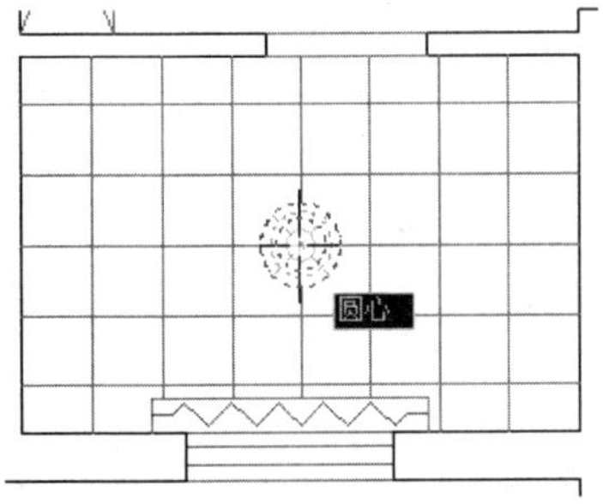

图4-79 定位基点

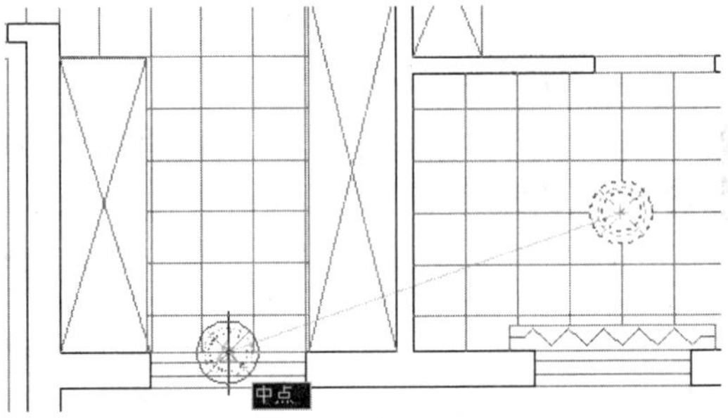

图4-80 捕捉中点

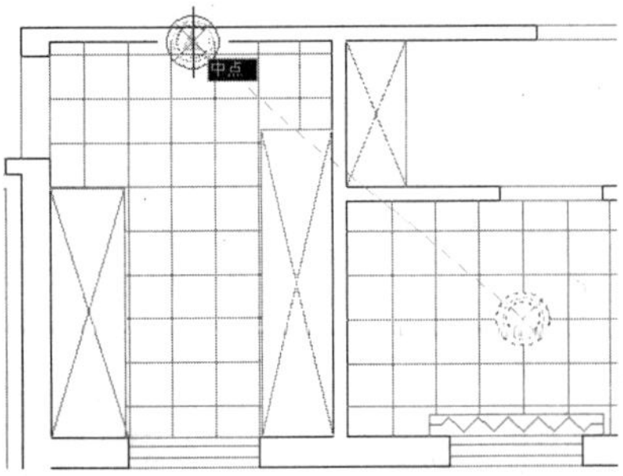

图4-81 捕捉中点

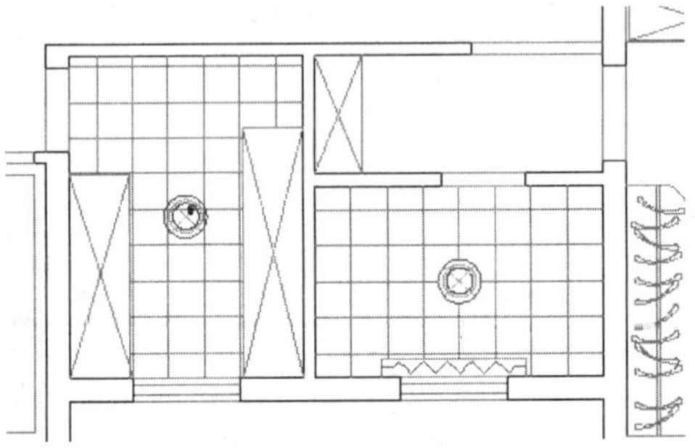

图4-82 复制结果

11 参照步骤7~步骤9的操作方法，对厨房吊顶图案进行编辑，将吸顶灯图块以孤岛的形式排除在填充区域之外，结果如图4-83所示。

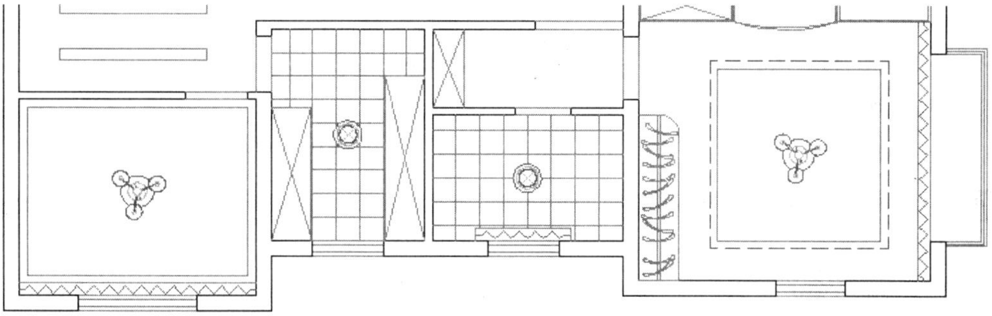

图4-83 操作结果

至此，吸顶灯布置完毕，下一小节将学习书房、主卧室吊顶轨道射灯的快速布置技能。

4.3.4 布置天花轨道射灯

1 继续上节操作。

2 使用快捷键“I”激活【插入块】命令，在打开的【插入】对话框中单击 浏览(B)... 按钮，选择本书配套“图块文件\轨道射灯.dwg”文件，如图4-84所示。

3 返回【插入】对话框，采用默认参数插入此灯具图块。在命令行“指定插入点或 [基点(B)/比例(S)/旋转(R)]:”提示下激活【捕捉自】功能。

4 在命令行“ _from 基点: ”提示下捕捉如图4-85所示的中点。

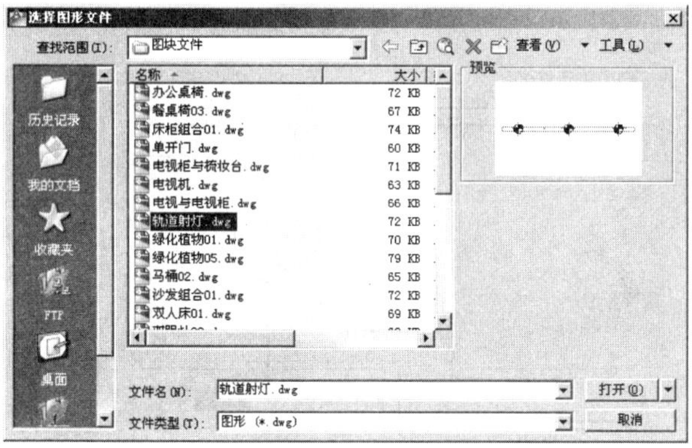

图4-84 选择文件

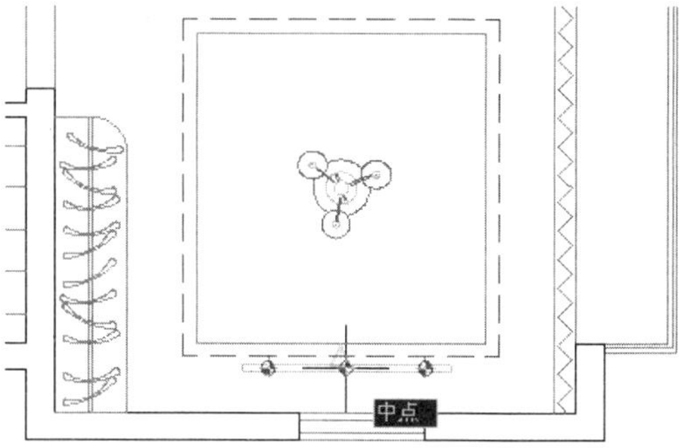

图4-85 捕捉中点

5 继续在命令行“<偏移>:”提示下，输入 @0,-200后按Enter键，插入结果如图4-86所示。

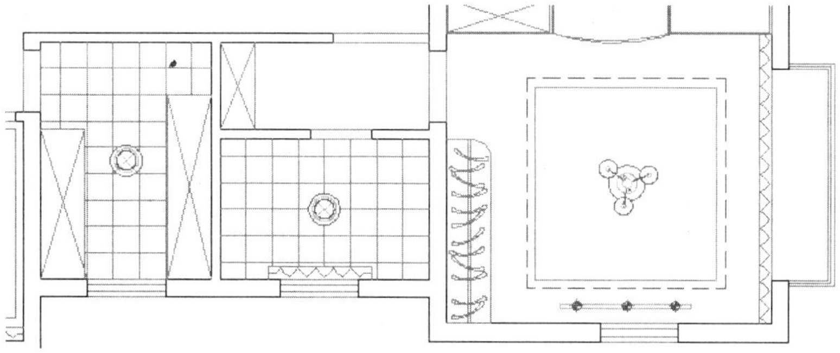

图4-86 插入结果

6 重复执行【插入块】命令，设置块参数如图4-87所示，配合【捕捉自】功能为书房吊顶布置轨道射灯。命令行操作如下：

命令: I　　// Enter
INSERT指定插入点或 [基点(B)/比例(S)/旋转(R)]: //激活【捕捉自】功能
_from 基点:　　//捕捉如图4-88所示的中点
<偏移>:　　//@-200,0 Enter，插入结果如图4-89所示

7 使用快捷键“MI”激活【镜像】命令，将刚插入的轨道射灯图块进行镜像，命令行操作如下：

命令: mi　　//激活命令
MIRROR选择对象:　　//选择刚插入的轨道射灯图块
选择对象:　　//Enter
指定镜像线的第一点:　　//捕捉如图4-90所示的中点

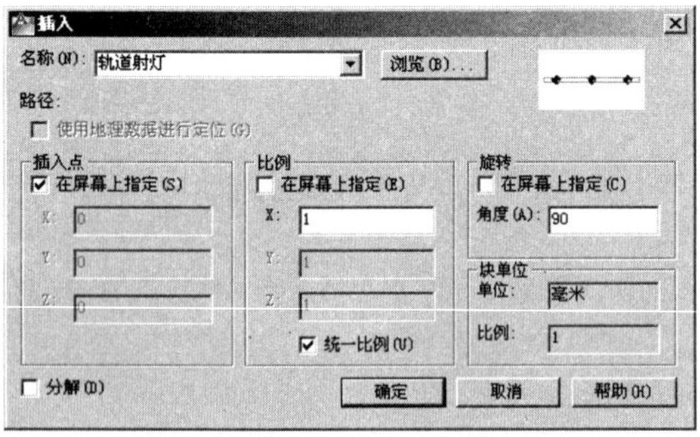

图4-87 设置参数

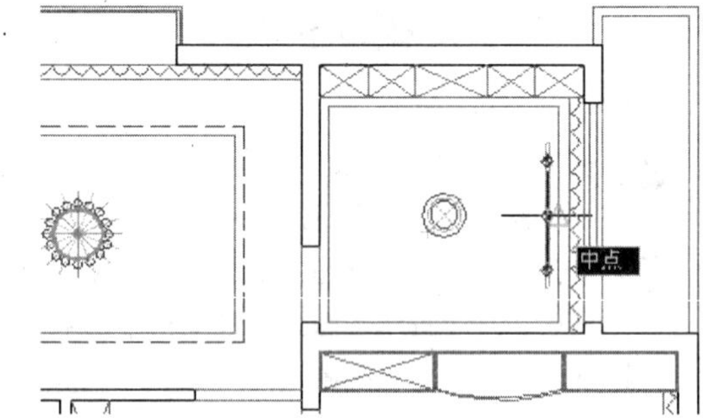

图4-88 捕捉中点

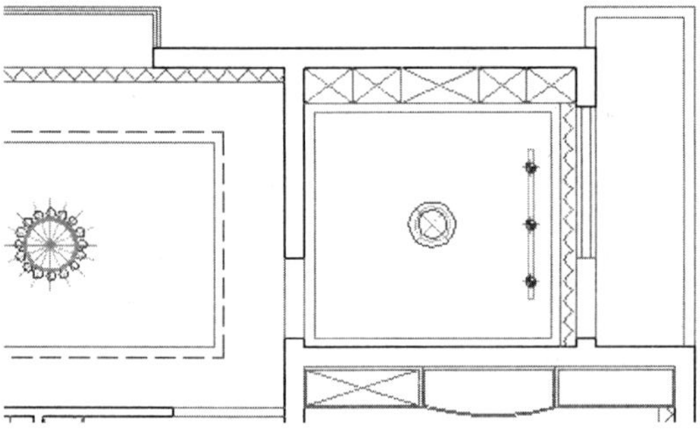

图4-89 插入结果

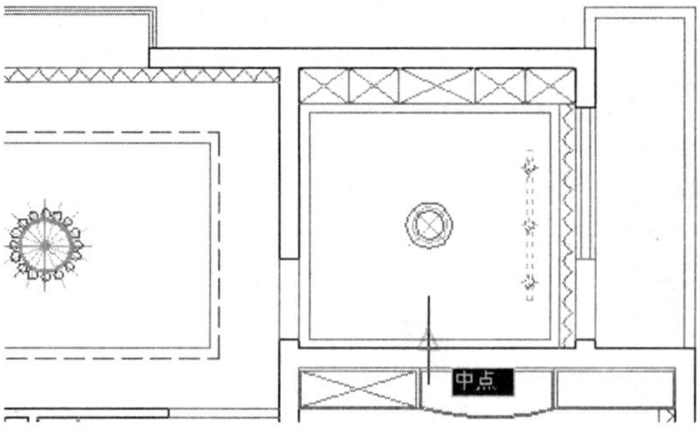

图4-90 捕捉中点

指定镜像线的第二点:　　//引出如图4-91所示的极轴追踪虚线
要删除源对象吗? [是(Y)/否(N)] <N>:　　//在极轴追踪虚线上拾取一点，镜像结果如图4-92所示

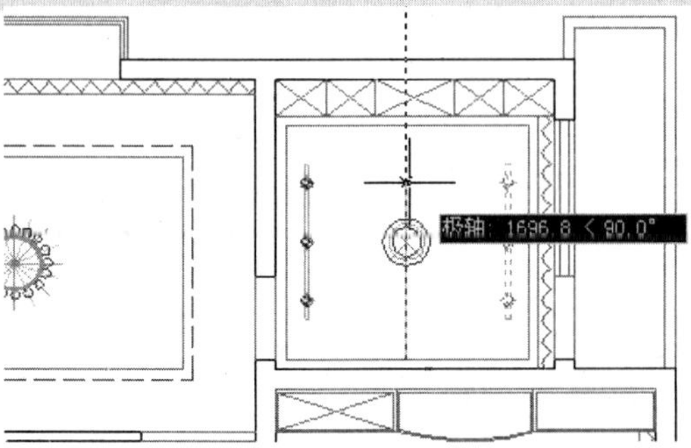

图4-91 引出极轴追踪虚线

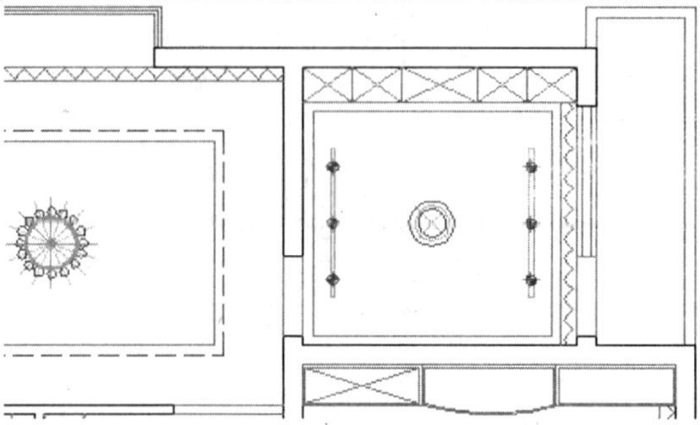

图4-92 镜像结果

至此，轨道射灯布置完毕，下一小节将学习餐厅与客厅筒灯的快速布置方法和相关技巧。

4.3.5　布置天花吊顶筒灯

1 继续上节操作。

2 执行菜单栏中的【格式】|【点样式】命令，在打开的【点样式】对话框中设置当前点的样式和点的大小，如图4-93所示。

3 执行菜单栏中的【修改】|【偏移】命令，将分解后的两侧垂直灯带轮廓线分别向外偏移300个绘图单位，将上侧的水平灯带轮廓线向上偏移250个绘图单位，结果如图4-94所示。

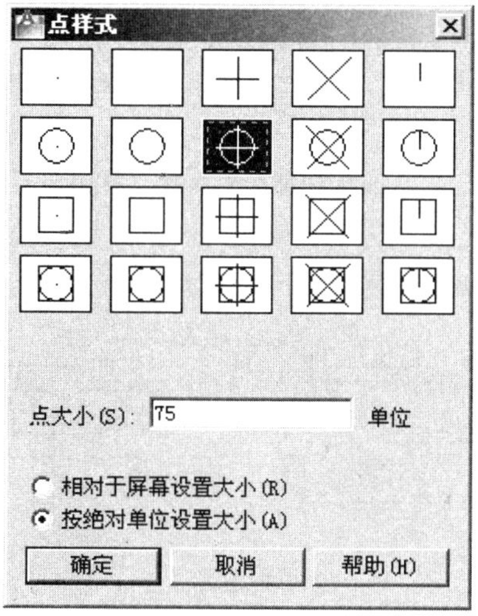

图4-93 【点样式】对话框

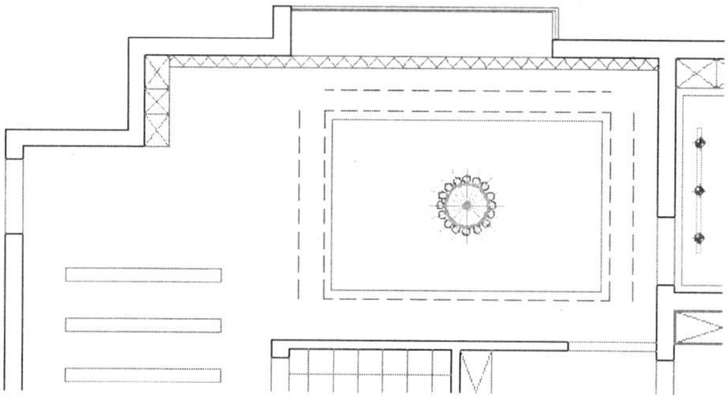

图4-94 偏移结果

4 使用快捷键“F”激活【圆角】命令，将圆角半径设置为0，然后对偏移出的三条轮廓线进行圆角编辑，编辑结果如图4-95所示。

5 使用快捷键“LEN”激活【拉长】命令，将偏移出的两条垂直轮廓线向下拉长300个绘图单位，结果如图4-96所示。

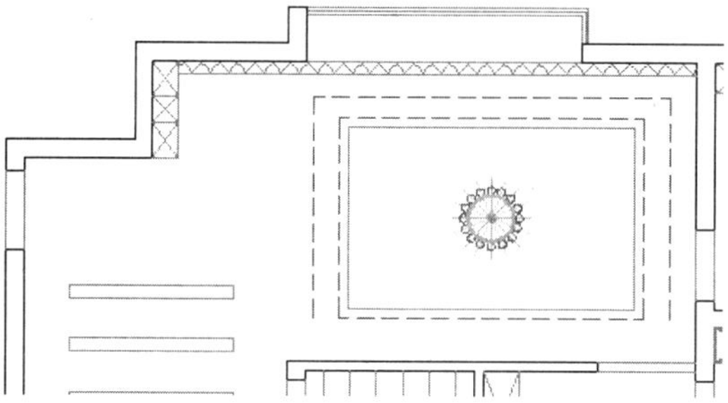

图4-95 圆角结果

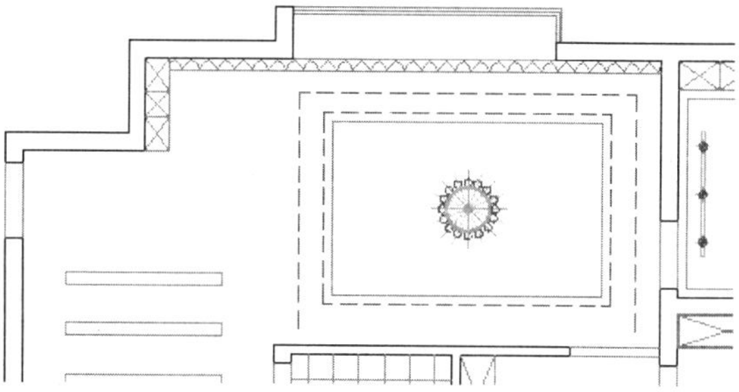

图4-96 拉长结果

6 执行【直线】命令，配合中点捕捉或极轴追踪功能绘制如图4-97所示的1、2、3三条辅助线。

7 执行菜单栏中的【绘图】|【点】|【定数等分】命令，为餐厅灯具定位线进行等分，在等分点处放置点标记，代表筒灯。命令行操作如下：

```
命令: _divide
    选择要定数等分的对象:    //选择如图4-97所示的辅助线1
    输入线段数目或 [块(B)]:   //4 Enter，等分结果如图4-98所示
```

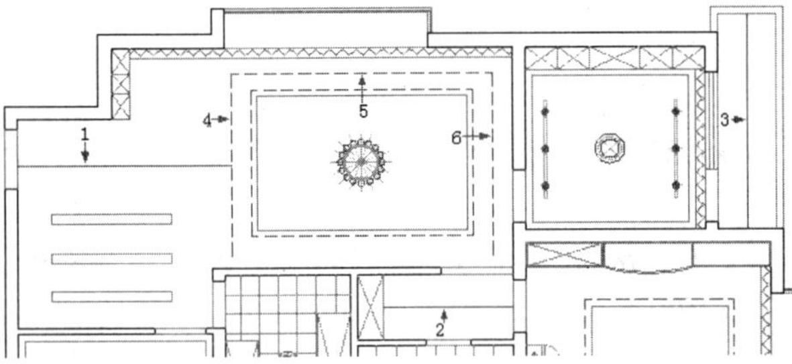

图4-97 绘制辅助线

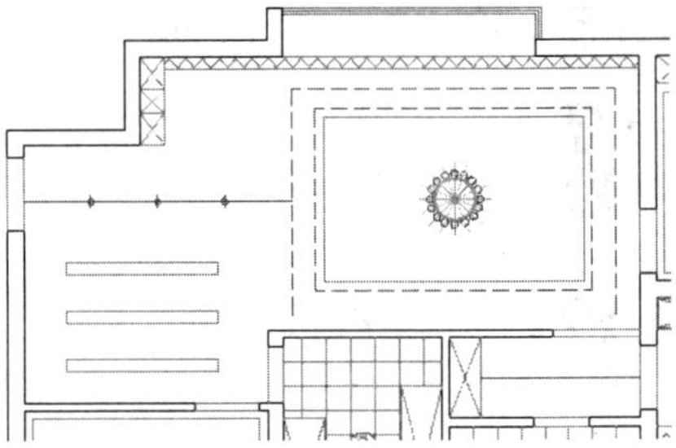

图4-98 等分结果

8 重复执行【定数等分】命令，将辅助线2等分三份，将辅助线3、4、6等分四份，将辅助线5等分五份，结果如图4-99所示。

9 执行菜单栏中的【绘图】|【点】|【多点】命令，配合端点捕捉功能绘制如图4-100所示的两个点标记，作为筒灯。

10 使用快捷键“E”激活【删除】命令，删除灯具定位辅助线，结果如图4-101所示。

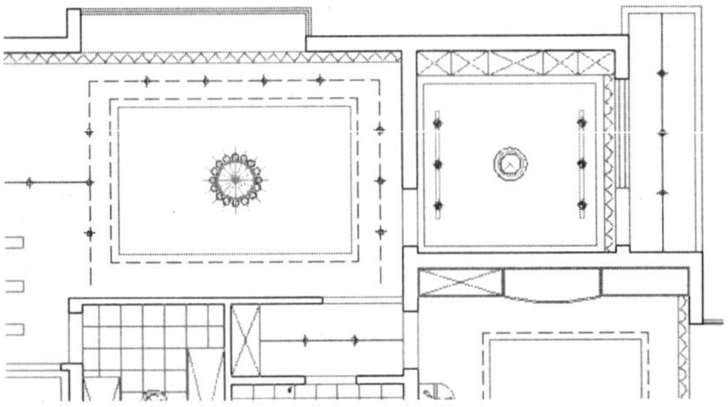

图4-99 等分结果

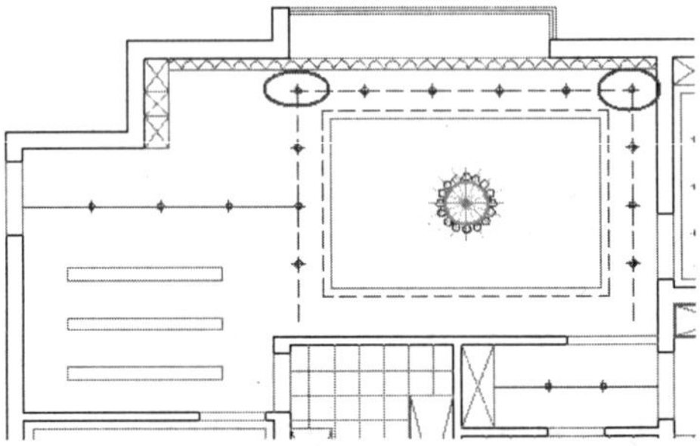

图4-100 绘制结果

11 执行菜单栏中的【修改】|【复制】命令，对主卧室吊顶位置的轨道射灯进行复制。命令行操作如下：

```
命令: _copy
    选择对象:                                          //选择主卧室吊顶位置的轨道射灯
    选择对象:                                          // Enter
    当前设置: 复制模式 = 多个
    指定基点或 [位移(D)/模式(O)] <位移>:                  //拾取任一点
    指定第二个点或 [阵列(A)] <使用第一个点作为位移>:        //@-5480,3350 Enter
    指定第二个点或 [阵列(A)/退出(E)/放弃(U)] <退出>:       //@-3680,3350 Enter
    指定第二个点或 [阵列(A)/退出(E)/放弃(U)] <退出>:       // Enter，结果如图4-102所示
```

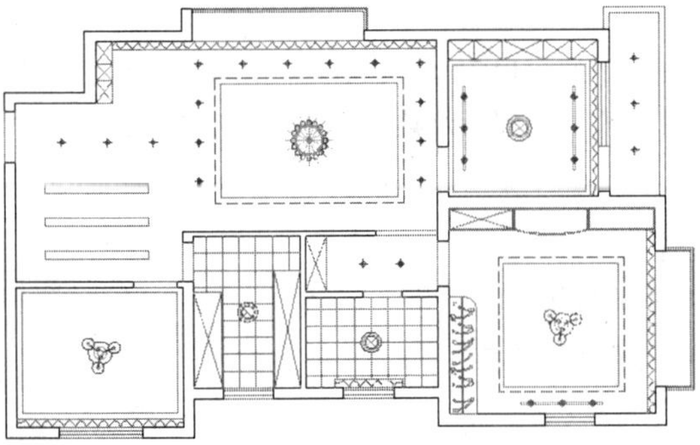

图4-101 删除结果

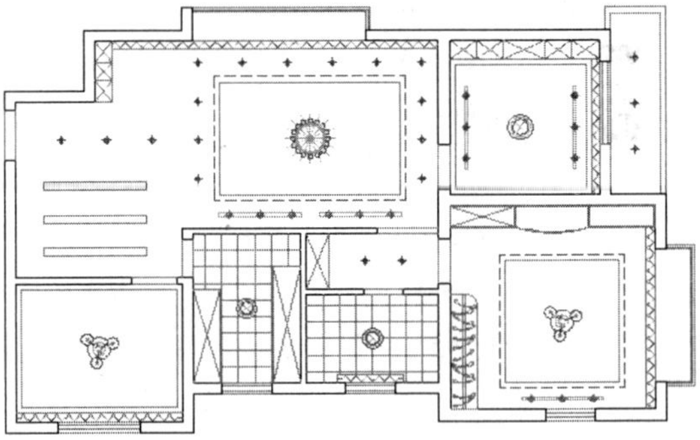

图4-102 复制结果

12 执行菜单栏中的【绘图】|【点】|【单点】命令，配合【捕捉自】功能绘制餐厅吊顶筒灯。命令行操作如下：

```
命令: _point
    当前点模式: PDMODE=34  PDSIZE=75.0
    指定点:                        //激活【捕捉自】功能
    _from 基点:                    //捕捉如图4-103所示的端点
    <偏移>:                        //@410,75 Enter，绘制结果如图4-104所示
```

13 执行菜单栏中的【修改】|【阵列】|【矩形阵列】命令，对刚绘制的筒灯进行阵列。命令行操作如下：

```
命令: _arrayrect
    选择对象:                                          //选择刚绘制的筒灯点标记
    选择对象:                                          // Enter
    类型 = 矩形  关联 = 是
    为项目数指定对角点或 [基点(B)/角度(A)/计数(C)] <计数>: // Enter
    输入行数或 [表达式(E)] <4>:                         //3 Enter
    输入列数或 [表达式(E)] <4>:                         //2 Enter
    指定对角点以间隔项目或 [间距(S)] <间距>:             // Enter
    指定行之间的距离或 [表达式(E)] <1>:                  //600 Enter
    指定列之间的距离或 [表达式(E)] <1>:                  //1040 Enter
    按 Enter 键接受或 [关联(AS)/基点(B)/行(R)/列(C)/层(L)/退出(X)] <退出>:
                                                       // Enter，阵列结果如图4-105所示
```

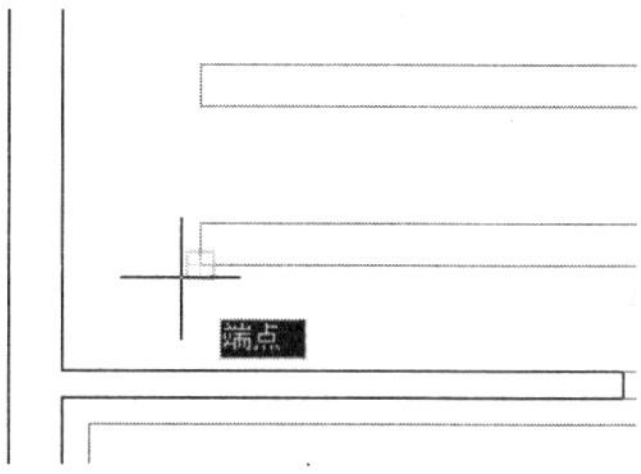

图4-103 捕捉端点

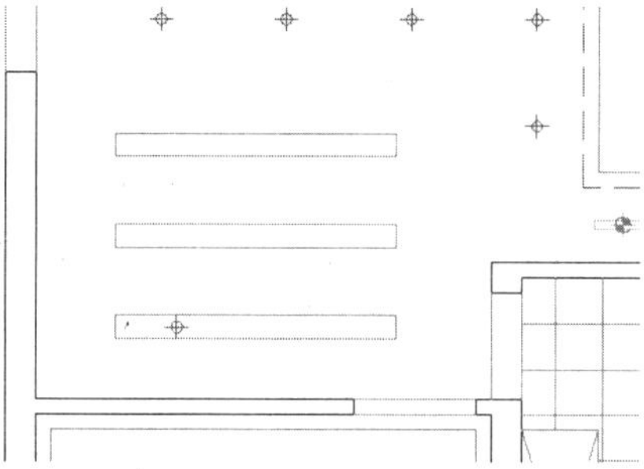
图4-104 绘制结果

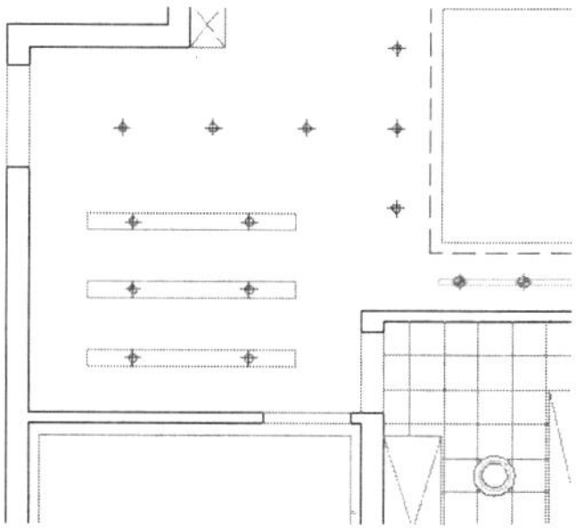
图4-105 阵列结果

14 调整视图，使图形全部显示，最终结果如图4-43所示。

15 执行【另存为】命令，将图形另存储为“普通住宅吊顶灯具图.dwg”。

4.4　标注普通住宅室内吊顶装修图

本节通过为普通住宅吊顶图标注文字注释、尺寸标注等内容，主要了解和掌握吊顶图文字及尺寸的快速标注方法和标注技巧。本例最终标注效果如图4-106所示。

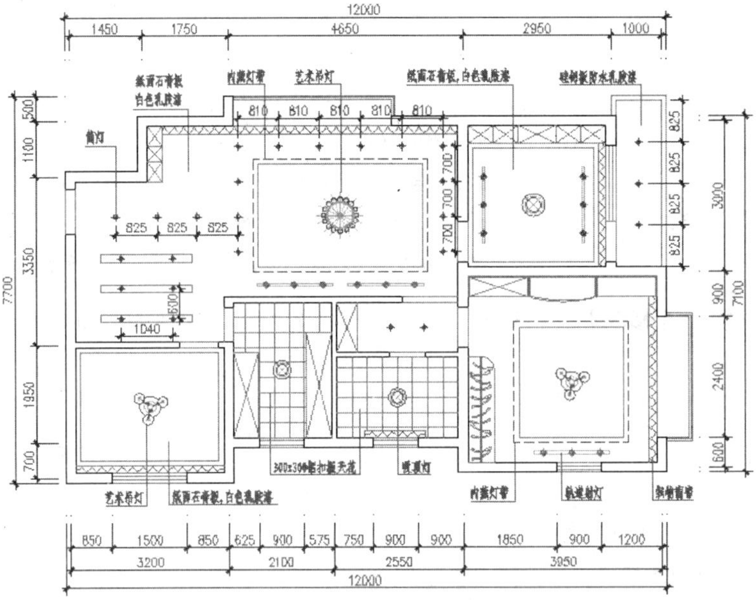

图4-106 实例效果

在标注吊顶图文字及尺寸时，具体可以参照如下思路。

- 调用源文件，并设置当前层与当前样式。
- 使用【多段线】或【直线】命令绘制文字的指示线。
- 使用【多行文字】命令标注单个文本注释。
- 使用【复制】命令对单个文本进行多重复制。
- 使用【编辑】命令修改复制出的各文本注释。
- 使用【线性】、【连续】命令快速标注吊顶图尺寸。

4.4.1 绘制文字指示线

1. 打开上例存储的“普通住宅吊顶灯具图.dwg”文件。
2. 使用快捷键“LA”激活【图层】命令，将“文本层”设置为当前操作层。
3. 使用快捷键“E”激活【删除】命令，删除“文本层”上的所有指示线和文字对象。
4. 展开【样式】工具栏上的【文字样式控制】下拉列表，将“仿宋体”设置为当前文件样式。
5. 使用快捷键“PL”激活【多段线】命令，绘制如图4-107所示的多段线，作为文本注释的指示线。
6. 使用快捷键“ST”激活【文字样式】命令，修改当前文字样式的【高度】为200.0，如图4-108所示。

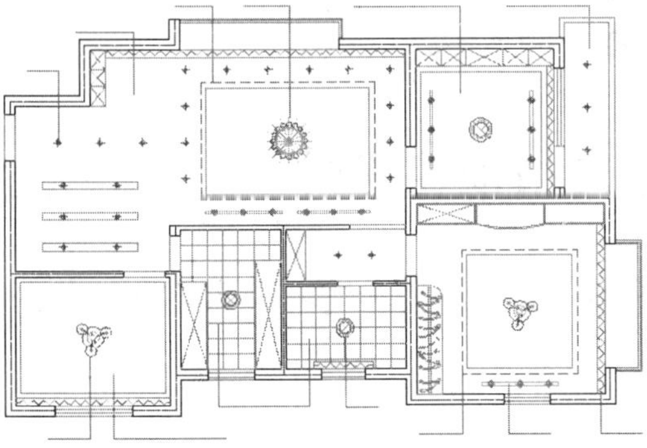

图4-107 绘制指示线

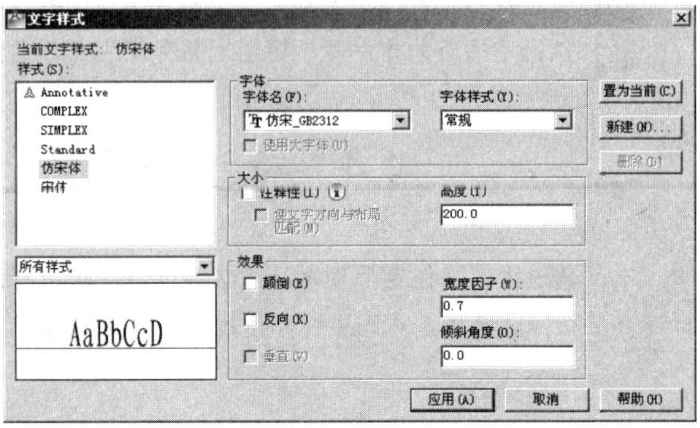

图4-108 修改字高

提示：在绘制指示线时，可以配合状态栏上的【正交】或【极轴】功能。

至此，文字指示线绘制完毕，下一小节将学习吊顶图文字注释的具体标注过程和标注技巧。

4.4.2 标注吊顶图文字

1. 继续上节操作。
2. 单击【绘图】工具栏中的A按钮，激活【多行文字】命令，根据命令行的提示，在指示线上端拉出如图4-109所示的矩形框。

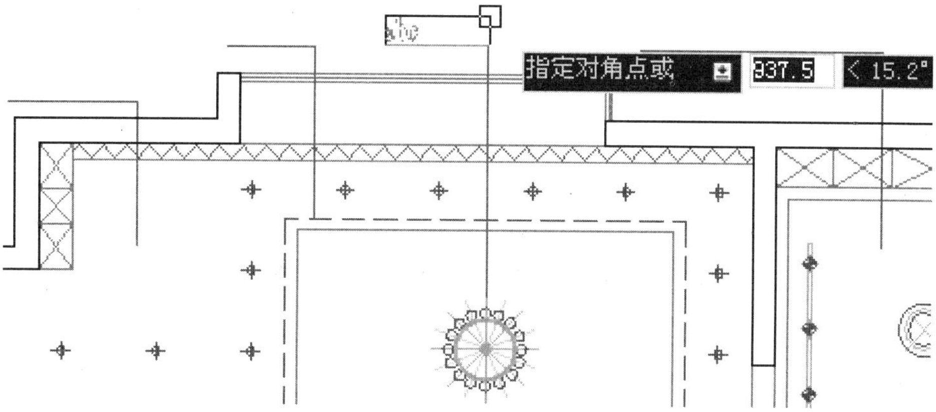

图4-109 拉出矩形框

3. 当指定了矩形框的右下角点时，系统自动打开【文字格式】对话框，
4. 在下侧的文字输入框内单击，以指定文字的输入位置，然后输入“艺术吊灯”字样，如图4-110所示。

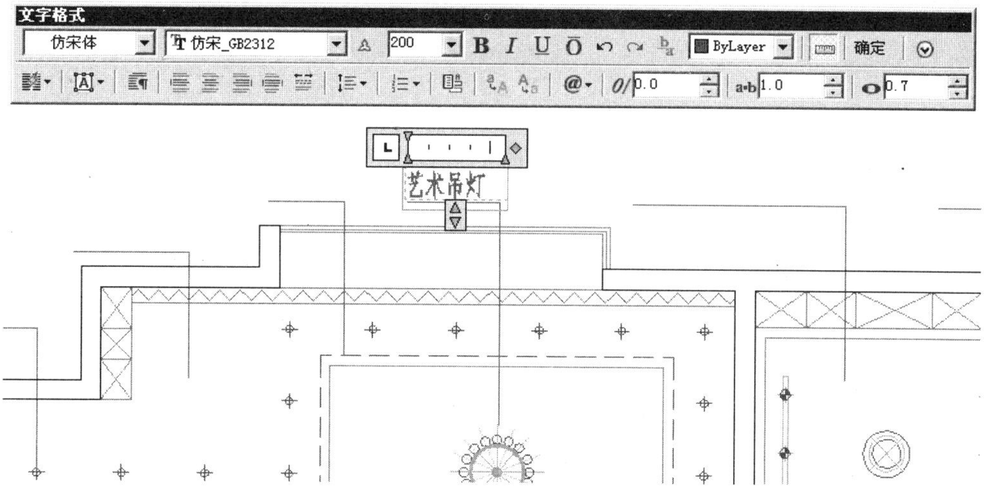

图4-110 输入文字

5. 在【文字格式】工具栏中单击确定按钮，文字的创建结果如图4-111所示。
6. 执行菜单栏中的【修改】|【复制】命令，选择刚创建的文字对象，将其复制到其他指示线的末端，结果如图4-112所示。

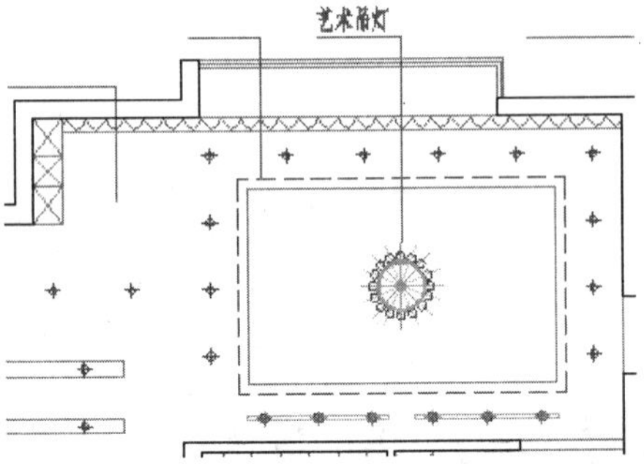

图4-111 标注结果

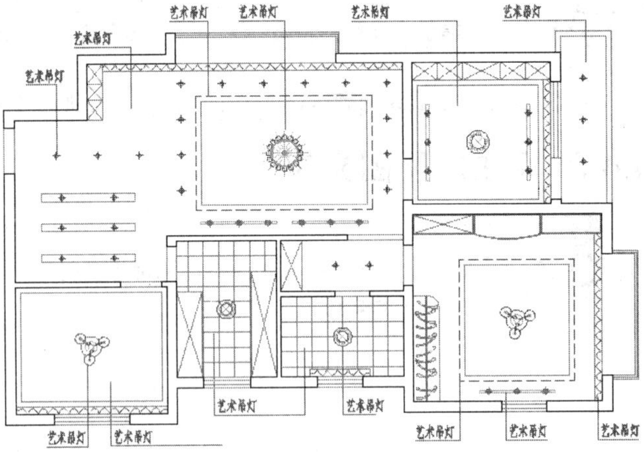

图4-112 复制结果

7 执行菜单栏中的【修改】|【文字】|【编辑】命令，在命令行“选择注释对象或[放弃（U）]：”提示下，选择复制出的文字。

8 此时系统自动打开【文字格式】编辑器，在文字输入框内输入正确的文字，如图4-113所示。

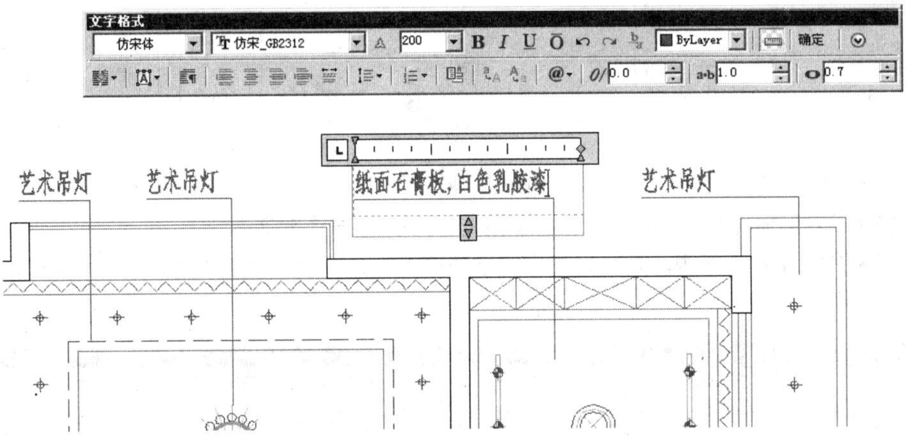

图4-113 输入正确的文字

9 单击 确定 按钮，结果绘图区中的被选择的文字内容被更改，如图4-114所示。

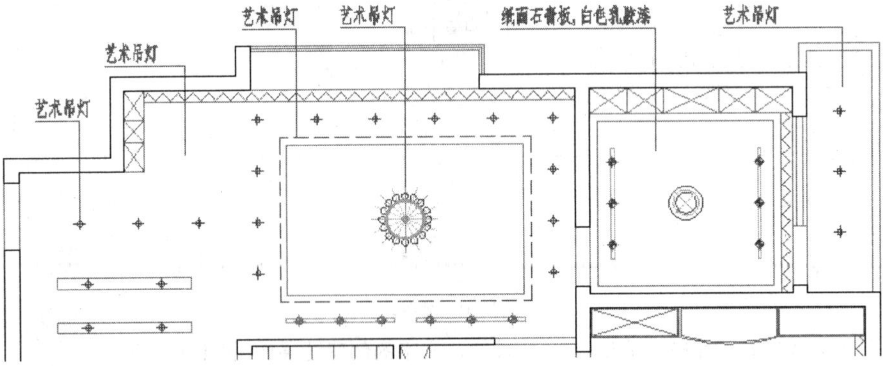

图4-114 修改后的文本

10 继续在“选择注释对象或[放弃（U）]：”提示下，分别选择其他位置的文字对象，更改其内容并适当调整文字的位置，结果如图4-115所示。

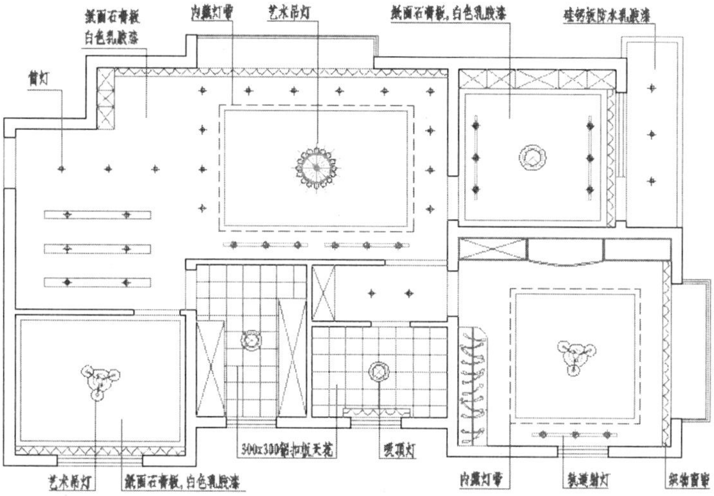

图4-115 修改其他文字内容

技巧：在输入第二行文字时，需要按Enter键换行。在按Enter键之前，也需要将输入法切换为英文输入法。

11 单击 确定 按钮，关闭【文字格式】编辑器，然后按Enter键，结束【编辑文字】命令。

至此，吊顶图中的文字注释标注完毕。下一小节学习吊顶图尺寸的快速标注过程和标注技巧。

4.4.3 标注吊顶图尺寸

1 继续上节操作。

2 单击【图层】工具栏中的【图层控制】下拉按钮，在展开的下拉列表内解冻“尺寸层”，同时将“尺寸层”设置为当前视图，结果如图4-116所示。

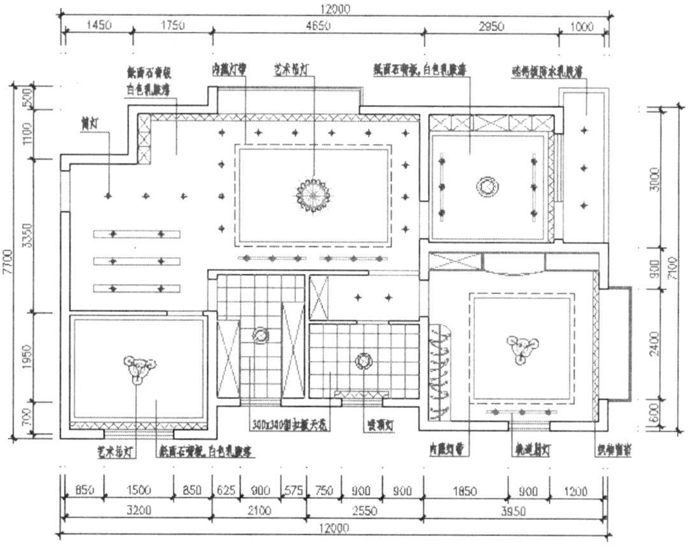

图4-116 解冻尺寸后的显示

3 执行菜单栏中的【标注】|【线性】命令，配合节点捕捉和端点捕捉功能，标注如图4-117所示的线性尺寸。

4 执行菜单栏中的【标注】|【连续】命令，分别以刚标注的两个线性尺寸作为基准尺寸，标注如图4-118所示的连续尺寸，作为灯具的定位尺寸。

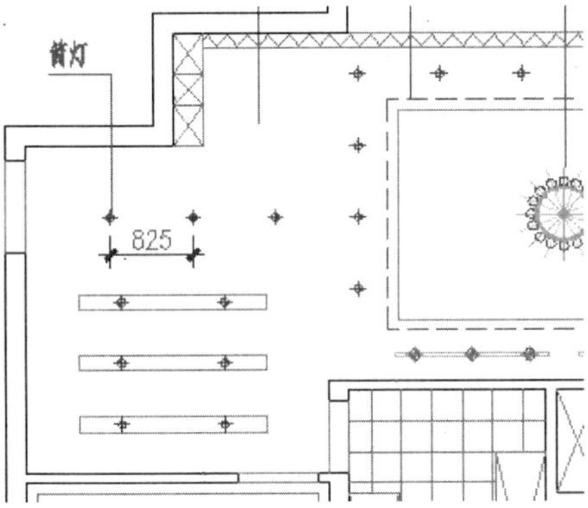

图4-117 标注线性尺寸

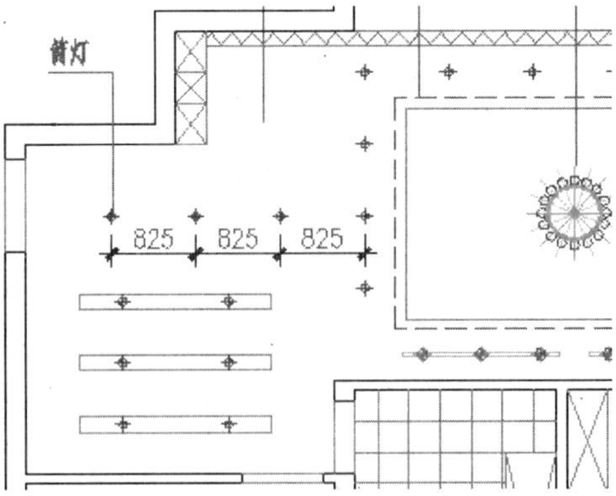

图4-118 标注连续尺寸

5 综合使用【线性】和【连续】命令，分别标注其他位置的灯具定位尺寸，结果如图4-119所示。

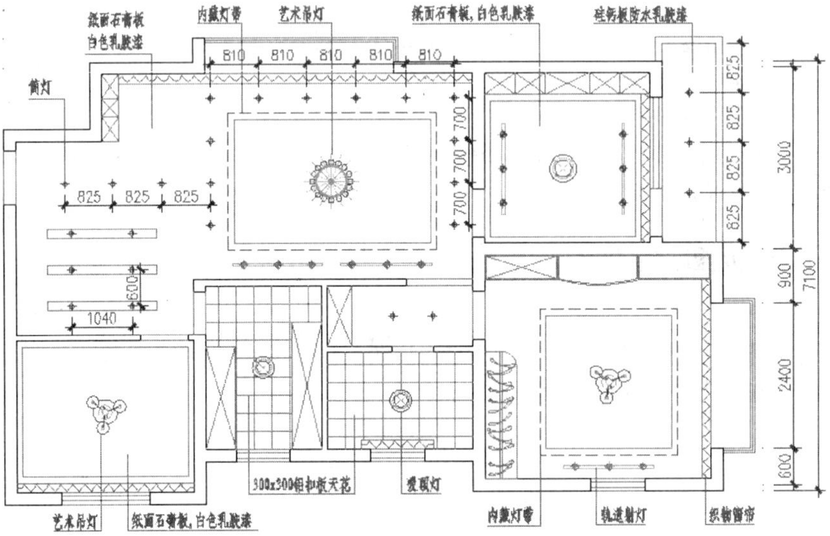

图4-119 标注其他位置的灯具定位尺寸

6 调整视图，使吊顶图完全显示，最终效果如图4-106所示。

7 最后执行【另存为】命令，将当前图形另存储为“吊顶图的后期标注.dwg”。

4.5 本章小结

本章主要学习了普通住宅吊顶图的绘制方法和绘制技巧。在具体的绘制过程中，主要分为“绘制普通住宅吊顶轮廓图、普通住宅吊顶灯具的布置、普通住宅吊顶图的后期标注”等操作环节。在绘制吊顶轮廓图时，巧妙地使用了【图案填充】工具中的“用户定义图案”，快速创建出卫生间与厨房内的吊顶图案，此种技巧有极强的代表性；在布置灯具时，则综合使用了【插入块】、【点样式】、【定数等分】、【复制】、【阵列】等多种命令，以绘制点标记来代表吊顶筒灯，这种操作技法简单直接，巧妙方便。

另外，在绘制灯带轮廓线时，通过加载线型、修改对象特性等工具的巧妙组合，快速、明显地区分出灯带轮廓线与其他轮廓线。

第5章　普通住宅室内立面设计案例

本章视频教学导航

小节名称	视频路径	视频长度
室内立面装修图的表达内容、特点与绘图思路	视频文件\第5章\5.1.avi	00：03：49
绘制客厅与餐厅C向装修立面图	视频文件\第5章\5.2.avi	00：35：46
绘制主卧室A向装修立面图	视频文件\第5章\5.3.avi	00：17：26
绘制书房A向装修立面图	视频文件\第5章\5.4.avi	00：24：12
绘制卫生间C向装修立面图	视频文件\第5章\5.5.avi	00：20：51

5.1　室内立面装修图的表达内容、特点与绘图思路

5.1.1　室内立面图表达内容

立面装饰详图主要用于表明建筑内部某一装修空间的立面形式、尺寸及室内配套布置等内容，其内容如下。

- 在装饰立面图中，具体需要表现出室内立面上各种装饰品，如壁画、壁挂、金属等的式样、位置和大小尺寸。
- 在装饰立面图上还需要体现出门窗、花格、装修隔断等构件的高度尺寸和安装尺寸以及家具和室内配套产品的安放位置和尺寸等内容。
- 如果采用剖面图形表示的装饰立面图，还要表明顶棚的选级变化以及相关的尺寸。
- 最后在必要时需配合文字说明其饰面材料的品名、规格、色彩和工艺要求等。

5.1.2　室内立面图形成特点

立面装饰图的形成，规纳起来主要有以下三种方式。

1）假想将室内空间垂直剖开，移去剖切平面前的部分，对余下的部分做正投影而成。这种立面图实质上是带有立面图示的剖面图。它所示的图像的进深感比较强，并能同时反映顶棚的选级变化。此种形式的缺点是剖切位置不明确（在平面布置上没有剖切符号，仅用投影符号表明视向），其剖面图示安排较难与平面布置图和顶棚平面图相对应。

2）假想将室内各墙面沿面与面相交处拆开，移去暂时不予图示的墙面，将剩下的墙面及其装饰布置，向铅直投影面做投影而成。这种立面图不出现剖面图像，只出现相邻墙面及其上装饰构件与该墙面的表面交线。

3）设想将室内各墙面沿某轴阴角拆开，依次展开，直至都平等于同一铅直投影面，形成立面展开图。这

种立面图能将室内各墙面的装饰效果连贯地展示在人们眼前，以便人们研究各墙面之间的统一与反差及相互衔接关系，对室内装饰设计与施工有着重要作用。

5.1.3 室内立面装修图设计思路

在设计并绘制室内立面图时，具体可以参照如下思路。

1）首先根据地面布置图，定位需要投影的立面，并绘制主体轮廓线。

2）绘制立面内部构件定位线。

3）布置各种装饰图块。

4）填充立面装饰图案。

5）标注文本注释。

6）标注装饰尺寸和各构件的安装尺寸。

5.2 绘制客厅与餐厅C向装修立面图

本节主要学习客厅与餐厅C向立面图的具体绘制过程和绘制技巧。客厅与餐厅C向立面图的最终绘制效果如图5-1所示。

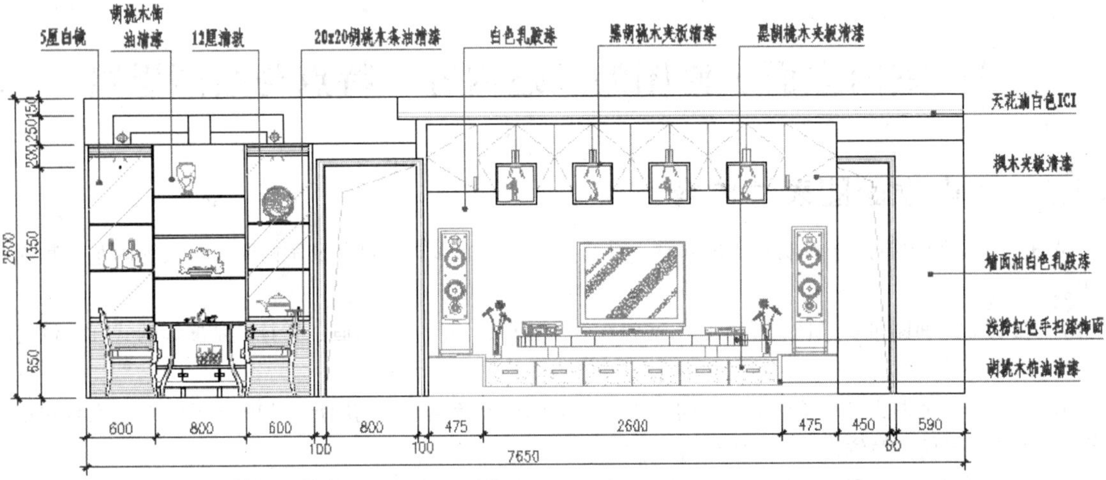

图5-1 实例效果

在绘制客厅与餐厅C向立面图时，具体可以参照如下思路。

1）首先使用【新建】命令调用制图样板。

2）使用【矩形】、【直线】、【分解】、【偏移】、【圆角】等命令绘制立面轮廓线。

3）使用【插入块】、【修剪】、【删除】、【分解】、【镜像】等命令布置并完善立面图构件。

4）使用【编辑标注文字】、【线性】、【连续】等命令并配合对象捕捉功能标注立面图尺寸。

5）最后使用【标注样式】、【快速引线】命令标注客厅与餐厅立面图装修材质。

5.2.1 绘制客厅与餐厅墙面轮廓图

1 执行【新建】命令，以本书配套光盘中的“样板文件\室内设计样板.dwt”作为基础样板，创建空白文件。

2 展开【图层控制】下拉列表，设置“轮廓线”为当前图层，如图5-2所示。

图5-2 设置当前图层

3 执行菜单中的【绘图】|【矩形】命令，绘制长度为7650、宽度为2600的矩形作为墙面外轮廓线，如图5-3所示。

图5-3 绘制结果

4 使用快捷键“X”激活【分解】命令，将矩形分解为四条独立的线段。

5 使用快捷键“O”激活【偏移】命令，将矩形左侧的垂直边向右偏移2100、2750和2900个绘图单位，将矩形右侧垂直边向左偏移650、1100和4650个绘图单位，结果如图5-4所示。

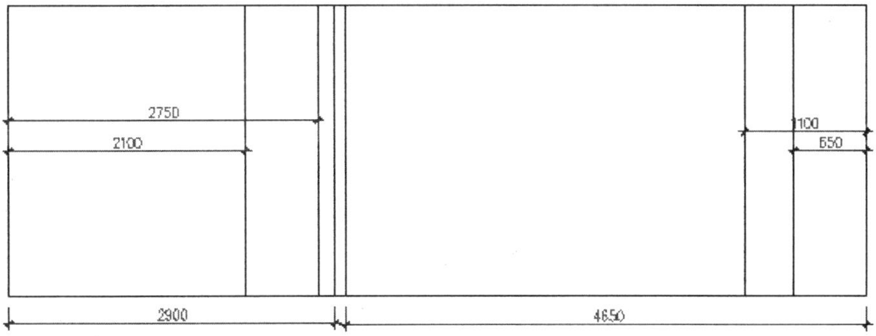

图5-4 偏移垂直边

6 重复执行【偏移】命令，将上侧的矩形水平边向下偏移140、170和200个绘图单位，将下侧的矩形水平边向上偏移2200个绘图单位，结果如图5-5所示。

7 执行菜单栏中的【修改】|【修剪】命令，对偏移出的轮廓线进行修剪，结果如图5-6所示。

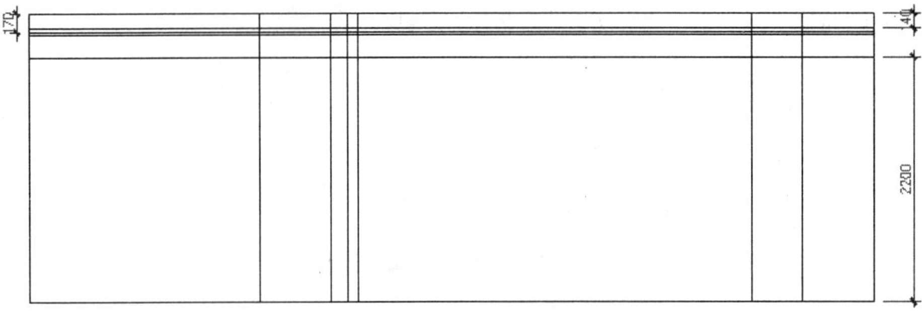

图5-5 偏移水平边

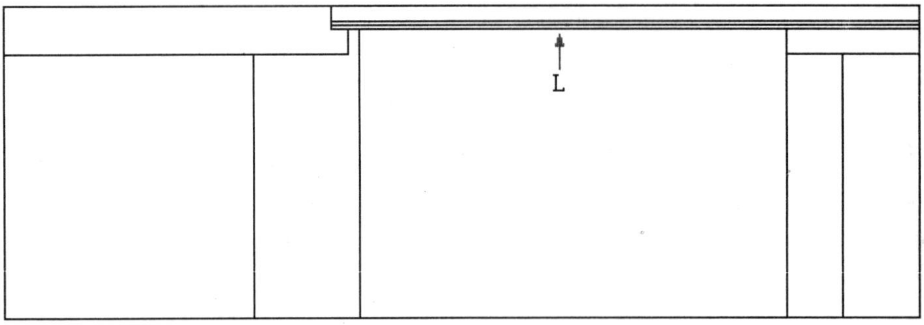

图5-6 修剪结果

8 执行菜单栏中的【修改】|【偏移】命令，将图5-7所示的水平轮廓线向下偏移40个绘图单位，结果如图5-7所示。

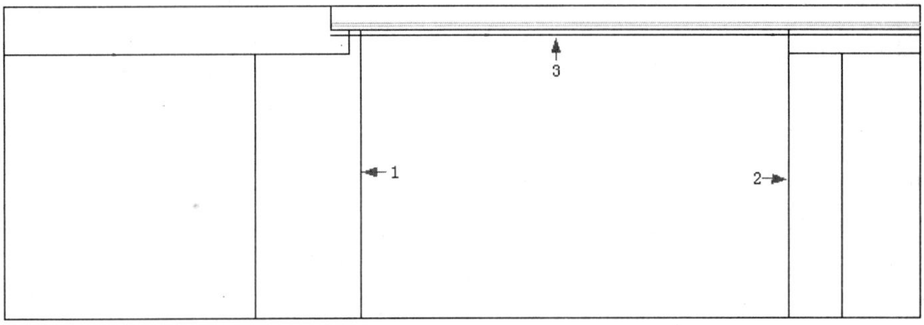

图5-7 偏移结果

9 使用快捷键“F”激活【圆角】命令，对内部的墙面轮廓线进行圆角编辑。命令行操作如下：

```
命令: f                                                    // Enter
    FILLET当前设置: 模式 = 修剪, 半径 = 0.0
    选择第一个对象或 [放弃(U)/多段线(P)/半径(R)/修剪(T)/多个(M)]:            //m Enter
    选择第一个对象或 [放弃(U)/多段线(P)/半径(R)/修剪(T)/多个(M)]:
                                            //在如图5-7所示的轮廓线1的上端单击
    选择第二个对象, 或按住 Shift 键选择对象以应用角点或 [半径(R)]:
                                            //在如图5-7所示的轮廓线3的左端单击
    选择第一个对象或 [放弃(U)/多段线(P)/半径(R)/修剪(T)/多个(M)]:
                                            //在如图5-7所示的轮廓线2的上端单击
```

选择第二个对象，或按住 Shift 键选择对象以应用角点或 [半径(R)]:
　　　　　　　　　　//在如图5-7所示的轮廓线3的右端单击
选择第一个对象或 [放弃(U)/多段线(P)/半径(R)/修剪(T)/多个(M)]:
　　　　　　　　　　// Enter，结束命令，圆角结果如图5-8所示

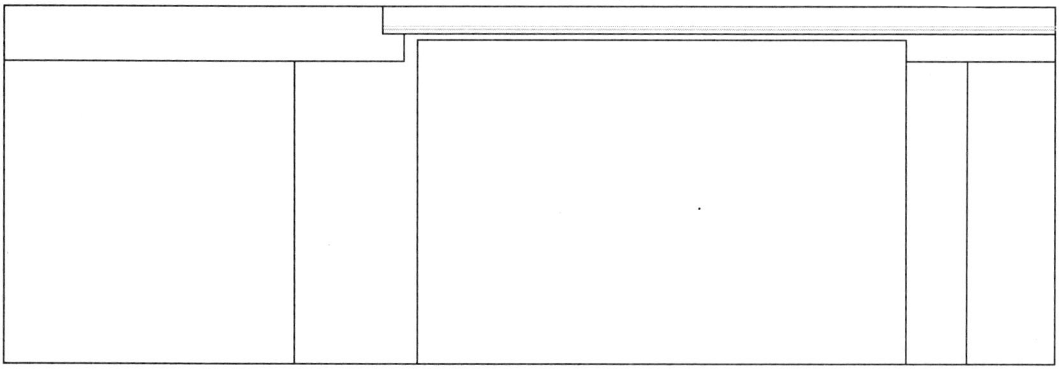

图5-8 圆角结果

10 执行菜单栏中的【绘图】|【多段线】命令，配合【捕捉自】功能绘制内部的墙面轮廓线。命令行操作如下：

命令: _pline
　　指定起点:　　　　　　　　　　　　//激活【捕捉自】功能
　　_from 基点:　　　　　　　　　　　//捕捉如图5-9所示的端点
　　<偏移>:　　　　　　　　　　　　//@250,0 Enter
　　当前线宽为 0.0
　　指定下一个点或 [圆弧(A)/半宽(H)/长度(L)/放弃(U)/宽度(W)]:　　　//@0,250 Enter
　　指定下一个点或 [圆弧(A)/闭合(C)/半宽(H)/长度(L)/放弃(U)/宽度(W)]: //@1500,0 Enter
　　指定下一个点或 [圆弧(A)/闭合(C)/半宽(H)/长度(L)/放弃(U)/宽度(W)]: //@0,-250 Enter
　　指定下一个点或 [圆弧(A)/闭合(C)/半宽(H)/长度(L)/放弃(U)/宽度(W)]:
　　　　　　　　　　　　　　　　　　// Enter，结束命令，绘制结果如图5-10所示

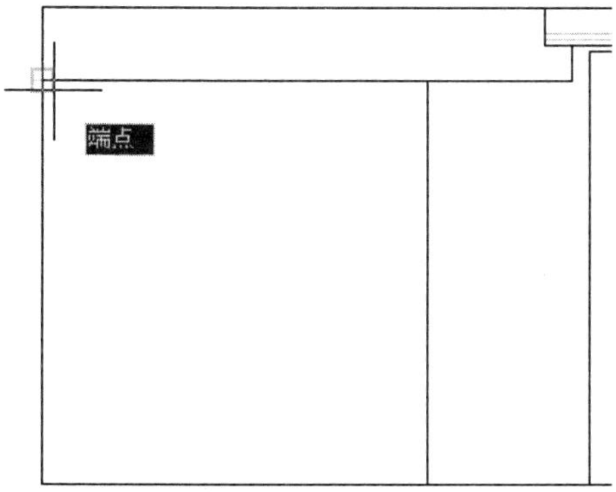

图5-9 捕捉端点

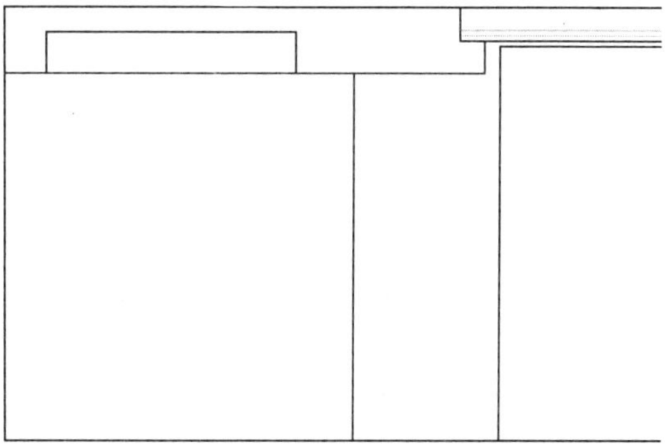

图5-10 绘制结果

11 使用快捷键“O”激活【偏移】命令，将绘制的多段线向下偏移150个绘图单位，结果如图5-11所示。

12 使用快捷键“L”激活【直线】命令，配合延伸捕捉功能绘制如图5-12所示的两条垂直轮廓线。

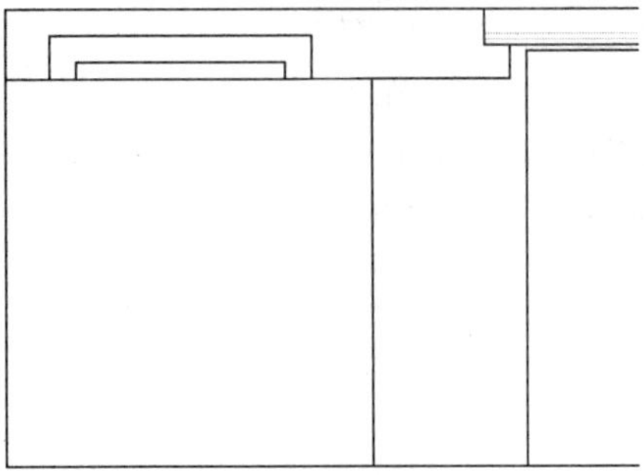

图5-11 偏移结果

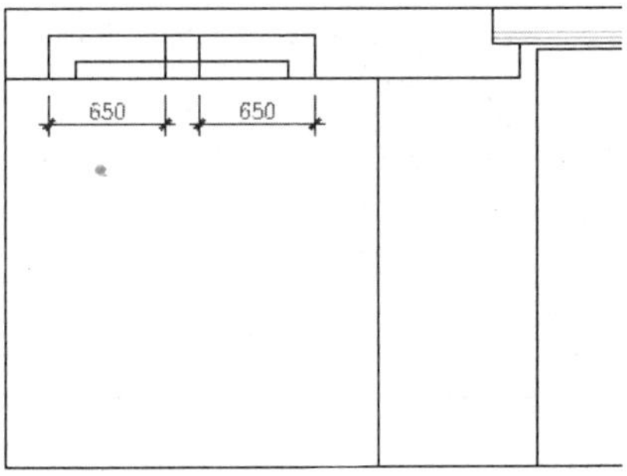

图5-12 绘制结果

13 使用快捷键"TR"激活【修剪】命令，以刚绘制的两条垂直轮廓线作为边界，对偏移出的轮廓线进行修剪，修剪结果如图5-13所示。

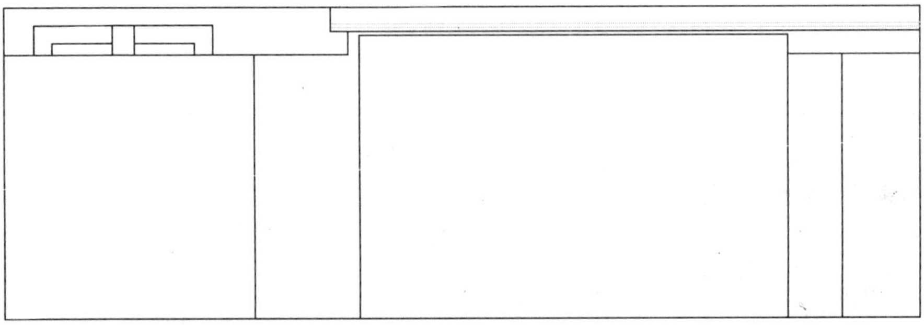

图5-13 修剪结果

至此，客厅与餐厅C向墙面轮廓图绘制完毕，下一小节将学习客厅与餐厅C向立面构件的表达技巧，具体包括单开门、装饰架、电视柜、电视、音响、酒水柜以及其他装饰品等。

5.2.2 绘制客厅与餐厅墙面构件图

1 继续上节操作。

2 展开【图层控制】下拉列表，将"家具层"设置为当前图层。

3 执行菜单栏中的【插入】|【块】命令，选择本书配套光盘中的"图块文件\立面门01.dwg"文件，如图5-14所示。

4 返回【插入】对话框，采用默认参数设置，将立面门图块插入到立面图中，插入点为图5-15所示的端点，插入结果如图5-16所示。

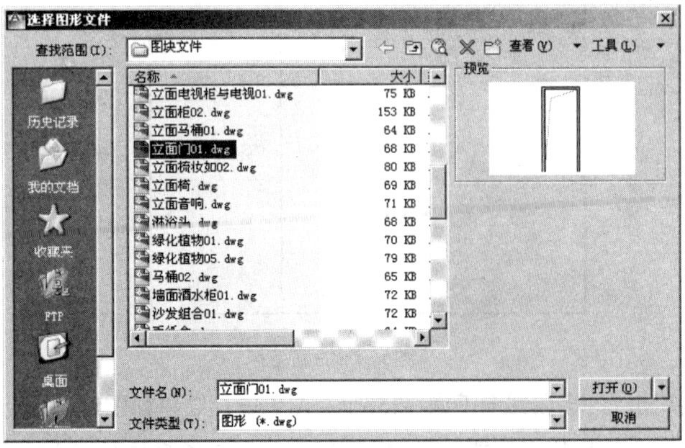

图5-14 选择文件

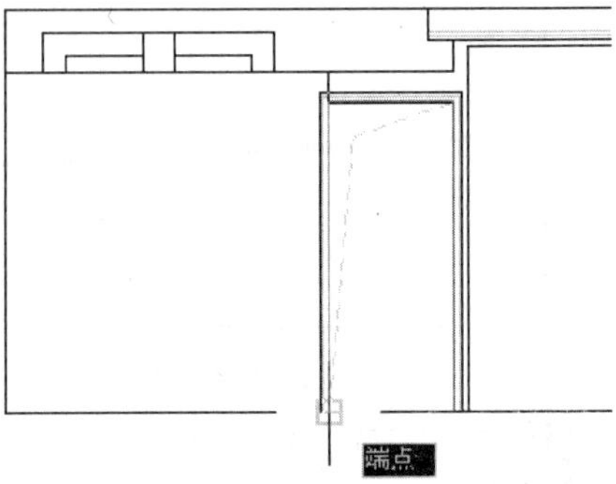

图5-15 定位插入点

5 执行菜单栏中的【修改】|【延伸】命令，对图5-16所示的垂直轮廓线L进行延伸，结果如图5-17所示。

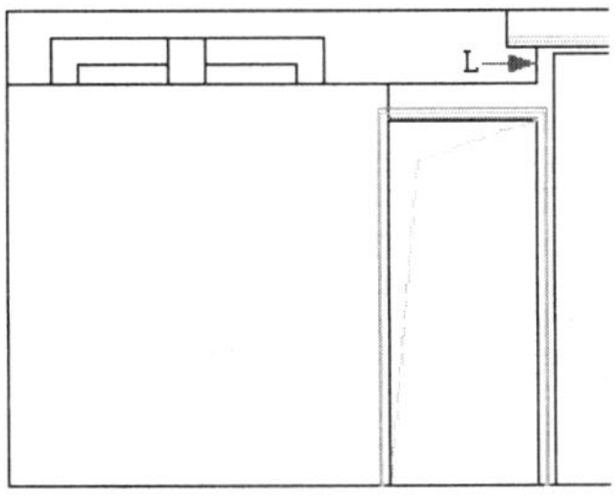

图5-16 插入结果

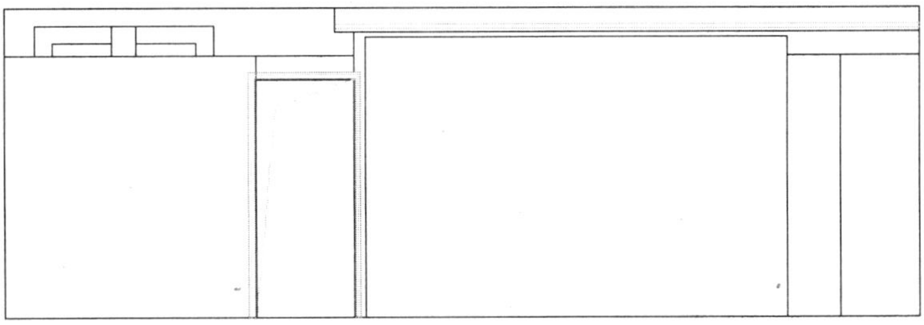
图5-17 延伸结果

6 重复执行【插入块】命令，设置块参数如图5-18所示，再次插入立面门图块，插入点为图5-19所示的端点，插入结果如图5-20所示。

7 执行菜单栏中的【修改】|【修剪】命令，对立面门图块进行修剪，并删除多余图线，结果如图5-21所示。

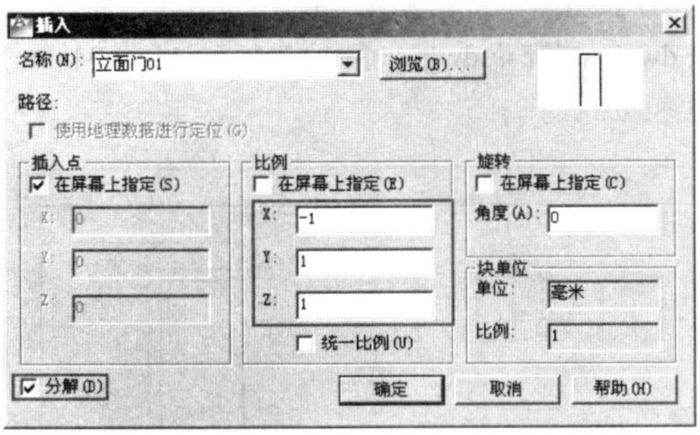

图5-18 设置参数

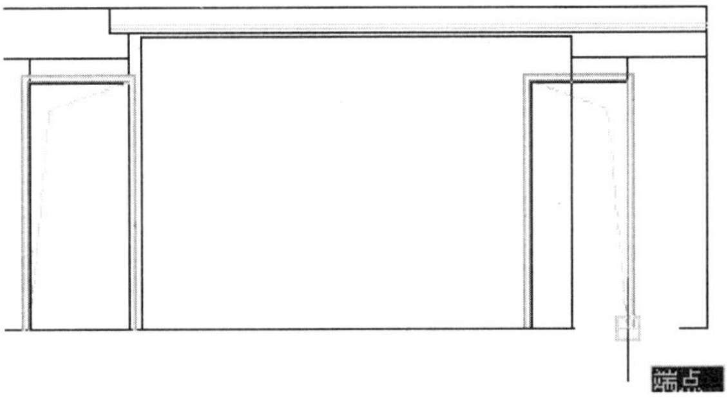

图5-19 定位插入点

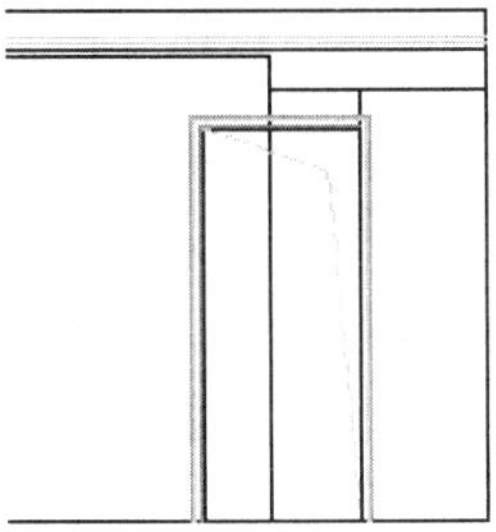
图5-20 插入结果

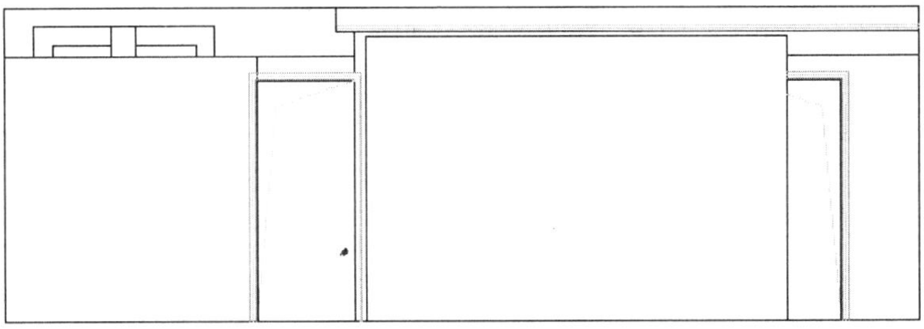
图5-21 修剪结果

8 使用快捷键“I”激活【插入块】命令，采用默认参数插入本书配套光盘中的“图块文件\墙面酒水柜01.dwg”文件，插入点为图5-22所示的端点，插入结果如图5-23所示。

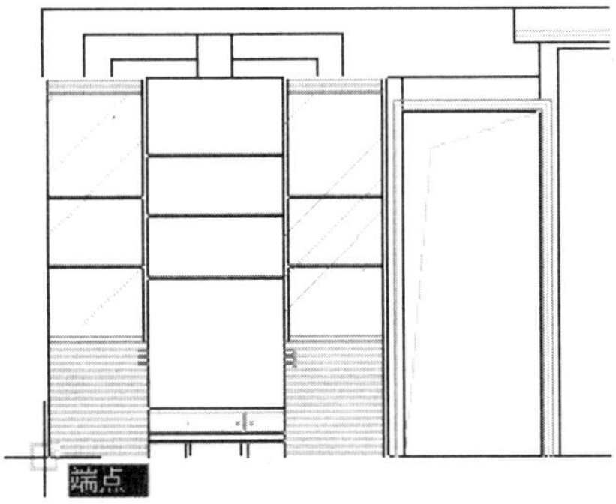

图5-22 捕捉端点

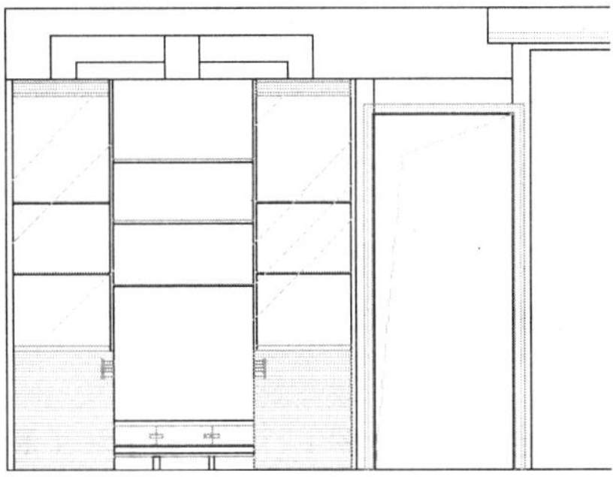
图5-23 插入结果

9 使用快捷键“I”激活【插入块】命令，采用默认参数插入本书配套光盘中的“图块文件\立面餐桌椅01.dwg”文件，插入点为图5-24所示的中点，插入结果如图5-25所示。

图5-24 捕捉中点

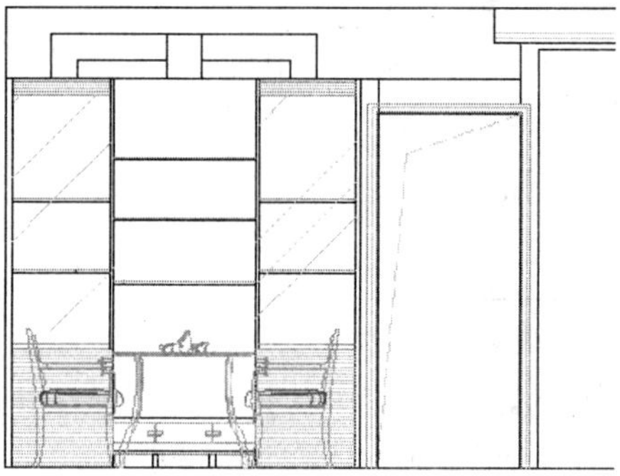

图5-25 插入结果

10 重复执行【插入块】命令，采用默认参数设置，分别插入本书配套光盘中的“图块文件\立面电视柜与电视01.dwg、装饰吊柜01.dwg、立面音响.dwg、装饰花.dwg、block02.dwg、block04.dwg、block05.dwg和筒灯01.dwg”等文件，插入结果如图5-26所示。

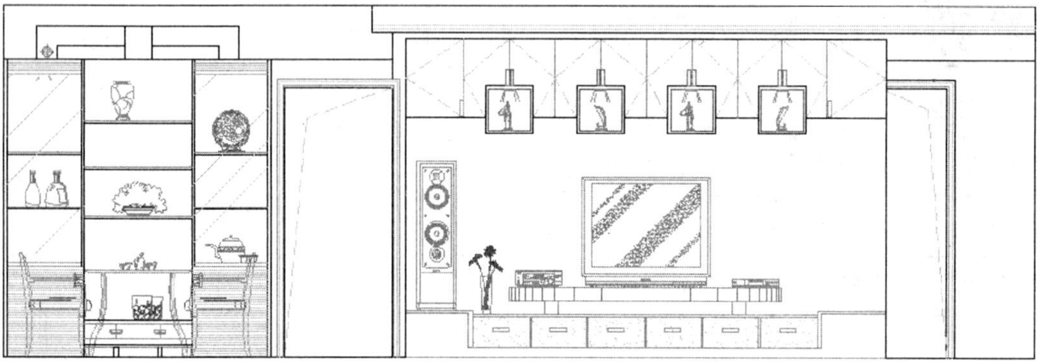

图5-26 插入其他构件

11 执行菜单栏中的【修改】|【镜像】命令，配合中点捕捉功能对插入的立面音响、装饰花以及灯具图块进行镜像，结果如图5-27所示。

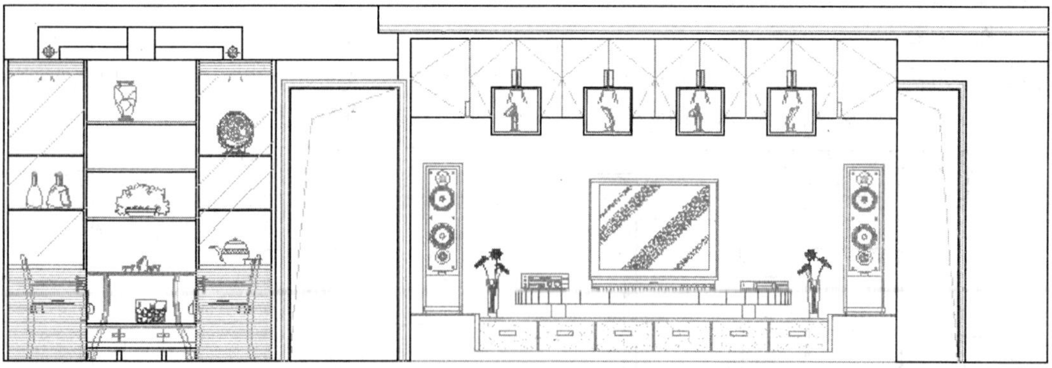

图5-27 镜像结果

12 综合使用【分解】、【修剪】和【删除】命令，对立面图构件轮廓线进行修整，删除被遮挡住的图线，结果如图5-28所示。

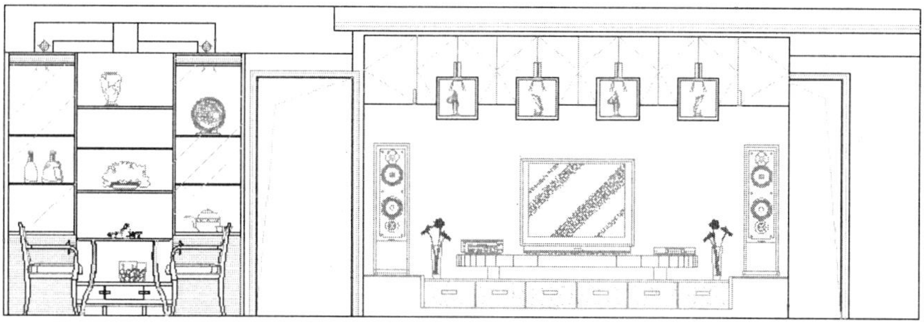

图5-28 修整结果

至此，客厅与餐厅墙面立面构件绘制完毕，下一小节将学习立面图尺寸的具体标注过程和技巧。

5.2.3　标注客厅与餐厅立面图尺寸

1. 继续上节操作。
2. 展开【图层控制】下拉列表，将“尺寸层”设置为当前图层。
3. 使用快捷键“D”激活【标注样式】命令，将“建筑标注”设为当前样式，同时修改标注比例如图5-29所示。
4. 执行菜单栏中的【标注】|【线性】命令，配合【对象捕捉】功能标注如图5-30所示的线性尺寸作为基准尺寸。

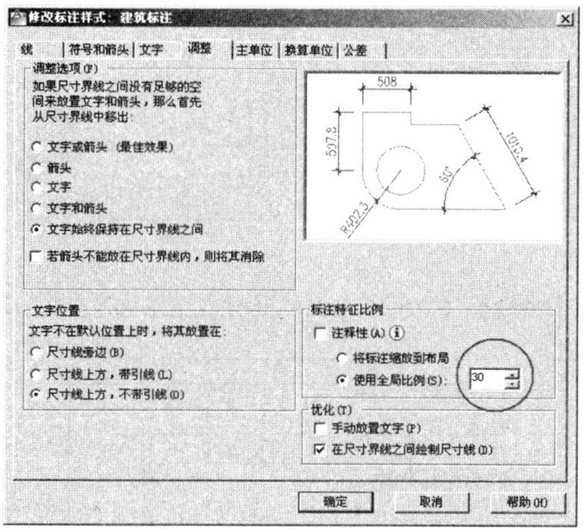

图5-29 修改标注比例

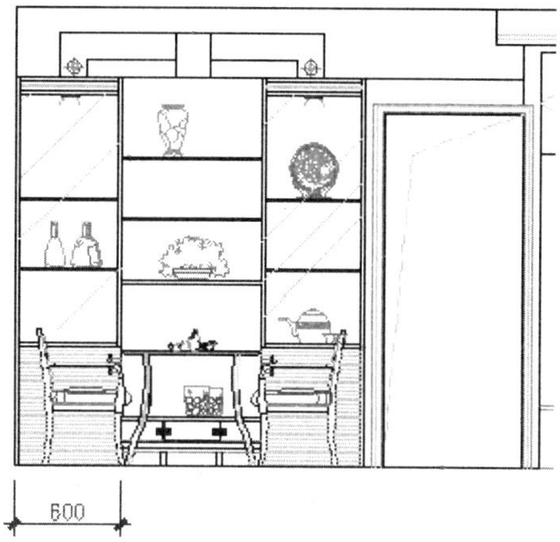

图5-30 标注结果

5. 执行菜单栏中的【标注】|【连续】命令，以刚标注的线性尺寸作为基准尺寸，标注如图5-31所示的连续尺寸作为细部尺寸。

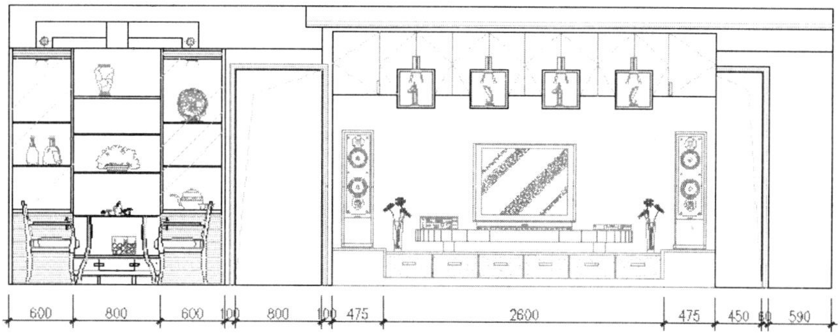

图5-31 标注连续尺寸

6 单击【标注】工具栏中的A按钮，激活【编辑标注文字】命令，对重叠的尺寸文字进行协调位置，结果如图5-32所示。

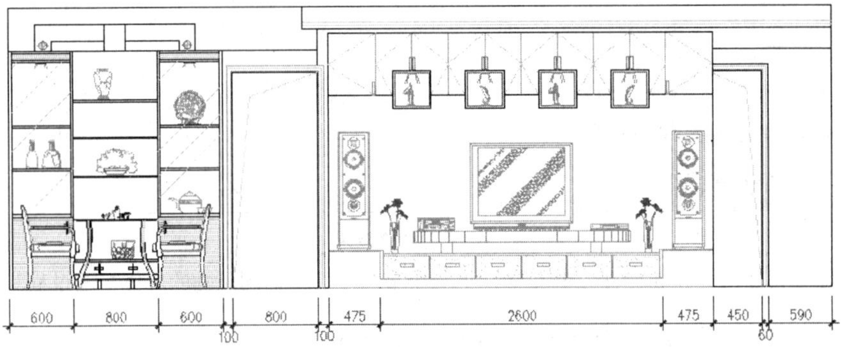

图5-32 调整标注文字位置

7 单击【标注】工具栏中的H按钮，激活【线性】命令，标注立面图下侧的总体尺寸，结果如图5-33所示。

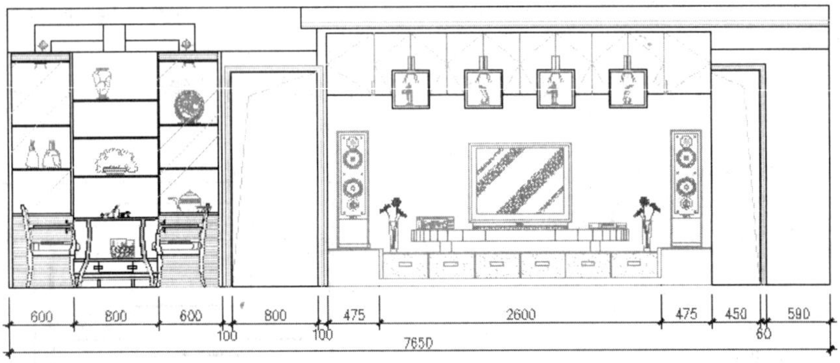

图5-33 标注总尺寸

8 综合使用【线性】、【连续】和【编辑标注文字】命令标注立面图左侧的尺寸，结果如图5-34所示。

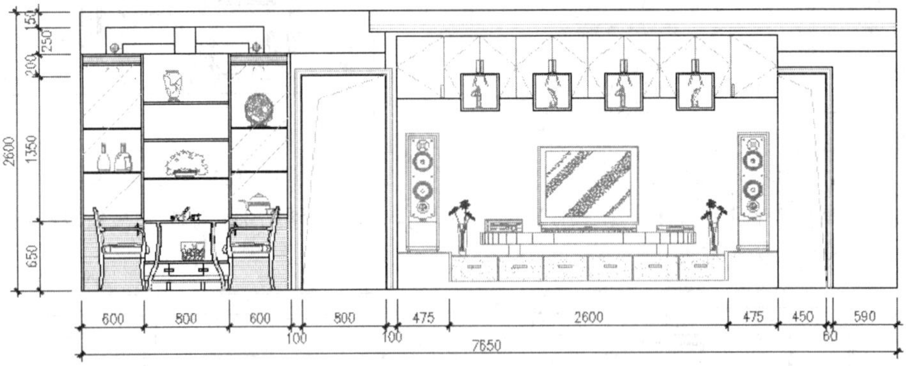

图5-34 标注右侧的立面尺寸

至此，客厅与餐厅C向立面图的尺寸标注完毕，下一小节将为装修立面图标注材质说明。

5.2.4 标注客厅与餐厅立面装修材质

1 继续上节操作。

2 展开【图层控制】下拉列表，将“文本层”设置为当前图层。

3 展开【标注样式控制】下拉列表，将“引线标注”设置为当前标注样式，如图5-35所示。

图5-35 【标注样式控制】下拉列表

4 使用快捷键“D”激活【标注样式】命令，修改“引线标注”的标注比例如图5-36所示。

5 使用快捷键“LE”激活【快速引线】命令，使用命令中的“设置”选项设置引线参数如图5-37和图5-38所示。

6 单击【引线设置】对话框中的 确定 按钮，返回绘图区，根据命令行的提示，指定三个引线点，绘制引线并输入引线注释，标注结果如图5-39所示。

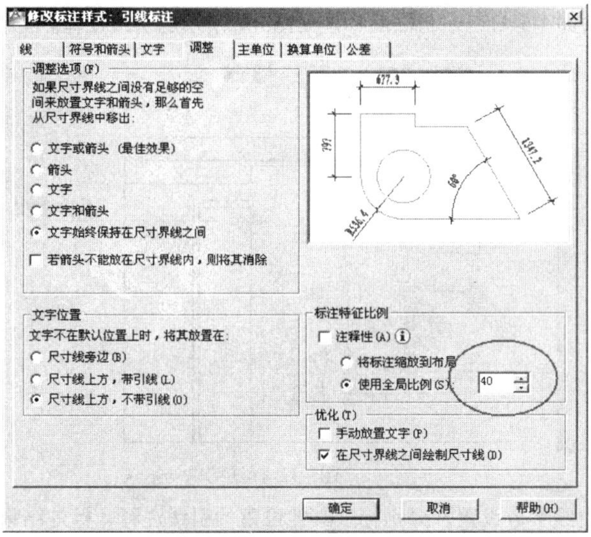

图5-36 修改标注比例

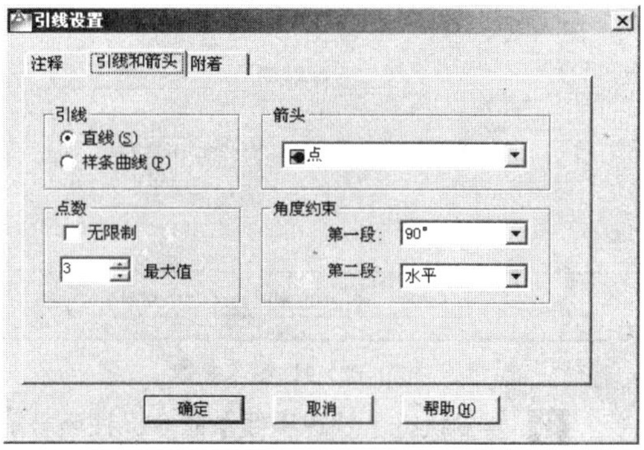

图5-37 【引线和箭头】选项卡

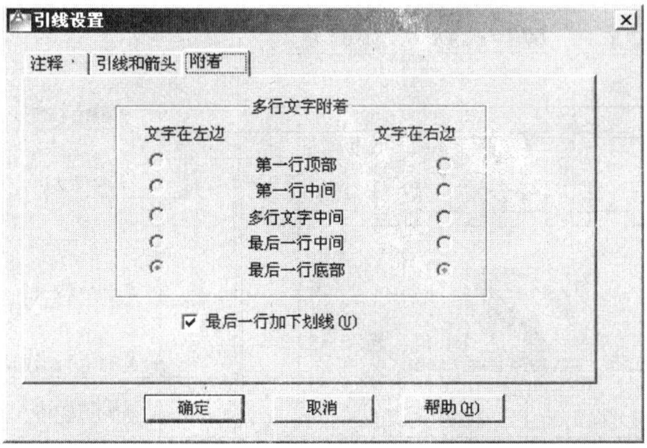

图5-38 【附着】选项卡

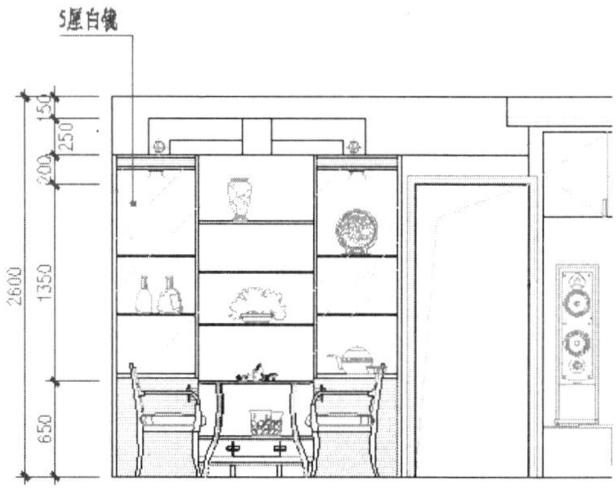

图5-39 标注结果

7 再次使用【快速引线】命令，按照当前的引线参数设置，分别标注其他位置的引线注释，标注结果如图5-40所示。

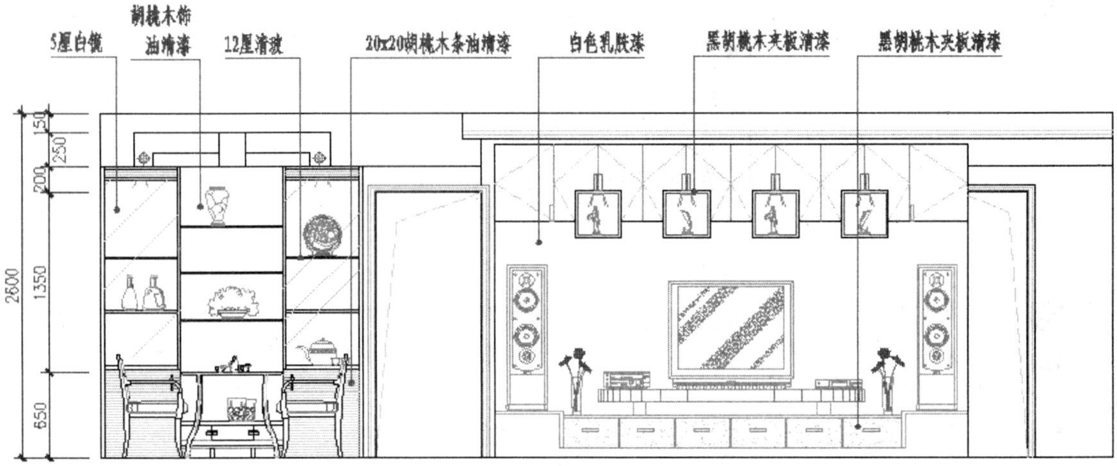

图5-40 标注其他位置的引线注释

8 重复执行【快速引线】命令，修改引线参数如图5-41所示，然后标注如图5-42所示的引线注释。

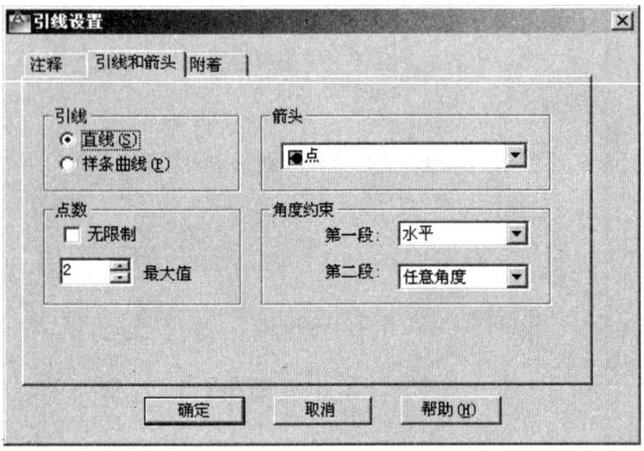

图5-41 修改参数

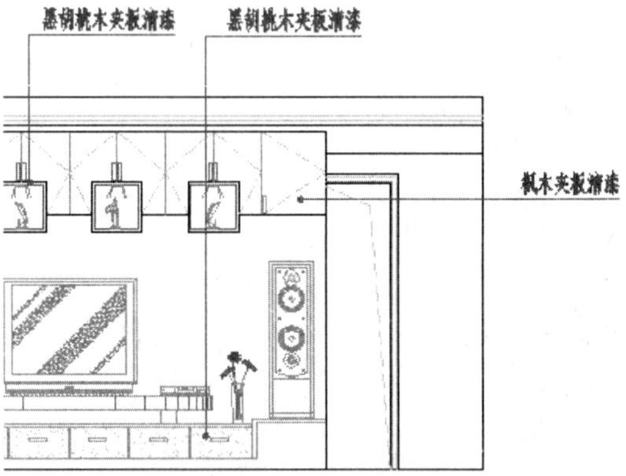

图5-42 标注结果

9 重复执行【快速引线】命令，按照当前的引线参数设置，分别标注其他位置的引线注释，标注结果如图5-43所示。

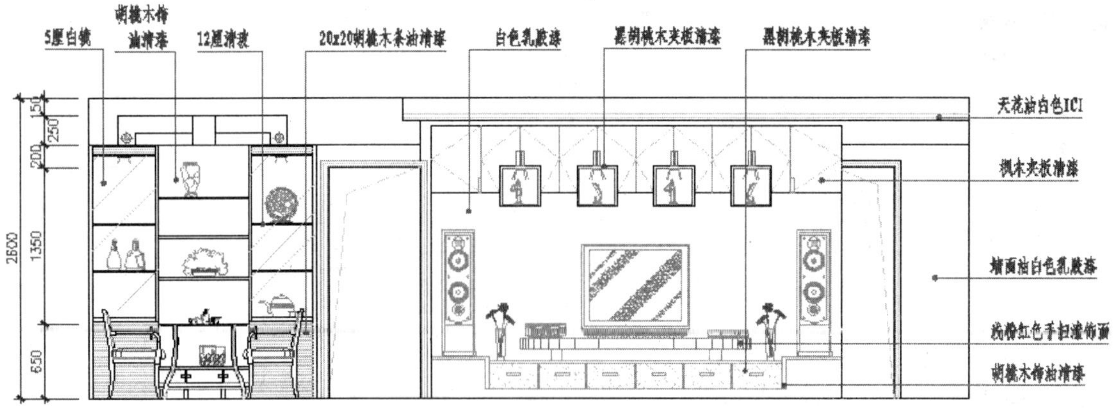

图5-43 标注其他位置的引线注释

10 调整视图，将图形全部显示，最终效果如图5-1所示。

11 最后执行【保存】命令，将图形命名存储为“客厅与餐厅装修立面图.dwg”。

5.3　绘制主卧室A向装修立面图

本节主要学习主卧室A向装修立面图的具体绘制过程和绘制技巧。主卧室A向装修立面图的最终绘制效果如图5-44所示。

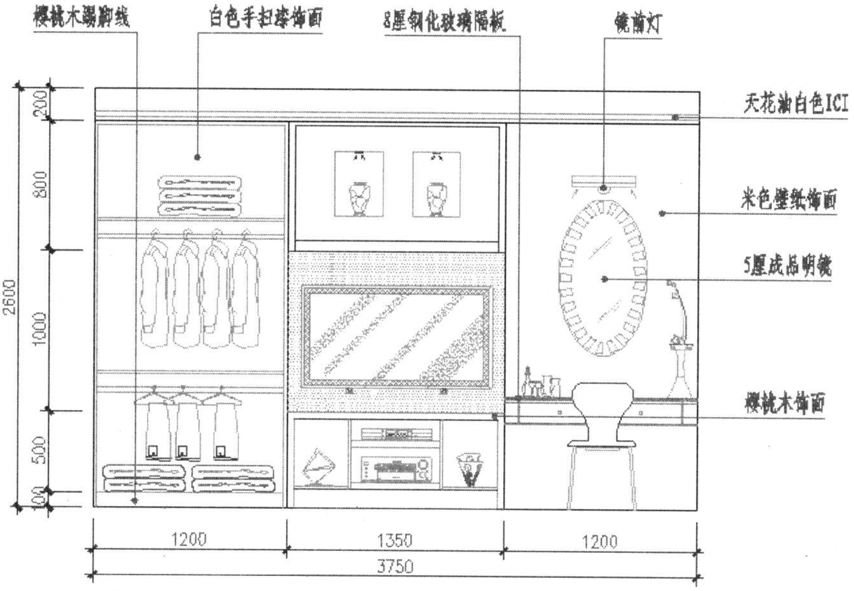

图5-44 实例效果

在绘制主卧室A向立面图时，具体可以参照如下思路。

1）首先使用【新建】命令调用制图样板。

2）使用【矩形】、【分解】、【偏移】、【修剪】等命令绘制主体轮廓和内部轮廓线。

3）使用【插入块】、【镜像】等命令布置立面图内部构件及装饰图块。

4）使用【分解】、【修剪】和【删除】命令对立面轮廓图进行编辑完善。

5）使用【线性】、【连续】命令标注主卧室A向立面图尺寸。

6）最后使用【多段线】、【单行文字】、【复制】、【编辑文字】命令为立面图标注文本注释。

5.3.1　绘制主卧室A向轮廓图

1 调用本书配套光盘中的“样板文件\室内设计样板.dwt”文件。

2 单击【图层】工具栏中的【图层控制】下拉按钮，在展开的下拉列表中选择“轮廓线”，将其设置为当前图层。

3 执行菜单栏中的【绘图】|【矩形】命令，绘制长度为3750、宽度为2600的矩形作为主卧室A向墙面外轮廓线，如图5-45所示。

4 使用快捷键“X”激活【分解】命令，将刚绘制的矩形分解为四条独立的线段。

5 执行菜单栏中的【修改】|【偏移】命令，将两侧的矩形垂直边向内偏移1200个绘图单位，结果如图5-46所示。

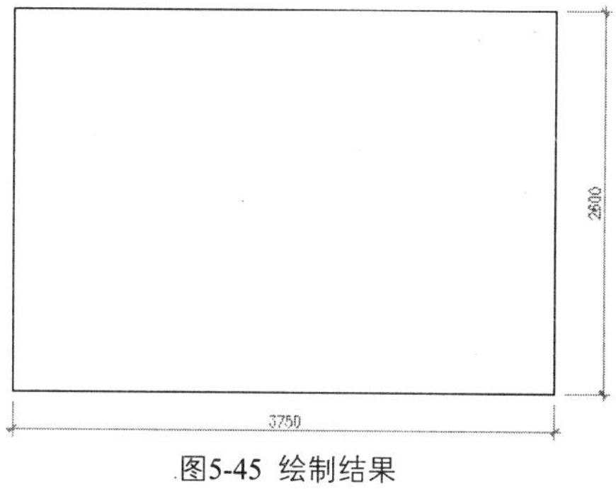

图5-45 绘制结果

6 重复执行【偏移】命令，将上侧的矩形水平边向下偏移140和170个绘图单位，将下侧的矩形水平边向上偏移2400个绘图单位，如图5-47所示。

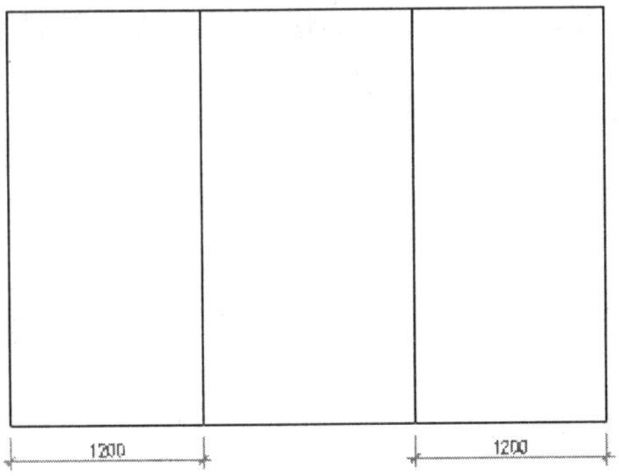

图5-46 偏移垂直边

图5-47 偏移水平边

7 使用快捷键“TR”激活【修剪】命令，对偏移出的垂直轮廓线进行修剪编辑，修剪掉多余的轮廓线，结果如图5-48所示。

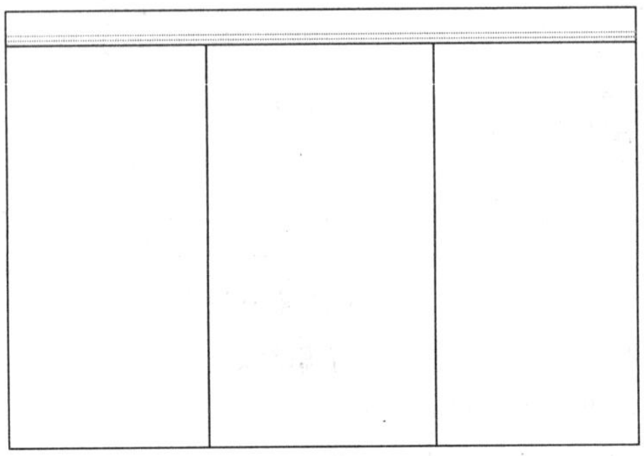

图5-48 修剪结果

8 展开【图层控制】下拉列表，将“家具层”设置为当前图层。

9 使用快捷键“ML”激活【多线】命令，配合【捕捉自】功能绘制装饰柜轮廓线。命令行操作如下：

```
命令: ML                                          // Enter
    MLINE当前设置: 对正 = 上, 比例 = 20.00, 样式 = 墙线样式
    指定起点或 [对正(J)/比例(S)/样式(ST)]:          //s Enter
    输入多线比例 <20.00>:                           //40 Enter
    当前设置: 对正 = 上, 比例 = 40.00, 样式 = 墙线样式
    指定起点或 [对正(J)/比例(S)/样式(ST)]:          //捕捉如图5-49所示的端点
    指定下一点:                                     //@600<90 Enter
    指定下一点或 [放弃(U)]:                         //@1350,0 Enter
    指定下一点或 [闭合(C)/放弃(U)]:                 //@0,-600 Enter
    指定下一点或 [闭合(C)/放弃(U)]:                 // Enter, 绘制结果如图5-50所示
```

技巧：修剪多个无规则对象时，可以不指定修剪的边界，而是按Enter键，然后直接在需要修剪掉的部分上单击，即可快速将其修剪掉。

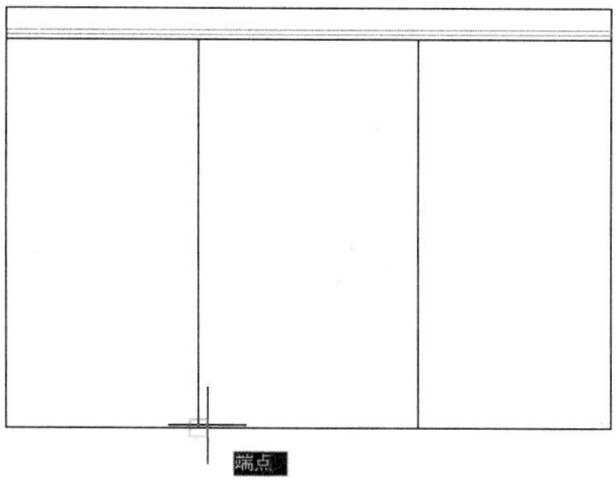

图5-49 捕捉端点

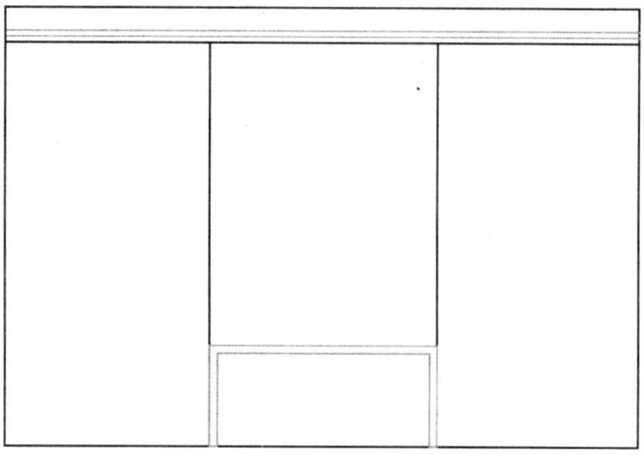
图5-50 绘制结果

```
命令:                                                  // Enter
    MLINE当前设置: 对正 = 上, 比例 = 40.00, 样式 = 墙线样式
    指定起点或 [对正(J)/比例(S)/样式(ST)]:              //激活【捕捉自】功能
    _from 基点:                                        //捕捉如图5-51所示的端点
    <偏移>:                                            //@0,160 Enter
    指定下一点:                                        // @1270,0 Enter
    指定下一点或 [放弃(U)]:                            // Enter
命令:
    MLINE当前设置: 对正 = 上, 比例 = 40.00, 样式 = 墙线样式
    指定起点或 [对正(J)/比例(S)/样式(ST)]:              //激活【捕捉自】功能
    _from 基点:                                        //捕捉如图5-52所示的端点
    <偏移>:                                            //@0,-140 Enter
    指定下一点:                                        //@1270,0 Enter
    指定下一点或 [放弃(U)]:                            // Enter, 绘制结果如图5-53所示
```

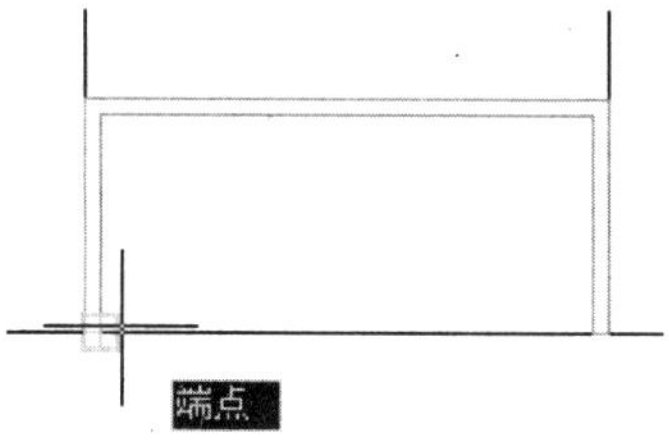

图5-51 捕捉端点

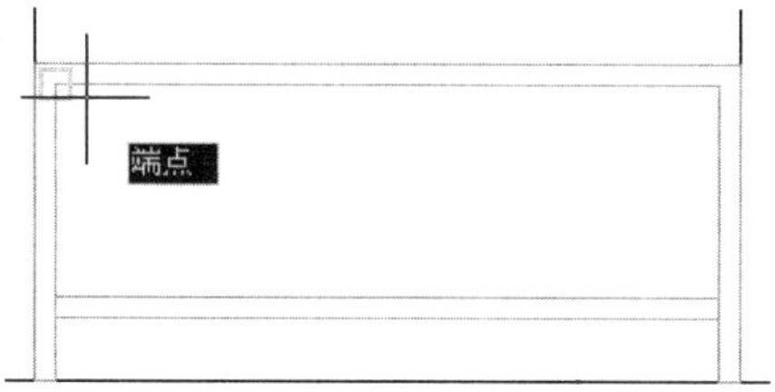

图5-52 捕捉端点

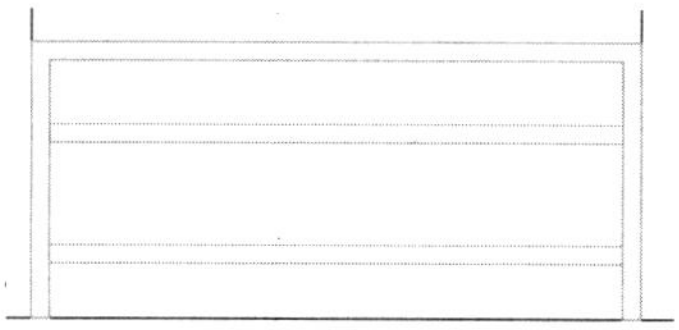
图5-53 绘制结果

10 重复执行【多线】命令，配合【捕捉自】功能继续绘制内部的轮廓线。命令行操作如下：

```
命令: ML                                               // Enter
    MLINE当前设置: 对正 = 上, 比例 = 40.00, 样式 = 墙线样式
    指定起点或 [对正(J)/比例(S)/样式(ST)]:              //s Enter
    输入多线比例 <40.00>:                              //20 Enter
    当前设置: 对正 = 上, 比例 = 20.00, 样式 = 墙线样式
    指定起点或 [对正(J)/比例(S)/样式(ST)]:              //激活【捕捉自】功能
    _from 基点:                                        //捕捉如图5-54所示的端点
```

```
    <偏移>:                                         //@360,0 Enter
    指定下一点:                                     //@0,-560 Enter
    指定下一点或 [放弃(U)]:                         // Enter
命令:
    MLINE当前设置: 对正 = 上, 比例 = 20.00, 样式 = 墙线样式
    指定起点或 [对正(J)/比例(S)/样式(ST)]:          //激活【捕捉自】功能
    _from 基点:                                     //捕捉如图5-55所示的端点
    <偏移>:                                         //@-340,0 Enter
    指定下一点:                                     //@0,-560 Enter
    指定下一点或 [放弃(U)]:                         //Enter, 绘制结果如图5-56所示
```

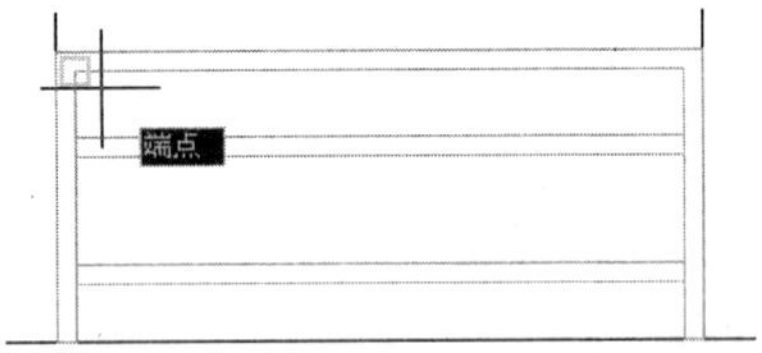

图5-54 捕捉端点

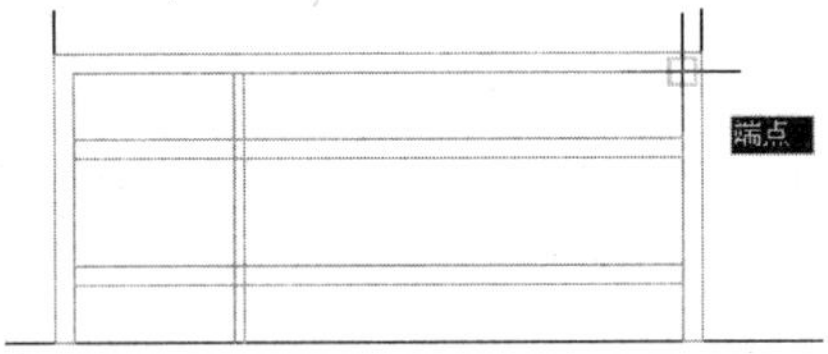

图5-55 捕捉端点

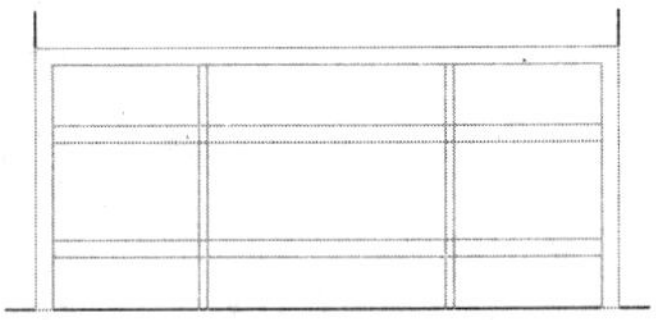

图5-56 绘制结果

11 综合使用【分解】和【修剪】命令对轮廓线进行编辑，结果如图5-57所示。

12 使用快捷键“O”激活【偏移】命令，将下侧的水平图线L向上偏移20个绘图单位，结果如图5-58所示。

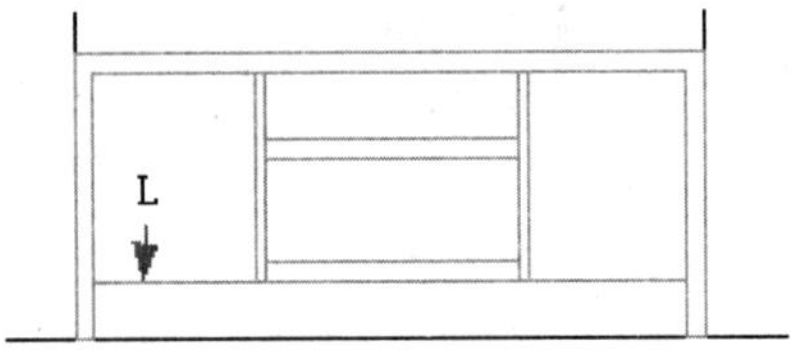

图5-57 编辑结果

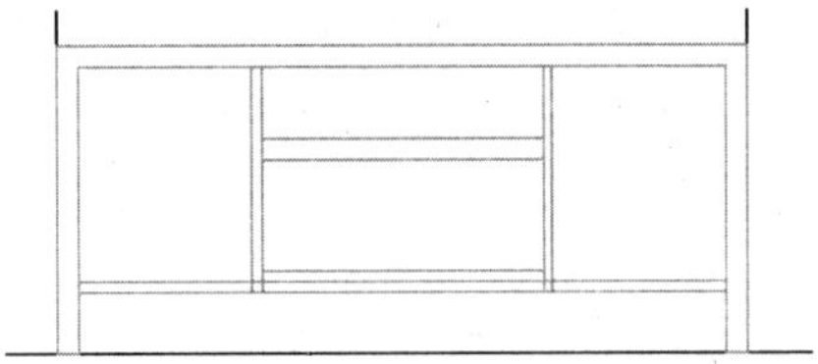

图5-58 偏移结果

13 使用快捷键“TR”激活【修剪】命令，对偏移出的图线进行修剪，结果如图5-59所示，局部效果如图5-60所示。

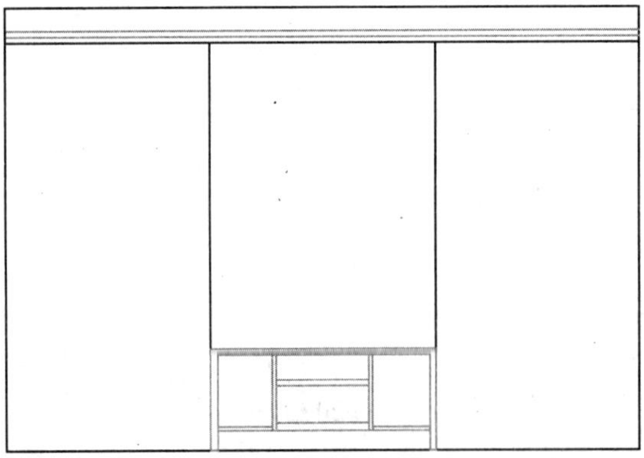

图5-59 修剪结果

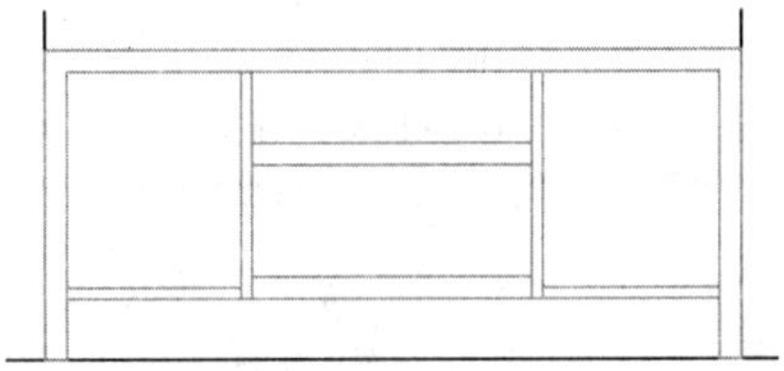

图5-60 局部效果

至此，主卧室A向立面轮廓线绘制完毕，下一小节将学习卧室立面构件的表达技巧，具体包括立面柜、梳妆台与梳妆镜、电视以及装饰品等立面构件。

5.3.2　绘制主卧室A向构件图

1 继续上节操作。

2 展开【图层控制】下拉列表，将“图块层”设置为当前图层。

3 执行菜单栏中的【插入】|【块】命令，或使用快捷键“I”激活【插入块】命令，打开【插入】对话框。

4 在【插入】对话框中单击 浏览(B)... 按扭，从打开的【选择图形文件】对话框中的选择本书配套光盘中的“图块文件\立面柜02.dwg”，如图5-61所示。

5 采用系统的默认设置，将立面柜图块插入到立面图中，插入点为左侧垂直轮廓线的下端点，插入结果如图5-62所示。

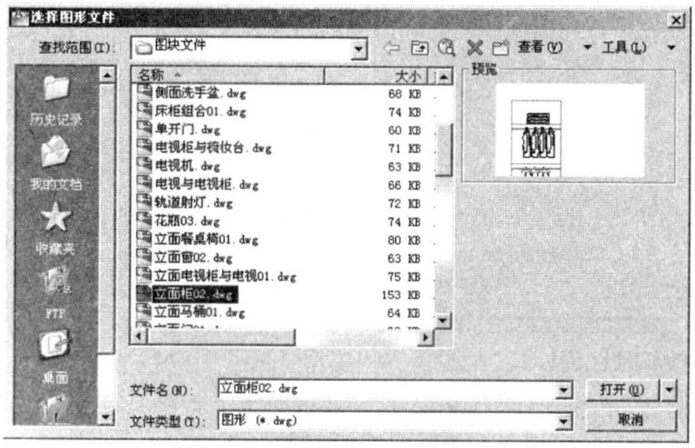

图5-61 选择文件

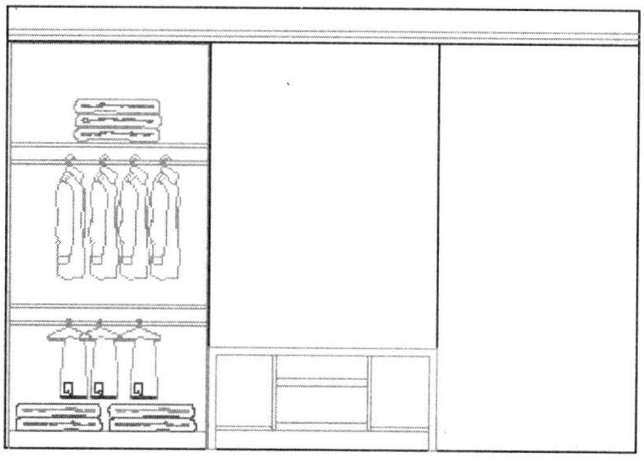

图5-62 插入结果

6 重复执行【插入块】命令，选择本书配套光盘中的“图块文件\立面梳妆台02.dwg”，如图5-63所示，以默认参数插入到立面图中，插入点为右侧垂直轮廓线的下端点，插入结果如图5-64所示。

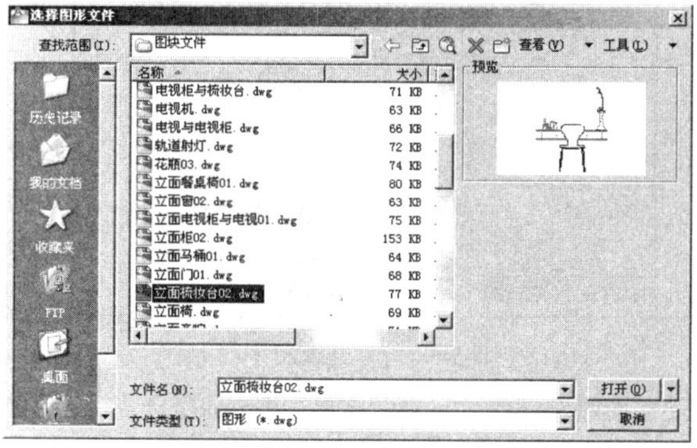

图5-63 选择文件

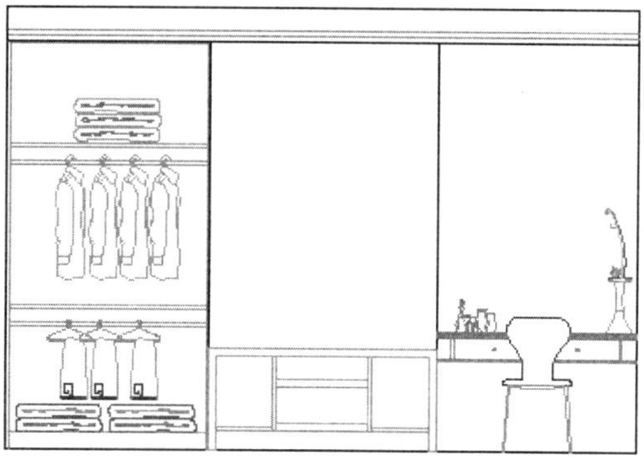

图5-64 插入结果

7 重复执行【插入块】命令，采用默认参数插入本书配套光盘中的“图块文件\梳妆镜03.dwg、block07.dwg、block06.dwg”等构件，结果如图5-65所示。

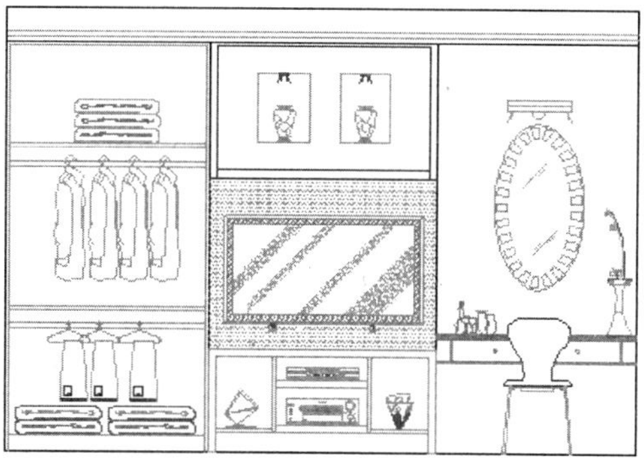

图5-65 插入结果

至此，主卧室A向立面构件绘制完毕，下一小节将学习A向立面图尺寸的标注过程和标注技巧。

5.3.3 标注主卧室A向立面尺寸

1 继续上节操作。

2 展开【样式】工具栏上的【标注样式控制】下拉列表，将“建筑标注”设置为当前样式。

3 执行菜单栏中的【标注】|【标注样式】命令，修改当前标注样式的全局比例为25，如图5-66所示。

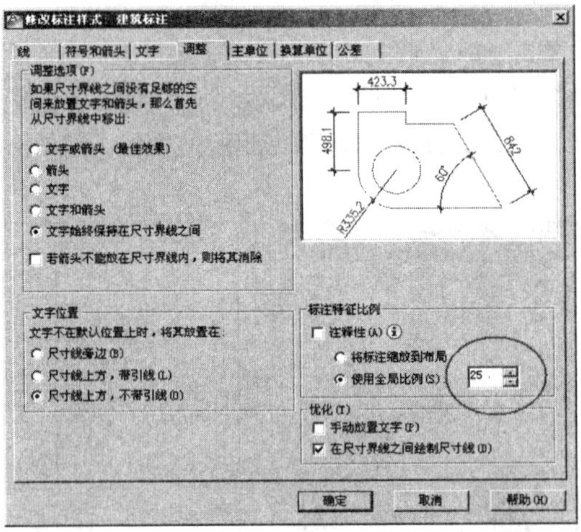

图5-66 修改标注比例

4 执行菜单栏中的【标注】|【线性】命令，标注如图5-67所示的线性尺寸作为基准尺寸。

5 执行菜单栏中的【标注】|【连续】命令，配合捕捉与追踪功能标注如图5-68所示的连续尺寸。

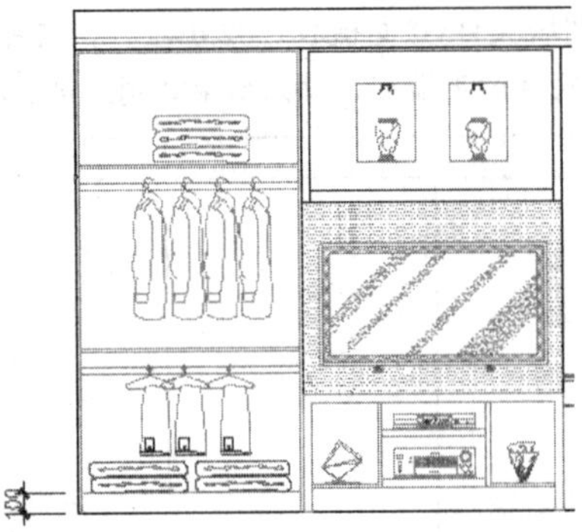

图5-67 标注线性尺寸

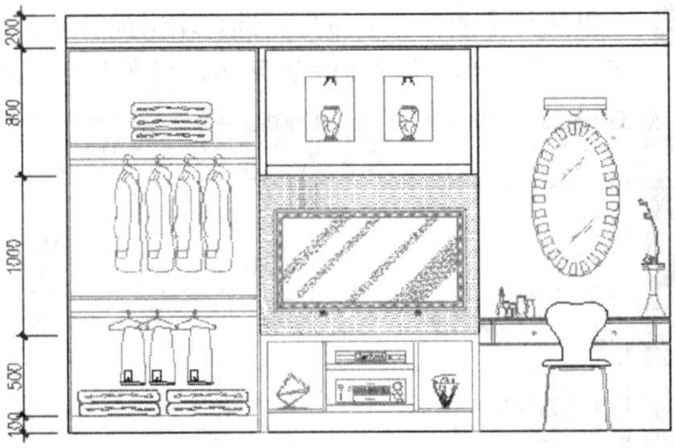

图5-68 标注连续尺寸

6 执行【线性】命令，配合捕捉或追踪功能标注立面图左侧的总尺寸，结果如图5-69所示。

7 参照上述操作，综合使用【线性】和【连续】命令标注立面图下侧的细部尺寸和总尺寸，结果如图5-70所示。

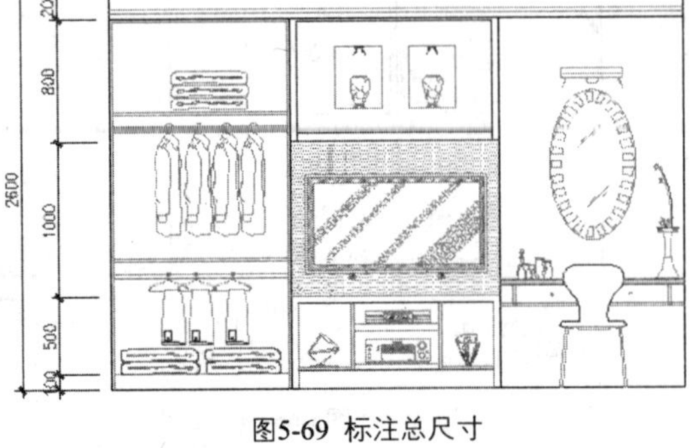

图5-69 标注总尺寸

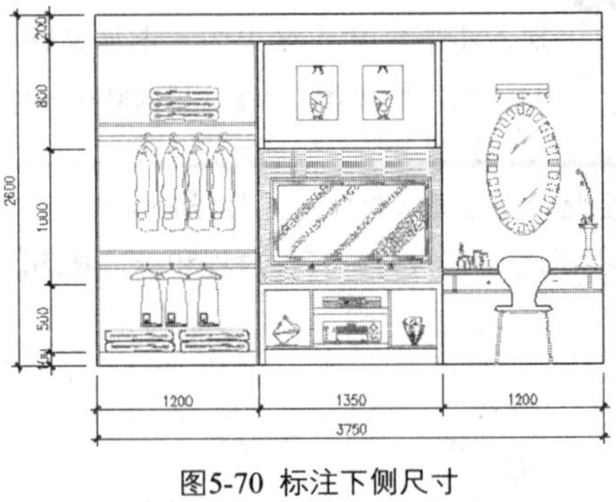

图5-70 标注下侧尺寸

至此，主卧室A向立面图尺寸标注完毕，下一小节将为主卧室A向立面图标注墙面装修材质。

5.3.4 标注主卧室A向墙面材质

1. 继续上节操作。
2. 展开【图层控制】下拉列表，将“文本层”设置为当前图层。
3. 展开【样式】工具栏中的【文字样式控制】下拉列表，设置“仿宋体”为当前文字样式。
4. 使用快捷键“PL”激活【多段线】命令，绘制如图5-71所示的文本注释指示线。

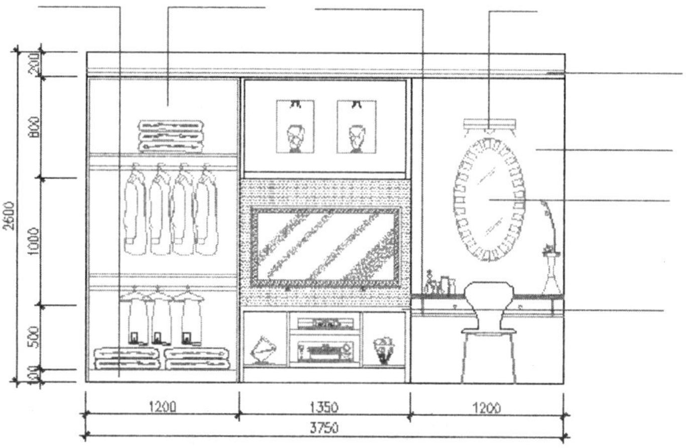

图5-71 绘制文本注释指示线

5. 使用快捷键“DT”激活【单行文字】命令，在命令行“指定文字的起点或 [对正(J)/样式(S)]：”提示下，输入J并按Enter键。
6. 在“输入选项 [对齐(A)/布满(F)/居中(C)/中间(M)/右对齐(R)/左上(TL)/中上(TC)/右上(TR)/左中(ML)/正中(MC)/右中(MR)/左下(BL)/中下(BC)/右下(BR)]:：”提示下，输入“BL”并按Enter键，以设置文字的对正方式。
7. 在“指定文字的左中点：”提示下，捕捉左侧指示线的左端点。
8. 在“指定高度 <3>：”提示下，输入105并按Enter键，设置文字的高度为105个绘图单位。
9. 在“指定文字的旋转角度 <0.00>”提示下，直接按Enter键，此时在绘图区所指定的文字起点位置上出现一个文本输入框，输入“樱桃木踢脚线”后按Enter键，结果如图5-72所示。
10. 使用快捷键“CO”激活【复制】命令，将刚标注的文字分别复制到其他文字指示线的末端，结果如图5-73所示。

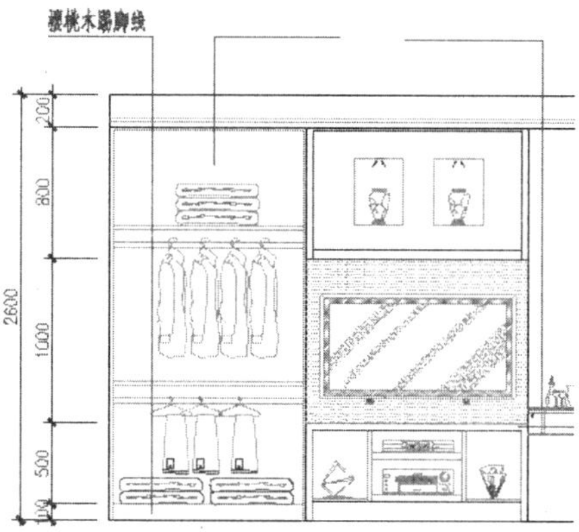

图5-72 标注文本注释

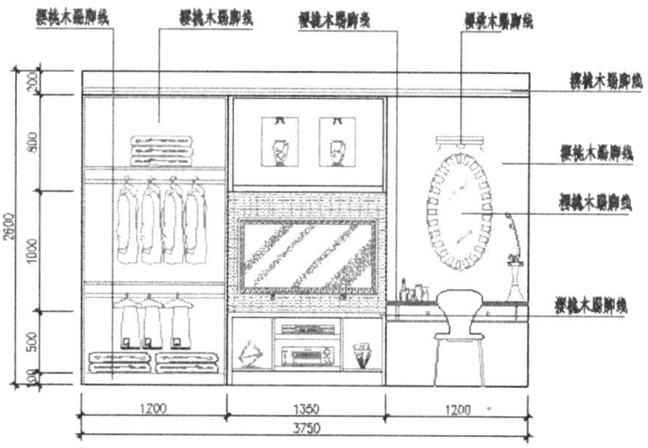

图5-73 复制结果

11 使用快捷键“ED”激活【编辑文字】命令，在复制出的文字上单击，输入正确的文字内容，如图5-74所示。

12 重复执行【编辑文字】命令，分别对其他位置的文字进行编辑，结果如图5-75所示。

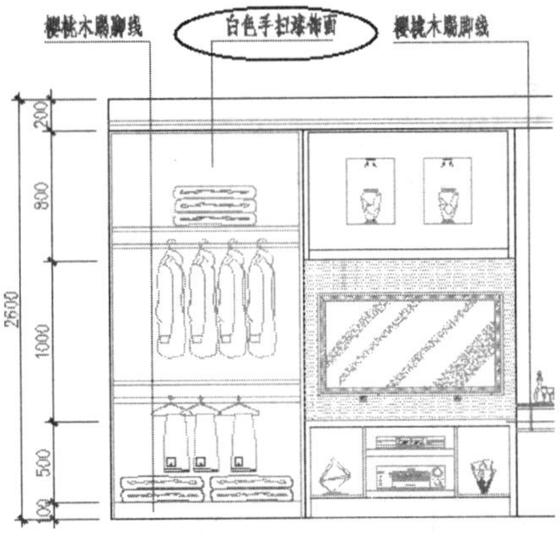

图5-74 输入正确文字内容

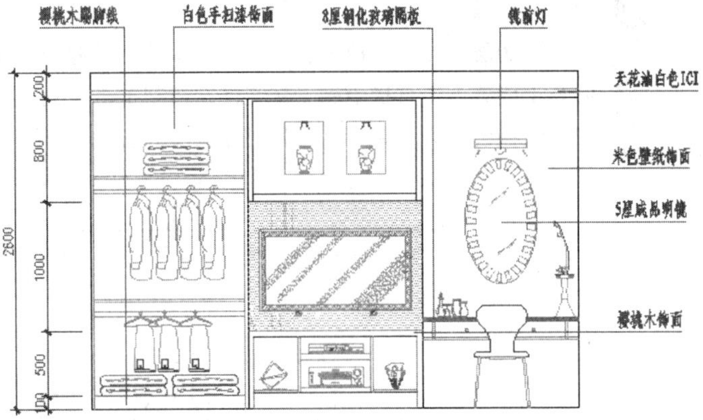

图5-75 编辑其他文字

13 执行【范围缩放】命令，将图形全部显示在绘图区内，结果如图5-44所示。

14 最后执行【保存】命令，将图形命名存储为“主人房立面图.dwg”。

5.4 绘制书房A向装修立面图

本节主要学习书房A向装修立面图的具体绘制过程和绘制技巧。书房A向装修立面图的最终绘制效果如图5-76所示。

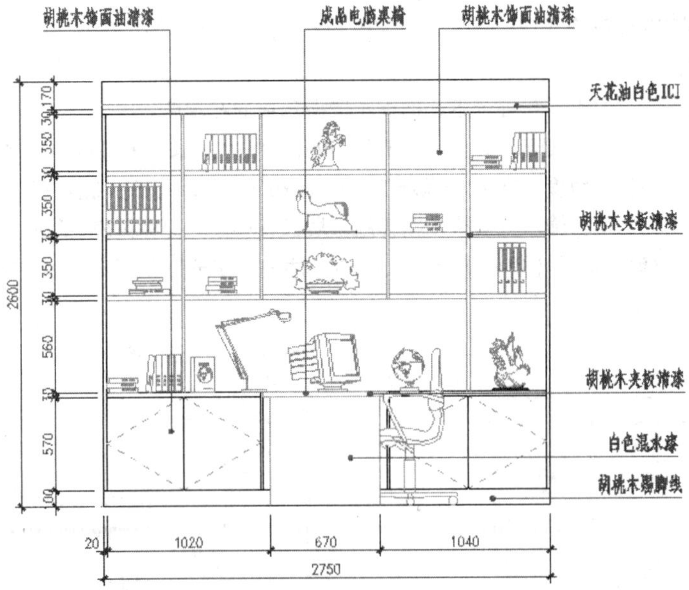

图5-76 实例效果

在绘制书房A向立面图时，具体可以参照如下思路。

1）首先使用【新建】命令调用制图模板。

2）使用【矩形】、【偏移】、【修剪】等命令绘制立面轮廓图。

3）使用【偏移】、【阵列】、【分解】、【修剪】等命令绘制墙面装饰架。
4）使用【插入块】、【修剪】、【分解】等命令绘制和完善书房立面构件。
5）使用【线性】、【连续】和【编辑标注文字】命令标注立面图尺寸。
6）最后使用【多线样式】、【快速引线】命令标注立面图装修材质。

5.4.1 绘制书房A向轮廓图

1 调用本书配套光盘中的“样板文件\室内设计样板.dwt”文件。

2 单击【图层】工具栏上的【图层控制】下拉按钮，在展开的下拉列表中设置“轮廓线”为当前图层。

3 执行菜单栏中的【绘图】|【矩形】命令，绘制长度为2750、宽度为2600的矩形作为主体轮廓。

4 执行菜单栏中的【修改】|【分解】命令，将矩形分解为四条独立的线段。

5 执行菜单栏中的【修改】|【偏移】命令，将矩形的水平边向上偏移。命令行操作如下：

```
命令: _offset
    当前设置: 删除源=否  图层=源  OFFSETGAPTYPE=0
    指定偏移距离或 [通过(T)/删除(E)/图层(L)] <通过>:          //100 Enter，设置偏移间距
    选择要偏移的对象或 [退出(E)/放弃(U)] <退出>:              //选择矩形下侧水平边
    指定要偏移的那一侧上的点，或 [退出(E)/多个(M)/放弃(U)] <退出>:
                                                            //在水平边的上侧单击
    选择要偏移的对象，或 [退出(E)/放弃(U)] <退出>:            // Enter，结束命令
命令:                                                        // Enter，重复执行命令
    OFFSET当前设置: 删除源=否  图层=源  OFFSETGAPTYPE=0
    指定偏移距离或 [通过(T)/删除(E)/图层(L)] <100>:           //570 Enter
    选择要偏移的对象或 [退出(E)/放弃(U)] <退出>:              //选择刚偏移出的水平边
    指定要偏移的那一侧上的点，或 [退出(E)/多个(M)/放弃(U)] <退出>:
                                                            //在水平边的上侧单击
    选择要偏移的对象，或 [退出(E)/放弃(U)] <退出>:
                                        // Enter，结束命令，偏移结果如图5-77所示
```

6 重复执行【偏移】命令，将上侧的水平边向下偏移140、170、200和1900个绘图单位，结果如图5-78所示。

图5-77 偏移结果

图5-78 偏移上侧水平边

7 重复执行【偏移】命令，将两侧的垂直边向内偏移20、980和1000个绘图单位，结果如图5-79所示。

8 使用快捷键“TR”激活【修剪】命令，对偏移出的图线进行修剪，结果如图5-80所示。

图5-79 偏移结果

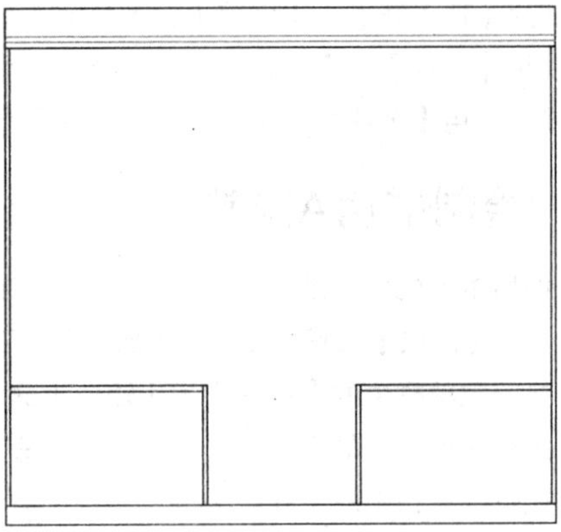

图5-80 修剪结果

9 使用快捷键“L”激活【直线】命令，配合【两点之间的中点】和中点捕捉功能绘制如图5-81所示的垂直轮廓线和方向线。

10 使用快捷键“LT”激活【线型】命令，在打开的【线型管理器】对话框中加载如图5-82所示的线型，然后设置线型比例如图5-83所示。

11 在无命令执行的前提下夹点显示如图5-84所示的方向线。然后打开【特性】窗口，修改线型如图5-85所示，修改后的效果如图5-86所示。

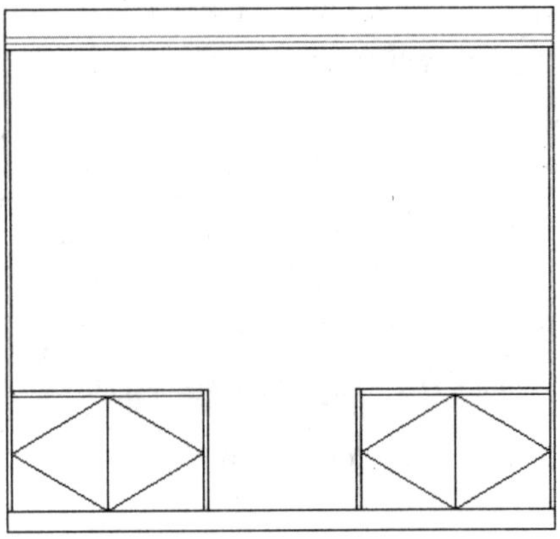

图5-81 绘制结果

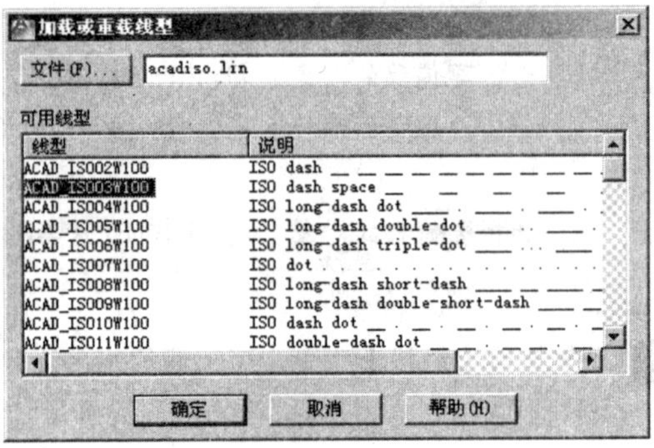

图5-82 加载线型

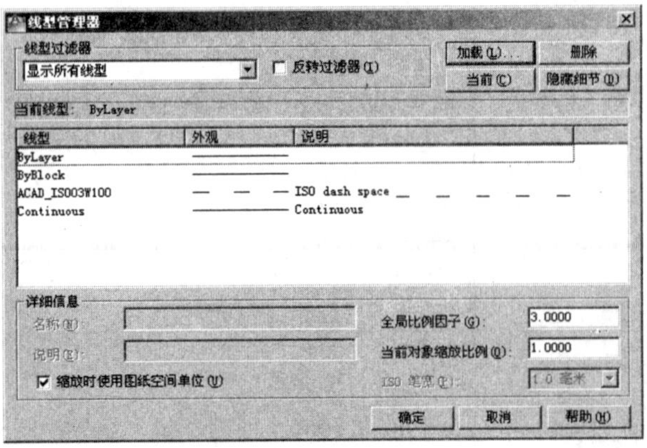

图5-83 加载线型并设置线型比例

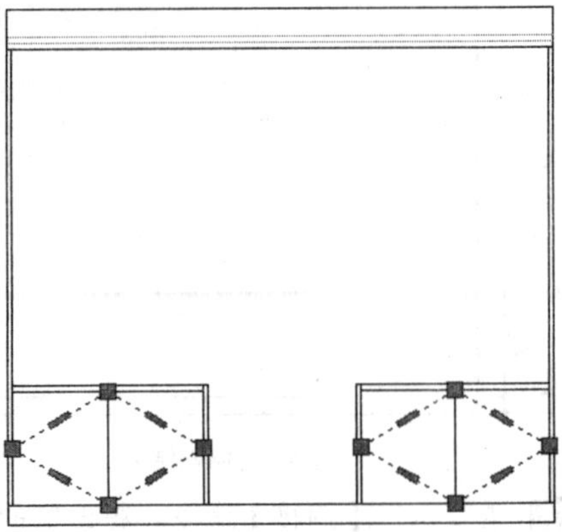

图5-84 夹点效果

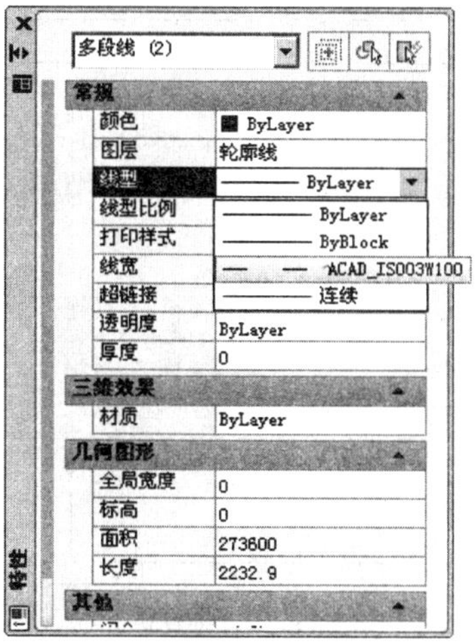

图5-85 修改线型

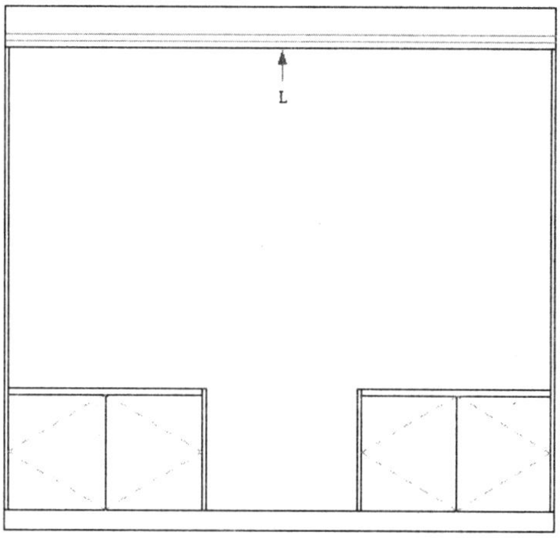

图5-86 修改线型后的效果

至此，书房A向立面轮廓图绘制完毕，下一小节将学习书房A向装修架立面构件的表达技巧。

5.4.2　绘制书房A向装修架

1 继续上节操作。

2 使用快捷键“LA”激活【图层】命令，将“家具层”设置为当前操作层。

3 执行菜单栏中的【修改】|【偏移】命令，对内部的水平轮廓线L进行偏移。命令行操作如下：

```
命令: _offset
    当前设置: 删除源=否  图层=源  OFFSETGAPTYPE=0
    指定偏移距离或 [通过(T)/删除(E)/图层(L)] <1000.0>:          //l Enter
    输入偏移对象的图层选项 [当前(C)/源(S)] <源>:               //c Enter
    指定偏移距离或 [通过(T)/删除(E)/图层(L)] <1000.0>:          //350 Enter
    选择要偏移的对象，或 [退出(E)/放弃(U)] <退出>:              //选择图5-86所示的轮廓线L
    指定要偏移的那一侧上的点，或 [退出(E)/多个(M)/放弃(U)] <退出>:
                                                               //在所选轮廓线的下端单击
    选择要偏移的对象，或 [退出(E)/放弃(U)] <退出>:              // Enter

命令:                                                          // Enter
    OFFSET当前设置: 删除源=否  图层=当前  OFFSETGAPTYPE=0
    指定偏移距离或 [通过(T)/删除(E)/图层(L)] <350.0>:           //30 Enter
    选择要偏移的对象，或 [退出(E)/放弃(U)] <退出>:              //选择刚偏移出的轮廓线
    指定要偏移的那一侧上的点，或 [退出(E)/多个(M)/放弃(U)] <退出>:
                                                               //在所选轮廓线的下端单击
选择要偏移的对象，或 [退出(E)/放弃(U)] <退出>:                  // Enter，偏移结果如图5-87所示
```

4 重复执行【偏移】命令，将两侧的内垂直边1和2分别向内侧偏移470、490、960和980个绘图单位，结果如图5-88所示。

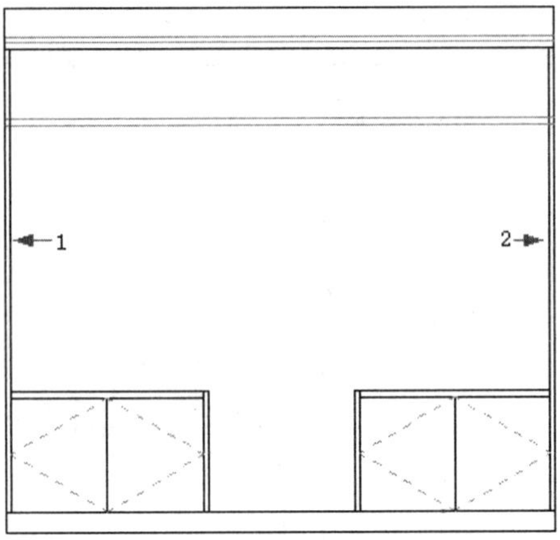

图5-87 偏移水平边

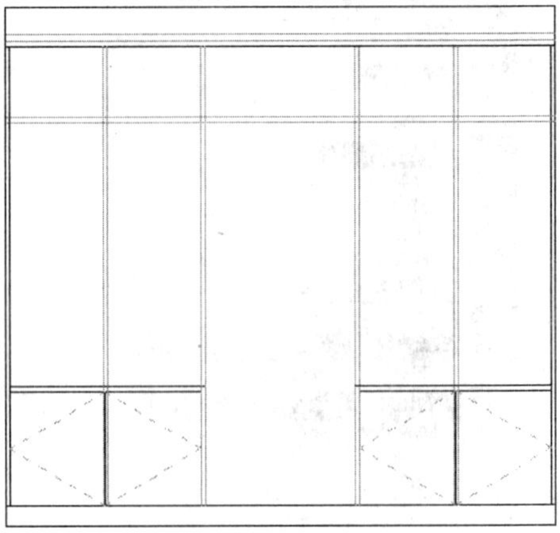

图5-88 偏移垂直边

5 执行菜单栏中的【修改】|【阵列】|【矩形阵列】命令，对刚偏移出的两条水平轮廓线进行阵列。命令行操作如下：

```
命令: _arrayrect
    选择对象:                                    //拉出如图5-89所示的窗交选择框
    选择对象:                                    // Enter
    类型 = 矩形  关联 = 是
    为项目数指定对角点或 [基点(B)/角度(A)/计数(C)] <计数>: // Enter
    输入行数或 [表达式(E)] <4>:                  //3 Enter
    输入列数或 [表达式(E)] <4>:                  //1 Enter
    指定对角点以间隔项目或 [间距(S)] <间距>:      // Enter
    指定行之间的距离或 [表达式(E)] <45>:          //-380 Enter
    按 Enter 键接受或 [关联(AS)/基点(B)/行(R)/列(C)/层(L)/退出(X)] <退出>:
                                                 // Enter，阵列结果如图5-90所示
```

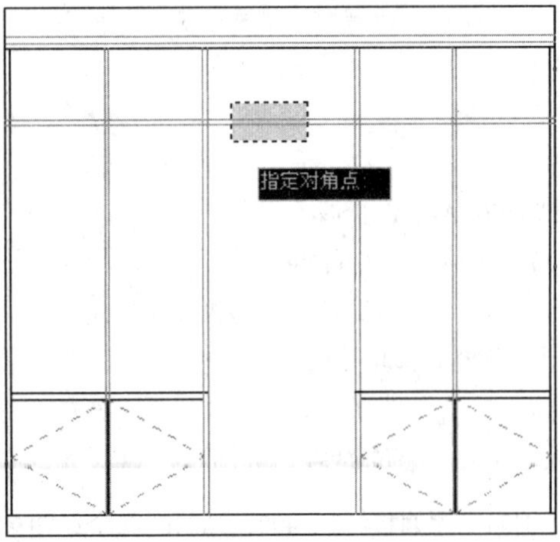

图5-89 窗交选择

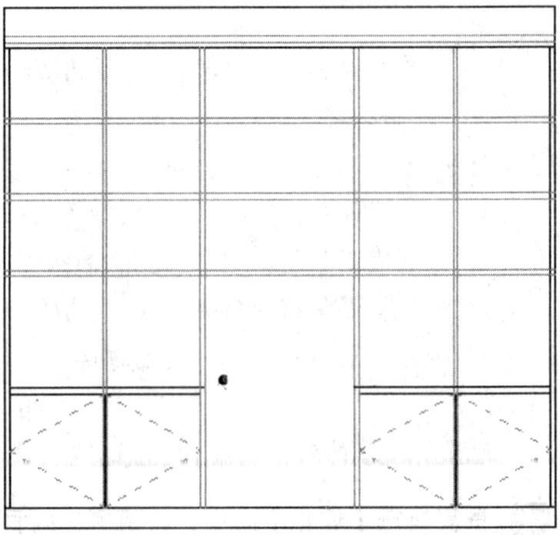

图5-90 阵列结果

6 在无命令执行的前提下夹点显示如图5-91所示的关联对象，然后执行【分解】命令进行分解。

7 使用快捷键“TR”激活【修剪】命令，对内部的垂直轮廓线进行修剪，结果如图5-92所示。

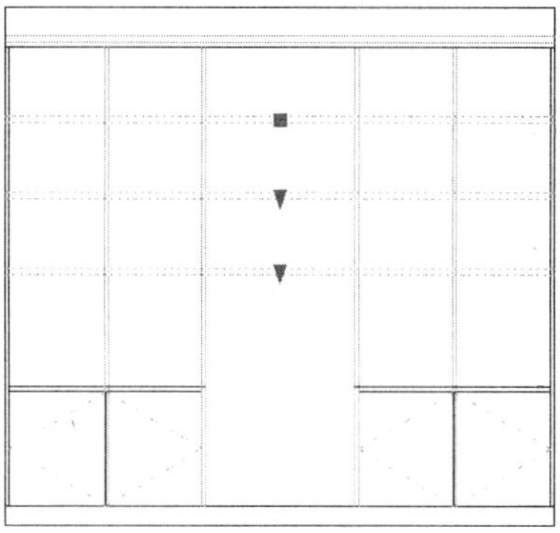

图5-91 夹点效果

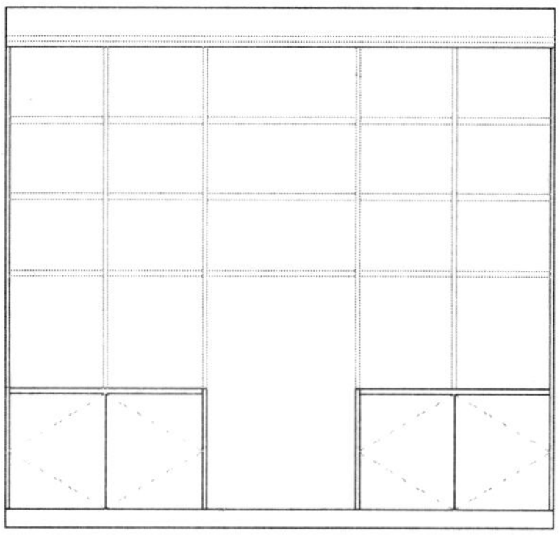

图5-92 修剪结果

至此，书房A向立面装饰架绘制完毕，下一小节将学习书房A向立面构件图的快速绘制过程和技巧。

5.4.3 绘制书房A向构件图

1. 继续上节操作。
2. 展开【图层控制】下拉列表，将“图块层”设置为当前操作层。
3. 使用快捷键“I”激活【插入块】命令，在打开的对话框中单击 浏览(B)... 按扭，选择本书配套光盘中的“图块文件\立面办公桌椅01.dwg”，如图5-93所示。
4. 采用系统的默认设置，将立面办公桌椅插入到立面图中，插入点为图5-94所示的轮廓线的中点。

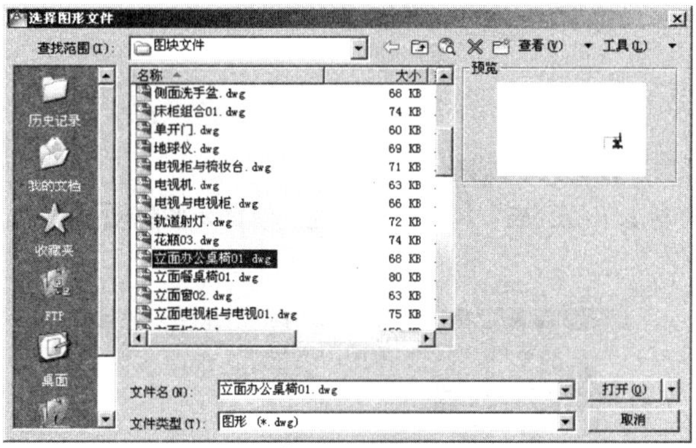

图5-93 选择文件

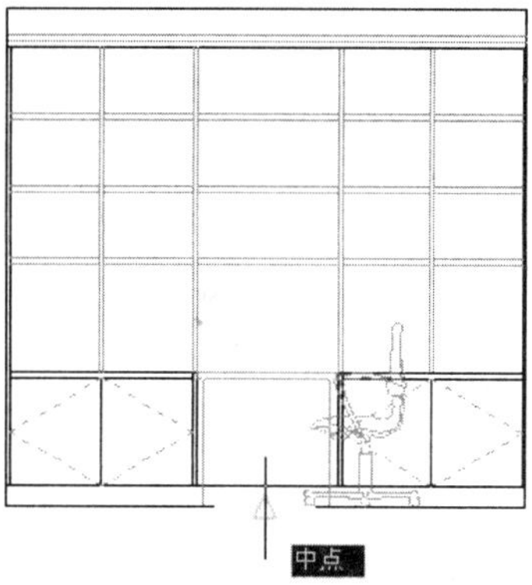

图5-94 定位插入点

5. 重复执行【插入块】命令，选择本书配套光盘中的“图块文件\显示器01.dwg”，如图5-95所示。
6. 采用系统的默认设置，将显示器图块插入到立面图中，插入结果如图5-96所示。

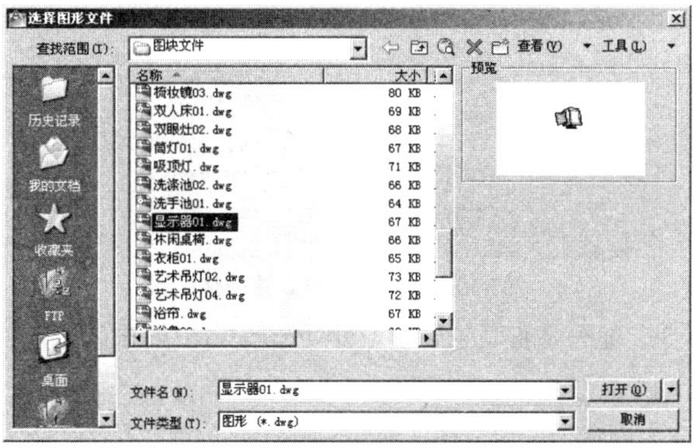

图5-95 选择文件

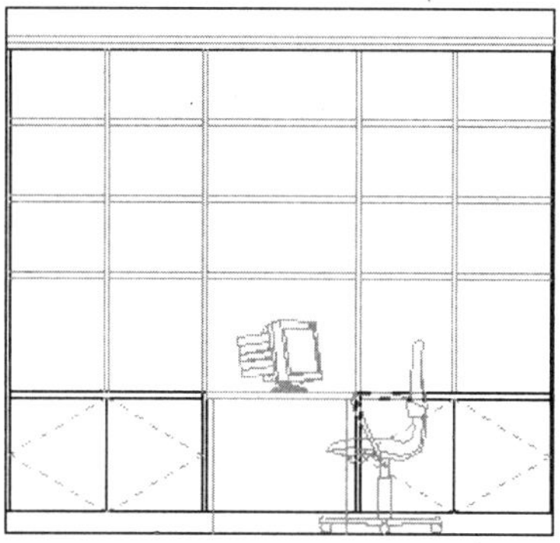

图5-96 插入结果

7 重复执行【插入块】命令，采用默认参数插入本书配套光盘中的“图块文件\block09.dwg”，插入结果如图5-97所示。

8 重复执行【插入块】命令，采用默认参数插入本书配套光盘中的“图块文件\block08.dwg、立面台灯01.dwg、地球仪01.dwg”等构件，结果如图5-98所示。

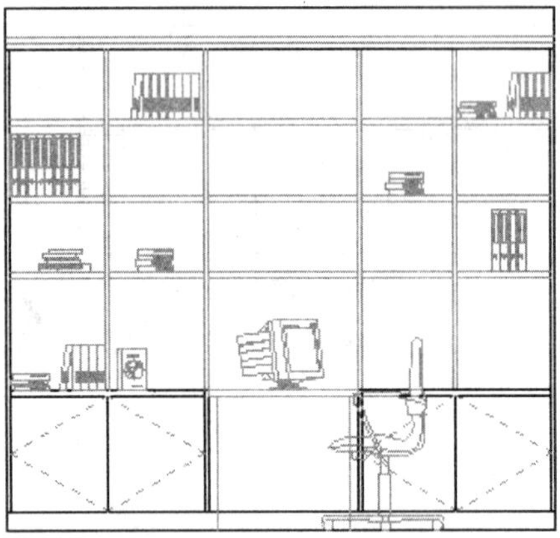

图5-97 插入结果

图5-98 插入其他构件

9 接下来综合使用【分解】、【修剪】和【删除】命令对立面图进行修整完善，删除被遮挡住的图线，结果如图5-99所示。

至此，书房A向立面构件图绘制完毕，下一小节将学习书房A向立面图尺寸的标注过程和技巧。

5.4.4 标注书房A向立面尺寸

1 继续上节操作。

2 展开【图层控制】下拉列表，将“尺寸层”设置为当前操作层。

3 展开【样式】工具栏中的【标注样式控制】下拉列表，将“建筑标注”设置为当前尺寸样式，并调整标注比例如图5-100所示。

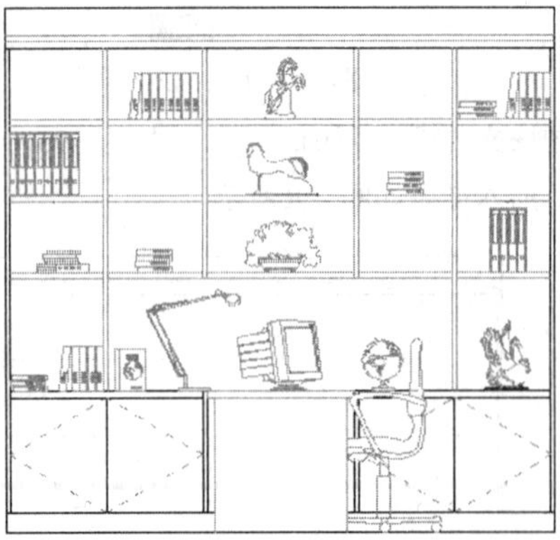

图5-99 编辑结果

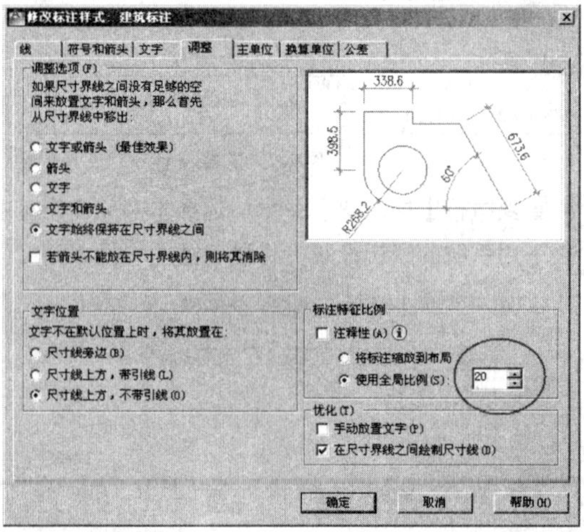

图5-100 设置当前样式并调整比例

4 执行菜单栏中的【标注】|【线性】命令，配合捕捉与追踪功能标注如图5-101所示的线性尺寸作为基准尺寸。

5 执行菜单栏中的【标注】|【连续】命令，配合捕捉功能标注如图5-102所示的连续尺寸。

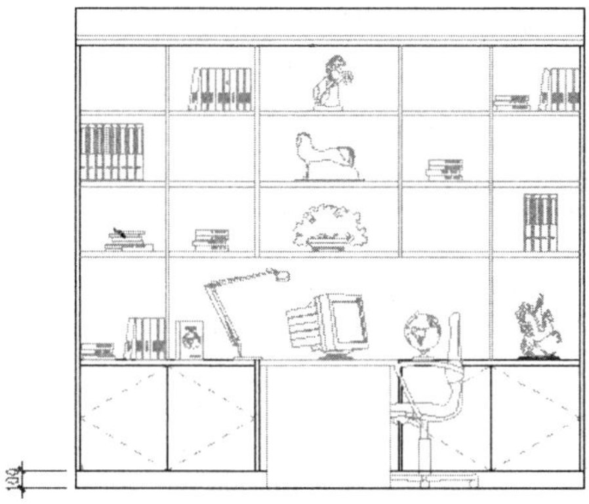

图5-101 标注线性尺寸

图5-102 标注连续尺寸

6 单击【标注】工具栏中的按钮，激活【编辑标注文字】命令，对重叠的尺寸文字进行编辑，结果如图5-103所示。

7 执行菜单栏中的【标注】|【线性】命令，标注立面图左侧的总尺寸，结果如图5-104所示。

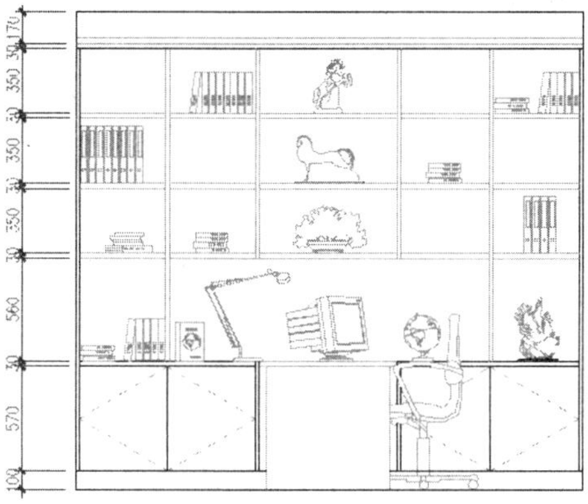

图5-103 编辑标注文字

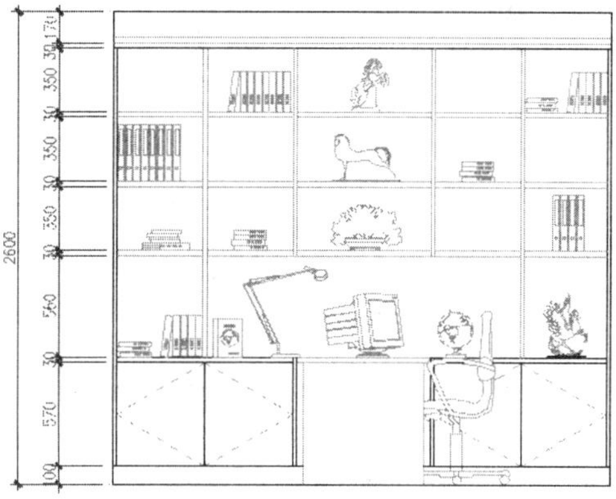

图5-104 标注总尺寸

8 参照上述操作，综合使用【线性】、【连续】和【编辑标注文字】命令，标注立面图下侧的细部尺寸和总尺寸，结果如图5-105所示。

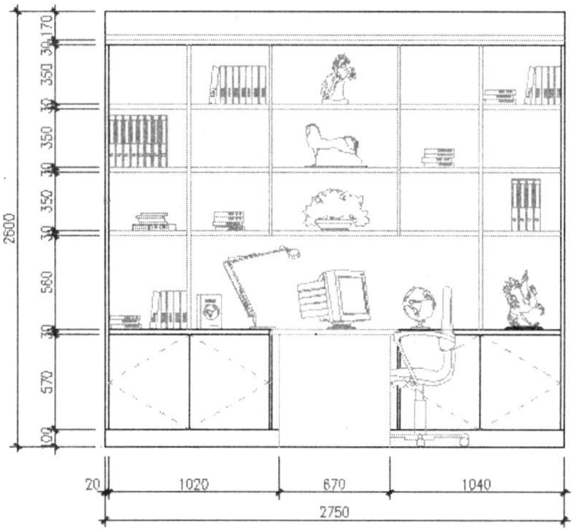

图5-105 标注总尺寸

至此，书房A向立面图尺寸标注完毕，下一小节将为书房A向立面图标注装修材质。

5.4.5 标注书房A向装修材质

1 继续上节操作。

2 展开【图层控制】下拉列表，将“文本层”设置为当前操作层。

3 执行菜单栏中的【标注】|【标注样式】命令，将“引线标注”设置为当前标注样式，然后修改标注比例如图5-106所示。

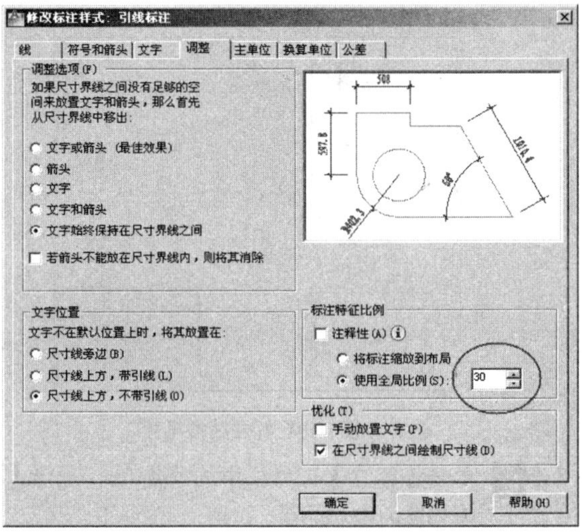

图5-106 修改标注样式并修改标注

4 使用快捷键“LE”激活【快速引线】命令，使用命令中的“设置”选项，设置引线参数如图5-107和图5-108所示。

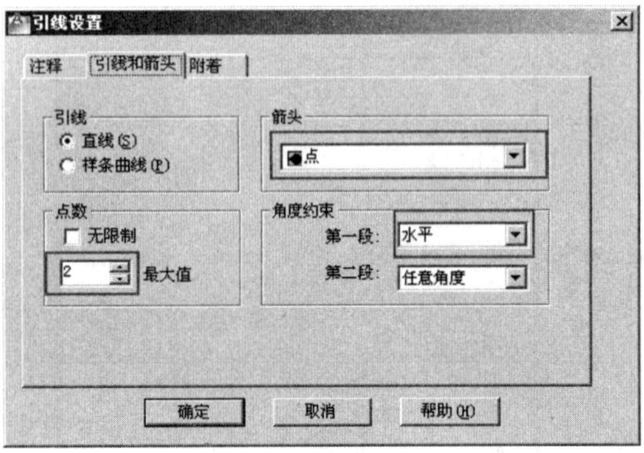

图5-107 【引线和箭头】选项卡

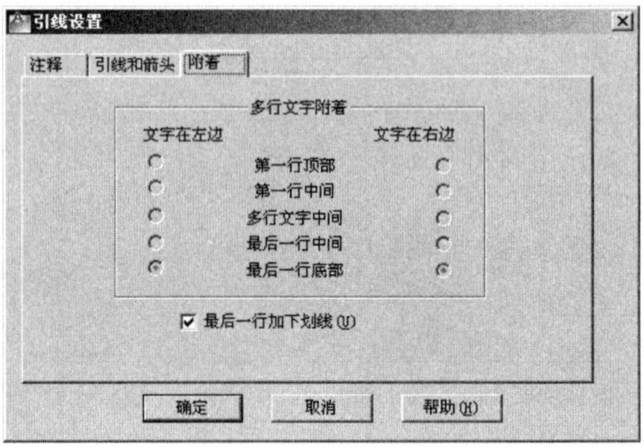

图5-108 【附着】选项卡

5 单击【引线设置】对话框中的 确定 按钮，返回绘图区，根据命令行的提示指定引线点绘制引线，并输入引线注释，标注结果如图5-109所示。

6 重复执行【快速引线】命令，按照当前的引线参数设置，分别标注其他位置的引线注释，标注结果如图5-110所示。

图5-109 标注结果

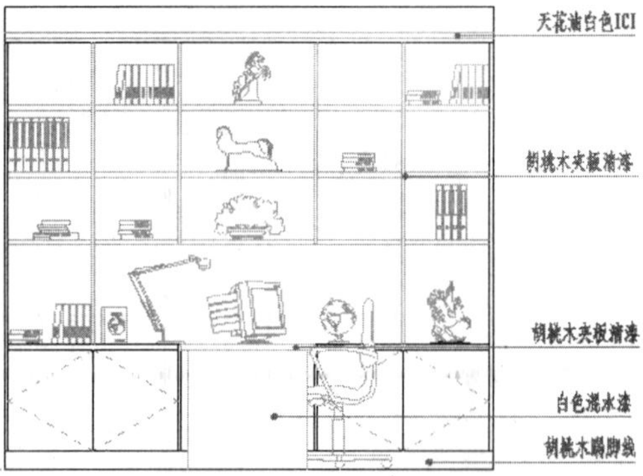

图5-110 标注其他位置的引线注释

7 重复执行【快速引线】命令，设置引线参数如图5-111所示，然后根据命令行的提示标注如图5-112所示的引线注释。

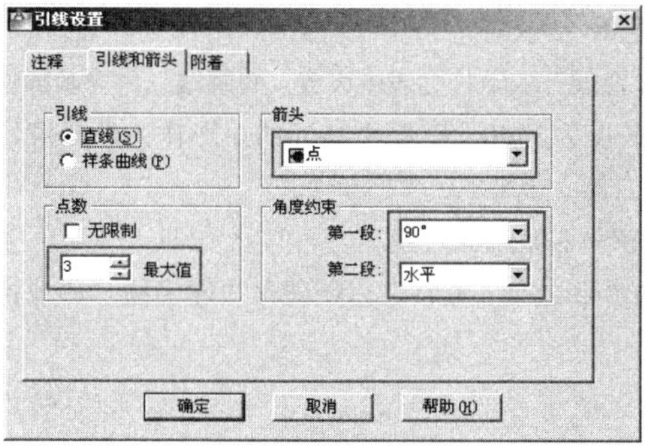

图5-111 设置引线参数

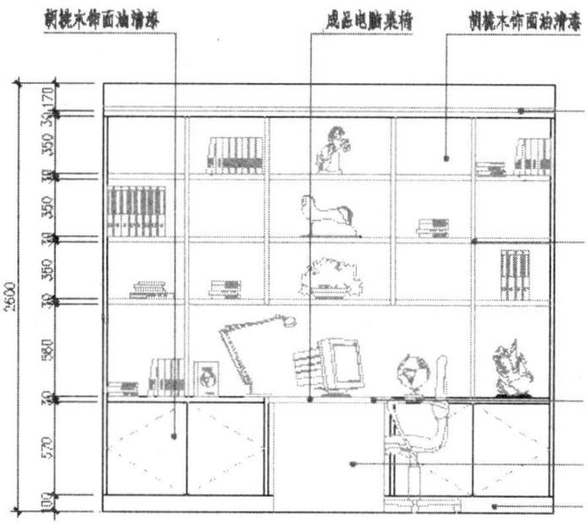

图5-112 标注结果

8 调整视图，使立面图全部显示，最终结果如图5-76所示。

9 最后执行【保存】命令，将图形命名存储为“书房立面图.dwg”。

5.5 绘制卫生间C向装修立面图

本节主要学习卫生间C向装修立面图的具体绘制过程和绘制技巧。卫生间C向装修立面图的最终绘制效果如图5-113所示。

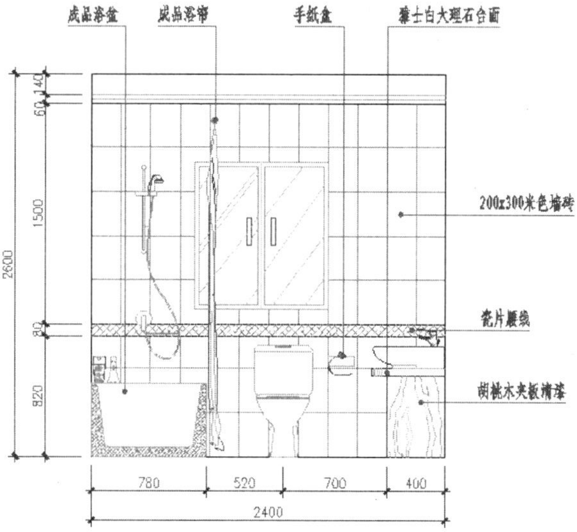

图5-113 实例效果

在绘制卫生间C向立面图时，具体可以参照如下思路。

1）首先使用【新建】命令调用制图模板。

2）使用【矩形】命令绘制立面图的主体轮廓线。

3）使用【分解】【偏移】、【颜色】等命令绘制立内部细节的轮廓线。

4）使用【图案填充】命令绘制墙面装饰线。

5）使用【插入块】、【分解】、【修剪】、【删除】等命令绘制立面构件图例。

6）使用【线性】、【连续】和【编辑标注文字】命令标注立面图尺寸。

7）使用【标注样式】、【快速引线】命令标注立面图装修材质。

5.5.1 绘制卫生间C向轮廓图

1 调用本书配套光盘中的“样板文件\室内设计样板.dwt”文件。

2 单击【图层】工具栏中的【图层控制】下拉按钮，在展开的下拉列表中设置“轮廓线”为当前操作层。

3 使用快捷键“REC”激活【矩形】命令，绘制长度为2400、宽度为2600的矩形作为外轮廓，如图5-114所示。

4 使用快捷键“X”激活【分解】命令，将矩形分解为四条独立线段。

5 使用快捷键“O”激活【偏移】命令，将上侧的水平边向下偏移，以创建吊顶轮廓线。命令行操作如下：

```
命令: o                                                  // Enter
    OFFSET当前设置: 删除源=否  图层=源  OFFSETGAPTYPE=0
    指定偏移距离或 [通过(T)/删除(E)/图层(L)] <0.0>:           //140 Enter
    选择要偏移的对象，或 [退出(E)/放弃(U)] <退出>:            //选择矩形上侧水平边
    指定要偏移的那一侧上的点，或 [退出(E)/多个(M)/放弃(U)] <退出>:
                                                         //在所选水平边的下侧拾取点
    选择要偏移的对象，或 [退出(E)/放弃(U)] <退出>:            // Enter
命令:                                                    // Enter
    OFFSET当前设置: 删除源=否  图层=源  OFFSETGAPTYPE=0
    指定偏移距离或 [通过(T)/删除(E)/图层(L)] <140.0>:         //170 Enter
    选择要偏移的对象，或 [退出(E)/放弃(U)] <退出>:            //选择矩形上侧水平边
    指定要偏移的那一侧上的点，或 [退出(E)/多个(M)/放弃(U)] <退出>:
                                                         //在所选水平边的下侧拾取点
    选择要偏移的对象，或 [退出(E)/放弃(U)] <退出>:            // Enter
命令:                                                    // Enter
    OFFSET当前设置: 删除源=否  图层=源  OFFSETGAPTYPE=0
    指定偏移距离或 [通过(T)/删除(E)/图层(L)] <170.0>:         //200 Enter
    选择要偏移的对象，或 [退出(E)/放弃(U)] <退出>:            //选择矩形上侧水平边
    指定要偏移的那一侧上的点，或 [退出(E)/多个(M)/放弃(U)] <退出>:
                                                         //在所选水平边的下侧拾取点
    选择要偏移的对象，或 [退出(E)/放弃(U)] <退出>: /          / Enter，结果如图5-115所示
```

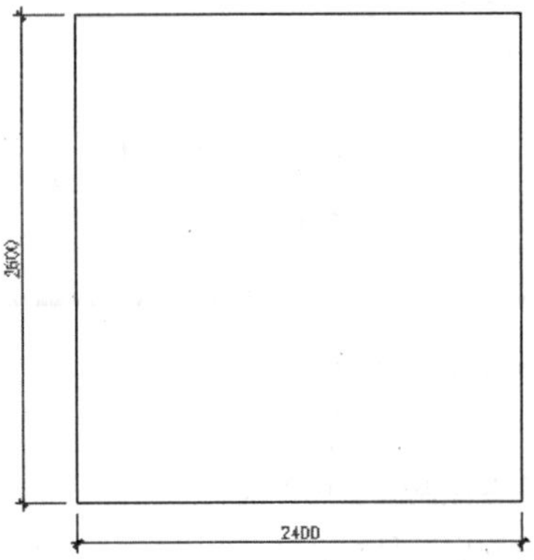

图5-114 绘制外轮廓

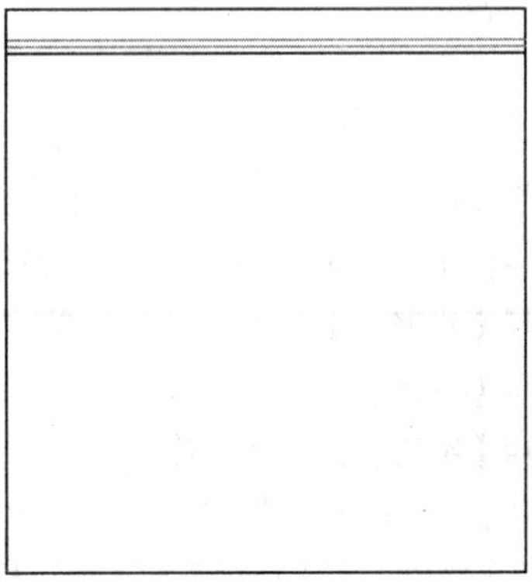

图5-115 偏移结果

6 在无命令执行的前提下夹点显示偏移出的两条水平边，然后展开【颜色控制】下拉列表，更改其颜色为30号色。

7 执行【偏移】命令，将最下侧的水平边分别向上偏移820和900个绘图单位，结果如图5-116所示。

至此，卫生间C向立面轮廓图绘制完毕，下一小节将学习卫生间C向墙面装饰线的快速表达技巧。

图5-116 偏移结果

5.5.2 绘制卫生间C向装饰线

1 继续上节操作。

2 展开【图层控制】下拉列表，将“填充层”设置为当前操作层，如图5-117所示。

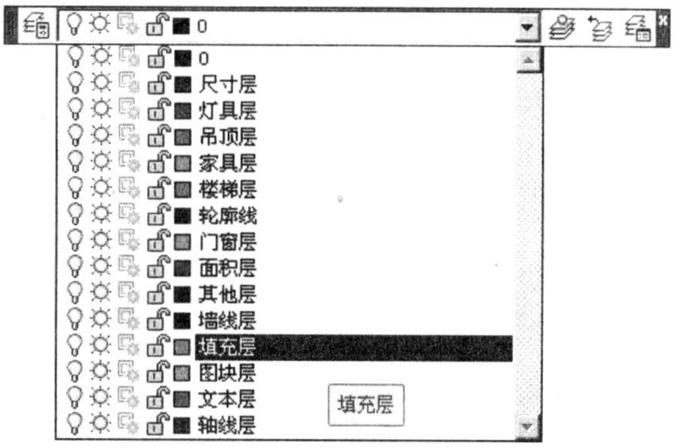

图5-117 设置当前层

3 执行菜单栏中的【绘图】|【图案填充】命令，在打开的【图案填充和渐变色】对话框中单击【图案】列表右侧的按钮，打开【填充图案选项板】对话框。

4 在【图案填充选项板】对话框中向下拖动滑块，然后选择如图5-118所示的图案。

5 单击确定按钮返回【图案填充和渐变色】对话框，设置填充参数如图5-119所示。

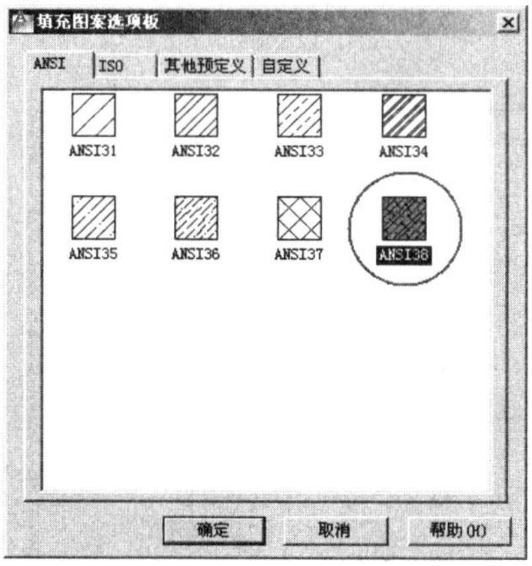

图5-118 选择填充图案

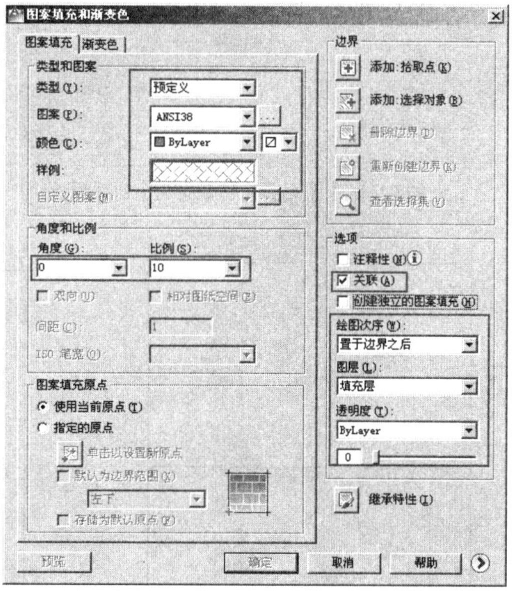

图5-119 设置填充参数

6 返回绘图区，根据命令行的提示拾取如图5-120所示的填充边界，填充如图5-121所示的图案。

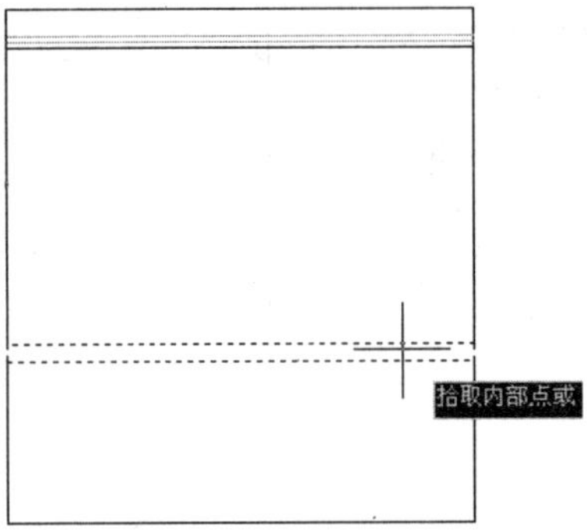

图5-120 拾取填充边界

图5-121 填充结果

7 重复执行【图案填充】命令，在打开的【图案填充和渐变色】对话框中设置图案填充类型及参数如图5-122所示。

8 返回绘图区，根据命令行的提示，拾取如图5-123所示的填充边界，填充如图5-124所示的图案。

9 在填充图案上右击，从打开的快捷菜单中选择如图5-125所示的【设定原点】命令。

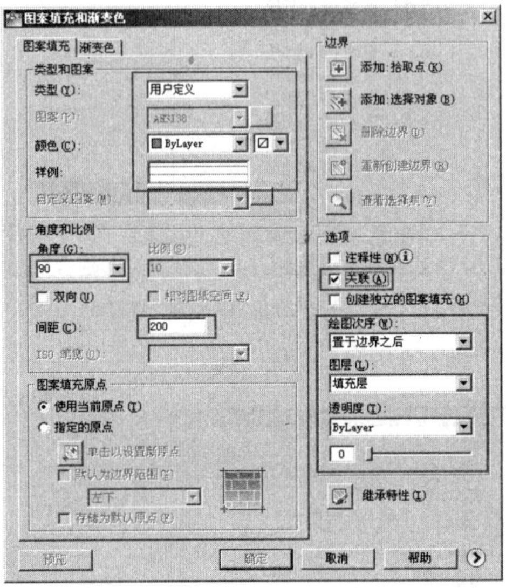

图5-122 【图案填充和渐变色】对话框

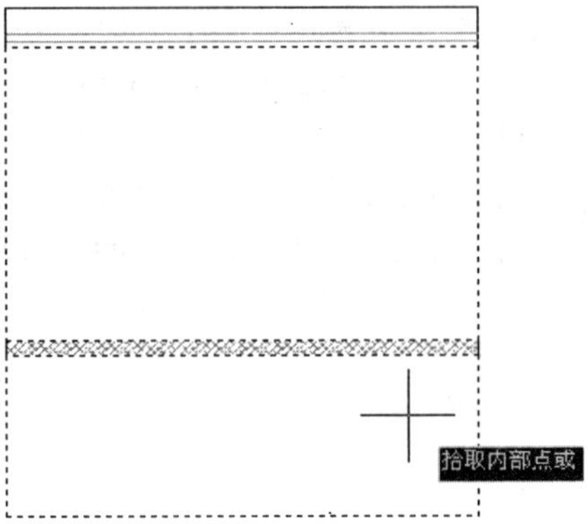

图5-123 拾取填充区域

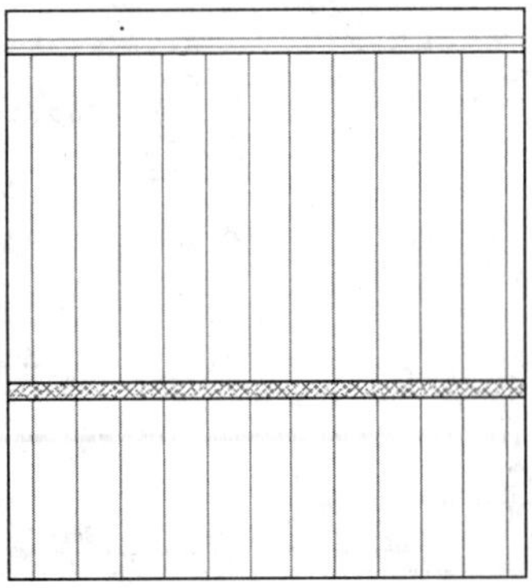

图5-124 填充结果

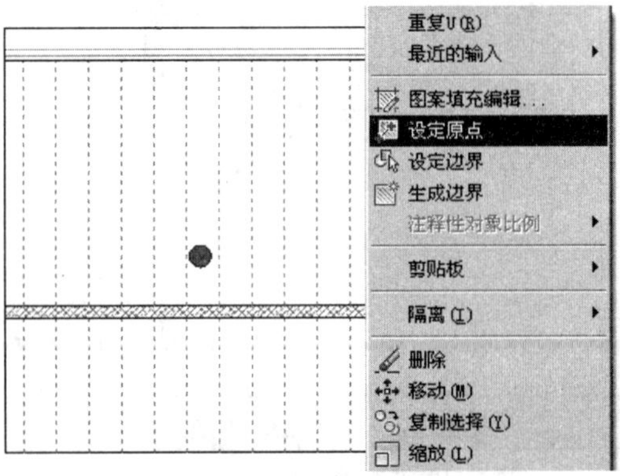

图5-125 填充图案右键菜单

10 返回绘图区，在命令行“选择新的图案填充原点:”提示下，捕捉如图5-126所示的中点，作为新填充原点，结果如图5-127所示。

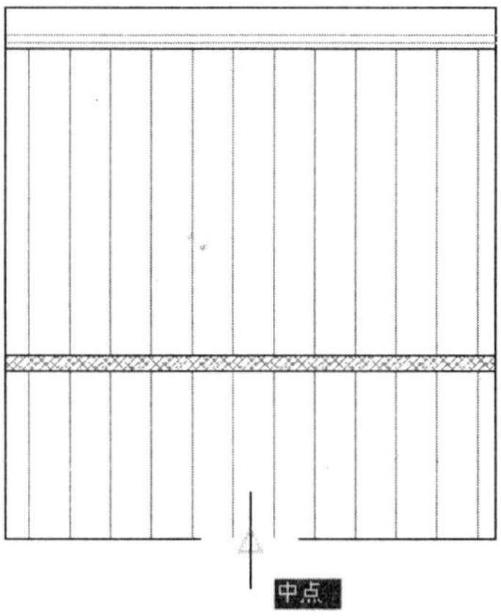

图5-126 定位填充原点

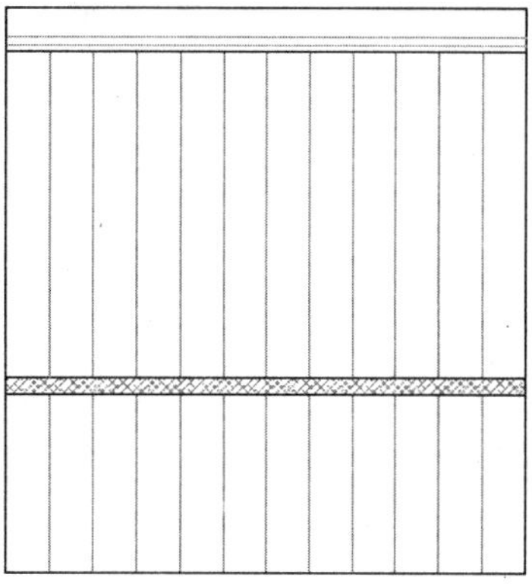

图5-127 修改填充原点后的效果

11 重复执行【图案填充】命令，在打开的【图案填充和渐变色】对话框中设置图案填充类型及参数如图5-128所示，然后选择如图5-129所示的填充区域进行填充，填充结果如图5-130所示。

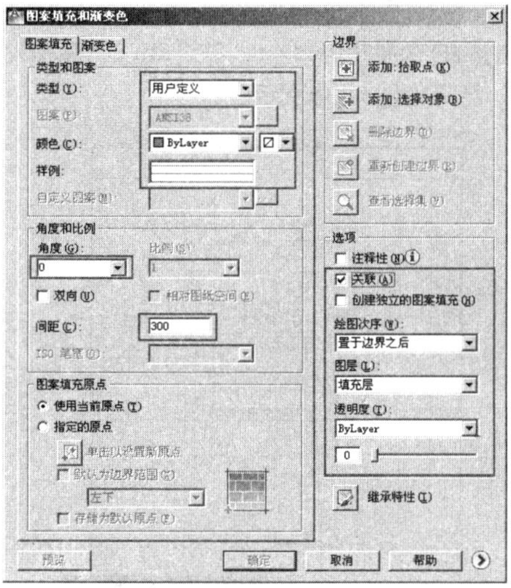

图5-128 【图案填充和渐变色】对话框

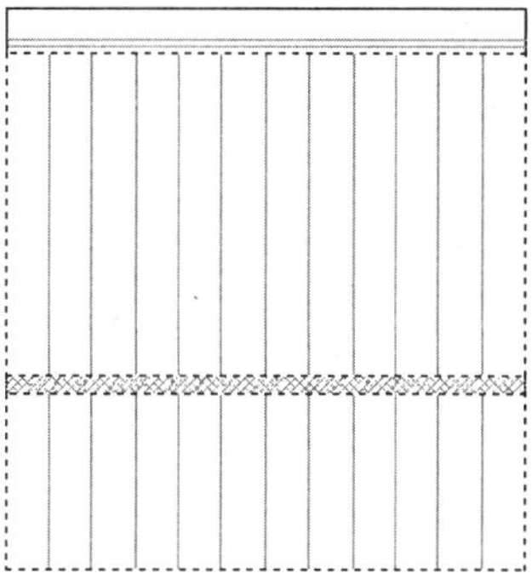

图5-129 拾取填充区域

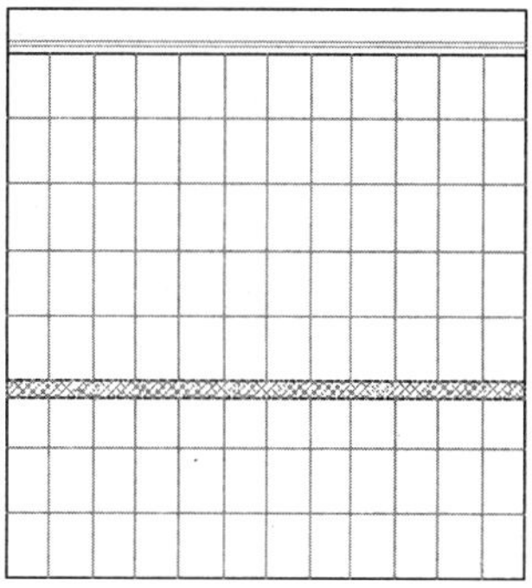

图5-130 填充结果

至此，卫生间C向墙面瓷砖装饰线绘制完毕，下一小节将学习卫生间C向立面构件的绘制过程。

5.5.3 绘制卫生间C向构件图

1 继续上节操作。

2 展开【图层控制】下拉列表，将“图块层”设置为当前操作层。

3 使用快捷键“I”激活【插入块】命令，在打开的对话框中单击 浏览(B)... 按扭，选择本书配套光盘中的“图块文件\立面窗02.dwg”，如图5-131所示。

4 采用系统的默认设置，将立面窗插入到立面图中。命令行操作如下：

```
命令: I                                                  // Enter
    INSERT指定插入点或 [基点(B)/比例(S)/X/Y/Z/旋转(R)]:   //激活【捕捉自】功能
    _from 基点:                                          //捕捉左侧垂直轮廓线的下端点
    <偏移>:                            //@1150,1000 Enter，插入点为图5-132所示端点
```

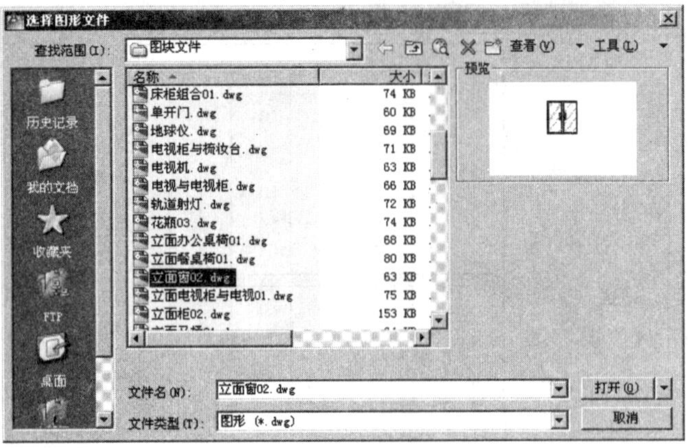

图5-131 选择文件

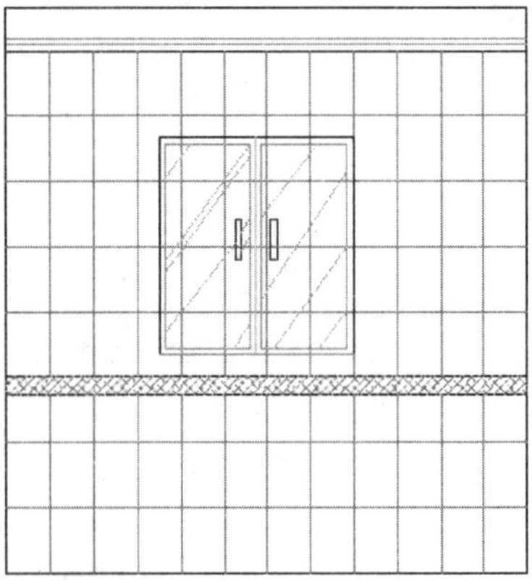

图5-132 定位插入点

5 重复执行【插入块】命令，选择本书配套光盘中的“图块文件\立面马桶01.dwg”，如图5-133所示。

6 采用系统的默认设置，在命令行“指定插入点或 [基点(B)/比例(S)/X/Y/Z/旋转(R)]:”提示下，引出如图5-134所示的临时追踪虚线，然后输入1300后按Enter键，插入结果如图5-135所示。

7 重复执行【插入块】命令，插入本书配套光盘中的“图块文件\立面柜06.dwg、镜子.dwg、挂物架.dwg、手纸盒.dwg、浴帘.dwg、淋浴头.dwg”等用具图块，结果如图5-136所示。

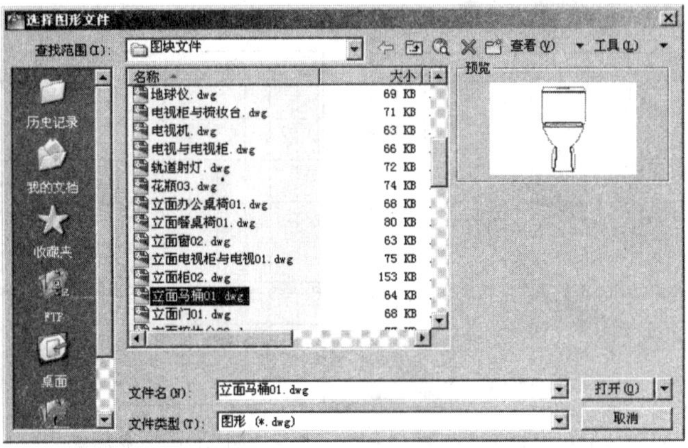

图5-133 选择文件

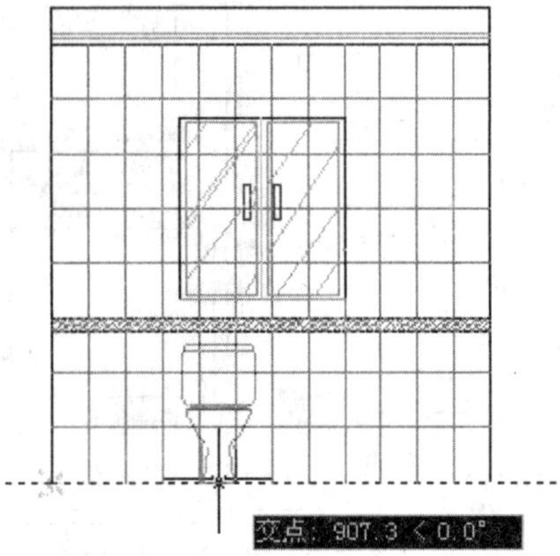

图5-134 引出临时追踪虚线

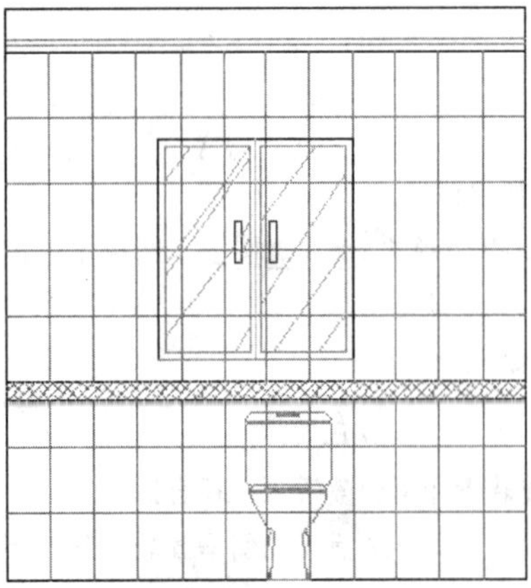

图5-135 插入结果

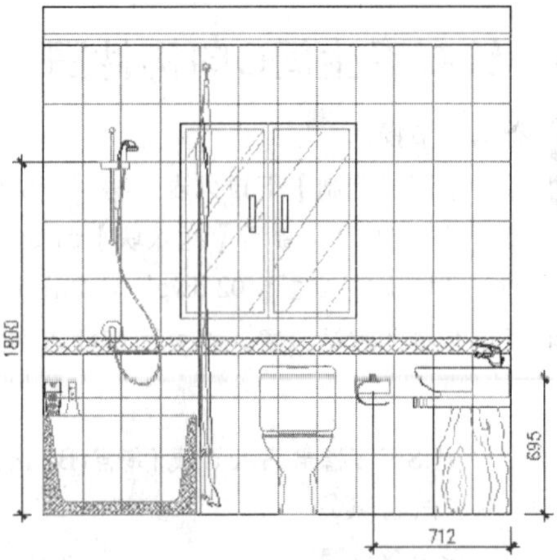

图5-136 插入其他图块

8 使用快捷键“X”激活【分解】命令，将填充图案分解。

9 使用快捷键“TR”激活【修剪】命令，将插入的立面图块作为边界，对墙面装饰进行修剪，并删除被遮挡住的图线，结果如图5-137所示。

至此，卫生间C向立面构件图绘制完毕，下一小节将学习卫生间立面图尺寸的快速标注过程。

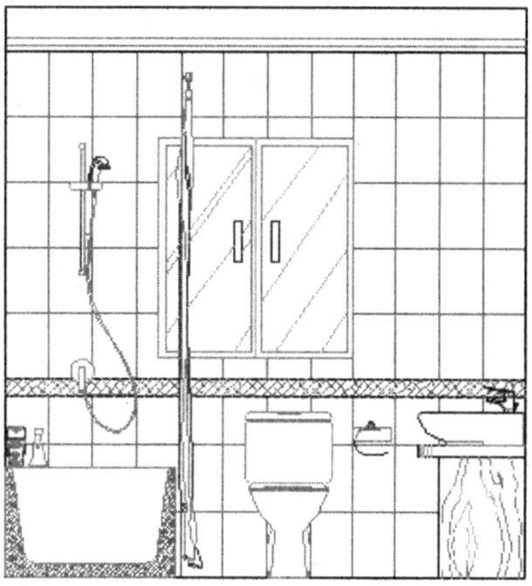

图5-137 操作结果

5.5.4　标注卫生间C向立面尺寸

1 继续上节操作。

2 展开【图层控制】下拉列表，将“尺寸层”设置为当前操作层。

3 使用快捷键“D”激活【标注样式】命令，设置“建筑标注”为当前样式，并修改样式比例如图5-138所示。

4 执行菜单栏中的【标注】|【线性】命令，配合捕捉功能标注如图5-139所示的线性尺寸作为基准尺寸。

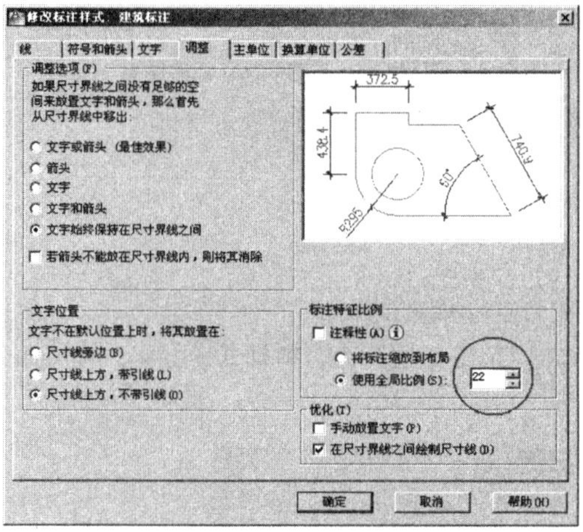

图5-138 设置当前样式并修改样式比例

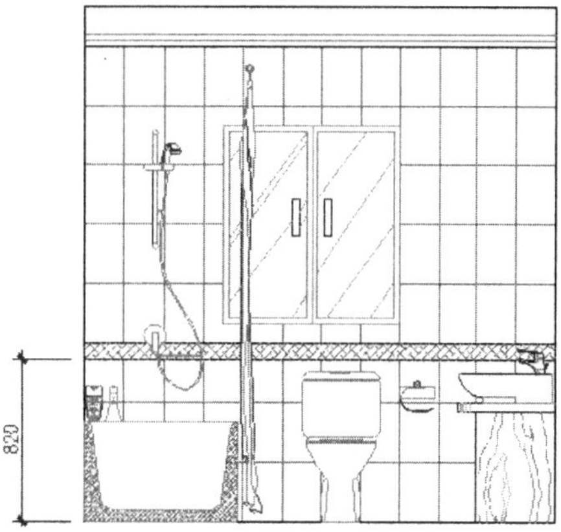

图5-139 标注线性尺寸

5 执行菜单栏中的【标注】|【连续】命令，以刚标注的线性尺寸作为基准尺寸，标注如图5-140所示的连续尺寸作为立面图的细部尺寸。

6 单击【标注】工具栏中的按钮，激活【编辑标注文字】命令，对重叠的尺寸文字进行编辑，结果如图5-141所示。

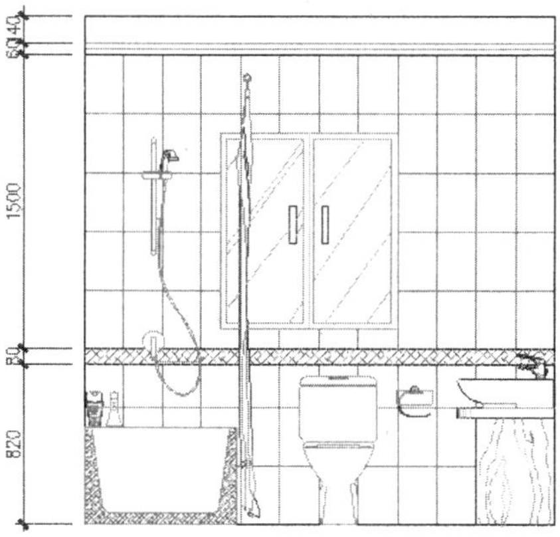

图5-140 标注细部尺寸

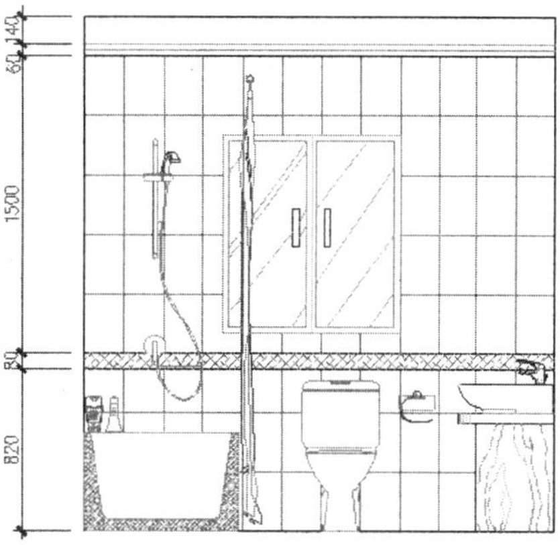

图5-141 编辑标注文字

7 执行菜单栏中的【标注】|【线性】命令，标注立面图左侧的总尺寸，结果如图5-142所示。

8 参照上述操作，综合使用【线性】、【连续】命令标注立面图下侧的细部尺寸和总尺寸，结果如图5-143所示。

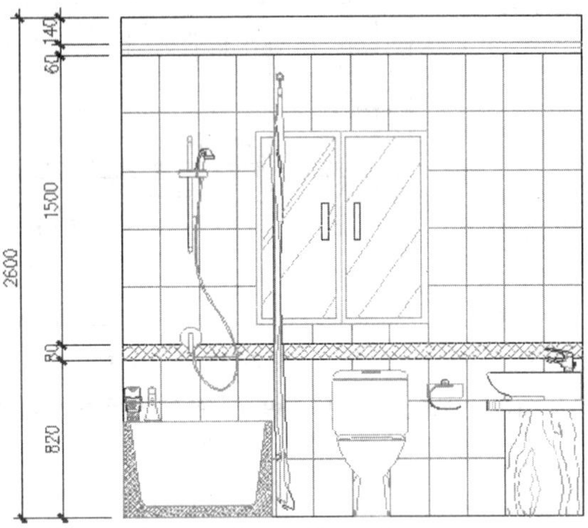

图5-142 标注总尺寸

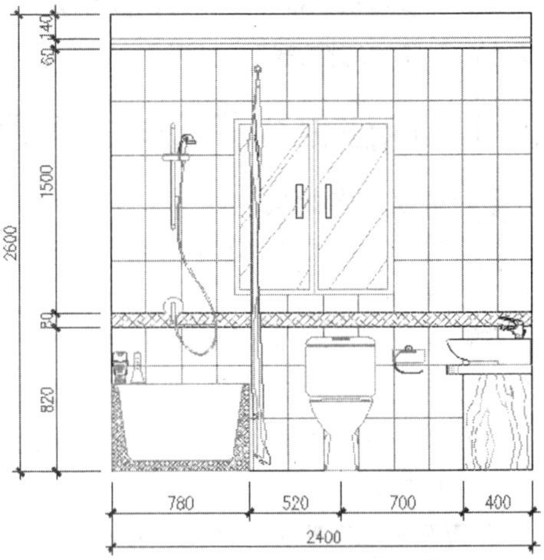

图5-143 标注结果

至此，卫生间C向立面图的尺寸标注完毕，下一小节将为卫生间C向立面图标注装修材质。

5.5.5 标注卫生间C向装修材质

1 继续上节操作。

2 展开【图层控制】下拉列表，将“文本层”设置为当前操作层。

3 使用快捷键“D”激活【标注样式】命令，设置“引线标注”为当前样式，并修改样式比例如图5-144所示。

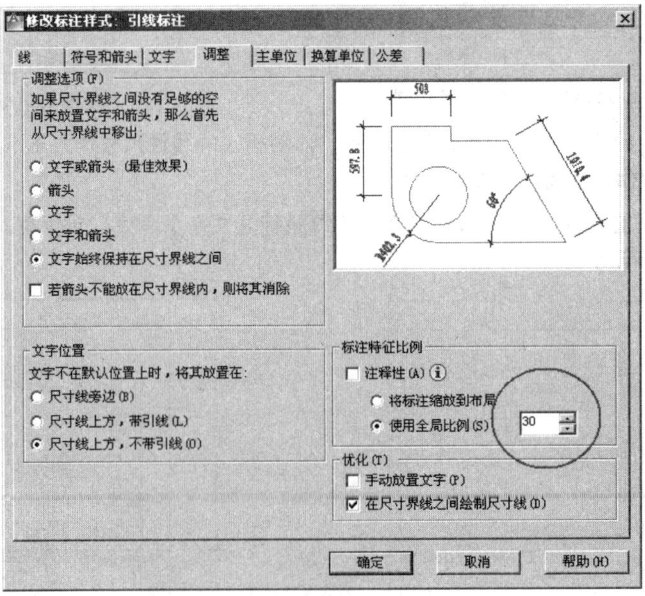

图5-144 设置标注样式并修改样式比例

4 使用快捷键“LE”激活【快速引线】命令，使用命令中的“设置”选项设置引线参数如图5-145和图5-146所示。

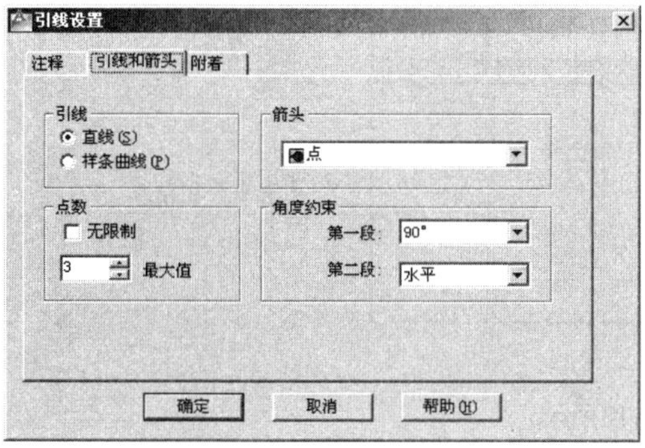

图5-145 【引线和箭头】选项卡

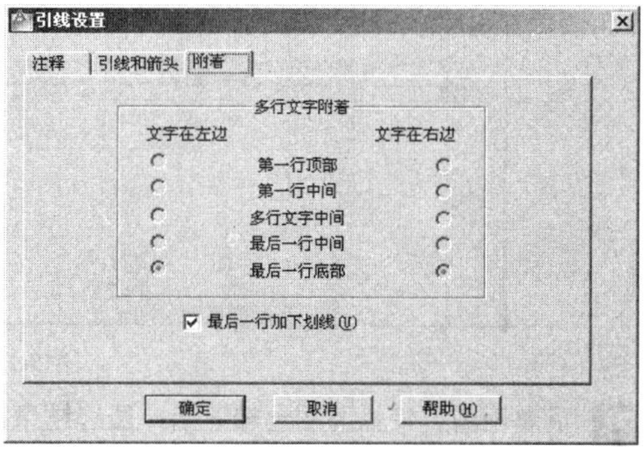

图5-146 【附着】选项卡

5 单击【引线设置】对话框中的确定按钮，返回绘图区，根据命令行的提示绘制引线并输入引线注释，结果如图5-147所示。

6 重复执行【快速引线】命令，按照当前的引线参数设置，分别标注其他位置的引线注释，标注结果如图5-148所示。

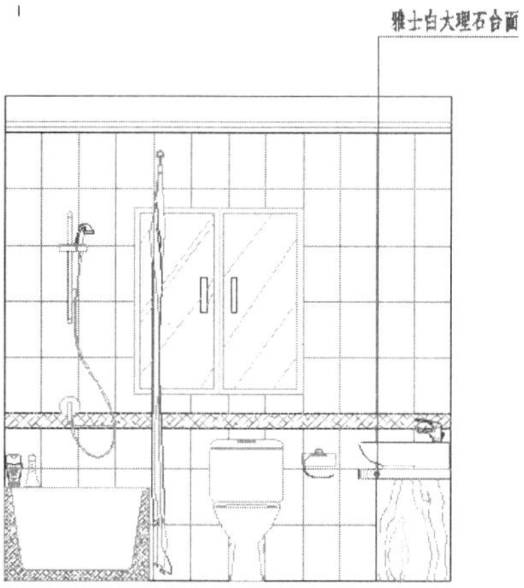

图5-147 标注结果

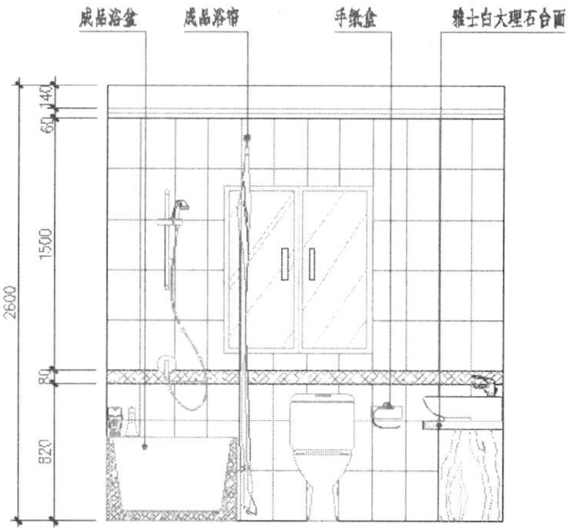

图5-148 标注其他位置的引线注释

7 重复执行【快速引线】命令，设置引线点数如图5-149所示，其他参数不变，然后标注如图5-150所示的引线注释。

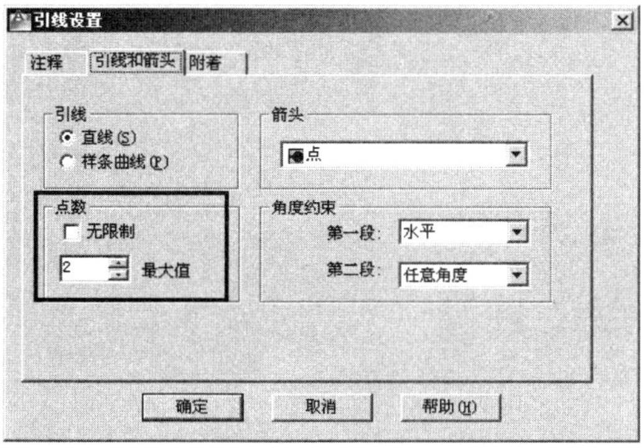

图5-149 设置引线参数

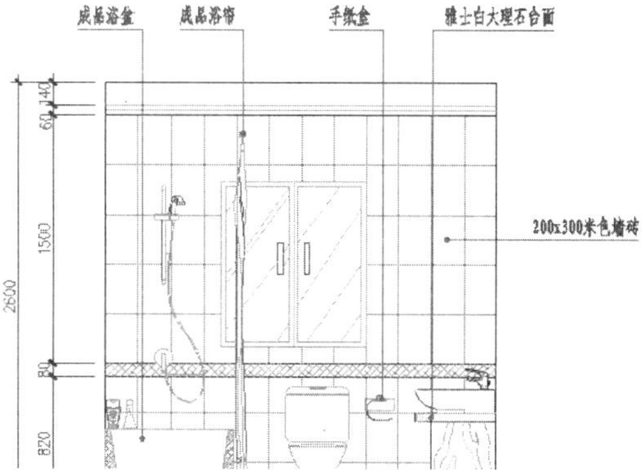

图5-150 标注结果

8 重复执行【快速引线】命令，按照当前的引线参数设置，分别标注其他的引线注释，结果如图5-151所示。

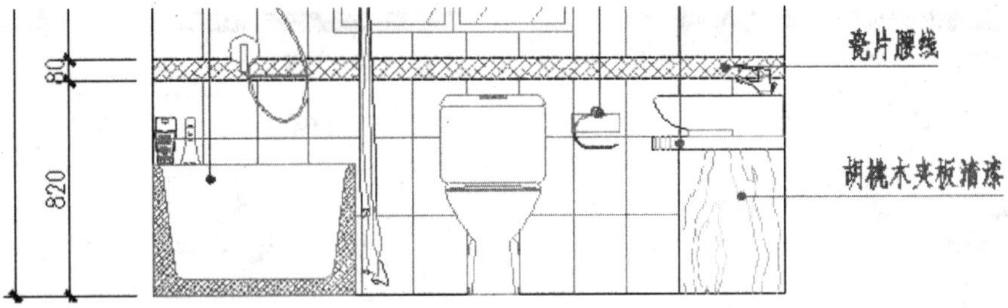

图5-151 标注结果

9 调整视图，使立面图全部显示，最终结果如图5-113所示。

10 最后执行【保存】命令，将图形命名存储为“卫生间立面图.dwg”。

5.6 本章小结

本章在概述室内立面图宏观绘图思路及相关设计理念等知识的前提下，分别以绘制餐厅、客厅、主卧室、书房和卫生间等室内空间进行立面装饰，以典型实例的形式，详细讲述了客厅与餐厅装饰立面图、主卧室装饰立面图、书房装饰立面图和卫生间装饰立面图的一般表达内容、绘制思路和具体的绘图过程。相信读者通过本章的学习，不仅能轻松学会各装饰立面图的绘制方法，而且还能学习并掌握各种常用的绘制技法，使用最少的时间来完成图形的绘制过程。

在绘制此类立面图时，一般使用“从外到内、最后完善细节”的绘制技巧，这种“蚕食”的绘图方法，能使用户充分顾全整体结构，而又能兼顾到内部的细节，从而精确定位出各模块的具体位置。

第6章　高档住宅跃一层设计案例

本章视频教学导航

小节名称	视频路径	视频长度
关于高档住宅跃层	视频文件\第6章\6.1.avi	00：07：11
绘制高档住宅跃一层墙体结构图	视频文件\第6章\6.2.avi	00：27：09
绘制高档住宅跃一层家具布置图	视频文件\第6章\6.3.avi	00：15：19
绘制高档住宅跃一层地面材质图	视频文件\第6章\6.4.avi	00：25：40
标注高档住宅跃一层装修布置图	视频文件\第6章\6.5.avi	00：22：40
绘制高档住宅跃一层吊顶轮廓图	视频文件\第6章\6.6.avi	00：16：11
绘制高档住宅跃一层吊顶灯具图	视频文件\第6章\6.7.avi	00：17：01
标注高档住宅跃一层吊顶装修图	视频文件\第6章\6.8.avi	00：16：22

6.1　关于高档住宅跃层

跃层住宅室内设计更加凸显出跃层的实用功能和跃层空间的独特性，让入住的业主更加考虑和重视功能的实用性，力求创造出更为舒适的家居环境。本节主要讲述与跃层住宅相关的一些知识。

6.1.1　高档住宅的概念

高档住宅是指建筑造价和销售价格明显超出普通住宅建筑标准的高标准住宅，通常包括别墅和高档公寓。别墅是指拥有私家车库、花园、草坪、院落等的园林式住宅；高档公寓是指单位建筑面积销售价格高于普通住宅销售价格一倍以上的高档次住宅，通常为复式住宅、跃层住宅、顶层有花园或多层住宅配有电梯，并拥有较好的绿化、商业服务、物业管理等配套设施。

6.1.2　跃层住宅的概念

所谓跃层住宅，一般是占有上下两个楼层，卧室、起居室、客厅、卫生间、厨房及其他辅助用房可以分层布置，上下层之间的交通不能通过公共楼梯，而是采用户内独用小楼梯连接。

跃层的一层一般为公共活动区域，为家庭用餐、看电视、接待亲朋好友，会见客人；二层为主人的私密区，也就是所谓的静区，布局主要有主人卧房、书房、私人卫浴室等。

6.1.3　跃层住宅的特点

跃层住宅打破了传统的居住结构，是近年来推广的一种新颖的住宅建筑形式。跃层户型之所以受到关注和欢迎主要是因为每户都有较大的采光面，且通风效果较好、户内居住面积和辅助面积较大，布局紧凑，功能明确，相互干扰较小。

另外，跃层住宅最大的特点就是把惯用于平层上所展现的设计，恰如其分地甚至更优化地延伸到多层的空间中，这类住宅的内部空间因为是借鉴了欧美小二楼独院住宅的设计手法，颇受海外侨胞和港澳台胞的欢迎，在南方城市、买卖较多，近年来在北方城市的一些高级住宅设计中，也开始得到推广。

6.1.4 跃层住宅室内设计要点

从多层到高层再到别墅，从传统的平层到后来的复式再到现在的跃层，人们对居住的需求不再单单是“一个睡觉的地方”，而是开始追求更高品质的高端生活。跃层户型之所以渐渐流行正是因为其宽敞、舒适的特点符合老百姓现在的居住品位。

由于跃层住宅面积较大、房间较多，面对跃层住宅如何装修，往往会不知所措。装修风格的选择、空间功能的划分、主材的选用、品牌的考虑和装修总价的控制等，往往是业主门困惑的问题。

与一般的户型不同，跃层户型在设计装修过程中的重点是对功能和风格的把握，要以理解跃层住宅居住群体的生活方式为前提，才能够真正将空间功能划分到位。在跃层设计中应该首先了解消费者选择跃层的原因。一般来说，选择跃层的人，都是看重房屋的面积大，希望各个功能分区相对明确。既然如此，在设计时就应该从空间布局入手，优化利用空间，突出实用性和舒适性。比较常见的功能分区是将楼下设计为客厅、餐厅、卫生间、厨房等公共空间，把卧室、书房、起居室等设置在二楼，这样可以保证主人空间的私密性，也便于日常使用。

跃层户型的装修还需要追求创意的理性和灵便，讲求简洁明朗的色彩和流畅的线条，采用现代简约主义风格则能以减法的形式将设计元素、色彩、材料等简化到最低的限度。从表面看，这种风格、材料及色彩可能会比较单一，但由于对色彩及材料的运用非常讲究，更强调质感和立体感，所以能突显出居住者的品位和丰富的内涵，简约而不简单。综上所述，一个好的跃层住宅设计方案，其室内空间的设计，必定要做到以下几点。

- 功能空间要明确实用。
- 休闲空间要宽松自然。
- 生活空间要以人为本。
- 私密空间要满足人性最大程度的空间释放。

6.1.5 高档住宅跃一层室内设计思路

本章绘制的装修设计方案是高档住宅跃一层设计方案，其空间功能主要划分为门厅、餐厅、客厅、厨房、阳台、卫生间和洗手间等。在绘制高档住宅跃一层方案时，具体可以参照如下思路。

1）调用样板文件，并快速绘制和编辑户型定位轴线图，精确定位出各房间开间和进深以及门窗洞口的位置。

2）在户型轴线图基础上，绘制跃一层的墙体结构平面图，包括主次墙线以及平面门窗、楼梯等建筑构件。

3）在高档住宅跃一层墙体结构平面图的基础上，合理、科学地绘制规划空间，绘制家具及相关陈设的平面布置图。

4）在高档住宅跃一层家具布置图的基础上，绘制各房间的地面材质图，以体现地面的装修概况。

5）在高档住宅跃一层布置图中标注必要的尺寸，并以文字的方式表达出装修材质及房间功能；另外，在布置图中还要标注出墙面投影符号。

6）根据高档住宅跃一层装修布置图，绘制高档住宅跃一层吊顶图，在绘制吊顶结构时，要注意与地面布置图相呼应。

7）在高档住宅跃一层吊顶图的基础上绘制跃一层灯具图，合理布置吊顶灯带、主灯具和辅助灯具。

8）在高档住宅跃一层灯具图的基础上标注相关的灯具及吊顶的定位尺寸、文字注解等相关内容。

6.2　绘制高档住宅跃一层墙体结构图

本节主要讲述高档住宅跃一层墙体结构图的具体绘制过程和绘制技巧高档住宅跃一层墙体结构图的最终绘制效果，如图6-1所示。在绘制高档住宅跃一层墙体结构图时，可以参照如下绘图思路。

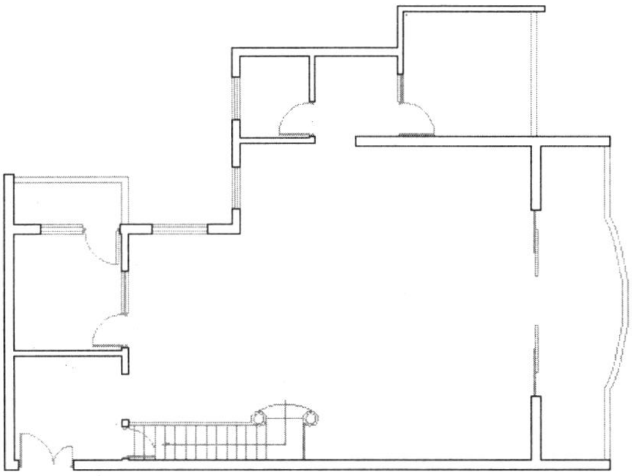

图6-1 实例效果

1）使用【矩形】、【偏移】、【分解】等命令绘制墙体轴线。

2）使用【修剪】、夹点编辑等命令编辑墙体轴线。

3）使用【打断】、【修剪】、【偏移】、【删除】等命令创建门洞和窗洞。

4）使用【多线】、【多线样式】、【多线编辑工具】等命令绘制主次墙线。

5）使用【多线】、【多段线】、【偏移】等命令绘制平面窗、阳台等构件。

6）使用【矩形】、【复制】、【镜像】、【插入块】等命令绘制子母门、单开门、推拉门以及楼梯等建筑构件。

6.2.1　绘制跃一层定位轴线

1 执行【新建】命令，以本书配套光盘中的“样板文件\室内设计样板.dwt”作为基础样板，新建空白文件。

2 展开【图层控制】下拉列表，将“轴线层”设置为当前操作层，如图6-2所示。

3 执行菜单栏中的【格式】|【线型】命令，在打开的【线型管理器】对话框中设置线型比例，如图6-3所示。

图6-2 【图层控制】下拉列表

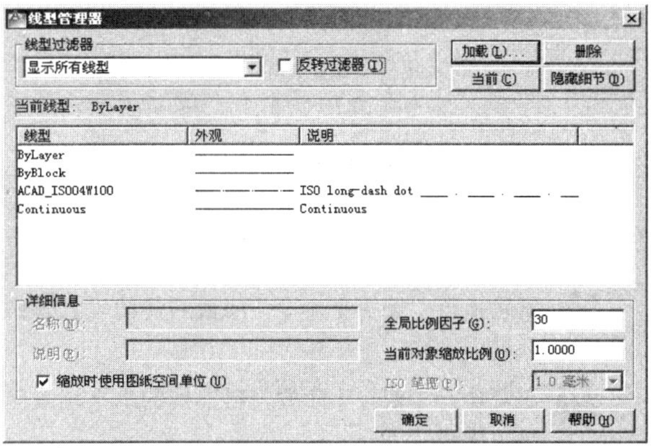

图6-3 【线型管理器】对话框

4 单击【绘图】工具栏中的□按钮，激活【矩形】命令，绘制如图6-4所示的矩形作为基准轴线。

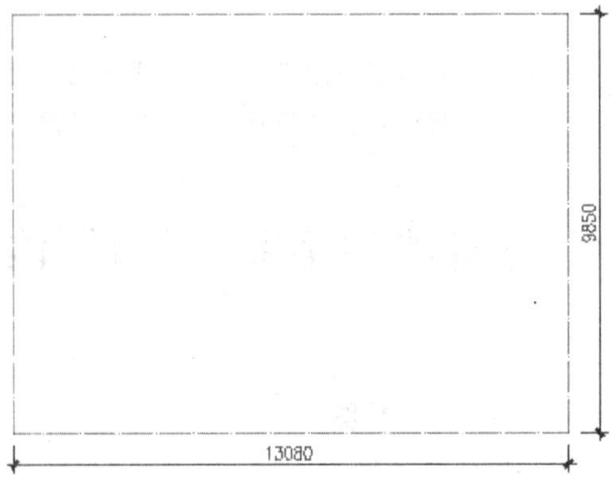

图6-4 绘制结果

5 单击【修改】工具栏中的按钮，激活【分解】命令，将矩形分解为四条独立的线段。

6 单击【修改】工具栏中的按钮，激活【偏移】命令，将左侧的垂直轴线向右偏移。命令行操作如下：

```
命令: _offset
    当前设置: 删除源=否  图层=源  OFFSETGAPTYPE=0
    指定偏移距离或 [通过(T)/删除(E)/图层(L)] <通过>:          //2480 Enter
    选择要偏移的对象, 或 [退出(E)/放弃(U)] <退出>:            //选择矩形左侧垂直边
    指定要偏移的那一侧上的点, 或 [退出(E)/多个(M)/放弃(U)] <退出>:
                                                              //在所选轴线的右侧拾取点
    选择要偏移的对象, 或 [退出(E)/放弃(U)] <退出>:            // Enter, 结束命令
命令:
    OFFSET当前设置: 删除源=否  图层=源  OFFSETGAPTYPE=0
    指定偏移距离或 [通过(T)/删除(E)/图层(L)] <2480.0>:        //2410 Enter
    选择要偏移的对象, 或 [退出(E)/放弃(U)] <退出>:            //选择刚偏移出的轴线
    指定要偏移的那一侧上的点, 或 [退出(E)/多个(M)/放弃(U)] <退出>:
                                                              //在所选轴线的右侧拾取点
    选择要偏移的对象, 或 [退出(E)/放弃(U)] <退出>:            // Enter, 结束命令
命令:
    OFFSET当前设置: 删除源=否  图层=源  OFFSETGAPTYPE=0
    指定偏移距离或 [通过(T)/删除(E)/图层(L)] <2410.0>:        //1660 Enter
    选择要偏移的对象, 或 [退出(E)/放弃(U)] <退出>:            //选择刚偏移出的轴线
    指定要偏移的那一侧上的点, 或 [退出(E)/多个(M)/放弃(U)] <退出>:
                                                              //在所选轴线的右侧拾取点
    选择要偏移的对象, 或 [退出(E)/放弃(U)] <退出>:            // Enter, 偏移结果如图6-5所示
```

7 重复执行【偏移】命令，将最右侧的垂直轴线向左偏移，间距分别为1600和2960个绘图单位，结果如图6-6所示。

8 重复执行【偏移】命令，将下侧的水平轴线向上偏移，间距分别为2430、2660、1900和1920，偏移结果如图6-7所示。

9 在无命令执行的前提下，选择最上侧的水平轴线，使其呈现夹点显示状态，如图6-8所示。

10 在最左侧的夹点上单击左键，使其变为夹基点（也称热点），此时该点变为红色。

11 在命令行“** 拉伸 ** 指定拉伸点或 [基点(B)/复制(C)/放弃(U)/退出(X)]:”提示下捕捉如图6-9所示的交点，对其进行夹点拉伸，结果如图6-10所示。

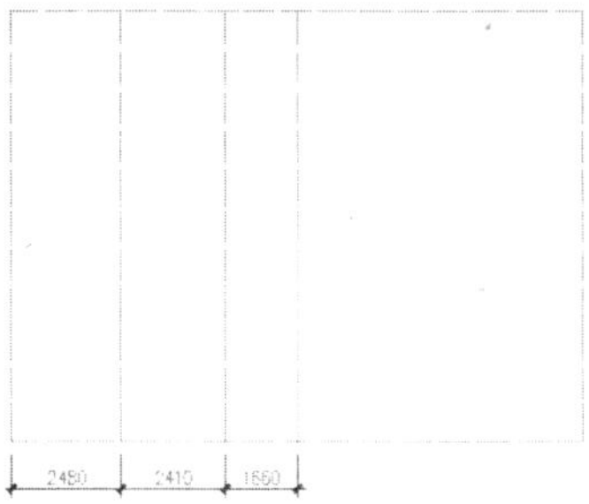

图6-5 偏移左侧垂直边

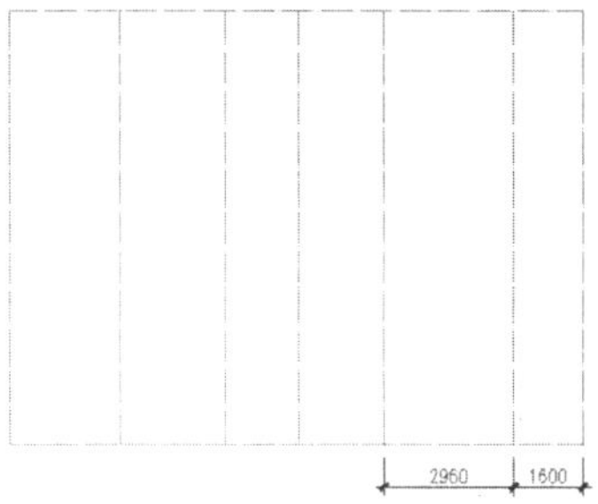

图6-6 偏移右侧垂直边

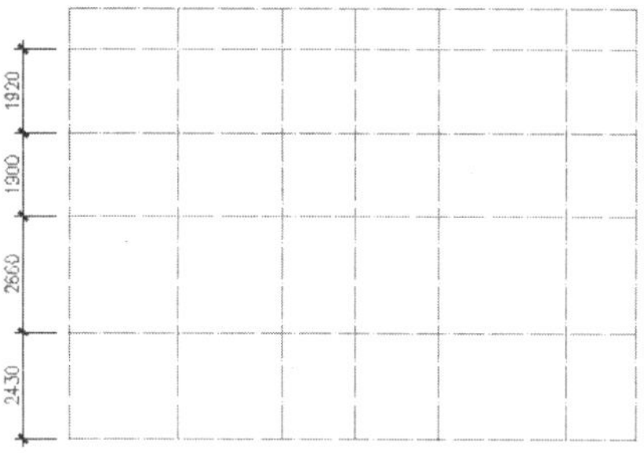

图6-7 偏移水平轴线

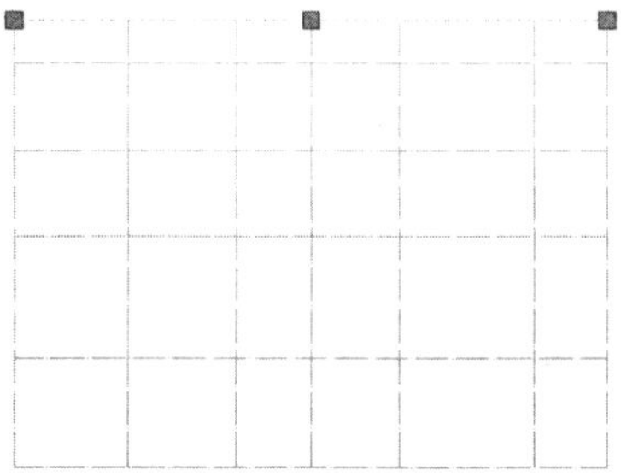

图6-8 夹点显示轴线

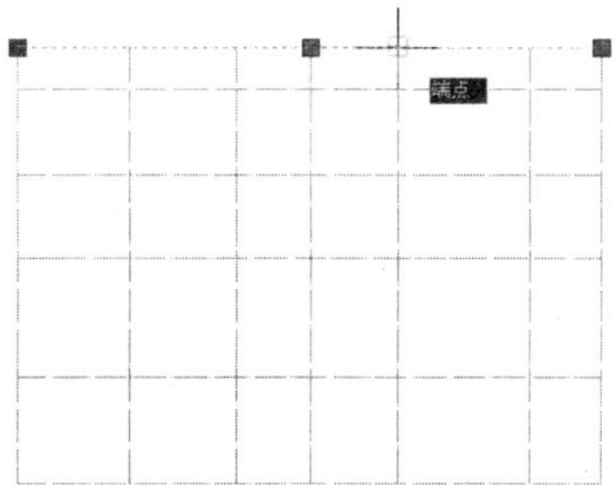

图6-9 捕捉端点

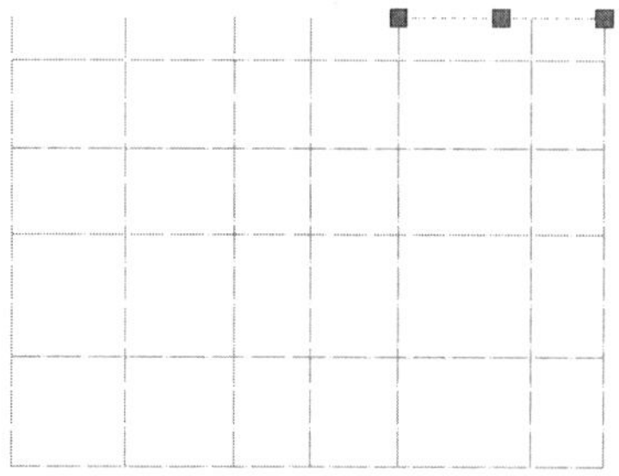

图6-10 拉伸结果

12 根据命令行的提示，选择最右侧的夹点作为夹基点，将水平轴线水平向左拉伸1400个绘图单位，如图6-11所示。

13 按Esc键取消对象的夹点显示状态，结果如图6-12所示。

14 参照步骤9～步骤13的操作方法，配合端点捕捉和交点捕捉功能，分别对其他轴线进行夹点拉伸，并删除最右侧的垂直轴线，结果如图6-13所示。

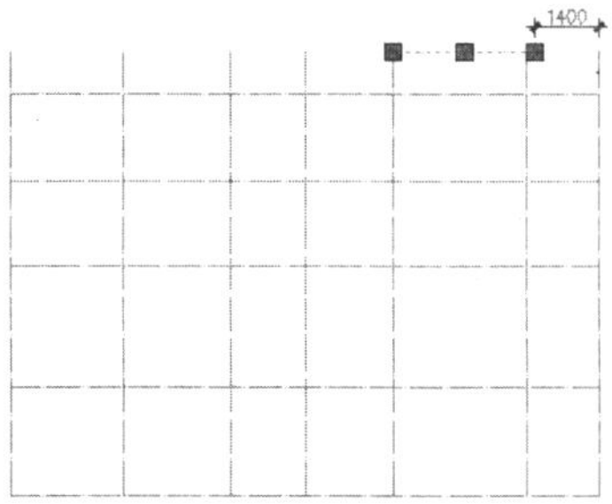

图6-11 拉伸结果

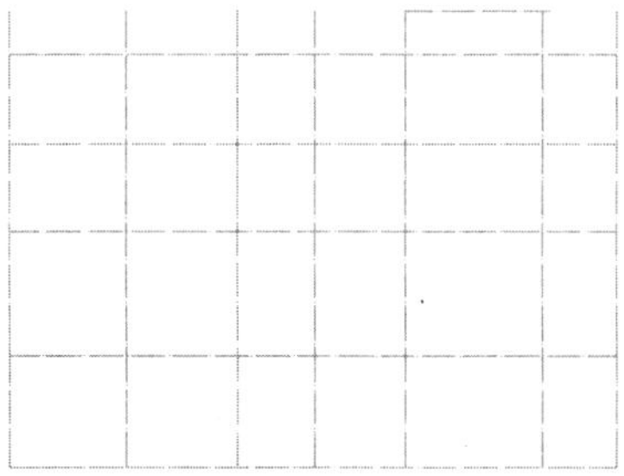

图6-12 取消夹点后的效果

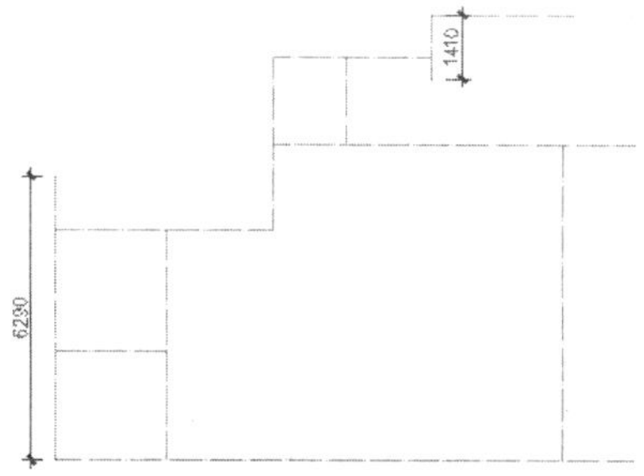

图6-13 编辑其他轴线

15 使用快捷键“O”激活【偏移】命令，将最下侧的水平轴线向上偏移1500和5490个绘图单位，作为边界，结果如图6-14所示。

16 单击【修改】工具栏中的 按钮，激活【修剪】命令，以偏移出的两条轴线作为修剪边界，对右侧的垂直轴线进行修剪，以创建门洞，修剪结果如图6-15所示。

17 使用快捷键“E”激活【删除】命令，删除两条偏移出的辅助轴线，结果如图6-16所示。

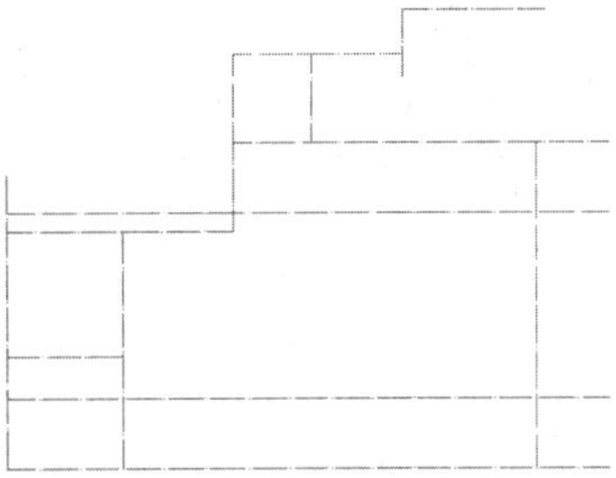

图6-14 偏移结果

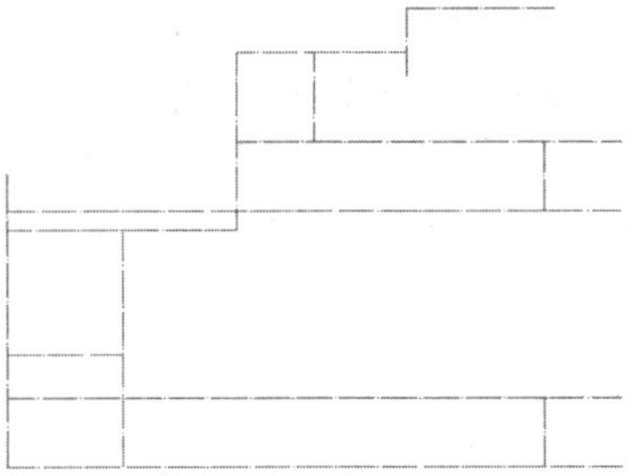

图6-15 修剪结果

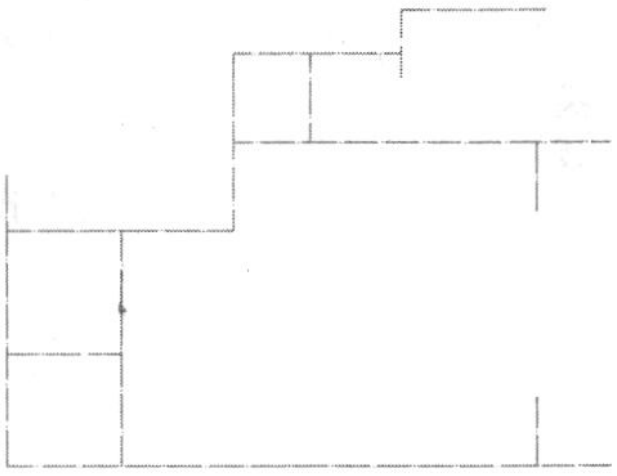

图6-16 删除结果

18 单击【修改】工具栏中的按钮，激活【打断】命令，在下侧的水平轴线上创建门洞。命令行操作如下：

```
命令: _break
    选择对象:                //选择最下侧的水平轴线
    指定第二个打断点 或 [第一点(F)]:  //F按Enter，重新指定第一断点
    指定第一个打断点:            //激活【捕捉自】功能
    _from 基点:               //捕捉最下侧水平轴线的左端点
    <偏移>:                  //@200,0 Enter
    指定第二个打断点:           //@1150,0Enter，结果如图6-17所示
```

19 参照步骤15~步骤18的操作方法，分别对其他位置的轴线进行打断和修剪操作，以创建各位置的门、窗洞口，结果如图6-18所示。

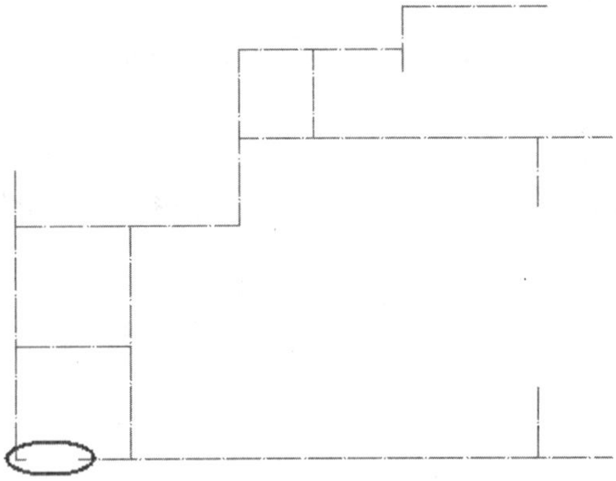

图6-17 打断结果

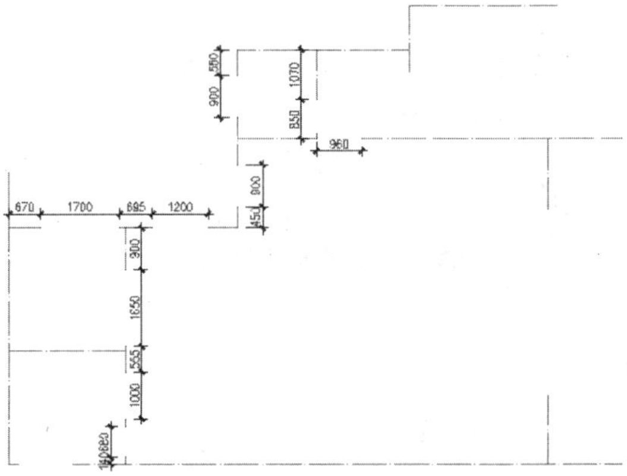

图6-18 创建其他洞口

至此，高档住宅跃一层墙体定位轴线绘制完毕。下一小节学习跃一层主次墙线的具体绘制过程和绘制技巧。

6.2.2 绘制跃一层主次墙线

1 继续上节操作。

2 展开【图层】工具栏中的【图层控制】下拉列表，将“墙线层”设为当前操作层。

3 执行菜单栏中的【绘图】|【多线】命令，配合端点捕捉功能绘制主墙线。命令行操作如下：

```
命令: _mline
    当前设置: 对正 = 上，比例 = 20.00，样式 = 墙线样式
    指定起点或 [对正(J)/比例(S)/样式(ST)]:          //s Enter
```

```
输入多线比例 <20.00>:                          //200 Enter
当前设置: 对正 = 上, 比例 = 200.00, 样式 = 墙线样式样式
指定起点或 [对正(J)/比例(S)/样式(ST)]:          //j Enter
输入对正类型 [上(T)/无(Z)/下(B)] <上>:         //z Enter
当前设置: 对正 = 无, 比例 = 200.00, 样式 = 墙线样式样式
指定起点或 [对正(J)/比例(S)/样式(ST)]:          //捕捉如图6-19所示的端点1
指定下一点:                                    //捕捉如图6-19所示的端点2
指定下一点或 [闭合(C)/放弃(U)]:                //捕捉如图6-19所示的端点3
指定下一点或 [放弃(U)]:                        // Enter，绘制结果如图6-20所示
```

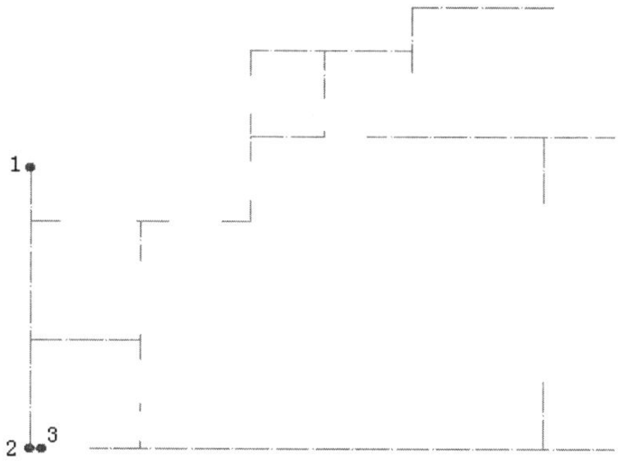

图6-19 定位端点

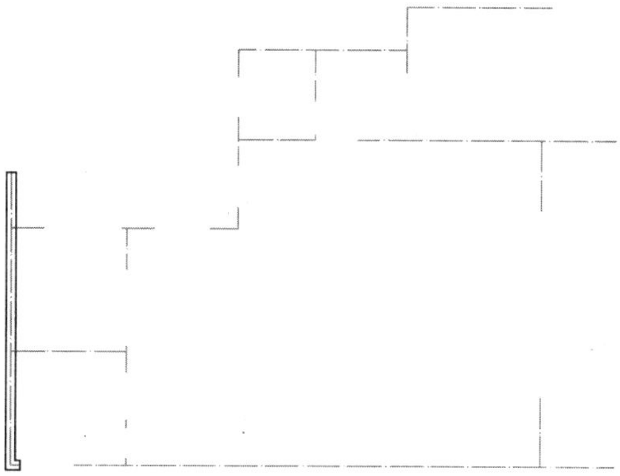
图6-20 绘制结果

4 重复执行【多线】命令，设置多线比例和对正方式保持不变，配合端点捕捉和交点捕捉功能绘制其他主墙线，结果如图6-21所示。

5 重复执行【多线】命令，设置多线对正方式不变，绘制宽度为120的非承重墙线，结果如图6-22所示。

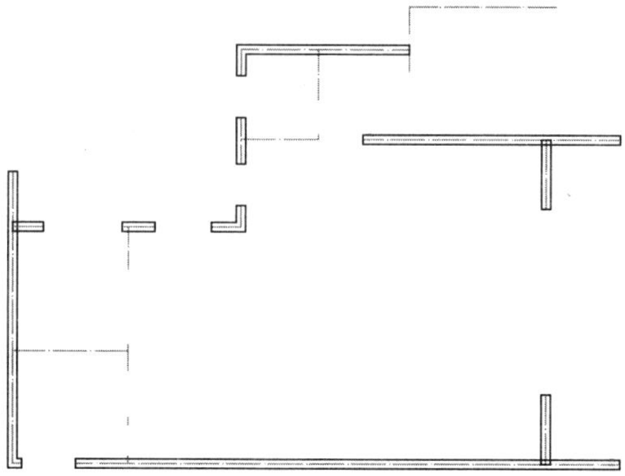
图6-21 绘制其他主墙线

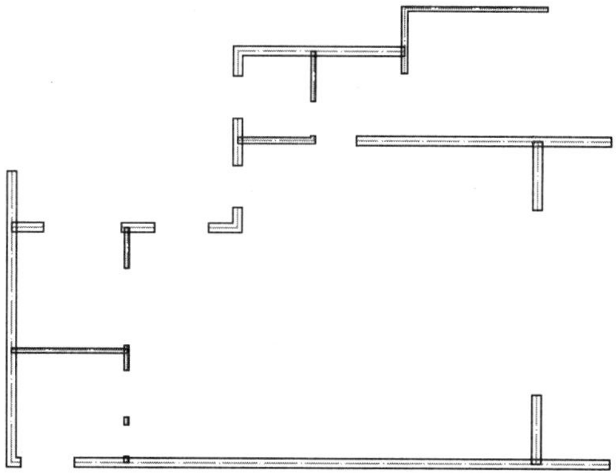
图6-22 绘制其他非承重墙

6 展开【图层】工具栏中的【图层控制】下拉列表，关闭“轴线层”，结果如图6-23所示。

7 执行菜单栏中的【修改】|【对象】|【多线】命令，在打开的【多线编辑工具】对话框内单击按钮，激活【T形合并】功能，如图6-24所示。

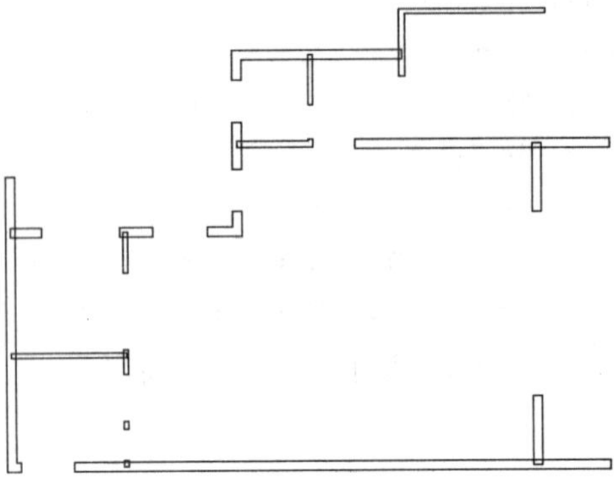

图6-23 关闭“轴线层”后的显示

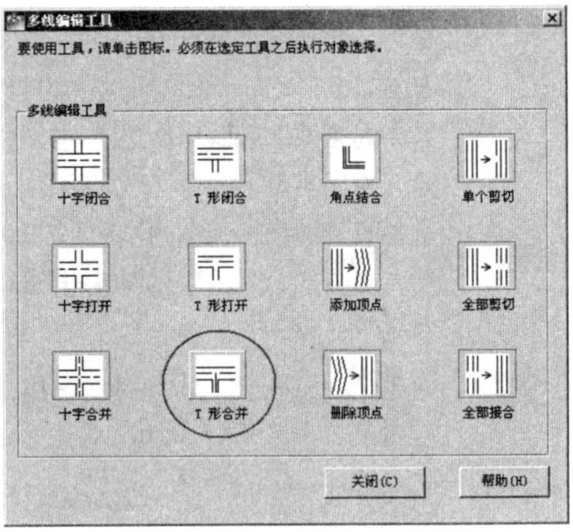

图6-24 【多线编辑工具】对话框

8 返回绘图区，在命令行的“选择第一条多线：”提示下，选择如图6-25所示的墙线。

9 在“选择第二条多线：”提示下，选择如图6-26所示的墙线，结果这两条T形相交的多线被合并，如图6-27所示。

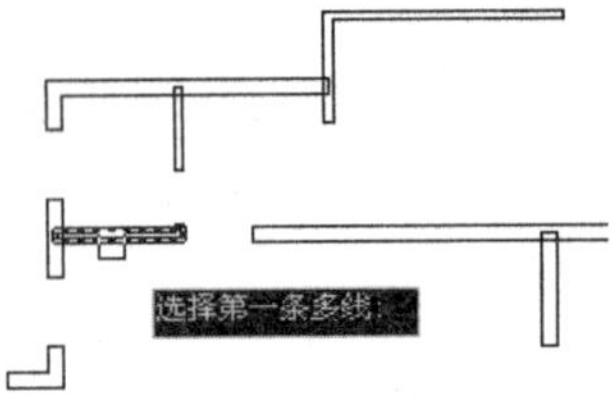

图6-25 选择第一条多线

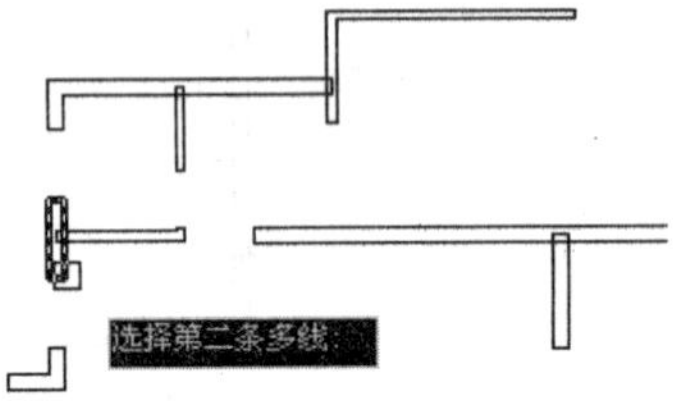

图6-26 选择第二条多线

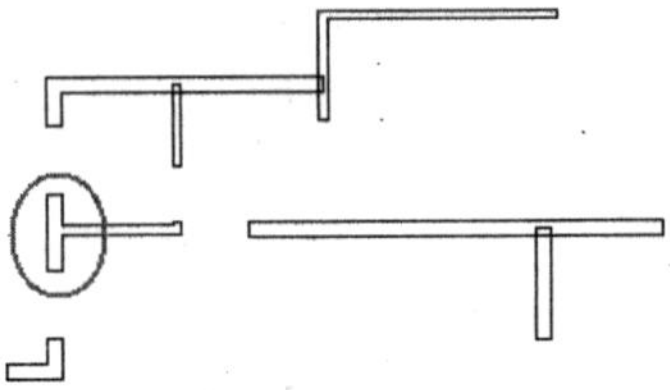

图6-27 合并结果

10 继续在“选择第一条多线或 [放弃（U）]：”提示下，分别选择其他位置T形墙线进行合并，合并结果如图6-28所示。

至此，高档住宅跃一层主次墙线绘制完毕。下一小节将绘制跃一层平面窗和阳台等建筑构件。

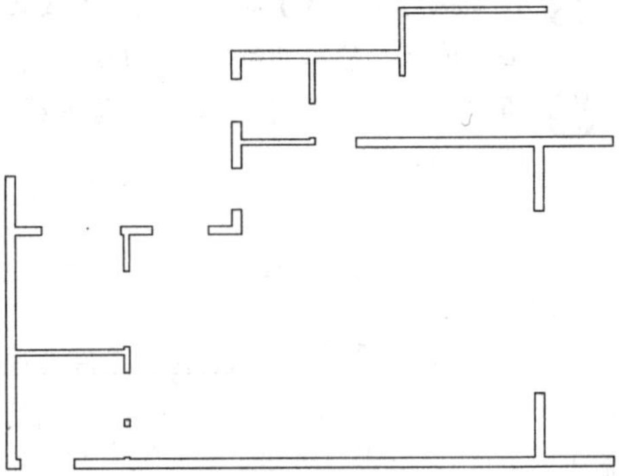

图6-28 T形合并其他墙线

6.2.3 绘制跃一层平面窗与阳台

1 继续上节操作。

2 展开【图层】工具栏中的【图层控制】下拉列表，将“门窗层”设置为当前操作层，如图6-29所示。

3 执行菜单栏中的【格式】|【多线样式】命令，在打开的【多线样式】对话框中设置“窗线样式”为当前样式，如图6-30所示。

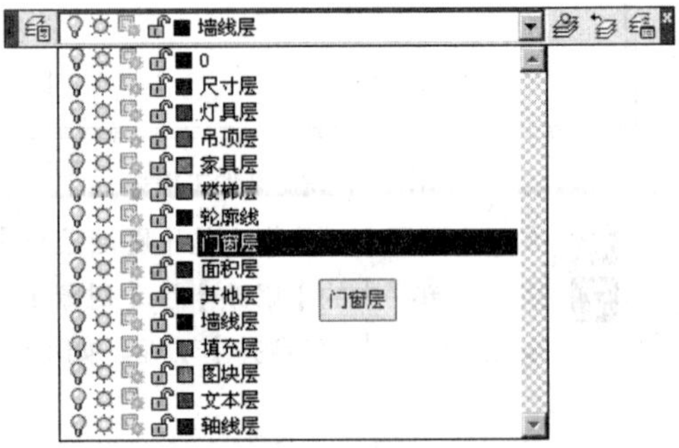

图6-29 设置当前层

4 执行菜单栏中的【绘图】|【多线】命令，配合中点捕捉功能绘制窗线。命令行操作如下：

```
命令: _mline
    当前设置: 对正 = 上, 比例 = 120.00, 样式 = 窗线样式
    指定起点或 [对正(J)/比例(S)/样式(ST)]:            //s Enter
    输入多线比例 <100.00>:                           //200 Enter
    当前设置: 对正 = 上, 比例 = 200.00, 样式 = 窗线样式
    指定起点或 [对正(J)/比例(S)/样式(ST)]:            //j Enter
    输入对正类型 [上(T)/无(Z)/下(B)] <上>:            //z Enter
    当前设置: 对正 = 无, 比例 = 200.00, 样式 = 窗线样式
    指定起点或 [对正(J)/比例(S)/样式(ST)]:            //捕捉如图6-31所示的中点
```

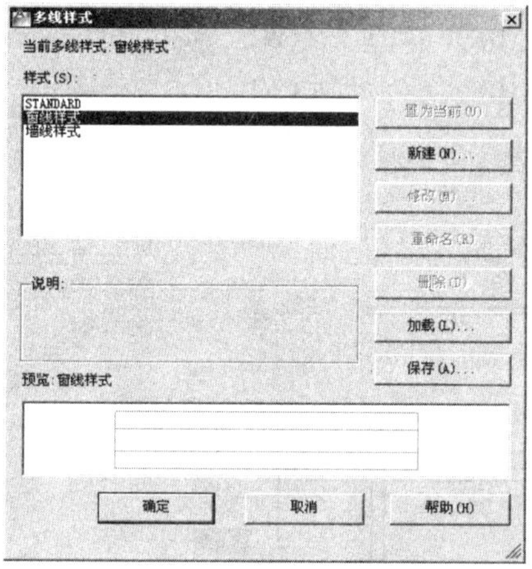

图6-30 设置当前多线样式

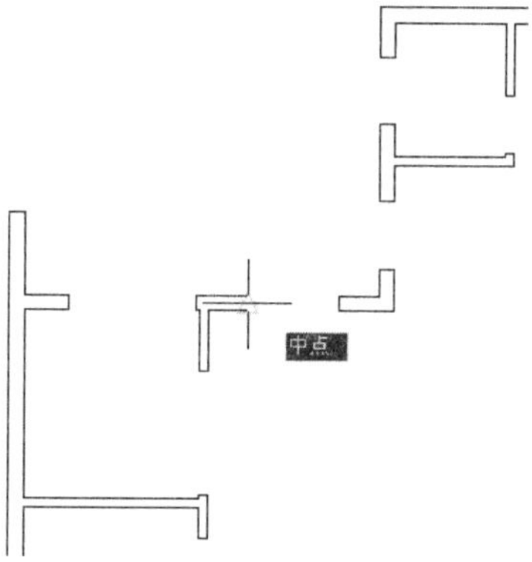

图6-31 捕捉中点

```
    指定下一点:                                      //捕捉如图6-32所示的中点
    指定下一点或 [放弃(U)]:                           // Enter，绘制结果如图6-33所示
```

5 重复步骤4的操作，设置多线比例和对正方式保持不变，配合中点捕捉绘制其他窗线，结果如图6-34所示。

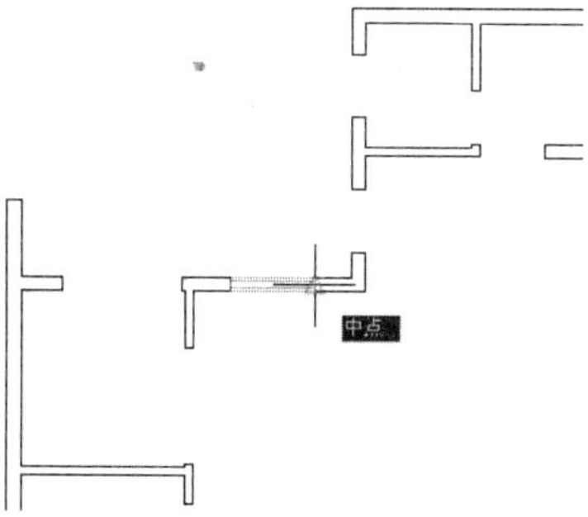

图6-32 捕捉中点

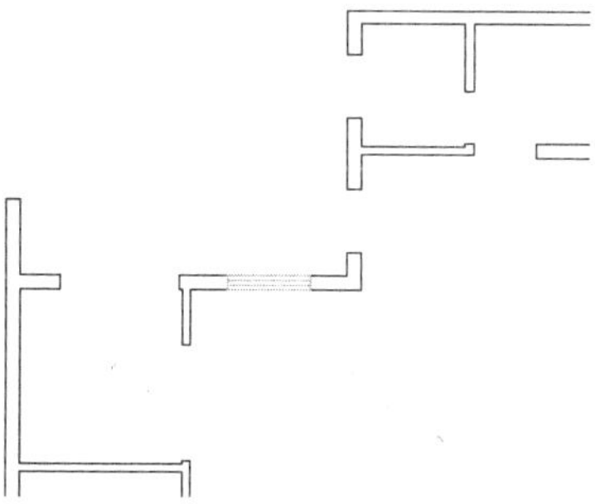

图6-33 绘制结果

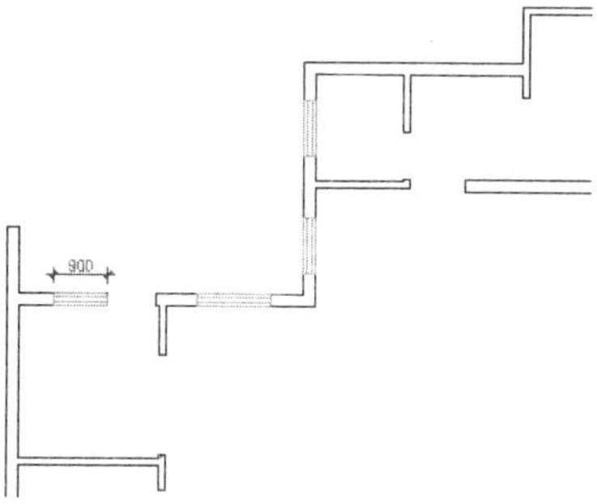

图6-34 绘制其他窗线

6 重复执行【多线】命令，设置多线比例为120，对正方式为“无”，然后配合中点捕捉功能和坐标输入功能绘制如图6-35所示的窗线。

7 执行菜单栏中的【绘图】|【多段线】命令，配合对象捕捉和坐标输入功能绘制阳台轮廓线。命令行操作如下：

```
命令: _pline
    指定起点:                                                    //捕捉如图6-36所示的端点
    当前线宽为 0.0
    指定下一个点或 [圆弧(A)/半宽(H)/长度(L)/放弃(U)/宽度(W)]:        //@0,-1500 Enter
    指定下一点或 [圆弧(A)/闭合(C)/半宽(H)/长度(L)/放弃(U)/宽度(W)]: //A Enter
    指定圆弧的端点或[角度(A)/圆心(CE)/闭合(CL)/方向(D)/半宽(H)/直线(L)/半径(R)/第二个点(S)/
放弃(U)/宽度(W)]:                                                //s Enter
    指定圆弧上的第二个点:                                          //@405,-1895 Enter
    指定圆弧的端点:                                                //@-405,-1895 Enter
    指定圆弧的端点或[角度(A)/圆心(CE)/闭合(CL)/方向(D)/半宽(H)/直线(L)/半径(R)/第二个点(S)/
放弃(U)/宽度(W)]:                                                //L Enter
    指定下一点或 [圆弧(A)/闭合(C)/半宽(H)/长度(L)/放弃(U)/宽度(W)]  //@0,-1500 Enter:
    指定下一点或 [圆弧(A)/闭合(C)/半宽(H)/长度(L)/放弃(U)/宽度(W)]:
                                                   // Enter, 绘制结果如图6-37所示
```

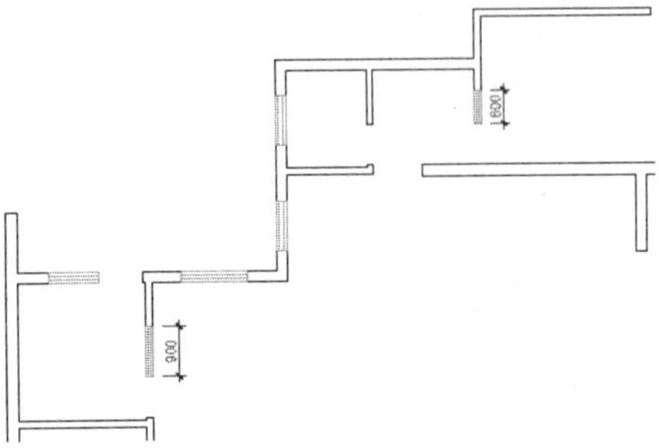

图6-35 绘制结果

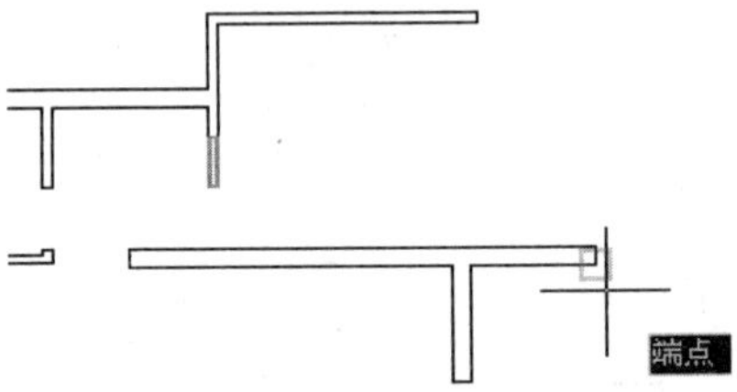

图6-36 捕捉端点

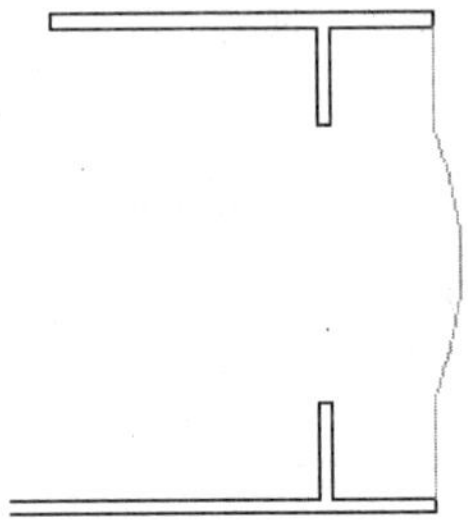

图6-37 绘制结果

8 使用快捷键“O”激活【偏移】命令，将刚绘制的阳台轮廓线向左侧偏移。命令行操作如下：

```
命令: o
    OFFSET当前设置: 删除源=否  图层=源  OFFSETGAPTYPE=0
    指定偏移距离或 [通过(T)/删除(E)/图层(L)] <2350.0>:          //120
    选择要偏移的对象, 或 [退出(E)/放弃(U)] <退出>:              //选择如图6-38所示的阳台轮廓线
    指定要偏移的那一侧上的点, 或 [退出(E)/多个(M)/放弃(U)] <退出>:
                                                              //在所选轮廓线的左侧拾取点
    选择要偏移的对象, 或 [退出(E)/放弃(U)] <退出>:              // Enter, 结果如图6-39所示
```

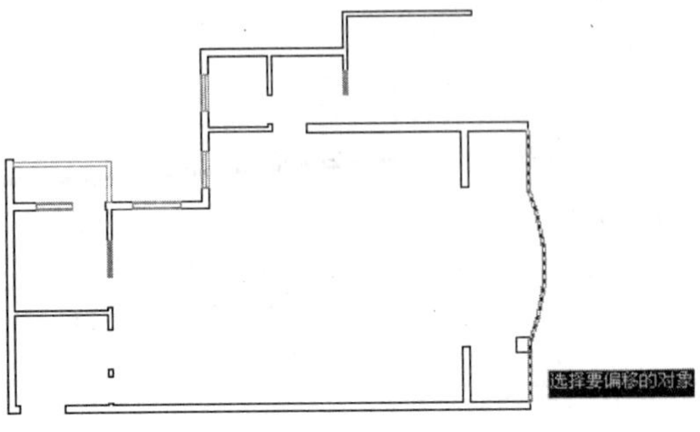

图6-38 选择对象

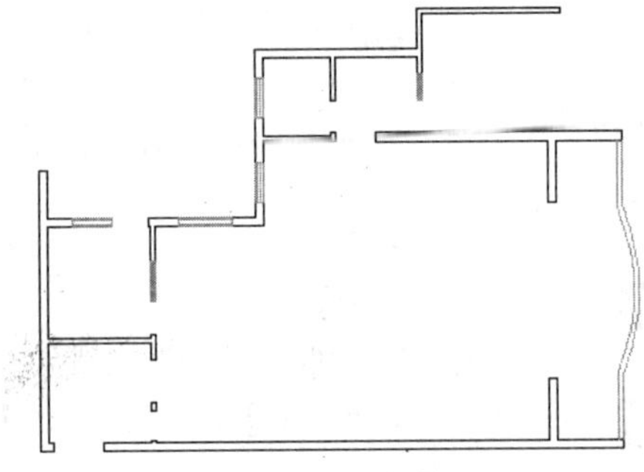

图6-39 偏移结果

9 执行菜单栏中的【格式】|【多线样式】命令，将“墙线样式”设置为当前多线样式。

10 执行菜单栏中的【绘图】|【多线】命令，配合【对象追踪】和【极轴追踪】功能绘制左侧的阳台轮廓线。命令行操作如下：

```
命令: _mline
    当前设置: 对正 = 无, 比例 = 200.00, 样式 = 墙线样式
    指定起点或 [对正(J)/比例(S)/样式(ST)]:            //s Enter
    输入多线比例 <200.00>:                           //120 Enter
    当前设置: 对正 = 无, 比例 = 100.00, 样式 = 墙线样式
    指定起点或 [对正(J)/比例(S)/样式(ST)]:            //j Enter
    输入对正类型 [上(T)/无(Z)/下(B)] <无>:            //T Enter
    当前设置: 对正 = 上, 比例 = 1200.00, 样式 = 墙线样式
    指定起点或 [对正(J)/比例(S)/样式(ST)]:            //捕捉如图6-40所示的追踪虚线的交点
    指定下一点:                                      //@0,900 Enter
    指定下一点或 [放弃(U)]:                          //捕捉如图6-41所示的追踪虚线的交点
    指定下一点或 [闭合(C)/放弃(U)]:                  // Enter, 绘制结果如图6-42所示
```

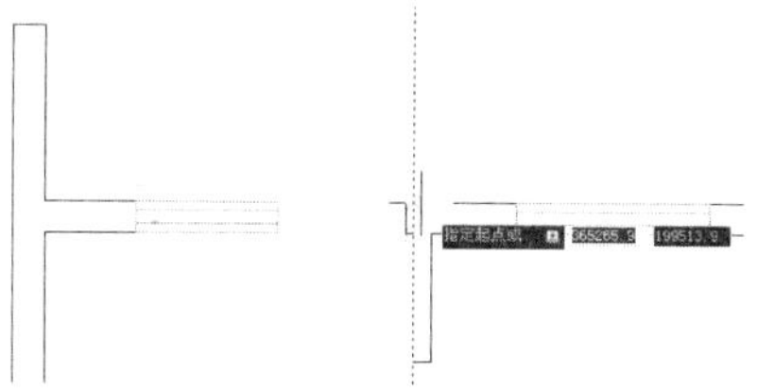
图6-40 捕捉追踪虚线的交点

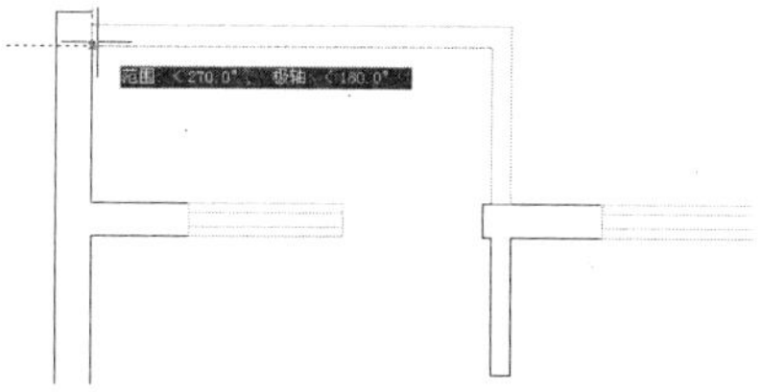
图6-41 捕捉交点

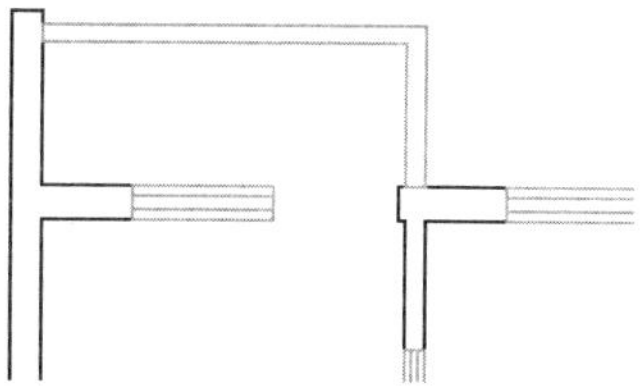
图6-42 绘制结果

11 重复执行【多线】命令，配合捕捉追踪功能继续绘制阳台轮廓线。命令行操作如下：

```
命令:
    MLINE当前设置: 对正 = 上, 比例 = 120.00, 样式 = 墙线样式
    指定起点或 [对正(J)/比例(S)/样式(ST)]:            //捕捉如图6-43所示的追踪虚线的交点
    指定下一点:                                      //捕捉如图6-44所示的追踪虚线的交点
    指定下一点或 [放弃(U)]:                          // Enter, 绘制结果如图6-45所示
```

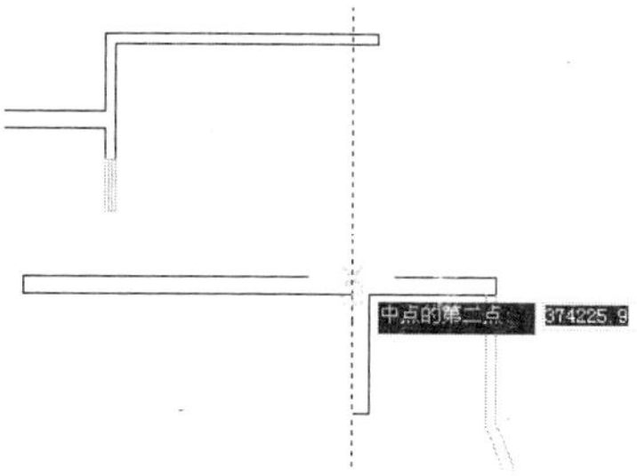
图6-43 捕捉追踪虚线的交点

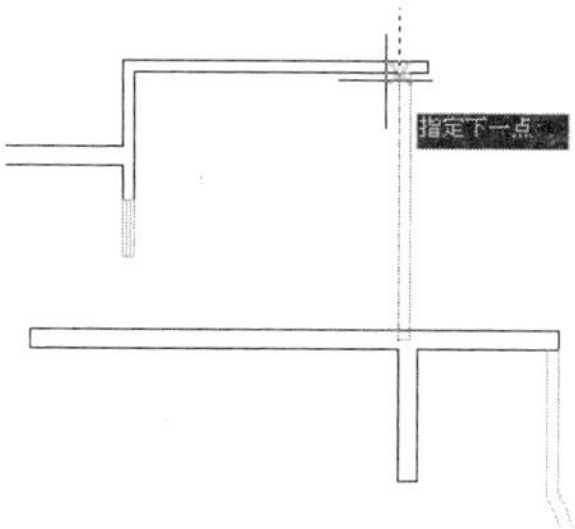
图6-44 捕捉交点

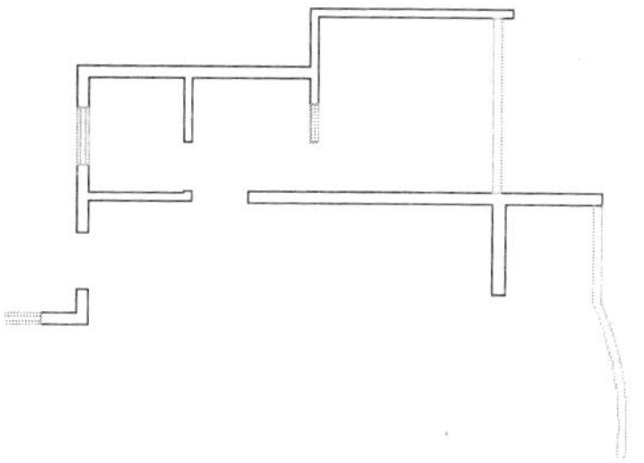
图6-45 绘制结果

至此，跃一层平面窗与阳台构件绘制完毕。下一小节将学习跃一层子母门、单开门、推拉门等平面门构件与楼梯构件的快速绘制方法和技巧。

6.2.4 绘制跃一层平面门与楼梯

1. 继续上节操作。
2. 单击【绘图】工具栏中的按钮，激活【插入块】命令，插入本书配套光盘中的“图块文件\子母门.dwg”，块参数设置如图6-46所示，插入点为图6-47所示的中点。

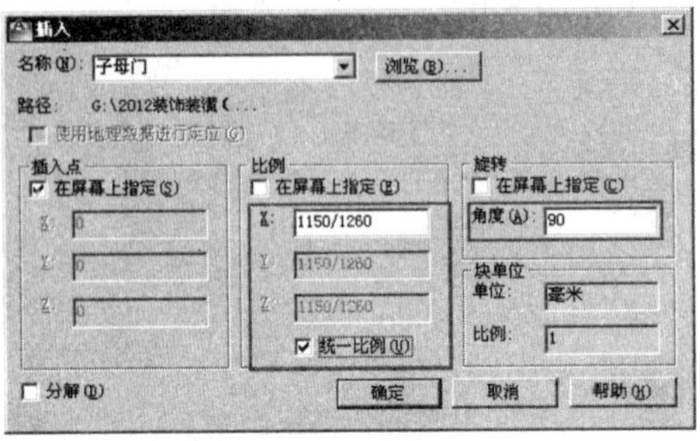

图6-46 设置参数

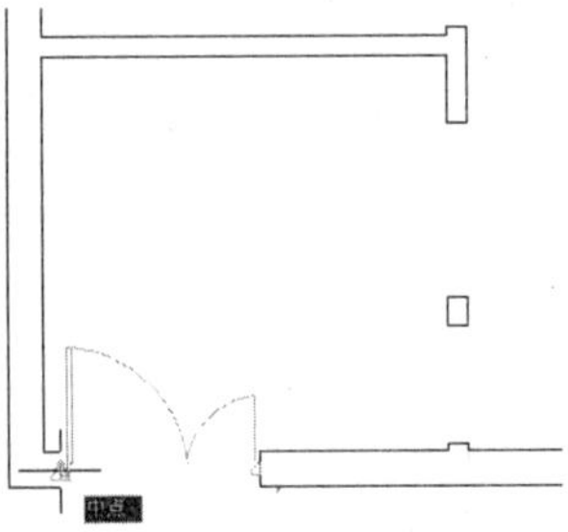

图6-47 定位插入点

3. 重复【插入块】命令，插入本书配套光盘中的“图块文件\单开门.dwg”，块参数设置如图6-48所示，插入点为图6-49所示的中点。

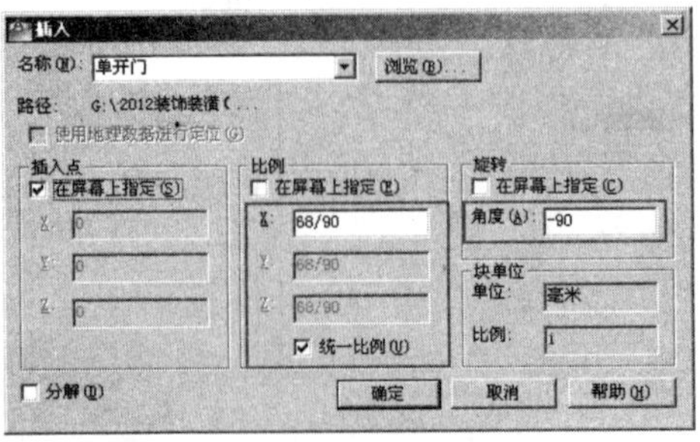

图6-48 设置参数

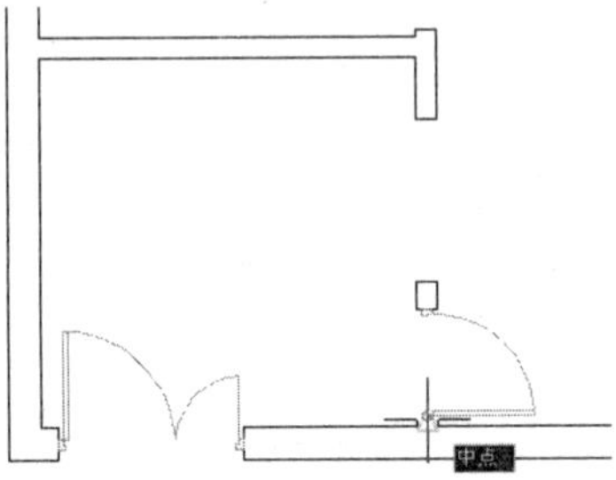

图6-49 定位插入点

4. 重复执行【插入块】命令，设置插入参数如图6-50所示，插入点为图6-51所示的中点。

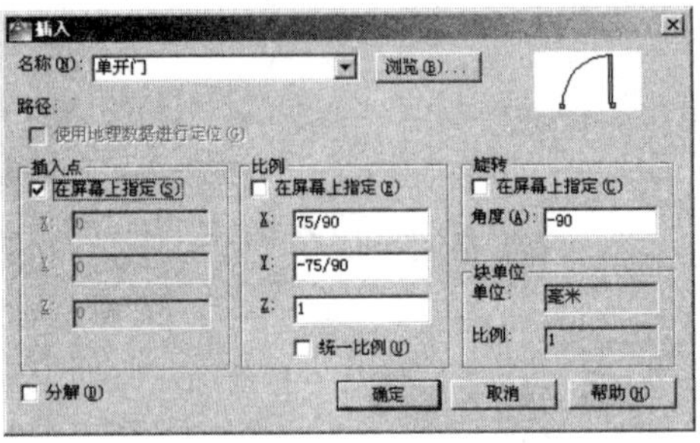

图6-50 设置参数

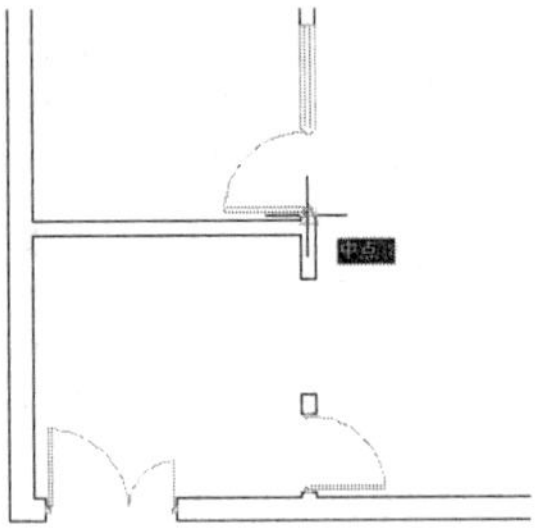

图6-51 定位插入点

5. 重复执行【插入块】命令，设置插入参数如图6-52所示，插入点为图6-53所示的中点。

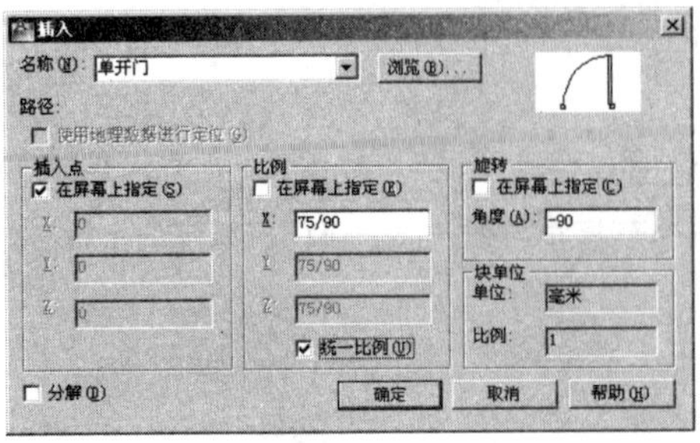

图6-52 设置参数

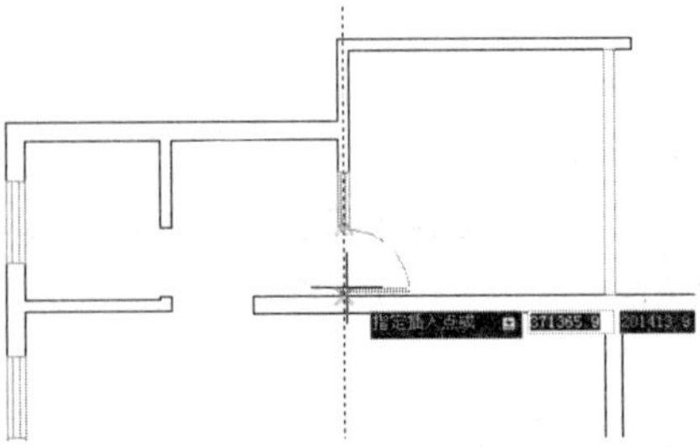

图6-53 定位插入点

6 重复执行【插入块】命令，设置插入参数如图6-54所示，插入点为图6-55所示的中点。

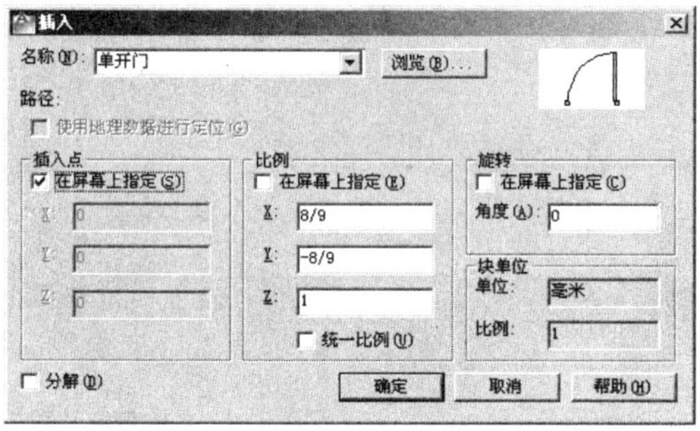

图6-54 设置参数

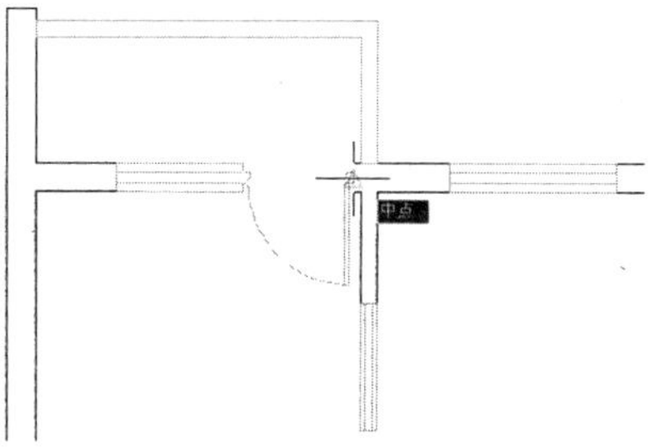

图6-55 定位插入点

7 执行菜单栏中的【修改】|【镜像】命令，配合对象捕捉和坐标输入功能对单开门进行镜像。命令行操作如下：

```
命令: _mirror
    选择对象:                                    //选择如图6-56所示的单开门
    选择对象:                                    // Enter
    指定镜像线的第一点:                          //捕捉如图6-57所示的中点
    指定镜像线的第二点:                          //@0,1 Enter
    要删除源对象吗？[是(Y)/否(N)] <N>:           // Enter，镜像结果如图6-58所示
```

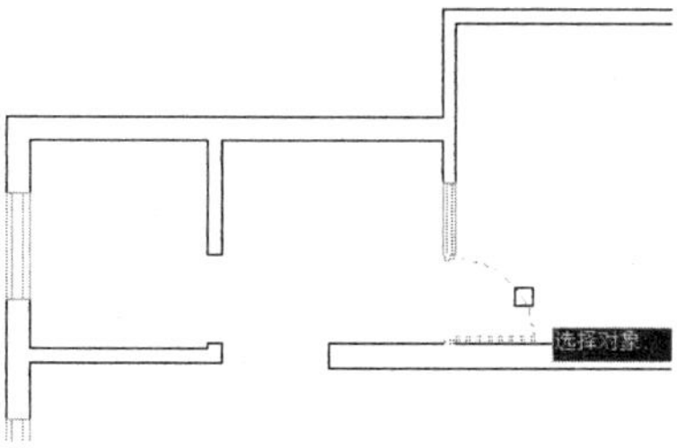

图6-56 选择对象

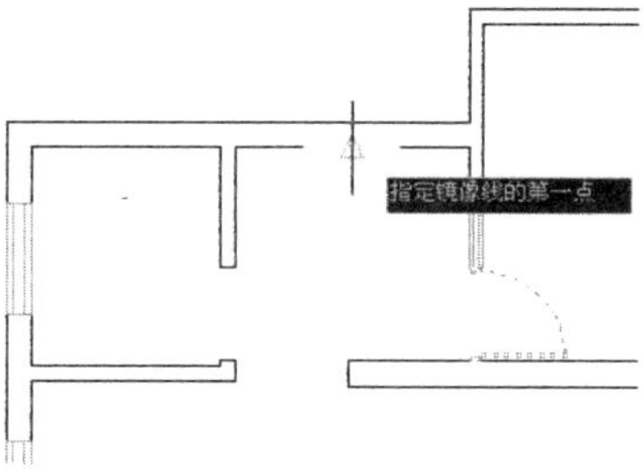

图6-57 捕捉中点

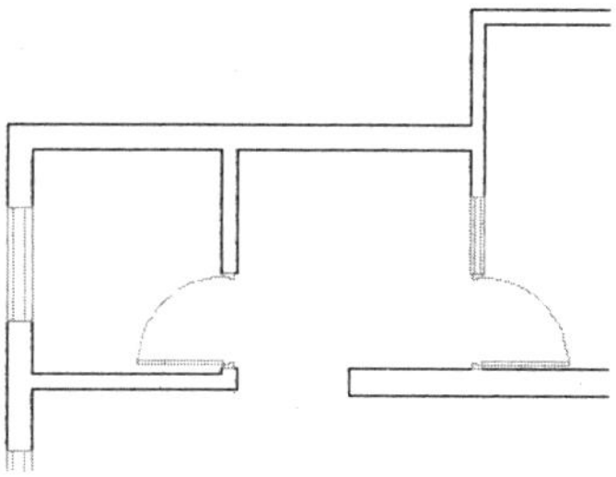

图6-58 镜像结果

8 执行菜单栏中的【绘图】|【矩形】命令，配合中点捕捉功能绘制推拉门。命令行操作如下：

```
命令: _rectang
    指定第一个角点或 [倒角(C)/标高(E)/圆角(F)/厚度(T)/宽度(W)]:
                                          //捕捉如图6-59所示的中点
    指定另一个角点或 [面积(A)/尺寸(D)/旋转(R)]:   //@-40,-1000Enter，绘制结果如图6-60所示
```

9 执行菜单栏中的【修改】|【复制】命令，对刚绘制的矩形推拉门进行复制。命令行操作如下：

```
命令: _copy
    选择对象:                                          //选择刚绘制的矩形
    选择对象:                                          // Enter
    当前设置: 复制模式 = 多个
    指定基点或 [位移(D)/模式(O)] <位移>:                //捕捉矩形的左侧垂直边中点
    指定第二个点或 [阵列(A)] <使用第一个点作为位移>:    //捕捉矩形的右下角点
    指定第二个点或 [阵列(A)/退出(E)/放弃(U)] <退出>:    //Enter，复制结果如图6-61所示
```

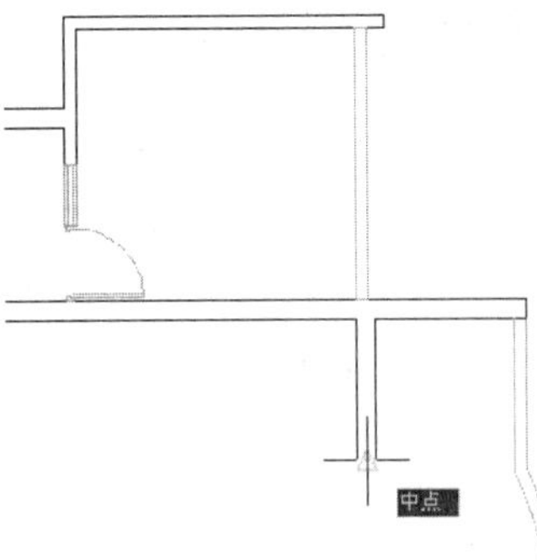

图6-59 捕捉中点

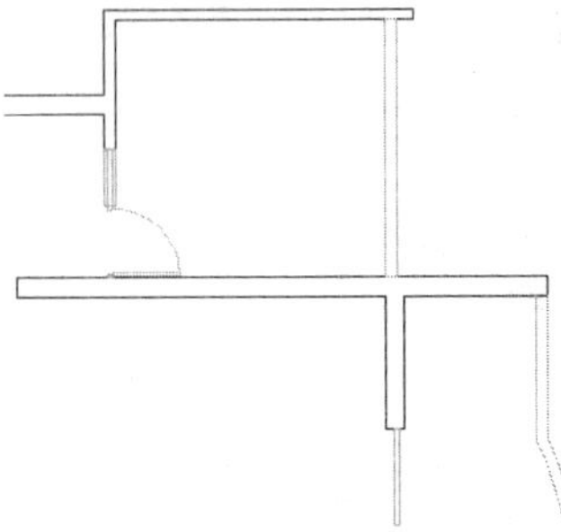

图6-60 绘制结果

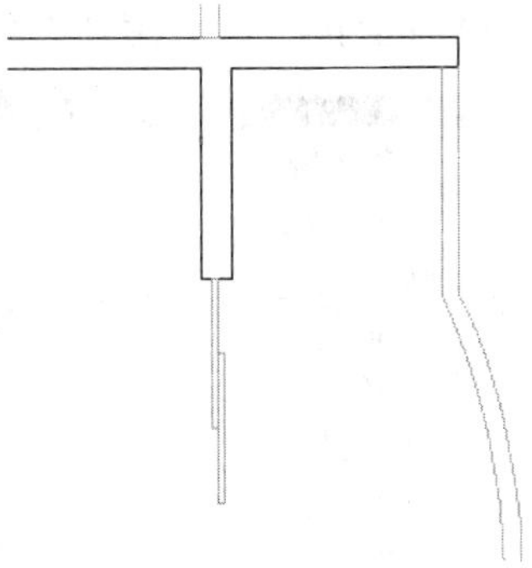

图6-61 复制结果

10 执行菜单栏中的【修改】|【镜像】命令，配合中点捕捉和坐标输入功能对推拉门进行镜像。命令行操作如下：

```
命令: _mirror
    选择对象:                              //拉出如图6-62所示的窗交选择框
    选择对象:                              // Enter
    指定镜像线的第一点:                    //捕捉如图6-63所示的中点
    指定镜像线的第二点:                    //@1,0 Enter
    要删除源对象吗? [是(Y)/否(N)] <N>:     // Enter，镜像结果如图6-64所示
```

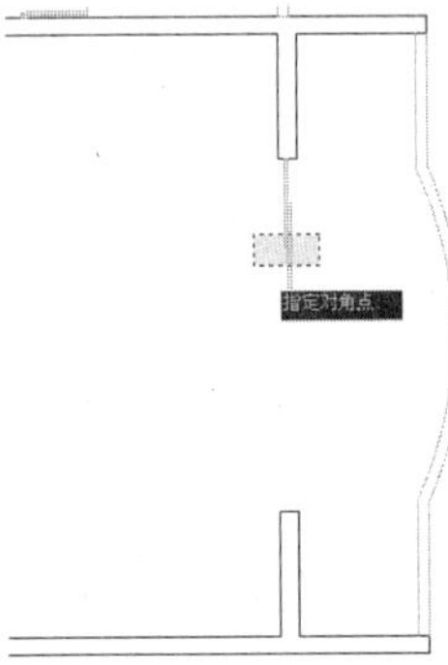

图6-62 窗交选择

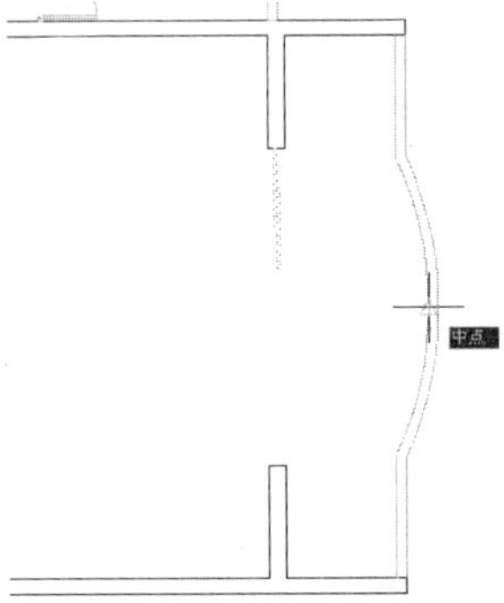

图6-63 捕捉中点

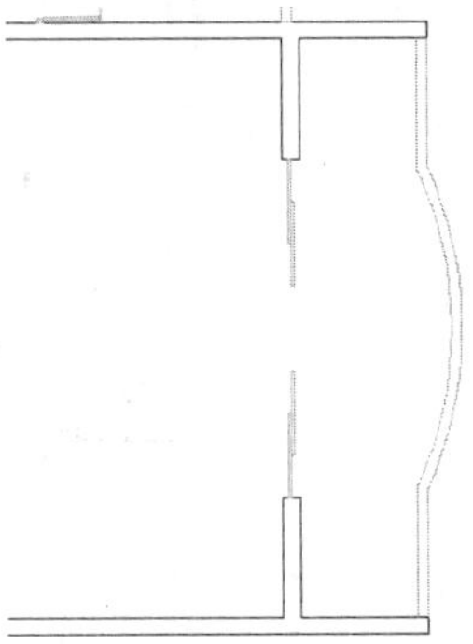

图6-64 镜像结果

11 展开【图层控制】下拉列表，将“楼梯层”设置为当前操作层。

12 使用快捷键“I”激活【插入块】命令，选择本书配套光盘中的“图块文件／楼梯.dwg”，如图6-65所示，以默认参数插入到平面图中，插入结果如图6-66所示。

13 最后执行【保存】命令，将图形命名存储为“高档住宅跃一层墙体图.dwg”。

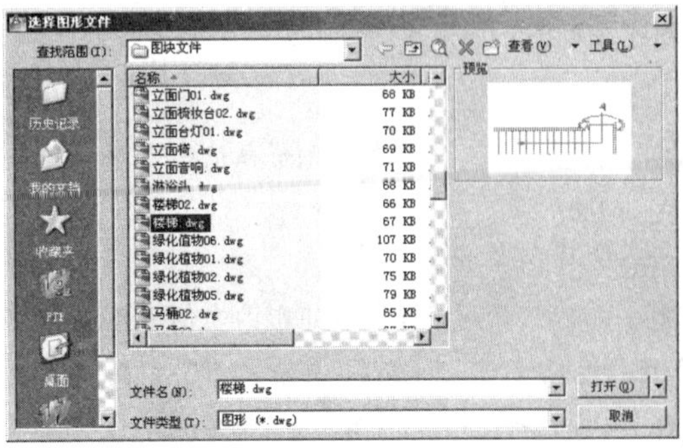

图6-65 选择文件

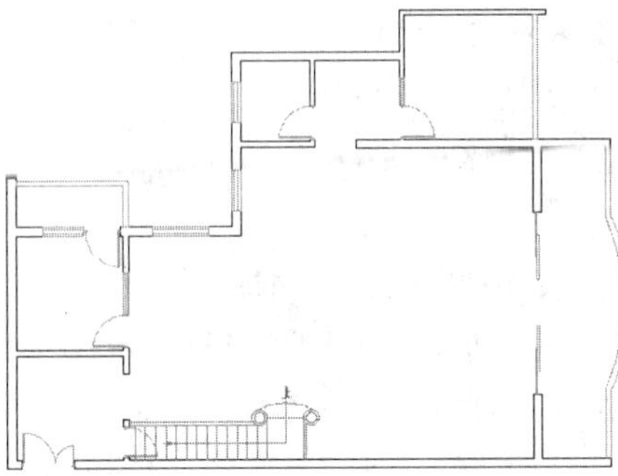

图6-66 插入结果

6.3 绘制高档住宅跃一层家具布置图

本节主要讲述高档住宅跃一层室内家具布置图的具体绘制过程和绘制技巧。跃一层家具布置图的最终绘制效果如图6-67所示。

在绘制高档住宅跃一层室内布置图时，具体可以参照如下绘图思路。

1）使用【插入块】命令为客厅布置电视、电视柜、沙发组合、绿化植物等。

2）使用【设计中心】命令为卫生间、洗手间、阳台等布置浴盆、马桶、洗手池、绿化带以及休闲桌椅。

3）综合使用【插入块】、【设计中心】、【镜像】等命令绘制其他房间内的布置图。

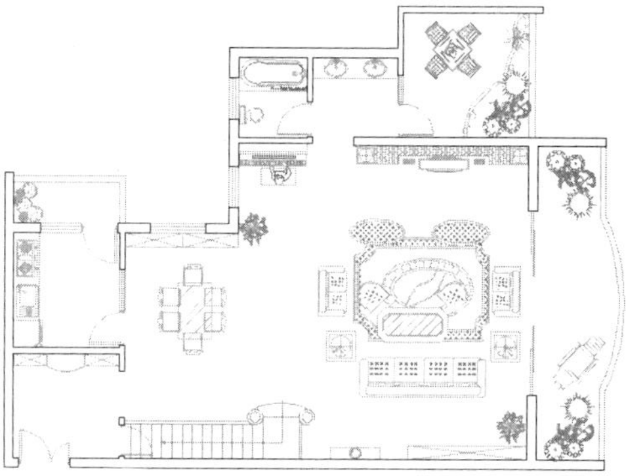

图6-67 实例效果

4）最后使用【多段线】命令配合捕捉或追踪功能绘制厨房操作台轮廓线，对室内布置图进行完善。

6.3.1 绘制跃一层客厅布置图

1 打开上节存储的“高档住宅跃一层墙体图.dwg”文件。

提示： 读者也可以直接从本书配套光盘中的“效果文件\第6章\”目录下打开此文件。

2 执行菜单栏中的【格式】|【图层】命令，将“家具层”设置为当前操作层。

3 单击【绘图】工具栏中的按钮，在打开的【插入】对话框中单击浏览(B)...按钮，然后选择本书配套光盘中的“图块文件\电视墙与电视.dwg”，如图6-68所示。

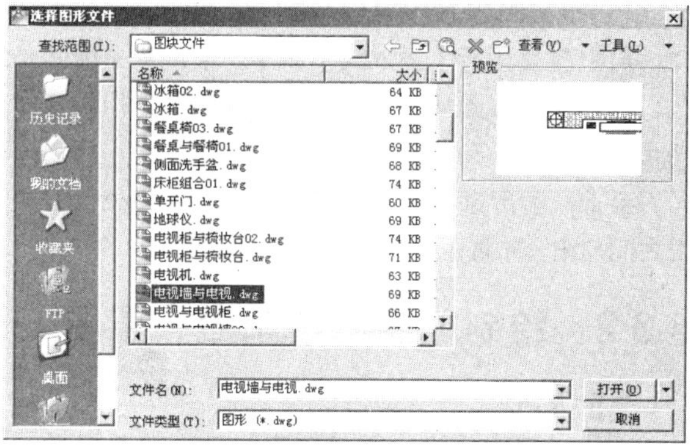

图6-68 选择文件

4 返回【插入】对话框，然后采用默认参数设置，将电视墙与电视插入到客厅平面图中，插入点为图6-69所示的端点。

5 重复执行【插入块】命令，在打开的【插入】对话框中单击浏览(B)...按钮，选择插入本书配套光盘中的“图块文件\沙发组合02.dwg”文件，如图6-70所示。

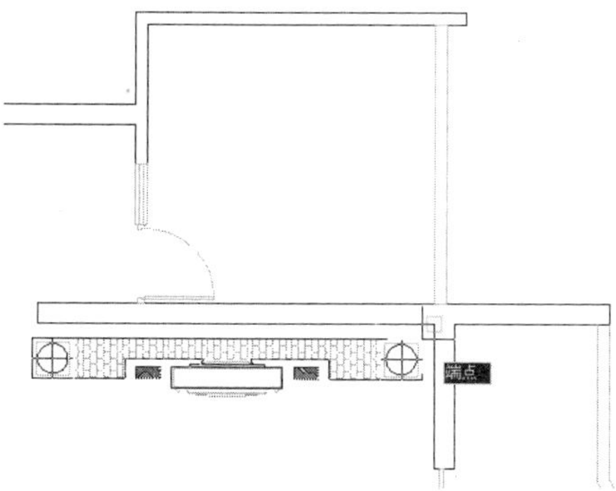

图6-69 捕捉端点

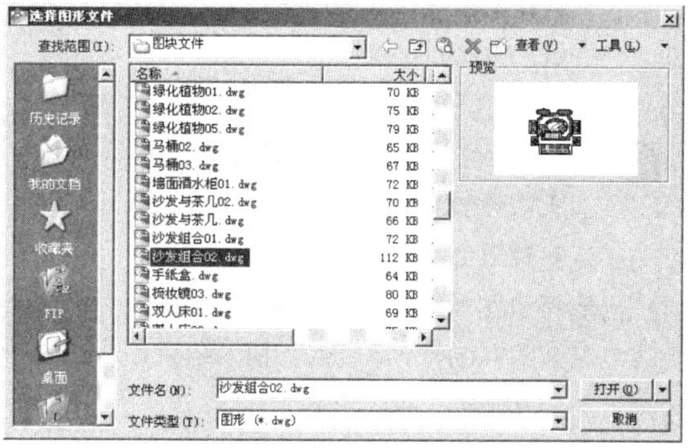

图6-70 选择文件

6 返回【插入】对话框，采用默认参数设置，配合【捕捉自】和坐标输入功能将沙发组合图块插入到平面图中。命令行操作如下：

```
命令: i
    INSERT指定插入点或 [基点(B)/比例(S)/X/Y/Z/旋转(R)]:        //激活【捕捉自】功能
    _from 基点:                                              //捕捉如图6-71所示的端点
    <偏移>:                                                  //@-2319,1357 Enter，插入结果如图6-72所示
```

7 重复执行【插入块】命令，插入本书配套光盘中的“图块文件\绿化植物05.dwg”，将其以默认参数插入到平面图中，并适当调整其位置，结果如图6-73所示。

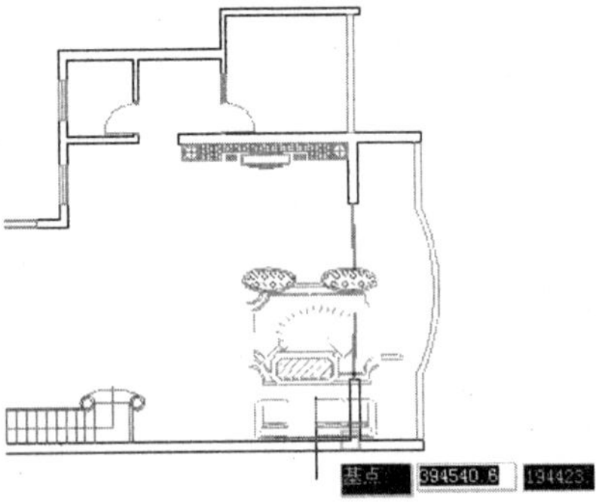

图6-71 捕捉端点

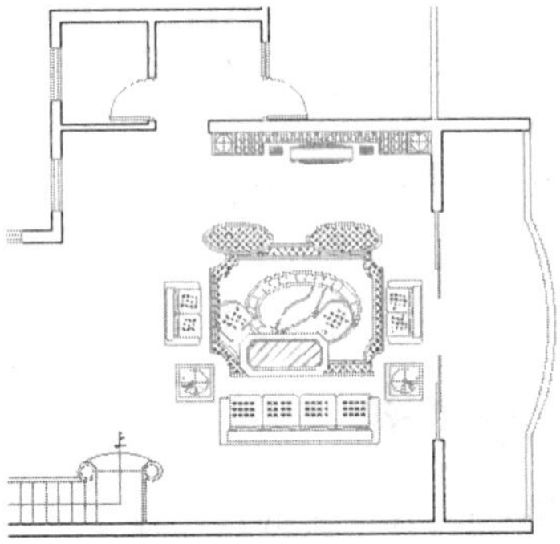

图6-72 插入结果

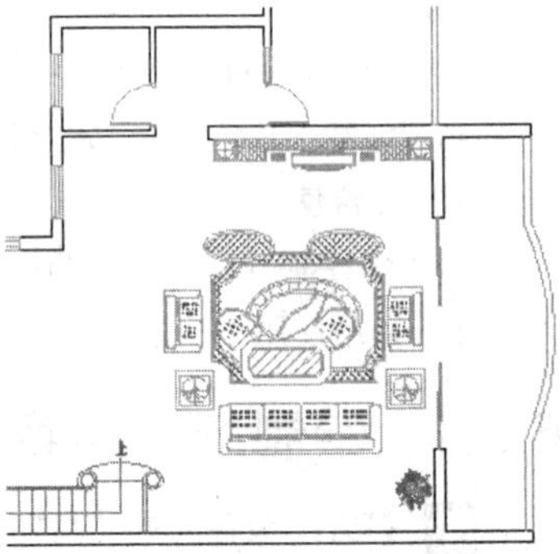

图6-73 插入绿化植物

8 重复执行【插入块】命令，插入本书配套光盘中的“图块文件\ block10.dwg”，插入点为图6-74所示的端点。

至此，客厅家具布置图绘制完毕。下一小节将学习卫生间与阳台布置图的绘制过程和绘制技巧。

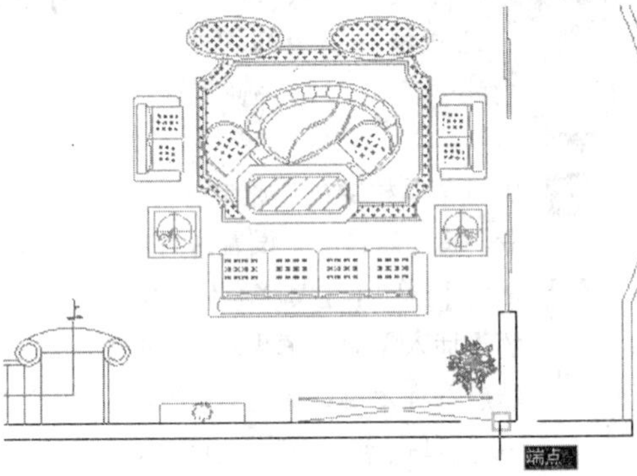

图6-74 捕捉端点

6.3.2 绘制卫生间与阳台布置图

1 继续上节操作。

2 单击【标准】工具栏中的▦按扭，在打开的【设计中心】窗口中定位本书配套光盘中的“图块文件”文件夹，如图6-75所示。

3 在右侧的窗口中选择“浴盆03.dwg”文件，然后右击，在弹出的快捷菜单中选择【插入为块】命令，如图6-76所示，将此图形以块的形式共享到平面图中。

4 此时系统打开如图6-77所示的【插入】对话框，在此对话框内采用默认参数设置，然后配合端点捕捉功能将该图块插入到平面图中，插入点为图6-78所示的端点，插入结果如图6-79所示。

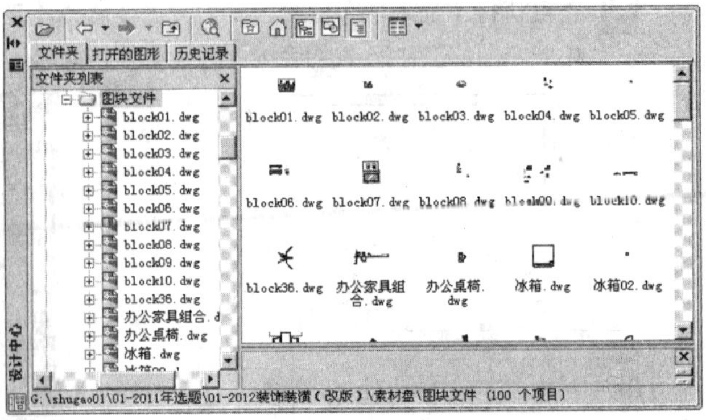

图6-75 定位目标文件夹

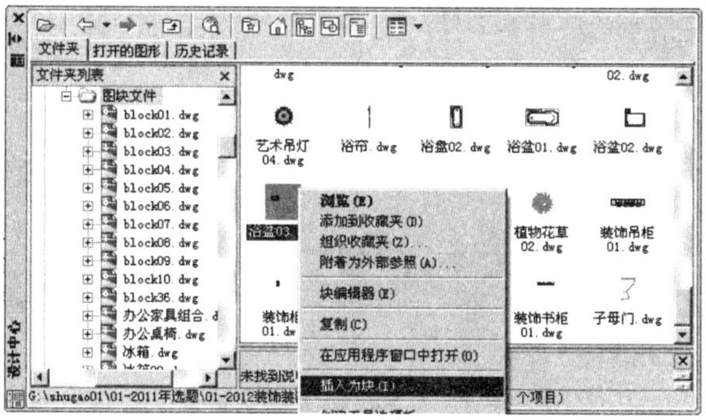

图6-76 选择文件

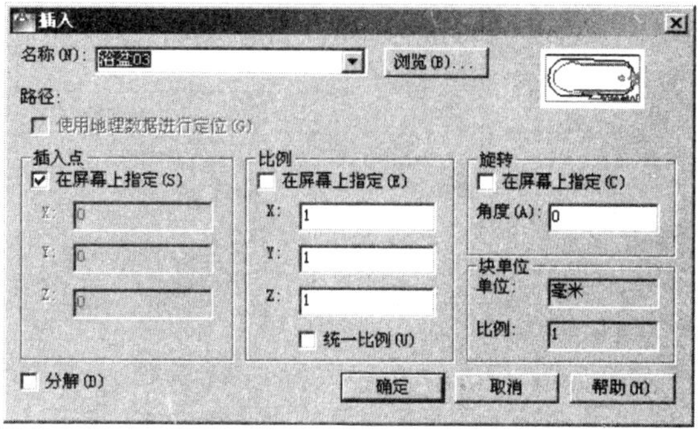

图6-77 【插入】对话框

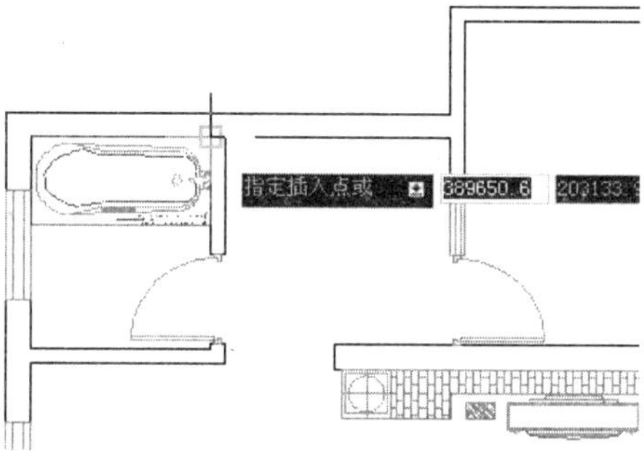

图6-78 定位插入点

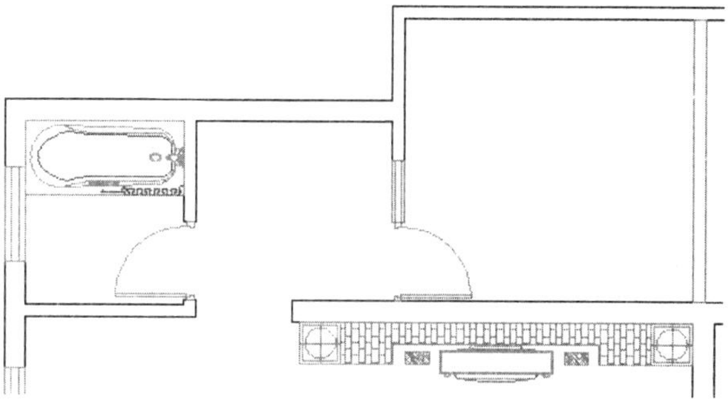

图6-79 插入结果

5 在【设计中心】右侧的窗口中向下移动滑块，找到“马桶03.dwg”文件并选择，如图6-80所示。

6 按住左键不放将马桶03图块拖曳至平面图中，配合【捕捉自】和端点捕捉功能将图块插入到平面图中。命令行操作如下：

```
命令: _-INSERT 输入块名或 [?]
    “G:\图块文件\马桶03.dwg” 单位: 毫米  转换:    1.0
    指定插入点或 [基点(B)/比例(S)/X/Y/Z/旋转(R)]:          //r Enter
    指定旋转角度 <0.0>:                                    //90 Enter
    指定插入点或 [基点(B)/比例(S)/X/Y/Z/旋转(R)]:          //s Enter
    指定 XYZ 轴的比例因子 <1>:                              //0. 8 Enter
    指定插入点或 [基点(B)/比例(S)/X/Y/Z/旋转(R)]:          //激活【捕捉自】功能
    _from 基点:                                            //捕捉如图6-81所示的端点
    <偏移>:    //@0,500 Enter，结果如图6-82所示
```

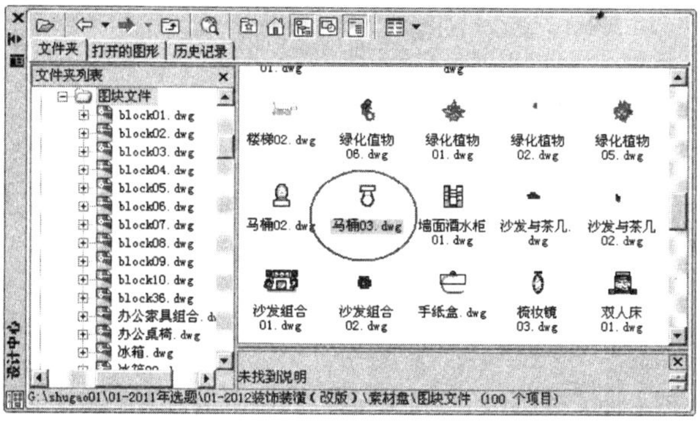

图6-80 定位文件

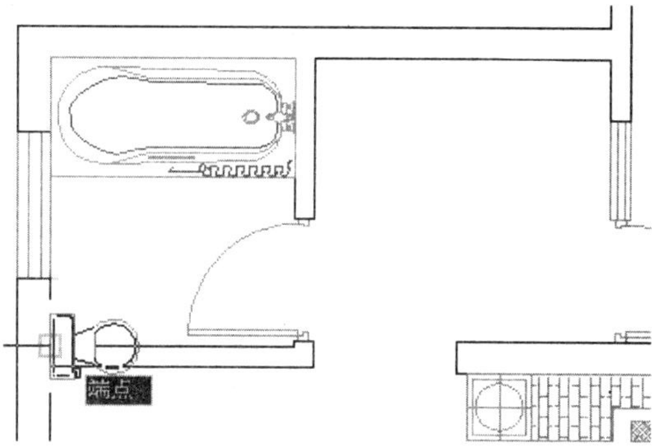

图6-81 捕捉端点

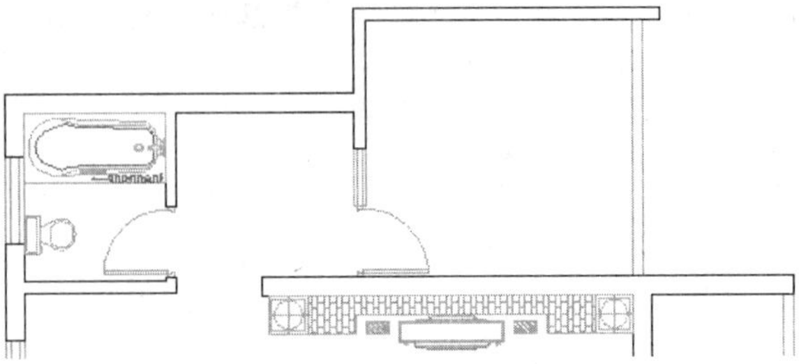

图6-82 插入结果

7 在右侧窗口中定位“洗手池.dwg”图块，然后右击，在弹出的快捷菜单中选择【复制】命令，如图6-83所示。

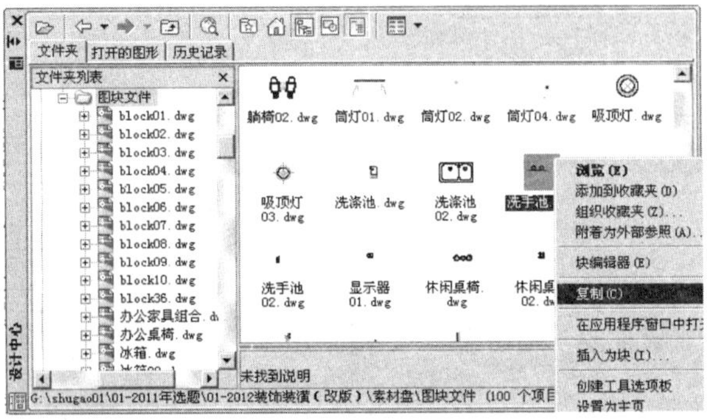

图6-83 定位文件

8 返回绘图区，使用【粘贴】命令将洗手池图块粘贴到平面图中。命令行操作如下：

命令: _pasteclip

命令: _-INSERT 输入块名或 [?]

“G:\素材盘\图块文件\洗手池.dwg” 单位: 毫米 转换: 1.0

指定插入点或 [基点(B)/比例(S)/X/Y/Z/旋转(R)]: //捕捉如图6-84所示的端点

输入 X 比例因子，指定对角点，或 [角点(C)/XYZ(XYZ)] <1>: // Enter

输入 Y 比例因子或 <使用 X 比例因子>: // Enter

指定旋转角度 <0.0>: // Enter，结果如图6-85所示

9 参照上述操作，将“阳台绿化带.dwg”和“休闲桌椅02.dwg”图块共享到平面图中，结果如图6-86所示。

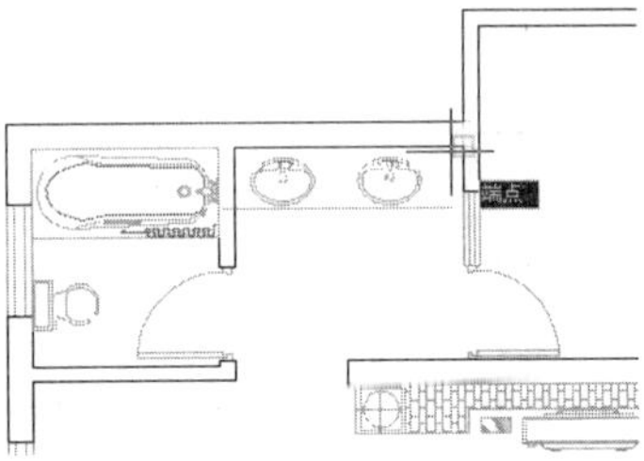

图6-84 捕捉端点

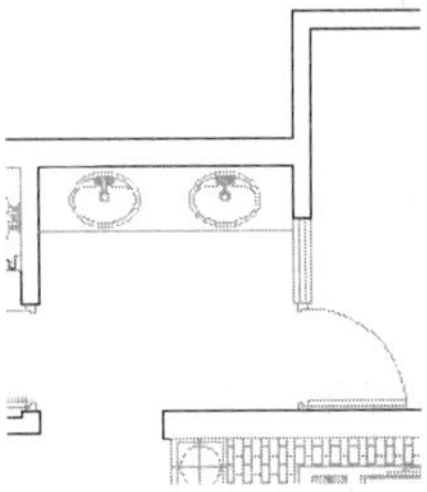

图6-85 操作结果

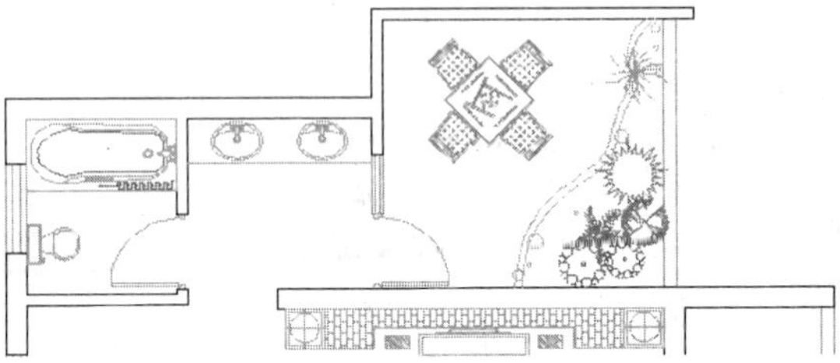

图6-86 共享结果

6.3.3 绘制其他家具布置图

参照6.3.1节和6.3.2节中的家具布置方法，综合使用【插入块】和【设计中心】命令中的资源共享功能，分别为餐厅、厨房、门厅、客厅阳台等布置各种室内用具图例。布置后的结果如图6-87所示。

接下来使用【多段线】命令，配合坐标输入功能绘制厨房操作台轮廓线，结果如图6-88所示。

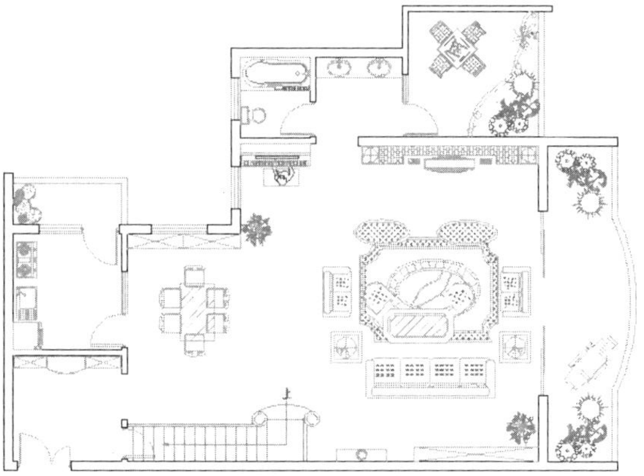

图6-87 布置其他图例

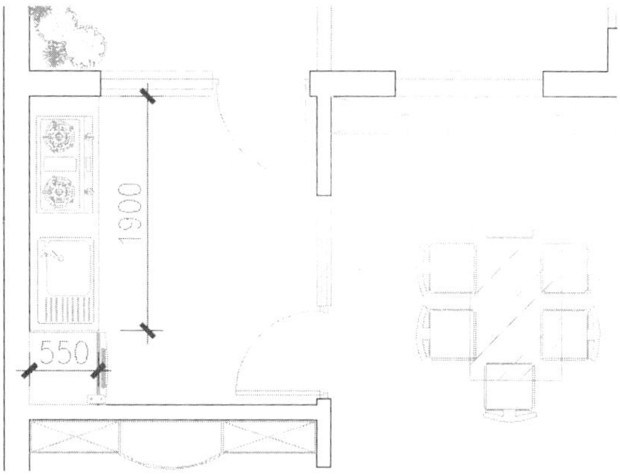

图6-88 绘制结果

6.4 绘制高档住宅跃一层地面材质图

本节通过绘制如图6-89所示的高档住宅跃一层地面材质图，主要学习一层地面材质图的具体绘制过程和表达技巧。

在绘制普通住宅地面材质图时，具体可以参照如下绘图思路。

1）首先调用户型图墙体结构图，然后使用【直线】命令配合对象捕捉功能封闭各房间位置的门洞。

2）配合层的状态控制功能和【特性】命令，使用【图案填充】命令中的“预定义”图案，绘制厨房、卫生间和洗手间等的地砖填充图案。

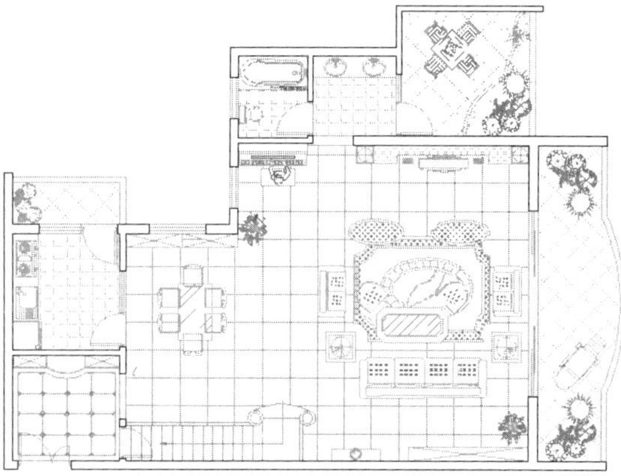

图6-89 实例效果

3）配合层的状态控制功能，使用【点样式】、【等分点】、【边界】、【偏移】、【修剪】、【图案填充】以及【正多边形】命令绘制门厅地面拼花图。

4）配合层的状态控制功能和【特性】命令，使用【图案填充】命令中的“用户定义”图案，绘制阳台400×400斜拼石材填充图案。

5）配合层的状态控制功能和【分解】、【修剪】等命令，使用【图案填充】命令中的“用户定义”图案，绘制客厅和餐厅600×600抛光地砖填充图案。

6.4.1 绘制厨房卫生间地砖材质图

1 打开本书配套光盘中的“效果文件\第6章\高档住宅跃一层布置图.dwg”文件。

2 执行【图层】命令，在打开的【图层特性管理器】对话框中双击“填充层”，将其设置为当前操作层。

3 使用快捷键“L”激活【直线】命令，配合捕捉功能分别将各房间两侧门洞连接起来，以形成封闭区域，如图6-90所示。

4 在无命令执行的前提下，夹点显示卫生间马桶和浴盆、洗手池以及厨房操作台、冰箱等对象，如图6-91所示。

5 展开【图层】工具栏中的【图层控制】下拉列表，将夹点显示的图形放置在“0图层”上。

6 取消对象的夹点显示，然后单击【图层】工具栏中的【图层控制】列表中的“家具层”，暂时冻结此层平面图的显示效果如图6-92所示。

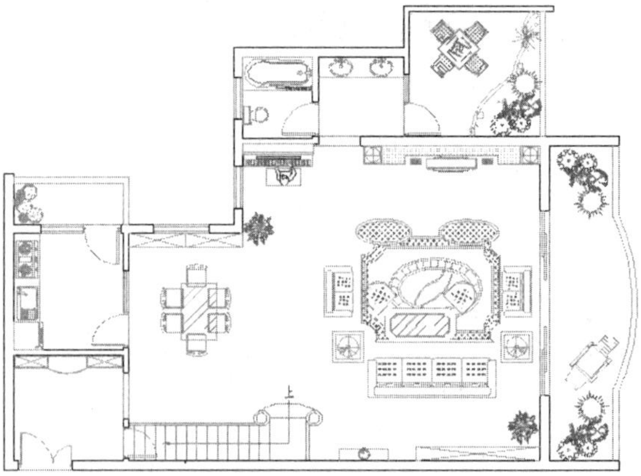

图6-90 绘制结果

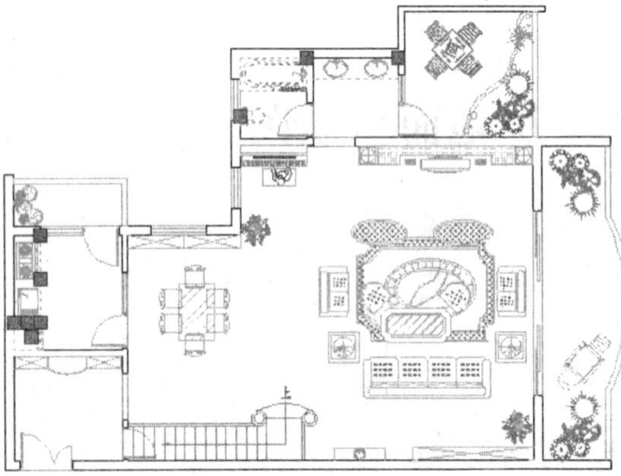

图6-91 夹点结果

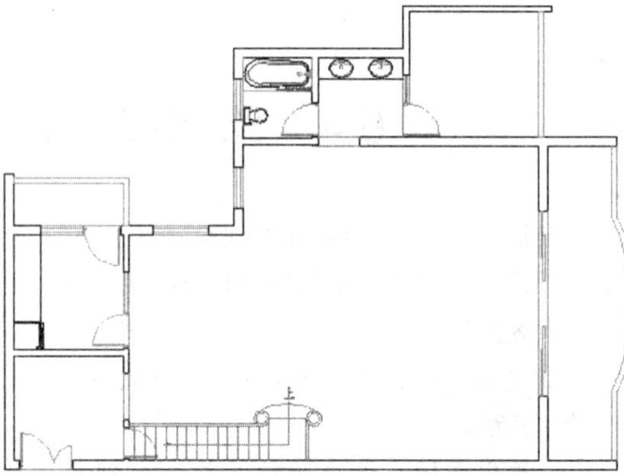

图6-92 冻结图层后的显示

7 单击【绘图】工具栏中的按扭，激活【图案填充】命令，选择如图6-93所示的图案。

8 返回【图案填充和渐变色】对话框，设置填充比例和填充类型等参数如图6-94所示。

9 在对话框中单击【添加：拾取点】按钮，返回绘图区，分别在厨房房和卫生间等空白区域内单击，拾取如图6-95所示的填充边界，填充如图6-96所示的图案。

10 在填充图案上右击，在弹出的快捷菜单中选择【设定原点】命令，然后适当调整填充图案的原点，结果如图6-97所示。

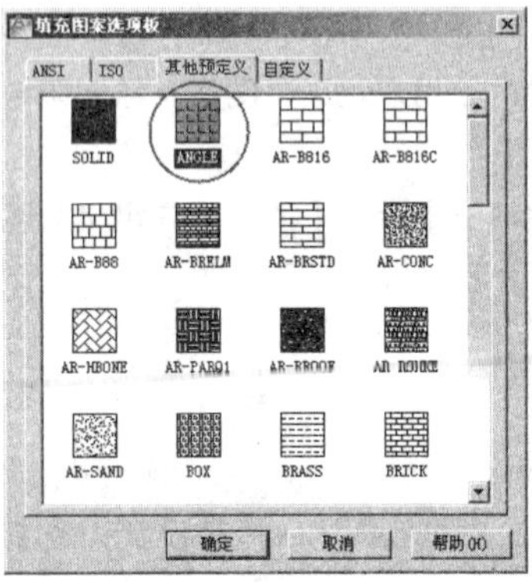

图6-93 选择填充图案

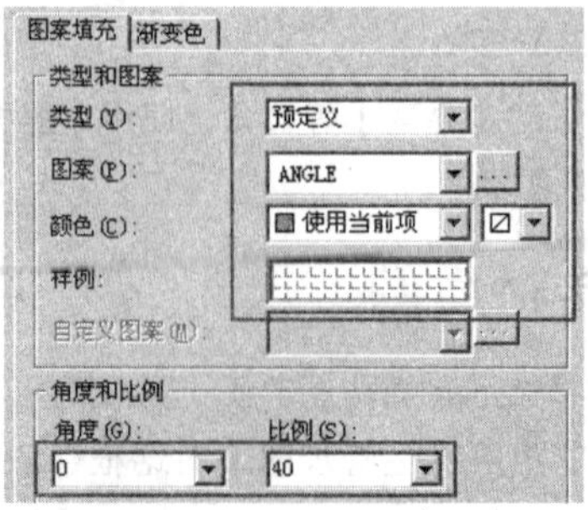

图6-94 设置参数

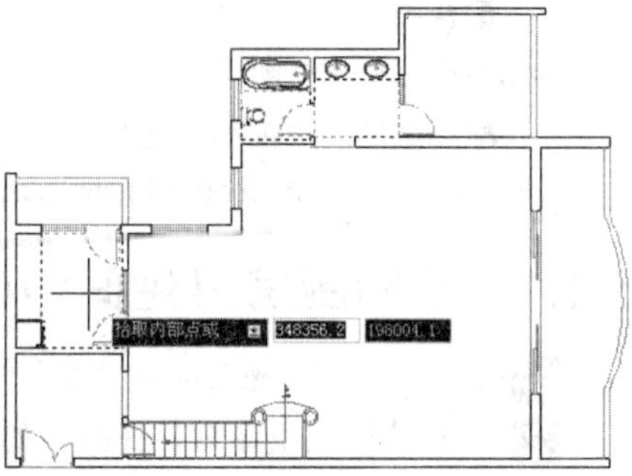

图6-95 指定填充区域

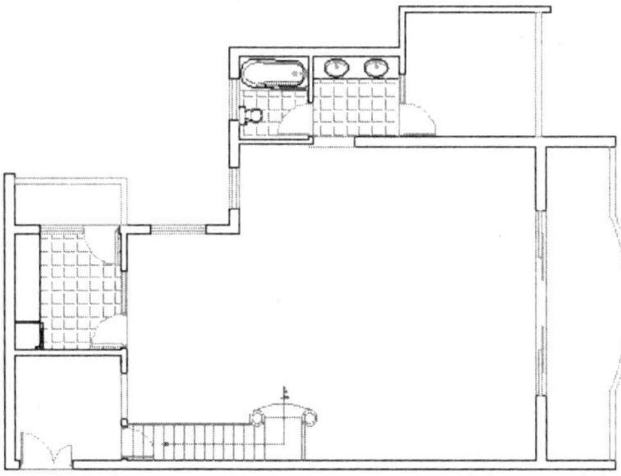

图6-96　填充结果

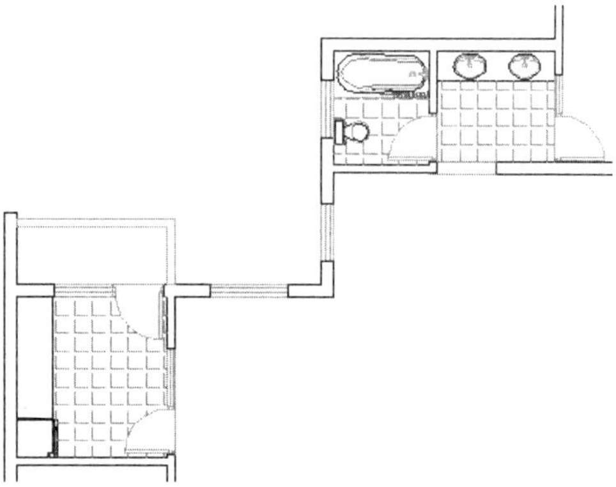

图6-97　调整填充图案的原点

11 使用快捷键“LT”激活【线型】命令，加载一种名为“DOT”的线型，如图6-98所示。

12 在无命令执行的前提下夹点显示厨房、卫生间等地砖填充图案，如图6-99所示。

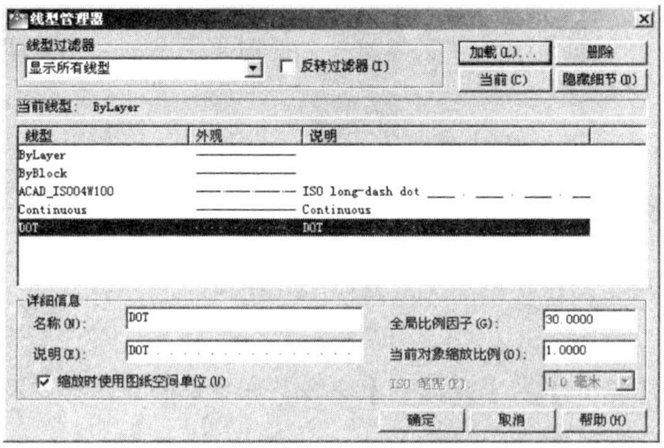

图6-98　加载线型

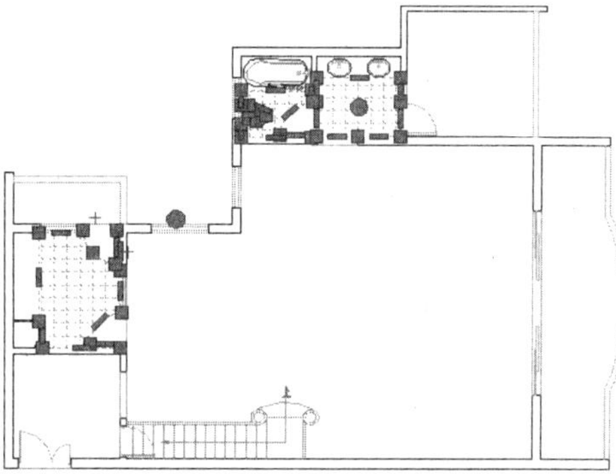

图6-99　夹点显示

13 执行菜单栏中的【工具】|【选项板】|【特性】命令，在打开的【特性】窗口内修改夹点图案的线型如图6-100所示，修改夹点图案的线型比例如图6-101所示，修改后的图案显示效果如图6-102所示。

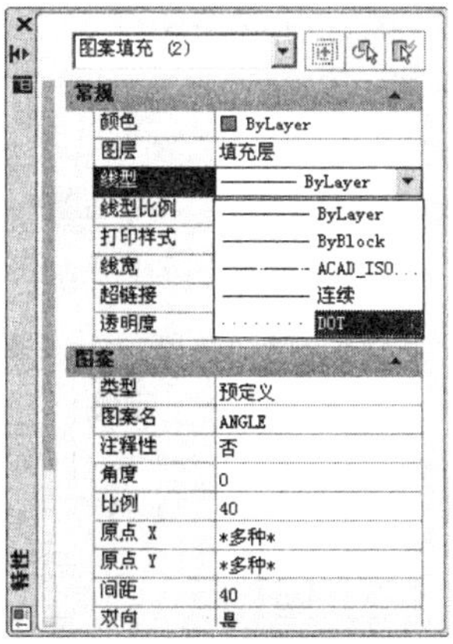

图6-100　修改线型

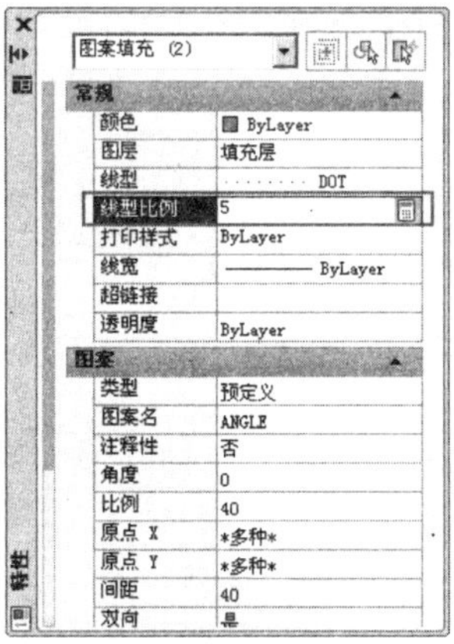

图6-101　修改线型比例

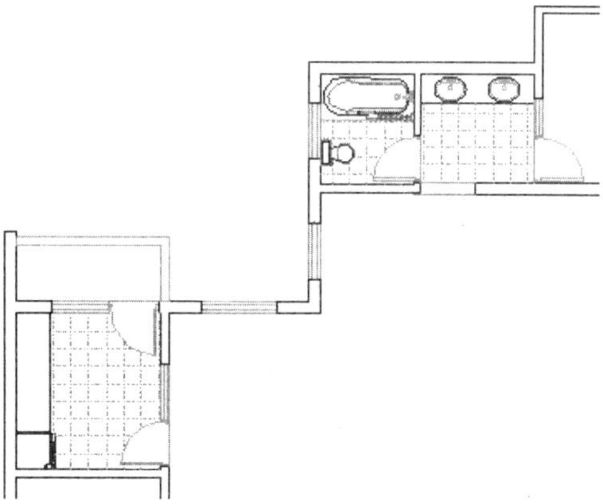

图6-102　修改后的效果

14 将“0图层”上的家具图块恢复到“家具层”上，同时解冻“家具层”，结果如图6-103所示。

至此，厨房与卫生间地砖材质图绘制完毕。下一小节学习跃一层门厅地砖材质图的绘制过程和绘制技巧。

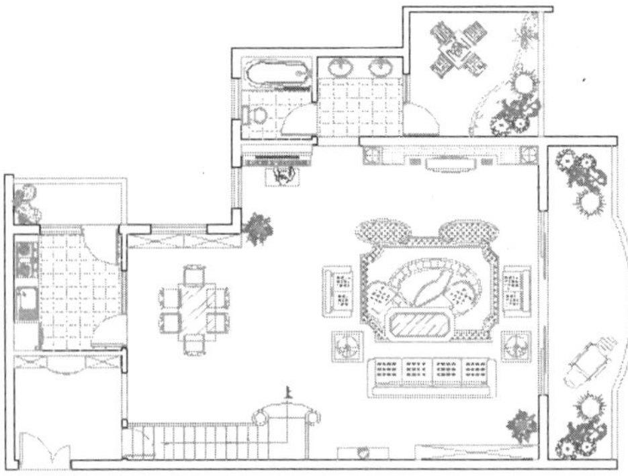

图6-103 操作结果

6.4.2 绘制跃一层门厅地面材质图

1. 继续上节操作。
2. 将门厅位置的玄关装饰柜放到“0图层”上，然后暂时冻结“家具层”，此时平面图的显示效果如图6-104所示。
3. 关闭“门窗层”，然后使用画线命令封闭门洞，结果如图6-105所示。
4. 使用快捷键“BO”激活【边界】命令，打开如图6-106所示的【边界创建】对话框，然后单击按钮，返回绘图区，在门厅位置内拾取一点，创建一条闭合多段线边界，如图6-107所示。
5. 使用快捷键“O”激活【偏移】命令，将创建的多段线边界向内侧偏移100个绘图单位，然后删除源边界，结果如图6-108所示。
6. 将偏移出的边界分解，然后执行菜单栏中的【格式】|【点样式】命令，设置点的显示样式及大小，如图6-109所示。

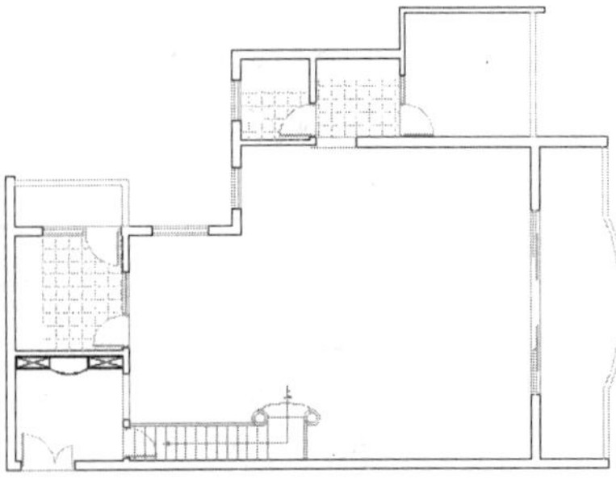

图6-104 冻结图层后的显示

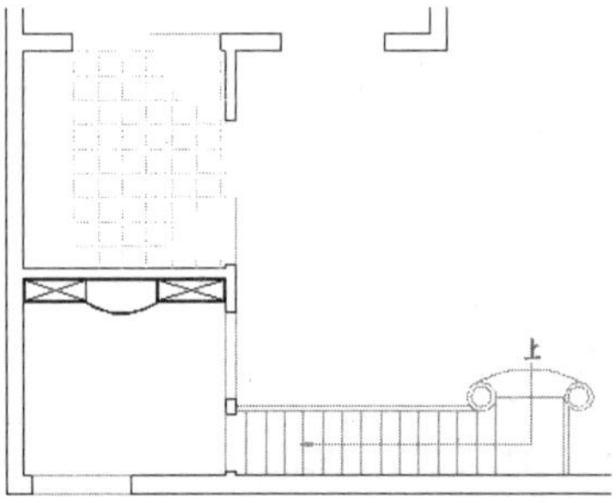

图6-105 操作结果

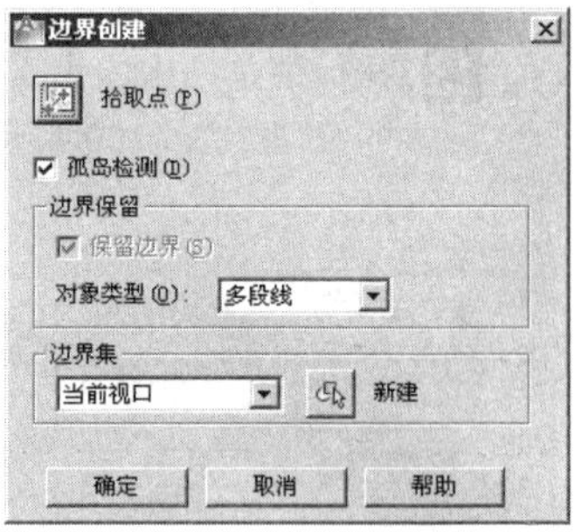

图6-106 【边界创建】对话框

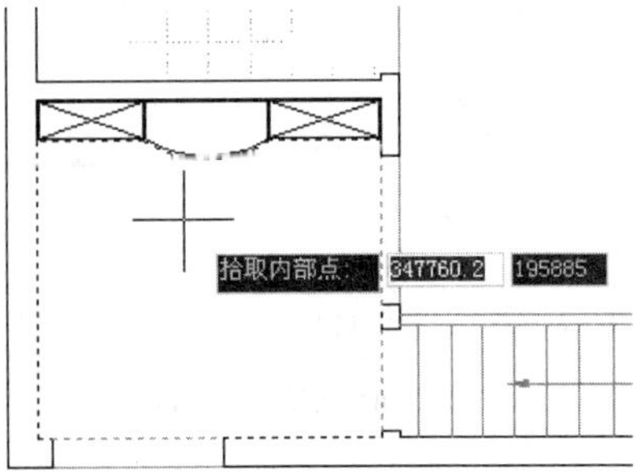

图6-107 创建边界

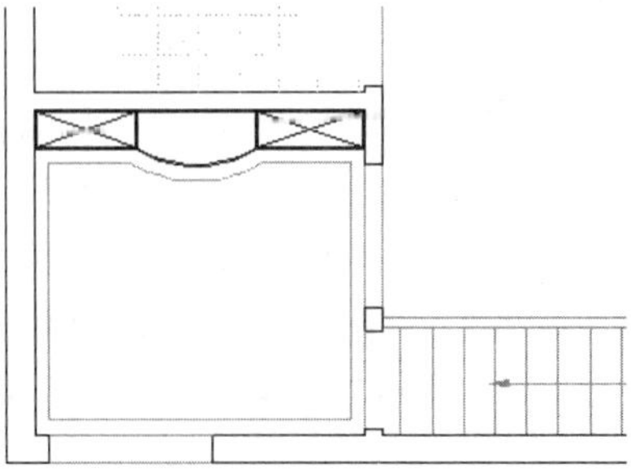

图6-108 偏移边界

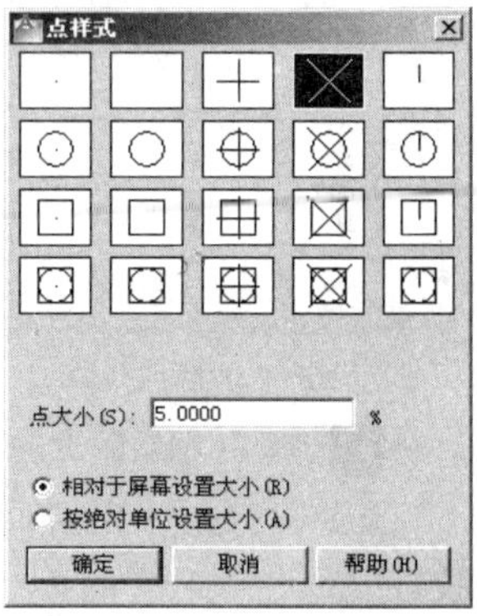

图6-109 设置点样式

7 使用快捷键“J”激活【合并】命令，将分解后的下侧水平轮廓线合并为一条轮廓线。

8 使用快捷键“DIV”激活【定数等分】命令，将分解后的垂直轮廓线和水平轮廓线等分五份，结果如图6-110所示。

9 使用快捷键“L”激活【直线】命令，配合节点、交点和垂直捕捉功能绘制内部的分隔线，结果如图6-111所示。

10 删除等分点，然后执行【点样式】命令，将点的显示样式恢复为默认。

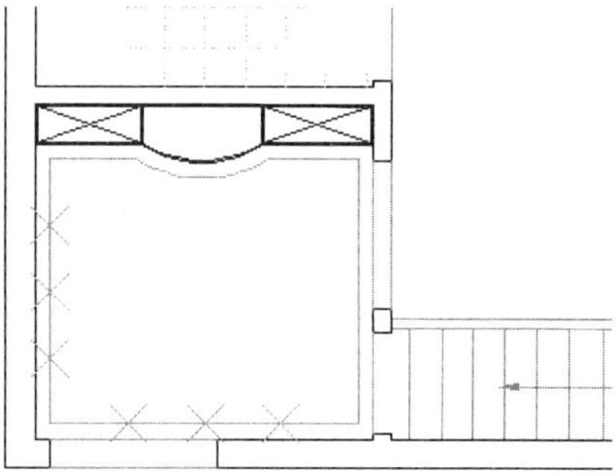

图6-110 等分结果

11 执行菜单栏中的【绘图】|【正多边形】命令，绘制方形装饰块。命令行操作如下：

命令: _polygon
　　输入侧面数 <4>: 　　// Enter
　　指定正多边形的中心点或 [边(E)]: 　　//捕捉内部分隔线的一个交点
　　输入选项 [内接于圆(I)/外切于圆(C)] <I>: 　　//C Enter
　　指定圆的半径: 　　//@50<45 Enter，绘制结果如图6-112所示

12 使用快捷键“CO”激活【复制】命令，配合交点捕捉功能复制正四边形，结果如图6-113所示。

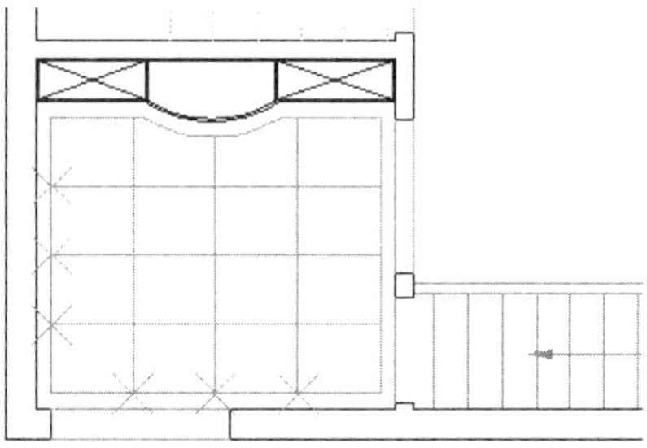

图6-111 绘制结果

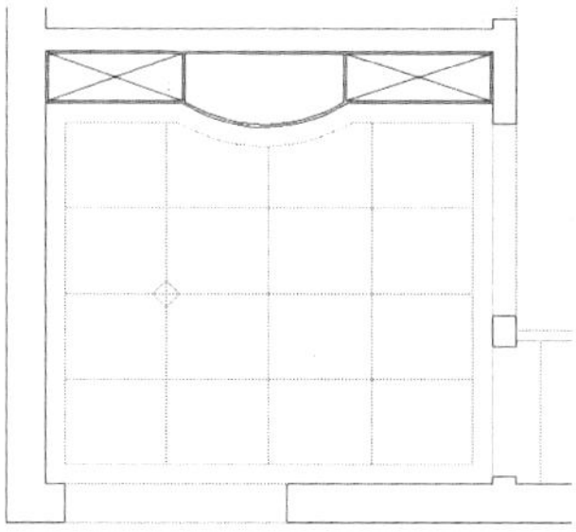

图6-112 绘制结果

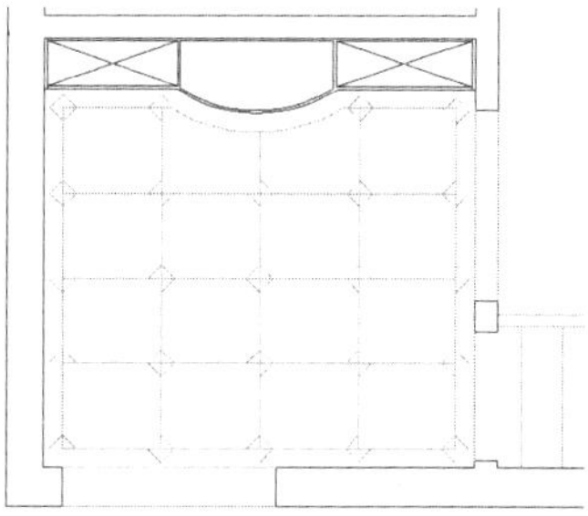

图6-113 复制结果

13 使用快捷键“TR”激活【修剪】命令，对地面分隔线及正四边形进行修整，结果如图6-114所示。

14 使用快捷键“H”激活【图案填充】命令，设置填充图案与参数如图6-115所示，为门厅填充如图6-116所示的图案。

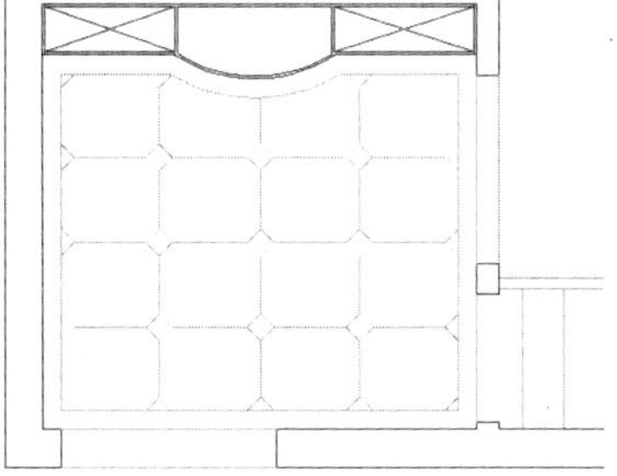

图6-114 修剪结果

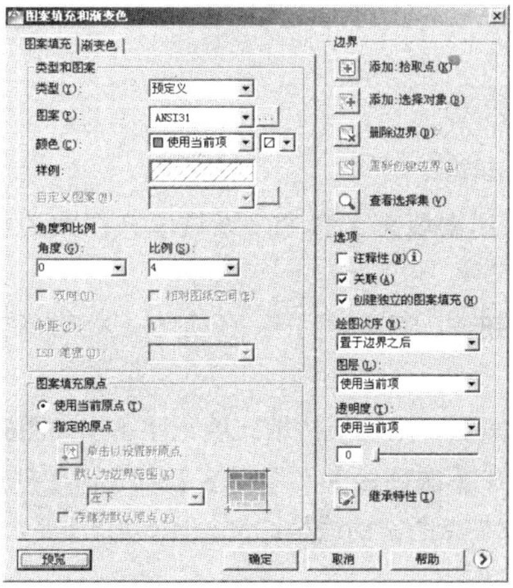

图6-115 设置填充图案与参数

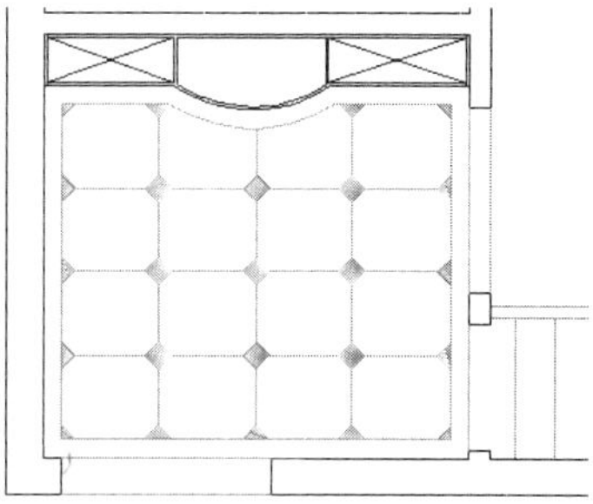

图6-116 填充结果

15 将玄关装饰柜恢复到“家具层”内，然后解冻该图层，并打开“门窗层”，此时平面图的显示效果如图6-117所示。

至此，跃一层门厅地面材质图绘制完毕。下一小节将讲解阳台斜拼石材的具体绘制过程和绘制技巧。

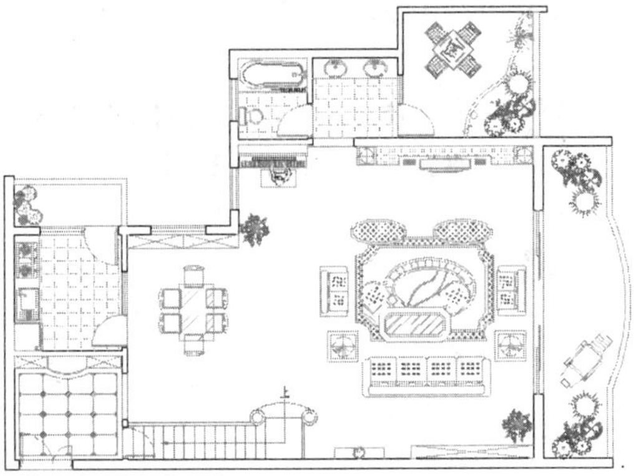

图6-117 操作结果

6.4.3 绘制跃一层阳台斜拼石材图

1 继续上节操作。

2 在“阳台绿化带”图案上右击，在弹出的快捷菜单中选择【块编辑器】命令，如图6-118所示。

3 此时在打开的【块编辑器】窗口内选择夹点显示的轮廓线进行复制，如图6-119所示。

4 返回绘图区，将复制出的轮廓线进行源位置粘贴，然后将阳台位置的“休闲桌椅、躺椅”图块放到“0图层”上，并冻结“家具层”。平面图的显示效果如图6-120所示。

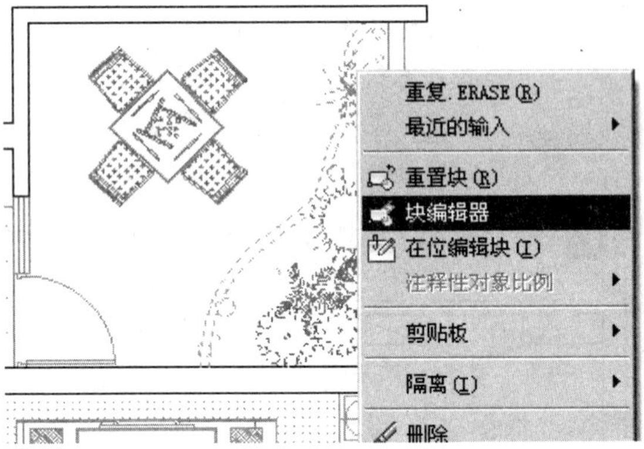

图6-118 图块右键菜单

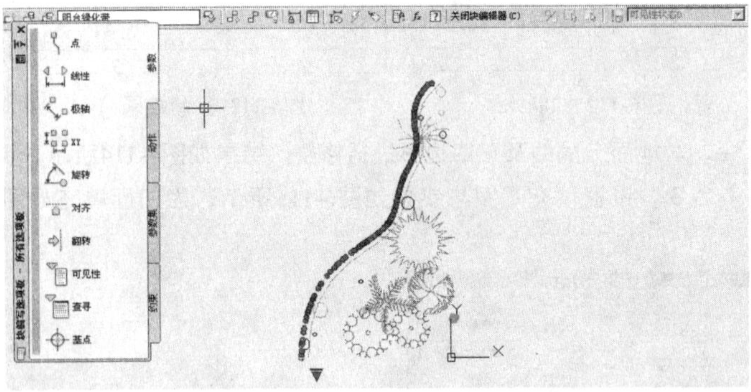

图6-119 块编辑器窗口

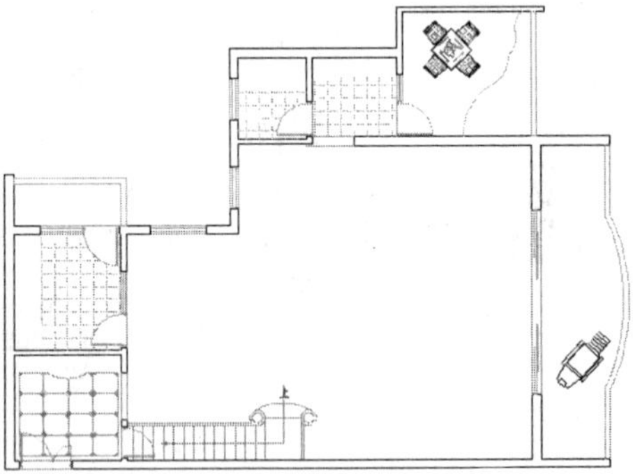

图6-120 平面图的显示

5 使用快捷键“H”激活【图案填充】命令，设置填充图案的类型以及填充比例等参数如图6-121所示。

6 单击【添加：拾取点】按钮，返回绘图区，分别在三处阳台空白区域单击，填充如图6-122所示的地砖图案。

7 在无命令执行的前提下夹点显示阳台斜拼地砖填充图案，如图6-123所示。

8 执行菜单栏中的【工具】|【选项板】|【特性】命令，在打开的【特性】窗口内修改夹点图案的线型如图6-124所示，修改夹点图案的线型比例如图6-125所示。

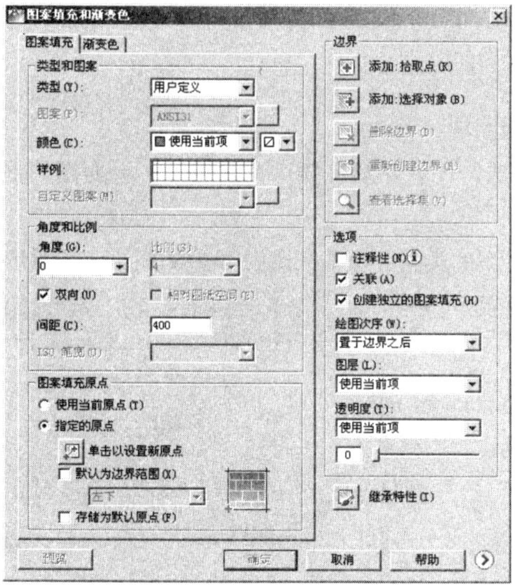

图6-121 设置填充参数

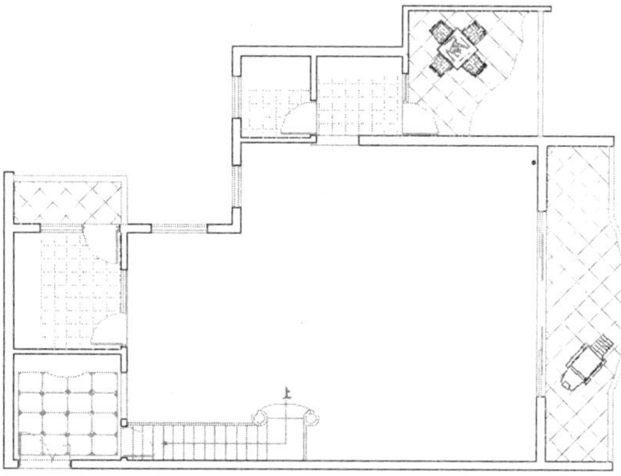

图6-122 拾取填充区域

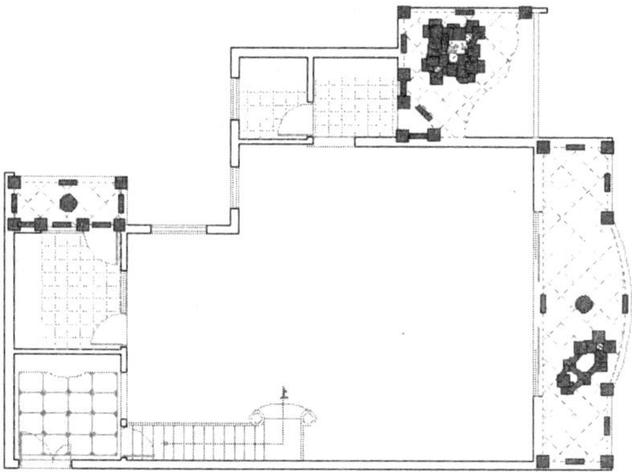

图6-123 夹点显示

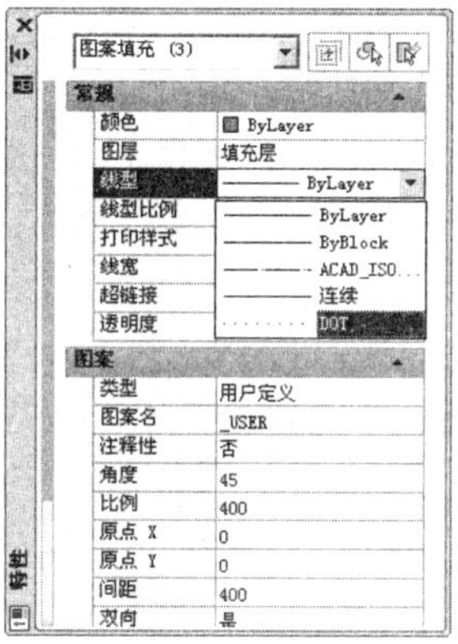

图6-124 修改线型

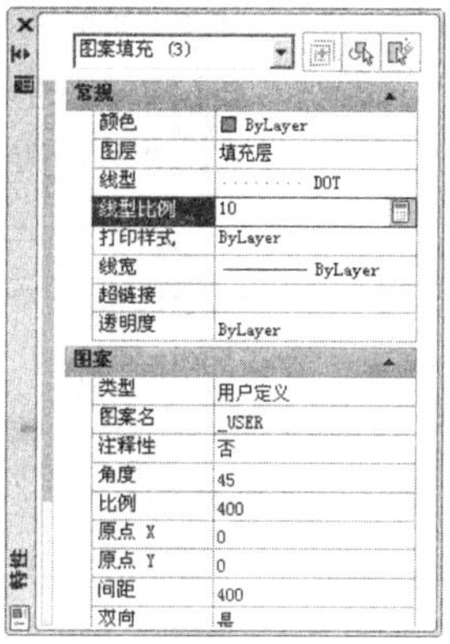

图6-125 修改线型比例

9 取消图案的夹点显示，修改后的图案显示效果如图6-126所示。

10 将“0图层”上的家具图块恢复到“家具层”上，同时解冻“家具层”，结果如图6-127所示。

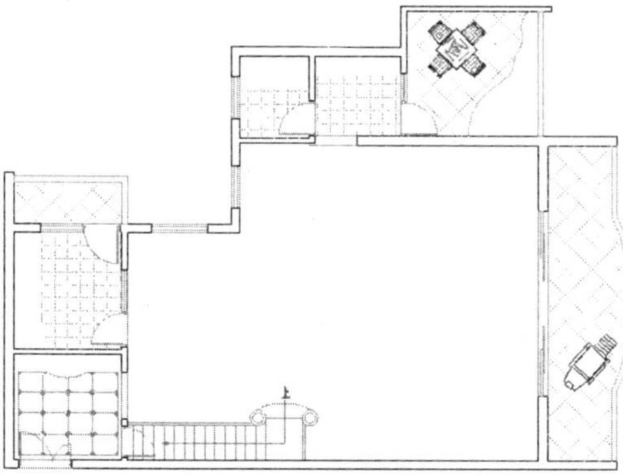

图6-126 修改后的效果

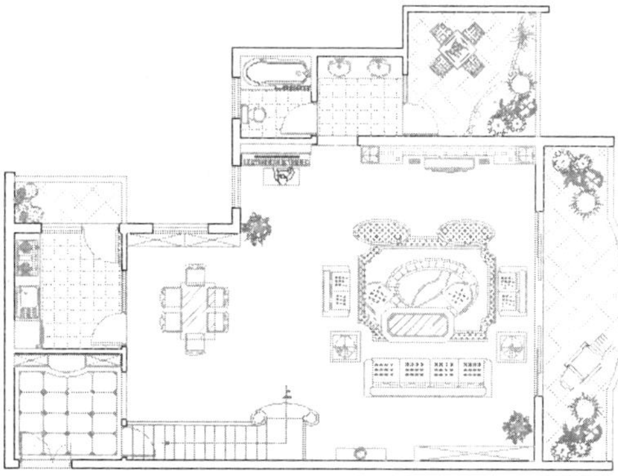

图6-127 操作结果

至此，跃一层阳台斜拼石材质图绘制完毕。下一小节学习跃一层客厅和餐厅抛光地砖材质图的绘制过程和绘制技巧。

6.4.4 绘制跃一层客厅餐厅地砖材质图

1. 继续上节操作。
2. 在无命令执行的前提下夹点显示如图6-128所示的五个图块。
3. 展开【图层控制】下拉列表，将夹点对象放到“0图层”上，然后冻结“家具层”，平面图的显示效果如图6-129所示。
4. 使用快捷键“H”激活【图案填充】命令，设置填充图案的类型以及填充比例等参数如图6-130所示。

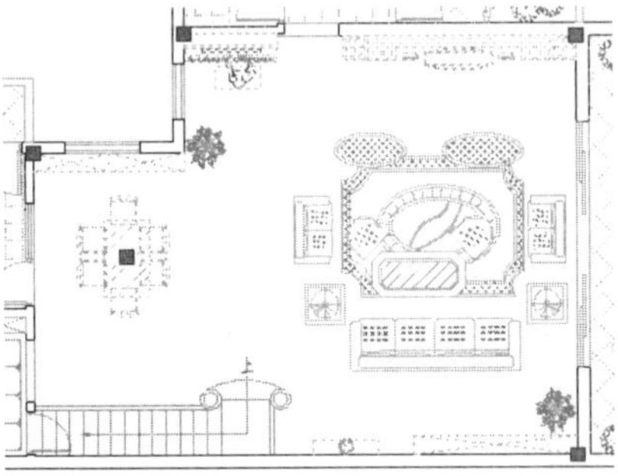

图6-128 夹点效果

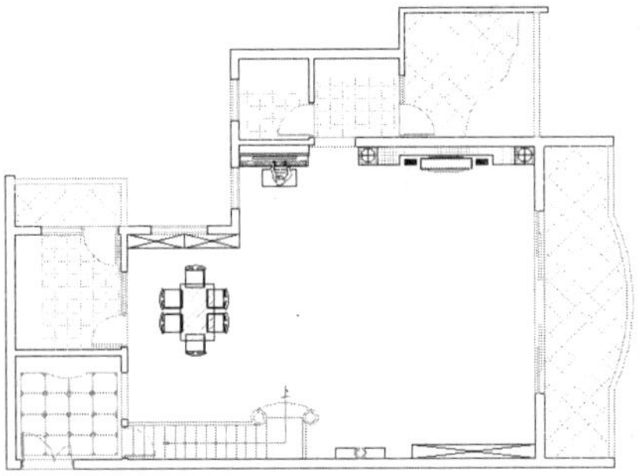

图6-129 平面图的显示效果

图6-130 设置填充参数

5. 单击【添加：拾取点】按钮，返回绘图区，在三处阳台空白区域单击，拾取如图6-131所示的填充区域，填充如图6-132所示的地砖图案。

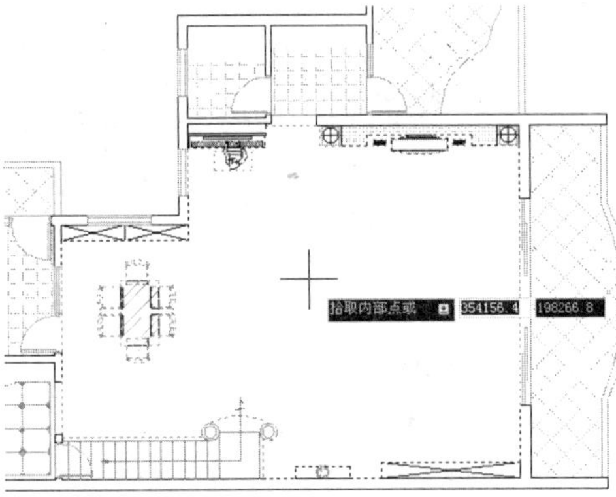

图6-131 拾取填充区域

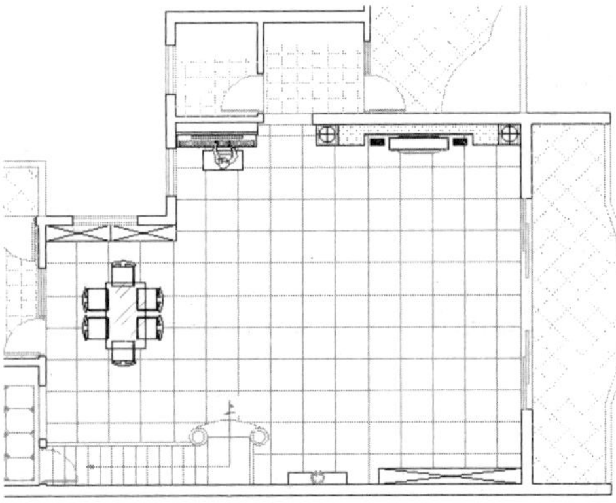

图6-132 填充结果

6. 将“0图层”上的图块恢复到“家具层”上，然后解冻该图层，此时平面图的显示效果如图6-133所示。
7. 接下来综合使用【分解】、【修剪】和【删除】命令，对填充图案进行修整和完善，删除被挡住的填充线，结果如图6-134所示。

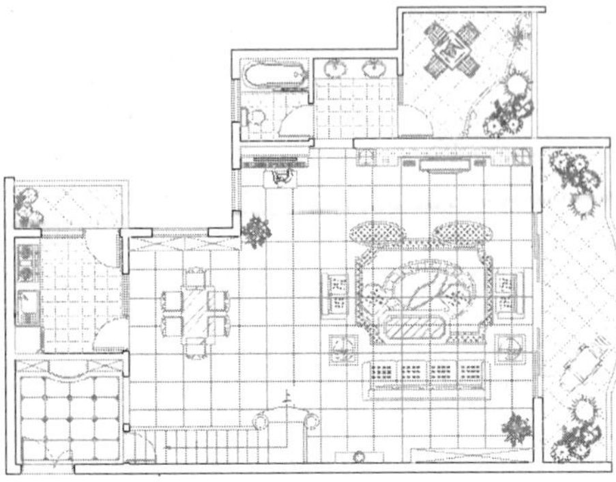

图6-133 平面图显示效果

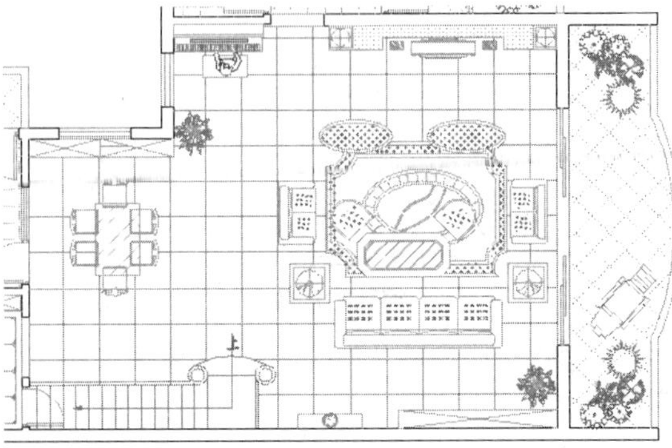

图6-134 修整结果

8 最后执行【另存为】命令，将当前图形另存储为“高档住宅跃一层地面材质图.dwg”。

6.5 标注高档住宅跃一层装修布置图

本节通过为跃一层装修布置图标注房间功能、地面材质注解、墙面投影以及施工尺寸，主要学习跃一层布置图的后期标注过程和标注技巧。本例最终标注效果如图6-135所示。

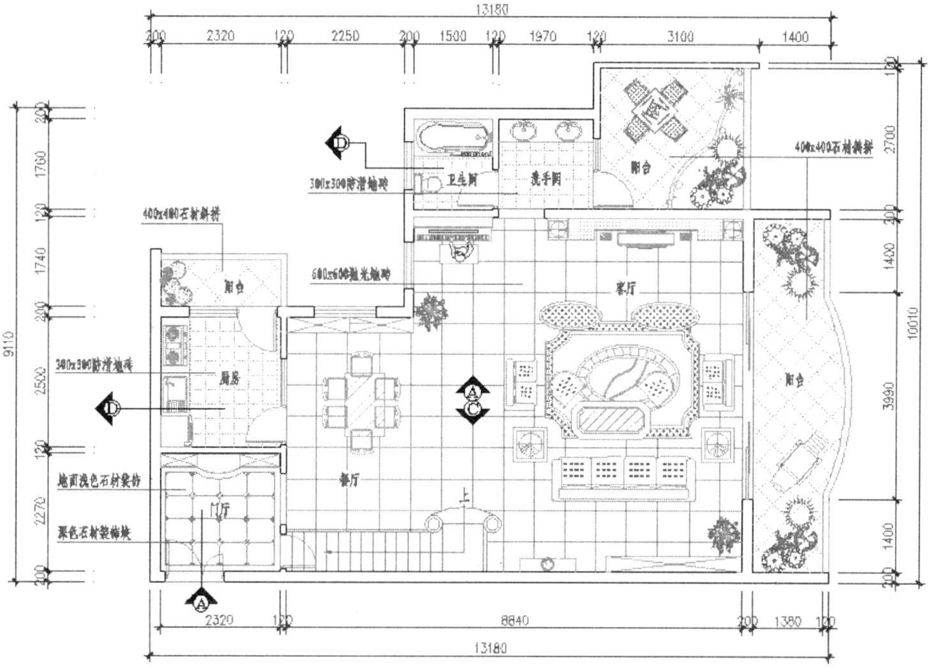

图6-135 实例效果

在标注高档住宅跃一层装修布置图时，可以参照如下绘图思路。

1）首先使用【单行文字】、【编辑图案填充】命令标注跃一层各房间的使用功能性注释。

2）使用【多段线】、【复制】、【编辑文字】等命令标注跃一层住宅地面装修材质注解。

3）使用【多段线】、【插入块】、【编辑属性】、【复制】、【镜像】等命令标注布置图墙面投影。

4）最后使用【线性】、【连续】、【构造线】等命令标注跃一层装修布置图尺寸。

6.5.1 标注跃一层房间功能注释

1 打开上节存储的“高档住宅跃一层地面材质图.dwg”文件。

2 执行菜单栏中的【格式】|【图层】命令，在打开的【图层特性管理器】对话框中双击“文本层”，将其设置为当前操作层。

3 单击【样式】工具栏中的A按钮，在打开的【文字样式】对话框中设置“仿宋体”为当前文字样式。

4 执行菜单栏中的【绘图】|【文字】|【单行文字】命令，在命令行“指定文字的起点或 [对正(J)/样式(S)]：”的提示下，在厨房适当位置单击，拾取一点作为文字的起点。

5 继续在命令行“指定高度 <2.5>：”提示下，输入210并按Enter键，将当前文字的高度设置为210个绘图单位。

6 在"指定文字的旋转角度<0.00>："提示下按Enter键，此时绘图区会出现一个单行文字输入框，然后在文字输入框内输入"厨房"，如图6-136所示。

7 分别将光标移至其他房间内，标注各房间的功能性文字注释，然后连续按两次Enter键，结束【单行文字】命令，标注结果如图6-137所示。

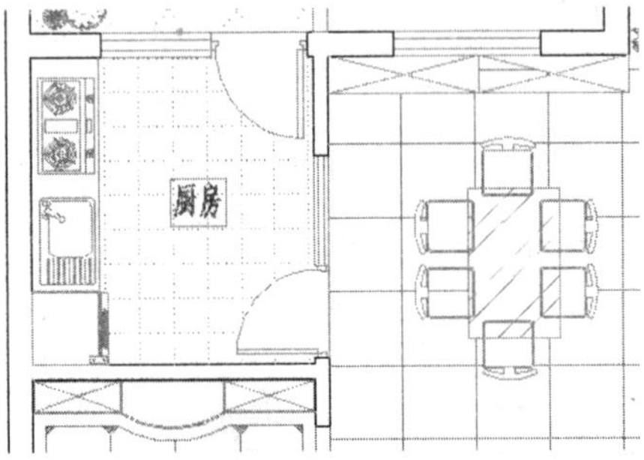

图6-136 输入文字

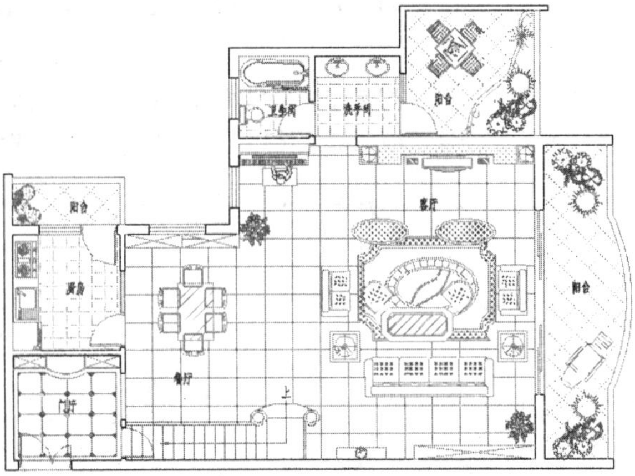

图6-137 标注其他房间功能

8 夹点显示厨房内的地砖填充图案，然后右击，在弹出的快捷菜单中选择【图案填充编辑】命令，如图6-138所示。

9 在打开的【图案填充编辑】对话框中单击"添加：选择对象"按钮，然后返回绘图区，在命令行"选择对象或 [拾取内部点(K)/删除边界(B)]:"提示下，选择"厨房"文字对象，如图6-139所示。

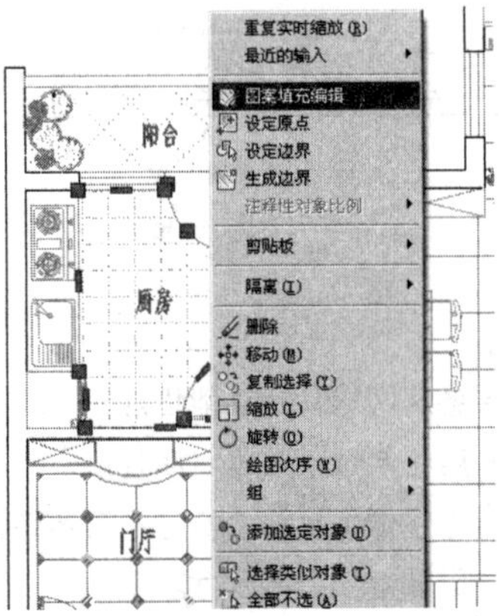

图6-138 图案右键菜单

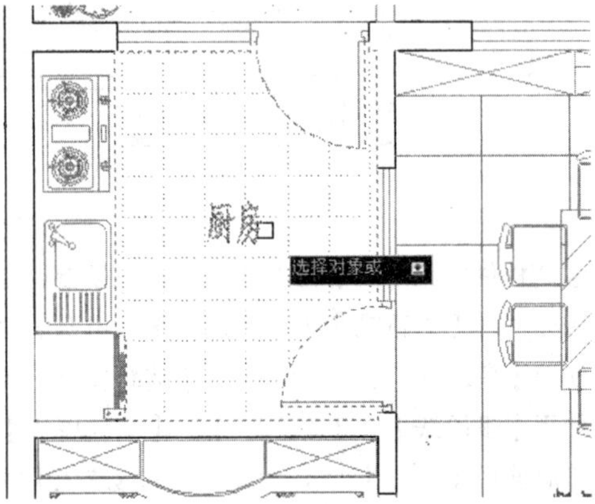

图6-139 选择文字对象

10 按Enter键，结果被选择文字对象区域的图案被删除，如图6-140所示。

11 参照步骤8~步骤10的操作方法，分别修改卫生间、洗手间以及阳台等地砖填充图案，结果如图6-141所示。

12 使用快捷键"BR"激活【打断】命令，分别对客厅、餐厅和门厅位置的地面材质图案进行编辑，删除被文字挡住的部分，结果如图6-142所示。

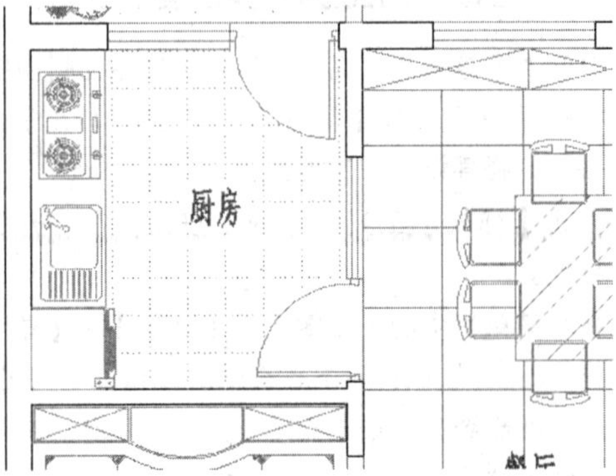

图6-140 编辑结果

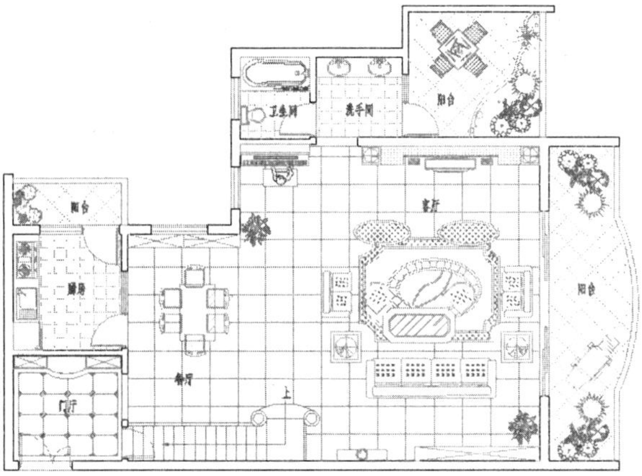

图6-141 修改其他填充图案

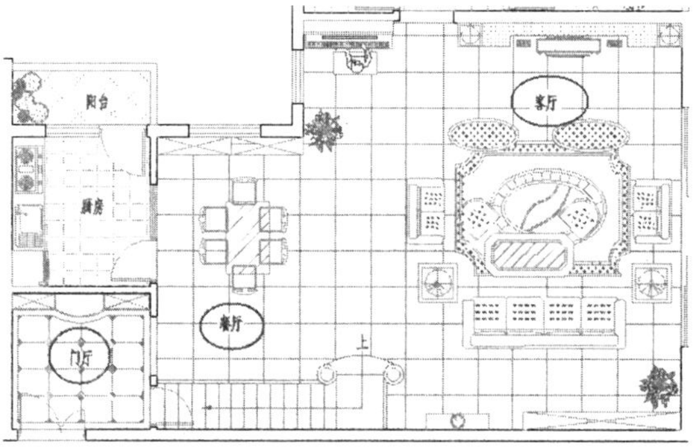

图6-142 打断结果

至此，跃一层布置图的房间功能性注释标注完毕。下一小节将学习跃一层地面材质注释的标注方法和技巧。

6.5.2 标注跃一层地面材质注释

1 继续上节操作。

2 使用快捷键“L”激活【直线】命令，绘制如图6-143所示的直线作为文字指示线。

3 执行菜单栏中的【修改】|【复制】命令，选择其中的一个单行文字注释，将其复制到其他指示线上，结果如图6-144所示。

4 执行菜单栏中的【修改】|【对象】|【文字】|【编辑】命令，在命令行“选择注释对象或[放弃(U)]：”提示下选择复制出的文字，然后在反白显示的单行文字输入框内输入正确的文字注释，结果如图6-145所示。

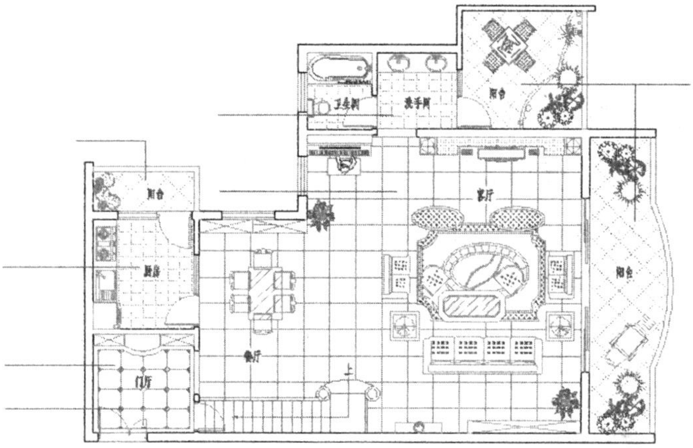

图6-143 绘制文字指示线

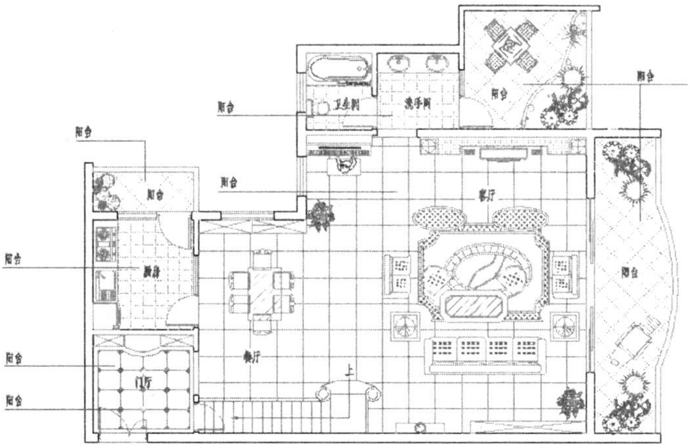

图6-144 复制结果

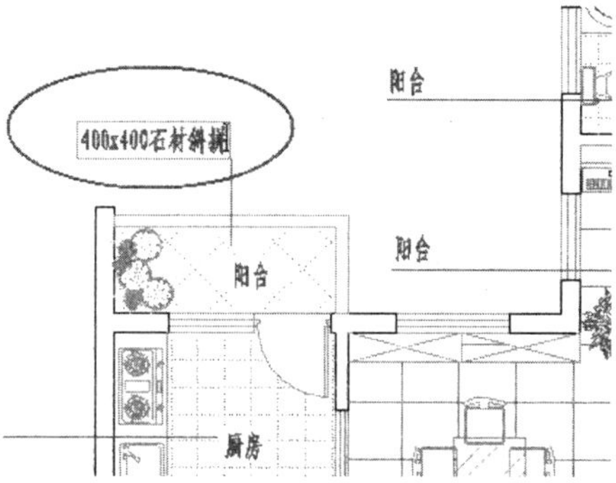

图6-145 修改结果

5 继续在命令行“选择文字注释对象或[放弃(U)]：”的提示下，分别单击其他文字对象进行编辑，输入正确的文字注释，并适当调整文字位置，结果如图6-146所示。

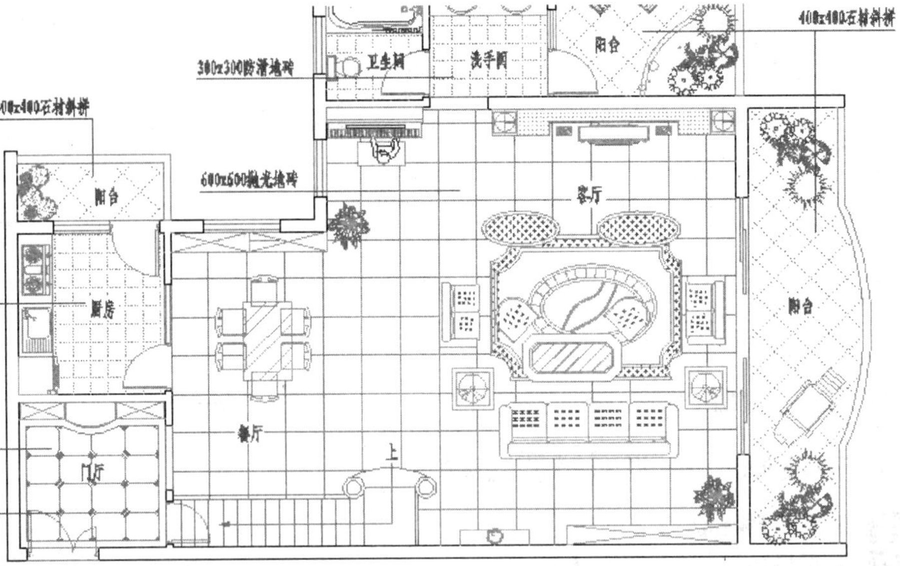

图6-146 编辑其他文字

至此，高档住宅跃一层地面材质注解标注完毕。下一小节将为跃一层布置图标注墙面投影符号。

6.5.3 标注跃一层室内布置图投影

1 继续上节操作。

2 使用快捷键“LA”激活【图层】命令，在打开的对话框中双击“其他层”，将其设置为当前操作层。

3 使用快捷键“PL”激活【多段线】命令，绘制如图6-147所示的三条多段线作为投影符号的指示线。

4 使用快捷键“I”激活【插入块】命令，采用默认属性值插入投影符号属性块，块参数设置如图6-148所示，插入点为图6-149所示的端点，插入结果如图6-150所示。

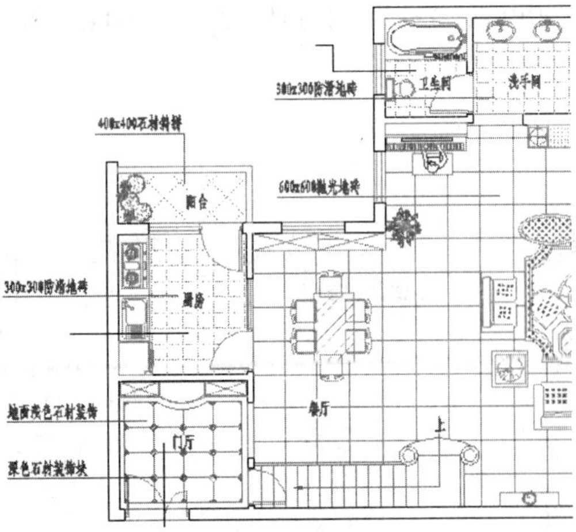

图6-147 绘制指示线

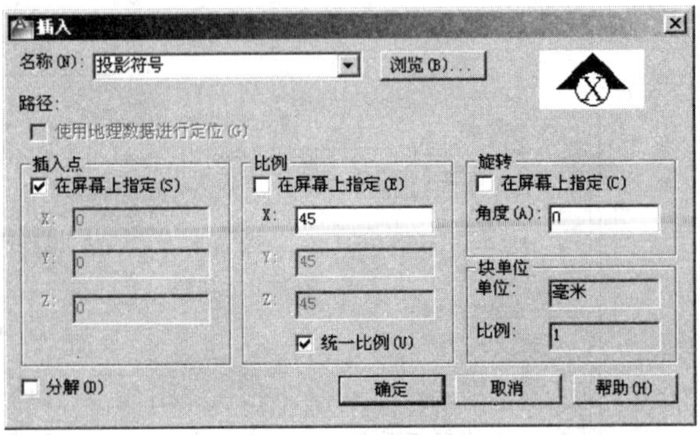

图6-148 设置参数

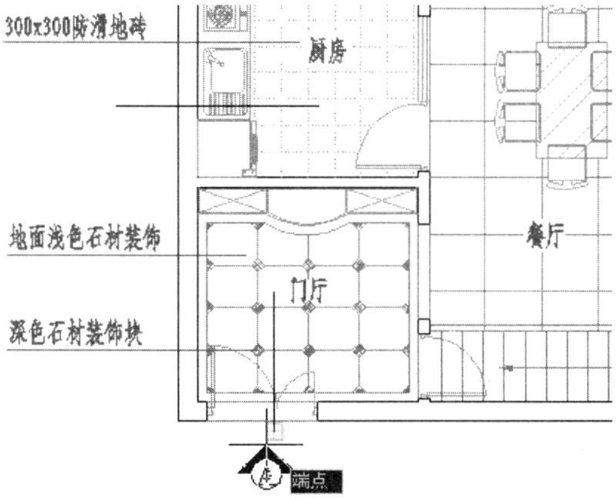

图6-149 捕捉端点

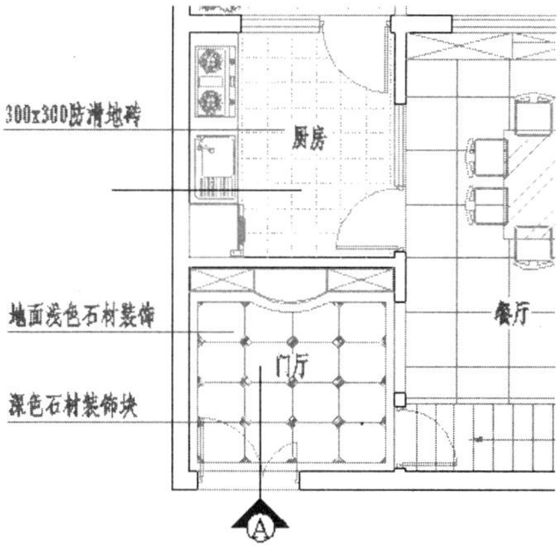

图6-150 插入结果

5 重复执行【插入块】命令，设置块参数如图6-151所示，在厨房位置的指示线端点插入投影符号属性块，结果如图6-152所示。

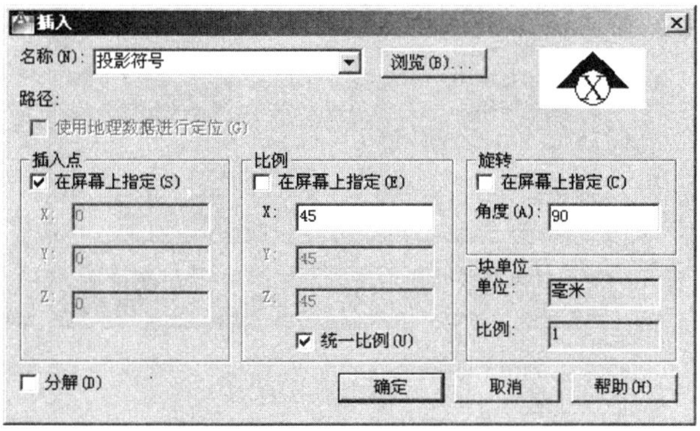

图6-151 设置块参数

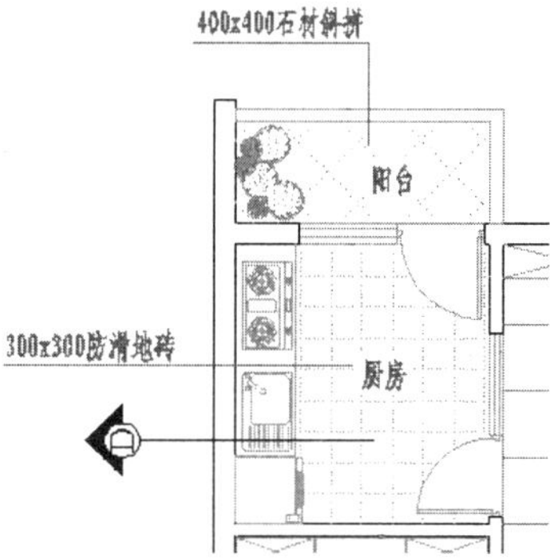

图6-152 定位插入点

6 在最后插入的投影符号属性块上双击，打开【增强属性编辑器】对话框，然后修改旋转角度如图6-153所示，修改后的效果如图6-154所示。

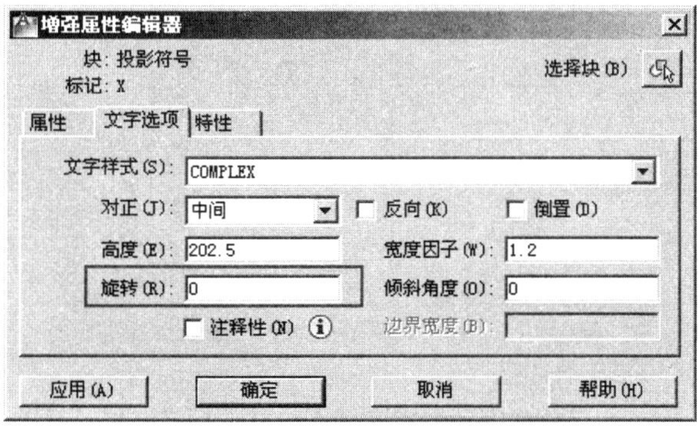

图6-153 【增强属性编辑器】对话框

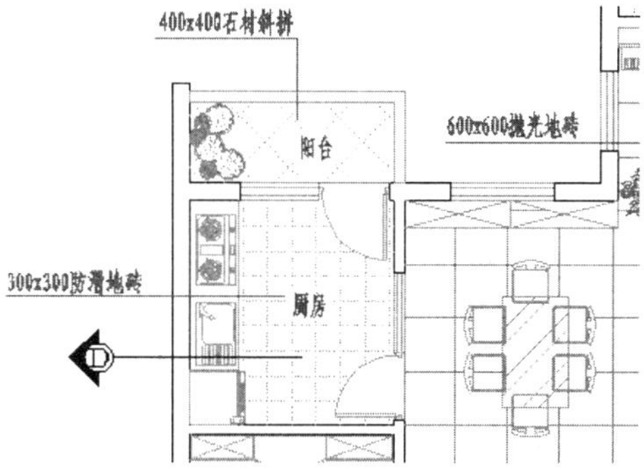

图6-154 修改结果

7 执行菜单栏中的【修改】|【复制】命令，对投影符号属性块进行复制，结果如图6-155所示。

8 执行菜单栏中的【修改】|【镜像】命令，配合象限点捕捉功能对客厅位置的投影符号进行镜像，结果如图6-156所示。

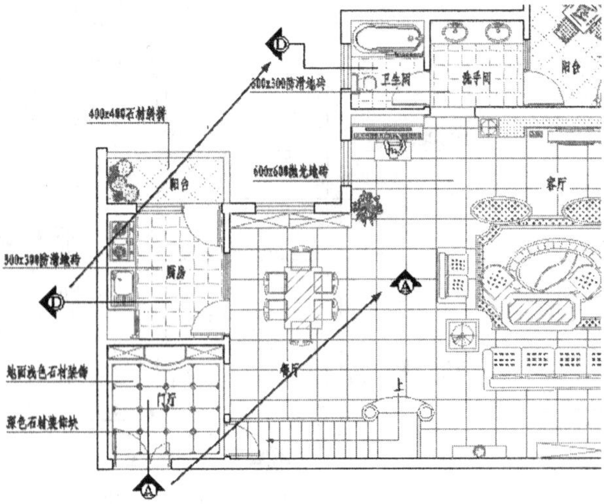

图6-155 复制结果

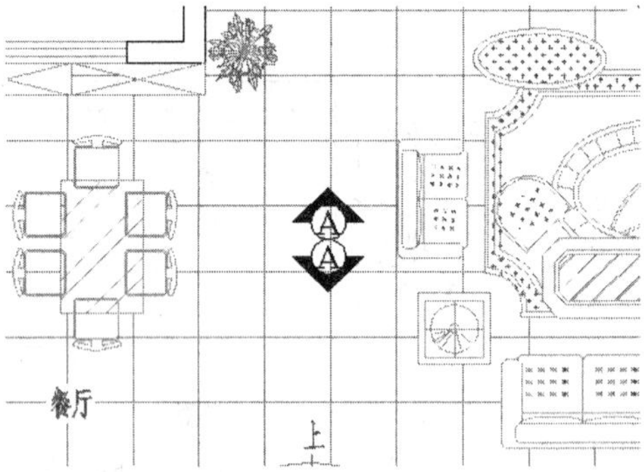

图6-156 镜像结果

9 接下来在镜像出的投影符号上双击，在打开的对话框中修改其属性值，如图6-157所示。

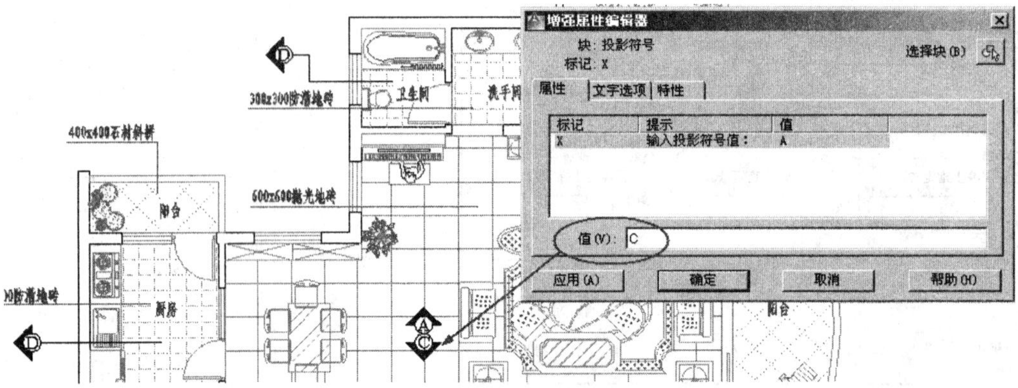

图6-157 修改属性值

10 使用快捷键“TR”激活【修剪】命令，将投影符号挡住的地砖填充线修剪掉，结果如图6-158所示。

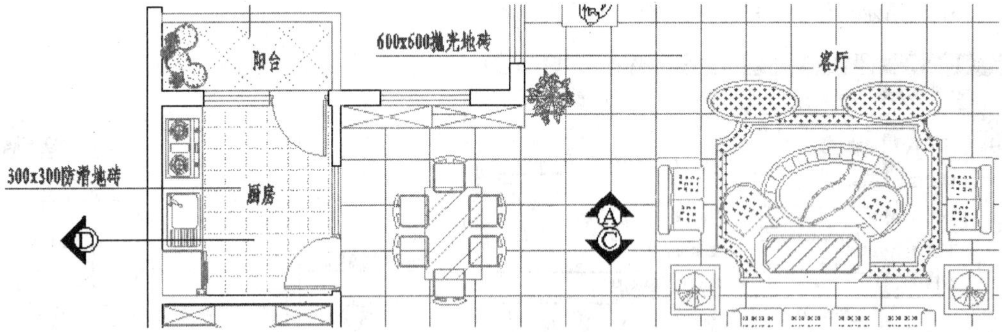

图6-158 修剪结果

至此，跃一层布置图的墙面投影符号标注完毕。下一小节将学习跃一层布置图尺寸的标注过程及技巧。

6.5.4 标注跃一层室内布置图尺寸

1 继续上节操作。

2 单击【图层】工具栏中的【图层控制】列表，设置“尺寸层”为当前操作层。

3 执行菜单栏中的【标注】|【标注样式】命令，将“建筑标注”设为当前样式，同时修改标注比例为60。

4 单击【标注】工具栏中的按扭，在 “指定第一条尺寸界线原点或 <选择对象>: ” 提示下捕捉如图6-159所示的交点。

5 在“指定第二条尺寸界线原点:”提示下，捕捉追踪虚线与辅助线的交点作为第二条标注界线的起点，如图6-160所示。

6 在“指定尺寸线位置或 [多行文字(M)/文字(T)/角度(A)/水平(H)/垂直(V)/旋转(R)]: ” 提示下，向左移动光标，输入890并按Enter 键，结果如图6-161所示。

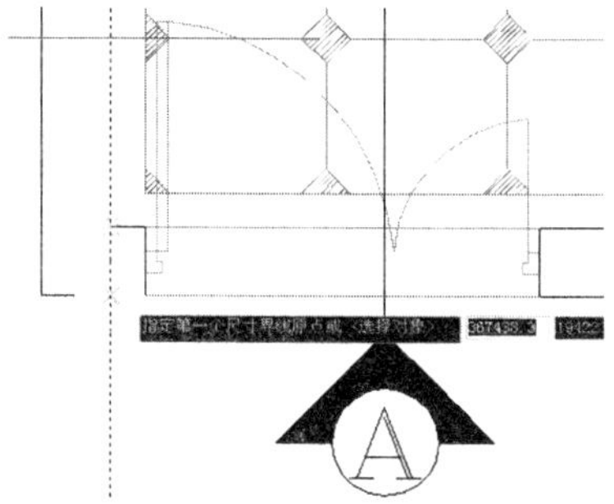

图6-159 定位第一原点

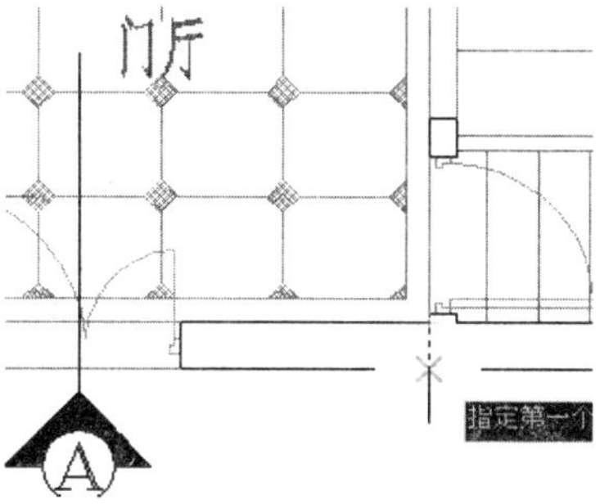

图6-160 定位第二原点

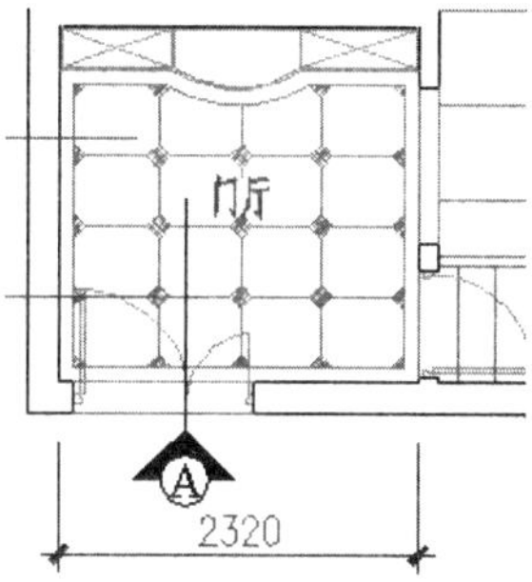

图6-161 标注结果

7 单击【标注】工具栏中的按扭，激活【连续】命令，在“指定第二条尺寸界线原点或 [放弃(U)/选择(S)] <选择>: ” 提示下，配合捕捉与追踪功能标注下侧的细部尺寸，标注结果如图6-162所示。

8 重复执行【线性】命令，配合端点捕捉功能标注下侧的总尺寸，结果如图6-163所示。

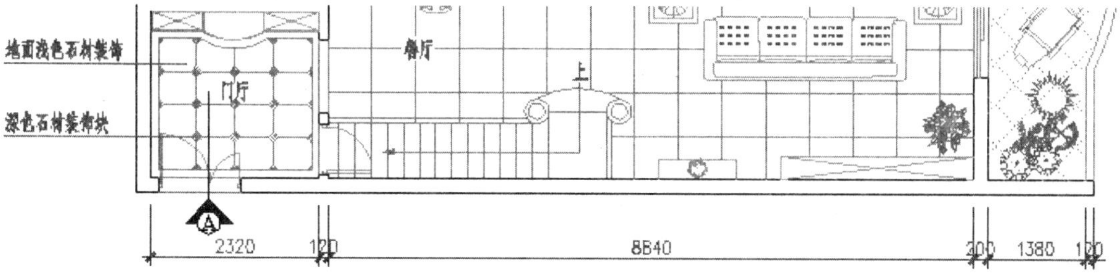

图6-162 标注结果

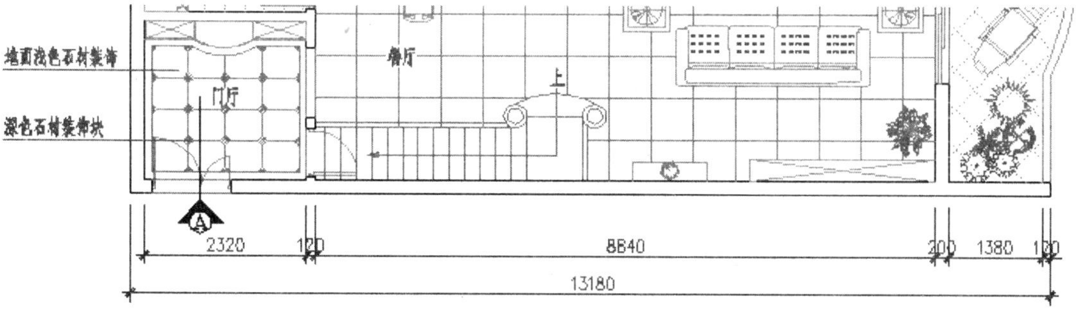

图6-163 标注总尺寸

9 参照上述操作，综合使用【构造线】、【线性】和【连续】命令，并配合捕捉与追踪功能，分别标注平面图其他侧的尺寸，结果如图6-164所示。

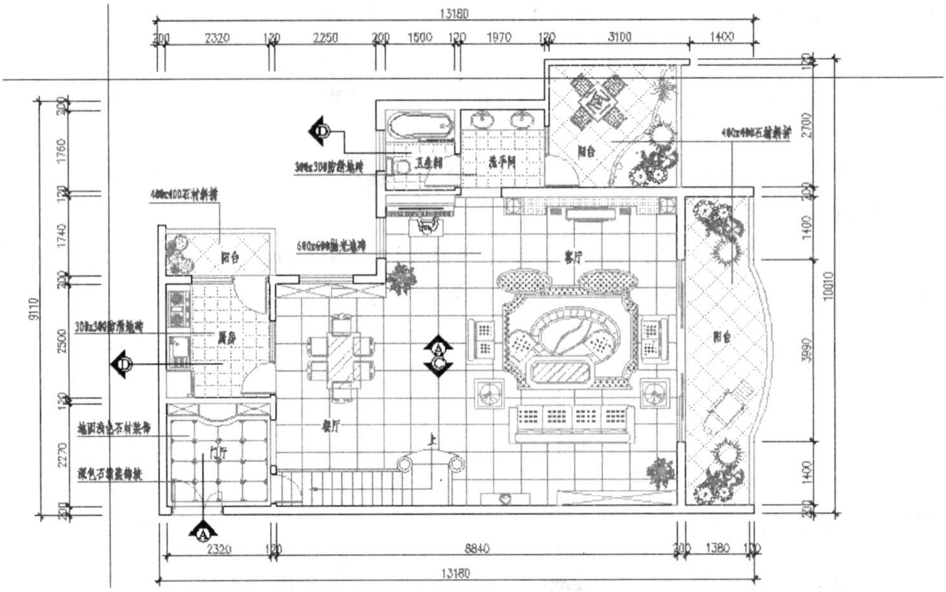

图6-164 标注其他侧尺寸

10 使用快捷键“E”激活【删除】命令，删除尺寸定位辅助线，并关闭“轴线层”。

11 最后使用【另存为】命令，将当前图形另存为“标注高档住宅跃一层布置图.dwg”。

6.6 绘制高档住宅跃一层吊顶轮廓图

本节主要学习高档住宅跃一层室内吊顶图的具体绘制过程和绘制技巧。跃一层吊顶轮廓图的最终绘制效果如图6-165所示。

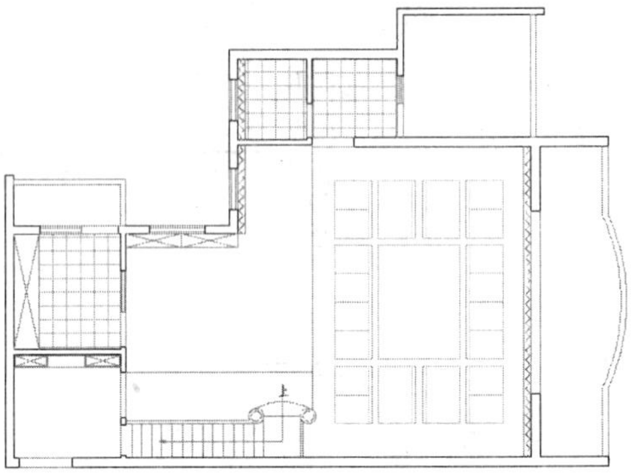

图6-165 实例效果

在绘制吊顶轮廓图时，具体可以参照如下绘图思路。

1）首先调用室内平面布置图文件，然后使用图层的状态控制功能初步调整平面图。

2）使用【删除】、【分解】、【直线】、【延伸】夹点编辑以及图层的控制功能初步绘制吊顶轮廓图。

3）使用【直线】、【偏移】、【线性】、【特性】等命令并配合捕捉追踪功能绘制窗帘盒和卷帘。

4）使用【图案填充】、【设定原点】等命令绘制厨房与卫生间吊顶。

5）最后使用【矩形】、【分解】、【偏移】、【直线】、【修剪】等命令绘制餐厅与客厅吊顶。

6.6.1 绘制跃一层吊顶墙体图

1 打开上一节保存的“标注高档住宅跃一层布置图.dwg”文件。

> **提示：**另外，读者也可以直接从本书配套光盘中的“效果文件\第6章\”目录下打开此文件。

2 展开【图层控制】下拉列表，将“吊顶层”设置为当前操作层，并冻结“尺寸层”、“填充层”、“其他层”和“轴线层”，此时平面图显示效果如图6-166所示。

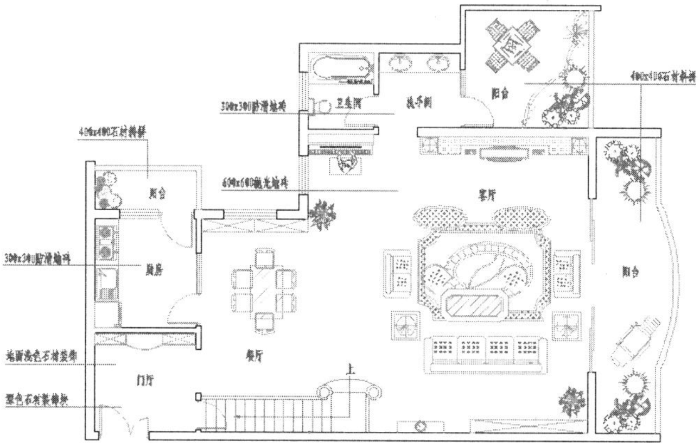

图6-166 平面图的显示效果

3 执行菜单栏中的【修改】|【删除】命令，删除与当前操作无关的对象，结果如图6-167所示。

4 在无命令执行的前提下夹点显示如图6-168所示的图形对象，然后执行【分解】命令进行分解。

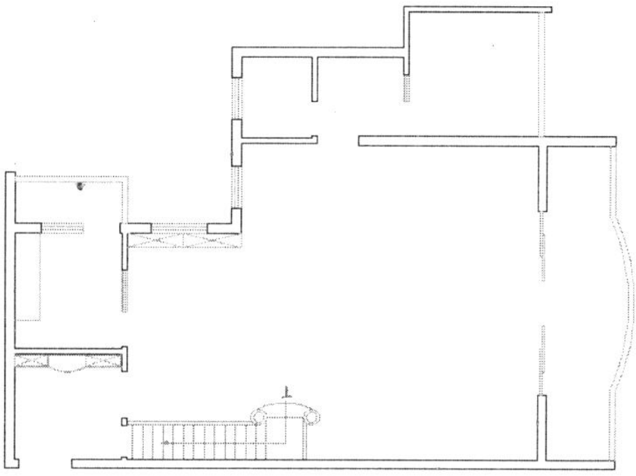

图6-167 删除结果

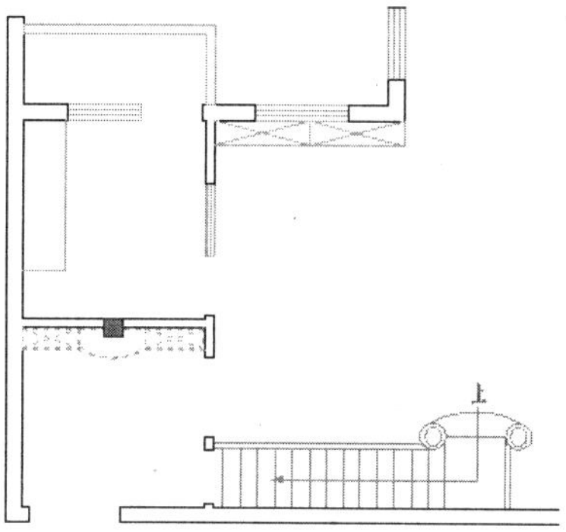

图6-168 夹点效果

5 综合使用【合并】和【延伸】命令，对分解后的图线进行修整，结果如图6-169所示。

6 重复执行【延伸】命令，对厨房操作台轮廓线进行延伸，并删除水平轮廓线，结果如图6-170所示。

7 使用快捷键“L”激活【直线】命令，配合点交点捕捉功能绘制如图6-171所示的吊柜示意线。

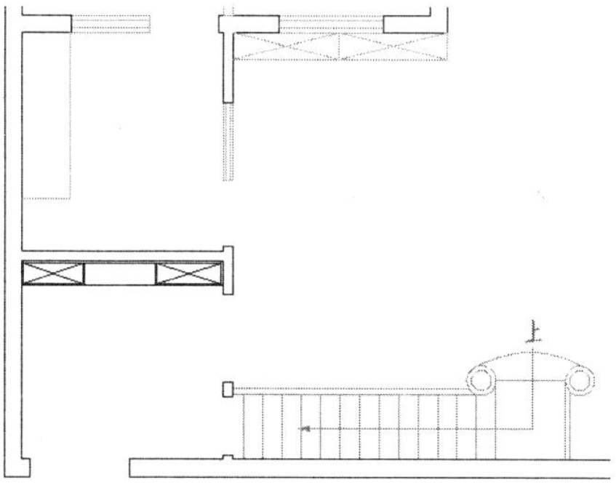

图6-169 修整效果

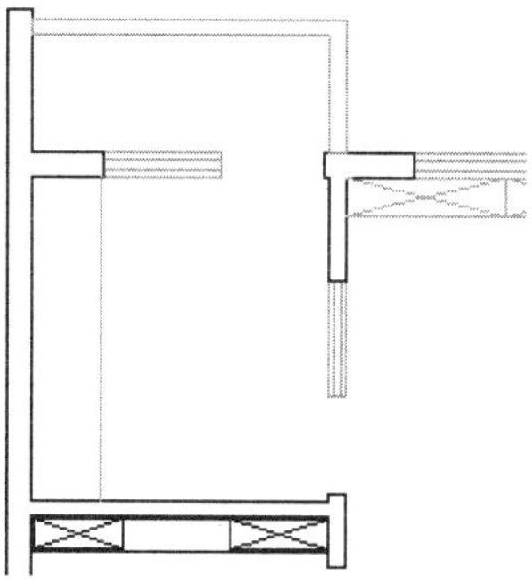

图6-170 延伸结果

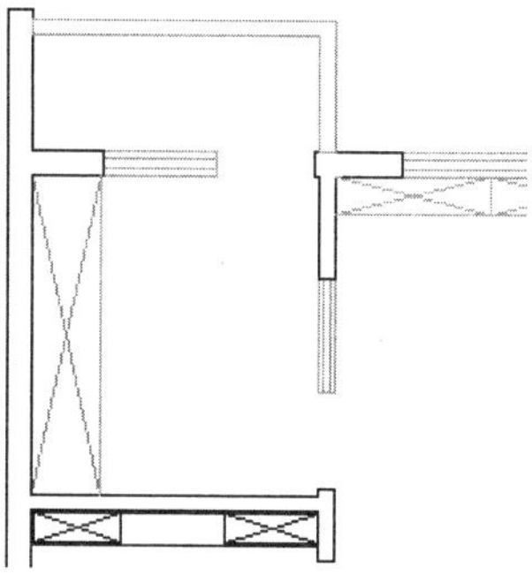

图6-171 绘制结果

8 重复执行【直线】命令，配合端点捕捉或交点捕捉功能绘制门洞位置的过梁轮廓线，结果如图6-172所示。

9 在无命令执行的前提下夹点显示如图6-173所示的阳台、窗以及装饰柜等对象，将其放到“吊顶层”上，并修改其颜色为“随层”。

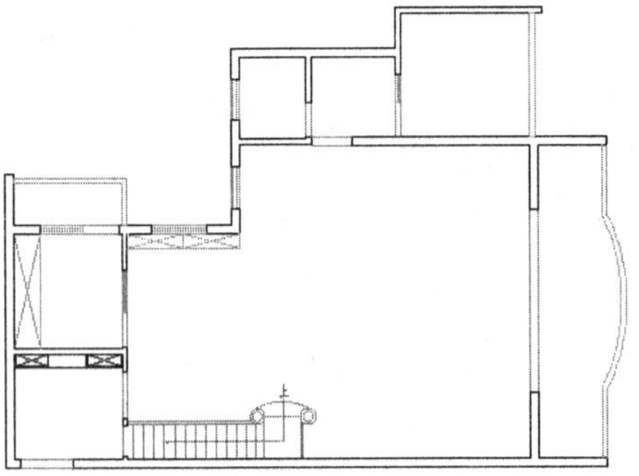

图6-172 绘制结果

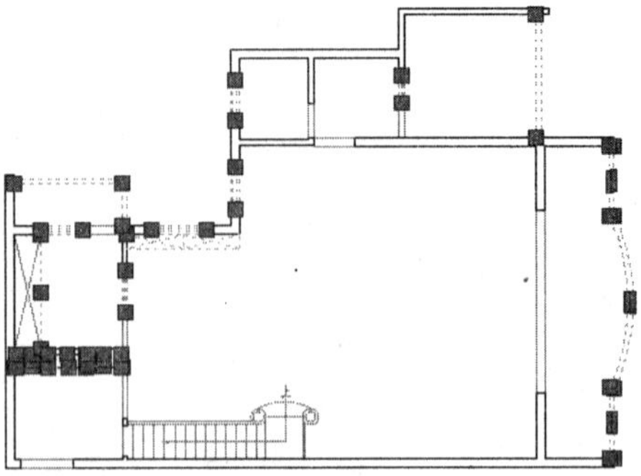

图6-173 夹点效果

至此，跃一层吊顶墙体图绘制完毕。下一小节将学习跃一层窗帘及窗帘盒构件的具体绘制过程和绘制技巧。

6.6.2 绘制跃一层窗帘构件图

1 继续上节操作。

2 使用快捷键“L”激活【直线】命令，配合【对象追踪】和【极轴追踪】功能绘制窗帘盒轮廓线。命令行操作如下：

```
命令: _line
    指定第一点:                    //引出如图6-174所示的方矢量，然后输入150 Enter
    指定下一点或 [放弃(U)]:        //捕捉追踪虚线与墙线的交点，如图6-175所示
    指定下一点或 [放弃(U)]:        // Enter，绘制结果如图6-176所示
```

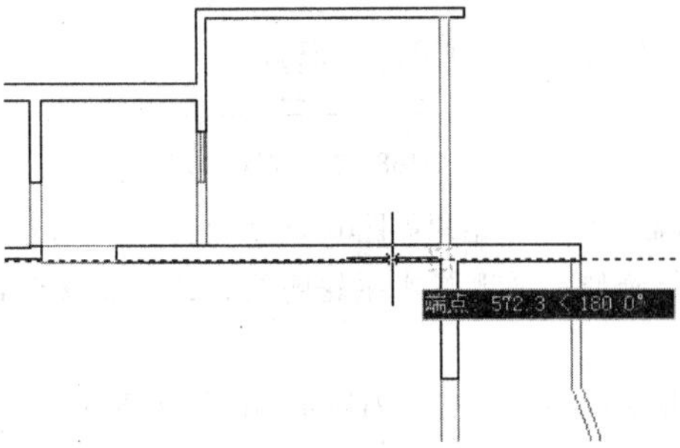

图6-174 引出对象追踪矢量

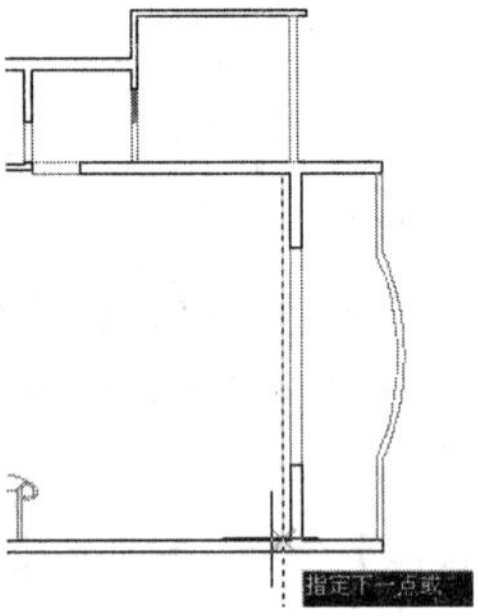

图6-175 引出极轴矢量

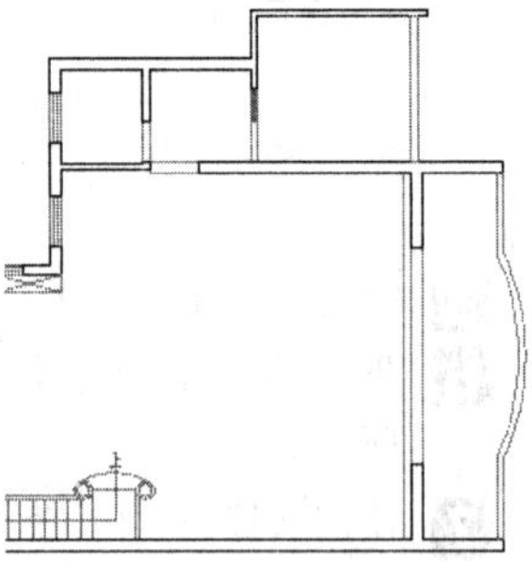

图6-176 绘制结果

3 使用快捷键“O”激活【偏移】命令，选择刚绘制的窗帘盒轮廓线，将其向右偏移75个绘图单位，作为窗帘轮廓线，结果如图6-177所示。

4 执行菜单栏中的【格式】|【线型】命令，加载名为“ZIGZAG”的线型，并设置线型比例如图6-178所示。

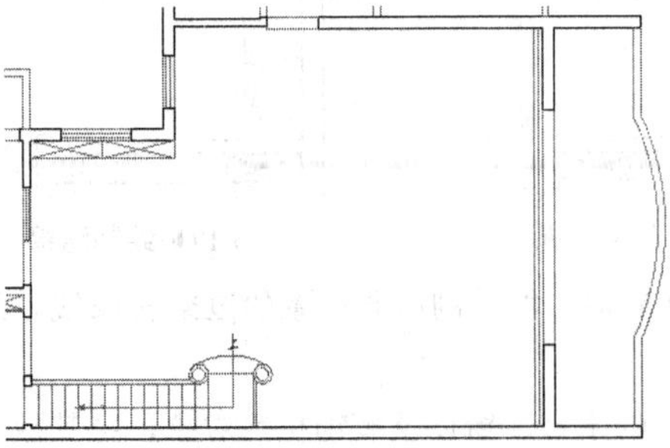

图6-177 偏移结果

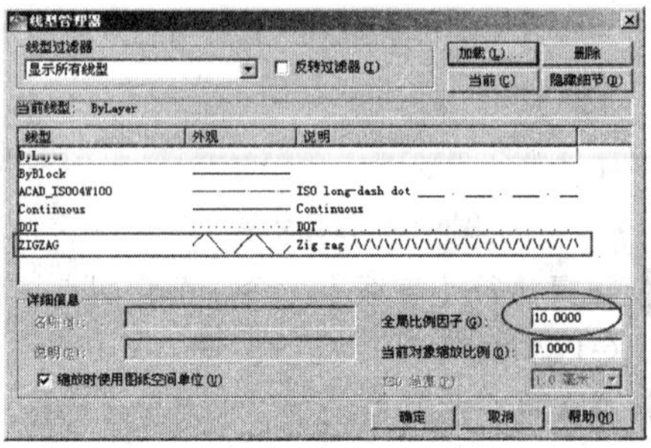

图6-178 加载线型

5 在无命令执行的前提下夹点显示窗帘轮廓线，然后展开【线型控制】下拉列表，修改窗帘轮廓线的线型如图6-179所示。

6 展开【颜色控制】下拉列表，修改窗帘轮廓线的颜色如图6-180所示。

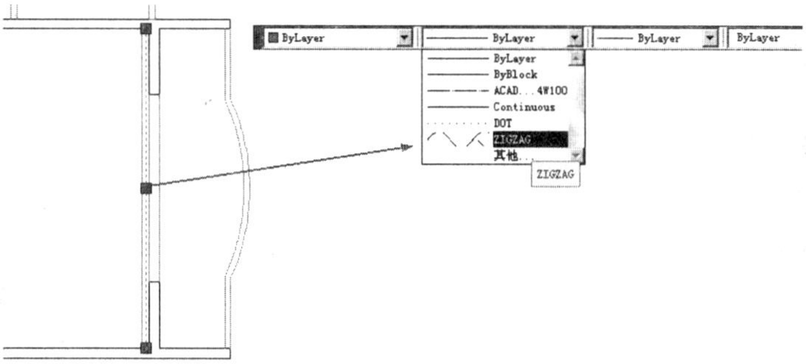

图6-179　修改线型

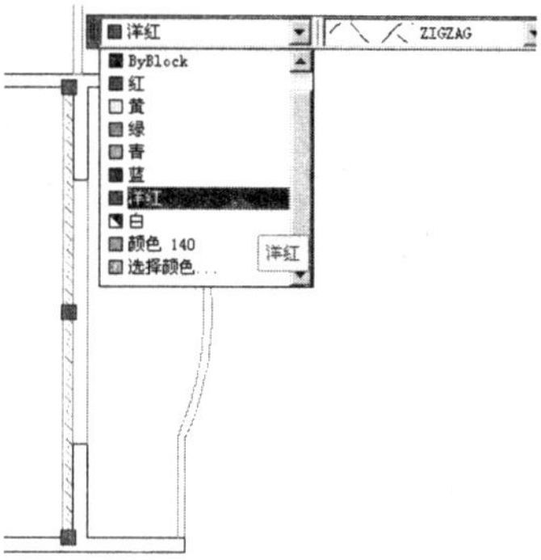

图6-180　修改颜色

7 按Esc键取消对象的夹点显示状态，观看线型特性修改后的效果，如图6-181所示。

8 参照步骤2～步骤7的操作方法，分别绘制其他房间内的窗帘及窗帘盒轮廓线，绘制结果如图6-182所示。

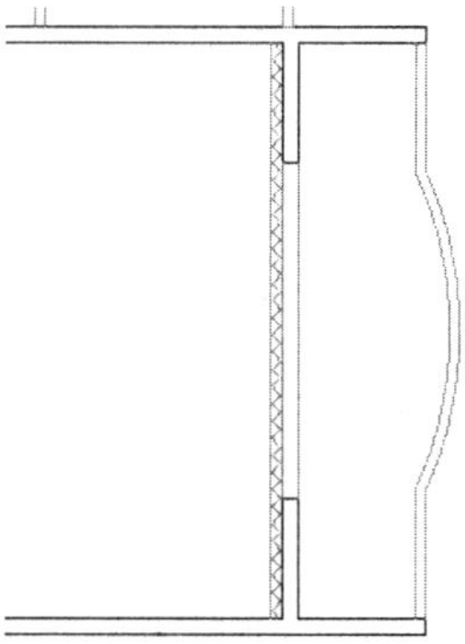

图6-181　修改后的效果

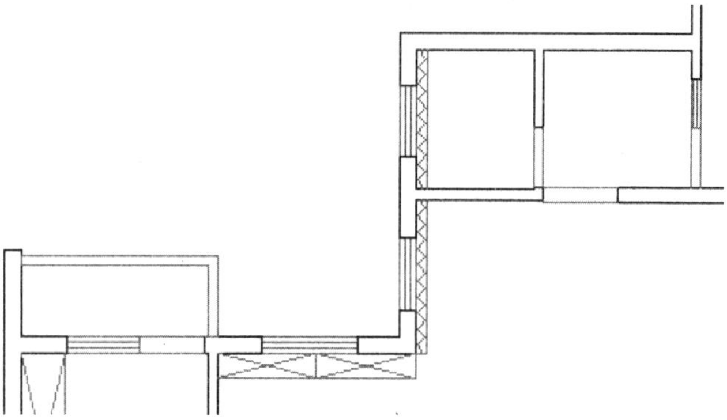

图6-182　绘制其他窗帘及窗帘盒

至此，跃一层窗帘和窗帘盒轮廓线绘制完毕。下一小节将学习跃一层厨房与卫生间吊顶的绘制过程和绘制技巧。

6.6.3　绘制跃一层厨房与卫生间吊顶

1 继续上节操作。

2 展开【颜色控制】下拉列表，或执行菜单栏中的【格式】|【颜色】命令，将当前颜色设置为140号色，如图6-183所示。

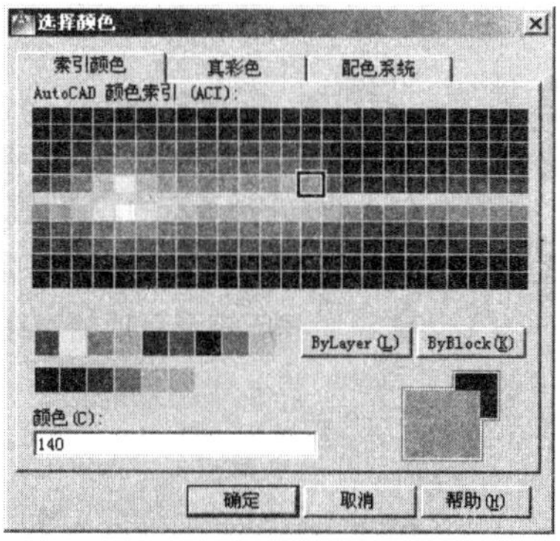

图6-183　设置当前颜色

3 使用快捷键“H”激活【图案填充】命令，打开【图案填充和渐变色】对话框，选择“用户定义”图案，同时设置图案的填充角度及填充间距参数，如图6-184所示。

4 单击【图案填充和渐变色】对话框中的“添加：拾取点”按钮，返回绘图区，分别在厨房和卫生间内单击，拾取填充边界，如图6-185所示。

5 返回【图案填充和渐变色】对话框后单击 确定 按钮，结束命令，填充后的结果如图6-186所示。

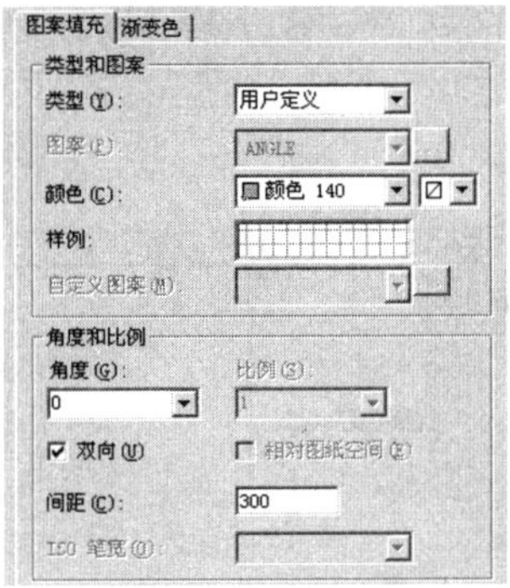

图6-184 设置参数

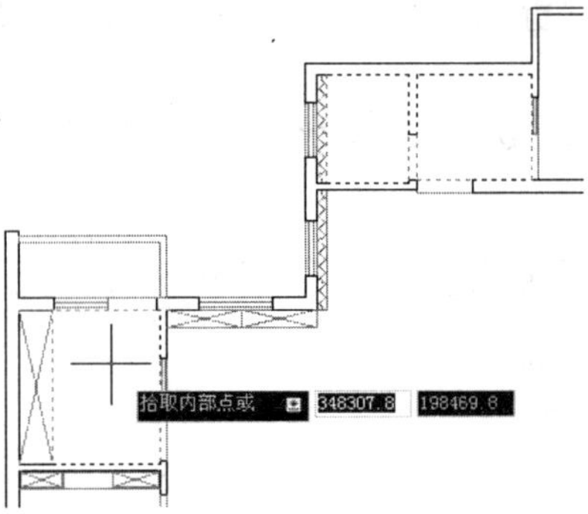

图6-185 拾取填充边界

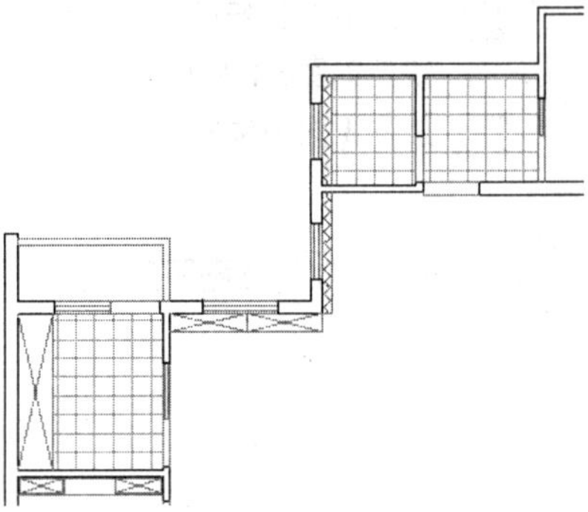

图6-186 填充结果

6 在填充的图案上右击，在弹出的快捷菜单中选择【设定原点】命令，如图6-187所示，重新设定图案的填充原点。

7 此时在命令行"选择新的图案填充原点:"提示下，捕捉如图6-188所示的中点，结果图案的填充原点被更改，更改后的效果如图6-189所示。

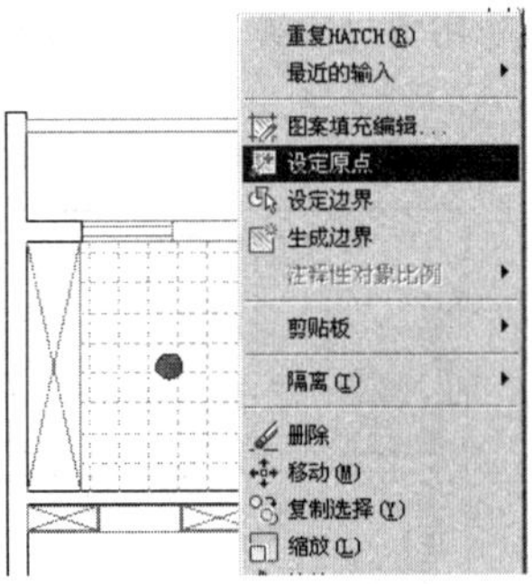

图6-187 图案填充右键菜单

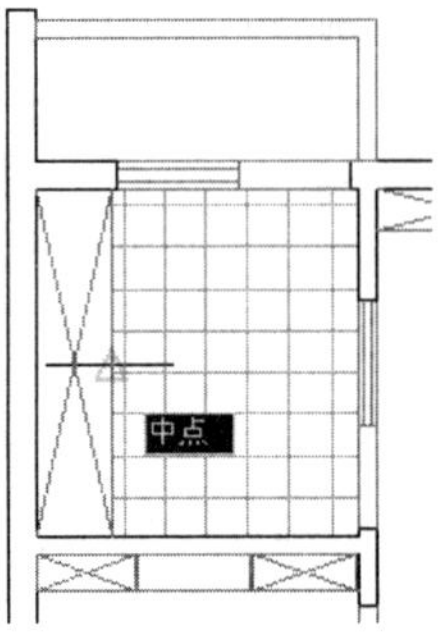

图6-188 捕捉中点

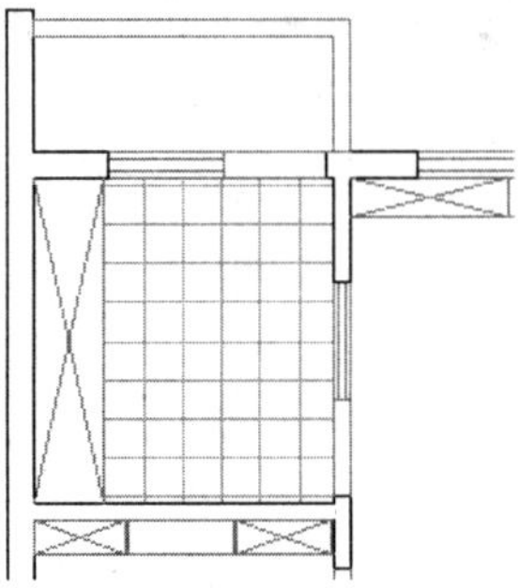

图6-189 捕捉中点

8 参照步骤7至步骤8的操作方法，更改厨房内的吊顶图案的原点，结果如图6-190所示。

至此，跃一层厨房、卫生间与洗手间吊顶绘制完毕。下一小节将学习餐厅与客厅吊顶图的绘制过程和绘制技巧。

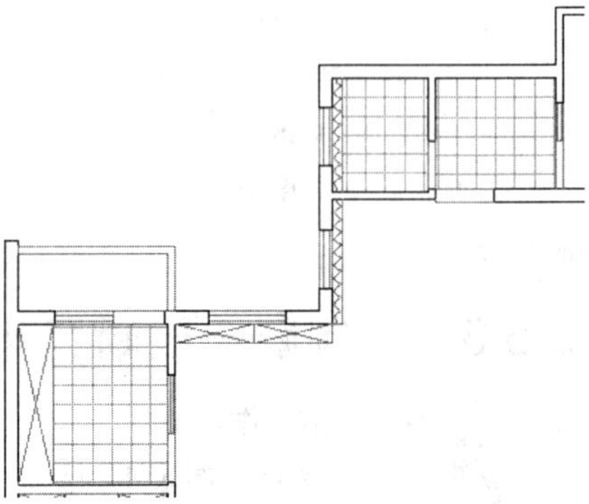

图6-190 更改图案填充原点

6.6.4 绘制跃一层餐厅与客厅吊顶

1 继续上节操作。

2 使用快捷键"L"激活【直线】命令，配合捕捉或追踪功能绘制如图6-191所示的轮廓线。

3 执行菜单栏中的【绘图】|【矩形】命令，配合【捕捉自】功能绘制客厅矩形吊顶轮廓线。命令行操作如下：

```
命令: _rectang
    指定第一个角点或[倒角(C)/标高(E)/圆角(F)/厚度(T)/宽度(W)]: //激活【捕捉自】功能
    _from 基点:                    //捕捉如图6-192所示的端点
    <偏移>:                        //@-475,-745 Enter
    指定另一个角点或[面积(A)/尺寸(D)/旋转(R)]:
                                   //@-3670,-5300 Enter，绘制结果如图6-193所示
```

4 将矩形分解，然后执行菜单栏中的【修改】|【偏移】命令，将分解后的两条水平边向内偏移1250和1400个绘图单位，结果如图6-194所示。

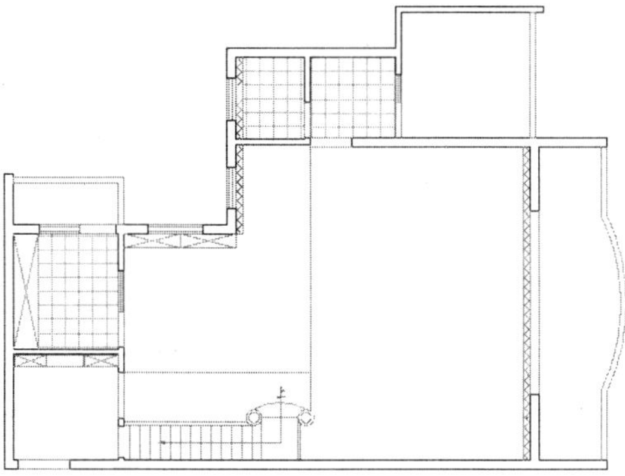

图6-191　绘制结果

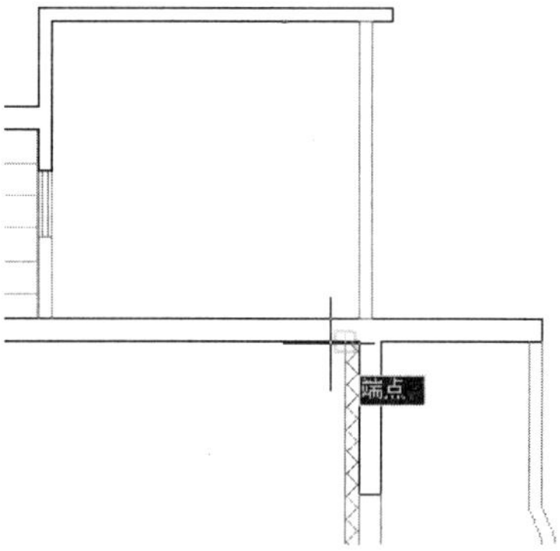

图6-192　捕捉端点

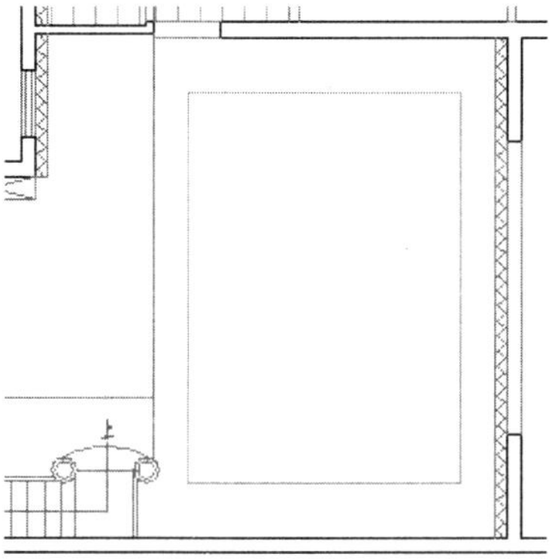

图6-193　绘制结果

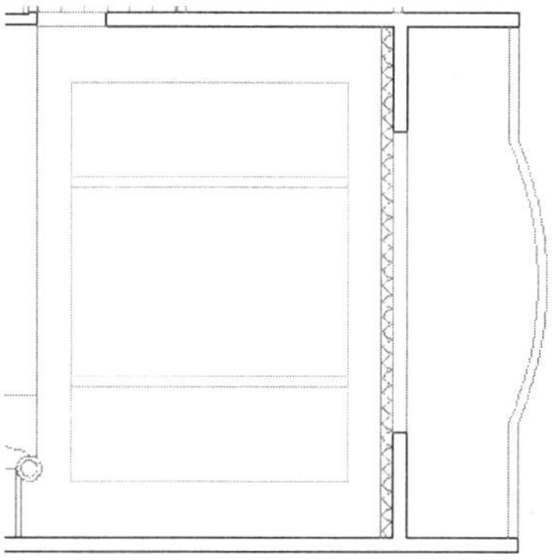

图6-194　偏移结果

5 重复执行【偏移】命令，将两条垂直边分别向内偏移800、950和1745个绘图单位，结果如图6-195所示。

6 执行菜单栏中的【修改】|【修剪】命令，对偏移出的图线进行修剪，编辑出吊顶内部结构，如图6-196所示。

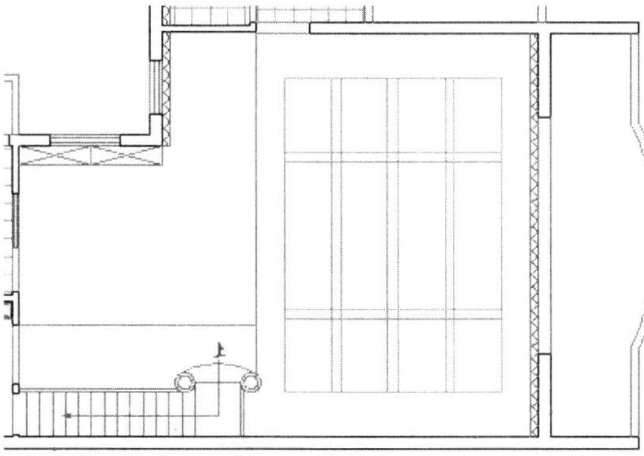

图6-195　偏移结果

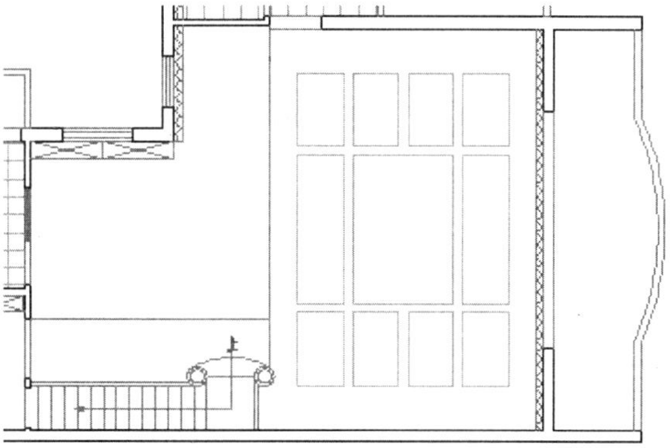

图6-196　修剪结果

7 使用快捷键“L”激活【直线】命令，配合中点捕捉功能绘制如图6-197所示的六条水平中线。

8 使用快捷键“O”激活【偏移】命令，将中间的两条水平中线对称偏移625个绘图单位，结果如图6-198所示。

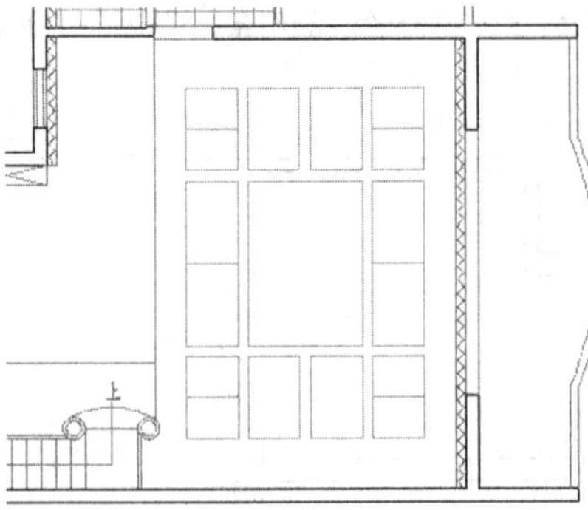

图6-197 绘制中线

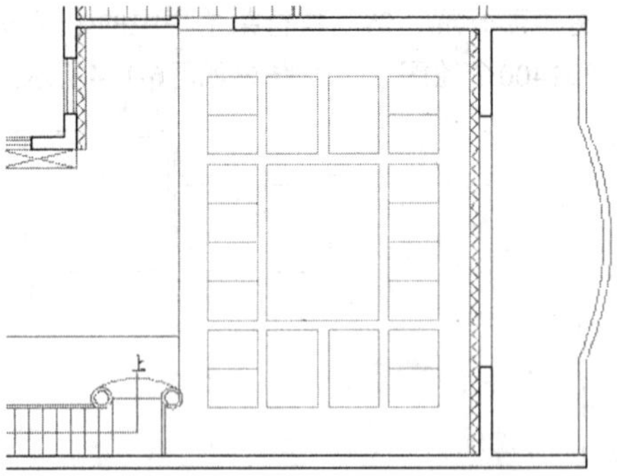

图6-198 偏移结果

9 重复执行【偏移】命令，对内侧的垂直轮廓线偏移62.5个绘图单位，并修改偏移图线的颜色为40号色，结果如图6-199所示。

10 执行菜单栏中的【修改】|【修剪】命令，以偏移出的垂直图线作为边界，对水平图线进行修剪，结果如图6-200所示。

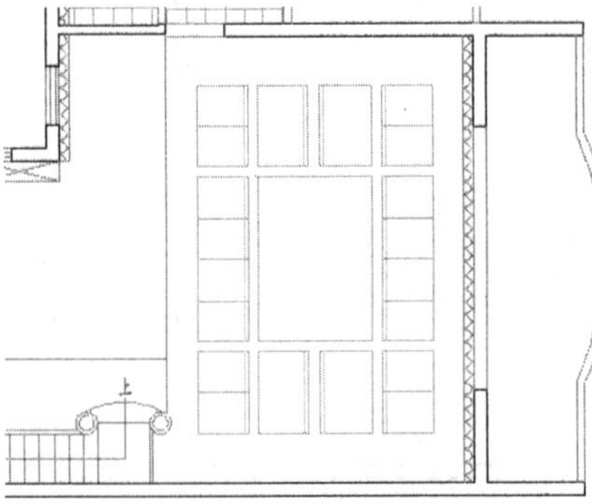

图6-199 偏移结果

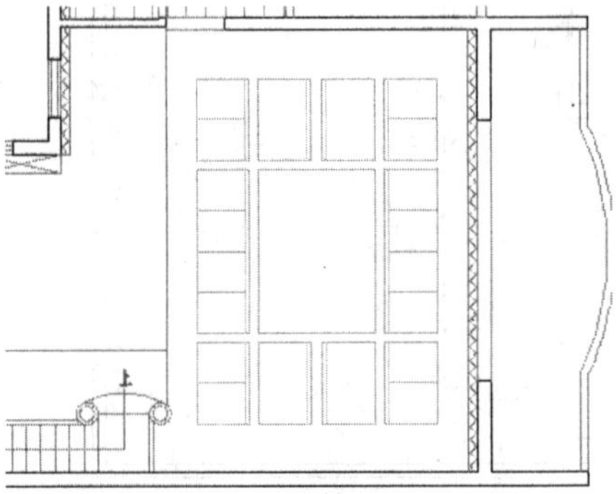

图6-200 修剪结果

11 最后执行【另存为】命令，将当前图形另存储为“高档住宅跃一层室内吊顶轮廓图.dwg”。

6.7 绘制高档住宅跃一层吊顶灯具图

本节通过为高档住宅跃一层吊顶图布置如图6-201所示的主灯、辅助灯具以及灯带等，主要学习跃一层吊顶灯具的快速布置方法和布置技巧。

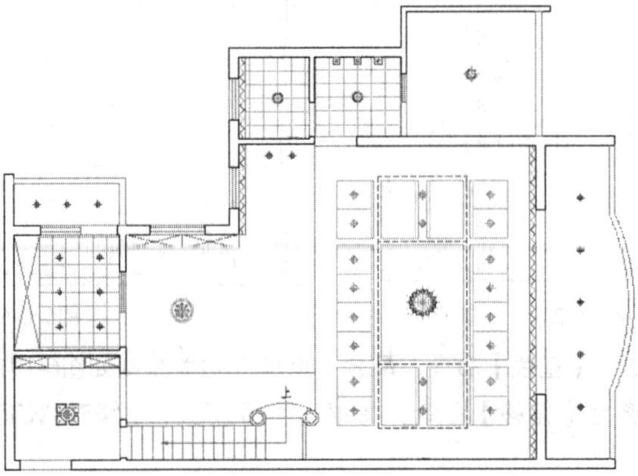

图6-201 实例效果

在布置吊顶图灯具时，具体可以参照如下思路。

1）首先使用【圆角】、【偏移】、【线型】、【特性】等命令绘制灯带轮廓线。

2）使用【插入块】命令并配合【对象追踪】、【对象捕捉】功能布置吊顶艺术吊灯。

3）使用【插入块】、【复制】、【直线】、【删除】等命令并配合【对象追踪】功能布置吊顶吸顶灯。

4）使用【插入块】、【复制】、【镜像】、【阵列】等命令并配合捕捉或追踪功能布置客厅吊顶辅助灯具。

5）最后使用【直线】、【点样式】、【定数等分】、【移动】、【复制】等命令布置厨房、卫生间、洗手间以及阳台筒灯。

6.7.1 绘制跃一层吊顶灯带

1 打开上例保存的“高档住宅跃一层室内吊顶轮廓图.dwg”文件。

2 展开【图层】工具栏中的【图层控制】下拉列表，将“灯具层”设为当前操作层，如图6-202所示。

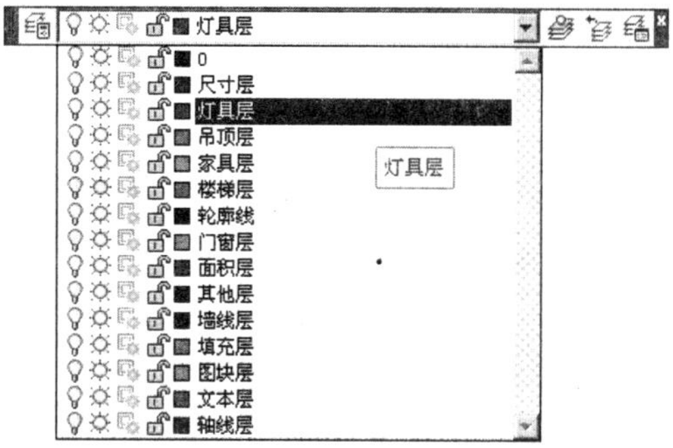

图6-202 设置当前层

3 执行菜单栏中的【修改】|【偏移】命令，对客厅吊顶内轮廓线进行偏移，以创建灯带轮廓线。命令行操作如下：

```
命令: _offset
    当前设置: 删除源=否  图层=源  OFFSETGAPTYPE=0
    指定偏移距离或 [通过(T)/删除(E)/图层(L)] <62.5>:            //l Enter
    输入偏移对象的图层选项 [当前(C)/源(S)] <源>:                //C Enter
    指定偏移距离或 [通过(T)/删除(E)/图层(L)] <62.5>:            //75 Enter
    选择要偏移的对象, 或 [退出(E)/放弃(U)] <退出>:              //选择如图6-203所示的直线1
    指定要偏移的那一侧上的点, 或 [退出(E)/多个(M)/放弃(U)] <退出>:
                                                                //在所选图线的上侧拾取点
    选择要偏移的对象, 或 [退出(E)/放弃(U)] <退出>:              //选择如图6-203所示的直线2
    指定要偏移的那一侧上的点, 或 [退出(E)/多个(M)/放弃(U)] <退出>:
                                                                //在所选图线的右侧拾取点
    选择要偏移的对象, 或 [退出(E)/放弃(U)] <退出>:              //选择如图6-203所示的直线3
    指定要偏移的那一侧上的点, 或 [退出(E)/多个(M)/放弃(U)] <退出>:
                                                                //在所选图线的左侧拾取点
    选择要偏移的对象, 或 [退出(E)/放弃(U)] <退出>:              //选择如图6-203所示的直线4
    指定要偏移的那一侧上的点, 或 [退出(E)/多个(M)/放弃(U)] <退出>:
                                                                //在所选图线的下侧拾取点
    选择要偏移的对象, 或 [退出(E)/放弃(U)] <退出>:              //选择如图6-203所示的直线5
    指定要偏移的那一侧上的点, 或 [退出(E)/多个(M)/放弃(U)] <退出>:
                                                                //在所选图线的上侧拾取点
    选择要偏移的对象, 或 [退出(E)/放弃(U)] <退出>:              //选择如图6-203所示的直线6
    指定要偏移的那一侧上的点, 或 [退出(E)/多个(M)/放弃(U)] <退出>:
                                                                //在所选图线的下侧拾取点
    选择要偏移的对象, 或 [退出(E)/放弃(U)] <退出>:              // Enter, 结果如图6-204所示
```

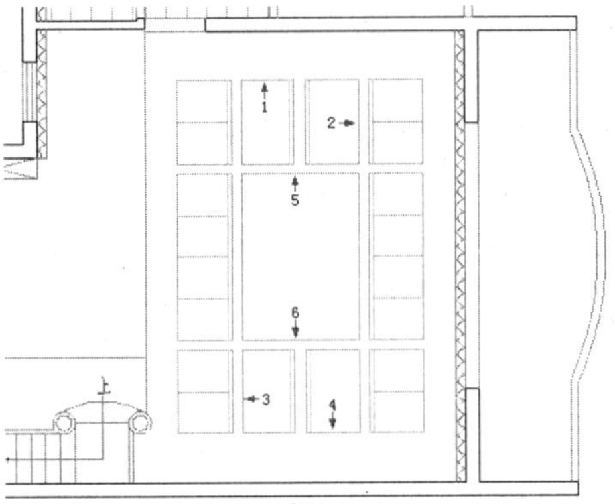

图6-203 定位偏移对象

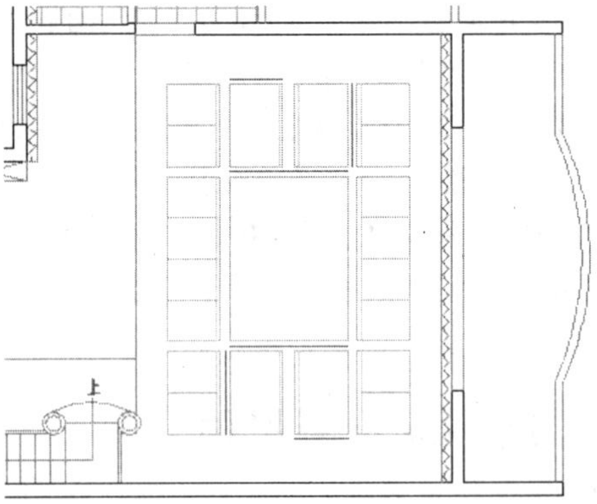

图6-204 偏移结果

4 执行菜单栏中的【修改】|【圆角】命令，对偏移出的灯带轮廓线进行编辑。命令行操作如下：

```
命令: _fillet
    当前设置: 模式 = 修剪, 半径 = 0.0
    选择第一个对象或 [放弃(U)/多段线(P)/半径(R)/修剪(T)/多个(M)]:    //m
    选择第一个对象或 [放弃(U)/多段线(P)/半径(R)/修剪(T)/多个(M)]:
                                        //在图6-205所示的轮廓线1的右端单击
    选择第二个对象，或按住 Shift 键选择对象以应用角点或 [半径(R)]:
                                        //在图6-205所示的轮廓线2的上端单击
    选择第一个对象或 [放弃(U)/多段线(P)/半径(R)/修剪(T)/多个(M)]:
                                        //在图6-205所示的轮廓线2的下端单击
    选择第二个对象，或按住 Shift 键选择对象以应用角点或 [半径(R)]:
                                        //在图6-205所示的轮廓线3的右端单击
    选择第一个对象或 [放弃(U)/多段线(P)/半径(R)/修剪(T)/多个(M)]:
                                        //在图6-205所示的轮廓线3的左端单击
    选择第二个对象，或按住 Shift 键选择对象以应用角点或 [半径(R)]:
                                        //在图6-205所示的轮廓线4的下端单击
    选择第一个对象或 [放弃(U)/多段线(P)/半径(R)/修剪(T)/多个(M)]:
                                        //在图6-205所示的轮廓线4的上端单击
    选择第二个对象，或按住 Shift 键选择对象以应用角点或 [半径(R)]:
                                        //在图6-205所示的轮廓线1的左端单击
    选择第一个对象或 [放弃(U)/多段线(P)/半径(R)/修剪(T)/多个(M)]:
                                        // Enter，圆角结果如图6-206所示
```

5 执行菜单栏中的【修改】|【延伸】命令，以如图6-207所示的垂直灯带轮廓线1和2作为边界，对水平灯带轮廓线3和4进行延伸，结果如图6-208所示。

6 使用快捷键“LT”激活【线型】命令，打开【线型管理器】对话框，然后单击 加载(L) 按钮，加载如图6-209所示的线型。

7 在无命令执行的前提下，夹点显示客厅内的灯带轮廓线，如图6-210所示。

8 执行菜单栏中的【工具】|【选项板】|【特性】命令，在打开的【特性】窗口内修改灯带轮廓线的线型特性如图6-211所示，修改夹点对象的线型比例特性如图6-212所示。

9 关闭【特性】窗口，然后按Esc键取消对象的夹点显示，结果如图6-213所示。

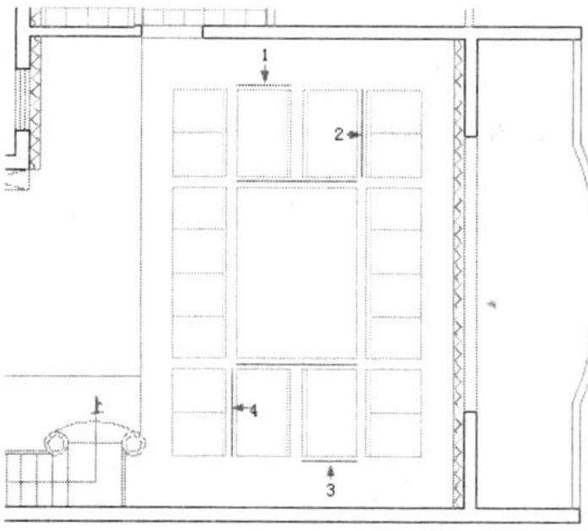

图6-205 定位编辑对象

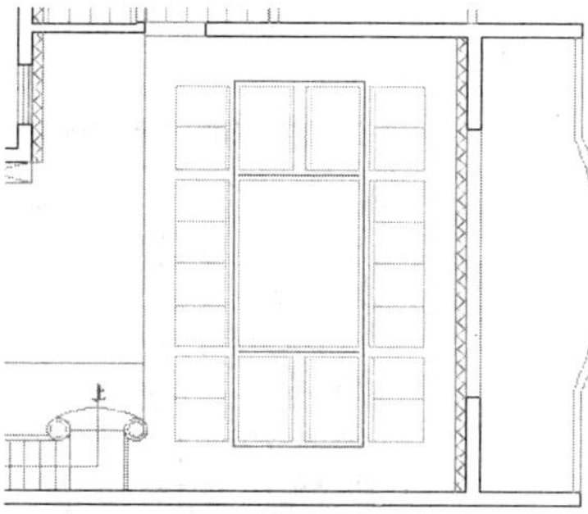

图6-206 编辑结果

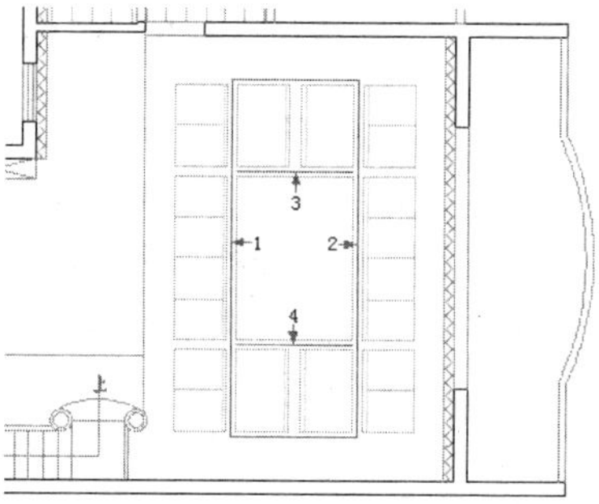

图6-207 定位延伸边界

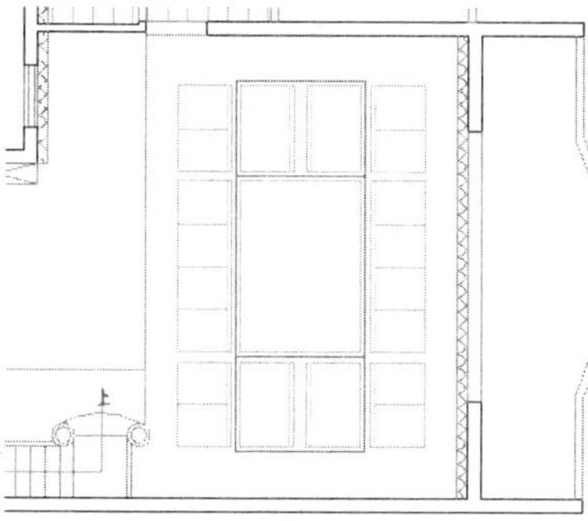

图6-208 延伸结果

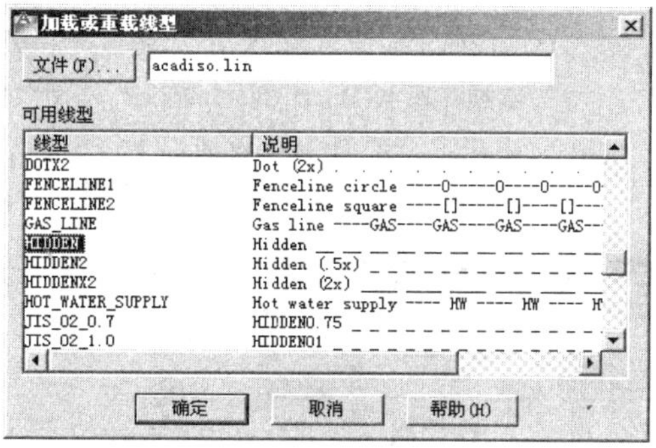

图6-209 加载线型

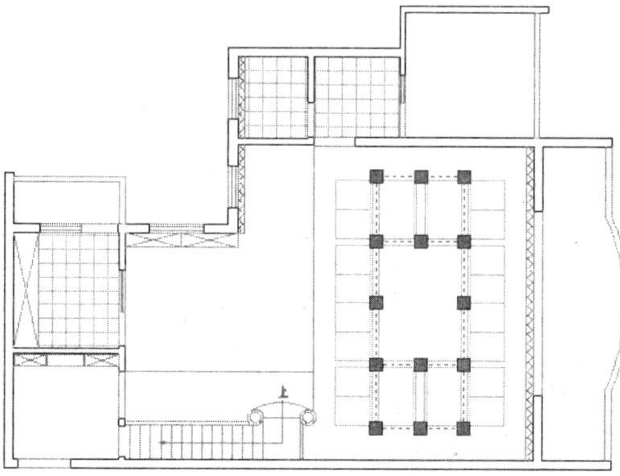

图6-210 夹点显示

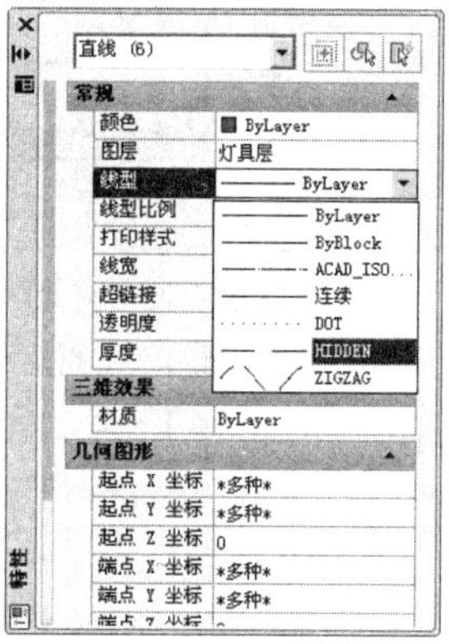

图6-211 修改线型

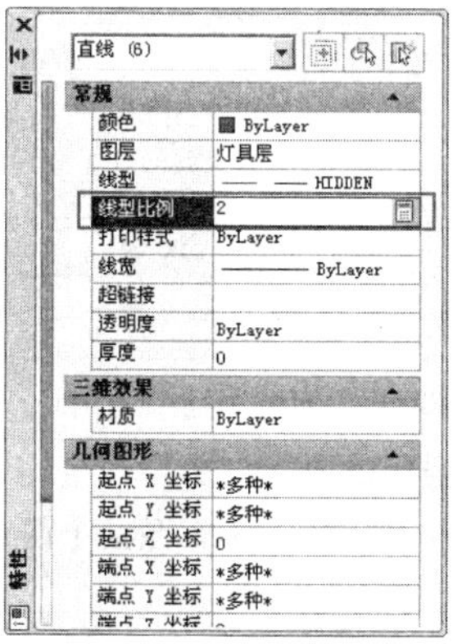

图6-212 修改线型比例

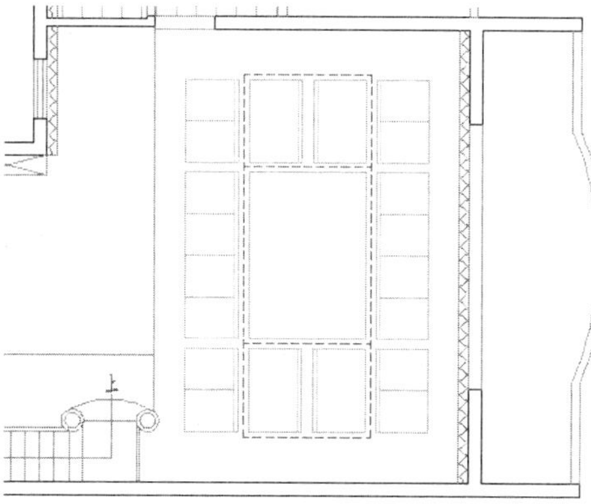

图6-213 修改结果

至此，跃一层吊顶图灯带轮廓线绘制完毕。下一小节将学习跃一层艺术吊顶的布置过程和绘制技巧。

6.7.2 布置跃一层艺术吊灯

1. 继续上节操作。
2. 使用快捷键“I”激活【插入块】命令，在打开的对话框中单击浏览(B)...按钮，选择本书配套光盘中的“图块文件\艺术吊灯04.dwg”，如图6-214所示。
3. 返回【插入】对话框，设置块的缩放比例如图6-215所示。
4. 返回绘图区，然后在命令行“指定插入点或 [基点(B)/比例(S)/旋转(R)]:”提示下，配合【对象捕捉】和【对象追踪】功能引出如图6-216所示的两条追踪矢量。

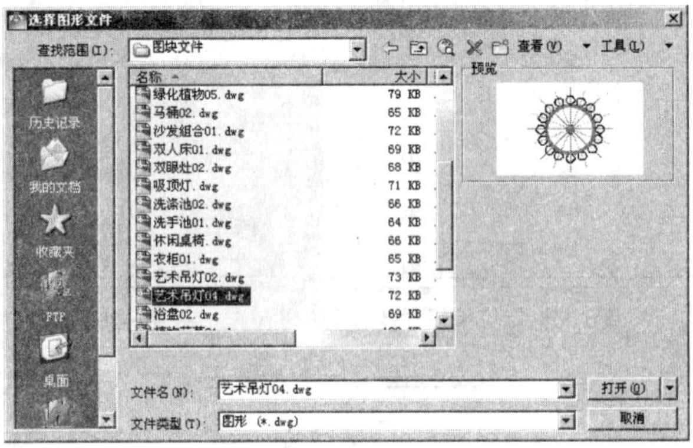

图6-214 选择文件

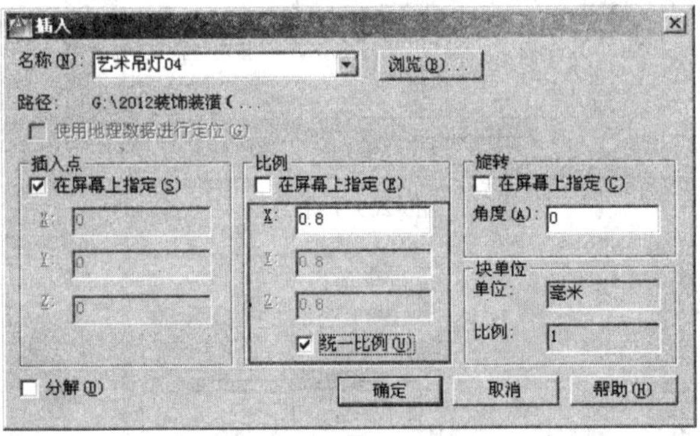

图6-215 设置参数

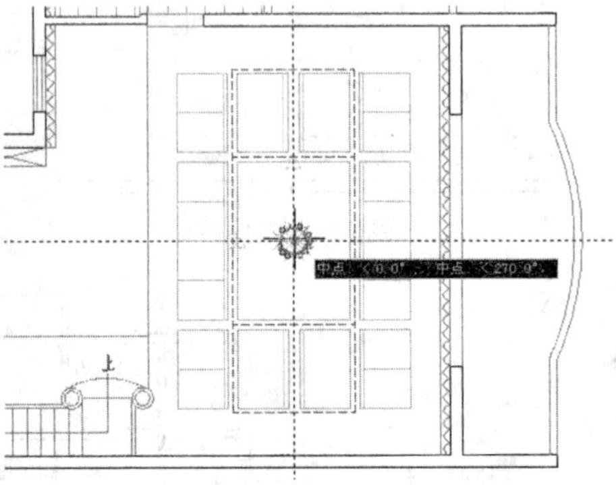

图6-216 引出对象追踪虚线

5. 捕捉两条对象追踪虚线的交点作为插入点，插入结果如图6-217所示。
6. 重复执行【插入块】命令，选择本书配套光盘中的“图块文件/造型吊灯02.dwg”，如图6-218所示。

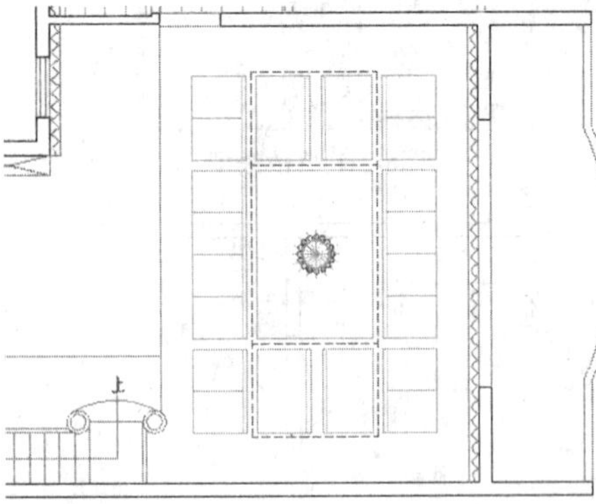

图6-217 插入结果

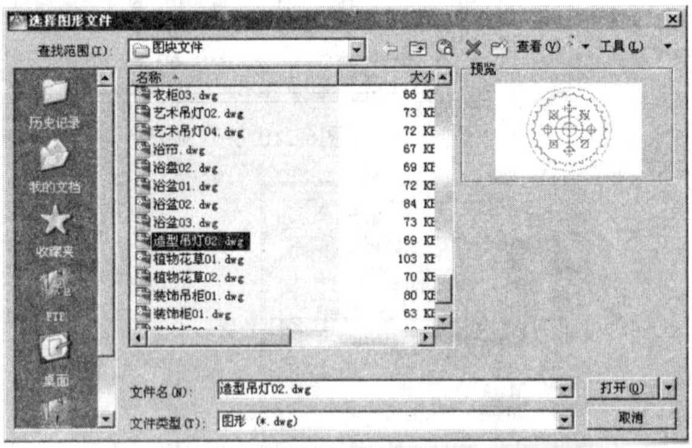

图6-218 选择文件

7. 返回【插入】对话框，采用默认参数设置，将吊灯图块插入到餐厅吊顶处。
8. 返回绘图区，在命令行：指定插入点或 [基点(B)/比例(S)/旋转(R)]:”提示下，激活【两点之间的中点】捕捉功能。
9. 在“_m2p 中点的第一点:”提示下，捕捉如图6-219所示的端点。
10. 在命令行“中点的第二点:”提示下，捕捉如图6-220所示的端点，插入结果如图6-221所示。

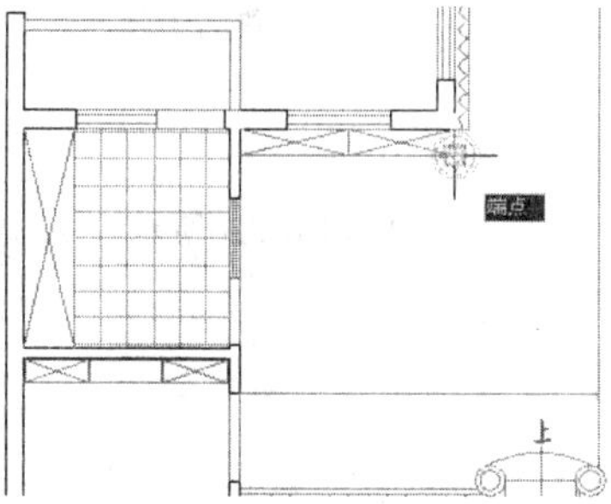

图6-219 捕捉端点

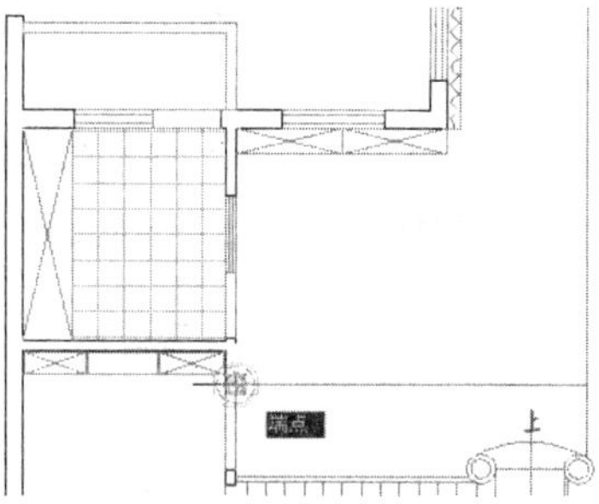

图6-220 捕捉端点

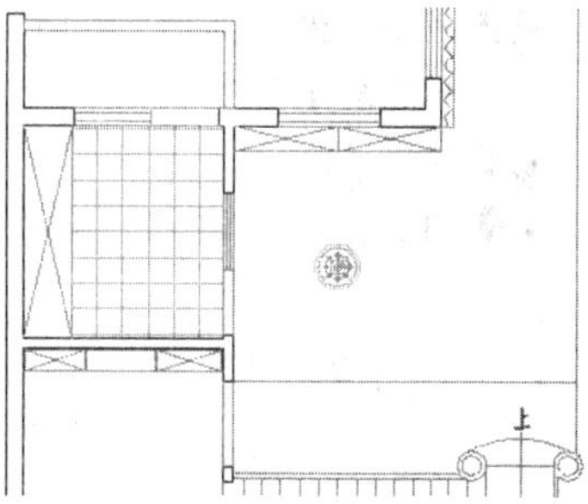

图6-221 插入结果

至此，跃一层客厅与餐厅艺术吊灯厅布置完毕。在定位插入点时，要注意捕捉与追踪功能的双重应用技能。下一小节将学习跃一层吸顶灯的快速布置技能。

6.7.3　布置跃一层吸顶灯具

1. 继续上节操作。
2. 使用快捷键“I”激活【插入块】命令，选择本书配套光盘中的“图块文件\工艺灯具01.dwg”文件，如图6-222所示。

图6-222 选择文件

3. 返回【插入】对话框，然后设置块参数如图6-223所示。

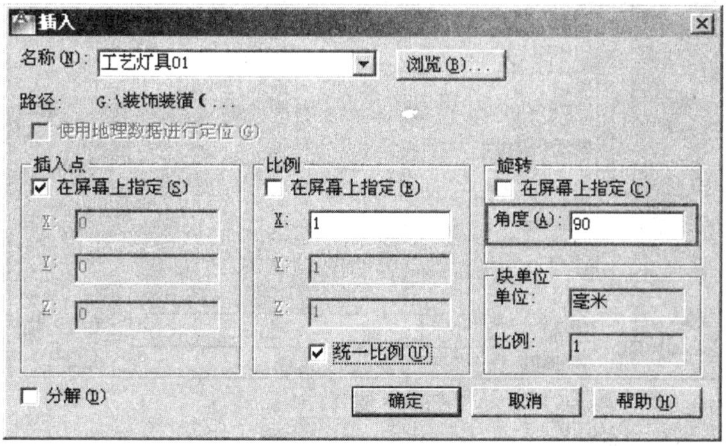

图6-223 设置块参数

4 单击确定按钮，在命令行“指定插入点或 [基点(B)/比例(S)/旋转(R)] :”提示下，激活【两点之间的中点】功能。

5 在“_m2p 中点的第一点: ”提示下，捕捉如图6-224所示的中点。

6 继续在“中点的第二点:”提示下，捕捉如图6-225所示的追踪交点，插入结果如图6-226所示。

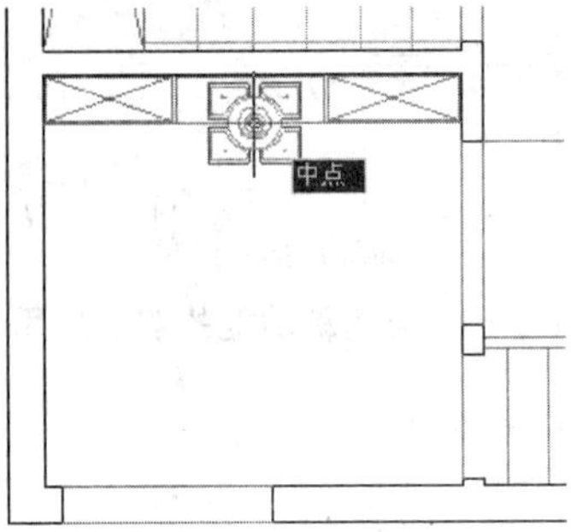

图6-224 捕捉中点

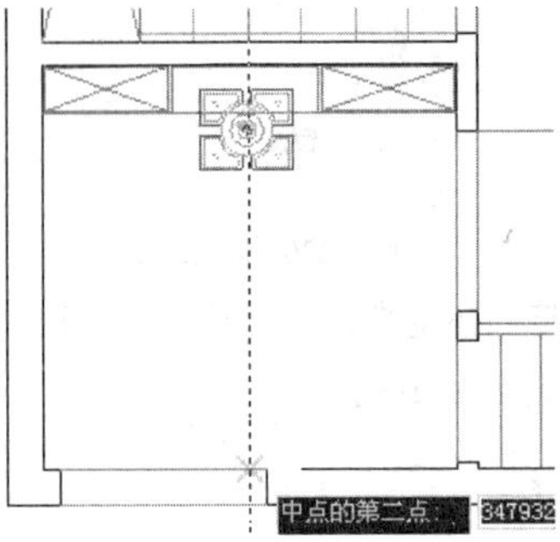

图6-225 捕捉交点

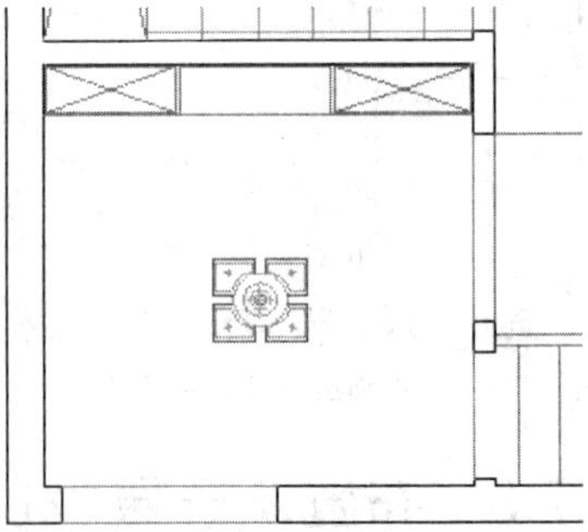

图6-226 插入结果

7 使用快捷键“L”激活【直线】命令，配合端点捕捉功能绘制如图6-227所示的三条倾斜辅助线。

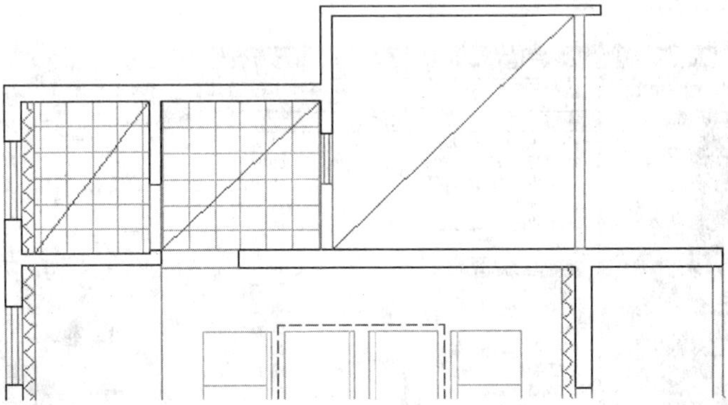

图6-227 绘制辅助线

8 重复执行【插入块】命令，以默认参数插入本书配套光盘中的“图块文件\吸顶灯03.dwg”文件，如图6-228所示。

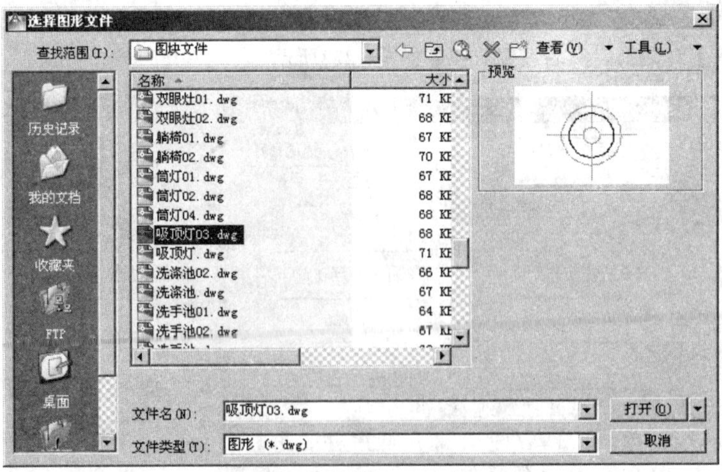

图6-228 选择文件

9 插入点分别为三条辅助线的中点，插入结果如图6-229所示。

10 删除三条辅助线，然后在卫生间吊顶填充图案上右击，在弹出的快捷菜单中选择【图案填充编辑】命令，如图6-230所示。

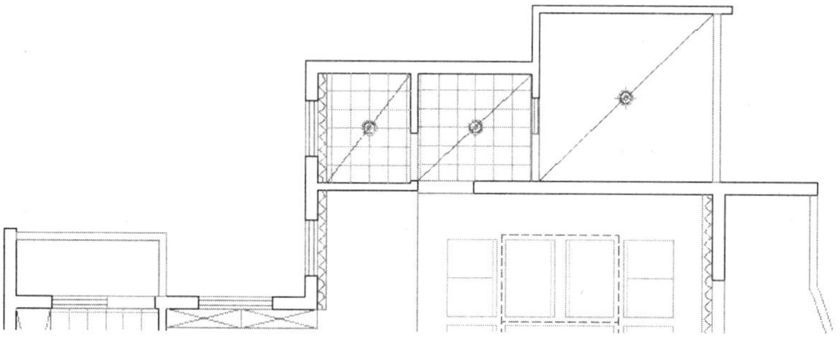

图6-229 插入结果

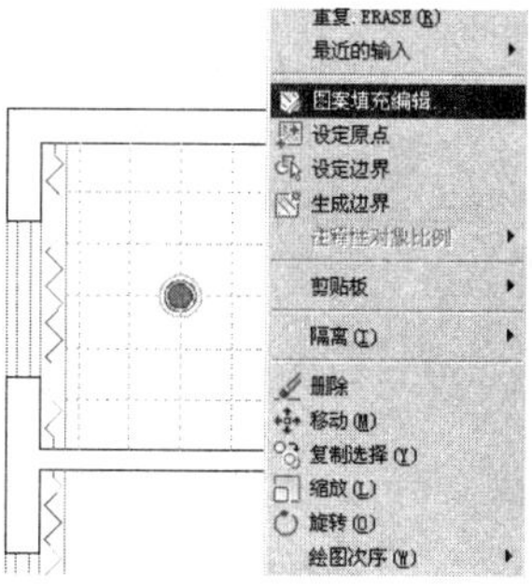

图6-230 右键菜单

11 在打开的【图案填充编辑】对话框中设置填充孤岛的检测样式，如图6-231所示。

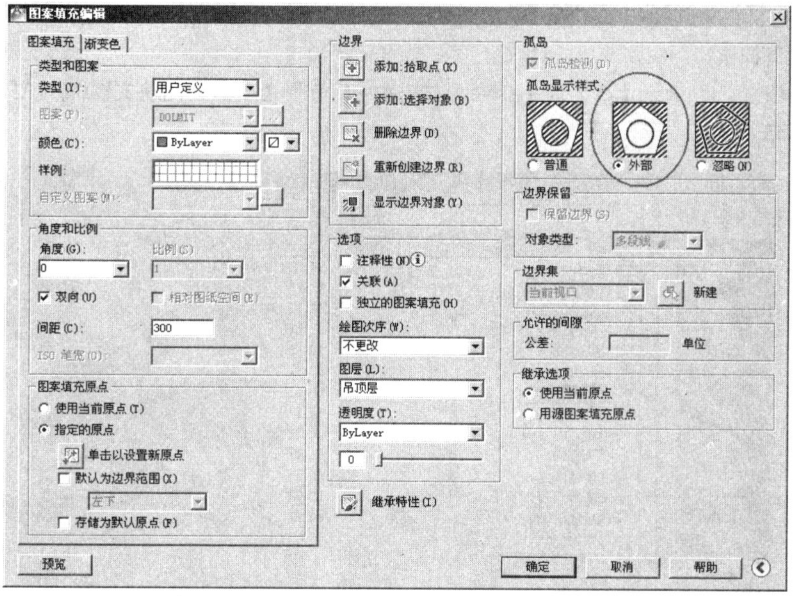

图6-231 【图案填充编辑】对话框

12 在【图案填充编辑】对话框中单击“添加：拾取对象”按钮，返回绘图区，选择如图6-232所示的吸顶灯图块，将此图块以孤岛的方式排除在填充区域之外，编辑后的效果如图6-233所示。

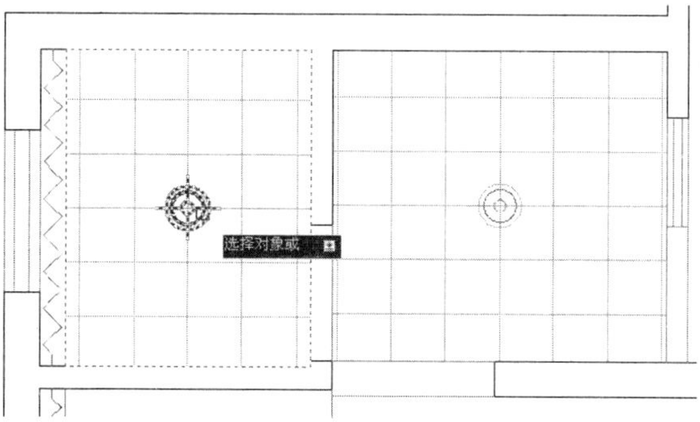

图6-232 选择图块

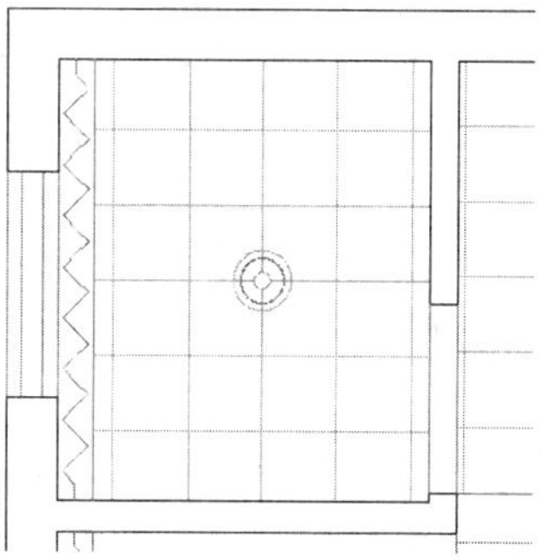

图6-233 编辑结果

13 参照步骤10~步骤12的操作方法，对洗手间吊顶图案进行编辑，将吸顶灯图块以孤岛的形式排除在填充区域之外，结果如图6-234所示。

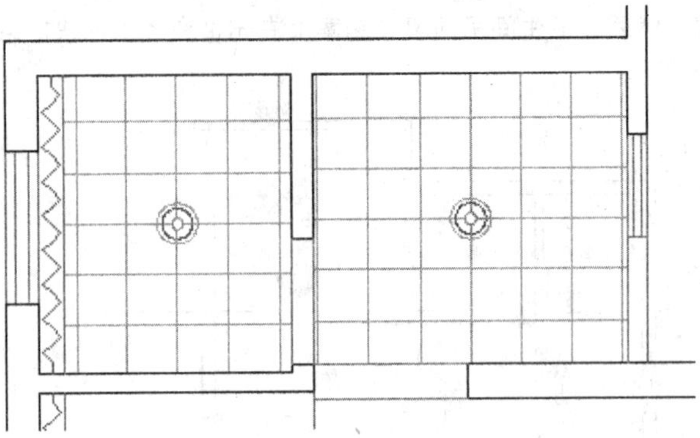

图6-234 操作结果

至此，跃一层吸顶灯布置完毕。下一小节将学习跃一层客厅辅助灯具的快速布置方法和相关操作技能。

6.7.4 布置跃一层辅助灯具

1 继续上节操作。

2 使用快捷键“I”激活【插入块】命令，选择本书配套光盘中的“图块文件\筒灯02.dwg”文件，如图6-235所示。

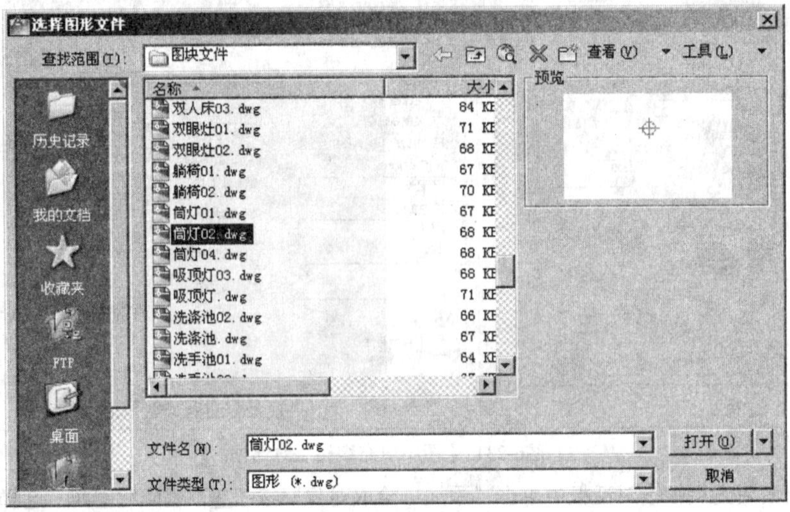

图6-235 选择文件

3 返回【插入】对话框，以默认参数插入此灯具图块。在命令行“指定插入点或 [基点(B)/比例(S)/旋转(R)]:”提示下，激活【两点之间的中点】功能。

4 在命令行“_m2p 中点的第一点:”提示下，捕捉如图6-236所示的中点。

5 继续在“中点的第二点:”提示下，捕捉如图6 237所示的追踪交点，插入结果如图6-238所示。

6 执行菜单栏中的【修改】|【阵列】|【矩形阵列】命令，配合捕捉追踪功能对插入的灯具图块进行阵列。命令行操作如下:

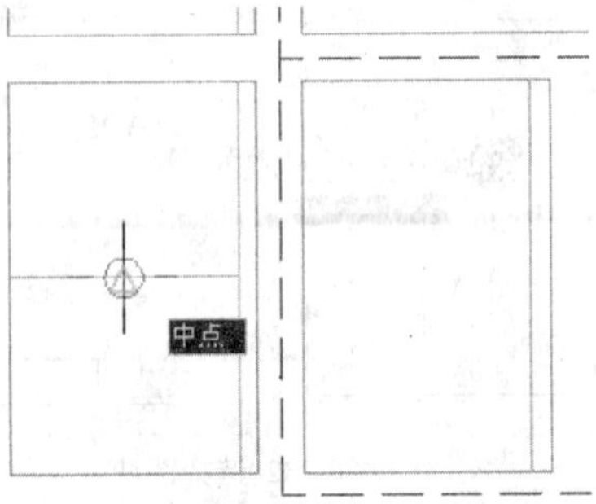

图6-236 捕捉中点

```
命令: _arrayrect
    选择对象:                                         //选择刚插入的灯具图块
    选择对象:                                         // Enter
    类型 = 矩形 关联 = 是
    为项目数指定对角点或 [基点(B)/角度(A)/计数(C)] <计数>:          // Enter
    输入行数或 [表达式(E)] <4>:                        //2 Enter
    输入列数或 [表达式(E)] <4>:                        //3 Enter
    指定对角点以间隔项目或 [间距(S)] <间距>: //激活【两点之间的中点】功能
    _m2p 中点的第一点:                                //捕捉如图6-239所示的中点
```

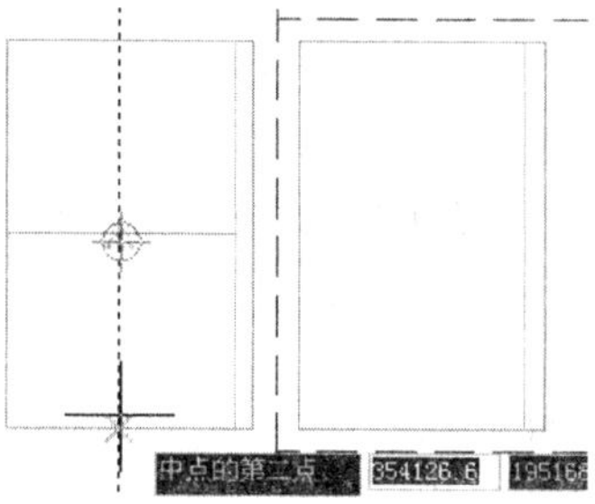

图6-237 捕捉交点

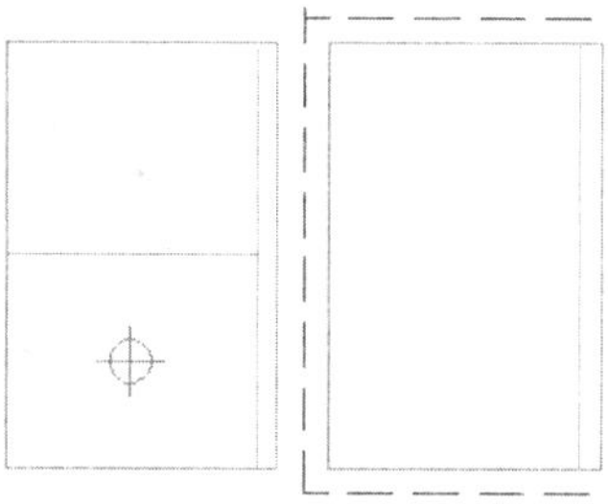

图6-238 插入结果

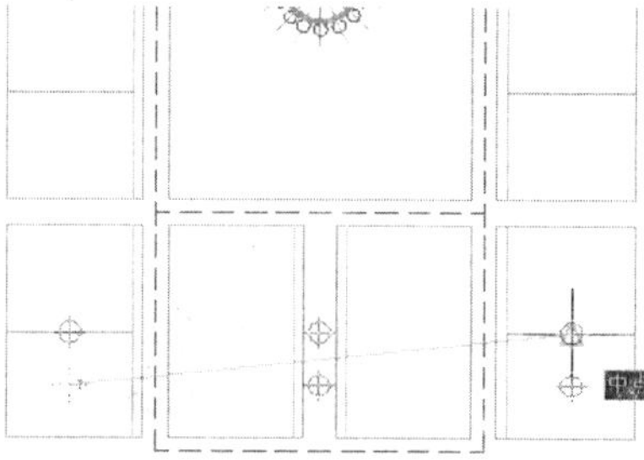

图6-239 捕捉中点

```
    中点的第二点:                                     //捕捉如图6-240所示的追踪虚线的交点
    按 Enter 键接受或 [关联(AS)/基点(B)/行(R)/列(C)/层(L)/退出(X)] <退出>: //AS Enter
    创建关联阵列 [是(Y)/否(N)] <是>:                   //N Enter
    按 Enter 键接受或 [关联(AS)/基点(B)/行(R)/列(C)/层(L)/退出(X)] <退出>:
                                                      // Enter，阵列结果如图6-241所示
```

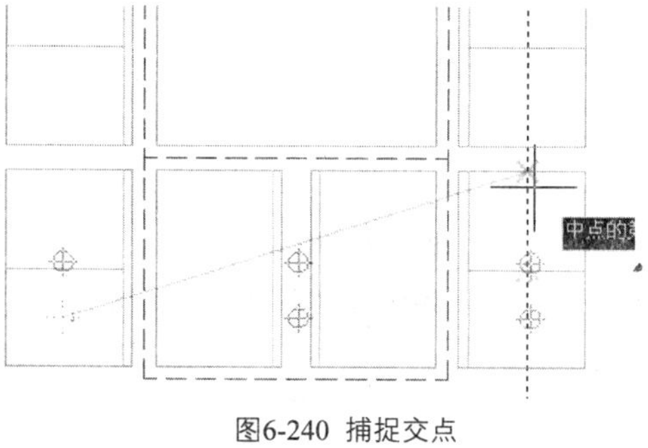

图6-240 捕捉交点

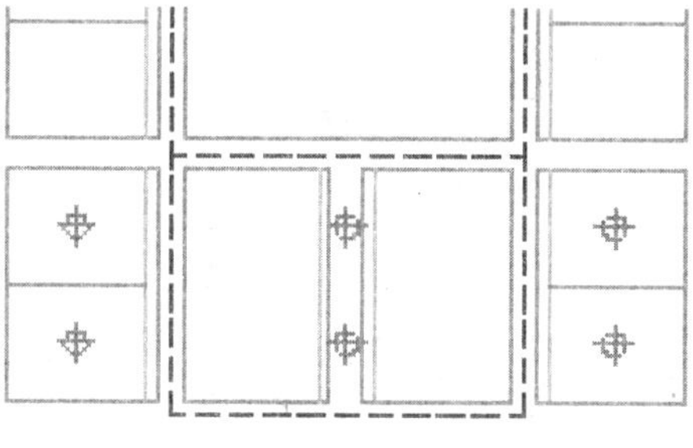

图6-241 阵列结果

7 使用快捷键“MI”激活【镜像】命令，将阵列后的灯具图块进行镜像，命令行操作如下：

```
命令: mi                               //激活【镜像】命令
    MIRROR选择对象:                     //拉出如图6-242所示的窗口选择框
    选择对象:                           //Enter
    指定镜像线的第一点:                 //捕捉如图6-243所示的端点
    指定镜像线的第二点:                 //@1,0 Enter
    要删除源对象吗? [是(Y)/否(N)] <N>:            // Enter，镜像结果如图6-244所示
```

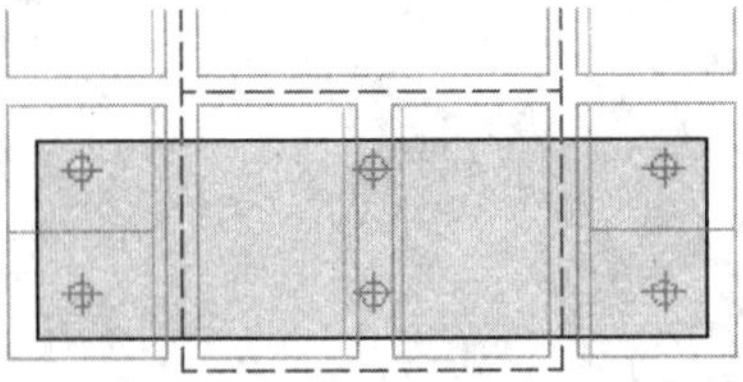

图6-242 窗口选择

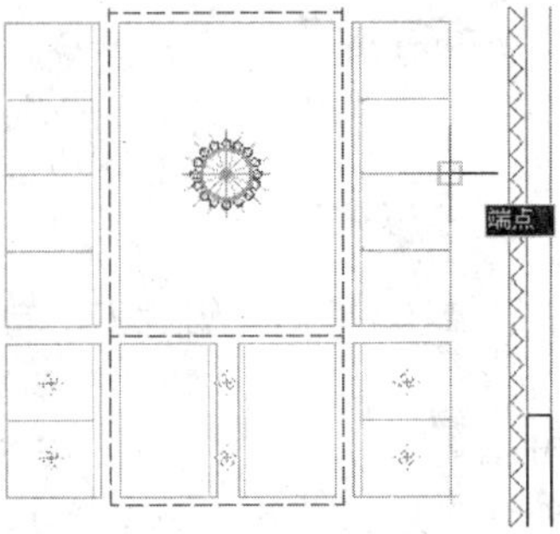

图6-243 捕捉端点

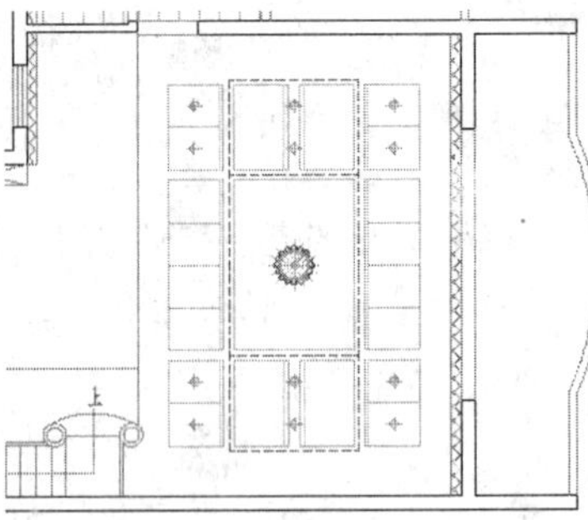

图6-244 镜像结果

8 执行菜单栏中的【修改】|【复制】命令，配合窗交选择功能对灯具图块进行复制。命令行操作如下：

```
命令: _copy
    选择对象:                                           //拉出如图6-245所示的窗交选择框
    选择对象:                                           // Enter
    当前设置: 复制模式 = 多个
    指定基点或 [位移(D)/模式(O)] <位移>:                 //拾取任一点
    指定第二个点或 [阵列(A)] <使用第一个点作为位移>:     //@0,775 Enter
    指定第二个点或 [阵列(A)/退出(E)/放弃(U)] <退出>:     // Enter，复制结果如图6-246所示
```

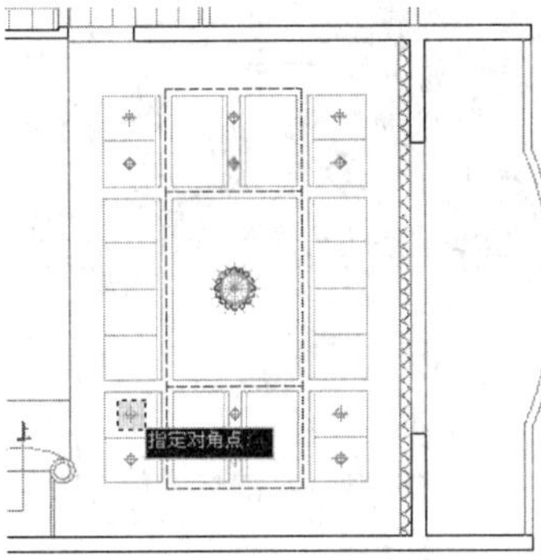

图6-245 窗交选择

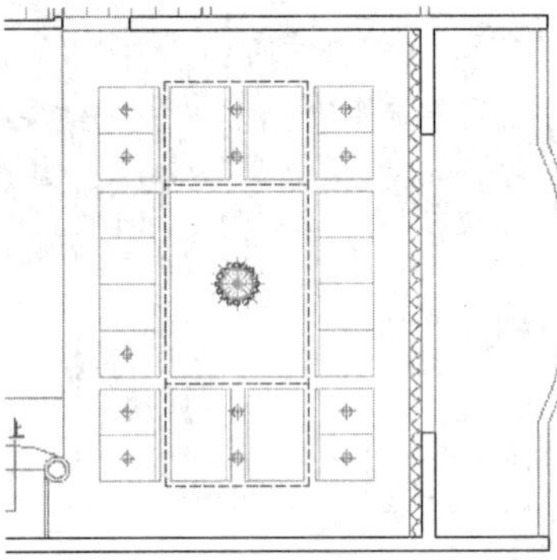

图6-246 镜像结果

9 执行菜单栏中的【修改】|【阵列】|【矩形阵列】命令，配合捕捉追踪功能对复制出的灯具图块进行阵列。命令行操作如下：

```
命令: _arrayrect
    选择对象:                                    //窗交选择如图6-247所示的灯具
    选择对象:                                    // Enter
    类型 = 矩形  关联 = 否
    为项目数指定对角点或 [基点(B)/角度(A)/计数(C)] <计数>: // Enter
    输入行数或 [表达式(E)] <4>:                   // Enter
    输入列数或 [表达式(E)] <4>:                   //2 Enter
    指定对角点以间隔项目或 [间距(S)] <间距>: //激活【两点之间的中点】功能
    _m2p 中点的第一点:                            //捕捉如图6-247所示的中点
    中点的第二点:                                 //捕捉如图6-248所示的追踪虚线的交点
```

按 Enter 键接受或 [关联(AS)/基点(B)/行(R)/列(C)/层(L)/退出(X)] <退出>:
　　　　　　　　　　　　　　　// Enter，阵列结果如图6-249所示

图6-247 捕捉中点

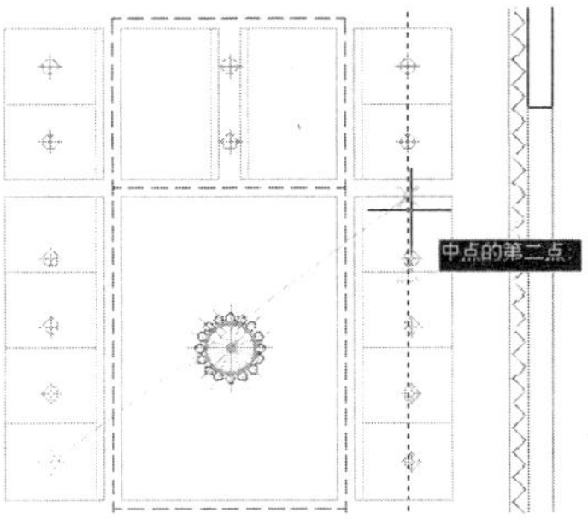

图6-248 捕捉交点

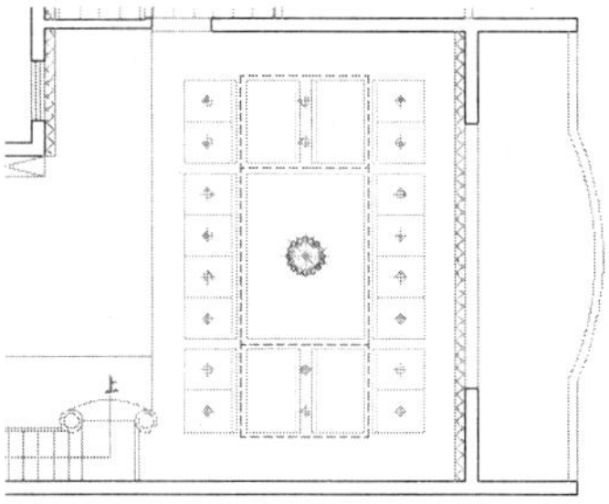

图6-249 阵列结果

至此，跃一层客厅吊顶辅助灯具布置完毕。下一小节将学习厨房、阳台与洗手间筒灯的快速布置方法和技巧。

6.7.5 布置跃一层吊顶筒灯

1 继续上节操作。

2 执行菜单栏中的【格式】|【点样式】命令，在打开的【点样式】对话框中设置当前点的样式和点的大小，如图6-250所示。

3 执行菜单栏中的【绘图】|【直线】命令，配合捕捉与追踪功能绘制如图6-251所示的灯具定位辅助线。

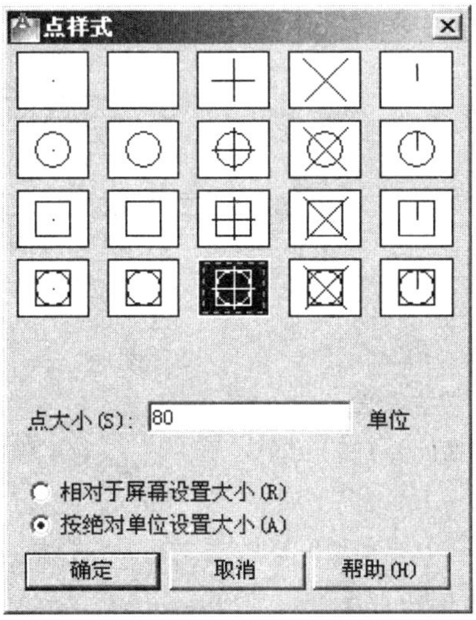

图6-250 【点样式】对话框

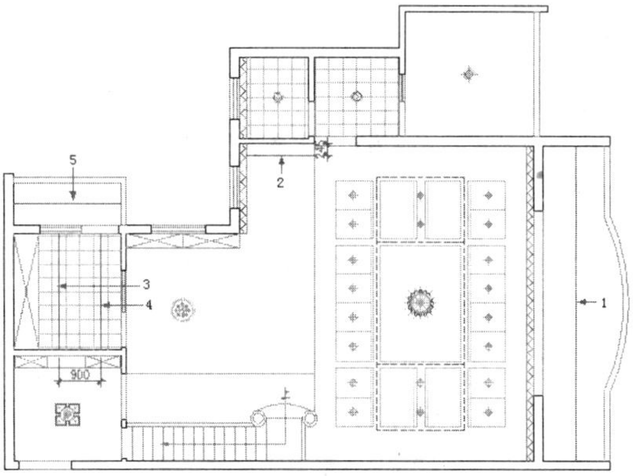

图6-251 绘制辅助线

4 执行菜单栏中的【绘图】|【点】|【定数等分】命令，为灯具定位线进行等分，在等分点处放置点标记，代表筒灯。命令行操作如下：

命令: _divide
　　选择要定数等分的对象:　　　　//选择图6-251所示的辅助线1
　　输入线段数目或 [块(B)]:　　　//6 Enter，等分结果如图6-252所示

5 重复执行【定数等分】命令，将辅助线2等分三份，将辅助线3、4、6等分四份，结果如图6-253所示。

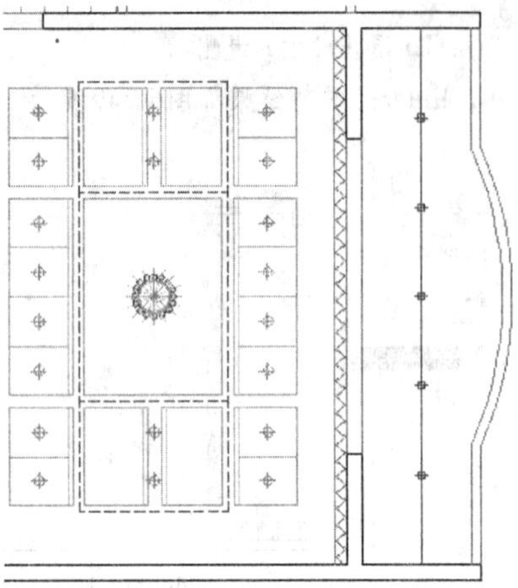

图6-252 等分结果

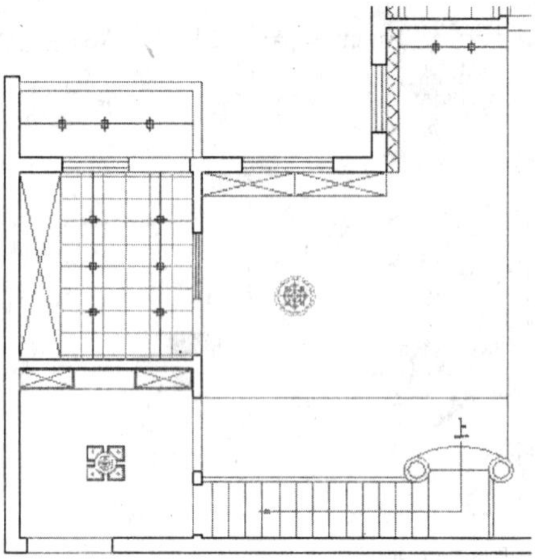

图6-253 等分结果

6 使用快捷键“E”激活【删除】命令，删除灯具定位辅助线，结果如图6-254所示。

7 执行菜单栏中的【修改】|【移动】命令，对厨房吊顶位置的灯具进行位移。命令行操作如下：

```
命令: _move
    选择对象:                                   //拉出如图6-255所示的窗口选择框
```

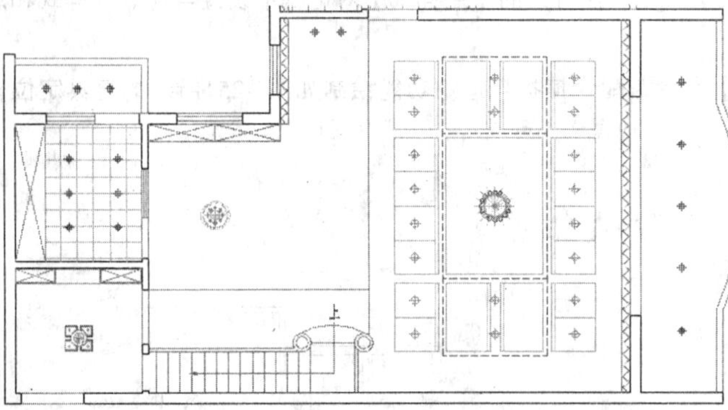

图6-254 删除结果

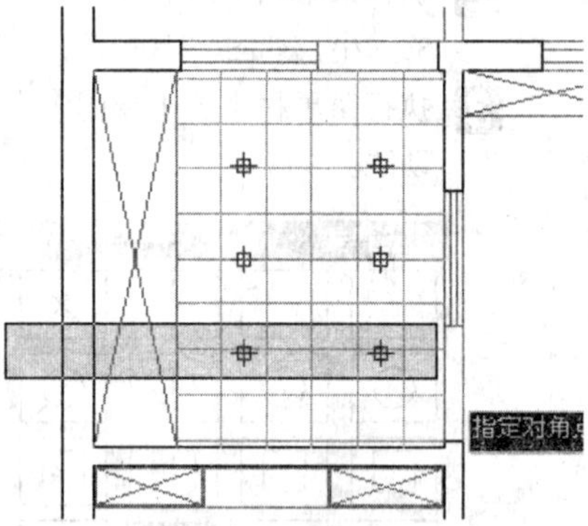

图6-255 窗口选择

```
    选择对象:                                   // Enter
    指定基点或 [位移(D)] <位移>:                 //拾取任一点
    指定第二个点或 <使用第一个点作为位移>:       //@0,-125 Enter
命令:                                           // Enter
    MOVE选择对象:                               //拉出如图6-256所示的窗口选择框
    选择对象:                                   // Enter
    指定基点或 [位移(D)] <位移>:                 //拾取任一点
    指定第二个点或 <使用第一个点作为位移>:       //@0,125 Enter，结果如图6-257所示
```

8 重复执行【移动】命令，对厨房阳台位置两侧的筒灯分别向外移动100个绘图单位，结果如图6-258所示。

9 使用快捷键“I”激活【插入块】命令，以默认参数插入本书配套光盘中的“图块文件 / 筒灯04.dwg”，插入点为图6-259所示的中点，插入结果如图6-260所示。

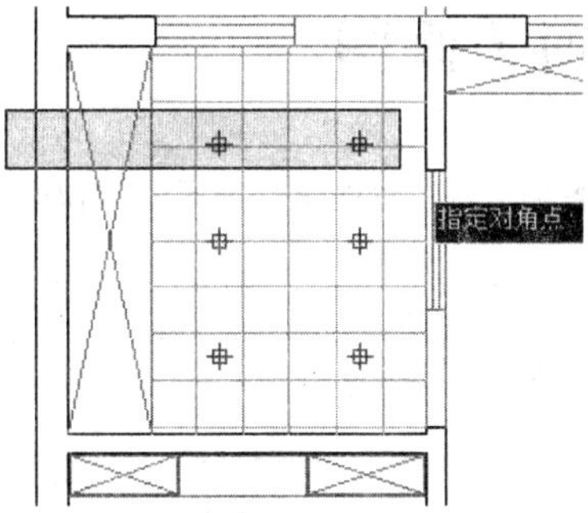

图6-256 窗口选择

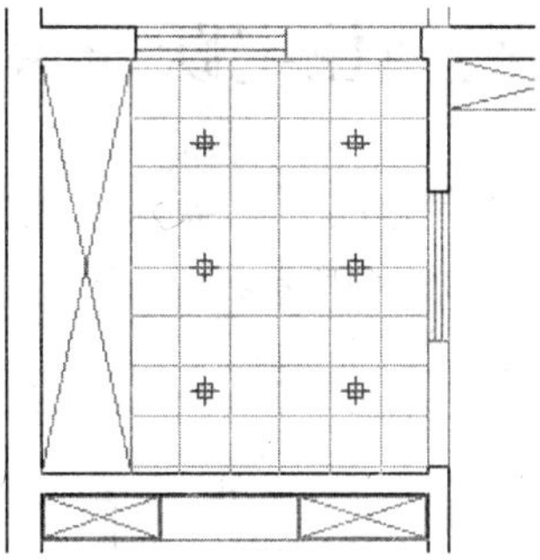

图6-257 移动结果

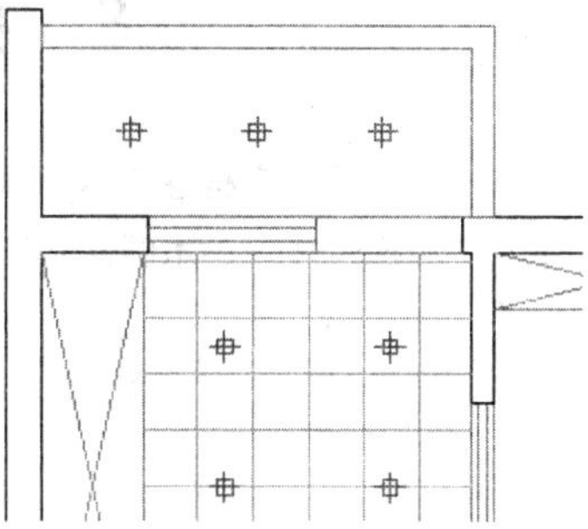

图6-258 移动结果

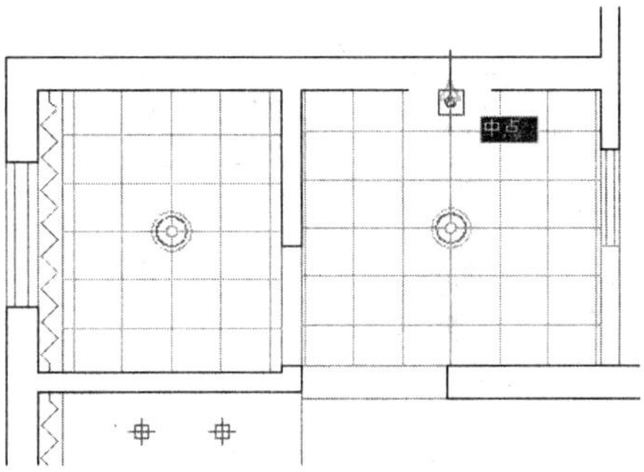

图6-259 捕捉中点

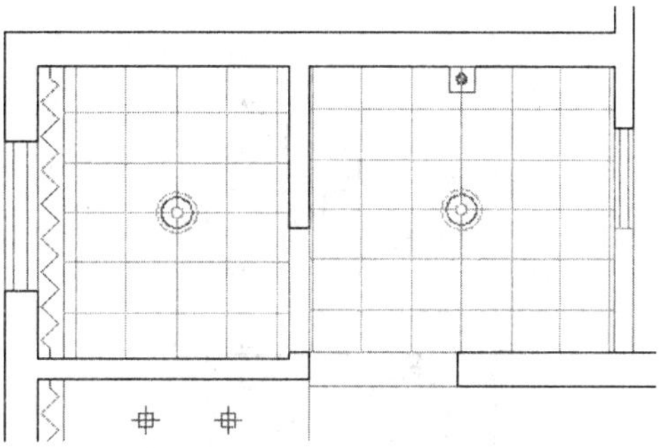

图6-260 插入结果

10 在洗手间吊顶图案上右击，在弹出的快捷菜单中选择【图案填充编辑】命令，将筒灯图块以孤岛的形式排除在填充区域外，结果如图6-261所示。

11 使用快捷键“CO”激活【复制】命令，将插入的灯具图块对称复制450个绘图单位，命令行操作如下：

```
命令: co                                                   // Enter
    COPY选择对象:                                          //选择刚插入的筒灯图块
    选择对象:                                              // Enter
    当前设置: 复制模式 = 多个
    指定基点或 [位移(D)/模式(O)] <位移>:                    //拾取任一点
    指定第二个点或 [阵列(A)] <使用第一个点作为位移>:         //@450,0 Enter
    指定第二个点或 [阵列(A)/退出(E)/放弃(U)] <退出>:         //@-450,0 Enter
    指定第二个点或 [阵列(A)/退出(E)/放弃(U)] <退出>:         // Enter，复制结果如图6-262所示
```

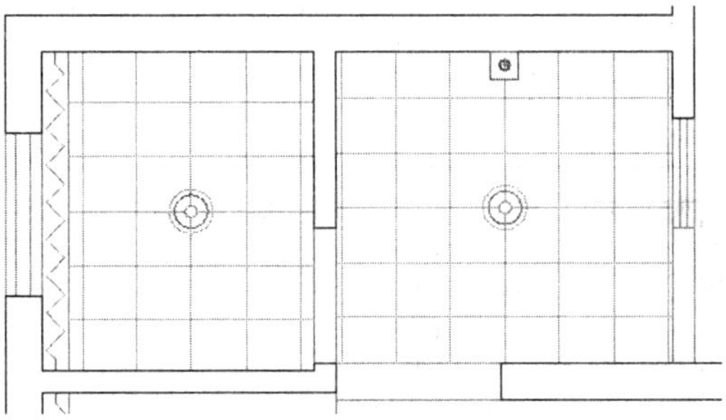

图6-261 编辑结果

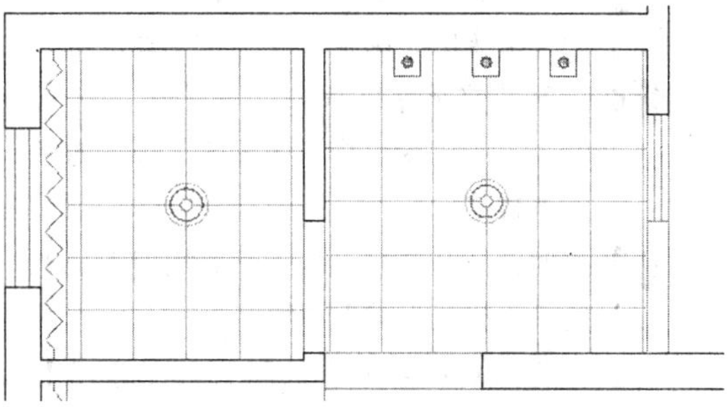

图6-262 复制结果

12 执行【另存为】命令，将图形另存储为“高档住宅跃一层吊顶灯具布置图.dwg”。

6.8 标注高档住宅跃一层吊顶装修图

本例通过为高档住宅跃一层吊顶图标注文字、尺寸等内容，主要了解和掌握吊顶图文字及尺寸的快速标注方法和标注技巧。本例最终标注效果如图6-263所示。

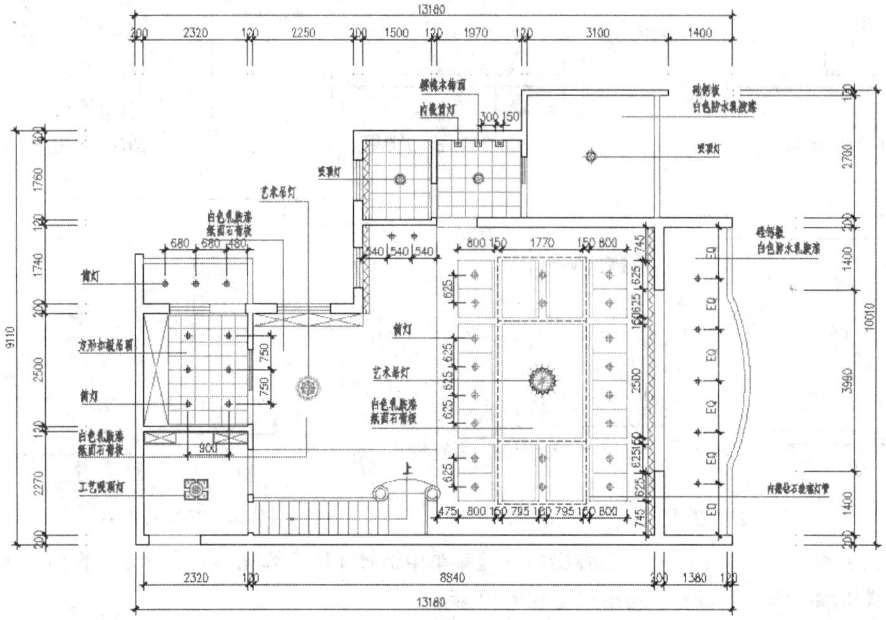

图6-263 实例效果

在标注跃一层吊顶图文字及尺寸时，具体可以参照如下思路。

1）首先调用源文件，并设置当前层与当前样式。

2）使用【多段线】或【直线】命令配合【极轴追踪】功能绘制文字的指示线。

3）使用【单行文字】、【移动】命令标注单个文本注释。

4）使用【复制】、【编辑文字】命令对单个文本进行多重复制并编辑。

5）最后使用【线性】、【连续】、【编辑标注文字】命令快速标注吊顶图内部尺寸及灯具定位尺寸。

6.8.1 绘制跃一层吊顶指示线

1 打开上节存储的“高档住宅跃一层吊顶灯具布置图.dwg”文件。

2 使用快捷键“LA”激活【图层】命令，将“文本层”设置为当前操作层。

3 展开【样式】工具栏中的【文字样式控制】下拉列表，将“仿宋体”设置为当前文本样式。

4 暂时关闭状态栏上的【对象捕捉】功能，打开【极轴追踪】功能。

5 执行菜单栏中的【绘图】|【直线】命令，配合【极轴追踪】功能绘制如图6-264所示的直线作为文字指示线。

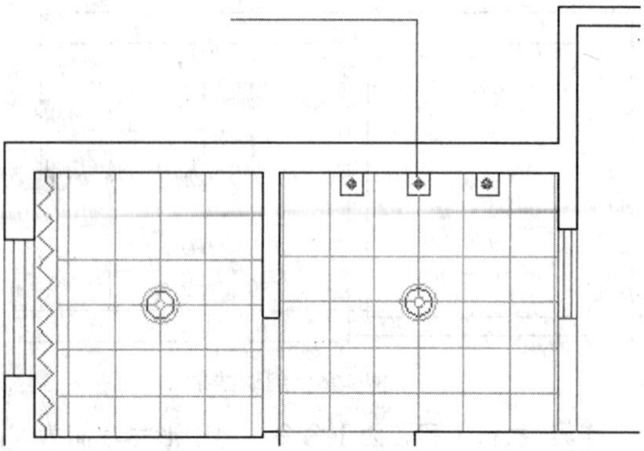

图6-264 绘制结果

6 重复执行【直线】命令，配合【极轴追踪】功能分别绘制其他位置的文字指示线，结果如图6-265所示。

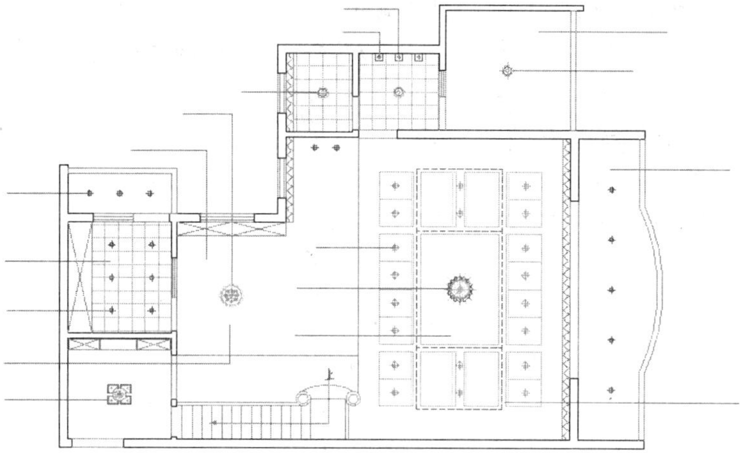

图6-265 绘制其他指示线

提示：在绘制指示线时，也可以配合状态栏上的【正交】功能，也可以使用【多段】命令。

至此，跃一层吊顶文字指示线绘制完毕。下一小节将学习跃一层吊顶图文字注释的具体标注过程和标注技巧。

6.8.2 标注跃一层吊顶图文字

1 继续上节操作。

2 按下F3功能键，打开状态栏上的【对象捕捉】功能。

3 使用快捷键“DT”激活【单行文字】命令，在命令行“指定文字的起点或 [对正(J)/样式(S)]: ”提示下输入“J”并按Enter键，激活【对正】选项功能。

4 在“输入选项 [对齐(A)/布满(F)/居中(C)/中间(M)/右对齐(R)/左上(TL)/中上(TC)/右上(TR)/左中(ML)/正中(MC)/右中(MR)/左下(BL)/中下(BC)/右下(BR)]:”提示下，输入“BL”并按Enter键，设置文字的对正方式。

5 在“指定文字的左下点:”提示下捕捉卫生间指示线的左端点，如图6-266所示。

6 在“指定高度 <10.0>:”提示下输入210并按Enter键。

7 在“指定文字的旋转角度 <0.0>:”提示下直接按Enter键，然后输入文字注释，结果如图6-267所示。

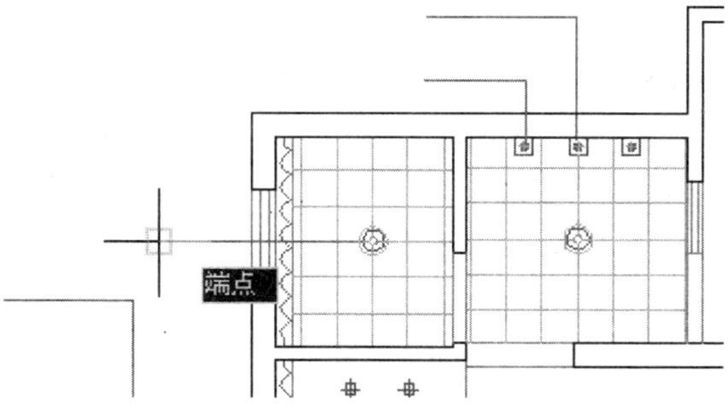

图6-266 捕捉端点

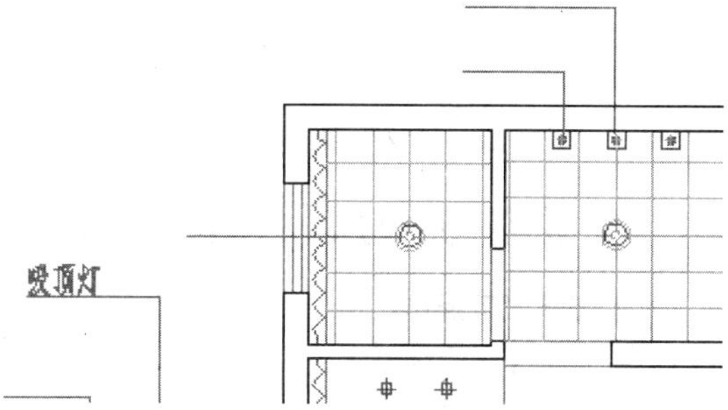

图6-267 标注结果

8 将标注的单行文字注释垂直向上移动60个绘图单位，然后使用【复制】命令将其分别复制到其他指示线处，结果如图6-268所示。

9 执行菜单栏中的【修改】|【文字】|【编辑】命令，在命令行“选择注释对象或[放弃（U）]：”提示下，选择复制出的文字，输入正确的文字内容，如图6-269所示。

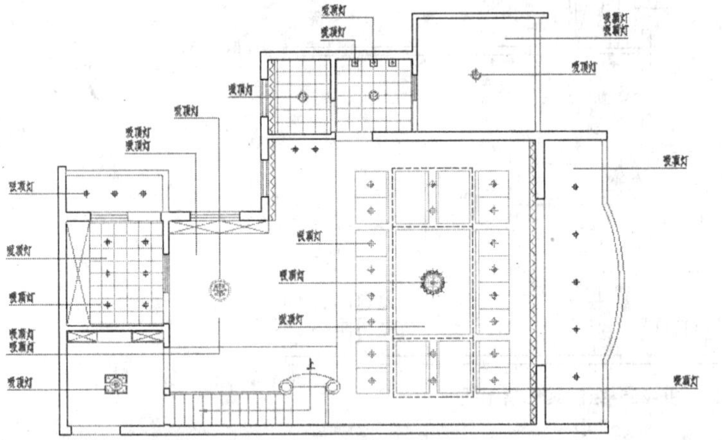

图6-268 复制结果

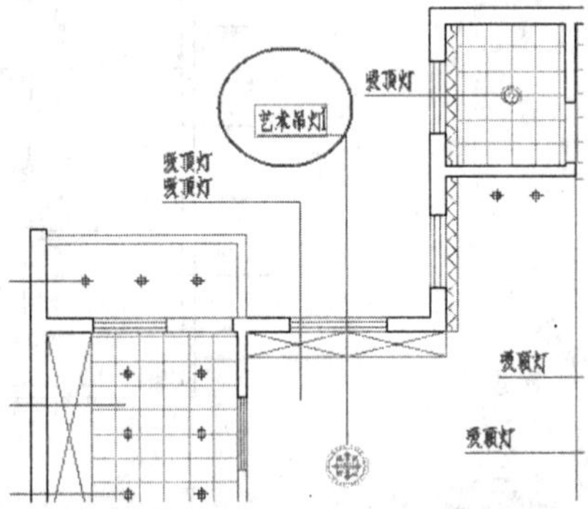

图6-269 输入正确的文字

10 继续在命令行“选择注释对象或[放弃（U）]：”提示下，分别对其他位置的文字进行编辑，结果如图6-270所示。

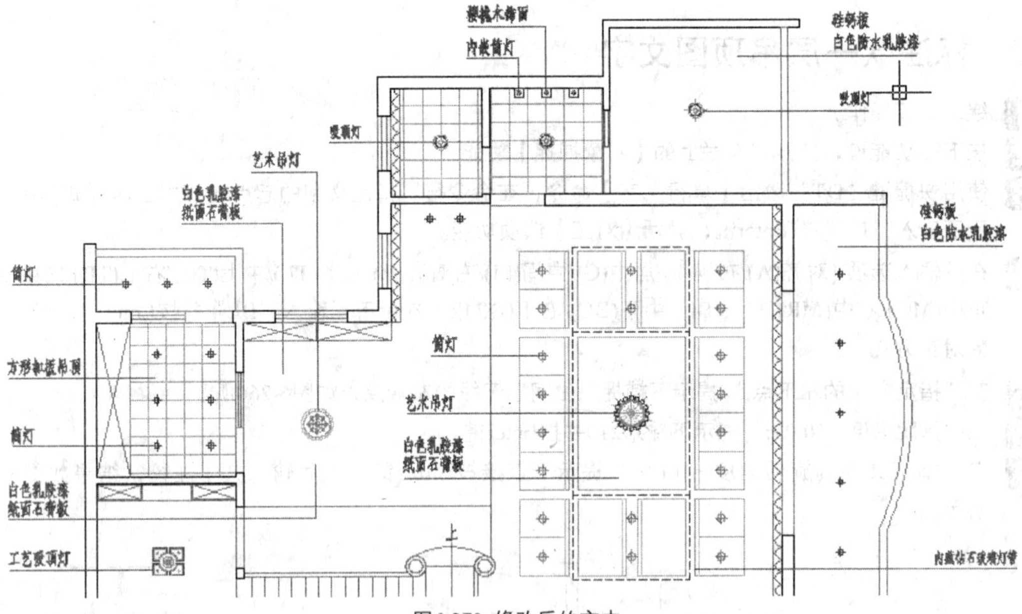

图6-270 修改后的文本

至此，跃一层吊顶文字注释标注完毕。下一小节学习跃一层吊顶图尺寸的快速标注过程和标注技巧。

6.8.3 标注跃一层吊顶图尺寸

1 继续上节操作。

2 展开【图层控制】列表，解冻“尺寸层”，同时将“尺寸层”设置为当前层，此时平面图的显示效果如图6-271所示。

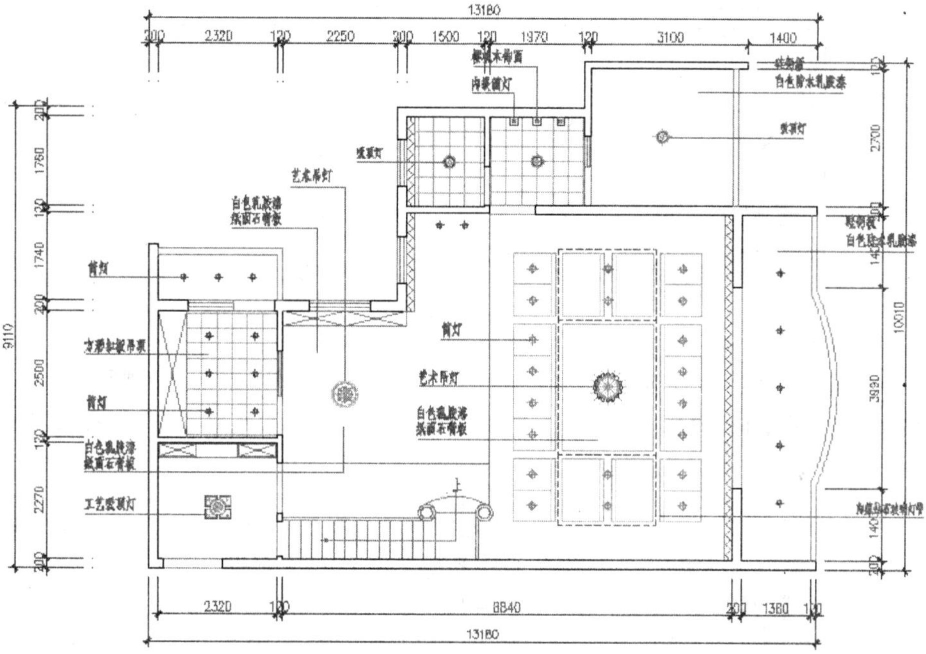

图6-271 解冻尺寸后的显示

3 执行菜单栏中的【修改】|【移动】命令，配合极轴或正交功能，适当调整尺寸的位置，结果如图6-272所示。

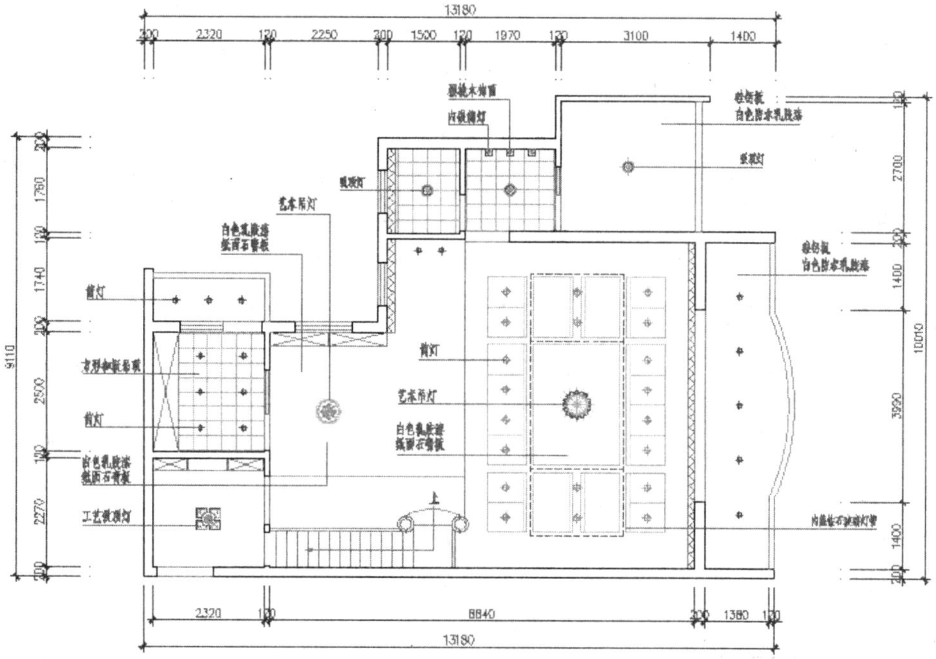

图6-272 移动结果

4 执行菜单栏中的【标注】|【线性】命令，配合节点捕捉和端点捕捉功能，标注如图6-273所示的线性尺寸。

5 执行菜单栏中的【标注】|【连续】命令，分别以刚标注的两个线性尺寸作为基准尺寸，标注如图6-274所示的连续尺寸，作为灯具的定位尺寸。

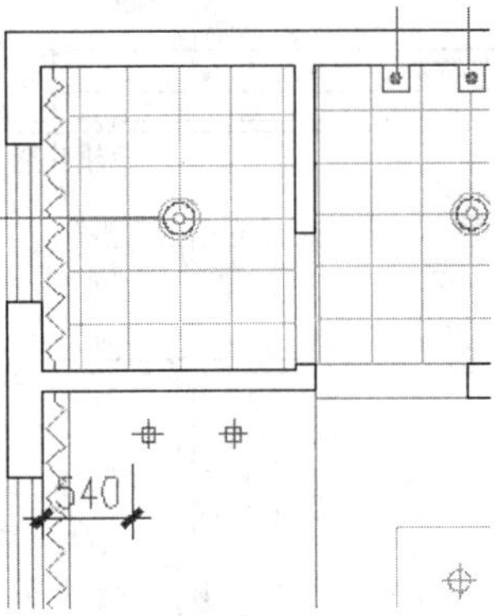

图6-273 标注线性尺寸

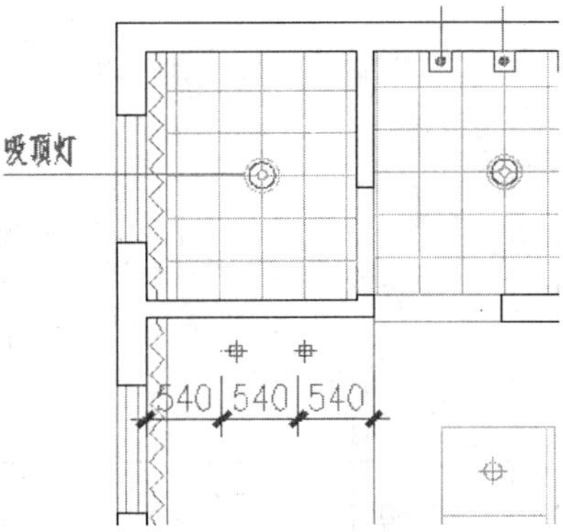

图6-274 标注连续尺寸

6 综合使用【线性】和【连续】命令，分别标注其他位置的灯具定位尺寸，结果如图6-275所示。

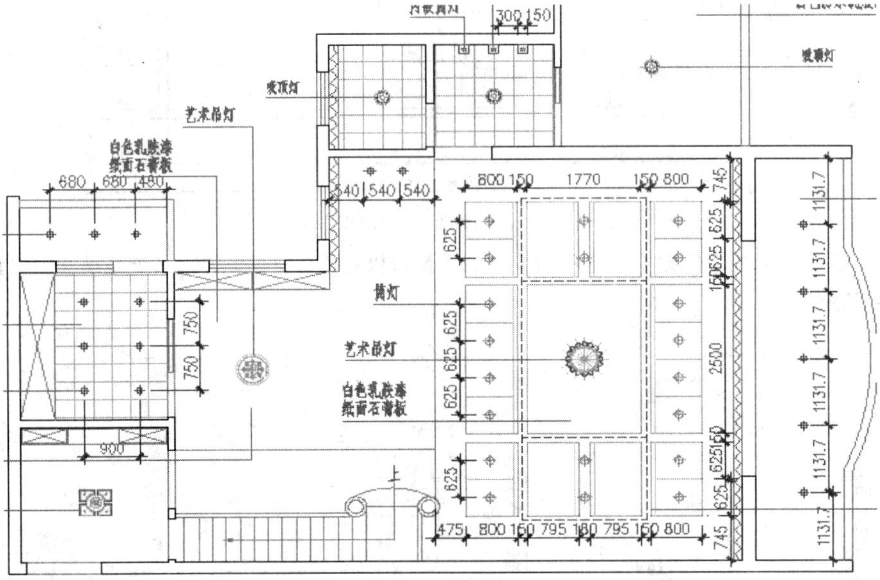

图6-275 标注其他位置的灯具定位尺寸

7 执行【编辑标注文字】命令，对阳台位置的灯具定位尺寸进行编辑，结果如图6-276所示。

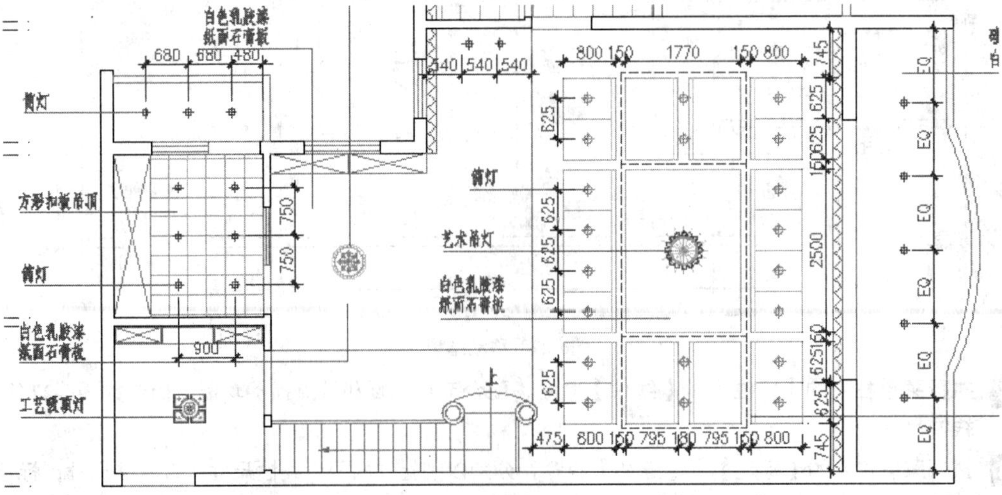

图6-276 编辑标注文字

8 调整视图，使吊顶图完全显示。

9 最后执行【另存为】命令，将当前图形另存储为“标注高档住宅跃一层吊顶图.dwg”。

6.9　本章小结

本章在概述高档跃层住宅装修设计理念的前提下，以绘制某跃一层住宅装修设计方案为例，按照实际设计流程，详细而系统地讲述了高档住宅跃一层装修的设计方法、设计思路、绘图技巧以及具体的绘图过程。具体分为“绘制高档住宅跃一层墙体结构图、绘制高档住宅跃一层家具布置图、绘制高档住宅跃一层地面材质图、标注高档住宅跃一层装修布置图、绘制高档住宅跃一层吊顶轮廓图、绘制高档住宅跃一层吊顶灯具图和标注高档住宅跃一层吊顶装修图”七大经典操作案例。

希望读者通过本章的学习，对高档跃层住宅装修知识能有所了解和认知，通过本章装修案例的系统学习，能掌握相关的设计流程、设计方法和具体的绘图技能。

第7章　高档住宅跃二层设计案例

本章视频教学导航

小节名称	视频路径	视频长度
高档住宅跃二层室内设计思路	视频文件\第7章\7.1.avi	00：01：55
绘制高档住宅跃二层墙体结构图	视频文件\第7章\7.2.avi	00：31：36
绘制高档住宅跃二层家具布置图	视频文件\第7章\7.3.avi	00：12：59
绘制高档住宅跃二层地面材质图	视频文件\第7章\7.4.avi	00：11：39
标注高档住宅跃二层装修布置图	视频文件\第7章\7.5.avi	00：23：22
绘制高档住宅跃二层吊顶轮廓图	视频文件\第7章\7.6.avi	00：21：08
绘制高档住宅跃二层吊顶灯具图	视频文件\第7章\7.7.avi	00：12：43
标注高档住宅跃二层吊顶装修图	视频文件\第7章\7.8.avi	00：13：40

7.1　高档住宅跃二层室内设计思路

本章绘制的装修设计方案是高档住宅的跃二层设计方案，其空间功能主要划分为主卧室、次卧室、起居室、书房、卫生间、洗手间、阳台等。在设计跃层住宅二层方案时，具体可以参照如下思路。

1）首先调用设计样板绘制跃二层户型轴线图，直观具体地表达出各房间的开间和进深以及门窗洞口的具体位置。

2）在跃二层户型轴线图的基础上，绘制跃二层墙体结构图，包括主次墙线、平面门窗、楼梯等建筑构件。

3）在跃二层墙体结构图的基础上，合理、科学地规划空间，并绘制家具及相关陈设的平面布置图。

4）在跃二层家具布置图的基础上，绘制各房间的地面材质图，以体现出地面的装修概况。

5）在住宅跃二层布置图中标注尺寸、房间功能、地面材质注解以及墙面投影符号等内容。

6）根据住宅跃二层装修布置图，绘制跃二层吊顶图，在绘制吊顶结构时，要注意与地面布置图相呼应。

7）在跃二层吊顶图的基础上绘制跃二层灯具图，合理布置吊顶灯带、主灯具和辅助灯具。

8）在跃二层灯具图的基础上标注相关的灯具定位尺寸、吊顶定位尺寸以及相关的文字注解等内容。

7.2　绘制高档住宅跃二层墙体结构图

本节主要讲述高档住宅跃二层墙体结构图的具体绘制过程和绘制技巧。高档住宅跃二层墙体结构图的最终绘制效果如图7-1所示。

在绘制高档住宅跃二层墙体结构平面图时，可以参照如下绘图思路。

1）使用【矩形】、【偏移】、【分解】和夹点编辑等命令绘制墙体轴线。

2）使用【打断】、【修剪】、【偏移】、【删除】等命令创建门洞和窗洞。

3）使用【多线】、【多线样式】、【多线编辑工具】等命令绘制主墙线和次墙线。

4）使用【多线】、【多段线】、【偏移】等命令绘制平面窗、阳台等构件。

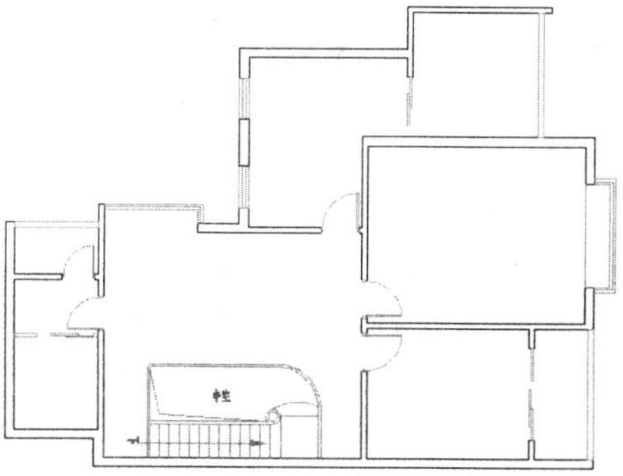

图7-1　实例效果

5）最后使用【矩形】、【复制】、【镜像】、【插入块】等命令绘制单开门、推拉门、隔断以及楼梯等建筑构件。

7.2.1 绘制跃二层定位轴线

1 执行【新建】命令，以本书配套光盘中的“样板文件\室内设计样板.dwt”作为基础样板，新建空白文件。

2 展开【图层】工具栏中的【图层控制】下拉列表，将“轴线层”设置为当前操作层，如图7-2所示。

3 执行菜单栏中的【格式】|【线型】命令，在打开的【线型管理器】对话框中设置线型比例如图7-3所示。

4 单击【绘图】工具栏中的□按钮，激活【矩形】命令，绘制如图7-4所示的矩形作为基准轴线。

图7-2　设置当前层

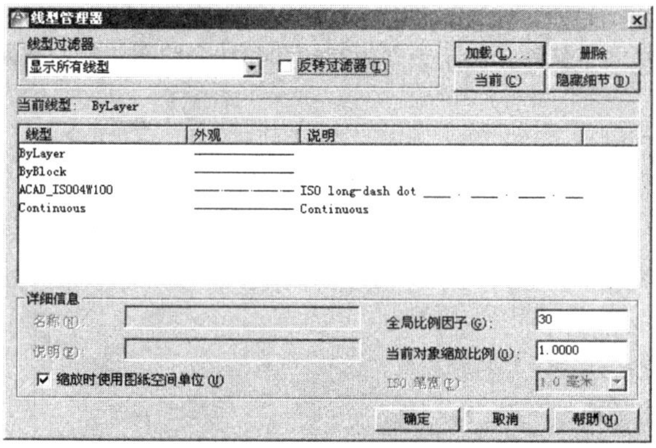

图7-3　【线型管理器】对话框

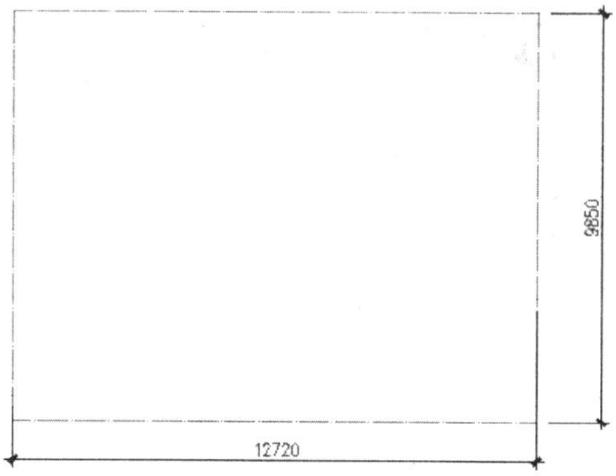

图7-4　绘制结果

5 单击【修改】工具栏中的按钮，将矩形分解为四条独立的线段。

6 单击【修改】工具栏中的按钮，激活【偏移】命令，将下侧的水平轴线向上偏移。命令行操作如下：

```
命令: _offset
    当前设置: 删除源=否  图层=源  OFFSETGAPTYPE=0
    指定偏移距离或 [通过(T)/删除(E)/图层(L)] <通过>:        //600 Enter
    选择要偏移的对象, 或 [退出(E)/放弃(U)] <退出>:         //选择矩形下侧水平边
```

```
    指定要偏移的那一侧上的点，或 [退出(E)/多个(M)/放弃(U)] <退出>:
                                                    //在所选轴线的上侧拾取点
    选择要偏移的对象，或 [退出(E)/放弃(U)] <退出>:     // Enter，结束命令
命令:
    OFFSET当前设置: 删除源=否  图层=源  OFFSETGAPTYPE=0
    指定偏移距离或 [通过(T)/删除(E)/图层(L)] <600.0>:   //3430 Enter
    选择要偏移的对象，或 [退出(E)/放弃(U)] <退出>:     //选择刚偏移出的轴线
    指定要偏移的那一侧上的点，或 [退出(E)/多个(M)/放弃(U)] <退出>:
                                                    //在所选轴线的上侧拾取点
    选择要偏移的对象，或 [退出(E)/放弃(U)] <退出>:     // Enter，结束命令
命令:
    OFFSET当前设置: 删除源=否  图层=源  OFFSETGAPTYPE=0
    指定偏移距离或 [通过(T)/删除(E)/图层(L)] <3430.0>:  //960 Enter
    选择要偏移的对象，或 [退出(E)/放弃(U)] <退出>:     //选择刚偏移出的轴线
    指定要偏移的那一侧上的点，或 [退出(E)/多个(M)/放弃(U)] <退出>:
                                                    //在所选轴线的右侧拾取点
    选择要偏移的对象，或 [退出(E)/放弃(U)] <退出>:     // Enter
命令:
    OFFSET当前设置: 删除源=否  图层=源  OFFSETGAPTYPE=0
    指定偏移距离或 [通过(T)/删除(E)/图层(L)] <960.0>:   //3920 Enter
    选择要偏移的对象，或 [退出(E)/放弃(U)] <退出>:     //选择刚偏移出的轴线
    指定要偏移的那一侧上的点，或 [退出(E)/多个(M)/放弃(U)] <退出>:
                                                    //在所选轴线的右侧拾取点
    选择要偏移的对象，或 [退出(E)/放弃(U)] <退出>:     // Enter，偏移结果如图7-5所示
```

7 重复执行【偏移】命令，将最上侧的水平轴线向下偏移，间距分别为2860和4010个绘图单位，结果如图7-6所示。

图7-5 偏移结果

图7-6 偏移上侧水平边

8 重复执行【偏移】命令，将左侧的垂直轴线向右偏移，间距分别为2020、3060、2680、950和2750个绘图单位，偏移结果如图7-7所示。

9 在无命令执行的前提下，选择最上侧的水平轴线，使其呈现夹点显示状态，如图7-8所示。

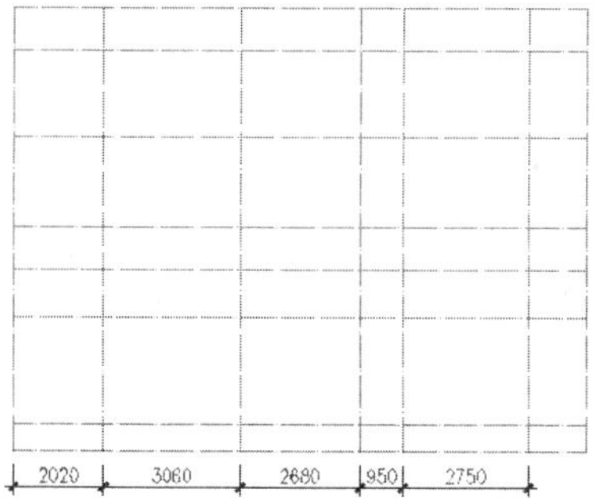

图7-7 偏移垂直轴线

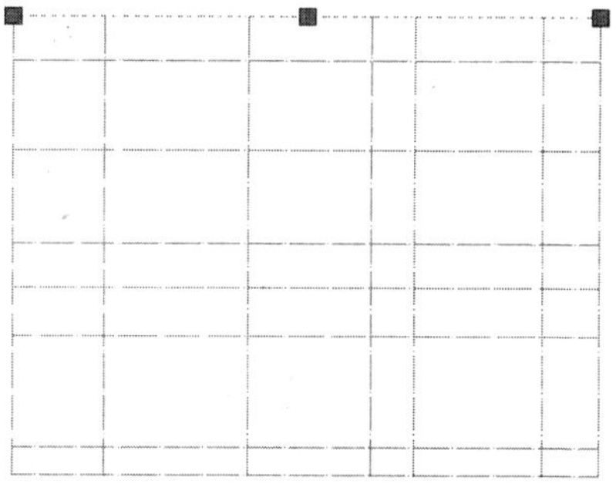
图7-8 夹点显示轴线

10 在最左侧的夹点上单击，使其变为夹基点（也称热点），此时该点变为红色。

11 在“** 拉伸 ** 指定拉伸点或 [基点(B)/复制(C)/放弃(U)/退出(X)]:”提示下捕捉如图7-9所示的端点，对其进行夹点拉伸，结果如图7-10所示。

12 根据命令行的提示，选择最右侧的夹点作为夹基点，将水平轴线水平向左拉伸850个绘图单位，如图7-11所示。

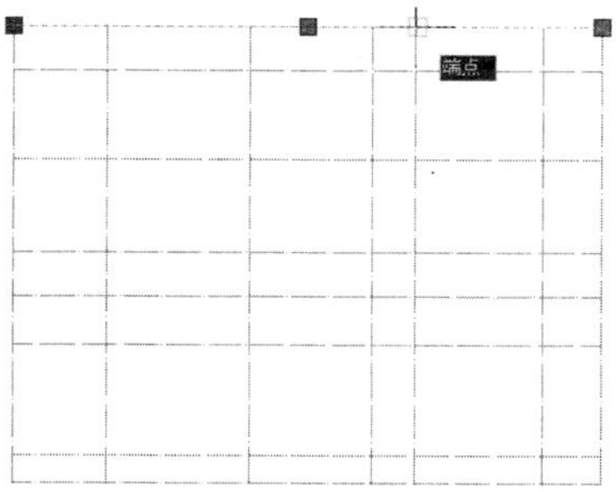

图7-9 捕捉端点

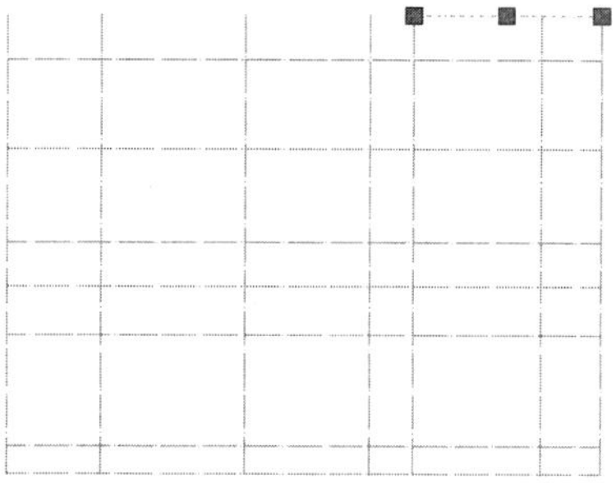
图7-10 拉伸结果

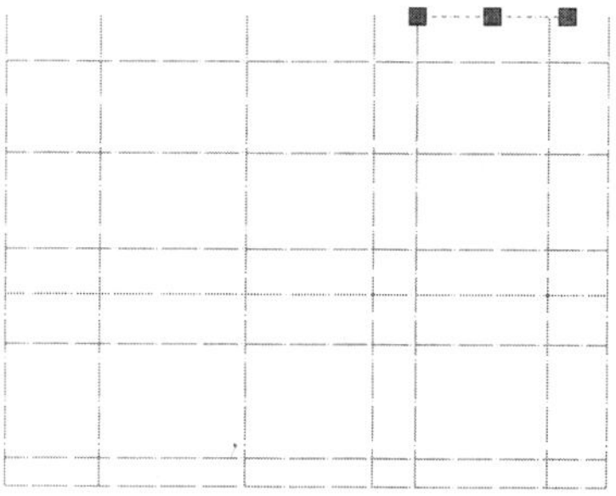
图7-11 拉伸结果

13 按Esc键取消对象的夹点显示状态，结果如图7-12所示。

14 参照步骤9～步骤13的操作方法，配合端点捕捉和交点捕捉功能，分别对其他轴线进行夹点拉伸，结果如图7-13所示。

15 使用快捷键“O”激活【偏移】命令，将最下侧的水平轴线向上偏移510和2510个绘图单位，作为边界，结果如图7-14所示。

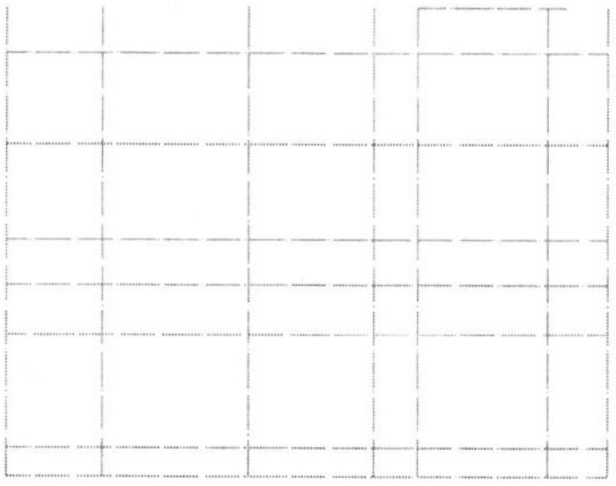
图7-12 取消夹点后的效果

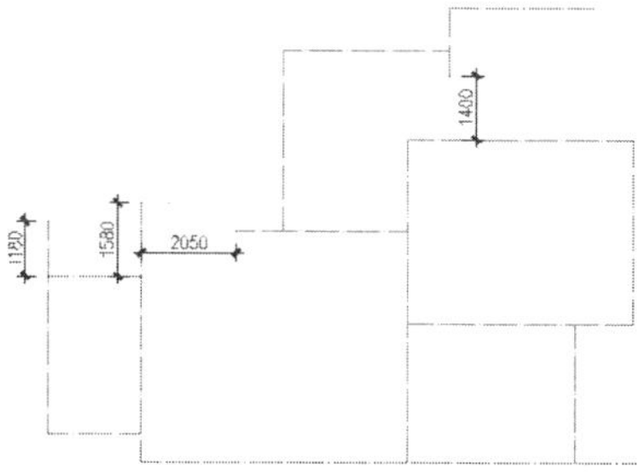

图7-13 编辑其他轴线

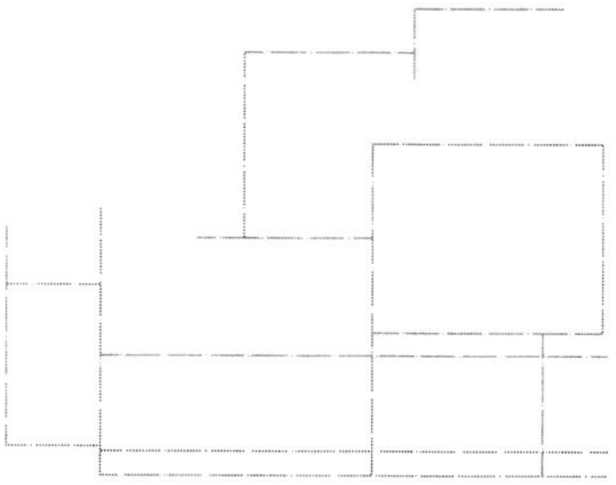
图7-14 偏移结果

16 单击【修改】工具栏中的 按钮，激活【修剪】命令，以偏移出的两条轴线作为修剪边界，对右侧的垂直轴线进行修剪，以创建门洞，修剪结果如图7-15所示。

17 使用快捷键“E”激活【删除】命令，删除两条偏移出的辅助轴线，结果如图7-16所示。

18 单击【修改】工具栏中的 按钮，激活【打断】命令，在垂直轴线L上创建宽度为850的门洞。命令行操作如下：

```
命令: _break
    选择对象:                                //选择如图7-16所示的轴线L
    指定第二个打断点 或 [第一点(F)]:         //F Enter，重新指定第一断点
    指定第一个打断点:                        //激活【捕捉自】功能
    _from 基点:                              //捕捉轴线L的下端点
    <偏移>:                                  //@0,1970 Enter
    指定第二个打断点:                        //@0,850Enter，结果如图7-17所示
```

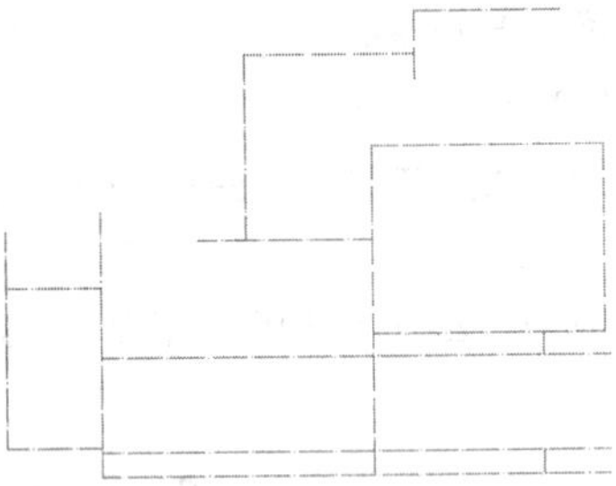

图7-15 修剪结果

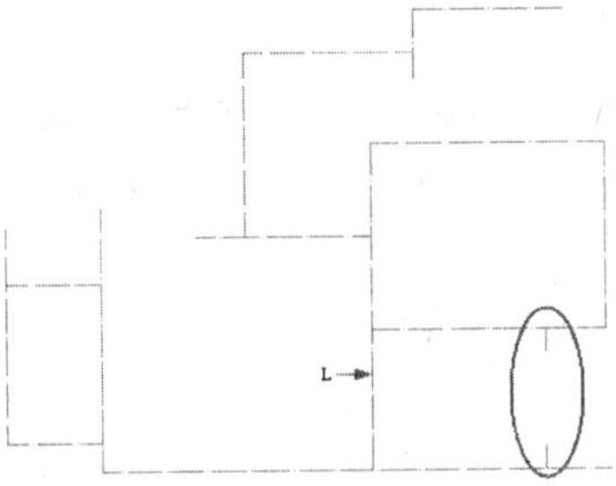

图7-16 删除结果

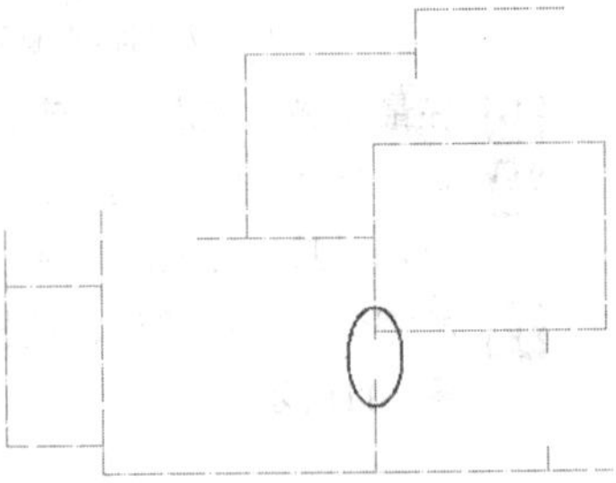

图7-17 打断结果

19 参照步骤15~步骤18的操作方法，分别对其他位置的轴线进行打断和修剪操作，以创建各位置的门、窗洞口，结果如图7-18所示。

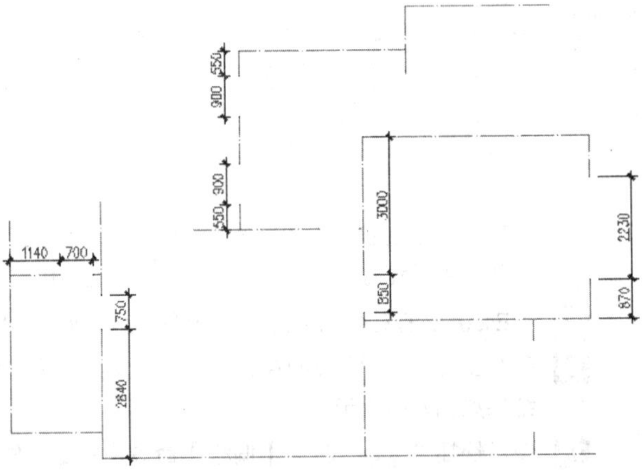

图7-18 创建其他洞口

至此，高档住宅跃二层墙体定位轴线绘制完毕。下一小节学习跃二层主次墙线的具体绘制过程和绘制技巧。

7.2.2 绘制跃二层主次墙线

1 继续上节操作。

2 展开【图层控制】下拉列表，将“墙线层”设为当前操作层。

3 执行菜单栏中的【绘图】|【多线】命令，配合端点捕捉功能绘制主墙线。命令行操作如下：

```
命令: _mline
    当前设置: 对正 = 上，比例 = 20.00，样式 = 墙线样式
    指定起点或 [对正(J)/比例(S)/样式(ST)]:            //s Enter
    输入多线比例 <20.00>:                              //200 Enter
    当前设置: 对正 = 上，比例 = 200.00，样式 = 墙线样式样式
    指定起点或 [对正(J)/比例(S)/样式(ST)]:            //j Enter
    输入对正类型 [上(T)/无(Z)/下(B)] <上>:             //z Enter
    当前设置: 对正 = 无，比例 = 200.00，样式 = 墙线样式样式
    指定起点或 [对正(J)/比例(S)/样式(ST)]:            //捕捉如图7-19所示的端点1
    指定下一点:                                        //捕捉如图7-19所示的端点2
    指定下一点或 [闭合(C)/放弃(U)]:                    //捕捉如图7-19所示的端点3
    指定下一点或 [放弃(U)]:                            // Enter，绘制结果如图7-20所示
```

4 重复执行【多线】命令，设置多线比例和保持对正方式不变，配合端点捕捉和交点捕捉功能绘制其他主墙线，结果如图7-21所示。

5 使用快捷键“M”激活【移动】命令，将图7-21所示的水平墙线1垂直向上移动100，将垂直轴线2水平向左移动100，结果如图7-22所示。

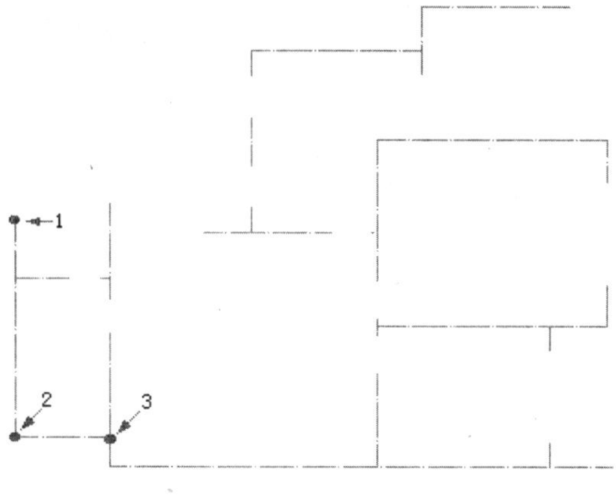

图7-19 定位端点

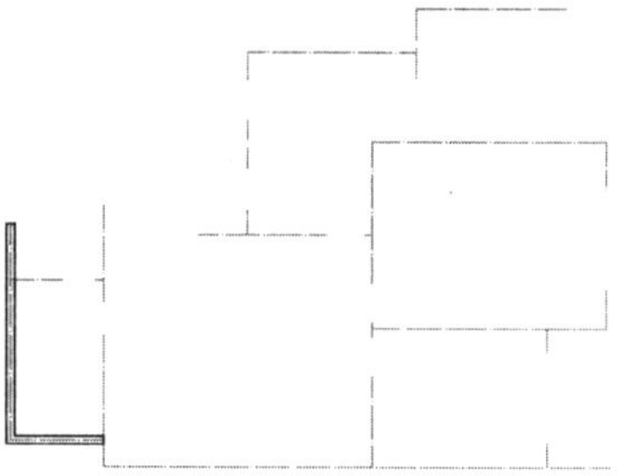

图7-20 绘制结果

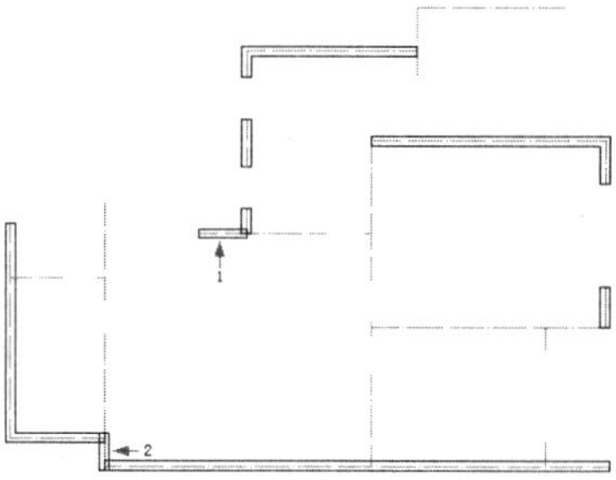

图7-21 绘制其他主墙线

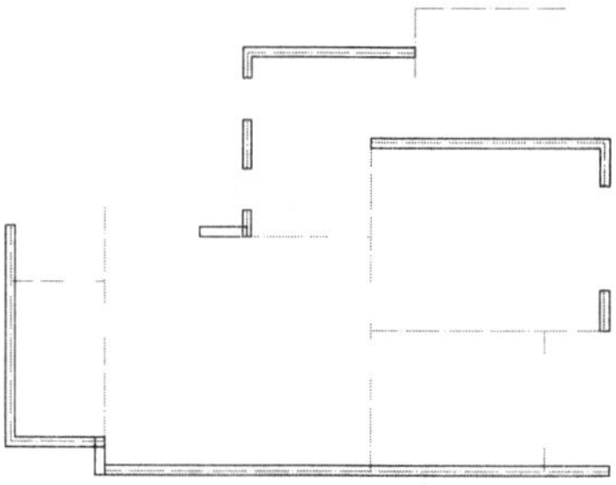

图7-22 绘制其他非承重墙

6 使用快捷键“ML”激活【多线】命令，设置多线对正方式不变，绘制宽度为120的非承重墙线，结果如图7-23所示。

7 重复执行【多线】命令，设置多线比例不变，设置对正方式为下对正，绘制宽度为120的非承重墙线，结果如图7-24所示。

8 展开【图层】工具栏中的【图层控制】下拉列表，关闭“轴线层”，结果如图7-25所示。

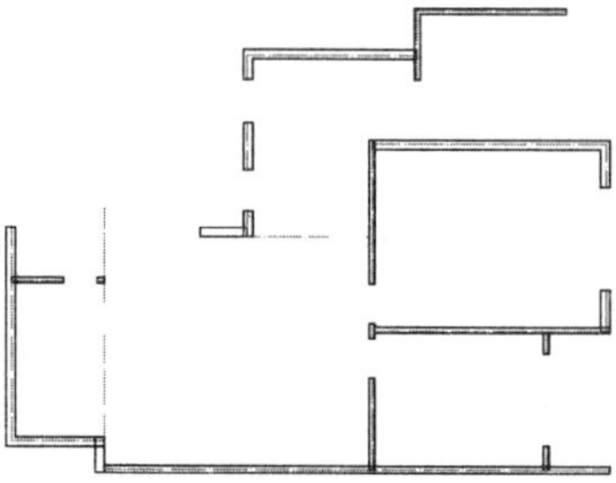

图7-23 绘制次墙线

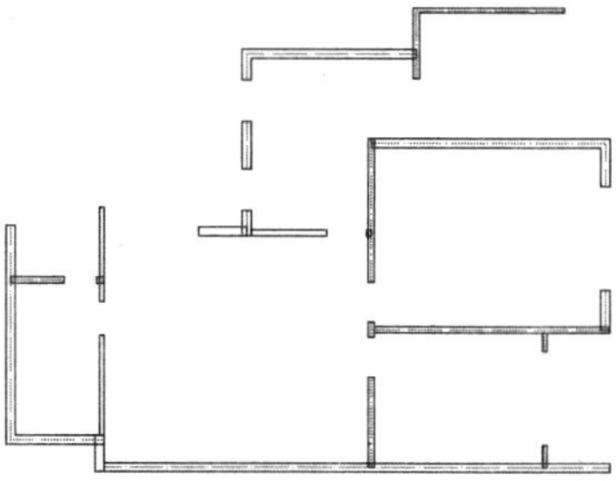

图7-24 绘制其他次墙线

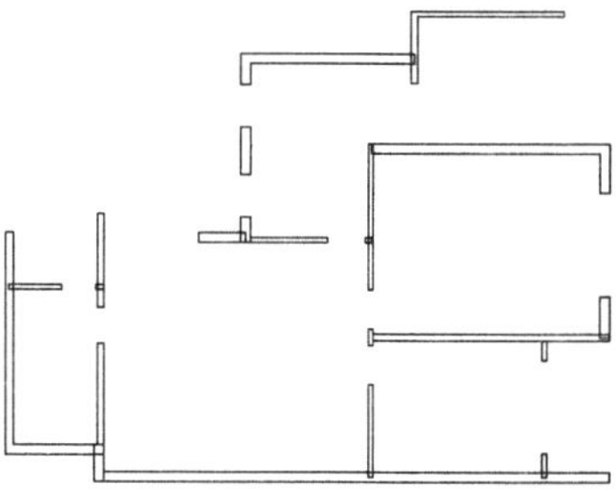

图7-25 关闭轴线后的结果

9 执行菜单栏中的【修改】|【对象】|【多线】命令，在打开的【多线编辑工具】对话框内单击按钮，激活【T形合并】功能，如图7-26所示。

10 返回绘图区，在命令行“选择第一条多线：”提示下，选择如图7-27所示的墙线。

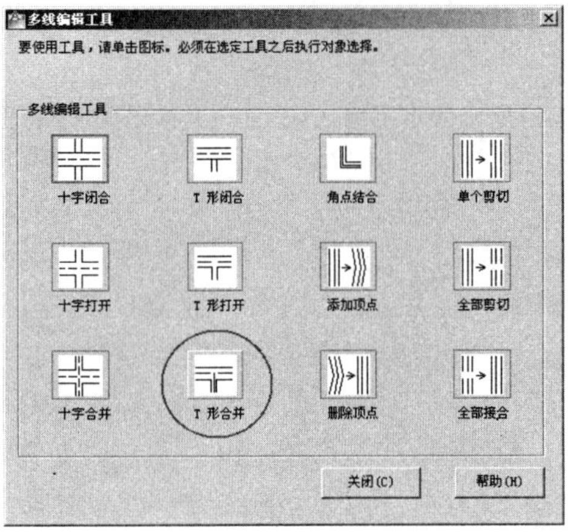

图7-26 【多线编辑工具】对话框

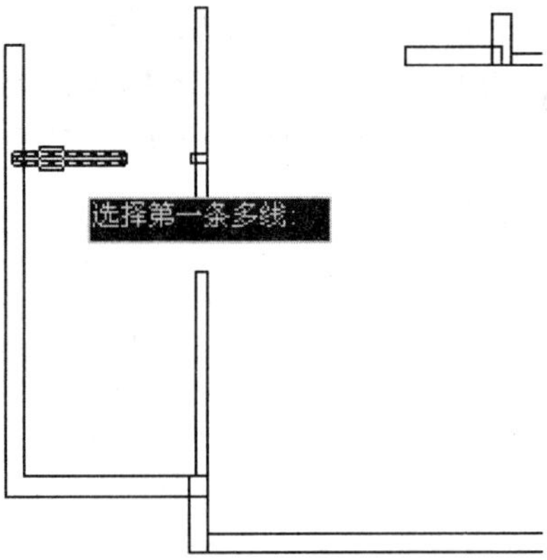

图7-27 选择第一条多线

11 在“选择第二条多线：”提示下，选择如图7-28所示的墙线，结果这两条T形相交的多线被合并，如图7-29所示。

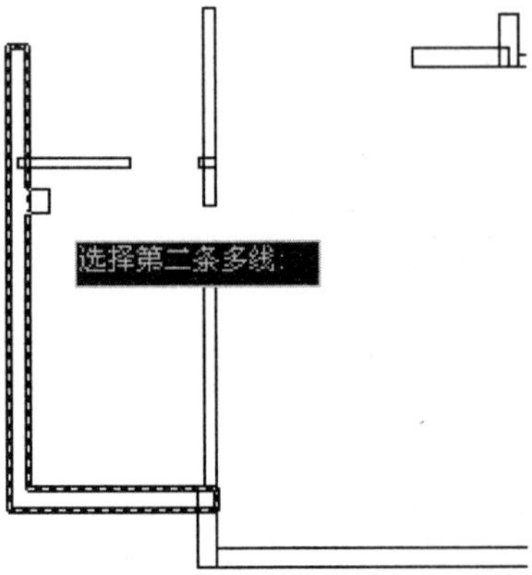

图7-28 选择第二条多线

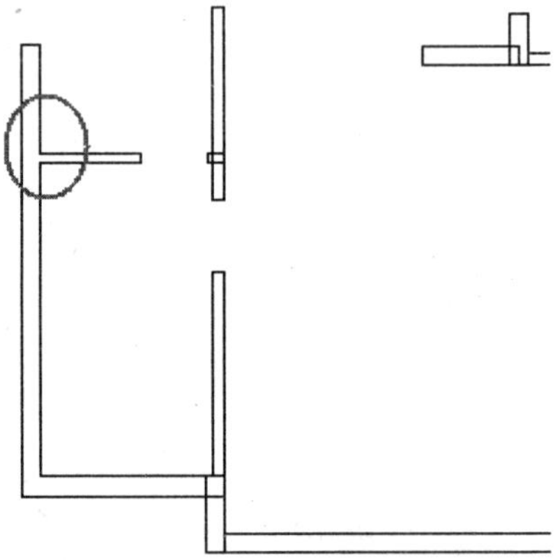

图7-29 合并结果

12 继续在“选择第一条多线或[放弃（U）]：”提示下，分别选择其他位置的T形墙线进行合并，合并结果如图7-30所示。

13 执行菜单栏中的【修改】|【对象】|【多线】命令，在打开的【多线编辑工具】对话框内单击【角点结合】功能，如图7-31所示。

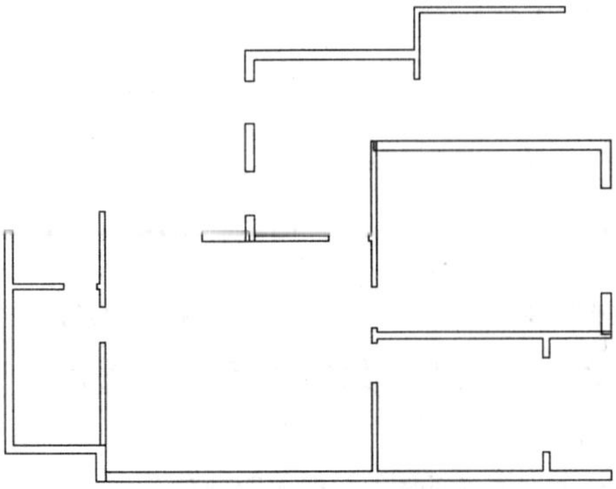

图7-30 T形合并其他墙线

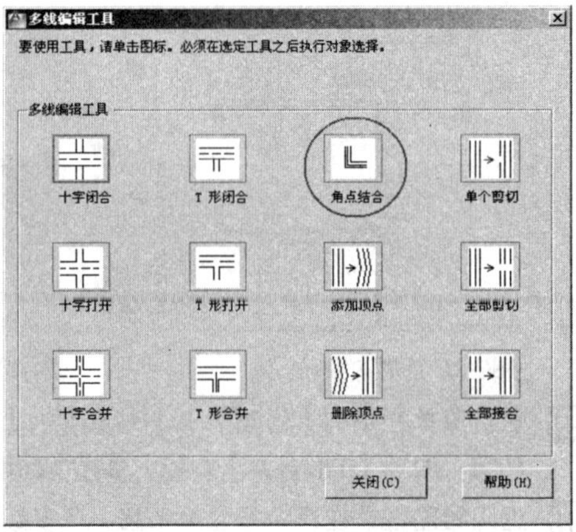

图7-31 【多线编辑工具】对话框

14 返回绘图区，在命令行“选择第一条多线：”提示下，选择如图7-32所示的墙线。

15 在“选择第二条多线：”提示下，选择如图7-33所示的墙线，结果这两条T形相交的多线被合并，如图7-34所示。

提示：在多线编辑时，要注意多线的选择次序。

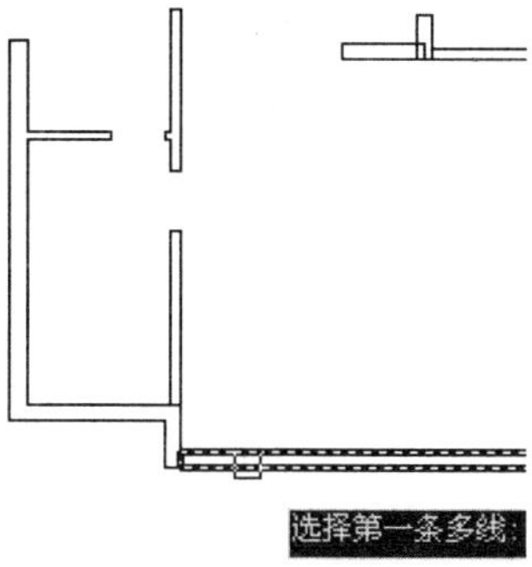

图7-32 选择第一条多线

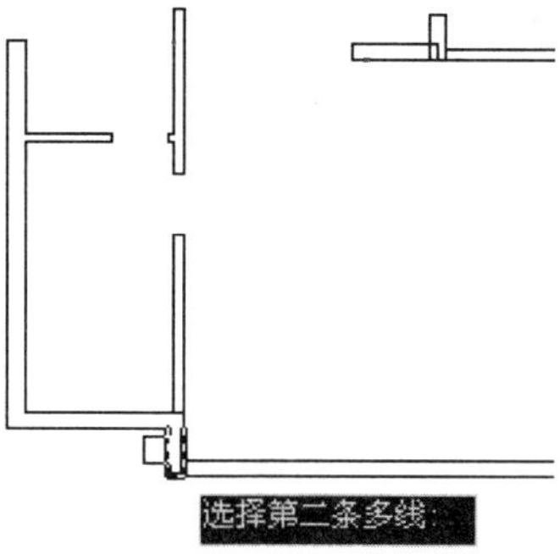

图7-33 选择第二条多线

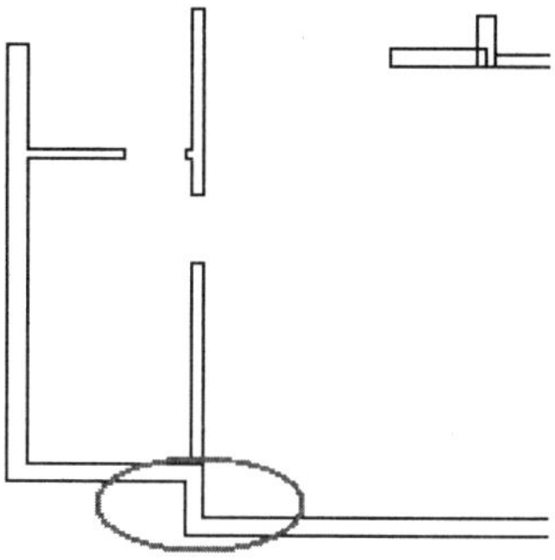
图7-34 合并结果

16 继续在“选择第一条多线或 [放弃（U）]：”提示下，分别选择其他拐角墙线进行结合，结果如图7-35所示。

至此，高档住宅跃二层主次墙线绘制完毕。下一小节将绘制跃二层平面窗和阳台等建筑构件。

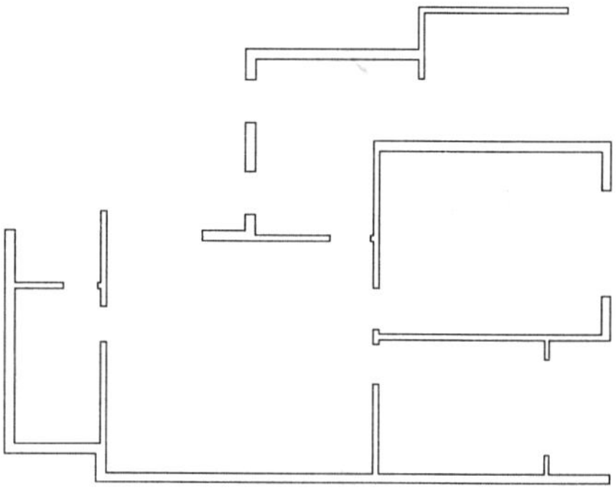
图7-35 角点结合其他墙线

7.2.3 绘制跃二层平面窗与阳台

1 继续上节操作。

2 展开【图层】工具栏中的【图层控制】下拉列表，将“门窗层”设置为当前操作层。

3 执行菜单栏中的【格式】|【多线样式】命令，在打开的【多线样式】对话框中设置“窗线样式”为当前样式，如图7-36所示。

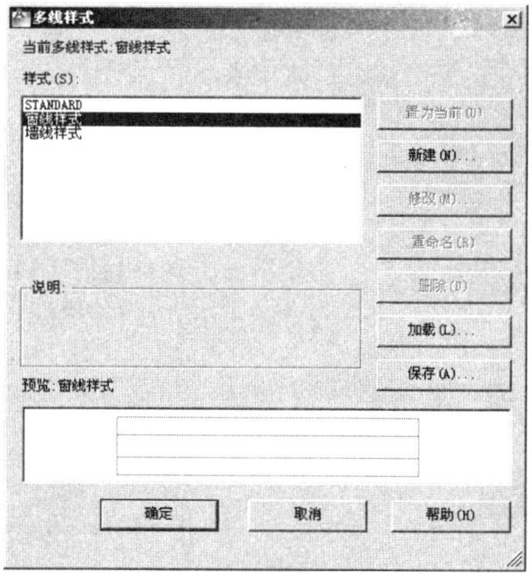

图7-36 设置当前多线样式

4 执行菜单栏中的【绘图】|【多线】命令，配合中点捕捉功能绘制窗线。命令行操作如下：

命令: _mline

当前设置: 对正 = 上，比例 = 120.00，样式 = 窗线样式

指定起点或 [对正(J)/比例(S)/样式(ST)]:　　　　//s Enter

```
输入多线比例 <100.00>:                          //200 Enter
当前设置: 对正 = 上, 比例 = 200.00, 样式 = 窗线样式
指定起点或 [对正(J)/比例(S)/样式(ST)]:          //j Enter
输入对正类型 [上(T)/无(Z)/下(B)] <上>:          //z Enter
当前设置: 对正 = 无, 比例 = 200.00, 样式 = 窗线样式
指定起点或 [对正(J)/比例(S)/样式(ST)]:          //捕捉如图7-37所示的中点
指定下一点:                                     //捕捉如图7-38所示的中点
指定下一点或 [放弃(U)]:                         // Enter, 绘制结果如图7-39所示
```

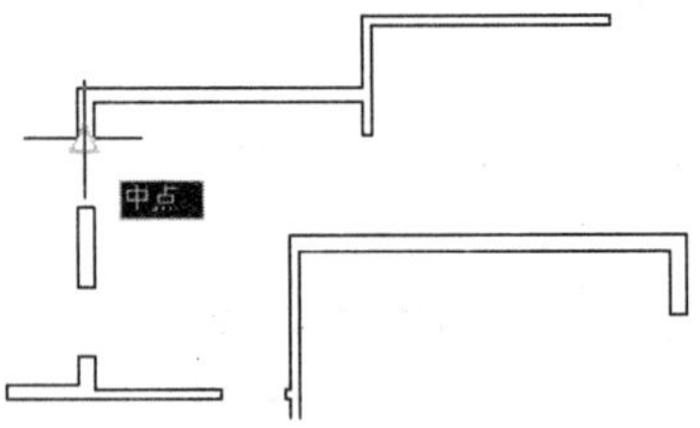

图7-37 捕捉中点

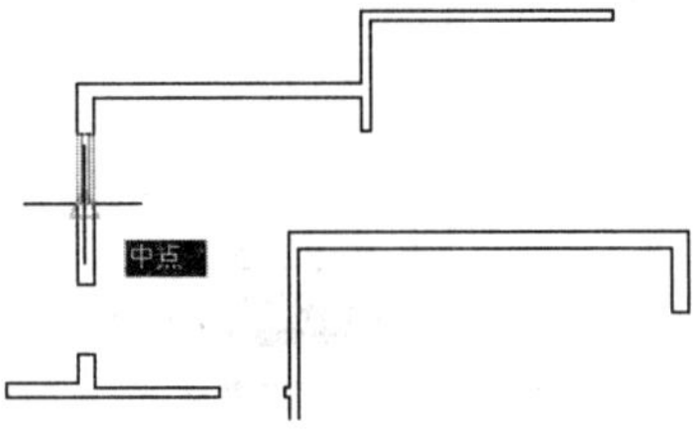

图7-38 捕捉中点

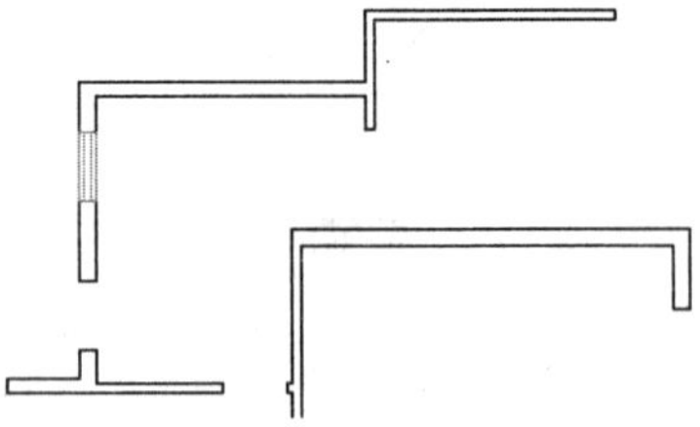

图7-39 绘制结果

5 重复步骤4的操作方法，设置多线比例和对正方式保持不变，配合中点捕捉绘制其他的窗线，结果如图7-40所示。

6 执行菜单栏中的【绘图】|【多段线】命令，配合对象捕捉和坐标输入功能绘制凸窗轮廓线。命令行操作如下：

```
命令: _pline
    指定起点:                                                    //捕捉如图7-40所示的端点1
    当前线宽为 0.0
    指定下一个点或 [圆弧(A)/半宽(H)/长度(L)/放弃(U)/宽度(W)]:      //捕捉如图7-40所示的端点2
    指定下一个点或 [圆弧(A)/闭合(C)/半宽(H)/长度(L)/放弃(U)/宽度(W)]: // Enter
命令: _pline
    指定起点:                                                    //捕捉如图7-40所示的端点3
    当前线宽为 0.0
    指定下一个点或 [圆弧(A)/半宽(H)/长度(L)/放弃(U)/宽度(W)]:      //@330,0 Enter
    指定下一个点或 [圆弧(A)/闭合(C)/半宽(H)/长度(L)/放弃(U)/宽度(W)]: //@0,-2230 Enter
    指定下一个点或 [圆弧(A)/闭合(C)/半宽(H)/长度(L)/放弃(U)/宽度(W)]://捕捉如图7-40所示的端点4
    指定下一个点或 [圆弧(A)/闭合(C)/半宽(H)/长度(L)/放弃(U)/宽度(W)]:
                                                   // Enter, 绘制结果如图7-41所示
```

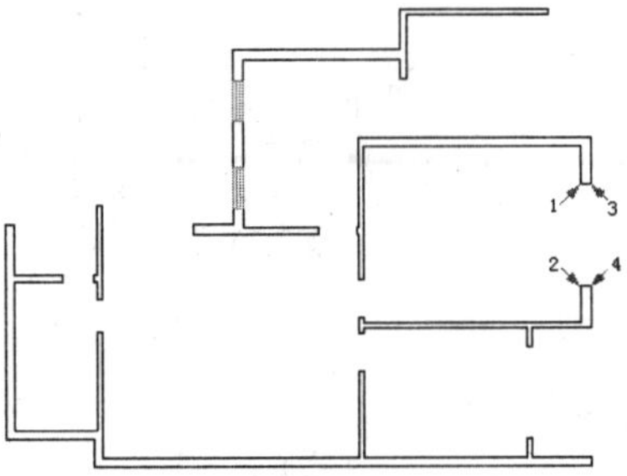

图7-40 绘制结果

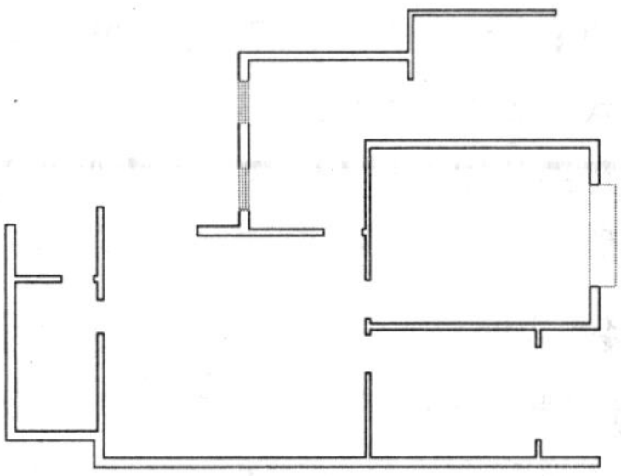

图7-41 绘制凸窗

7 使用快捷键“O”激活【偏移】命令，将凸窗轮廓线向右侧偏移60和120个绘图单位，结果如图7-42所示。

8 重复执行【多段线】和【偏移】命令，绘制其他位置的窗子轮廓线，结果如图7-43所示 。

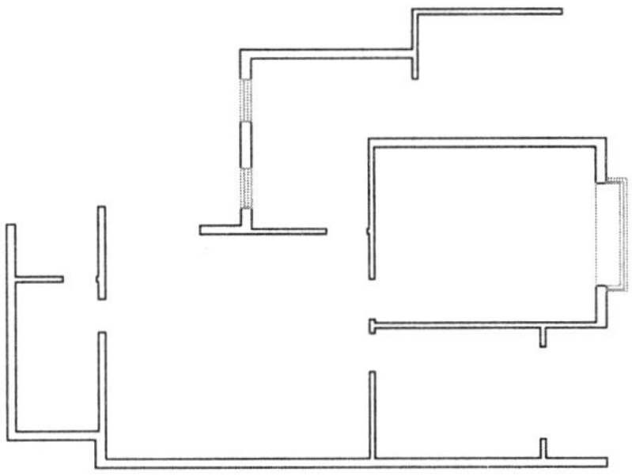

图7-42 偏移结果

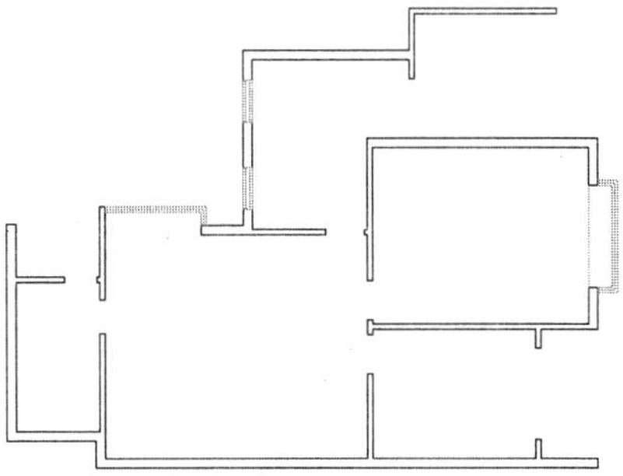

图7-43 绘制结果

9 执行菜单栏中的【格式】|【多线样式】命令，将“墙线样式”设置为当前多线样式。

10 执行菜单栏中的【绘图】|【多线】命令，配合【对象捕捉】和【极轴追踪】功能绘制左侧的阳台轮廓线。命令行操作如下：

```
命令: _mline
    当前设置: 对正 = 无, 比例 = 200.00, 样式 = 墙线样式
    指定起点或 [对正(J)/比例(S)/样式(ST)]:          //s Enter
    输入多线比例 <200.00>:                          //120 Enter
    当前设置: 对正 = 无, 比例 = 100.00, 样式 = 墙线样式
    指定起点或 [对正(J)/比例(S)/样式(ST)]:          //j Enter
    输入对正类型 [上(T)/无(Z)/下(B)] <无>:          //T Enter
    当前设置: 对正 = 上, 比例 = 1200.00, 样式 = 墙线样式
    指定起点或 [对正(J)/比例(S)/样式(ST)]:          //捕捉如图7-44所示的端点
    指定下一点:                                     //捕捉如图7-45所示的追踪虚线的交点
    指定下一点或 [放弃(U)]:                         // Enter, 绘制结果如图7-46所示
```

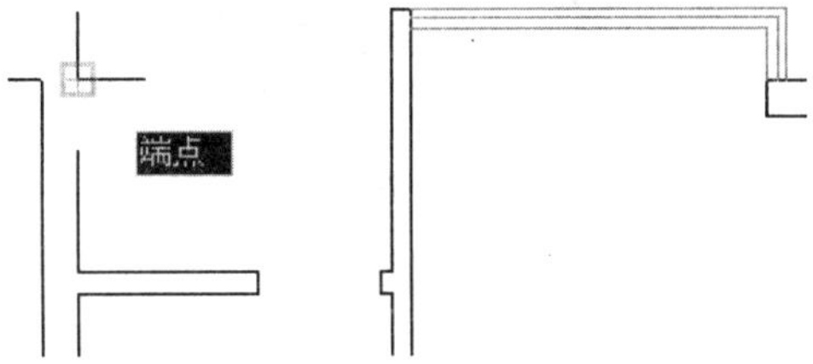

图7-44 捕捉端点

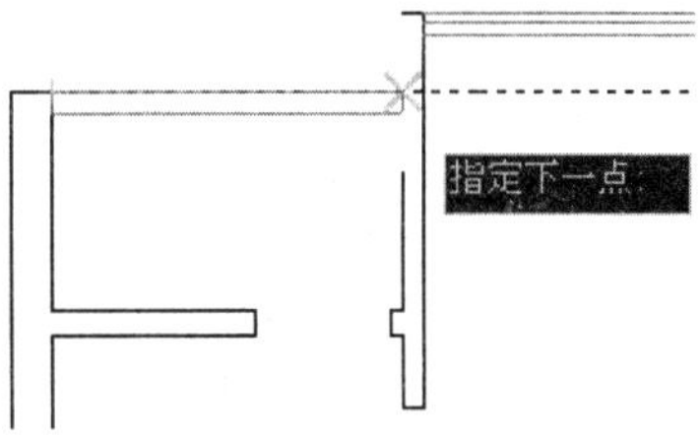

图7-45 捕捉交点

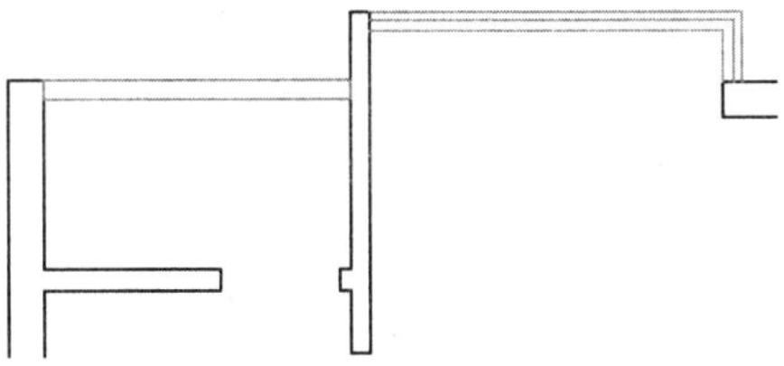

图7-46 绘制结果

11 重复执行【多线】命令，设置多线比例与对正方式不变，绘制其他位置的阳台轮廓线，结果如图7-47所示。

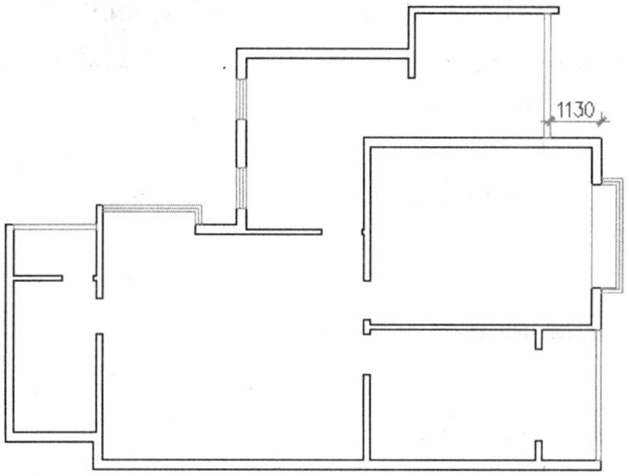

图7-47 绘制其他阳台轮廓线

至此，跃二层平面窗与阳台构件绘制完毕。下一小节将学习跃二层单开门、推拉门、楼梯等建筑构件的快速绘制方法和技巧。

7.2.4 绘制跃二层平面门与楼梯

1 继续上节操作。

2 使用快捷键“I”激活【插入块】命令，选择本书配套光盘中的“图块文件\单开门.dwg”，如图7-48所示。

3 返回【插入】对话框，设置块参数设置如图7-49所示，插入点为图7-50所示的中点。

4 重复执行【插入块】命令，设置插入参数如图7-51所示，插入点为图7-52所示的中点。

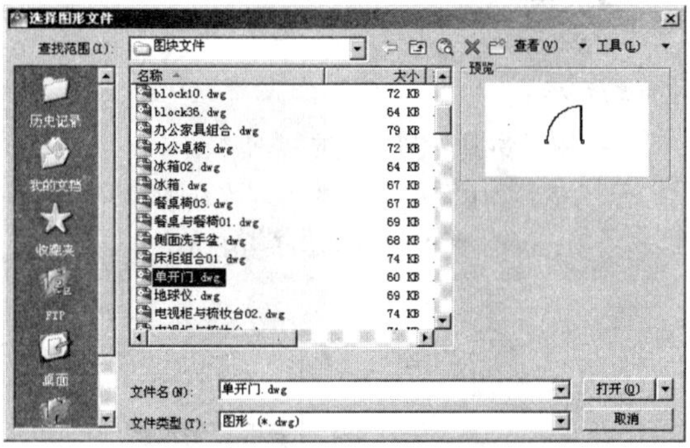

图7-48 选择文件

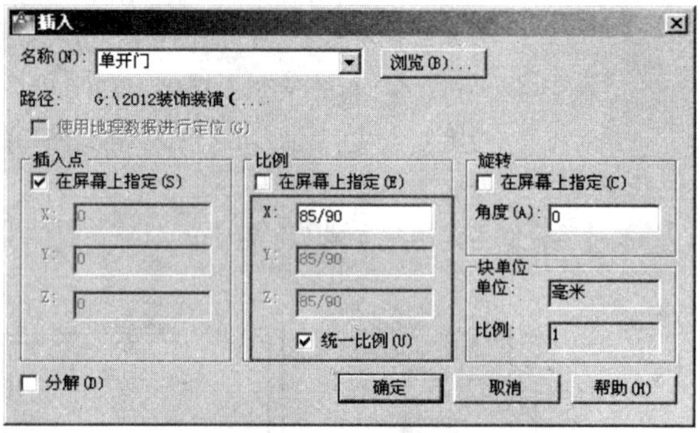

图7-49 设置参数

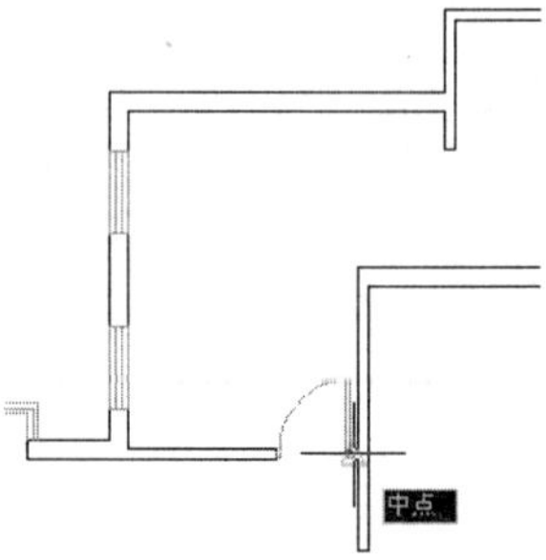

图7-50 定位插入点

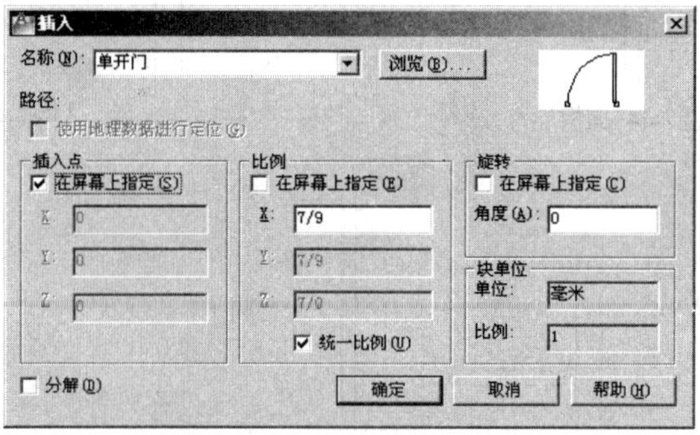

图7-51 设置参数

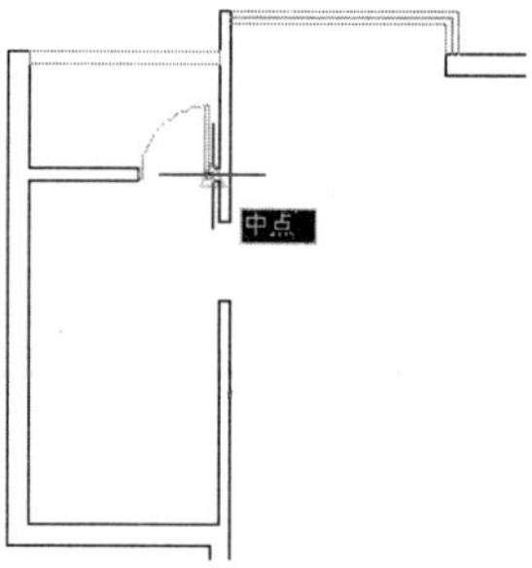

图7-52 定位插入点

5 重复执行【插入块】命令，设置插入参数如图7-53所示，插入点为图7-54所示的中点。

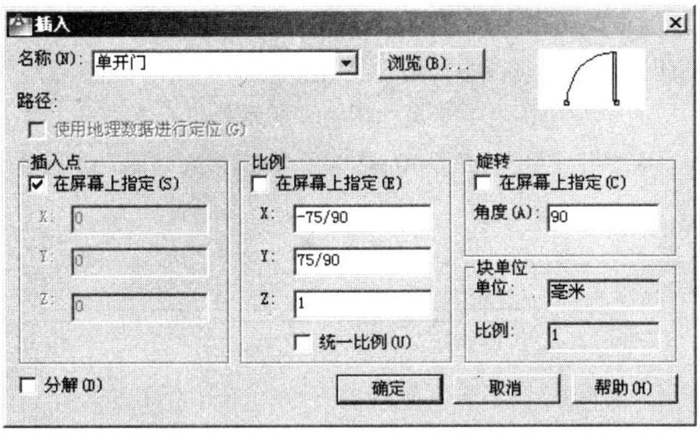

图7-53 设置参数

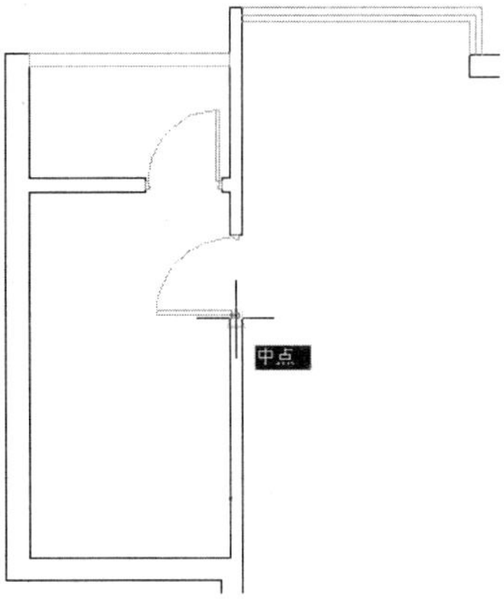

图7-54 定位插入点

6 重复执行【插入块】命令，设置插入参数如图7-55所示，插入点为图7-56所示的中点。

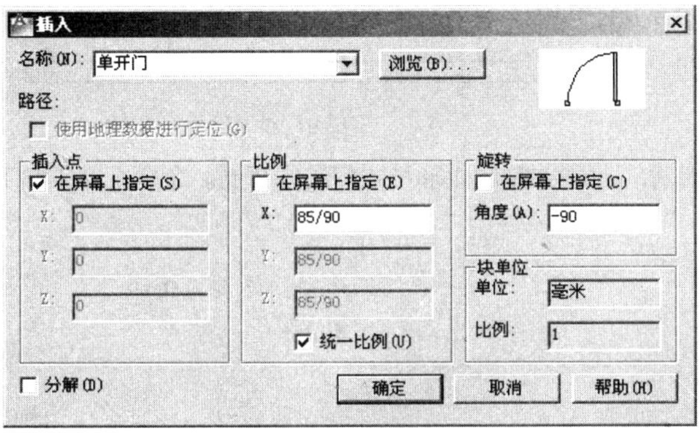

图7-55 设置参数

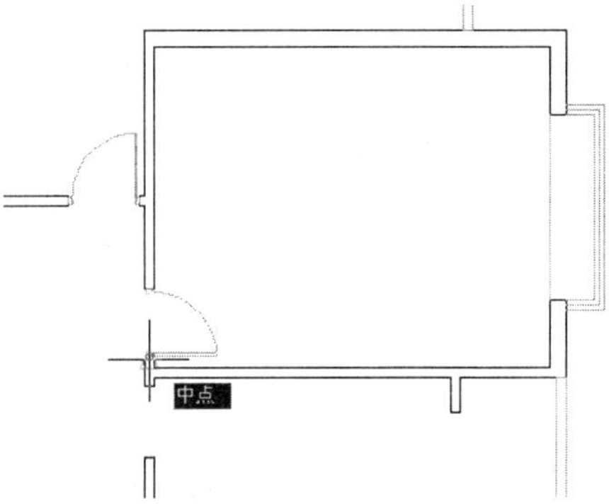

图7-56 定位插入点

7 执行菜单栏中的【修改】|【镜像】命令，配合对象捕捉和坐标输入功能对单开门进行镜像。命令行操作如下：

```
命令: _mirror
    选择对象:          //选择如图7-57所示的单开门
    选择对象:          // Enter
    指定镜像线的第一点: //捕捉如图7-58所示的中点
    指定镜像线的第二点: //@1,0 Enter
    要删除源对象吗？[是(Y)/否(N)] <N>: // Enter，镜像结果如图7-59所示
```

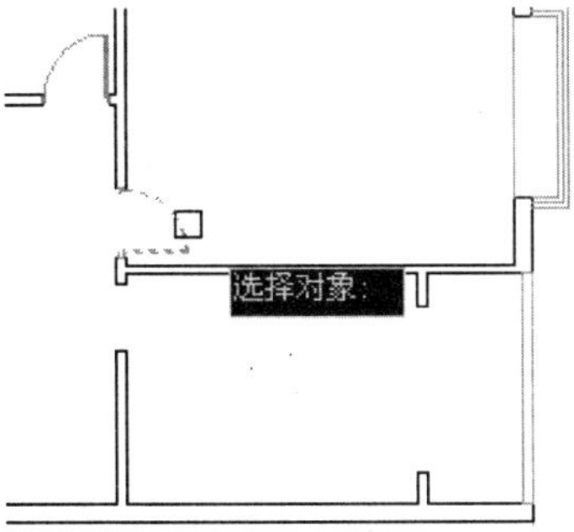

图7-57 选择对象

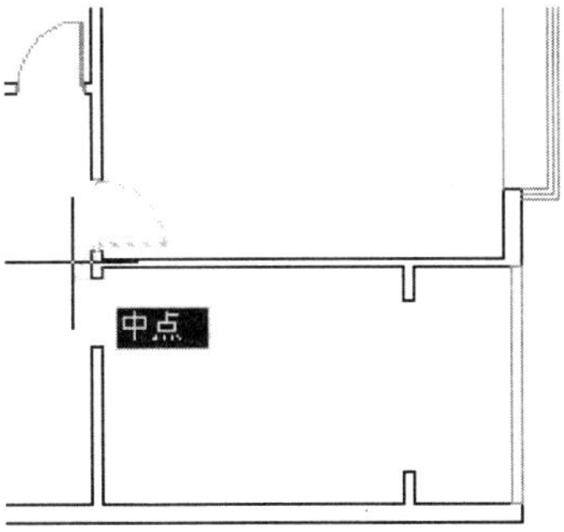

图7-58 捕捉中点

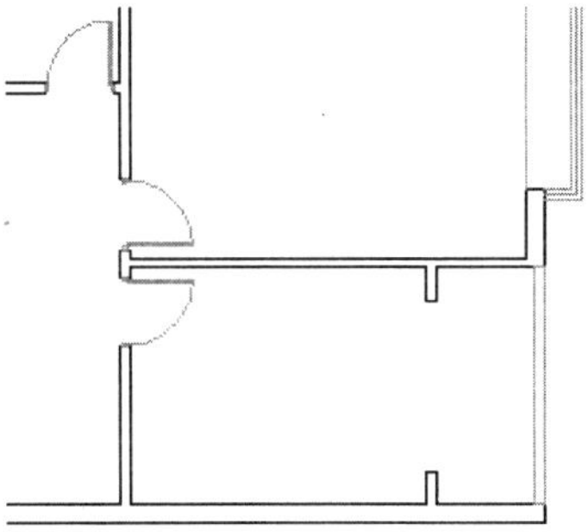

图7-59 镜像结果

8 执行菜单栏中的【绘图】|【矩形】命令，配合中点捕捉功能绘制推拉门。命令行操作如下：

命令: _rectang
指定第一个角点或 [倒角(C)/标高(E)/圆角(F)/厚度(T)/宽度(W)]:
//捕捉如图7-60所示的中点
指定另一个角点或 [面积(A)/尺寸(D)/旋转(R)]: //@-40,-1000Enter，结果如图7-61所示

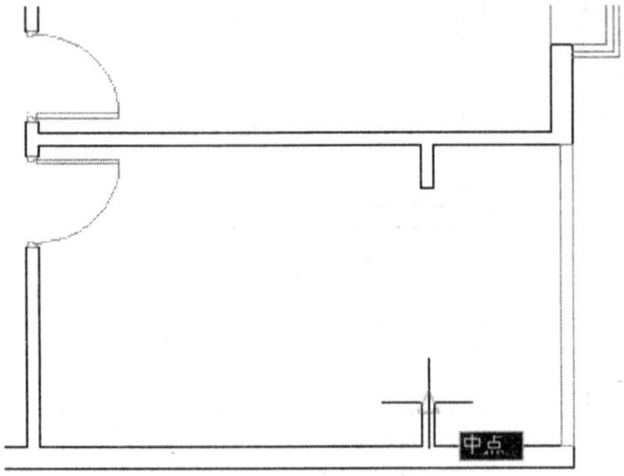

图7-60 捕捉中点

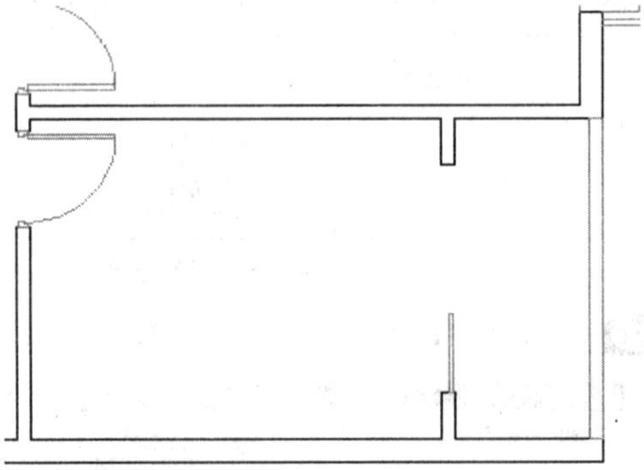

图7-61 绘制结果

9 执行菜单栏中的【修改】|【复制】命令，对刚绘制的矩形推拉门进行复制。命令行操作如下：

命令: _copy
选择对象: //选择刚绘制的矩形
选择对象: // Enter
当前设置: 复制模式 = 多个
指定基点或 [位移(D)/模式(O)] <位移>: //捕捉矩形的右侧垂直边中点
指定第二个点或 [阵列(A)] <使用第一个点作为位移>: //捕捉矩形的左上角点
指定第二个点或 [阵列(A)/退出(E)/放弃(U)] <退出>: //Enter，复制结果如图7-62所示

10 执行菜单栏中的【修改】|【镜像】命令，配合中点捕捉和坐标输入功能对推拉门进行镜像。命令行操作如下：

命令: _mirror
选择对象: //选择下侧的矩形推拉门
选择对象: // Enter
指定镜像线的第一点: //捕捉如图7-63所示的中点
指定镜像线的第二点: //@1,0 Enter
要删除源对象吗？[是(Y)/否(N)] <N>: // Enter，镜像结果如图7-64所示

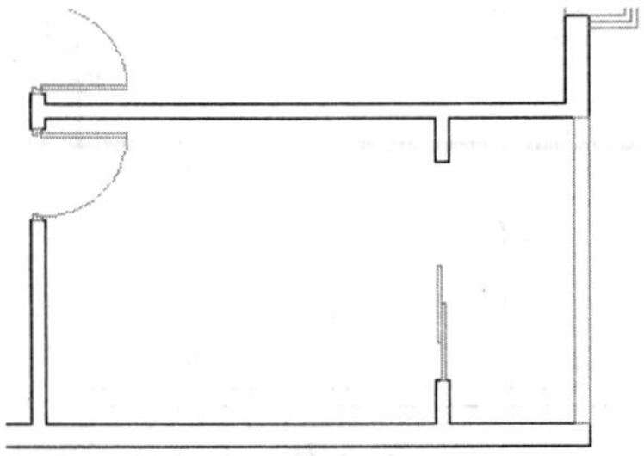

图7-62 复制结果

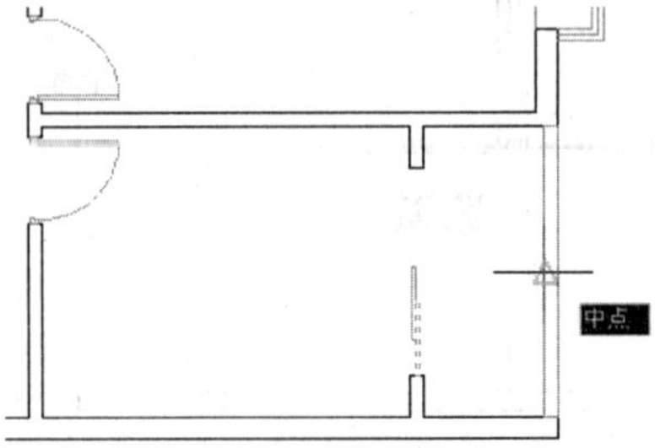

图7-63 捕捉中点

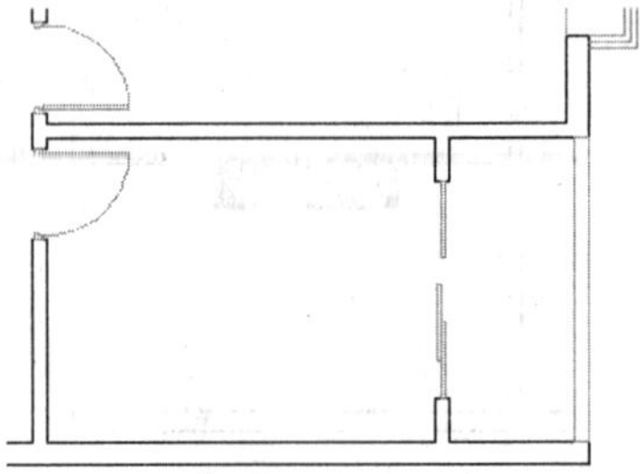

图7-64 镜像结果

11 参照上述操作，综合使用【矩形】和【复制】命令，绘制卫生间隔断、推拉门等构件，结果如图7-65所示。

12 展开【图层控制】下拉列表，将“楼梯层”设置为当前操作层。

13 使用快捷键“I”激活【插入块】命令，以默认参数插入本书配套光盘中的“图块文件\楼梯02.dwg”，插入点为图7-65所示的内墙线交点A，插入结果如图7-66所示。

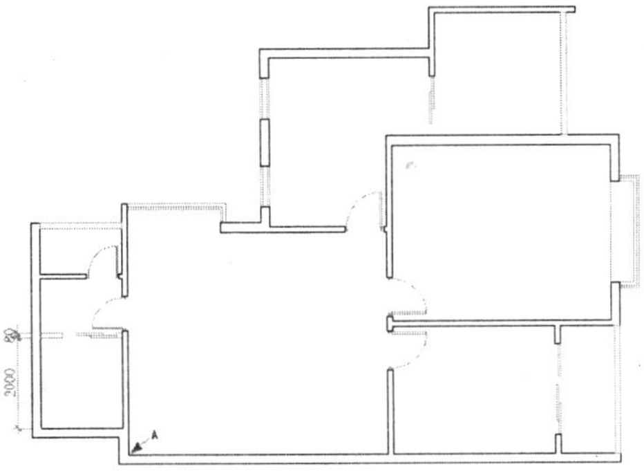

图7-65 绘制结果

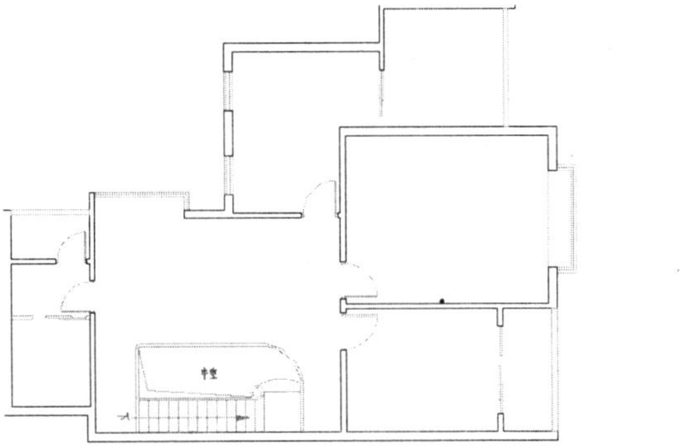

图7-66 插入结果

14 最后执行【保存】命令，将图形命名存储为“高档住宅跃二层墙体结构图.dwg”。

7.3　绘制高档住宅跃二层家具布置图

本节主要讲述高档住宅跃二层室内家具布置图的具体绘制过程和绘制技巧。跃二层家具布置图的最终绘制效果如图7-67所示。

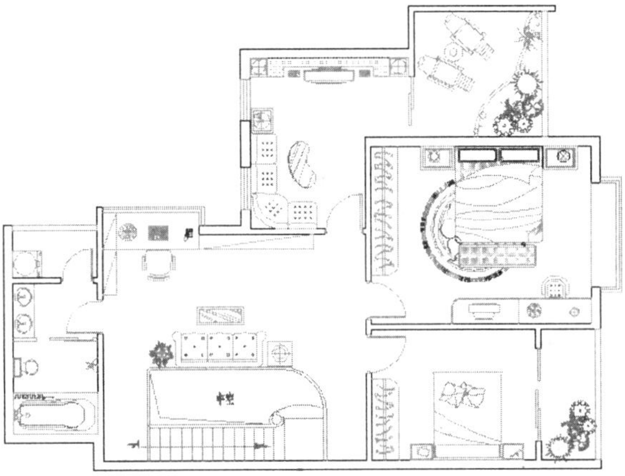

图7-67 实例效果

在绘制高档住宅跃二层室内布置图时，具体可以参照如下绘图思路。

1）首先调用跃二层墙体结构平面图，并设置相关图层及捕捉追踪绘图环境。

2）使用【插入块】命令为主卧室布置双人床、床头柜、衣柜、电视与电视柜以及梳妆台等。

3）使用【设计中心】命令为卫生间、洗手间、阳台等布置浴盆、马桶、洗手池、洗衣机等图块。

4）最后综合使用【插入块】、【设计中心】、【镜像】等命令绘制其他房间内的布置图。

7.3.1　绘制跃二层主卧室布置图

1 打开上节存储的“高档住宅跃二层墙体结构图.dwg”文件。

> **提示：读者也可以直接从本书配套光盘中的“效果文件\第7章\”目录下打开此文件。**

2 执行菜单栏中的【格式】|【图层】命令，将“家具层”设置为当前操作层。

3 单击【绘图】工具栏中的按钮，在打开的【插入】对话框中单击 浏览(B)... 按钮，选择插入本书配套光盘中的“图块文件\双人床03.dwg”文件，如图7-68所示。

4 返回【插入】对话框，采用默认参数设置，配合【对象捕捉】和【对象追踪】功能将双人床图块插入到平面图中，命令行操作如下：

命令: _insert

INSERT指定插入点或 [基点(B)/比例(S)/X/Y/Z/旋转(R)]:

//水平向左引出如图7-69所示的端点追踪虚线，输入2000 Enter，插入结果如图7-70所示

5 重复执行【插入块】命令，在打开的【插入】对话框中单击 浏览(B)... 按钮，然后选择本书配套光盘中的“图块文件\电视柜与梳妆台02”，如图7-71所示。

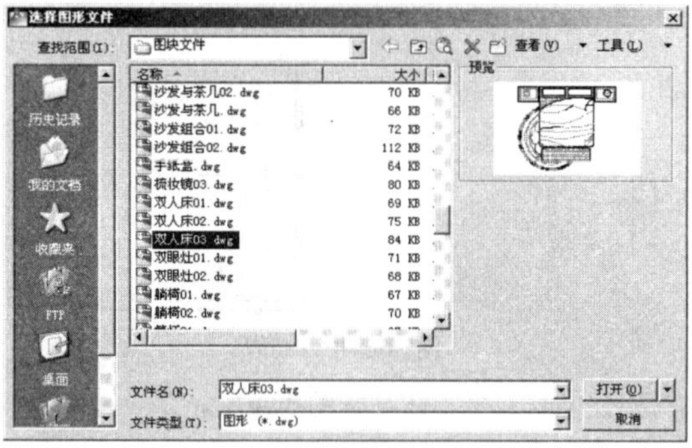

图7-68 选择文件

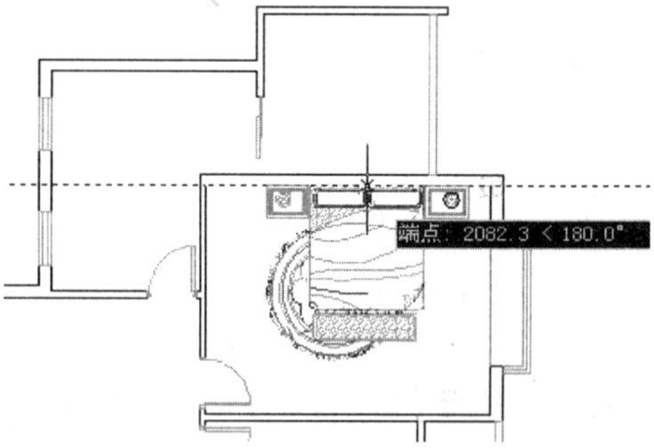

图7-69 引出对象追踪虚线

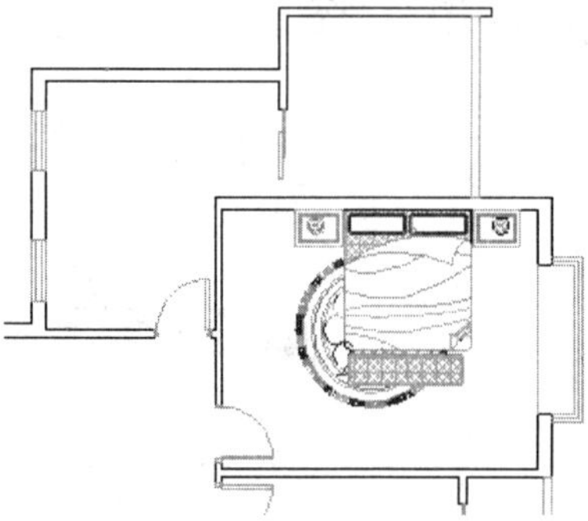

图7-70 插入结果

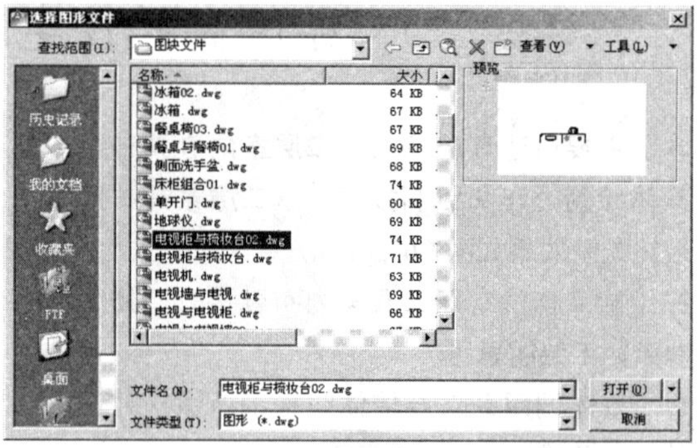

图7-71 选择文件

6 返回【插入】对话框，然后采用默认参数设置，将电视柜与梳妆台插入到平面图中，插入点为图7-72所示的端点。

7 重复执行【插入块】命令，以默认参数插入本书配套光盘中的“图块文件\衣柜02.dwg”，插入点为图7-73所示的端点，插入结果如图7-74所示。

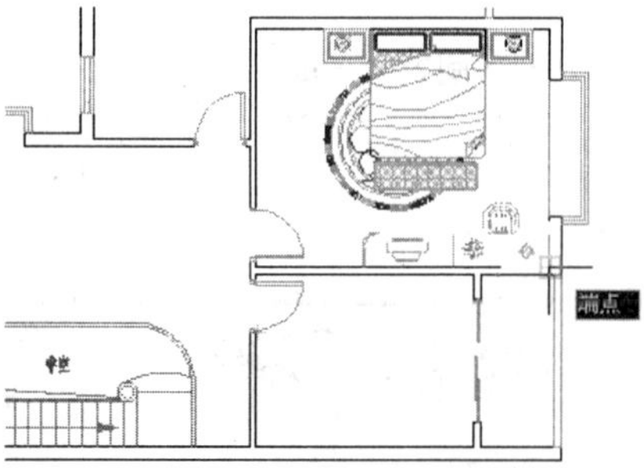

图7-72 插入结果

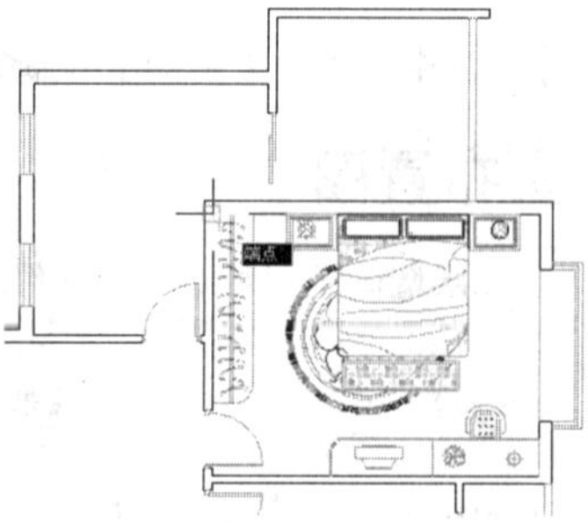

图7-73 捕捉端点

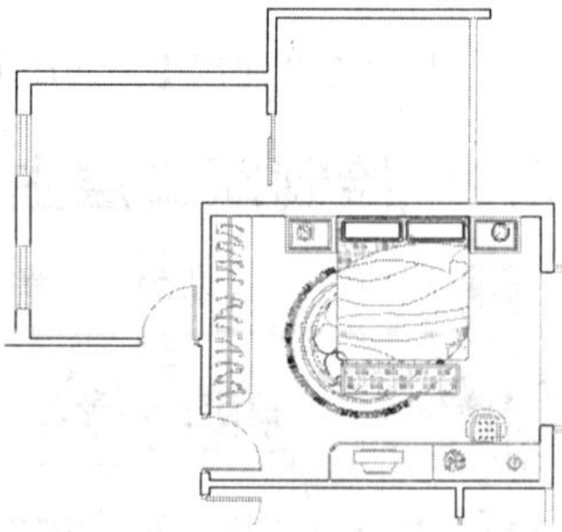

图7-74 插入结果

至此，主卧室家具布置图绘制完毕。下一小节将学习卫生间与洗手间卫生设施布置图的绘制过程和绘制技巧。

7.3.2 绘制跃二层卫生间布置图

1 继续上节操作。

2 单击【标准】工具栏中的▦按扭，在打开的【设计中心】窗口中定位本书配套光盘中的“图块文件”文件夹，如图7-75所示。

图7-75 定位目标文件夹

3 在右侧的窗口中选择“浴盆01.dwg”文件，然后右击，从弹出的快捷菜单中选择【插入为块】命令，如图7-76所示，将此图形以块的形式共享到平面图中。

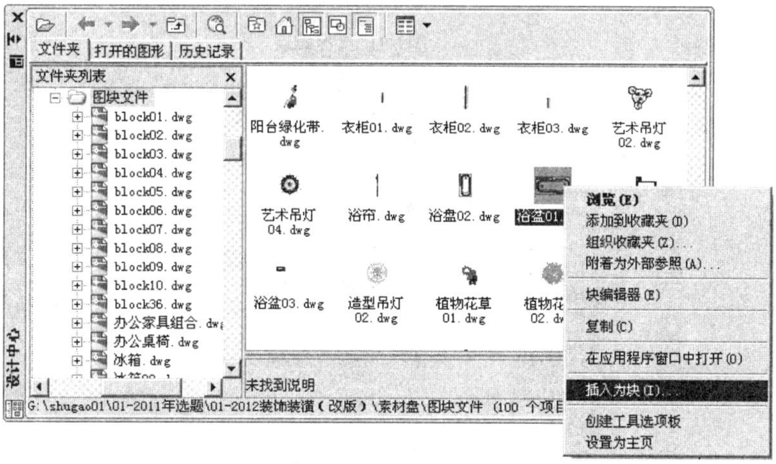

图7-76 选择文件

4 此时系统打开【插入】对话框，采用默认参数设置将浴盆图块插入到平面图中，插入点为图7-77所示的端点，插入结果如图7-78所示。

5 执行菜单栏中的【修改】|【缩放】命令，对浴盆图块进行缩放。命令行操作如下：

```
命令: _scale
    选择对象:                          //选择刚插入的浴盆图块
    选择对象:                          // Enter
    指定基点:                          //捕捉如图7-79所示的插入点
    指定比例因子或 [复制(C)/参照(R)]:   // r Enter
    指定参照长度 <1.0>:                //捕捉如图7-79所示的插入点
```

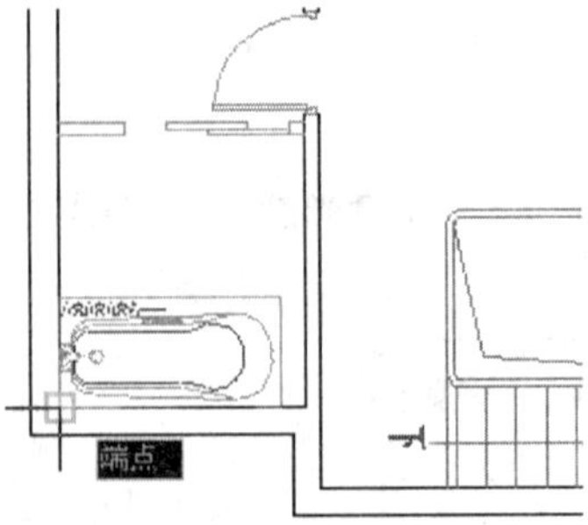

图7-77 定位插入点

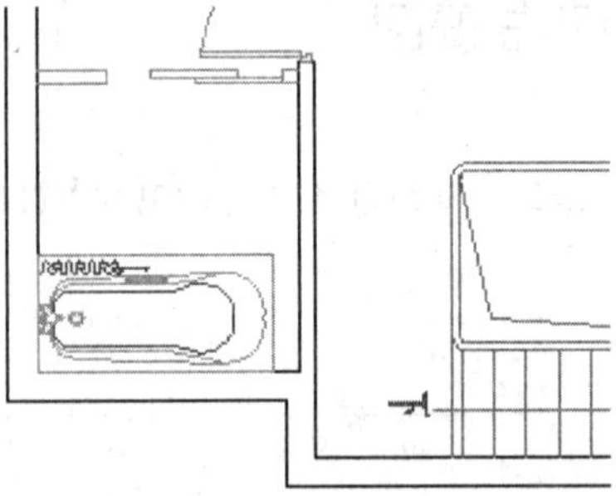

图7-78 插入结果

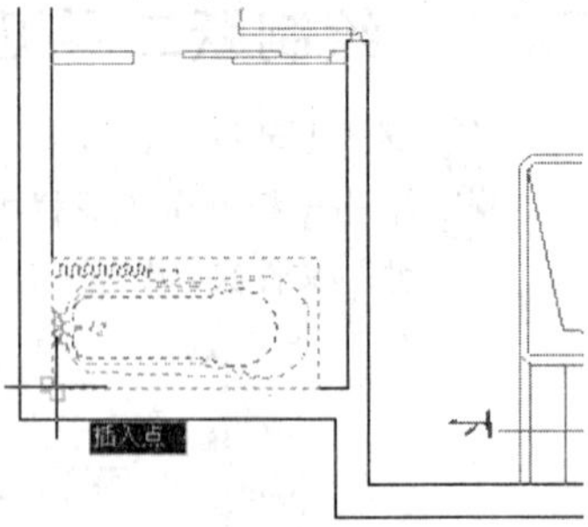

图7-79 定位基点

指定第二点: //捕捉如图7-80所示的端点
指定新的长度或 [点(P)] <1.0>: //捕捉如图7-81所示的端点，缩放结果如图7-82所示

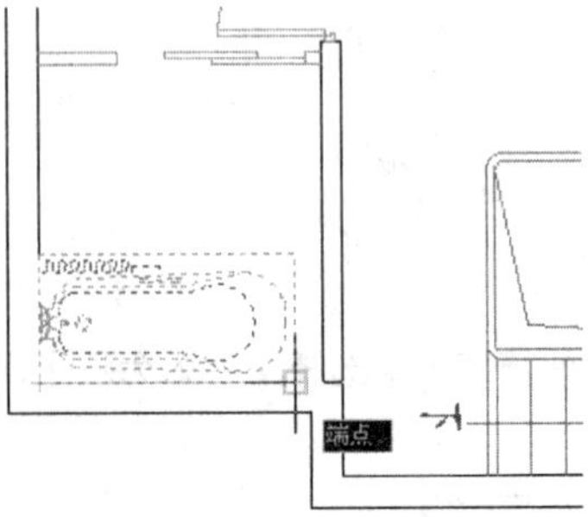

图7-80 捕捉端点

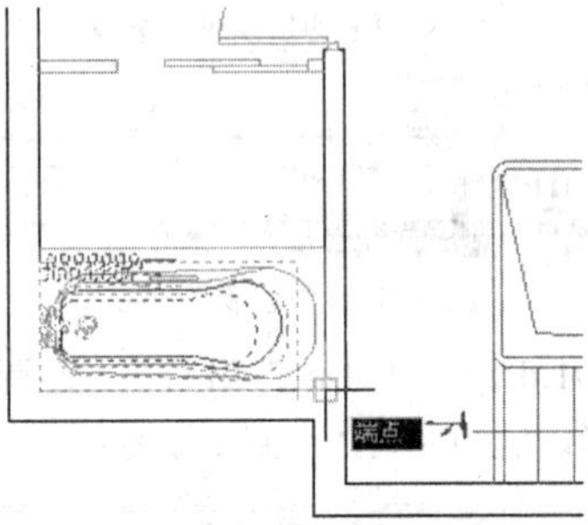

图7-81 捕捉端点

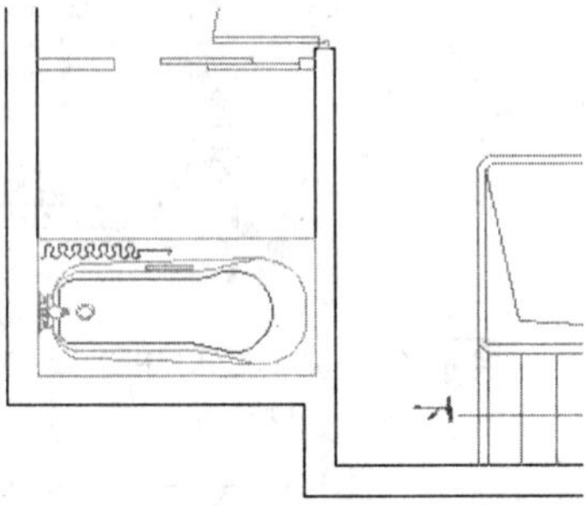

图7-82 缩放结果

6 在【设计中心】右侧的窗口中向下移动滑块，找到“马桶03.dwg”文件并选择，如图7-83所示。

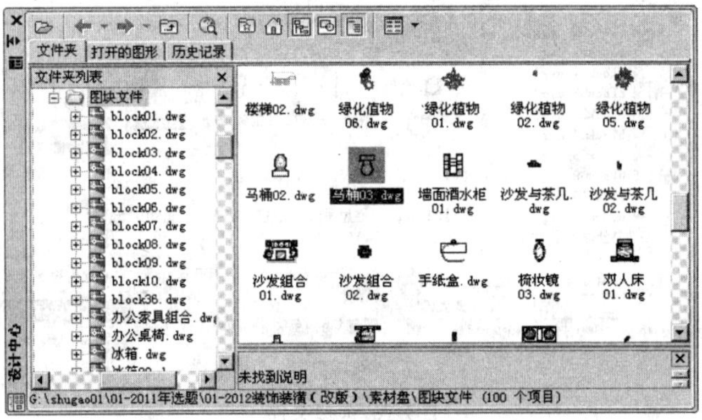

图7-83 定位文件

7 按住左键不放将其拖曳至平面图中，配合【捕捉自】和端点捕捉功能将马桶图块插入到平面图中。命令行操作如下：

命令: _-INSERT 输入块名或 [?]
“G:\图块文件\马桶03.dwg"单位: 毫米 转换: 1.0
指定插入点或 [基点(B)/比例(S)/X/Y/Z/旋转(R)]: //r Enter
指定旋转角度 <0.0>: //90 Enter
指定插入点或 [基点(B)/比例(S)/X/Y/Z/旋转(R)]: //s Enter
指定 *xyz* 轴的比例因子 <1>: //0. 8 Enter
指定插入点或 [基点(B)/比例(S)/X/Y/Z/旋转(R)]: //激活【捕捉自】功能

```
_from 基点:                                  //捕捉如图7-84所示的端点
<偏移>:                                      //@0,1445 Enter，结果如图7-85所示
```

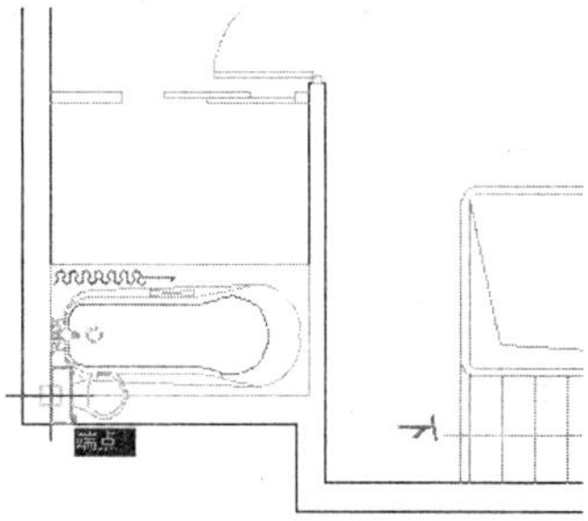

图7-84 捕捉端点

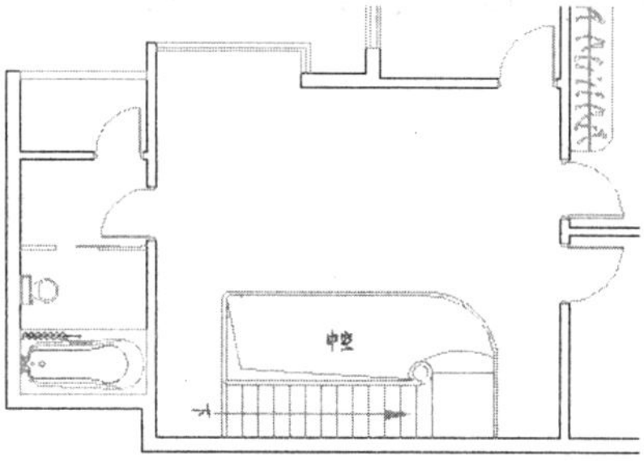

图7-85 插入结果

8 在右侧窗口中定位“洗手池02.dwg”图块，然后右击，在弹出的快捷菜单中选择【复制】命令，如图7-86所示。

9 返回绘图区，使用【粘贴】命令将洗手池图块粘贴到平面图中。命令行操作如下：

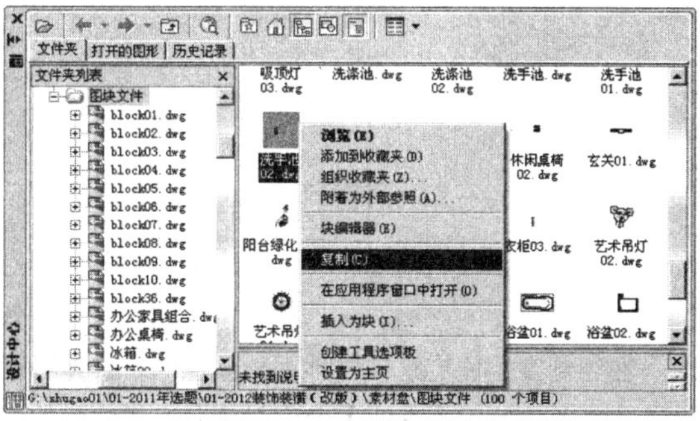

图7-86 定位文件

```
命令: _pasteclip
    命令: _-INSERT 输入块名或 [?]
    “G:\素材盘\图块文件\洗手池02.dwg”单位: 毫米   转换:    1.0
    指定插入点或 [基点(B)/比例(S)/X/Y/Z/旋转(R)]:                  //捕捉如图7-87所示的端点
    输入 x 比例因子，指定对角点，或 [角点(C)/XYZ(XYZ)] <1>:          // Enter
    输入 y 比例因子或 <使用 x 比例因子>:                  // Enter
    指定旋转角度 <0.0>:                                  // Enter，结果如图7-88所示
```

10 参照上述操作，将“洗衣机01.dwg”和“block36.dwg”图块共享到平面图中，结果如图7-89所示。

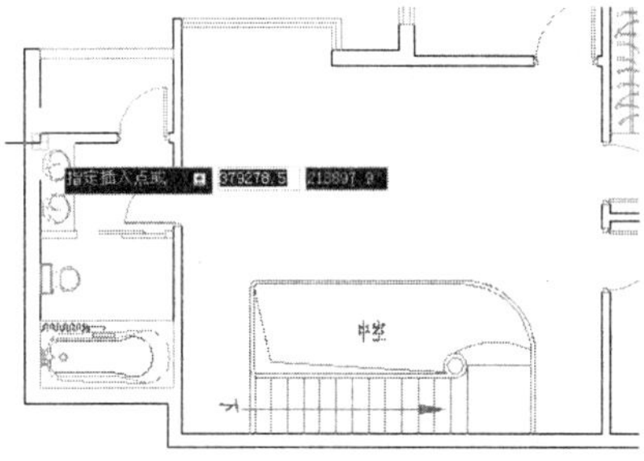

图7-87 捕捉端点

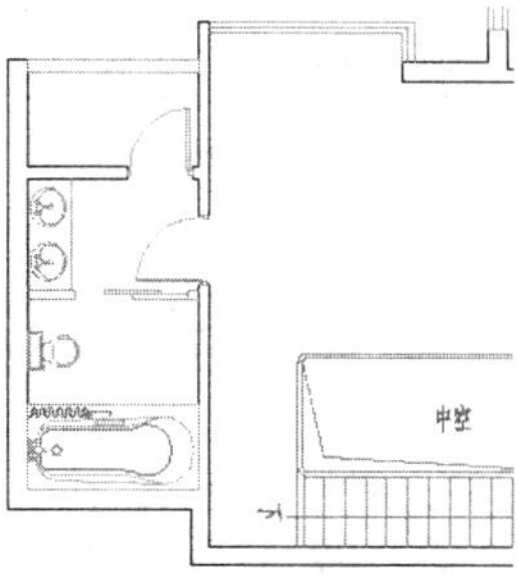

图7-88 操作结果

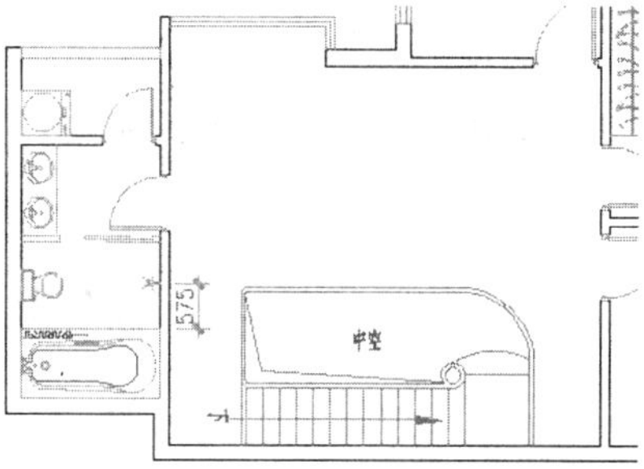

图7-89 共享结果

7.3.3 绘制跃二层其他家具布置图

参照7.3.1节和7.3.2节中的家具布置方法，综合使用【插入块】和【设计中心】命令中的资源共享功能，分别为书房、起居室、阳台、次卧室等布置各种室内用具图例，布置后的结果如图7-67所示。

7.4 绘制高档住宅跃二层地面材质图

本节通过绘制如图7-90所示的高档住宅跃二层地面材质图，主要学习跃二层地面材质图的具体绘制过程和表达技巧。

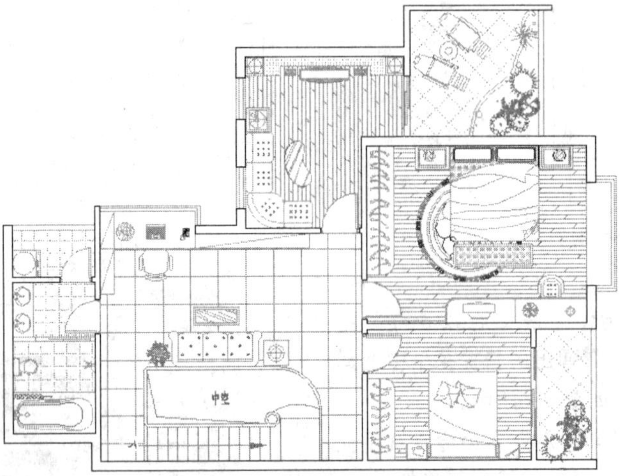

图7-90 实例效果

在绘制高档住宅跃二层地面材质图时，具体可以参照如下绘图思路。

1）首先使用【直线】命令封闭各房间位置的门洞，以形成封闭区域。

2）配合层的状态控制功能和【特性】命令，使用【图案填充】命令中的“预定义”图案，绘制卫生间和洗手间300×300地砖材质图案。

3）配合层的状态控制功能和【特性】命令，使用【图案填充】命令中的“用户定义”图案，绘制阳台400×400斜拼石材填充图案。

4）配合层的状态控制功能，使用【图案填充】命令中的“用户定义”图案，绘制书房600×600抛光地砖填充图案。

5）配合层的状态控制功能，使用【图案填充】、【边界】等命令绘制主卧室、次卧室和起居室地板填充图案。

7.4.1 绘制300×300地砖材质

1 打开本书配套光盘中的“效果文件\第7章\高档住宅跃二层家具布置图.dwg”。

2 执行【图层】命令，将“填充层”设置为当前操作层，如图7-91所示。

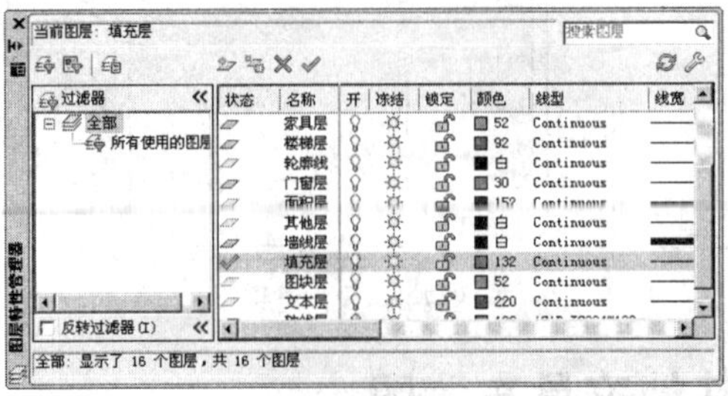

图7-91 设置当前层

3 使用快捷键“L”激活【直线】命令，配合捕捉功能分别将各房间两侧门洞连接起来，以形成封闭区域，如图7-92所示。

4 在无命令执行的前提下，夹点显示如图7-93所示的马桶和浴盆、洗手池以及冰箱等五个图块。

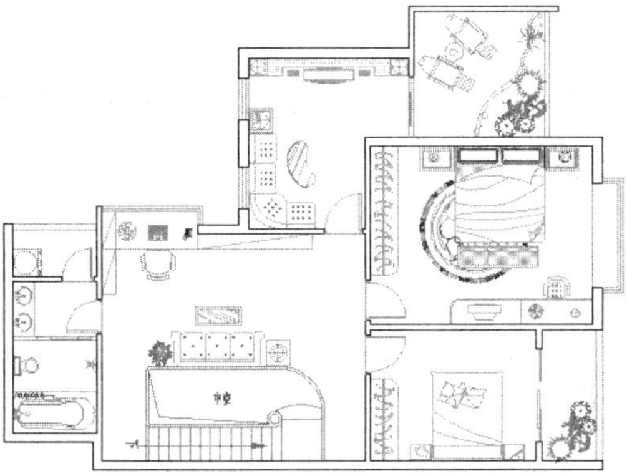

图7-92 绘制结果

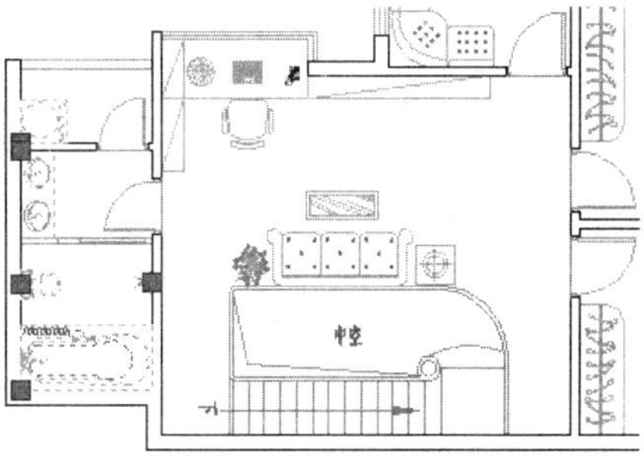

图7-93 夹点效果

5 展开【图层控制】下拉列表，将夹点显示的图形放置在“0图层”上，并冻结“家具层”，此时平面图的显示效果如图7-94所示。

6 单击【绘图】工具栏中的按扭，激活【图案填充】命令，选择如图7-95所示的图案。

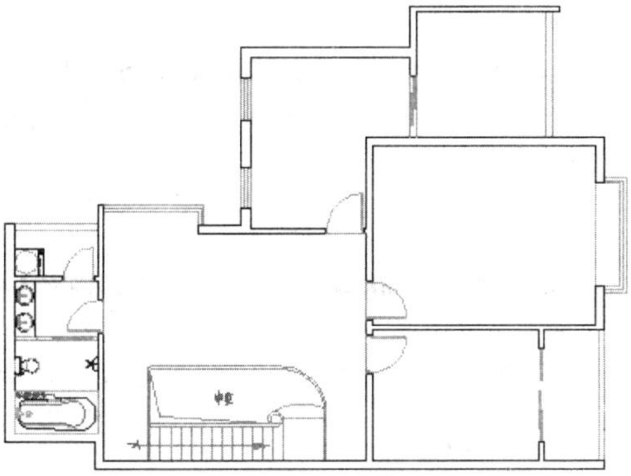

图7-94 冻结图层后的显示

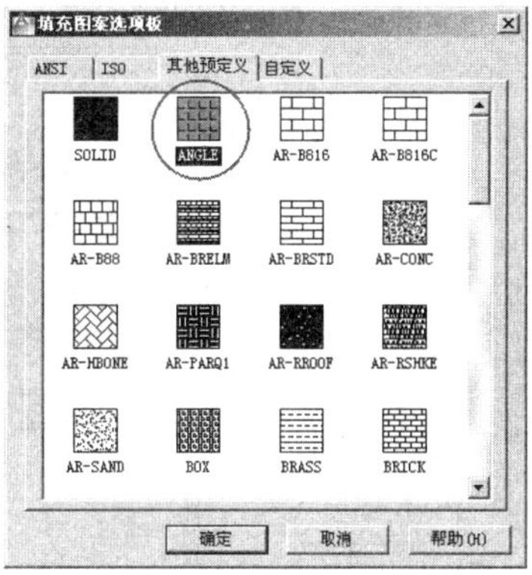

图7-95 选择填充图案

7 返回【图案填充和渐变色】对话框，设置填充比例和填充类型等参数如图7-96所示。

8 在对话框中单击【添加：拾取点】按钮，返回绘图区，分别在卫生间、洗手间和阳台等空白区域内单击，拾取如图7-97所示的填充边界，填充如图7-98所示的图案。

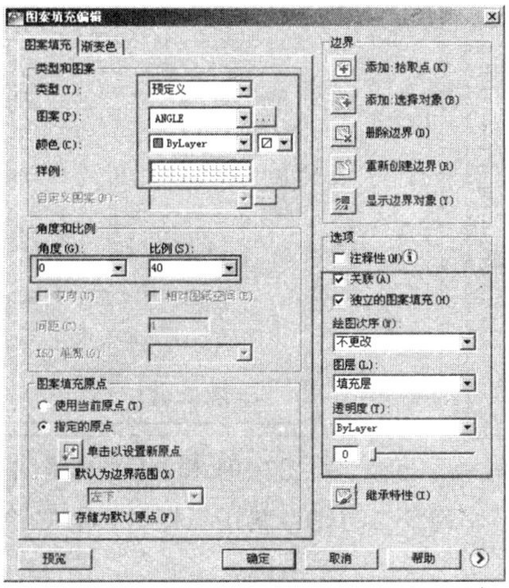

图7-96 设置参数

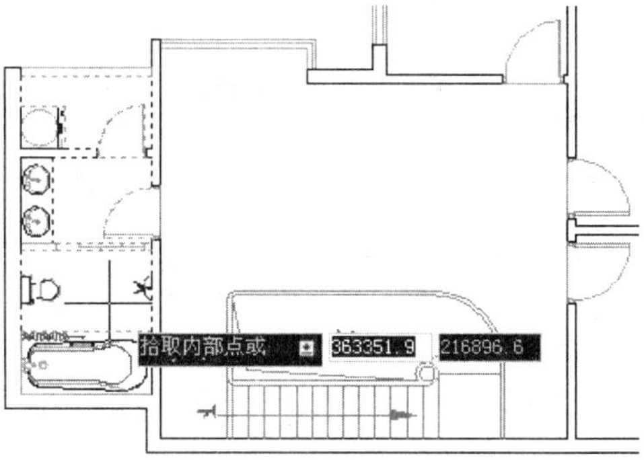

图7-97 指定填充区域

9 在填充图案上右击，在弹出的快捷菜单中选择【设定原点】命令，然后适当调整填充图案的原点，结果如图7-99所示。

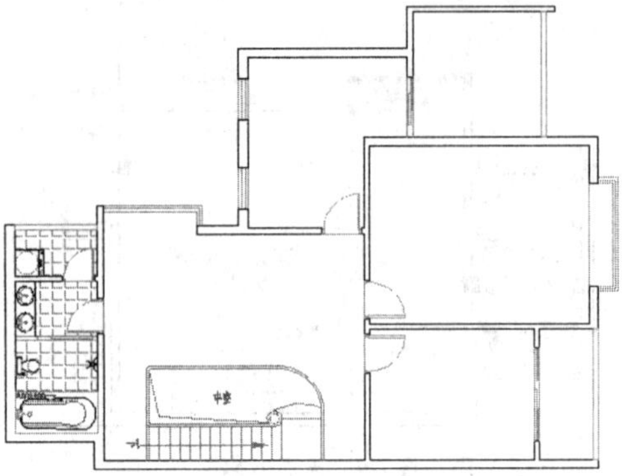

图7-98 填充结果

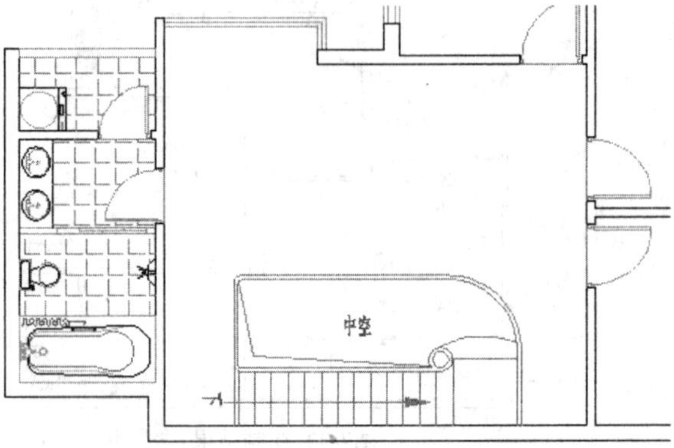

图7-99 图案填充右键菜单

10 分别将卫生间、洗手间和阳台位置的五个图块恢复到“家具层”上，并解冻该图层，此时平面图的显示效果如图7-100所示。

11 使用快捷键“LT”激活【线型】命令，加载一种名为“DOT”的线型，如图7-101所示。

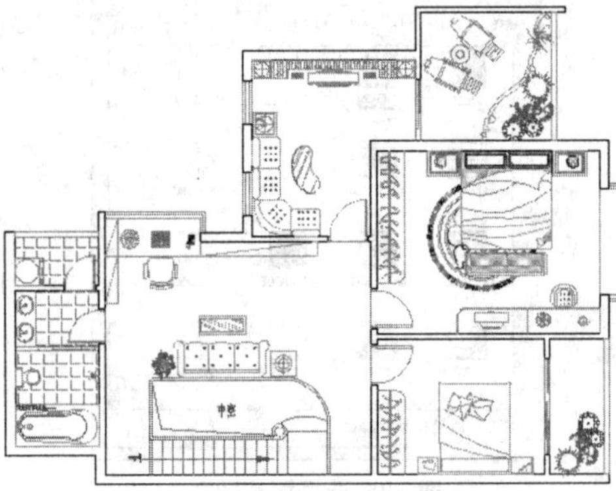

图7-100 平面图的显示

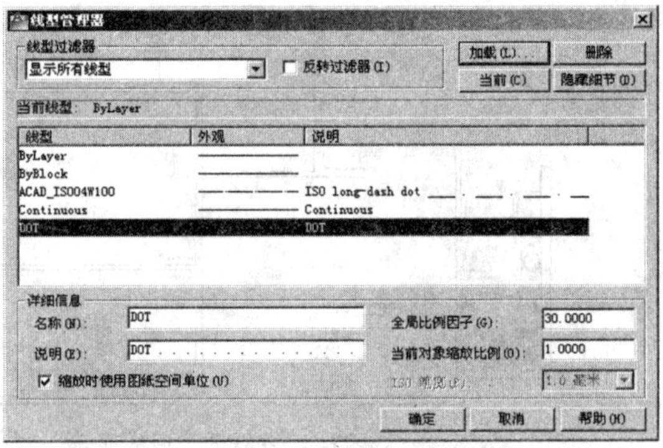

图7-101 加载线型

12 在无命令执行的前提下夹点显示卫生间、洗手间等地砖填充图案，然后在【特性】窗口内修改夹点图案的线型如图7-102所示，修改夹点图案的线型比例如图7-103所示，修改后的图案显示效果如图7-104所示。

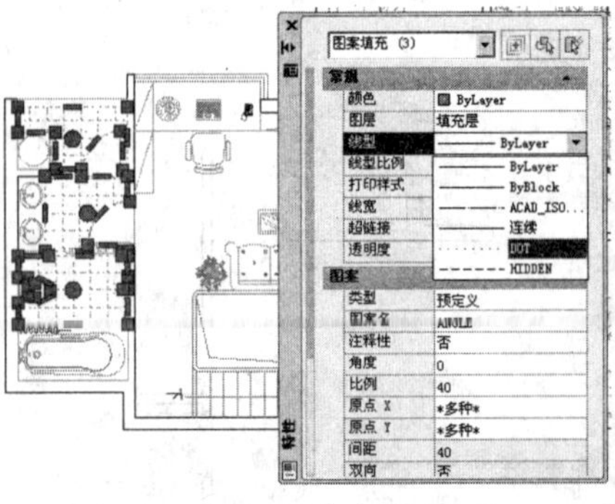

图7-102 修改线型

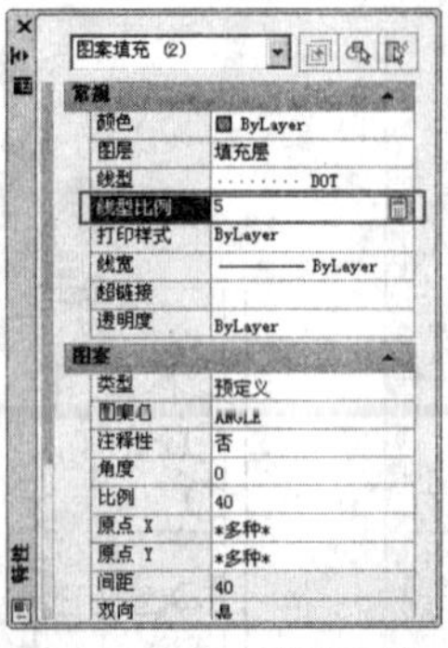

图7-103 修改线型比例

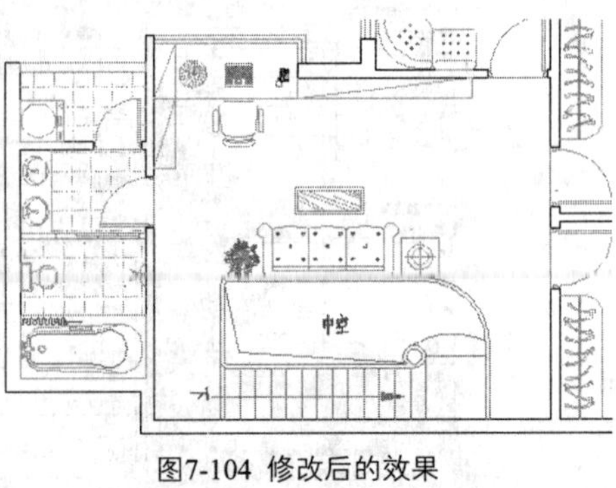

图7-104 修改后的效果

至此，卫生间与洗手间等地砖材质图绘制完毕。下一小节学习跃二层阳台斜拼石材材质图的绘制过程和绘制技巧。

7.4.2　绘制400×400斜拼石材

1 继续上节操作。

2 在“阳台绿化带”图案上右击，在弹出的快捷菜单中选择【块编辑器】命令，打开【块编辑器】窗口，选择夹点显示的轮廓线进行复制，如图7-105所示。

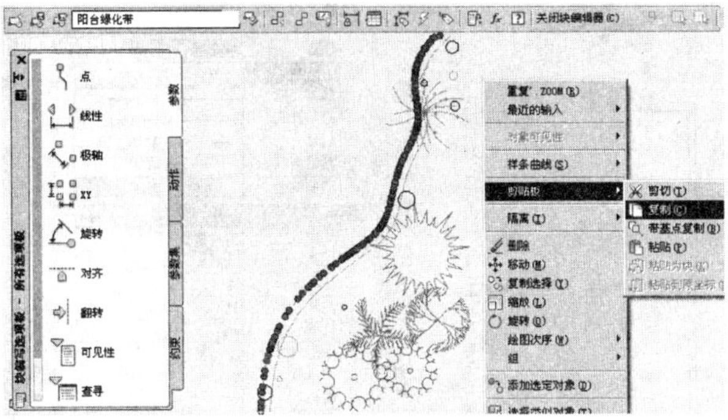

图7-105 块编辑器窗口

3 返回绘图区，将复制出的轮廓线进行源位置粘贴，然后将阳台位置的“躺椅”图块放到“0图层”上，并冻结“家具层”，平面图的显示效果如图7-106所示。

4 使用快捷键“H”激活【图案填充】命令，设置填充图案的类型以及填充比例等参数设置如图7-107所示。

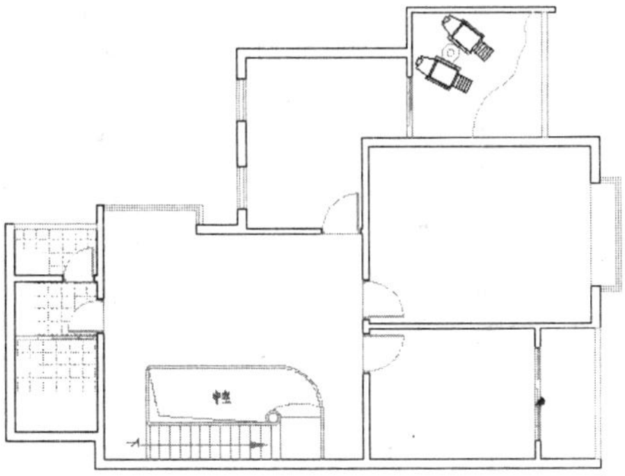

图7-106 平面图的显示

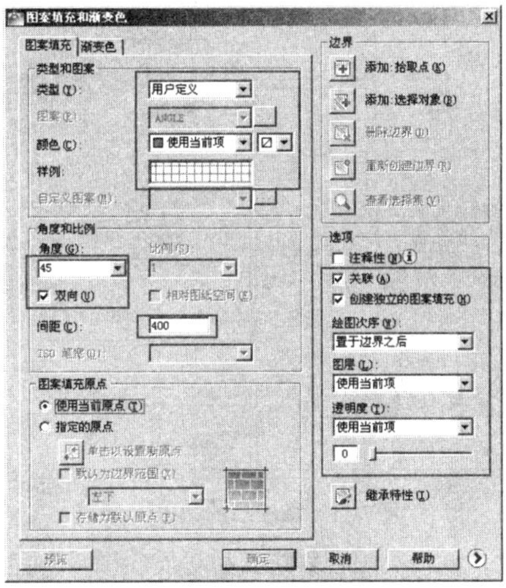

图7-107 设置参数

5 单击【添加：拾取点】按钮，返回绘图区，在阳台空白区域单击，拾取如图7-108所示的填充区域，进行填充地砖图案，填充结果如图7-109所示。

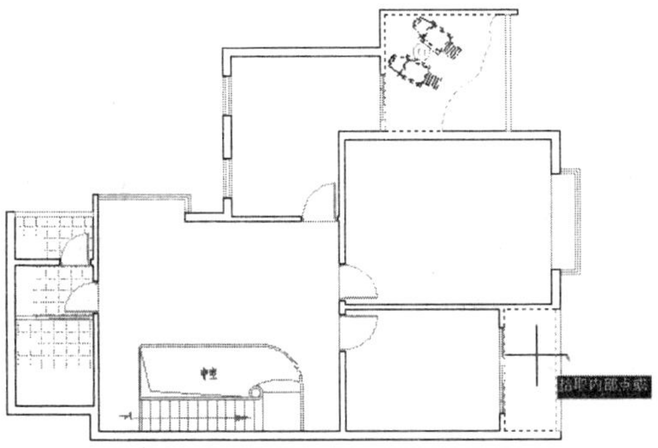

图7-108 拾取填充区域

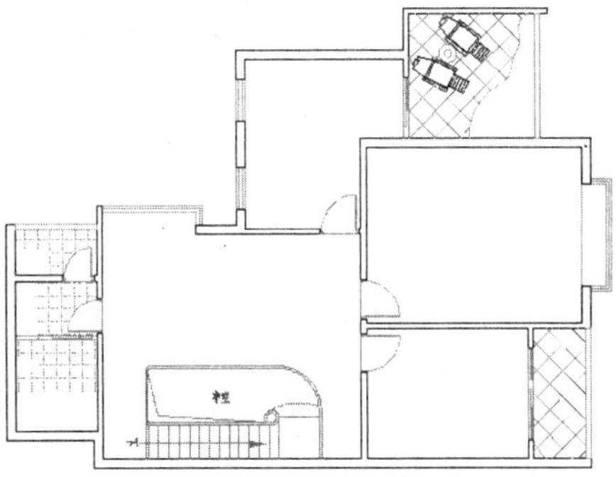

图7-109 填充结果

6 在无命令执行的前提下夹点显示阳台斜拼地砖填充图案，如图7-110所示。

7 执行菜单栏中的【工具】|【选项板】|【特性】命令，修改夹点图案的线型如图7-111所示，修改夹点图案的线型比例如图7-112所示。

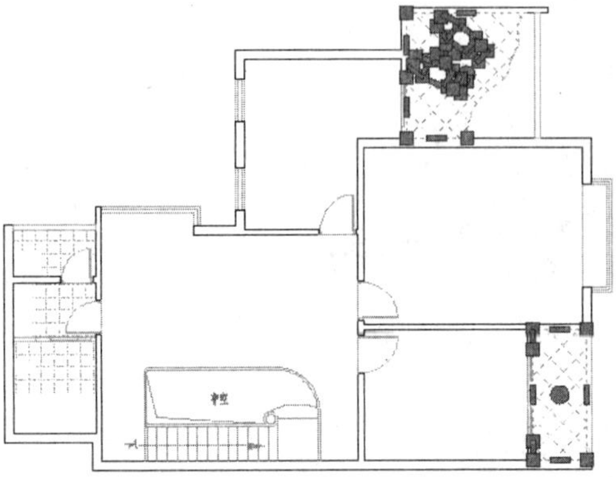
图7-110 夹点显示

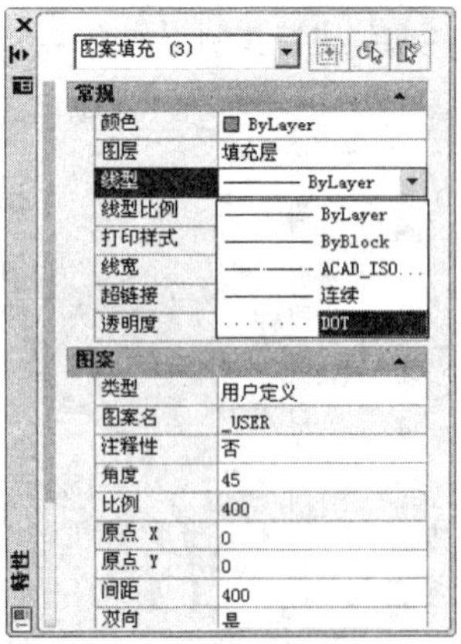

图7-111 修改线型

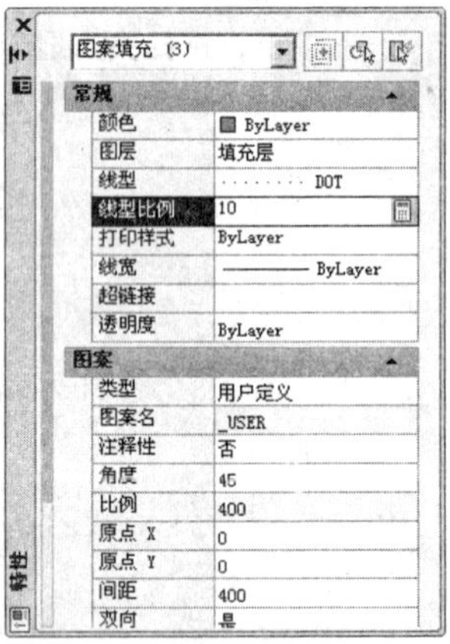

图7-112 修改线型比例

8 关闭【特性】窗口并取消夹点，修改后的效果如图7-113所示。

9 将“0图层”上的家具图块恢复到“家具层”上，同时解冻“家具层”，结果如图7-114所示。

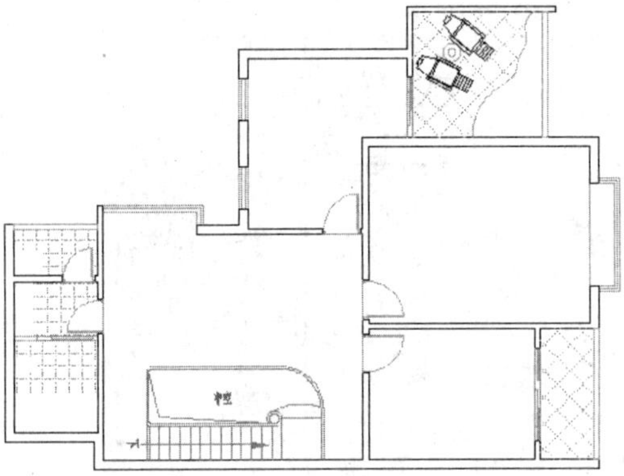
图7-113 修改后的效果

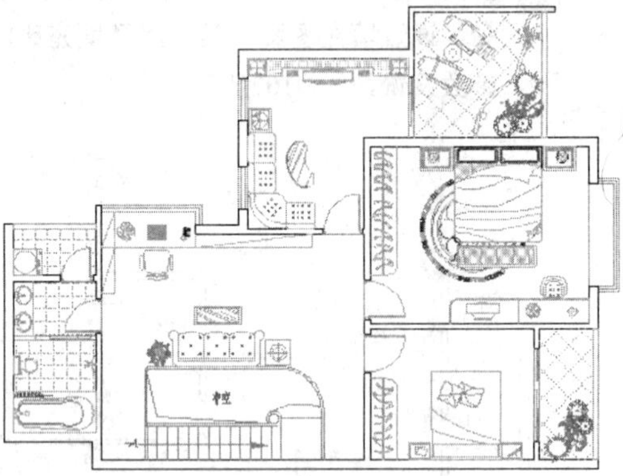
图7-114 操作结果

至此，跃二层阳台斜拼石材材质质图绘制完毕。下一小节学习跃二层书房抛光地砖材质图的绘制过程和绘制技巧。

7.4.3 绘制600×600抛光材质

1 继续上节操作。

2 在无命令执行的前提下夹点显示如图7-115所示的办公桌椅及沙发等家具图块。

3 展开【图层控制】下拉列表，将夹点对象放到“0图层”上，然后冻结“家具层”，平面图的显示效果如图7-116所示。

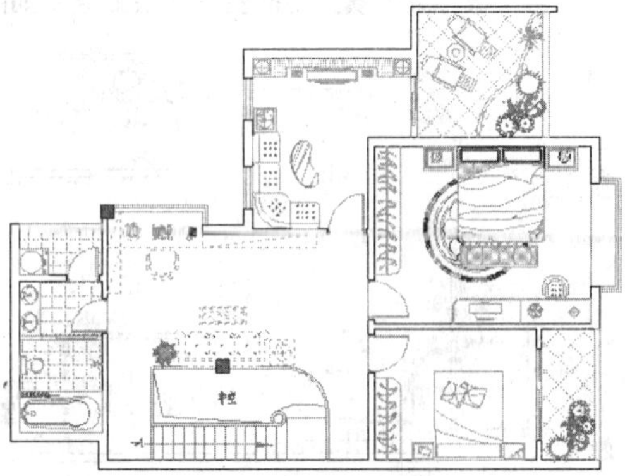
图7-115 夹点效果

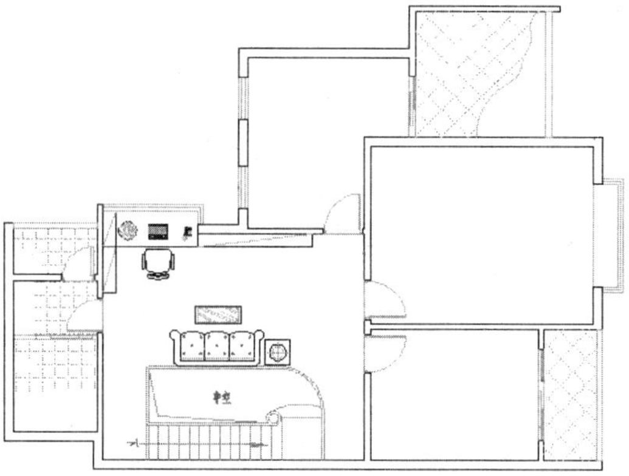

图7-116 平面图的显示效果

4 使用快捷键“H”激活【图案填充】命令，设置填充图案的类型以及填充比例等参数如图7-117所示。

5 单击【添加：拾取点】按钮，返回绘图区，在三处阳台空白区域单击，拾取如图7-118所示的填充区域，填充如图7-119所示的地砖图案。

6 将“0图层”上的图块恢复到“家具层”上，然后解冻该图层，此时平面图的显示效果如图7-120所示。

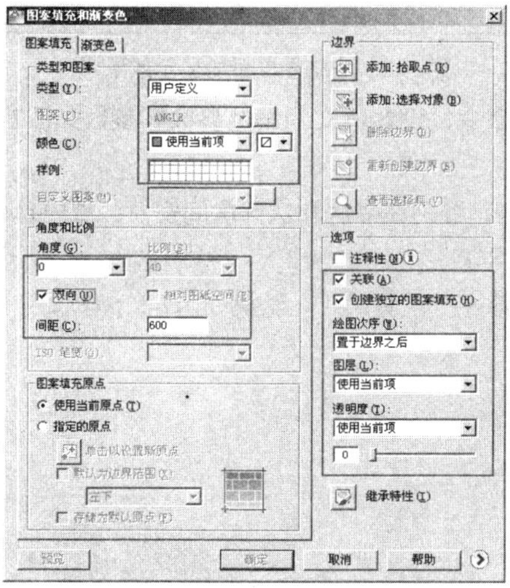

图7-117 设置参数

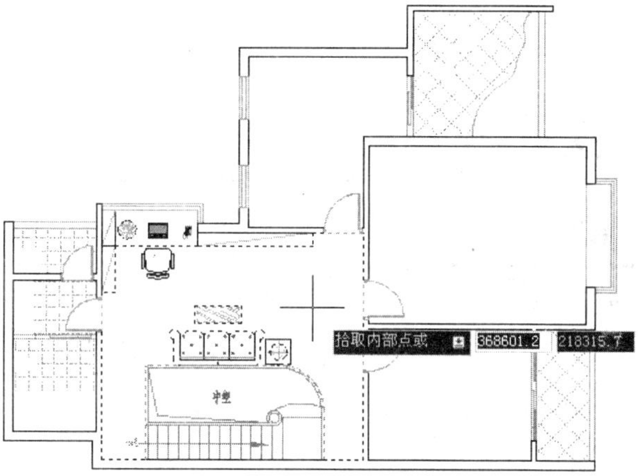

图7-118 拾取填充区域

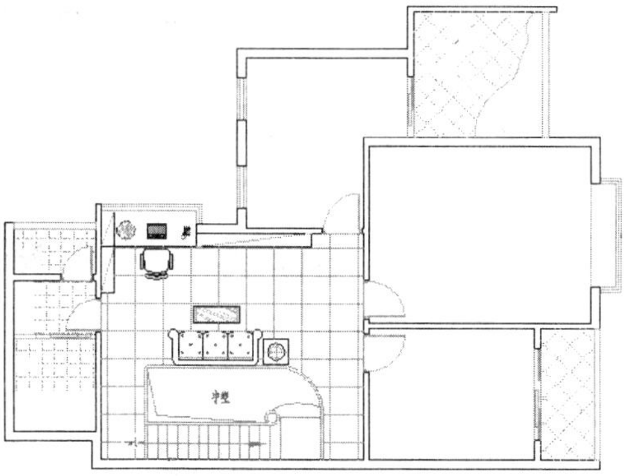

图7-119 填充结果

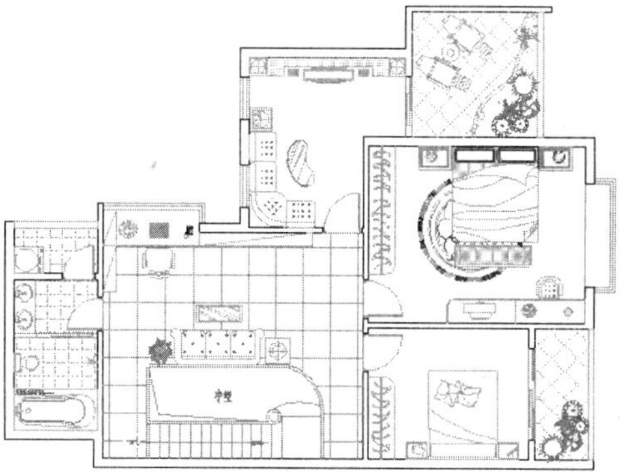

图7-120 平面图显示效果

至此，跃二层书房抛光砖材质图绘制完毕。下一小节学习起居室和卧室地板材质图的绘制过程和绘制技巧。

7.4.4 绘制樱桃木地板材质图

1. 继续上节操作。
2. 在无命令执行的前提下，夹点显示起居室房间内的沙发、茶几、电视与电视柜等家具图块，如图7-121所示。
3. 展开【图层控制】下拉列表，将夹点显示的图形暂时放置在“0图层”上，然后冻结“家具层”，平面图的显示效果如图7-122所示。

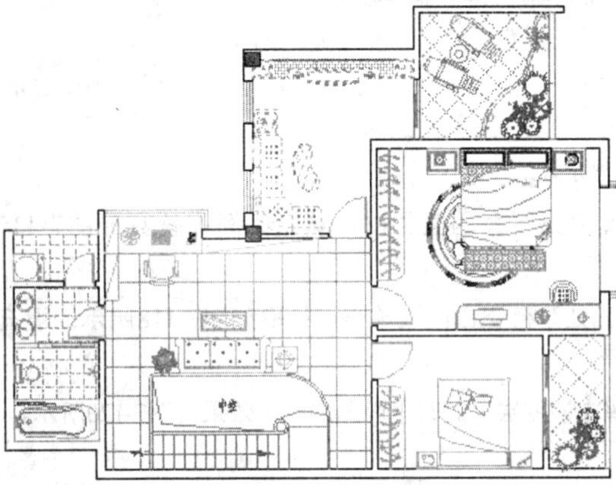

图7-121 夹点结果

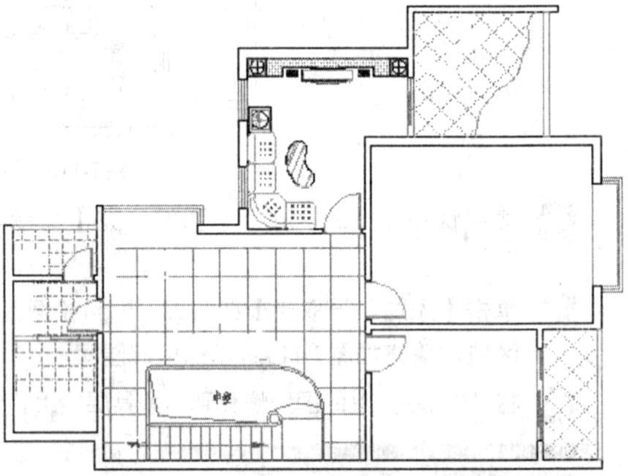

图7-122 冻结图层后的显示效果

4. 单击【绘图】工具栏中的按扭，激活【图案填充】命令，设置填充图案及参数等参数如图7-123所示。
5. 在对话框中单击【添加：拾取点】按钮，返回绘图区，分别在书房和次卧房间空白区域内单击，拾取如图7-124所示的填充边界，填充如图7-125所示图案。
6. 将“0图层”上的家具图块恢复到“家具层”上，同时解冻“家具层”，结果如图7-126所示。

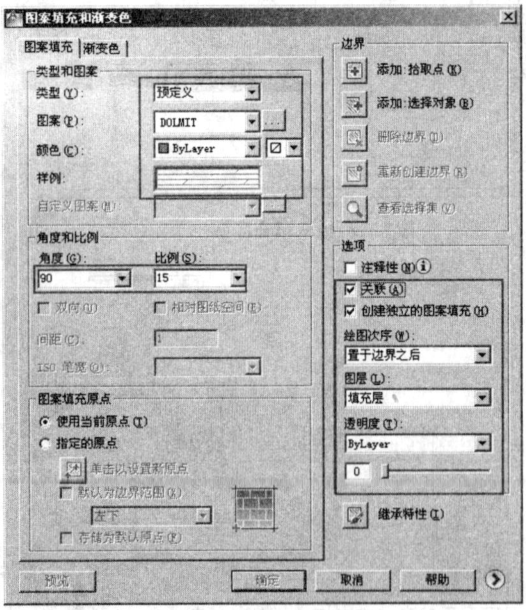

图7-123 设置参数

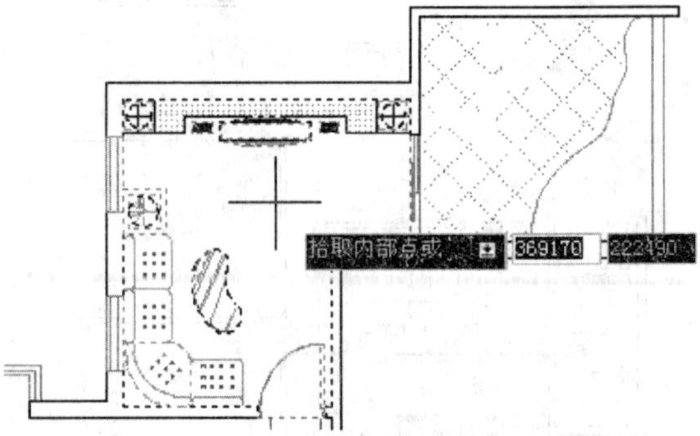

图7-124 指定填充区域

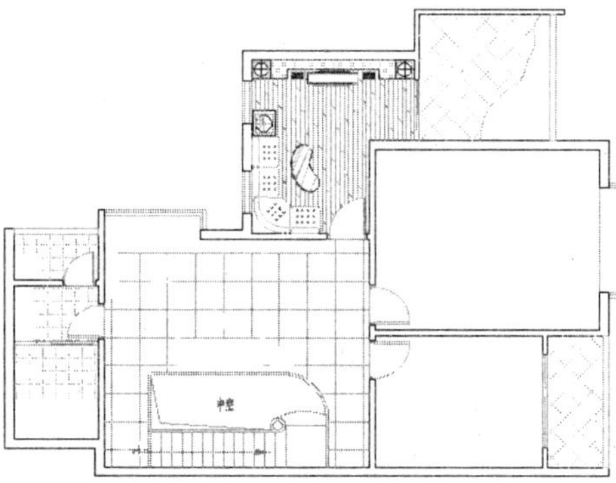

图7-125 填充结果

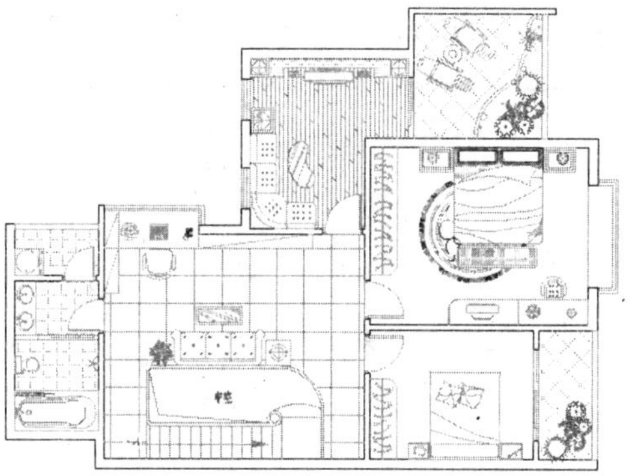

图7-126 解冻图层后的效果

7 在无命令执行的前提下，夹点显示主卧室和次卧室房间内的衣柜、床柜等家具图块，如图7-127所示。

8 展开【图层控制】下拉列表，将夹点显示的图形暂时放置在“0图层”上，然后冻结“家具层”，平面图的显示效果如图7-128所示。

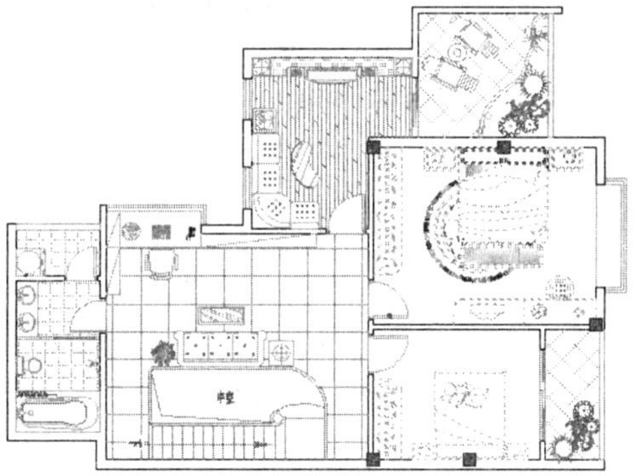

图7-127 夹点结果

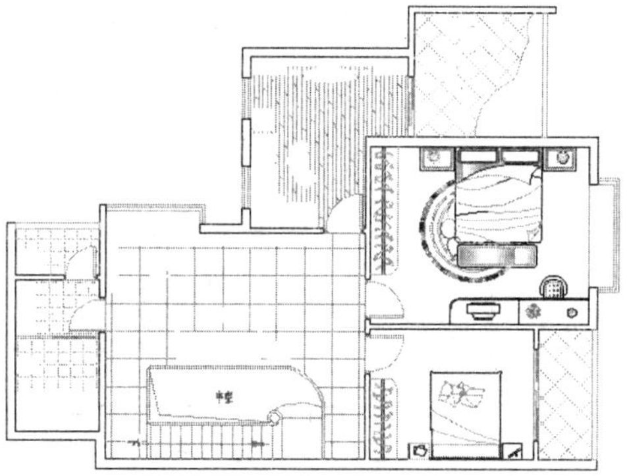

图7-128 冻结图层后的显示效果

9 使用快捷键“BO”激活【边界】命令，分别在主卧室和次卧室房间内的空白区域拾取点，创建如图7-129所示的两条闭合多段线边界。

10 将主卧室和次卧室房间的家具图块放到“家具层”上，此时平面图的显示效果如图7-130所示。

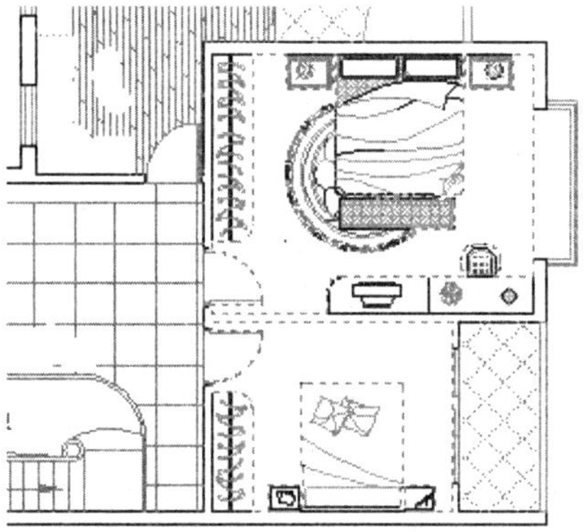

图7-129 创建边界

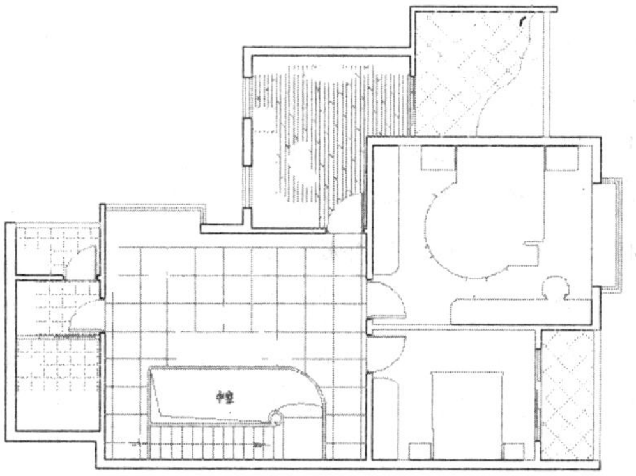

图7-130 平面图的显示效果

11 使用快捷键“H”激活【图案填充】命令，设置填充图案及填充参数如图7-131所示。然后选择两条闭合多段线边界作为填充区域，如图7-132所示，填充结果如图7-133所示。

12 展开【图层控制】下拉列表，解冻“家具层”，此时平面图的显示效果如图7-134所示。

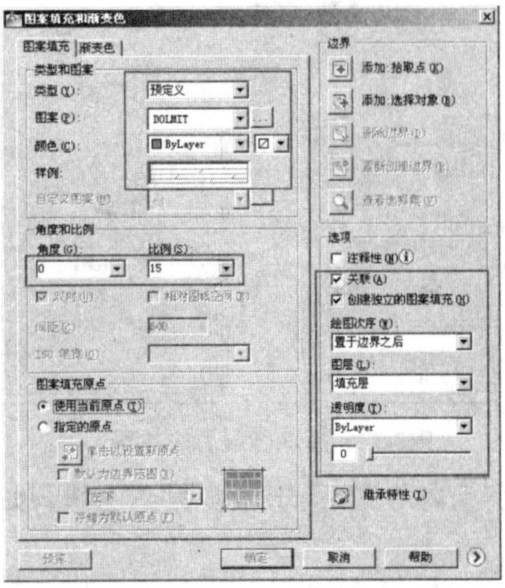

图7-131 设置填充图案与参数

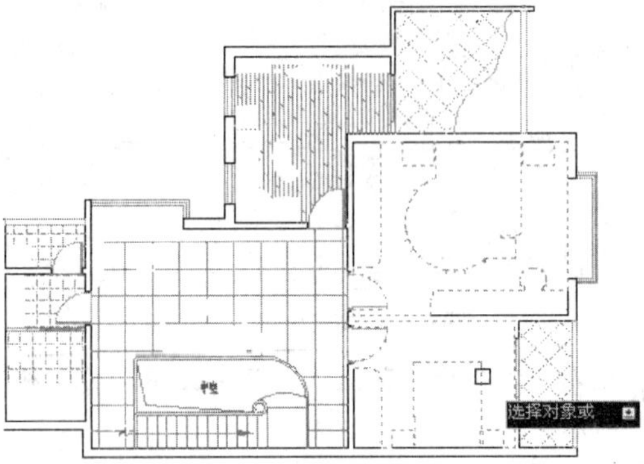

图7-132 选择填充边界

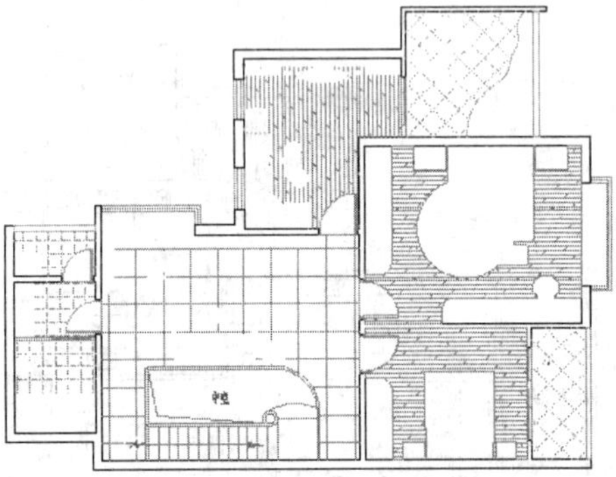

图7-133 填充结果

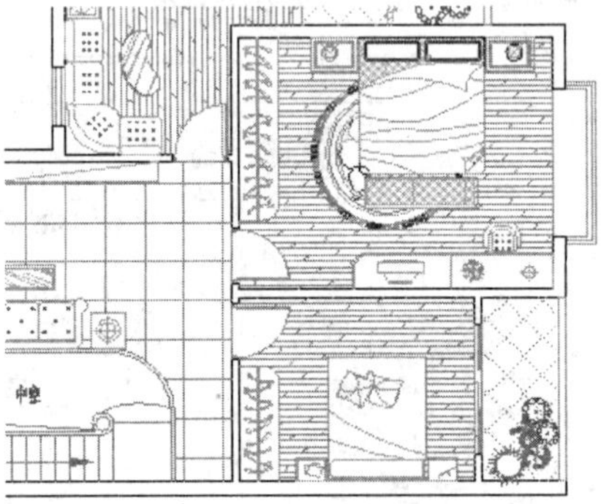

图7-134 平面图的显示效果

13 最后执行【另存为】命令，将当前图形另存储为“高档住宅跃二层地面材质图.dwg”。

7.5 标注高档住宅跃二层装修布置图

本节通过为高档住宅跃二层装修布置图标注房间功能、材质注解、墙面投影以及施工尺寸，主要学习跃二层装修布置图的后期标注过程和标注技巧。本例最终标注效果如图7-135所示。

在标注高档住宅跃二层装修布置图时，可以参照如下绘图思路。

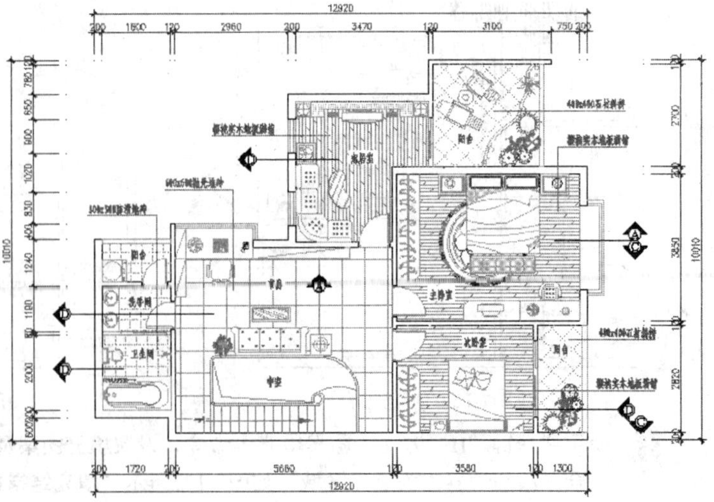

图7-135 实例效果

1）首先使用【单行文字】、【编辑图案填充】命令标注跃二层各房间的使用功能性注释。

2）使用【多段线】、【单行文字】、【复制】、【编辑文字】等命令标注跃二层住宅地面装修材质注解。

3）使用【直线】、【插入块】、【编辑属性】、【移动】等命令快速标注布置图的墙面投影。

4）最后使用【线性】、【连续】、【构造线】、【删除】等命令标注跃二层装修布置图尺寸。

7.5.1　标注跃二层房间功能注释

1 打开上节存储的“高档住宅跃二层地面材质图.dwg”文件。

2 执行菜单栏中的【格式】|【图层】命令，在打开的【图层特性管理器】对话框中双击“文本层”，将其设置为当前操作层。

3 单击【样式】工具栏中的按钮，在打开的【文字样式】对话框中设置“仿宋体”为当前文字样式。

4 执行菜单栏中的【绘图】|【文字】|【单行文字】命令，在命令行“指定文字的起点或 [对正(J)/样式(S)]：”的提示下，在厨房适当位置单击，拾取一点作为文字的起点。

5 继续在命令行“指定高度 <2.5>：”提示下，输入210并按Enter键，将当前文字的高度设置为210个绘图单位。

6 在“指定文字的旋转角度<0.00>：”提示下按Enter键，此时绘图区会出现一个单行文字输入框，然后在文字输入框内输入“起居室”，如图7-136所示。

7 分别将光标移至其他房间内，标注各房间的功能性文字注释，然后连续按两次Enter键，结束【单行文字】命令，标注结果如图7-137所示。

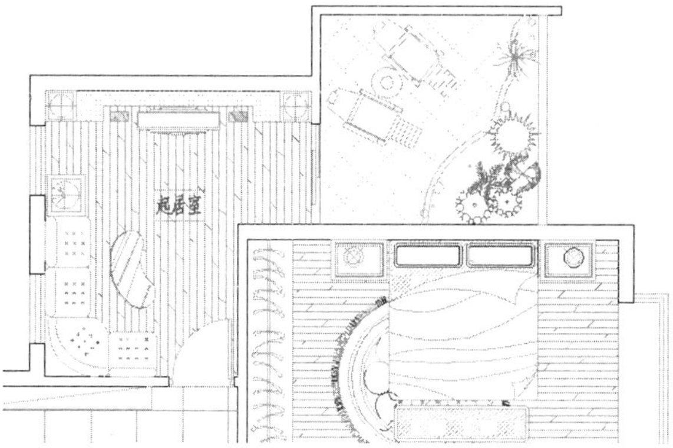

图7-136 输入文字

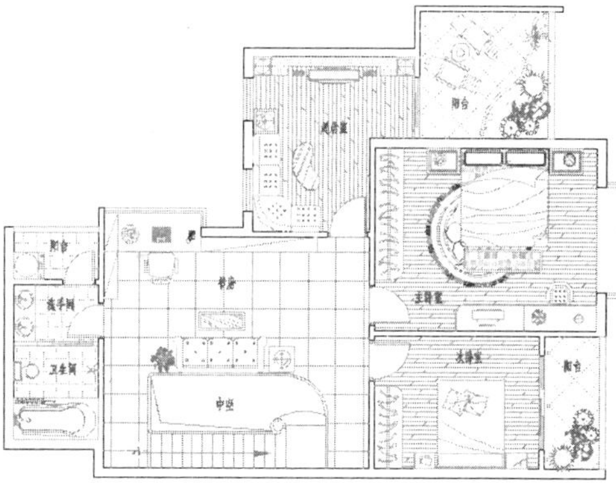

图7-137 标注其他房间功能

8 夹点显示起居室房内的地板填充图案，然后右击，在弹出的快捷菜单中选择【图案填充编辑】命令，如图7-138所示。

9 在打开的【图案填充编辑】对话框中单击“添加：选择对象”按钮，然后返回绘图区，在命令行“选择对象或 [拾取内部点(K)/删除边界(B)]:”提示下，选择“起居室”文字对象，如图7-139所示。

10 按Enter键，结果被选择文字对象区域的图案被删除，如图7-140所示。

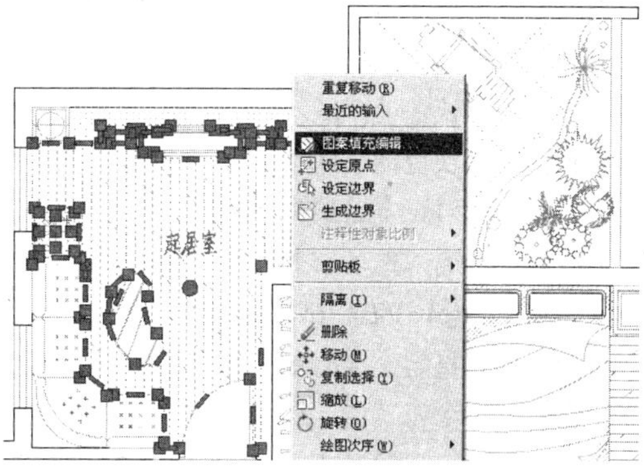

图7-138 图案右键菜单

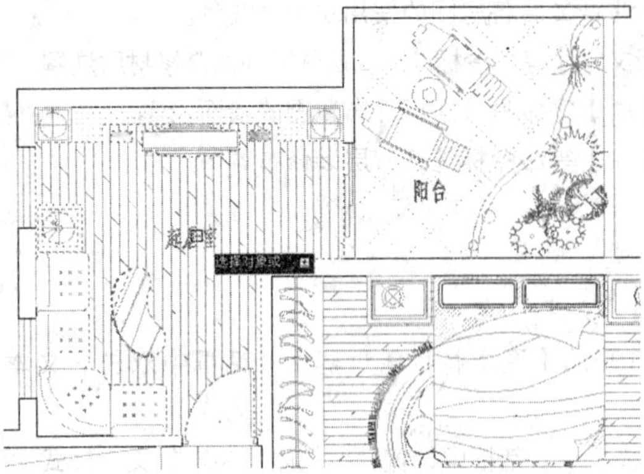

图7-139 选择文字对象

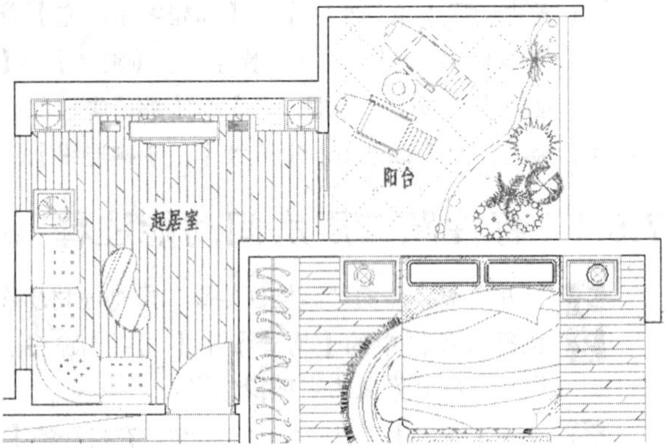

图7-140 编辑结果

11 参照步骤8~步骤10的操作方法，分别修改卧室、书房、卫生间、洗手间以及阳台等地板填充图案，结果如图7-141所示。

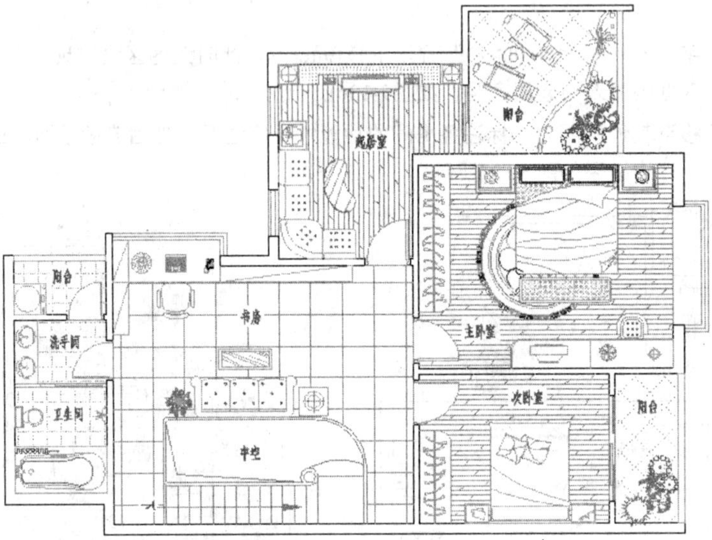

图7-141 修改其他填充图案

至此，跃二层布置图的房间功能性注释标注完毕。下一小节将学习跃二层地面材质注释的标注方法和技巧。

7.5.2 标注跃二层地面材质注释

1 继续上节操作。

2 使用快捷键“L”激活【直线】命令，绘制如图7-142所示的直线作为文字指示线。

3 使用快捷键“DT”激活【单行文字】命令，在“指定文字的起点或 [对正(J)/样式(S)]：”提示下激活【对正】选项功能。

4 在“输入选项 [对齐(A)/布满(F)/居中(C)/中间(M)/右对齐(R)/左上(TL)/中上(TC)/右上(TR)/左中(ML)/正中(MC)/右中(MR)/左下(BL)/中下(BC)/右下(BR)]：”提示下激活【左下】选项功能。

5 在“指定文字的左下点：”提示下捕捉指示线起居室指示线的左端点。

6 在命令行“指定高度 <210.0>：”提示下按Enter键。

7 在“指定文字的旋转角度<0.00>：”提示下按Enter键，然后输入“樱桃实木地板满铺”，如图7-143所示。

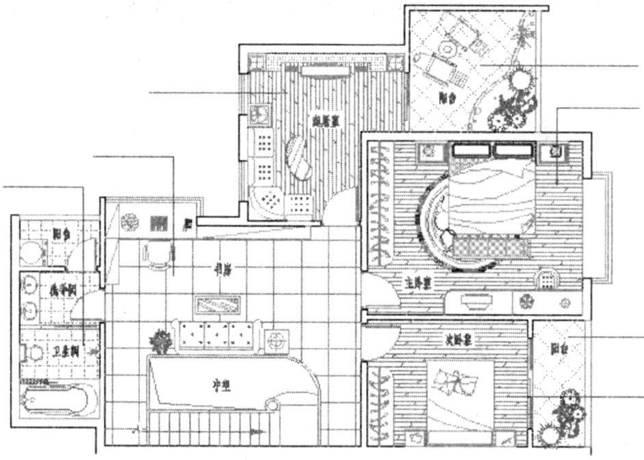

图7-142 绘制结果

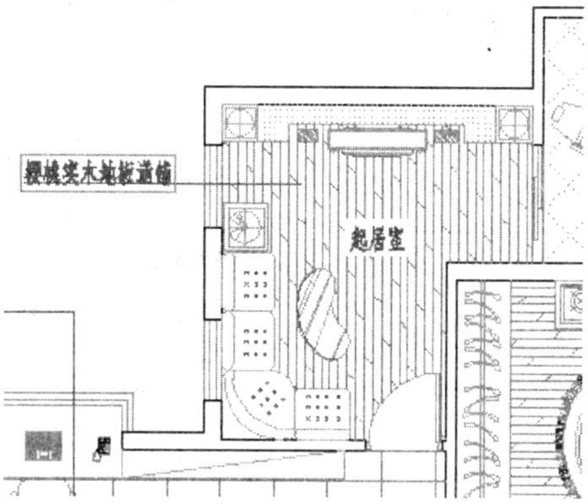

图7-143 输入文字

8 连续按Enter键结束【单行文字】命令，标注结果如图7-144所示。

9 使用快捷键“M”激活【移动】命令，将标注的单行文字沿y轴正方向位移60个绘图单位，结果如图7-145所示。

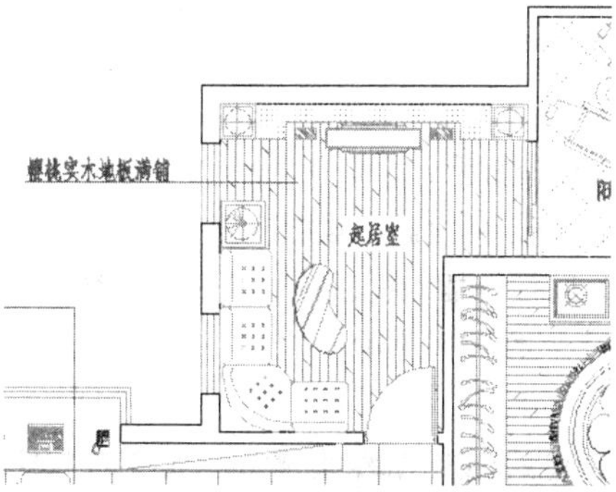

图7-144 标注结果

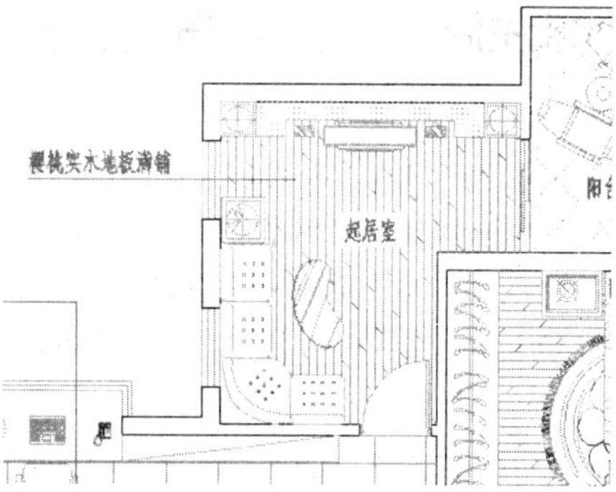

图7-145 移动结果

10 执行菜单栏中的【修改】|【复制】命令，选择其中的一个单行文字注释，将其复制到其他指示线上，结果如图7-146所示。

11 执行菜单栏中的【修改】|【对象】|【文字】|【编辑】命令，在命令行“选择注释对象或[放弃(U)]：”提示下选择复制出的文字，然后在反白显示的单行文字输入框内输入正确的文字注释，结果如图7-147所示。

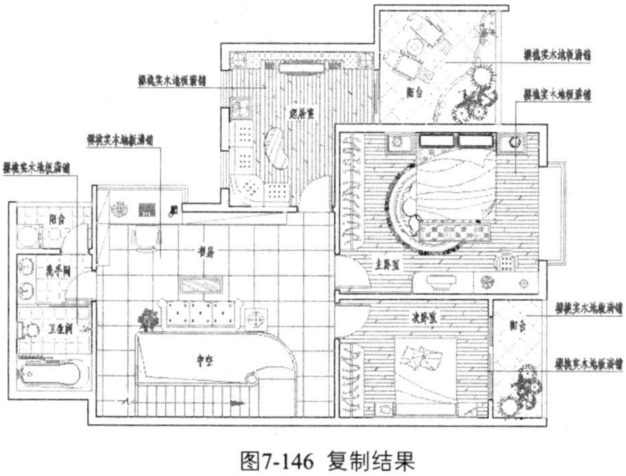

图7-146 复制结果

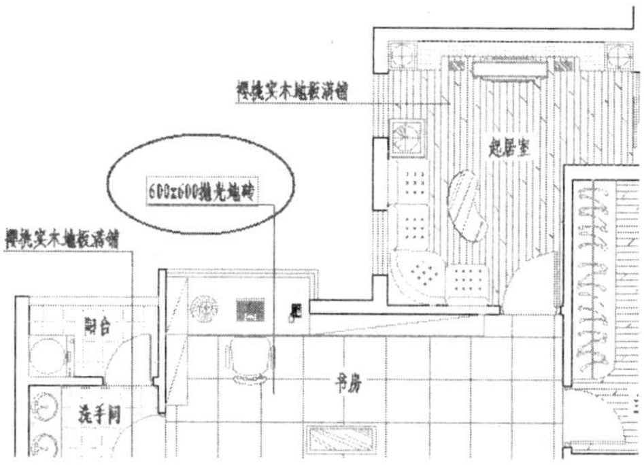

图7-147 修改结果

12 继续在命令行“选择文字注释对象或[放弃(U)]：”提示下，分别单击其他文字对象进行编辑，输入正确的文字注释，并适当调整文字的位置，结果如图7-148所示。

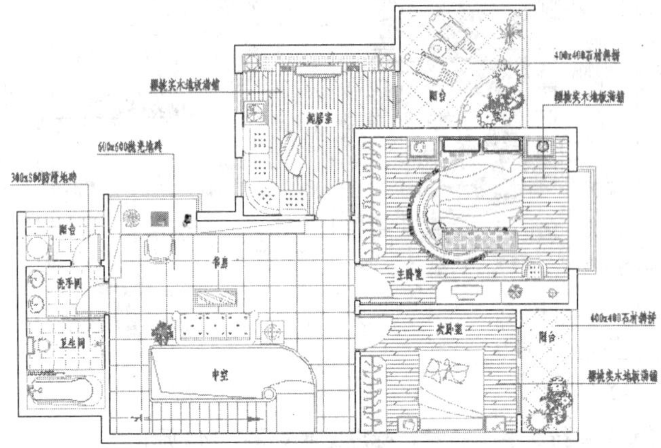

图7-148 编辑其他文字

至此，高档住宅跃二层地面材质注解标注完毕。下一小节将为跃二层布置图标注墙面投影符号。

7.5.3 标注跃二层室内布置图投影

1 继续上节操作。

2 使用快捷键“LA”激活【图层】命令，将“其他层”设置为当前操作层。

3 使用快捷键“L”激活【直线】命令，绘制如图7-149所示的投影符号指示线。

4 使用快捷键“I”激活【插入块】命令，采用默认属性值插入投影符号属性块，块参数设置如图7-150所示，插入点为图7-151所示的端点，插入结果如图7-152所示。

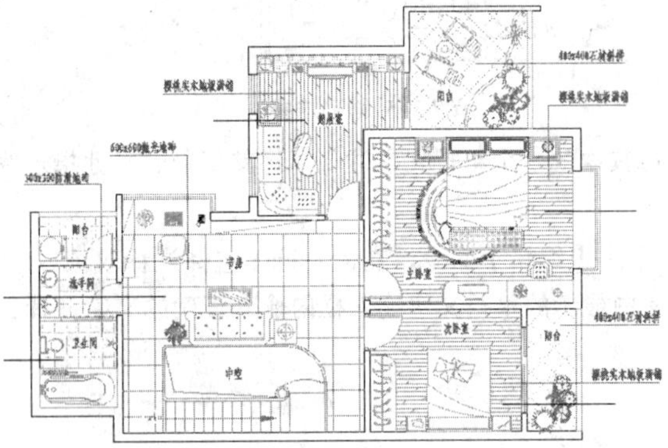

图7-149 绘制指示线

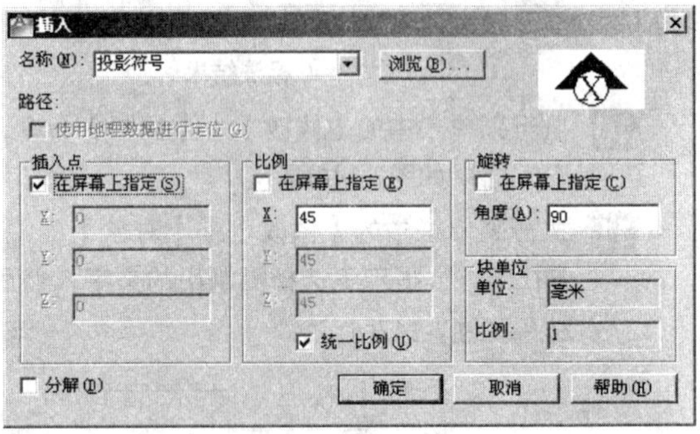

图7-150 设置参数

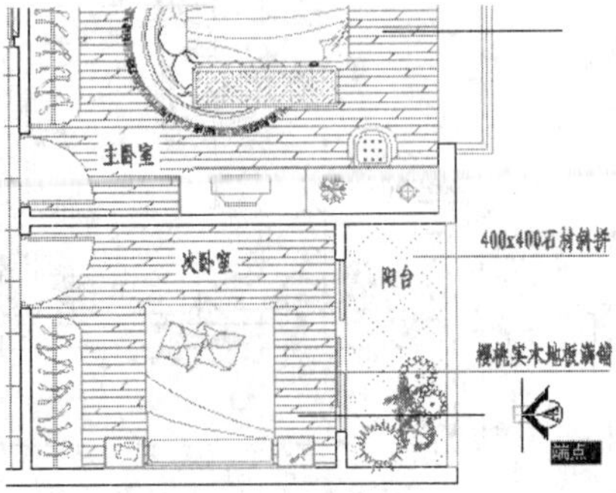

图7-151 捕捉端点

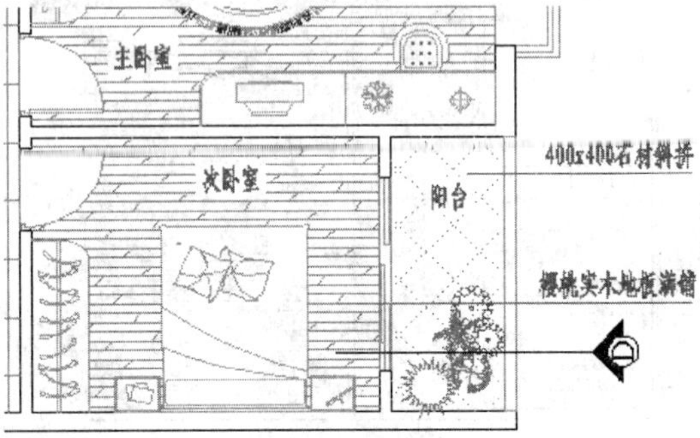

图7-152 插入结果

5 在插入的投影符号属性块上双击，激活【编辑属性】命令，在打开的【增强属性编辑器】对话框中修改旋转角度如图7-153所示，修改后的结果如图7-154所示。

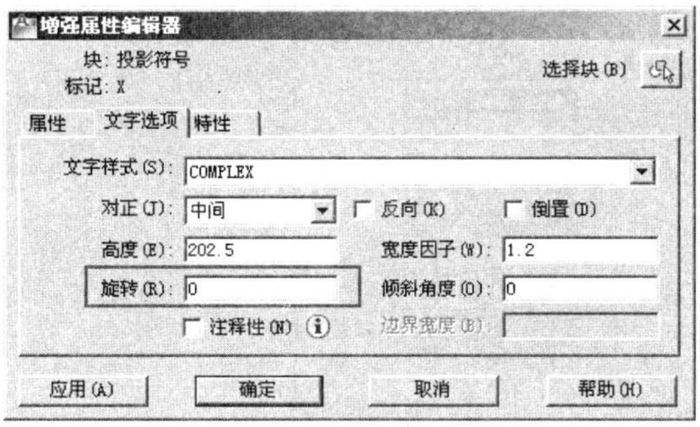

图7-153 【增强属性编辑器】对话框

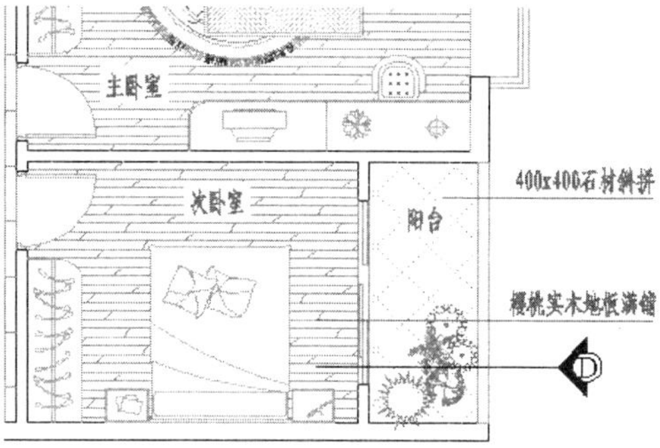

图7-154 修改结果

6 参照上述操作，综合使用【插入块】、【编辑属性】、【移动】等命令，分别标注其他房间的投影符号，结果如图7-155所。

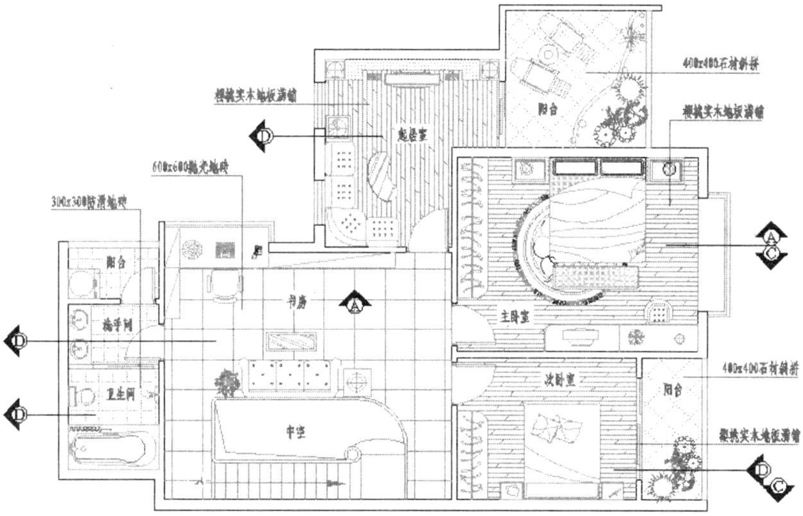

图7-155 标注其他房间的投影符号

至此，跃二层布置图的墙面投影符号标注完毕。下一小节将学习跃二层布置图尺寸的标注过程及技巧。

7.5.4 标注跃二层室内布置图尺寸

1 继续上节操作。

2 展开【图层控制】下拉列表，设置“尺寸层”为当前操作层。

3 执行菜单栏中的【修改】|【偏移】命令，将绘制的矩形向外偏移240个绘图单位，然后将偏移后的矩形向内再偏移300个绘图单位。

4 单击【标注】工具栏中的按钮，在“指定第一条尺寸界线原点或 <选择对象>：”提示下捕捉如图7-157所示的交点。

5 在“指定第二条尺寸界线原点:”提示下，捕捉追踪虚线与辅助线的交点作为第二条标注界线的起点，如图7-158所示。

6 在“指定尺寸线位置或 [多行文字(M)/文字(T)/角度(A)/水平(H)/垂直(V)/旋转(R)]：”提示下，向左移动光标，输入890并按Enter 键，结果如图7-159所示。

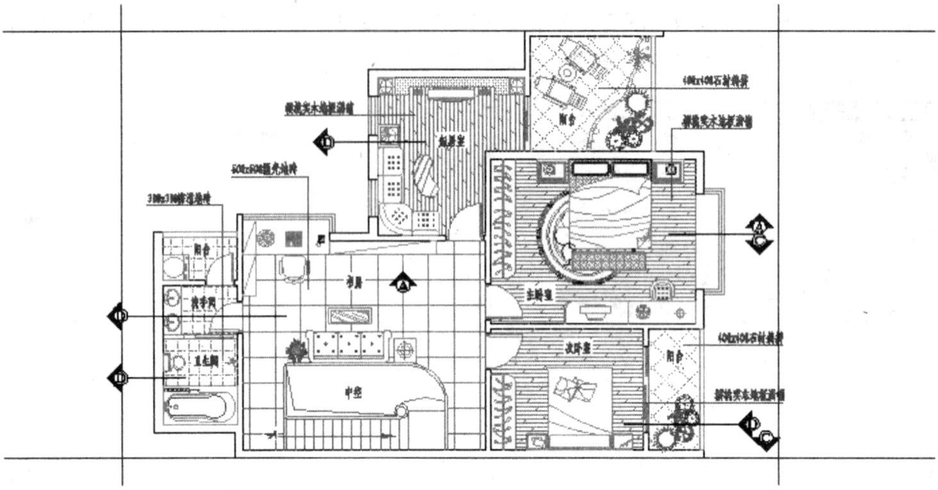

图7-156 绘制结果

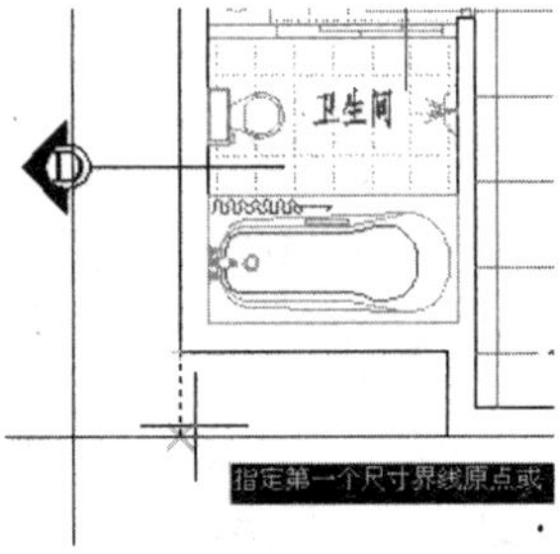

图7-157 定位第一原点

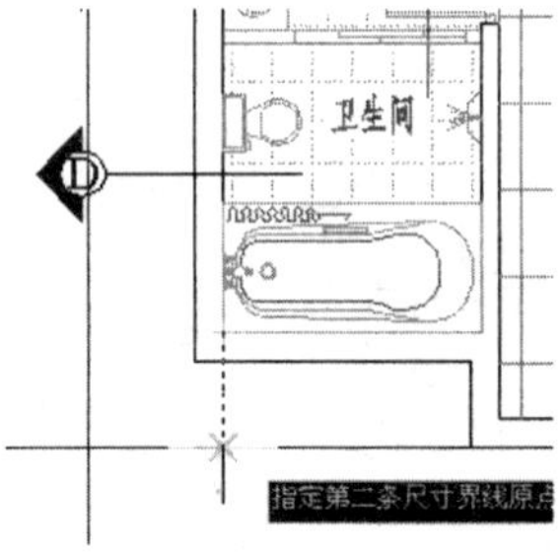

图7-158 定位第二原点

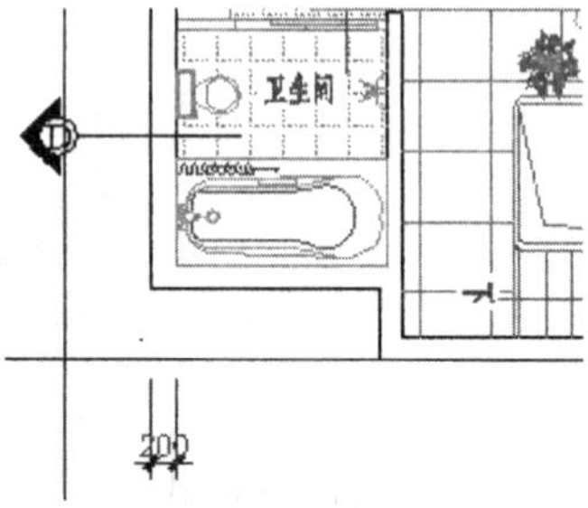

图7-159 标注结果

7 单击【标注】工具栏中的按扭，激活【连续】命令，在“指定第二条尺寸界线原点或 [放弃(U)/选择(S)] <选择>：”提示下，配合捕捉与追踪功能标注下侧的细部尺寸，标注结果如图7-160所示。

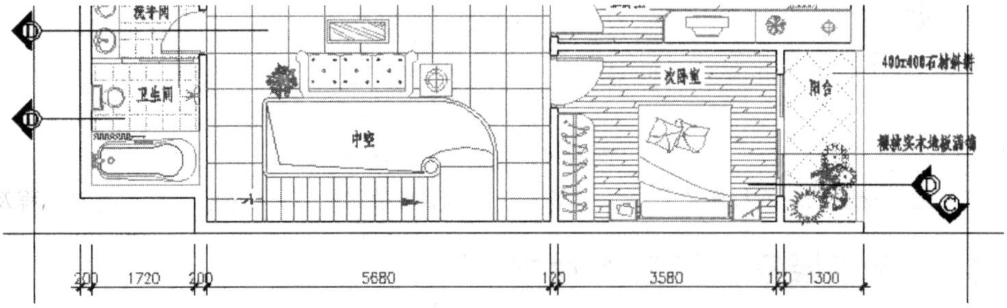

图7-160 标注结果

8 重复执行【线性】命令，配合端点捕捉功能标注下侧的总尺寸，结果如图7-161所示。

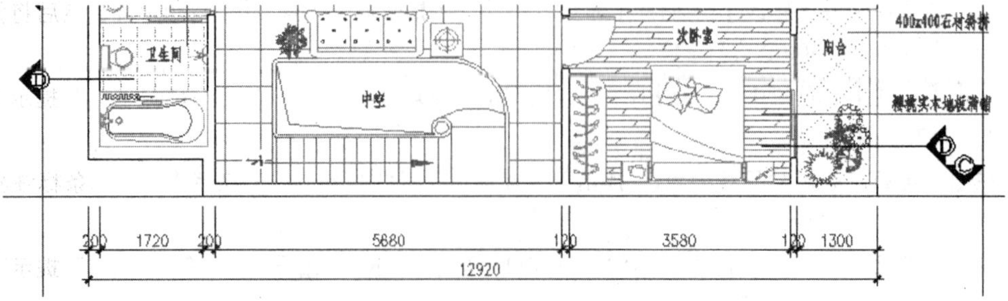

图7-161 标注总尺寸

9 参照上述操作，综合使用【构造线】、【线性】和【连续】命令，并配合捕捉与追踪功能，分别标注平面图其他侧的尺寸，结果如图7-162所示。

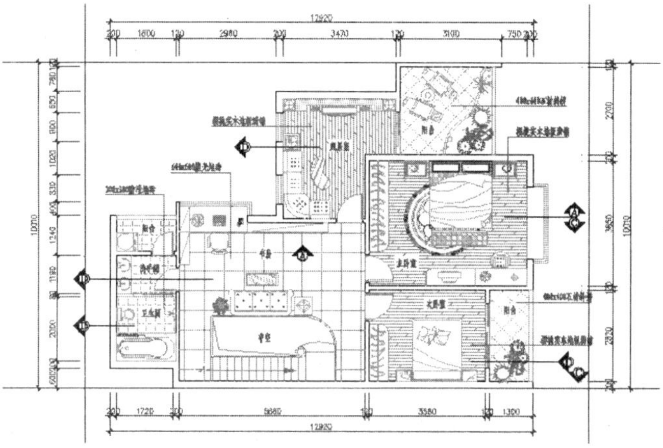

图7-162 标注其他侧尺寸

10 使用快捷键“E”激活【删除】命令，删除尺寸定位辅助线。

11 最后使用【另存为】命令，将图形另存为“标注高档住宅跃二层装修布置图.dwg”。

7.6 绘制高档住宅跃二层吊顶轮廓图

本节主要学习高档住宅跃二层室内吊顶图的具体绘制过程和绘制技巧。跃二层吊顶轮廓图的最终绘制效果如图7-163所示。

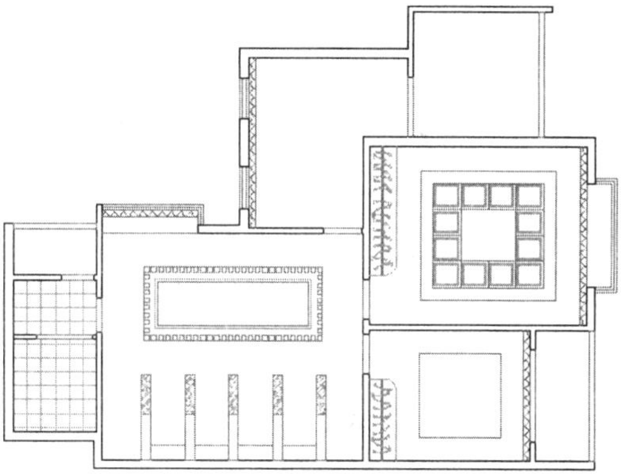

图7-163 实例效果

在绘制高档住宅跃二层吊顶轮廓图时，具体可以参照如下绘图思路。

1）首先调用跃二层布置图，然后使用图层的状态控制功能初步调整平面图。

2）使用【删除】、【分解】、【直线】以及图层的控制功能初步绘制吊顶轮廓图。

3）使用【直线】、【偏移】、【线性】、【特性】等命令并配合捕捉追踪功能绘制窗帘盒和窗帘。

4）使用【图案填充】、【设定原点】等命令绘制卫生间与洗手间吊顶。

5）使用【矩形】、【偏移】、【阵列】、【删除】等命令绘制书房吊顶。

6）使用【矩形】、【构造线】、【修剪】、【图案填充】、【阵列】等命令绘制楼梯间吊顶。

7）最后使用【矩形】、【阵列】、【直线】、【点样式】、【定数等分】、【偏移】、【删除】等命令绘制卧室吊顶。

7.6.1 绘制跃二层吊顶墙体图

1 打开上节保存的“标注高档住宅跃二层装修布置图.dwg”文件。

2 展开【图层控制】下拉列表，将“吊顶层”设置为当前操作层，并冻结“尺寸层”、“填充层”、“其他层”和“轴线层”，此时平面图的显示效果如图7-164所示。

3 执行菜单栏中的【修改】|【删除】命令，删除与当前操作无关的对象，结果如图7-165所示。

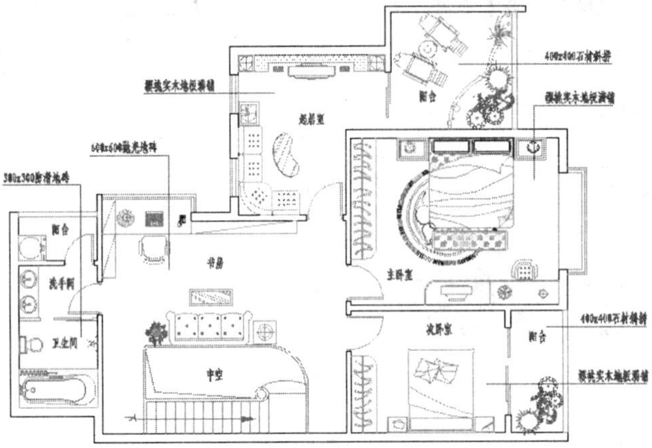

图7-164 平面图的显示效果

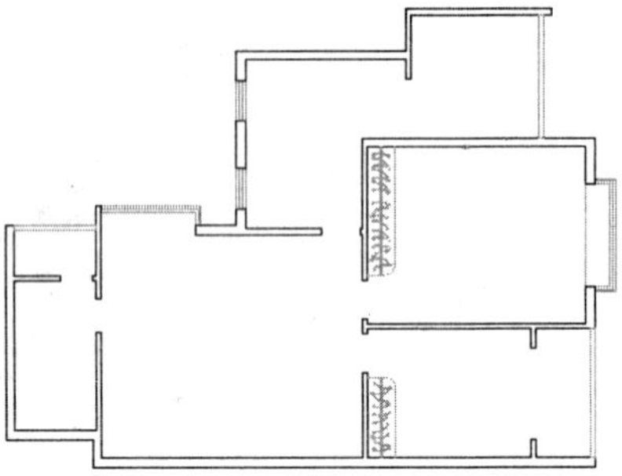

图7-165 删除结果

4 在无命令执行的前提下夹点显示如图7-166所示的衣柜图块，将其放到“吊顶层”上。

5 使用快捷键“L”激活【直线】命令，重复执行【直线】命令，配合端点捕捉或交点捕捉功能绘制门洞位置的过梁轮廓线，结果如图7-167所示。

6 执行菜单栏中的【工具】|【快速选择】命令，设置过滤参数如图7-168所示，选择“门窗层”上的所有对象，选择结果如图7-169所示。

7 展开【图层控制】下拉列表，将夹点显示的图形放到“吊顶层”上，修改其颜色为“随层”，取消夹点后的效果如图7-170所示。

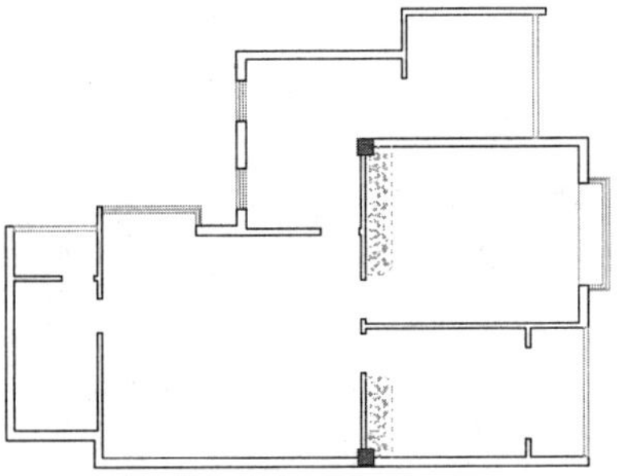

图7-166 夹点效果

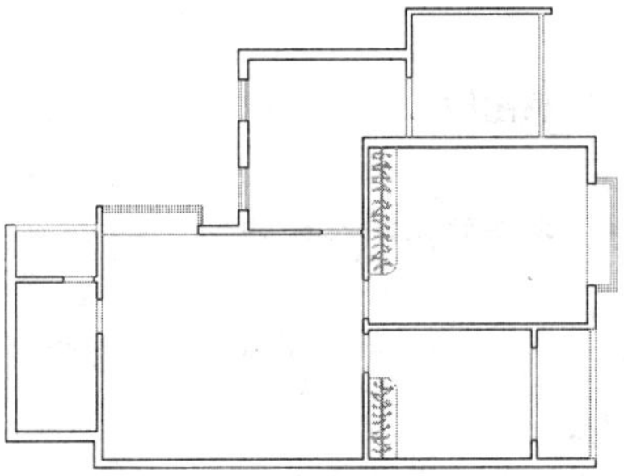

图7-167 绘制结果

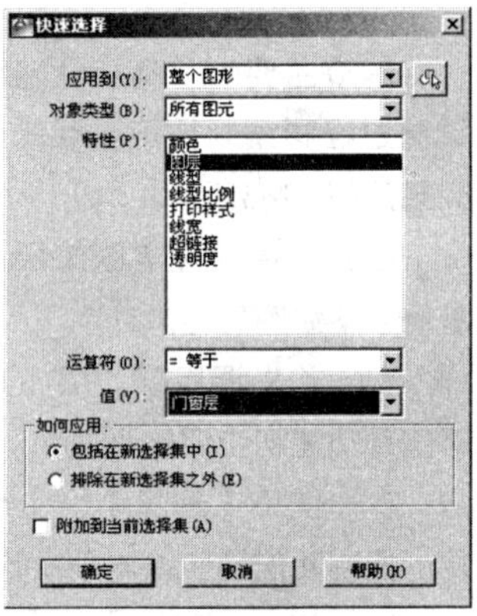

图7-168 设置过滤参数

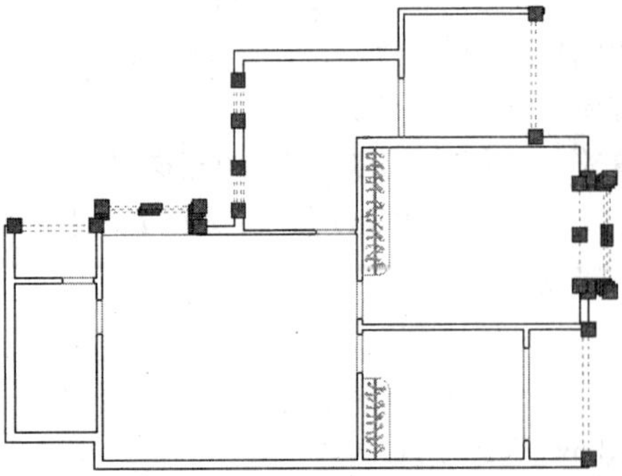

图7-169 选择结果

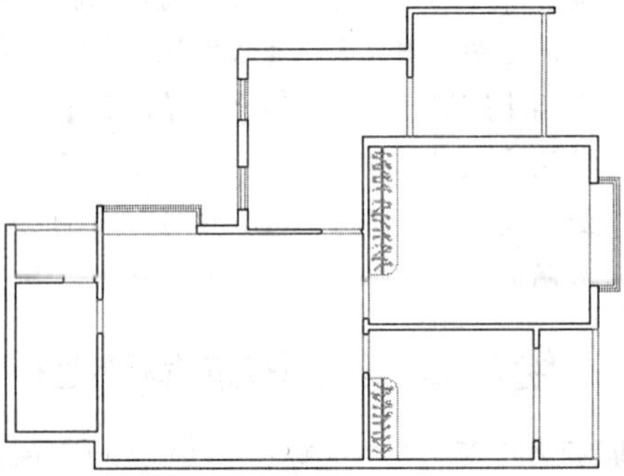

图7-170 更改所在图层

8 使用快捷键“L”激活【直线】命令，在卫生间内绘制如图7-171所示的隔墙轮廓线。

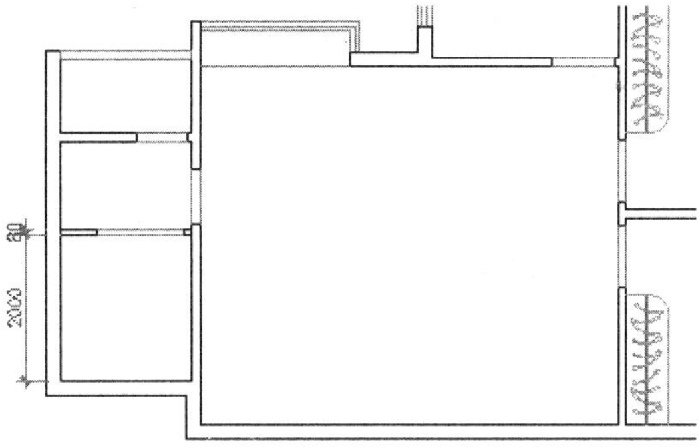

图7-171 绘制结果

至此，跃二层吊顶墙体图绘制完毕。下一小节将学习跃二层窗帘及窗帘盒构件的具体绘制过程和绘制技巧。

7.6.2　绘制跃二层窗帘构件图

1 继续上节操作。

2 使用快捷键“L”激活【直线】命令，配合【对象追踪】和【极轴追踪】功能绘制窗帘盒轮廓线。命令行操作如下：

```
命令: _line
    指定第一点:                    //水平向左引出如图7-172所示的方矢量，然后输入150 Enter
    指定下一点或 [放弃(U)]:        //捕捉追踪虚线与墙线的交点，如图7-173所示
    指定下一点或 [放弃(U)]:        // Enter，绘制结果如图7-174所示
```

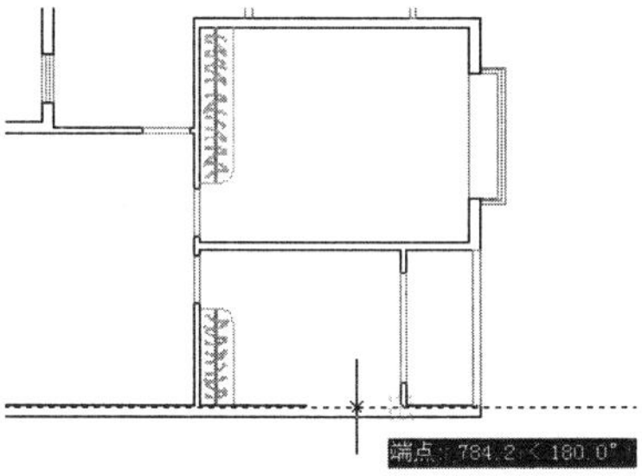

图7-172 引出对象追踪矢量

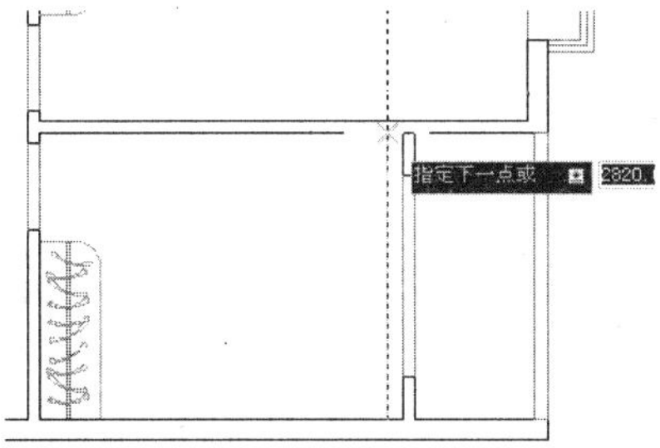

图7-173 引出极轴矢量

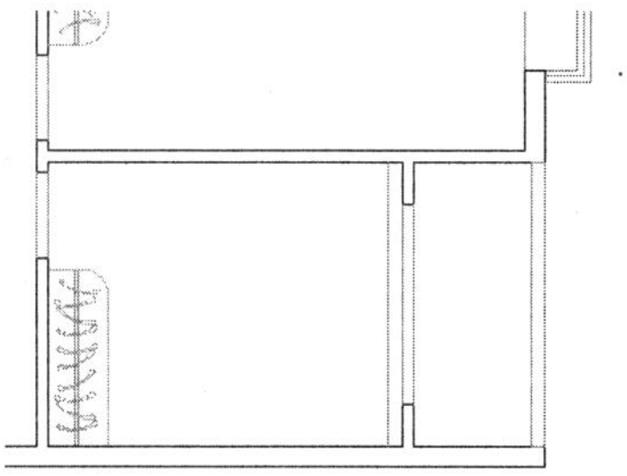

图7-174 绘制结果

3 使用快捷键“O”激活【偏移】命令，选择刚绘制的窗帘盒轮廓线，将其向右偏移75个绘图单位，作为窗帘轮廓线，结果如图7-175所示。

4 执行菜单栏中的【格式】|【线型】命令，加载名为“ZIGZAG”的线型，并设置线型比例如图7-176所示。

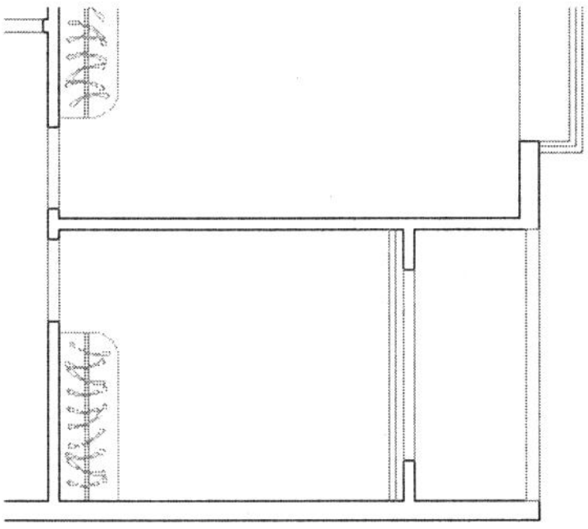

图7-175 偏移结果

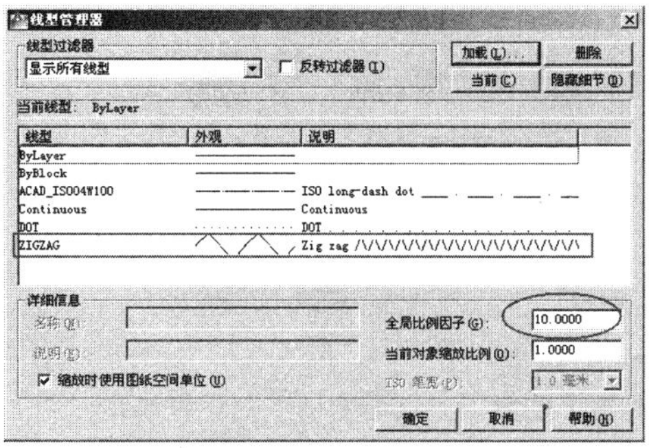

图7-176 加载线型

5 在无命令执行的前提下夹点显示窗帘轮廓线，然后打开【特性】窗口，修改窗帘轮廓线的线型和颜色，如图7-177所示。

6 关闭【特性】窗口，取消对象的夹点显示状态，观看线型特性修改后的效果，如图7-178所示。

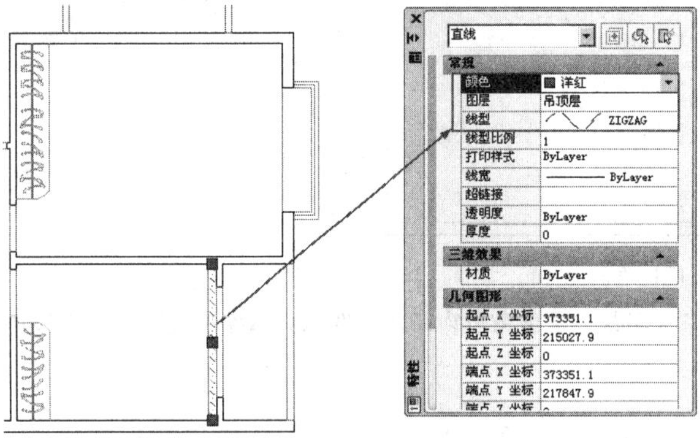

图7-177 修改线型及颜色

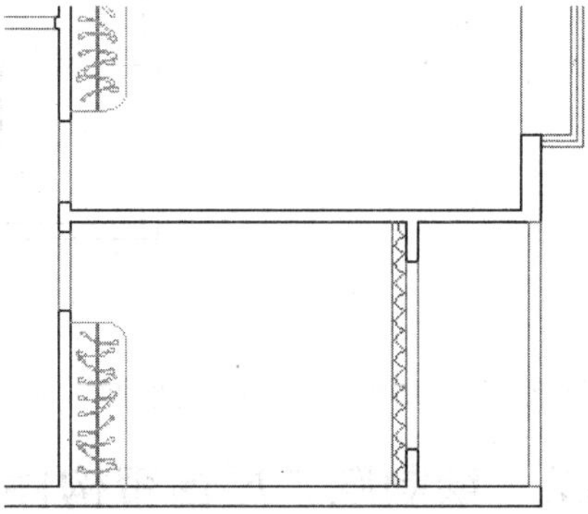

图7-178 特性修改后的效果

7 参照步骤2～步骤6的操作方法，分别绘制其他房间内的窗帘及窗帘盒轮廓线，结果如图7-179所示。

至此，跃二层窗帘和窗帘盒轮廓线绘制完毕。下一小节将学习跃二层厨房与卫生间吊顶的绘制过程和绘制技巧。

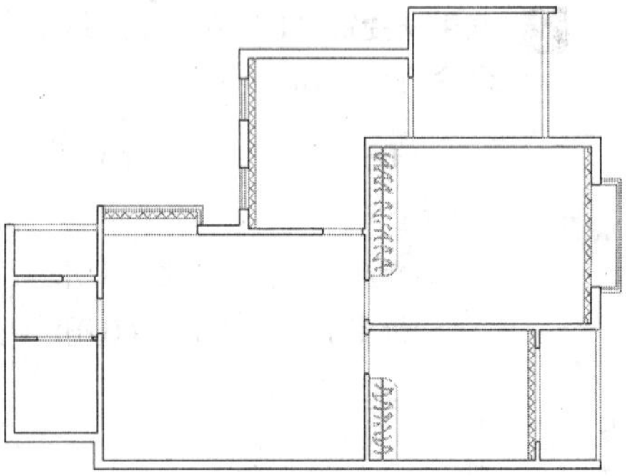

图7-179 绘制结果

7.6.3 绘制跃二层厨房与卫生间吊顶

1 继续上节操作。

2 执行菜单栏中的【格式】|【颜色】命令，将当前颜色设置为140号色，如图7-180所示。

3 使用快捷键“H”激活【图案填充】命令，打开【图案填充和渐变色】对话框，选择“用户定义”图案，同时设置图案的填充角度及填充间距参数，如图7-181所示。

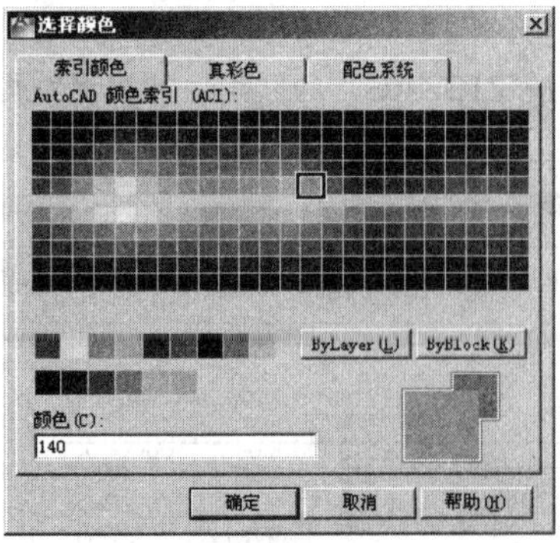

图7-180 设置当前颜色

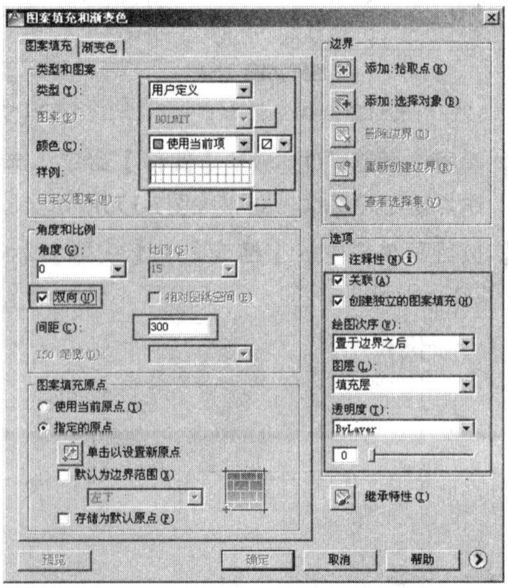

图7-181 设置参数

4 单击【图案填充和渐变色】对话框中的“添加：拾取点”按钮，返回绘图区，分别在厨房和卫生间内单击，拾取填充边界，如图7-182所示。

5 返回【图案填充和渐变色】对话框后单击 确定 按钮，结束命令，填充后的结果如图7-183所示。

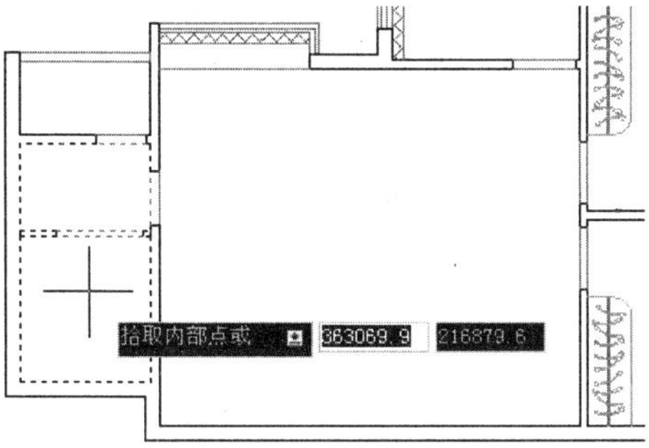

图7-182 拾取填充边界

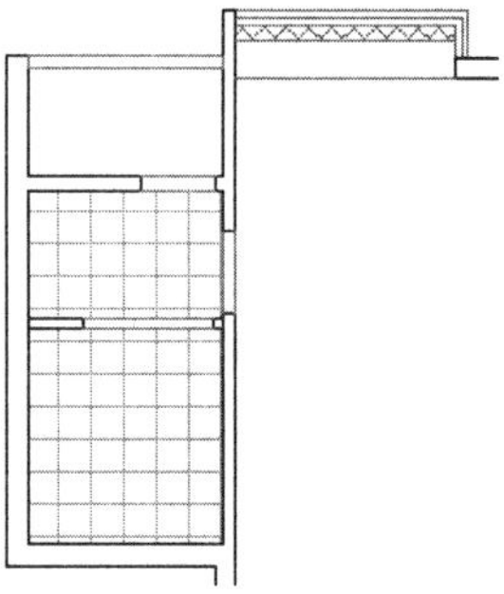

图7-183 填充结果

6 在卫生间吊顶图案上右击，选择快捷菜单中的【设定原点】命令，如图7-184所示，重新设定图案的填充原点。

7 此时在命令行“选择新的图案填充原点:”提示下，激活【两点之间的中点】选项。

8 在“选择新的图案填充原点: _m2p 中点的第一点:”提示下，捕捉如图7-185所示的交点。

9 在“中点的第二点:”提示下，捕捉如图7-186所示的端点，结果图案的填充原点被更改，更改后的效果如图7-187所示。

10 参照步骤7和步骤8的操作方法，更改洗手间吊顶图案的填充原点，结果如图7-188所示。

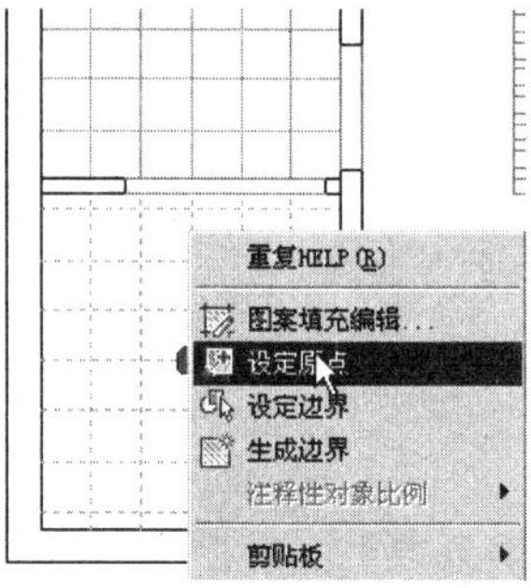

图7-184 图案填充右键菜单

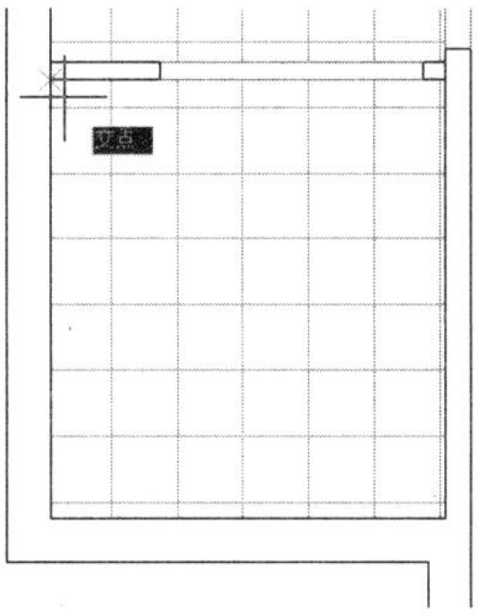

图7-185 捕捉交点

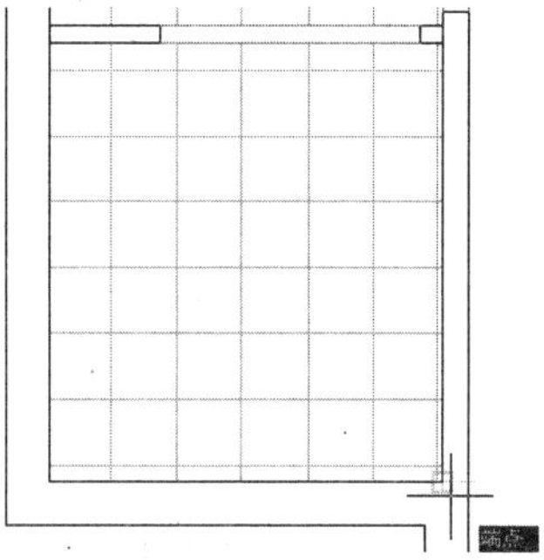

图7-186 捕捉端点

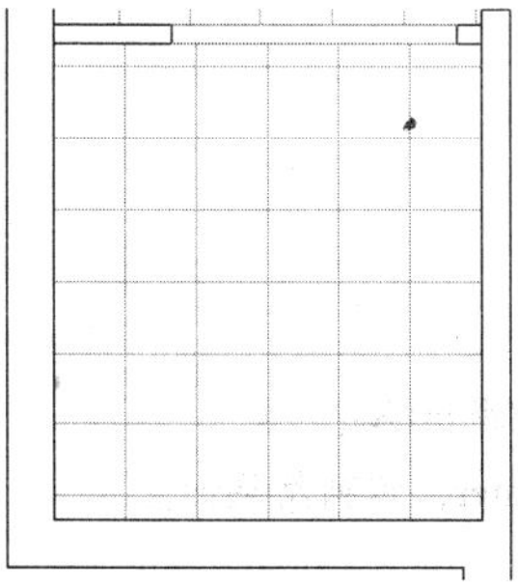

图7-187 更改图案填充原点

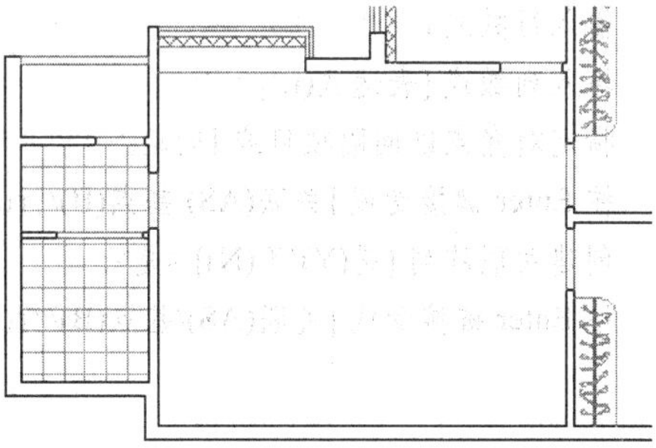

图7-188 操作结果

至此，跃二层厨房与卫生间吊顶绘制完毕。下一小节将学习书房吊顶图的绘制过程和绘制技巧。

7.6.4 绘制跃二层书房吊顶图

1 继续上节操作。

2 执行菜单栏中的【绘图】|【矩形】命令，配合【捕捉自】功能绘制书房矩形吊顶轮廓线。命令行操作如下：

```
命令: _rectang
    指定第一个角点或 [倒角(C)/标高(E)/圆角(F)/厚度(T)/宽度(W)]: //激活【捕捉自】功能
    _from 基点:                                    //捕捉如图7-189所示的端点
    <偏移>:                                        //@910,-740 Enter
    指定另一个角点或 [面积(A)/尺寸(D)/旋转(R)]: //@3860,1560 Enter, 绘制结果如图7-190所示
```

3 执行菜单栏中的【修改】|【分解】命令，将矩形分解。

4 执行菜单栏中的【修改】|【偏移】命令，将分解后的两条水平边向内偏移240和300个绘图单位，结果如图7-191所示。

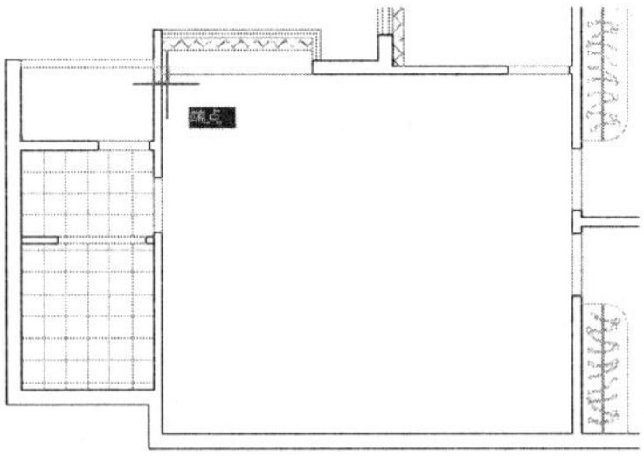

图7-189 捕捉端点

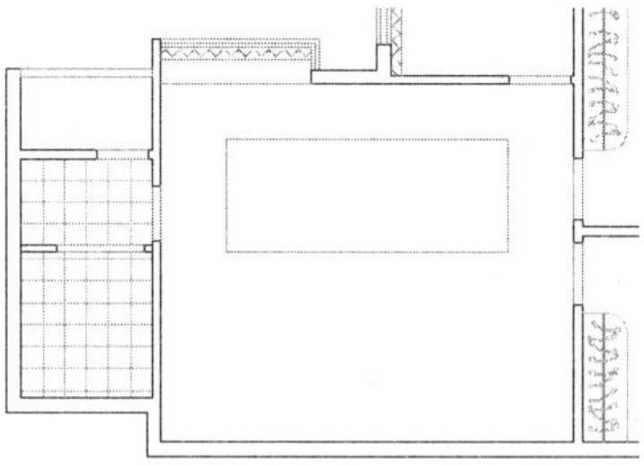
图7-190 绘制结果

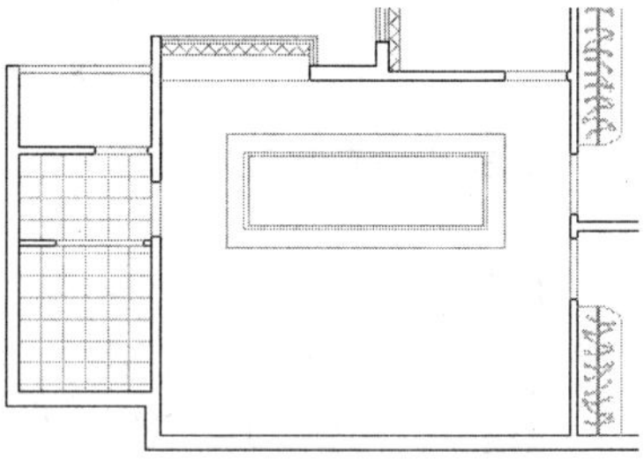
图7-191 偏移结果

5 执行菜单栏中的【绘图】|【矩形】命令，捕捉如图7-192所示的端点作为矩形左下角点，绘制边长为100的正四边形，结果如图7-193所示。

6 执行菜单栏中的【修改】|【阵列】命令，对正四边形进行阵列。命令行操作如下：

```
命令: _arrayrect
    选择对象:                                        //选择刚绘制的正四边形
    选择对象:                                        // Enter
    类型 = 矩形 关联 = 是
    为项目数指定对角点或 [基点(B)/角度(A)/计数(C)] <计数>:        //b Enter
    指定基点或 [关键点(K)] <质心>:                    //捕捉正四边形的右上角点
    为项目数指定对角点或 [基点(B)/角度(A)/计数(C)] <计数>:        // Enter
    输入行数或 [表达式(E)] <4>:                       //10 Enter
    输入列数或 [表达式(E)] <4>:                       //26 Enter
    指定对角点以间隔项目或 [间距(S)] <间距>:          //捕捉如图7-194所示的端点A
    按 Enter 键接受或 [关联(AS)/基点(B)/行(R)/列(C)/层(L)/退出(X)] <退出>: //AS Enter
    创建关联阵列 [是(Y)/否(N)] <是>:                  //N Enter
    按 Enter 键接受或 [关联(AS)/基点(B)/行(R)/列(C)/层(L)/退出(X)] <退出>:
                                                     //X Enter, 阵列结果如图7-195所示
```

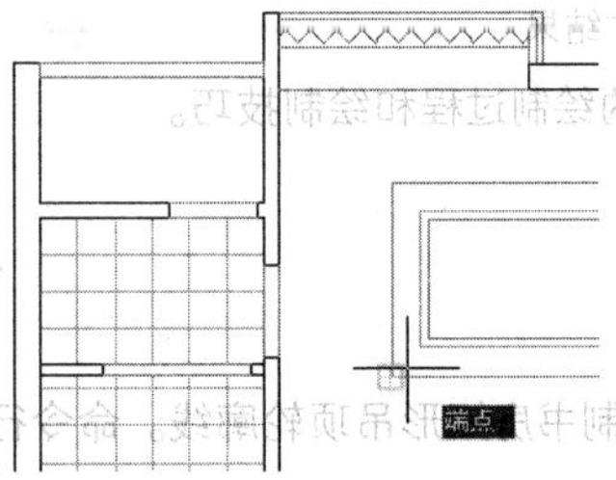

图7-192 捕捉端点

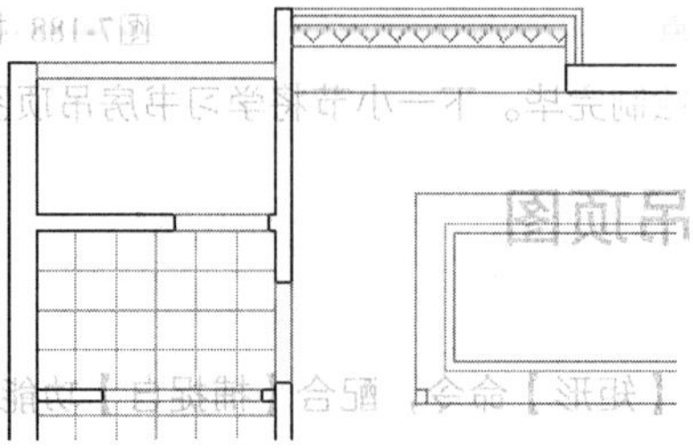
图7-193 绘制结果

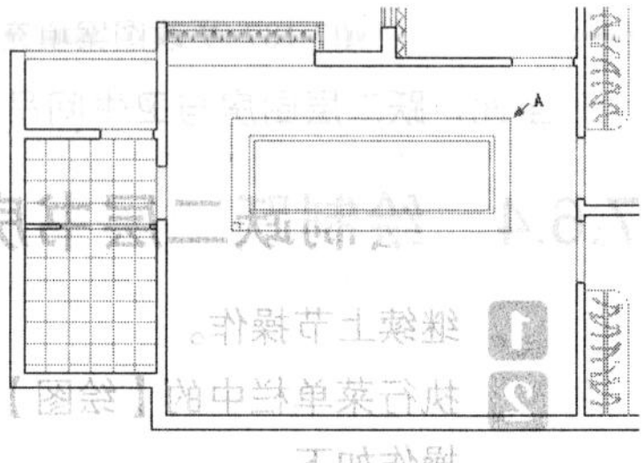

图7-194 定位对角点

7 执行菜单栏中的【修改】|【删除】命令，配合窗交选择方式删除内部的多余矩形。命令行操作如下：

命令: _erase
　　选择对象:　　　　　　//拉出如图7-196所示的窗交选择框
　　选择对象:　　　　　　//按住Shift键选择内部的两个矩形吊顶，将其排除在选择集之外
　　指定对角点: 找到两个，删除两个，总计 192 个
　　选择对象:　　　　　　// Enter，删除结果如图7-197所示

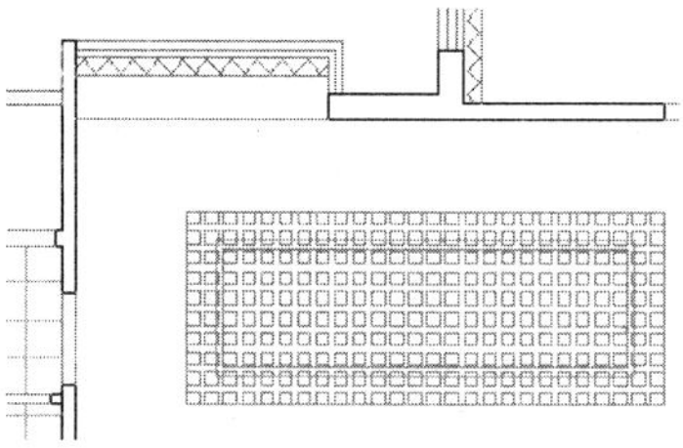

图7-195　阵列结果

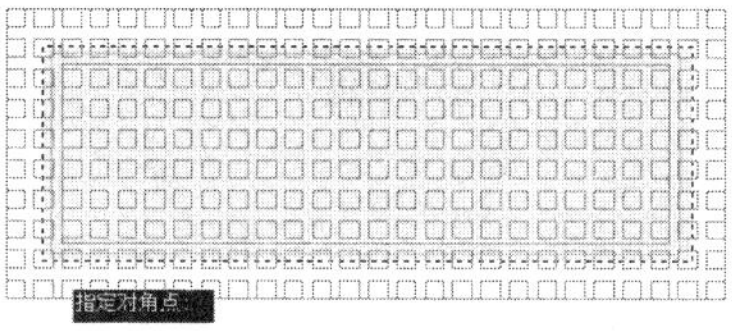

图7-196　窗交选择

图7-197　删除结果

至此，跃二层书房吊顶绘制完毕。下一小节将学习跃二层楼梯间吊顶图的绘制过程和绘制技巧。

7.6.5　绘制跃二层楼梯间吊顶图

1 继续上节操作。

2 执行菜单栏中的【绘图】|【矩形】命令，配合【捕捉自】功能绘制矩形吊顶轮廓线。命令行操作如下：

命令: _rectang
　　指定第一个角点或 [倒角(C)/标高(E)/圆角(F)/厚度(T)/宽度(W)]: //激活【捕捉自】功能
　　_from 基点:　　　　　　//捕捉如图7-198所示的端点
　　<偏移>:　　　　　　//@840 ,0Enter
　　指定另一个角点或 [面积(A)/尺寸(D)/旋转(R)]:
　　　　　　　　　　　　//@20,1850 Enter，绘制结果如图7-199所示

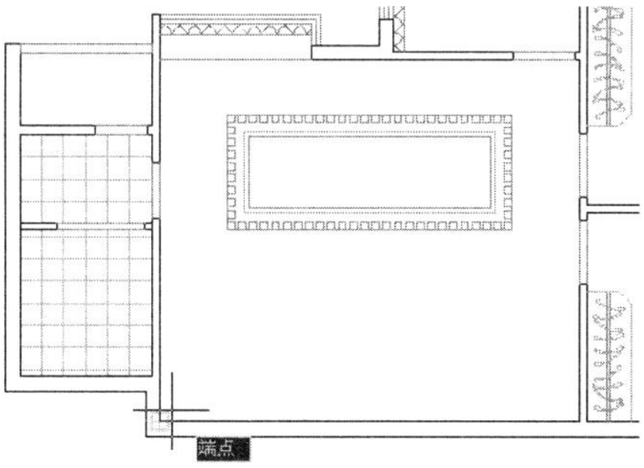

图7-198　捕捉端点

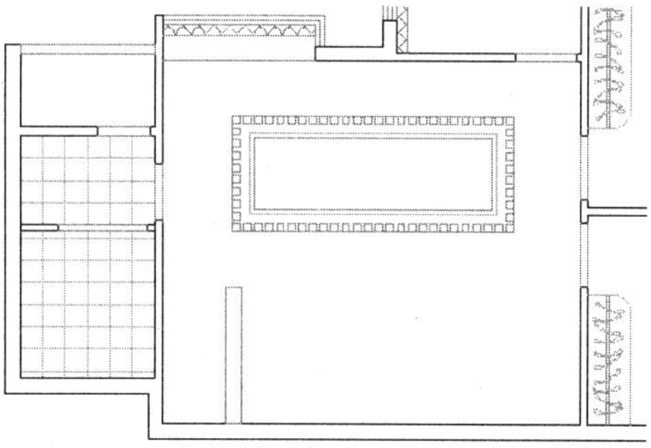

图7-199　绘制结果

3 执行菜单栏中的【修改】|【阵列】命令，对正四边形进行阵列。命令行操作如下：

命令: _arrayrect
　　选择对象:　　　　　　//选择刚绘制的矩形
　　选择对象:　　　　　　// Enter
　　类型 = 矩形　关联 = 否

```
为项目数指定对角点或 [基点(B)/角度(A)/计数(C)] <计数>: // Enter
输入行数或 [表达式(E)] <4>:                    //1 Enter
输入列数或 [表达式(E)] <4>:                    //5 Enter
指定对角点以间隔项目或 [间距(S)] <间距>:        // Enter
指定列之间的距离或 [表达式(E)] <300>:           // 950 Enter
按 Enter 键接受或 [关联(AS)/基点(B)/行(R)/列(C)/层(L)/退出(X)] <退出>:
                                              //X Enter，阵列结果如图7-200所示
```

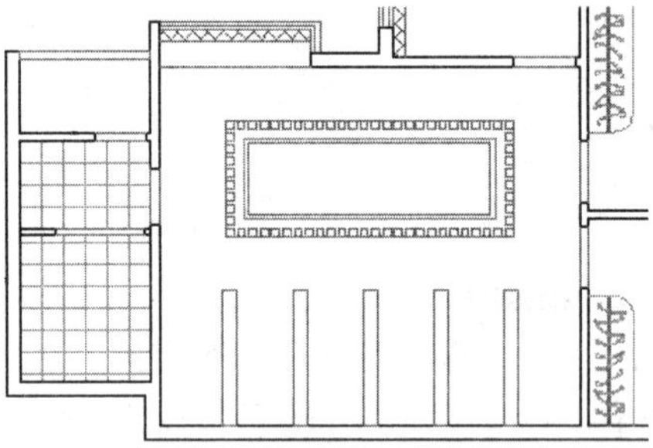

图7-200 阵列结果

4 执行菜单栏中的【绘图】|【构造线】命令，配合延伸捕捉功能绘制如图7-201所示的水平构造线。

5 执行菜单栏中的【修改】|【偏移】命令，将水平构造线向上偏移700个绘图单位，结果如图7-202所示。

6 执行菜单栏中的【修改】|【修剪】命令，对两条水平构造线进行修剪，将其转化为图形轮廓线，结果如图7-203所示。

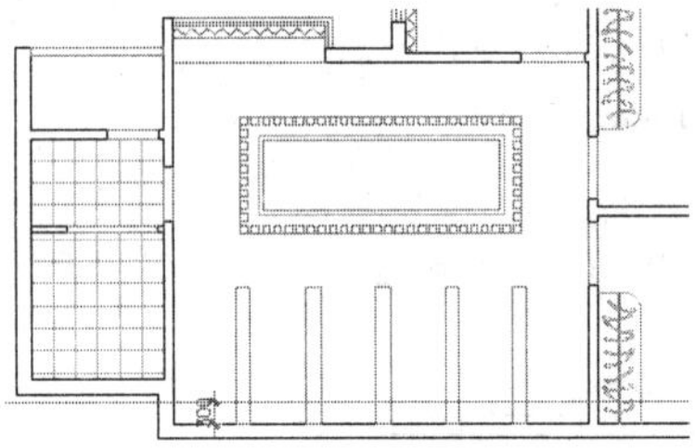

图7-201 绘制结果

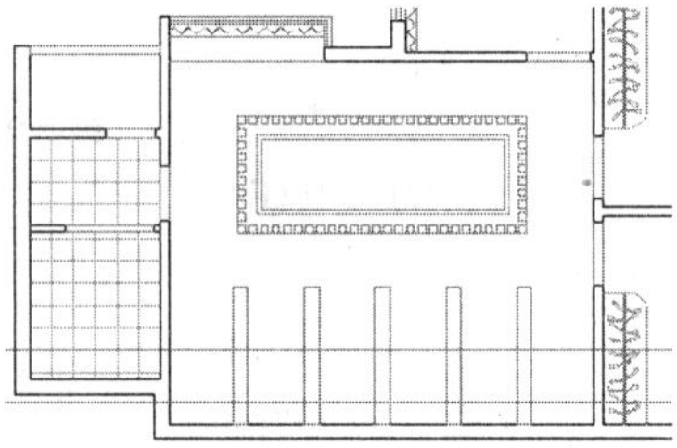

图7-202 偏移结果

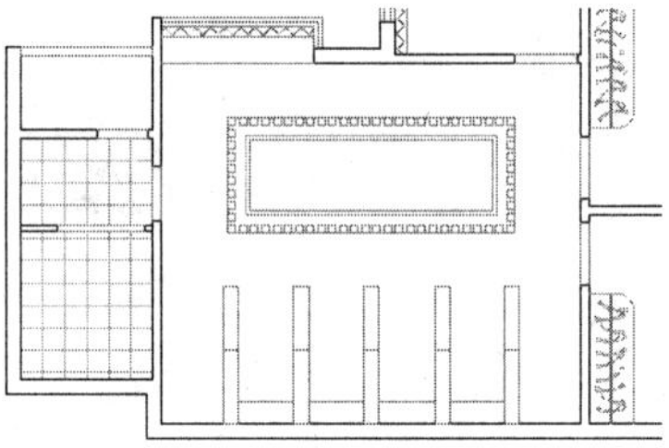

图7-203 修剪结果

7 执行菜单栏中的【绘图】|【图案填充】命令，设置填充图案与参数如图7-204所示，填充如图7-205所示的图案。

8 重复执行【图案填充】命令，设置填充图案与参数如图7-206所示，填充如图7-207所示的图案。

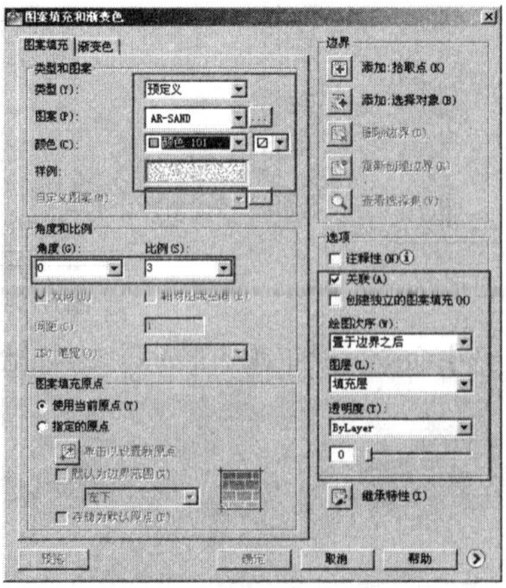

图7-204 设置填充图案与参数

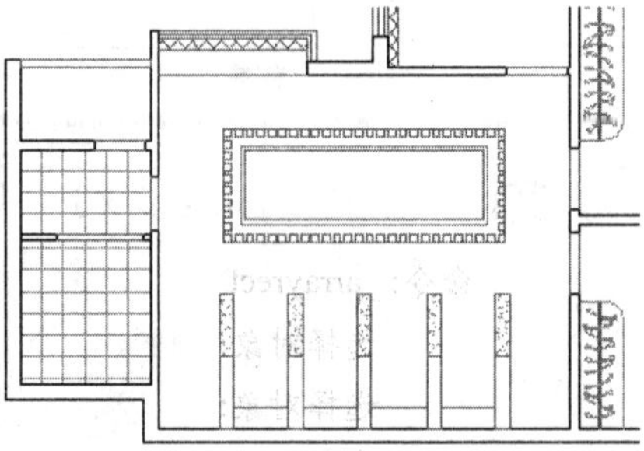

图7-205 填充结果

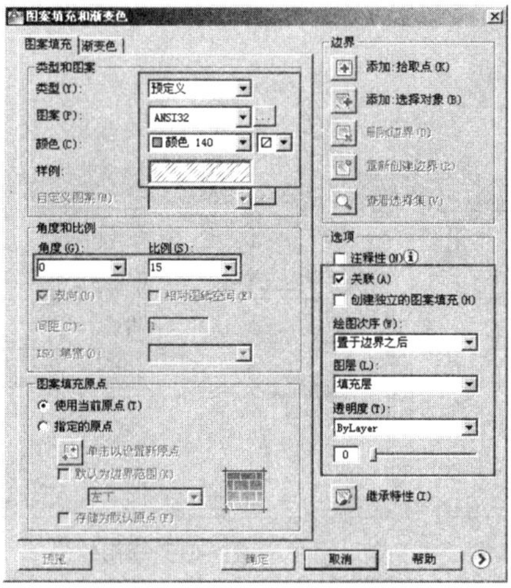

图7-206 设置填充图案与参数

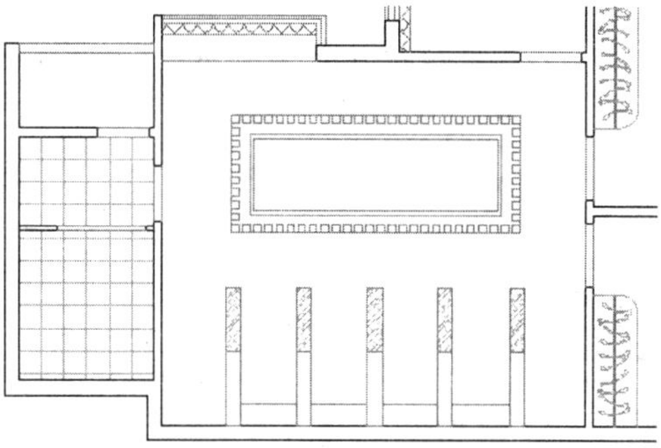

图7-207 填充结果

至此，跃二层楼梯间吊顶绘制完毕。下一小节将学习跃二层卧室吊顶图的绘制过程和绘制技巧。

7.6.6　绘制跃二层卧室吊顶图

1 继续上节操作。

2 执行菜单栏中的【绘图】|【矩形】命令，配合【捕捉自】功能绘制矩形吊顶轮廓线。命令行操作如下：

```
命令: _rectang
    指定第一个角点或 [倒角(C)/标高(E)/圆角(F)/厚度(T)/宽度(W)]: //激活【捕捉自】功能
    _from 基点:                                    //捕捉如图7-208示的端点
    <偏移>:                                        //@530 ,-530Enter
    指定另一个角点或 [面积(A)/尺寸(D)/旋转(R)]: //@2990,-2790 Enter，绘制结果如图7-209所示
```

3 执行菜单栏中的【修改】|【偏移】命令，将刚绘制的矩形向内偏移260个绘图单位，结果如图7-210所示。

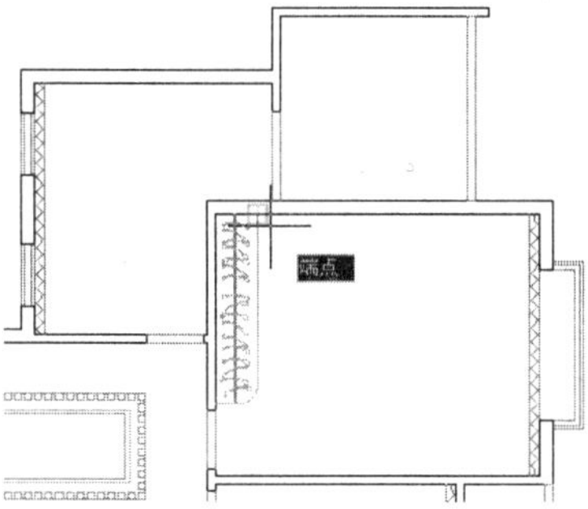

图7-208 捕捉端点

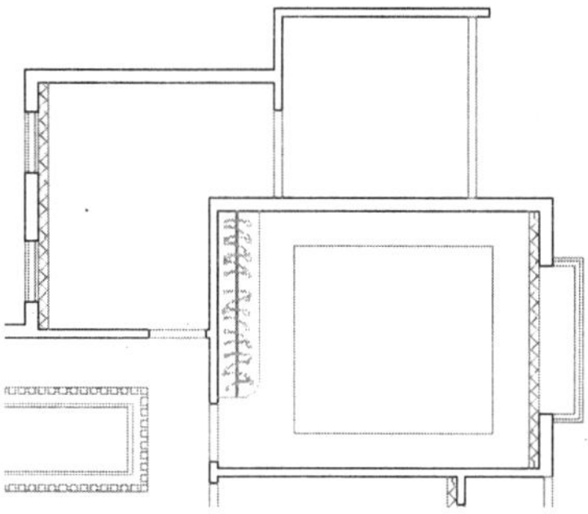

图7-209 绘制结果

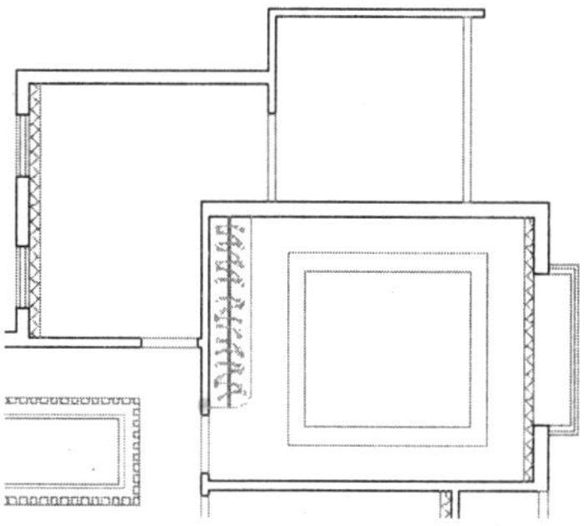

图7-210 偏移结果

4 执行菜单栏中的【修改】|【分解】命令，对偏移出的矩形进行分解。

5 执行菜单栏中的【格式】|【点样式】命令，设置当前点的样式及大小如图7-211所示。

6 使用快捷键“DIV”激活【定数等分】命令，将分解后的四条矩形边分别等分四份，结果如图7-212所示。

7 使用快捷键“L”激活【直线】命令，配合节点捕捉功能绘制如图7-213所示的六条轮廓线。

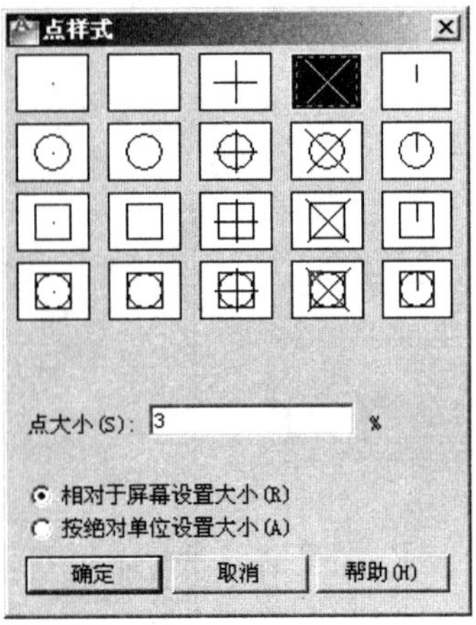

图7-211 设置点样式及大小

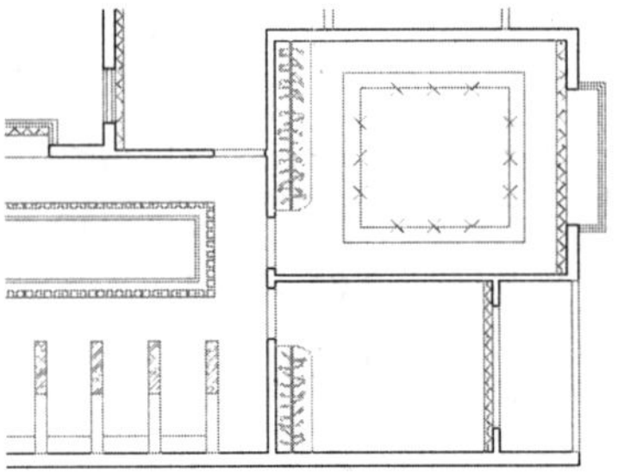

图7-212 等分结果

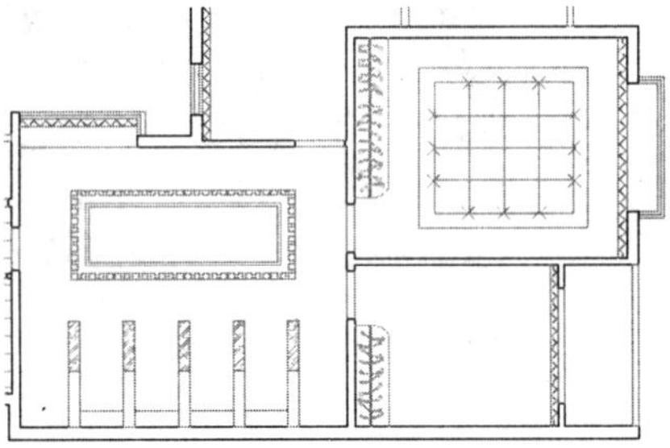

图7-213 绘制结果

8 执行菜单栏中的【修改】|【修剪】命令，对刚绘制的轮廓线进行修剪，结果如图7-214所示。

9 使用快捷键“E”激活【删除】命令，删除12个点标记，结果如图7-215所示。

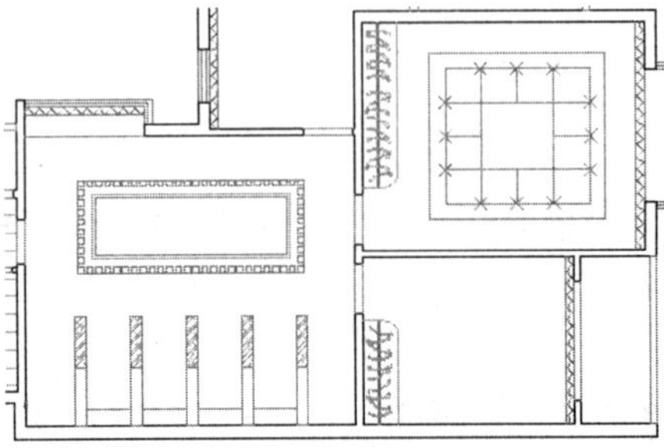

图7-214 修剪结果

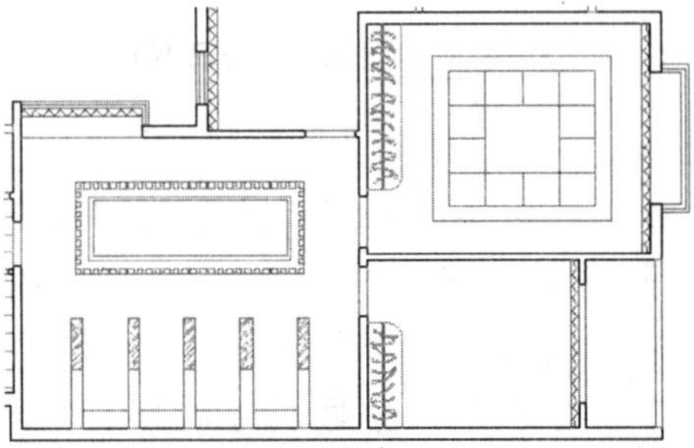

图7-215 删除结果

10 执行菜单栏中的【绘图】|【矩形】命令，配合【捕捉自】功能绘制内部的矩形轮廓线。命令行操作如下：

```
命令: _rectang
    指定第一个角点或[倒角(C)/标高(E)/圆角(F)/厚度(T)/宽度(W)]:      //激活【捕捉自】功能
    _from 基点:                                               //捕捉如图7-216示的端点
    <偏移>:                                                   //@50 ,50Enter
    指定另一个角点或[面积(A)/尺寸(D)/旋转(R)]:                    //激活【捕捉自】功能
    _from 基点:                                               //捕捉如图7-217示的交点
    <偏移>:                                                   //@-50 ,-50Enter，绘制结果如图7-218所示
```

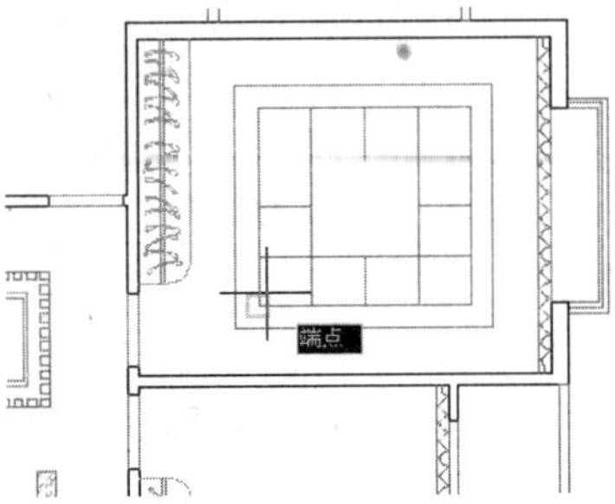

图7-216 捕捉端点

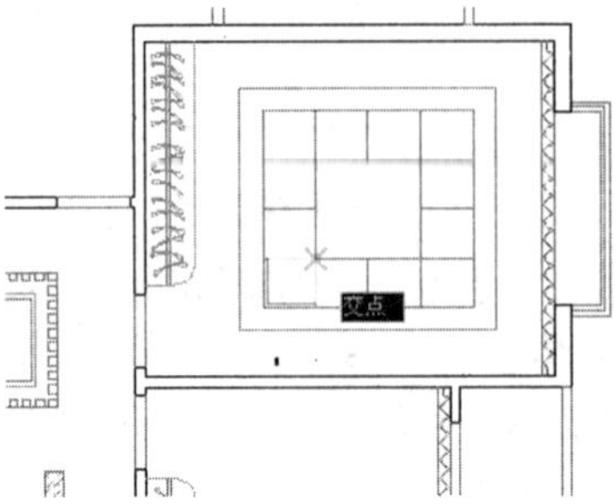

图7-217 捕捉交点

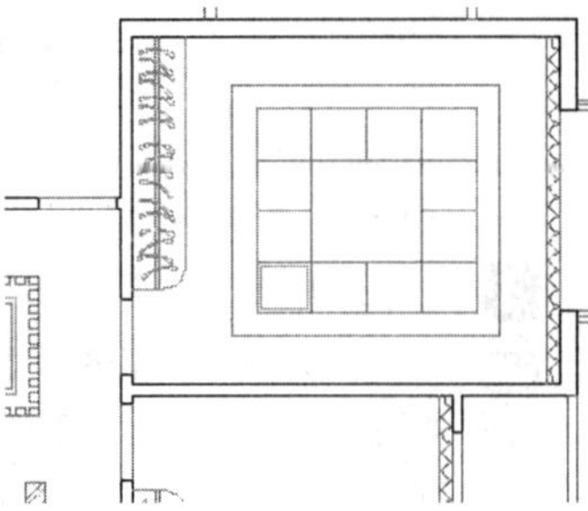

图7-218 绘制结果

11 使用快捷键“O”激活【偏移】命令，将刚绘制的矩形向内侧偏移30个绘图单位，结果如图7-219所示。

12 执行菜单栏中的【修改】|【阵列】命令，对内侧的两个矩形 进行阵列。命令行操作如下：

```
命令: _arrayrect
    选择对象:                                            //选择如图7-220所示的两个矩形
    选择对象:                                            // Enter
    类型 = 矩形  关联 = 否
    为项目数指定对角点或 [基点(B)/角度(A)/计数(C)] <计数>:              // bEnter
    指定基点或 [关键点(K)] <质心>:                           //捕捉如图7-221所示的交点
    为项目数指定对角点或 [基点(B)/角度(A)/计数(C)] <计数>:              // Enter
    输入行数或 [表达式(E)] <4>:                              // Enter
    输入列数或 [表达式(E)] <4>:                              // Enter
    指定对角点以间隔项目或 [间距(S)] <间距>:                      //捕捉如图7-222所示的端点
    按 Enter 键接受或 [关联(AS)/基点(B)/行(R)/列(C)/层(L)/退出(X)] <退出>:
                                                         //X Enter，阵列结果如图7-223所示
```

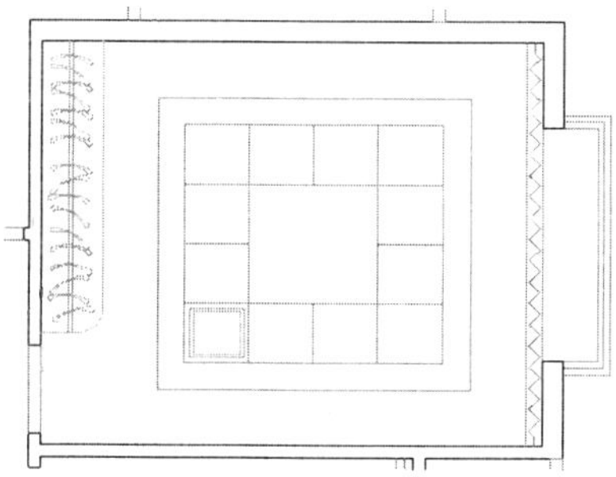
图7-219 偏移结果

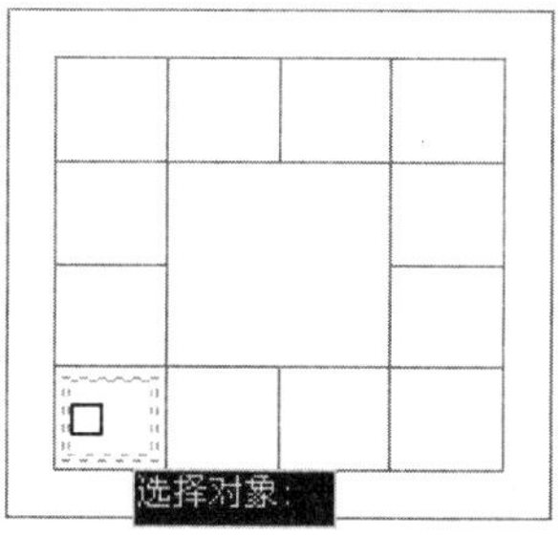

图7-220 选择阵列对象

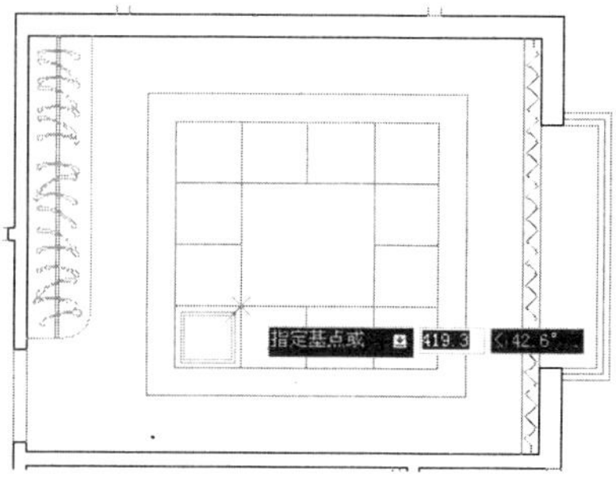

图7-221 捕捉交点

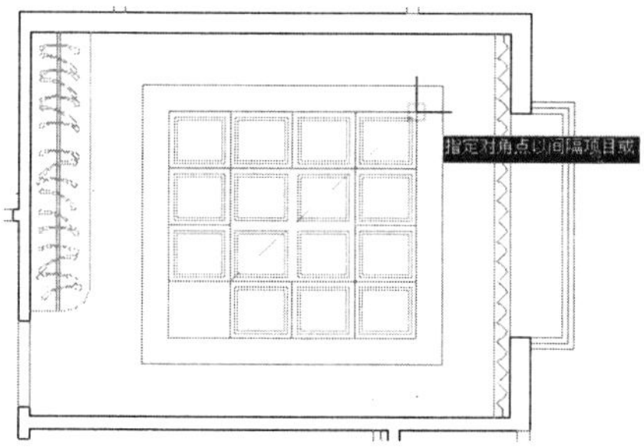

图7-222 捕捉端点

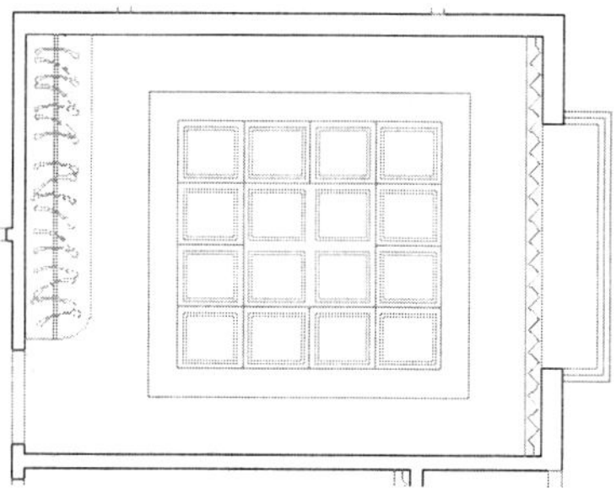
图7-223 阵列结果

13 使用快捷键“E”激活【删除】命令，窗交选择如图7-224所示的八个矩形进行删除，删除结果如图7-225所示。

14 使用快捷键“REC”激活【矩形】命令，配合【捕捉自】功能绘制次卧室矩形吊顶，结果如图7-226所示。

15 最后执行【另存为】命令，将当前图形另存储为“高档住宅跃二层吊顶轮廓图.dwg”。

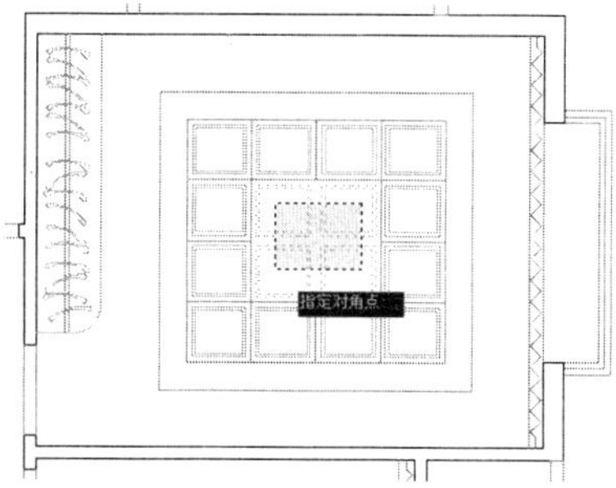

图7-224 选择矩形

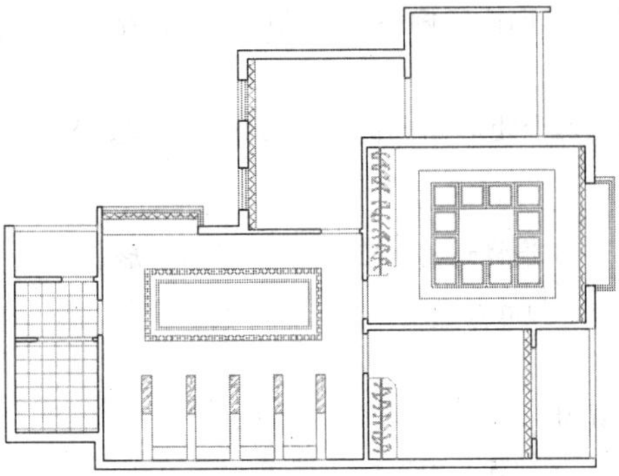

图7-225 删除结果

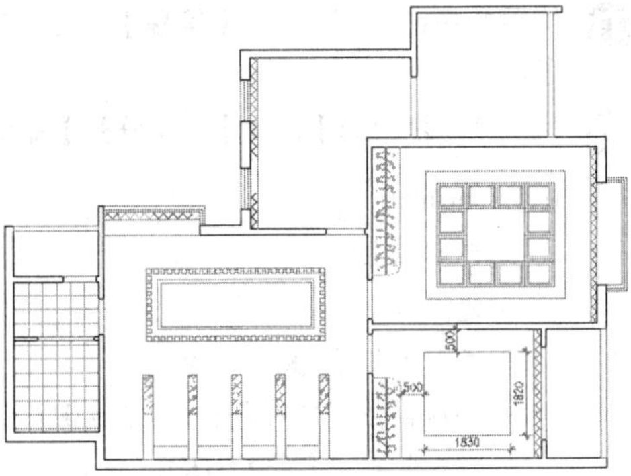

图7-226 绘制结果

7.7 绘制高档住宅跃二层吊顶灯具图

本节通过为高档住宅跃二层吊顶图布置如图7-227所示的主灯、辅助灯具以及灯带等，主要学习跃二层吊顶灯具图的快速绘制方法和技巧。

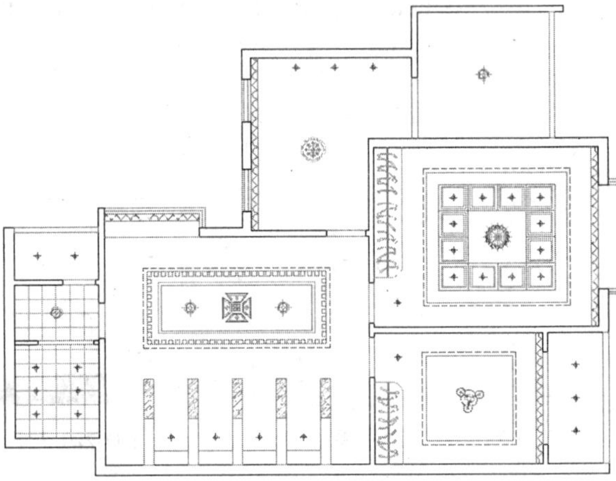

图7-227 实例效果

在绘制跃二层吊顶灯具图时，具体可以参照如下思路。

1）首先使用【偏移】、【线型】、【特性】、【特性匹配】等命令绘制跃二层灯带轮廓线。

2）使用【插入块】命令并配合【对象追踪】、【对象捕捉】、【捕捉自】功能布置吊顶艺术吊灯。

3）使用【插入块】、【镜像】等命令并配合【对象追踪】、【两点之间的中点】等功能布置吊顶吸顶灯。

4）最后使用【点样式】、【多点】、【定数等分】、【直线】、【阵列】、【移动】等命令布置跃二层辅助灯具。

7.7.1 绘制跃二层吊顶灯带

1 打开上节保存的“高档住宅跃二层吊顶轮廓图.dwg”文件。

2 展开【图层控制】下拉列表，将“灯具层”设为当前操作层，如图7-228所示。

图7-228 设置当前操作层

3 执行菜单栏中的【修改】|【偏移】命令，对书房吊顶外轮廓线进行偏移，以创建灯带轮廓线。命令行操作如下：

```
命令: _offset
    当前设置: 删除源=否  图层=源  OFFSETGAPTYPE=0
    指定偏移距离或 [通过(T)/删除(E)/图层(L)] <62.5>:          //l Enter
    输入偏移对象的图层选项 [当前(C)/源(S)] <源>:              //C Enter
    指定偏移距离或 [通过(T)/删除(E)/图层(L)] <62.5>:          //80 Enter
    选择要偏移的对象，或 [退出(E)/放弃(U)] <退出>:            //选择如图7-229所示的矩形
    指定要偏移的那一侧上的点，或 [退出(E)/多个(M)/放弃(U)] <退出>:
                                                             //在所选矩形的外侧拾取点
    选择要偏移的对象，或 [退出(E)/放弃(U)] <退出>:            // Enter，结果如图7-230所示
```

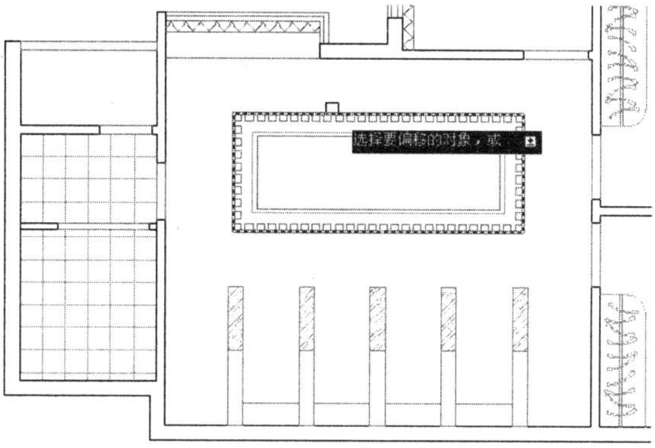

图7-229 定位偏移对象

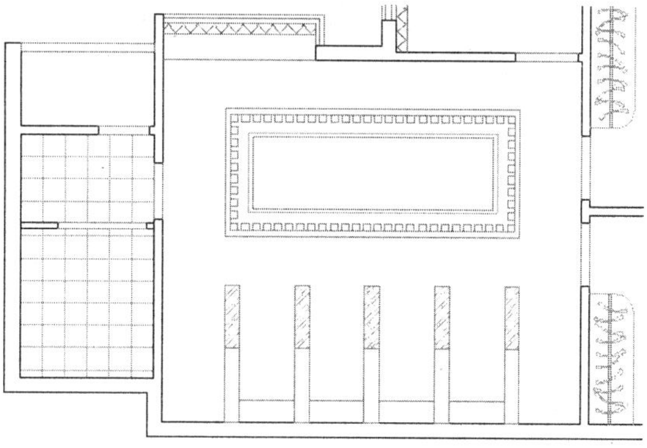
图7-230 偏移结果

4 使用快捷键“LT”激活【线型】命令，打开【线型管理器】对话框，然后单击加载(L)...按钮，加载如图7-231所示的线型。

5 在无命令执行的前提下，夹点显示书房内的灯带轮廓线，如图7-232所示。

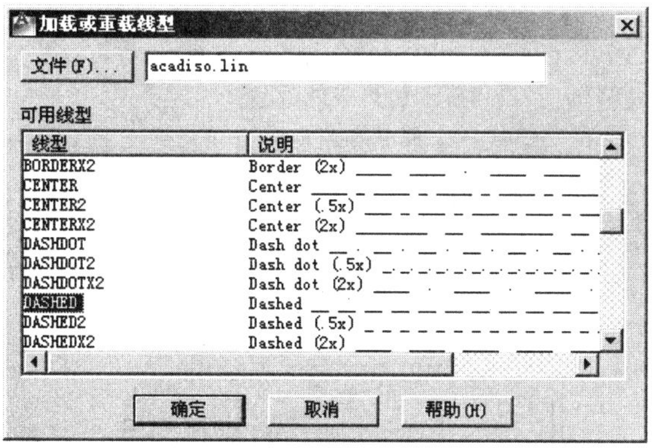

图7-231 加载线型

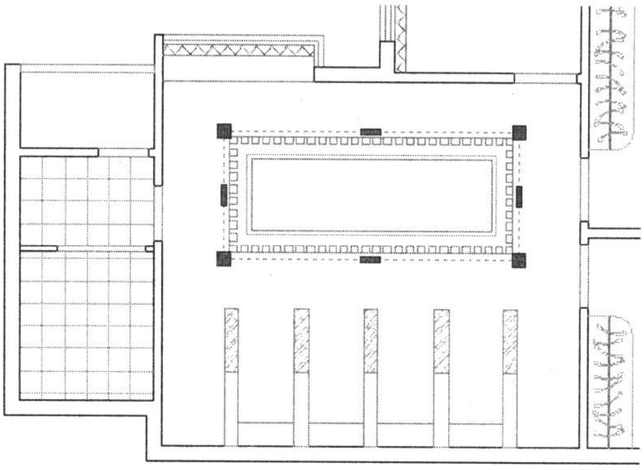
图7-232 夹点显示

6 执行菜单栏中的【工具】|【选项板】|【特性】命令，在打开的【特性】窗口内修改灯带轮廓线的线型特性如图7-233所示，修改夹点对象的颜色特性如图7-234所示，修改夹点对象的比例特性如图7-235所示。

7 关闭【特性】窗口，然后按Esc键取消对象的夹点显示，结果如图7-236所示。

8 使用快捷键“O”激活【偏移】命令，将主卧和次卧室内的矩形吊顶分别向外侧偏移80，作为灯带，结果如图7-237所示。

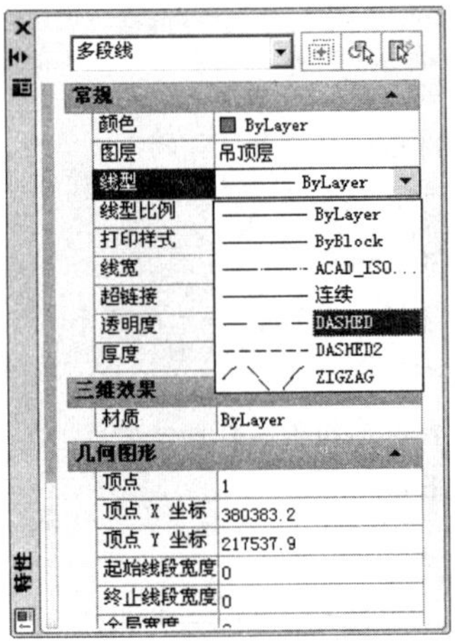

图7-233 修改线型

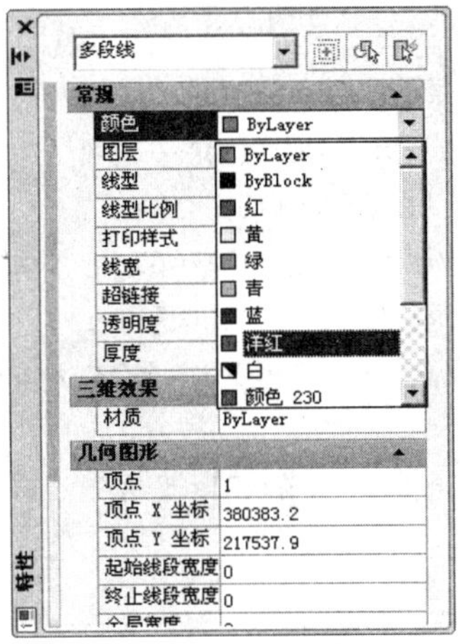

图7-234 修改颜色

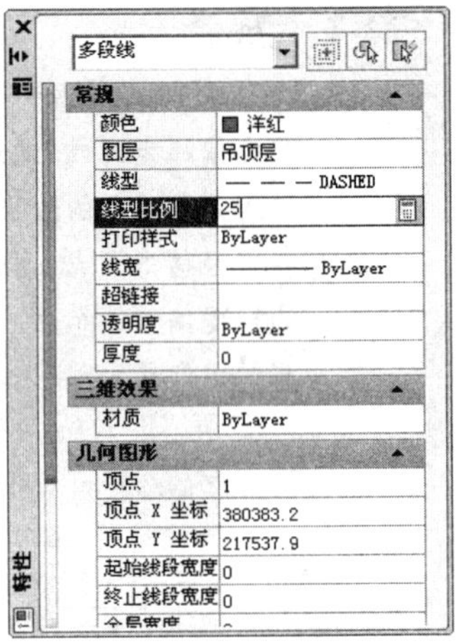

图7-235 修改线型比例

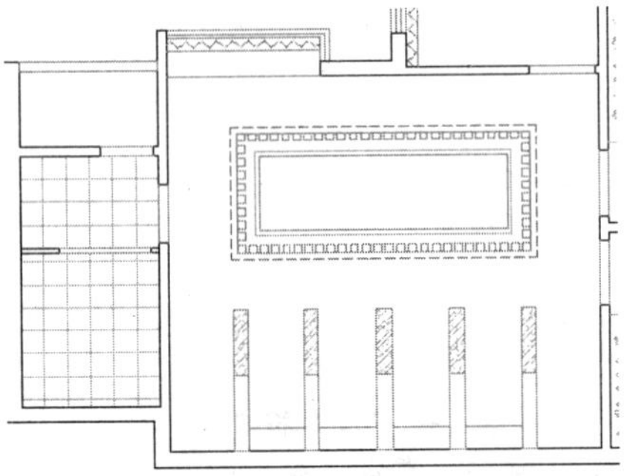

图7-236 特性编辑结果

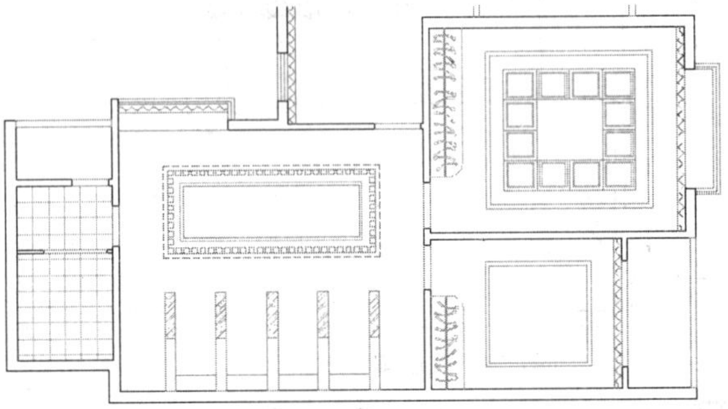

图7-237 偏移结果

9 使用快捷键"MA"激活【特性匹配】命令，选择书房吊顶灯带轮廓线，将其线型和颜色特性分别匹配给其他灯带。命令行操作如下：

命令: ma

MATCHPROP选择源对象: //选择如图7-238所示的灯带轮廓线

当前活动设置：颜色、图层、线型、线型比例、线宽、透明度、厚度、打印样式、标注、文字、图案填充、多段线、视口、表格材质、阴影显示、多重引线

选择目标对象或 [设置(S)]: //选择如图7-239所示的灯带轮廓线

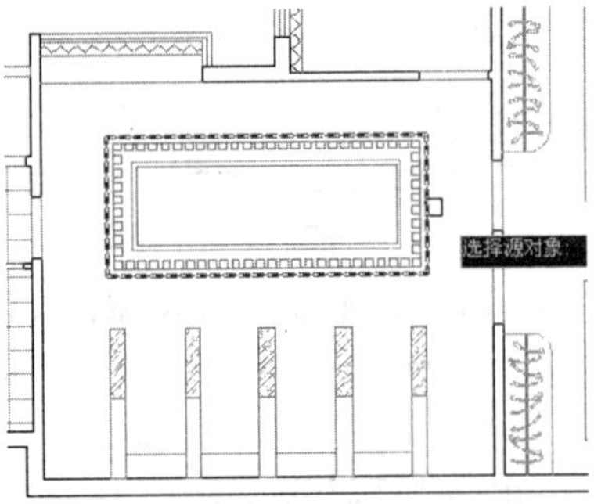

图7-238 选择源对象

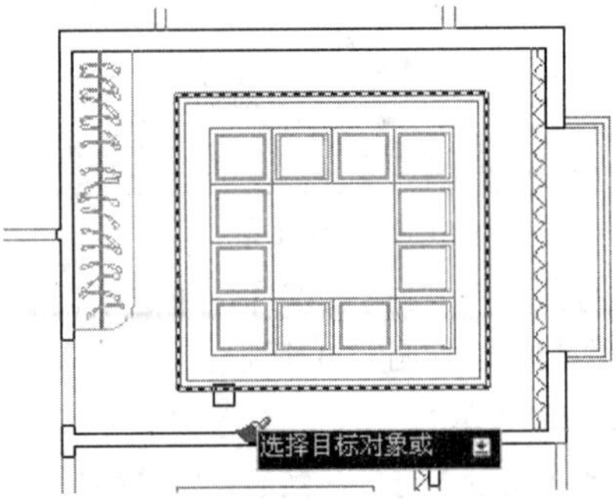

图7-239 选择目标对象

选择目标对象或 [设置(S)]: //选择如图7-240所示的灯带轮廓线

选择目标对象或 [设置(S)]: // Enter，结果如图7-241所示

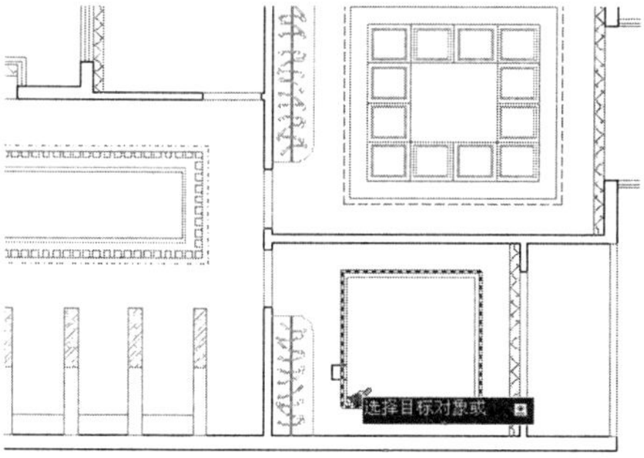

图7-240 选择目标对象

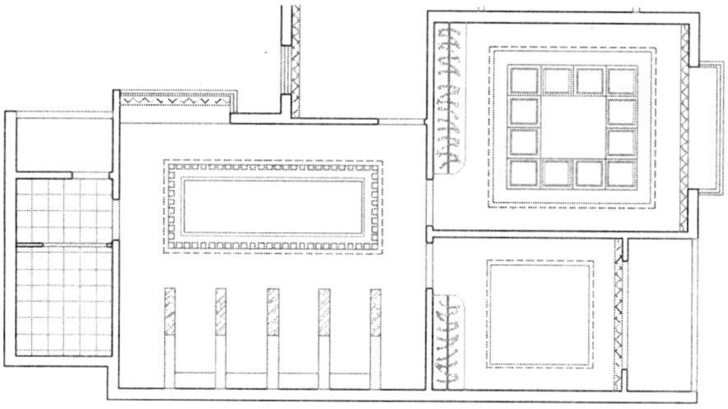

图7-241 匹配结果

至此，跃二层吊顶图灯带轮廓线绘制完毕。下一小节将学习跃二层艺术吊顶的布置过程和绘制技巧。

7.7.2 布置跃二层艺术吊灯

1 继续上节操作。

2 使用快捷键“I”激活【插入块】命令，在打开的对话框中单击 浏览(B)... 按钮，选择本书配套光盘中的“图块文件\艺术吊灯04.dwg”，如图7-242所示。

3 返回【插入】对话框，设置块的缩放比例如图7-243所示。

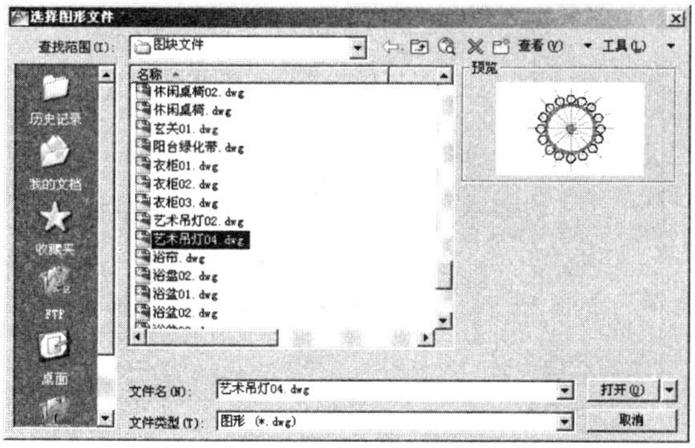

图7-242 选择文件

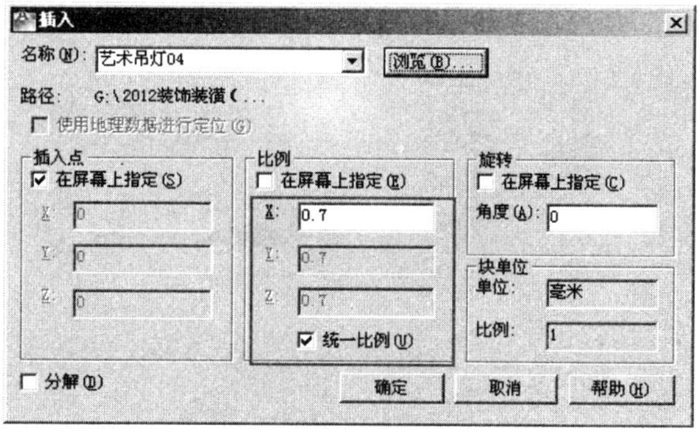

图7-243 设置参数

4 返回绘图区，然后在命令行“指定插入点或 [基点(B)/比例(S)/旋转(R)]:”提示下，配合【对象捕捉】和【对象追踪】功能引出如图7-244所示的两条追踪矢量，然后捕捉两条对象追踪虚线的交点作为插入点，插入结果如图7-245所示。

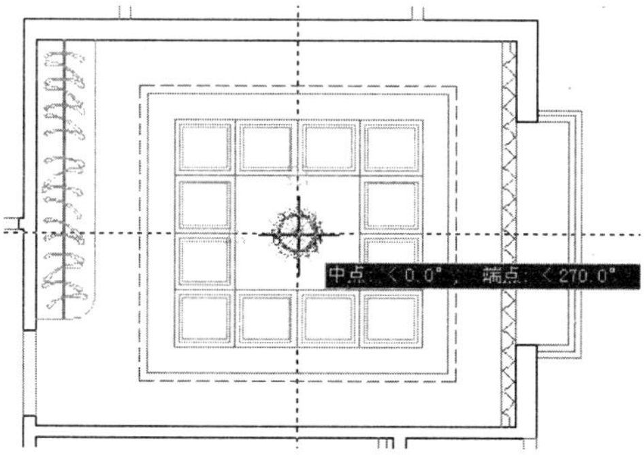

图7-244 引出对象追踪虚线

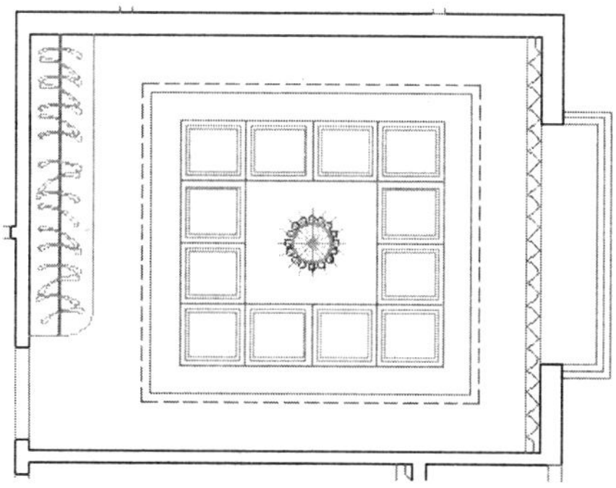

图7-245 插入结果

5 重复执行【插入块】命令，采用默认参数插入本书配套光盘中的“图块文件\造型吊灯02.dwg”，命令行操作如下：

```
命令: INSERT
    指定插入点或 [基点(B)/比例(S)/旋转(R)]:        //激活【捕捉自】功能
    _from 基点:                                    //捕捉如图7-246所示的端点
    <偏移>:                                        //@1185,1745 Enter，插入结果如图7-247所示
```

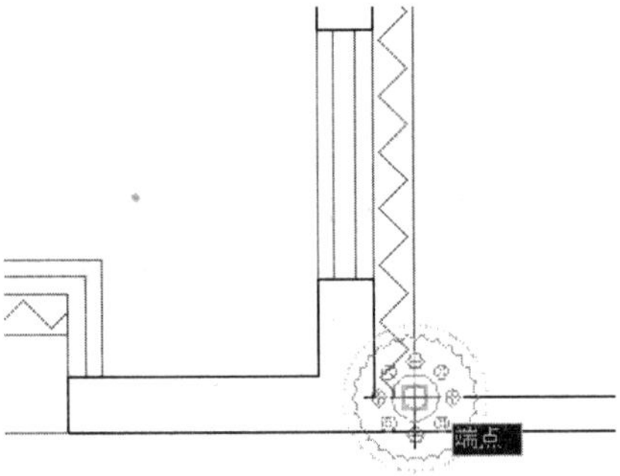

图7-246 捕捉端点

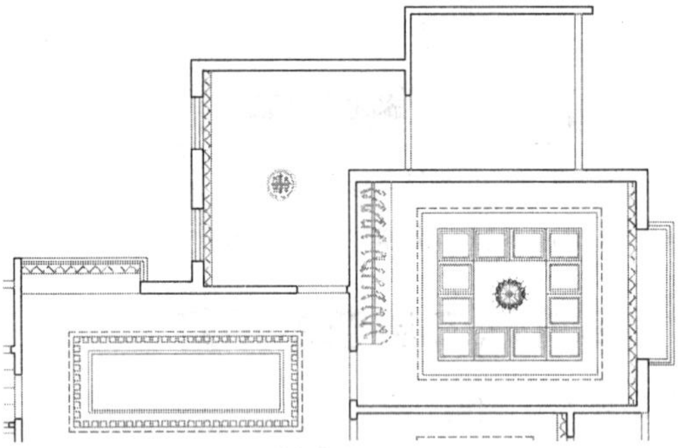

图7-247 插入结果

6 重复执行【插入块】命令，采用默认参数插入本书配套光盘中的“图块文件\工艺吊灯02.dwg”，插入点为图7-248所示的虚线交点，插入结果如图7-249所示。

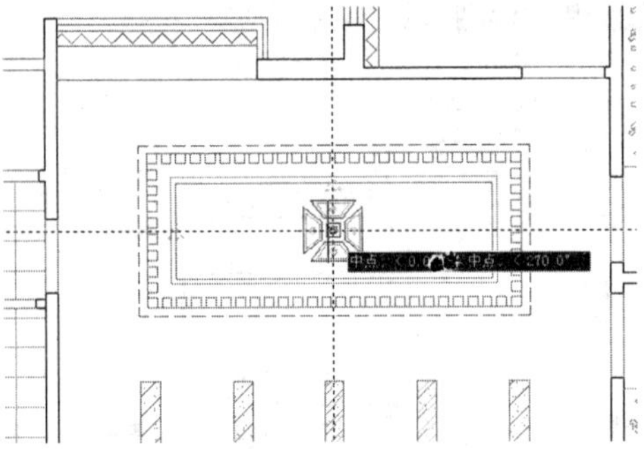

图7-248 捕捉交点

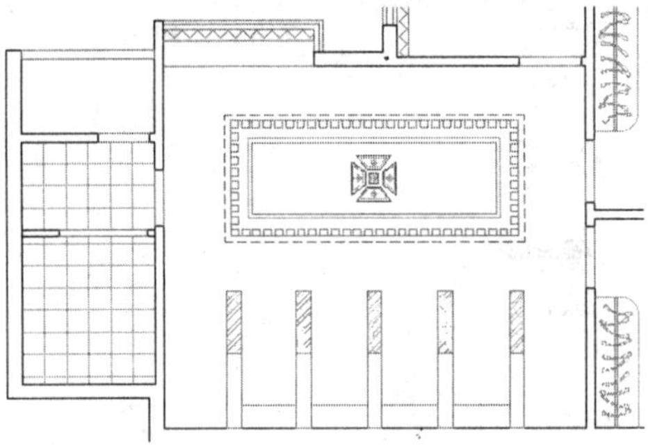

图7-249 插入结果

7 重复执行【插入块】命令，采用默认参数插入本书配套光盘中的“图块文件\艺术吊灯02.dwg”，如图7-250所示。

8 返回【插入】对话框，设置块的缩放比例如图7-251所示。

9 单击【确定】按钮，返回绘图区，捕捉如图7-252所示的虚线交点作为插入点，插入结果如图7-253所示。

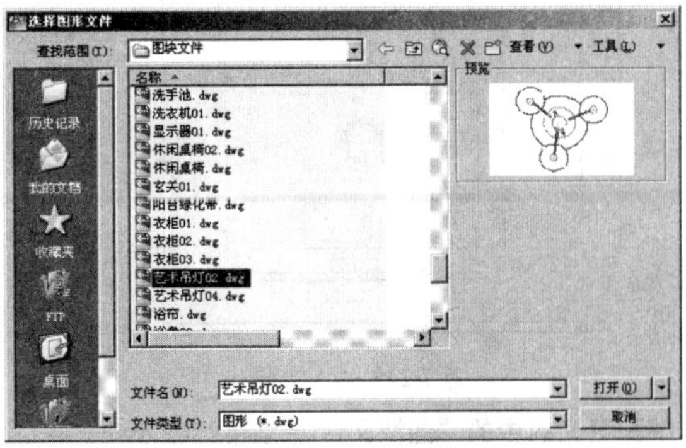

图7-250 选择文件

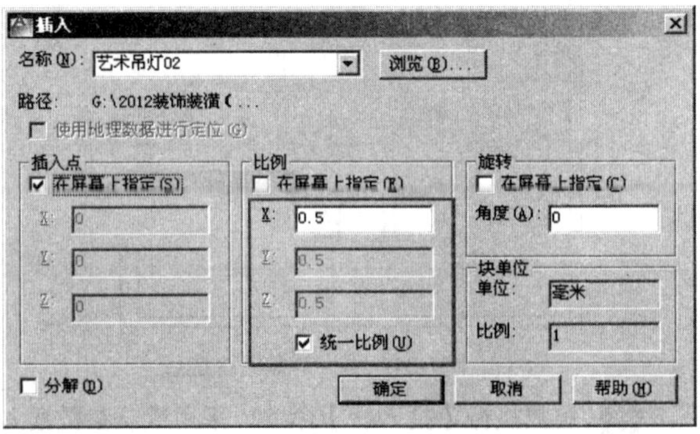

图7-251 设置参数

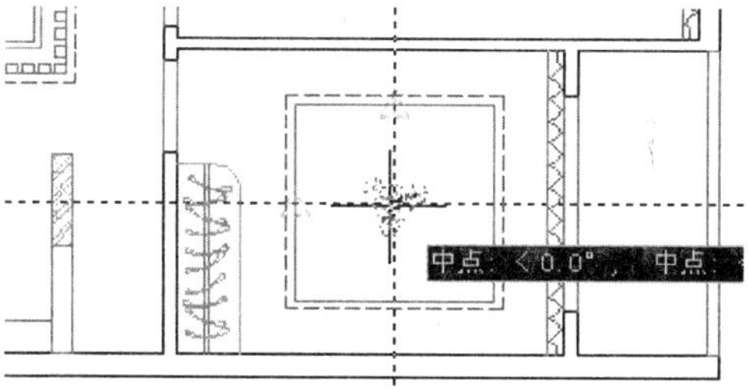

图7-252 捕捉交点

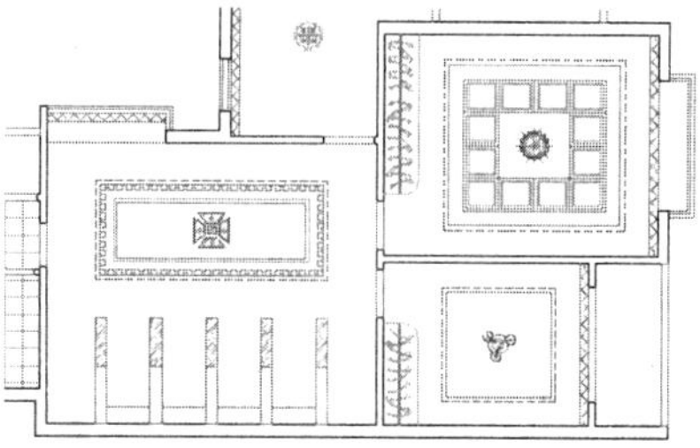

图7-253 插入结果

至此，跃二层艺术吊灯布置完毕。在定位插入点时要注意【捕捉自】、【对象捕捉】以及【对象追踪】功能的应用技能。下一小节将学习跃二层吸顶灯具的快速布置技能。

7.7.3　布置跃二层吸顶灯具

1 继续上节操作。

2 使用快捷键“I”激活【插入块】命令，以默认参数插入本书配套光盘中的“图块文件\吸顶灯03.dwg”。在命令行“指定插入点或 [基点(B)/比例(S)/旋转(R)]:”提示下激活【两点之间的中点】功能。

3 在“_m2p 中点的第一点:”提示下，捕捉如图7-254所示的中点。

4 继续在“中点的第二点:”提示下，捕捉如图7-255所示的交点，插入结果如图7-256所示。

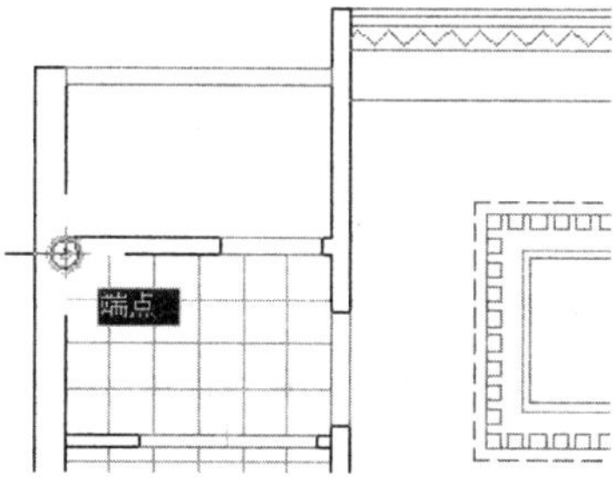

图7-254 捕捉中点

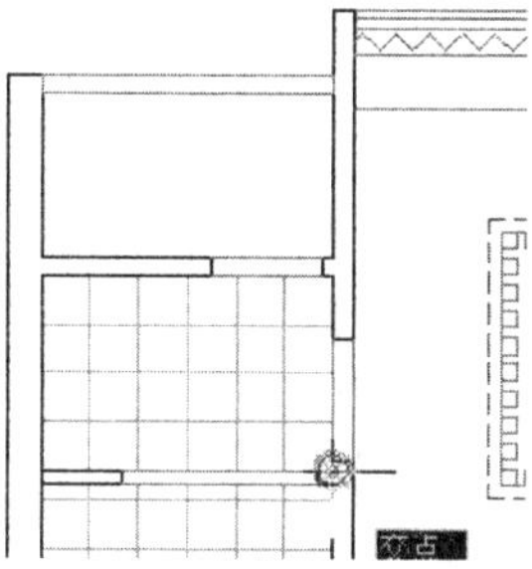

图7-255 捕捉交点

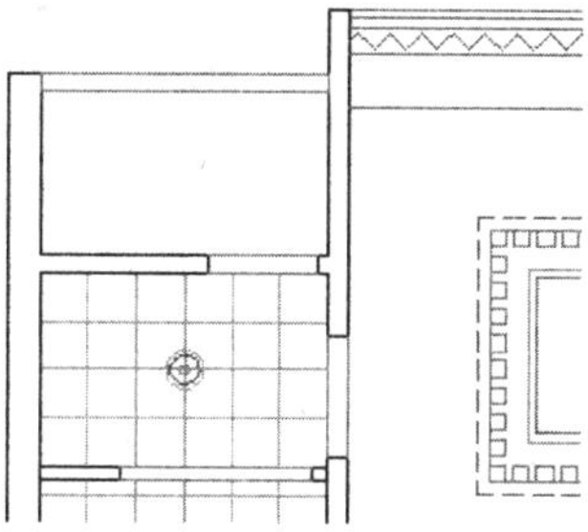

图7-256 插入结果

5 重复执行【插入块】命令，配合【两点之间的中点】功能，捕捉A、B连续的中点作为插入点，以默认参数插入本书配套光盘中的“图块文件\吸顶灯03.dwg”，结果如图7-257所示。

6 重复执行【插入块】命令，配合【对象追踪】功能，以默认参数插入本书配套光盘中的“图块文件\吸顶灯03.dwg”，命令行操作如下：

命令:INSERT

指定插入点或 [基点(B)/比例(S)/旋转(R)]: //向右引出如图7-258所示对象追踪虚线，然后输入630 Enter，结果如图7-259所示

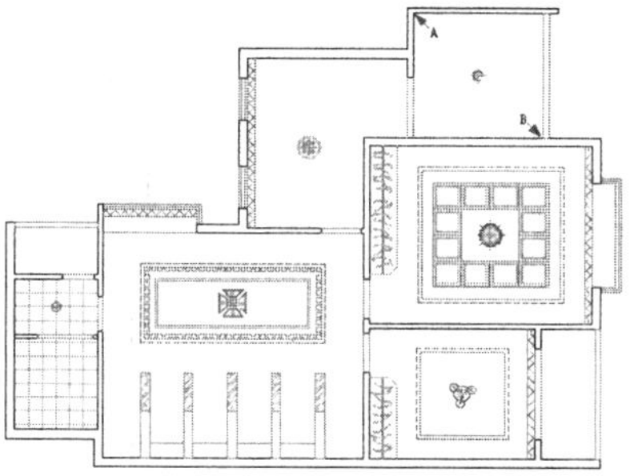

图7-257 插入结果

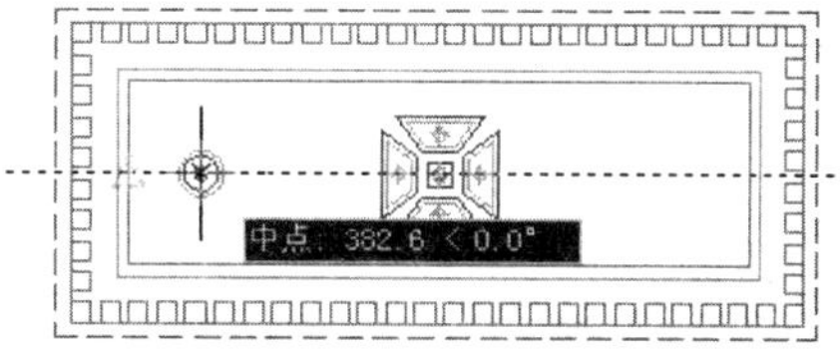

图7-258 引出对象追踪虚线

7 使用快捷键“MI”激活【镜像】命令，将最后插入的吸顶灯图块进行镜像，结果如图7-260所示。

图7-259 插入结果

图7-260 镜像结果

至此，跃二层吸顶灯具布置完毕。下一小节将学习跃二层客厅辅助灯具的快速布置方法和相关操作技能。

7.7.4 布置跃二层辅助灯具

1 继续上节操作。

2 执行菜单栏中的【格式】|【颜色】命令，将当前颜色设置为230号色，如图7-261所示。

3 执行菜单栏中的【绘图】|【直线】命令，绘制如图7-262所示的直线作为灯具定位辅助线。

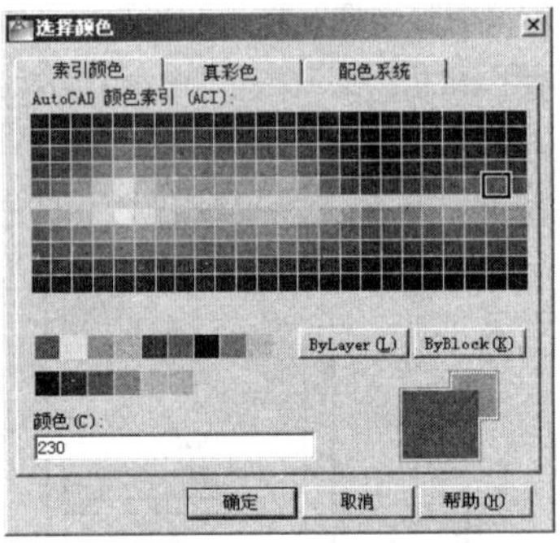

图7-261 设置当前颜色

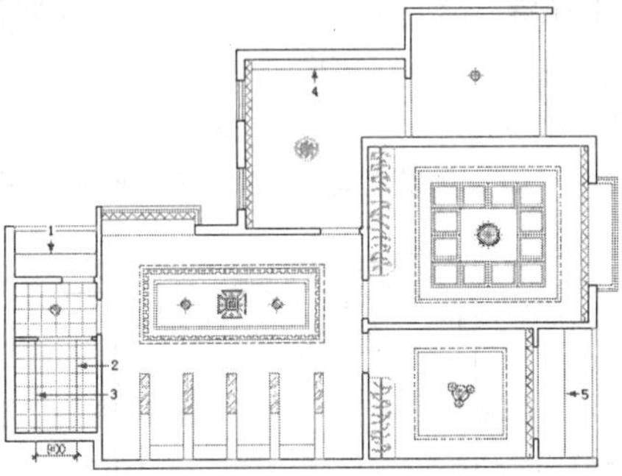

图7-262 绘制辅助线

4 执行菜单栏中的【格式】|【点样式】命令，在打开的【点样式】对话框中设置当前点的样式和点的大小，如图7-263所示。

5 执行菜单栏中的【绘图】|【点】|【定数等分】命令，为灯具定位线进行等分，在等分点处放置点标记，代表筒灯，命令行操作如下：

```
命令: _divide
    选择要定数等分的对象:        //选择如图7-262所示的辅助线1
    输入线段数目或 [块(B)]:      //3 Enter，等分结果如图7-264所示
```

6 使用快捷键“M”激活【移动】命令，将两个点标记分别向两侧移动100个绘图单位，结果如图7-265所示。

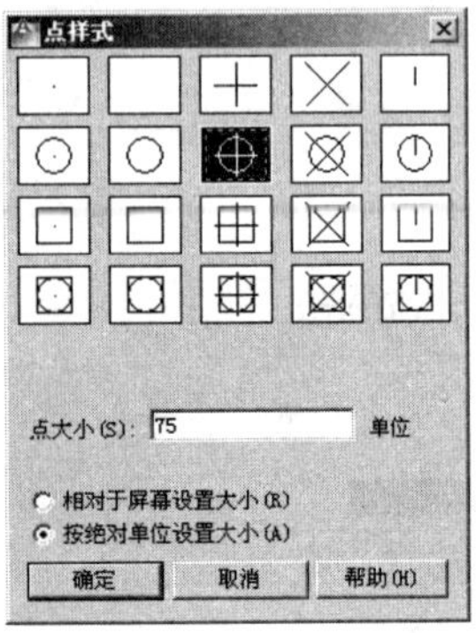

图7-263 【点样式】对话框

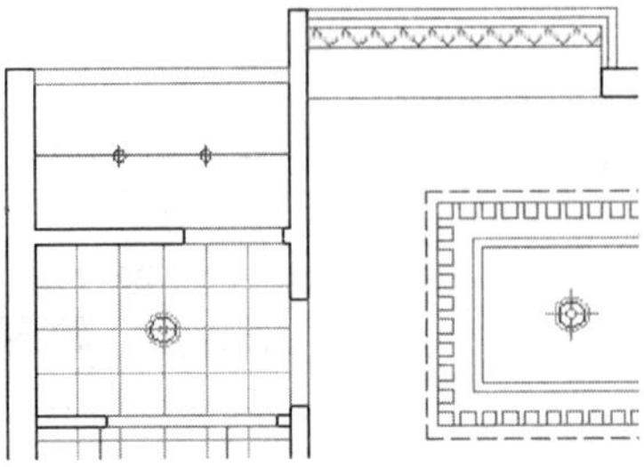

图7-264 等分结果

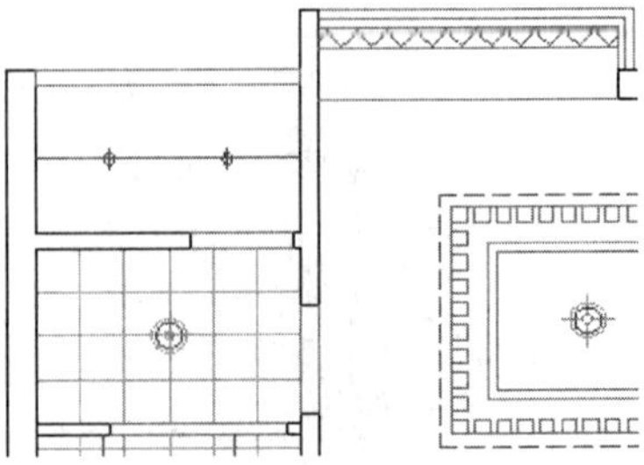

图7-265 移动结果

7 重复执行【定数等分】命令，将辅助线2、3、4、5等分四份，结果如图7-266所示。

8 使用快捷键“E”激活【删除】命令，删除灯具定位辅助线，结果如图7-267所示。

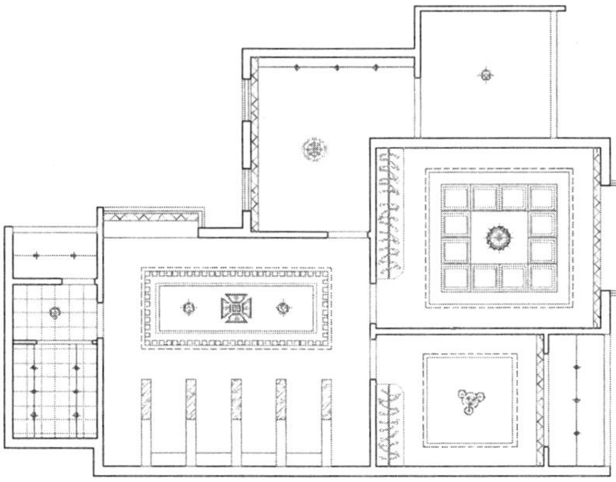

图7-266 等分结果

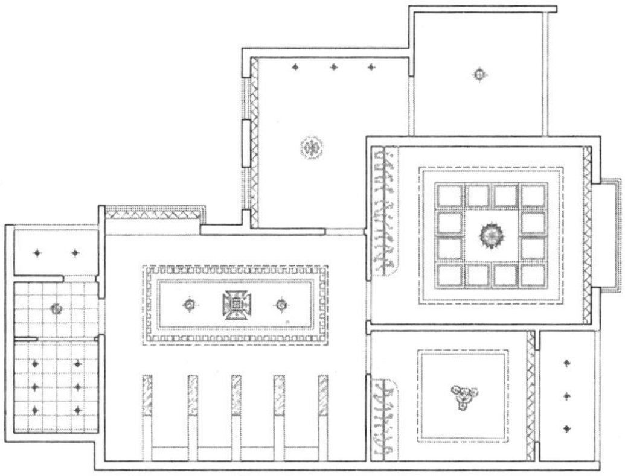

图7-267 删除结果

9 执行菜单栏中的【绘图】|【点】|【多点】命令，配合捕捉和追踪功能绘制点作为筒灯。命令行操作如下：

```
命令: _point
    当前点模式: PDMODE=34 PDSIZE=75.0
    指定点:                //捕捉如图7-268所示的追踪虚线的交点
命令: _point
    当前点模式: PDMODE=34 PDSIZE=75.0
    指定点:                //向右引出如图7-269所示的追踪虚线，然后输入500 Enter
命令: _point
    当前点模式: PDMODE=34 PDSIZE=75.0
    指定点:                //向右引出如图7-270所示的追踪虚线，然后输入500 Enter
```

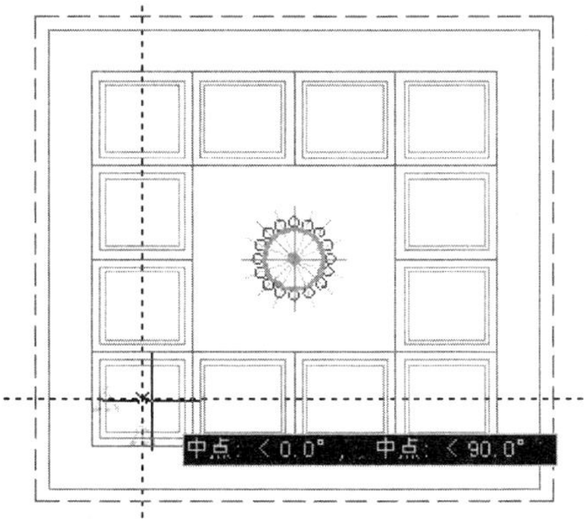

图7-268 捕捉交点

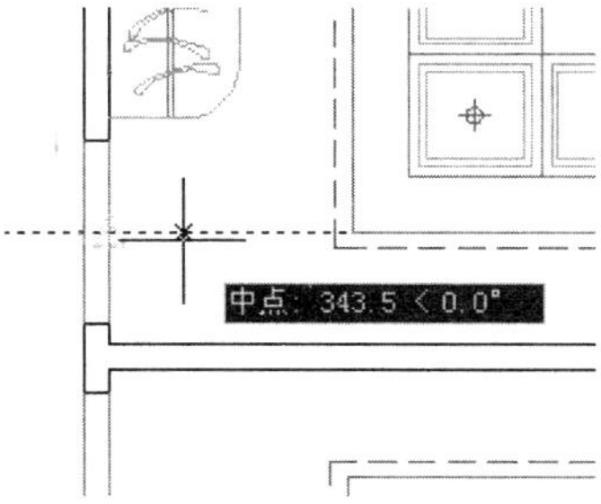

图7-269 引出极轴矢量

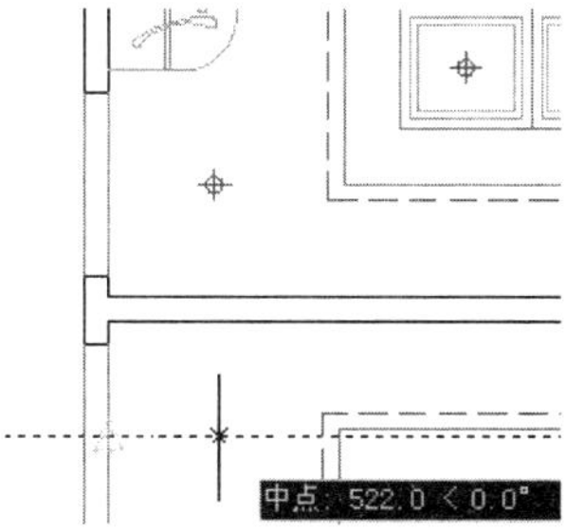

图7-270 引出极轴矢量

```
命令: _point
    当前点模式: PDMODE=34 PDSIZE=75.0
    指定点:  //向上引出如图7-271所示的追踪虚线，然后输入300 Esc，绘制结果如图7-272所示
```

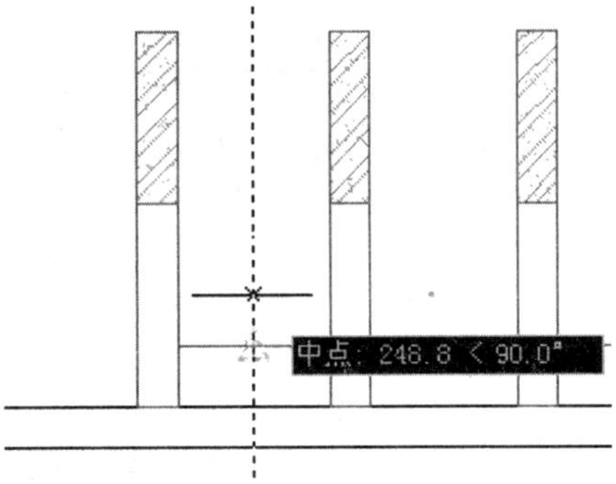

图7-271 引出追踪虚线

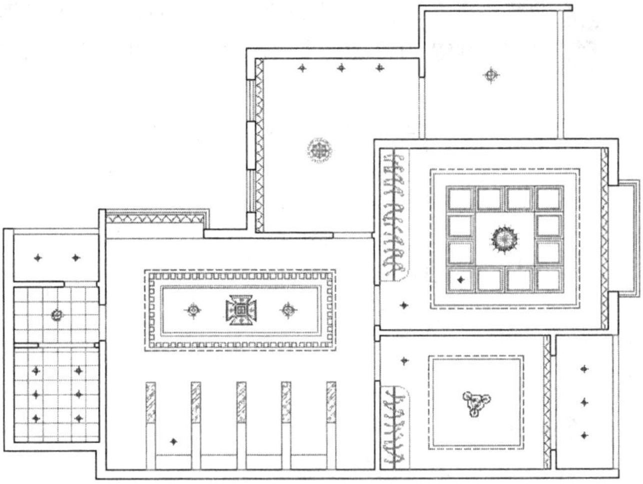

图7-272 绘制结果

10 执行菜单栏中的【修改】|【阵列】命令，对内侧的两个矩形进行阵列。命令行操作如下：

```
命令: _arrayrect
    选择对象:                                          //选择如图7-273所示的筒灯
    选择对象:                                          // Enter
    类型 = 矩形 关联 = 否
    为项目数指定对角点或 [基点(B)/角度(A)/计数(C)] <计数>: // bEnter
    指定基点或 [关键点(K)] <质心>:                       //捕捉如图7-274所示的交点
    为项目数指定对角点或 [基点(B)/角度(A)/计数(C)] <计数>: // Enter
    输入行数或 [表达式(E)] <4>:                          // Enter
    输入列数或 [表达式(E)] <4>:                          // Enter
    指定对角点以间隔项目或 [间距(S)] <间距>:               //捕捉如图7-275所示的端点
    按 Enter 键接受或 [关联(AS)/基点(B)/行(R)/列(C)/层(L)/退出(X)] <退出>:
                                              //X Enter, 阵列结果如图7-276所示
```

11 夹点显示如图7-277所示的四个点标记进行删除，删除结果如图7-278所示。

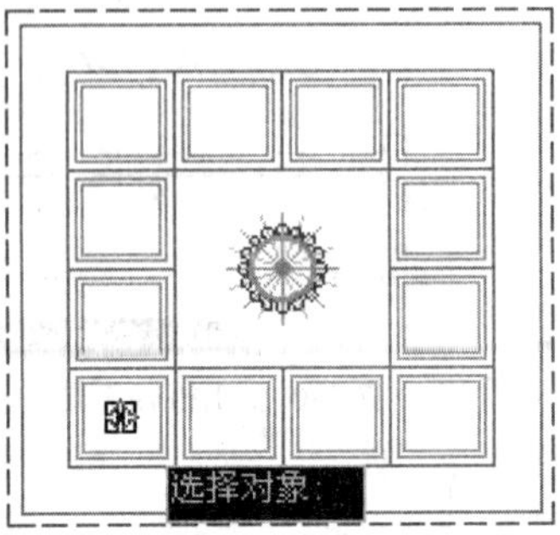

图7-273 选择对象

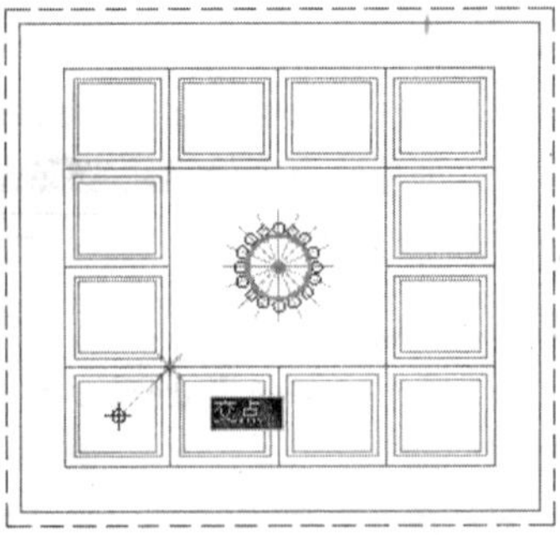

图7-274 捕捉交点

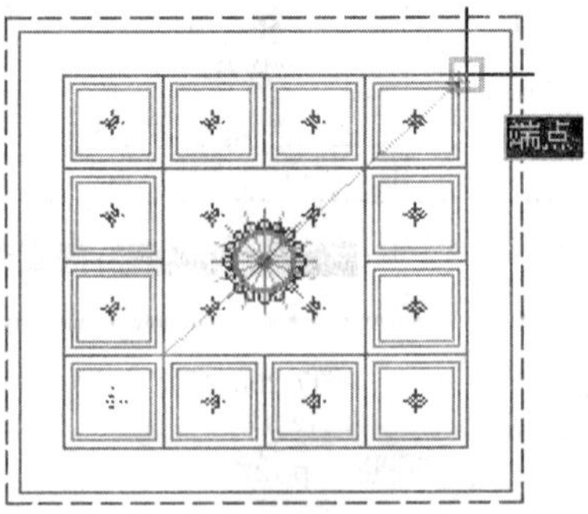

图7-275 捕捉端点

图7-276 阵列结果

图7-277 夹点显示

图7-278 删除结果

12 重复执行【阵列】命令，选择如图7-279所示的筒灯进行阵列。命令行操作如下：

```
命令: _arrayrect
    选择对象:                                   //选择如图7-279所示的筒灯
    选择对象:                                   // Enter
    类型 = 矩形  关联 = 否
    为项目数指定对角点或 [基点(B)/角度(A)/计数(C)] <计数>: // Enter
    输入行数或 [表达式(E)] <4>:                   //1 Enter
    输入列数或 [表达式(E)] <4>:                   // Enter
    指定对角点以间隔项目或 [间距(S)] <间距>:       // Enter
    指定列之间的距离或 [表达式(E)] <1>:           //950 Enter
    按 Enter 键接受或 [关联(AS)/基点(B)/行(R)/列(C)/层(L)/退出(X)] <退出>:
                                                //X Enter，阵列结果如图7-280所示
```

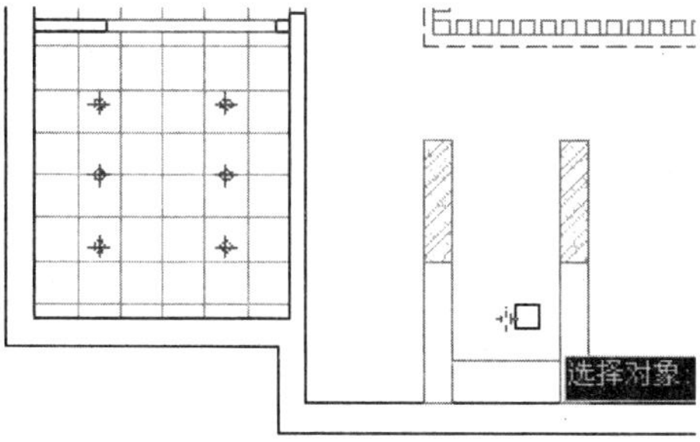

图7-279 选择阵列对象

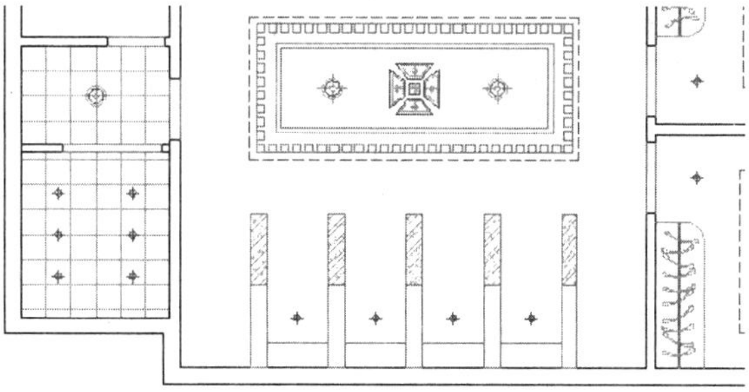

图7-280 阵列结果

13 执行【另存为】命令，将图形另存储为“高档住宅跃二层吊顶灯具图.dwg”。

7.8　标注高档住宅跃二层吊顶装修图

本节通过为高档住宅跃二层吊顶图标注文字、尺寸等内容，主要了解和掌握跃二层吊顶图文字及尺寸的快速标注方法和标注技巧。本例最终标注效果如图7-281所示。

在标注跃二层吊顶图文字及尺寸时，具体可以参照如下思路。

1） 首先调用源文件，并设置当前层与当前样式。

2） 使用【多段线】或【直线】命令配合【极轴追踪】功能绘制文字的指示线。

3） 使用【单行文字】、命令标注吊顶图文字文本注释。

4） 最后使用【线性】、【连续】、【编辑标注文字】命令快速标注吊顶图内部尺寸及灯具定位尺寸。

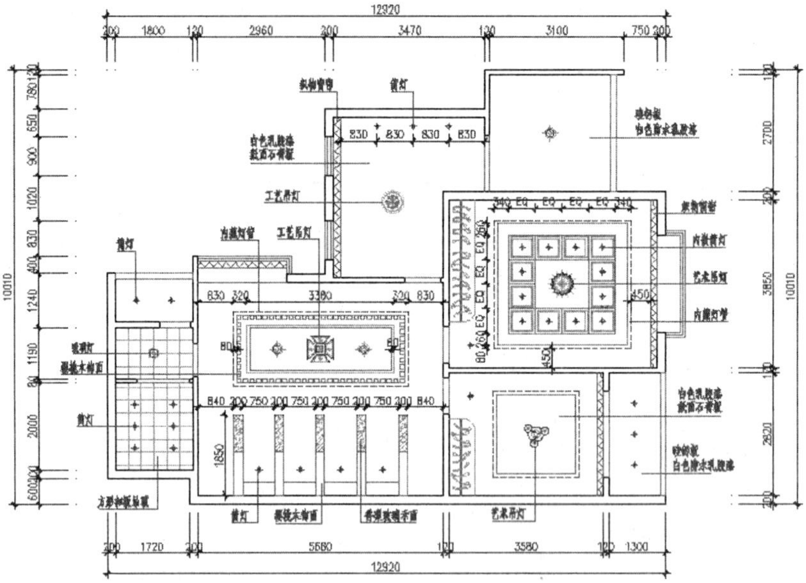

图7-281 实例效果

7.8.1 绘制跃二层吊顶指示线

1. 打开上节存储的“高档住宅跃二层吊顶灯具图.dwg”文件。
2. 使用快捷键“LA”激活【图层】命令，将“文本层”设置为当前操作层。
3. 展开【文字样式控制】下拉列表，将“仿宋体”设置为当前文本样式。
4. 暂时关闭状态栏上的【对象捕捉】功能，打开【极轴追踪】功能。
5. 执行菜单栏中的【绘图】|【直线】命令，配合【极轴追踪】功能绘制如图7-282所示的直线作为文字指示线。
6. 重复执行【直线】命令，配合【极轴追踪】功能分别绘制其他位置的文字指示线，结果如图7-283所示。

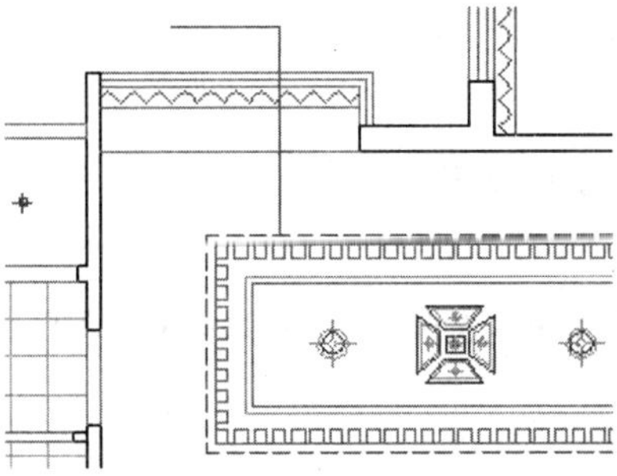

图7-282 绘制结果

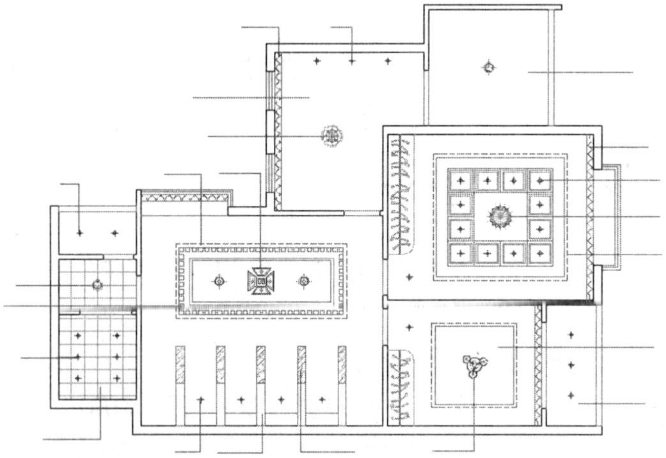

图7-283 绘制其他指示线

至此，跃二层吊顶文字指示线绘制完毕。下一小节将学习跃二层吊顶图文字注释的具体标注过程和标注技巧。

7.8.2　标注跃二层吊顶图文字

1 继续上节操作。

2 按下F3功能键，打开状态栏上的【对象捕捉】功能。

3 使用快捷键“DT”激活【单行文字】命令，在命令行“指定文字的起点或 [对正(J)/样式(S)]: ”提示下输入“J”并按Enter键，激活【对正】选项功能。

4 在“输入选项 [对齐(A)/布满(F)/居中(C)/中间(M)/右对齐(R)/左上(TL)/中上(TC)/右上(TR)/左中(ML)/正中(MC)/右中(MR)/左下(BL)/中下(BC)/右下(BR)]:”提示下，输入“BL”并按Enter键，设置文字的对正方式。

5 在“指定文字的左下点:”提示下，捕捉卫生间指示线的左端点，如图7-284所示。

6 在“指定高度 <10.0>:”提示下输入“210”并按Enter键，

7 在“指定文字的旋转角度 <0.0>:”提示下直接按Enter键，然后输入文字注释，结果如图7-285所示。

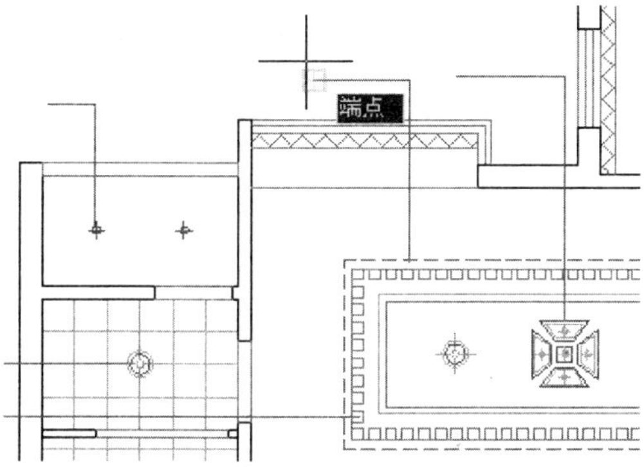

图7-284 捕捉端点

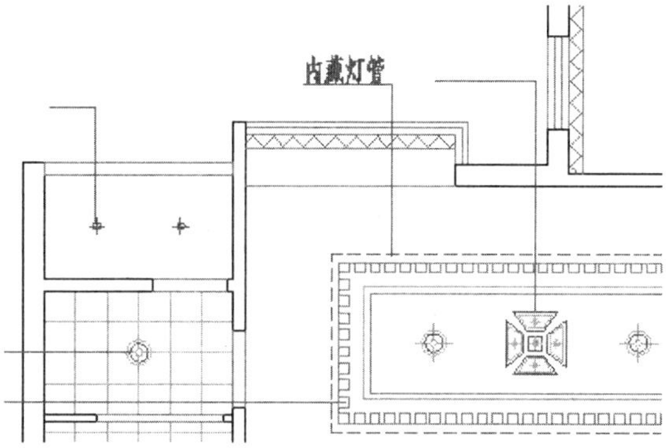

图7-285 标注结果

8 将标注的单行文字注释垂直向上移动60个绘图单位，然后重复使用【单行文字】命令分别标注其他指示线位置，结果如图7-286所示。

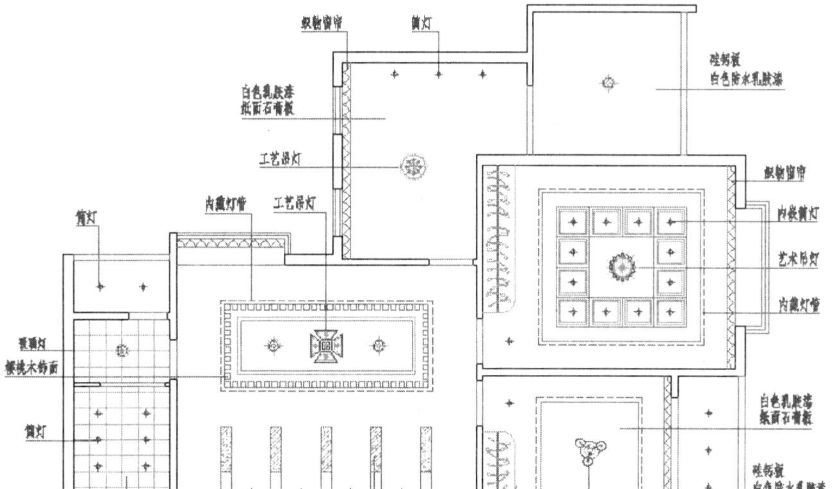

图7-286 标注其他文字

至此，跃二层吊顶文字注释标注完毕。下一小节学习跃二层吊顶图尺寸的快速标注过程和标注技巧。

7.8.3 标注跃二层吊顶图尺寸

1 继续上节操作。

2 展开【图层控制】下拉列表，解冻“尺寸层”，同时将“尺寸层”设置为当前操作层，此时平面图的显示效果如图7-287所示。

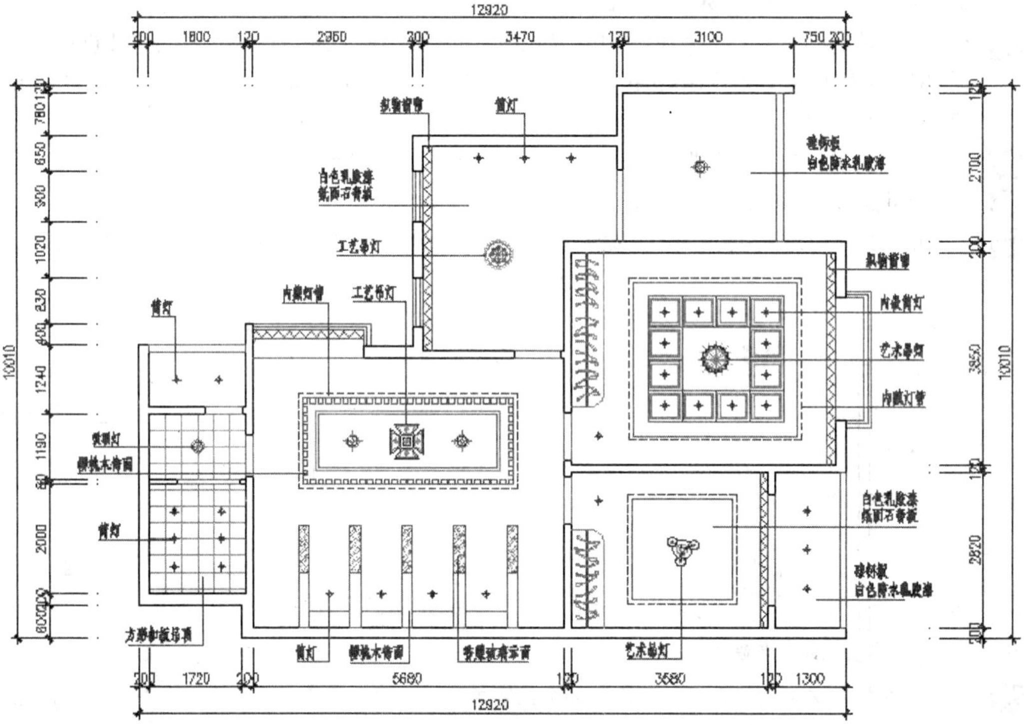

图7-287 解冻尺寸后的显示

3 执行菜单栏中的【标注】|【线性】命令，配合节点捕捉和端点捕捉功能，标注如图7-288所示的线性尺寸。

4 执行菜单栏中的【标注】|【连续】命令，分别以刚标注的两个线性尺寸作为基准尺寸，标注如图7-289所示的连续尺寸，作为灯具的定位尺寸。

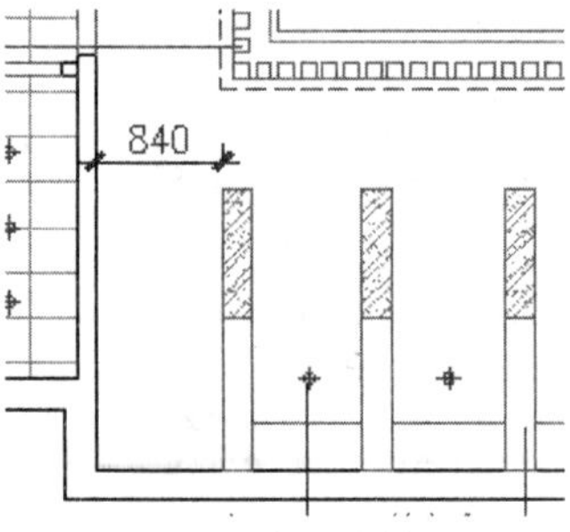

图7-288 标注线性尺寸

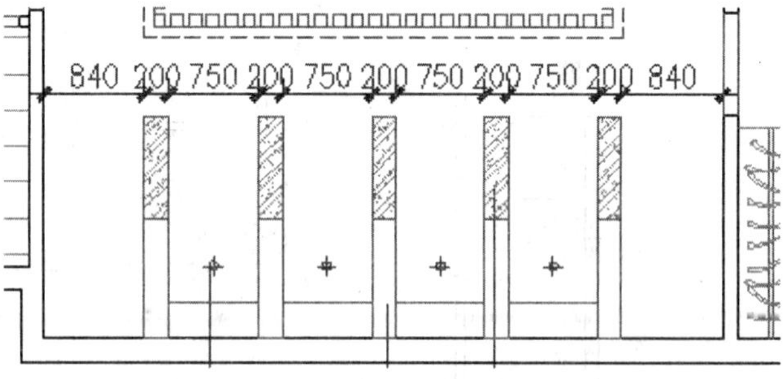

图7-289 标注连续尺寸

5 综合使用【线性】、【连续】和【编辑标注文字】命令，分别标注其他位置的灯具定位尺寸，结果如图7-290所示。

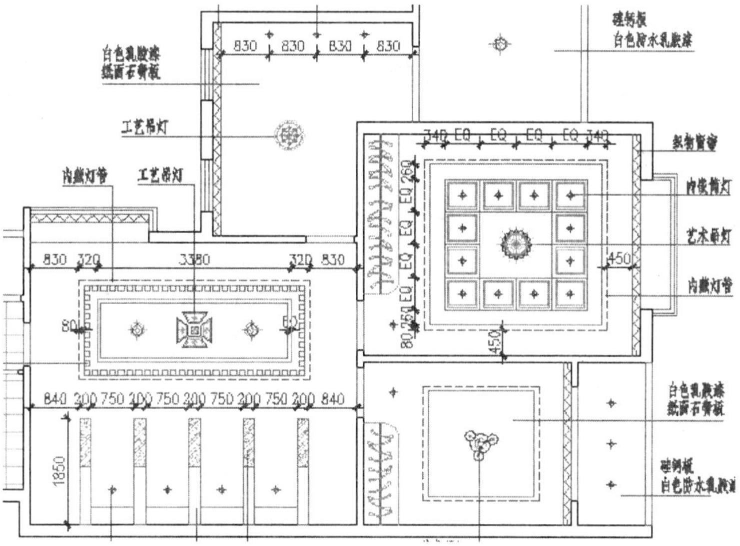

图7-290 标注其他尺寸

6 调整视图，使吊顶图完全显示。

7 最后执行【另存为】命令，将当前图形另存储为“标注高档住宅跃二层吊顶图.dwg”。

7.9 本章小结

本章以绘制某跃二层住宅装修设计方案为例，按照实际设计流程，详细而系统地讲述了高档住宅跃二层装修的设计方法、设计思路、绘图技巧以及具体的绘图过程。具体分为“绘制高档住宅跃二层墙体结构图、绘制高档住宅跃二层家具布置图、绘制高档住宅跃二层地面材质图、标注高档住宅跃二层装修布置图、绘制高档住宅跃二层吊顶轮廓图、绘制高档住宅跃二层吊顶灯具图和标注高档住宅跃二层吊顶装修图”七大经典操作案例。

希望读者通过本章的学习，对高档跃层住宅装修知识能有所了解和认知，通过本章装修案例的系统学习，能掌握相关的设计流程、设计方法和具体的绘图技能。

第8章 高档住宅室内立面设计案例

本章视频教学导航

小节名称	视频路径	视频长度
绘制跃一层客厅与餐厅立面图	视频文件\第8章\8.1.avi	00：29：14
绘制跃一层厨房D向立面图	视频文件\第8章\8.2.avi	00：22：28
绘制跃一层门厅A向立面图	视频文件\第8章\8.3.avi	00：20：03
绘制跃二层书房A向立面图	视频文件\第8章\8.4.avi	00：22：05
绘制跃二层书房C向立面图	视频文件\第8章\8.5.avi	00：21：18
绘制跃二层主卧室A向立面图	视频文件\第8章\8.6.avi	00：20：46
绘制跃二层卫生间D向立面图	视频文件\第8章\8.7.avi	00：19：34

8.1 绘制跃一层客厅与餐厅立面图

本节主要学习跃一层客厅与餐厅A向装修立面图的具体绘制过程和绘制技巧。跃一层客厅与餐厅A向立面图的最终绘制效果如图8-1所示。

在绘制跃一层客厅与餐厅A向装修立面图时，具体可以参照如下思路。

1） 首先使用【新建】、【矩形】等命令调用制图样板并绘制墙面外轮廓线。

2） 使用【分解】、【修剪】、【多段线】、【偏移】、【圆角】、【阵列】等命令绘制立面轮廓线及墙面装饰分隔线。

3） 使用【插入块】、【修剪】、【删除】、【分解】、【镜像】等命令绘制并完善立面构件图。

4） 使用【编辑标注文字】、【线性】、【连续】等命令并配合对象捕捉功能标注立面图尺寸。

5） 最后使用【标注样式】、【快速引线】命令标注客厅与餐厅立面图装修材质。

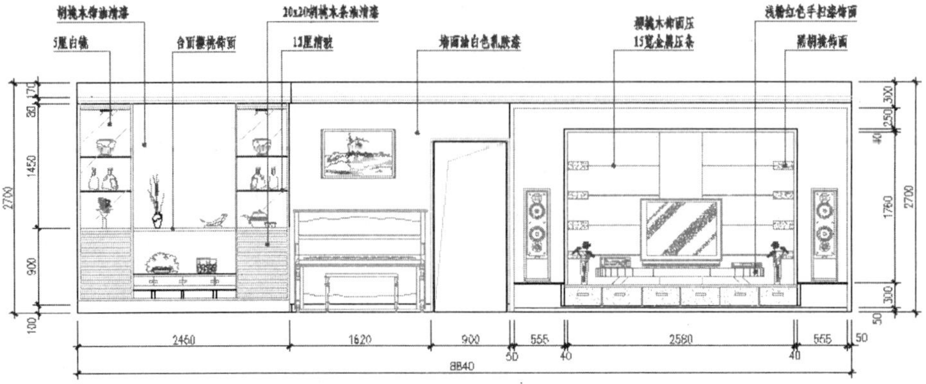

图8-1 实例效果

8.1.1　绘制客厅与餐厅墙面轮廓图

1 执行【新建】命令，以本书配套光盘中的“样板文件\室内设计样板.dwt”作为基础样板，创建空白文件。

2 展开【图层控制】下拉列表，设置“轮廓线”为当前操作层，如图8-2所示。

3 执行菜单栏中的【绘图】｜【矩形】命令，绘制长度为8840、宽度为2700的矩形作为墙面外轮廓线，如图8-3所示。

图8-2　设置当前图层

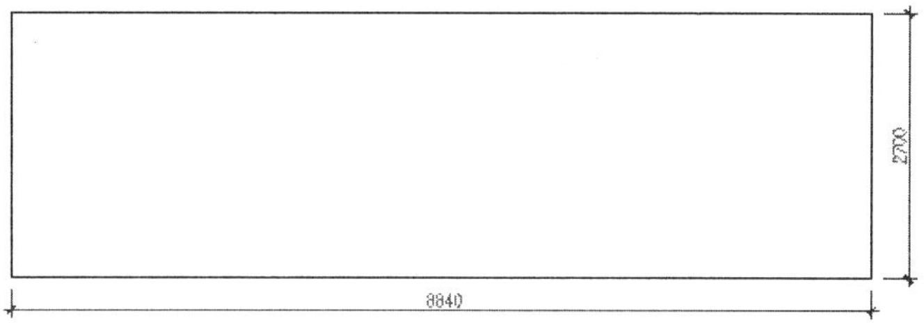

图8-3　绘制结果

4 使用快捷键“X”激活【分解】命令，将矩形分解为四条独立的线段。

5 使用快捷键“O”激活【偏移】命令，将矩形左侧的垂直边向右偏移2450个绘图单位，将矩形右侧垂直边向左偏移3870个绘图单位，将上侧水平边向下偏移170和210个绘图单位，将下侧的矩形水平边向上偏移100和2450个绘图单位，结果如图8-4所示。

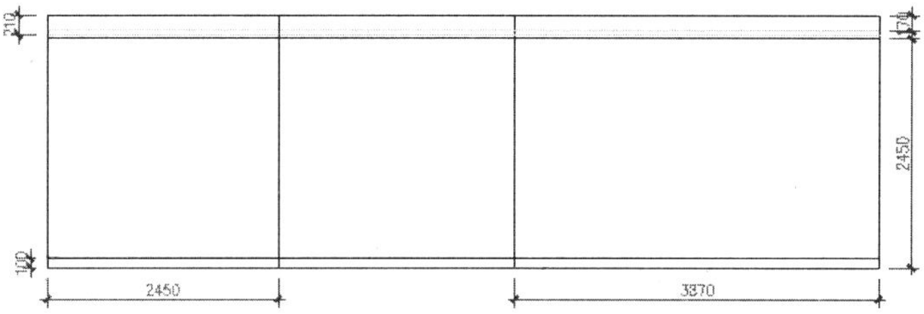

图8-4　偏移水平边

6 将最左侧的垂直边向右偏移2470个绘图单位，然后执行菜单栏中的【修改】｜【修剪】命令，对偏移出的轮廓线进行修剪，结果如图8-5所示。

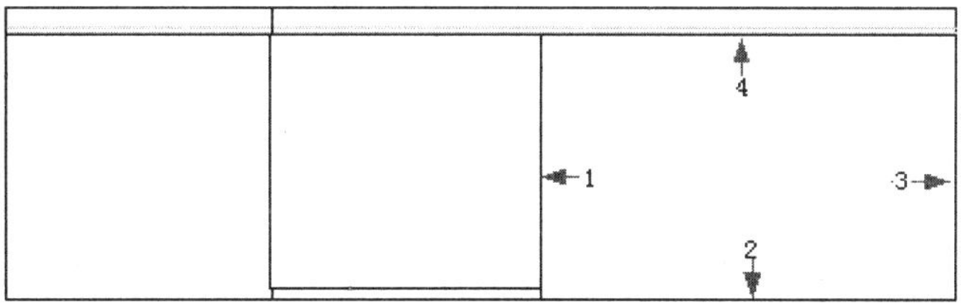

图8-5　修剪结果

7 执行菜单栏中的【修改】｜【偏移】命令，将图8-5所示的轮廓线1和3分别向内侧偏移50、650个绘图单位；将轮廓线2向上偏移50、80个绘图单位；将轮廓线4向下偏移50、300个绘图单位，结果如图8-6所示。

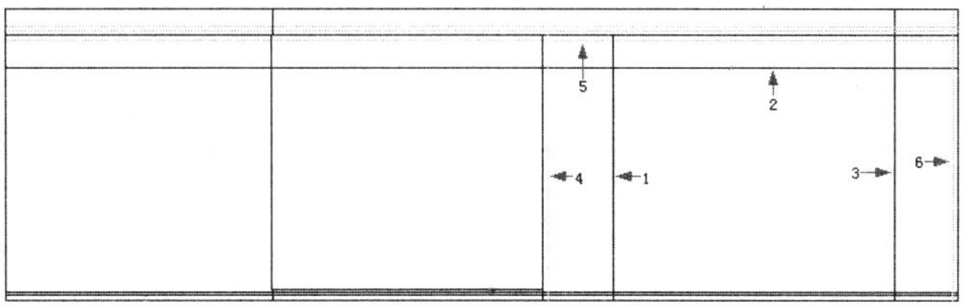

图8-6　偏移结果

8 使用快捷键“F”激活【圆角】命令，对内部的墙面轮廓线进行圆角编辑。命令行操作如下：

```
命令: f                                               // Enter
    FILLET当前设置: 模式 = 修剪，半径 = 0.0
    选择第一个对象或 [放弃(U)/多段线(P)/半径(R)/修剪(T)/多个(M)]:  //m Enter
    选择第一个对象或 [放弃(U)/多段线(P)/半径(R)/修剪(T)/多个(M)]:
                                                      //在如图8-6所示的轮廓线1的上端单击
    选择第二个对象，或按住 Shift 键选择对象以应用角点或 [半径(R)]:
                                                      //在如图8-6所示的轮廓线2的左端单击
    选择第一个对象或 [放弃(U)/多段线(P)/半径(R)/修剪(T)/多个(M)]:
                                                      //在如图8-6所示的轮廓线3的上端单击
    选择第二个对象，或按住 Shift 键选择对象以应用角点或 [半径(R)]:
                                                      //在如图8-6所示的轮廓线2的右端单击
    选择第一个对象或 [放弃(U)/多段线(P)/半径(R)/修剪(T)/多个(M)]:
                                                      //在如图8-6所示的轮廓线4的上端单击
    选择第二个对象，或按住 Shift 键选择对象以应用角点或 [半径(R)]:
                                                      //在如图8-6所示的轮廓线5的左端单击
    选择第一个对象或 [放弃(U)/多段线(P)/半径(R)/修剪(T)/多个(M)]:
                                                      //在如图8-6所示的轮廓线6的上端单击
    选择第二个对象，或按住 Shift 键选择对象以应用角点或 [半径(R)]:
                                                      //在如图8-6所示的轮廓线5的右端单击
    选择第一个对象或 [放弃(U)/多段线(P)/半径(R)/修剪(T)/多个(M)]:
                                                      // Enter，结束命令，圆角结果如图8-7所示
```

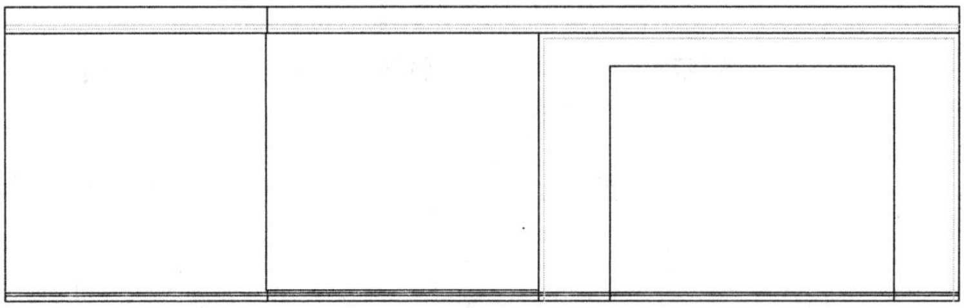

图8-7 圆角结果

9 执行菜单栏中的【修改】|【修剪】命令，对偏移出的轮廓线进行修剪，结果如图8-8所示。

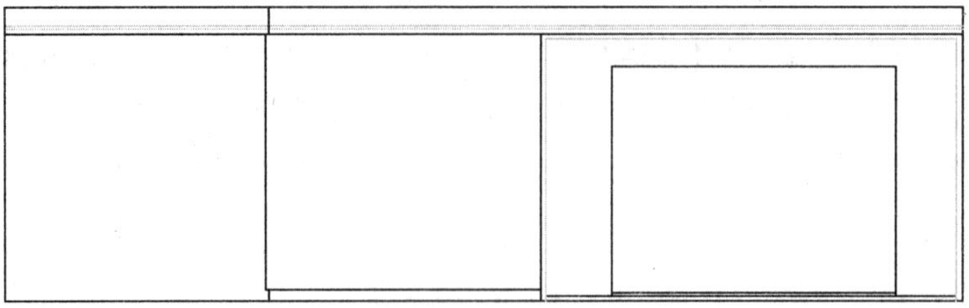

图8-8 修剪结果

至此，跃一层客厅与餐厅A向墙面轮廓图绘制完毕。下一小节将学习客厅电视墙墙面装饰轮廓线的绘制过程和技巧。

8.1.2 绘制客厅电视墙墙面装饰线

1. 继续上节操作。
2. 执行菜单栏中的【绘图】|【多段线】命令，配合捕捉与追踪功能绘制如图8-9所示的轮廓线。
3. 使用快捷键“O”激活【偏移】命令，将图8-9所示的轮廓线1和2分别向内侧偏移40、1080个绘图单位，将轮廓线3向下偏移40个绘图单位，结果如图8-10所示。

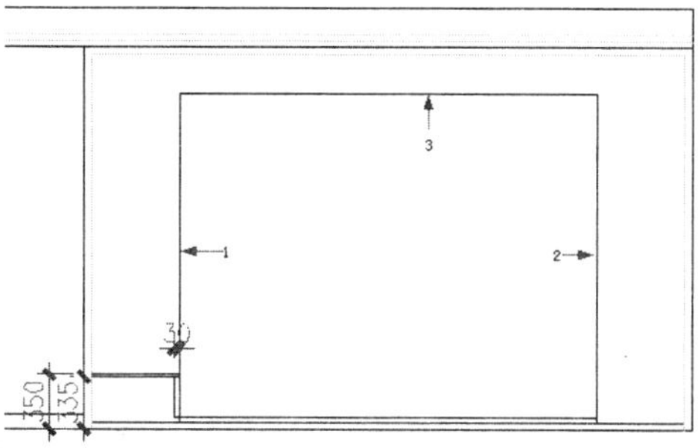

图8-9 绘制结果

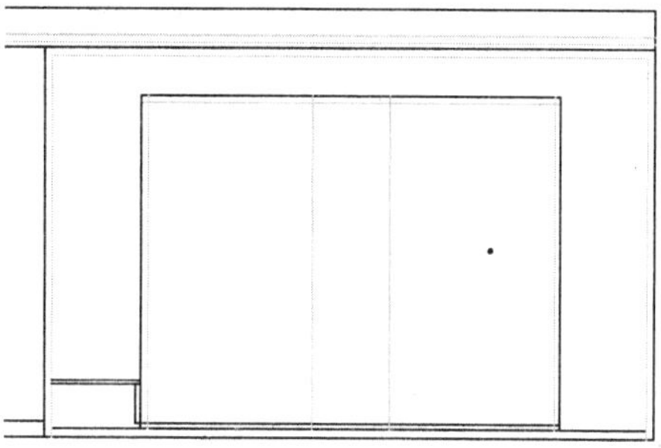

图8-10 偏移结果

4. 执行菜单栏中的【修改】|【修剪】命令，对偏移出的轮廓线进行修剪，结果如图8-11所示。
5. 执行菜单栏中的【绘图】|【矩形】命令，配合【捕捉自】和坐标输入功能绘制如图8-12所示的矩形。

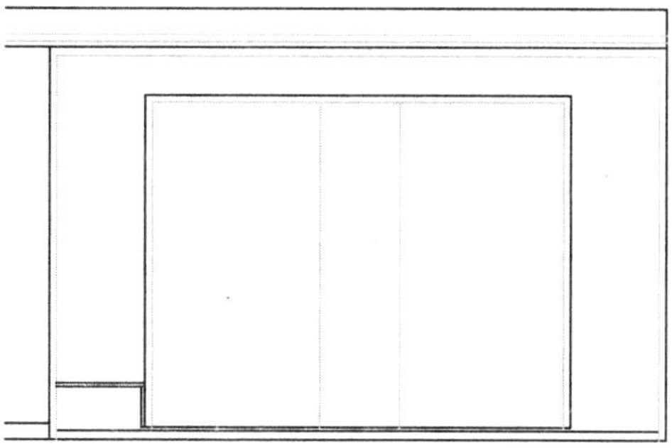

图8-11 修剪结果

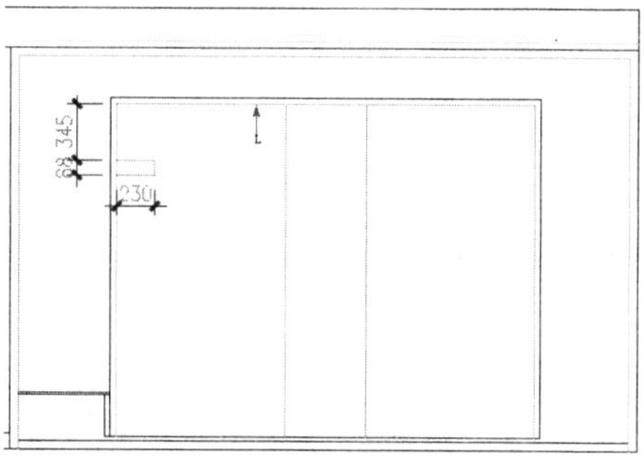

图8-12 绘制矩形

6. 使用快捷键“O”激活【偏移】命令，将水平轮廓线L向下偏移385和393个绘图单位，如图8-13所示。
7. 使用快捷键“TR”激活【修剪】命令，对偏移出的轮廓线进行修剪，修剪结果如图8-14所示。

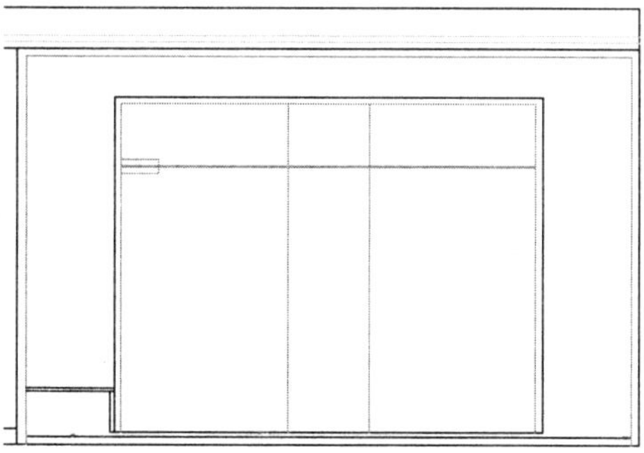

图8-13 偏移结果

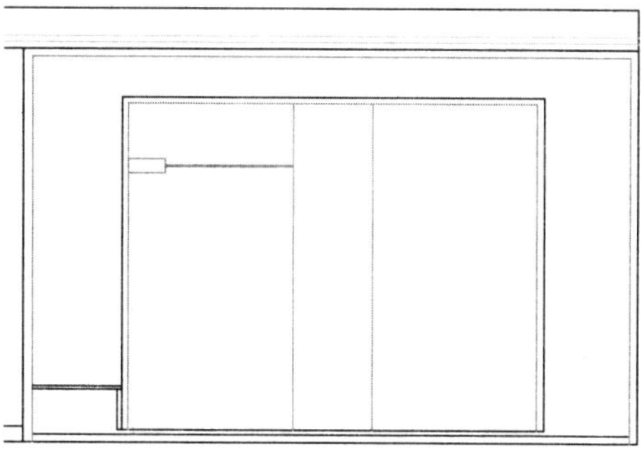

图8-14 修剪结果

8. 使用快捷键“H”激活【图案填充】命令，设置填充图案与参数如图8-15所示，为矩形填充如图8-16所示的图案。

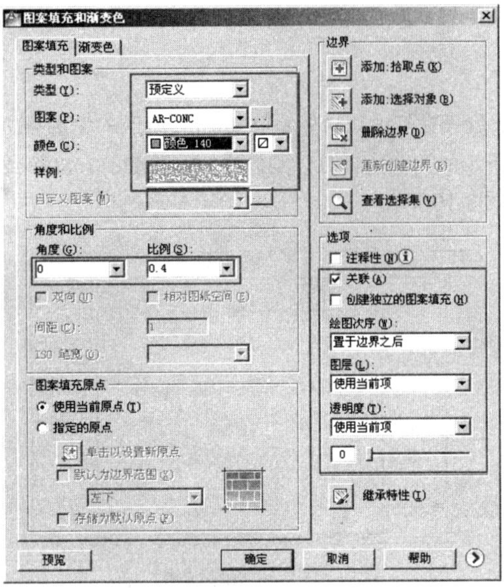

图8-15 设置填充图案与参数

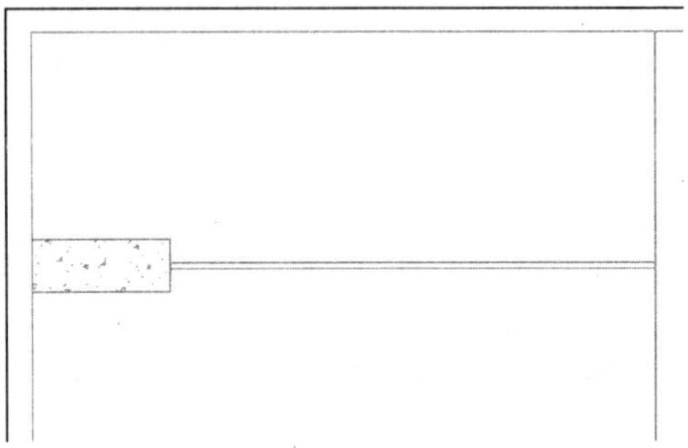

图8-16 填充结果

9 执行菜单栏中的【修改】|【阵列】命令，窗交选择如图8-17所示的图形进行阵列。命令行操作如下：

```
命令: _arrayrect
    选择对象:                                          //窗交选择如图8-17所示的图形
    选择对象:                                          // Enter
    类型 = 矩形  关联 = 是
    为项目数指定对角点或 [基点(B)/角度(A)/计数(C)] <计数>: // Enter
    输入行数或 [表达式(E)] <4>:                        // Enter
    输入列数或 [表达式(E)] <4>:                        //1 Enter
    指定对角点以间隔项目或 [间距(S)] <间距>:            // Enter
    指定行之间的距离或 [表达式(E)] <132>:               //-350 Enter
    按 Enter 键接受或 [关联(AS)/基点(B)/行(R)/列(C)/层(L)/退出(X)] <退出>:
                                                       // Enter，阵列结果如图8-18所示
```

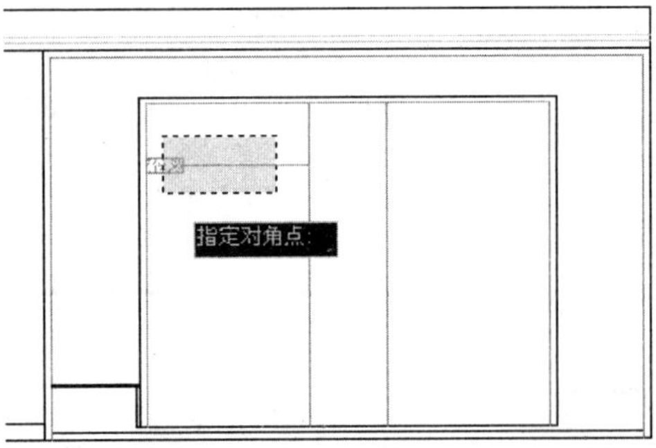

图8-17 窗交选择

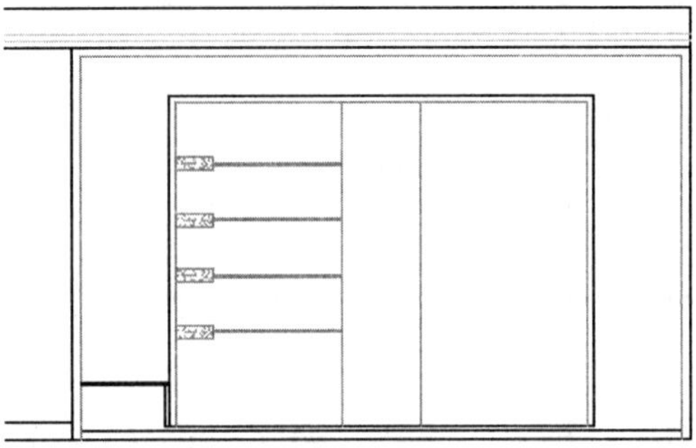

图8-18 阵列结果

10 使用快捷键“MI”激活【镜像】命令，窗选如图8-19所示的图形进行镜像，结果如图8-20所示。

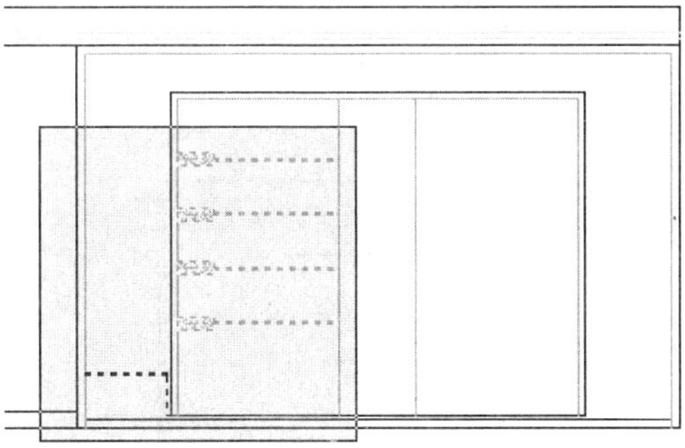

图8-19 选择阵列对象

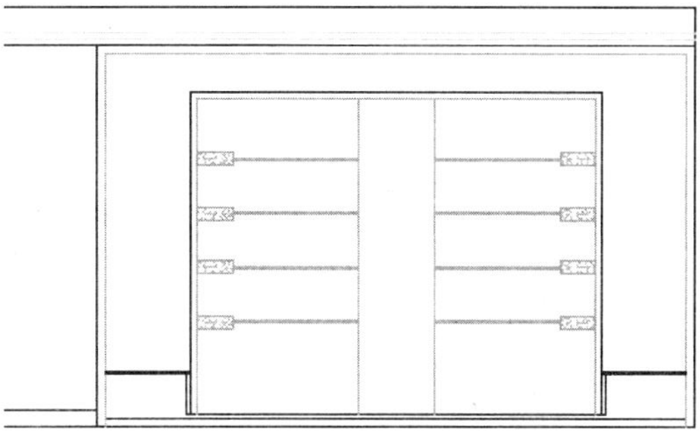

图8-20 镜像结果

至此，客厅电视墙墙面装饰轮廓线绘制完毕。下一小节将学习客厅与餐厅A向立面构件的表达技巧。

8.1.3 绘制客厅与餐厅墙面构件图

1 继续上节操作。

2 展开【图层控制】下拉列表，将“家具层”设置为当前操作层。

3 执行菜单栏中的【插入】|【块】命令，选择本书配套光盘中的“图块文件\电视与电视柜01.dwg”文件，如图8-21所示。

4 返回【插入】对话框，采用默认参数将图块插入到立面图中，插入点为轮廓线L的下端点，插入结果如图8-22所示。

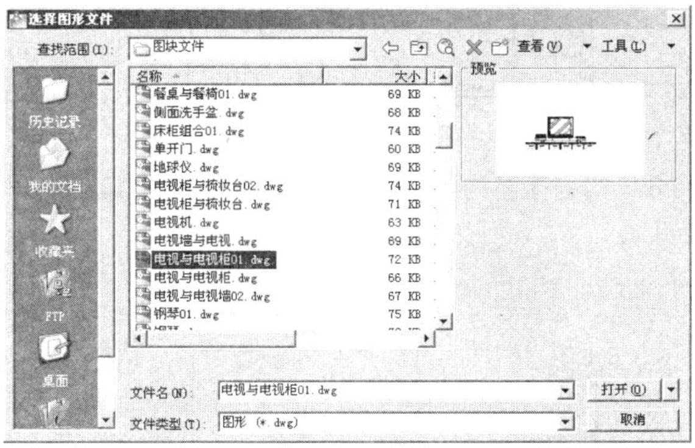

图8-21 选择文件

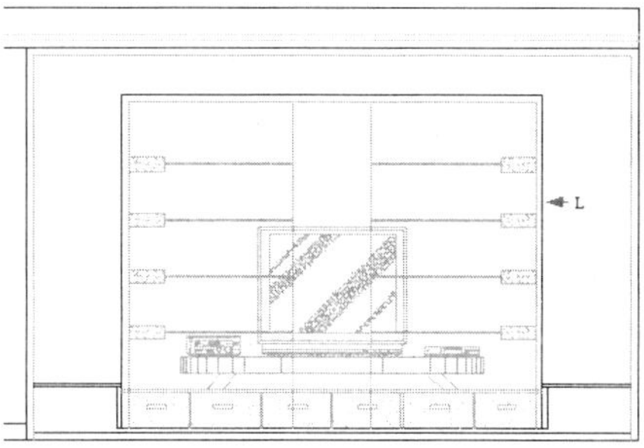

图8-22 插入结果

5 重复执行【插入块】命令，选择本书配套光盘中的“图块文件\餐柜01.dwg”文件，如图8-23所示，然后以默认参数插入到立面图中，插入点为左侧垂直轮廓线的下端点，结果如图8-24所示。

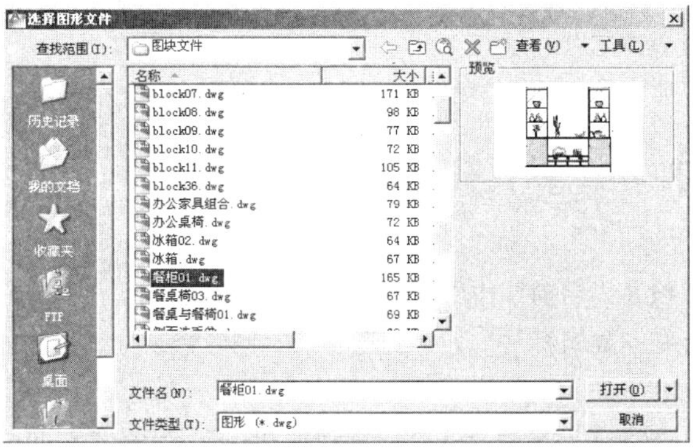

图8-23 选择文件

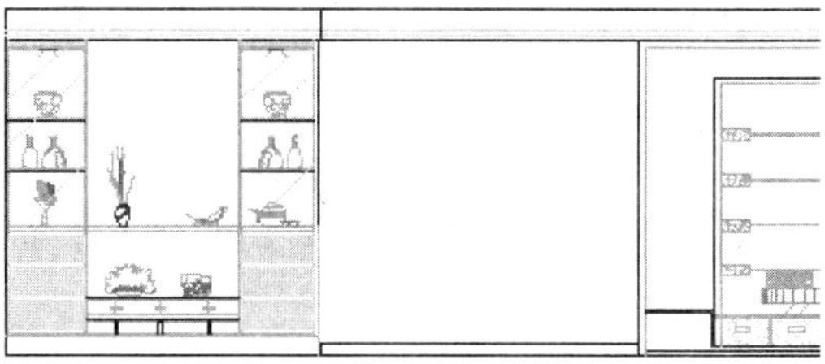

图8-24 插入结果

6 重复执行【插入块】命令，采用默认参数设置，分别插入本书配套光盘“图块文件”目录下的“钢琴01.dwg”、“装饰画01”、“立面门02.dwg”、“立面音响.dwg”、和“装饰花.dwg ”等构件，插入结果如图8-25所示。

图8-25 插入其他构件

7 执行菜单栏中的【修改】|【镜像】命令，配合中点捕捉功能对插入的立面音响、装饰图块等进行镜像，结果如图8-26所示。

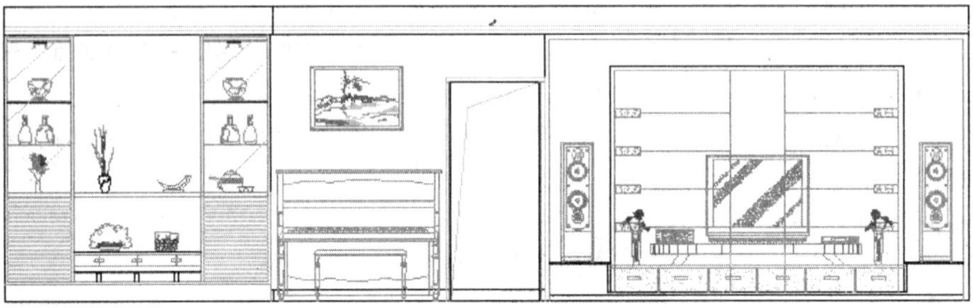

图8-26 镜像结果

8 综合使用【分解】、【修剪】和【删除】命令，对立面图构件轮廓线进行修整，删除被遮挡住的图线，结果如图8-27所示。

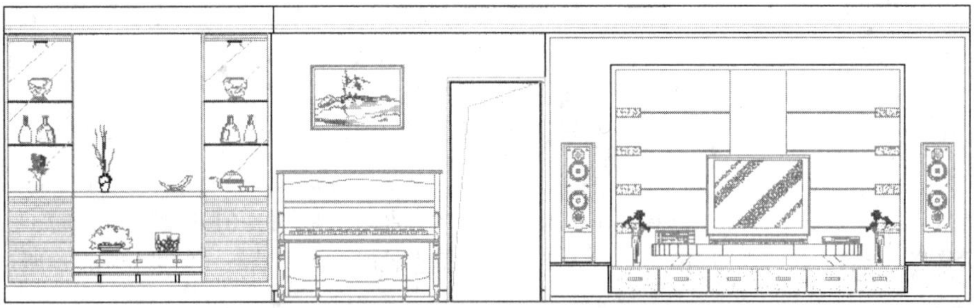

图8-27 修整结果

至此，客厅与餐厅墙面立面构件绘制完毕。下一小节将学习客厅与餐厅立面图尺寸的具体标注过程和技巧。

8.1.4 标注客厅与餐厅立面图尺寸

1 继续上节操作。

2 展开【图层控制】下拉列表，将“尺寸层”设置为当前操作层。

3 使用快捷键“D”激活【标注样式】命令，将“建筑标注”设为当前样式，同时修改标注比例如图8-28所示。

4 执行菜单栏中的【标注】|【线性】命令，配合【对象捕捉】功能标注如图8-29所示的线性尺寸作为基准尺寸。

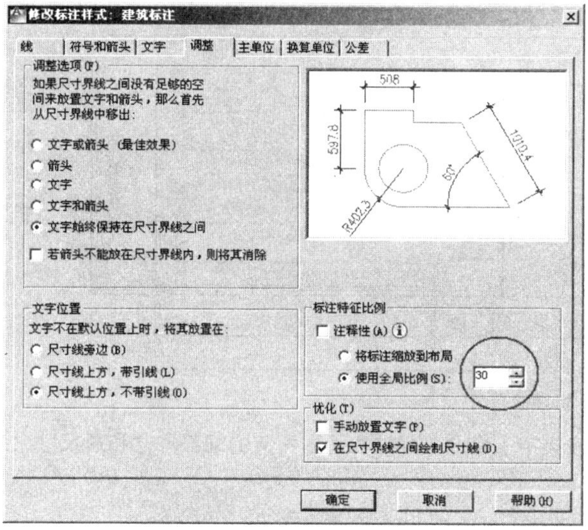

图8-28 修改标注比例

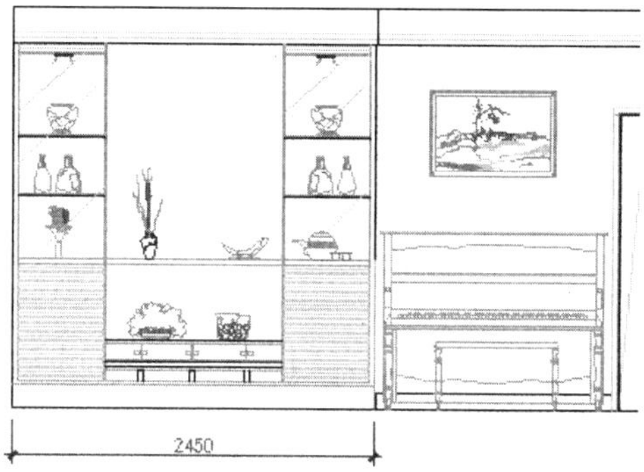

图8-29 标注结果

5 执行菜单栏中的【标注】|【连续】命令，以刚标注的线性尺寸作为基准尺寸，标注如图8-30所示的连续尺寸作为细部尺寸。

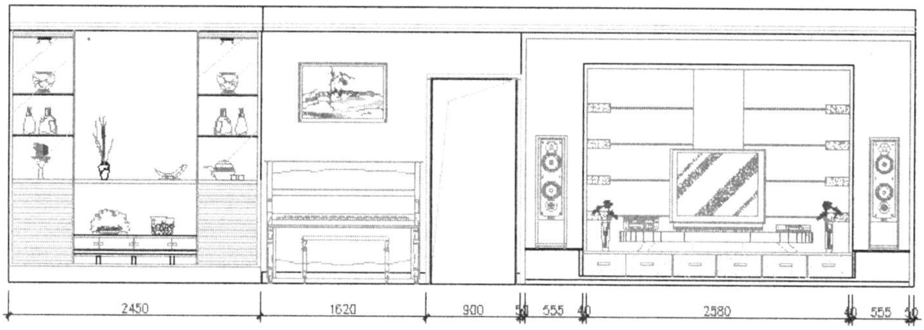

图8-30 标注连续尺寸

6 单击【标注】工具栏中的按钮，激活【编辑标注文字】命令，对重叠的尺寸文字进行协调位置，结果如图8-31所示。

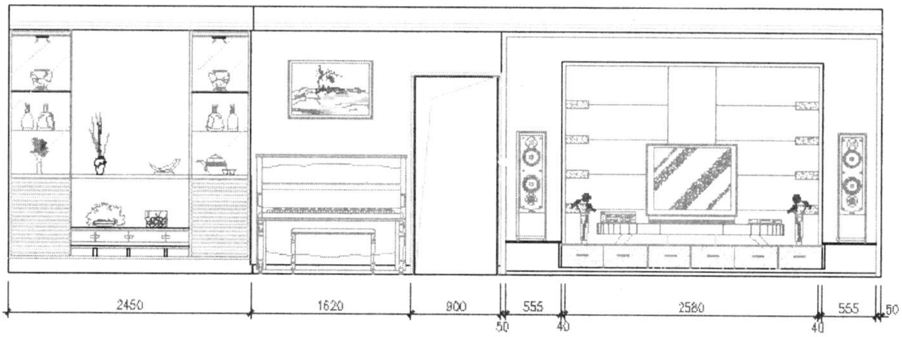

图8-31 调整标注文字位置

7 单击【标注】工具栏中的按钮，激活【线性】命令，标注立面图下侧的总体尺寸，结果如图8-32所示。

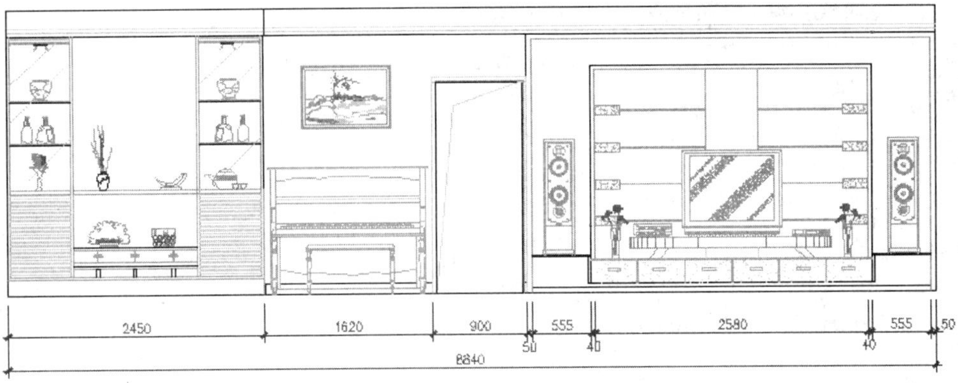

图8-32 标注总尺寸

8 综合使用【线性】、【连续】和【编辑标注文字】命令，标注立面图两侧的细部尺寸和总尺寸，结果如图8-33所示。

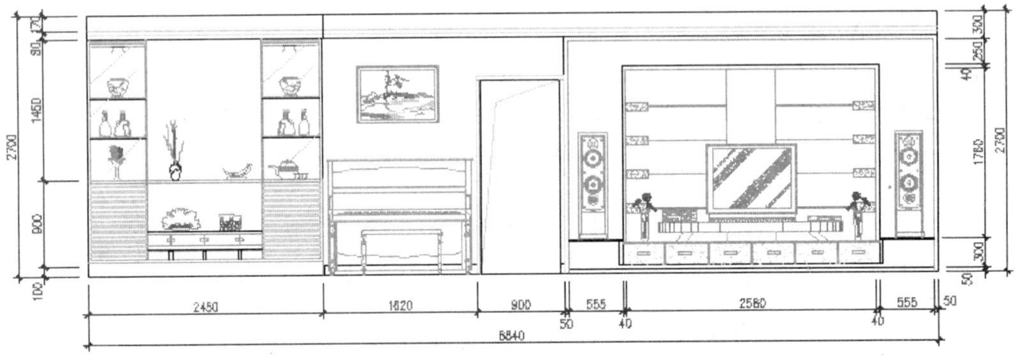

图8-33 标注结果

至此，客厅与餐厅A向立面图的尺寸标注完毕。下一小节将为装修立面图标注材质说明。

8.1.5 标注客厅与餐厅墙面装修材质

1 继续上节操作。

2 展开【图层控制】下拉列表，将“文本层”设置为当前操作层。

3 展开【标注样式控制】下拉列表，将“引线标注”设置为当前标注样式，如图8-34所示。

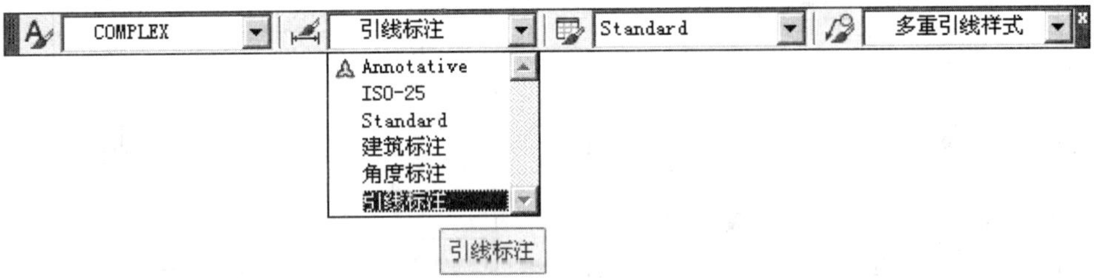

图8-34 【标注样式控制】下拉列表

4 使用快捷键“D”激活【标注样式】命令，修改“引线标注”的标注比例如图8-35所示。

5 使用快捷键“LE”激活【快速引线】命令，使用命令中的“设置”选项，设置引线参数如图8-36和图8-37所示。

6 单击【引线设置】对话框中的 确定 按钮，返回绘图区，根据命令行的提示，指定三个引线点，绘制引线并输入引线注释，标注结果如图8-38所示。

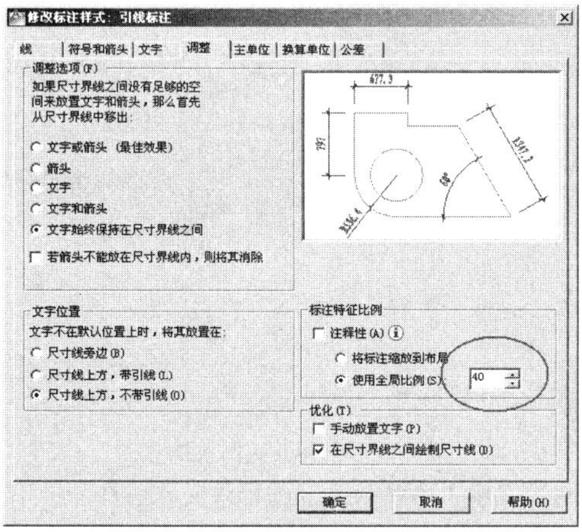

图8-35 修改标注比例

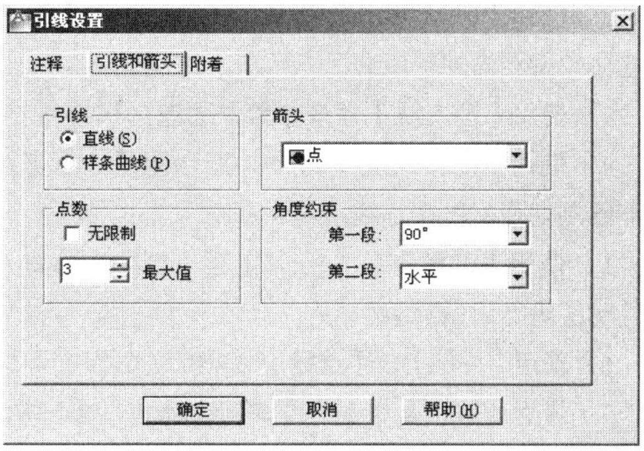

图8-36 【引线和箭头】选项卡

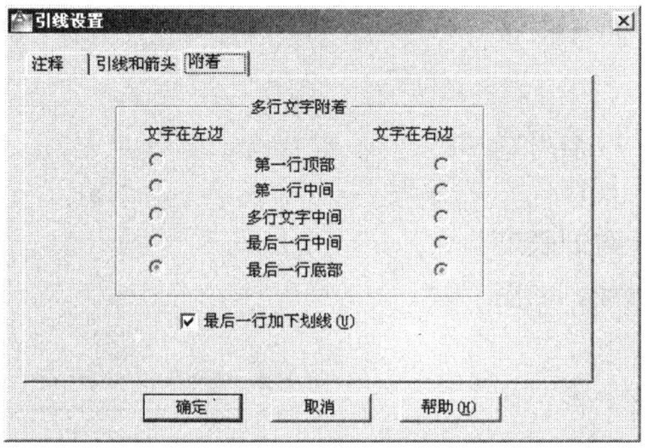

图8-37 【附着】选项卡

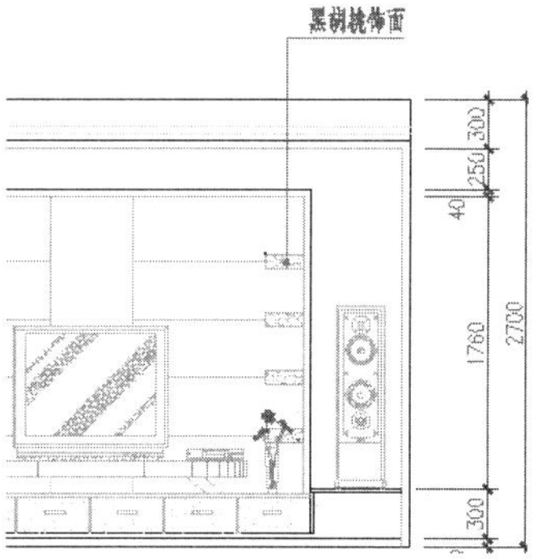

图8-38 标注结果

7 重复执行【快速引线】命令，按照当前的引线参数设置，分别标注其他位置的引线注释，标注结果如图8-39所示。

8 最后执行【保存】命令，将图形命名存储为“跃一层客厅与餐厅A向立面图.dwg”。

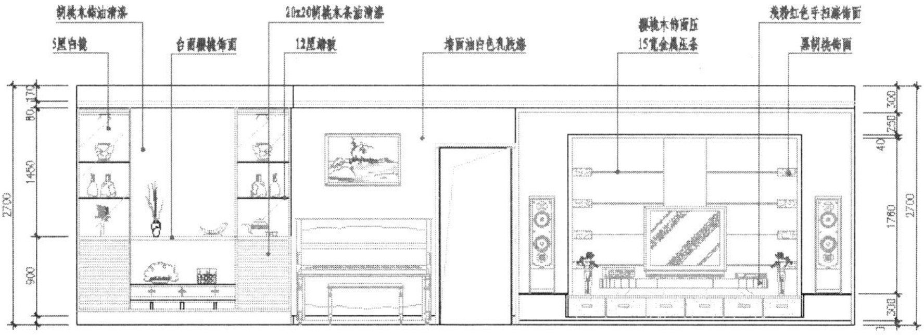

图8-39 标注其他注释

8.2　绘制跃一层厨房D向立面图

本节主要学习跃一层厨房D向装修立面图的具体绘制过程和绘制技巧。跃一层厨房D向装修立面图的最终绘制效果如图8-40所示。

在绘制跃一层厨房D向立面图时，具体可以参照如下思路。

1）首先使用【新建】和【矩形】命令并调用制图样板绘制墙面外轮廓线。

2）使用【分解】、【偏移】、【修剪】等命令绘制主体轮廓和内部轮廓线；

3）使用【插入块】命令布置立面图内部构件。

4）使用【图案填充】命令并配合图层的状态控制功能绘制墙面材质装饰线。

5）使用【分解】、【修剪】和【删除】命令对立面轮廓图进行编辑完善。

6）使用【线性】、【连续】命令标注立面图尺寸。

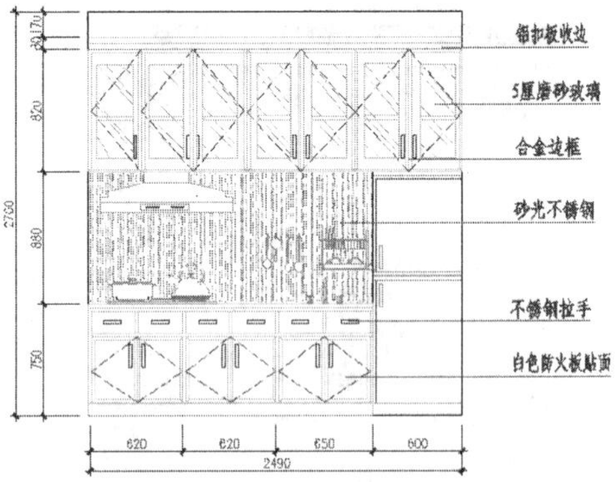

图8-40 实例效果

7）最后使用【直线】、【单行文字】、【复制】、【编辑文字】命令为立面图标注文本注释。

8.2.1 绘制跃一层厨房D向轮廓图

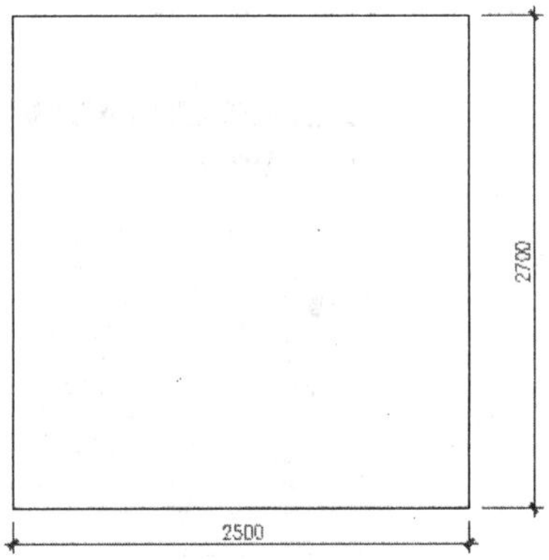

图8-41 绘制结果

1 调用本书配套光盘中的“样板文件\室内设计样板.dwt”文件。

2 单击【图层】工具栏中的【图层控制】下拉按钮，在展开的下拉列表中选择“轮廓线”，将其设置为当前操作层。

3 执行菜单栏中的【绘图】|【矩形】命令，绘制长度为2500、宽度为2750的矩形作为墙面外轮廓线，如图8-41所示。

4 使用快捷键“X”激活【分解】命令，将矩形分解为四条独立的线段。

5 执行菜单栏中的【修改】|【偏移】命令，将下侧的矩形水平边向上偏移750、1630和2450个绘图单位，如图8-42所示。

6 重复执行【偏移】命令，将上侧的水平边向下偏移170和210个绘图单位；将右侧的垂直边向左偏移600个绘图单位，结果如图8-43所示。

7 使用快捷键“TR”激活【修剪】命令，对偏移出的垂直轮廓线进行修剪编辑，修剪掉多余的轮廓线，结果如图8-44所示。

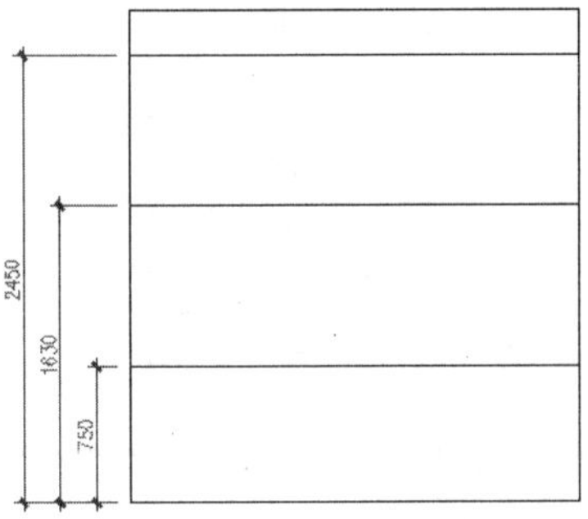

图8-42 偏移垂直边

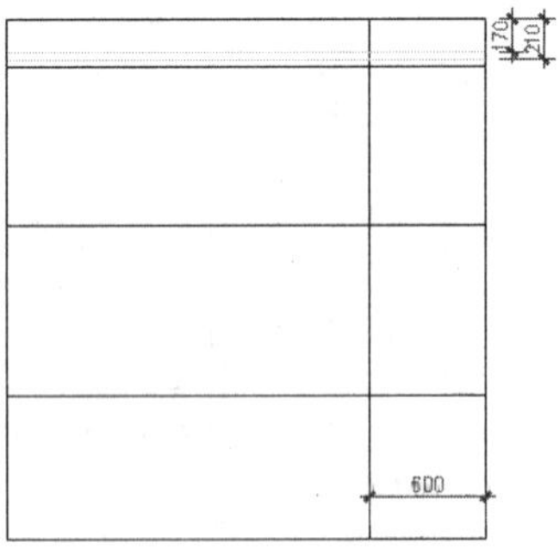

图8-43 偏移结果

图8-44 修剪结果

至此，跃一层厨房D向立面轮廓线绘制完毕。下一小节将学习跃一层厨房D向立面构件的表达技巧。

8.2.2 绘制跃一层厨房D向构件图

1 继续上节操作。

2 展开【图层控制】下拉列表，将“图块层”设置为当前操作层。

3 执行菜单栏中的【插入】|【块】命令，或使用快捷键“I”激活【插入块】命令，打开【插入】对话框。

4 在【插入】对话框中单击浏览(B)...按扭，从打开的【选择图形文件】对话框中选择本书配套光盘中的“图块文件\厨房矮柜.dwg”，如图8-45所示。

5 采用系统的默认设置，将其插入到立面图中，插入点为左侧垂直轮廓线的下端点，插入结果如图8-46所示。

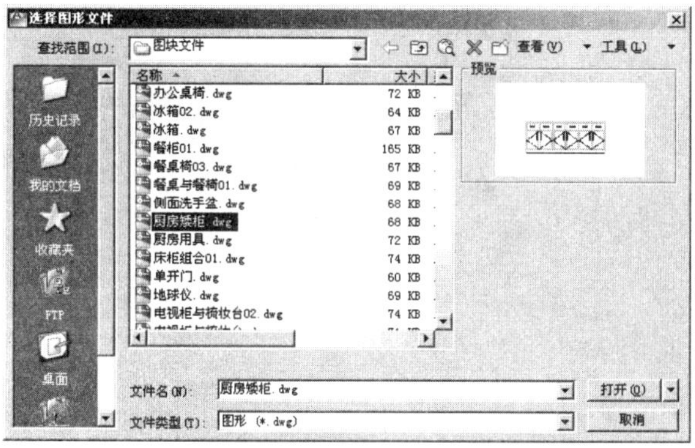

图8-45 选择文件

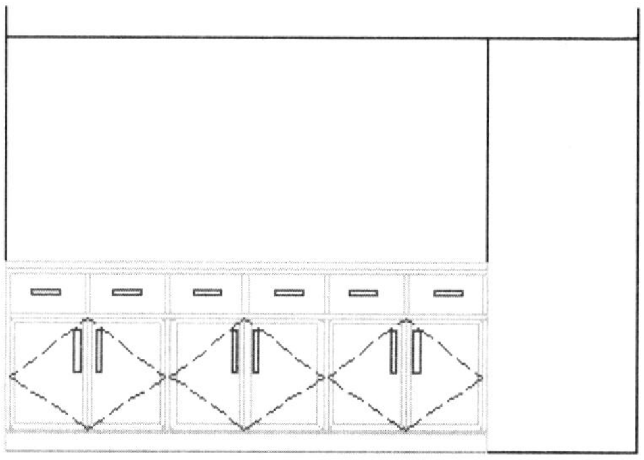

图8-46 插入结果

6 重复执行【插入块】命令，选择本书配套光盘中的“图块文件\立面冰箱.dwg”，如图8-47所示，以默认参数插入到立面图中，插入点为右侧垂直轮廓线的下端点，插入结果如图8-48所示。

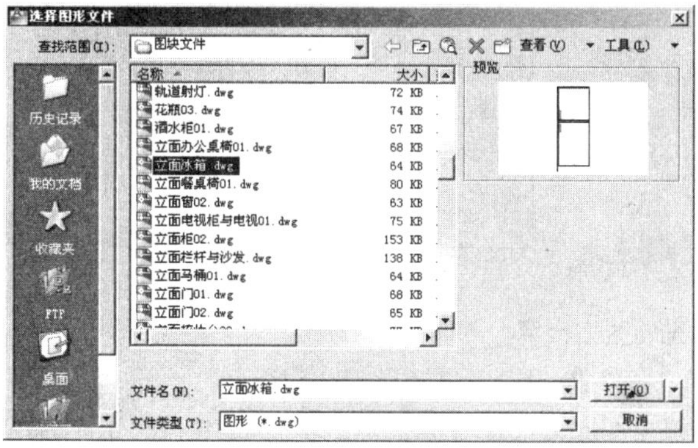

图8-47 选择文件

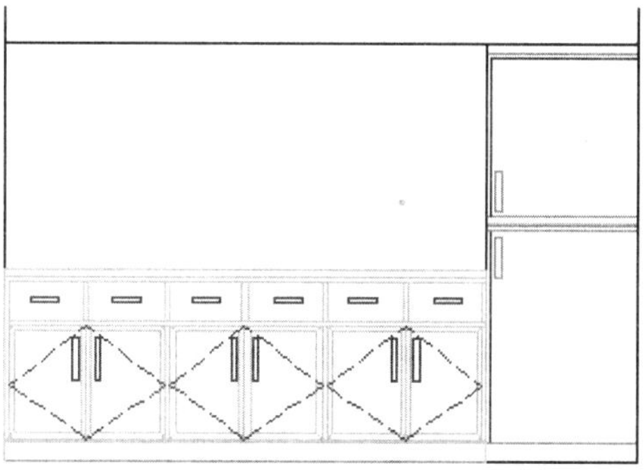

图8-48 插入结果

7 重复执行【插入块】命令，采用默认参数插入本书配套光盘中的“图块文件”目录下的“吊柜.dwg”、“灶具组合.dwg”、“厨房用具.dwg”、“水笼头.dwg”、“油烟机.dwg”等构件，结果如图8-49所示。

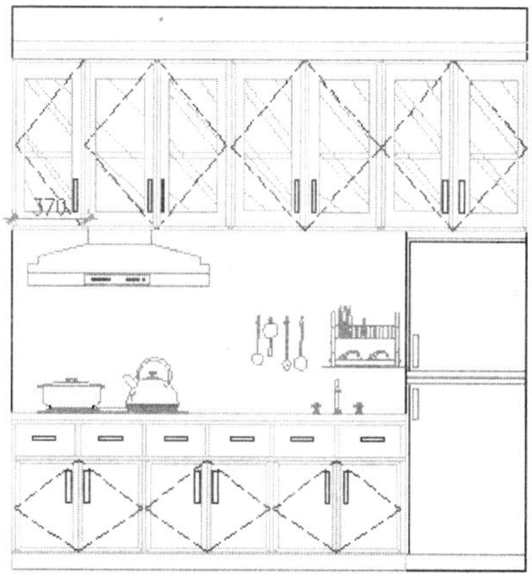

图8-49 插入结果

至此，跃一层厨房D向立面构件绘制完毕。下一小节将学习跃一层厨房墙面材质的绘制过程和技巧。

8.2.3 绘制跃一层厨房D向材质图

1 继续上节操作。

2 展开【图层控制】下拉列表，将“填充层”设置为当前操作层，然后暂时冻结“图块层”。

3 使用快捷键“H”激活【图案填充】命令，在打开的【图案填充和渐变色】对话框中设置填充图案与参数如图8-50所示。

4 返回绘图区，拾取如图8-51所示的填充区域，填充如图8-52所示的图案。

5 展开【图层控制】下拉列表，解冻“图块层”，此时立面图的显示效果如图8-53所示。

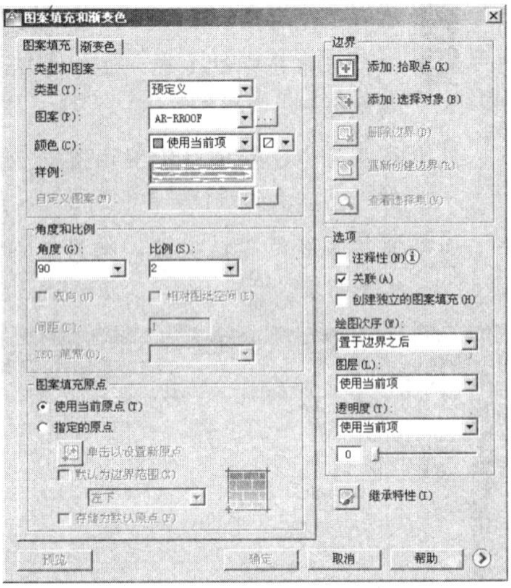

图8-50 设置填充图案与参数

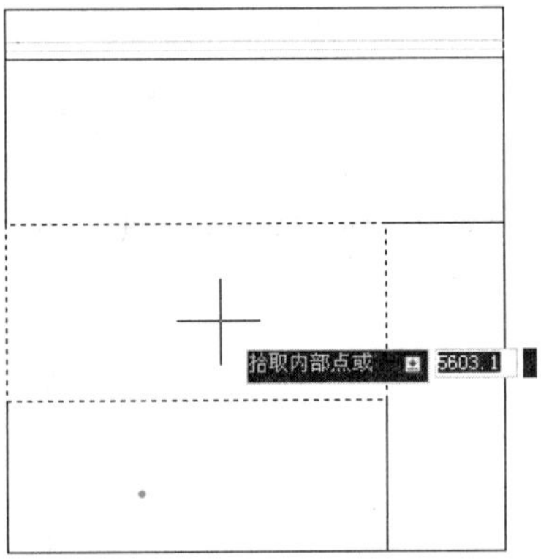

图8-51 拾取填充区域

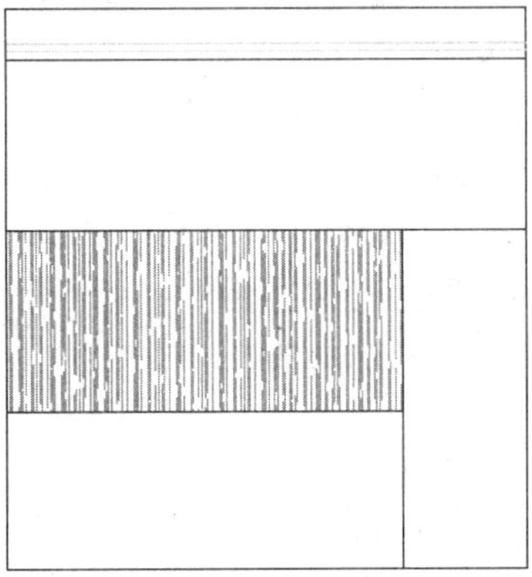

图8-52 填充结果

6 使用快捷键“X”激活【分解】命令，将填充的图案分解。

7 综合使用【修剪】、【删除】命令对立面图进行修整和完善，结果如图8-54所示。

8 使用快捷键“LA”激活【图层】命令，打开【图层特性管理器】对话框，然后修改“填充层”的图层线型如图8-55所示。图层线型修改后的图形显示效果如图8-56所示。

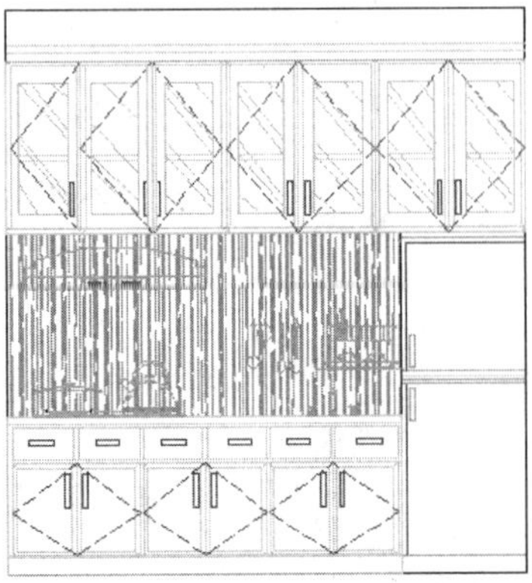

图8-53 立面图的显示效果

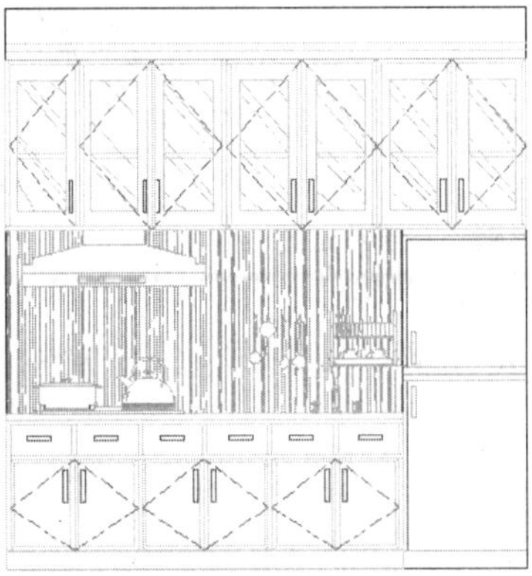

图8-54 修整结果

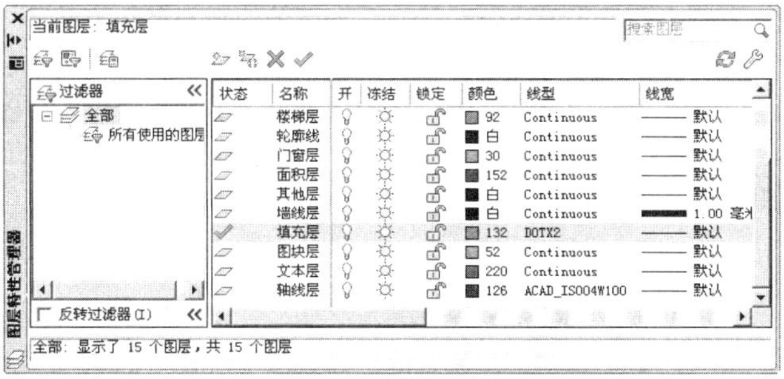

图8-55 修改图层线型

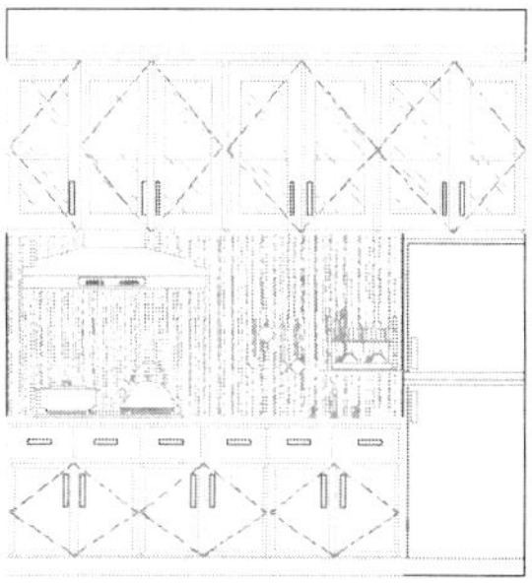

图8-56 修改线型后的效果

至此，跃一层厨房D向墙面材质图绘制完毕。下一小节将学习跃一层厨房D向立面图尺寸的标注过程和标注技巧。

8.2.4 标注跃一层厨房立面图尺寸

1. 继续上节操作。
2. 展开【样式】工具栏中的【标注样式控制】下拉列表，将“建筑标注”设置为当前样式。
3. 执行菜单栏中的【标注】|【标注样式】命令，修改当前标注样式的全局比例为20，如图8-57所示。
4. 执行菜单栏中的【标注】|【线性】命令，标注如图8-58所示的线性尺寸作为基准尺寸。

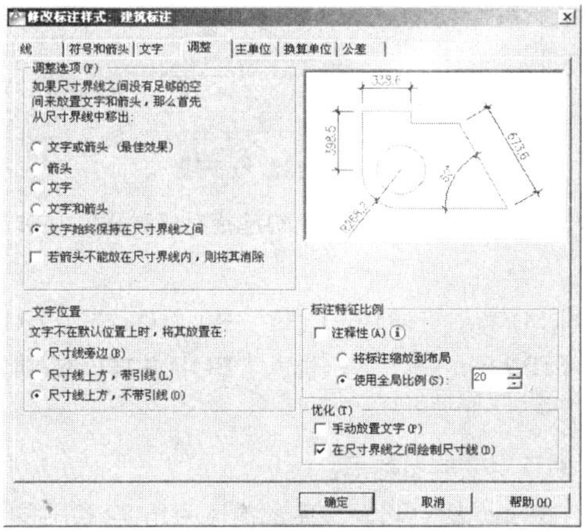

图8-57 设置当前样式与比例

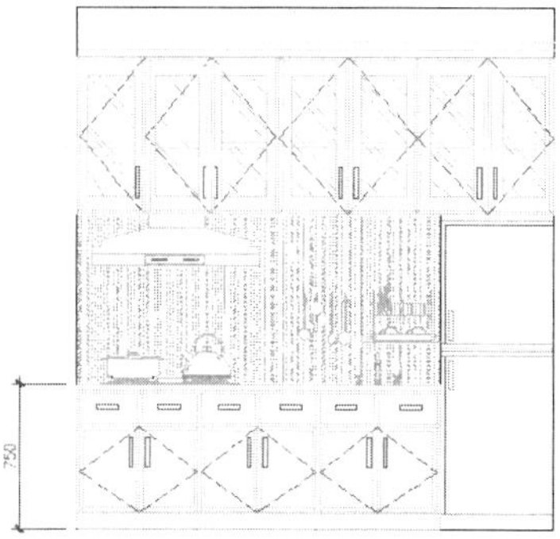

图8-58 标注基准尺寸

5. 执行菜单栏中的【标注】|【连续】命令，配合捕捉与追踪功能标注如图8-59所示的连续尺寸。
6. 执行【线性】命令，配合捕捉或追踪功能标注立面图左侧的总尺寸，结果如图8-60所示。

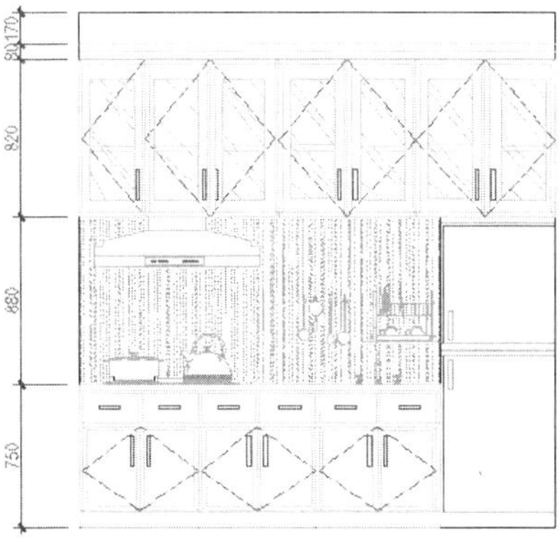

图8-59 标注连续尺寸

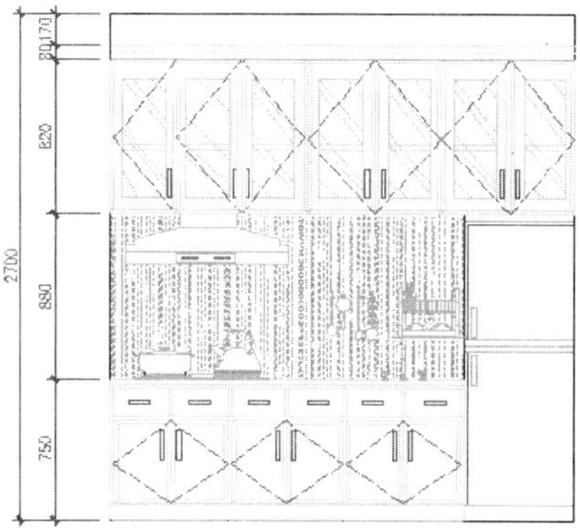

图8-60 标注总尺寸

7. 参照上述操作，综合使用【线性】和【连续】命令，标注立面图下侧的细部尺寸和总尺寸，结果如图8-61所示。

至此，跃一层厨房D向立面图尺寸标注完毕。下一小节将为跃一层厨房D向立面图标注墙面装修材质。

8.2.5 标注跃一层厨房立面图材质

1. 继续上节操作。
2. 展开【图层控制】下拉列表，将“文本层”设置为当前操作层。
3. 单击【样式】工具栏中的【文字样式控制】列表，在展开的下拉列表中设置“仿宋体”为当前文字样式。
4. 使用快捷键“L”激活【直线】命令，绘制如图8-62所示的注释指示线。

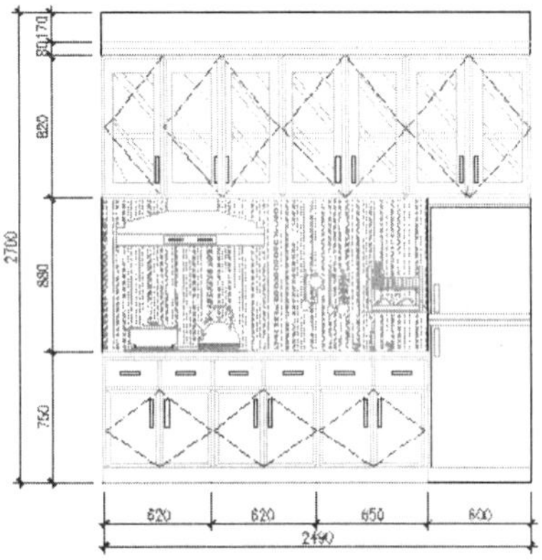

图8-61 标注下侧尺寸

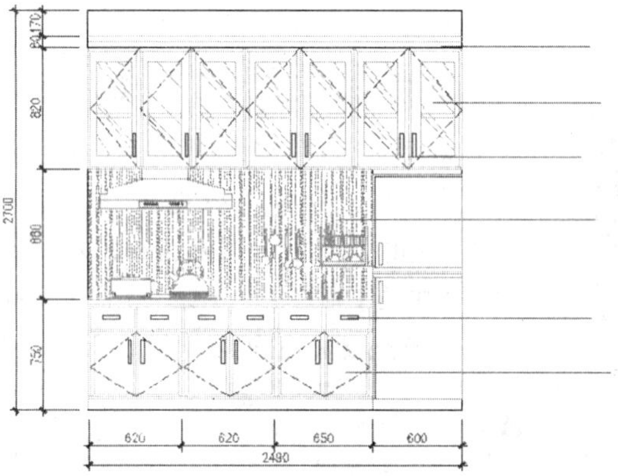

图8-62 绘制指示线

5. 使用快捷键“DT”激活【单行文字】命令，在命令行“指定文字的起点或 [对正(J)/样式(S)]：”提示下，输入“J”并按Enter键。
6. 在“输入选项 [对齐(A)/布满(F)/居中(C)/中间(M)/右对齐(R)/左上(TL)/中上(TC)/右上(TR)/左中(ML)/正中(MC)/右中(MR)/左下(BL)/中下(BC)/右下(BR)]:”提示下，输入“BC”并按Enter键，设置文字的对正方式。
7. 在“指定文字的左中点：”提示下，捕捉下侧指示线的右端点。
8. 在“指定高度 <3>：”提示下，输入“100”按Enter键，设置文字的高度为100个绘图单位。
9. 在“指定文字的旋转角度 <0.00>”提示下按Enter 键，输入“白色防火板贴面”按Enter键，结果如图8-63所示。
10. 将刚标注的单行文字垂直上移30个绘图单位，然后使用【复制】命令将位移后的文字注释分别复制到其他指示线上，结果如图8-64所示。

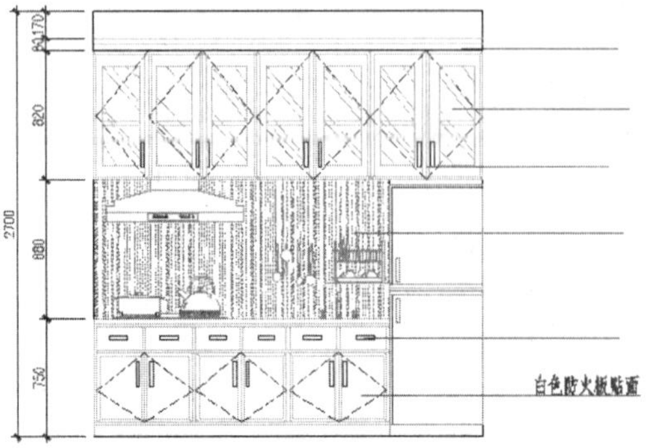

图8-63 标注文本注释

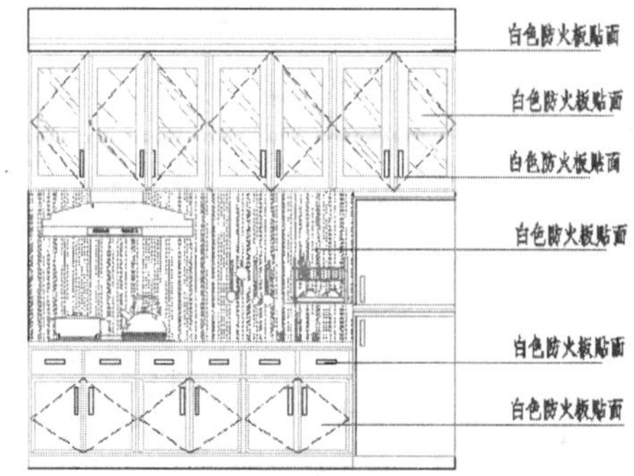

图8-64 复制结果

11 使用快捷键“ED”激活【编辑文字】命令，在复制出的文字上单击，输入正确的文字内容，如图8-65所示。

12 重复执行【编辑文字】命令，分别对其他位置的文字进行编辑，结果如图8-66所示。

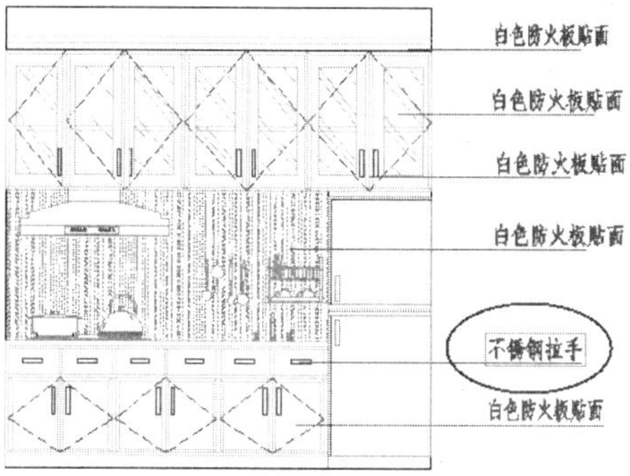

图8-65 输入正确的文字内容

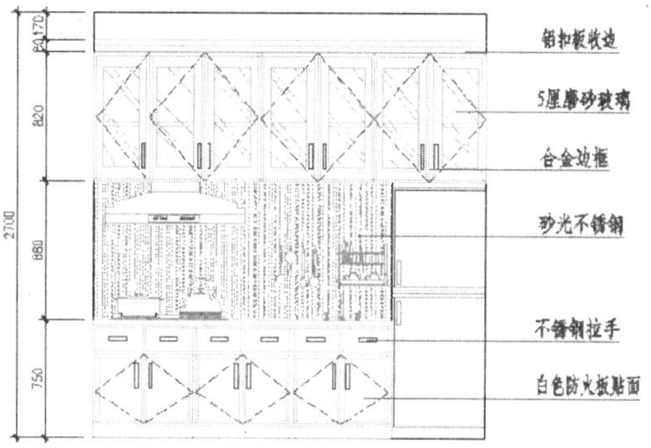

图8-66 编辑其他文字

13 最后执行【保存】命令，将图形命名存储为“跃一层厨房D向装修立面图.dwg”。

8.3 绘制跃一层门厅A向立面图

本节主要学习跃一层门厅A向立面图的具体绘制过程和绘制技巧。跃一层门厅A向装修立面图的最终绘制效果如图8-67所示。

在绘制跃一层门厅A向立面图时，具体可以参照如下思路。

1）首先使用【新建】命令调用制图样板并绘制墙面外轮廓线。

2）使用【分解】、【偏移】、【修剪】等命令绘制主体轮廓和内部轮廓线。

3）使用【矩形】、【阵列】、【边界】、【偏移】、【插入块】等命令绘制立面装饰线及内部构件。

4）使用【图案填充】、【线型】等命令绘制立面装饰材质。

5）使用【线性】、【连续】、【编辑标注文字】等命令标注立面图尺寸。

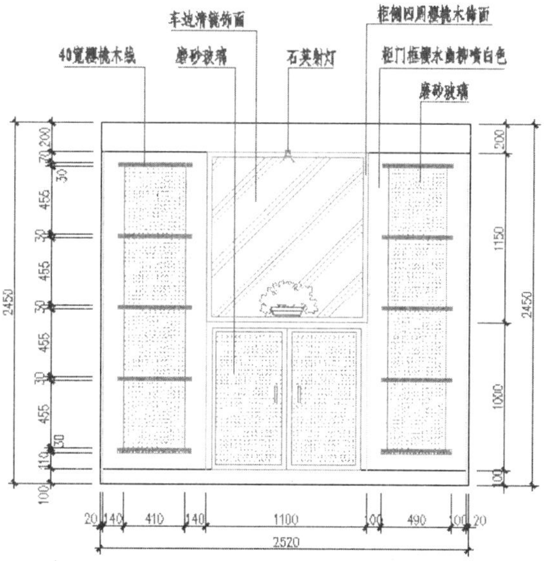

图8-67 实例效果

6）最后使用【多段线】、【单行文字】、【复制】、【编辑文字】命令为立面图标注文本注释。

8.3.1 绘制跃一层门厅A向轮廓线

1 调用本书配套光盘中的“样板文件\室内设计样板.dwt”文件。

2 单击【图层】工具栏中的【图层控制】下拉按钮，在展开的下拉列表中选择“轮廓线”，将其设置为当前操作层。

3 执行菜单栏中的【绘图】|【矩形】命令，绘制长度为2520、宽度为2450的矩形作为墙面外轮廓

线，如图8-68所示。

4 使用快捷键“X”激活【分解】命令，将刚绘制的矩形分解为四条独立的线段。

5 执行菜单栏中的【修改】|【偏移】命令，将下侧的矩形水平边向上偏移100和1100个绘图单位，将上侧的矩形水平边向下偏移200个绘图单位，结果如图8-69所示。

6 重复执行【偏移】命令，将两侧的矩形垂直边分别向内侧偏移20和710个绘图单位，如图8-70所示。

7 使用快捷键“TR”激活【修剪】命令，对偏移出的垂直轮廓线进行修剪编辑，修剪掉多余的轮廓线，结果如图8-71所示。

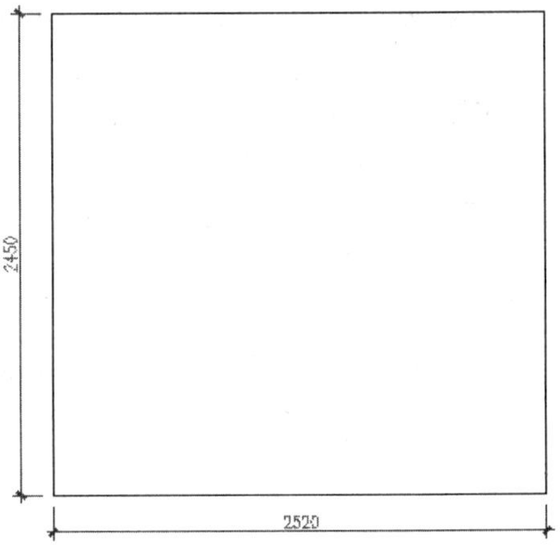

图8-68 绘制结果

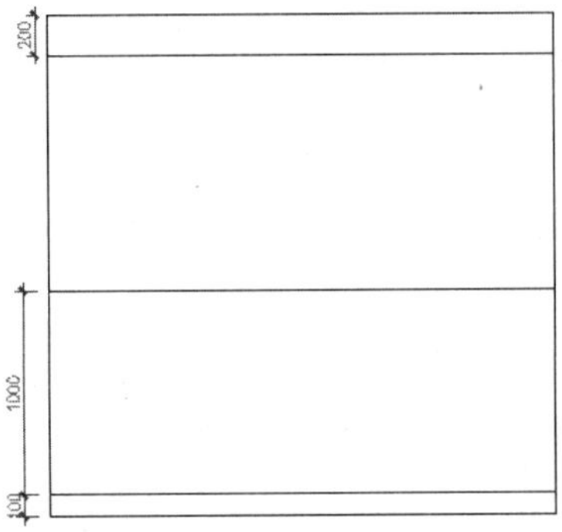

图8-69 偏移水平边

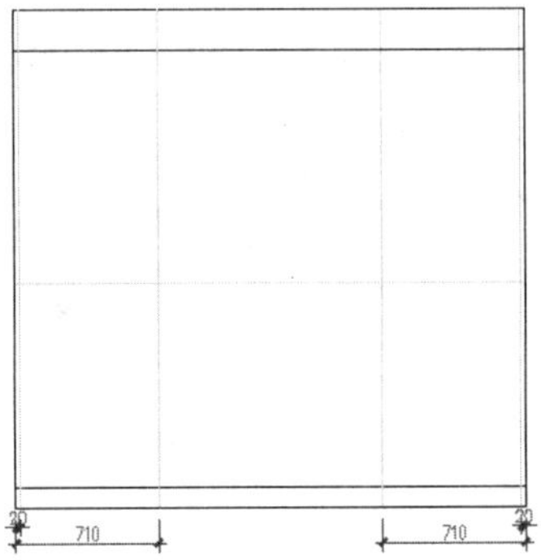

图8-70 偏移垂直边

图8-71 修剪结果

至此，跃一层门厅A向立面轮廓线绘制完毕。下一小节将学习跃一层门厅细部装饰分隔线的绘制技巧。

8.3.2 绘制跃一层门厅细部装饰分隔线

1 继续上节操作。

2 展开【图层控制】下拉列表，将“家具层”设置为当前操作层。

3 执行菜单栏中的【绘图】|【矩形】命令，配合【捕捉自】功能绘制内部的轮廓结构。命令行操作如下：

```
命令: _rectang
    指定第一个角点或[倒角(C)/标高(E)/圆角(F)/厚度(T)/宽度(W)]: //激活【捕捉自】功能
    _from 基点:                                    //捕捉最左侧垂直轮廓线的下端点
    <偏移>:                                        //@160,240 Enter
    指定另一个角点或[面积(A)/尺寸(D)/旋转(R)]:     //@410,455 Enter，绘制结果如图8-72所示
```

4 重复执行【矩形】命令，配合【捕捉自】功能继续内部的矩形轮廓结构。命令行操作如下：

```
命令: _rectang
    指定第一个角点或[倒角(C)/标高(E)/圆角(F)/厚度(T)/宽度(W)]:      //激活【捕捉自】功能
    _from 基点:                                          //捕捉刚绘制的矩形左下角角点
    <偏移>:                                              //@-40，0 Enter
    指定另一个角点或[面积(A)/尺寸(D)/旋转(R)]:     //@490,30 Enter，绘制结果如图8-73所示
```

5 执行菜单栏中的【修改】|【阵列】命令，对内部的矩形结构进行阵列。命令行操作如下：

```
命令: _arrayrect
    选择对象:                                             //选择刚绘制的两个矩形
    选择对象:                                             // Enter
    类型 = 矩形  关联 = 是
    为项目数指定对角点或 [基点(B)/角度(A)/计数(C)] <计数>:                  // Enter
    输入行数或 [表达式(E)] <4>:                           //4 Enter
    输入列数或 [表达式(E)] <4>:                           //2 Enter
    指定对角点以间隔项目或 [间距(S)] <间距>:              // Enter
    指定行之间的距离或 [表达式(E)] <727.5>:               //485 Enter
    指定列之间的距离或 [表达式(E)] <735>:                 //1790 Enter
    按 Enter 键接受或 [关联(AS)/基点(B)/行(R)/列(C)/层(L)/退出(X)] <退出>:    //AS Enter
    创建关联阵列 [是(Y)/否(N)] <是>:                      //N Enter
    按 Enter 键接受或 [关联(AS)/基点(B)/行(R)/列(C)/层(L)/退出(X)] <退出>:
                                                          // Enter，阵列结果如图8-74所示
```

图8-72 绘制结果

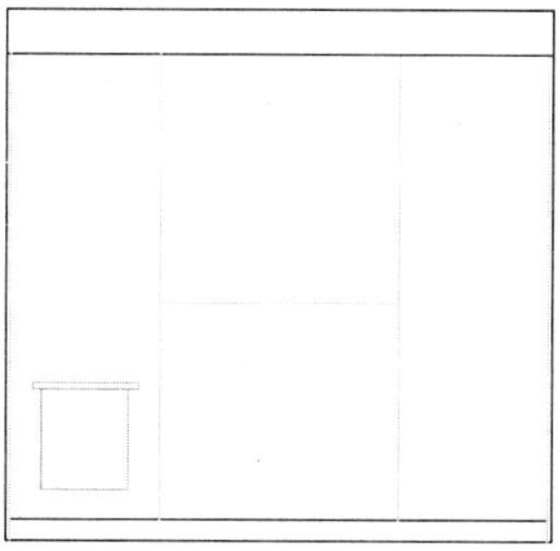

图8-73 绘制结果

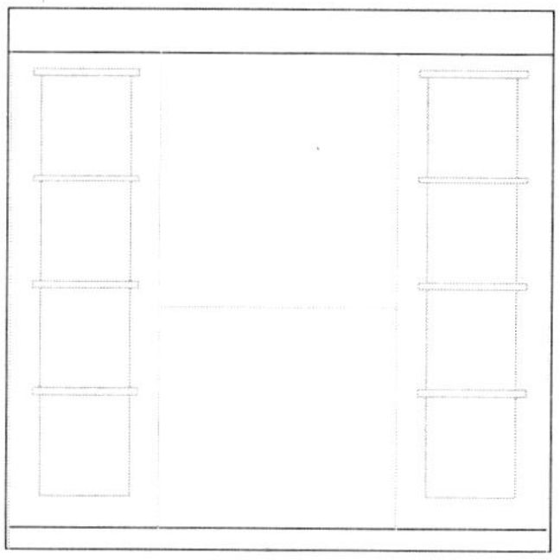

图8-74 阵列结果

6 执行菜单栏中的【绘图】|【镜像】命令，配合中点捕捉功能对上侧的两个矩形进行镜像，结果如图8-75所示。

7 执行菜单栏中的【绘图】|【边界】命令，采用默认参数设置，在内部提取如图8-76所示的虚线多段线边界。

8 使用快捷键“O”激活【偏移】命令，将刚创建的边界向内侧偏移30个绘制单位，结果如图8-77所示。

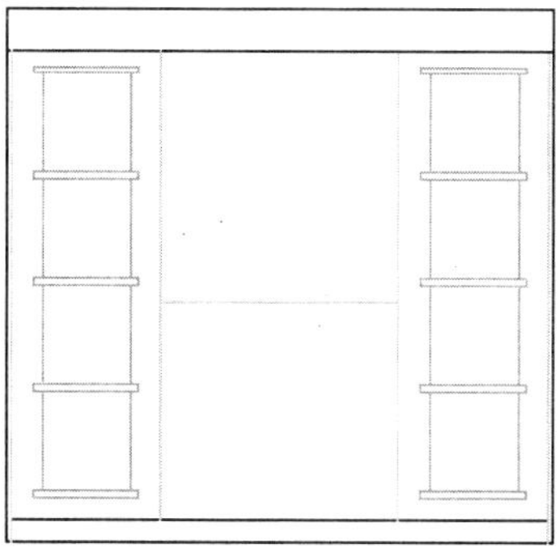

图8-75 镜像结果

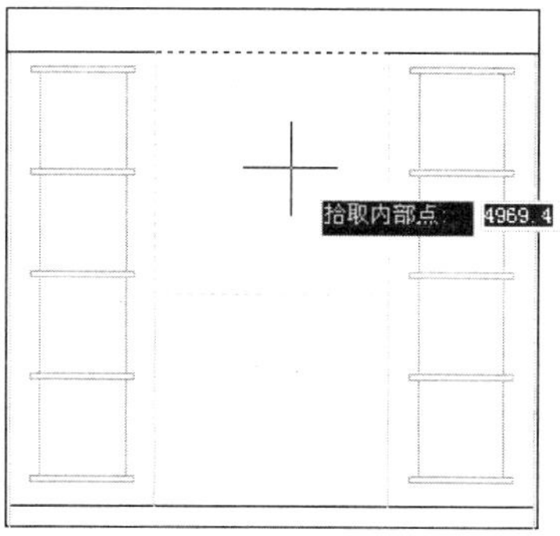

图8-76 提取边界

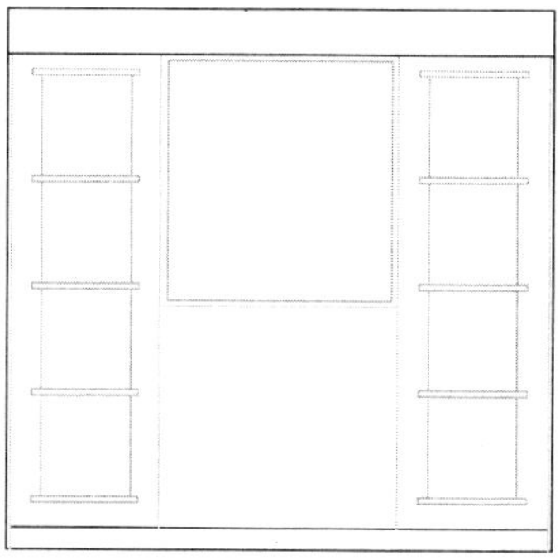

图8-77 偏移结果

至此，跃一层门厅细部装饰分隔线绘制完毕。下一小节将学习跃一层门厅立面构件的具体绘制过程和技巧。

8.3.3 绘制跃一层门厅立面构件图

1. 继续上节操作。
2. 执行菜单栏中的【插入】|【块】命令，或使用快捷键“I”激活【插入块】命令，打开【插入】对话框。
3. 在【插入】对话框中单击 浏览(B)... 按扭，从打开的【选择图形文件】对话框中选择本书配套光盘中的“图块文件\装饰柜05.dwg”，如图8-78所示。

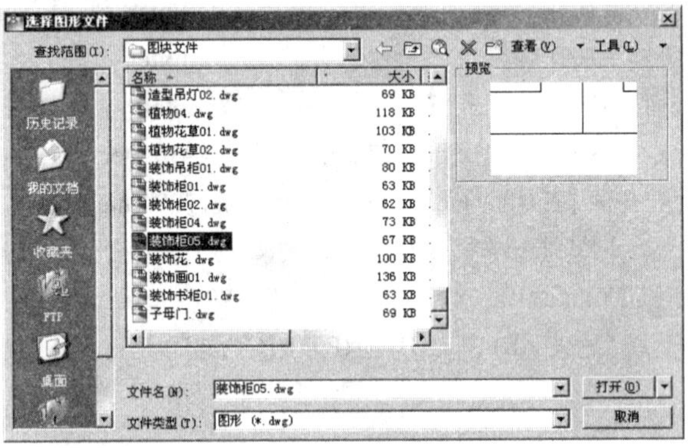

图8-78 选择文件

4. 采用系统默认设置，将装饰柜05插入到立面图中，插入点为图8-79所示的中点，插入结果如图8-80所示。

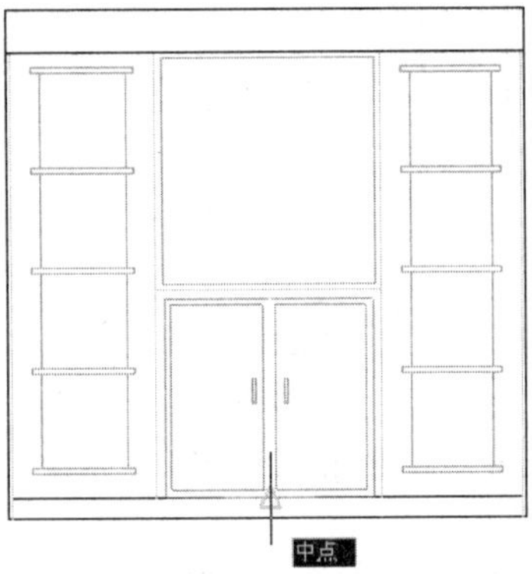

图8-79 捕捉中点

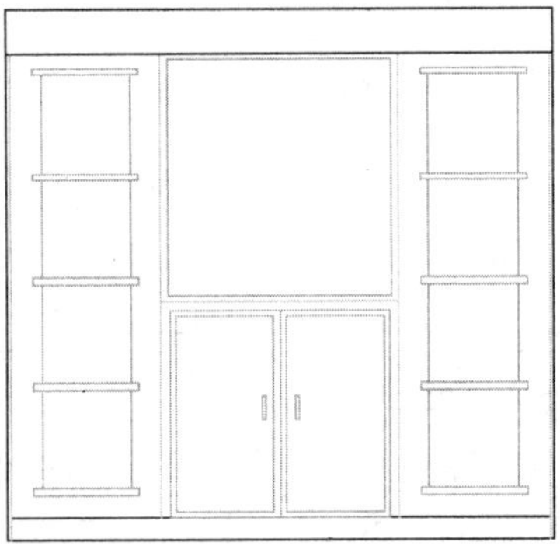

图8-80 插入结果

5. 重复执行【插入块】命令，选择本书配套光盘中的“图块文件\盆景02.dwg”，如图8-81所示，以默认参数插入到立面图中，插入结果如图8-82所示。

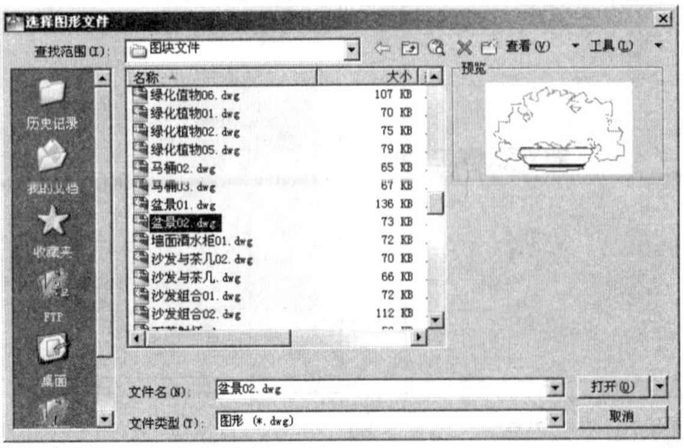

图8-81 选择文件

图8-82 插入结果

6 重复执行【插入块】命令，选择本书配套光盘中的“图块文件\石英射灯.dwg”，如图8-83所示，以默认参数插入到立面图中，插入结果如图8-84所示。

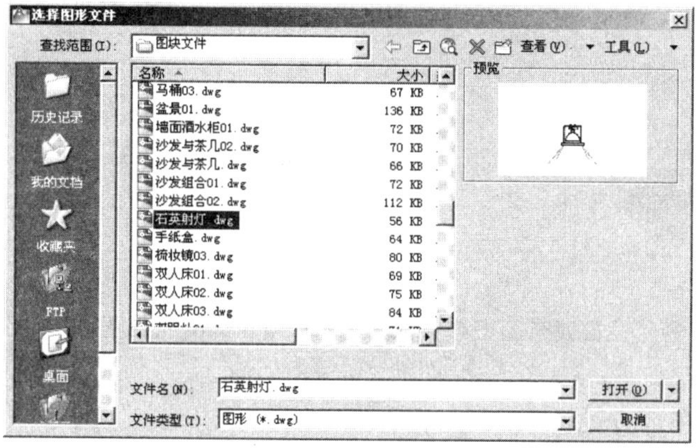

图8-83 选择文件

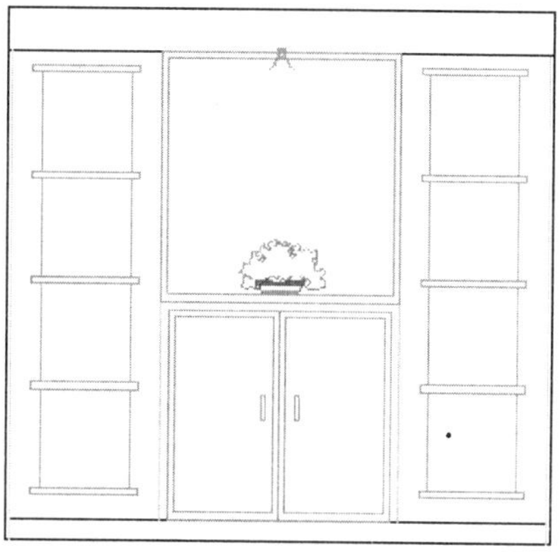

图8-84 插入结果

至此，跃一层门厅A向立面构件绘制完毕。下一小节将学习跃一层门厅立面材质图的具体绘制过程和技巧。

8.3.4 绘制跃一层门厅立面材质图

1 继续上节操作。

2 展开【图层控制】下拉列表，将“填充层”设置为当前操作层。

3 使用快捷键“H”激活【图案填充】命令，在打开的【图案填充和渐变色】对话框中设置填充图案与参数如图8-85所示，填充如图8-86所示的图案。

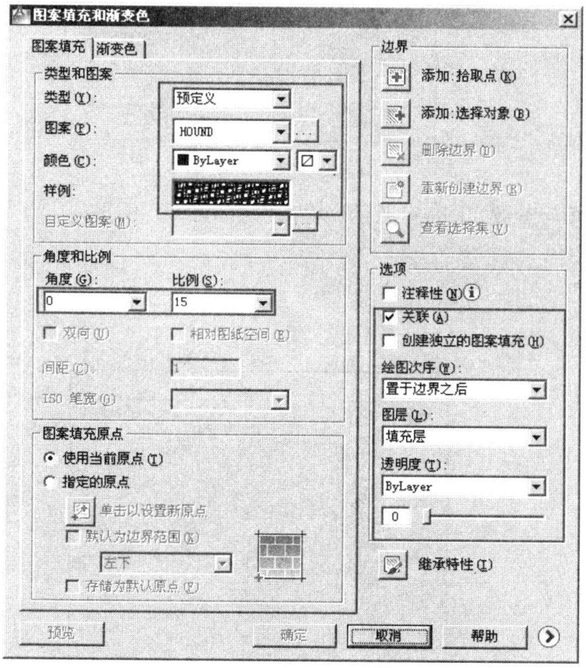

图8-85 设置填充图案与参数

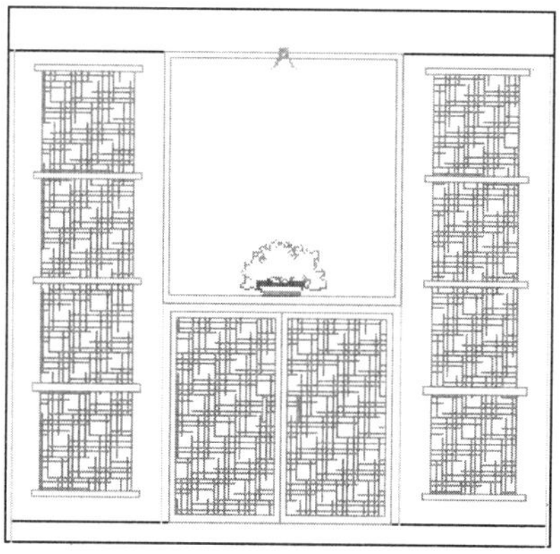

图8-86 填充图案

4 使用快捷键“LT”激活【线型】命令，加载DOT线型并设置线型比例如图8-87所示。

5 夹点显示填充图案，然后展开【线型控制】下拉列表，修改其线型如图8-88所示。

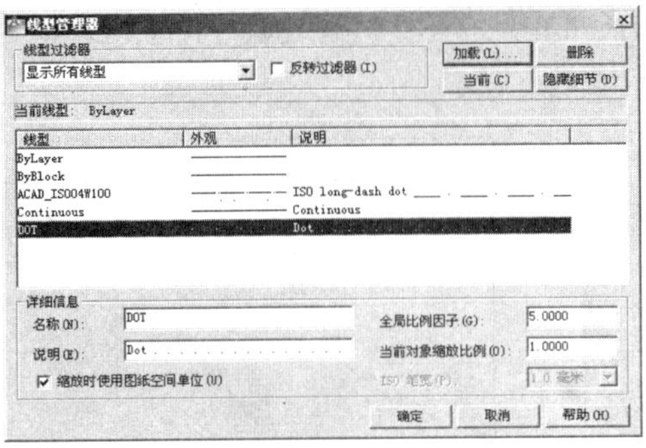

图8-87 加载线型

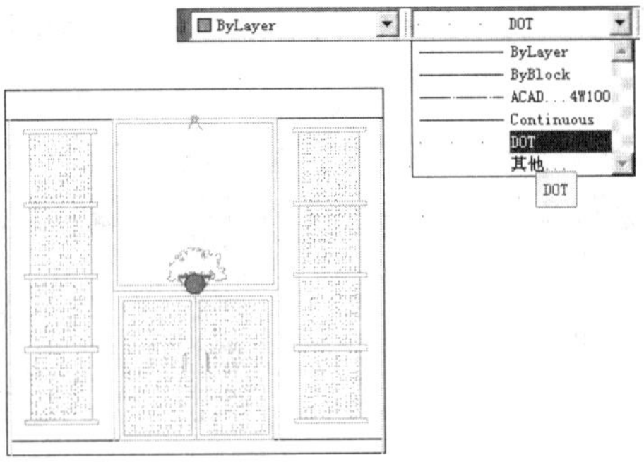

图8-88 修改线型

6 使用快捷键“H”激活【图案填充】命令，设置填充图案与参数如图8-89所示，填充如图8-90所示图案。

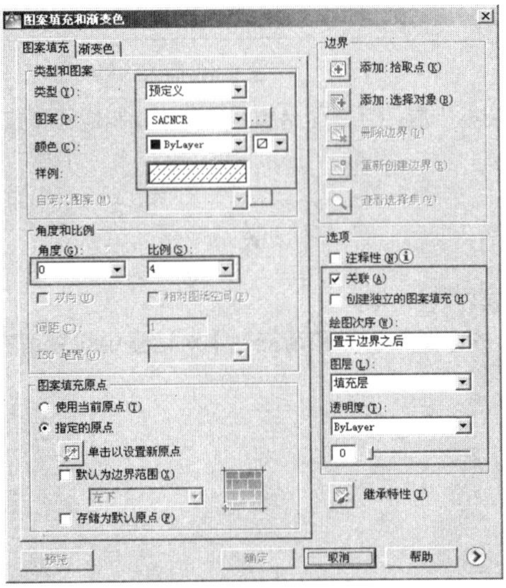

图8-89 设置填充图案与参数

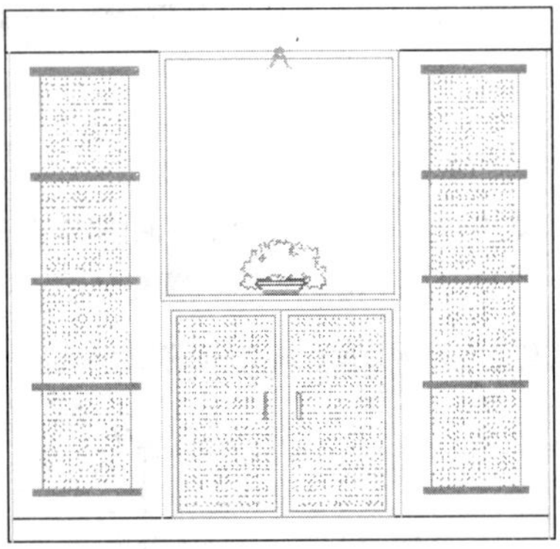

图8-90 填充图案

7 重复执行【图案填充】命令，设置填充图案与参数如图8-91所示，填充如图8-92所示图案。

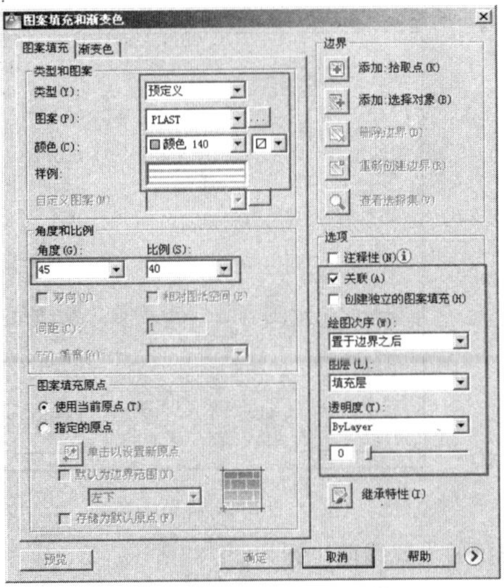

图8-91 设置填充图案与参数

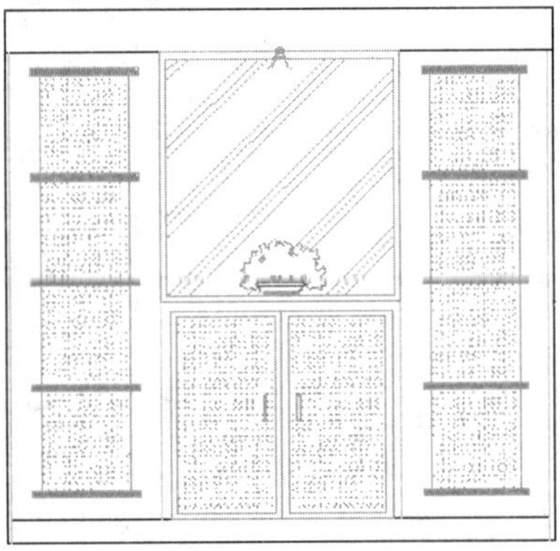

图8-92 填充图案

至此，跃一层门厅立面材质图绘制完毕。下一小节将学习跃一层门厅立面图尺寸的标注过程和标注技巧。

8.3.5　标注跃一层门厅立面图尺寸

1. 继续上节操作。
2. 展开【样式】工具栏中的【标注样式控制】下拉列表，将“建筑标注”设置为当前样式。
3. 执行菜单栏中的【标注】|【标注样式】命令，修改当前标注样式的全局比例为20。
4. 执行菜单栏中的【标注】|【线性】命令，标注如图8-93所示的线性尺寸作为基准尺寸。
5. 执行菜单栏中的【标注】|【连续】命令，配合捕捉与追踪功能标注如图8-94所示的连续尺寸。

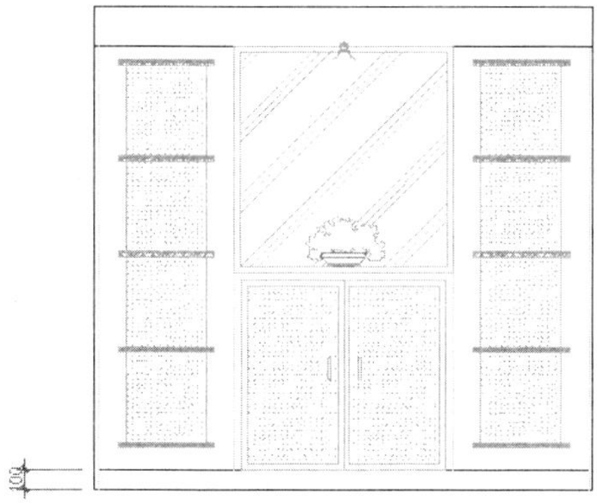

图8-93 标注线性尺寸

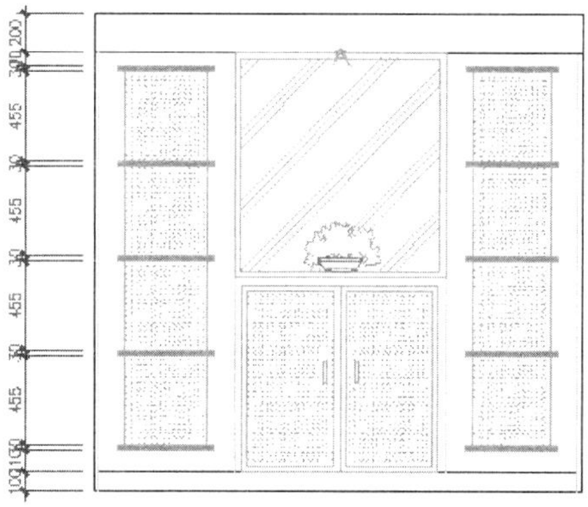

图8-94 标注连续尺寸

6. 单击【标注】工具栏中的按钮，激活【编辑标注文字】命令，对重叠的尺寸文字进行协调位置，结果如图8-95所示。
7. 执行【线性】命令，配合捕捉或追踪功能标注立面图左侧的总尺寸，结果如图8-96所示。

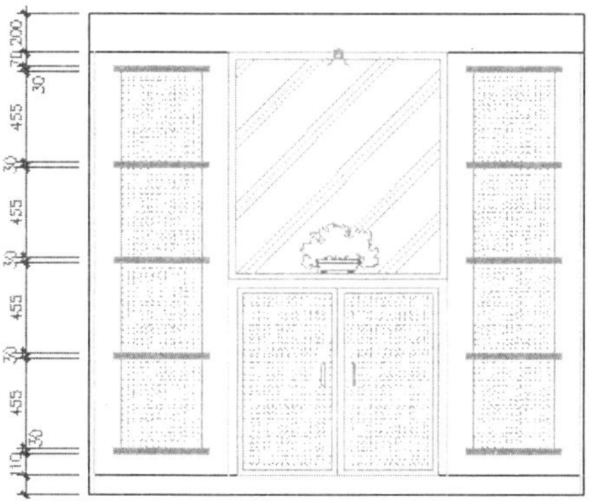

图8-95 编辑标注文字

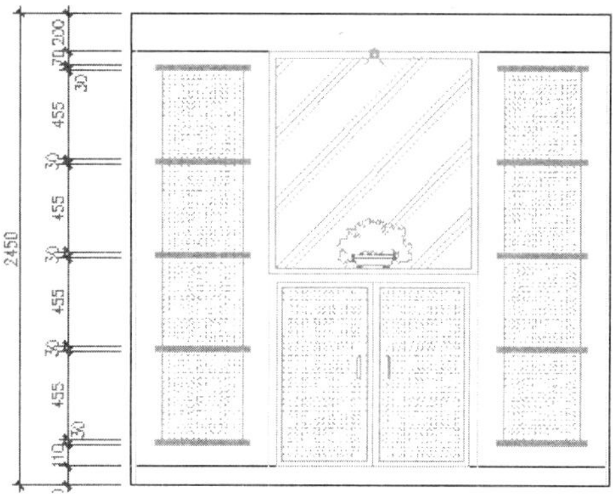

图8-96 标注总尺寸

8. 参照上述操作，综合使用【线性】和【连续】命令标注立面图下侧的细部尺寸和总尺寸，结果如图8-97所示。

至此，跃一层门厅A向立面图尺寸标注完毕。下一小节将为跃一层门厅A向立面标注装修材质。

8.3.6　标注跃一层门厅墙面材质图

1. 继续上节操作。
2. 展开【图层控制】下拉列表，将“文本层”设置为当前操作层。
3. 单击【样式】工具栏中的【文字样式控制】下拉按钮，在展开的下拉列表中设置“仿宋体”为当前文字样式。
4. 使用快捷键“PL”激活【多段线】命令，绘制如图8-98所示的文本注释指示线。

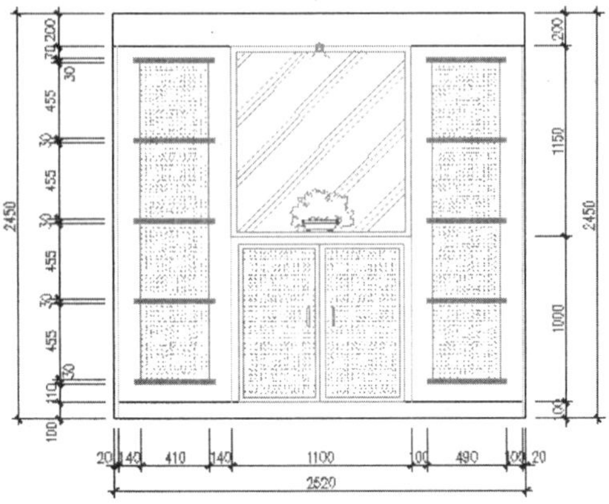

图8-97 标注其他尺寸

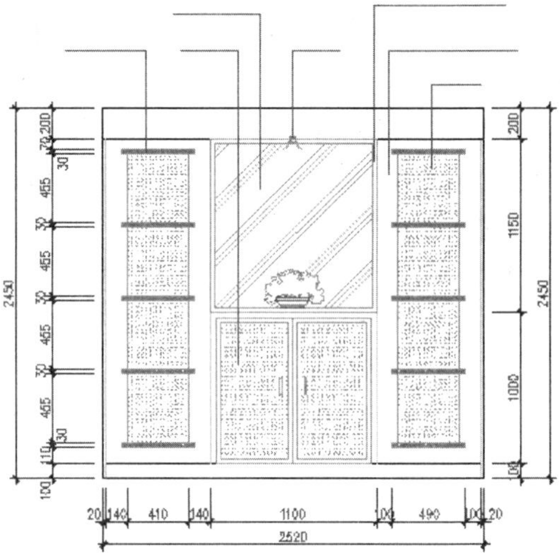

图8-98 绘制指示线

5 使用快捷键“DT”激活【单行文字】命令，在命令行“指定文字的起点或 [对正(J)/样式(S)]：”提示下，输入“J”并按Enter键。

6 在“输入选项 [对齐(A)/布满(F)/居中(C)/中间(M)/右对齐(R)/左上(TL)/中上(TC)/右上(TR)/左中(ML)/正中(MC)/右中(MR)/左下(BL)/中下(BC)/右下(BR)]:：”提示下，输入“BL”并按Enter键，设置文字的对正方式。

7 在“指定文字的左中点：”提示下，捕捉左侧指示线的左端点。

8 在“指定高度 <3>:：”提示下，输入90并按Enter键，设置文字的高度为105个绘图单位。.

9 在“指定文字的旋转角度 <0.00>”提示下按Enter键，然后输入“40宽樱桃木线”按Enter键，结果如图8-99所示。

10 使用快捷键“M”激活【移动】命令，将刚标注的单行文字垂直上移到水平指示线上方位置，然后将其分别复制到其他指示线上，结果如图8-100所示。

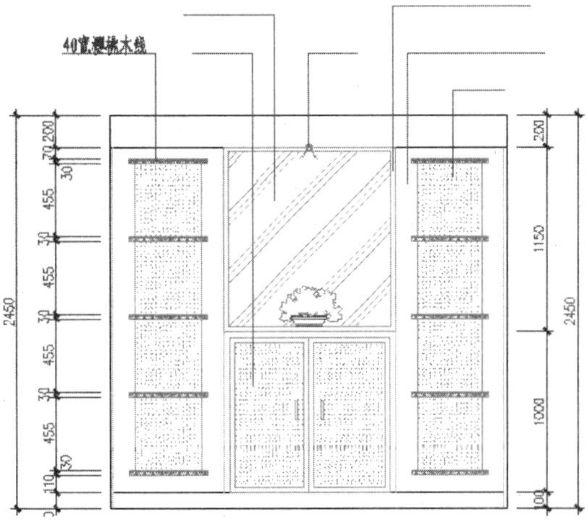

图8-99 标注文字

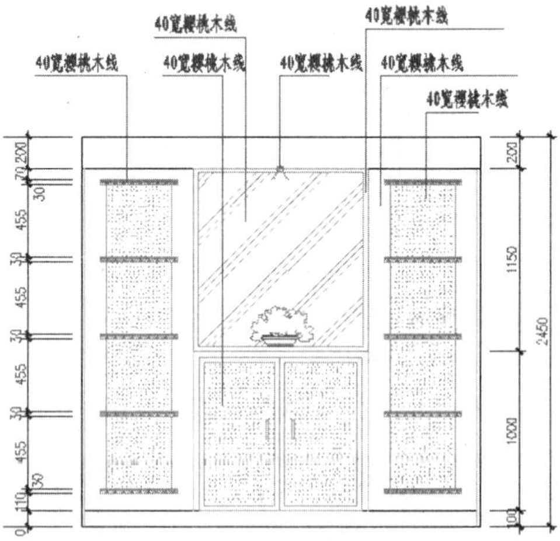

图8-100 复制文字

11 使用快捷键“ED”激活【编辑文字】命令，在复制出的文字上单击，输入正确的文字内容，如图8-101所示。

12 重复执行【编辑文字】命令，分别对其他位置的文字进行编辑，结果如图8-102所示。

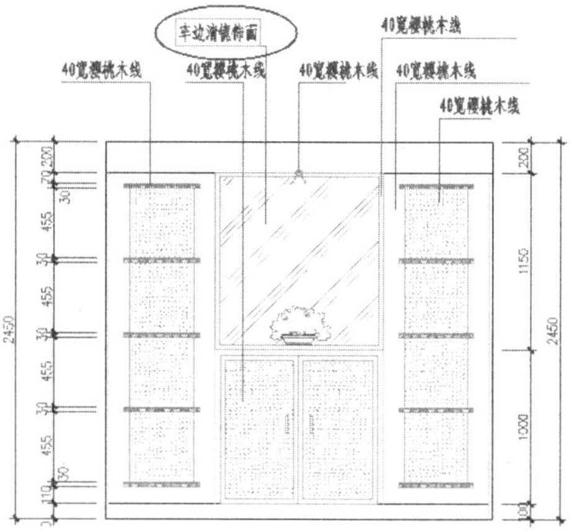

图8-101 输入正确的文字内容

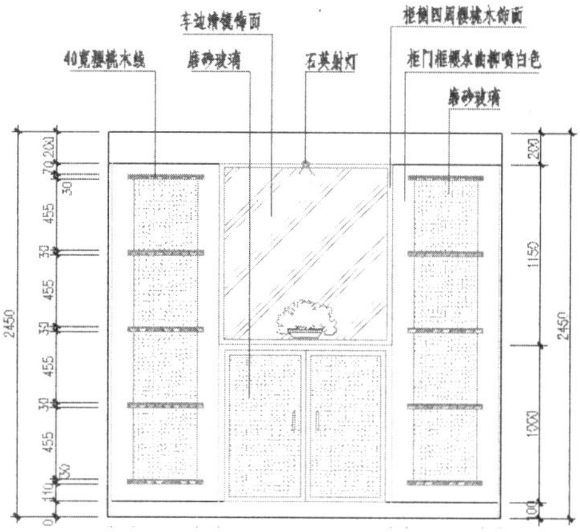

图8-102 编辑其他文字

13 最后执行【保存】命令，将图形命名存储为“跃一层门厅A向立面图.dwg”。

8.4 绘制跃二层书房A向立面图

本节主要学习跃二层书房A向装修立面图的具体绘制过程和绘制技巧。跃二层书房A向装修立面图的最终绘制效果如图8-103所示。

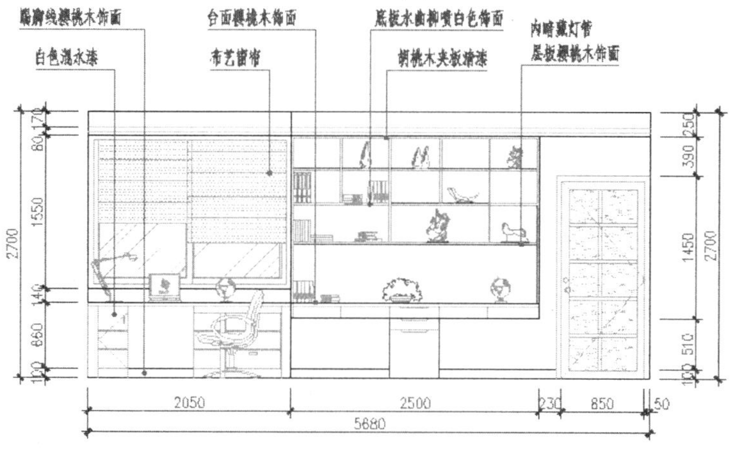

图8-103 实例效果

在绘制跃二层书房A向立面图时，具体可以参照如下思路。

1）首先使用【新建】命令调用制图模板绘制墙面外轮廓。

2）使用【矩形】、【偏移】、【修剪】等命令绘制墙面主体轮廓。

3）使用【插入块】、【修剪】、【分解】等命令绘制立面构件。

4）使用【线性】、【连续】和【编辑标注文字】命令标注立面图尺寸。

5）最后使用【多线样式】、【快速引线】命令标注立面图装修材质。

8.4.1 绘制跃二层书房A向轮廓图

1 调用本书配套光盘中的“样板文件\室内设计样板.dwt”文件。

2 单击【图层】工具栏中的【图层控制】下拉按钮，在展开的下拉列表中设置“轮廓线”为当前操作层。

3 执行菜单栏中的【绘图】|【矩形】命令，绘制长度为5680、宽度为2700的矩形作为主体轮廓，如图8-104所示。

4 执行菜单栏中的【修改】|【分解】命令，将矩形分解。

5 执行菜单栏中的【修改】|【偏移】命令，将矩形的垂直边向内偏移，创建立面图纵向定位轮廓线，命令行操作如下：

```
命令: _offset
    当前设置: 删除源=否  图层=源  OFFSETGAPTYPE=0
    指定偏移距离或 [通过(T)/删除(E)/图层(L)] <通过>:          //2050 Enter，设置偏移间距
    选择要偏移的对象或 [退出(E)/放弃(U)] <退出>:               //选择矩形左侧的垂直边
    指定要偏移的那一侧上的点，或 [退出(E)/多个(M)/放弃(U)] <退出>:
                                                              //在所选图线的右侧单击
    选择要偏移的对象，或 [退出(E)/放弃(U)] <退出>:             // Enter，结束命令
命令:                                                          // Enter，重复执行命令
    OFFSET当前设置: 删除源=否  图层=源  OFFSETGAPTYPE=0
    指定偏移距离或 [通过(T)/删除(E)/图层(L)] <2050>:           //2500 Enter
    选择要偏移的对象或 [退出(E)/放弃(U)] <退出>:               //选择刚偏移出的垂直边
    指定要偏移的那一侧上的点，或 [退出(E)/多个(M)/放弃(U)] <退出>:
                                                              //在所选边的右侧单击
    选择要偏移的对象，或 [退出(E)/放弃(U)] <退出>:             // Enter
命令:                                                          // Enter，重复执行命令
    OFFSET当前设置: 删除源=否  图层=源  OFFSETGAPTYPE=0
    指定偏移距离或 [通过(T)/删除(E)/图层(L)] <2500>:           //230 Enter
    选择要偏移的对象或 [退出(E)/放弃(U)] <退出>:               //选择刚偏移出的垂直边
    指定要偏移的那一侧上的点，或 [退出(E)/多个(M)/放弃(U)] <退出>:
                                                              //在所选边的右侧单击
    选择要偏移的对象，或 [退出(E)/放弃(U)] <退出>: // Enter
命令:                                                          // Enter，重复执行命令
    OFFSET当前设置: 删除源=否  图层=源  OFFSETGAPTYPE=0
    指定偏移距离或 [通过(T)/删除(E)/图层(L)] <230>:            //850 Enter
    选择要偏移的对象或 [退出(E)/放弃(U)] <退出>:               //选择刚偏移出的垂直边
    指定要偏移的那一侧上的点，或 [退出(E)/多个(M)/放弃(U)] <退出>:
                                                              //在所选边的右侧单击
    选择要偏移的对象，或 [退出(E)/放弃(U)] <退出>:             // Enter，偏移结果如图8-105所示
```

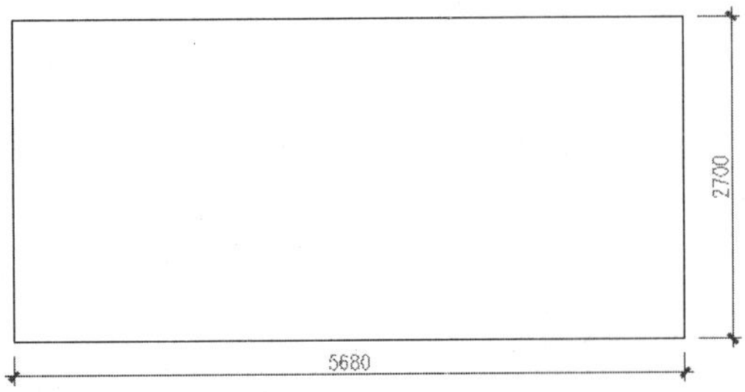

图8-104 绘制结果

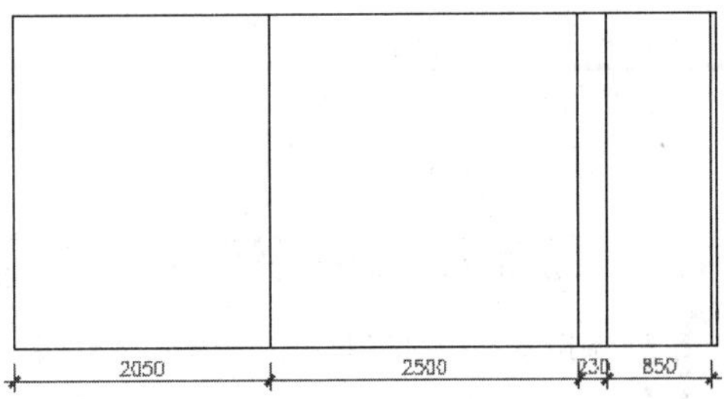

图8-105 偏移垂直边

6 重复执行【偏移】命令，将上侧的水平边向下偏移170、210、250和1800个绘图单位，结果如图8-106所示。

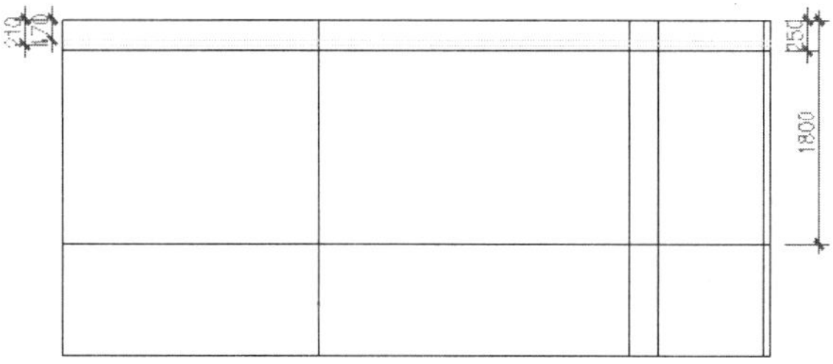

图8-106 偏移上侧水平边

7 重复执行【偏移】命令，将下侧的水平边向上偏移100、610、760和2060个绘图单位，结果如图8-107所示。

8 使用快捷键“TR”激活【修剪】命令，对偏移出的图线进行修剪，结果如图8-108所示。

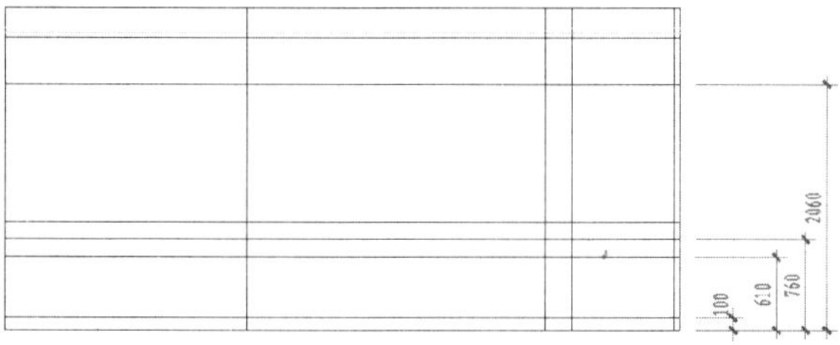

图8-107 偏移下侧水平边

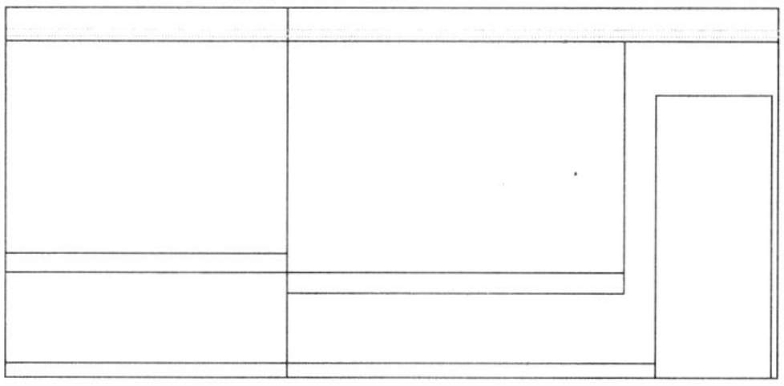

图8-108 修剪结果

至此，跃二层书房A向立面轮廓图绘制完毕。下一小节将学习书房A向立面构件的绘制技巧。

8.4.2 绘制跃二层书房A向立面构件图

1 继续上节操作。

2 展开【图层控制】下拉列表，将“图块层”设置为当前操作层。

3 使用快捷键“I”激活【插入块】命令，在打开的对话框单击 浏览(B)... 按扭，选择本书配套光盘中的“图块文件\办公桌椅02.dwg”，如图8-109所示。

4 采用系统默认参数设置，将办公桌椅02插入到立面图中，插入点为左侧垂直轮廓线的下端点，插入结果如图8-110所示。

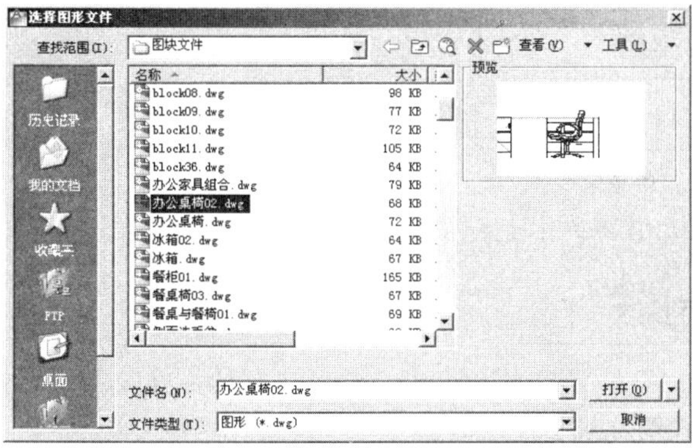

图8-109 选择文件

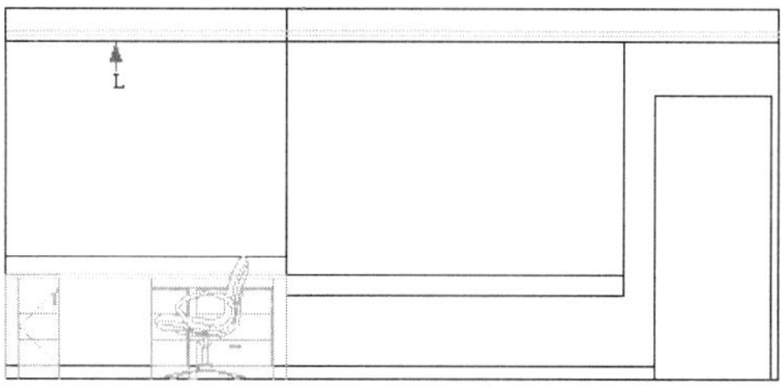

图8-110 插入结果

5 重复执行【插入块】命令，选择本书配套光盘中的“图块文件\窗与窗帘.dwg”，如图8-111所示。

6 采用系统默认参数设置，将图块插入到立面图中，插入点为图8-110所示轮廓线L的左端点，插入结果如图8-112所示。

图8-111 选择文件

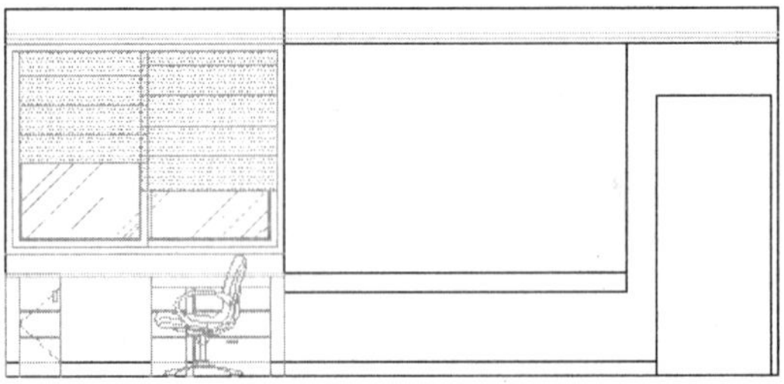

图8-112 插入结果

7 重复执行【插入块】命令，采用默认参数设置，插入本书配套光盘中的“图块文件\墙面装饰书柜.dwg”，插入结果如图8-113所示。

8 重复执行【插入块】命令，采用默认参数设置，插入本书配套光盘中的“图块文件”目录下的“立面门03.dwg”、“书.dwg”、“盆景02.dwg”、“台灯01.dwg”、“显示器02.dwg”和“地球仪01.dwg～地球仪02.dwg”等构件，结果如图8-114所示。

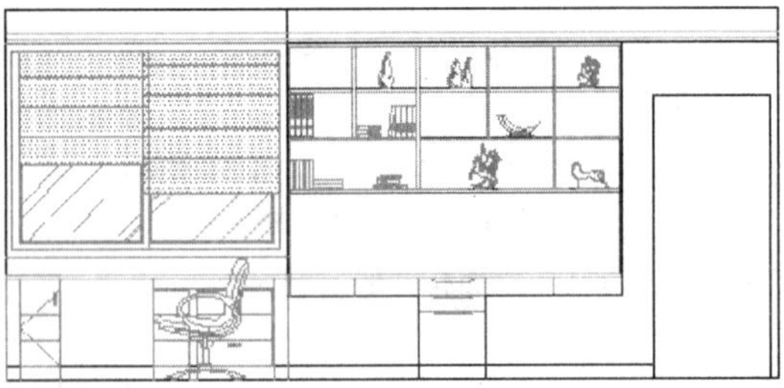

图8-113 插入结果

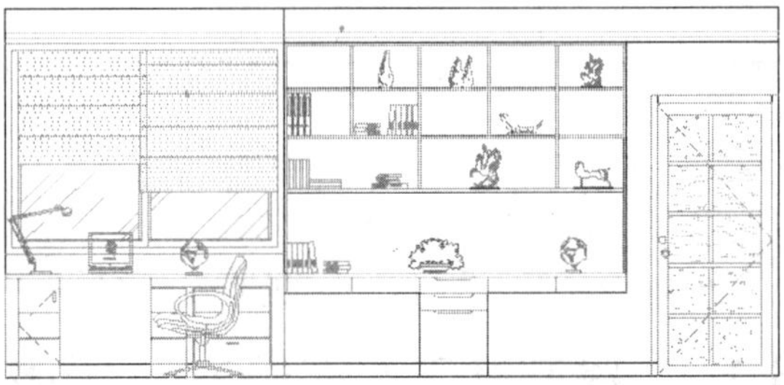

图8-114 插入其他构件

9 接下来综合使用【分解】、【修剪】和【删除】命令对立面图进行修整完善，删除被遮挡住的图线，结果如图8-115所示。

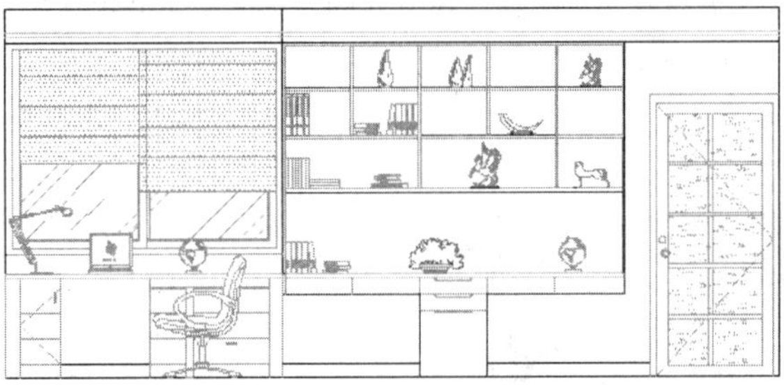

图8-115 修整结果

至此，跃二层书房A向立面构件图绘制完毕。下一小节将学习书房A向立面图尺寸的标注过程和技巧。

8.4.3 标注跃二层书房A向施工尺寸

1 继续上节操作。

2 展开【图层控制】下拉列表，将“尺寸层”设置为当前操作层。

3 展开【样式】工具栏中的【标注样式控制】下拉列表，将“建筑标注”设置为当前尺寸样式，并调整标注比例为35。

4 执行菜单栏中的【标注】|【线性】命令，配合捕捉与追踪功能标注如图8-116所示的线性尺寸作为基准尺寸。

5 执行菜单栏中的【标注】|【连续】命令，配合捕捉功能标注如图8-117所示的连续尺寸。

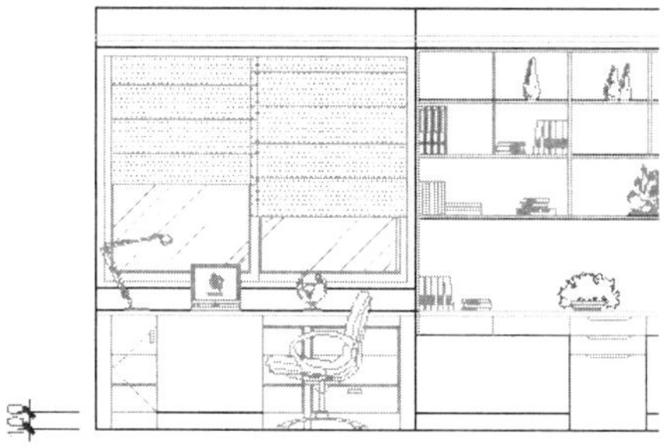

图8-116 标注基准尺寸

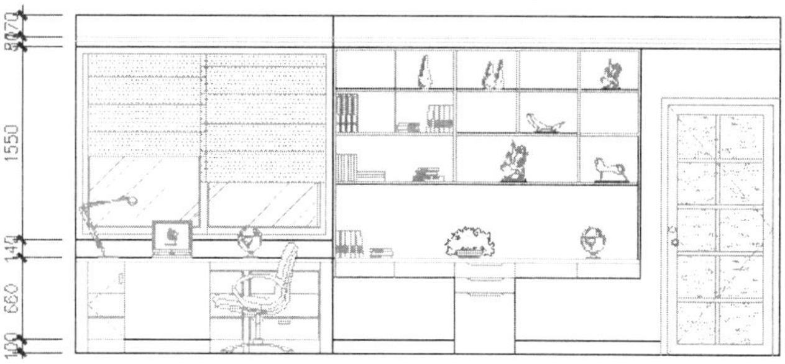

图8-117 标注连续尺寸

6 单击【标注】工具栏中的按钮，激活【编辑标注文字】命令，对重叠的尺寸文字进行编辑，结果如图8-118所示。

7 执行菜单栏中的【标注】|【线性】命令，标注立面图左侧的总尺寸，结果如图8-119所示。

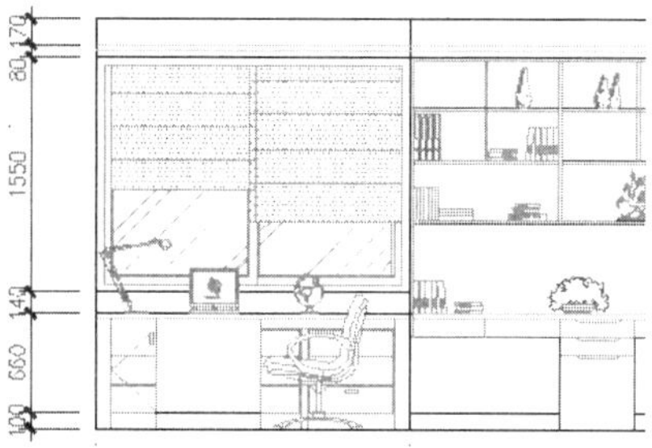

图8-118 编辑标注文字

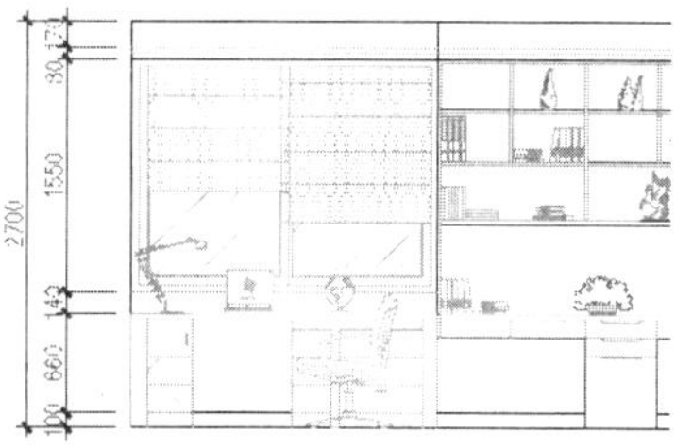

图8-119 标注总尺寸

8 参照上述操作，综合使用【线性】、【连续】和【编辑标注文字】命令，标注立面图下侧的细部尺寸和总尺寸，结果如图8-120所示。

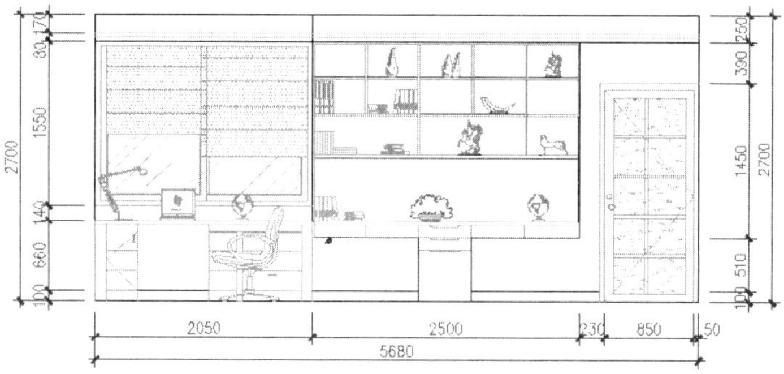

图8-120 标注其他尺寸

至此，跃二层书房A向立面图尺寸标注完毕。下一小节将为书房A向立面图标注装修材质。

8.4.4 标注跃二层书房A向立面图装修材质

1 继续上节操作。

2 展开【图层控制】下拉列表，将“文本层”设置为当前操作层。

3 执行菜单栏中的【标注】|【标注样式】命令，将“引线标注”设置为当前标注样式，然后修改标注比例为40。

4 使用快捷键“LE”激活【快速引线】命令，使用命令中的“设置”选项，设置引线参数如图8-121和图8-122所示。

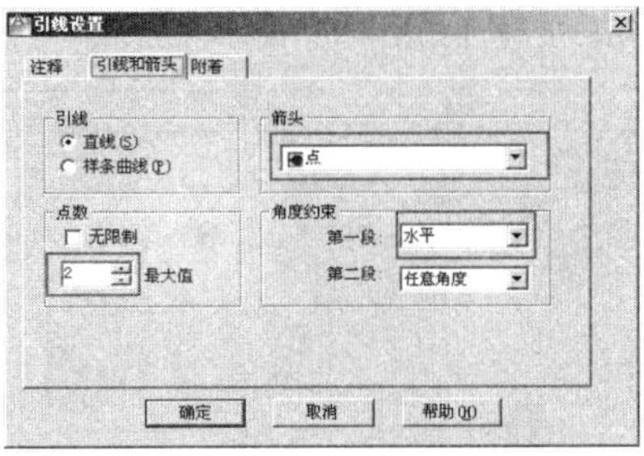

图8-121 【引线和箭头】选项卡

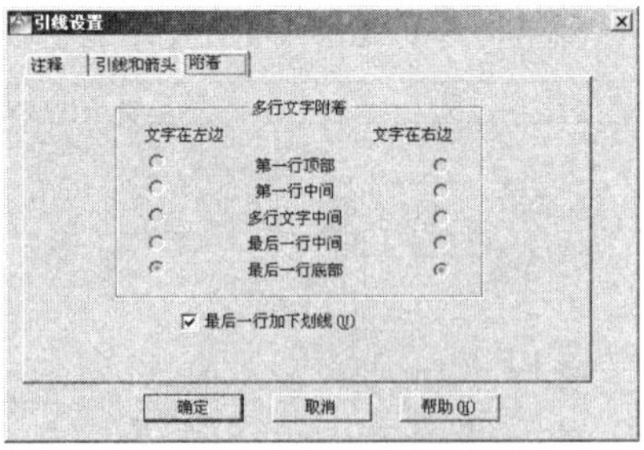

图8-122 【附着】选项卡

5 单击【引线设置】对话框中的 确定 按钮，返回绘图区，根据命令行的提示指定引线点绘制引线，并输入引线注释，标注结果如图8-123所示。

6 重复执行【快速引线】命令，按照当前的引线参数设置，分别标注其他位置的引线注释，标注结果如图8-124所示。

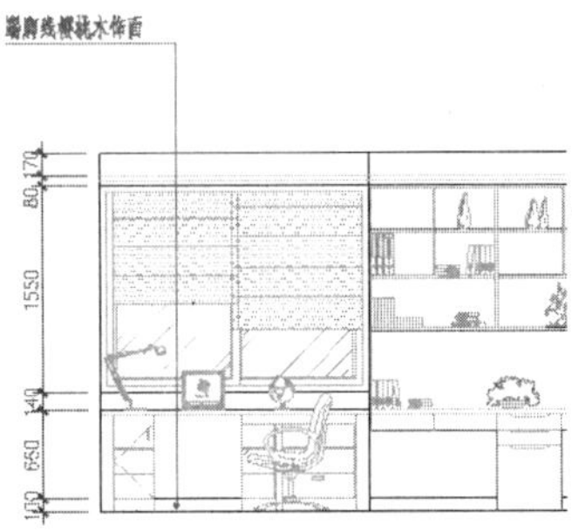

图8-123 标注结果

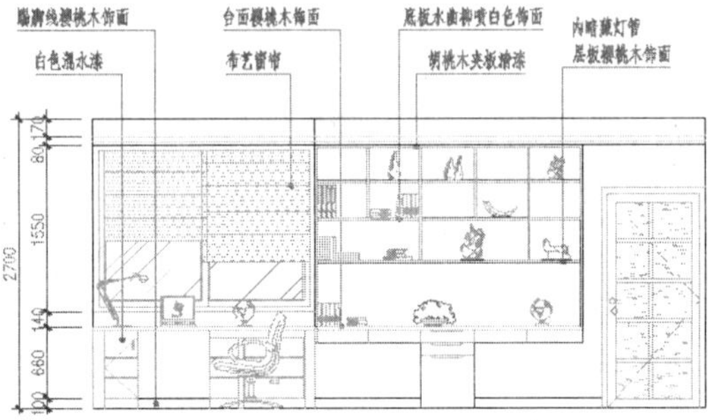

图8-124 标注其他注释

7 调整视图，使立面图全部显示。

8 最后执行【保存】命令，将图形命名存储为“跃二层书房A向立面图.dwg”。

8.5 绘制跃二层书房C向立面图

本节主要学习跃二层书房C向装饰立面图的绘制过程和绘制技巧。跃二层书房立面图的最终绘制效果如图8-125所示。

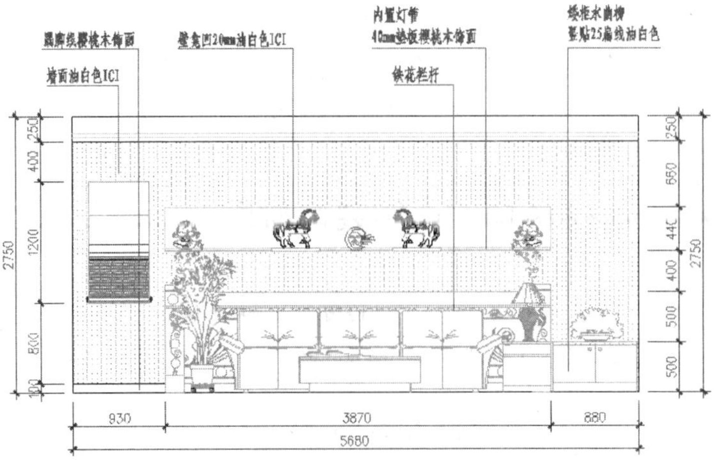

图8-125 实例效果

在绘制跃二层书房C向立面图时，可以参照如下思路。

1）首先调用样板文件，然后使用【直线】命令绘制主体轮廓线。

2）使用【偏移】、【修剪】和【圆角】命令绘制内部轮廓结构。

3）使用【插入块】、【镜像】等命令并配合【捕捉自】功能布置立面图内部构件。

4）使用【多段线】、【图案填充】、【图层】命令绘制和完善墙面装饰线。

5）综合【线性】、【连续】和【编辑标注文字】命令标注立面图尺寸。

6）使用【直线】、【单行文字】、【复制】和【编辑文字】命令标注材质。

8.5.1　绘制跃二层书房C向立面轮廓图

1 以本书配套光盘中的“样板文件\室内设计样板.dwt”作为基础样板，新建文件。

2 展开【图层】工具栏中的【图层控制】下拉列表，将“轮廓线”设置为当前操作层。

3 执行菜单栏中的【绘图】｜【直线】命令，配合坐标输入功能绘制书房C向外轮廓线。命令行操作如下：

```
命令: _line
    指定第一点:                                  //在绘图区拾取一点
    指定下一点或 [放弃(U)]:                      //@5680,0 Enter
    指定下一点或 [放弃(U)]:                      //@0,2750 Enter
    指定下一点或 [闭合(C)/放弃(U)]:              //@-5680,0 Enter
    指定下一点或 [闭合(C)/放弃(U)]:              //cEnter，绘制结果如图8-126所示
```

4 执行菜单栏中的【修改】｜【偏移】命令，将矩形的左侧垂直边向右偏移，创建立面图纵向定位轮廓线。命令行操作如下：

```
命令: _offset
    当前设置: 删除源=否  图层=源  OFFSETGAPTYPE=0
    指定偏移距离或 [通过(T)/删除(E)/图层(L)] <通过>:        //930 Enter，设置偏移间距
    选择要偏移的对象或 [退出(E)/放弃(U)] <退出>:            //选择矩形左侧的垂直边
    指定要偏移的那一侧上的点，或 [退出(E)/多个(M)/放弃(U)] <退出>:
                                                            //在所选图线的右侧单击
    选择要偏移的对象，或 [退出(E)/放弃(U)] <退出>:          // Enter，结束命令

命令:                                                       // Enter，重复执行命令
    OFFSET当前设置: 删除源=否  图层=源  OFFSETGAPTYPE=0
    指定偏移距离或 [通过(T)/删除(E)/图层(L)] <930>:          //3870 Enter
    选择要偏移的对象或 [退出(E)/放弃(U)] <退出>:            //选择刚偏移出的垂直边
    指定要偏移的那一侧上的点，或 [退出(E)/多个(M)/放弃(U)] <退出>:
                                                            //在所选边的右侧单击
    选择要偏移的对象，或 [退出(E)/放弃(U)] <退出>:
                                                    //Enter，偏移结果如图8-127所示
```

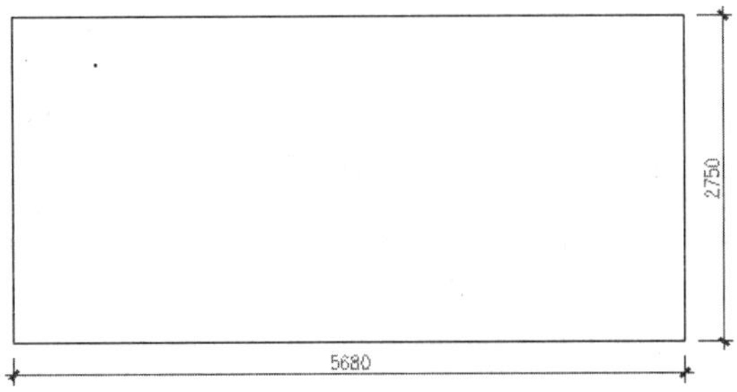

图8-126 绘制结果

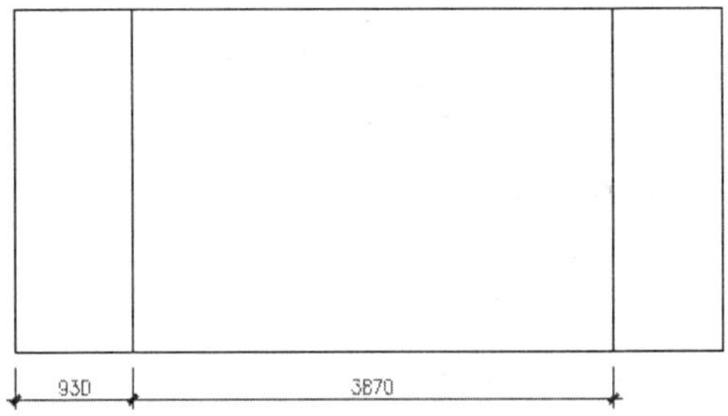

图8-127 偏移垂直边

5 重复执行【偏移】命令，将上侧的水平边向下偏移170、210和250个绘图单位，结果如图8-128所示。

6 重复执行【偏移】命令，将下侧的水平边向上偏移100、1400和1840个绘图单位，结果如图8-129所示。

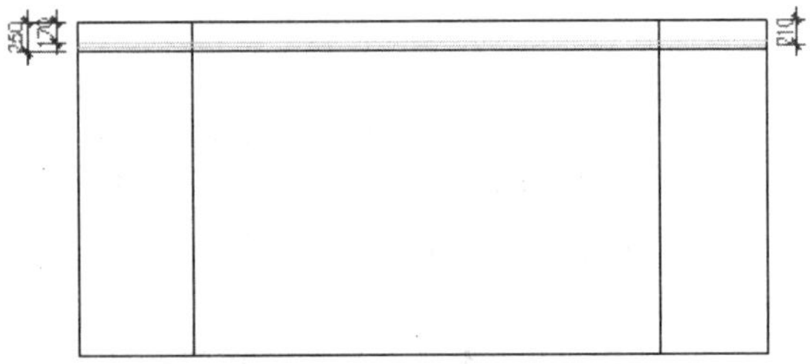

图8-128 偏移上侧水平边

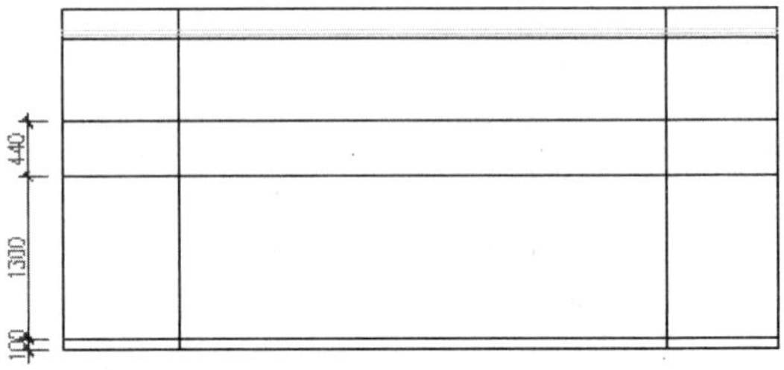

图8-129 偏移下侧水平边

7 使用快捷键“F”激活【圆角】命令，将圆角半径设置为0，对内侧的图线进行圆角编辑，结果如图8-130所示。

8 使用快捷键“O”激活【偏移】命令，将圆角后的下水平图线向上偏移20和40个绘图单位，结果如图8-131所示。

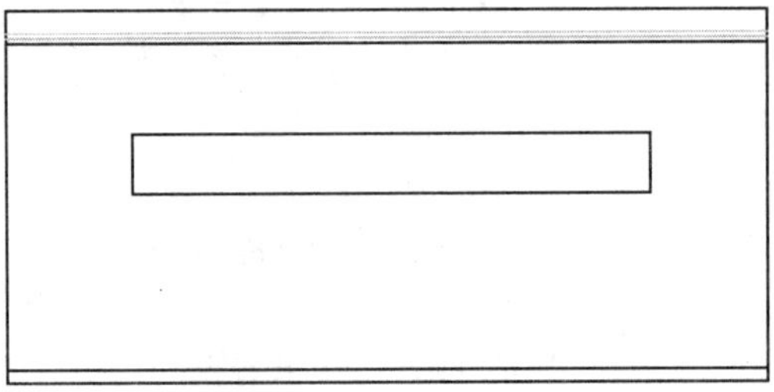

图8-130 圆角结果

图8-131 偏移结果

至此，跃二层书房C向立面轮廓图绘制完毕。下一小节将学习书房C向立面构件图的绘制技巧。

8.5.2 绘制跃二层书房C向立面构件图

1 继续上节操作，并将“家具层”设为当前操作层。

2 单击【插入】菜单中的【块】命令，或使用快捷键“I”激活【插入块】命令，打开【插入】对话框。

3 在【插入】对话框中单击 浏览(B)... 按扭，从弹出的【选择图形文件】对话框中打开本书配套光盘中的“图块文件\立面栏杆与沙发.dwg”，如图8-132所示。

4 采用系统默认参数设置，将立面栏杆与沙发插入到立面图中，插入点为图8-133所示的交点，插入结果如图8-134所示。

5 重复执行【插入块】命令，选择本书配套光盘中的“图块文件\挂画02.dwg”，如图8-135所示，以默认参数插入到立面图中。命令行操作如下：

```
命令: I                                          // Enter
    INSERT指定插入点或 [基点(B)/比例(S)/旋转(R)]:  //激活【捕捉自】功能
    _from 基点:                                   //捕捉如图8-136所示的端点
    <偏移>:                                       //@466,900 Enter，插入结果如图8-137所示
```

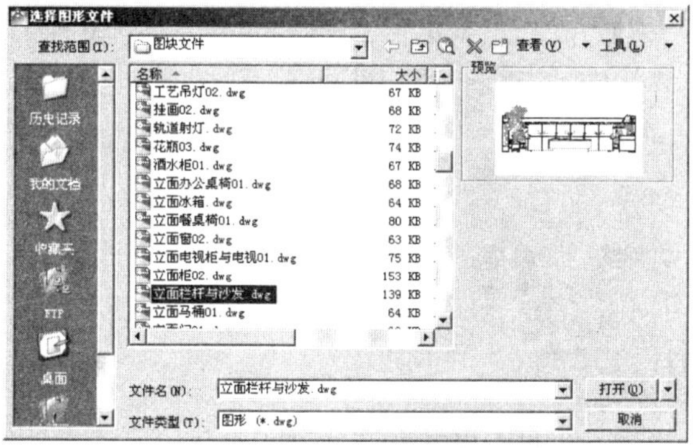

图8-132 选择文件

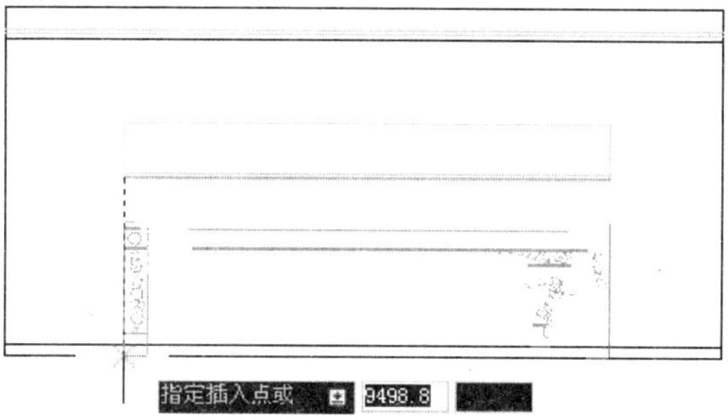

图8-133 设定插入点

图8-134 插入结果

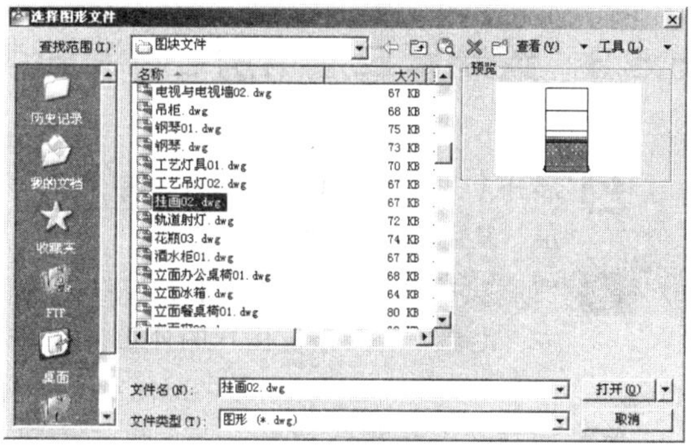

图8-135 选择文件

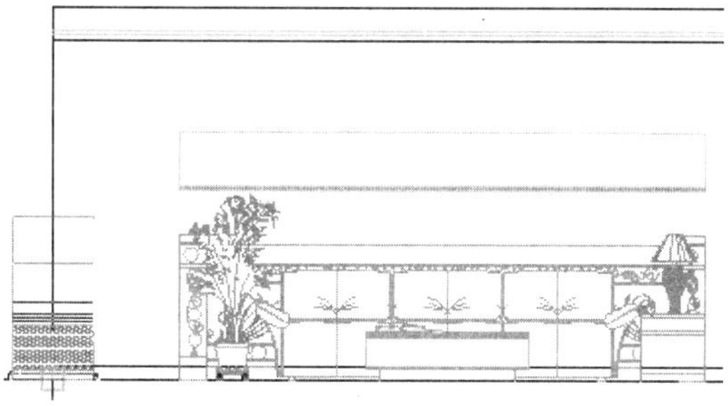

图8-136 捕捉端点

图8-137 插入结果

6 重复执行【插入块】命令，分别插入本书配套光盘中的“图块文件”目录下的“装饰柜04.dwg”、“植物04.dwg”、“装饰品09.dwg”和“装饰品14.dwg”等图块，插入结果如图8-138所示。

7 使用快捷键“MI”激活【镜像】命令，将插入的装饰品图块进行镜像，结果如图8-139所示。

图8-138 插入结果

图8-139 镜像结果

8 使用快捷键“TR”激活【修剪】命令，对立面图进行修整和完善，结果如图8-140所示。

图8-140 修整结果

至此，跃二层书房C向立面构件图绘制完毕。下一小节将学习跃二层书房C向墙面装饰线的绘制过程和技巧。

8.5.3 绘制跃二层书房C向墙面装饰线

1 继续上节操作。

2 展开【图层控制】下拉列表，将“填充层”设置为当前操作层。

3 使用快捷键“PL”激活【多段线】命令，沿着栏杆与沙发图块的外边缘绘制闭合的多段线边界，如图8-141所示。

4 在无命令执行的前提下夹点显示如图8-142所示的两个图块，将其放到“填充层”上，然后冻结“家具层”，此时立面图的显示效果如图8-143所示。

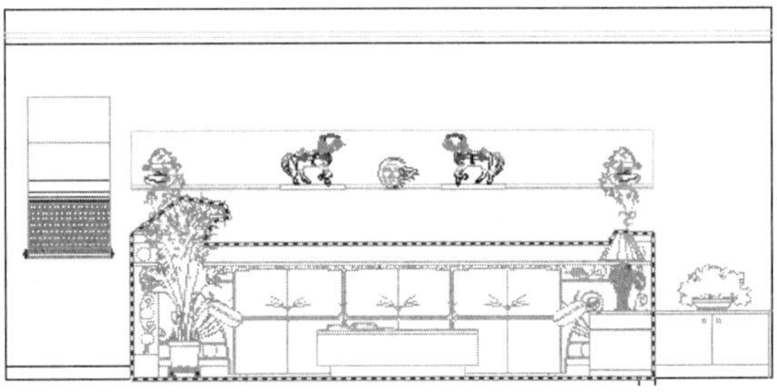

图8-141 绘制结果

图8-142 夹点效果

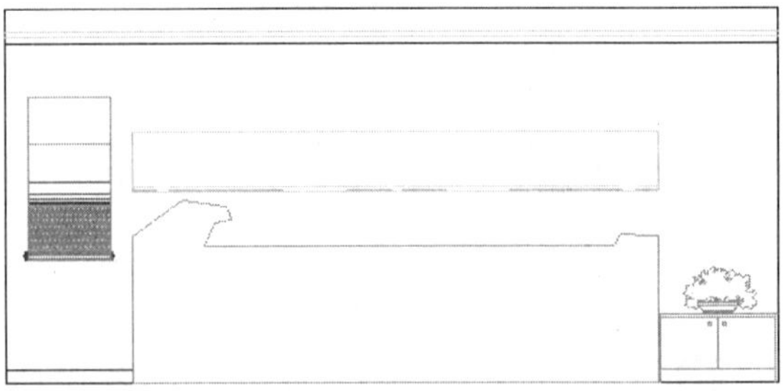

图8-143 冻结图层后的效果

5 使用快捷键“H”激活【图案填充】命令，在打开的【图案填充和渐变色】对话框中设置填充图案与参数如图8-144所示。

6 返回绘图区拾取如图8-145所示的填充区域，填充如图8-146所示图案。

7 删除多段线边界，将挂画和装饰柜恢复到“家具层”上，然后解冻“家具层”，结果如图8-147所示。

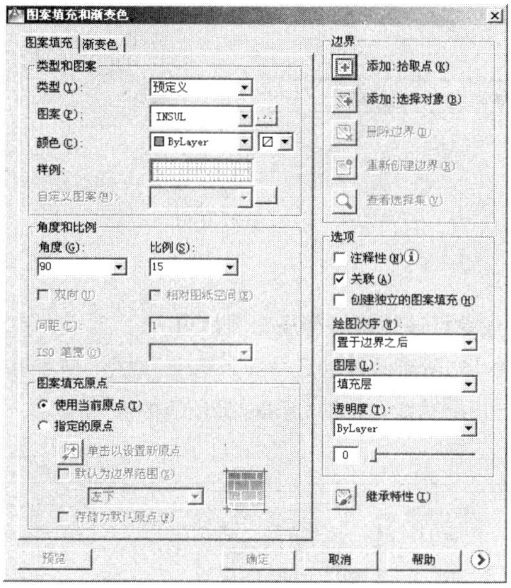

图8-144 设置填充图案与参数

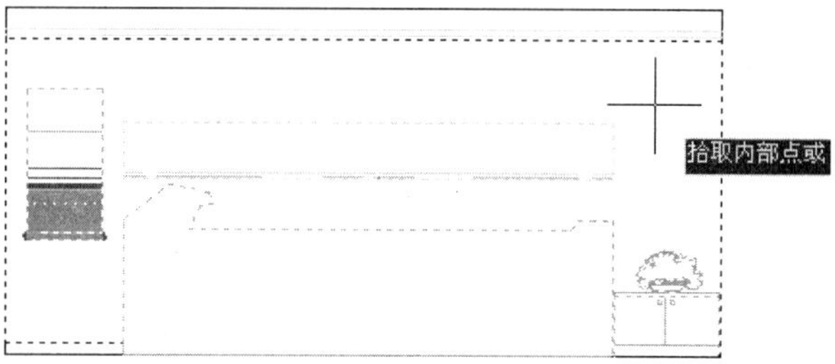

图8-145 拾取填充区域

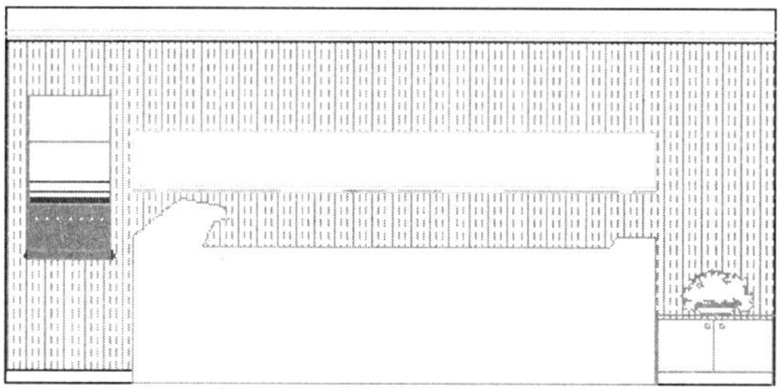

图8-146 填充图案

图8-147 操作结果

8 使用快捷键“LT”激活【线型】命令，在打开的【线型管理器】对话框中加载DOT线型并设置线型比例如图8-148所示。

9 夹点显示填充图案，然后打开【特性】窗口，修改其线型为“DOT”线型，结果如图8-149所示。

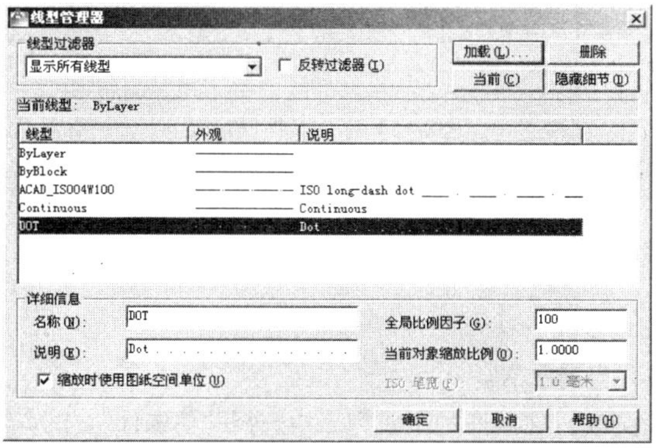

图8-148 加载线型

图8-149 修改线型

至此，跃二层书房C向墙面装饰线绘制完毕。下一小节将学习书房C向立面图施工尺寸的标注过程和技巧。

8.5.4 标注跃二层书房C向施工尺寸

1 继续上节操作。

2 展开【样式】工具栏中的【标注样式控制】下拉列表，将“建筑标注”设置为当前样式，如图8-150所示。

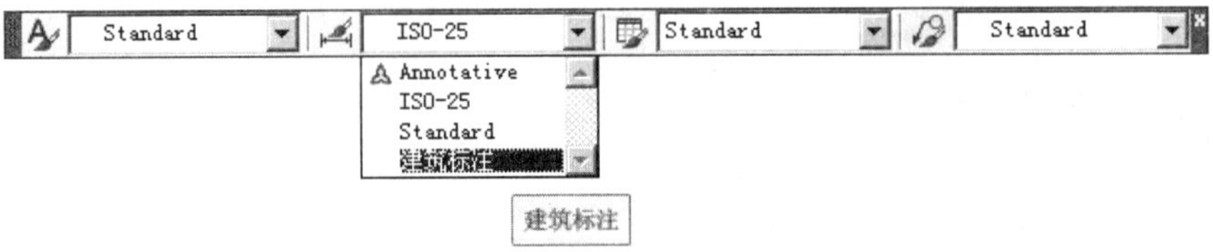

图8-150 设置当前样式

3 执行菜单栏中的【标注】|【标注样式】命令，修改当前标注样式的全局比例为32。

4 执行菜单栏中的【标注】|【线性】命令，标注如图8-151所示的线性尺寸作为基准尺寸。

5 执行菜单栏中的【标注】|【连续】命令，配合捕捉与追踪功能，标注如图8-152所示的连续尺寸。

图8-151 标注线性尺寸

图8-152 标注连续尺寸

6 重复执行【线性】命令，配合捕捉或追踪功能，标注立面图两侧的总尺寸，结果如图8-153所示。

7 参照上述操作，综合使用【线性】和【连续】命令，分别标注立面图其他侧的尺寸，结果如图8-154所示。

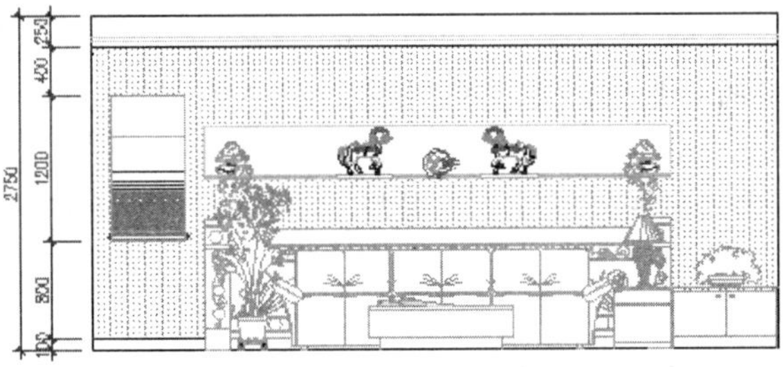

图8-153 标注总尺寸

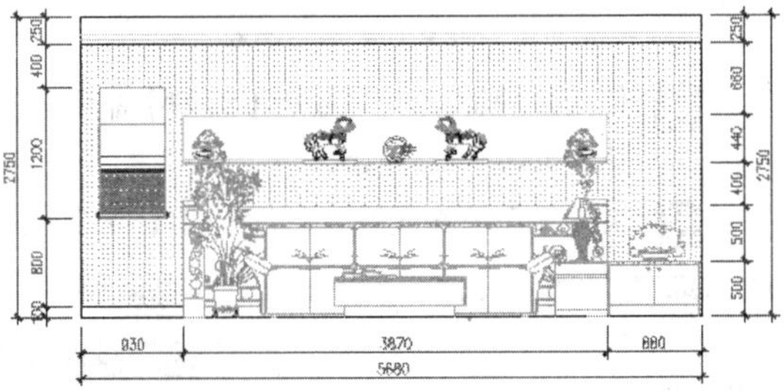

图8-154 标注其他侧尺寸

至此，跃二层书房C向立面图施工尺寸标注完毕。下一小节将为书房C向墙面标注装修材质。

8.5.5 标注跃二层书房C向墙面装修材质

1 继续上节操作。

2 展开【图层控制】下拉列表，将“文本层”设置为当前图层。

3 单击【样式】工具栏中的【文字样式控制】下拉列表，在展开的下拉列表中选择“仿宋体”作为当前文字样式。

4 使用快捷键“PL”激活【多段线】命令，绘制如图8-155所示的直线作为文本注释的指示线。

5 展开【颜色控制】下拉列表，将当前颜色设置为“红色”。

6 使用快捷键“DT”激活【单行文字】命令，在命令行“指定文字的起点或 [对正(J)/样式(S)]：”提示下，输入“J”并按Enter键。

7 在“输入选项 [对齐(A)/布满(F)/居中(C)/中间(M)/右对齐(R)/左上(TL)/中上(TC)/右上(TR)/左中(ML)/正中(MC)/右中(MR)/左下(BL)/中下(BC)/右下(BR)]：：”提示下，输入“BL”并按Enter键，设置文字的对正方式。

8 在“指定文字的左中点：”提示下，捕捉左侧指示线的右端点。

9 在“指定高度 <3>：”提示下，输入“120”并按Enter键，设置文字的高度为120个绘图单位。

10 在“指定文字的旋转角度 <0.00>”提示下，直接按Enter键，然后输入“壁龛凹20mm油白色ICI”后按Enter键，结果如图8-156所示。

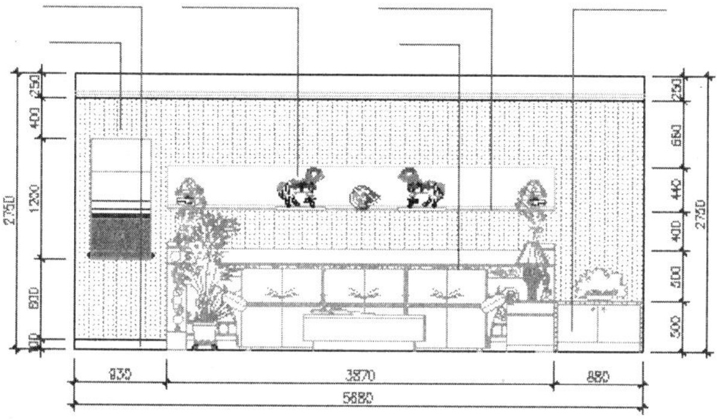

图8-155 绘制指示线

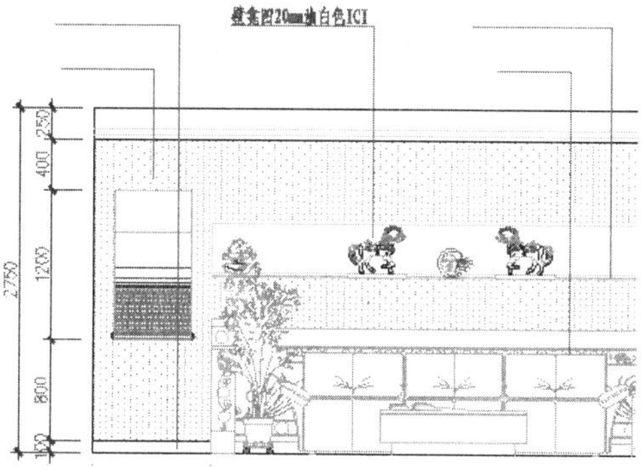

图8-156 标注结果

11 使用快捷键“CO”激活【复制】命令，配合端点捕捉功能，将刚标注的文字注释分别复制到其他指示线上，结果如图8-157所示。

12 使用快捷键“ED”激活【编辑文字】命令，分别对复制出的文字注释进行编辑，输入正确的文字内容，编辑结果如图8-158所示。

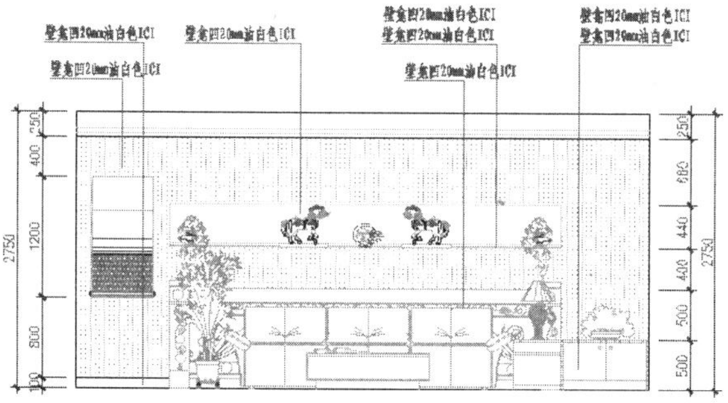

图8-157 复制结果

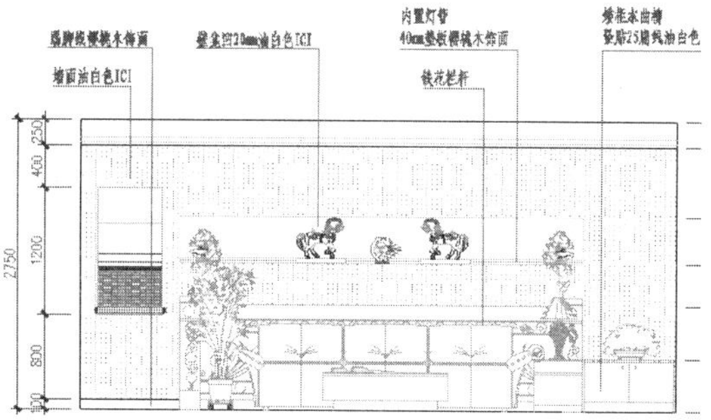

图8-158 编辑结果

13 最后执行【保存】命令，将图形命名存储为“跃二层书房C向立面图.dwg”。

8.6　绘制跃二层主卧室A向立面图

本节主要学习跃二层卧室A向装饰立面图的绘制过程和绘制技巧。跃二层卧室A向立面图的最终绘制效果如图8-159所示。

在绘制跃二层卧室A向立面图时，可以参照如下思路。

1）首先调用样板文件，然后使用【矩形】命令绘制主体轮廓线。

2）使用【分解】、【偏移】、【修剪】、【边界】、【删除】等命令绘制内部轮廓结构。

3）使用【偏移】、【阵列】、【直线】、【图案填充】、【插入块】、【镜像】等命令绘制立面构件。

4）使用【线性】、【连续】和【编辑标注文字】命令标注主卧室立面图尺寸。

5）最后综合使用【直线】、【单行文字】、【复制】和【编辑文字】命令为立面图标注材质。

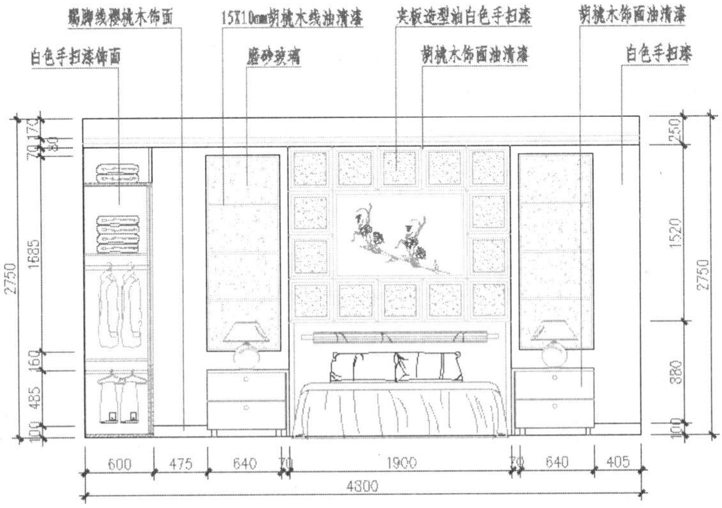

图8-159 实例效果

8.6.1 绘制跃二层主卧室A向轮廓图

1 以本书配套光盘中的"样板文件\室内设计样板.dwt"作为基础样板，新建空白文件。

2 展开【图层控制】下拉列表，将"轮廓线"设置为当前操作层。

3 执行菜单栏中的【绘图】|【矩形】命令，绘制长度为4800、宽度为2750的矩形作为主体轮廓，如图8-160所示。

4 执行菜单栏中的【修改】|【分解】命令，将矩形分解为四条独立的线段。

5 执行菜单栏中的【修改】|【偏移】命令，将矩形上侧水平边向下偏移170、210和250个绘图单位，将左侧垂直边向右偏移600和1185个绘图单位，将右侧垂直边向左偏移1115个绘图单位，结果如图8-161所示。

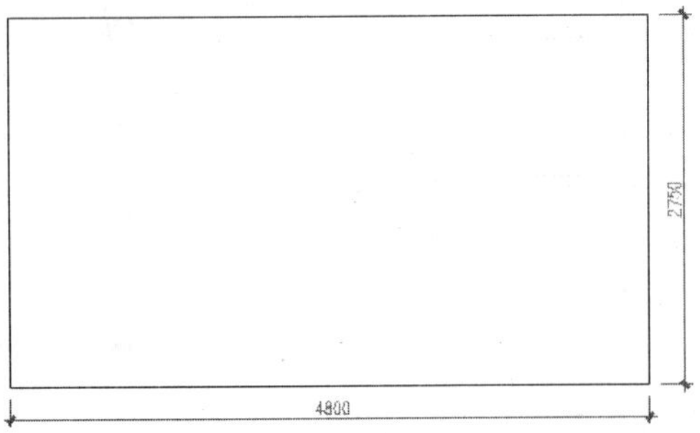

图8-160 绘制结果

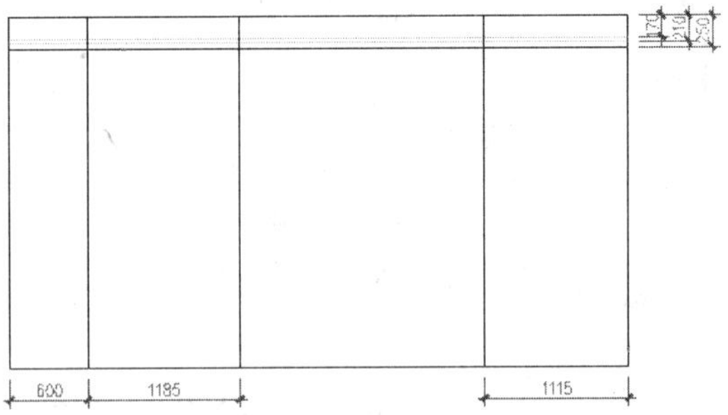

图8-161 偏移结果

6 执行菜单栏中的【修改】|【修剪】命令，对偏移出的轮廓线进行修剪，结果如图8-162所示。

7 执行菜单栏中的【修改】|【偏移】命令，将下侧的水平边1向上偏移100和745个绘图单位；将垂直边2向右偏移475个绘图单位；将垂直轮廓线3向左偏移70个绘图单位；将垂直轮廓线5向右偏移70个绘图单位；将轮廓线6向左偏移405个绘图单位；将水平图线4向下偏移70个绘图单位，结果如图8-163所示。

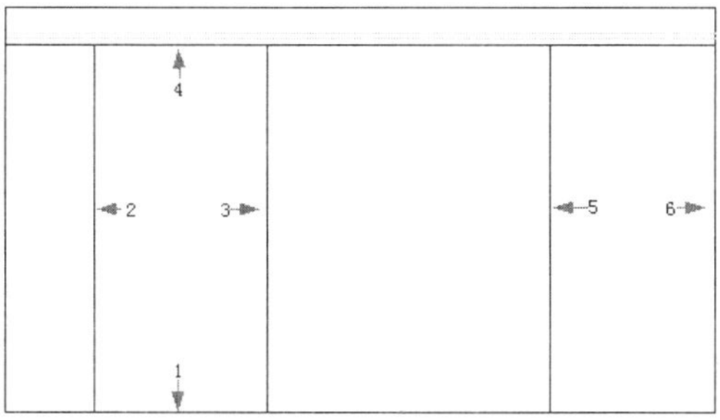

图8-162 修剪结果

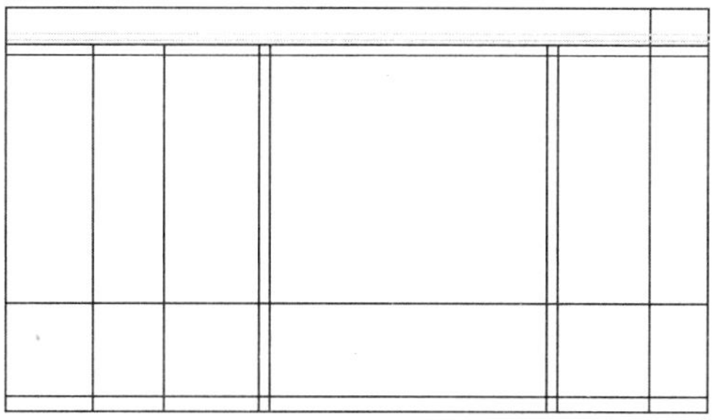

图8-163 偏移结果

8 使用快捷键“BO”激活【边界】命令，在如图8-164所示的虚线区域内单击，提取两条闭合后的多段线边界。

9 使用快捷键“E”激活【删除】命令，删除不需要的图线，结果如图8-165所示。

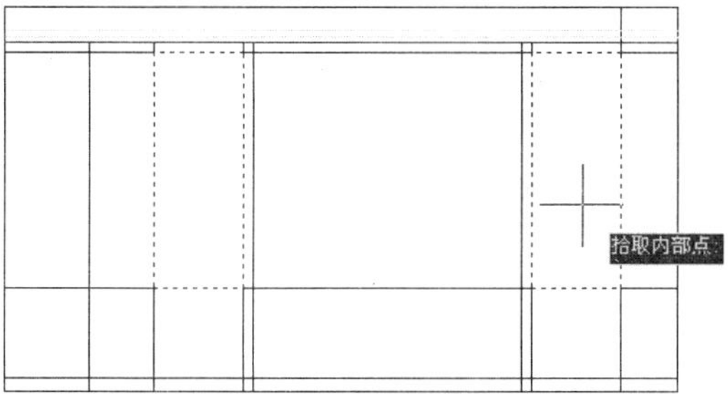

图8-164 提取边界

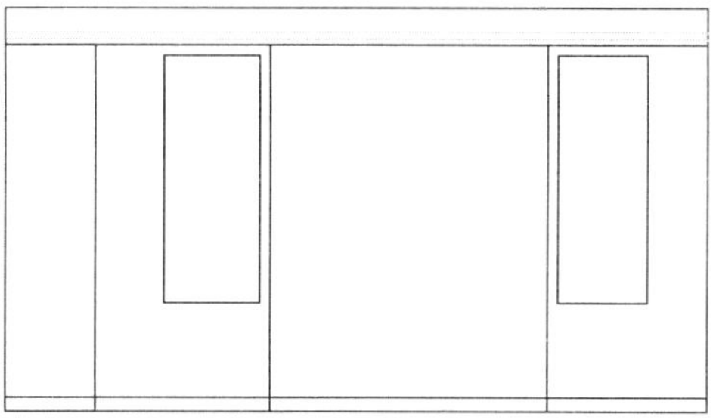

图8-165 删除结果

至此，跃二层主卧室A向墙面轮廓图绘制完毕。下一小节将学习主卧室A向构件图的绘制过程和技巧。

8.6.2 绘制跃二层主卧室A向构件图

1 继续上节操作。

2 展开【图层控制】下拉列表，将“家具层”设为当前操作层。

3 使用快捷键“O”激活【偏移】命令，将两条多段线边界向内偏移15个绘图单位，并将偏移出的图线放到“家具层”上，结果如图8-166所示。

4 将偏移出的两条边界分解，然后将分解后的上侧水平边向下偏移400和415个绘图单位，结果如图8-167所示。

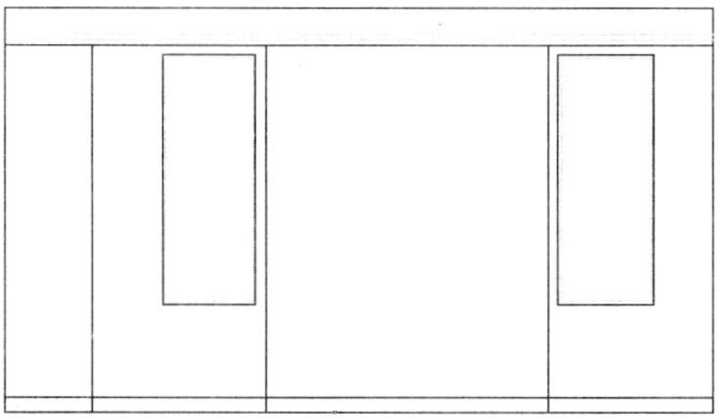

图8-166 偏移结果

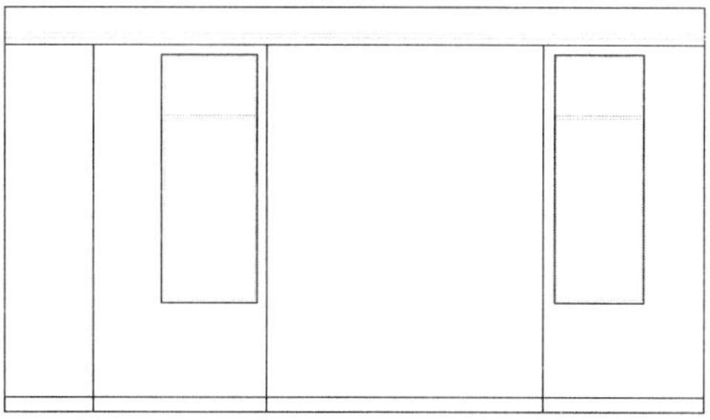

图8-167 偏移结果

5 使用快捷键“AR”激活【阵列】命令，对偏移出的四条水平图线进行阵列。命令行操作如下：

```
命令: ar                          // Enter
    ARRAY选择对象:                //窗口选择如图8-168所示的四条图线
```

```
选择对象:                                                   // Enter
输入阵列类型 [矩形(R)/路径(PA)/极轴(PO)] <矩形>:              // Enter
类型 = 矩形  关联 = 是
为项目数指定对角点或 [基点(B)/角度(A)/计数(C)] <计数>:         // Enter
输入行数或 [表达式(E)] <4>:                                 //3 Enter
输入列数或 [表达式(E)] <4>:                                 //1 Enter
指定对角点以间隔项目或 [间距(S)] <间距>:                     // Enter
指定行之间的距离或 [表达式(E)] <22.5>:                       //-415 Enter
按 Enter 键接受或 [关联(AS)/基点(B)/行(R)/列(C)/层(L)/退出(X)] <退出>:
                                        // Enter, 结束命令, 阵列结果如图8-169所示
```

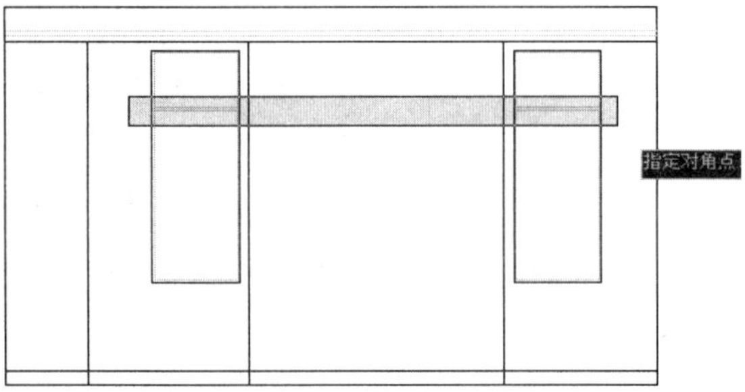

图8-168 窗口选择

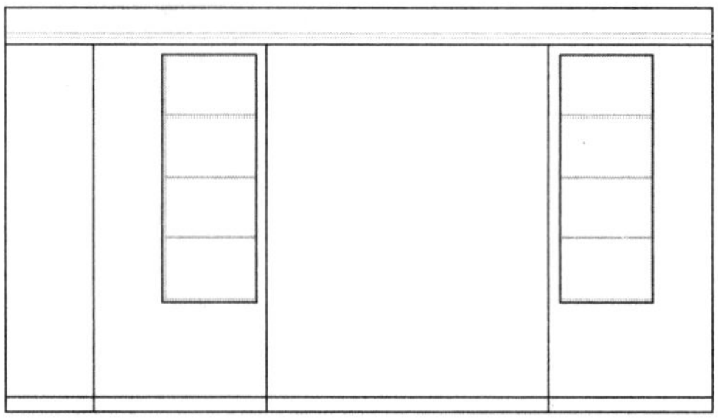

图8-169 阵列结果

6 将“填充层”设为当前操作层，然后使用快捷键“H”激活【图案填充】命令，设置填充图案与参数如图8-170所示，填充如图8-171所示图案。

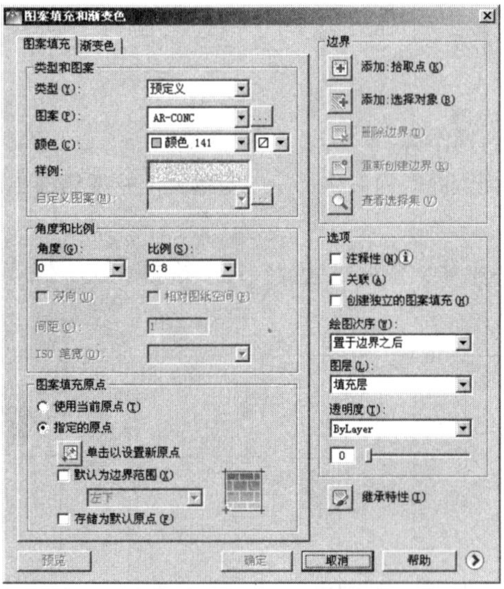

图8-170 设置填充图案与参数

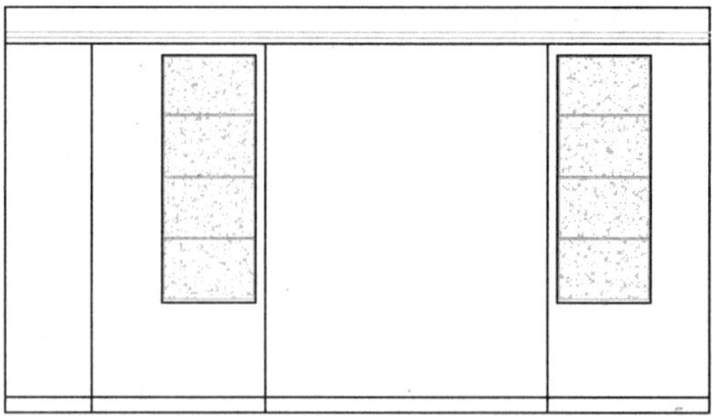

图8-171 填充图案

7 将“家具层”设为当前操作层，然后使用快捷键“I”激活【插入块】命令，选择本书配套光盘中的“图块文件\侧面衣柜01.dwg”，如图8-172所示。

8 返回绘图区，以默认参数将侧面衣柜01插入到立面图中，插入点为左侧垂直图线的下端点，插入结果如图8-173所示。

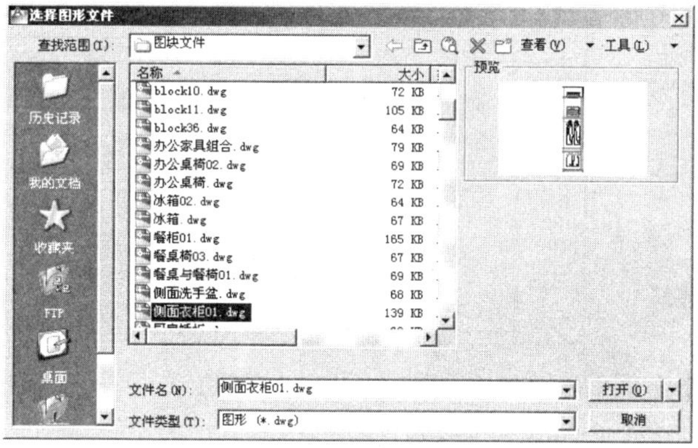

图8-172 选择文件

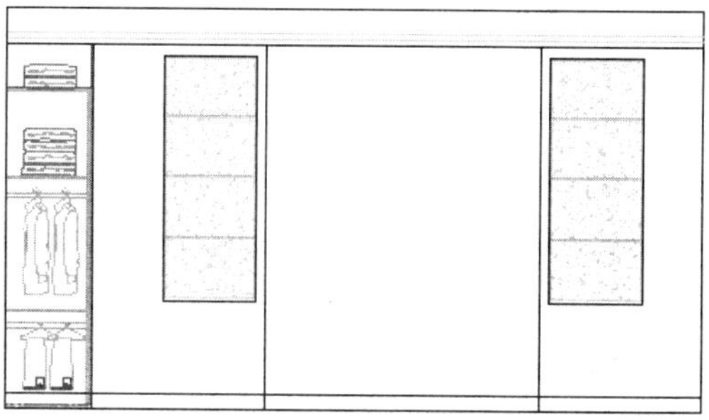

图8-173 插入结果

9 使用快捷键“L”激活【直线】命令，配合延伸捕捉功能绘制如图8-174所示的水平轮廓线。

10 使用快捷键“I”激活【插入块】命令，以默认参数插入本书配套光盘中的“图块文件\墙面装饰架.dwg”，插入点为刚绘制的水平轮廓线的左端点，插入结果如图8-175所示。

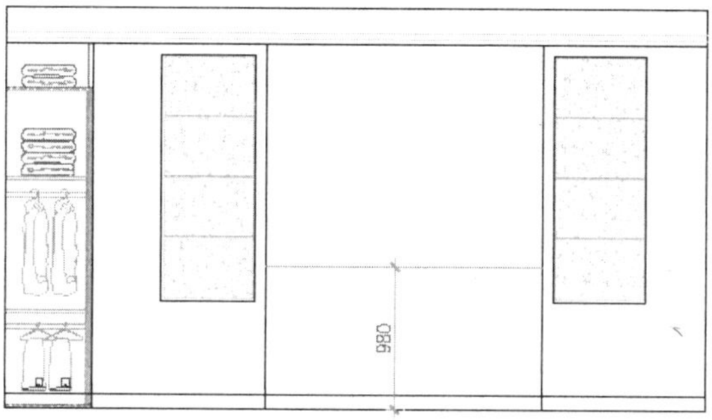

图8-174 绘制结果

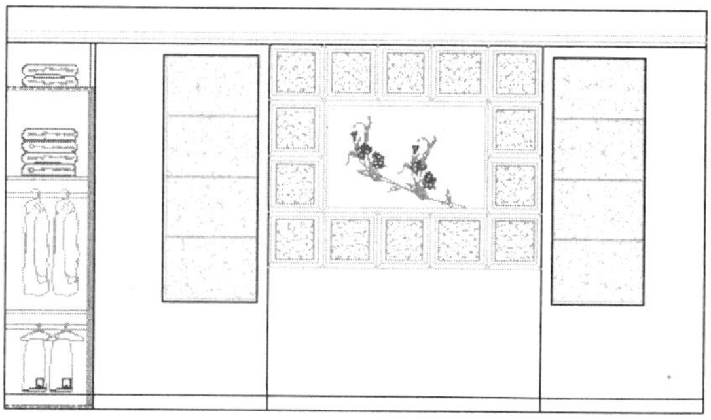

图8-175 插入结果

11 重复执行【插入块】命令，以默认参数插入本书配套光盘中的“图块文件”目录下的“立面床03.dwg”和“床头柜与台灯.dwg”图块，插入结果如图8-176所示。

12 执行菜单栏中的【修改】|【镜像】命令，配合中点捕捉功能对床头柜与台灯进行镜像，结果如图8-177所示。

图8-176 插入结果

图8-177 镜像结果

13 接下来综合使用【分解】、【删除】、【修剪】命令对立面图进行修整和完善，结果如图8-178所示。

至此，二层主卧室A向立面构件图绘制完毕。下一小节将学习主卧室立面施工尺寸的具体标注过程和技巧。

图8-178 修整结果

8.6.3 标注跃二层主卧室A向施工尺寸

1. 继续上节操作。
2. 展开【标注样式控制】下拉列表，将“建筑标注”设置为当前样式。
3. 执行菜单栏中的【标注】|【标注样式】命令，修改当前标注样式的比例为30。
4. 执行菜单栏中的【标注】|【线性】命令，标注如图8-179所示的线性尺寸作为基准尺寸。
5. 执行菜单栏中的【标注】|【连续】命令，配合捕捉与追踪功能，标注如图8-180所示的连续尺寸。
6. 单击【标注】工具栏中的A按钮，激活【编辑标注文字】命令，分别对重叠尺寸进行编辑，结果如图8-181所示。

图8-179 标注线性尺寸

图8-180 标注连续尺寸

图8-181 编辑尺寸

7. 重复执行【线性】命令，配合捕捉或追踪功能，标注立面图左侧的总尺寸，结果如图8-182所示。
8. 参照上述操作，综合使用【线性】和【连续】命令分别标注立面图其他侧的尺寸，结果如图8-183所示。

图8-182 标注总尺寸

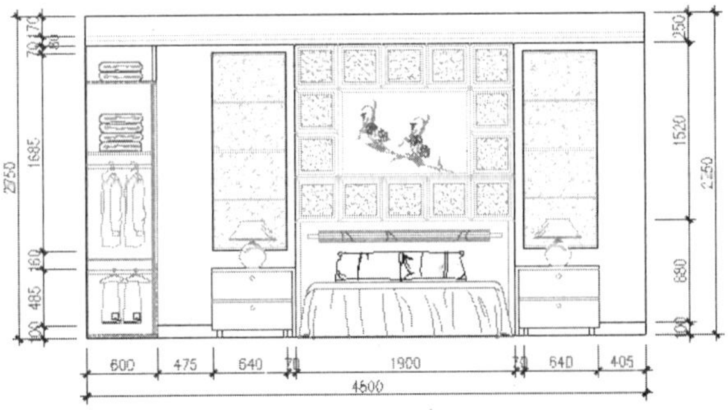

图8-183 标注其他侧尺寸

至此，跃二层主卧室A向立面图尺寸标注完毕。下一小节将学习主卧室A向墙面材质的标注过程和技巧。

8.6.4　标注跃二层主卧室A向墙面材质

1. 继续上节操作。
2. 展开【图层】工具栏中的【图层控制】下拉列表，将“文本层”设置为当前操作层。
3. 展开【样式】工具栏中的【文字样式控制】下拉列表，将“仿宋体”设置为当前文字样式。
4. 使用快捷键“L”激活【直线】命令，绘制如图8-184所示的直线作为文字指示线。
5. 展开【颜色控制】下拉列表，将当前颜色设置为“红色”。
6. 使用快捷键“DT”激活【单行文字】命令，在命令行“指定文字的起点或 [对正(J)/样式(S)]：”提示下，输入“J”并按Enter键。
7. 在“输入选项 [对齐(A)/布满(F)/居中(C)/中间(M)/右对齐(R)/左上(TL)/中上(TC)/右上(TR)/左中(ML)/正中(MC)/右中(MR)/左下(BL)/中下(BC)/右下(BR)]:：”提示下，输入“BL”并按Enter键，设置文字的对正方式。
8. 在“指定文字的左中点：”提示下，捕捉左侧指示线的右端点。
9. 在 “指定高度 <3>：”提示下，输入“120”并按Enter键，设置文字的高度为120个绘图单位。
10. 在“指定文字的旋转角度 <0.00>”提示下，直接按Enter 键，然后输入“15 × 10mm胡桃木线油清漆”后按Enter键，结果如图8-185所示。

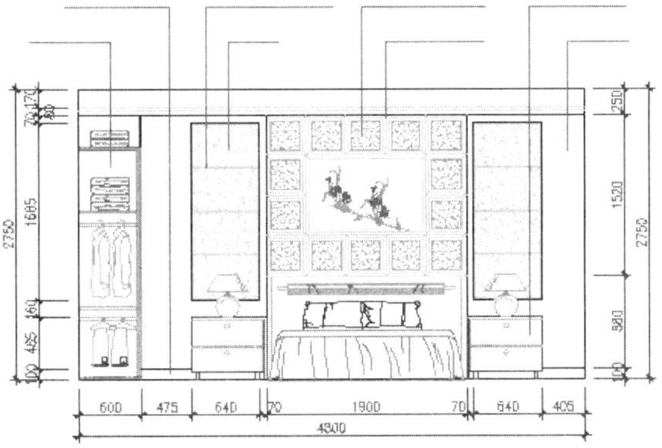

图8-184 绘制文字指示线

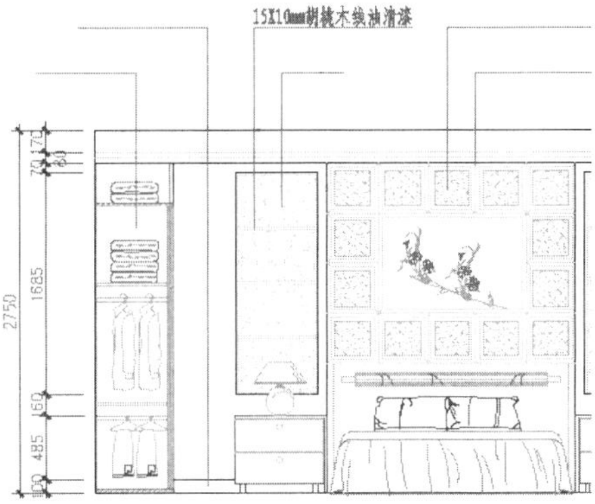

图8-185 标注结果

11. 使用快捷键“CO“激活【复制】命令，配合端点捕捉功能，将刚标注的文字注释分别复制到其他指示线的末端，结果如图8-186所示。
12. 使用快捷键“ED”激活【编辑文字】命令，分别对复制出的文字注释进行编辑，输入正确的文字内容，编辑结果如图8-187所示。
13. 最后执行【保存】命令，将图形命名存储为“跃二层主卧室A向立面图.dwg.”。

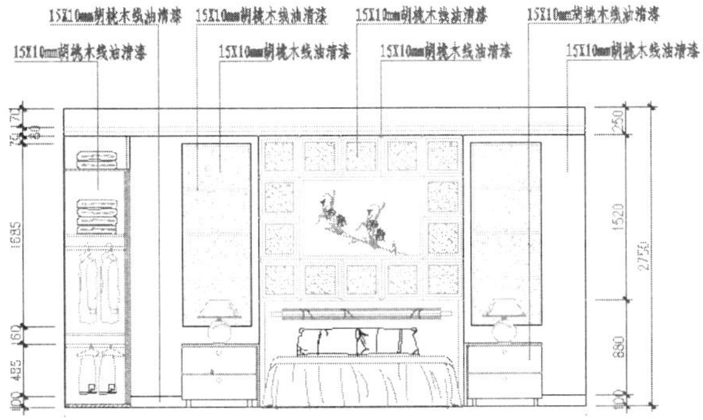

图8-186 复制结果

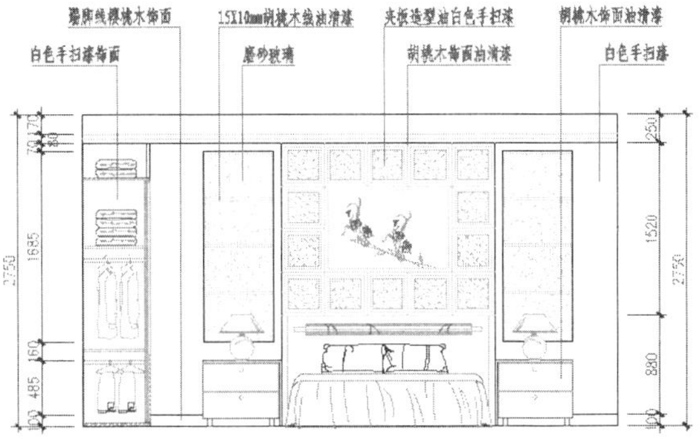

图8-187 编辑文字注释

8.7 绘制跃二层卫生间D向立面图

本节主要学习跃二层卫生间D向装修立面图的具体绘制过程和绘制技巧。跃二层卫生间D向立面图的最终绘制效果如图8-188所示。

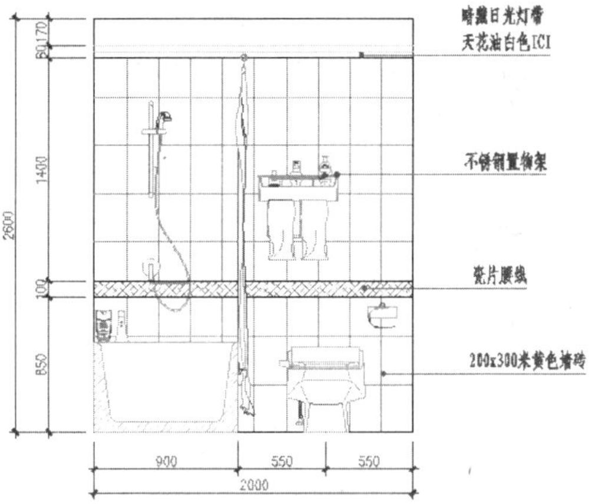

图8-188 实例效果

在绘制跃二层卫生间D向立面图时，具体可以参照如下思路。

1）首先使用【新建】命令调用制图模板并使用【矩形】命令绘制立面图的主体轮廓线。

2）使用【分解】、【偏移】等命令绘制立面图内部细节的轮廓线。

3）使用【插入块】、【图案填充】等命令绘制立面构件及装饰图案。

4）使用【分解】、【修剪】、【删除】等命令修整和完善立面图。

5）使用【线性】、【连续】命令标注卫生间立面图尺寸。

6）使用【标注样式】、【快速引线】命令标注立面图装修材质。

8.7.1 绘制跃二层卫生间D向轮廓图

1 调用本书配套光盘中的“样板文件\室内设计样板.dwt”文件。

2 单击【图层】工具栏中的【图层控制】下拉按钮，在展开的下拉列表中设置“轮廓线”为当前操作层。

3 使用快捷键“REC”激活【矩形】命令，绘制长度为2000、宽度为2600的矩形作为外轮廓，如图8-189所示。

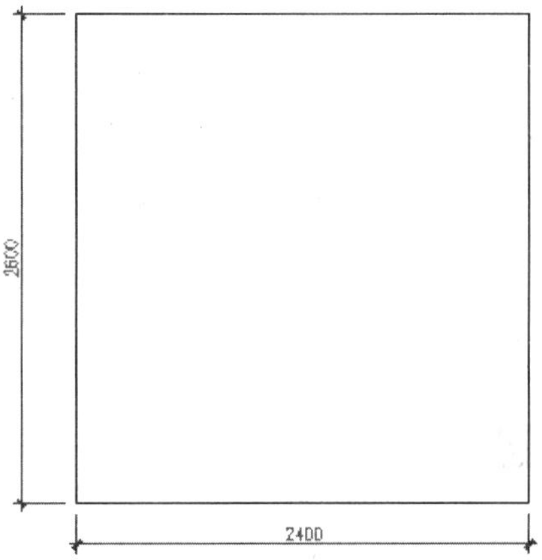

图8-189 绘制外轮廓

4 使用快捷键“X”激活【分解】命令，将矩形分解为四条独立线段。

5 使用快捷键“O”激活【偏移】命令，将矩形下侧的水平边向上偏移。命令行操作如下：

```
命令: o                                                  // Enter
    OFFSET当前设置: 删除源=否  图层=源  OFFSETGAPTYPE=0
    指定偏移距离或 [通过(T)/删除(E)/图层(L)] <0.0>:          //850 Enter
    选择要偏移的对象，或 [退出(E)/放弃(U)] <退出>:           //选择矩形下侧水平边
    指定要偏移的那一侧上的点，或 [退出(E)/多个(M)/放弃(U)] <退出>:
                                                         //在所选水平边的上侧拾取点
    选择要偏移的对象，或 [退出(E)/放弃(U)] <退出>:           // Enter
命令:                                                    // Enter
    OFFSET当前设置: 删除源=否  图层=源  OFFSETGAPTYPE=0
```

指定偏移距离或 [通过(T)/删除(E)/图层(L)] <850.0>: //950 Enter
选择要偏移的对象，或 [退出(E)/放弃(U)] <退出>: //选择矩形下侧水平边
指定要偏移的那一侧上的点，或 [退出(E)/多个(M)/放弃(U)] <退出>:
//在所选水平边的上侧拾取点
选择要偏移的对象，或 [退出(E)/放弃(U)] <退出>: // Enter，结果如图8-190所示

6 重复执行【偏移】命令，将矩形上侧的水平边向下偏移170、210和250个绘图单位，结果如图8-191所示。

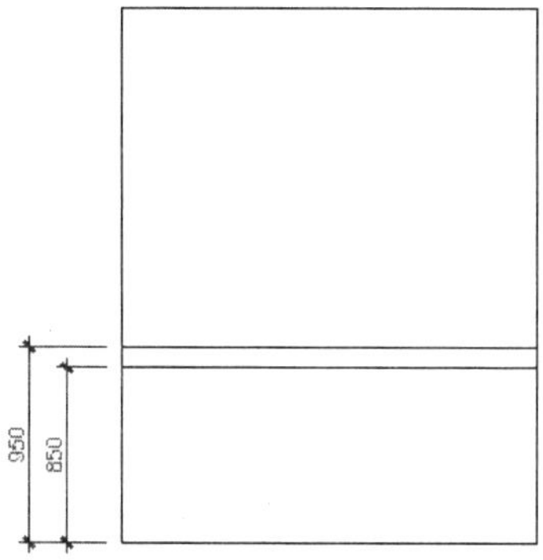

图8-190 偏移下侧水平边

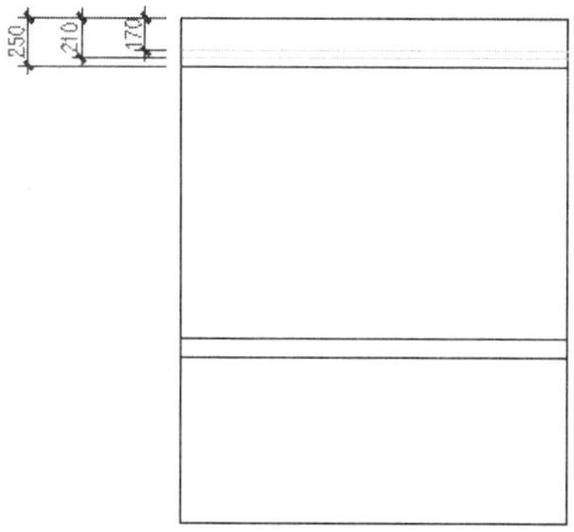

图8-191 偏移上侧水平边

至此，跃二层卫生间D向立面轮廓图绘制完毕。下一小节将学习跃二层卫生间D向构件图的快速绘制技巧。

8.7.2 绘制跃二层卫生间D向构件图

1 继续上节操作。

2 展开【图层控制】下拉列表，将“图块层”设置为当前操作层。

3 使用快捷键“I”激活【插入块】命令，在打开的对话框中单击 浏览(B)... 按扭，选择本书配套光盘中的“图块文件\马桶05.dwg”，如图8-192所示。

4 返回绘图区，采用系统默认参数设置，将马桶05图块插入到立面图中。命令行操作如下：

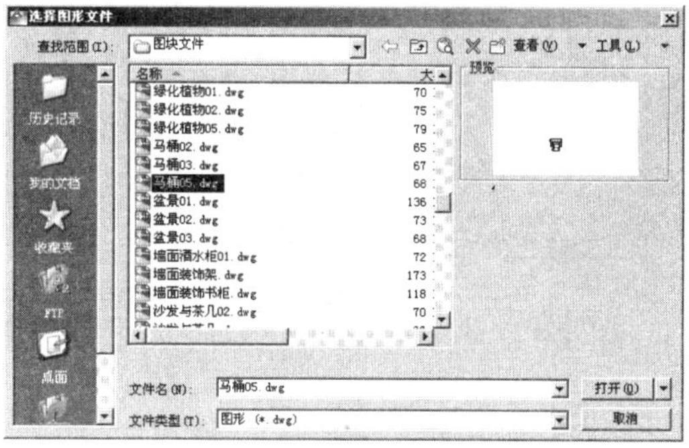
图8-192 选择文件

命令: I // Enter
INSERT指定插入点或 [基点(B)/比例(S)/X/Y/Z/旋转(R)]:
//激活【对象追踪】功能，然后向左引出如图8-193所示的追踪虚线，
输入550 Enter，插入结果如图8-194所示

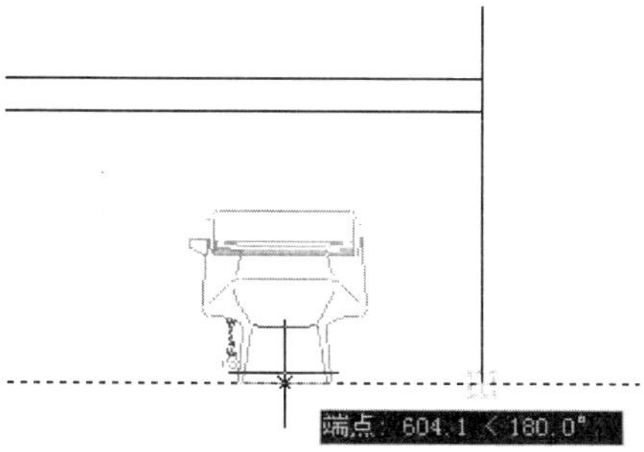

图8-193 引出对象追踪虚线

图8-194 插入结果

5 重复执行【插入块】命令，选择本书配套光盘中的“图块文件\浴盆04.dwg”，如图8-195所示。

6 返回【插入】对话框，然后设置块参数如图8-196所示，将浴盆04插入到立面图中，插入点为左侧垂直轮廓线的下端点，插入结果如图8-197所示。

7 重复执行【插入块】命令，插入本书配套光盘中的“图块文件”目录下的“挂物架.dwg”、“手纸盒.dwg”、“浴帘.dwg”、“淋浴头.dwg”等用具图块，结果如图8-198所示。

8 使用快捷键“TR”激活【修剪】命令，以插入的立面图块作为边界，对墙面装饰进行修剪，并删除被遮挡住的图线，结果如图8-199所示。

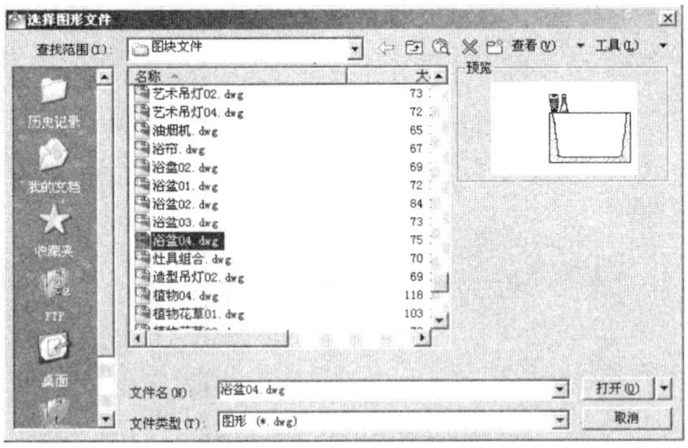

图8-195 选择文件

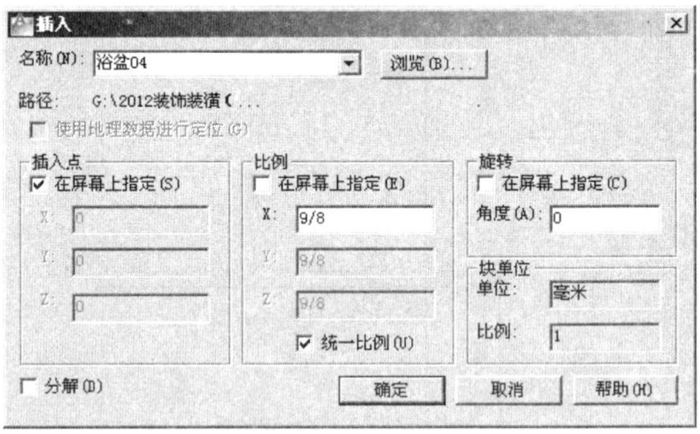

图8-196 引出临时追踪虚线

图8-197 插入结果

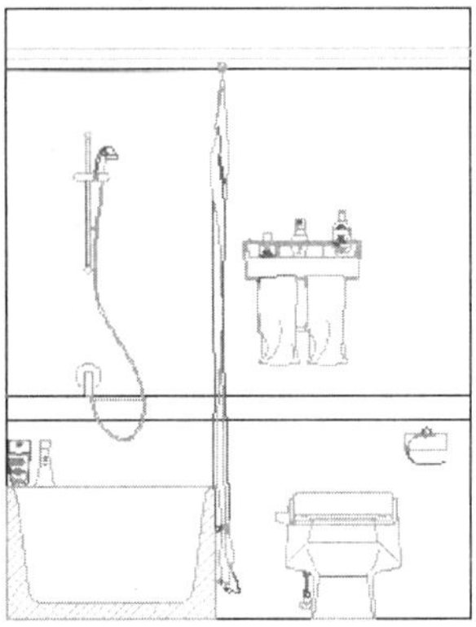

图8-198 插入其他图块

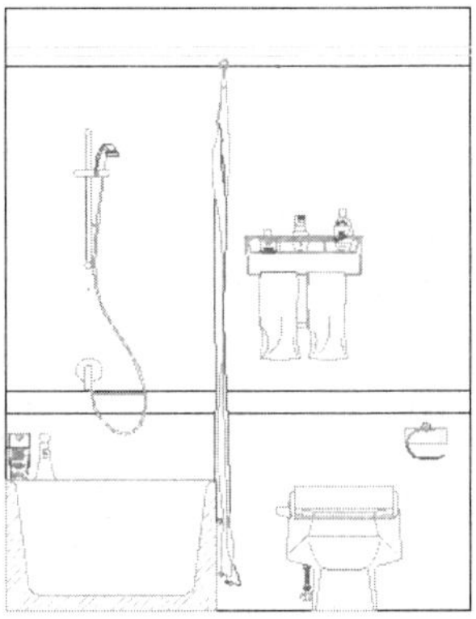

图8-199 修剪结果

至此，跃二层卫生间D向立面图绘制完毕。下一小节将学习跃二层卫生间D向墙面装饰线的具体绘制过程和技巧。

8.7.3 绘制二层卫生间D向墙面装饰线

1 继续上节操作。

2 展开【图层控制】下拉列表，将“填充层”设置为当前操作层。

3 执行菜单栏中的【绘图】|【图案填充】命令，在打开的【图案填充和渐变色】对话框中设置填充图案与参数如图8-200所示。

4 返回绘图区，根据命令行的提示拾取如图8-201所示的填充边界，填充如图8-202所示图案。

5 展开【图层控制】下拉列表，冻结“图块层”，此时立面图的显示效果如图8-203所示。

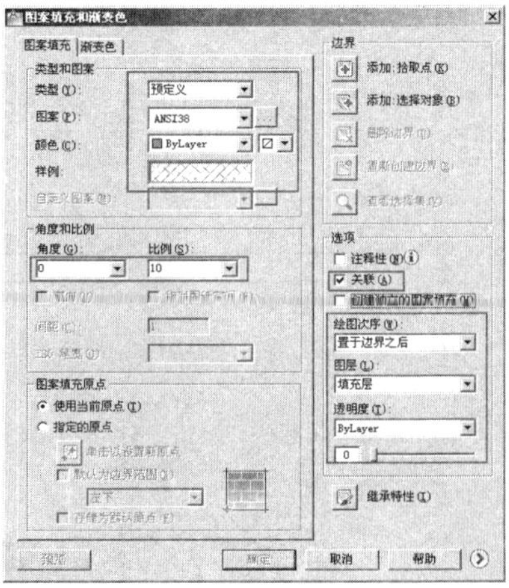

图8-200 设置填充图案与参数

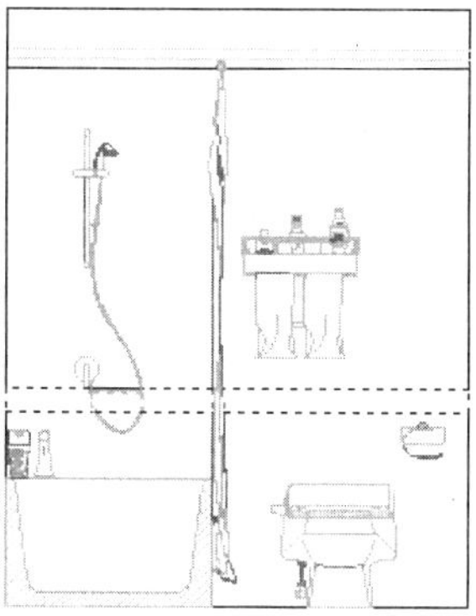

图8-201 拾取填充边界

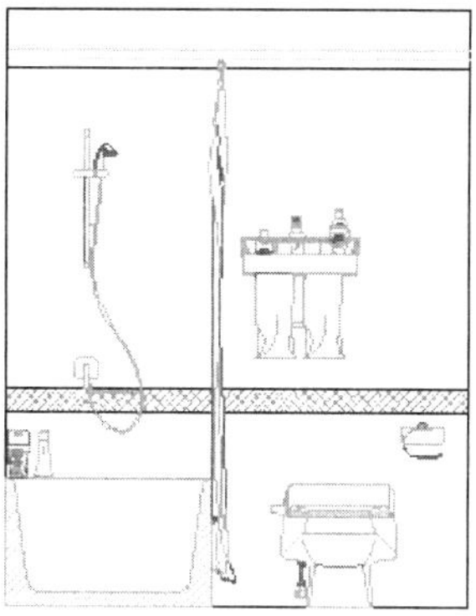

图8-202 填充图案

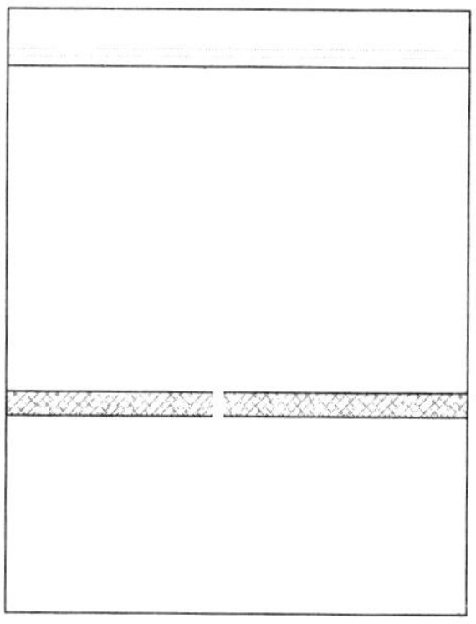

图8-203 立面图的显示效果

6 重复执行【图案填充】命令，在打开的【图案填充和渐变色】对话框中设置图案填充类型及参数如图8-204所示，填充如图8-205所示的图案。

7 在填充图案上右击，从打开的快捷菜单中选择如图8-206所示的【设定原点】命令。

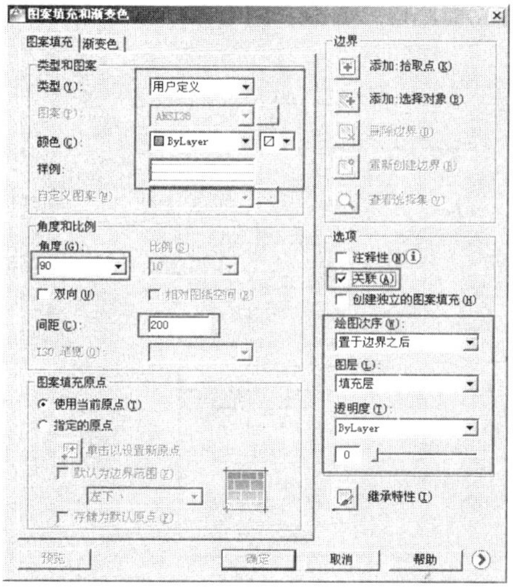

图8-204 设置图案填充类型及参数

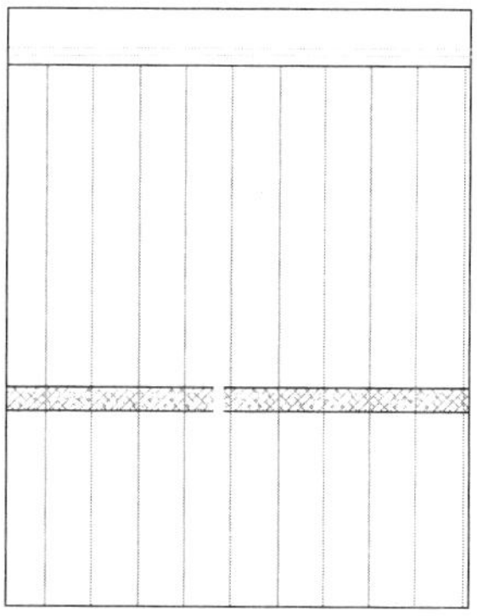

图8-205 填充图案

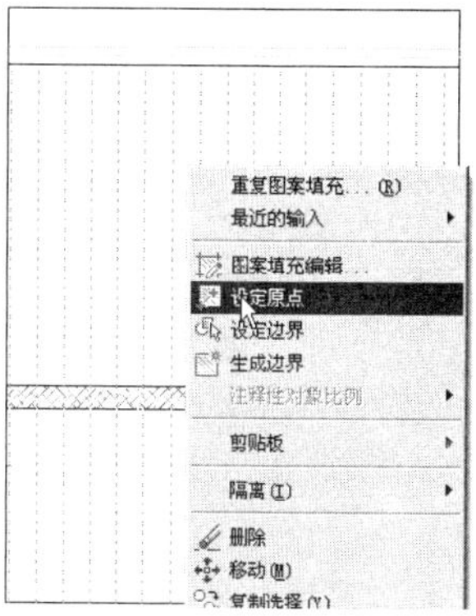

图8-206 图案右键菜单

8 返回绘图区，在命令行“选择新的图案填充原点:”提示下，捕捉左侧垂直轮廓线的下端点作为新填充原点，结果如图8-207所示。

9 重复执行【图案填充】命令，在打开的【图案填充和渐变色】对话框中设置图案填充类型及参数如图8-208所示，然后选择如图8-209所示的填充区域进行填充，填充结果如图8-210所示。

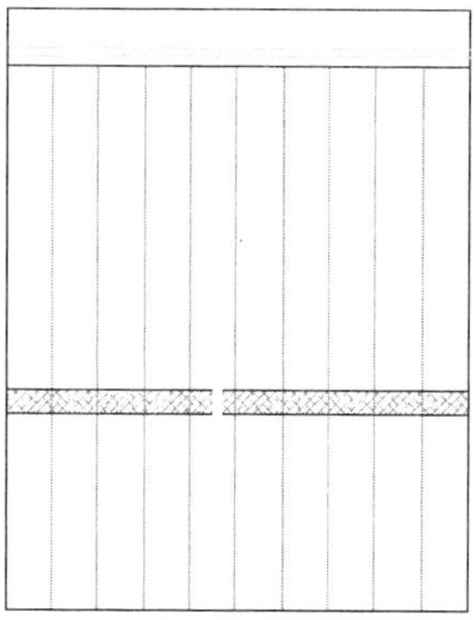

图8-207 修改填充原点

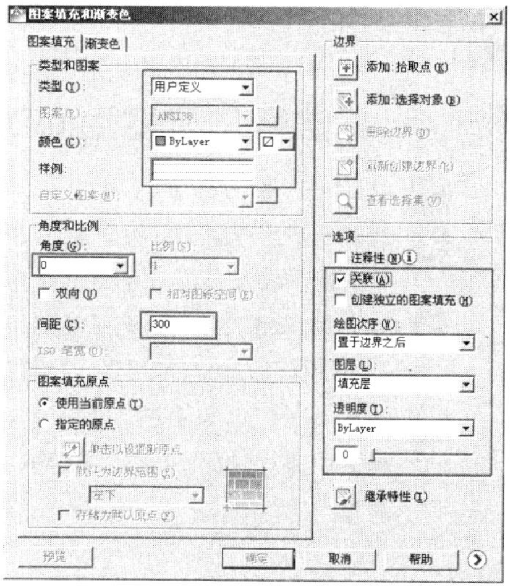

图8-208 设置图案填充类型及参数

10 在刚填充的图案上右击，在打开的快捷菜单中选择【设定原点】命令，然后更改填充图案的原点为左侧垂直轮廓线的下端点，结果如图8-211所示。

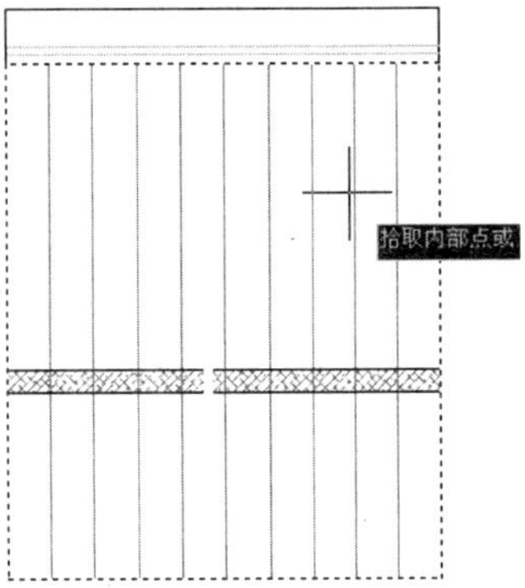

图8-209 拾取填充区域

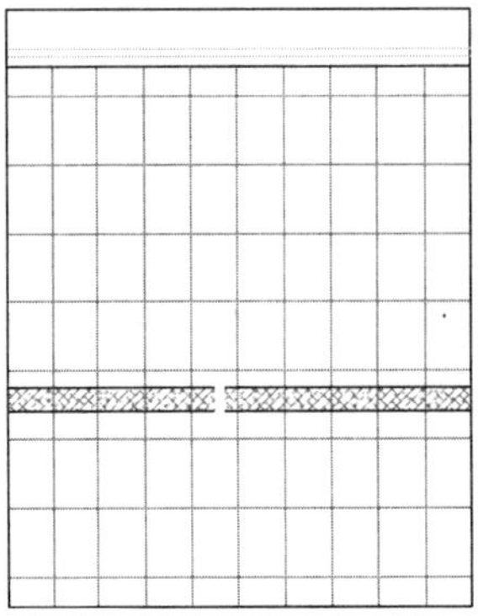

图8-210 填充结果

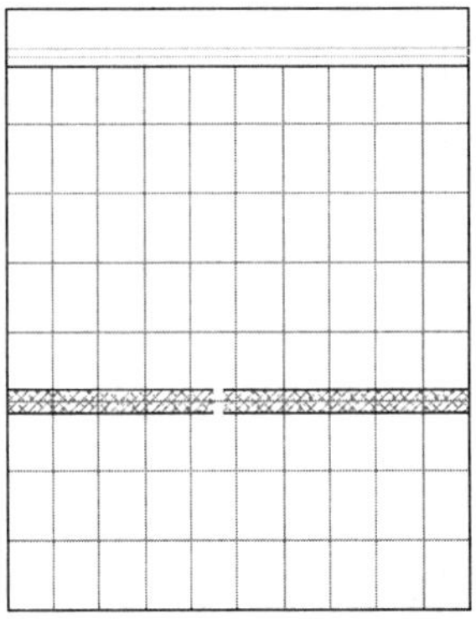

图8-211 更改原点后的效果

11 展开【图层控制】下拉列表，解冻“图块层”，此时立面图的显示效果如图8-212所示。

12 接下来综合使用【分解】、【修剪】、【删除】等命令对立面图进行修整和完善，结果如图8-213所示。

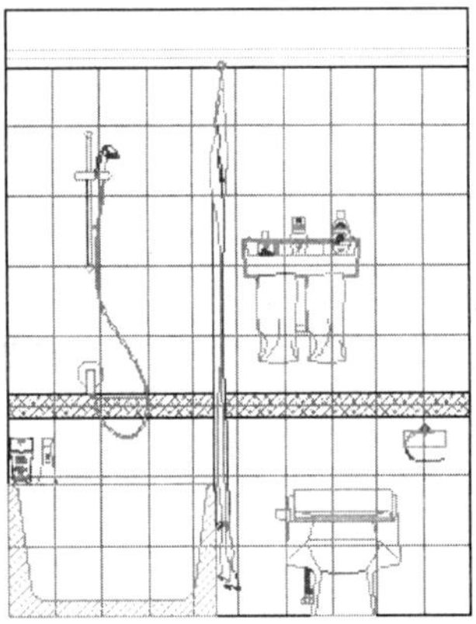

图8-212 解冻图层后的效果

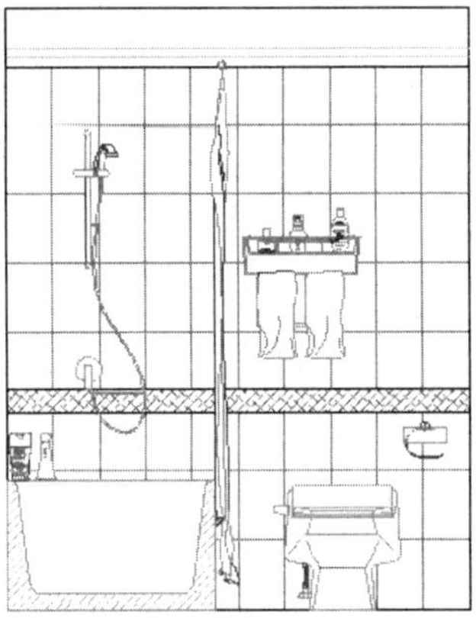

图8-213 修整效果

至此，跃二层卫生间D向墙面装饰线绘制完毕。下一小节将学习跃二层卫生间D向立面尺寸的快速标注过程。

8.7.4 标注跃二层卫生间D向立面尺寸

1 继续上节操作。

2 展开【图层控制】下拉列表，将“尺寸层”设置为当前操作层。

3 使用快捷键“D”激活【标注样式】命令，设置“建筑标注”为当前样式，并修改样式比例为20。

4 执行菜单栏中的【标注】|【线性】命令，配合捕捉功能标注如图8-214所示的线性尺寸作为基准尺寸。

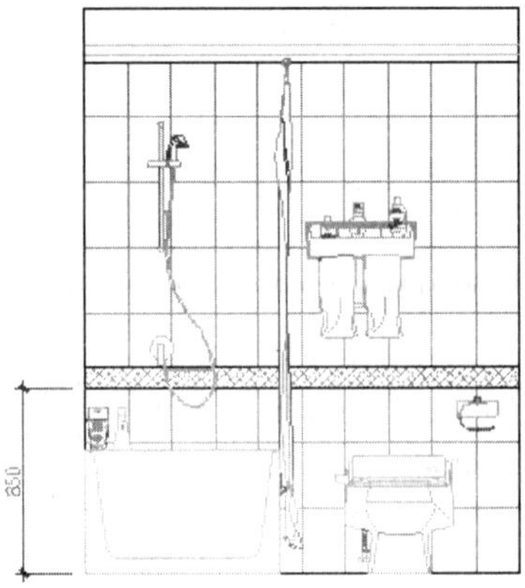

图8-214 标注线性尺寸

5 执行菜单栏中的【标注】|【连续】命令，以刚标注的线性尺寸作为基准尺寸，标注如图8-215所示的连续尺寸作为立面图的细部尺寸。

6 执行菜单栏中的【标注】|【线性】命令，标注立面图左侧的总尺寸，结果如图8-216所示。

7 参照上述操作，综合使用【线性】、【连续】命令标注立面图下侧的细部尺寸和总尺寸，结果如图8-217所示。

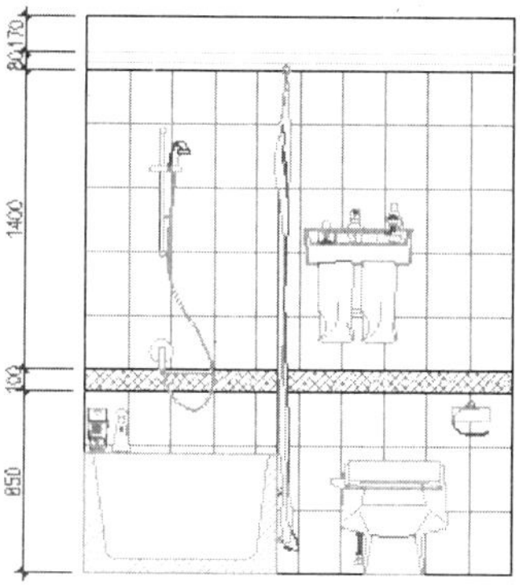

图8-215 标注细部尺寸

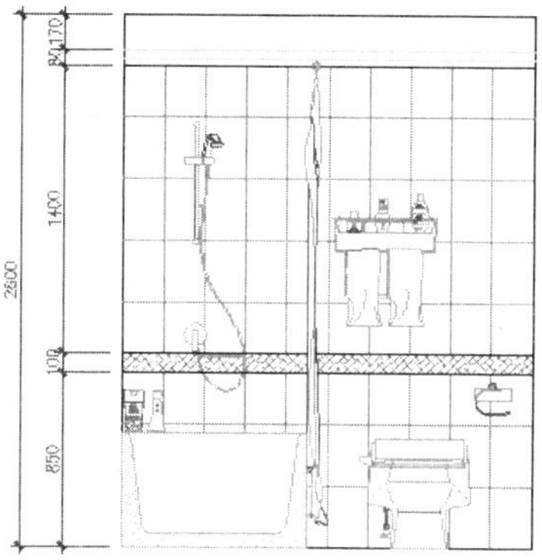

图8-216 标注总尺寸

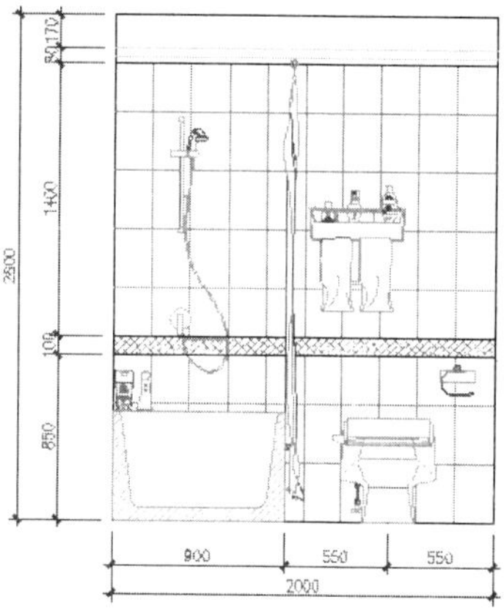

图8-217 标注其他尺寸

至此，跃二层卫生间D向立面图的尺寸标注完毕。下一小节将为跃二层卫生间D向立面图标注装修材质。

8.7.5 标注跃二层卫生间D向装修材质

1 继续上节操作。

2 展开【图层控制】下拉列表，将“文本层”设置为当前操作层。

3 使用快捷键“D”激活【标注样式】命令，设置“引线标注”为当前样式，并修改样式比例为30。

4 使用快捷键“LE”激活【快速引线】命令，使用命令中的“设置”选项，设置引线参数如图8-218和图8-219所示。

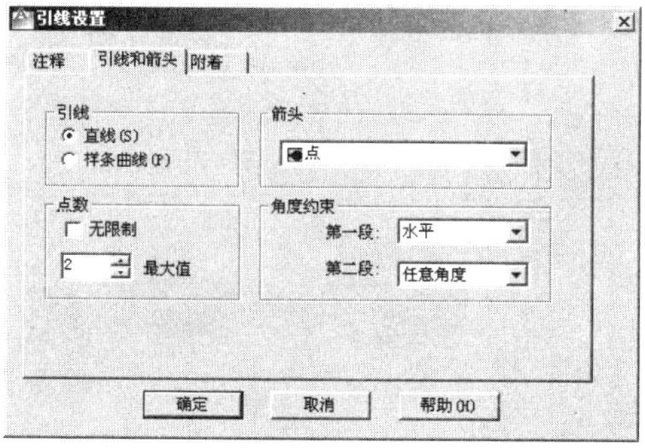

图8-218 【引线和箭头】选项卡

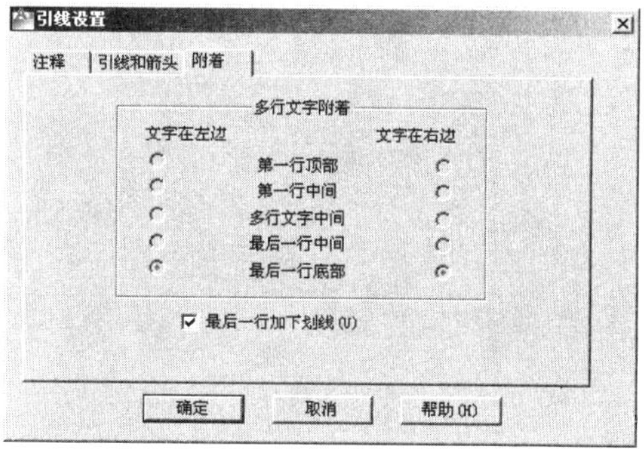

图8-219 【附着】选项卡

5 单击【引线设置】对话框中的 确定 按钮，返回绘图区，根据命令行的提示绘制引线并输入引线注释，结果如图8-220所示。

6 重复执行【快速引线】命令，按照当前的引线参数设置，分别标注其他位置的引线注释，标注结果如图8-221所示。

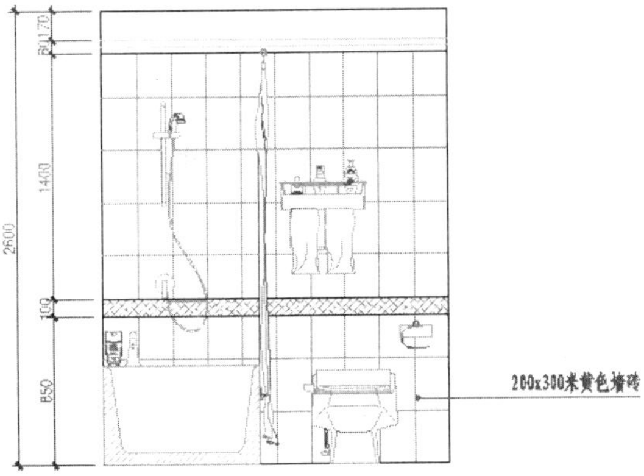

图8-220 标注结果

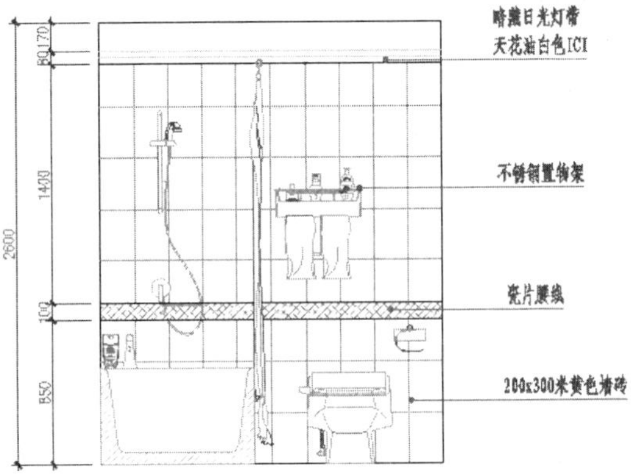

图8-221 标注其他注释

7 调整视图，使立面图全部显示。

8 最后执行【保存】命令，将图形命名存储为“跃二层卫生间装修立面图.dwg”。

8.8 本章小结

本章分别以绘制餐厅、客厅、门厅、厨房、主卧室、书房和卫生间等室内空间进行立面装饰，以典型案例的形式，详细讲述了客厅与餐厅装饰立面图、厨房装饰立面图、门厅装饰立面图、主卧室装饰立面图、书房装饰立面图和卫生间装饰立面图的一般表达内容、绘制思路和具体的绘图过程。相信读者通过本章的学习，不仅能轻松学会各装饰立面图的绘制方法，而且还能学习并掌握各种常用的绘制技法，使用最少的时间来完成图形的绘制过程。

第9章　KTV包厢空间设计案例

本章视频教学导航

小节名称	视频路径	视频长度
KTV包厢装修设计理念与思路	视频文件\第9章\9.1.avi	00：03：51
绘制KTV包厢平面布置图	视频文件\第9章\9.2.avi	00：16：59
标注KTV包厢平面布置图	视频文件\第9章\9.3.avi	00：09：41
绘制KTV包厢吊顶结构图	视频文件\第9章\9.4.avi	00：11：48
绘制KTV包厢灯具布置图	视频文件\第9章\9.5.avi	00：18：26
绘制KTV包厢B向装饰立面图	视频文件\第9章\9.6.avi	00：18：58

9.1　KTV包厢装修设计理念与思路

KTV包厢是为了满足顾客团体的需要，提供相对独立、无拘无束、畅饮畅叙的环境。KTV包厢的布置，应为客人提供一个以围为主，围中有透的空间。KTV包厢的空间是以KTV经营内容为基础，一般分为小包厢、中包厢、大包厢三种类型，必要时可提供特大包厢。小包厢设计面积一般在8~12m^2，中包房设计一般在15~20m^2，大包厢一般在24~30m^2，特大包厢在一般55m^{2}以上为宜。

KTV包厢装修是一个十分复杂的问题，不仅涉及到建筑、结构、声学、通风、暖气、照明、音响、视频等多方面，而且还涉及到安全、实用、环保、文化等方面问题。在装修设计时，一般要兼顾以下几点。

1. 房间的结构

根据建筑学和声学原理、人体工程学和舒适度来考虑，KTV包厢的长和宽的黄金比例为0.618，即如果设计长度为1m，宽度至少应考虑在0.6m偏上。

2. 房间的家具

在KYV包厢内除包含电视、电视柜、点歌器、麦克风等视听设备外，还应配置沙发、茶几等基本家具，若KTV包厢内设有舞池，还应提供舞台和灯光空间。除此之外，在家具上面需要放置的东西有点歌本、摆放的花瓶和花、话筒托盘、宣传广告等。这些东西有些是吸音的，有些是反射的，而有些又是扩散的，这种不规则的东西对于声音而言是起到了很好的帮助作用。

在装修设计KTV包厢时，还应考虑客人座位与电视荧幕的最短距离，一般最小不得小于3~4m。总之，KTV的空间应具有封闭、隐密、温馨的特征。

3. 房间的隔音

隔音是解决“串音”的最好办法，从理论上讲，材料的硬度越高隔音效果就越好。最常见的装修方法是轻钢龙骨石膏板隔断墙，在石膏板的外面附加一层硬度比较高的水泥板，或者2/4红砖墙，两边水泥墙面。

除此之外，在装修KTV包厢时，还要兼顾到房间的混响、房间的装修材料以及房间的声学要求等。

在绘制并设计KTV包厢方案图时，可以参照如下思路。

1）首先根据原有建筑平面图或测量数据绘制并规划KTV包厢墙体平面图。

2）根据绘制出的KTV包厢墙体平面图绘制KTV包厢布置图和地面材质图。

3）根据KTV包厢布置图绘制KTV包厢的吊顶方案图，要注意吊顶轮廓线的表达以及吊顶各灯具的布局。

4）根据KTV包厢的平面布置图绘制包厢墙面的投影图，重点是KTV包厢有墙面装饰轮廓图案的表达以及装修材料的说明等。

9.2 绘制KTV包厢平面布置图

本节主要学习KTV包厢平面布置图的绘制方法和具体绘制过程。KTV包厢布置图的最终绘制效果如图9-1所示。

在绘制KTV包厢布置图时，具体可以参照如下绘图思路。

1） 首先调用“室内设计样板.dwt”文件。

2） 使用【直线】、【偏移】命令绘制包厢墙体轴线。

3） 使用【打断】、【修剪】命令编辑轴线图，并创建门洞。

4） 使用【多线】、【多线编辑工具】命令绘制包厢主次墙线。

5） 使用【多段线】、【插入块】、【复制】等命令绘制包厢家具布置图。

6） 最后使用【图层】、【图案填充】、【直线】等命令绘制包厢地面装饰线。

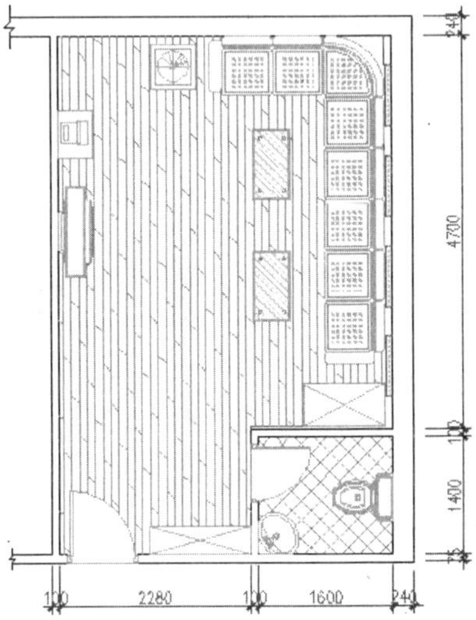

图9-1 实例效果

9.2.1 绘制KTV包厢墙体定位轴线图

1 执行【新建】命令，以本书配套光盘中的“样板文件\室内设计样板.dwt”作为基础样板，新建文件。

2 执行菜单栏中的【格式】|【线型】命令，在打开的【线型管理器】对话框中设置线型比例为20。

3 执行菜单栏中的【格式】|【图层】命令，在打开的【图层特性管理器】对话框中双击“轴线层”，将其设置为当前操作层，如图9-2所示。

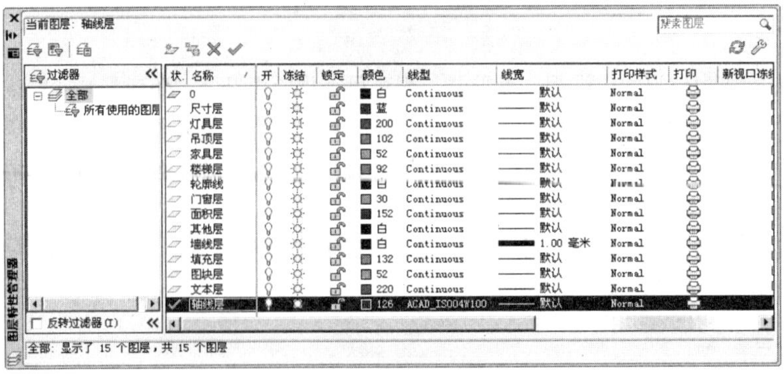

图9-2 【图层特性管理器】对话框

4 使用快捷键“L”激活【直线】命令，绘制相互垂直的两条直线段作为基准线，如图9-3所示。

5 使用快捷键“O”激活【偏移】命令，根据图示尺寸分别对水平和垂直基准线进行偏移，以创建内部的轴线结构，结果如图9-4所示。

6 使用快捷键“TR”激活【修剪】命令，对偏移出的图线进行修剪，编辑出墙体的结构位置，结果如图9-5所示。

图9-3 绘制结果

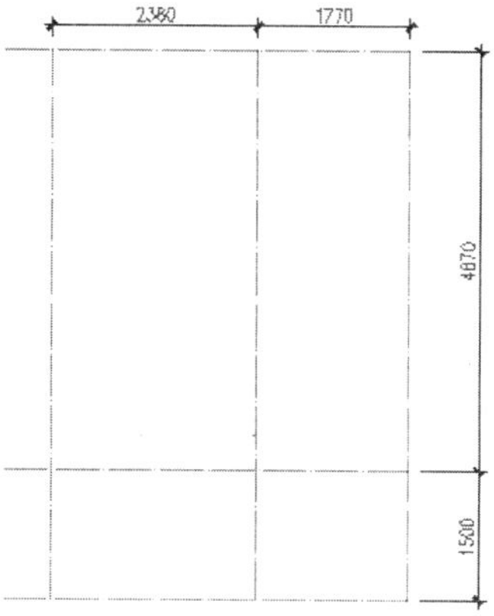

图9-4 偏移结果

图9-5 修剪结果

7 使用快捷键“BR”激活【打断】命令，在轴线上创建门洞。命令行操作如下：

命令: br	// Enter
BREAK 选择对象:	//选择最下侧的水平轴线
指定第二个打断点 或 [第一点(F)]:	//f Enter
指定第一个打断点:	//激活【捕捉自】功能
_from 基点:	//捕捉如图9-6所示的端点
<偏移>:	//@130,0 Enter
指定第二个打断点:	//@850,0 Enter，打断结果如图9-7所示

8 重复执行【打断】命令，配合【捕捉自】和端点捕捉功能创建另一位置的门洞，结果如图9-8所示。

图9-6 捕捉端点

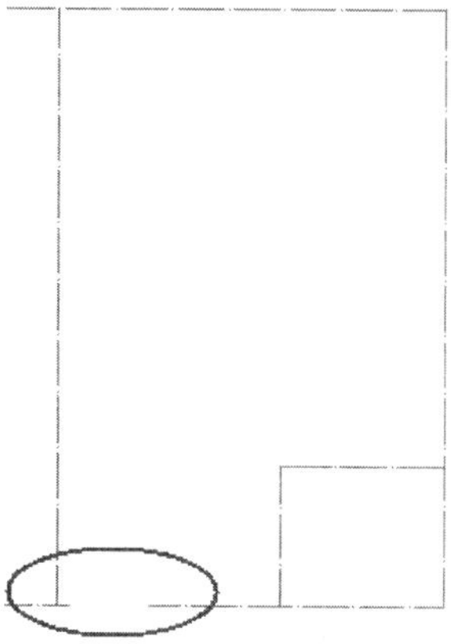

图9-7 打断结果

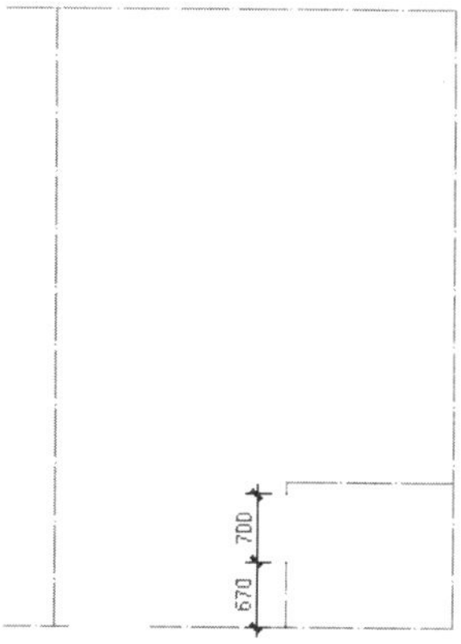

图9-8 打断结果

至此，KTV包厢墙体定位轴线图绘制完毕。下一小节将学习KTV包厢墙体结构图的绘制过程和技巧。

9.2.2 绘制KTV包厢墙体结构图

1. 继续上节操作。
2. 展开如图9-9所示的【图层控制】下拉列表，将“墙线层”设置为当前操作层。
3. 执行菜单栏中的【绘图】|【多线】命令，绘制宽度为240的外墙线。命令行操作如下：

```
命令: _mline
    当前设置: 对正 = 上, 比例 = 20.00, 样式 = 墙线样式
    指定起点或 [对正(J)/比例(S)/样式(ST)]:        //s Enter
    输入多线比例 <20.00>:                        //240 Enter
    当前设置: 对正 = 上, 比例 = 240.00, 样式 = 墙线样式
    指定起点或 [对正(J)/比例(S)/样式(ST)]:        //j Enter
    输入对正类型 [上(T)/无(Z)/下(B)] <上>:        //z Enter
    当前设置: 对正 = 无, 比例 = 240.00, 样式 = 墙线样式
    指定起点或 [对正(J)/比例(S)/样式(ST)]:        //捕捉最上侧水平轴线的左端点
    指定下一点:                                  //捕捉最上侧水平轴线的右端点
    指定下一点或 [放弃(U)]:                      //捕捉右侧垂直轴线的下端点
    指定下一点或 [闭合(C)/放弃(U)]:              // Enter, 绘制结果如图9-10所示
```

4. 重复执行【多线】命令，配合端点捕捉或交点捕捉功能绘制宽度为100的次墙线，结果如图9-11所示。

图9-9 设置当前层

图9-10 绘制主墙线

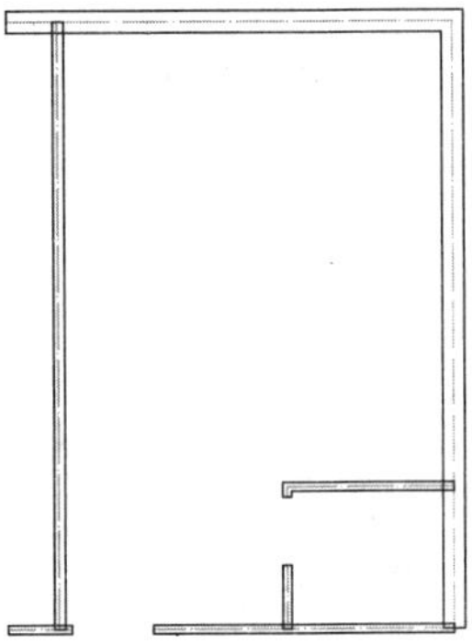

图9-11 绘制次墙线

5. 展开【图层控制】下拉列表，将“轴线层”关闭，此时图形的显示效果如图9-12所示。
6. 在绘制的多线上双击，打开【多线编辑工具】对话框，选择如图9-13所示的“T形合并”功能。

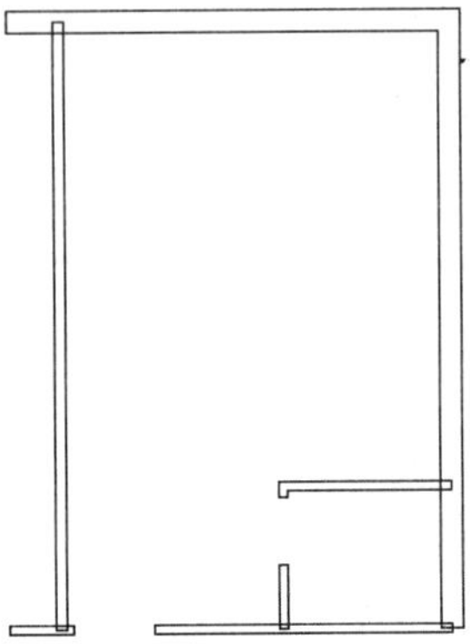

图9-12 关闭轴线后的效果

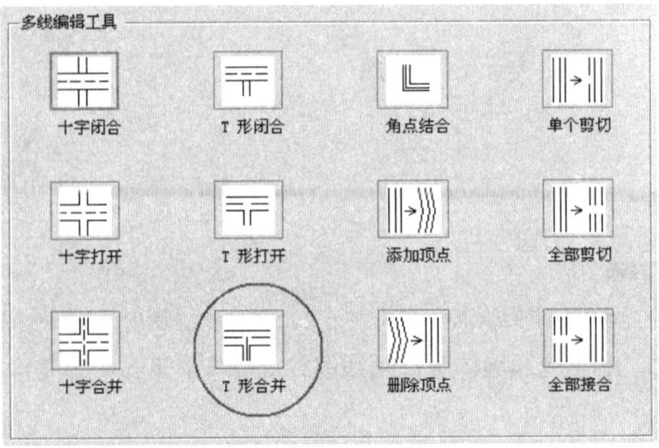

图9-13 选择工具

7 返回绘图区，依次选择如图9-14和图9-15所示的两条墙线进行合并，结果如图9-16所示。

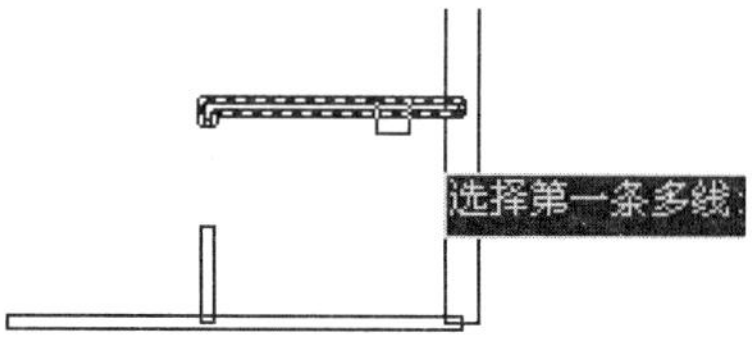

图9-14 选择水平墙线

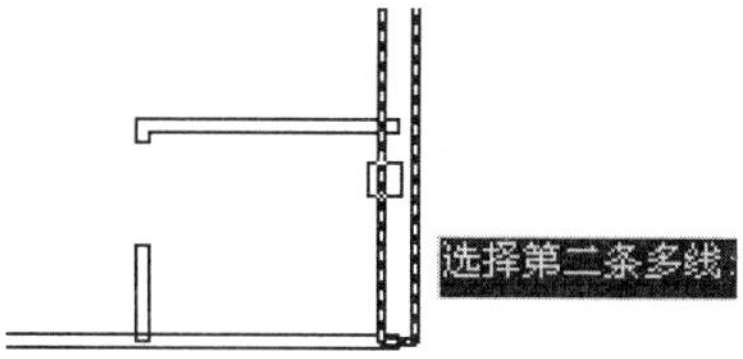

图9-15 选择垂直墙线

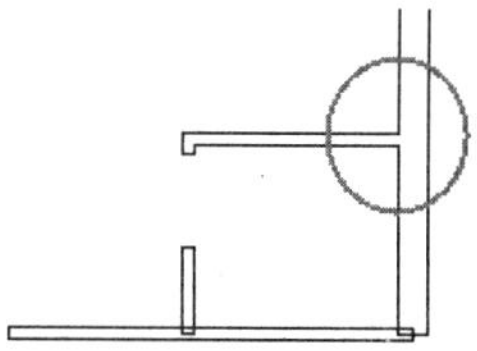

图9-16 合并结果

8 根据命令行的提示，分别选择其他位置的墙线进行合并，结果如图9-17所示。

9 再次打开【多线编辑工具】对话框，选择如图9-18所示的功能，对拐角位置的墙线进行编辑，结果如图9-19所示。

图9-17 合并结果

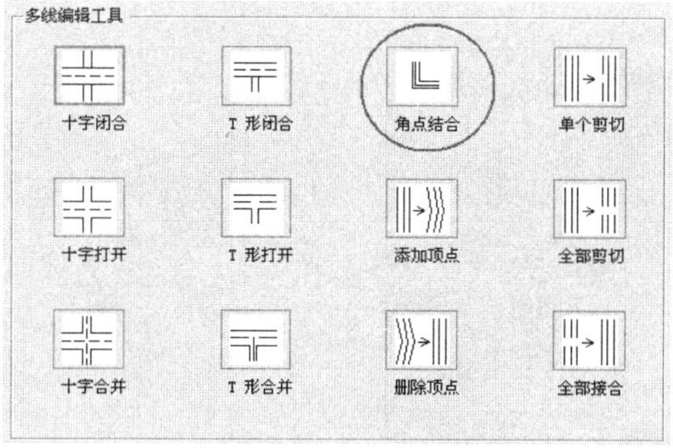

图9-18 选择工具

图9-19 角点结合

10 综合使用【分解】和【删除】命令对两侧的水平墙线进行修整，结果如图9-20所示。

11 使用快捷键“L”激活【直线】命令，配合平行线捕捉功能绘制如图9-21所示的折断线。

图9-20 修整结果

图9-21 绘制结果

至此，KTV包厢墙体结构图绘制完毕。下一小节将学习KTV包厢家具布置的绘制过程和技巧。

9.2.3 绘制KTV包厢家具布置图

1 继续上节操作。

2 展开【图层控制】下拉列表，将“门窗层”设置为当前操作层。

3 使用快捷键“I”激活【插入块】命令，配合中点捕捉功能插入本书配套光盘中的“图块文件\单开门.dwg”，设置参数如图9-22所示，插入点为图9-23所示的中点。

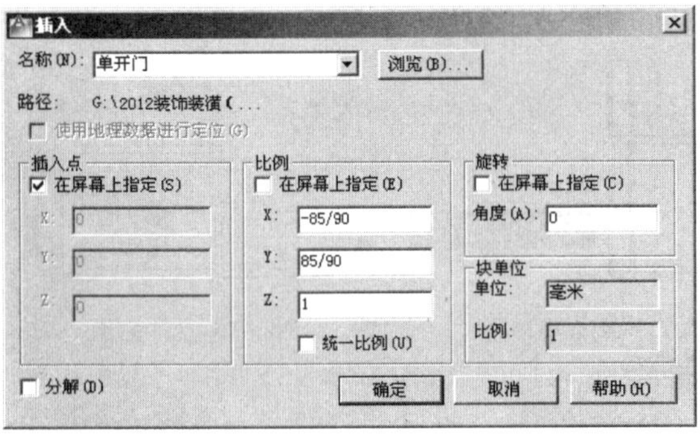

图9-22 设置参数

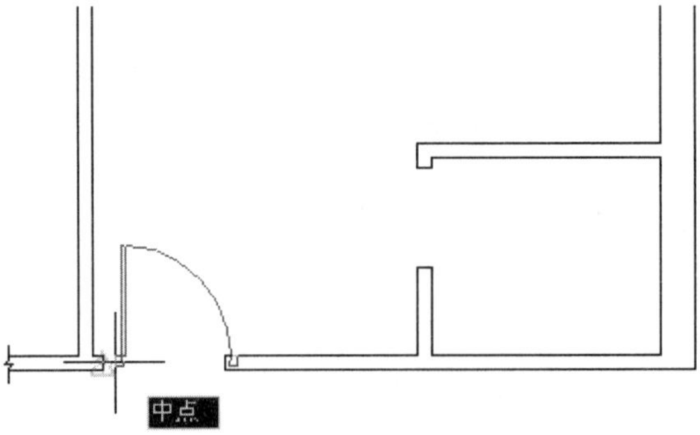

图9-23 定位插入点

4 重复执行【插入块】命令，设置参数如图9-24所示，配合中点捕捉功能为卫生间布置单开门，插入点为图9-25所示的中点。

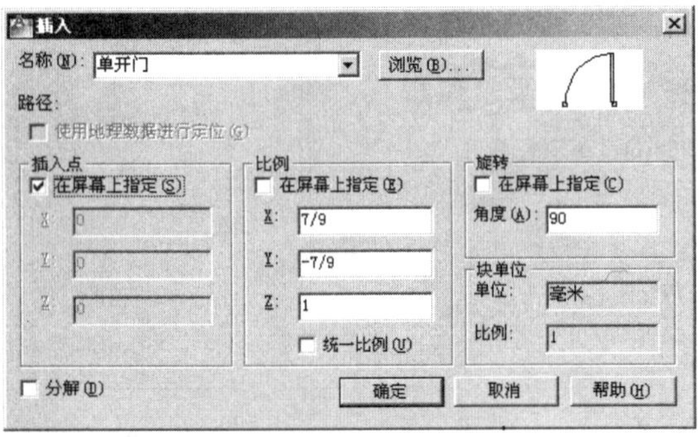

图9-24 设置参数

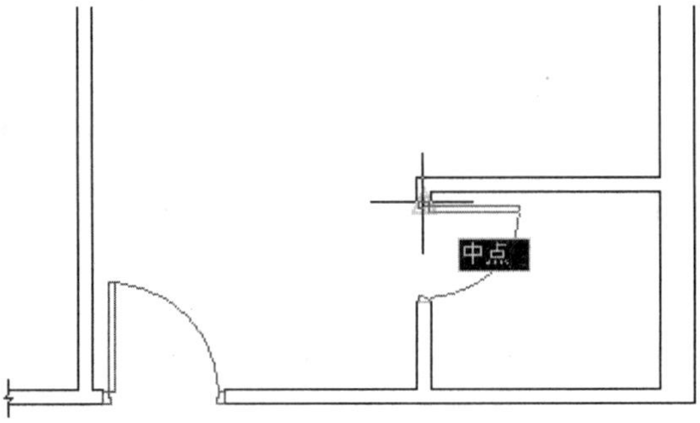

图9-25 定位插入点

5 展开【图层控制】下拉列表，将“家具层”设置为当前操作层。

6 将线型比例设置为1，然后单击【绘图】工具栏中的按钮，在打开的对话框中单击浏览(B)...按扭，选择本书配套光盘中的“图块文件\墙面装饰架02 .dwg”，如图9-26所示。

7 返回绘图区，以默认参数设置将墙面装饰架02插入到平面图中，插入点为图9-27所示的端点，插入结果如图9-28所示。

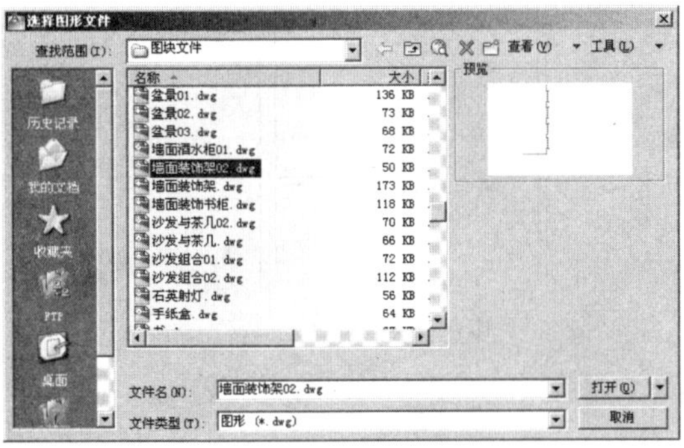

图9-26 选择文件

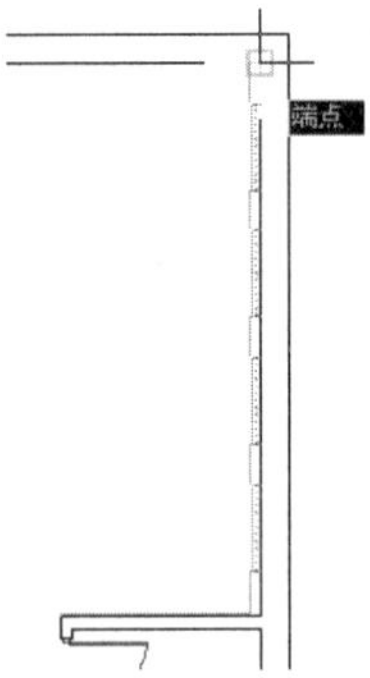

图9-27 捕捉端点

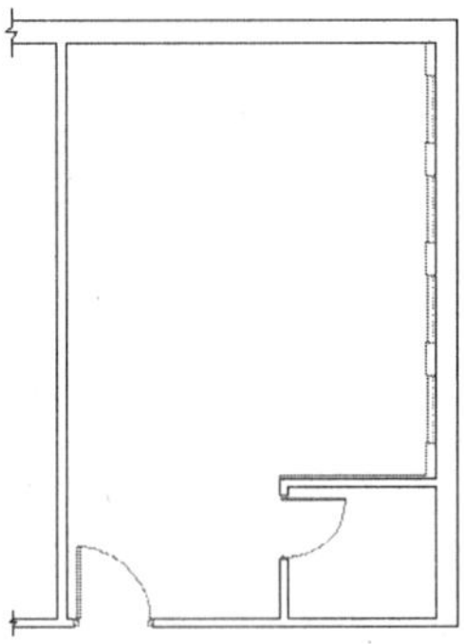

图9-28 插入结果

8 重复执行【插入块】命令，选择本书配套光盘中的“图块文件\拐角沙发03.dwg”，如图9-29所示，返回【插入】对话框设置块参数如图9-30所示。

9 返回绘图区，配合端点捕捉功能将拐角沙发插入到平面图中，插入点为图9-31所示的端点，插入结果如图9-32所示。

10 重复执行【插入块】命令，配合捕捉和追踪功能，以默认参数插入本书配套光盘中的“图块文件\玻璃茶几02.dwg”文件，插入结果如图9-33所示。

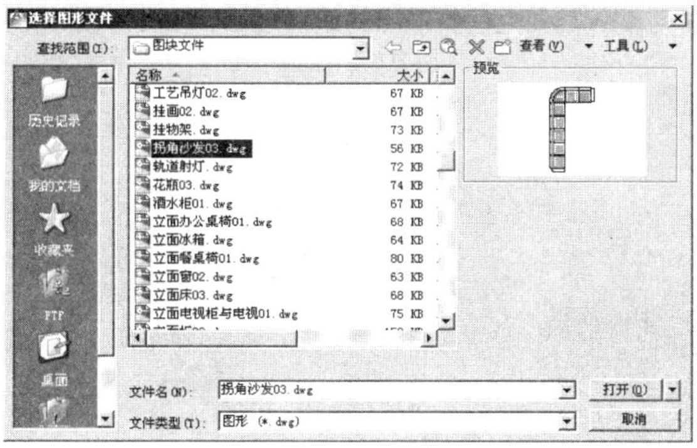

图9-29 选择文件

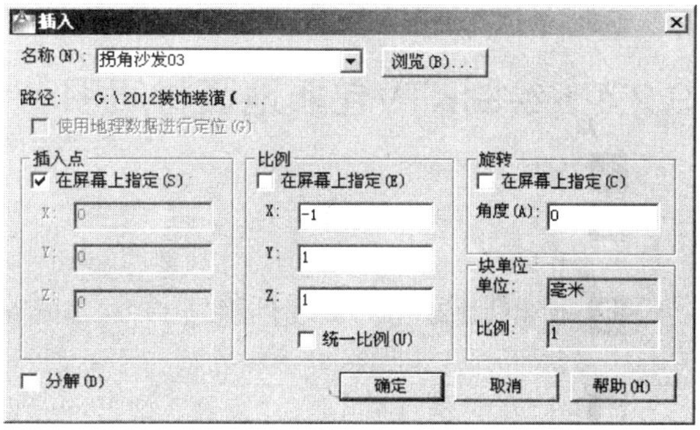

图9-30 设置参数

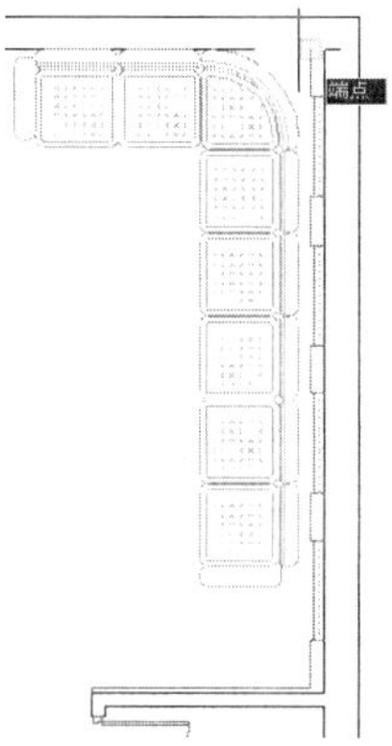

图9-31 定位插入点

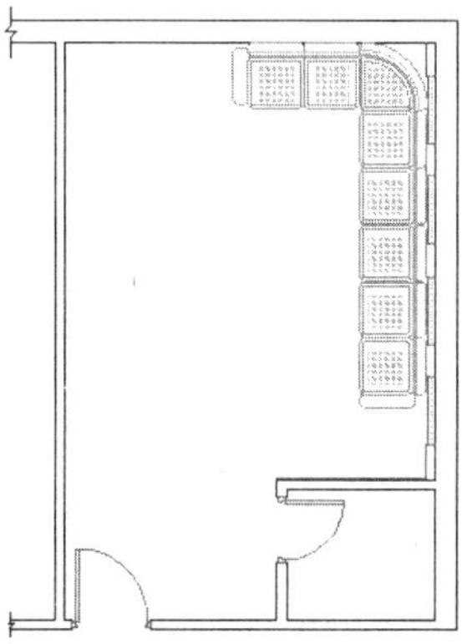

图9-32 插入沙发

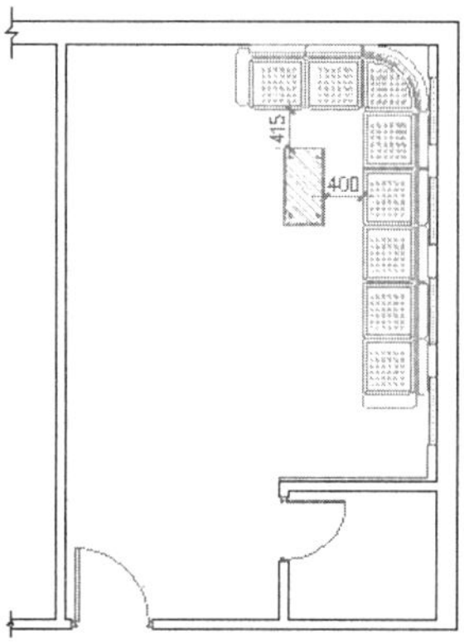

图9-33 插入茶几

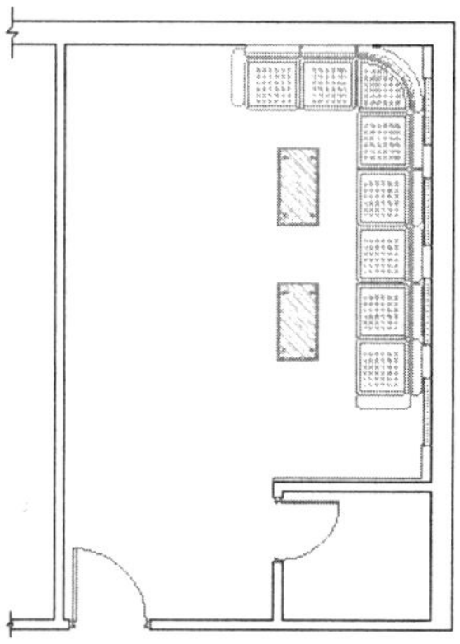

图9-34 复制结果

11 执行菜单栏中的【修改】|【复制】命令，将插入的茶几图块沿y轴负方向复制1450个绘图单位，结果如图9-34所示。

12 使用快捷键“I”激活【插入块】命令，插入本书配套光盘中的“图块文件\马桶02.dwg”，参数设置如图9-35所示，插入点为图9-36所示的中点。

13 使用快捷键“I”再次激活【插入块】命令，插入本书配套光盘中的“图块文件”目录下的“block52.dwg”、“block53.dwg”、“block54.dwg”、“角形洗手盆.dwg”文件，插入结果如图9-37所示。

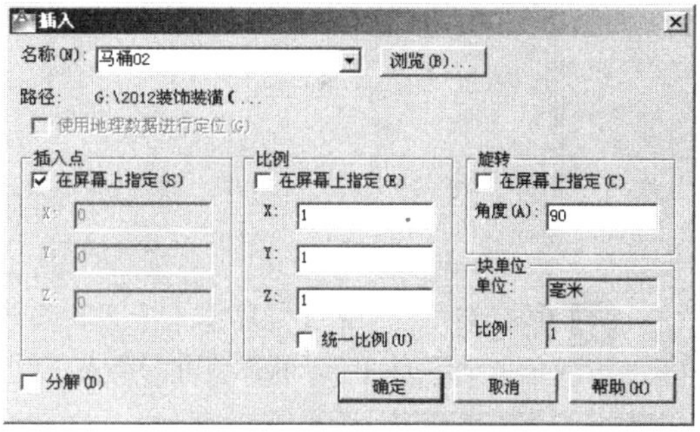

图9-35 设置参数

14 使用快捷键“PL”激活【多段线】命令，绘制如图9-38所示的鞋柜和衣柜平面图。

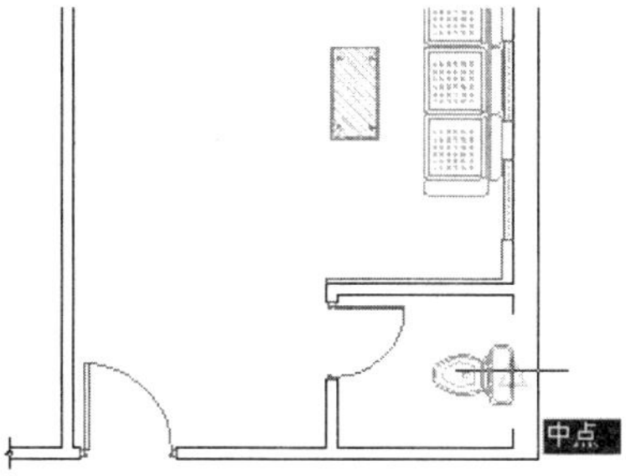

图9-36 捕捉中点

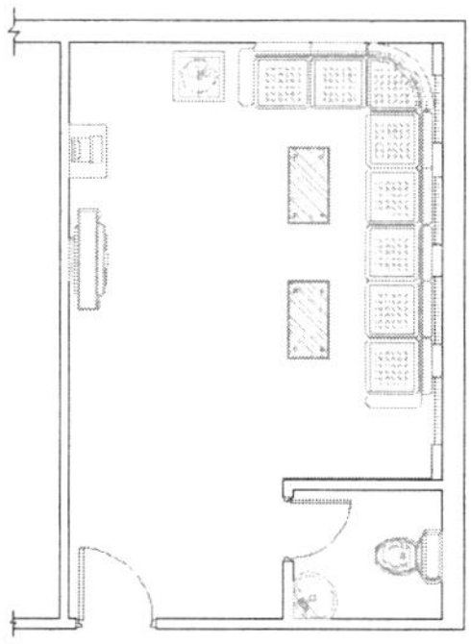

图9-37 插入结果

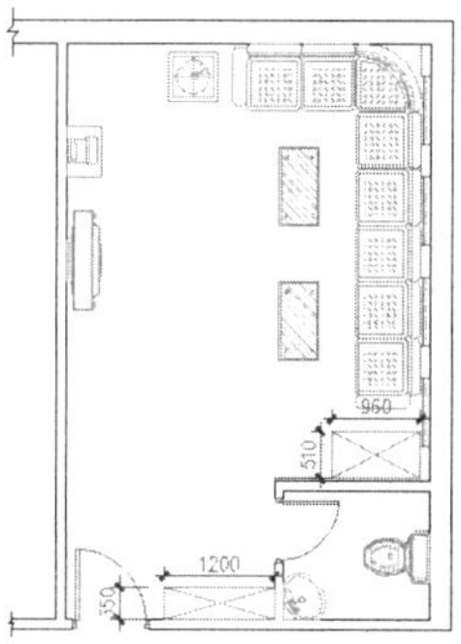

图9-38 绘制结果

至此，KTV包厢家具布置图绘制完毕。下一小节将学习KTV包厢地面材质图的绘制过程和技巧。

9.2.4 绘制KTV包厢地面材质图

1 继续上节操作。

2 展开【图层控制】下拉列表，将“填充层”设置为当前操作层。

3 使用快捷键“L”激活【直线】命令，配合端点捕捉功能封闭门洞，如图9-39所示。

4 在无命令执行的前提下夹点显示如图9-40所示的卫生间内的马桶和洗手盆图块。

5 展开【图层控制】下拉列表，将其放到“0图层”上，同时冻结“家具层”，如图9-41所示。

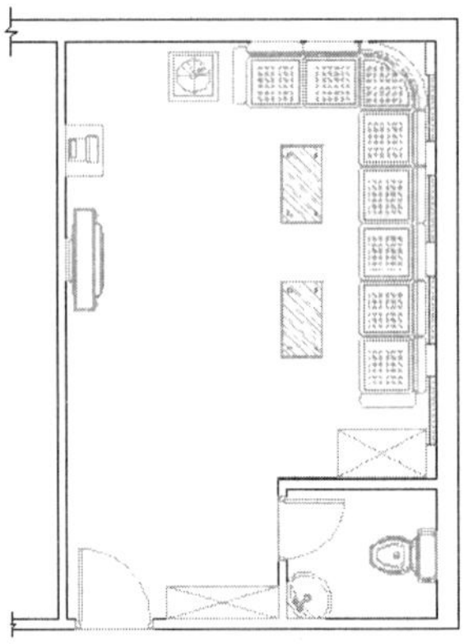

图9-39 绘制结果

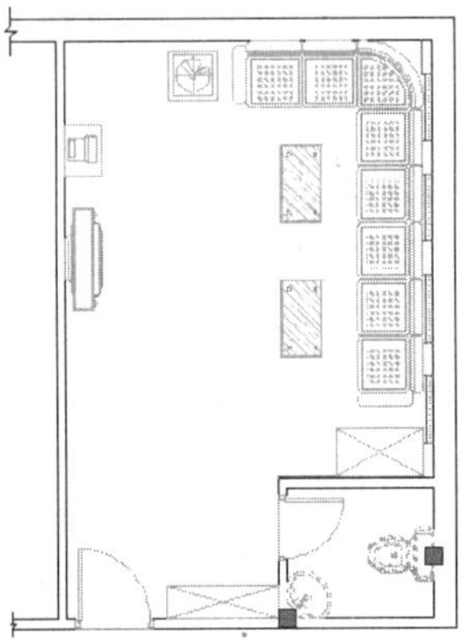

图9-40 夹点效果

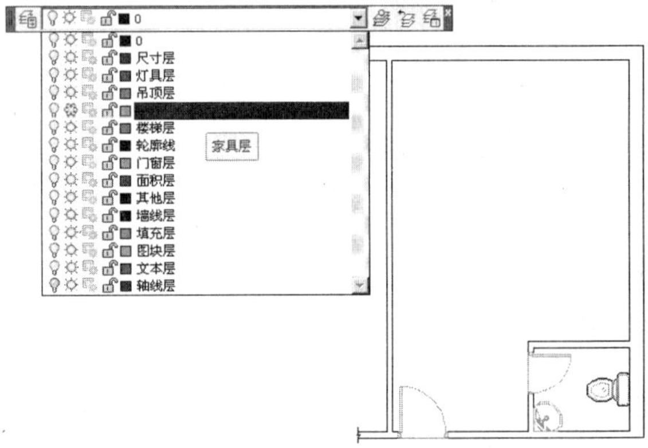

图9-41 冻结图层后的效果

6 执行菜单栏中的【绘图】|【图案填充】命令，设置填充图案和参数如图9-42所示，返回绘图区，拾取如图9-43所示的区域进行填充，结果如图9-44所示。

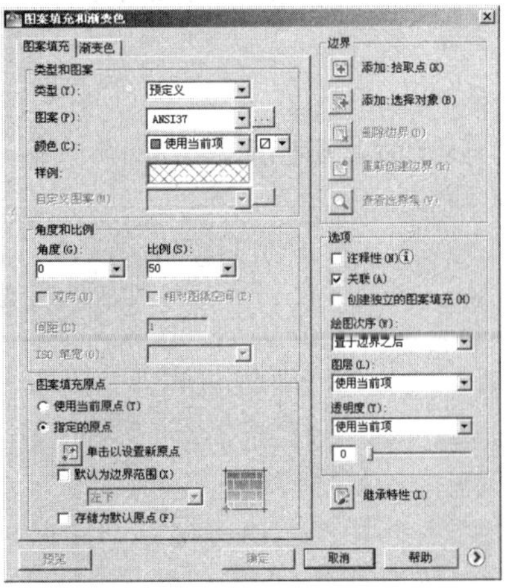

图9-42 设置填充图案与参数

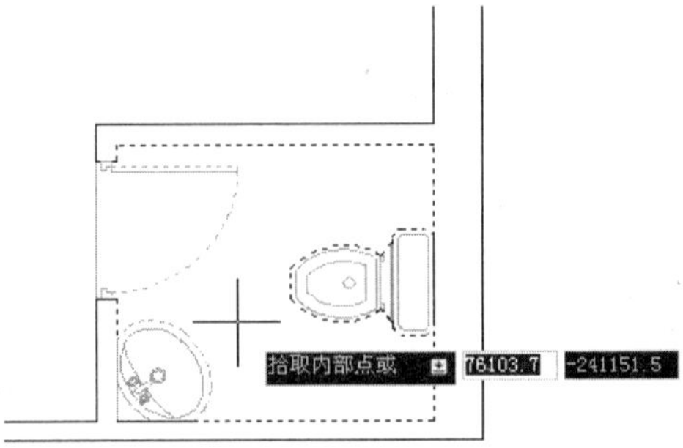

图9-43 填充结果

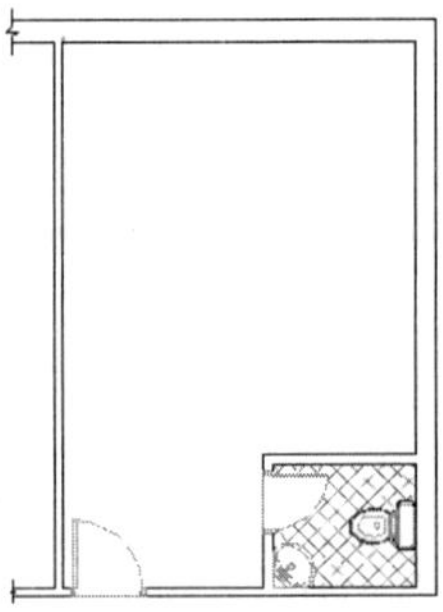

图9-44 填充结果

7 将卫生间内的马桶和洗手盆图块放到“家具层”上，同时解冻该图层，此时平面图的显示效果如图9-45所示。

8 执行菜单栏中的【绘图】|【图案填充】命令，设置填充图案及参数如图9-46所示，返回绘图区，拾取如图9-47所示的填充区域进行填充。

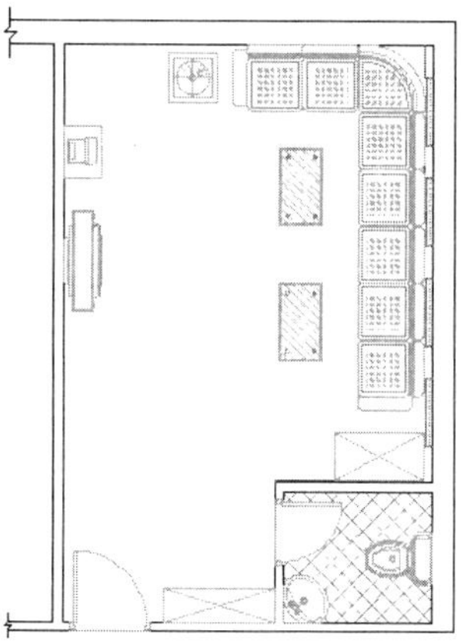

图9-45 平面图的显示效果

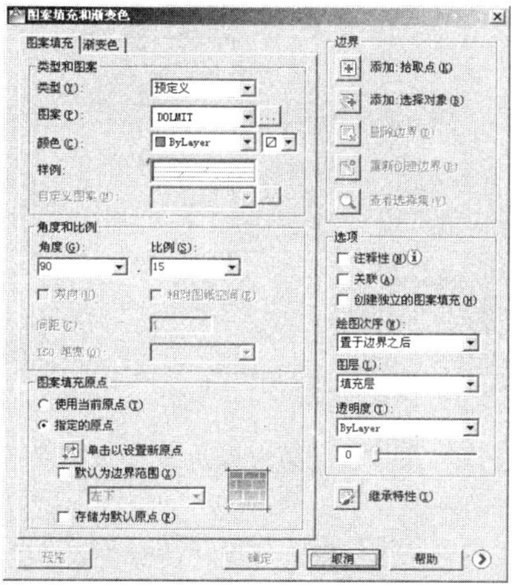

图9-46 设置填充图案与参数

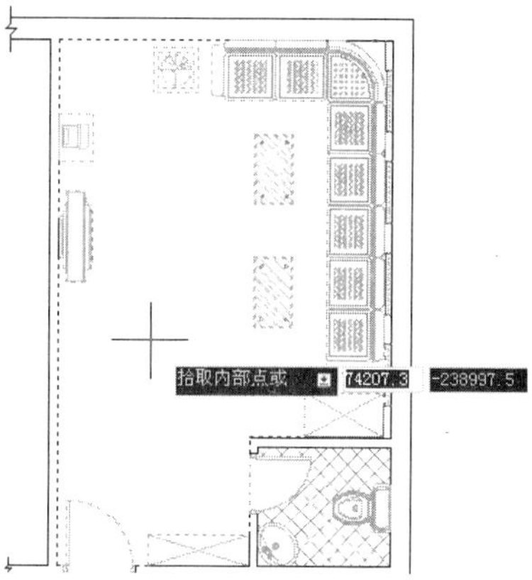

图9-47 拾取填充区域

9 最后执行【保存】命令，将图形命名存储为“KTV包厢平面布置图.dwg”。

至此，KTV包厢布置图绘制完毕。下一小节将为布置图标注尺寸、文字与投影符号等内容。

9.3 标注KTV包厢平面布置图

本节主要学习KTV包厢平面布置图尺寸、文字、符号等内容的标注方法和具体标注过程。KTV包厢布置图的最终标注效果如图9-48所示。

在标注KTV包厢布置图时，具体可以参照如下绘图思路。

1）使用【线性】、【连续】、【编辑标注文字】等命令标注布置图尺寸。

2）使用【单行文字】和【编辑图案填充】命令标注房间功能。

3）使用【直线】、【单行文字】命令标注地面材质注解。

4）使用【插入块】、【编辑属性】、【镜像】命令标注布置图投影符号。

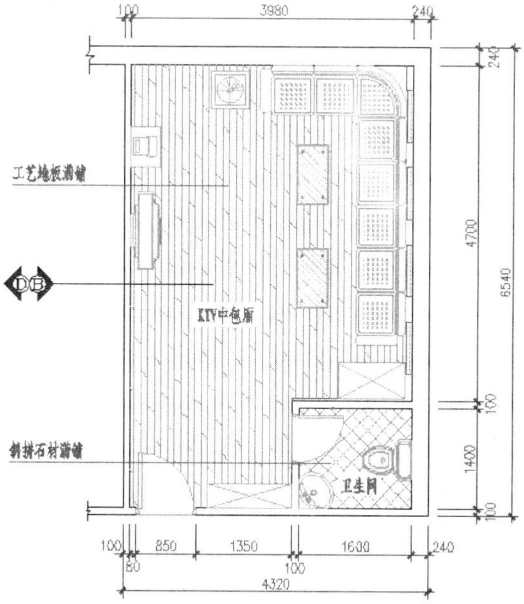

图9-48 实例效果

9.3.1 标注KTV包厢布置图尺寸

1 打开本书配套所附光盘中的“效果文件\第9章\KTV包厢平面布置图.dwg”文件。

2 展开【图层】工具栏中的【图层控制】下拉列表，将“尺寸层”设置为当前操作层。

3 执行菜单栏中的【标注】|【标注样式】命令，打开【标注样式管理器】对话框，修改“建筑标

注”样式的标注比例如图9-49所示，同时将此样式设置为当前尺寸样式，如图9-50所示。

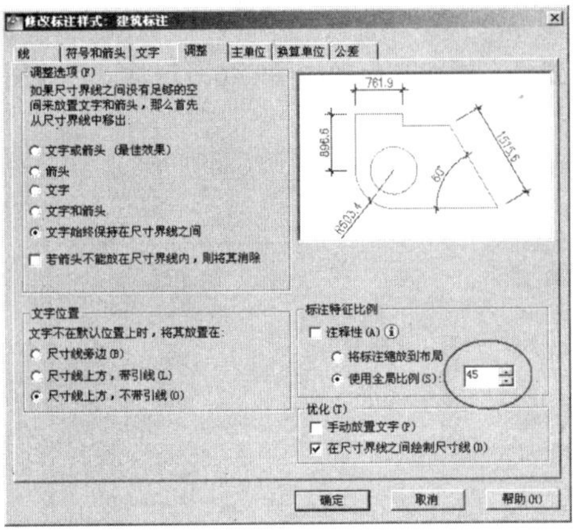

图9-49 修改标注比例

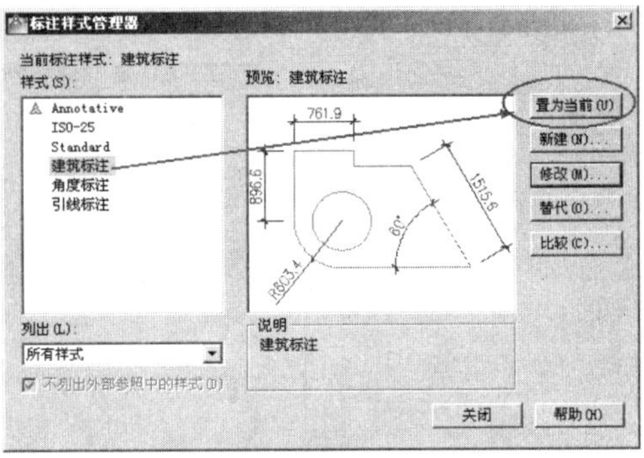

图9-50 设置当前尺寸样式

4 单击【标注】工具栏中的按扭，在“指定第一条尺寸界线原点或 <选择对象>：”提示下捕捉如图9-51所示的端点。

5 在“指定第二条尺寸界线原点:”提示下，配合捕捉与追踪功能捕捉如图9-52所示的交点。

6 在“指定尺寸线位置或 [多行文字(M)/文字(T)/角度(A)/水平(H)/垂直(V)/旋转(R)]：”提示下，在适当位置指定尺寸线位置，标注结果如图9-53所示。

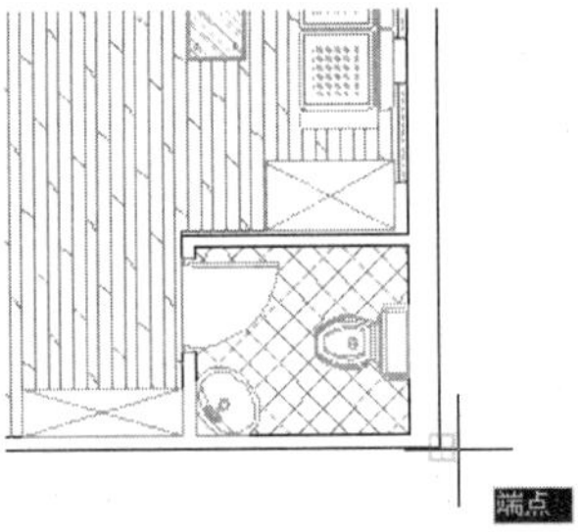

图9-51 定位第一原点

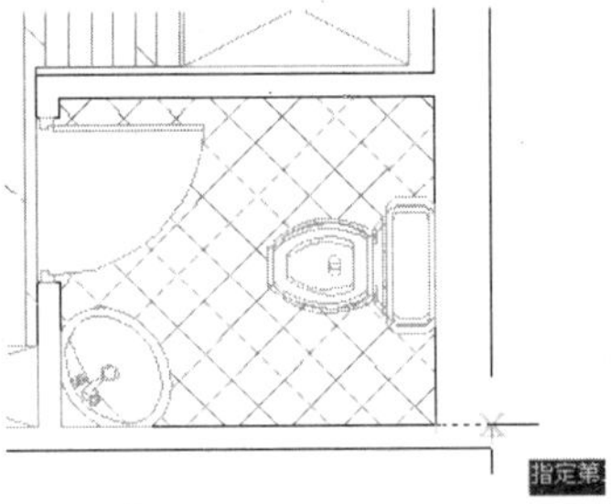

图9-52 定位第二原点

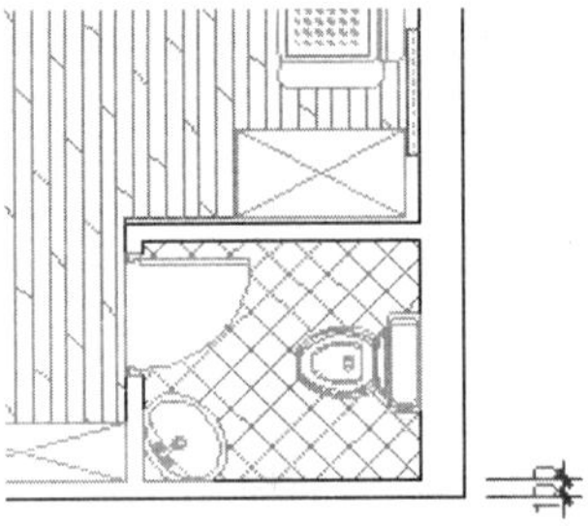

图9-53 标注结果

7 单击【标注】工具栏中的按扭，激活【连续】命令，标注如图9-54所示的连续尺寸作为细部尺寸。

8 单击【标注】工具栏中的按钮，激活【编辑标注文字】命令，对重叠的尺寸文字进行编辑，结果如图9-55所示。

9 单击【标注】工具栏中的按扭，标注右侧的总尺寸，标注结果如图9-56所示。

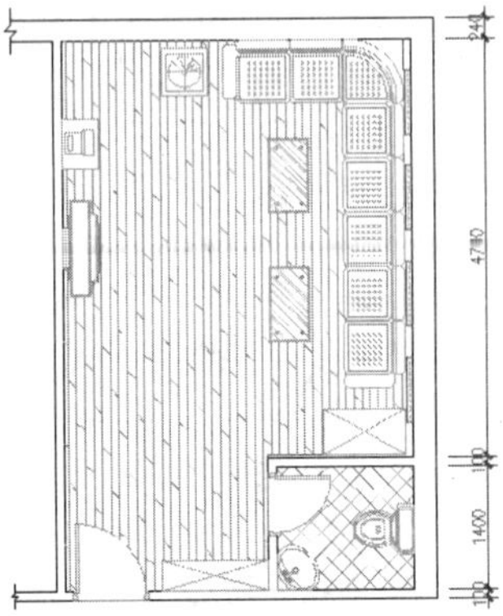

图9-54 标注连续尺寸

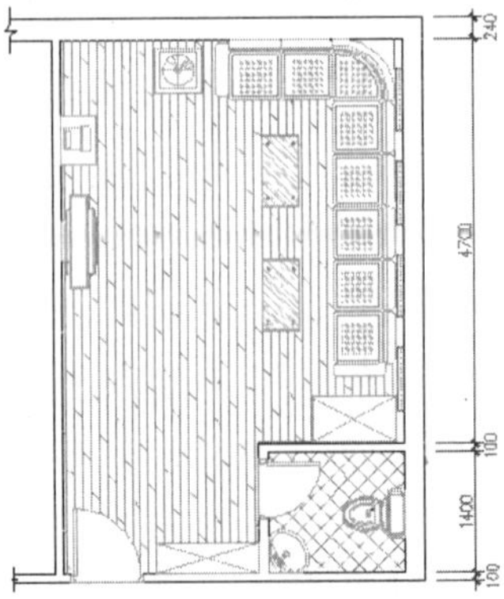

图9-55 编辑标注文字

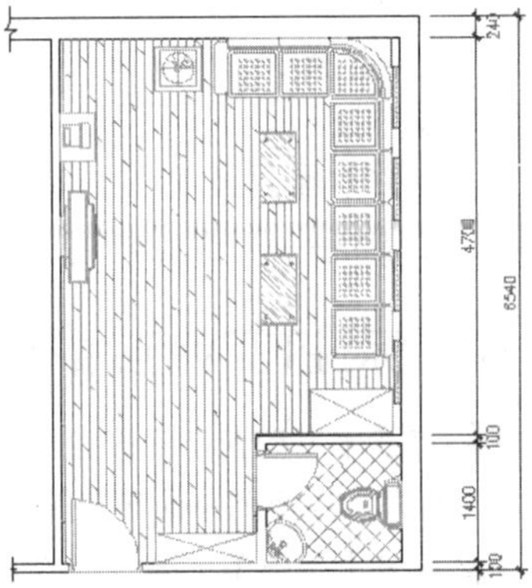

图9-56 标注总尺寸

10 参照上述操作，综合使用【线性】、【连续】和【编辑标注文字】命令分别标注其他侧的尺寸，标注结果如图9-57所示。

至此，KTV包厢布置图尺寸标注完毕。下一小节将为KTV包厢布置图标注房间功能性和地面材质注解等内容。

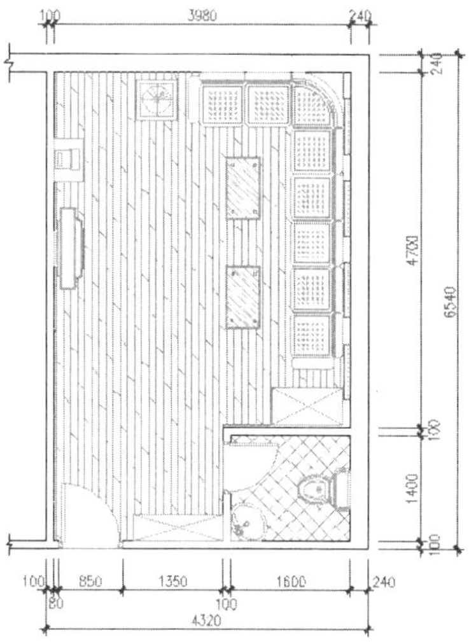

图9-57 标注其他侧尺寸

9.3.2　标注KTV包厢布置图文字

1 继续上节操作。

2 展开【文字样式控制】下拉列表，将“仿宋体”设置为当前样式。

3 展开【图层控制】下拉列表，将“文本层”设置为当前操作层。

4 使用快捷键“DT”激活【单行文字】命令，设置字高为180，然后输入如图9-58所示的房间功能性文字注释。

5 移动光标至卫生间，然后单击指定文字的位置，输入如图9-59所示的文字注释。

6 在无命令执行的前提下夹点显示地板填充图案。然后右击，在打开的快捷菜单中选择如图9-60所示的【图案填充编辑】命令。

图9-58 标注文字

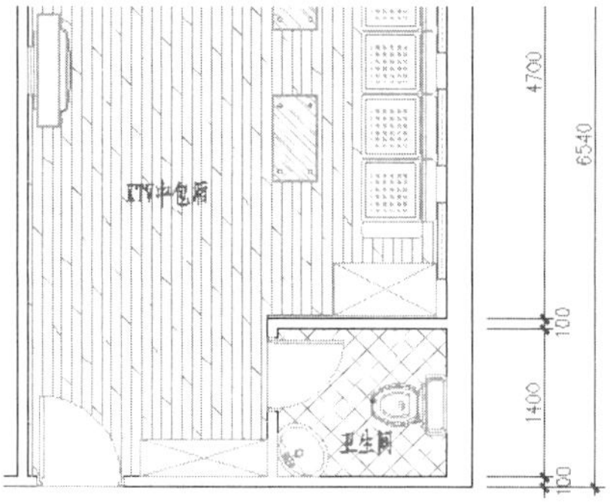

图9-59 标注结果

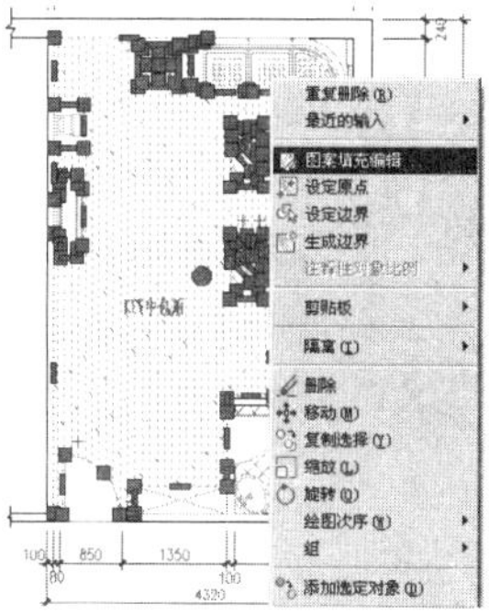

图9-60 夹点图案右键菜单

7 此时打开【图案填充编辑】对话框，单击“添加：选择对象”按钮，如图9-61所示。

8 返回绘图区，在“选择对象或 [拾取内部点(K)/删除边界(B)]:”提示下，选择“KTV中包厢”，结果文字后面的填充图案被删除，如图9-62所示。

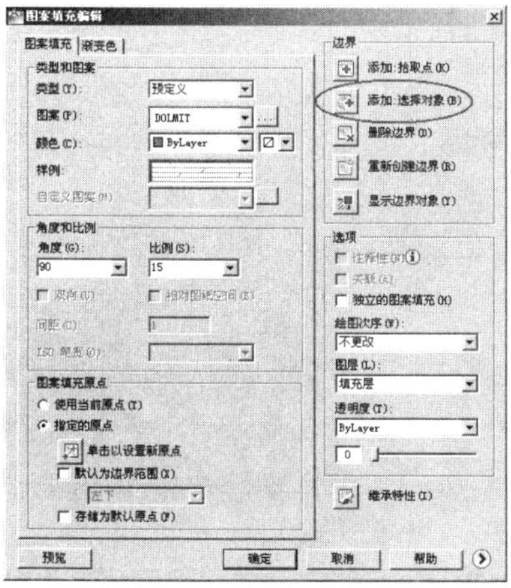

图9-61 【图案填充编辑】对话框

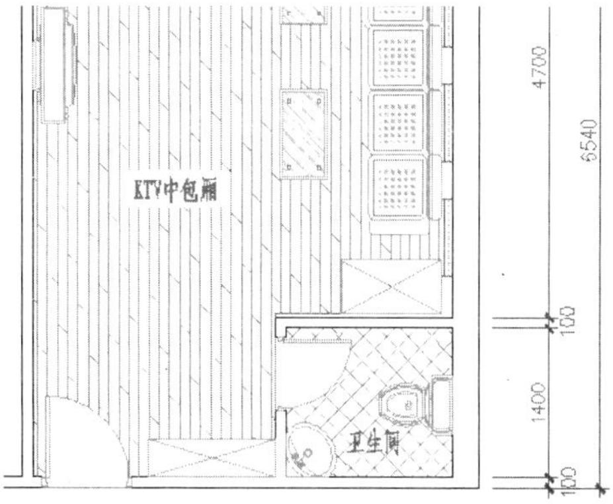

图9-62 编辑结果

9 参照步骤5~步骤8的操作方法，修改卫生间内的填充图案，修改结果如图9-63所示。

10 使用快捷键“L”激活【直线】命令，绘制如图9-64所示的两条文字指示线。

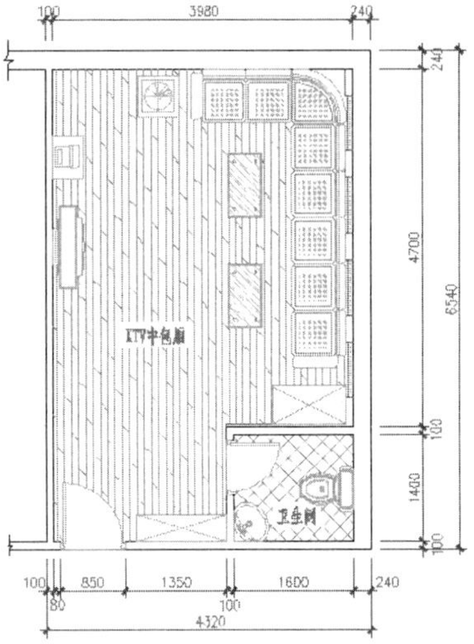

图9-63 修改结果

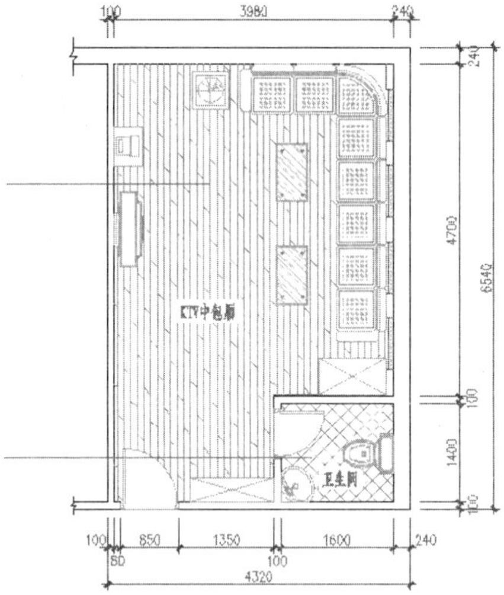

图9-64 绘制指示线

11 使用快捷键“DT”激活【单行文字】命令，设置文字高度为180，为平面图标注如图9-65所示的材质注释。

至此，KTV包厢布置图文字标注完毕。下一小节将学习KTV包厢布置图墙面投影的标注过程和技巧。

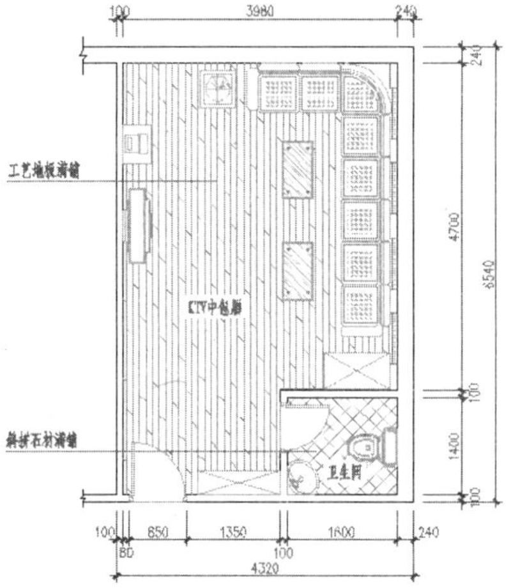

图9-65 标注结果

9.3.3 标注KTV包厢布置图投影

1 继续上节操作。

2 关闭状态栏上的【对象捕捉】功能，然后打开【极轴追踪】功能。

3 展开【图层控制】下拉列表，将“其他层”设置为当前操作层。

4 使用快捷键“L”激活【直线】命令，配合【极轴追踪】功能绘制如图9-66所示的墙面投影指示线。

5 使用快捷键“I”激活【插入块】命令，设置块参数如图9-67所示，插入本书配套光盘中的“图块文件\投影符号.dwg”。命令行操作如下：

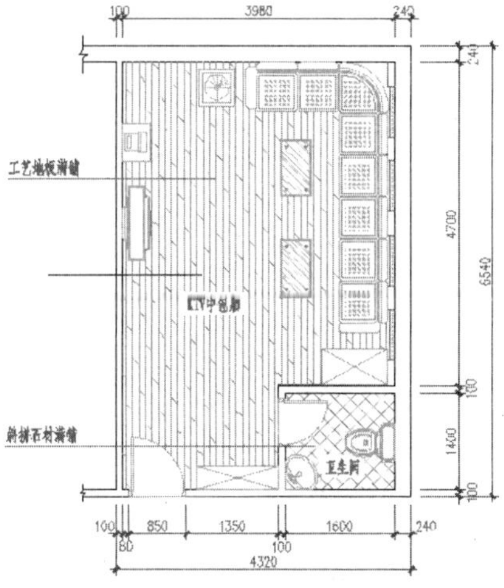

图9-66 绘制墙面投影指示线

```
命令: I                                              // Enter
    INSERT
    指定插入点或 [基点(B)/比例(S)/旋转(R)]:             //捕捉指示线的左端点
    输入属性值
    输入投影符号值: <A>:                                // B Enter, 插入结果如图9-68所示
    正在重生成模型
```

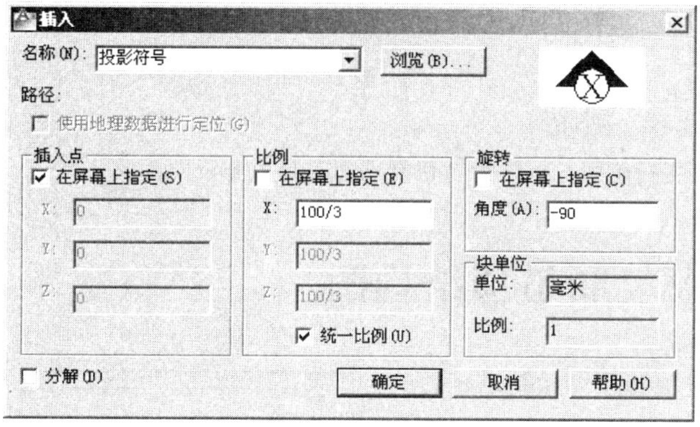

图9-67 设置块参数

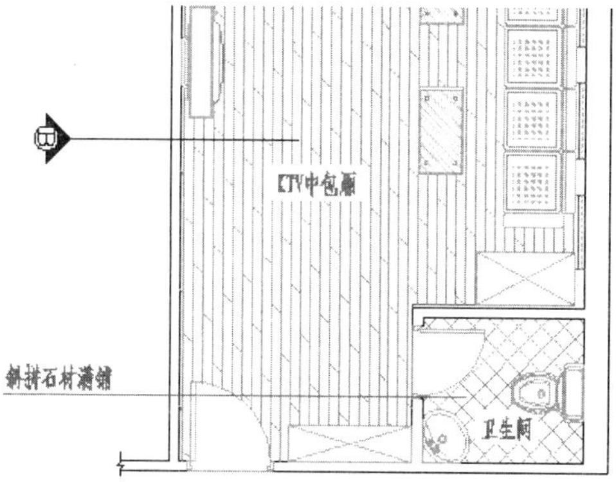

图9-68 插入结果

6 在插入的投影符号属性块上双击，打开【增强属性编辑器】对话框，然后修改属性文字的旋转角度如图9-69所示。

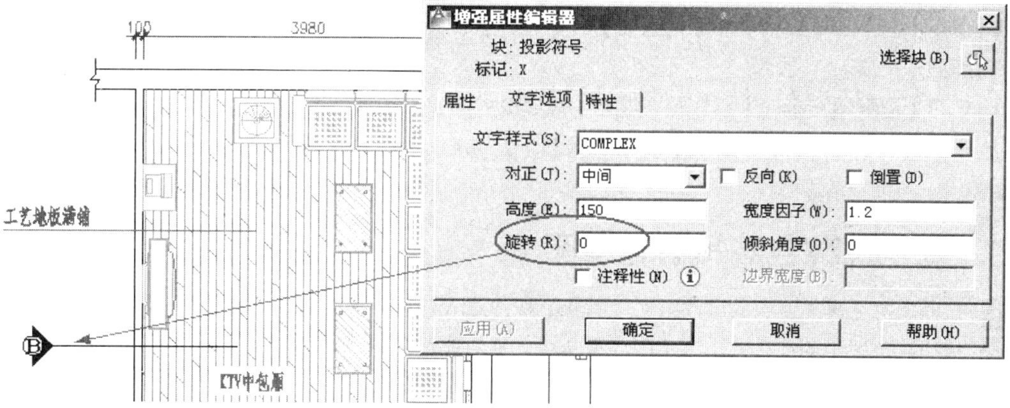

图9-69 修改属性角度

7 关闭【增强属性编辑器】对话框，然后执行【镜像】命令，配合象限点捕捉功能，对投影符号进行镜像，结果如图9-70所示。

8 在镜像出的投影符号上双击，在打开的【增强属性编辑器】对话框中修改其属性值如图9-71所示。

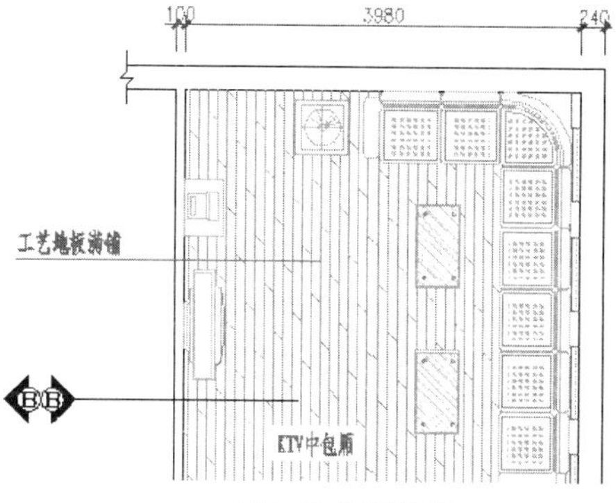

图9-70 镜像结果

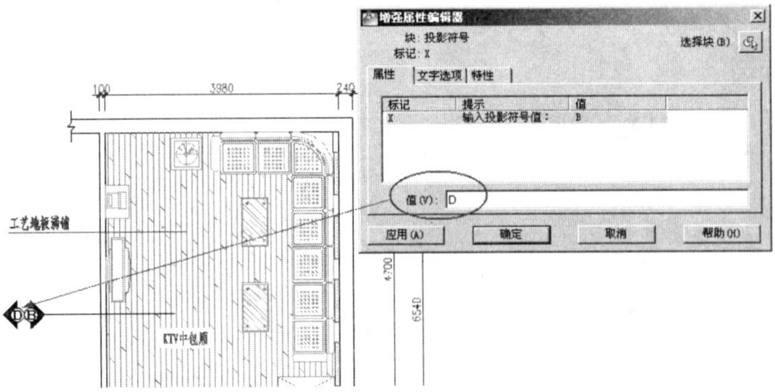

图9-71 修改属性值

9 最后执行【另存为】命令，将当前图形命名存储为“标注KTV包厢平面布置图.dwg”。

9.4 绘制KTV包厢吊顶结构图

本节主要学习KTV包厢吊顶结构图的绘制方法和具体绘制过程。KTV包厢吊顶结构图的最终绘制效果如图9-72所示。

在绘制KTV包厢吊顶结构图时，具体可以参照如下思路。

1）使用【图层】、【直线】、【删除】、【边界】、【偏移】等命令初步绘制吊顶轮廓图。

2）使用【圆】、【偏移】、【构造线】、【边界】、夹点编辑等命令绘制包厢圆形吊顶。

3）使用【图案填充】、【编辑图案填充】等命令绘制卫生间吊顶。

4）最后使用【矩形】、【直线】、【边界】、【复制】等命令绘制过道吊顶。

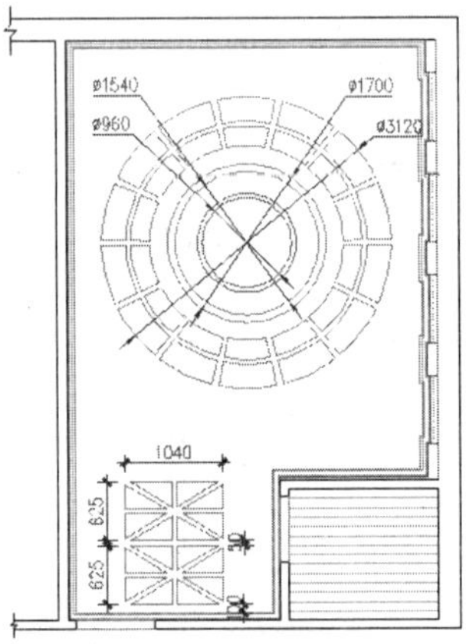

图9-72 实例效果

9.4.1 绘制KTV包厢吊顶轮廓图

1 打开本书配套光盘中的“效果文件\第9章\标注KTV包厢平面布置图.dwg”文件。

2 执行菜单栏中的【格式】|【图层】命令，在打开的对话框中冻结“尺寸层”，同时将“吊顶层”设置为当前操作层，此时平面图的显示效果如图9-73所示。

3 使用快捷键“E”激活【删除】命令，删除不需要的图形对象，结果如图9-74所示。

4 使用快捷键“L”激活【直线】命令，配合端点捕捉功能绘制门洞位置的轮廓线，结果如图9-75所示。

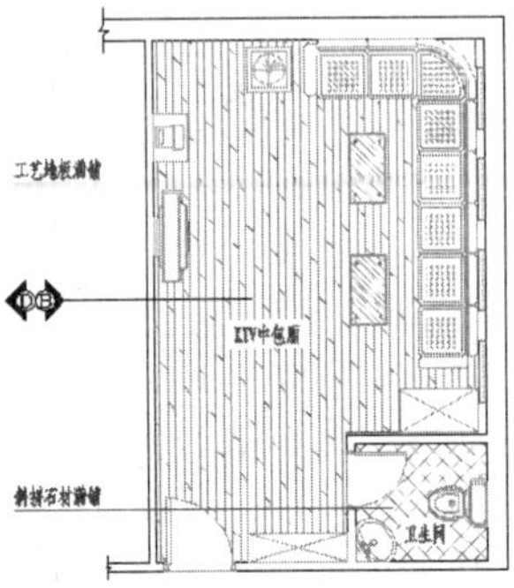

图9-73 关闭尺寸后的效果

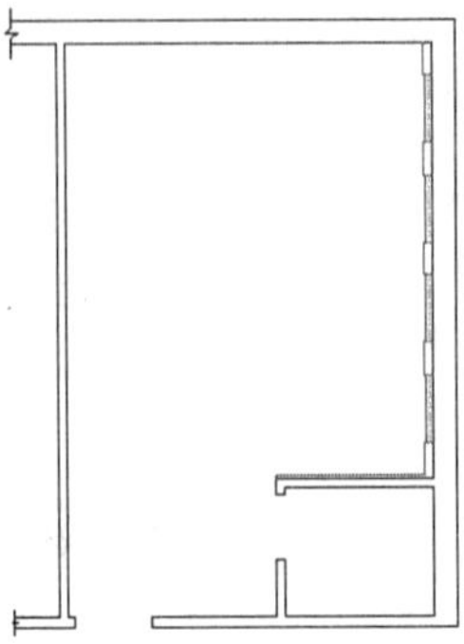

图9-74 删除结果

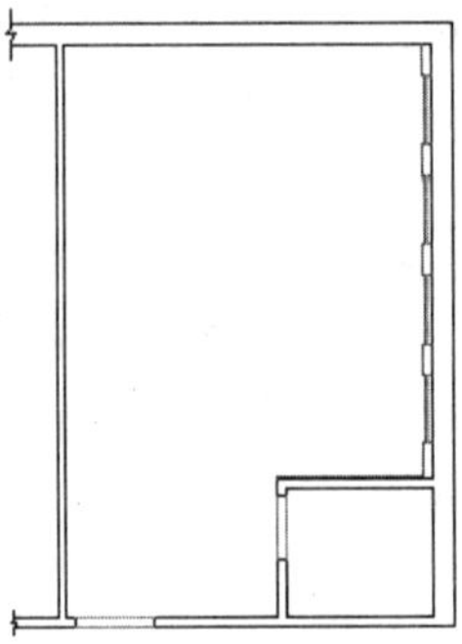

图9-75 绘制结果

5 在无命令执行的前提下夹点显示如图9-76所示的图块进行分解，然后将分解后的图线放到“吊顶层”上。

6 使用快捷键“BO”激活【边界】命令，在打开的【边界创建】对话框中设置边界类型如图9-77所示。

7 单击【拾取点】按钮，返回绘图区，根据命令行的提示，在包厢内部单击，创建如图9-78所示的边界，边界创建后的突显效果如图9-79所示。

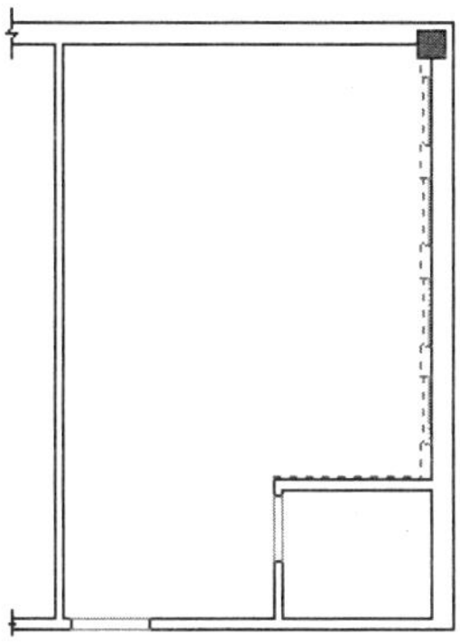
图9-76 夹点效果

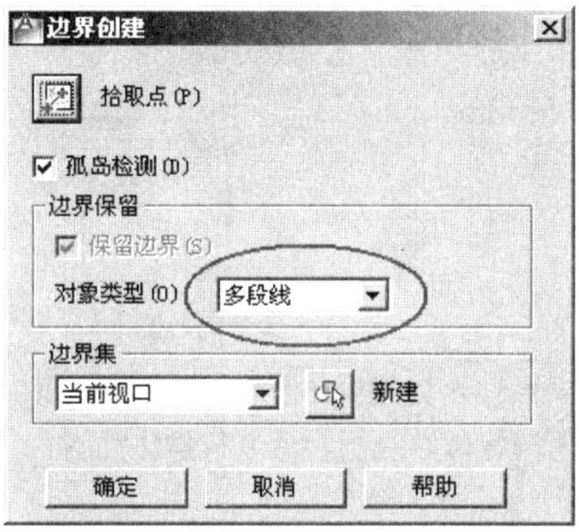

图9-77 【边界创建】对话框

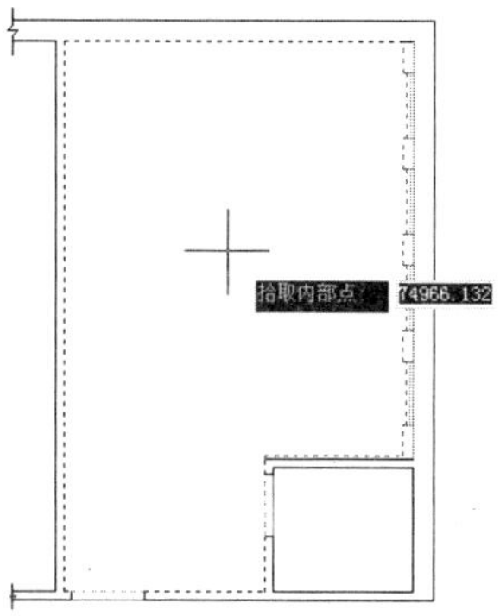

图9-78 创建边界

8 使用快捷键“O”激活【偏移】命令，将刚创建的边界向内偏移20、60和80个绘图单位，作为吊顶轮廓线，偏移结果如图9-80所示。

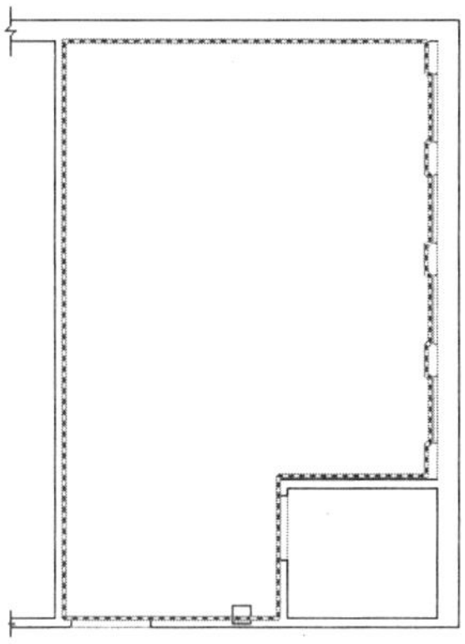
图9-79 边界的突显效果

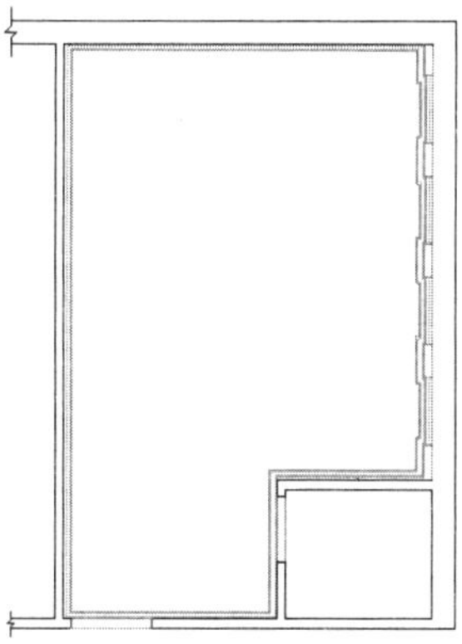
图9-80 偏移结果

至此，KTV包厢吊顶轮廓图初步绘制完毕。下一小节将详细学习包厢圆形吊顶的具体绘制过程和技巧。

9.4.2　绘制KTV包厢圆形吊顶图

1 继续上节操作。

2 使用快捷键“C”激活【圆】命令，配合【对象追踪】和中点捕捉功能，垂直向下引出如图9-81所示的对象追踪虚线，绘制半径为530和1560的同心圆，结果如图9-82所示。

3 使用快捷键“O”激活【偏移】命令，将外侧的大圆向内偏移260个绘图单位，将内侧的小圆向内偏移50个绘图单位，偏移结果如图9-83所示。

4 使用快捷键“XL”激活【构造线】命令，配合圆心捕捉功能绘制如图9-84所示的垂直轮廓线。

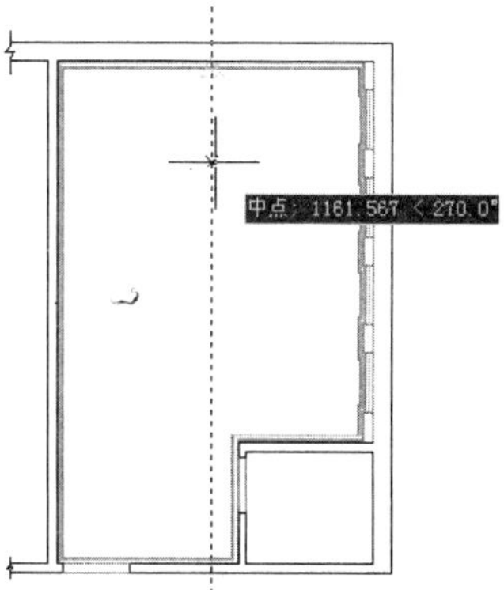

图9-81 引出对象追踪虚线

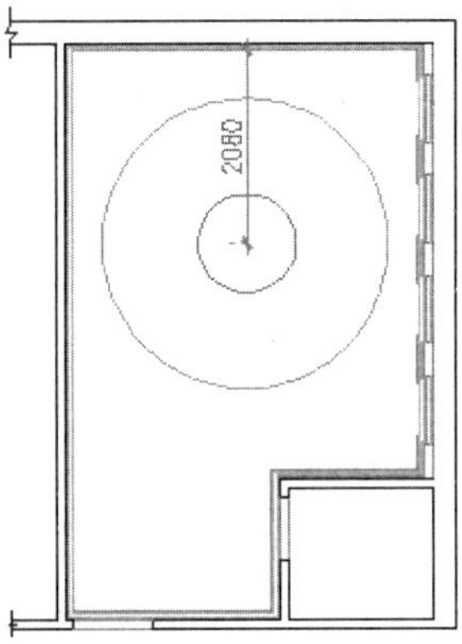

图9-82 绘制同心圆

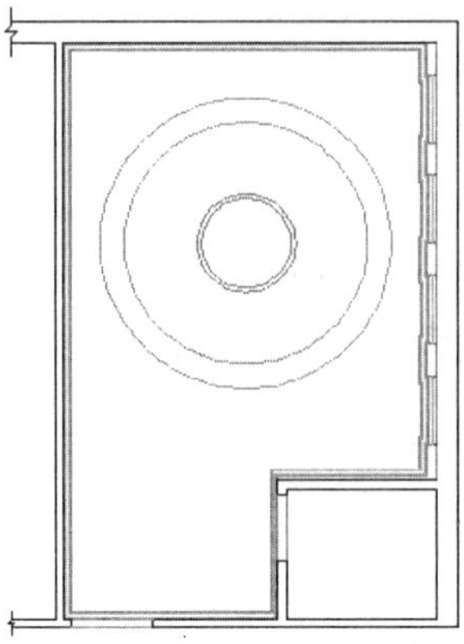

图9-83 偏移同心圆

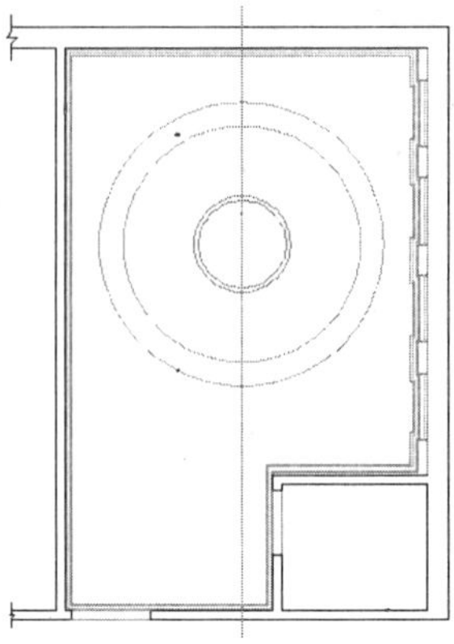

图9-84 绘制构造线

5 在无命令执行的前提下，夹点显示如图9-85所示的构造线，以中间的夹点作为夹基点，然后使用夹点编辑功能对垂直构造线进行旋转并复制。命令行操作如下：

```
命令:
    ** 拉伸 **
    指定拉伸点或 [基点(B)/复制(C)/放弃(U)/退出(X)]: _rotate
    ** 旋转 **
    指定旋转角度或 [基点(B)/复制(C)/放弃(U)/参照(R)/退出(X)]: _copy
    ** 旋转 (多重) **
    指定旋转角度或 [基点(B)/复制(C)/放弃(U)/参照(R)/退出(X)]:        //11.5 Enter
    ** 旋转 (多重) **
    指定旋转角度或 [基点(B)/复制(C)/放弃(U)/参照(R)/退出(X)]:        //-11.5 Enter
    ** 旋转 (多重) **
    指定旋转角度或 [基点(B)/复制(C)/放弃(U)/参照(R)/退出(X)]:
                                            // Enter，编辑结果如图9-86所示
```

6 按Delete键删除夹点显示的垂直构造线，结果如图9-87所示。

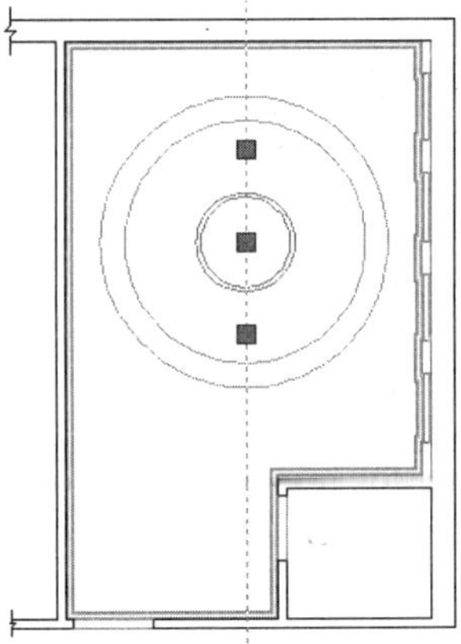

图9-85 夹点效果

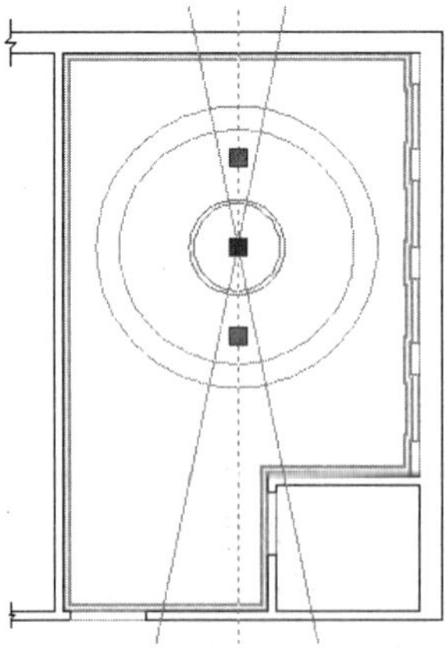

图9-86 夹点编辑

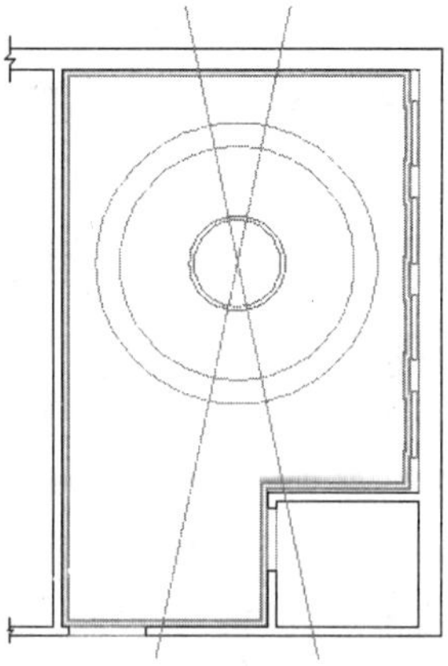

图9-87 删除结果

7 使用快捷键“TR”激活【修剪】命令，对同心圆和构造线进行修剪，结果如图9-88所示。

8 使用快捷键“PE”激活【编辑多段线】命令，将修剪后的四条图线编辑为一条多段线。命令行操作如下：

命令: pe　　// Enter
PEDIT 选择多段线或 [多条(M)]:　　//m Enter
选择对象:　　//窗口选择如图9-89所示的对象
选择对象:　　// Enter
是否将直线、圆弧和样条曲线转换为多段线? [是(Y)/否(N)]? <Y>　// Enter
输入选项 [闭合(C)/打开(O)/合并(J)/宽度(W)/拟合(F)/样条曲线(S)/非曲线化(D)/线型生成(L)/反转(R)/放弃(U)]:　　//J Enter
合并类型 = 延伸
输入模糊距离或 [合并类型(J)] <0.000>:　　// Enter
多段线已增加三条线段
输入选项 [闭合(C)/打开(O)/合并(J)/宽度(W)/拟合(F)/样条曲线(S)/非曲线化(D)/线型生成(L)/反转(R)/放弃(U)]:　　// Enter，编辑后的图线突显效果如图9-90所示

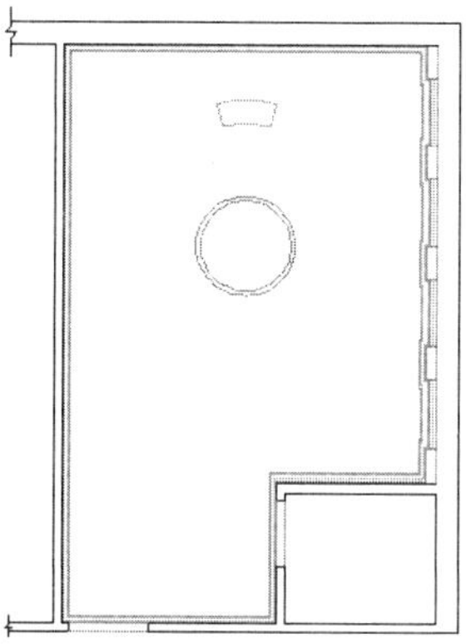
图9-88 修剪结果

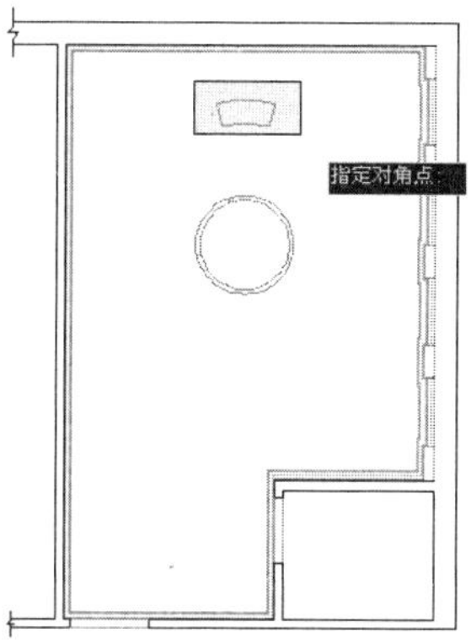

图9-89 窗口选择

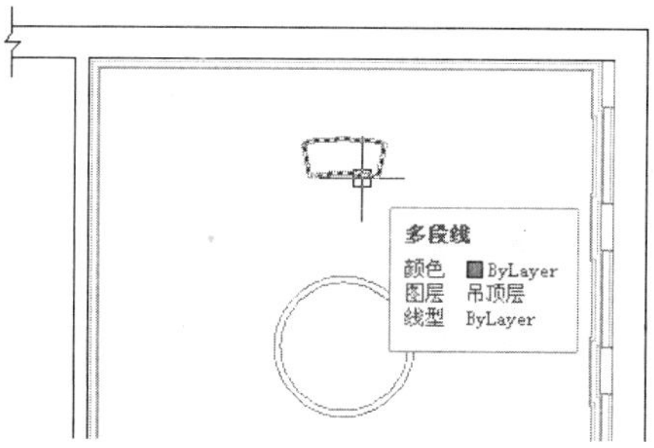

图9-90 突显效果

9 执行菜单栏中的【修改】|【阵列】|【环形阵列】命令，对编辑的闭合多段线进行阵列。命令行操作如下：

命令: _arraypolar
选择对象:　　//选择刚编辑的闭合多段线
选择对象:　　// Enter
类型 = 极轴 关联 = 否
指定阵列的中心点或 [基点(B)/旋转轴(A)]:　　//捕捉如图9-91所示的圆心
输入项目数或 [项目间角度(A)/表达式(E)] <4>:　　//14 Enter
指定填充角度(+=逆时针、-=顺时针)或 [表达式(EX)] <360>: // Enter
按 Enter 键接受或 [关联(AS)/基点(B)/项目(I)/项目间角度(A)/填充角度(F)/行(ROW)/层(L)/旋转项目(ROT)/退出(X)] <退出>:　　//AS Enter
创建关联阵列 [是(Y)/否(N)] <否>:　　//N Enter
按 Enter 键接受或 [关联(AS)/基点(B)/项目(I)/项目间角度(A)/填充角度(F)/行(ROW)/层(L)/旋转项目(ROT)/退出(X)] <退出>:　　// Enter，阵列结果如图9-92所示

10 使用快捷键“O”激活【偏移】命令，将内侧的同心圆A向外偏移290和370个绘图单位，结果如图9-93所示。

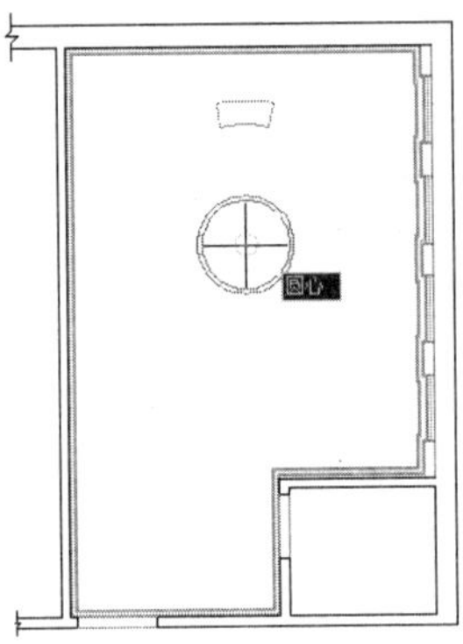

图9-91 捕捉圆心

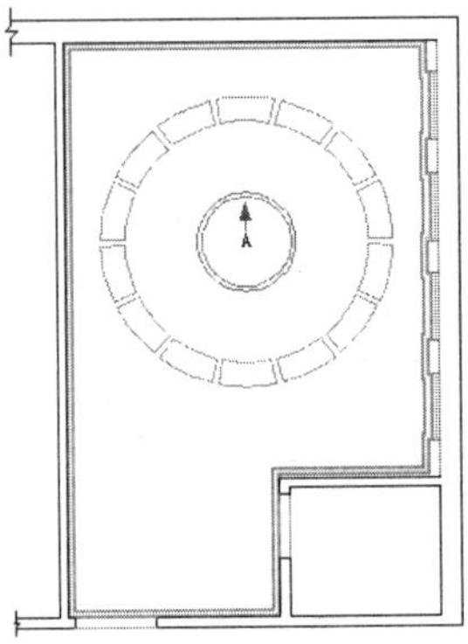

图9-92 阵列结果

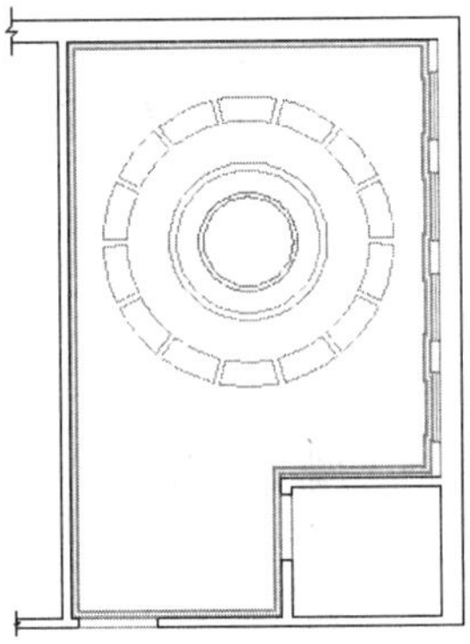

图9-93 偏移结果

11 在无命令执行的前提下夹点显示如图9-94所示的对象，以同心圆的圆心作为夹基点，对夹点图形进行比例缩放和复制。命令行操作如下：

```
命令:
    ** 拉伸 **
    指定拉伸点或 [基点(B)/复制(C)/放弃(U)/退出(X)]:              //B Enter
    指定基点:                                                    //捕捉如图9-95所示的圆心
    ** 拉伸 **
    指定拉伸点或 [基点(B)/复制(C)/放弃(U)/退出(X)]:        //右击选择快捷菜单中的【缩放】命令
    ** 比例缩放 **
    指定比例因子或 [基点(B)/复制(C)/放弃(U)/参照(R)/退出(X)]: _copy
    ** 比例缩放(多重) **
    指定比例因子或 [基点(B)/复制(C)/放弃(U)/参照(R)/退出(X)]://0.8 Enter
    ** 比例缩放(多重) **
    指定比例因子或 [基点(B)/复制(C)/放弃(U)/参照(R)/退出(X)]:
                                                    // Enter，编辑结果如图9-96所示
```

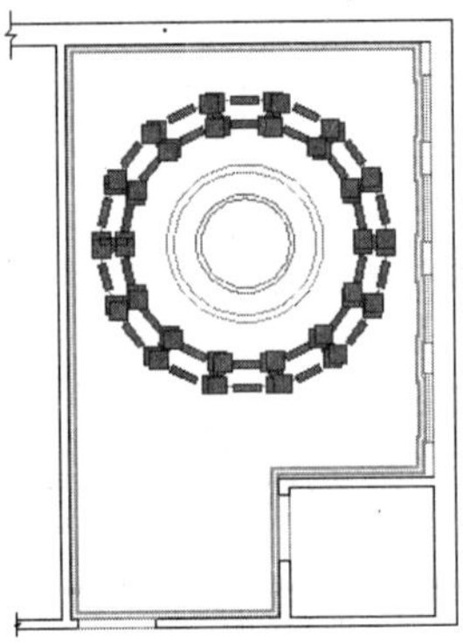

图9-94 夹点效果

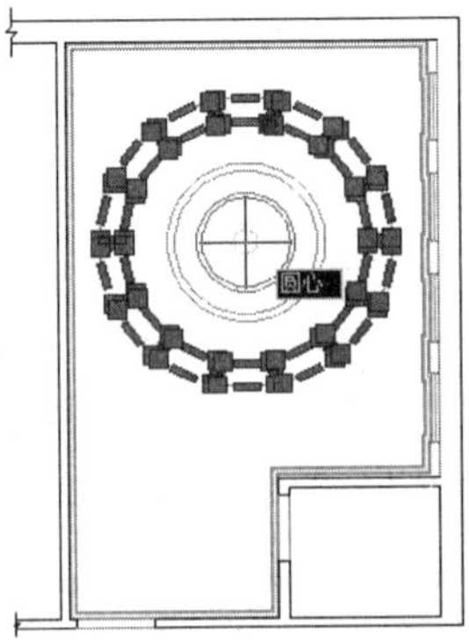

图9-95 定位夹基点

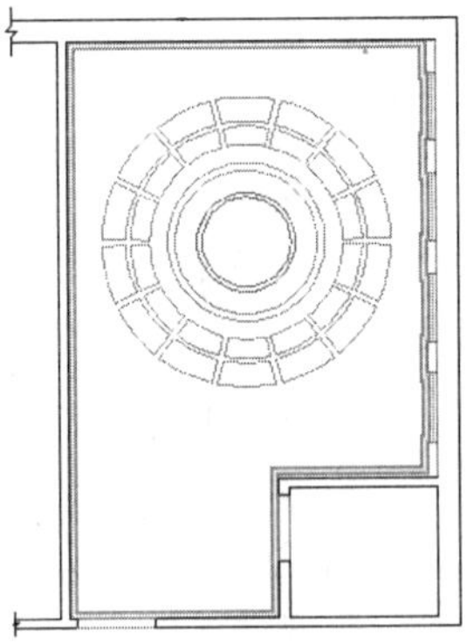

图9-96 编辑结果

至此，KTV包厢圆形吊顶绘制完毕。下一小节将学习包厢卫生间吊顶图的绘制过程和技巧。

9.4.3 绘制KTV包厢卫生间吊顶

1 继续上节操作。

2 使用快捷键“H”激活【图案填充】命令，打开【图案填充和渐变色】对话框，设置填充图案和参数如图9-97所示。

3 单击【添加：拾取点】按钮，返回绘图区，拾取如图9-98所示的填充区域，为卫生间填充吊顶图案，结果如图9-99所示。

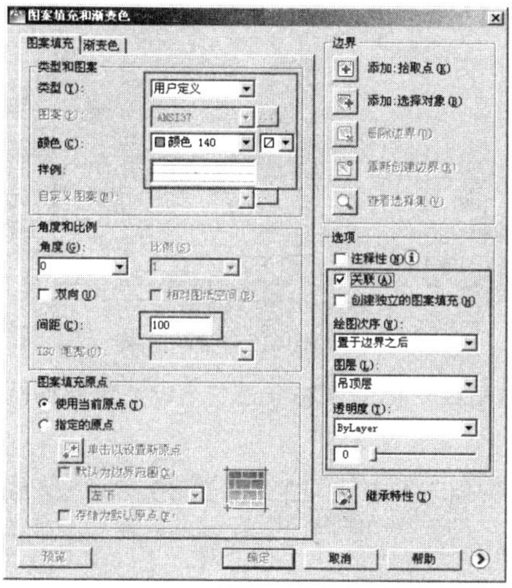

图9-97 设置填充图案与参数

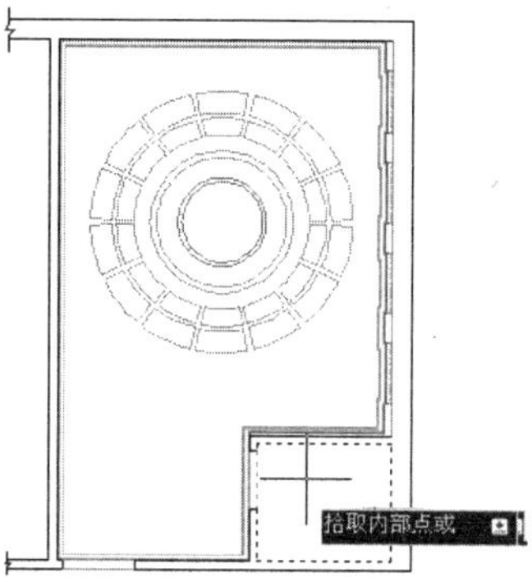

图9-98 拾取填充区域

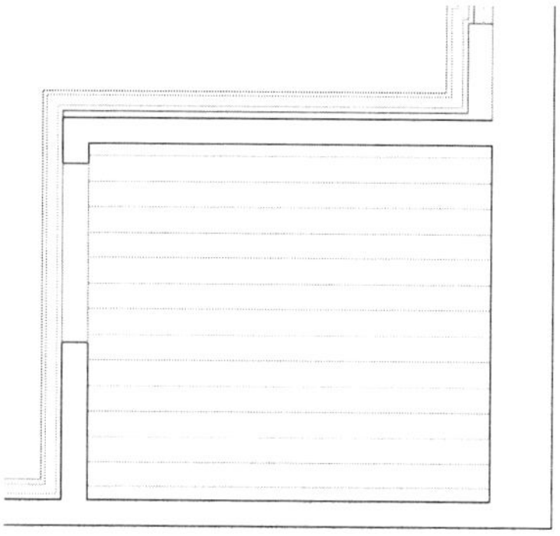

图9-99 填充结果

4 接下来在卫生间吊顶填充图案上右击，选择快捷菜单中的【设定原点】命令，如图9-100所示。

5 返回绘图区，在命令行“选择新的图案填充原点:”提示下，捕捉如图9-101所示的中点作为新的填充原点，结果如图9-102所示。

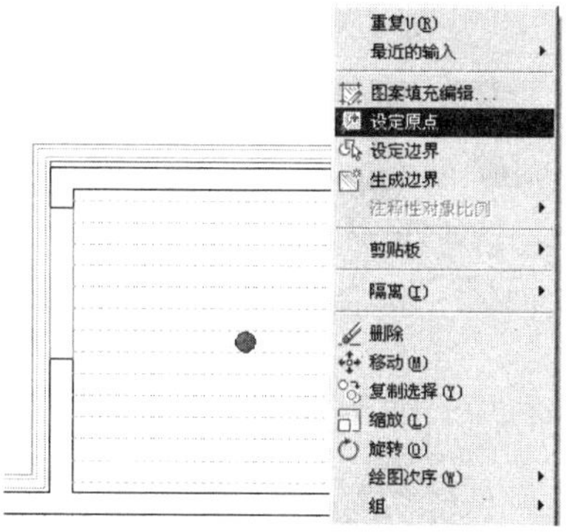

图9-100 图案填充右键菜单

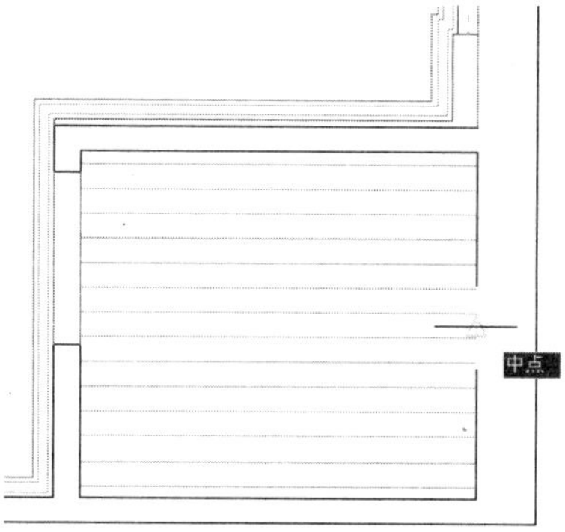

图9-101 捕捉中点

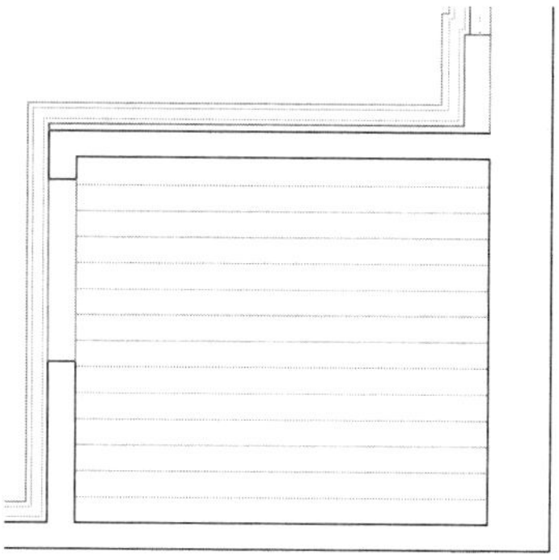

图9-102 填充结果

至此，KTV包厢卫生间吊顶绘制完毕。下一小节将学习包厢过道吊顶图的绘制过程和技巧。

9.4.4 绘制KTV包厢过道吊顶图

1 继续上节操作。

2 执行菜单栏中的【绘图】|【矩形】命令，配合【捕捉自】功能绘制过道位置的矩形吊顶。命令行操作如下：

```
命令: _rectang
    指定第一个角点或 [倒角(C)/标高(E)/圆角(F)/厚度(T)/宽度(W)]: //激活【捕捉自】功能
    _from 基点:      //捕捉如图9-103所示的端点L
    <偏移>:      //@540,100 Enter
```

指定另一个角点或 [面积(A)/尺寸(D)/旋转(R)]:
//@1040,625 Enter，绘制结果如图9-104所示

3 执行【直线】命令，配合端点捕捉和中点捕捉功能绘制矩形的中线和对角线，结果如图9-105所示。

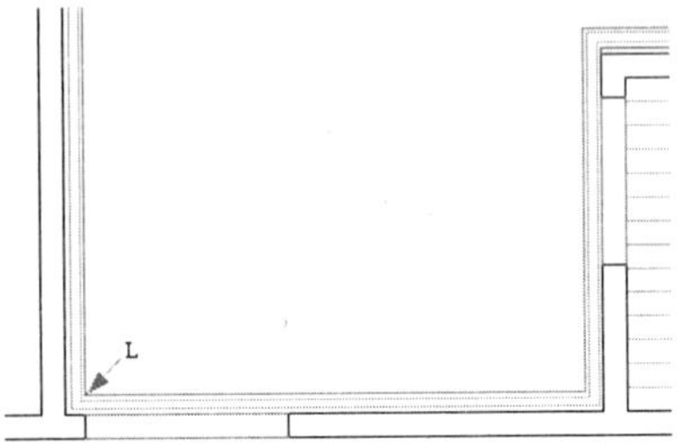

图9-103 定位端点

图9-104 绘制结果

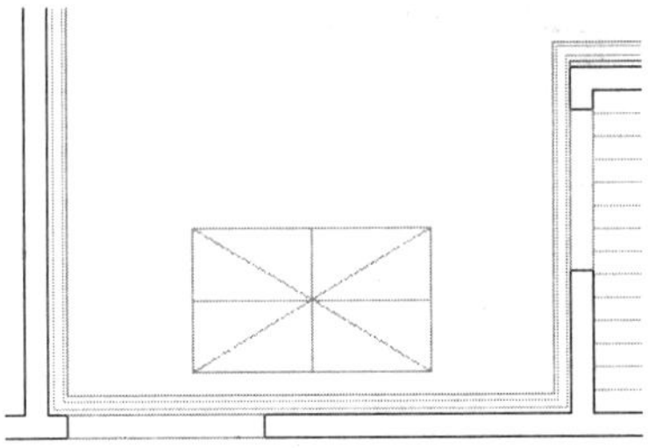

图9-105 绘制结果

4 执行菜单栏中的【修改】|【偏移】命令，将两条中心和对角线对称偏移25个绘图单位，结果如图9-106所示。

5 执行菜单栏中的【绘图】|【边界】命令，分别在如图9-106所示的1、2、3、4、5、6、7、8区域拾取点，创建八个边界，如图9-107所示。

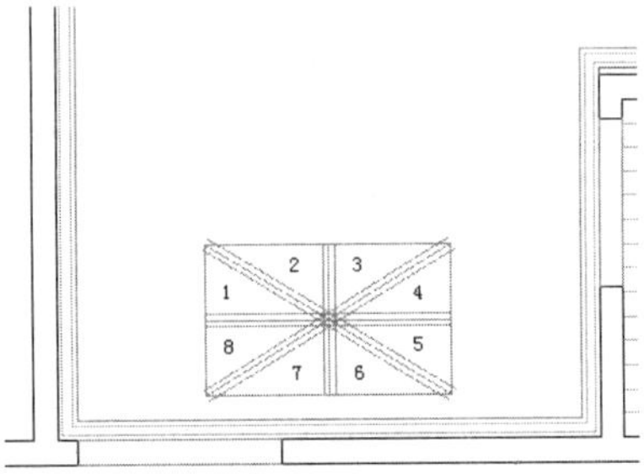

图9-106 偏移结果

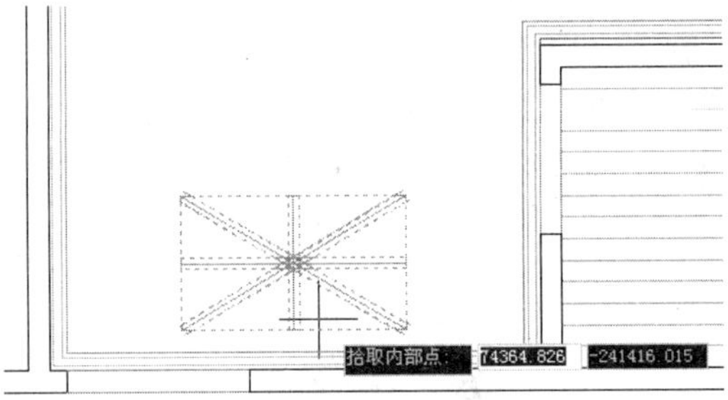

图9-107 创建边界

6 使用快捷键“E”激活【删除】命令，删除除八条边界外的所有图线，结果如图9-108所示。

7 使用快捷键“CO”激活【复制】命令，将八条边界沿y轴正方向复制675个绘图单位，结果如图9-109所示。

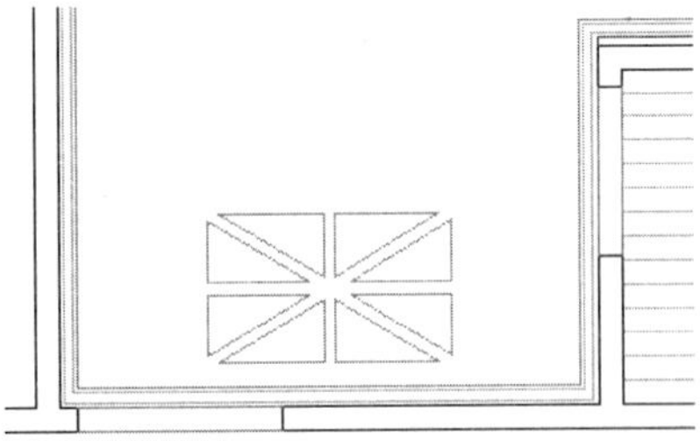

图9-108 删除结果

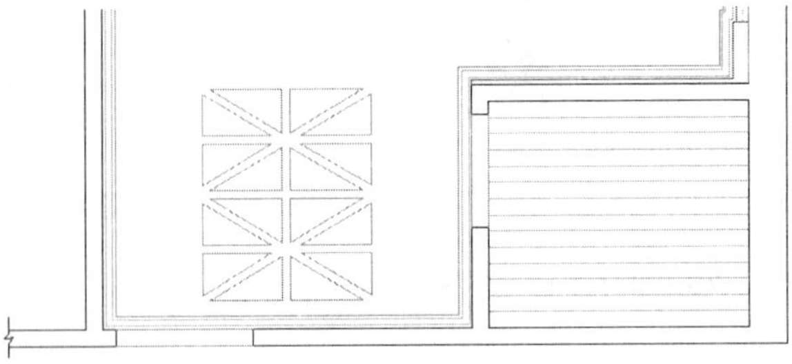

图9-109 复制结果

8 最后执行【另存为】命令，将图形另名存储为“KTV包厢吊顶结构图.dwg”。

9.5 绘制KTV包厢灯具布置图

本节主要学习KTV包厢吊顶灯带、灯具图的绘制方法以及尺寸文字的标注技巧。KTV包厢灯具图的最终绘制效果如图9-110所示。

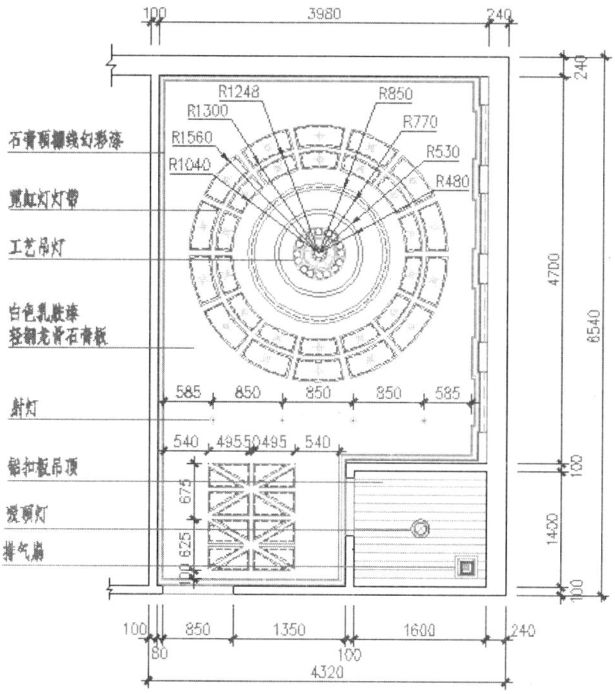

图9-110　实例效果

在绘制KTV包厢吊顶灯具布置图时，具体可以参照如下思路。

1）使用【偏移】、【线性】、【特性】、【阵列】等命令绘制KTV包厢吊顶灯带轮廓线。

2）使用【偏移】、【特性匹配】、【镜像】等命令绘制KTV包厢过道吊顶灯带轮廓线。

3）使用【插入块】、【图案填充编辑】等命令并配合捕捉与追踪功能绘制包厢吊顶主体灯具。

4）使用【直线】、【点样式】、【定距等分】、【移动】等命令绘制KTV包厢吊顶辅助灯具。

5）使用【线性】、【连续】、【标注样式】、【半径】等命令标注KTV包厢吊顶图定位尺寸。

6）最后使用【单行文字】、【直线】、【复制】、【移动】、【编辑文字】等命令标注KTV包厢吊顶图文字注释。

9.5.1　绘制KTV包厢吊顶灯带图

1 继续上节操作。

2 展开【图层控制】下拉列表，将“灯具层”设置为当前操作层。

3 执行菜单栏中的【修改】|【偏移】命令，将包厢位置的吊顶外轮廓向内偏移20个绘图单位作为灯带。命令行操作如下：

```
命令: _offset
    当前设置: 删除源=否  图层=源  OFFSETGAPTYPE=0
    指定偏移距离或 [通过(T)/删除(E)/图层(L)] <60.0>:          //l Enter
    输入偏移对象的图层选项 [当前(C)/源(S)] <源>:               //c Enter
    指定偏移距离或 [通过(T)/删除(E)/图层(L)] <60.0>:          //20 Enter
    选择要偏移的对象，或 [退出(E)/放弃(U)] <退出>:             //选择如图9-111所示的轮廓线
    指定要偏移的那一侧上的点，或 [退出(E)/多个(M)/放弃(U)] <退出>:
                                                              //在所选轮廓线的内侧拾取点
```

```
选择要偏移的对象，或 [退出(E)/放弃(U)] <退出>:          //选择如图9-112所示的轮廓线
指定要偏移的那一侧上的点，或 [退出(E)/多个(M)/放弃(U)] <退出>:
                                                      //在所选轮廓线的内侧拾取点
选择要偏移的对象，或 [退出(E)/放弃(U)] <退出>:          //Enter，偏移结果如图9-113所示
```

4 执行菜单栏中的【格式】|【线型】命令，加载DASHDE线型，并设置线型比例如图9-114所示。

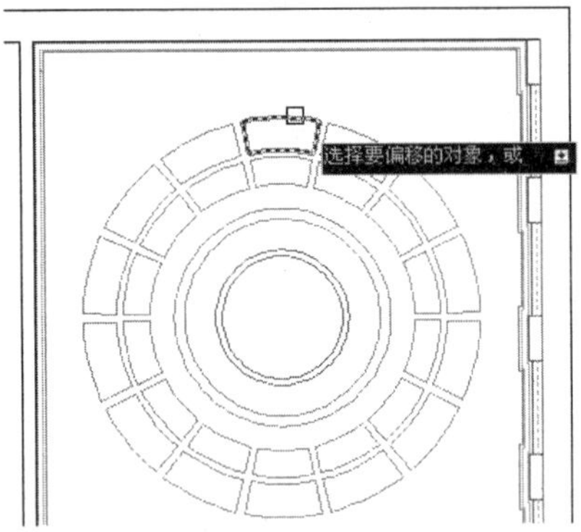

图9-111 选择偏移对象

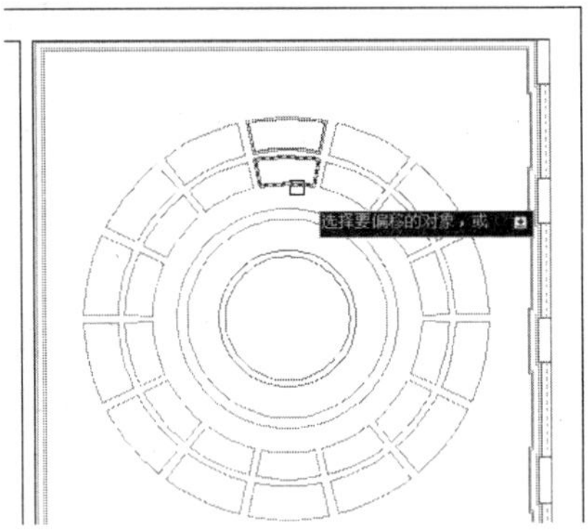

图9-112 选择偏移对象

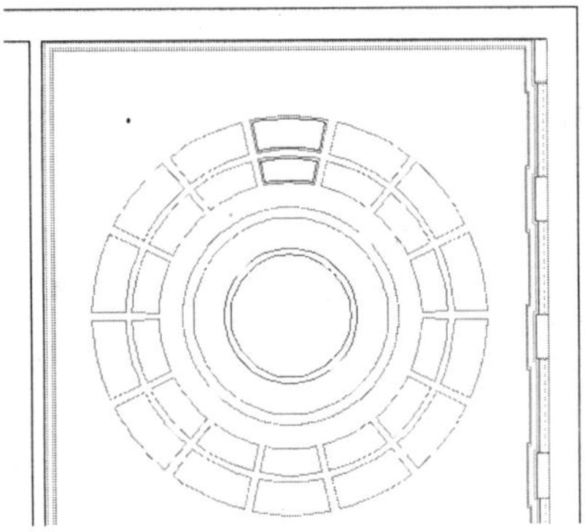

图9-113 偏移结果

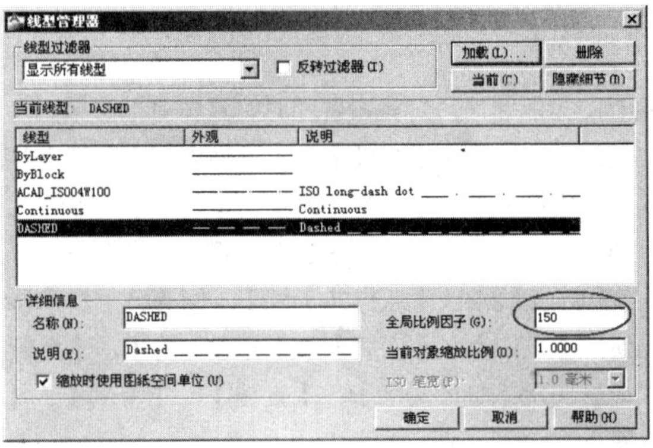

图9-114 加载线型

5 在无命令执行的前提下，夹点显示偏移出的六条灯带轮廓线如图9-115所示。

6 展开【特性】工具栏中的【线型控制】下拉列表，修改其线型为DASHED线型，结果如图9-116所示。

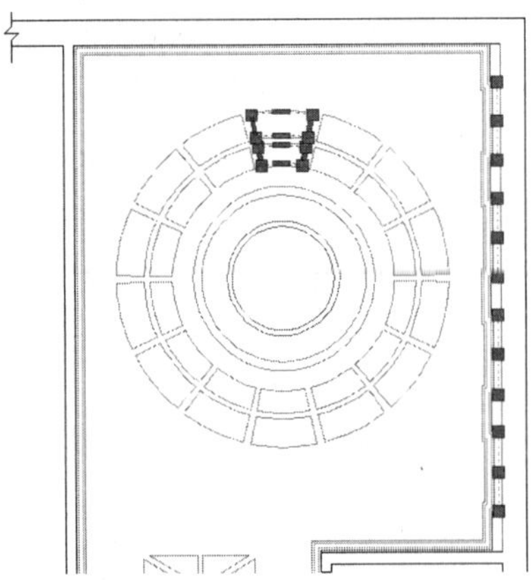

图9-115 夹点效果

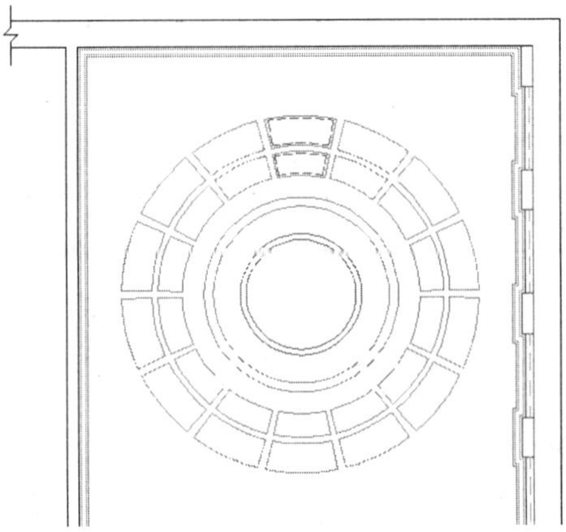

图9-116 修改对象线型

7 在无命令执行的前提下夹点显示如图9-117所示的两条灯带轮廓线。

8 执行菜单栏中的【修改】|【阵列】|【环形阵列】命令，对灯带轮廓线进行阵列。命令行操作如下：

```
命令: _arraypolar 找到两个
    类型 = 极轴  关联 = 否
    指定阵列的中心点或 [基点(B)/旋转轴(A)]:                    //捕捉如图9-118所示的圆心
    输入项目数或 [项目间角度(A)/表达式(E)] <4>:                 //14 Enter
    指定填充角度(+=逆时针、-=顺时针)或 [表达式(EX)] <360>:        // Enter
    按 Enter 键接受或 [关联(AS)/基点(B)/项目(I)/项目间角度(A)/填充角度(F)/行(ROW)/层(L)/旋转
项目(ROT)/退出(X)] <退出>:                                      //AS Enter
    创建关联阵列 [是(Y)/否(N)] <否>:                             //N Enter
    按 Enter 键接受或 [关联(AS)/基点(B)/项目(I)/项目间角度(A)/填充角度(F)/行(ROW)/层(L)/旋转
项目(ROT)/退出(X)] <退出>:                                      // Enter，阵列结果如图9-119所示
```

9 使用快捷键“O”激活【偏移】命令，将图9-119所示的轮廓圆O向外侧偏移40个绘图单位，结果如图9-120所示。

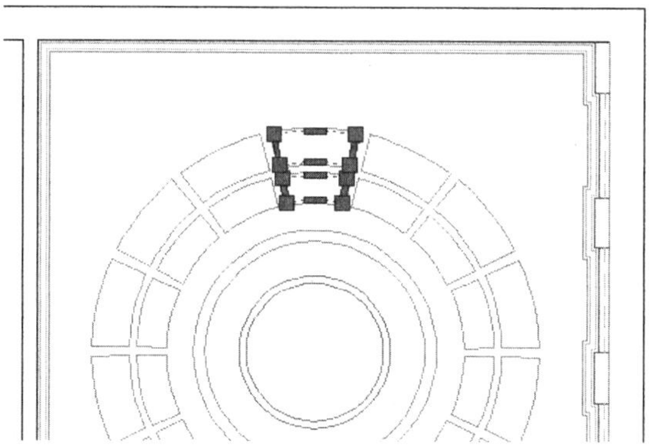

图9-117 夹点显示

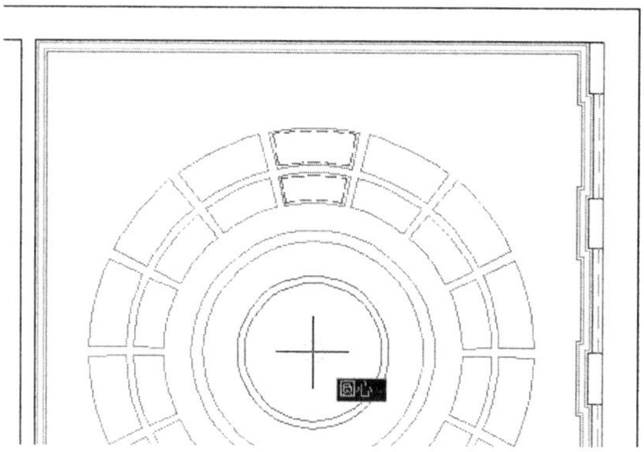

图9-118 捕捉圆心

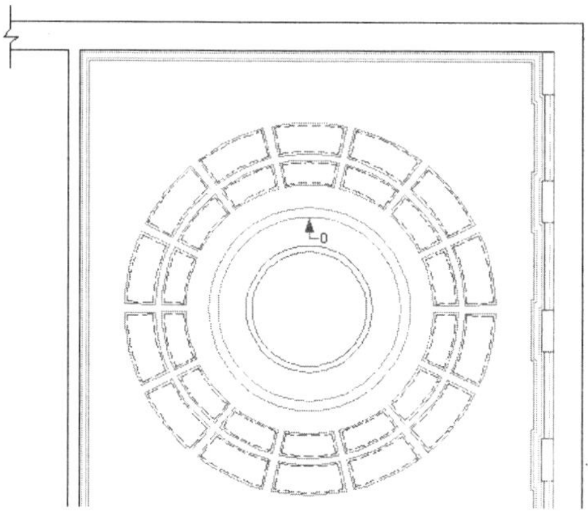

图9-119 阵列结果

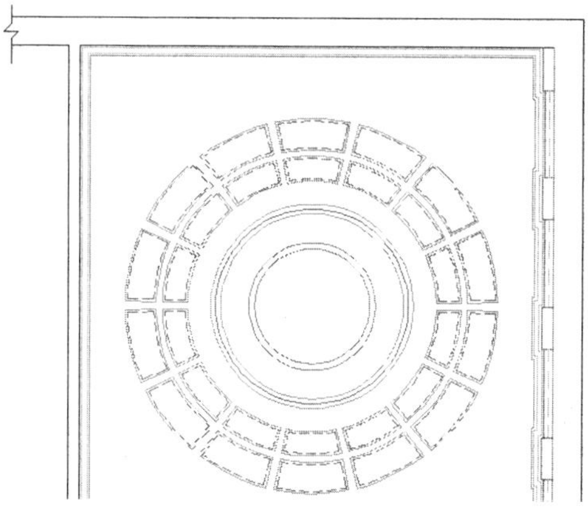

图9-120 偏移结果

10 在无命令执行的前提下，夹点显示偏移出的轮廓圆，如图9-121所示。

11 执行【特性】命令，在打开的【特性】窗口内修改圆的线型为DASHED，修改后的结果如图9-122所示。

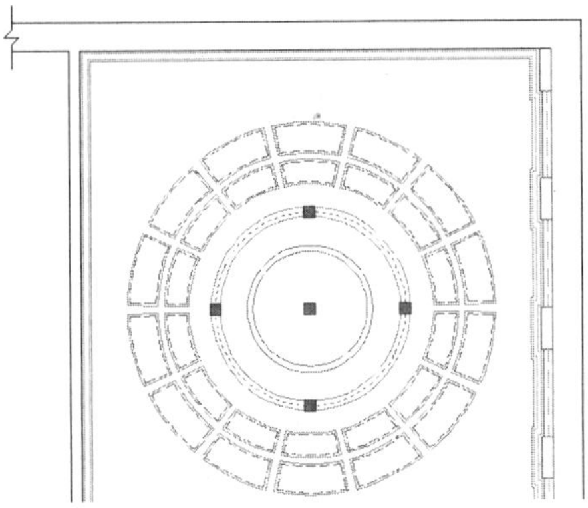

图9-121 夹点显示效果

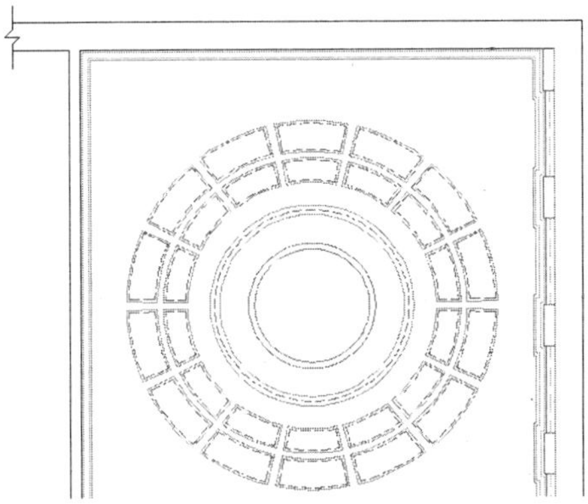

图9-122 修改线型后的效果

至此，KTV包厢吊顶灯带图绘制完毕。下一小节主要学习KTV包厢过道灯带轮廓图的绘制过程和技巧。

9.5.2 绘制KTV包厢过道灯带轮廓图

1 继续上节操作。

2 使用快捷键“O”激活【偏移】命令，分别将图9-123所示的四条吊顶轮廓线向内偏移20个绘图单位，作为灯带轮廓线，偏移结果如图9-124所示。

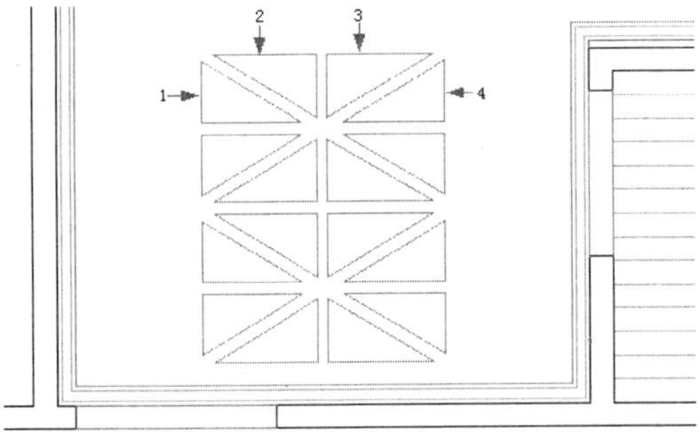

图9-123 定位偏移对象

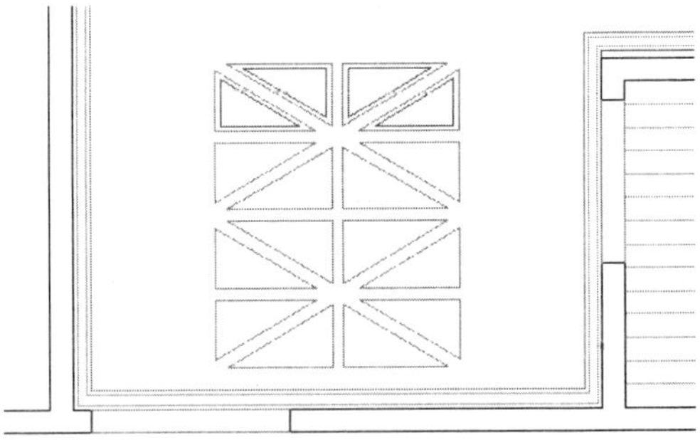

图9-124 偏移结果

3 使用快捷键“MA”激活【特性匹配】命令，对灯带轮廓线进行匹配线型特性。命令行操作如下：

```
命令: ma                                   // Enter
    MATCHPROP选择源对象:                    //选择如图9-125所示的灯带轮廓线
    当前活动设置: 颜色、图层、线型、线型比例、线宽、透明度、厚度、打印样式、标注、文
字、图案填充、多段线、视口、表格材质、阴影显示、多重引线
    选择目标对象或 [设置(S)]:               //选择如图9-126所示的灯带轮廓线
```

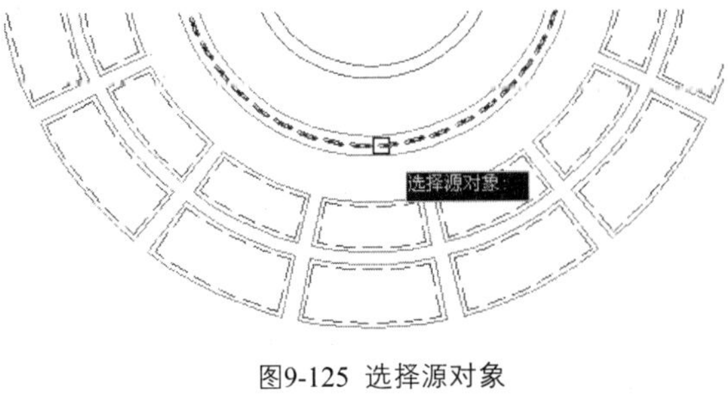

图9-125 选择源对象

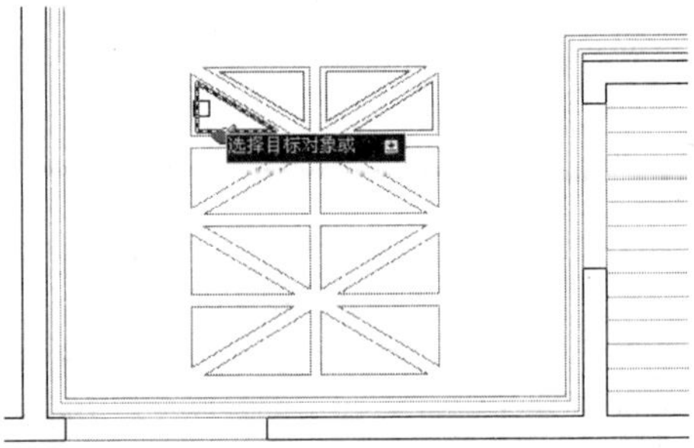

图9-126 选择目标对象

选择目标对象或 [设置(S)]:　　　　　//选择如图9-127所示的灯带轮廓线
选择目标对象或 [设置(S)]:　　　　　//选择如图9-128所示的灯带轮廓线

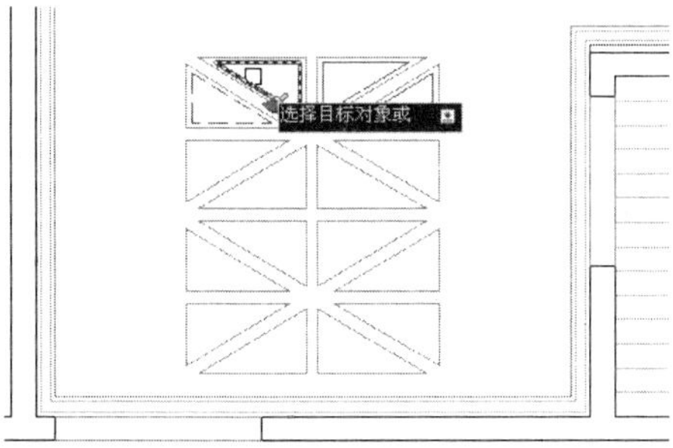

图9-127 选择目标对象

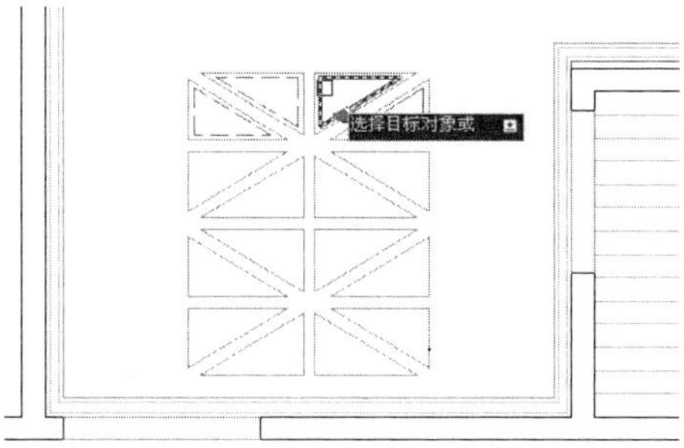

图9-128 选择目标对象

选择目标对象或 [设置(S)]:　　　　　//选择如图9-129所示的灯带轮廓线
选择目标对象或 [设置(S)]:　　　　　// Enter，匹配结果如图9-130所示

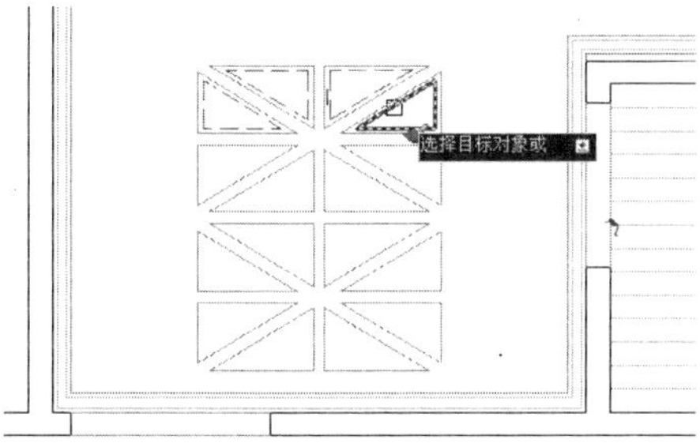

图9-129 选择目标对象

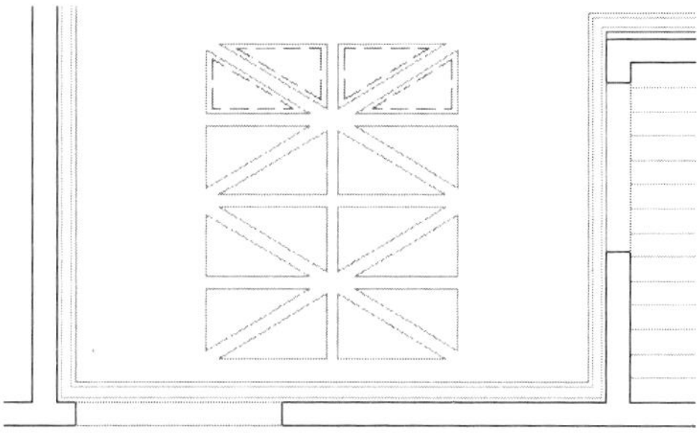

图9-130 匹配结果

4 使用快捷键“ML”激活【镜像】命令，对匹配后的过道灯带轮廓线进行镜像。命令行操作如下：

命令: MI　　　　　// Enter
MIRROR选择对象:　　　　　//选择如图9-131所示的四条灯带轮廓线
选择对象:　　　　　// Enter
指定镜像线的第一点:　　　　　//激活【两点之间的中点】功能
_m2p 中点的第一点:　　　　　//捕捉如图9-132所示的端点

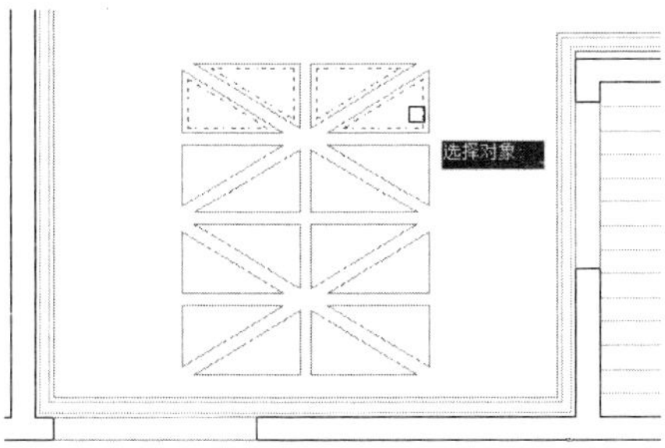

图9-131 选择结果

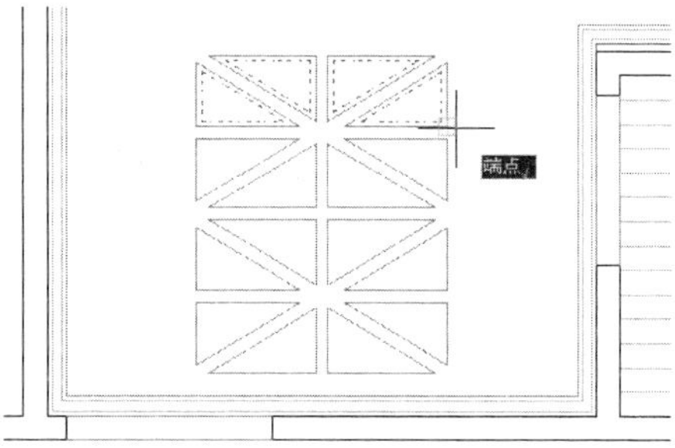

图9-132 捕捉端点

中点的第二点:　　　　　//捕捉如图9-133所示的端点
指定镜像线的第二点:　　　　　//@1,0 Enter
要删除源对象吗？[是(Y)/否(N)] <N>:　　　　　// Enter，镜像结果如图9-134所示

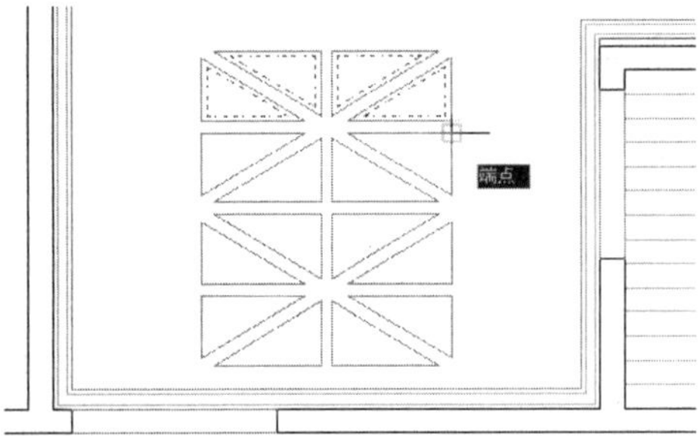

图9-133 捕捉端点

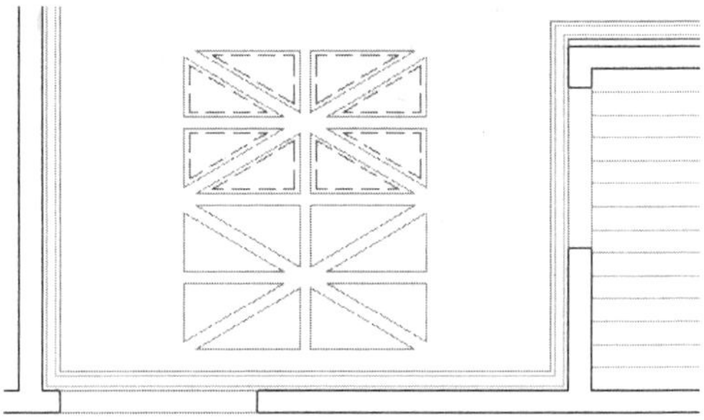

图9-134 镜像结果

5 参照上一操作步骤，重复执行【镜像】命令，配合【两点之间的中点】捕捉功能继续对过道灯带轮廓线进行镜像，镜像结果如图9-135所示。

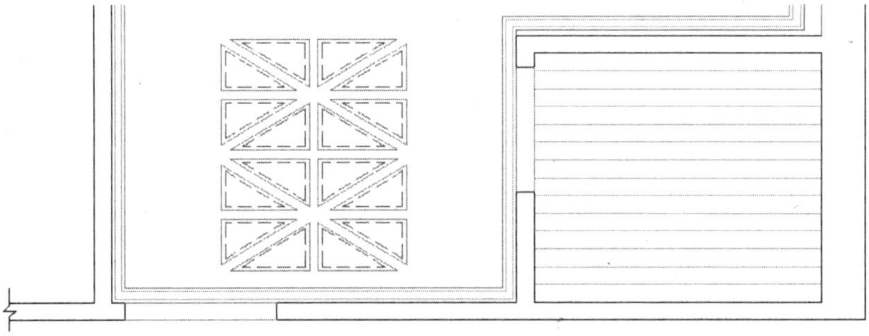

图9-135 镜像结果

至此，KTV包厢过道灯带轮廓图绘制完毕。下一小节将学习KTV包厢吊顶主灯具图的具体绘制过程和技巧。

9.5.3 绘制KTV包厢吊顶主灯具

1 继续上节操作。

2 单击【绘图】工具栏中的按钮，在打开的对话框中单击浏览(B)...按扭，选择本书配套光盘中的“图块文件\工艺吊灯03 .dwg”，如图9-136所示。

图9-136 选择文件

3 返回绘图区，以默认参数插入到平面图中，插入点为图9-137所示的圆心，插入结果如图9-138所示。

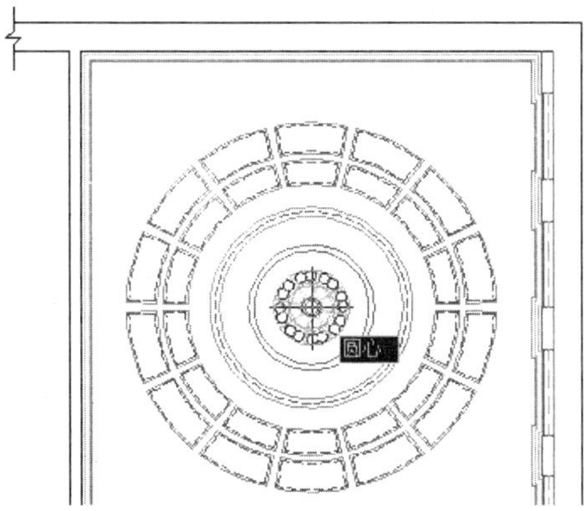

图9-137 捕捉圆心

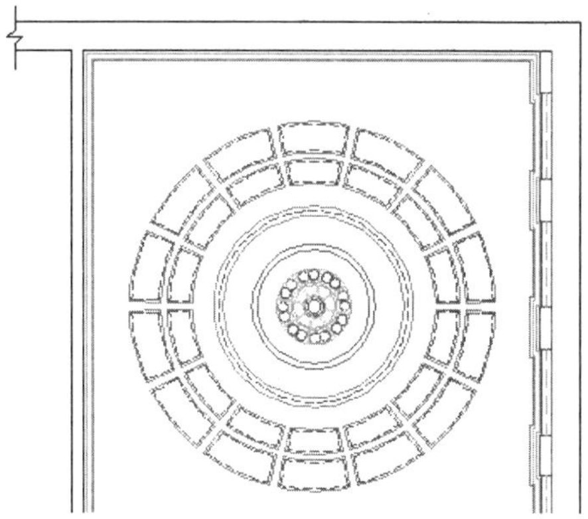

图9-138 插入结果

4 重复执行【插入块】命令，以默认参数插入本书配套光盘中的“图块文件\吸顶灯02.dwg”，块参数设置如图9-139所示。命令行操作如下：

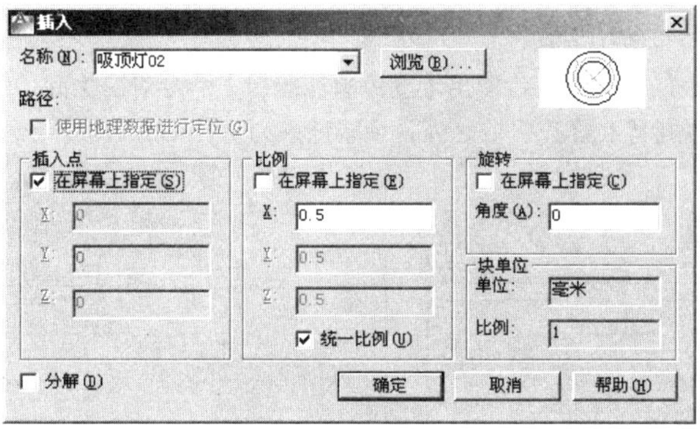

图9-139 设置参数

命令:

INSERT指定插入点或 [基点(B)/比例(S)/旋转(R)]:　　　　//激活【两点之间的中点】功能

_m2p 中点的第一点:　　　　//捕捉如图9-140所示的中点

中点的第二点:　　　　//捕捉如图9-141所示的中点，插入结果如图9-142所示

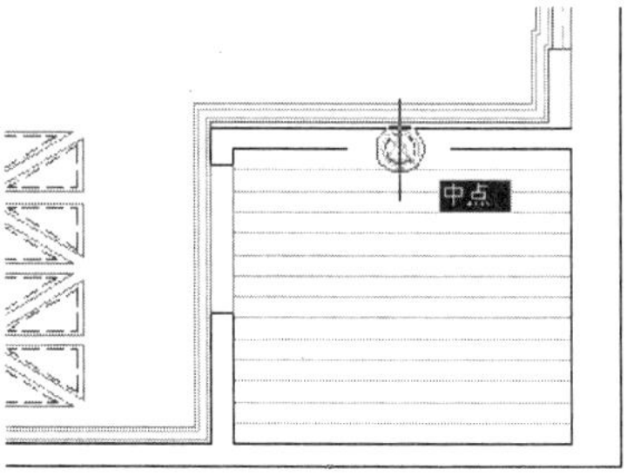

图9-140 捕捉中点

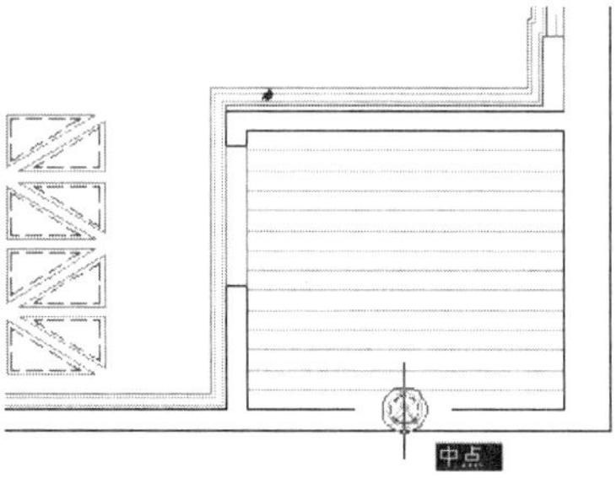

图9-141 捕捉中点

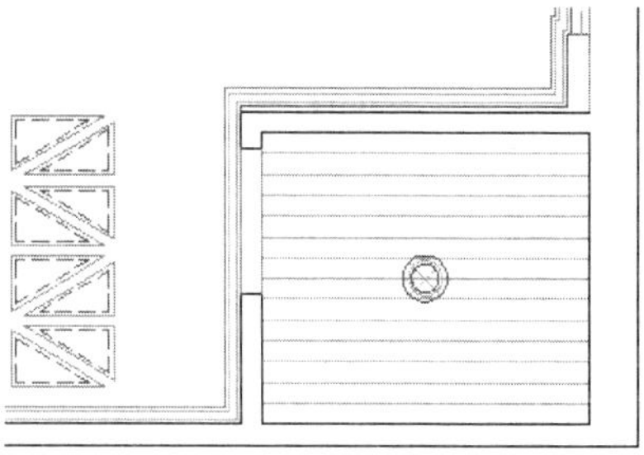

图9-142 插入结果

5 在卫生间吊顶填充图案上右击，在打开的快捷菜单中选择【图案填充编辑】命令，打开【图案填充编辑】对话框，选择孤岛填充样式，如图9-143所示。

6 在【图案填充编辑】对话框中单击按钮，返回绘图区，选择卫生间吊顶内的吸顶灯图块，将其以孤岛的方式排除在填充区域外，编辑的结果如图9-144所示。

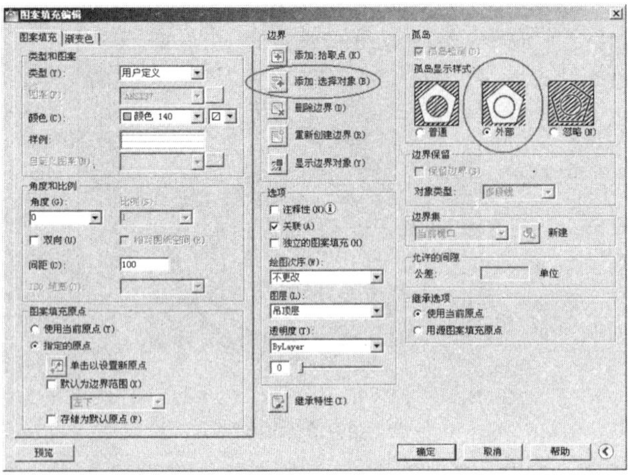

图9-143 设置孤岛样式

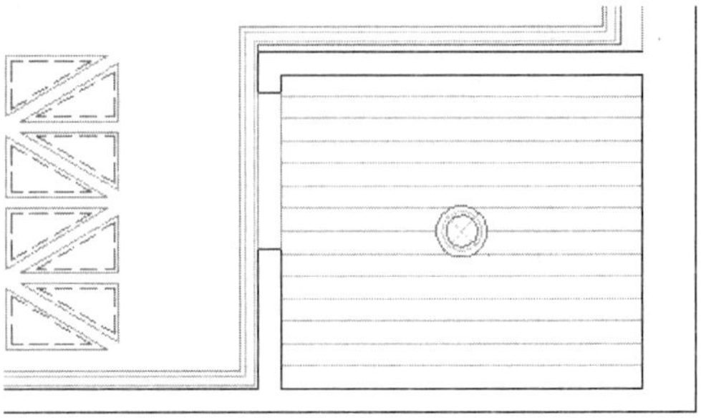

图9-144 编辑结果

7 使用快捷键“I”激活【插入块】命令，采用默认参数插入本书配套光盘中的“图块文件\排气扇.dwg”，插入结果如图9-145所示。

8 参照步骤5和步骤6的操作方法，使用【图案填充编辑】命令对卫生间吊顶图案进行编辑，以孤岛的方式将排气扇图块排除在填充区域之外，编辑结果如图9-146所示。

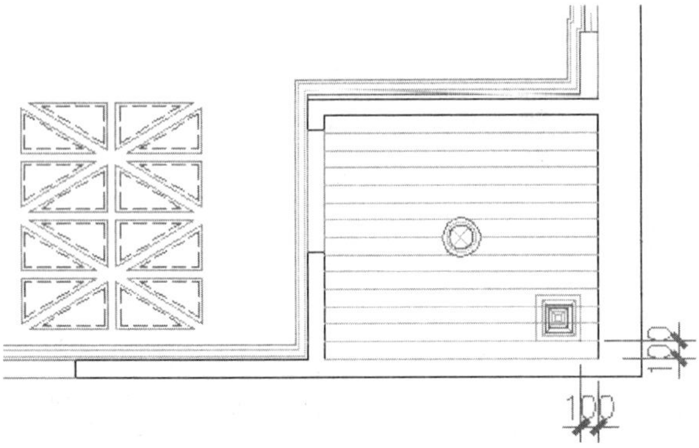

图9-145 插入结果

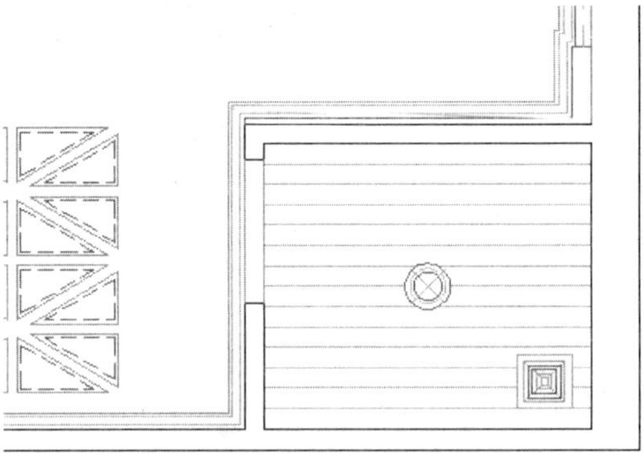

图9-146 编辑结果

至此，KTV包厢过道吊顶灯带图绘制完毕。下一小节将学习KTV包厢吊顶辅助灯具的具体绘制过程和技巧。

9.5.4 绘制KTV包厢吊顶辅助灯具

1 继续上节操作。

2 执行菜单栏中的【格式】|【点样式】命令，在打开的【点样式】对话框中设置点的样式及大小如图9-147所示。

3 执行菜单栏中的【格式】|【颜色】命令，在打开的【选择颜色】对话框中设置当前颜色如图9-148所示。

4 执行菜单栏中的【绘图】|【点】|【多点】命令，配合【两点之间的中点】捕捉功能绘制点作为辅助灯具。命令行操作如下：

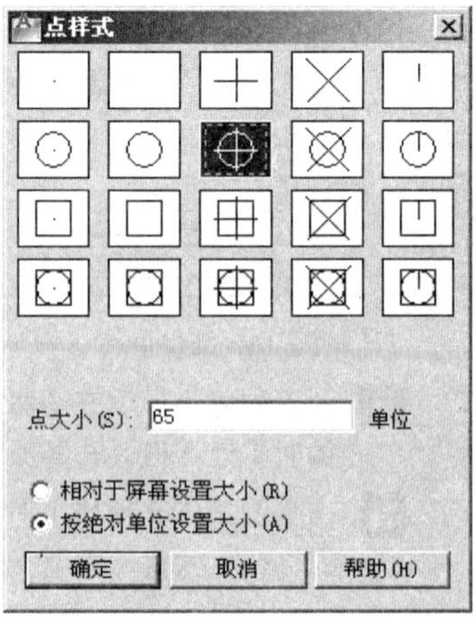

图9-147 设置点样式及大小

命令: _point

当前点模式: PDMODE=34 PDSIZE=65.000

指定点:　　　　　　　　　　　//激活【两点之间的中点】功能

_m2p 中点的第一点:　　　　　//捕捉如图9-149所示的象限点

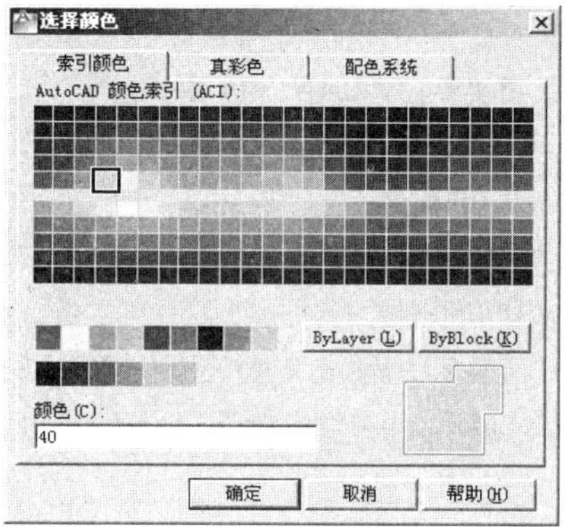

图9-148 设置当前颜色

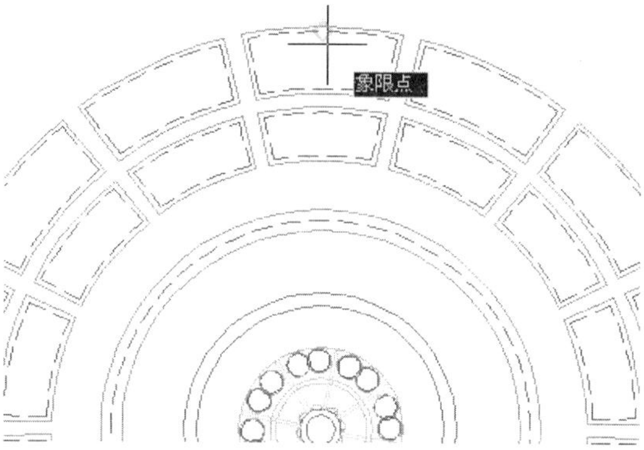

图9-149 捕捉象限点

中点的第二点:　　　　　　　　//捕捉如图9-150所示的中点

命令: _point

当前点模式: PDMODE=34 PDSIZE=65.000

指定点:　　　　　　　　　　　//激活【两点之间的中点】功能

_m2p 中点的第一点:　　　　　//捕捉如图9-151所示的象限点

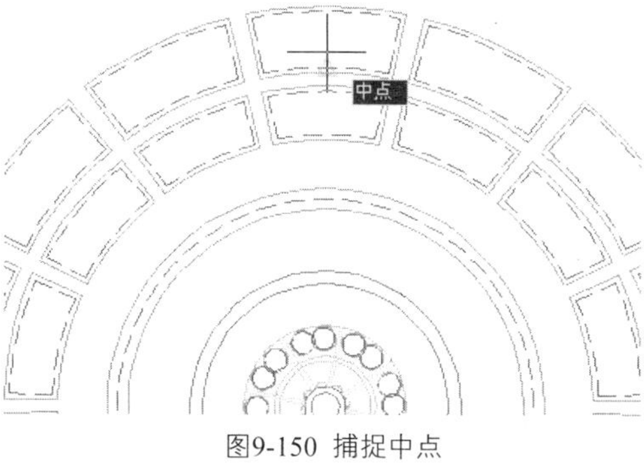

图9-150 捕捉中点

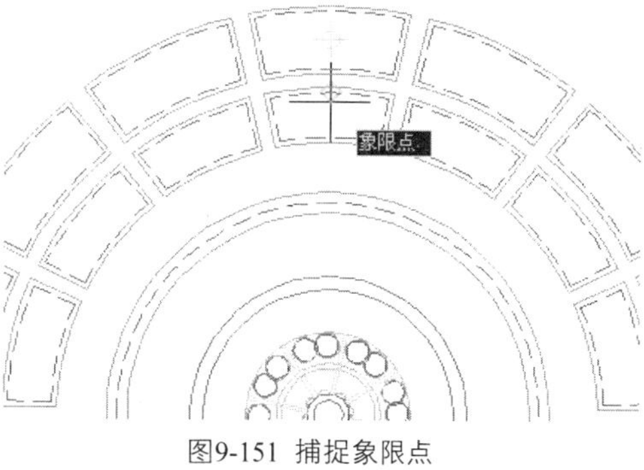

图9-151 捕捉象限点

中点的第二点:　　　　　　　　//捕捉如图9-152所示的中点，绘制结果如图9-153所示

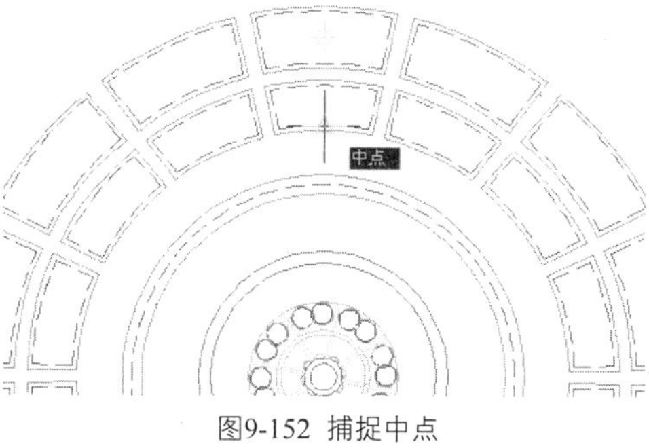

图9-152 捕捉中点

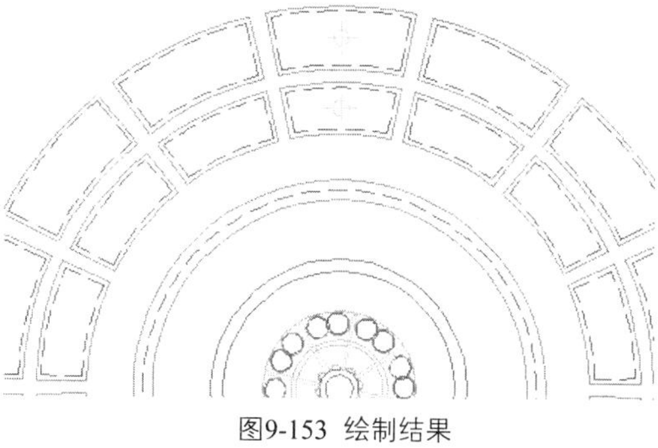

图9-153 绘制结果

5 执行菜单栏中的【修改】|【阵列】|【环形阵列】命令，将两个辅助灯具进行环形阵列。命令行操作如下：

```
命令: _arraypolar
    选择对象:                                      //选择如图9-153所示的两个点标记
    选择对象:                                      // Enter
    类型 = 极轴  关联 = 否
    指定阵列的中心点或 [基点(B)/旋转轴(A)]:          //捕捉如图9-154所示的圆心
    输入项目数或 [项目间角度(A)/表达式(E)] <4>:      //aEnter
    指定项目间的角度或 [表达式(EX)] <90>:            //ex Enter
    输入表达式:                                    //360/14 Enter
    指定项目数或 [填充角度(F)/表达式(E)] <4>:        //14 Enter
    按 Enter 键接受或 [关联(AS)/基点(B)/项目(I)/项目间角度(A)/填充角度(F)/行(ROW)/层(L)/旋转
  项目(ROT)/退出(X)] <退出>:                        // Enter，阵列结果如图9-155所示
```

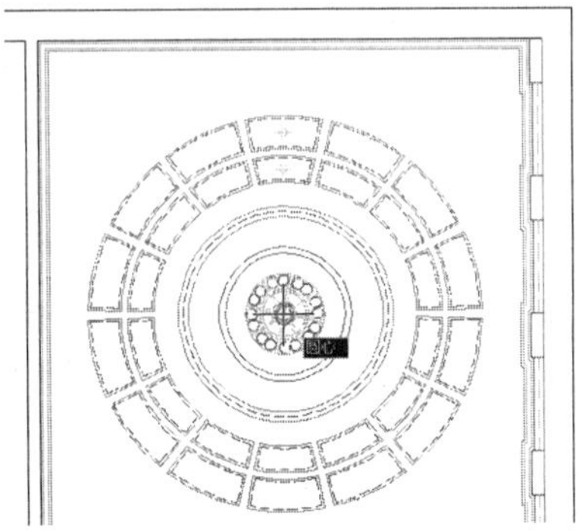

图9-154 捕捉圆心

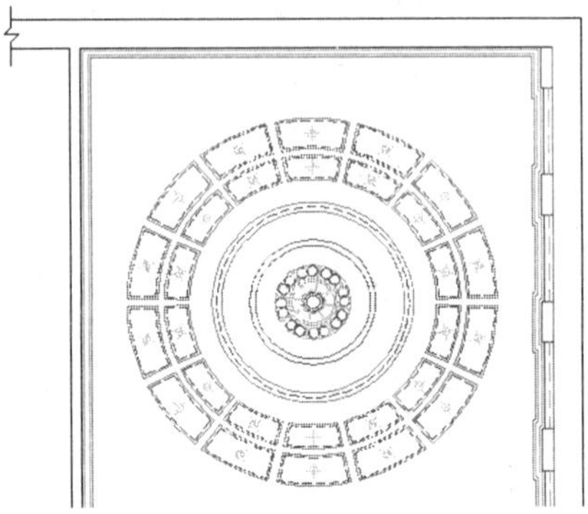

图9-155 阵列结果

6 使用快捷键“L”激活【直线】命令，配合延伸捕捉功能绘制如图9-156所示的辅助线。

7 使用快捷键“ME”激活【定距等分】命令，将辅助线进行定距等分。命令行操作如下：

```
命令: _measure
    MEASURE
    选择要定距等分的对象:                           //在辅助线左端单击，如图9-157所示
    指定线段长度或 [块(B)]:                         //850 Enter，等分结果如图9-158所示
```

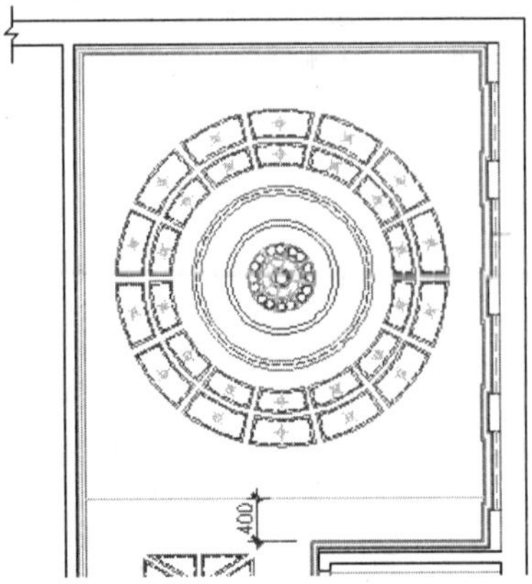

图9-156 绘制辅助线

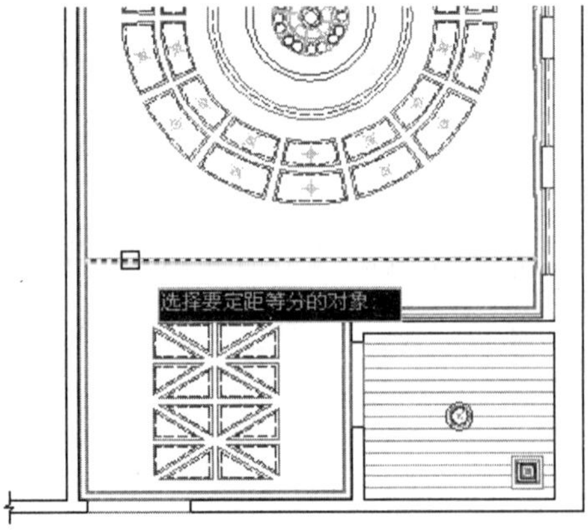

图9-157 选择等分对象

8 执行菜单栏中的【修改】|【移动】命令，将四个等分点进行位移。命令行操作如下：

命令: _move
　　选择对象:　　　　　　　//拉出如图9-159所示的窗口选择框

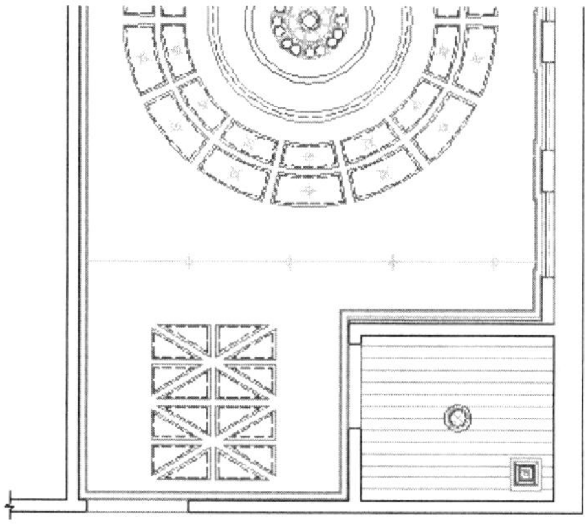
图9-158 等分结果

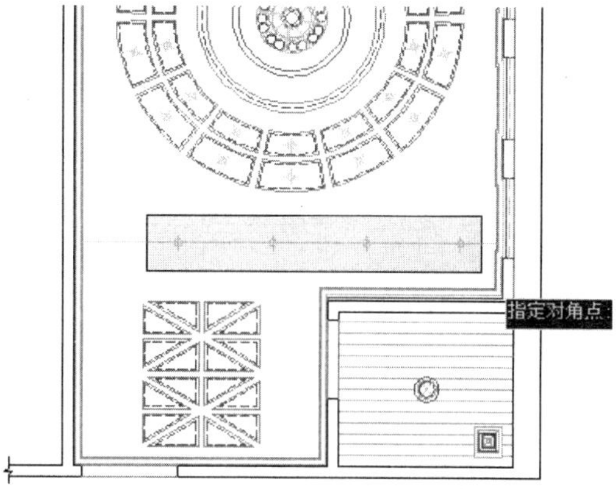

图9-159 窗口选择框

　　选择对象:　　　　　　　　　　　// Enter
　　指定基点或 [位移(D)] <位移>:　　　　//拾取任一点
　　指定第二个点或 <使用第一个点作为位移>:
　　　　　　　　　　　　　　　　　//@-265,0 Enter，位移结果如图9-160所示

9 执行菜单栏中的【修改】|【删除】命令，将辅助线删除，结果如图9-161所示。

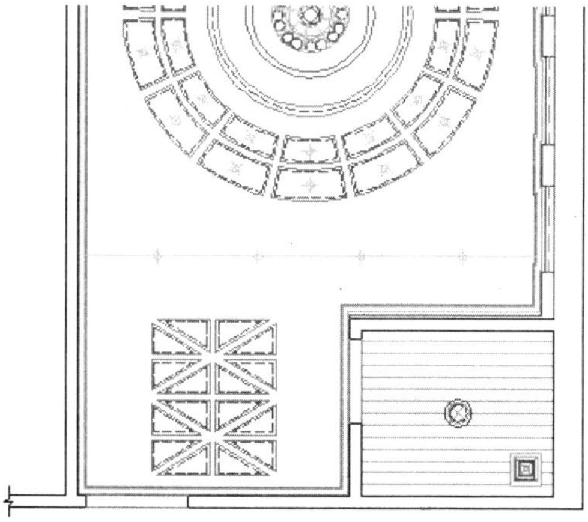
图9-160 移动结果

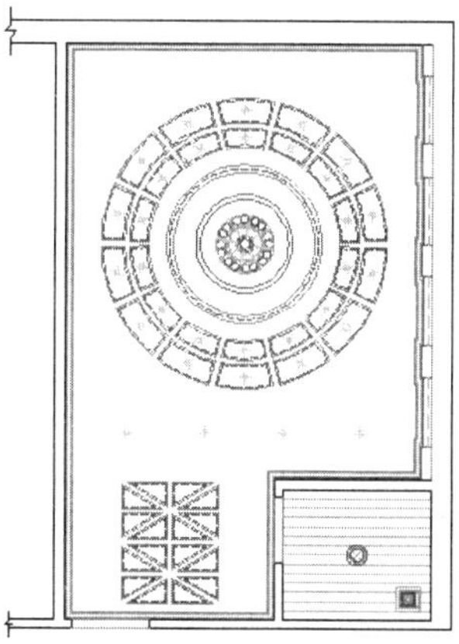
图9-161 删除辅助线

至此，KTV包厢吊顶辅助灯具绘制完毕。下一小节将学习KTV包厢吊顶图尺寸的快速标注过程和标注技巧。

9.5.5 标注KTV包厢吊顶定位尺寸

1 继续上节操作。

2 删除辅助圆，然后展开【图层控制】下拉列表，解冻“尺寸层”，并将其设置为当前操作层，此时图形的显示结果如图9-162所示。

3 执行菜单栏中的【标注】|【线性】命令，配合捕捉与追踪功能标注如图9-163所示的线性尺寸。

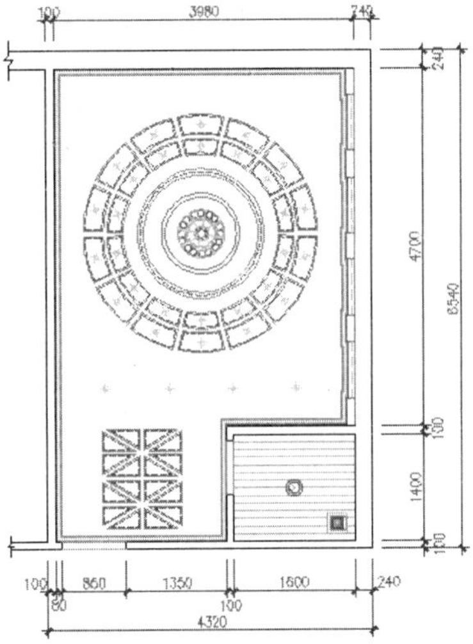

图9-162 图形的显示效果

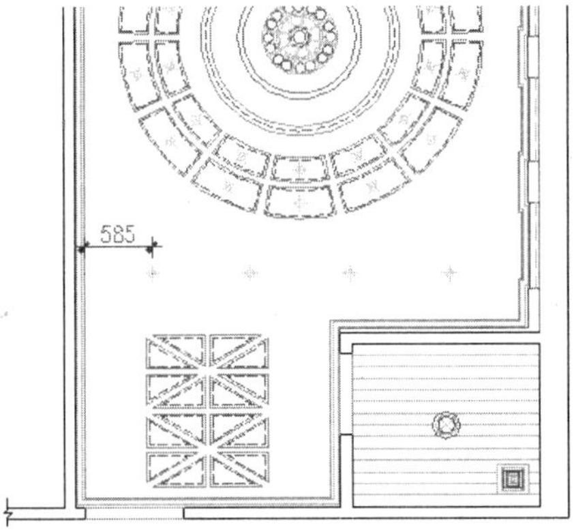

图9-163 标注线性尺寸

4 执行菜单栏中的【标注】|【连续】命令，配合节点捕捉等功能标注如图9-164所示的定位尺寸。

5 参照上述操作步骤，综合使用【线性】和【连续】命令分别标注其他位置的定位尺寸，标注结果如图9-165所示。

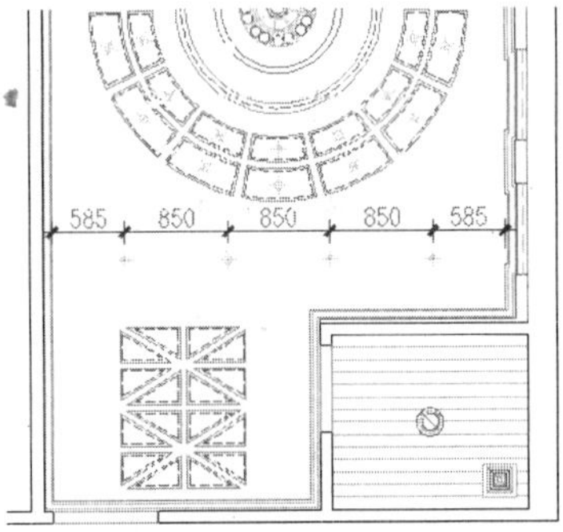

图9-164 标注连续尺寸

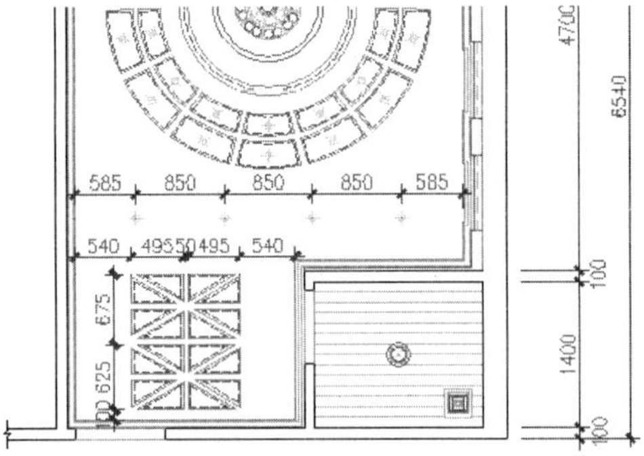

图9-165 标注其他位置的定位尺寸

6 使用快捷键"D"激活【标注样式】命令，将"角度标注"设置为当前样式，并修改标注比例如图9-166所示。

7 执行菜单栏中的【标注】|【半径】命令，为圆形吊顶标注半径尺寸，结果如图9-167所示。

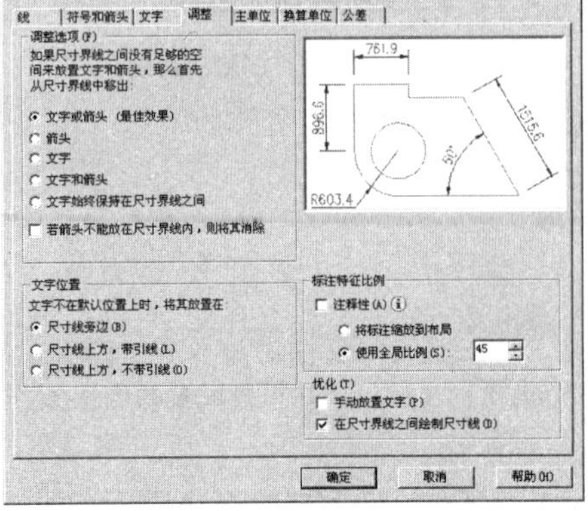

图9-166 修改标注样式及比例

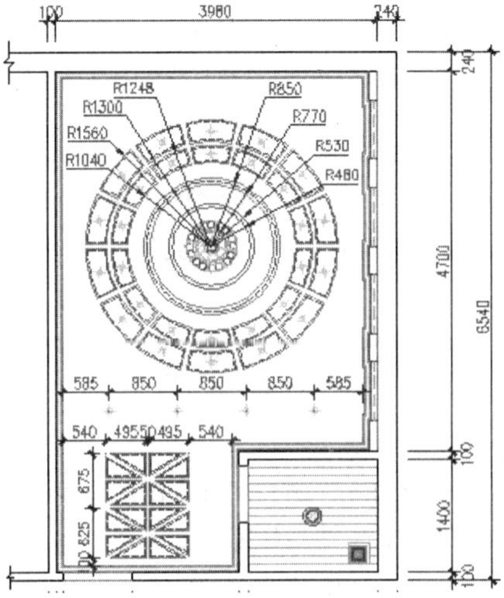

图9-167 标注结果

9.5.6 标注KTV包厢吊顶文字注释

1. 继续上节操作。
2. 展开【图层控制】下拉列表，将“文本层”设置为当前操作层。
3. 展开【图层控制】下拉列表，将“仿宋体”设置为当前文字样式。
4. 暂时关闭状态栏上的【对象捕捉】功能。
5. 使用快捷键“L”激活【直线】命令，绘制如图9-168所示的文字指示线。
6. 展开【颜色控制】下拉列表，将当前颜色设置为红色。
7. 使用快捷键“DT”激活【单行文字】命令，设置字体高度为180，为天花图标注文字注释。命令行操作如下：

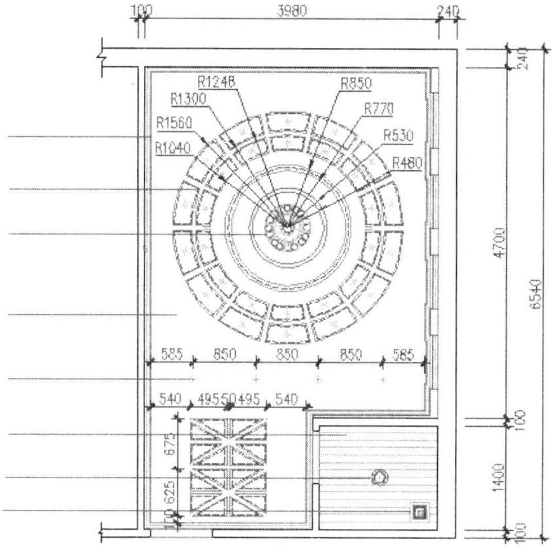

图9-168 绘制结果

命令：TEXT
　　当前文字样式：“仿宋体”　文字高度：180.000　注释性：否
　　指定文字的起点或 [对正(J)/样式(S)]:　　　　　　//j Enter
　　输入选项 [对齐(A)/布满(F)/居中(C)/中间(M)/右对齐(R)/左上(TL)/中上(TC)/右上(TR)/左中(ML)/正中(MC)/右中(MR)/左下(BL)/中下(BC)/右下(BR)]:　　//BL Enter
　　指定文字的左下点:　　　　　　//捕捉文字指示线的左端点
　　指定高度 <0.000>:　　　　　　//180 Enter
　　指定文字的旋转角度 <0.0>:　　　　　　// Enter

8. 此时在单行文字输入框内输入“石膏顶棚线幻彩漆”文字内容，如图9-169所示。
9. 使用快捷键“M”激活【移动】命令，将标注的单行文字沿z轴正方向移动50个绘图单位，结果如图9-170所示。

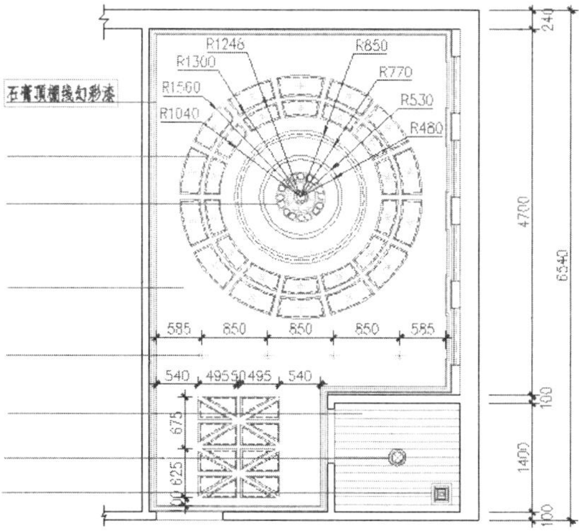

图9-169 输入文字

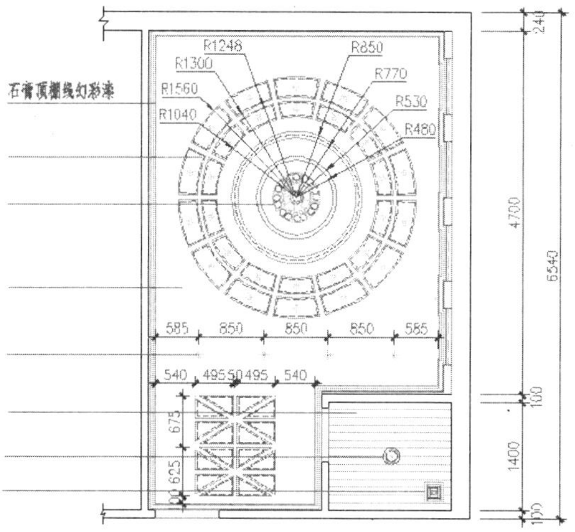

图9-170 移动结果

10. 使用快捷键“CO”激活【复制】命令，将标注的单行文字分别复制到其他指示线上，结果如图9-171所示。

11 使用快捷键“ED”激活【编辑文字】命令，选择复制出的文字进行编辑，输入正确的文字内容，如图9-172所示，修改结果如图9-173所示。

12 接下来重复使用【编辑文字】命令，分别对其他位置的文字注释进行编辑，结果如图9-174所示。

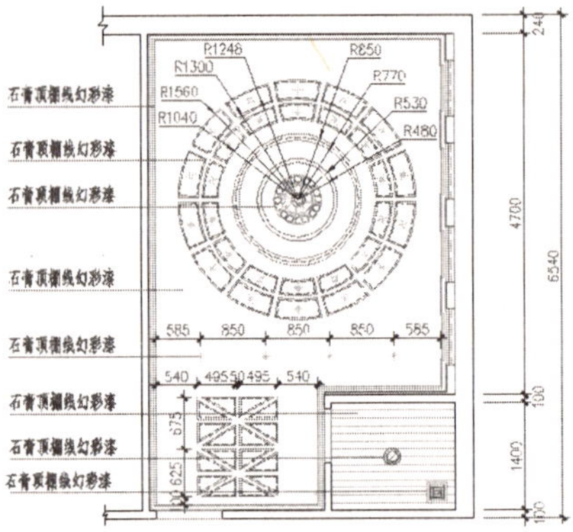

图9-171 复制结果

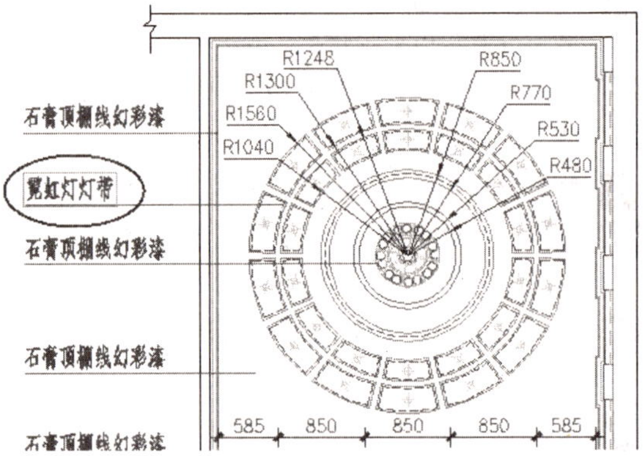

图9-172 编辑文字

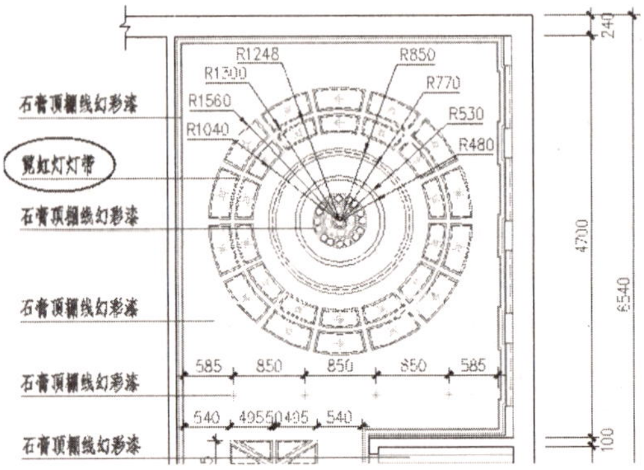

图9-173 修改结果

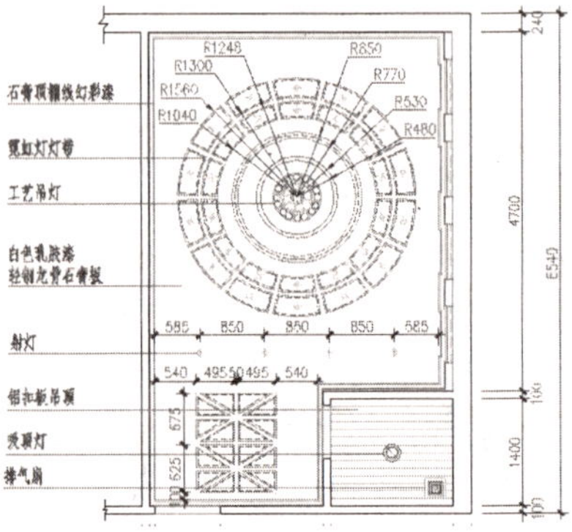

图9-174 修改其他文字

13 最后执行【另存为】命令，将图形另名存储为“标注KTV包厢吊顶装修图.dwg”。

9.6 绘制KTV包厢B向装饰立面图

本节主要学习KTV包厢B向装饰立面图的具体绘制过程和绘制技巧。包厢B向立面图的最终绘制效果如图9-175所示。

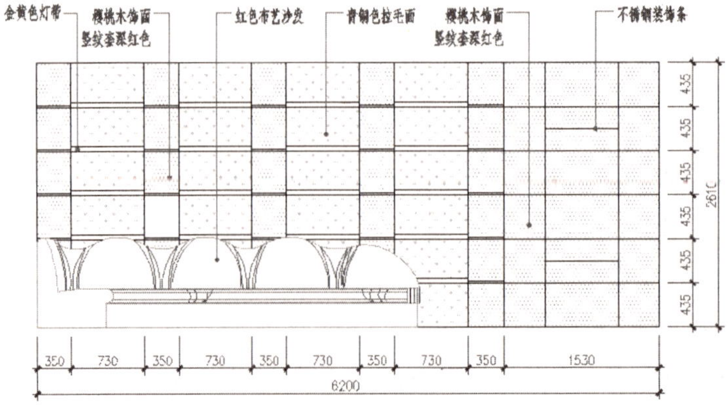

图9-175 实例效果

在绘制KTV包厢B向立面图时，具体可以参照如下思路。

1）首先调用制图样板并设置当前操作层。

2）使用【构造线】、【偏移】、【修剪】、【复制】等命令绘制包厢B向墙面分隔线。

3）使用【插入块】、【修剪】、【删除】等命令绘制包厢B向墙面构件图。

4）使用【图案填充】命令绘制包厢B向墙面装饰线。

5）使用【线性】、【连续】命令标注包厢立面图尺寸。

6）最后使用【标注样式】、【快速引线】命令标注KTV包厢立面图文字。

9.6.1　绘制KTV包厢B向装饰轮廓图

1 以本书配套光盘中的“样板文件\室内设计样板.dwt”作为基础样板，新建空白文件。

2 展开【图层控制】下拉列表，设置“轮廓线”为当前操作层。

3 执行菜单栏中的【绘图】|【构造线】命令，绘制相互垂直的两条构造线作为基准线，如图9-176所示。

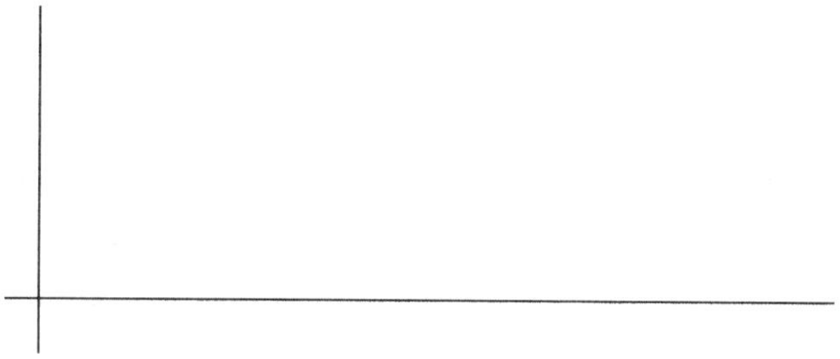

图9-176　绘制结果

4 执行菜单栏中的【修改】|【偏移】命令，对两条构造线进行多次偏移，以创建出其他位置的定位线，结果如图9-177所示。

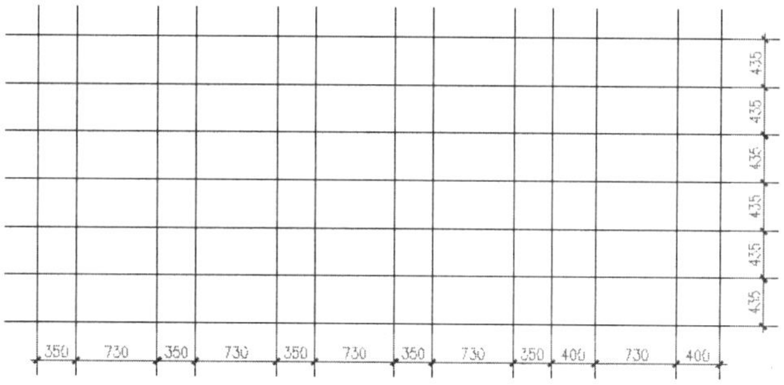

图9-177　偏移结果

5 执行菜单栏中的【修改】|【修剪】命令，使用“栏选”方式，在纵横定位线的四侧绘制如图9-178所示的栅栏线，以快速修剪掉多余的部分图线，修剪结果如图9-179所示。

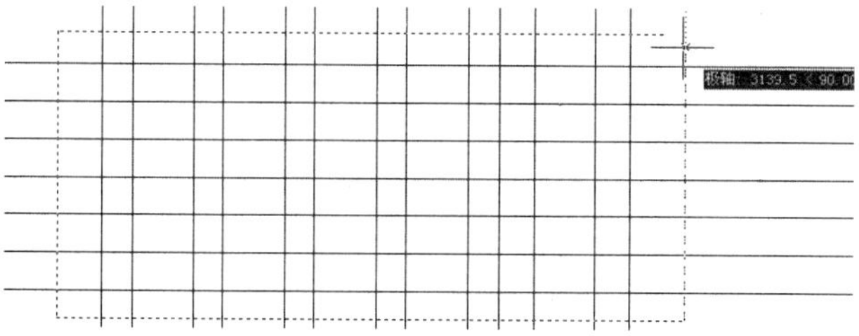

图9-178　栏选对象

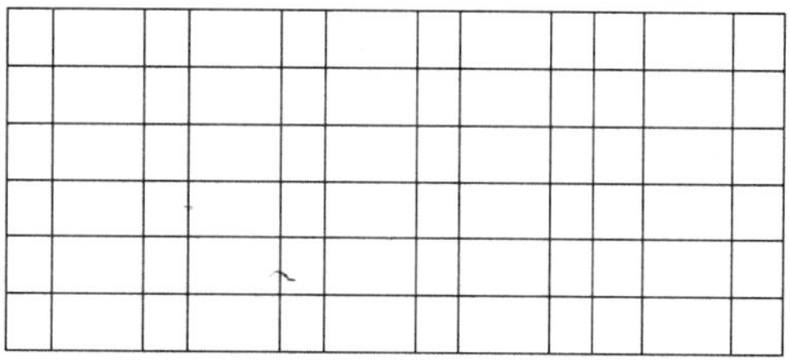

图9-179　修剪结果

6 执行菜单栏中的【修改】|【复制】命令，选择内部的五条水平图线，将其沿y轴正方向分别复制

20和50个绘图单位，结果如图9-180所示。

7 使用快捷键“TR”激活【修剪】命令，对复制出的图线进行修剪，删除多余部分，结果如图9-181所示。

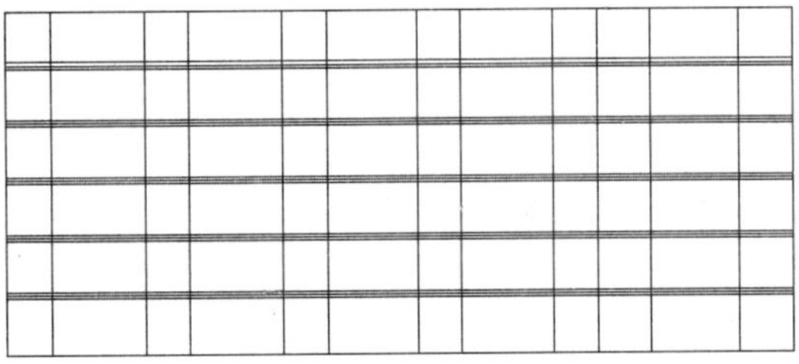

图9-180 复制结果

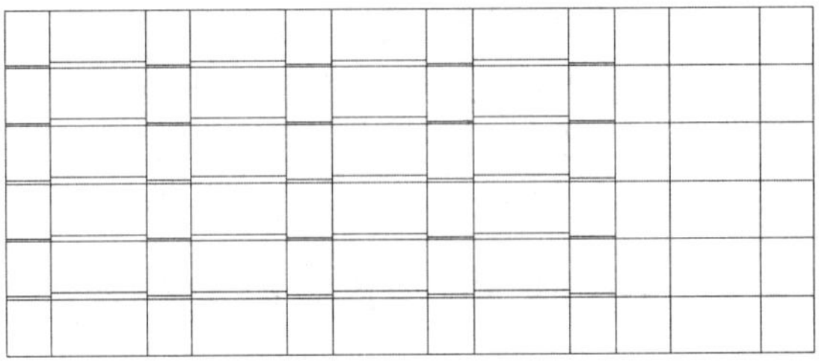

图9-181 修剪结果

8 使用快捷键“L”激活【直线】命令，配合交点捕捉和【两点之间的中点】捕捉功能，绘制如图9-182所示的水平图线。

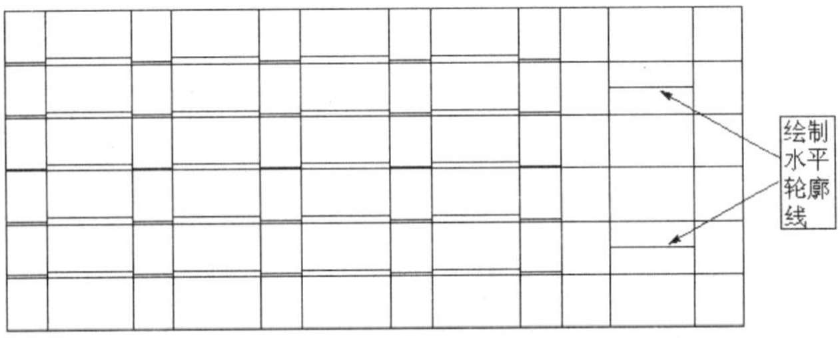

图9-182 绘制结果

至此，KTV包厢B向装饰轮廓图绘制完毕。下一小节将学习KTV包厢立面构件的绘制过程和技巧。

9.6.2 绘制KTV包厢B向构件图

1 继续上节操作。

2 展开【图层控制】下拉列表，将“图块层”设置为当前操作层，如图9-183所示。

3 使用快捷键“I”激活【插入块】命令，选择本书配套光盘中的“图块文件\沙发组.dwg”文件，如图9-184所示。

图9-183 设置当前层

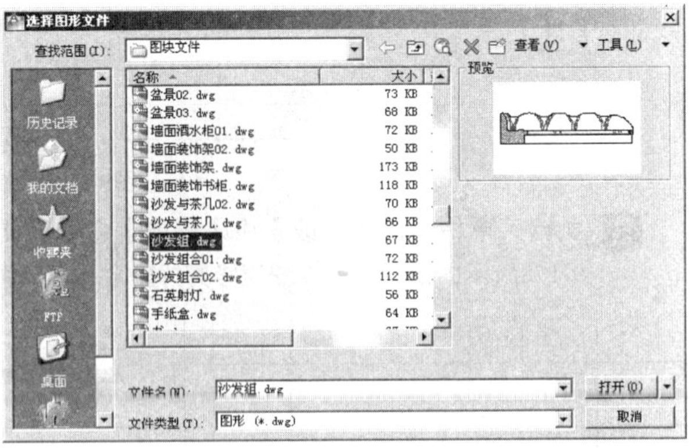

图9-184 选择文件

4 返回【插入】对话框，配合端点捕捉功能，以默认参数将图块插入到立面图中，插入点为左下角外轮廓线的交点，结果如图9-185所示。

5 综合使用【修剪】和【删除】命令，将位于沙发组图例内部的轮廓线进行修剪，结果如图9-186所示。

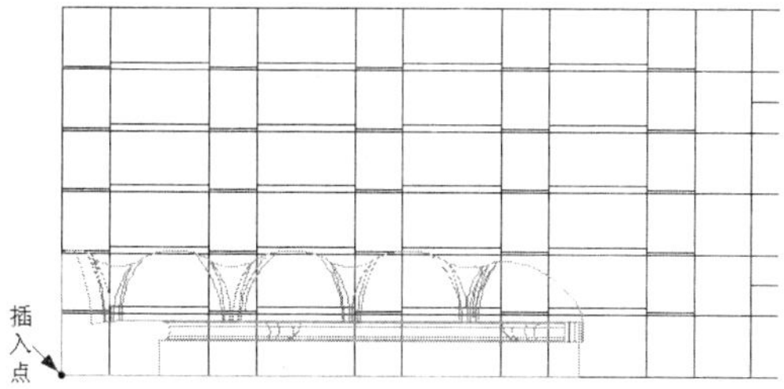

图9-185 插入结果

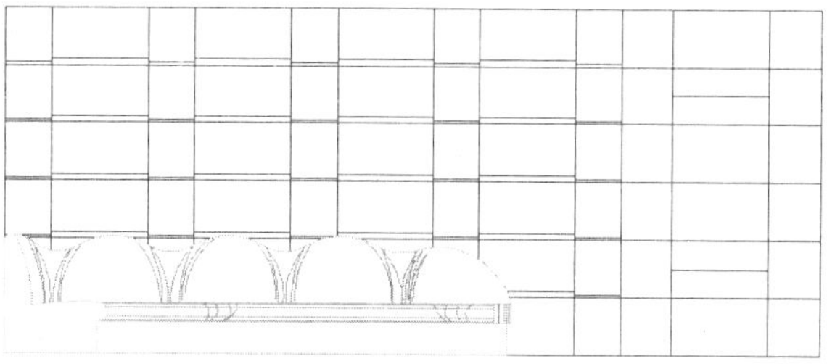

图9-186 编辑结果

至此，KTV包厢B向构件图绘制完毕。下一小节将学习包厢墙面装饰线的具体绘制过程和技巧。

9.6.3 绘制KTV包厢B向墙面装饰线

1 继续上节操作。

2 使用快捷键“LA”激活【图层】命令，将“填充层”设置为当前操作层。

3 执行菜单栏中的【格式】|【颜色】命令，将当前颜色设置为140号色，如图9-187所示。

4 使用快捷键“H”激活【图案填充】命令，设置填充图案及填充参数如图9-188所示。返回绘图区，拾取如图9-189所示的填充区域进行填充，填充结果如图9-190所示。

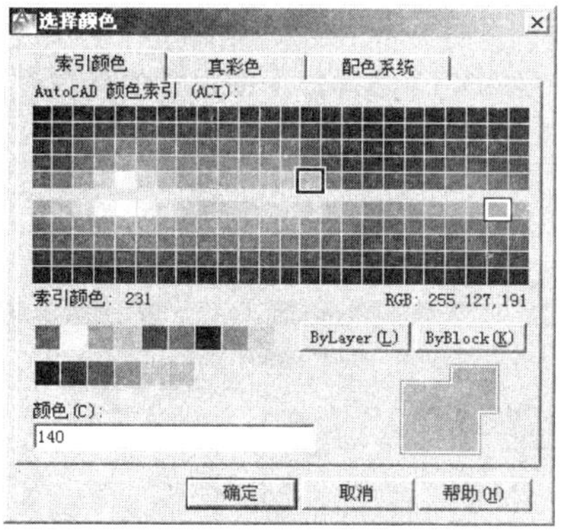

图9-187 设置当前颜色

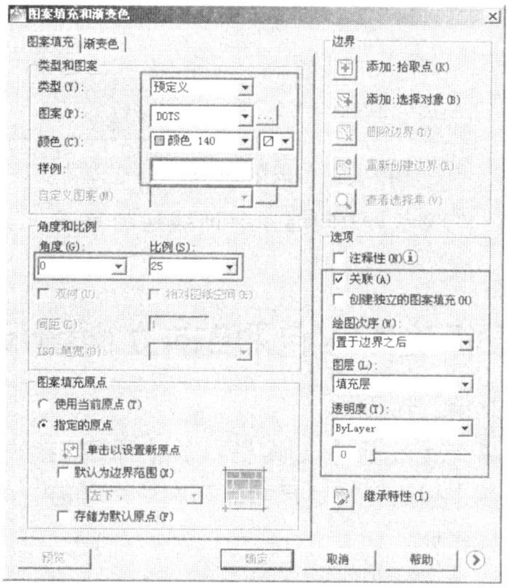

图9-188 设置填充图案及参数

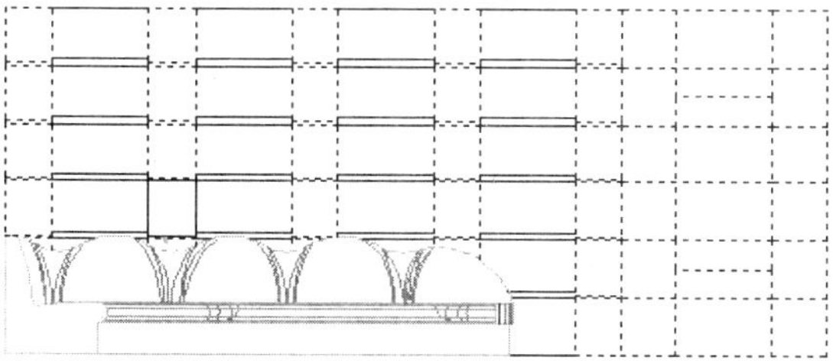

图9-189 拾取填充区域

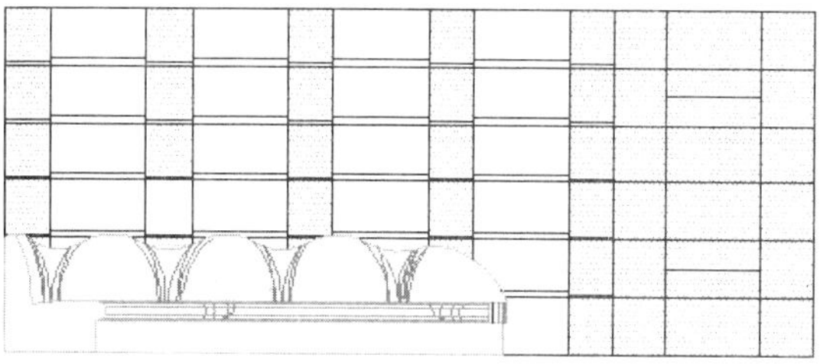

图9-190 填充结果

5 执行菜单栏中的【格式】|【颜色】命令，将当前颜色设置为40号色，如图9-191所示。

6 重复执行【图案填充】命令，设置填充图案及填充参数如图9-192所示。返回绘图区，拾取如图9-193所示的填充区域进行填充，填充结果如图9-194所示。

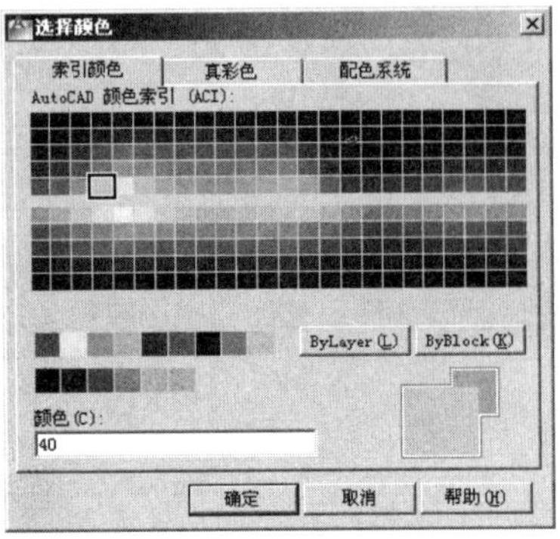

图9-191 设置当前颜色

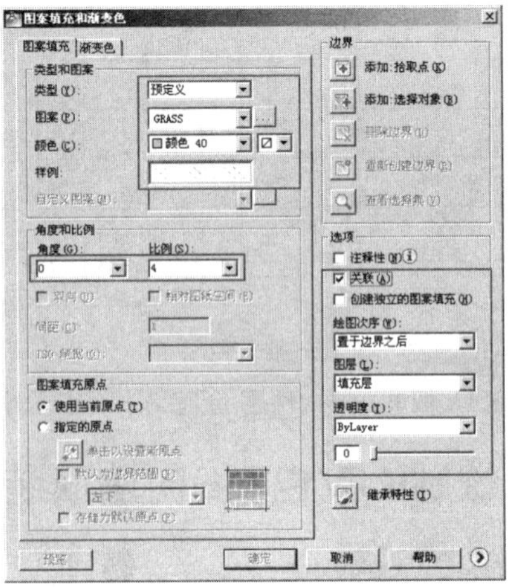

图9-192 设置填充图案及参数

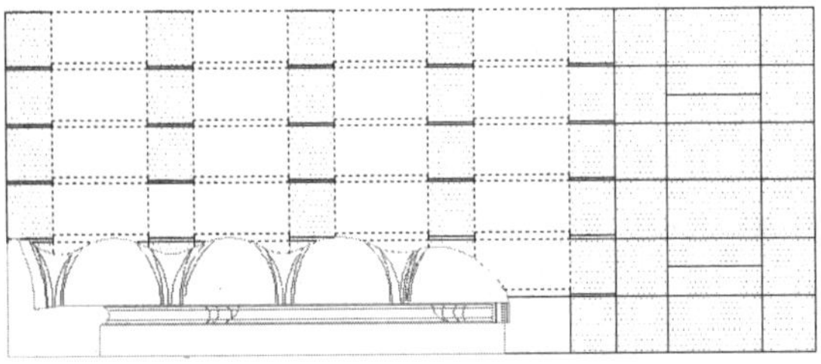

图9-193 拾取填充区域

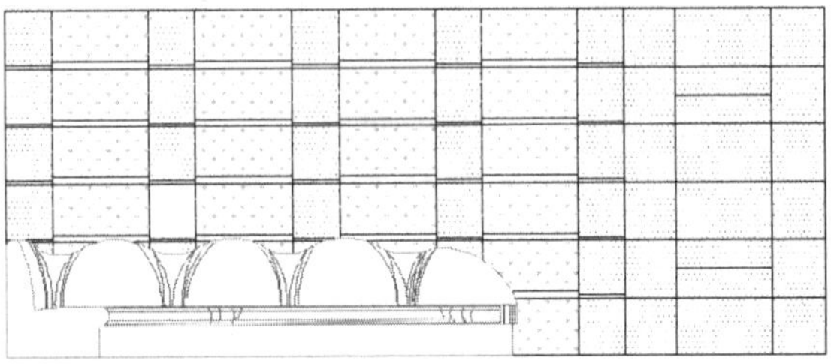

图9-194 填充结果

至此，KTV包厢B向墙面装饰线绘制完毕。下一小节将学习KTV包厢立面图尺寸的标注过程和标注技巧。

9.6.4 标注KTV包厢B向立面图尺寸

1. 继续上节操作。
2. 展开【图层】工具栏中的【图层控制】列表，将“尺寸层”设置为当前操作层。
3. 执行菜单栏中的【标注】|【标注样式】命令，将“建筑标注”设置为当前标注样式，并修改标注比例如图9-195所示。
4. 单击【标注】工具栏中的按扭，激活【线性】命令，配合端点捕捉和延伸捕捉功能标注如图9-196所示的线性尺寸作为基准尺寸。
5. 单击【标注】工具栏中的按扭，激活【连续】命令，配合捕捉和追踪功能，标注如图9-197所示的连续尺寸作为细部尺寸。

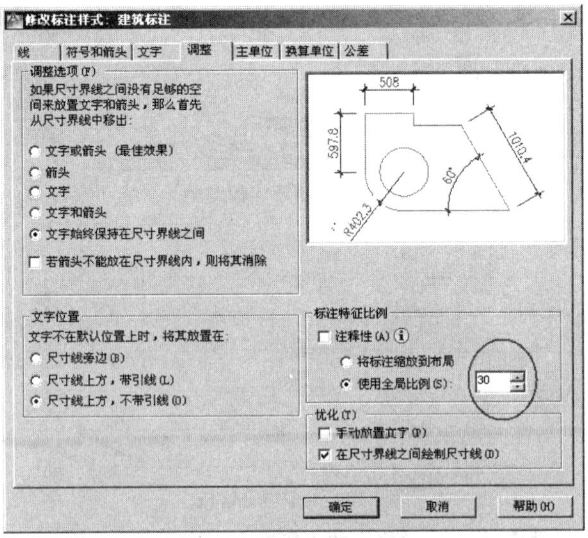

图9-195 修改标注样式及比例

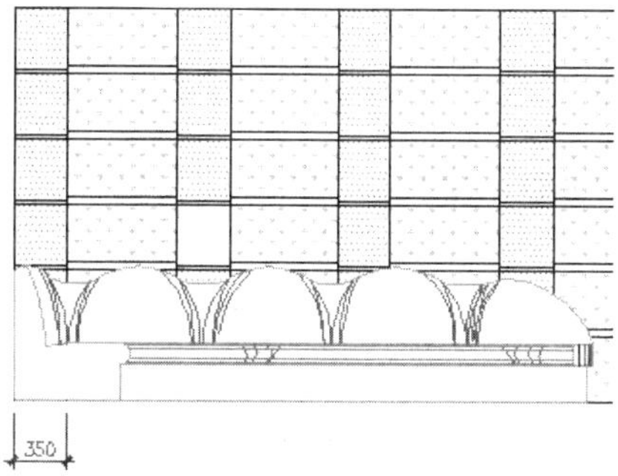

图9-196 标注基准尺寸

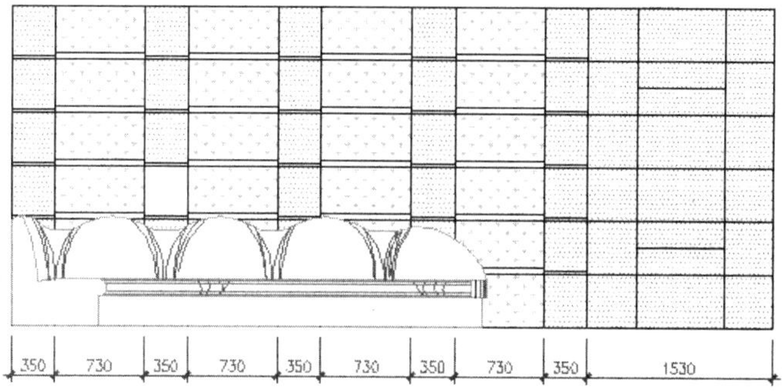

图9-197 标注细部尺寸

6 单击【标注】工具栏中的⊢⊣按扭，配合端点捕捉功能标注下侧的总尺寸，结果如图9-198所示。

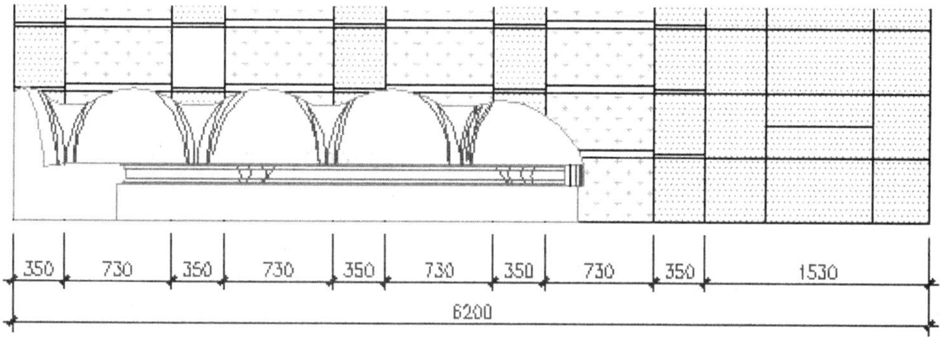

图9-198 标注总尺寸

7 参照上述操作，综合使用【线性】和【连续】命令，配合端点捕捉功能标注立面图右侧的尺寸，结果如图9-199所示。

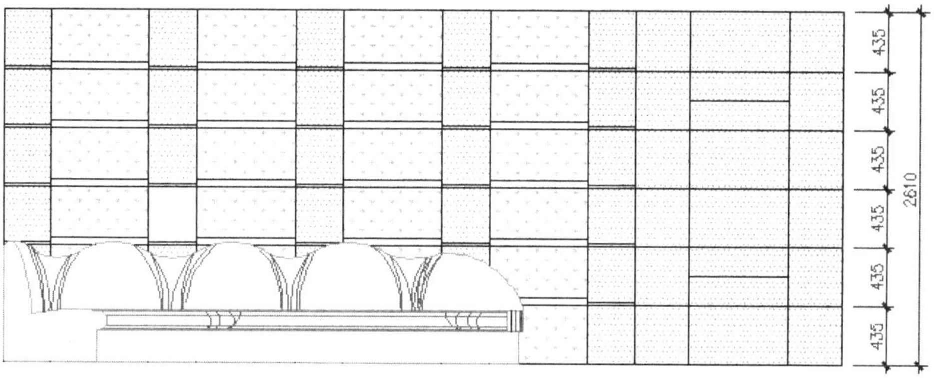

图9-199 标注结果

至此，KTV包厢B向立面图尺寸标注完毕。下一小节将为B向立面图标注墙面材质注解。

9.6.5 标注KTV包厢B向材质注解

1 继续上节操作。

2 展开【图层控制】下拉列表，将“文本层”设置为当前操作层。

3 使用快捷键“D”激活【标注样式】命令，修改“引线标注”样式的比例如图9-200所示，然后将该样式设置为当前样式，如图9-201所示。

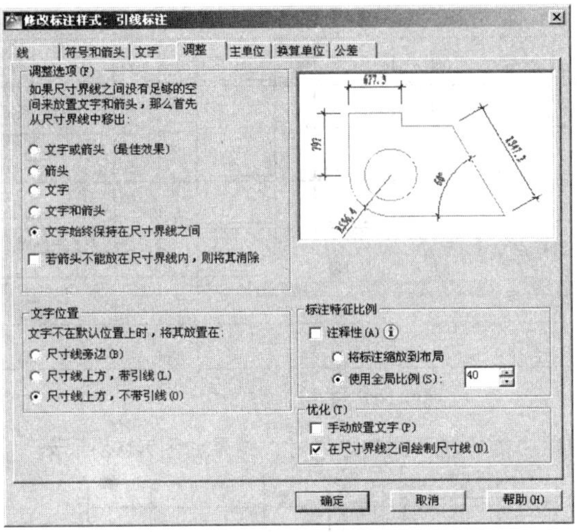

图9-200 修改标注比例

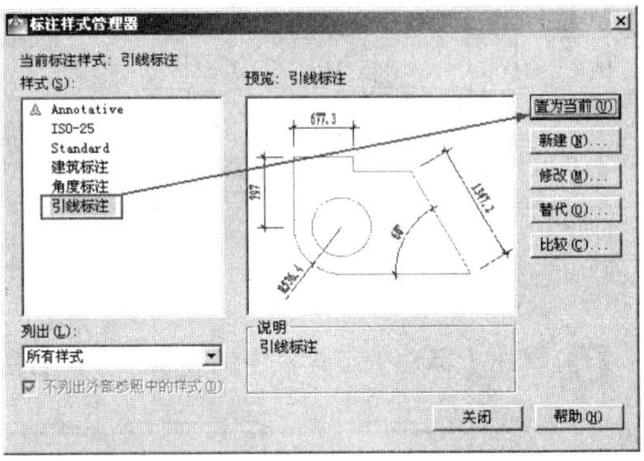

图9-201 设置当前标注样式

4 使用快捷键“LE”激活【快速引线】命令，设置引线参数如图9-202和图9-203所示。

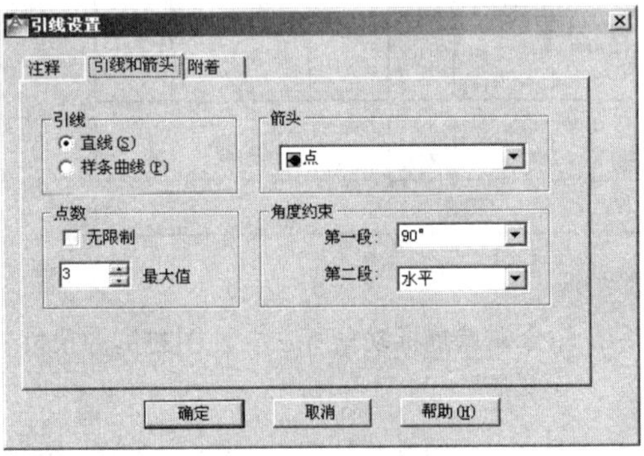

图9-202 设置引线参数

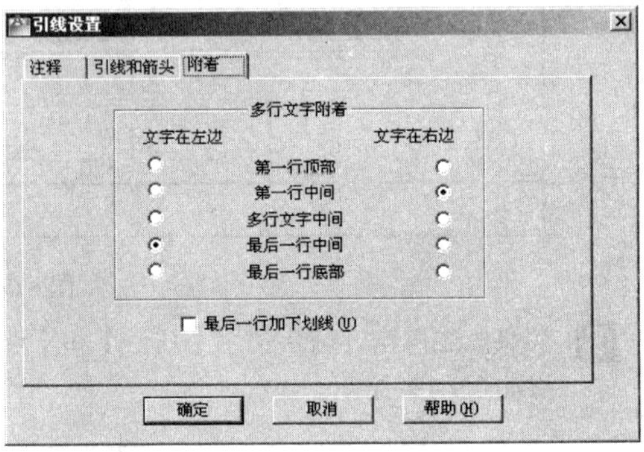

图9-203 设置附着位置

5 单击 确定 按钮，根据命令行的提示指定引线点绘制引线，并输入引线注释，标注结果如图9-204所示。

6 重复执行【快速引线】命令，按照当前的引线参数设置，标注其他位置的引线注释，结果如图9-205所示。

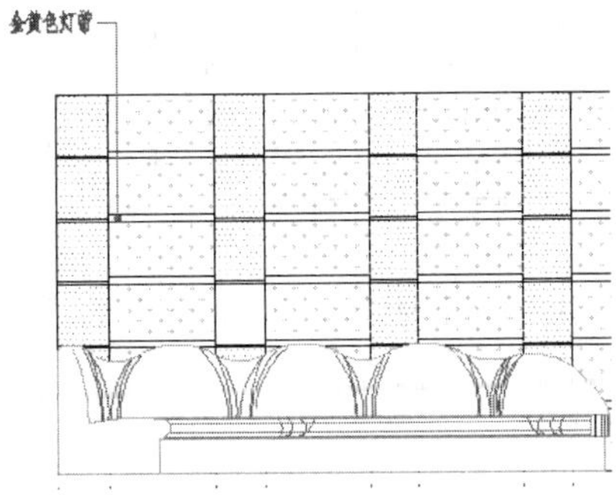

图9-204 标注结果

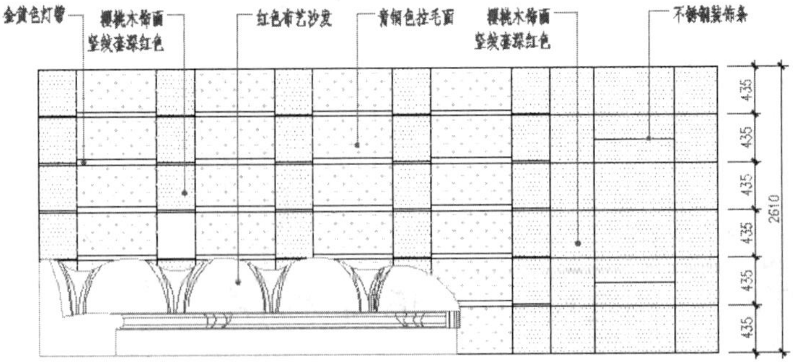

图9-205 标注其他位置的引线注释

7 最后执行【保存】命令，将图形命名存储为“KTV包厢B向装饰立面图.dwg”。

9.7　本章小结

本章在概述KTV包厢装修理论知识的前提下，通过绘制某中型KTV包厢的平面布置图、标注KTV包厢平面布置图、绘制KTV包厢吊顶结构图、绘制KTV包厢灯具布置图、绘制KTV包厢的B向装饰立面图等典型案例，详细而系统地讲述了KTV包厢装修图的绘制思路、表达内容、具体绘制过程以及绘制技巧。

希望读者通过本章的学习，在理解和掌握相关设计理念和设计技巧的前提下，了解和掌握KTV包厢装修方案需要表达的内容、表达思路及具体的设计过程等。

第10章　星级酒店包间设计案例

本章视频教学导航

小节名称	视频路径	视频长度
星级酒店包间设计理念与思路	视频文件\第10章\10.1.avi	00：04：24
绘制星级酒店包间装修布置图	视频文件\第10章\10.2.avi	00：15：47
标注星级酒店包间装修布置图	视频文件\第10章\10.3.avi	00：08：56
绘制星级酒店包间吊顶结构图	视频文件\第10章\10.4.avi	00：11：41
绘制星级酒店包间吊顶灯具图	视频文件\第10章\10.5.avi	00：12：29
绘制星级酒店包间B向立面装修图	视频文件\第10章\10.6.avi	00：23：40

10.1　星级酒店包间设计理念与思路

星级酒店设计是一个复杂的系统工程，随着社会经济的飞速发展与逐渐成熟，星级酒店设计日益成为一门新兴的专业学科，它不同于单纯的工业与民用建筑设计和规划，是包括星级酒店整体规划、室内装饰设计、星级酒店形象识别、星级酒店设备和用品顾问、星级酒店发展趋势研究等工作内容在内的专业体系。

星级酒店设计的目的是为投资者和经营者实现持久利润服务，要实现经营利润，就需要通过满足客人的需求来实现。而星级酒店包间在国内星级酒店众多餐饮项目中则占有最重要、最核心的位置，其经营的水平实际上决定了星级酒店整个餐饮的走势，而设计和装修对经营则有很大的影响。为此，在设计装修时要特别注意以下问题。

1）星级酒店包间的设计应围绕经营而进行，以顾客为中心，因此，需首先对目标市场的容量及星级酒店中餐饮需求的趋势进行分析；同时，还需考虑星级酒店的整体风格、餐饮的整体规划、星评标准的要求，以及装修的投入和产出等相关问题。

2）星级酒店餐厅与包间应分设入口，同时，服务流线避免与客人通道交叉。许多星级酒店将贵宾包间设在星级酒店餐厅中，这很不科学，一方面进出包间的客人会影响星级酒店餐厅客人的就餐，另一方面对包间客人也无私密性可言。所以分设包间及星级酒店餐厅的入口非常有必要。

3）尽可能减少包间区域地平高低的变化。

4）包间的门不要相对，应尽可能错开。

5）包间的桌子不要正对包间门，否则，其他客人从走道过一眼就可将包间内的情况看得一清二楚。

6）一些高档包间内设备餐间，备餐间的入口最好要与包间的主入口分开，同时，备餐间的出口也不要正对餐桌。

7）重视灯光设计。桌面的重点照明可有效地增进食欲，而其他区域则应相对暗一些，有艺术品的地方可用灯光突出，灯光的明暗结合可使整个环境富有层次。

8）在包间内应尽量避免彩色光源的使用，那会使得餐厅显得俗气，也会使客人感到烦躁。

9）营造文化氛围。结合当地的人文景观，通过艺术的加工与提炼，创造富于地方特色的就餐环境。另外，高雅的文化氛围还需通过艺术品和家具来体现，这是需精心设计方可达到的，切不可随意布置和摆放。

10）除备餐台外，高档的包间还应设置会客区、衣帽间等，最好设计成嵌墙式的。

11）在装修设计中还需考虑分包间的多功能性，通过使用隔音效果好的活动隔断，使包间可分可合，满足多桌客人在一相对独立的场所就餐的需求，增加包间使用的灵活性，提高包间的使用率。

12）星级酒店包间内不应设卡拉0K设施，这样不仅会破坏高雅的就餐氛围，降低档次，还会影响其他包间的客人。

在设计与绘制星级酒店包间方案图时，可以参照如下思路。

1）首先根据原有建筑空间和要求，科学规划包间数量、位置、大小等，并绘制出设计草图。

2）根据设计草图绘制星级酒店包间装修布置图，重在室内用具的选用、布置及地面材质的表达、室内空间的规划方面下功夫。

3）根据绘制的星级酒店包间布置图绘制包间天花装修图，主要是天花吊顶的绘制、灯具的布置、色彩的运用等方面。

4）根据星级酒店包间布置图绘制出相应的墙面投影图，即墙面装饰立面图，重在立面饰线的分布、立面构件的体现以及墙面材质、色彩和表达等方面。

10.2　绘制星级酒店包间装修布置图

本节主要学习星级酒店包间装修布置图的绘制方法和具体绘制过程。星级酒店装修布置图的最终绘制效果如图10-1所示。

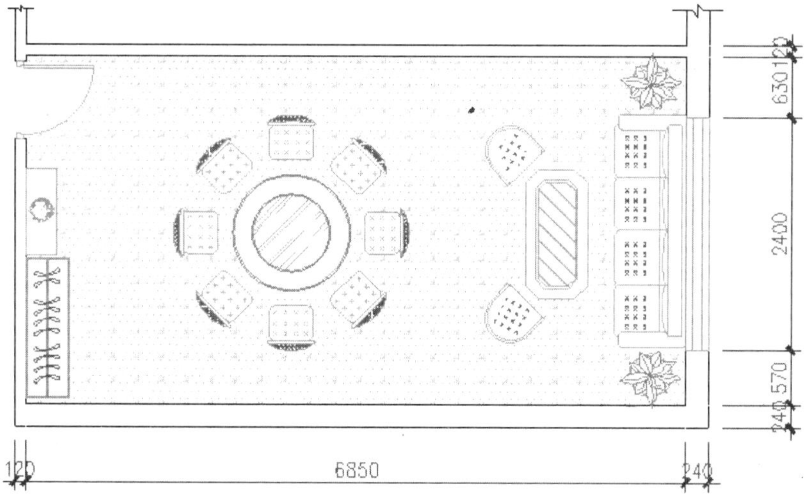

图10-1　实例效果

在绘制星级酒店包间布置图时，具体可以参照如下绘图思路。

1）首先调用样板并使用【矩形】、【分解】、【偏移】、【拉长】等命令绘制墙体轴线图。

2）使用【多线】、【多线编辑工具】、【分解】、【直线】等命令绘制包间主次墙线。

3）使用【插入块】、【多线样式】、【多线】命令绘制酒店包间门窗构件。

4）使用【插入块】、【圆】、【阵列】等命令绘制酒店包间内含物。

5）最后使用【图案填充】命令绘制酒店包间地面材质图。

10.2.1 绘制酒店包间定位轴线图

1 执行【新建】命令，以本书配套光盘“样板文件\室内设计样板.dwt”作为基础样板，新建文件。

2 执行菜单栏中的【格式】|【线型】命令，在打开的【线型管理器】对话框中设置线型比例为25，如图10-2所示。

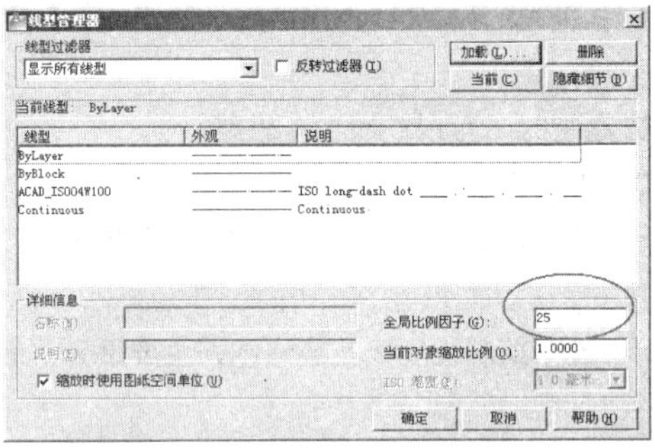

图10-2 设置线性比例

3 执行菜单栏中的【格式】|【图层】命令，在打开的【图层特性管理器】对话框中双击“轴线层”，将其设置为当前操作层，如图10-3所示。

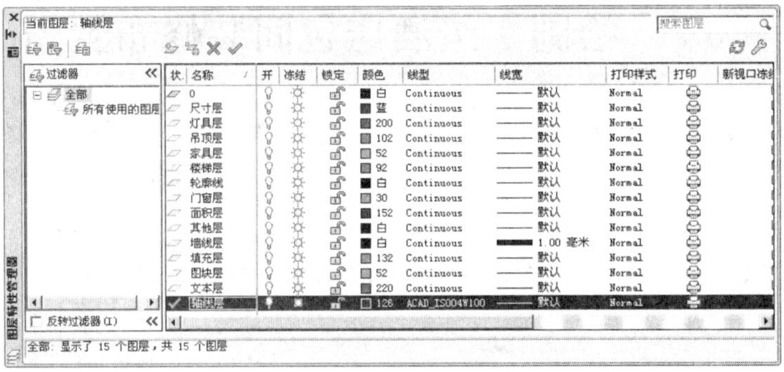

图10-3 设置当前操作层

4 使用快捷键“REC”激活【矩形】命令，配合坐标输入功能绘制如图10-4所示的矩形作为基准线。

5 使用快捷键“X”激活【分解】命令，将矩形分解为四条独立的线段。

6 使用快捷键“O”激活【偏移】命令，将分解后的两条矩形水平边分别向内侧偏移690个绘图单位，结果如图10-5所示。

图10-4 绘制结果

图10-5 偏移结果

7 使用快捷键“TR”激活【修剪】命令，以偏移出的图线作为边界，对右侧垂直轴线进行修剪，以创建窗洞，结果如图10-6所示。

8 使用快捷键“E”激活【删除】命令，删除两条偏移出的辅助线，结果如图10-7所示。

图10-6 修剪结果

图10-7 删除结果

9 使用快捷键“BR”激活【打断】命令，在轴线上创建门洞。命令行操作如下：

```
命令: br                                    // Enter
    BREAK 选择对象:                         //选择最左侧的垂直轴线
    指定第二个打断点 或 [第一点(F)]:        //f Enter
    指定第一个打断点:                       //激活【捕捉自】功能
    _from 基点:                             //捕捉左侧垂直轴线的上端点
    <偏移>:                                 //@0,-120 Enter
    指定第二个打断点:                       //@0,-800 Enter，打断结果如图10-8所示
```

10 使用快捷键“LEN”激活【拉长】命令，将两侧的垂直轴线沿y轴正方向拉长420个绘图单位，结果如图10-9所示。

图10-8 打断结果

图10-9 拉长结果

至此，酒店包间定位轴线图绘制完毕。下一小节将学习酒店包间墙体结构图的绘制过程和技巧。

10.2.2 绘制酒店包间墙体结构图

1 继续上节操作。

2 展开【图层控制】下拉列表，将“墙线层”设置为当前操作层。

3 执行菜单栏中的【绘图】|【多线】命令，绘制宽度为240的外墙线。命令行操作如下：

```
命令: _mline
    当前设置: 对正 = 上，比例 = 20.00，样式 = 墙线样式
    指定起点或 [对正(J)/比例(S)/样式(ST)]:              //s Enter
    输入多线比例 <20.00>:                               //240 Enter
    当前设置: 对正 = 上，比例 = 240.00，样式 = 墙线样式
    指定起点或 [对正(J)/比例(S)/样式(ST)]:              //j Enter
    输入对正类型 [上(T)/无(Z)/下(B)] <上>:              //z Enter
```

```
当前设置: 对正 = 无, 比例 = 240.00, 样式 = 墙线样式
指定起点或 [对正(J)/比例(S)/样式(ST)]:            //捕捉如图10-10所示的端点1
指定下一点:                                        //捕捉如图10-10所示的端点2
指定下一点或 [放弃(U)]:                            //捕捉如图10-10所示的端点3
指定下一点或 [闭合(C)/放弃(U)]:                    // Enter, 绘制结果如图10-11所示
```

图10-10 定位端点

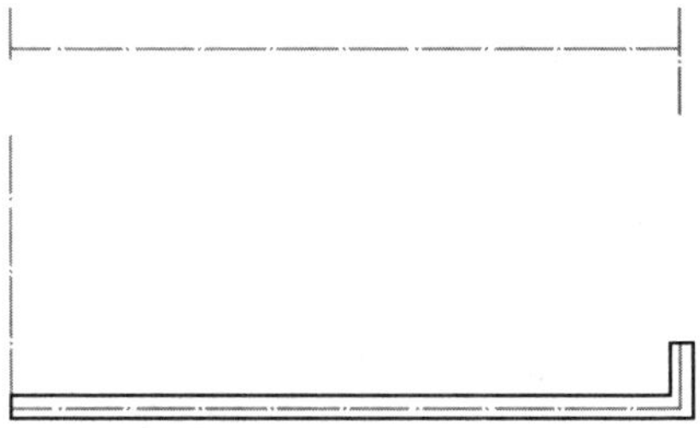
图10-11 绘制结果

4 重复执行【多线】命令，配合端点捕捉功能绘制上侧的主墙线，结果如图10-12所示。

5 再次执行【多线】命令，将多线比例设置为120，配合端点捕捉或交点捕捉功能绘制宽度为100的次墙线，结果如图10-13所示。

图10-12 绘制主墙线

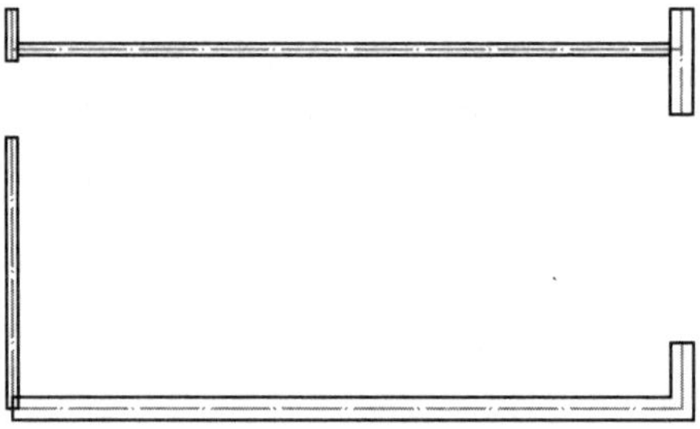
图10-13 绘制次墙线

6 展开【图层控制】下拉列表，将“轴线层”关闭，此时图形的显示效果如图10-14所示。

7 在绘制的多线上双击，打开【多线编辑工具】对话框，选择如图10-15所示的“T形合并”功能。

图10-14 关闭轴线后的效果

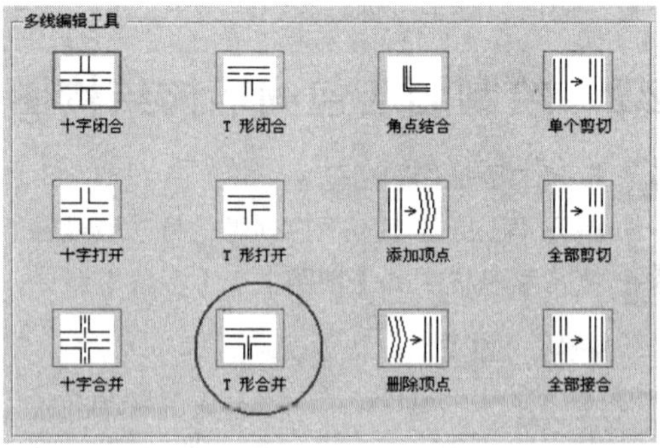

图10-15 选择工具

8 返回绘图区，根据命令行的提示，选择上侧的水平墙线和垂直墙线进行T形编辑，结果如图10-16所示。

9 再次打开【多线编辑工具】对话框，选择如图10-17所示的功能，对拐角位置的墙线进行编辑，结果如图10-18所示。

图10-16 编辑结果

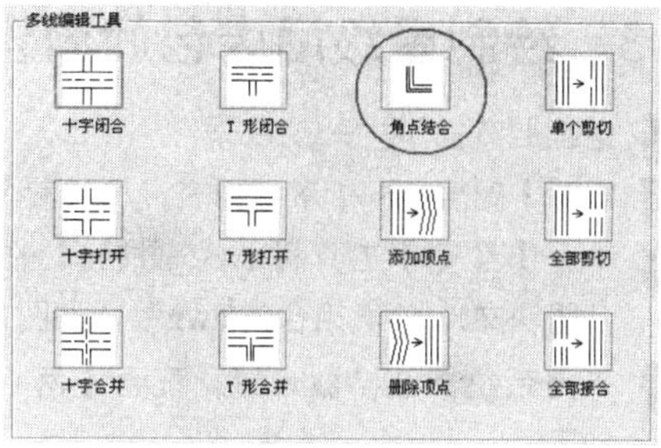

图10-17 选择工具

10 综合使用【分解】、【删除】和【直线】命令，配合平行线捕捉功能绘制如图10-19所示的折断线。

图10-18 角点结合

图10-19 绘制结果

11 展开【图层控制】下拉列表，将“门窗层”设置为当前操作层。

12 使用快捷键“I”激活【插入块】命令，配合中点捕捉功能插入本书配套光盘中的“图块文件\单开门.dwg”，设置参数如图10-20所示，插入点为图10-21所示的中点。

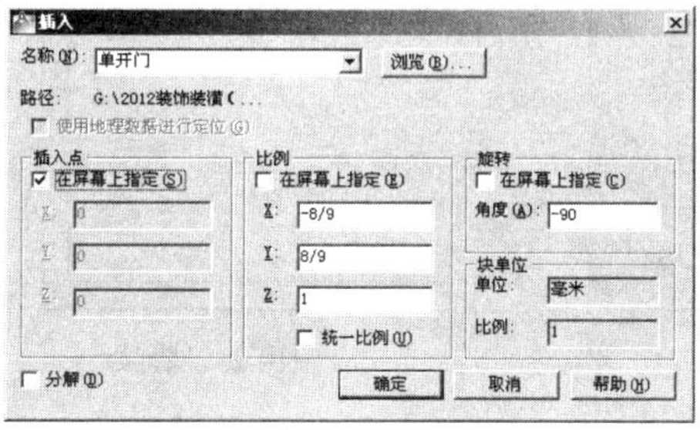

图10-20 设置参数

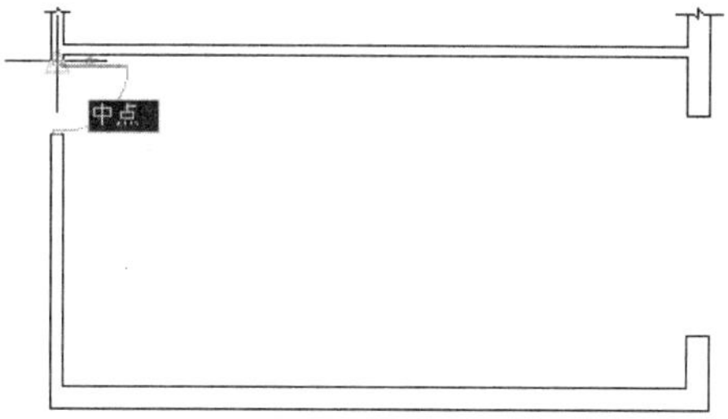

图10-21 定位插入点

13 执行菜单栏中的【格式】|【多线样式】命令，设置当前多线样式如图10-22所示。

14 执行菜单栏中的【绘图】|【多线】命令，将多线比例设置为240，对正方式为“无”，然后配合中点捕捉功能绘制如图10-23所示的窗线。

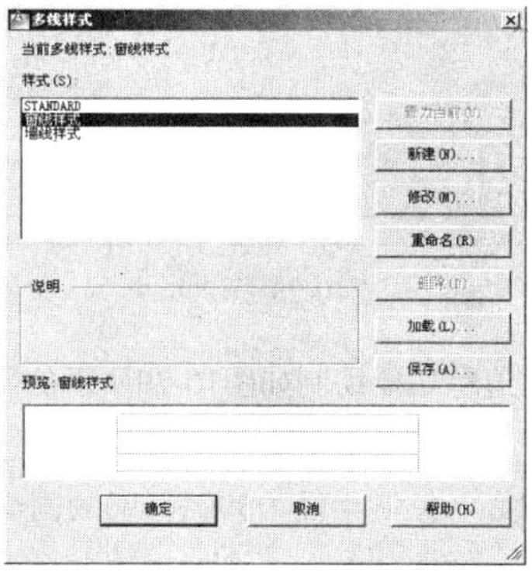

图10-22 设置多线样式

图10-23 绘制窗线

至此，星级酒店包间墙体结构图绘制完毕。下一小节将学习酒店包间内含物的快速绘制技巧。

10.2.3 绘制星级酒店包间内含物

1. 继续上节操作。
2. 展开【图层控制】下拉列表，将“家具层”设置为当前操作层。
3. 单击【绘图】工具栏中的按钮，在打开的对话框中单击浏览(B)...按扭，选择本书配套光盘中的“图块文件\沙发组合03.dwg”，如图10-24所示。
4. 采用系统默认参数设置，配合【两点之间的中点】捕捉功能将其插入到平面图中。命令行操作如下：

```
命令: _insert
    指定插入点或 [基点(B)/比例(S)/X/Y/Z/旋转(R)]:  //激活【两点之间的中点】功能
    _m2p 中点的第一点:              //捕捉如图10-25所示的端点
    中点的第二点:                   //捕捉如图10-26所示的端点，插入结果如图10-27所示
```

5. 重复执行【插入块】命令，以默认参数设置，分别插入本书配套光盘中的“图块文件”目录下的“绿化植物01.dwg”、“衣柜04.dwg”和“矮柜01.dwg”文件，结果如图10-28所示。

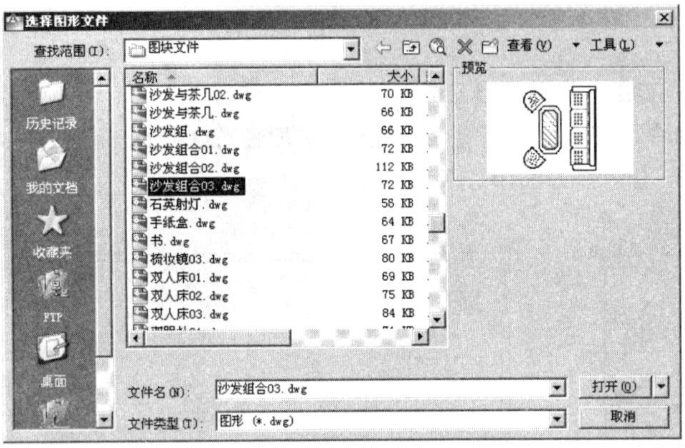

图10-24 选择文件

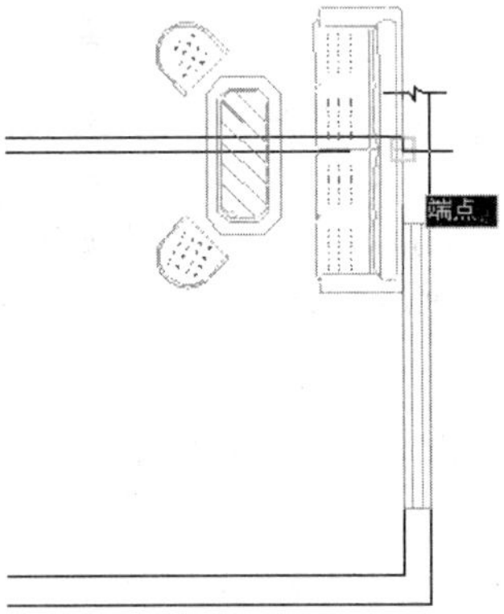

图10-25 捕捉端点

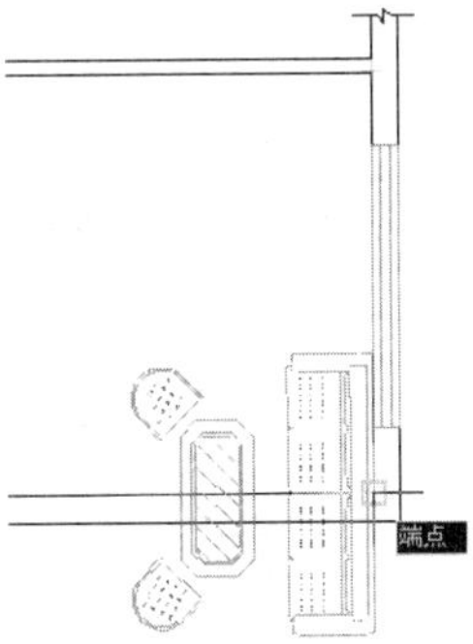

图10-26 捕捉端点

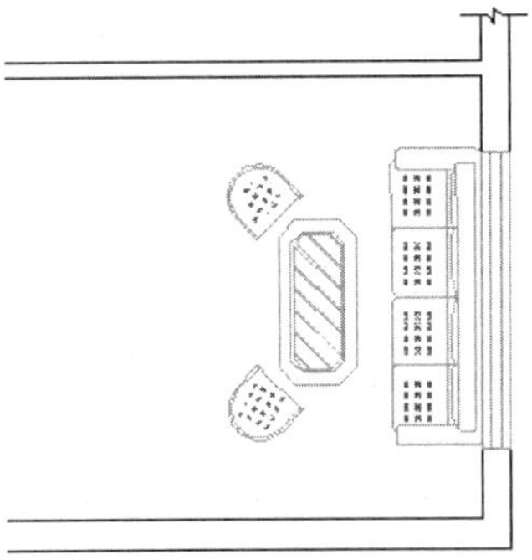

图10-27 插入结果

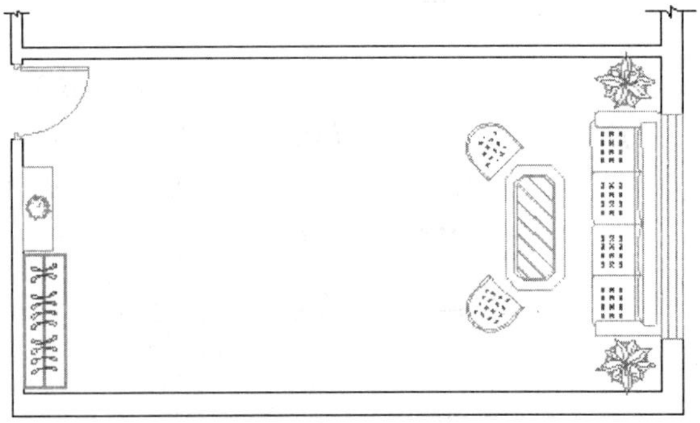

图10-28 插入结果

6. 使用快捷键“XLL”激活【构造线】命令，配合捕捉或追踪功能绘制如图10-29所示的两条构造线作为辅助线。
7. 使用快捷键“C”激活【圆】命令，以辅助线交点为圆心，绘制半径为390和590的同心圆，结果如图10-30所示。

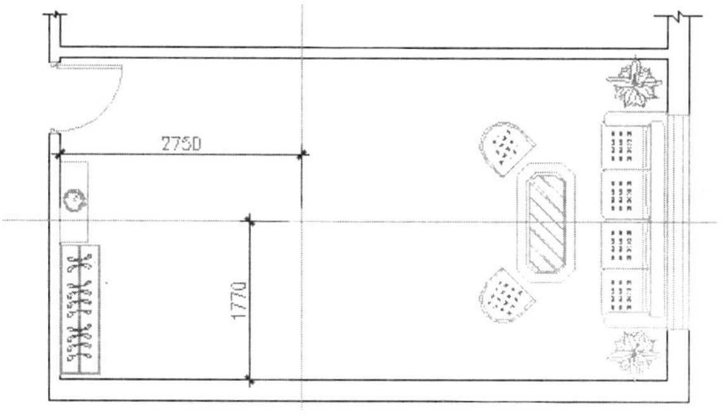

图10-29 绘制辅助线

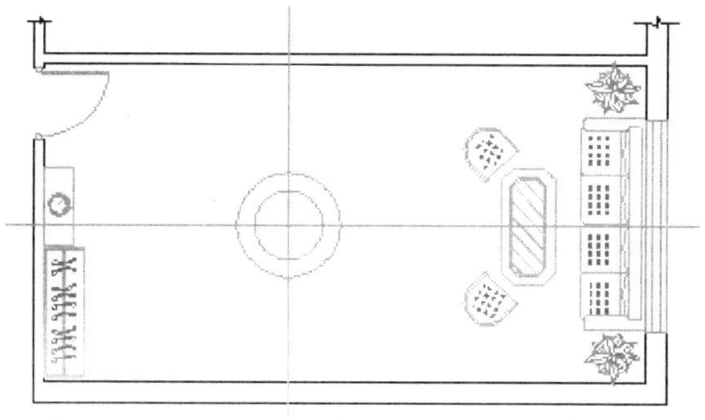

图10-30 绘制同心圆

8 删除两条辅助线，然后分别将两个同心圆向外偏移15个绘图单位，结果如图10-31所示。

9 执行菜单栏中的【绘图】|【图案填充】命令，设置填充图案及参数如图10-32所示，为内侧的圆填充如图10-33所示的图案。

10 使用快捷键“O”激活【偏移】命令，将最外侧的大圆向外偏移150个绘图单位，作为辅助圆，结果如图10-34所示。

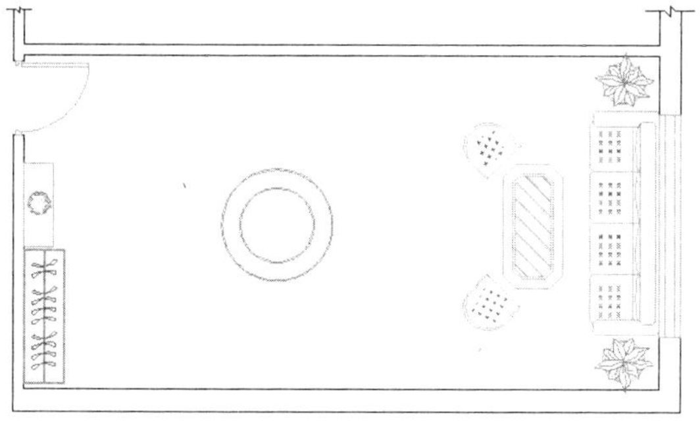

图10-31 偏移结果

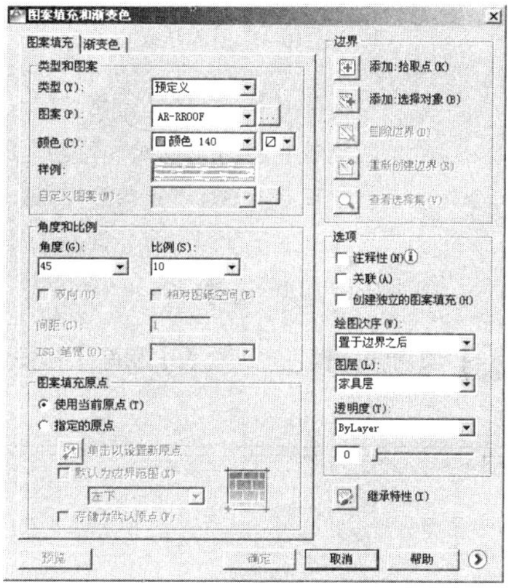

图10-32 设置图案填充及参数

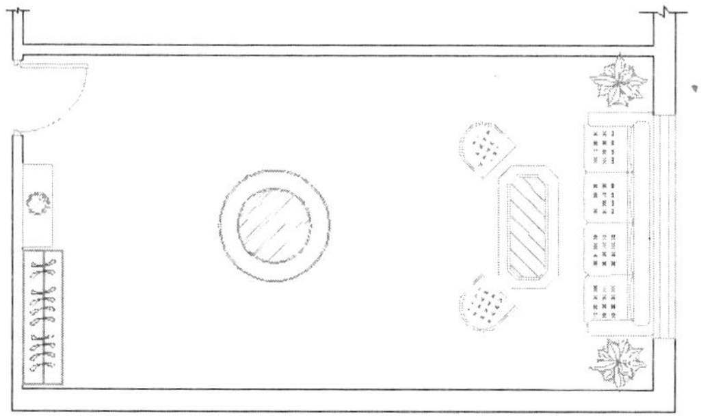

图10-33 填充结果

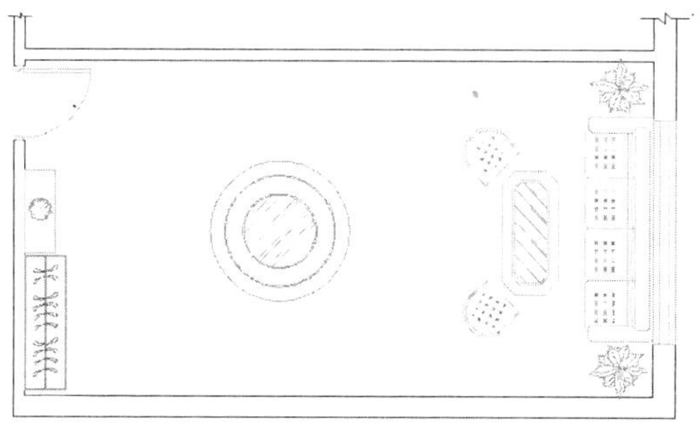

图10-34 偏移结果

11 使用快捷键“I”激活【插入块】命令，插入本书配套光盘中的“图块文件\餐椅01.dwg”，插入点为辅助圆的下象限点，结果如图10-35所示。

12 使用快捷键“AR”激活【阵列】命令，将刚插入的餐椅图块进行环形阵列。命令行操作如下：

命令: ar　　// Enter

ARRAY选择对象:　　//选择刚插入的餐椅图块

选择对象:　　// Enter

输入阵列类型 [矩形(R)/路径(PA)/极轴(PO)] <极轴>:　　//PO Enter

类型 = 极轴　关联 = 是

指定阵列的中心点或 [基点(B)/旋转轴(A)]:　　//捕捉如图10-36所示的圆心

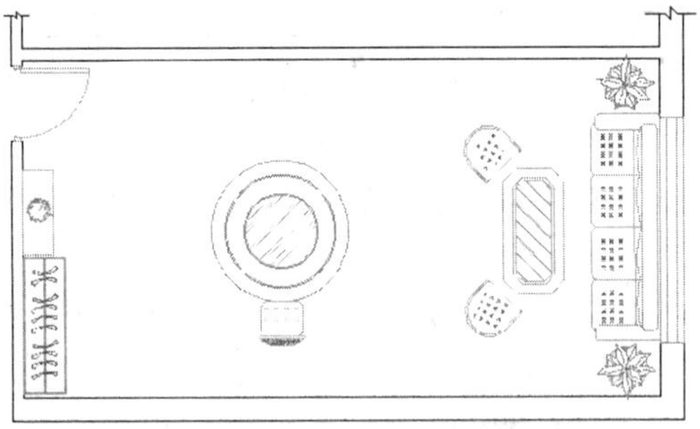

图10-35 插入结果

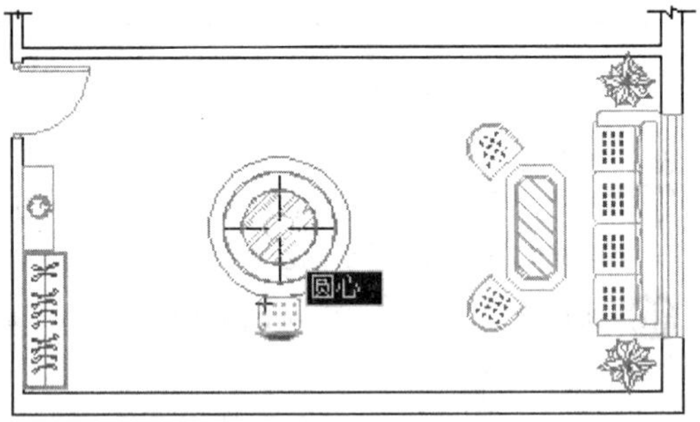

图10-36 捕捉圆心

输入项目数或 [项目间角度(A)/表达式(E)] <4>:　　//a Enter

指定项目间的角度或 [表达式(EX)] <90>:　　//45 Enter

指定项目数或 [填充角度(F)/表达式(E)] <4>:　　//8 Enter

按 Enter 键接受或 [关联(AS)/基点(B)/项目(I)/项目间角度(A)/填充角度(F)/行(ROW)/层(L)/旋转项目(ROT)/退出(X)] <退出>:　　// Enter，阵列结果如图10-37所示

13 使用快捷键“E”激活【删除】命令，删除偏移出的辅助圆，结果如图10-38所示。

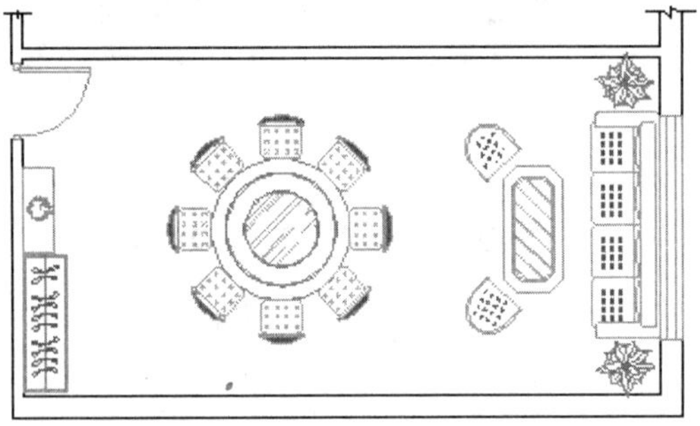

图10-37 阵列结果

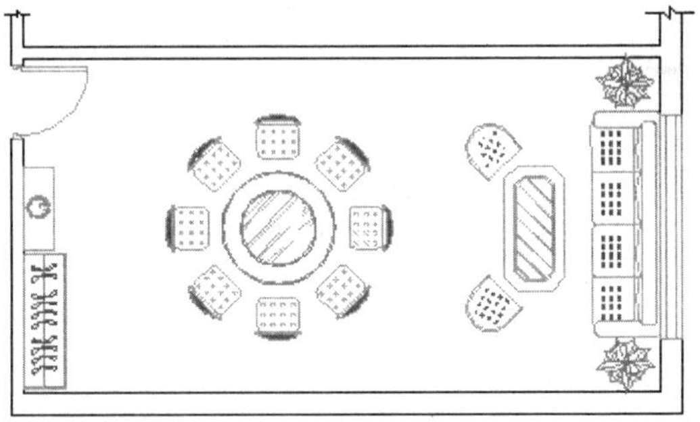

图10-38 删除结果

至此，星级酒店包间内含物绘制完毕。下一小节将学习酒店包间地毯图案的快速绘制技巧。

10.2.4 绘制星级酒店包间地毯图案

1 继续上节操作。

2 使用快捷键“LA”激活【图层】命令，将“填充层”设置为当前操作层。

3 使用快捷键“H”激活【图案填充】命令，在打开的【图案填充和渐变色】对话框内设置填充图案类型以及填充比例如图10-39所示。

4 返回绘图区，拾取如图10-40所示的边界，为平面图填充墙面的装饰图案，填充结果如图10-41所示。

5 重复执行【图案填充】命令，在打开的【图案填充和渐变色】对话框内设置填充图案类型以及填充比例如图10-42所示。

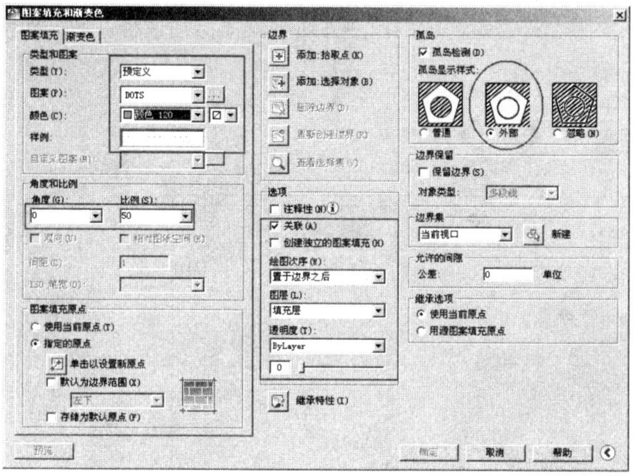

图10-39 设置填充图案与填充比例

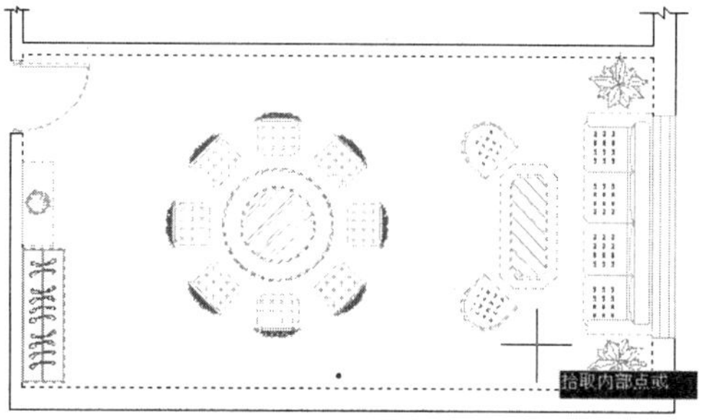

图10-40 拾取填充区域

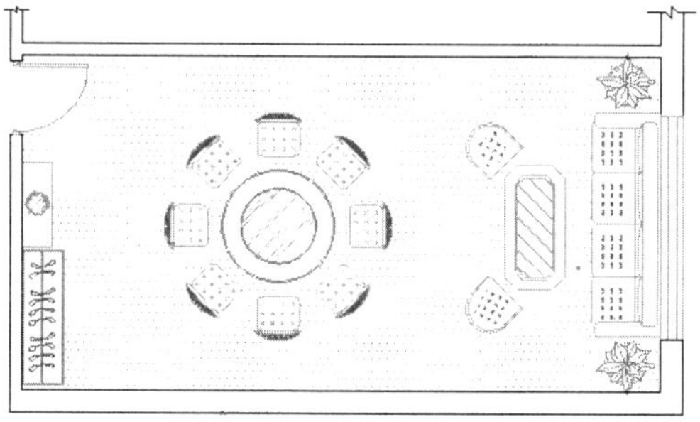

图10-41 填充结果

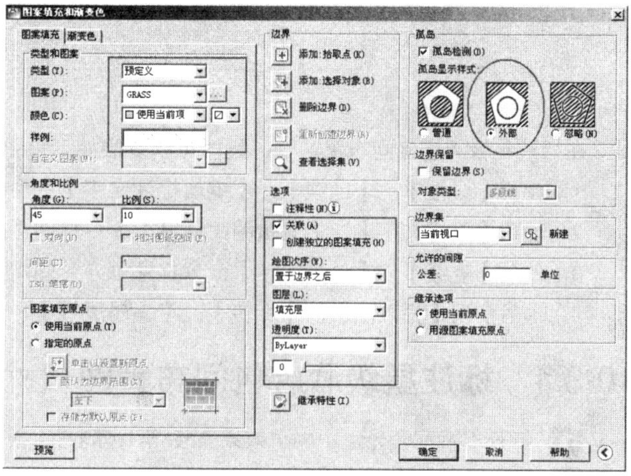

图10-42 设置填充图案与填充比例

6 返回绘图区，拾取如图10-43所示的边界，为平面图填充墙面装饰图案，填充结果如图10-44所示。

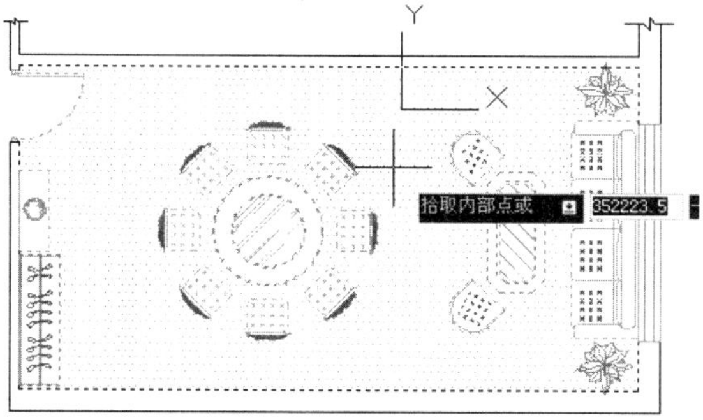

图10-43 拾取填充区域

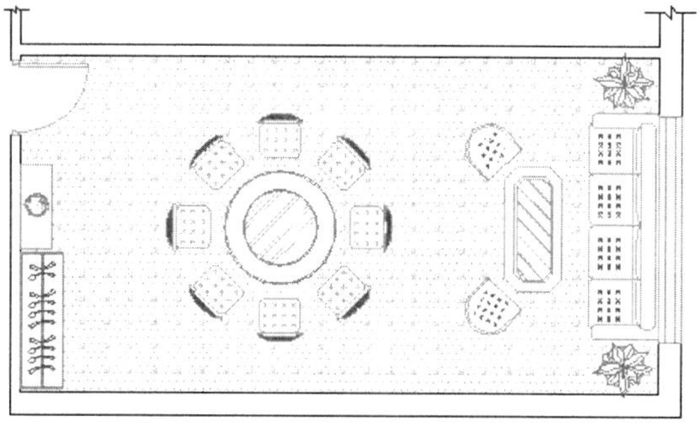

图10-44 填充结果

7 最后执行【保存】命令，将图形命名存储为“酒店豪华包间布置图.dwg”。

至此，星级酒店包间布置图绘制完毕。下一小节将为包间布置图标注尺寸、文字与投影符号等内容。

10.3 标注星级酒店包间装修布置图

本节主要学习星级酒店包间平面布置图尺寸、文字、符号等内容的标注方法和具体标注过程。酒店包间布置图的最终标注效果如图10-45所示。

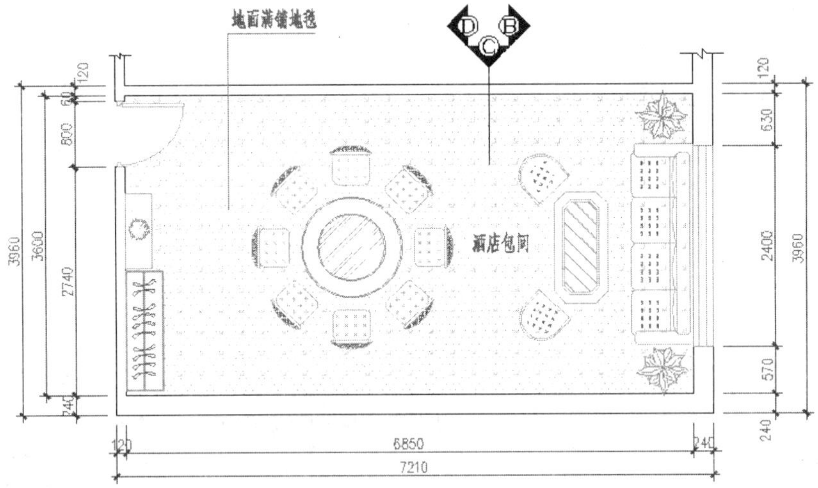

图10-45 实例效果

在标注星级酒店包间布置图时，具体可以参照如下绘图思路。

1）使用【线性】、【连续】、【编辑标注文字】等命令标注酒店包间布置图尺寸。

2）使用【单行文字】、【编辑图案填充】命令标注酒店包间房间功能注解。

3）使用【直线】、【单行文字】命令标注酒店包间地面材质注解。

4）最后使用【插入块】、【旋转】、【编辑属性】、【移动】等命令标注布置图投影符号。

10.3.1 标注星级酒店包间布置图尺寸

1 打开本书配套光盘中的“效果文件\第10章\酒店豪华包间布置图.dwg”文件。

2 单击【图层】工具栏中的【图层控制】列表，将“尺寸层”设置为当前操作层。

3 执行菜单栏中的【标注】|【标注样式】命令，打开【标注样式管理器】对话框，在此对话框中修改“建筑标注”样式的标注比例如图10-46所示，同时将此样式设置为当前尺寸样式，如图10-47所示。

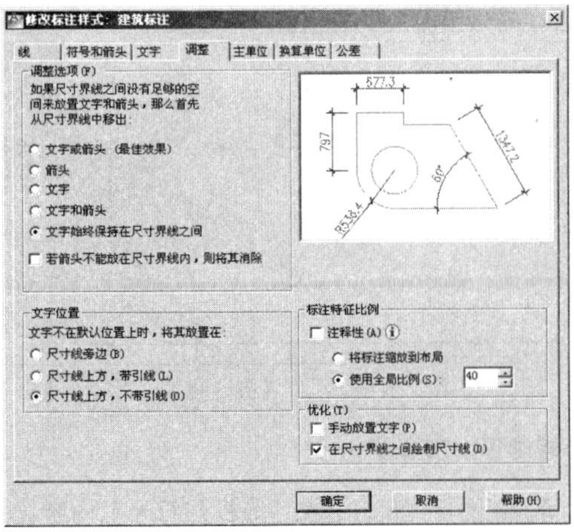

图10-46 修改标注比例

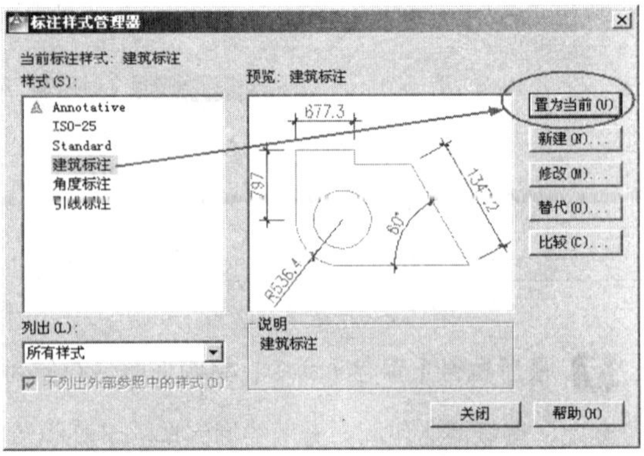

图10-47 设置当前尺寸样式

4 单击【标注】工具栏中的按扭，在“指定第一条尺寸界线原点或 <选择对象>：”提示下，捕捉如图10-48所示的端点。

5 在“指定第二条尺寸界线原点:”提示下，配合捕捉与追踪功能捕捉如图10-49所示的交点。

6 在“指定尺寸线位置或 [多行文字(M)/文字(T)/角度(A)/水平(H)/垂直(V)/旋转(R)]：”提示下，在适当位置指定尺寸线位置，标注结果如图10-50所示。

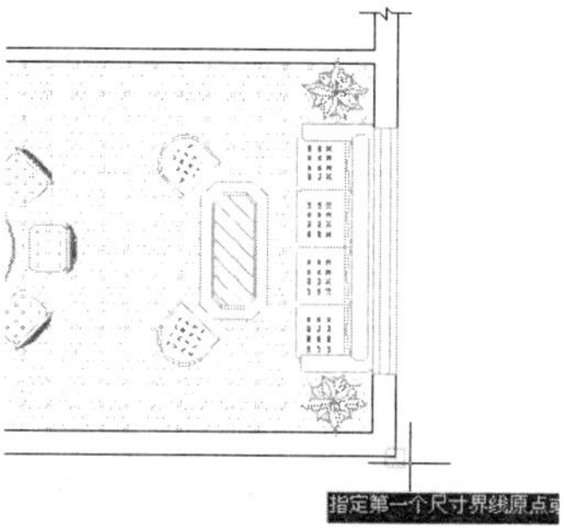

图10-48 定位第一原点

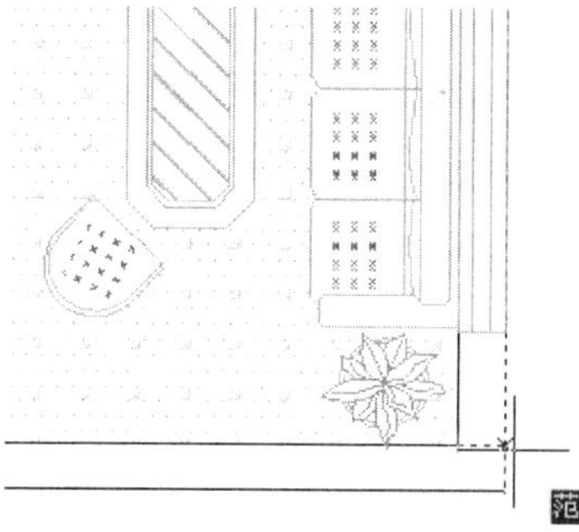

图10-49 定位第二原点

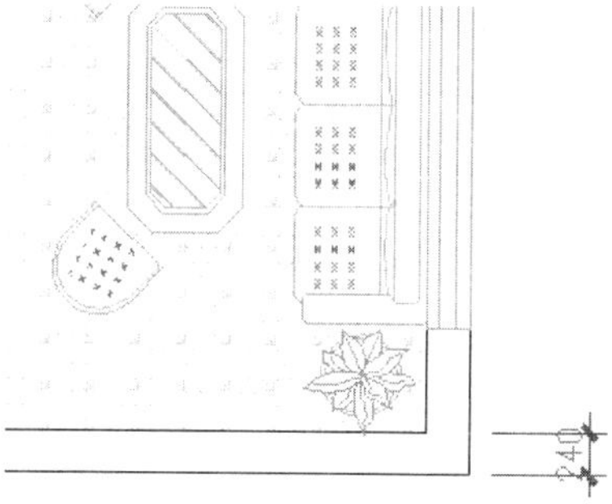

图10-50 标注结果

7 单击【标注】工具栏中的按扭，激活【连续】命令，标注如图10-51所示的连续尺寸作为细部尺寸。

8 单击【标注】工具栏中的按钮，激活【编辑标注文字】命令，对重叠的尺寸文字进行编辑，结果如图10-52所示。

9 单击【标注】工具栏中的按扭，标注右侧的总尺寸，标注结果如图10-53所示。

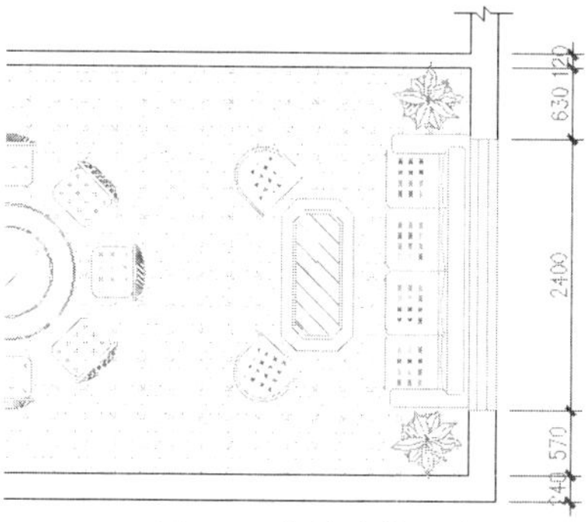

图10-51 标注连续尺寸

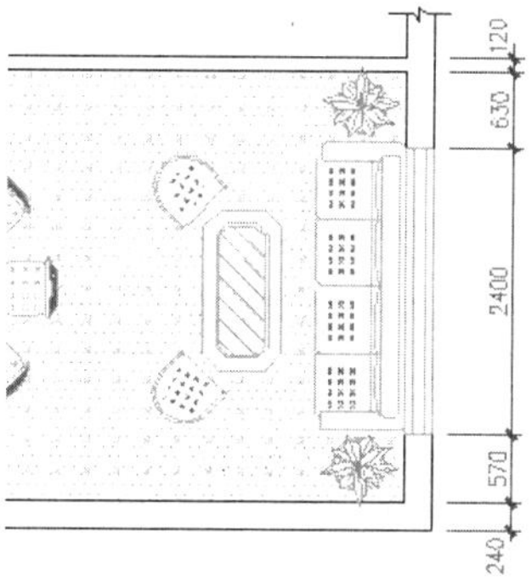

图10-52 编辑标注文字

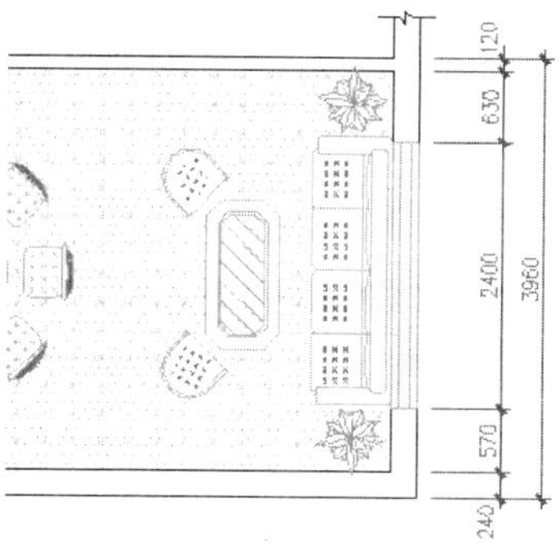

图10-53 标注总尺寸

10 参照上述操作，综合使用【线性】、【连续】和【编辑标注文字】命令分别标注其他侧的尺寸，标注结果如图10-54所示。

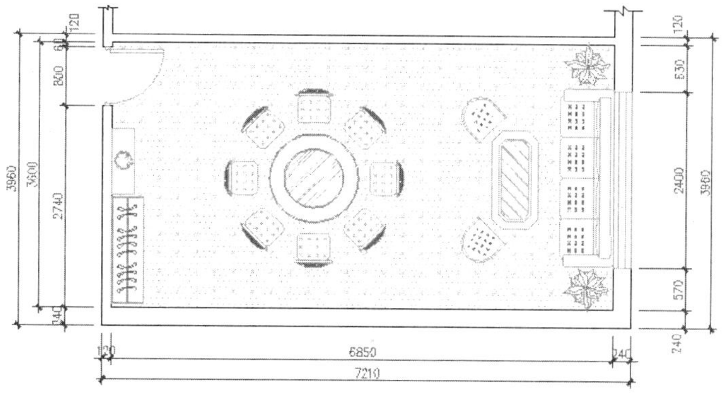

图10-54 标注其他侧尺寸

至此，星级酒店包间布置图尺寸标注完毕。下一小节将为星级酒店包间布置图标注房间功能性和地面材质注解等内容。

10.3.2 标注星级酒店包间布置图文字

1. 继续上节操作。
2. 使用快捷键“ST”激活【文字样式】命令，将“仿宋体”设置为当前样式。
3. 展开【图层控制】下拉列表，将“文本层”设置为当前操作层。
4. 使用快捷键“DT”激活【单行文字】命令，设置字高为180，然后输入如图10-55所示的文字内容，标注结果如图10-56所示。
5. 在无命令执行的前提下夹点显示地板填充图案，然后右击，在打开的快捷菜单中选择如图10-57所示的【图案填充编辑】命令。

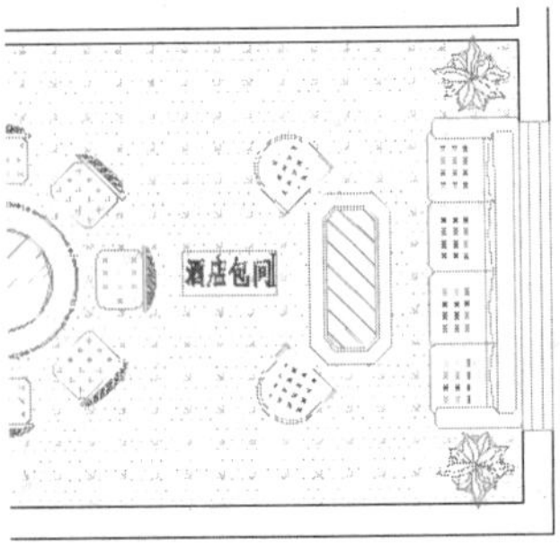

图10-55 输入文字

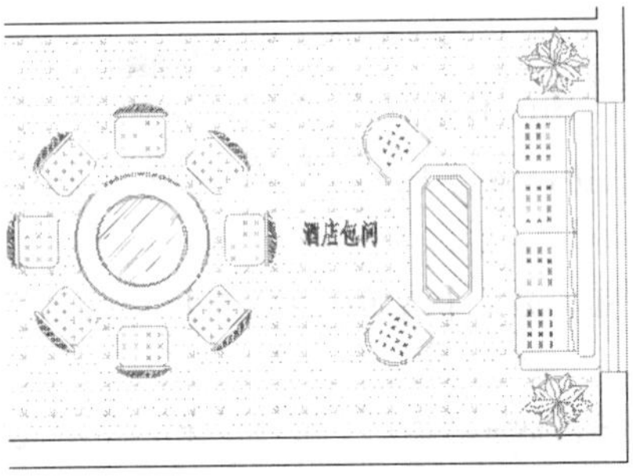

图10-56 标注文字

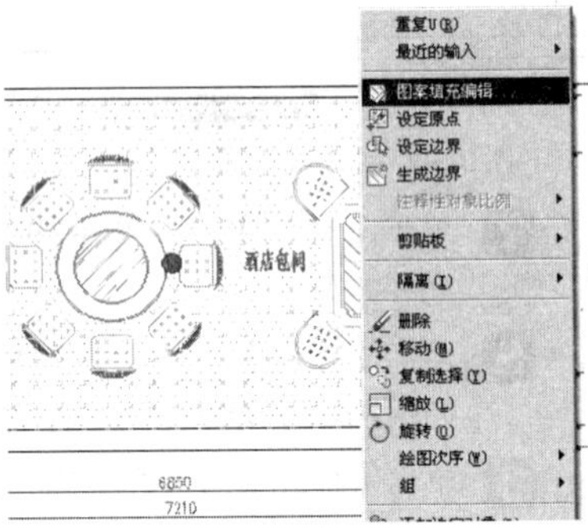

图10-57 夹点图案右键菜单

6. 此时打开【图案填充编辑】对话框，单击“添加：选择对象”按钮，如图10-58所示。
7. 返回绘图区，在“选择对象或 [拾取内部点(K)/删除边界(B)]:”提示下，选择“酒店包间”，结果文字后面的填充图案被删除，如图10-59所示。

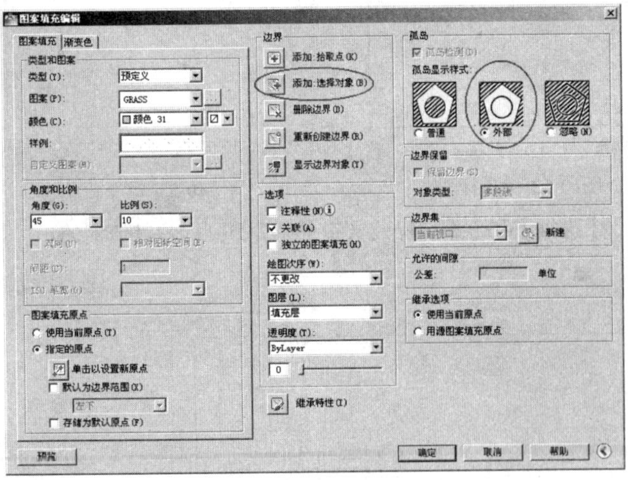

图10-58 【图案填充编辑】对话框

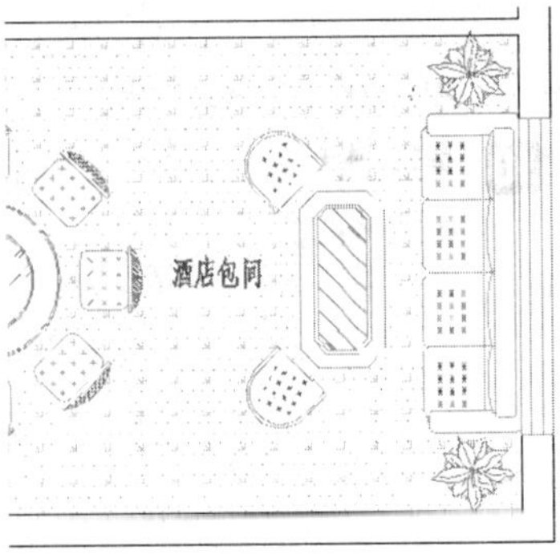

图10-59 编辑结果

8. 参照步骤5~步骤7的操作方法，编辑另一种填充图案，使图案内的文字以孤岛的形式排除在填充区之外，结果如图10-60所示。
9. 使用快捷键“L”激活【直线】命令，绘制如图10-61所示的两条文字指示线。

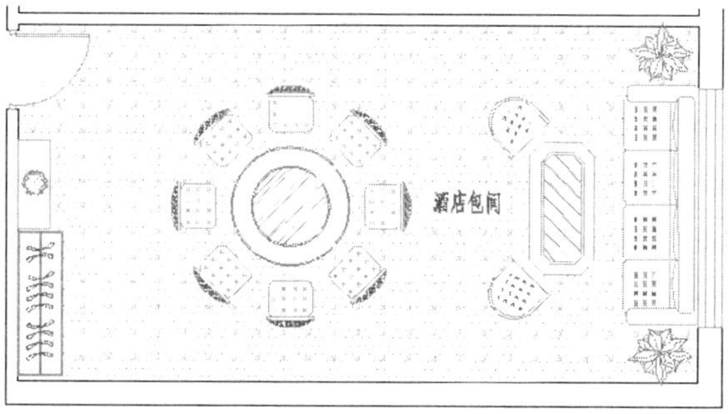

图10-60 修改结果

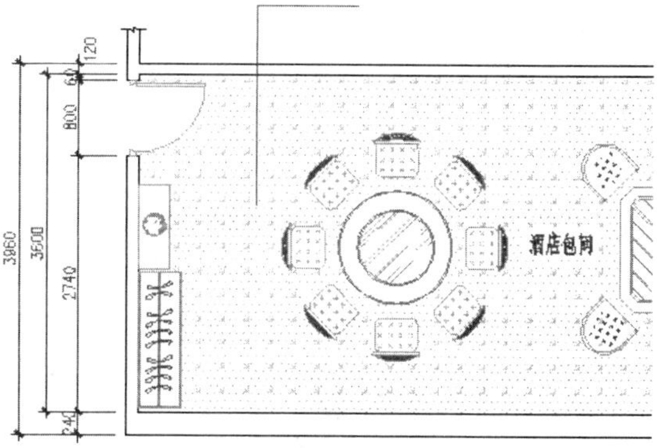

图10-61 绘制指示线

10 使用快捷键“DT”激活【单行文字】命令，设置文字高度为180，为平面图标注如图10-62所示的材质注释。

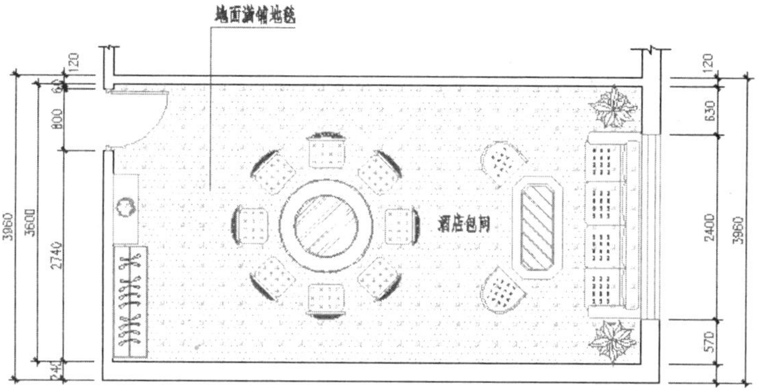

图10-62 标注结果

至此，星级酒店包间布置图文字标注完毕。下一小节将学习星级酒店包间布置图墙面投影的标注过程和技巧。

10.3.3　标注星级酒店包间布置图投影

1 继续上节操作。

2 关闭状态栏上的【对象捕捉】功能，然后打开【极轴追踪】功能。

3 展开【图层控制】下拉列表，将“其他层”设置为当前操作层。

4 使用快捷键“L”激活【直线】命令，配合【极轴追踪】功能绘制如图10-63所示的墙面投影指示线。

5 使用快捷键“I”激活【插入块】命令，设置块参数如图10-64所示，插入本书配套光盘中的“图块文件\投影符号.dwg”。命令行操作如下：

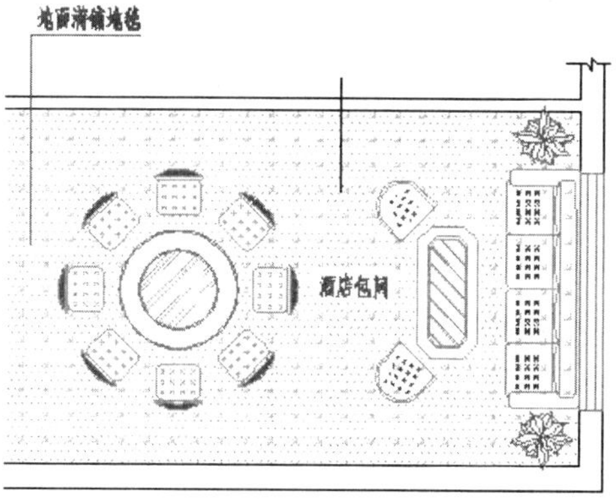

图10-63 绘制指示线

```
命令: I                                        // Enter
    INSERT
    指定插入点或 [基点(B)/比例(S)/旋转(R)]:         //捕捉指示线的上端点
```

输入属性值
输入投影符号值：<A>:　　　　　　　　　　　　// C Enter，插入结果如图10-65所示
正在重生成模型

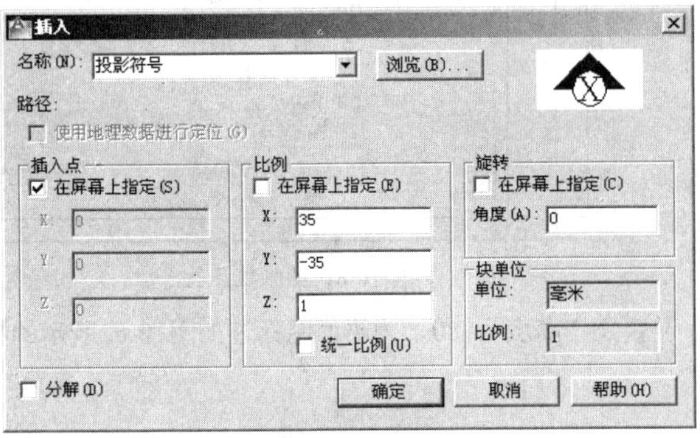

图10-64 设置块参数

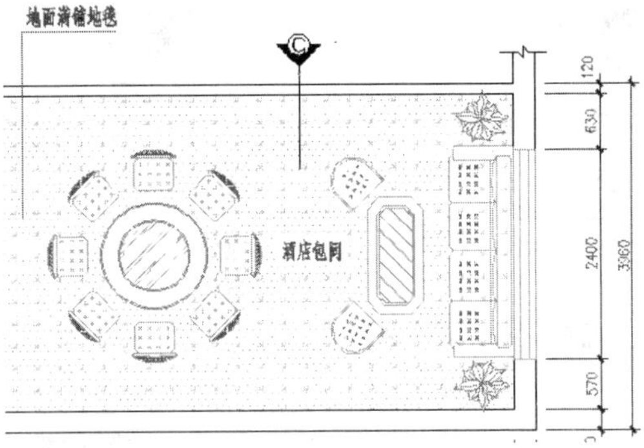

图10-65 插入结果

6 使用快捷键“RO”激活【旋转】命令，将投影符号属性块进行旋转复制90°和-90°，并适当调整其位置，结果如图10-66所示。

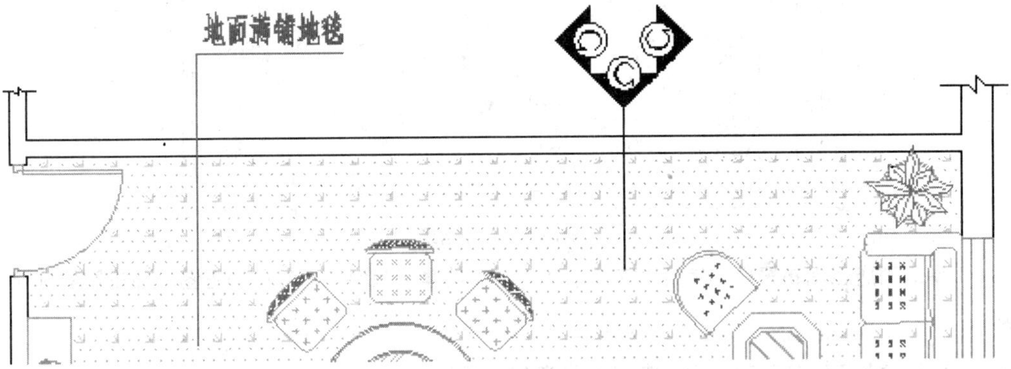

图10-66 旋转并复制

7 在左侧的投影符号属性块上双击，打开【增强属性编辑器】对话框，然后修改属性文字的旋转角度，如图10-67所示。

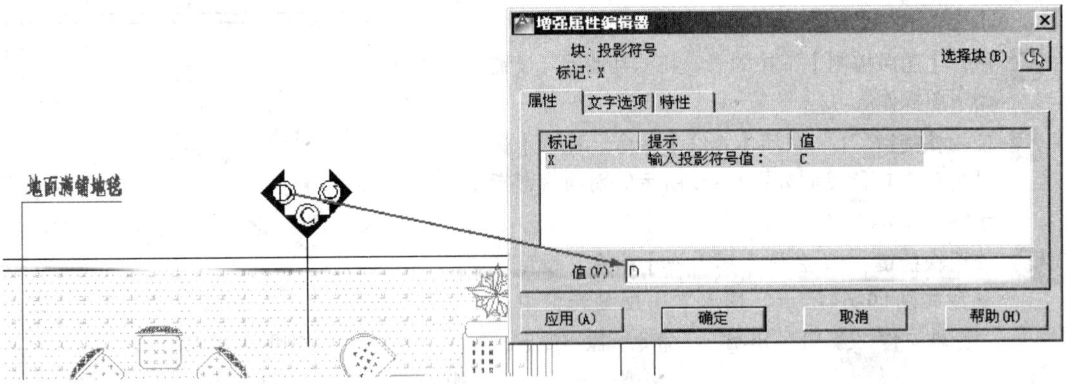

图10-67 修改属性角度

8 在【增强属性编辑器】对话框中展开【属性】选项卡，修改投影符号属性值如图10-68所示。

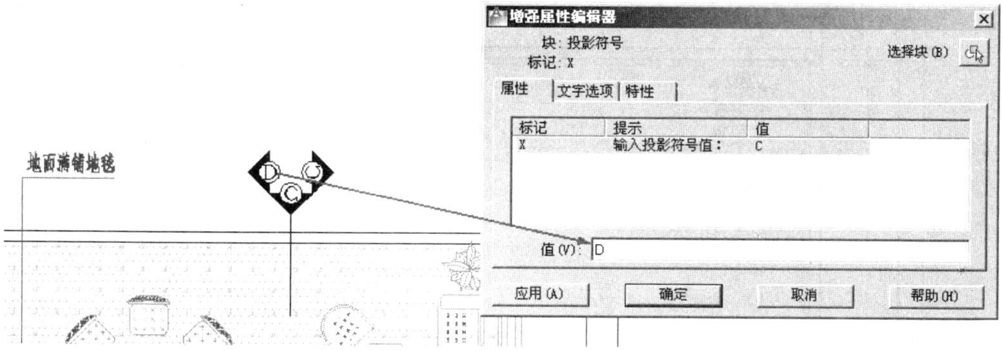

图10-68 修改属性值

9 接下来在右侧的投影符号属性块上双击，打开【增强属性编辑器】对话框，然后修改属性文字的旋转角度，如图10-69所示。

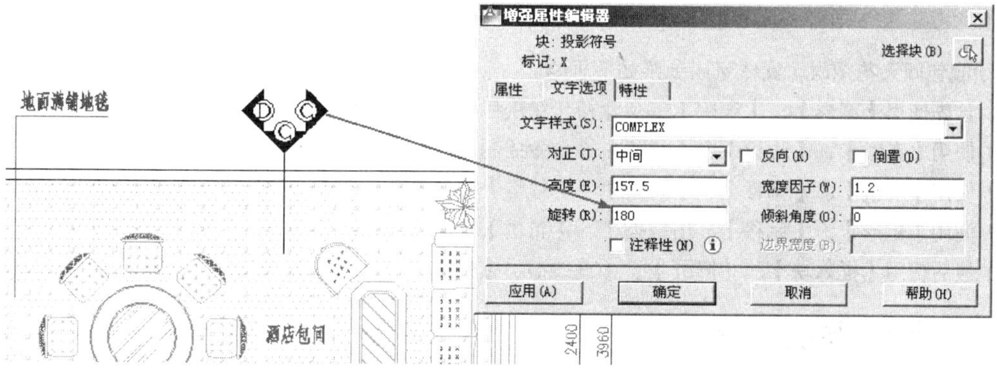

图10-69 修改属性文字的旋转角度

10 在【增强属性编辑器】对话框中展开【属性】选项卡，修改投影符号属性值，如图10-70所示。

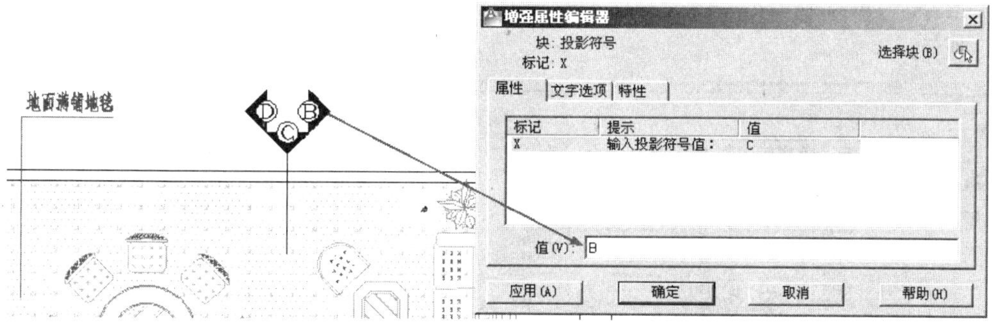

图10-70 修改投影符号属性值

11 调整视图，使平面图完全显示。

12 最后执行【另存为】命令，将当前图形命名存储为“标注酒店豪华包间布置图.dwg”。

10.4　绘制星级酒店包间吊顶结构图

本节主要学习星级酒店包间吊顶结构图的绘制方法和具体的绘制过程。星级酒店包间吊顶结构图的最终绘制效果如图10-71所示。

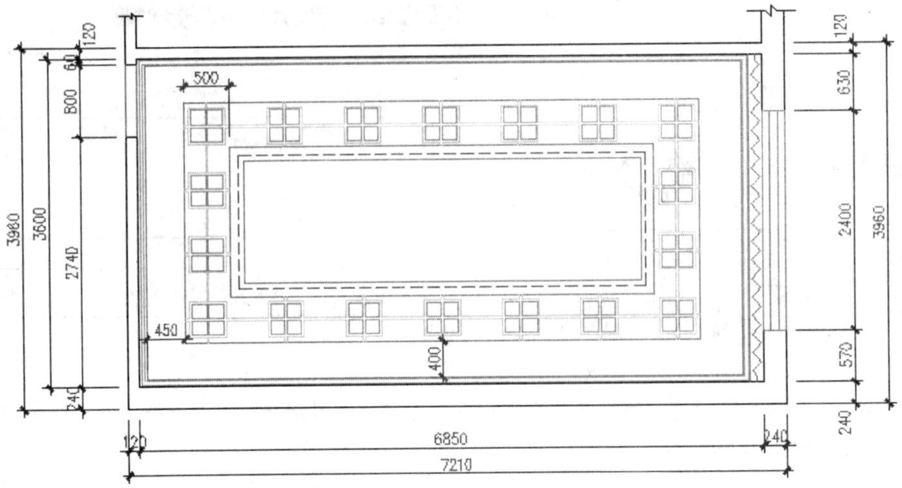

图10-71 实例效果

在绘制包间天花图时，具体可以参照如下思路。

1）首先使用【图层】、【删除】等命令初步绘制包间吊顶墙体结构图。

2）使用【直线】、【边界】、【偏移】等命令绘制包间吊顶轮廓图

3）使用【直线】、【偏移】、【特性】、【线型】等命令绘制包间吊顶窗帘与窗帘盒构件。

4）使用【矩形】、【偏移】、【线型】、【特性】等命令绘制包间吊顶和灯带轮廓图。

5）最后使用【插入块】、【阵列】、【直线】、【分解】、【修剪】等命令绘制窗花装饰图。

10.4.1 绘制酒店包间吊顶

1 打开本书配套光盘中的“效果文件\第10章\标注酒店豪华包间布置图.dwg”文件。

2 执行菜单栏中的【格式】|【图层】命令，将“吊顶层”设置为当前操作层，然后冻结“尺寸层”、“家具层”、“填充层”、“其他层”，如图10-72所示，此时平面图的显示效果如图10-73所示。

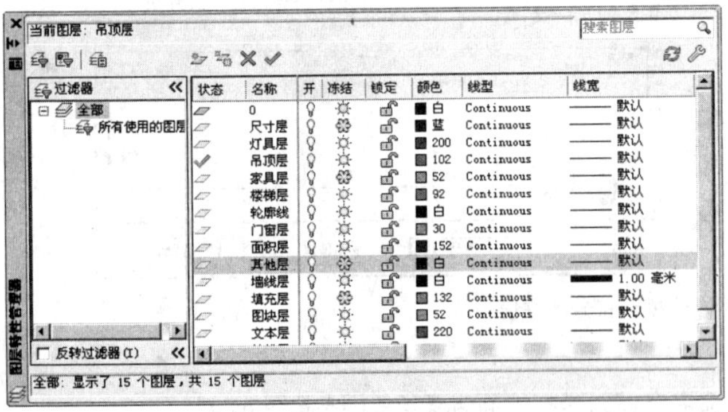

图10-72 【图层特性管理器】对话框

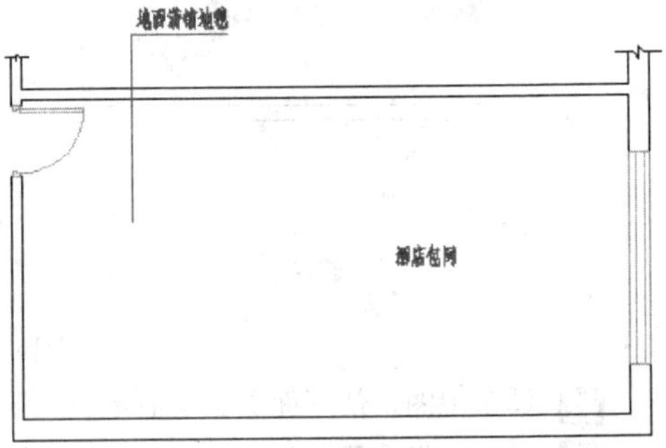
图10-73 图形的显示结果

3 夹点显示平面窗图形，然后展开【图层控制】下拉列表，将其放置到“吊顶层”上，并删除单开门图形，结果如图10-74所示。

4 使用快捷键“L”激活【直线】命令，配合端点捕捉功能绘制门洞位置的轮廓线，结果如图10-75所示。

图10-74 操作结果

图10-75 封闭门洞

5 使用快捷键“L”激活【直线】命令，配合【对象追踪】和【极轴追踪】功能绘制窗帘盒轮廓线。命令行操作如下：

```
命令: _line
    指定第一点:                  //水平向左引出如图10-76所示的方矢量，然后输入150 Enter
    指定下一点或 [放弃(U)]:      //捕捉追踪虚线与墙线的交点，如图10-77所示
    指定下一点或 [放弃(U)]:      // Enter，绘制结果如图10-78所示
```

6 使用快捷键“O”激活【偏移】命令，选择刚绘制的窗帘盒轮廓线，将其向右偏移75个绘图单位，作为窗帘轮廓线，结果如图10-79所示。

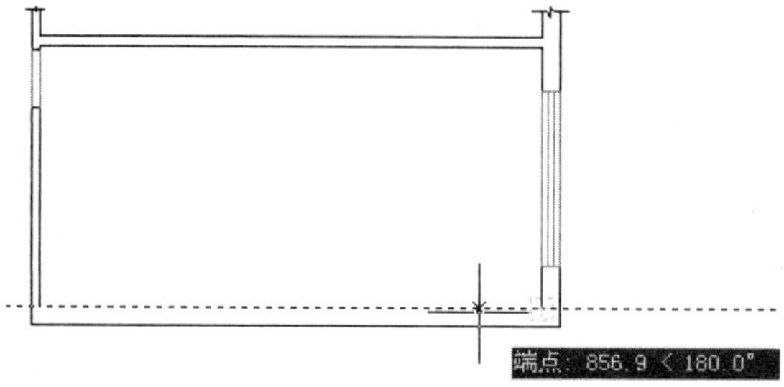

图10-76 引出极轴矢量

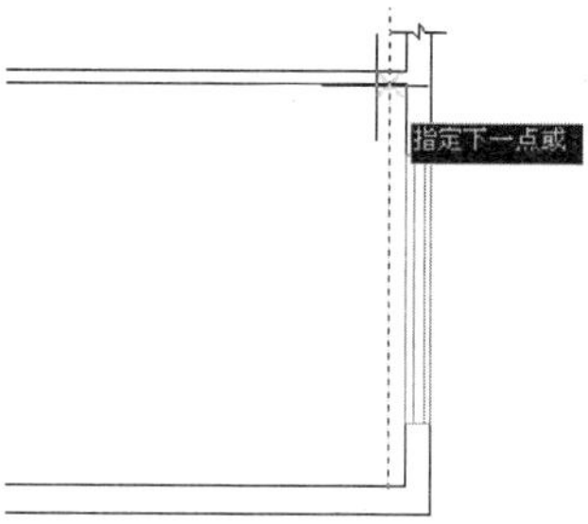

图10-77 捕捉交点

图10-78 绘制结果

图10-79 偏移结果

7 执行菜单栏中的【格式】|【线型】命令，加载名为“ZIGZAG”的线型，并设置线型比例如图10-80所示。

8 在无命令执行的前提下夹点显示窗帘轮廓线，然后打开【特性】窗口，修改窗帘轮廓线的线型和颜色如图10-81所示。

9 关闭【特性】窗口，取消对象的夹点显示状态，观看线型特性修改后的效果，如图10-82所示。

10 使用快捷键“BO”激活【边界】命令，在打开的【边界创建】对话框中设置边界类型如图10-83所示。

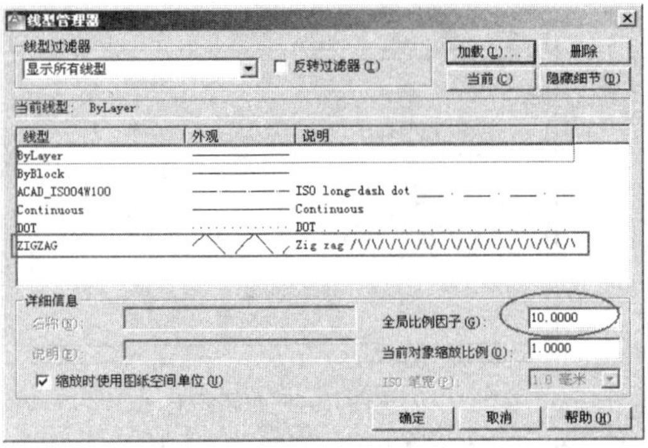

图10-80 加载线型

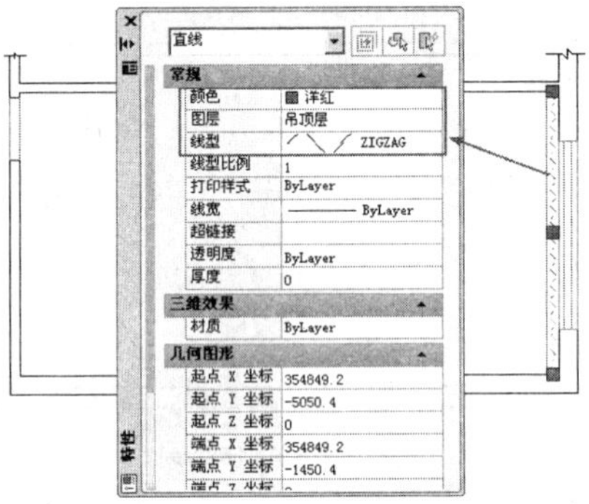

图10-81 修改线型及颜色

图10-82 特性编辑后的效果

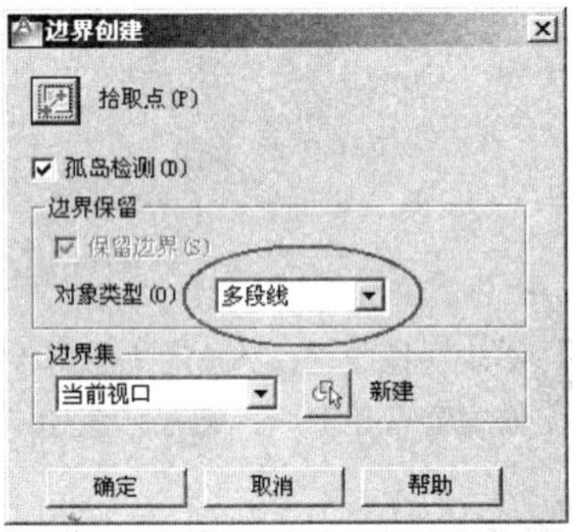

图10-83 【边界创建】对话框

11 单击【拾取点】按钮，返回绘图区，根据命令行的提示，在包厢内部单击，创建如图10-84所示的边界，边界创建后的突显效果如图10-85所示。

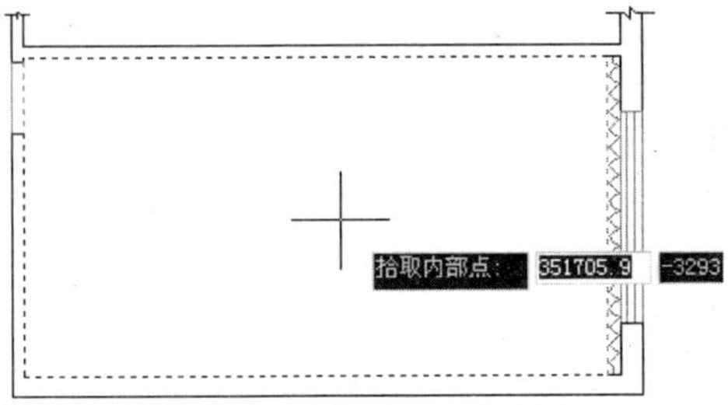

图10-84 提取边界

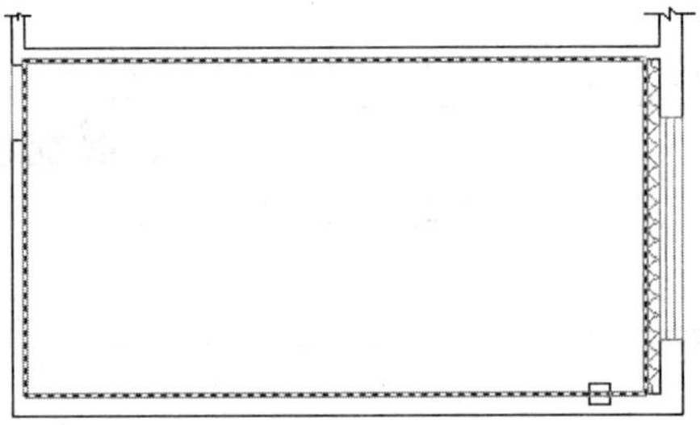

图10-85 边界的突显效果

12 使用快捷键“O”激活【偏移】命令，将创建的边界分别向内侧偏移20、60和80个绘图单位，作为吊顶轮廓线，偏移结果如图10-86所示。

图10-86 偏移结果

至此，星级酒店包间吊顶图绘制完毕。下一小节将学习酒店包间灯池结构图的绘制过程和技巧。

10.4.2　绘制酒店包间吊顶灯池

1 继续上节操作。

2 执行菜单栏中的【绘图】|【矩形】命令，配合【捕捉自】功能绘制内部吊顶灯池轮廓。命令行操作如下：

```
命令: _rectang
    指定第一个角点或 [倒角(C)/标高(E)/圆角(F)/厚度(T)/宽度(W)]:
                                    //激活【捕捉自】功能
    _from 基点:                      //捕捉如图10-87所示的端点
    <偏移>:                          //@450,400 Enter
    指定另一个角点或 [面积(A)/尺寸(D)/旋转(R)]:
                                    //@5640,2640 Enter，绘制结果如图10-88所示
```

3 执行菜单栏中的【修改】|【偏移】命令，将矩形向内侧偏移500和650个绘图单位，结果如图10-89所示。

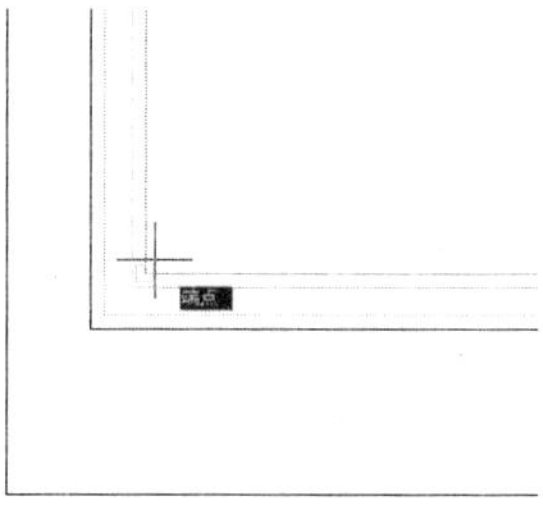

图10-87　捕捉端点

图10-88　绘制结果

图10-89　偏移结果

4 使用快捷键“I”激活【插入块】命令，采用默认参数插入本书配套光盘中的“图块文件\工艺窗花01.dwg”，插入点为图10-90所示的端点，插入结果如图10-91所示 。

图10-90　捕捉端点

图10-91　插入结果

5 使用快捷键“AR”激活【阵列】命令，对插入的窗花图块进行阵列。命令行操作如下：

```
命令: ar                              // Enter
    ARRAY选择对象:                     //选择刚插入的窗花图块
    选择对象:                          // Enter
    输入阵列类型 [矩形(R)/路径(PA)/极轴(PO)] <极轴>:        //R Enter
    类型 = 矩形  关联 = 是
    为项目数指定对角点或 [基点(B)/角度(A)/计数(C)] <计数>:    //b Enter
    指定基点或 [关键点(K)] <质心>:       //捕捉如图10-92所示的追踪虚线的交点
```

```
为项目数指定对角点或 [基点(B)/角度(A)/计数(C)] <计数>:      // Enter
输入行数或 [表达式(E)] <4>:                               // Enter
输入列数或 [表达式(E)] <4>:                               //7 Enter
指定对角点以间隔项目或 [间距(S)] <间距>:                   //捕捉如图10-93所示的端点
```

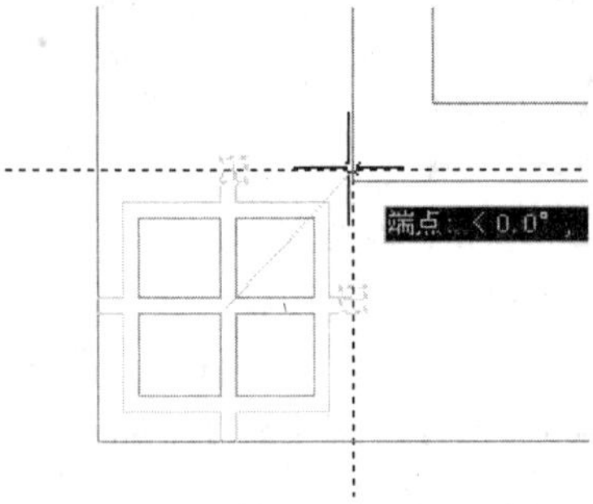

图10-92 定位其点

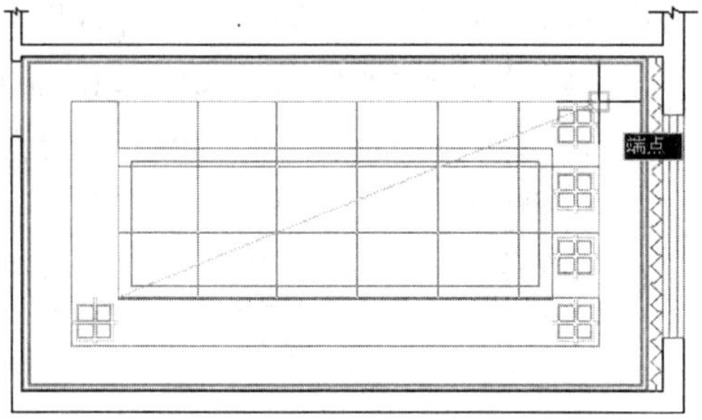

图10-93 捕捉端点

```
按 Enter 键接受或 [关联(AS)/基点(B)/行(R)/列(C)/层(L)/退出(X)] <退出>:      //AS Enter
创建关联阵列 [是(Y)/否(N)] <是>:                          //N Enter
按 Enter 键接受或 [关联(AS)/基点(B)/行(R)/列(C)/层(L)/退出(X)] <退出>:
                                                          //X Enter，阵列结果如图10-94所示
```

6 使用快捷键“E”激活【删除】命令，窗交选择如图10-95所示的图块进行删除，结果如图10-96所示。

7 将当前颜色设置为31号色，然后使用【直线】命令配合端点捕捉功能绘制如图10-97所示的连接线。

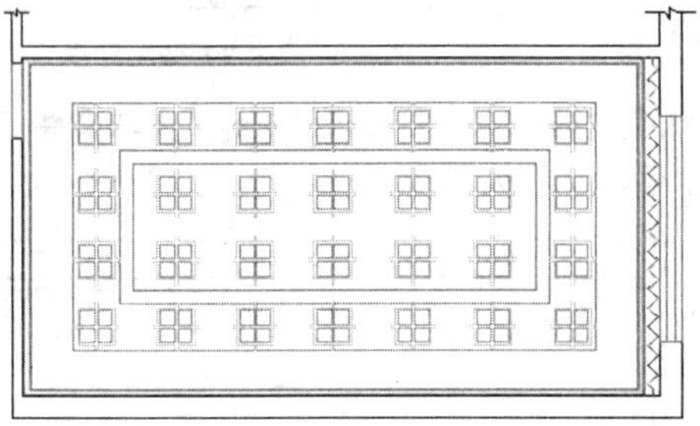
图10-94 阵列结果

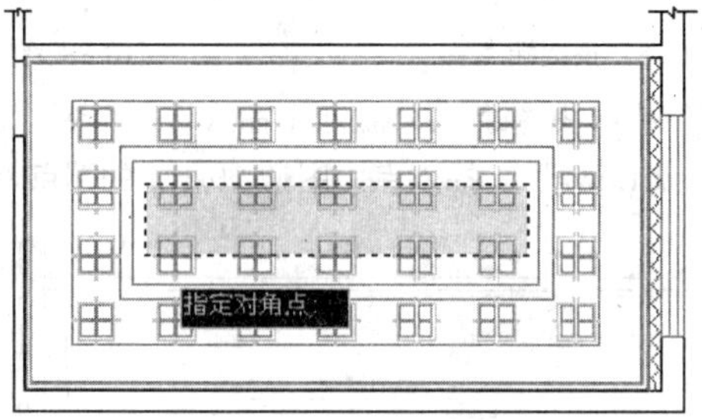

图10-95 窗交选择

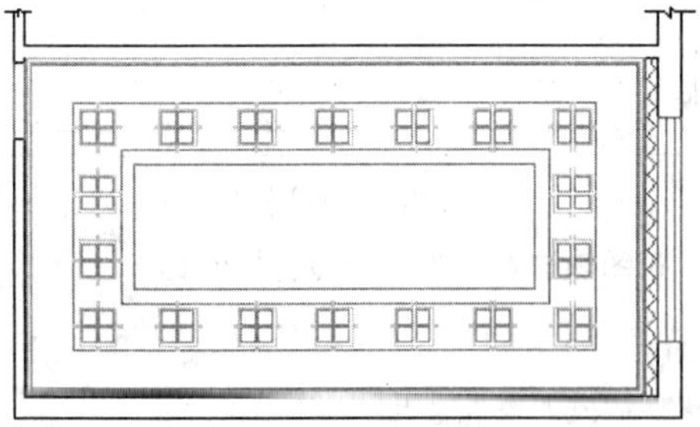
图10-96 删除结果

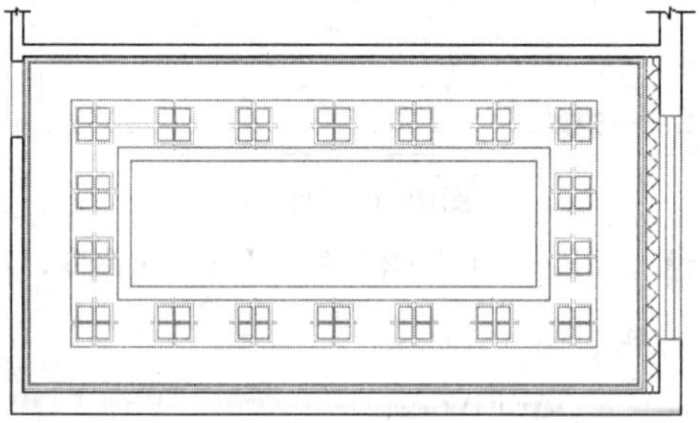
图10-97 绘制结果

8 使用快捷键“AR”激活【阵列】命令，对刚绘制的四条连接线进行阵列。命令行操作如下：

```
命令: ar                         // Enter
    ARRAY选择对象:               //选择如图10-98所示的四条连接线
```

选择对象:　　　　// Enter
输入阵列类型 [矩形(R)/路径(PA)/极轴(PO)] <矩形>:　　　　// Enter
类型 = 矩形 关联 = 否
为项目数指定对角点或 [基点(B)/角度(A)/计数(C)] <计数>: // Enter
输入行数或 [表达式(E)] <4>:　　　　// Enter
输入列数或 [表达式(E)] <4>:　　　　//7 Enter
指定对角点以间隔项目或 [间距(S)] <间距>:　　　　// Enter
指定行之间的距离或 [表达式(E)] <692.5>:　　　　//-706.7 Enter
指定列之间的距离或 [表达式(E)] <932.5>:　　　　//856.7 Enter
按 Enter 键接受或 [关联(AS)/基点(B)/行(R)/列(C)/层(L)/退出(X)] <退出>:
//X Enter，阵列结果如图10-99所示

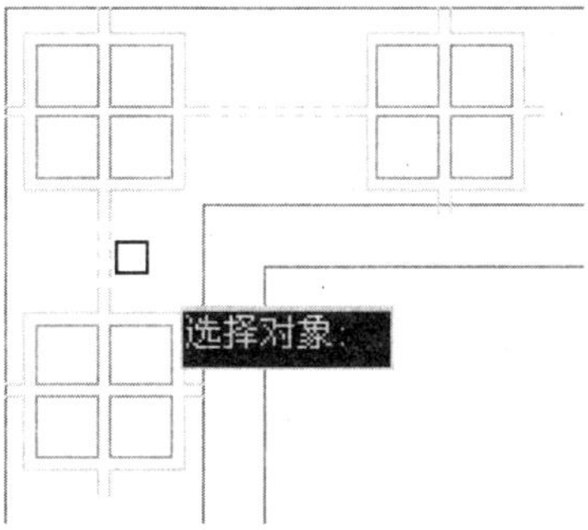

图10-98 选择阵列对象

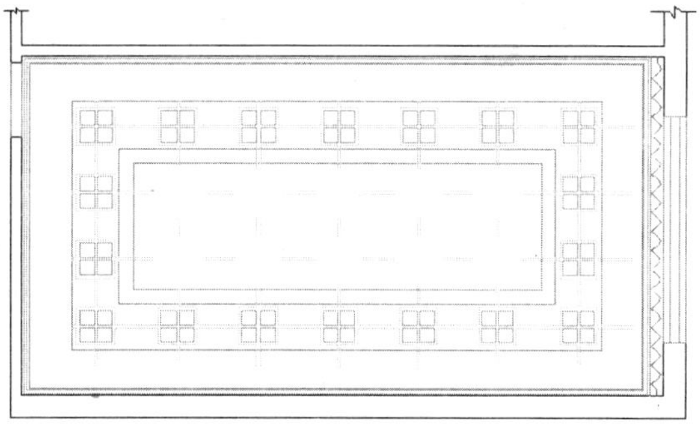

图10-99 阵列结果

9 在无命令执行的前提下夹点显示如图10-100所示的图线进行删除，结果如图10-101所示。

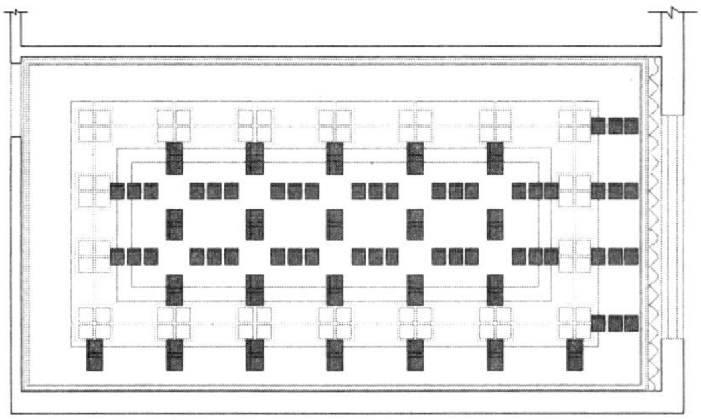

图10-100 夹点效果

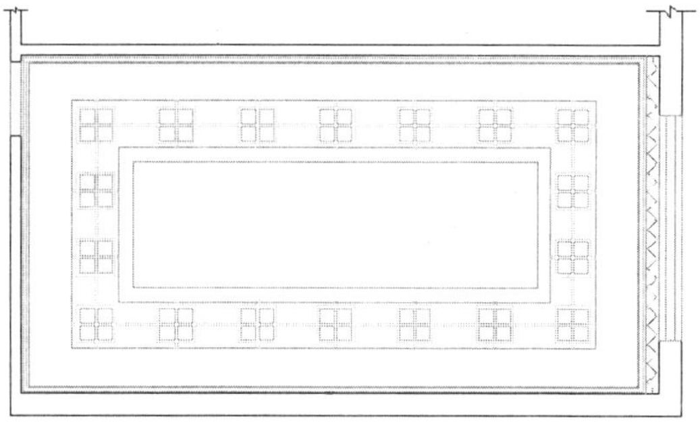

图10-101 删除结果

10 使用快捷键“X”激活【分解】命令，将水平方向上的窗花图块分解。

11 使用快捷键“TR”激活【修剪】命令，对分解后的窗花进行修整。命令行操作如下：

命令: tr　　　　// Enter
TRIM当前设置:投影=UCS，边=无
选择剪切边...
选择对象或 <全部选择>:　　　　//选择如图10-102所示的矩形作为边界
选择对象:　　　　// Enter

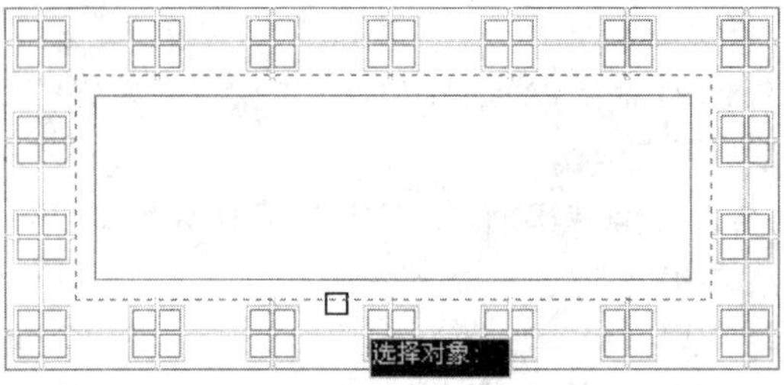

图10-102 选择边界

选择要修剪的对象，或按住 Shift 键选择要延伸的对象，或[栏选(F)/窗交(C)/投影(P)/边(E)/删除(R)/放弃(U)]:　　　　//窗交选择如图10-103所示的图线，修剪结果如图10-104所示

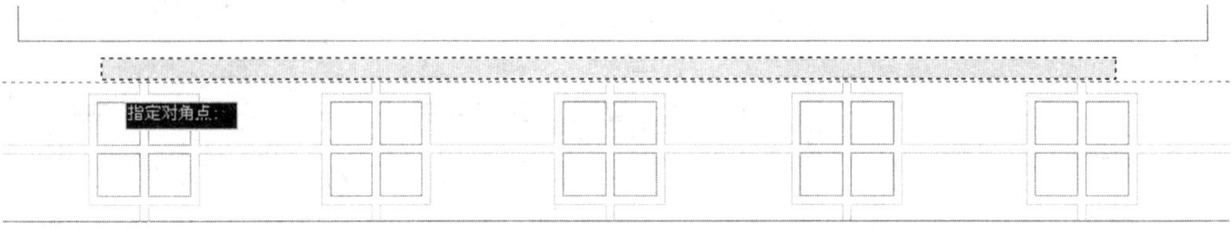

图10-103 窗交选择

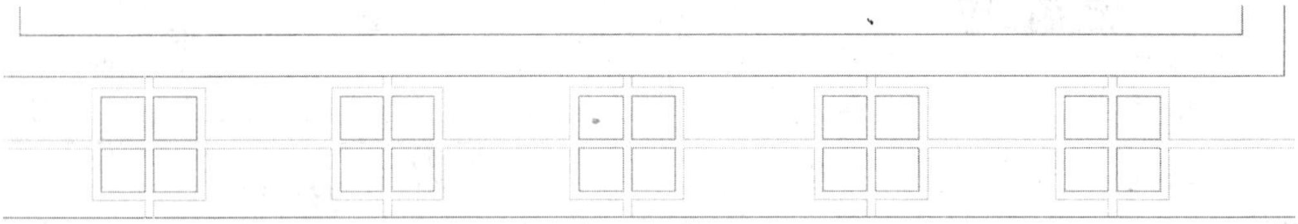

图10-104 修剪结果

选择要修剪的对象，或按住 Shift 键选择要延伸的对象，或[栏选(F)/窗交(C)/投影(P)/边(E)/删除(R)/放弃(U)]:　　　　//窗交选择如图10-105所示的图线，修剪结果如图10-106所示

选择要修剪的对象，或按住 Shift 键选择要延伸的对象，或[栏选(F)/窗交(C)/投影(P)/边(E)/删除(R)/放弃(U)]:　　　　// Enter，结束命令

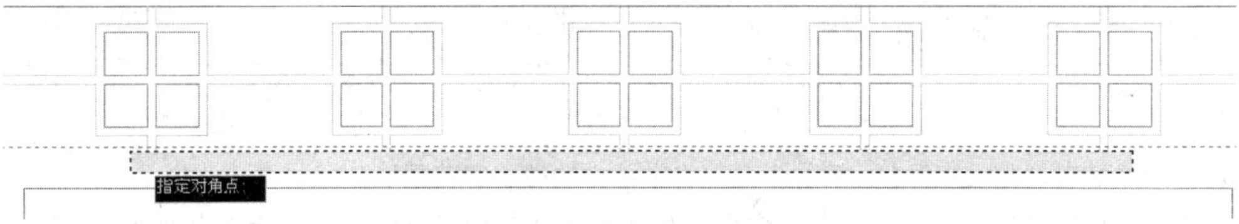

图10-105 窗交选择

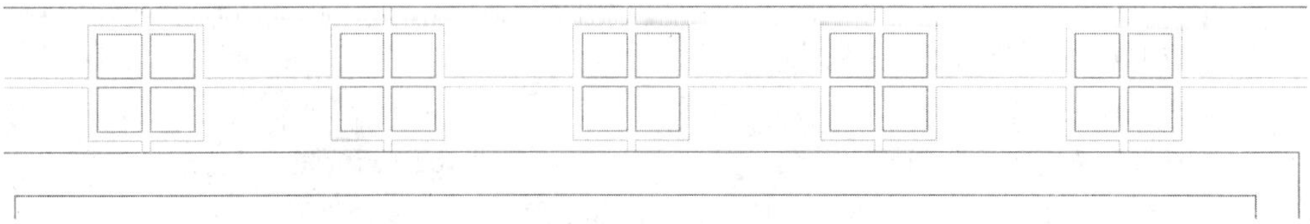

图10-106 修剪结果

至此，酒店包间吊顶灯池结构图绘制完毕。下一小节将学习酒店包间灯带轮廓图的绘制过程和技巧。

10.4.3　绘制酒店包间灯带轮廓图

1 继续上节操作。

2 执行菜单栏中的【修改】|【偏移】命令，将内部的矩形向外侧偏移，创建灯带轮廓线。命令行操作如下：

```
命令: _offset
    当前设置: 删除源=否  图层=源  OFFSETGAPTYPE=0
    指定偏移距离或 [通过(T)/删除(E)/图层(L)] <60.0>:          //l Enter
    输入偏移对象的图层选项 [当前(C)/源(S)] <源>:              /C Enter
    指定偏移距离或 [通过(T)/删除(E)/图层(L)] <0.0>:           //60 Enter
    选择要偏移的对象，或 [退出(E)/放弃(U)] <退出>:            //选择如图10-107所示的矩形
    指定要偏移的那一侧上的点，或 [退出(E)/多个(M)/放弃(U)] <退出>:
                                                             //在所选矩形的外侧拾取点
    选择要偏移的对象，或 [退出(E)/放弃(U)] <退出>:           // Enter，偏移结果如图10-108所示
```

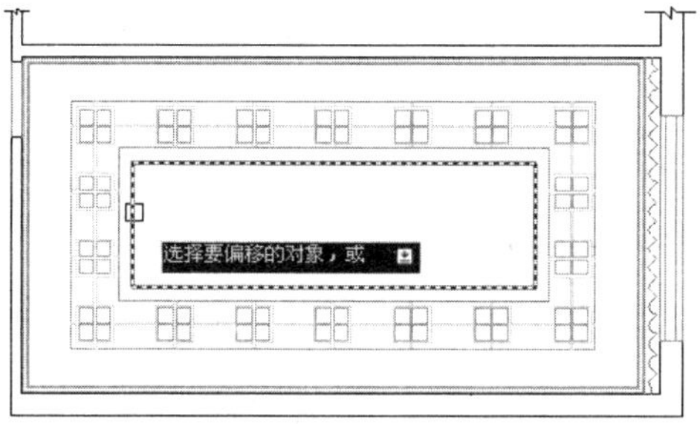

图10-107　选择对象

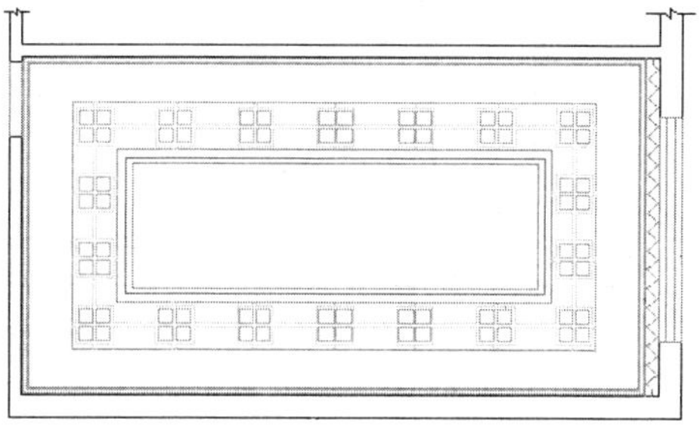

图10-108　偏移结果

3 执行菜单栏中的【格式】|【线型】命令，在打开的【线型管理器】对话框中加载如图10-109所示的线型。

4 在无命令执行的前提下，夹点显示偏移出的灯带轮廓线。

5 执行菜单栏中的【工具】|【选项板】|【特性】命令，在打开的【特性】窗口中修改灯带的线型和线型比例如图10-110所示。

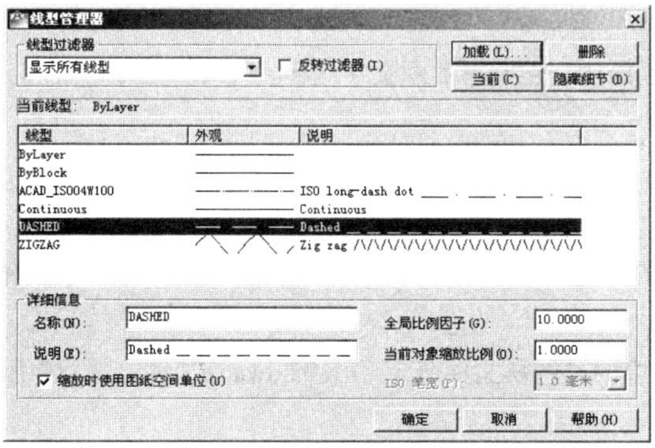

图10-109　加载线型

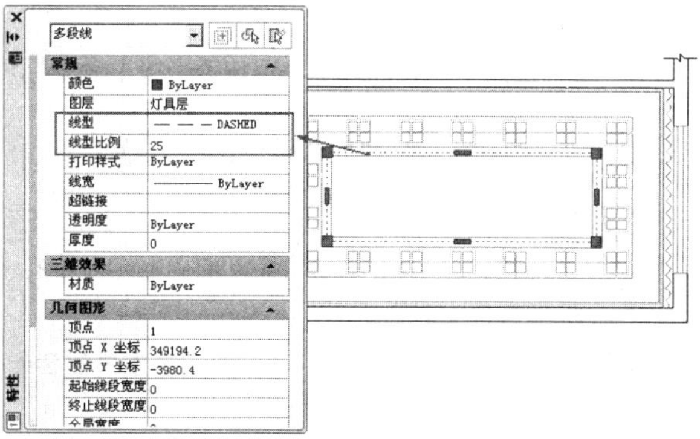

图10-110　修改线型及比例

6 关闭【特性】窗口，并取消图线的夹点显示。

至此，酒店包间吊顶灯带轮廓图绘制完毕。下一小节将为酒店包间吊顶图布置工艺吊灯及吊顶装饰等内含物。

10.5 绘制星级酒店包间吊顶灯具图

本节主要学习星级酒店包间吊顶灯具图的绘制方法以及尺寸文字的标注技巧。酒店包间灯具图的最终绘制效果如图10-111所示。

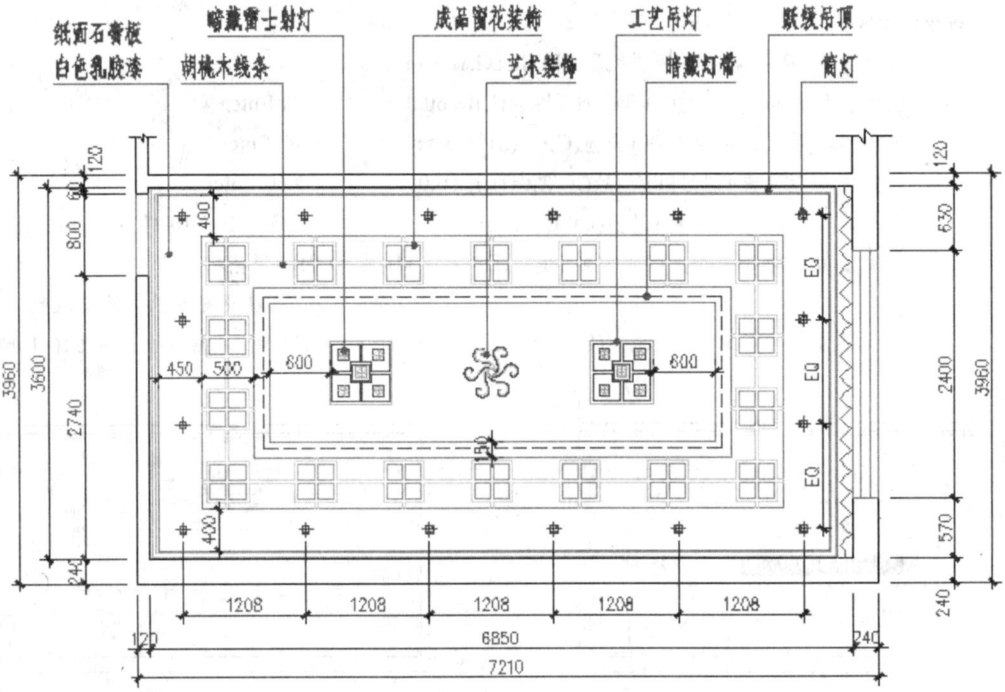

图10-111 实例效果

在绘制星级酒店包间吊顶灯具布置图时，具体可以参照如下思路。

1）使用【插入块】、【镜像】等命令并配合捕捉与追踪功能绘制包间吊顶主体灯具。

2）使用【偏移】、【分解】命令绘制酒店包间吊顶辅助灯具定位辅助线。

3）使用【点样式】、【定数等分】、【多点】命令绘制酒店包间吊顶辅助灯具。

4）使用【线性】、【连续】、【标注样式】、【编辑文字】等命令标注星级酒店包间吊顶图定位尺寸。

5）最后使用【标注样式】、【快速引线】命令标注星级酒店包间吊顶图文字注释。

10.5.1 绘制酒店包间工艺吊灯

1 继续上节操作。

2 使用快捷键“I”激活【插入块】命令，在打开的【插入】对话框中单击 浏览(B)... 按钮，打开【选择图形文件】对话框。

3 在【选择图形文件】对话框中选择本书配套光盘中的“图块文件\工艺灯具02.dwg”文件，然后以默认参数插入到吊顶平面图中。

4 在命令行“指定插入点或 [基点(B)/比例(S)/X/Y/Z/旋转(R)]: ”提示下，向右引出如图10-112所示的对象追踪虚线，然后输入“900.6”，按Enter键，插入结果如图10-113所示。

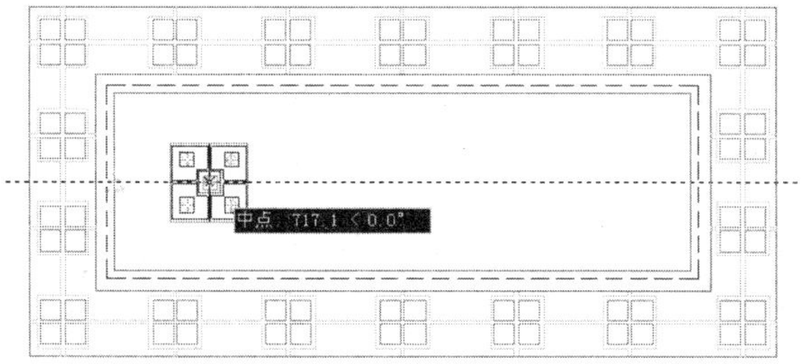

图10-112 引出对象追踪虚线

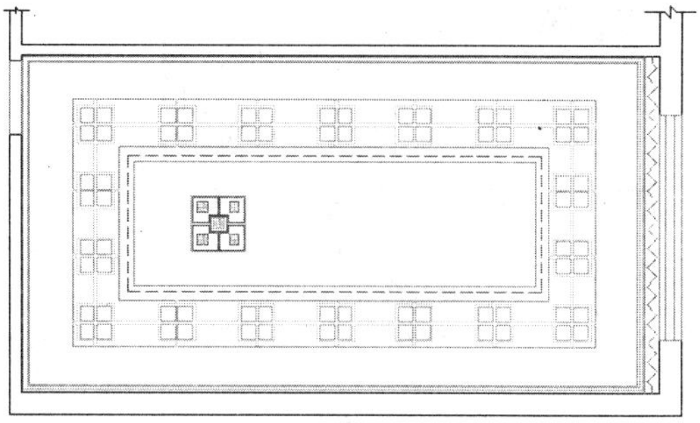

图10-113 插入结果

5 执行菜单栏中的【修改】|【镜像】命令，对插入的灯具进行镜像，结果如图10-114所示。

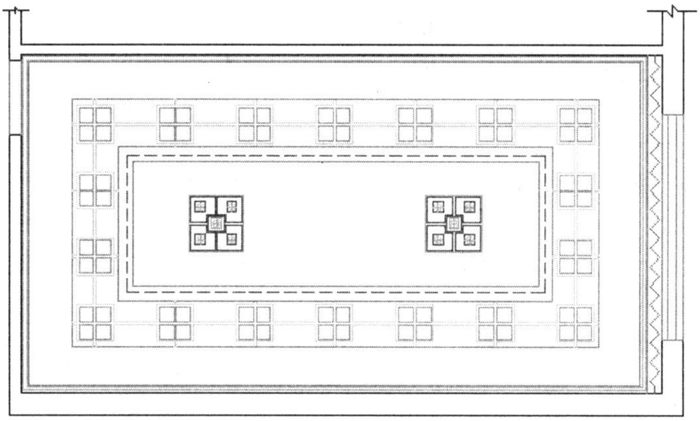

图10-114 镜像结果

6 使用快捷键“I”激活【插入块】命令，以默认参数插入本书配套光盘中的“图块文件\艺术装饰.dwg”，插入点为图10-115所示的对象追踪虚线的交点，插入结果如图10-116所示。

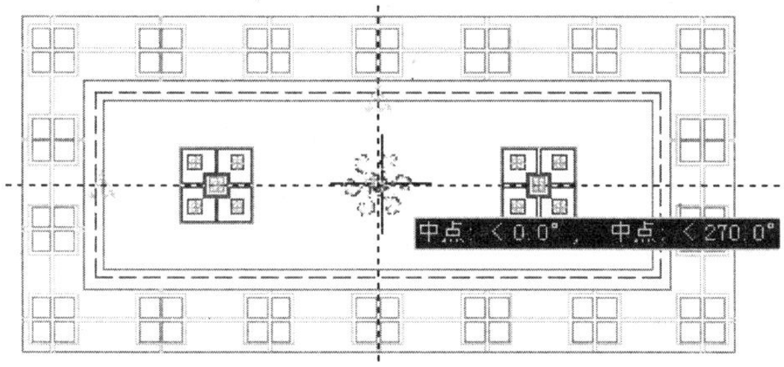

图10-115 引出对象追踪虚线

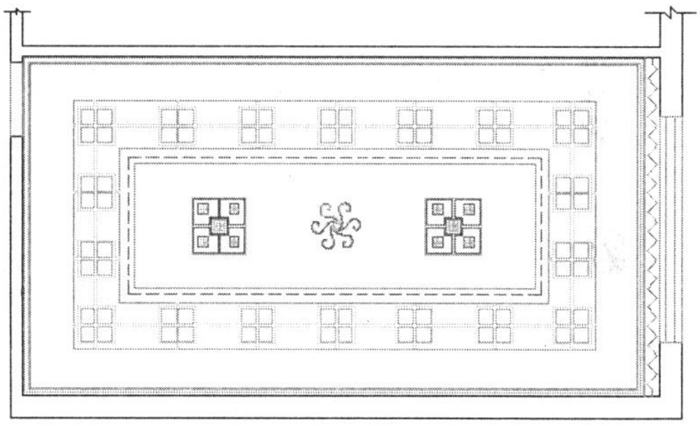

图10-116 插入结果

至此，酒店包间吊顶灯带及主灯具绘制完毕。下一小节将学习包间辅助灯具的快速绘制过程和技巧。

10.5.2　绘制酒店包间辅助灯具图

1 继续上节操作。

2 执行菜单栏中的【格式】|【点样式】命令，在打开的【点样式】对话框中设置当前点的样式和点的大小，如图10-117所示。

3 展开【颜色控制】下拉列表，将当前颜色设置为“ByLayer”，如图10-118所示。

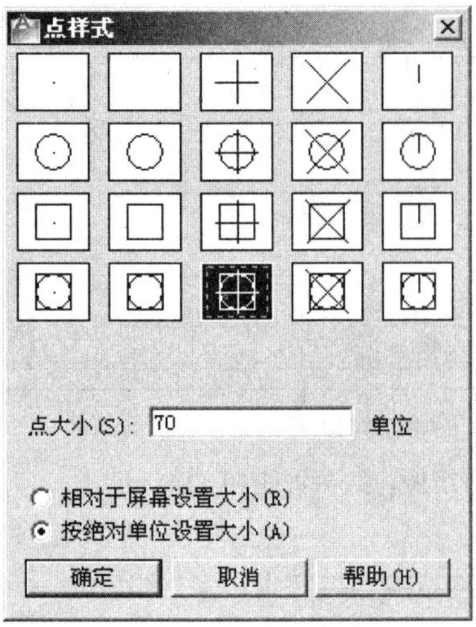

图10-117 设置点样式和大小

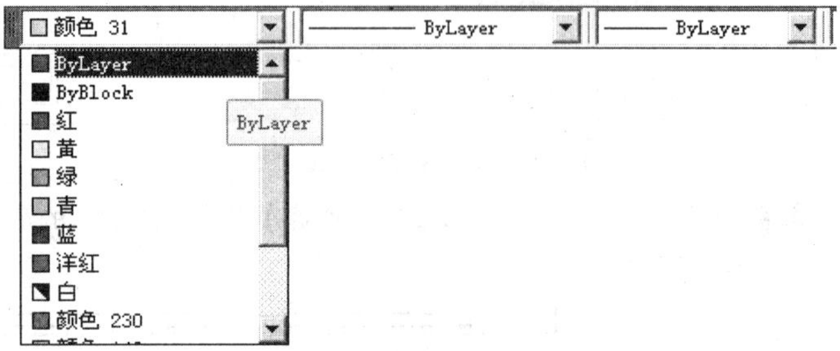

图10-118 设置当前颜色

4 使用快捷键“O”激活【偏移】命令，选择如图10-119所示的矩形向外偏移200个绘图单位，作为辅助矩形，结果如图10-120所示。

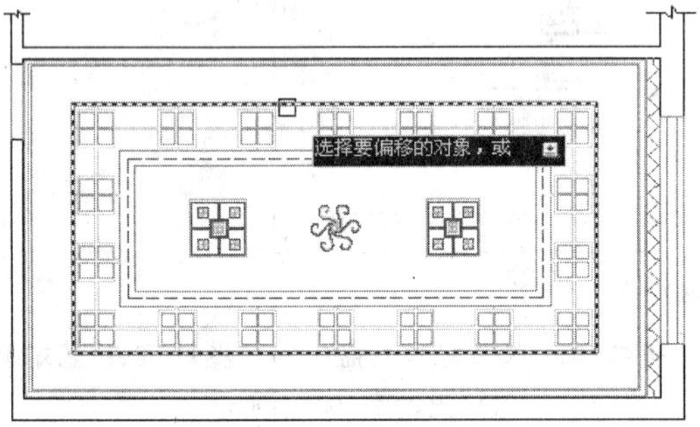

图10-119 选择矩形

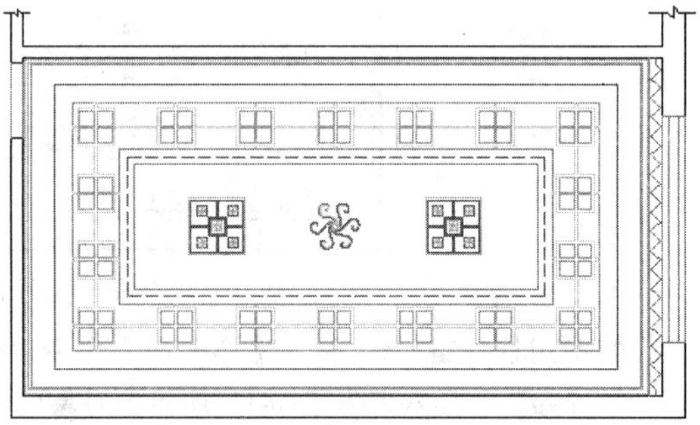

图10-120 偏移结果

5 使用快捷键“X”激活【分解】命令，将偏移出的矩形分解为四条独立的线段。

6 使用快捷键“DIV”激活【定数等分】命令，将矩形的两条水平边等分为五份，将两条垂直边等分为三份，结果如图10-121所示。

7 执行菜单栏中的【绘图】|【点】|【多点】命令，配合端点捕捉功能，在辅助矩形的四角位置绘制四个点，作为辅助灯具，结果如图10-122所示。

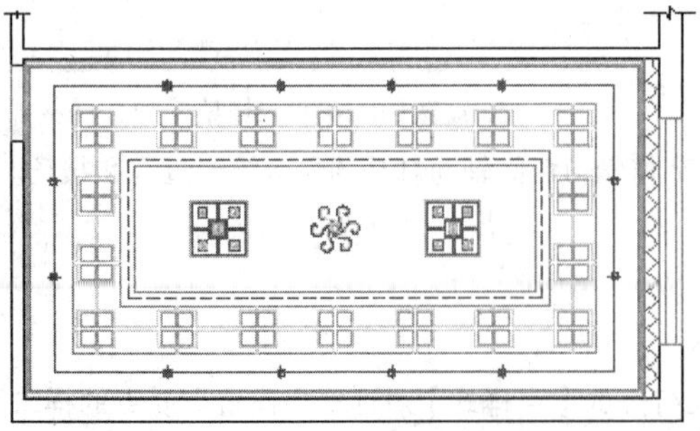

图10-121 等分结果

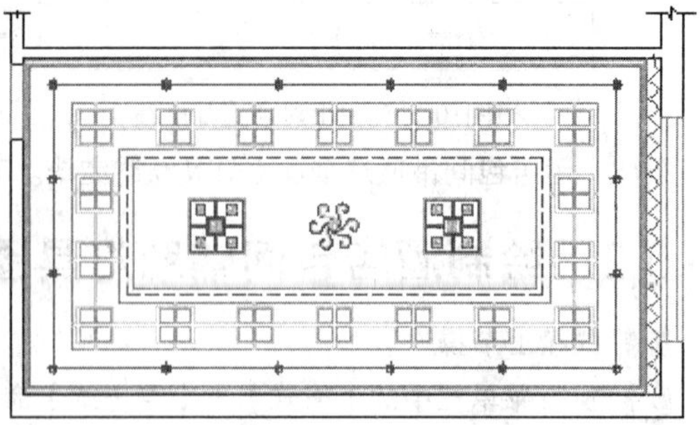

图10-122 绘制结果

8 使用快捷键“E”激活【删除】命令，删除辅助矩形，结果如图10-123所示。

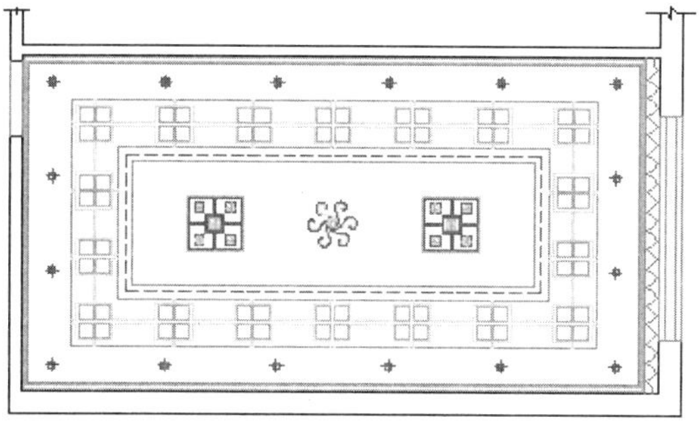

图10-123　删除结果

至此，酒店包间吊顶辅助灯具图绘制完毕。下一小节将学习酒店包间吊顶图尺寸的快速标注过程和标注技巧。

10.5.3 标注酒店包间吊顶图尺寸

1 继续上节操作。

2 展开【图层控制】下拉列表，解冻“尺寸层”，并将其设置为当前操作层，此时图形的显示结果如图10-124所示。

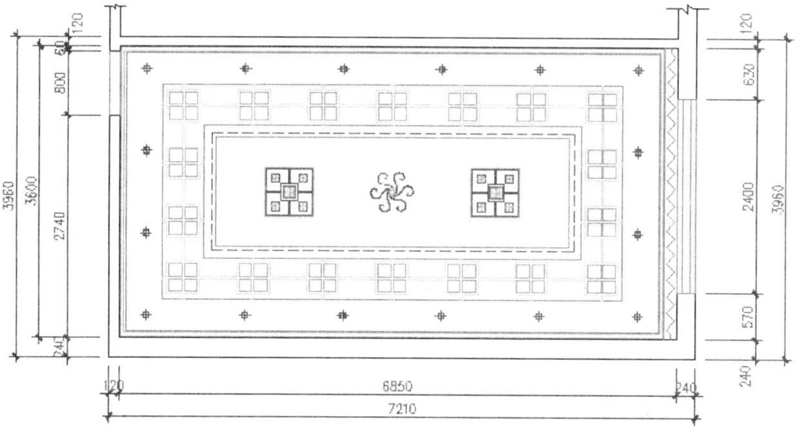

图10-124　解冻“尺寸层”后的效果

3 使用快捷键“S”激活【拉伸】命令，对下侧的尺寸进行适当拉伸，结果如图10-125所示。

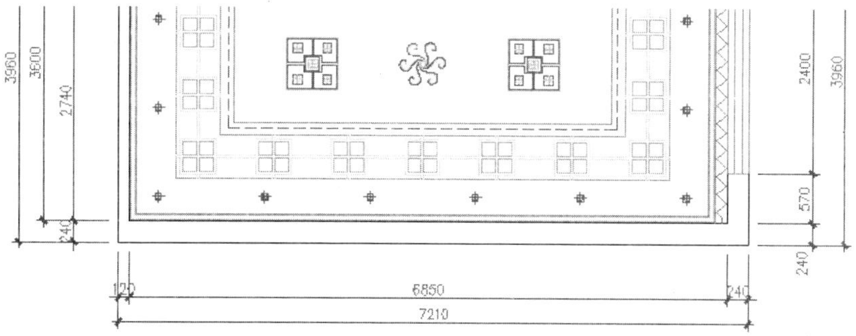

图10-125　拉伸结果

4 执行菜单栏中的【标注】|【线性】命令，配合节点捕捉功能标注如图10-126所示的线性尺寸。

5 单击【标注】工具栏中的按扭，激活【连续】命令，配合节点捕捉功能标注辅助灯具的定位尺寸，结果如图10-127所示。

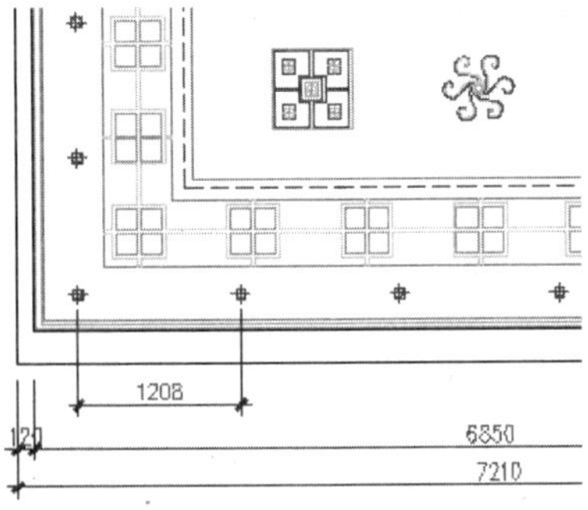

图10-126 标注线性尺寸

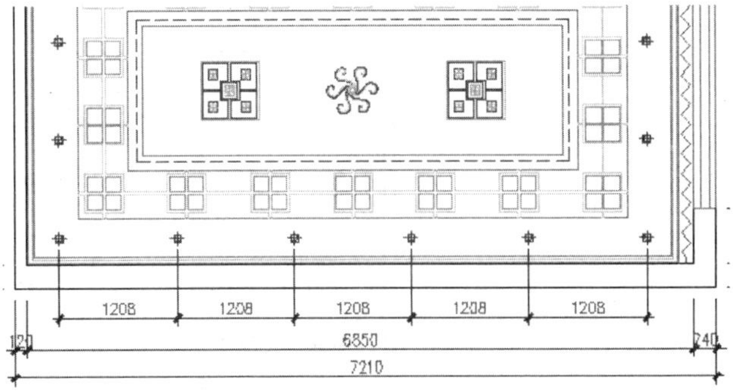

图10-127 标注连续尺寸

6 参照上述操作，综合使用【线性】和【连续】命令分别标注其他位置的尺寸，结果如图10-128所示。

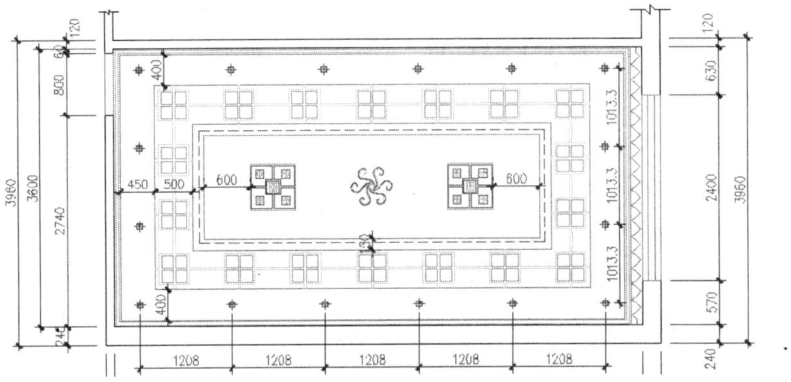

图10-128 标注其他位置的尺寸

7 使用快捷键“ED”激活【编辑文字】命令，选择标注文字为“1013.3”的尺寸进行编辑，修改尺寸文字的内容，如图10-129所示，修改后的效果如图10-130所示。

8 重复执行【编辑文字】命令，分别对其他位置的标注文字进行编辑，结果如图10-131所示。

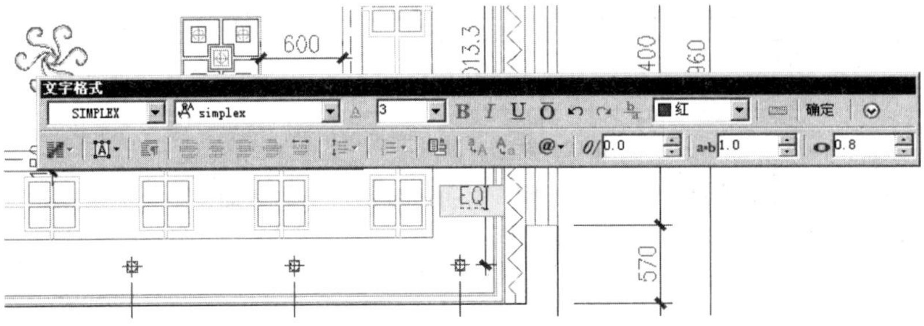

图10-129 修改标注文字

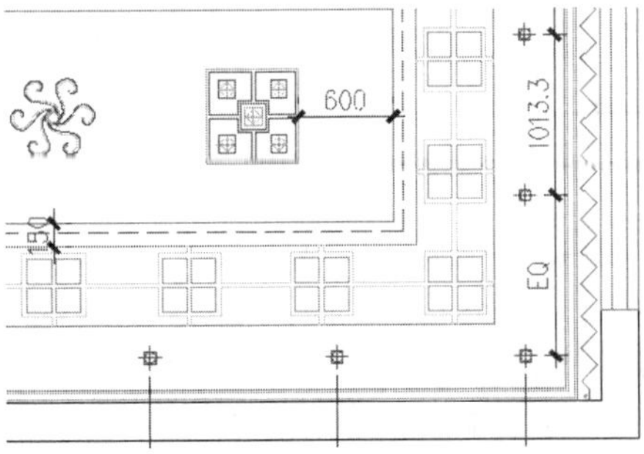

图10-130 修改结果

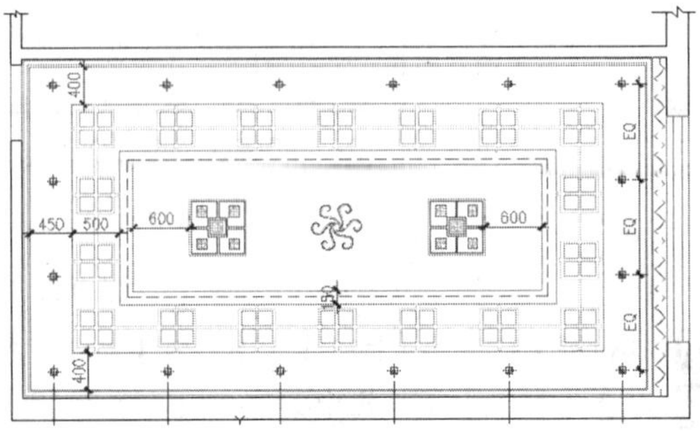

图10-131 修改其他标注文字

至此，酒店包间吊顶图尺寸标注完毕。下一小节将学习酒店包间吊顶图文字的标注过程和标注技巧。

10.5.4　标注酒店包间吊顶图文字

1. 继续上节操作。
2. 展开【图层控制】下拉列表，将“文本层”设置为当前操作层。
3. 使用快捷键“D”激活【标注样式】命令，将“引线标注”设置为当前新式，并修改标注比例如图10-132所示。
4. 使用快捷键“LE”激活【快速引线】命令，使用命令中的“设置”选项，设置引线参数如图10-133和图10-134所示。
5. 单击 确定 按钮，返回绘图区，根据命令行的提示，指定引线点绘制引线并输入引线注释，标注结果如图10-135所示。

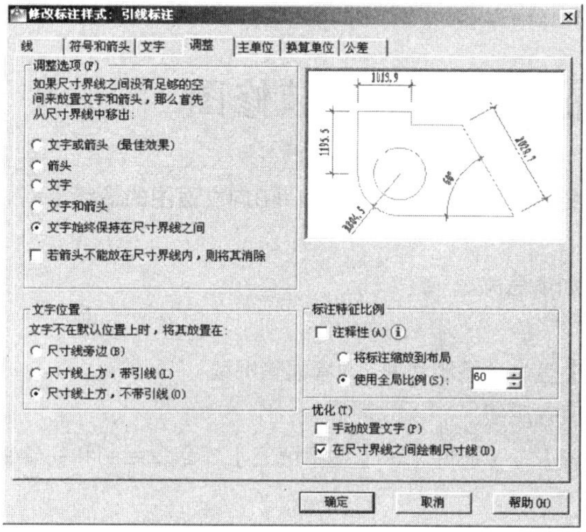

图10-132 设置当前样式与比例

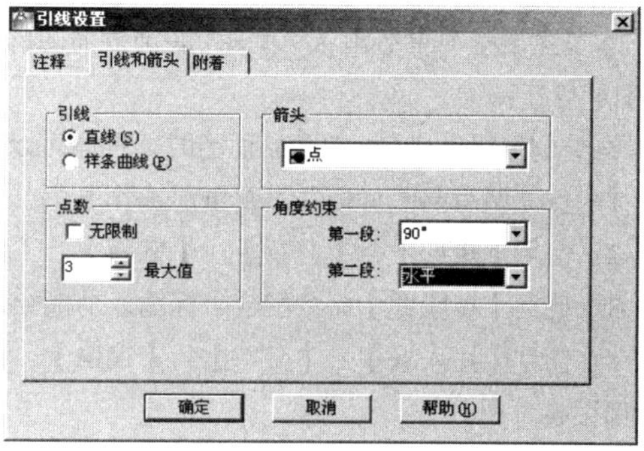

图10-133 【引线和箭头】选项卡

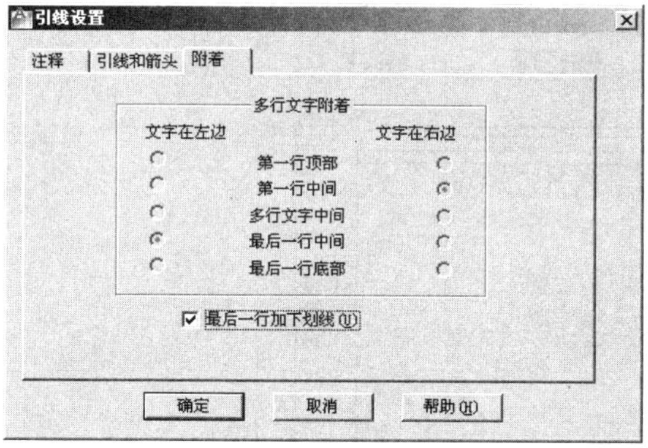

图10-134 【附着】选项卡

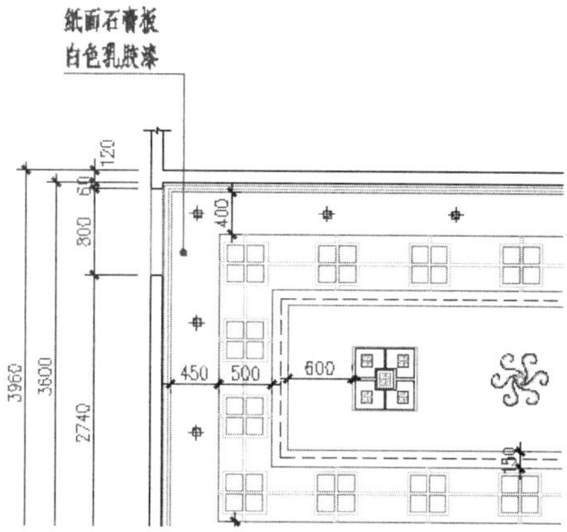

图10-135 标注结果

6. 重复执行【快速引线】命令，按照当前的引线参数设置，标注其他位置的引线注释，结果如图10-136所示。
7. 最后执行【另存为】命令，将图形另存储为“星级酒店包间吊顶装修图.dwg”。

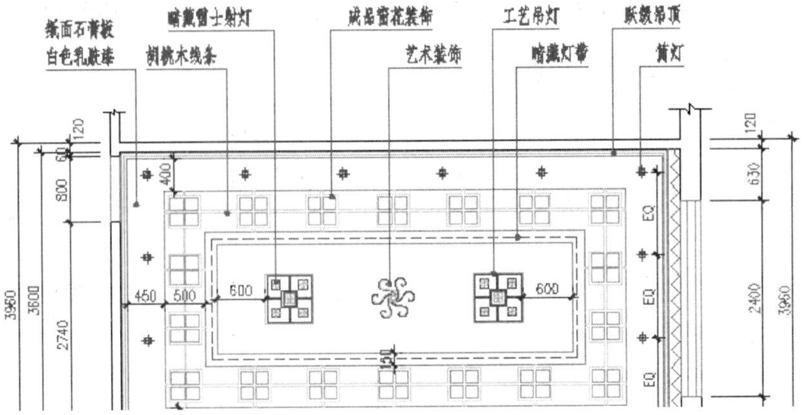

图10-136 标注其他注释

10.6 绘制星级酒店包间B向立面装修图

本节主要学习星级酒店包间B向装饰立面图的具体绘制过程和绘制技巧。包厢B向立面图的最终绘制效果如图10-137所示。

在绘制星级酒店包间B向立面图时，具体可以参照如下思路。

1）首先调用制图样板并设置当前操作层。

2）使用【矩形】、【分解】、【偏移】、【修剪】等命令绘制包厢B向墙面轮廓线。

3）使用【多段线】命令配合坐标输入功能绘制吊顶轮廓线。

4）使用【插入块】、【分解】、【镜像】、【修剪】、【删除】、【图案填充】等命令绘制和完善包间B向墙面构件图。

5）使用【线性】、【连续】和【编辑标注文字】等命令标注包厢立面图尺寸。

6）最后使用【标注样式】、【快速引线】命令标注星级酒店包间立面图文字注释。

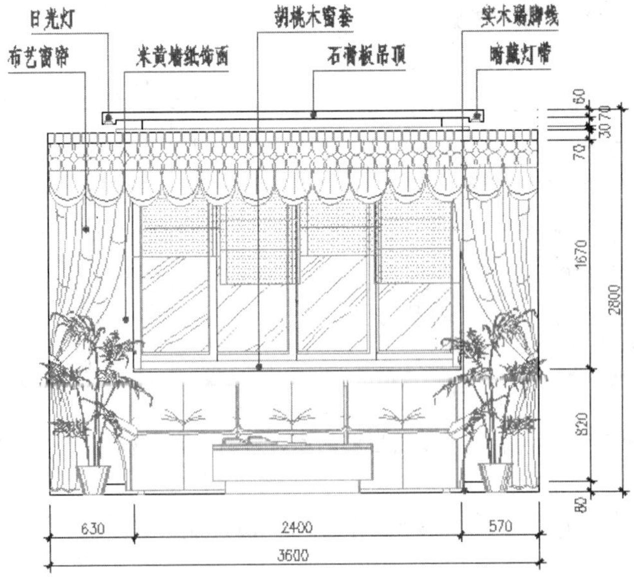

图10-137 实例效果

10.6.1　绘制星级酒店包间B向装饰轮廓图

1. 以本书配套光盘中的“样板文件\室内设计样板.dwt”作为基础样板，新建空白文件。
2. 展开【图层控制】下拉列表，设置“轮廓线”为当前操作层。
3. 执行菜单栏中的【绘图】|【矩形】命令，绘制如图10-138所示的矩形作为墙面外轮廓线。
4. 执行菜单栏中的【修改】|【分解】命令，将矩形分解为四条独立的线段。
5. 执行菜单栏中的【修改】|【偏移】命令，将矩形下侧的水平边向上偏移80、900和2570个绘图单位，将上侧的矩形水平边向下偏移70和100个绘图单位，结果如图10-139所示。

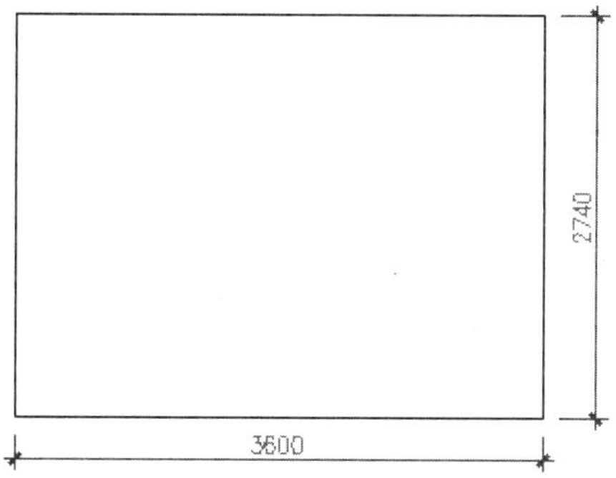

图10-138 绘制结果

图10-139 偏移水平边

6. 重复执行【偏移】命令，将矩形左侧的垂直边向右偏移500、630和700个绘图单位，将右侧的矩形垂直边向左偏移500、570和700个绘图单位，结果如图10-140所示。
7. 执行菜单栏中的【修改】|【修剪】命令，对轮廓线进行修改，编辑出墙面的轮廓结构，结果如图10-141所示。

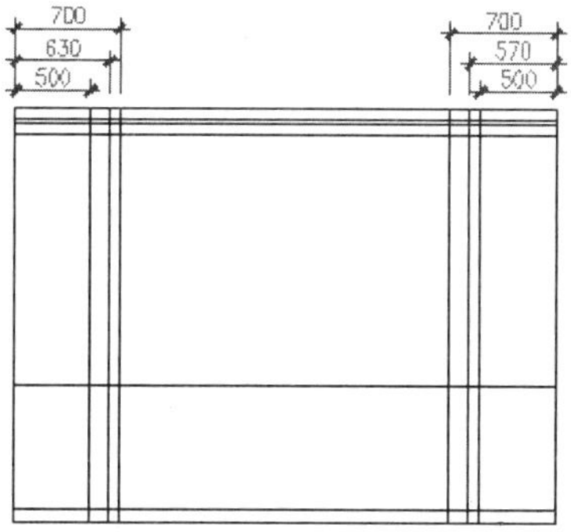

图10-140 偏移垂直边

图10-141 修剪结果

8. 执行菜单栏中的【绘图】|【多段线】命令，配合坐标输入功能绘制上侧的吊顶轮廓线。命令行操作如下：

```
命令: _pline
    指定起点:                                              //捕捉如图10-142所示的端点
    当前线宽为 0.0
    指定下一个点或 [圆弧(A)/半宽(H)/长度(L)/放弃(U)/宽度(W)]:        //@-200,0 Enter
    指定下一点或 [圆弧(A)/闭合(C)/半宽(H)/长度(L)/放弃(U)/宽度(W)]: //@0,-30 Enter
    指定下一点或 [圆弧(A)/闭合(C)/半宽(H)/长度(L)/放弃(U)/宽度(W)]: //@-100,0 Enter
    指定下一点或 [圆弧(A)/闭合(C)/半宽(H)/长度(L)/放弃(U)/宽度(W)]: //@0,90 Enter
```

指定下一点或 [圆弧(A)/闭合(C)/半宽(H)/长度(L)/放弃(U)/宽度(W)]: //@2800,0 Enter
指定下一点或 [圆弧(A)/闭合(C)/半宽(H)/长度(L)/放弃(U)/宽度(W)]: //@0,-90 Enter
指定下一点或 [圆弧(A)/闭合(C)/半宽(H)/长度(L)/放弃(U)/宽度(W)]: //@-100,0 Enter
指定下一点或 [圆弧(A)/闭合(C)/半宽(H)/长度(L)/放弃(U)/宽度(W)]: //@0,30 Enter
指定下一点或 [圆弧(A)/闭合(C)/半宽(H)/长度(L)/放弃(U)/宽度(W)]: //@-200,0 Enter
指定下一点或 [圆弧(A)/闭合(C)/半宽(H)/长度(L)/放弃(U)/宽度(W)]:
// Enter，绘制结果如图10-143所示

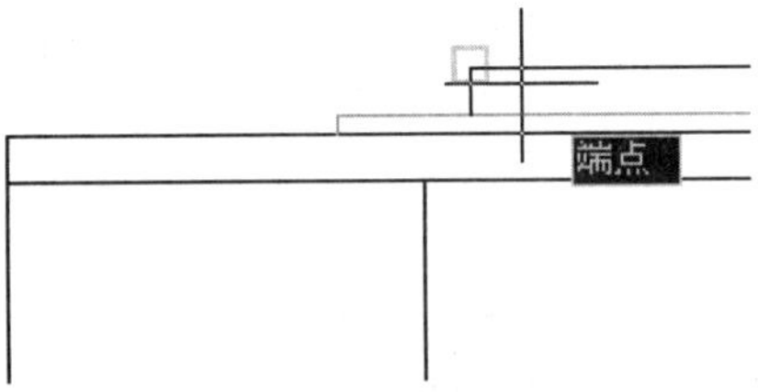

图10-142 捕捉端点

图10-143 绘制结果

至此，星级酒店包间B向装饰轮廓图绘制完毕。下一小节将学习星级酒店包间立面构件的绘制过程和技巧。

10.6.2 绘制星级酒店包间B向构件图

1. 继续上节操作。
2. 展开【图层控制】下拉列表，将“图块层”设置为当前操作层，如图10-144所示。
3. 使用快捷键“I”激活【插入块】命令，选择本书配套光盘中的“图块文件\立面沙发组与茶几.dwg”文件，如图10-145所示。

图10-144 设置当前操作层

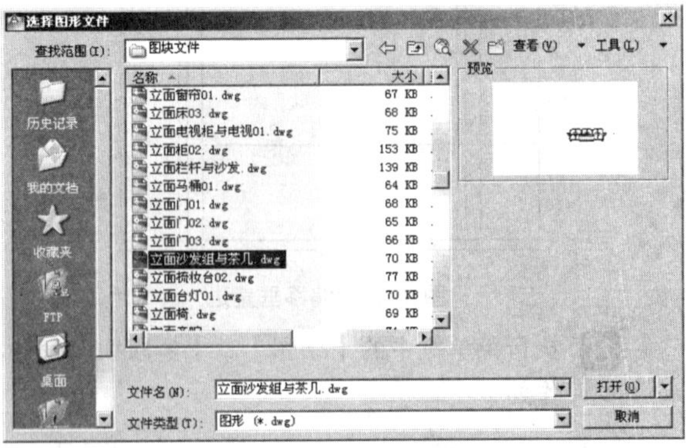

图10-145 选择文件

4. 返回【插入】对话框，配合中点捕捉功能，以默认参数将图块插入到立面图中，插入点为图10-146所示的中点，插入结果如图10-147所示。
5. 重复执行【插入块】命令，选择本书配套光盘中的“图块文件\立面窗01.dwg”文件，如图10-148所示。

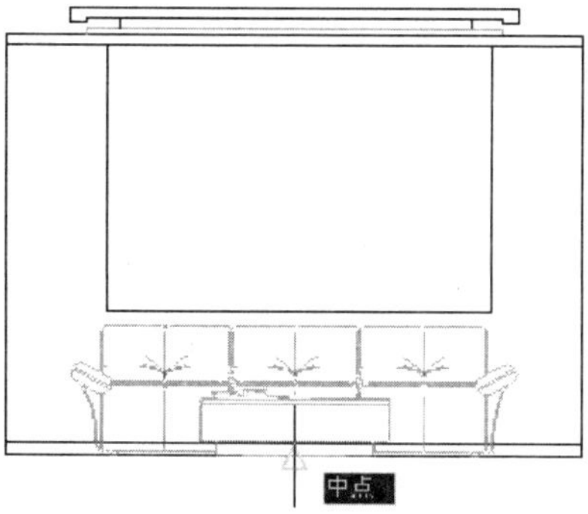

图10-146 定位插入点

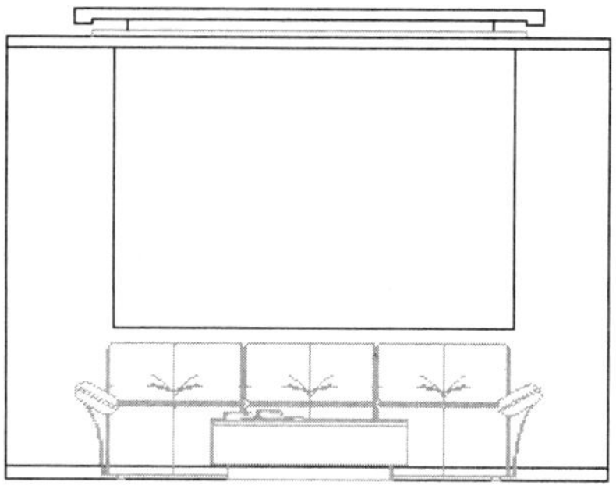

图10-147 插入结果

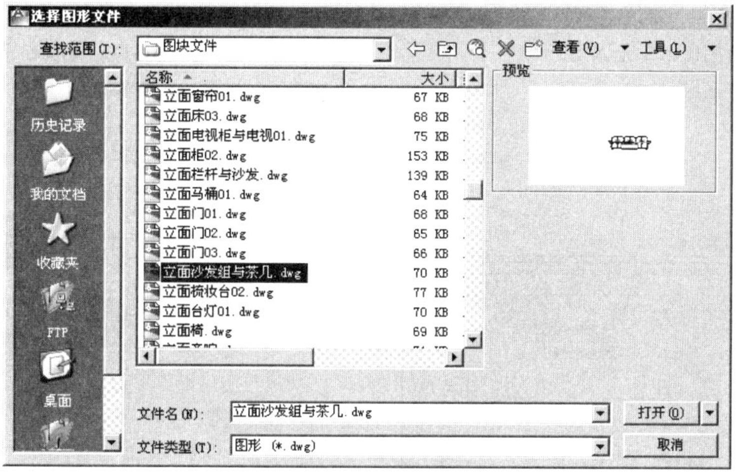

图10-148 选择文件

6 返回绘图区，以默认参数将图块插入到立面图中，插入点为图10-149所示的中点，插入结果如图10-150所示。

7 重复执行【插入块】命令，以默认参数插入本书配套光盘中的“图块文件\窗幔01.dwg”，插入点为左侧垂直轮廓线的上端点，插入结果如图10-151所示。

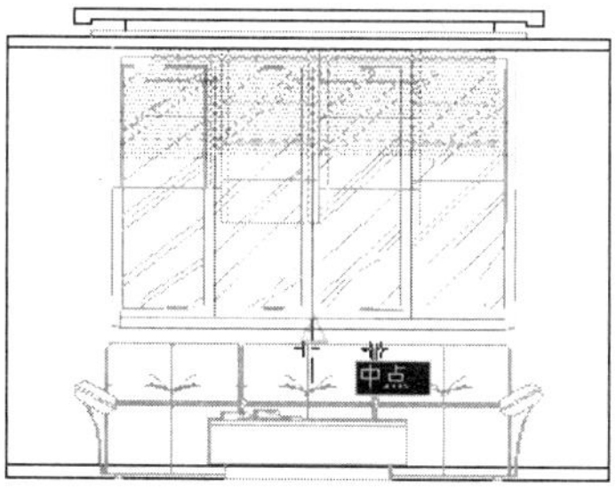

图10-149 定位插入点

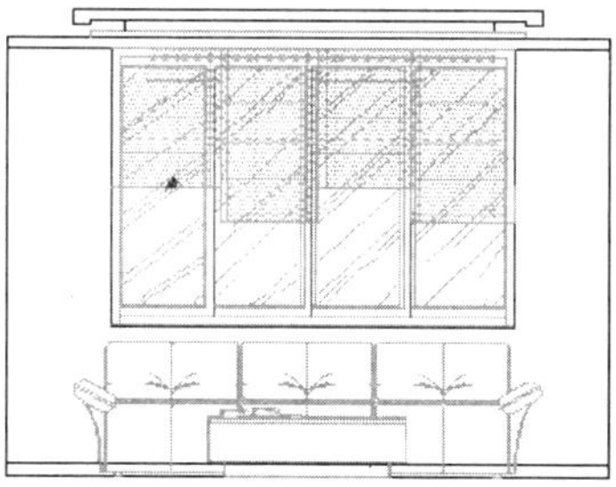

图10-150 插入结果

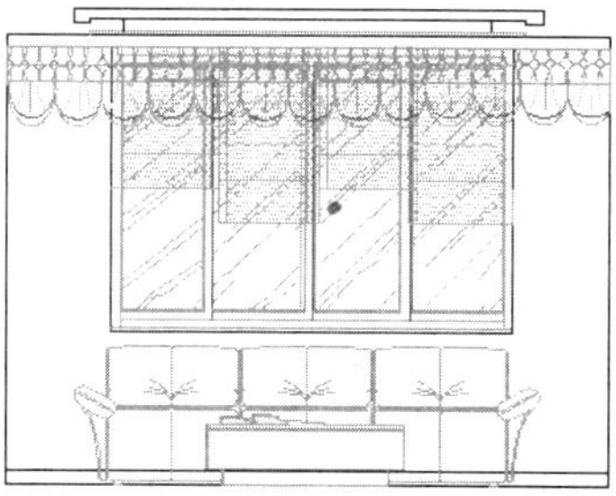

图10-151 插入窗幔

8 重复执行【插入块】命令，以默认参数插入本书配套光盘中的“图块文件”目录下的“立面窗帘01.dwg”、“立面植物01.dwg”和“日光灯.dwg”，结果如图10-152所示。

9 使用快捷键“MI”激活【镜像】命令，对后续插入的三个图块进行镜像，结果如图10-153所示。

10 接下来综合使用【分解】、【删除】和【修剪】命令对立面图进行修整和完善，删除被遮挡住的图线，结果如图10-154所示。

11 使用快捷键“H”激活【图案填充】命令，设置填充图案与参数如图10-155所示，填充如图10-156所示的装饰图案。

图10-152 插入其他图块

图10-153 镜像结果

图10-154 编辑结果

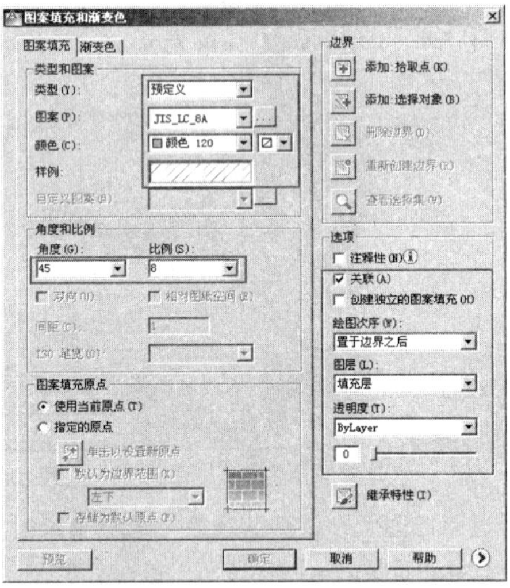

图10-155 设置填充图案与参数

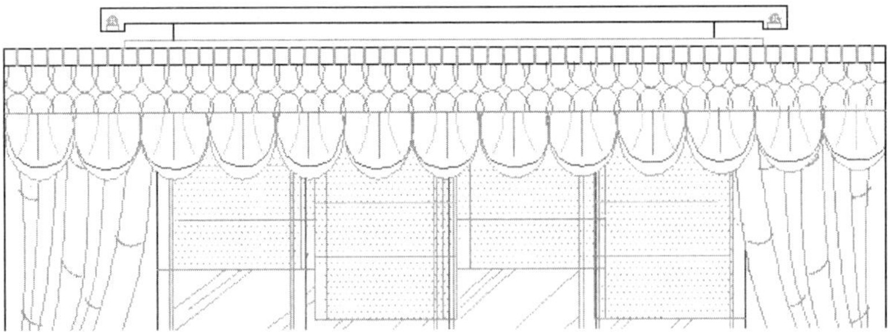
图10-156 填充结果

至此，星级酒店包间B向立面构件图绘制完毕。下一小节将学习包间墙面装饰线的具体绘制过程和技巧。

10.6.3 标注星级酒店包间B向立面尺寸

1 继续上节操作。

2 展开【图层】工具栏中的【图层控制】下拉列表，将“尺寸层”设置为当前操作层。

3 执行菜单栏中的【标注】|【标注样式】命令，将“建筑标注”设置为当前标注样式，并修改标注比例为30。

4 单击【标注】工具栏中的按钮，激活【线性】命令，配合端点捕捉和延伸捕捉功能标注如图10-157所示的线性尺寸作为基准尺寸。

5 单击【标注】工具栏中的按钮，激活【连续】命令，配合捕捉和追踪功能，标注如图10-158所示的连续尺寸作为细部尺寸。

图10-157 标注基准尺寸

图10-158 标注细部尺寸

6 单击【标注】工具栏中的按钮，激活【编辑标注文字】命令，对重叠的尺寸文字进行编辑，结果如图10-159所示。

7 单击【标注】工具栏中的按钮，标注右侧的总尺寸，标注结果如图10-160所示。

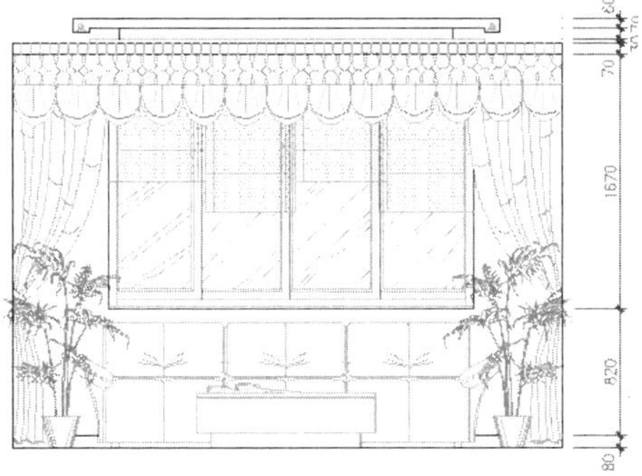

图10-159 编辑标注文字

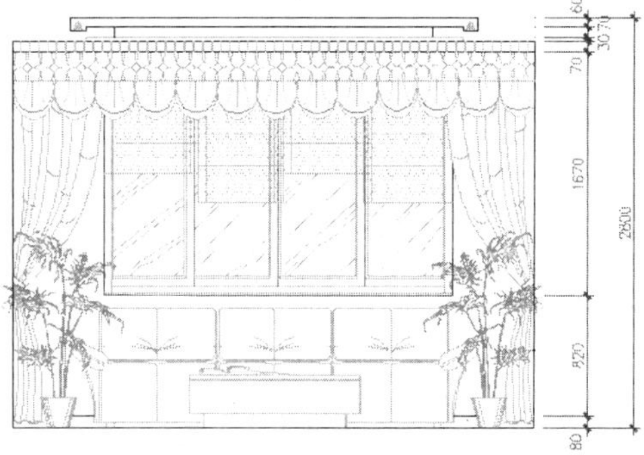

图10-160 标注总尺寸

8 参照上述操作，综合使用【线性】和【连续】命令，配合端点捕捉功能标注立面图下侧的尺寸，结果如图10-161所示。

至此，星级酒店包间B向立面图尺寸标注完毕。下一小节将为B向立面图标注墙面材质注解。

图10-161 标注结果

10.6.4　标注星级酒店包间B向材质注解

1 继续上节操作。

2 展开【图层控制】下拉列表，将“文本层”设置为当前操作层。

3 使用快捷键“D”激活【标注样式】命令，修改“引线标注”样式的比例如图10-162所示，然后将该样式设置为当前样式。

4 使用快捷键“LE”激活【快速引线】命令，设置引线参数如图10-163和图10-164所示。

5 单击 确定 按钮，根据命令行的提示指定引线点绘制引线，并输入引线注释，标注结果如图10-165所示。

6 重复执行【快速引线】命令，按照当前的引线参数设置，标注其他位置的引线注释，结果如图10-166所示。

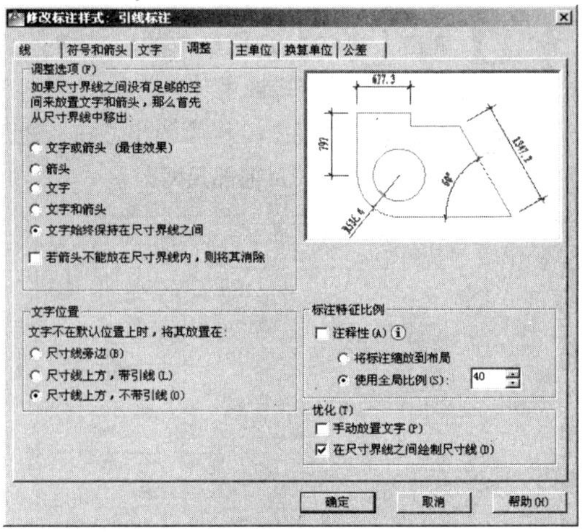

图10-162 设置当前样式与比例

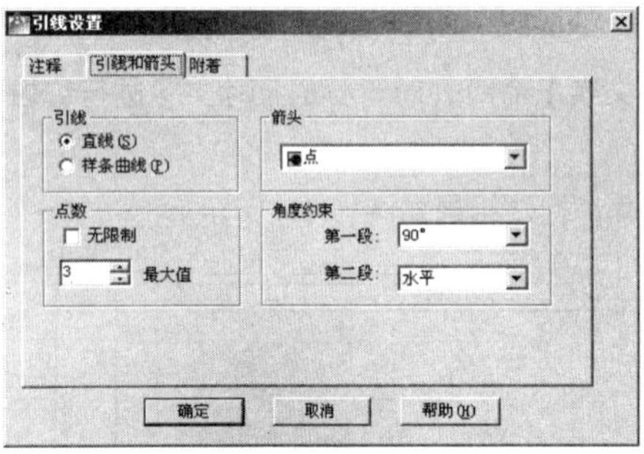

图10-163 设置引线参数

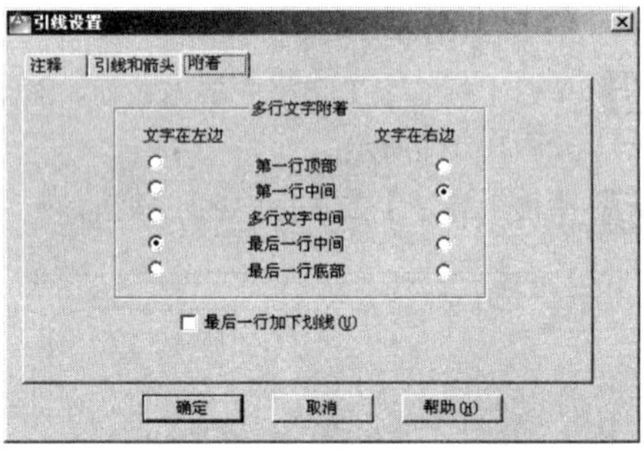

图10-164 设置附着位置

图10-165 标注结果

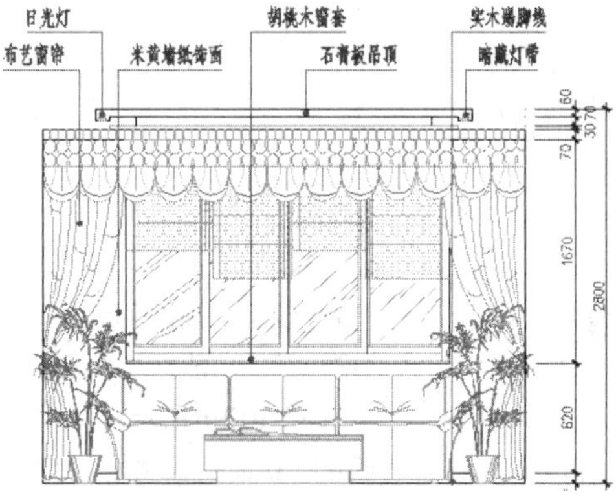

图10-166 标注其他引线注释

7 最后执行【保存】命令，将图形命名存储为“酒店豪华包间B向装修立面图.dwg”。

10.7 本章小结

包间是星级酒店、餐厅、酒吧等场所不可缺少的一个装修单元，本章通过绘制某星级酒店包间平面布置图、天花吊顶图以及包间A向墙面投影图、包间B向墙面投影图、包间B向墙面投影图五个典型案例，完整而系统地讲述了星级酒店包间装修图的绘制思路、表达内容、具体绘制过程以及绘制技巧。

希望读者通过本章的学习，在理解和掌握相关设计理念和设计技巧的前提下，能够了解和掌握星级酒店包间设计方案需要表达的内容、表达思路及具体的设计过程等。

第11章　多功能厅室内设计案例

本章视频教学导航

小节名称	视频路径	视频长度
多功能厅的系统设计	视频文件\第11章\11.1.avi	00：01：54
绘制多功能厅室内布置图	视频文件\第11章\11.2.avi	00：31：50
绘制多功能厅吊顶装修图	视频文件\第11章\11.3.avi	00：16：18
绘制多功能厅A向装修立面图	视频文件\第11章\11.4.avi	00：28：58
绘制多功能厅C向装修立面图	视频文件\第11章\11.5.avi	00：26：21

11.1　多功能厅的系统设计

多功能厅具有灵活多变的特点，在空间设计的过程中，必须对空间分割的合理性和科学性进行不断地分析，尽量利用开阔的空间，进行合理布局，使其具有较强的序列、秩序和变化，突出开阔、简洁、大方和朴素的设计理念。

在规划与设计多功能厅时，还应注意以下几个系统的设计。

1. 多媒体显示系统

在多功能厅中，多媒体显示系统是必不可少的设备之一。多媒体显示系统一般由高亮度、高分辨率的液晶投影机和电动屏幕构成，该设备可以完成对各种图文信息的大屏幕显示，让各个位置的人都能够更清楚地观看。

2. A/V系统

A/V系统由计算机、摄像机、DVD、VCR、MD机、实物展台、调音台、话筒、功放、音箱、数字硬盘录像机等设备构成。这些设备可以完成对各种图文信息的播放功能，实现多功能厅的现场扩音、播音，配合大屏幕投影系统，提供优良的视听效果。

3. 会议室环境系统

会议室环境系统由会议室的灯光（包括白炽灯、日光灯）、窗帘等设备构成，这些设备可以完成对整个会议室环境、气氛的改变，以自动适应当前的需要，例如，播放DVD时，灯光会自动变暗，窗帘自动关闭等。

4. 智能型多媒体中央控制系统

智能型多媒体中央控制系统可以采用档次较高、技术较成熟、功能较齐全、用途较广的中央控制系统，这样可以轻松实现多媒体电教室各种电子设备的集中控制。

11.2　绘制多功能厅室内布置图

这一节首先绘制如图11-1所示的某多功能厅室内布置图。在绘制该布置图时，首先从绘制墙线开始，然后再绘制布置图，并标注布置图尺寸和文字注释及投影等。

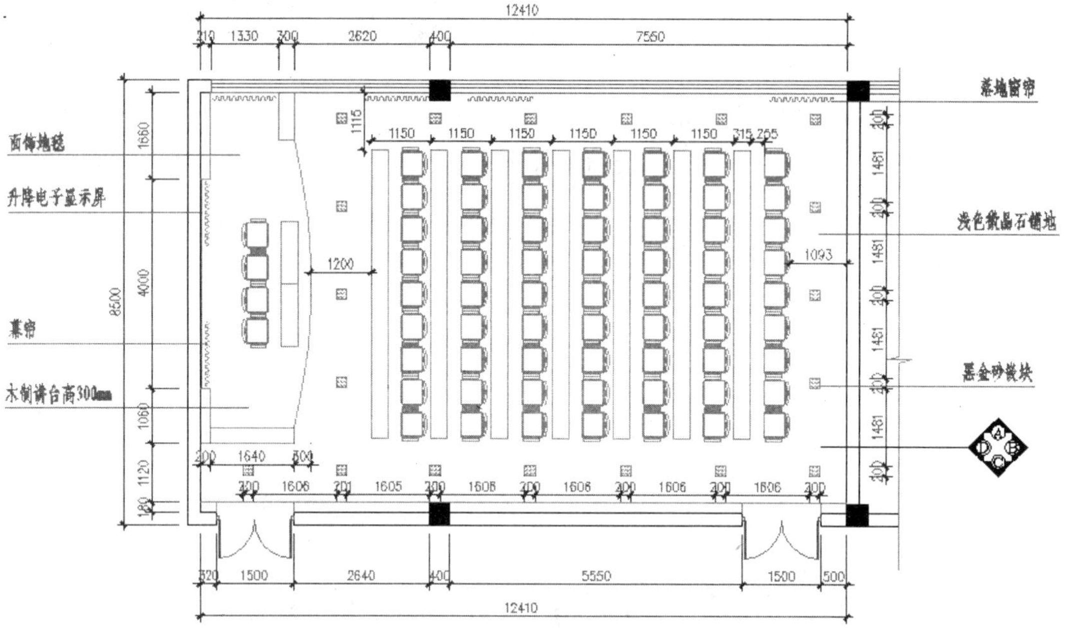

图11-1 多功能厅室内布置图

11.2.1 绘制多功能厅墙体结构图

这一节首先来绘制多功能墙体图。在绘制墙体图时，要先绘制出墙体轴线网，然后在轴线网的基础上绘制墙线、窗线并插入门图块，完成墙体图的绘制。操作步骤如下。

1 执行【新建】命令，以本书配套光盘中的“样板文件”目录下的“室内设计样板.dwt”作为基础样板，新建空白文件。

2 展开【图层】工具栏上的【图层控制】下拉列表，将“轴线层”设置为当前操作层。

3 使用快捷键“REC”激活【矩形】命令，绘制长度为13530、宽度为8260的矩形，作为基准轴线，如图11-2所示。

4 使用快捷键“X”激活【分解】命令，将矩形分解。

5 执行菜单栏中的【修改】|【移动】命令，将分解后的矩形右侧垂直边向左移动880个绘图单位，结果如图11-3所示。

图11-2 绘制矩形

图11-3 移动结果

6 执行【修改】菜单中的【偏移】命令，将左侧的垂直轴线向右偏移330、440、1950个绘图单位，将右侧的垂直轴线向左偏移620和2120个绘图单位，结果如图11-4所示。

7 执行【修改】菜单中的【修剪】命令，以偏移出的垂直轴线作为边界，对水平轴线进行修剪，以修剪出门洞和窗洞，最后删除偏移出的垂直轴线，结果如图11-5所示。

图11-4 偏移图线

图11-5 修剪图线并删除偏移图线

8 在【图层控制】下拉列表中将“墙线层”设置为当前操作层。

9 执行菜单栏中的【绘图】|【多线】命令，配合“端点”捕捉功能绘制宽度为240的墙线。命令行操作如下：

```
命令: _mline
    当前设置: 对正 = 上, 比例 = 20.00, 样式 = 墙线样式
    指定起点或 [对正(J)/比例(S)/样式(ST)]:            //s Enter
    输入多线比例 <20.00>:                              //240 Enter
    当前设置: 对正 = 上, 比例 = 240.00, 样式 = 墙线样式样式
    指定起点或 [对正(J)/比例(S)/样式(ST)]:            //j Enter
    输入对正类型 [上(T)/无(Z)/下(B)] <上>:            //z Enter
    当前设置: 对正 = 无, 比例 = 240.00, 样式 = 墙线样式样式
    指定起点或 [对正(J)/比例(S)/样式(ST)]:            //捕捉如图11-5所示的端点1
    指定下一点:                                        //捕捉如图11-5所示的端点2
    指定下一点或 [放弃(U)]:                            //捕捉如图11-5所示的端点3
    指定下一点或 [闭合(C)/放弃(U)]:                    //捕捉如图11-5所示的端点4
    指定下一点或 [闭合(C)/放弃(U)]:                    // Enter, 绘制结果如图11-6所示
```

10 重复执行【多线】命令，设置多线比例和对正方式保持不变，配合“端点”捕捉功能绘制其他墙线，结果如图11-7所示。

图11-6 绘制结果

图11-7 绘制其他墙线

11 在【图层控制】下拉列表中将“门窗层”设置为当前操作层。

12 执行【格式】菜单中的【多线样式】命令，在打开的【多线样式】对话框中将窗线样式设置为当前样式。

13 执行菜单栏中的【绘图】|【多线】命令，配合中点捕捉功能绘制窗线。命令行操作如下：

```
命令: _mline
    当前设置: 对正 = 上，比例 = 20.00，样式 = 窗线样式
    指定起点或 [对正(J)/比例(S)/样式(ST)]:            //s Enter
    输入多线比例 <20.00>:                              //240 Enter
    当前设置: 对正 = 上，比例 = 240.00，样式 = 窗线样式
    指定起点或 [对正(J)/比例(S)/样式(ST)]:            //j Enter
    输入对正类型 [上(T)/无(Z)/下(B)] <上>:             //z Enter
    当前设置: 对正 = 无，比例 = 240.00，样式 = 窗线样式
    指定起点或 [对正(J)/比例(S)/样式(ST)]:            //捕捉如图11-8所示中点
    指定下一点:                                        //捕捉如图11-9所示端点
    指定下一点或 [放弃(U)]:                            // Enter，绘制结果如图11-10所示
```

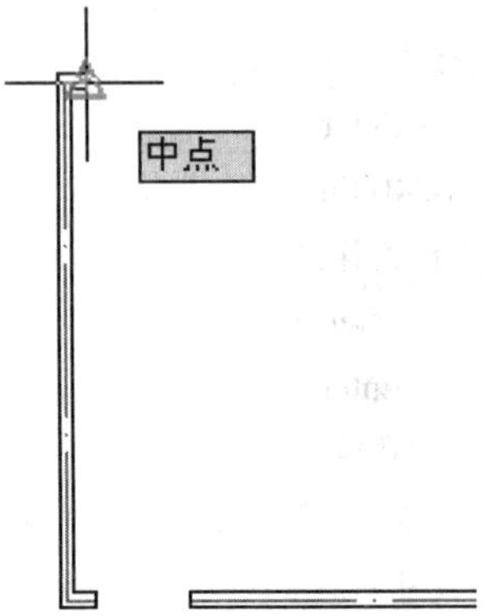

图11-8 捕捉中点

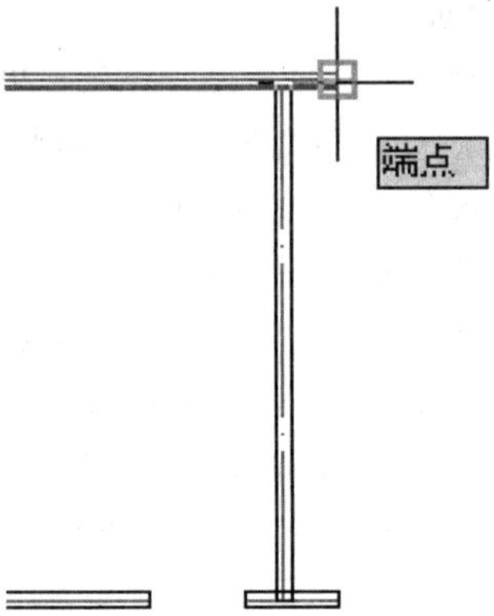

图11-9 捕捉端点

14 执行菜单栏中的【插入】【块】命令，打开【插入】对话框，单击[浏览(B)...]按钮，选择本书配套光盘中的“图块文件”目录下的“双开门-01.dwg”，并设置参数如图11-11所示。

图11-10 绘制的窗线

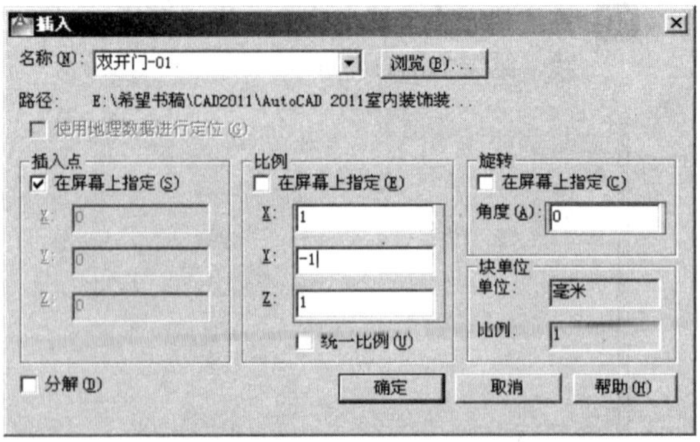

图11-11 设置参入参数

15 单击[确定]按钮，将“双开门-01.dwg”图块文件插入到墙线中，结果如图11-12所示。

16 执行菜单栏中的【修改】|【镜像】命令，将双开门镜像到左边门洞位置，结果如图11-13所示。

图11-12 插入双开门

图11-13 镜像双开门

17 在【图层控制】下拉列表关闭“轴线层”，然后将“其他层”设置为当前操作层。

18 使用快捷键“REC”激活【矩形】命令，配合“交点”捕捉和“延伸”捕捉功能，在右边墙线和窗线位置绘制长为400、宽为400的矩形，作为柱子轮廓线。

19 使用快捷键“H”激活【图案填充】命令，为矩形填充一种纯色的实体图案，结果如图11-14所示。

20 执行【修改】菜单中的【复制】命令，对绘制的柱子图形进行多重复制。命令行操作如下：

```
命令: _copy
    选择对象:                                    //选择矩形柱
    选择对象:                                    // Enter，结束选择
    当前设置: 复制模式 = 多个
    指定基点或 [位移(D)/模式(O)] <位移>:          //拾取任一点
    指定第二个点或 <使用第一个点作为位移>:       //@-7950,0 Enter
    指定第二个点或 [退出(E)/放弃(U)] <退出>:     //@-7950,-8100 Enter
    指定第二个点或 [退出(E)/放弃(U)] <退出>:     //@0,-8100 Enter
    指定第二个点或 [退出(E)/放弃(U)] <退出>:
                                                 // Enter，结束命令，复制结果如图11-15所示
```

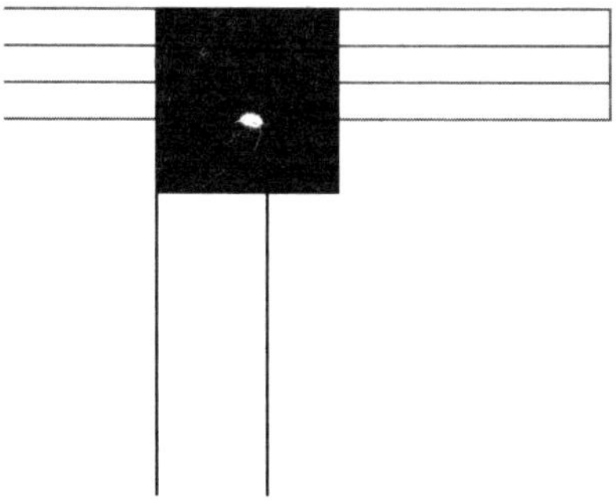

图11-14 填充矩形

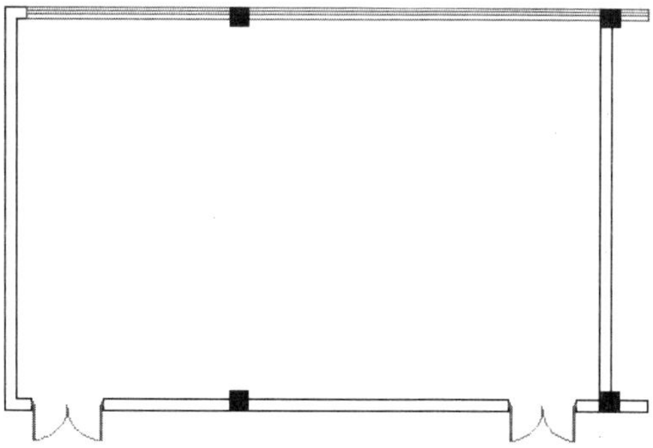

图11-15 复制结果

至此，多功能厅墙厅结构图绘制完毕。下一小节将绘制多功能厅平面布置图。

11.2.2 绘制多功能厅平面布置图

1 继续上一节操作。

2 在【图层控制】下拉列表中将“家具层”设置为当前操作层。

3 执行【绘图】菜单中的【多段线】命令，配合坐标输入功能绘制地台轮廓线。命令行操作如下：

```
命令: _pline
    指定起点:                                                    //激活【捕捉自】功能
    _from 基点:                              //捕捉左墙线的内下角点作为端点
    <偏移>:                                                             //@0,1300 Enter
    当前线宽为 0.0
    指定下一个点或 [圆弧(A)/半宽(H)/长度(L)/放弃(U)/宽度(W)]:              //@1840,0 Enter
    指定下一个点或 [圆弧(A)/闭合(C)/半宽(H)/长度(L)/放弃(U)/宽度(W)]:     //@0,300 Enter
    指定下一个点或 [圆弧(A)/闭合(C)/半宽(H)/长度(L)/放弃(U)/宽度(W)]:     //a Enter
    指定圆弧的端点或[角度(A)/圆心(CE)/闭合(CL)/方向(D)/半宽(H)/直线(L)/半径(R)/第二个点(S)/
放弃(U)/宽度(W)]: //s Enter
    指定圆弧上的第二个点:                    //@300,2760 Enter
    指定圆弧的端点:                          //@-300,2760 Enter
    指定圆弧的端点或[角度(A)/圆心(CE)/闭合(CL)/方向(D)/半宽(H)/直线(L)/半径(R)/第二个点(S)/
放弃(U)/宽度(W)]: //l Enter
    指定下一个点或 [圆弧(A)/闭合(C)/半宽(H)/长度(L)/放弃(U)/宽度(W)]:     //@-300,0 Enter
    指定下一个点或 [圆弧(A)/闭合(C)/半宽(H)/长度(L)/放弃(U)/宽度(W)]:     //@0,900 Enter
    指定下一个点或 [圆弧(A)/闭合(C)/半宽(H)/长度(L)/放弃(U)/宽度(W)]:     //@-1340,0 Enter
    指定下一个点或 [圆弧(A)/闭合(C)/半宽(H)/长度(L)/放弃(U)/宽度(W)]:     //@0,-1660 Enter
    指定下一个点或 [圆弧(A)/闭合(C)/半宽(H)/长度(L)/放弃(U)/宽度(W)]:     //@-180,0 Enter
    指定下一个点或 [圆弧(A)/闭合(C)/半宽(H)/长度(L)/放弃(U)/宽度(W)]:     //@0,-4000 Enter
    指定下一个点或 [圆弧(A)/闭合(C)/半宽(H)/长度(L)/放弃(U)/宽度(W)]:     //@180,0 Enter
    指定下一个点或 [圆弧(A)/闭合(C)/半宽(H)/长度(L)/放弃(U)/宽度(W)]:     //@0,-1060 Enter
    指定下一个点或 [圆弧(A)/闭合(C)/半宽(H)/长度(L)/放弃(U)/宽度(W)]:
                                     // Enter，结束命令，绘制结果如图11-16所示
```

4 激活【分解】命令，将绘制的闭合多段线分解。然后激活【偏移】命令，将分解后的轮廓线1向右偏移300，将轮廓线4向上偏移300，并将最后偏移出的水平轮廓线进行夹点拉伸，结果如图11-17所示。

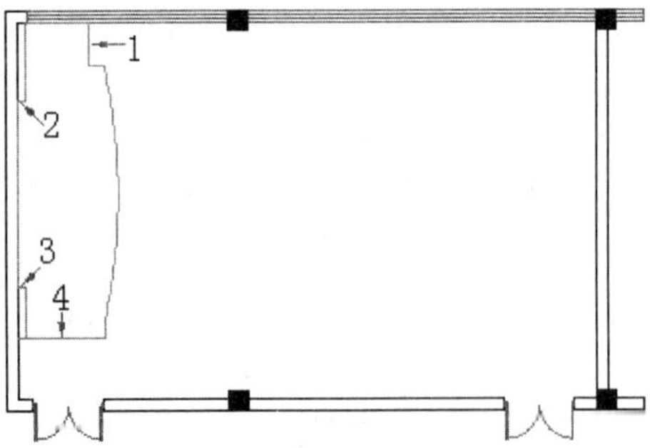

图11-16 绘制结果

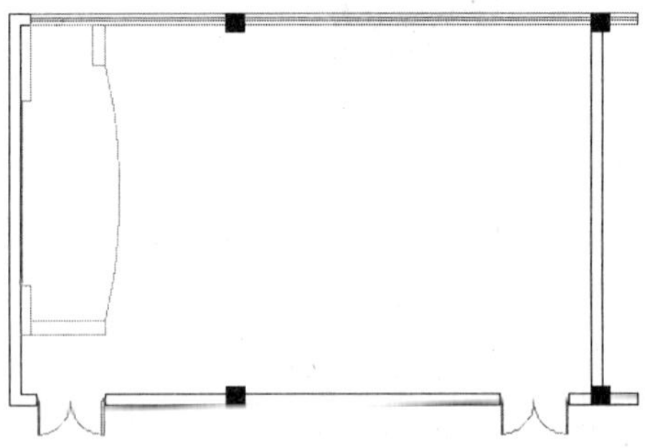

图11-17 偏移图线

5 执行菜单栏中的【修改】|【延伸】命令，以如图11-16所示的左侧垂直内墙线作为边界，分别对水平轮廓线3和2向左延伸。

6 激活【直线】命令，配合捕捉和追踪功能绘制如图11-18所示的折断线以及下侧的墙面装饰线，其中墙面装饰线距离内墙线180个绘图单位。

7 使用快捷键“I”激活【插入块】命令，选择本书配套光盘中的“图块文件”目录下的“窗帘1.dwg”图块文件，使用默认参数设置将其插入到布置图左墙线位置，如图11-19所示。

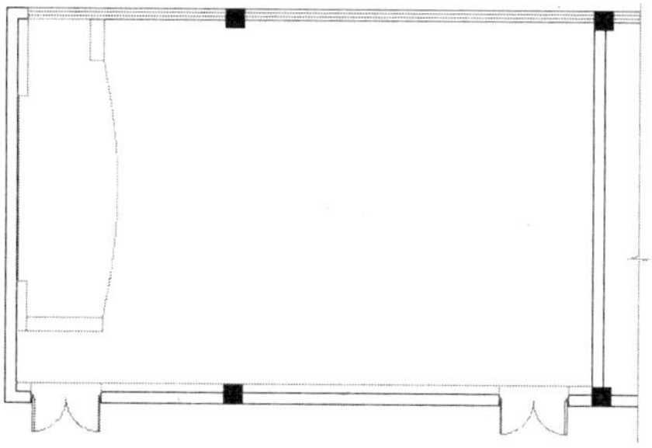

图11-18 绘制装饰线

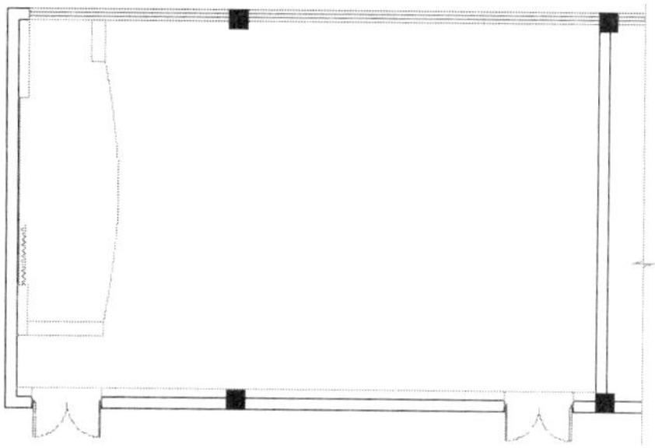

图11-19 插入窗帘

8 综合运用【复制】、【旋转】、【移动】等命令，将插入的窗帘01图块文件分别复制到其他窗线位置，以创建其他位置的窗帘，结果如图11-20所示。

9 单击【绘图】菜单中的【矩形】命令，配合【捕捉自】功能绘制条形桌轮廓线。命令行操作如下：

```
命令: _rectang
    指定第一个角点或 [倒角(C)/标高(E)/圆角(F)/厚度(T)/宽度(W)]:       //激活【自】命令
    _from 基点:                               //捕捉如图11-21所示端点
    <偏移>:                                   //@1500,115 Enter
    指定另一个角点或 [面积(A)/尺寸(D)/旋转(R)]:
                                  //@315,5490 Enter，结束命令，绘制结果如图11-22所示
```

10 使用快捷键“I”激活【插入块】命令，配合【自】命令，以默认参数插入本书配套光盘中的“图块文件”文件目录下的“平面椅.dwg”，偏移基点为长条桌右下角点，插入点为（@255,259），插入结果如图11-23所示。

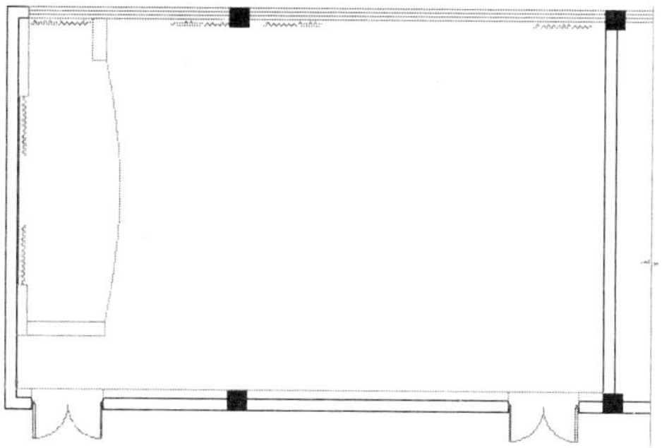

图11-20 绘制其他位置的窗帘

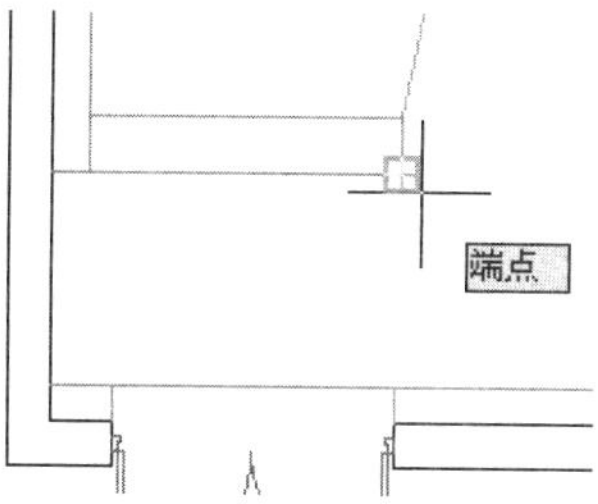

图11-21 捕捉端点

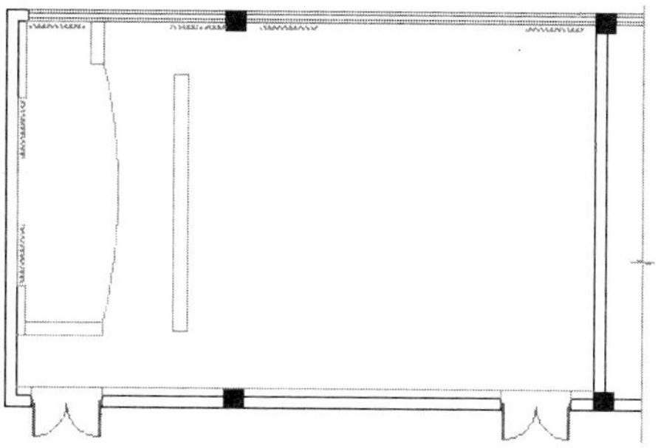

图11-22 绘制结果

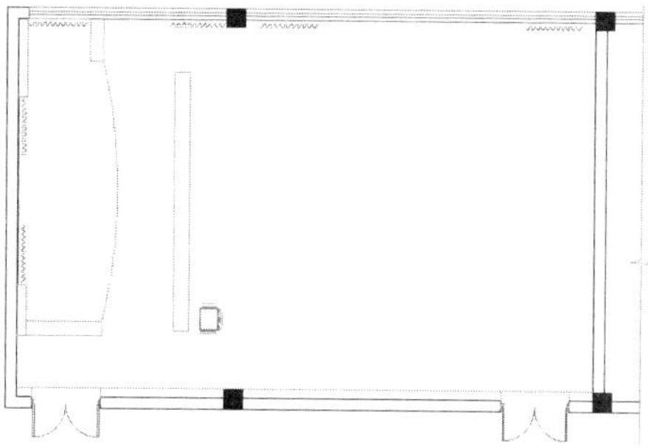

图11-23 插入结果

11 单击【修改】工具栏中的"矩形阵列"按钮，对平面椅进行阵列。命令行提示如下：

```
命令: _arrayrect
    选择对象: 找到一个
    选择对象:        //选择平面椅Enter
    类型 = 矩形  关联 = 是
    为项目数指定对角点或 [基点(B)/角度(A)/计数(C)] <计数>: //9Enter
    指定对角点以间隔项目或 [间距(S)] <间距>:                //Enter
    按 Enter 键接受或 [关联(AS)/基点(B)/行(R)/列(C)/层(L)/退出(X)] <退出>:    //REnter
    输入行数或 [表达式(E)] <1>:                             //9Enter
    指定行数之间的距离或 [总计(T)/表达式(E)] <375>:          //622Enter
    指定行数之间的标高增量或 [表达式(E)] <0>:                //Enter
    按 Enter 键接受或 [关联(AS)/基点(B)/行(R)/列(C)/层(L)/退出(X)] <退出>:
                                                           //Enter，结果如图11-24所示
```

12 重复执行【矩形阵列】命令，再次对平面椅和条形桌进行阵列。命令行提示如下：

```
命令: _arrayrect
    选择对象:              //选择平面椅和条形桌
    选择对象:              // Enter
    类型 = 矩形  关联 = 是
    为项目数指定对角点或 [基点(B)/角度(A)/计数(C)] <计数>: //7 Enter
    指定对角点以间隔项目或 [间距(S)] <间距>:                // Enter
    按 Enter 键接受或 [关联(AS)/基点(B)/行(R)/列(C)/层(L)/退出(X)] <退出>:    //c Enter
    输入列数或 [表达式(E)] <1>:                             //7 Enter
    指定列数之间的距离或 [总计(T)/表达式(E)] <525>:          //1150 Enter
    按 Enter 键接受或 [关联(AS)/基点(B)/行(R)/列(C)/层(L)/退出(X)] <退出>:
                                                           // Enter，阵列结果如图11-25所示
```

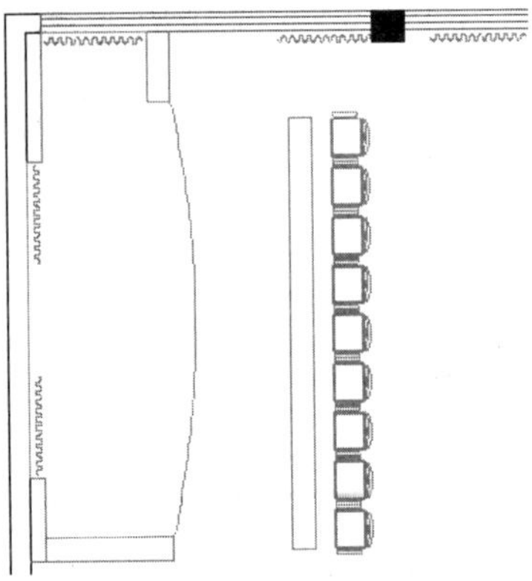

图11-24 阵列结果

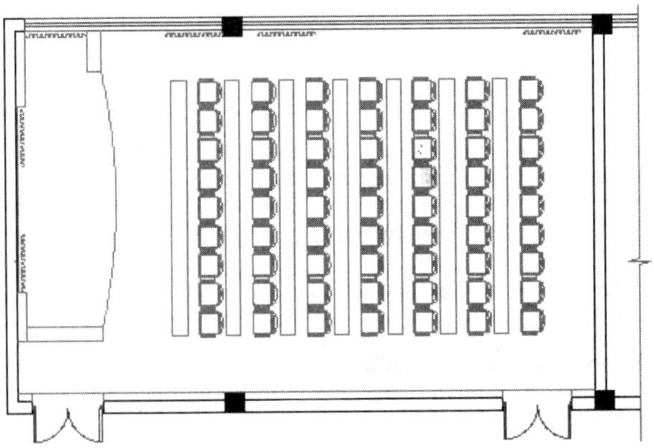

图11-25 阵列结果

13 激活【矩形】命令，根据图示尺寸绘制如图11-26所示的两个矩形作为平面桌图形。

14 综合运用【复制】、【镜像】、【移动】命令，将插入的平面椅图块复制到平面桌图形左边位置，结果如图11-27所示。

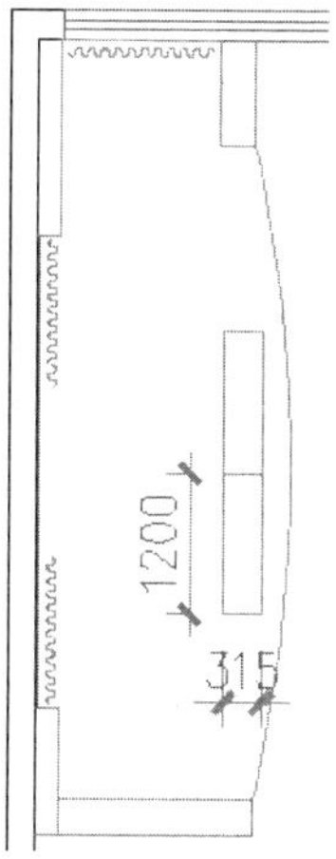

图11-26 绘制矩形

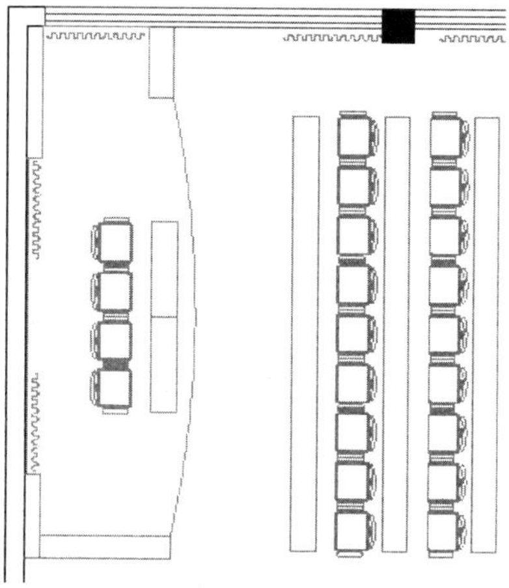

图11-27 复制平面椅

15 使用快捷键“I”激活【插入块】命令，配合【自】命令，以默认参数插入本书配套光盘中的“图块文件”目录下的“嵌块.dwg”图块，以图11-28所示的交点为基点，以点（@-518,518）作为插入点，结果如图11-29所示。

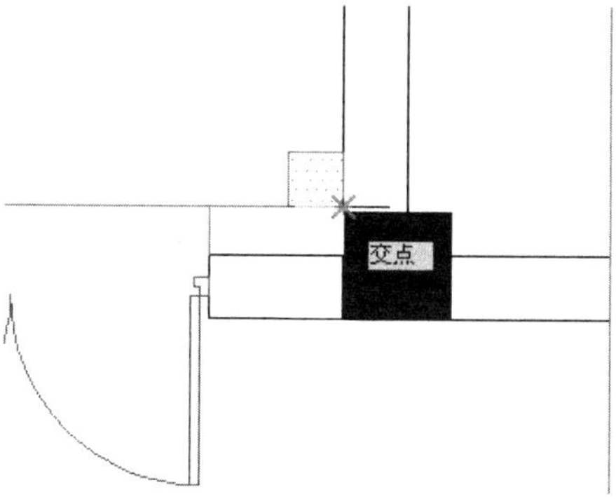

图11-28 捕捉交点

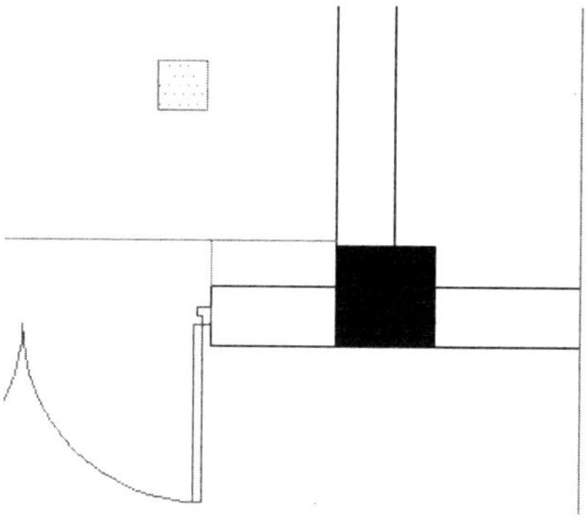

图11-29 插入结果

16 重复执行【矩形阵列】命令，对刚插入的嵌块进行阵列。命令行提示如下：

```
命令: _arrayrect
    选择对象:                                          //选择嵌块对象
    选择对象:                                          // Enter
    类型 = 矩形  关联 = 是
    为项目数指定对角点或 [基点(B)/角度(A)/计数(C)] <计数>:          // Enter
    输入行数或 [表达式(E)] <4>:                         //2 Enter
    输入列数或 [表达式(E)] <4>:                         //7 Enter
    指定对角点以间隔项目或 [间距(S)] <间距>:            // Enter
    指定行之间的距离或 [表达式(E)] <1077.689>:          //6724 Enter
    指定列之间的距离或 [表达式(E)] <1077.689>:          // -1806 Enter
    按 Enter 键接受或 [关联(AS)/基点(B)/行(R)/列(C)/层(L)/退出(X)] <退出>:
                                                       // Enter，阵列结果如图11-30所示
```

17 删除左上侧的嵌块，然后重复执行【阵列】命令，对刚插入的嵌块进行阵列。命令行提示如下：

```
命令: _arrayrect
    选择对象:                                          //选择嵌块对象
    选择对象:                                          // Enter
    类型 = 矩形  关联 = 是
    为项目数指定对角点或 [基点(B)/角度(A)/计数(C)] <计数>: // Enter
    输入行数或 [表达式(E)] <4>:                         //4 Enter
    输入列数或 [表达式(E)] <4>:                         //2 Enter
    指定对角点以间隔项目或 [间距(S)] <间距>:             // Enter
    指定行之间的距离或 [表达式(E)] <1077.689>:          //1681 Enter
    指定列之间的距离或 [表达式(E)] <1077.689>:          // -9029 Enter
    按 Enter 键接受或 [关联(AS)/基点(B)/行(R)/列(C)/层(L)/退出(X)] <退出>:
                                                       // Enter，阵列结果如图11-31所示
```

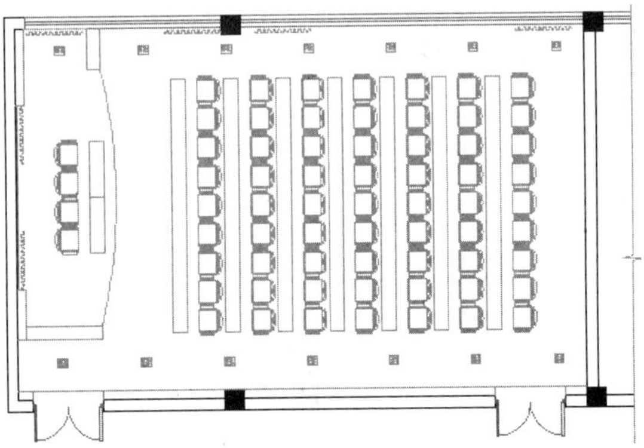

图11-30 阵列结果

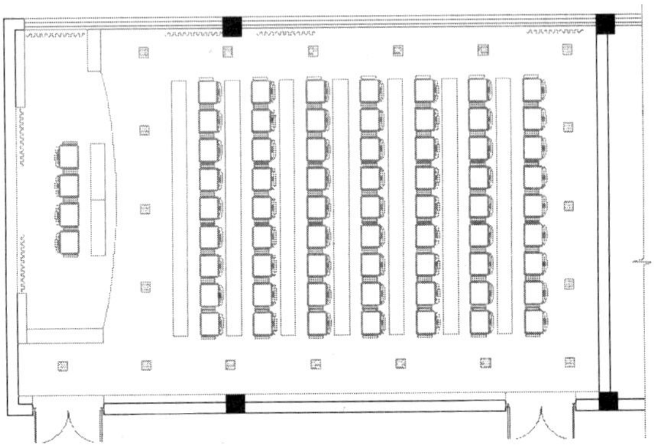

图11-31 阵列结果

至此，多功能厅布置图绘制完毕。下一小节为多功能厅布置图标注尺寸。

11.2.3 标注多功能厅布置图尺寸

1. 继续上一节操作。
2. 在【图层控制】下拉列表中将“尺寸层”设置为当前操作层。
3. 执行菜单栏中的【格式】|【标注样式】命令，在打开的【标注样式】对话框中将“建筑标注”样式设置为当前样式，同时修改标注比例为60。
4. 单击【标注】工具栏中的按扭，在命令行“指定第一条延伸线原点或 <选择对象>：”提示下，配合捕捉与追踪功能，捕捉如图11-32所示的交点作为第一条延界线的起点。

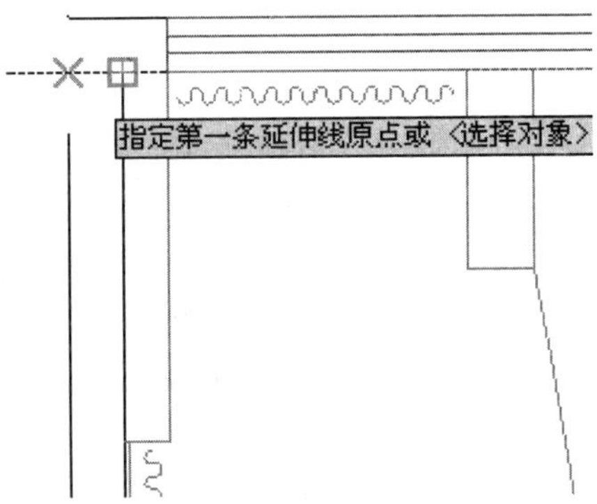

图11-32 定位第一条延界线的起点

5. 继续在命令行“指定第二条延伸线原点:”提示下，捕捉如图11-33所示的虚线交点。
6. 继续在命令行“指定尺寸线位置或 [多行文字(M)/文字(T)/角度(A)/水平(H)/垂直(V)/旋转(R)]：”提示下，在适当位置指定尺寸线位置，标注结果如图11-34所示。

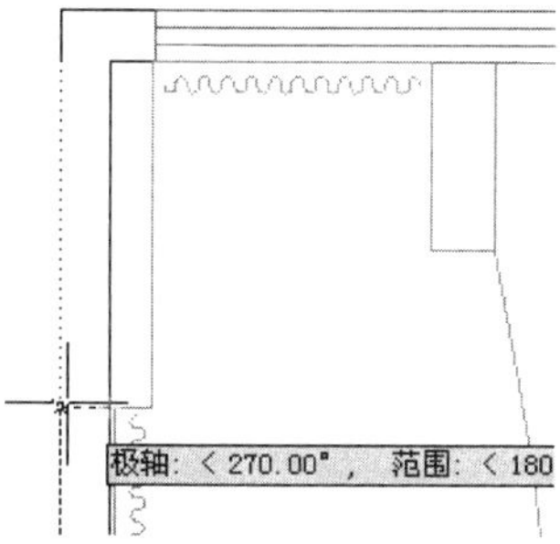

图11-33 定位第二原点

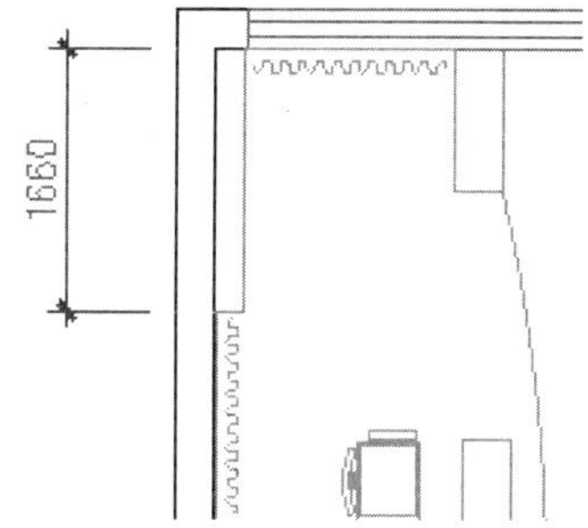

图11-34 标注结果

7 单击【标注】工具栏中的按扭，激活【连续】命令，系统自动以刚标注的线型尺寸作为连续标注的第一条延伸线，标注如图11-35所示的连续尺寸作为细部尺寸。

8 单击【标注】工具栏上的按扭，配合端点捕捉功能标注如图11-36所示的总尺寸。

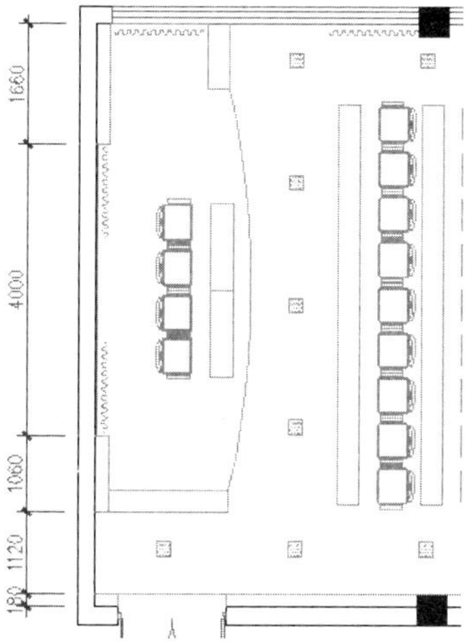

图11-35 标注连续尺寸

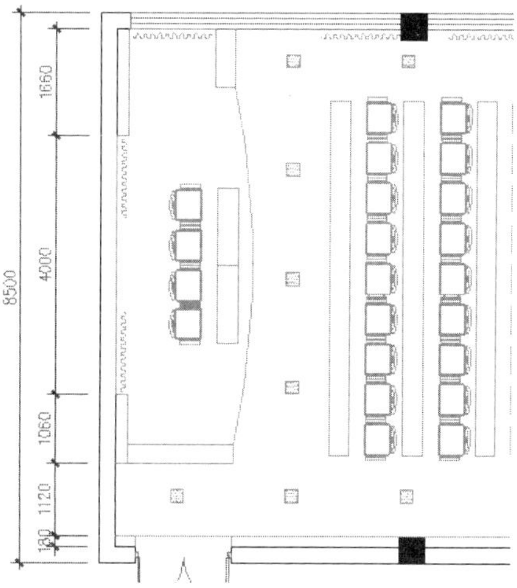

图11-36 标注总尺寸

9 参照上述操作，重复使用【线性】和【连续】命令，标注其他侧的尺寸，结果如图11-37所示。

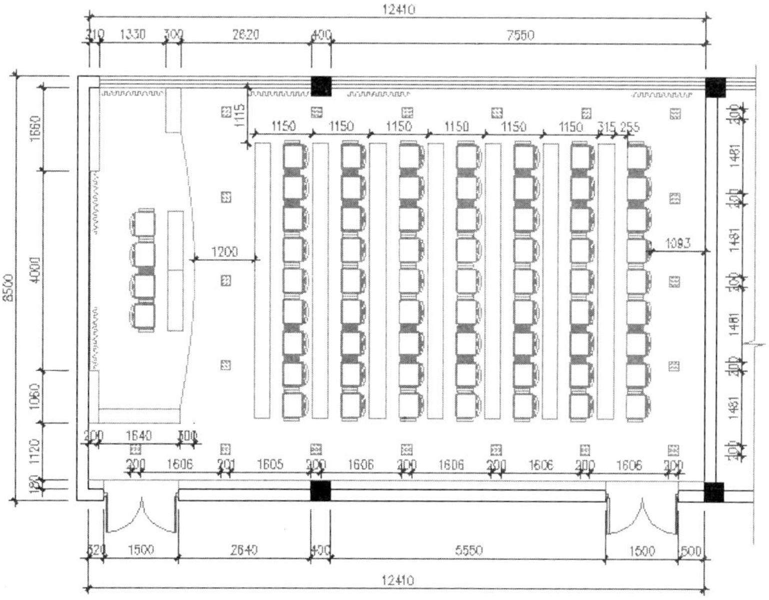

图11-37 标注其他侧尺寸

至此，多功能厅布置图尺寸标注完毕。下一小节为多功能厅布置图标注文字注释与墙面投影符号。

11.2.4 标注布置图文字与墙面投影

1 继续上一节操作。

2 在【图层控制】下拉列表中将“文本层”设置为当前操作层。

3 展开【文字样式控制】下拉列表，将“仿宋体”设置为当前样式，如图11-38所示。

图11-38 设置当前样式

4 暂时关闭“对象捕捉”功能，然后使用快捷键“L”激活【直线】命令，绘制如图11-39所示的文字指示线。

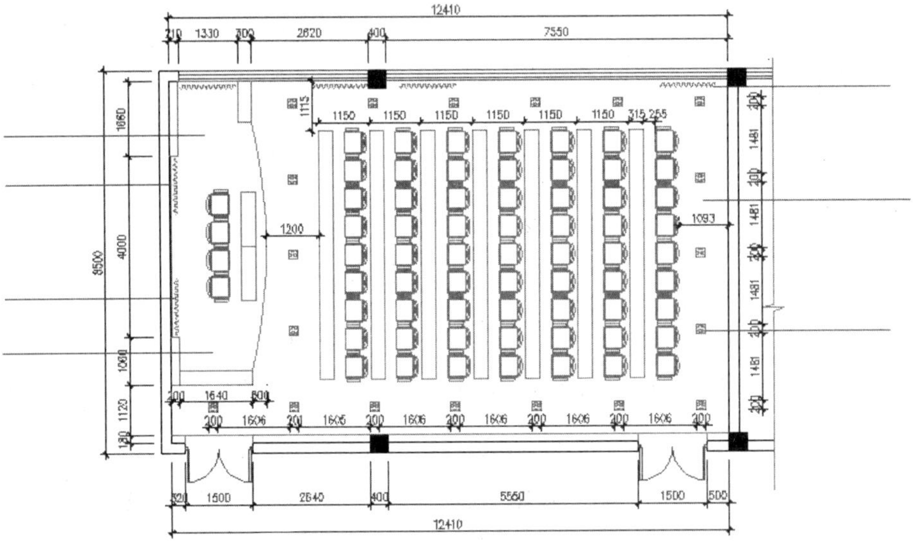

图11-39 绘制指示线

5 展开【文字样式控制】下拉列表，将“仿宋体”设置为当前样式。

6 使用快捷键“DT”激活【单行文字】命令，设置字高为280，标注如图11-40所示的文字注释。

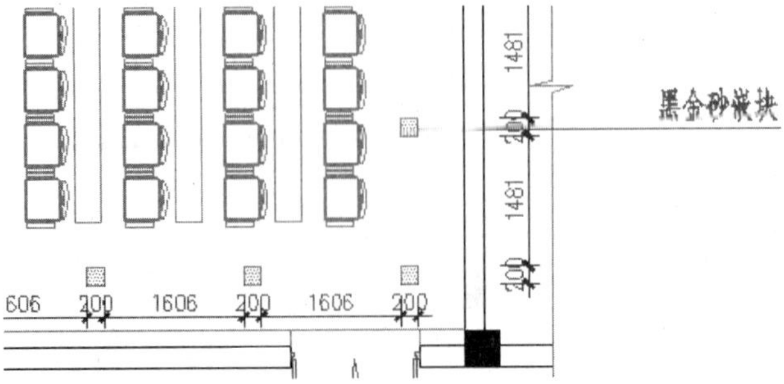

图11-40 标注结果

7 重复执行【单行文字】命令，按照当前的参数设置，分别标注其他指示线位置的文字注释，结果如图11-41所示。

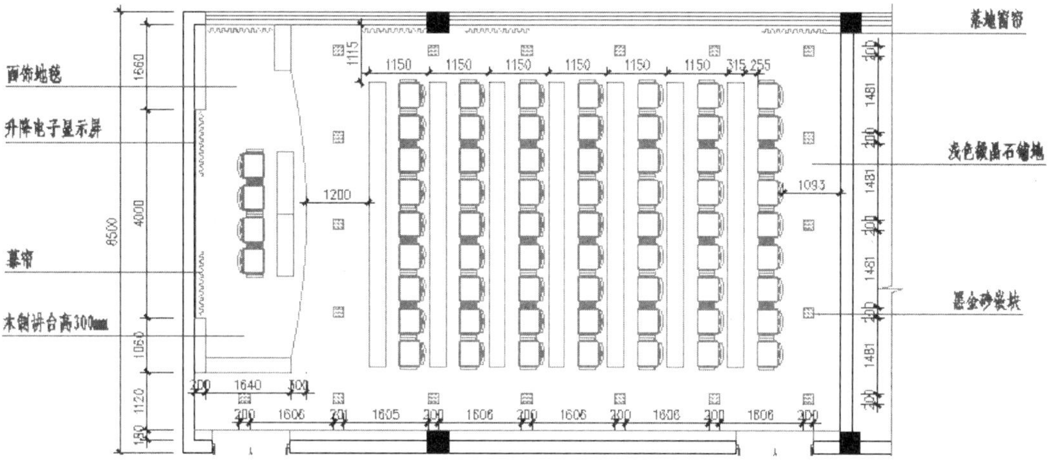

图11-41　标注结果

8 将“其他层”设置为当前操作层。

9 使用【直线】命令在平面图合适位置绘制墙面投影指示线，然后使用【插入块】命令插入本书配套光盘中的“图块文件”目录下的“投影符号.dwg”。

10 综合运用【复制】、【旋转】、【移动】以及【编辑文字】等命令，将插入的单面投影符号编辑成如图11-42所示的四面投影符号。

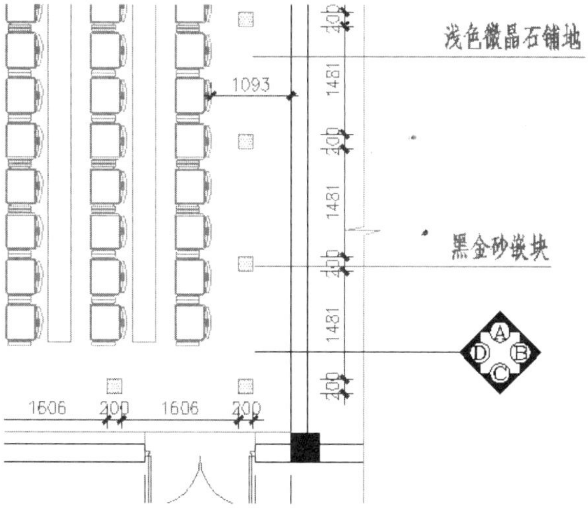

图11-42　编辑结果

11 最后执行【另存为】命令，将该图形命名存储为“多功能厅室内布置图.dwg”文件。

11.3　绘制多功能厅吊顶装修图

这一节来绘制如图14-43所示的多功能厅吊顶装修图。该吊顶装修图比较简单，装修材料主要有铝板和穿孔铝板，使用铝板做骨架，然后铺设穿孔铝板，最后安装发光灯光。这种装修方式是工装设计中较常使用的一种吊顶装修方式。

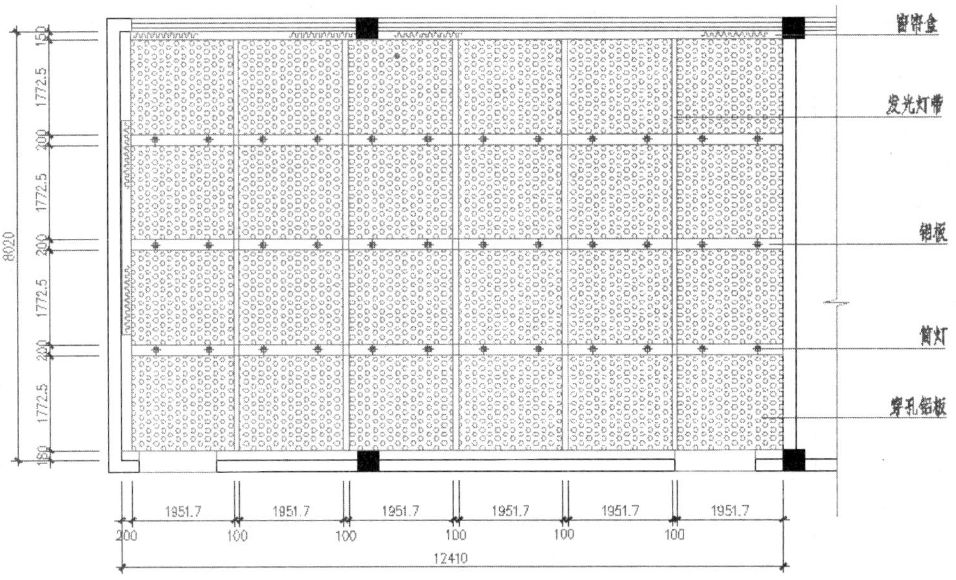

图11-43 多功能厅吊顶装修图

11.3.1 绘制多功能厅吊顶图

这一节首先来绘制多功能厅吊顶图，在绘制吊顶图时，可以在上一节绘制的多功能厅室内布置图的基础上绘制。

1 执行【文件】|【打开】命令，打开上节保存的“多功能厅室内布置图.dwg”文件。

2 执行【格式】|【图层】命令，在打开的【图层特性管理器】对话框中将“文字层”暂时隐藏，然后双击“吊顶层”，将此图层设置为当前操作层。

3 使用快捷键“E”激活【删除】命令，删除不需要的平面椅等对象，结果如图11-44所示。

4 使用快捷键“L”激活【直线】命令，配合捕捉或追踪功能绘制门洞位置的轮廓线以及窗帘盒轮廓线，其中窗帘盒宽度为150，并适当调整内部图线的图层及位置，结果如图11-45所示。

图11-44 删除结果

图11-45 操作结果

5 执行菜单栏中的【绘图】|【多线】命令，配合【自】命令绘制宽度为200的水平多线。命令行操作如下：

```
命令: _mline
    当前设置: 对正 = 上, 比例 = 20.00, 样式 = 墙线样式
    指定起点或 [对正(J)/比例(S)/样式(ST)]:            //S Enter
    输入多线比例 <20.00>:                      //200 Enter
```

当前设置: 对正 = 上, 比例 = 200.00, 样式 = 墙线样式
指定起点或 [对正(J)/比例(S)/样式(ST)]: //j Enter
输入对正类型 [上(T)/无(Z)/下(B)] <上>: //b Enter
当前设置: 对正 = 下, 比例 = 200.00, 样式 = 墙线样式
指定起点或 [对正(J)/比例(S)/样式(ST)]: //激活【捕捉自】功能
_from 基点: //捕捉右墙线内下角点
<偏移>: //@0,1972.5 Enter
指定下一点: //捕捉如图11-46所示的交点
指定下一点或 [放弃(U)]: // Enter, 结束命令, 绘制结果如图11-47所示

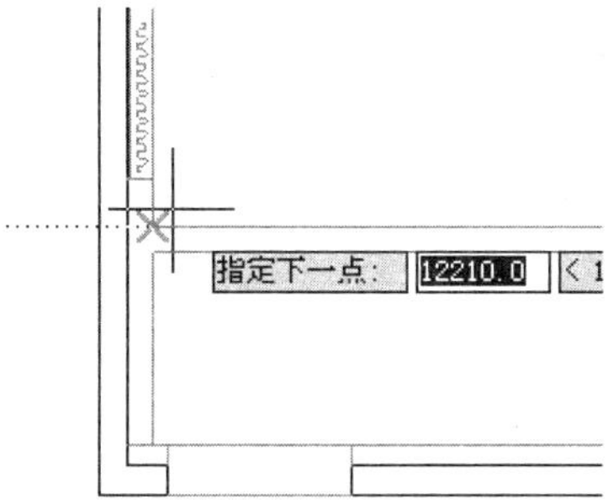

图11-46 捕捉交点

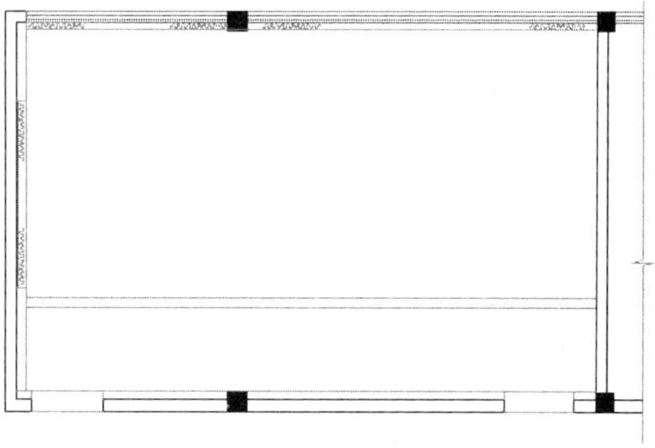

图11-47 绘制结果

6 使用快捷键“AR”激活【矩形阵列】命令，对水平多线进行阵列。命令行提示如下：

命令: _arrayrect
选择对象: //选择水平多线
选择对象: // Enter
类型 = 矩形 关联 = 是
为项目数指定对角点或 [基点(B)/角度(A)/计数(C)] <计数>: // Enter
输入行数或 [表达式(E)] <4>: //3 Enter
输入列数或 [表达式(E)] <4>: //1 Enter
指定对角点以间隔项目或 [间距(S)] <间距>: // Enter
指定行之间的距离或 [表达式(E)] <1148.4575>: //1972.5 Enter
按 Enter 键接受或 [关联(AS)/基点(B)/行(R)/列(C)/层(L)/退出(X)] <退出>:
// Enter, 阵列结果如图11-48所示

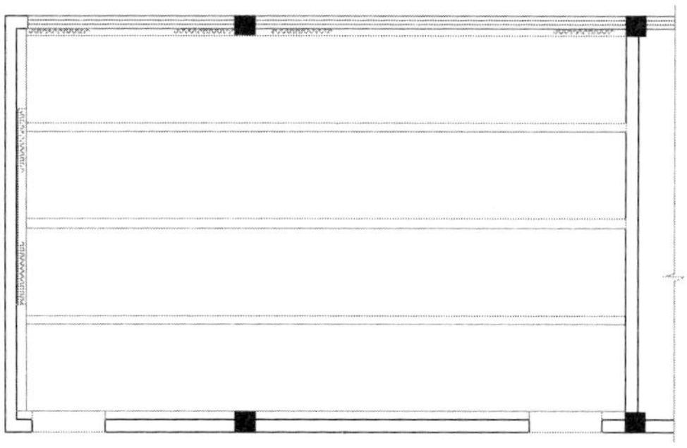

图11-48 阵列结果

7 执行菜单栏中的【绘图】|【多线】命令，配合“延伸“捕捉功能绘制宽度为100的垂直多线。命令行操作如下：

命令: _mline
　　当前设置: 对正 = 下，比例 = 20.00，样式 = 墙线样式
　　指定起点或 [对正(J)/比例(S)/样式(ST)]: //S Enter
　　输入多线比例 <200.00>:　　　　//100 Enter
　　当前设置: 对正 = 下，比例 = 100.00，样式 = 墙线样式
　　指定起点或 [对正(J)/比例(S)/样式(ST)]:
　　　　//由如图14-51所示的点A水平向左引出延伸矢量，然后输入11710/6后按Enter键
　　指定下一点:　　　　//垂直向上引导光标，捕捉追踪线与窗帘盒线的交点
　　指定下一点或 [放弃(U)]:　　　　// Enter，结束命令，绘制结果如图11-49所示

8 使用快捷键“AR”激活【阵列】命令，选择“矩形阵列”，设置“行数”为1，“列数”为3，设置“行偏移”为1、“列偏移”为-2051.66，对垂直多线进行阵列，阵列结果如图11-50所示。

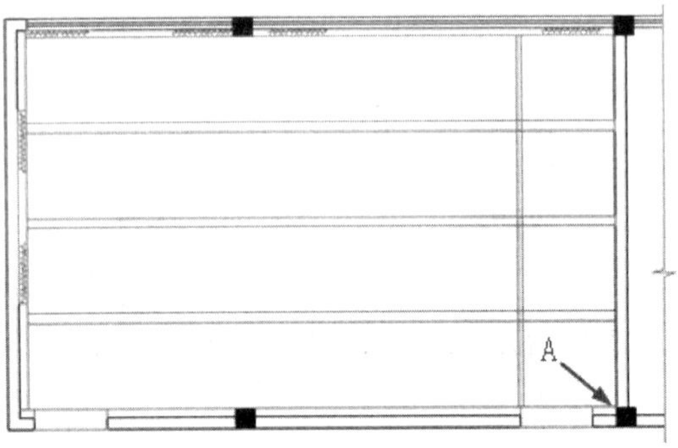

图11-49 绘制结果

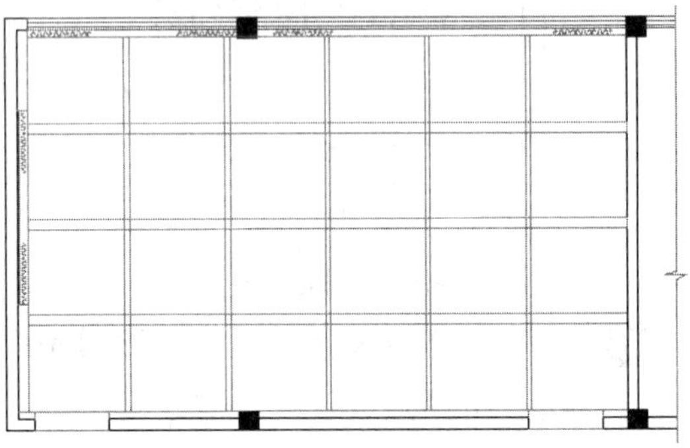
图11-50 阵列结果

9 修改当前颜色为132号色，然后使用快捷键“H”激活【图案填充】命令，选择名为“HEX”的图案，设置“比例”为15，其他设置保持默认。

10 单击“添加：拾取点”按钮，返回绘图区，拾取如图11-51所示的填充边界，按Enter键返回【图案填充和渐变色】对话框，单击确定按钮确认，为吊顶板填充图案，结果如图11-52所示。

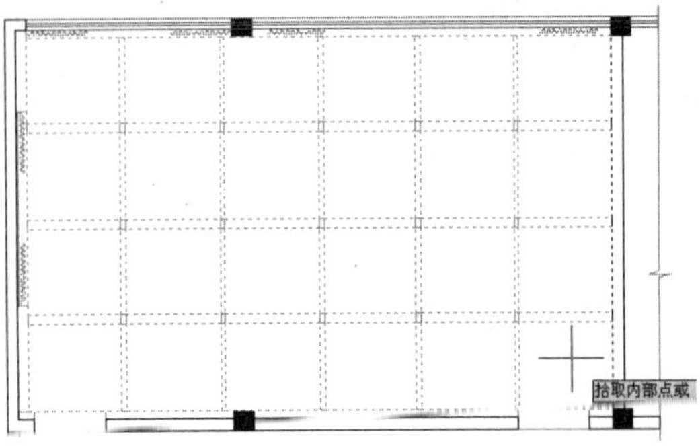

图11-51 拾取填充区域

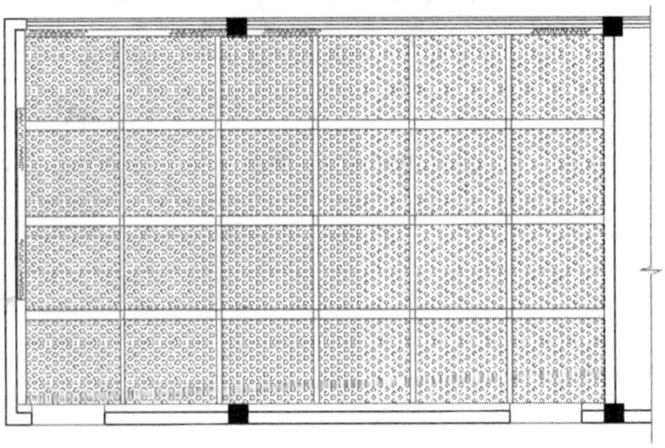
图11-52 填充结果

11 执行菜单栏中的【格式】|【点样式】命令，在打开的【点样式】对话框中设置当前点的样式和大小，如图11-53所示。

12 修改当前颜色为“洋红”，使用快捷键“L”激活【直线】命令，配合“中点”捕捉和“交点”捕捉功能，绘制如图11-54所示的水平直线作为定位辅助线。

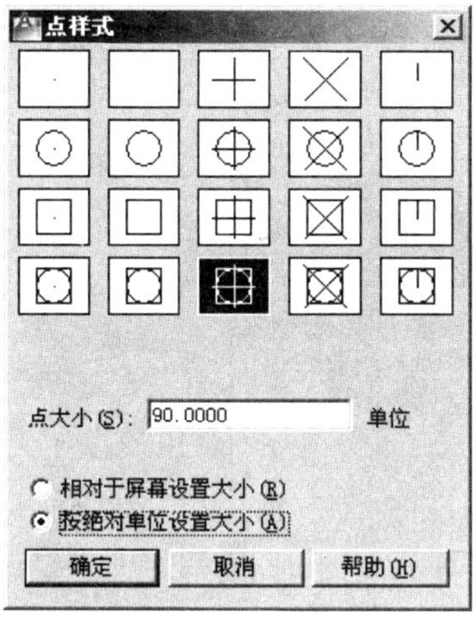

图11-53 【点样式】对话框

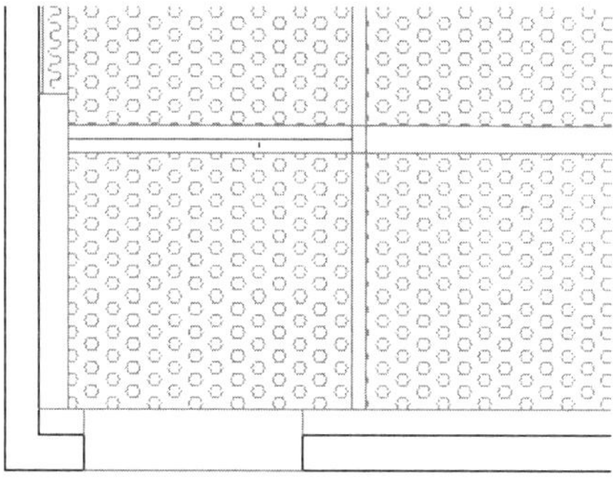

图11-54 绘制辅助线

13 执行菜单栏中的【绘图】|【点】|【多点】命令，在水平辅助线的中点处单击，以绘制如图11-55所示的点作为筒灯。

14 使用快捷键“E”激活【删除】命令，删除定位辅助线。然后使用快捷键“CO”激活【复制】命令，将绘制的点对称复制512.5个绘图单位，并删除源对象，复制结果如图11-56所示。

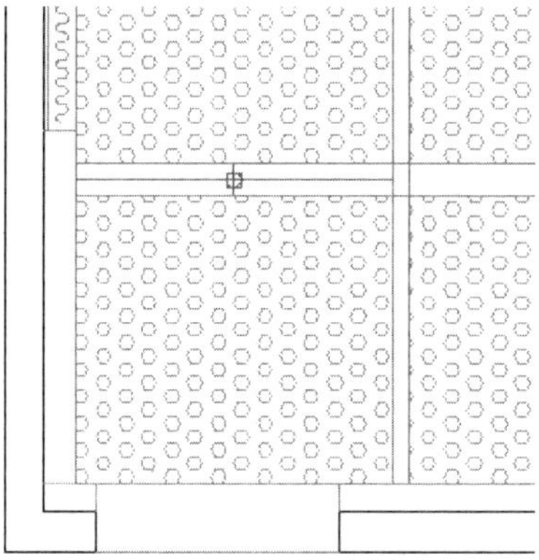

图11-55 绘制点

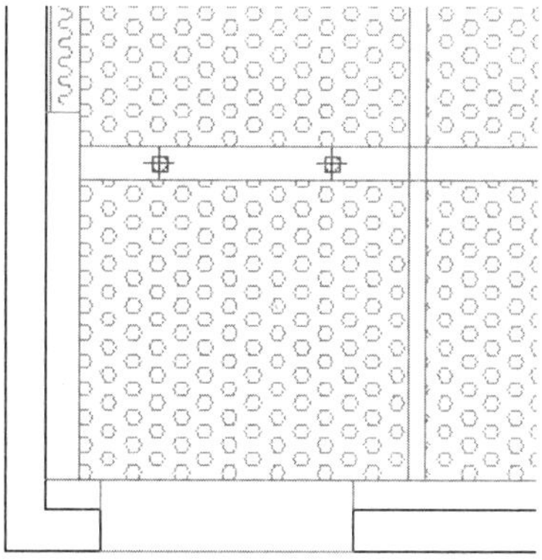

图11-56 复制点

15 激活【矩形阵列】命令，对复制出的点进行阵列。命令行提示如下：

```
命令: _arrayrect
    选择对象:                                          //选择点对象
    选择对象:                                          // Enter
    类型 = 矩形  关联 = 是
    为项目数指定对角点或 [基点(B)/角度(A)/计数(C)] <计数>: // Enter
    输入行数或 [表达式(E)] <4>:                         //3 Enter
    输入列数或 [表达式(E)] <4>:                         //6 Enter
    指定对角点以间隔项目或 [间距(S)] <间距>:             // Enter
    指定行之间的距离或 [表达式(E)] <1387.1921>:          //1972.5 Enter
    指定列之间的距离或 [表达式(E)] <1387.1921>:          //2051.7 Enter
    按 Enter 键接受或 [关联(AS)/基点(B)/行(R)/列(C)/层(L)/退出(X)] <退出>:
                                                       // Enter，阵列结果如图11-57所示
```

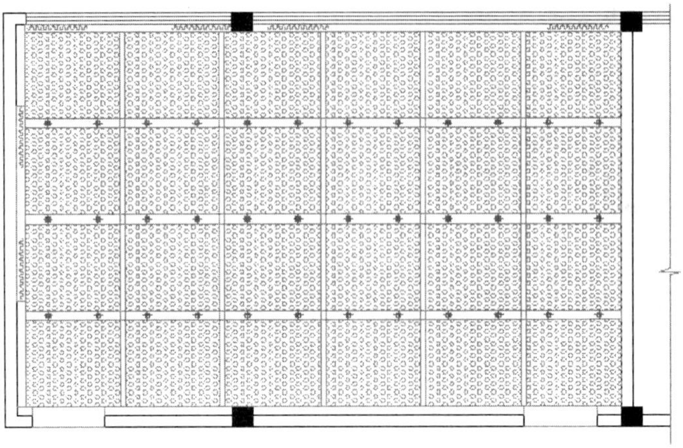

图11-57 阵列结果

至此，多功能厅吊顶图绘制完毕。下一节将为多功能厅吊顶图标注尺寸。

11.3.2 标注多功能厅吊顶图尺寸

1 继续上一节的操作。

2 在【图层控制】下拉列表中将“尺寸层”设置为当前操作层，将当前颜色设置为“ByLayer”。

3 执行菜单栏中的【格式】|【标注样式】命令，将“建筑标注”设置为当前标注样式，并设置标注比例为60。

4 激活【构造线】命令，沿吊顶图各外墙线绘制四条构造线作为尺寸线定位辅助线。命令行提示如下：

```
命令: _xline
    指定点或 [水平(H)/垂直(V)/角度(A)/二等分(B)/偏移(O)]:   //hEnter
    指定通过点:                    //捕捉上侧墙线的外角点
    指定通过点:                    //捕捉下侧墙线的外角点
    指定通过点:                    //Enter
命令:                              //Enter
    指定点或 [水平(H)/垂直(V)/角度(A)/二等分(B)/偏移(O)]: //VEnter
    指定通过点:                    //捕捉左侧墙线的外角点
    指定通过点:                    //捕捉右侧墙线的外角点
    指定通过点:                    //Enter，结果如图11-58所示
```

5 激活【偏移】命令，将绘制的构造线向外偏移500个绘图单位，并删除源构造线。命令行提示如下：

```
命令: _offset
    当前设置: 删除源=否  图层=源  OFFSETGAPTYPE=0
    指定偏移距离或 [通过(T)/删除(E)/图层(L)] <通过>:      //eEnter
    要在偏移后删除源对象吗？[是(Y)/否(N)] <否>:           //yEnter
    指定偏移距离或 [通过(T)/删除(E)/图层(L)] <通过>:      //500Enter
    选择要偏移的对象，或 [退出(E)/放弃(U)] <退出>:         //单击上方水平构造线
    指定要偏移的那一侧上的点，或 [退出(E)/多个(M)/放弃(U)] <退出>: //在构造线上方拾取一点
    选择要偏移的对象，或 [退出(E)/放弃(U)] <退出>:         //单击下方水平构造线
    指定要偏移的那一侧上的点，或 [退出(E)/多个(M)/放弃(U)] <退出>: //在构造线下方拾取一点
```

选择要偏移的对象，或 [退出(E)/放弃(U)] <退出>:　　　　//单击左侧垂直构造线
指定要偏移的那一侧上的点，或 [退出(E)/多个(M)/放弃(U)] <退出>://在构造线左边拾取一点
选择要偏移的对象，或 [退出(E)/放弃(U)] <退出>:　　　　//单击右侧垂直构造线
指定要偏移的那一侧上的点，或 [退出(E)/多个(M)/放弃(U)] <退出>://在构造线右边拾取一点
选择要偏移的对象，或 [退出(E)/放弃(U)] <退出>:　//Enter，结束操作，结果如图11-59所示

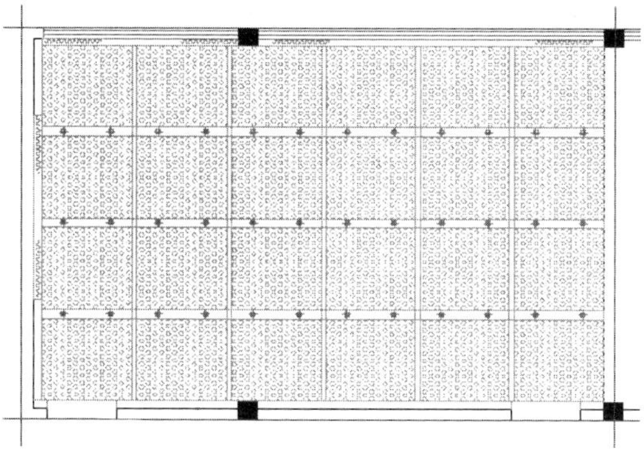

图11-58　绘制构造线

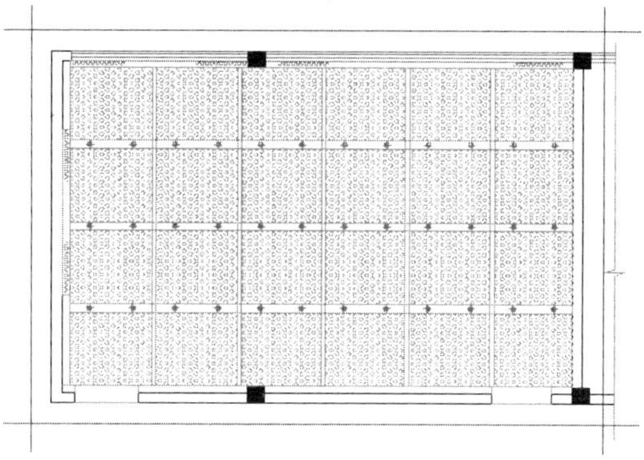

图11-59　偏移构造线

6 执行菜单栏中的【标注】|【线性】命令，配合"端点"捕捉与"捕捉追踪"功能，标注第一个尺寸。命令行提示如下：

命令: _dimlinear
指定第一个延伸线原点或 <选择对象>:
　　　　　　　　//由如图11-60所示的端点向左引出追踪线，捕捉追踪线与辅助线的交点
指定第二条延伸线原点:
　　　　　　　　//由如图11-61所示的端点向左引出追踪线，捕捉追踪线与辅助线的交点
指定尺寸线位置或
[多行文字(M)/文字(T)/角度(A)/水平(H)/垂直(V)/旋转(R)]:
　　　　　　　　//向左引导光标输入500 Enter，标注第一个尺寸，如图11-62所示

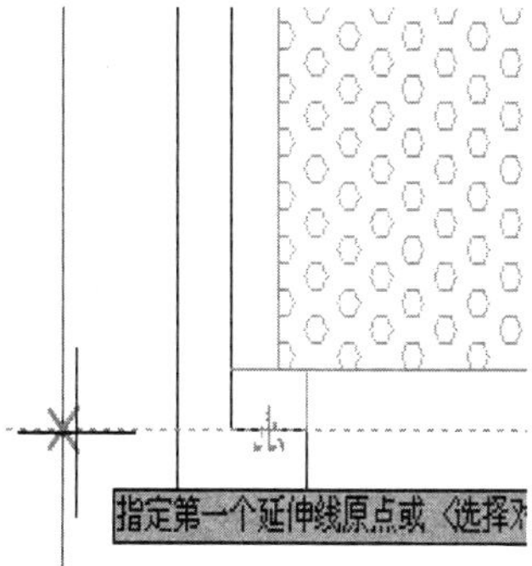

图11-60　捕捉交点

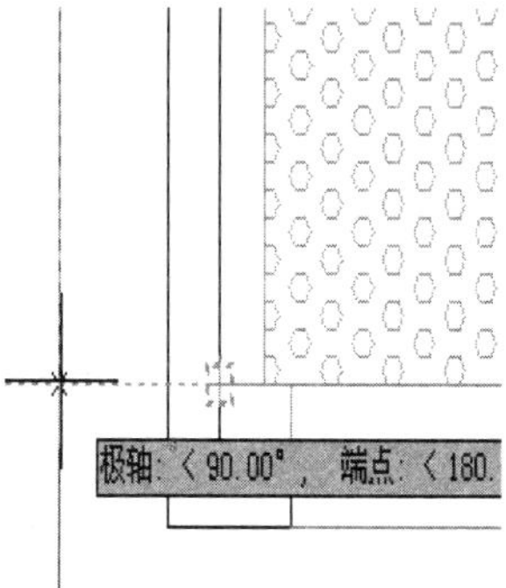

图11-61　捕捉交点

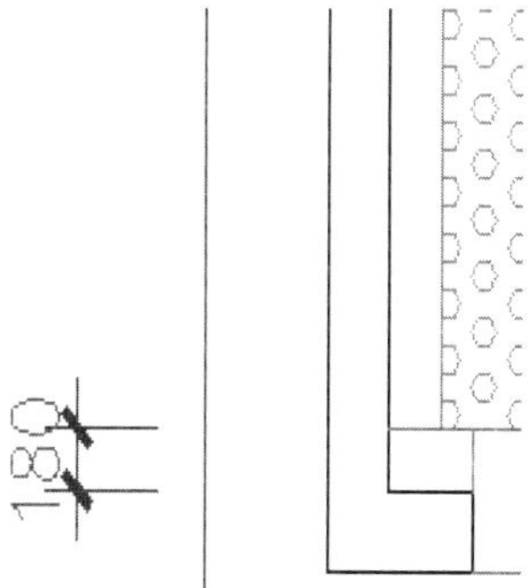

图11-62　标注结果

7 单击【标注】工具栏中的按钮，激活【连续】标注命令，配合捕捉与追踪功能标注左侧和下方的细部尺寸，结果如图11-63所示。

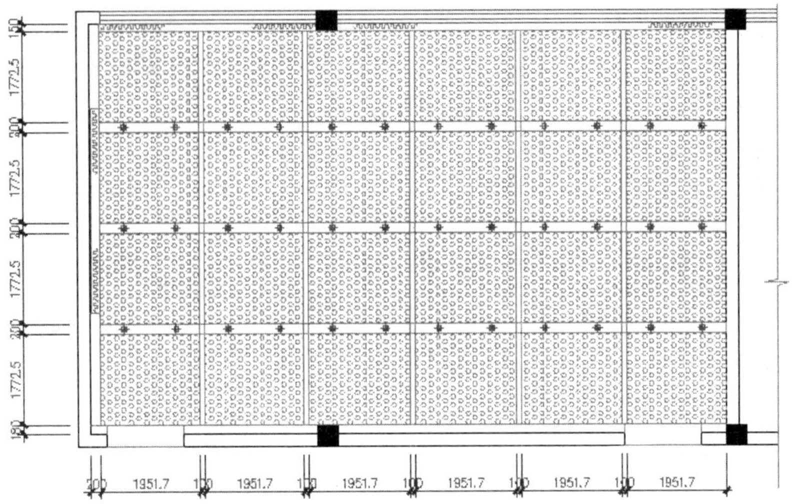

图11-63 标注连续尺寸

8 单击【标注】工具栏中的按扭，激活【编辑标注文字】命令，对重叠的尺寸文字进行协调，结果如图11-64所示。

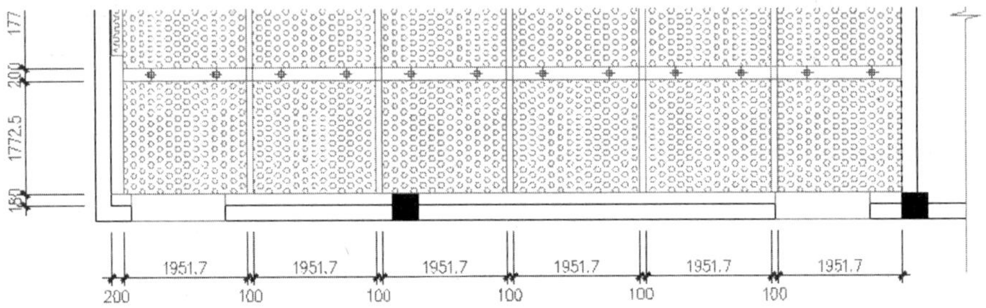

图11-64 协调尺寸位置

9 最后再次执行【线性】命令，配合捕捉功能标注两侧的总尺寸，最后删除尺寸定位辅助线，完成吊顶图的尺寸标注，结果如图11-65所示。

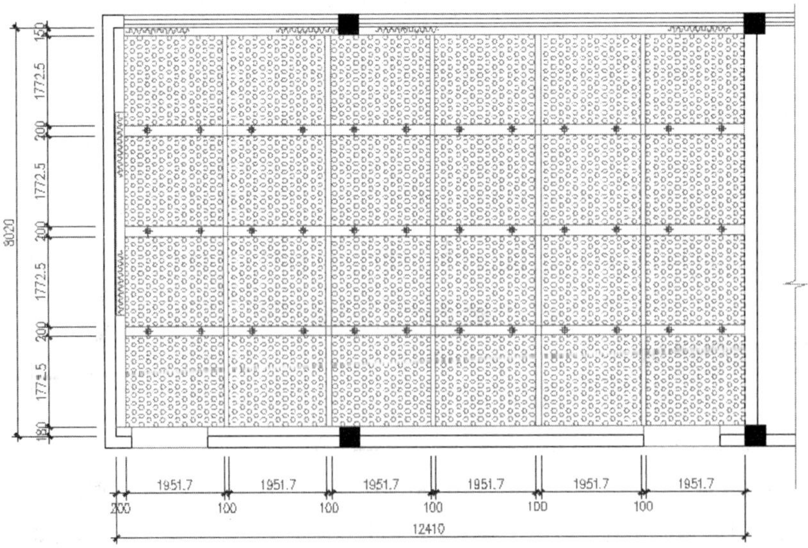

图11-65 吊顶图尺寸标注结果

至此，多功能厅吊顶图尺寸标注完毕，下一小节将为吊顶图标注文字。

11.3.3 标注多功能厅吊顶图文字

1 继续上一节的操作。

2 展开【图层控制】下拉列表，取消“文本层”的隐藏，并将“文本层”设置为当前操作层。

3 暂时关闭对象捕捉功能，然后使用快捷键“L”激活【直线】命令，在吊顶图上绘制文字指示线，如图11-66所示。

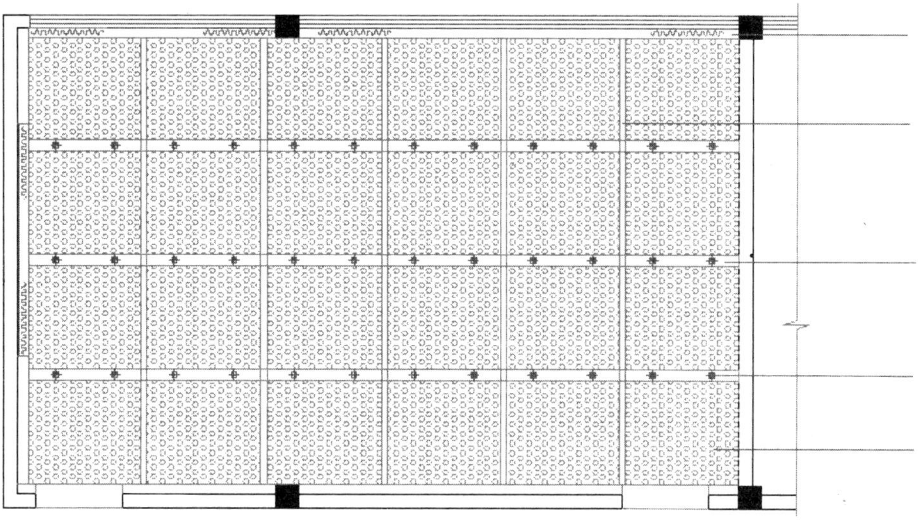

图11-66 绘制文字指示线

4 执行菜单栏中的【格式】|【文字样式】命令，在打开的【文字样式】对话框中将“仿宋体”设置为当前样式。

5 使用快捷键“DT”激活【单行文字】命令，在文字指示线一端输入相关文字注释。命令行提示如下。

```
命令: _text
    当前文字样式: “仿宋体”  文字高度: 2.5 注释性: 否
    指定文字的起点或 [对正(J)/样式(S)]:     //捕捉下方文字指示线的端点
    指定高度 <2.5>:                         //280 Enter
    指定文字的旋转角度 <0.00>:
                  // Enter，输入“穿孔铝板”字样，按两次Enter结束操作，结果如图11-67所示
```

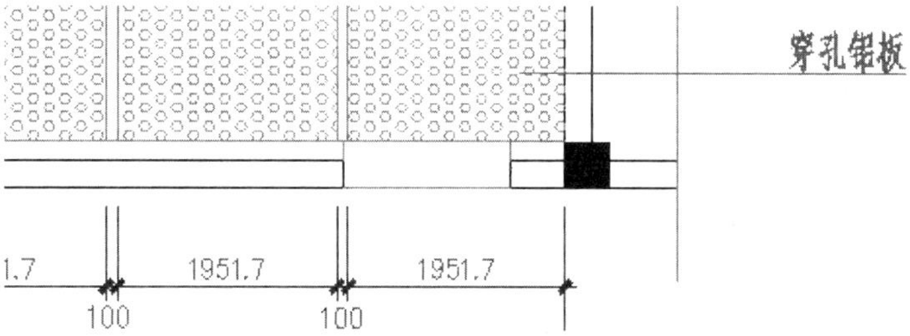

图11-67 标注结果

6 重复执行【单行文字】命令，按照当前的参数设置，分别标注其他指示线位置的文字注释，结果如图11-68所示。

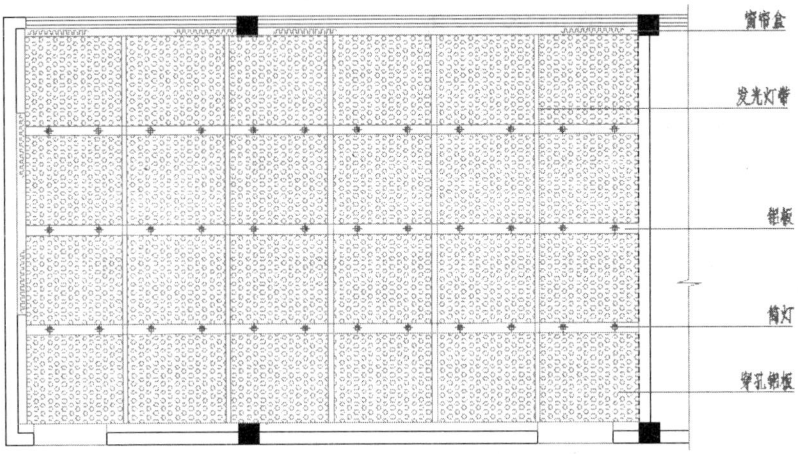

图11-68 标注结果

7 至此，多功能厅吊顶装修图绘制完毕。执行【另存为】命令，将该图形另存储为“多功能厅吊顶装修图.dwg”文件。

11.4　绘制多功能厅A向装修立面图

这一节首先来绘制多功能厅A向装饰立面图。该A向装修立面图主要包括窗户、窗帘的设计，如图11-69所示。

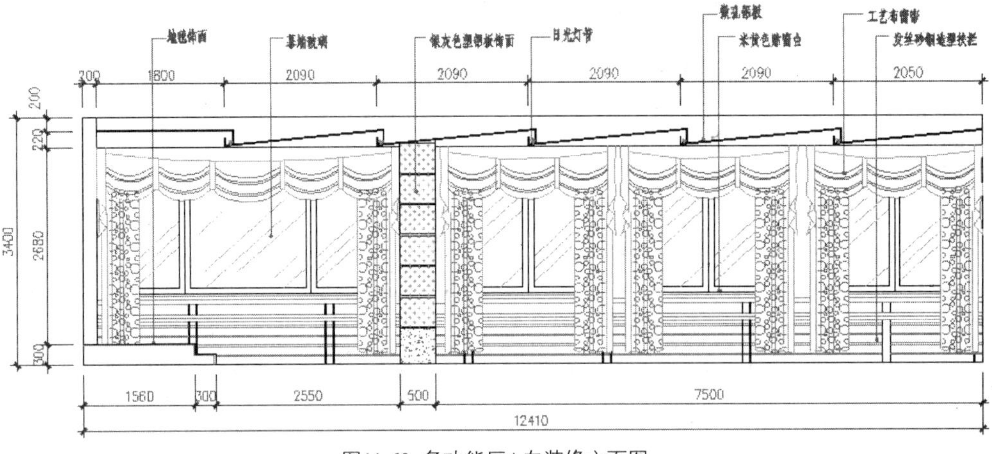

图11-69 多功能厅A向装修立面图

11.4.1　绘制多功能厅A向立面轮廓图

这一节首先来绘制A向立面轮廓图。在绘制立面轮廓图时，注意参考平面布置图的尺寸以及窗户的位置。

1 执行菜单栏中的【文件】|【新建】命令，打开本书配套光盘中的“样板文件”目录下的“装饰装潢绘图样板.dwt”文件作为基础样板，创建空白文件。

2 在【图层控制】下拉列表中将“轮廓线”层设置为当前操作层。

3 执行菜单栏中的【绘图】|【矩形】命令，在绘图区绘制长度为12410、宽度为3400的矩形作为立面外轮廓线，如图11-70所示。

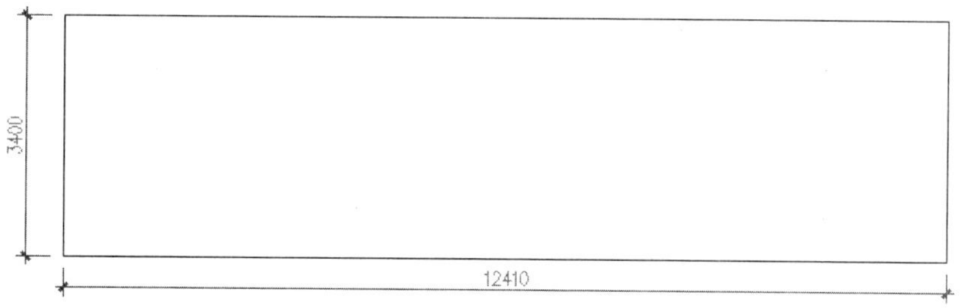

图11-70 绘制外轮廓

4 继续执行菜单栏中的【修改】|【分解】命令，将绘制的矩形分解为四条独立的线段。

5 执行菜单栏中的【修改】|【偏移】命令，将矩形左侧的垂直边向右偏移200和4410个绘图单位，将右侧的垂直边向左偏移7500个绘图单位，将上侧的水平边向下偏移420个绘图单位，结果如图11-71所示。

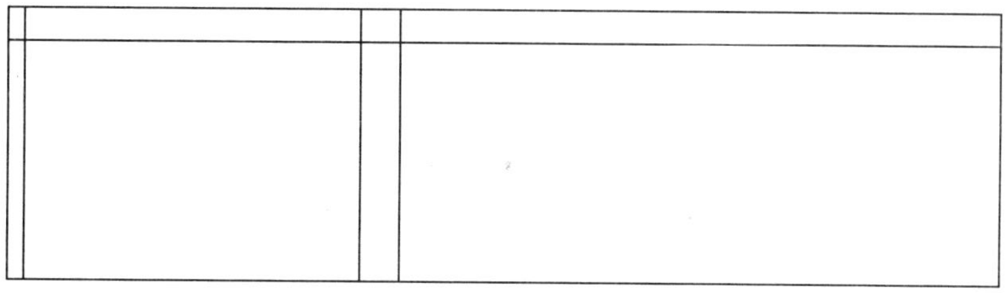

图11-71 偏移垂直边

6 继续执行菜单栏中的【修改】|【修剪】命令，对偏移的各图线进行修剪，以编辑出A向立面图轮廓，如图11-72所示。

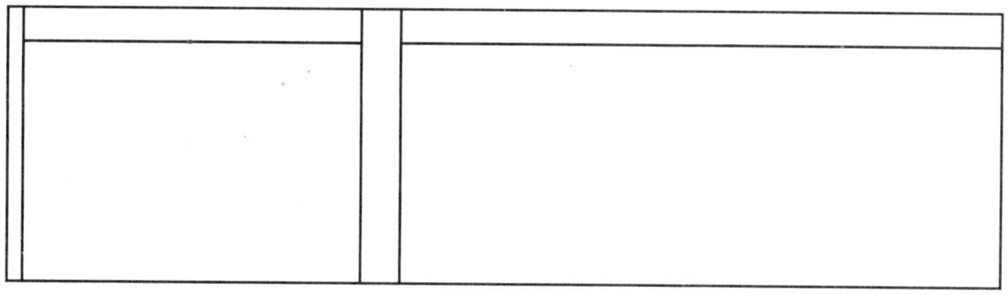

图11-72 修剪结果

7 继续执行菜单栏中的【绘图】|【多段线】命令，配合坐标输入功能绘制地台轮廓线。命令行操作如下：

```
命令: _pline
    指定起点:               //激活【自】命令
    _from 基点:             //捕捉外轮廓线左下角点
    <偏移>:                 //@0,300 Enter
    当前线宽为 0.0
    指定下一个点或 [圆弧(A)/半宽(H)/长度(L)/放弃(U)/宽度(W)]:            //@1560,0 Enter
    指定下一点或 [圆弧(A)/闭合(C)/半宽(H)/长度(L)/放弃(U)/宽度(W)]:      //@0,-150 Enter
    指定下一点或 [圆弧(A)/闭合(C)/半宽(H)/长度(L)/放弃(U)/宽度(W)]:      //@300,0 Enter
    指定下一点或 [圆弧(A)/闭合(C)/半宽(H)/长度(L)/放弃(U)/宽度(W)]:      //@0,-150 Enter
    指定下一点或 [圆弧(A)/闭合(C)/半宽(H)/长度(L)/放弃(U)/宽度(W)]:
                                    // Enter，结束命令，绘制结果如图11-73所示
```

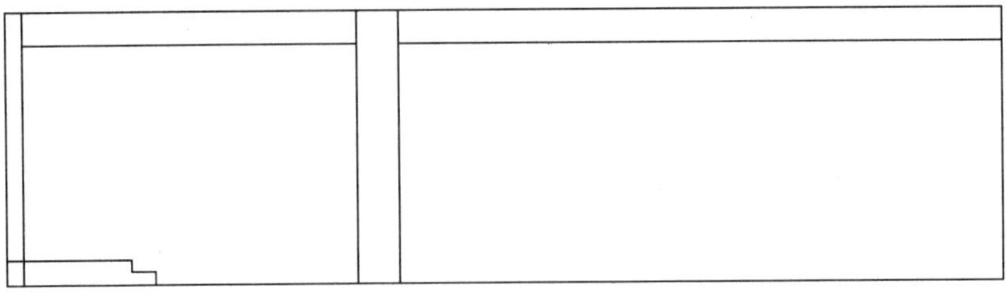

图11-73 绘制结果

8 将刚绘制的地台轮廓线向内偏移20个绘图单位，然后使用【修剪】命令对垂直图线进行修剪，结果如图11-74所示。

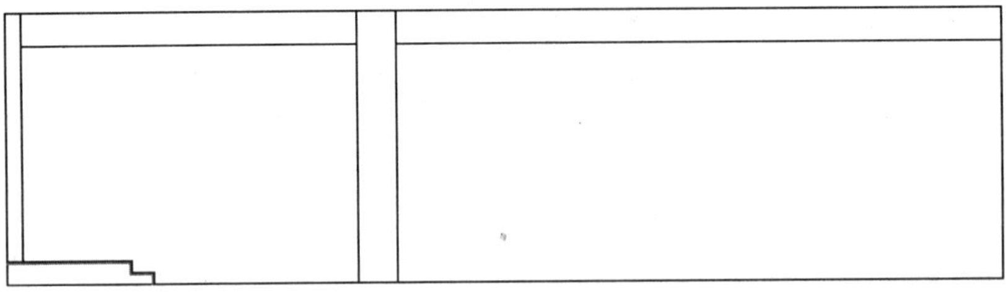

图11-74 操作结果

9 执行菜单栏中的【格式】|【多线样式】命令，在打开的【多线样式】对话框中设置“墙线样式”为当前样式。

10 执行菜单栏中的【绘图】|【多线】命令，配合【自】命令绘制宽度为12的多线。命令行操作如下：

```
命令: _mline
    当前设置: 对正 = 无, 比例 = 240.00, 样式 = 墙线样式
    指定起点或 [对正(J)/比例(S)/样式(ST)]:              //j Enter
    输入对正类型 [上(T)/无(Z)/下(B)] <无>:              //b Enter
    当前设置: 对正 = 下, 比例 = 240.00, 样式 = 墙线样式
    指定起点或 [对正(J)/比例(S)/样式(ST)]:              //s Enter
    输入多线比例 <240.00>:                              //12 Enter
    当前设置: 对正 = 下, 比例 = 12.00, 样式 = 墙线样式
    指定起点或 [对正(J)/比例(S)/样式(ST)]:              //激活【自】命令
    _from 基点:                                         //捕捉外轮廓线的左上角点
    <偏移>:                                             //@200,-200 Enter
    指定下一点:                                         //@1912,0 Enter
    指定下一点或 [放弃(U)]:                             //@0,-185 Enter
    指定下一点或 [闭合(C)/放弃(U)]:        // Enter, 结束命令, 绘制结果如图11-75所示
```

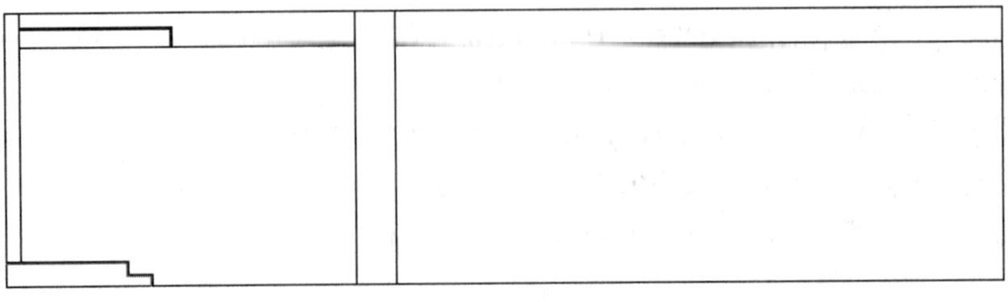

图11-75 绘制结果

11 重复执行【多线】命令，配合【自】命令继续绘制宽度为12的多线。命令行操作如下：

```
命令: _mline
    当前设置: 对正 = 下, 比例 = 12.00, 样式 = 墙线样式
    指定起点或 [对正(J)/比例(S)/样式(ST)]: //激活【自】命令
    _from 基点:                          ////捕捉外轮廓线的左上角点
    <偏移>:                              //@2000,-300 Enter
    指定下一点:                          //@0,-100 Enter
    指定下一点或 [放弃(U)]:              //@2180,200 Enter
    指定下一点或 [闭合(C)/放弃(U)]:      //@0,-185 Enter
    指定下一点或 [闭合(C)/放弃(U)]:      // Enter, 结束命令, 绘制结果如图11-76所示
```

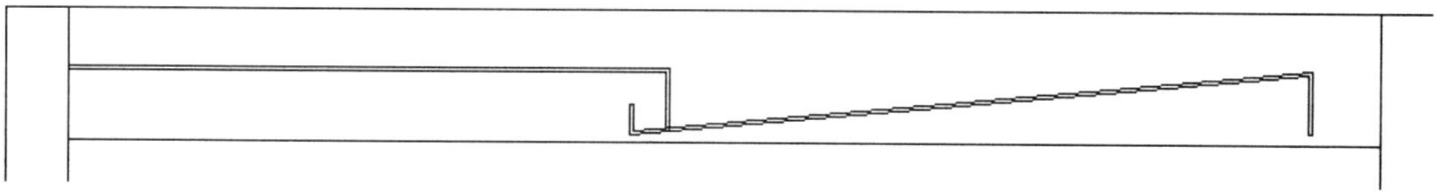

图11-76　绘制结果

12 执行菜单栏中的【修改】|【矩形阵列】命令，对多线进行阵列。命令行提示如下：

```
命令: _arrayrect
    选择对象:                                              //选择多线
    选择对象:                                              // Enter
    类型 = 矩形  关联 = 是
    为项目数指定对角点或 [基点(B)/角度(A)/计数(C)] <计数>: // Enter
    输入行数或 [表达式(E)] <4>:                            //1 Enter
    输入列数或 [表达式(E)] <4>:                            //5 Enter
    指定对角点以间隔项目或 [间距(S)] <间距>:               // Enter
    指定列之间的距离或 [表达式(E)] <855.0217>:             //1 Enter
    按 Enter 键接受或 [关联(AS)/基点(B)/行(R)/列(C)/层(L)/退出(X)] <退出>:    //c Enter
    输入列数数或 [表达式(E)] <5>:                          //5 Enter
    指定列数之间的距离或 [总计(T)/表达式(E)] <1>:          //2090 Enter
    按 Enter 键接受或 [关联(AS)/基点(B)/行(R)/列(C)/层(L)/退出(X)] <退出>:
                                                           // Enter, 阵列结果如图11-77所示
```

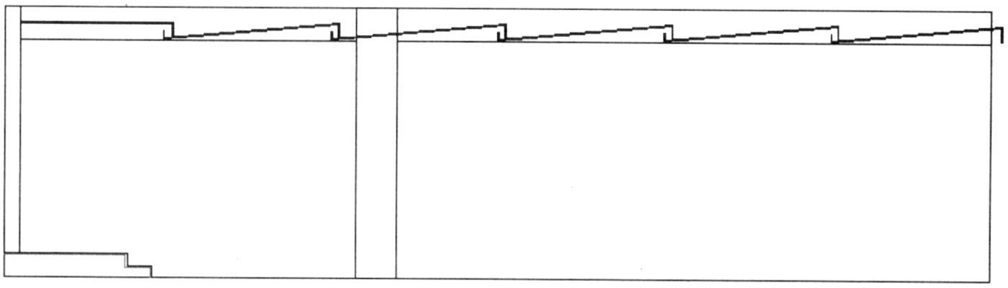

图11-77　阵列结果

13 在阵列出的多线上双击，打开【多线编辑工具】对话框，在该对话框中选择如图11-78所示的“T形闭合”功能。

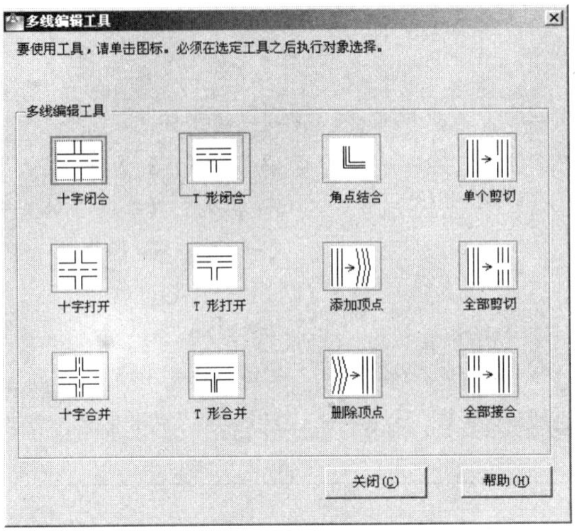

图11-78 激活“T形闭合”功能

14 返回绘图区，在“选择第一条多线：”提示下选择如图11-79所示的多线，继续在“选择第二条多线：”提示下，选择如图11-80所示的多线，对这两条多线进行编辑，结果如图11-81所示。

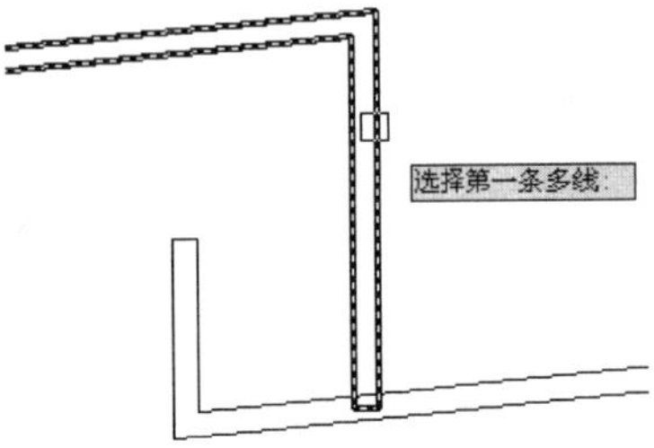

图11-79 选择第一多线

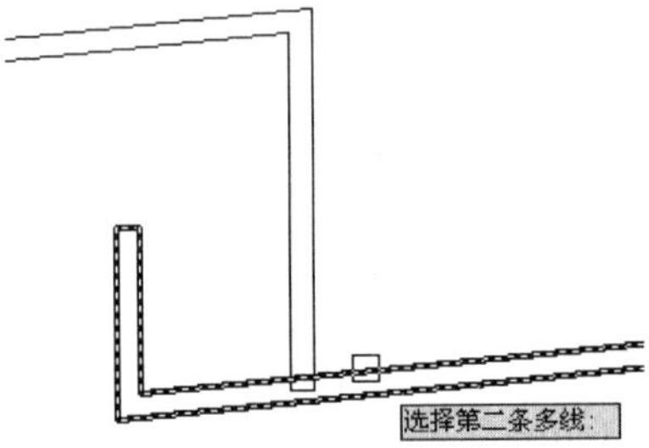

图11-80 选择第二多线

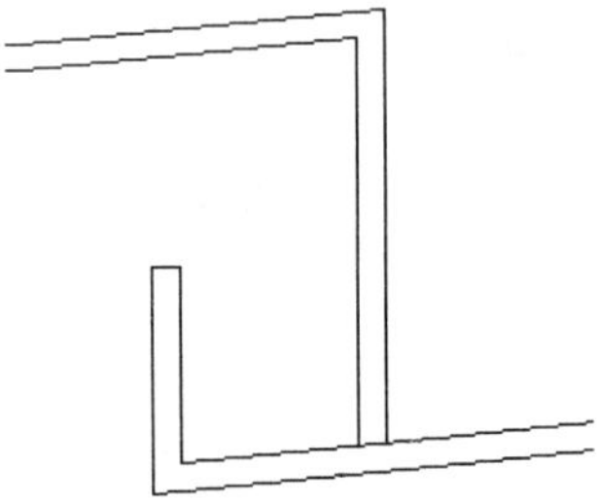

图11-81 编辑结果

15 参照上述操作，分别对其他位置的多线进行编辑，编辑后的局部结果如图11-82所示。

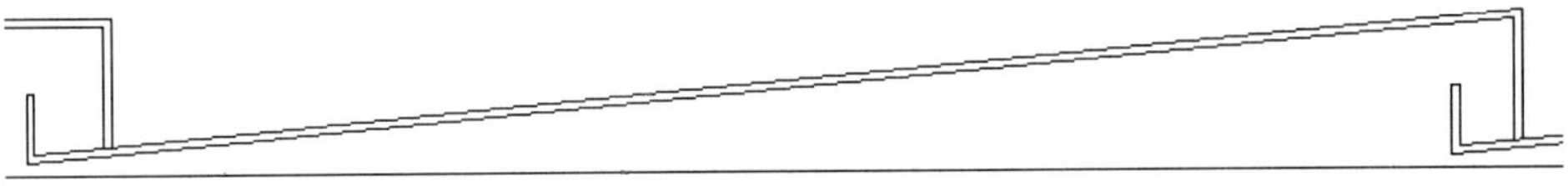

图11-82 编辑其他多线

16 使用快捷键“TR”激活【修剪】命令，对柱子轮廓线和右侧的多线进行修剪，结果如图11-83所示。

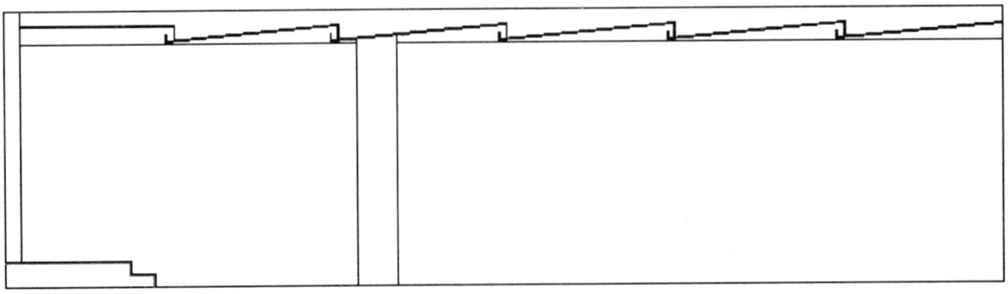

图11-83 修剪结果

至此，多功能厅A向立面轮廓图绘制完毕。下一节将继续绘制A向立面构件图。

11.4.2 绘制多功能厅A向立面构件图

这一节来绘制多功能厅A向立面构件图，该构件主要采用插入的方式插入已有的构件，用户也可以直接在立面图中绘制这些构件。

1 继续上一节的操作。

2 在【图层控制】下拉列表中将“家具层”设置为当前操作层。

3 使用快捷键“I”激活【插入块】命令，选择本书配套光盘中的“图块文件”目录下的“扶栏.dwg”图块文件。

4 返回【插入】对话框，采用默认参数设置，将图块插入到立面图中，插入点为外轮廓线的右下角点，插入结果如图11-84所示。

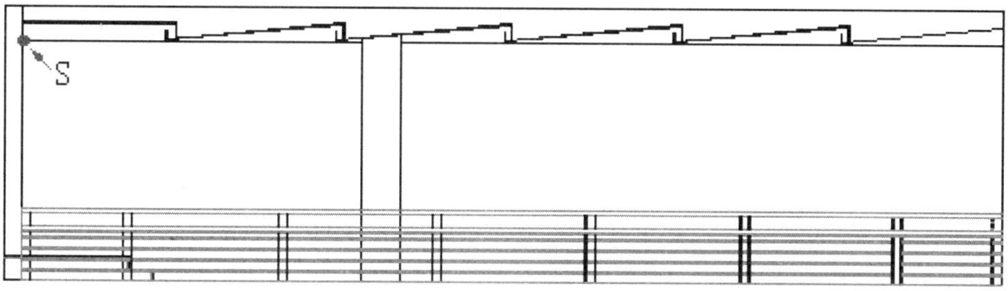

图11-84 插入结果

5 重复执行【插入块】命令，选择本书配套光盘中的“图块文件”目录下的“立面窗帘02.dwg”图块文件，采用默认参数设置，将该图块文件插入到立面图中，插入点为图11-86所示的S点，插入结果如图11-85所示。

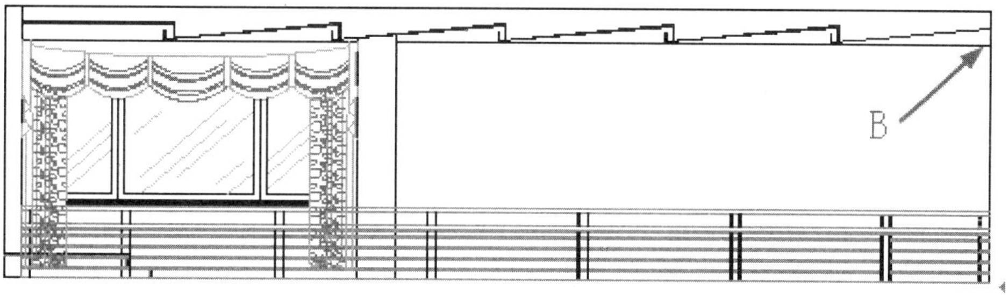

图11-85 插入窗帘图块文件

6 重复执行【插入块】命令，选择本书配套光盘中的“图块文件”目录下的“立面窗帘03.dwg”图块文件，采用默认参数设置，将其插入到立面图右边位置，插入点为如图11-85所示的B点，插入结果如图11-86所示。

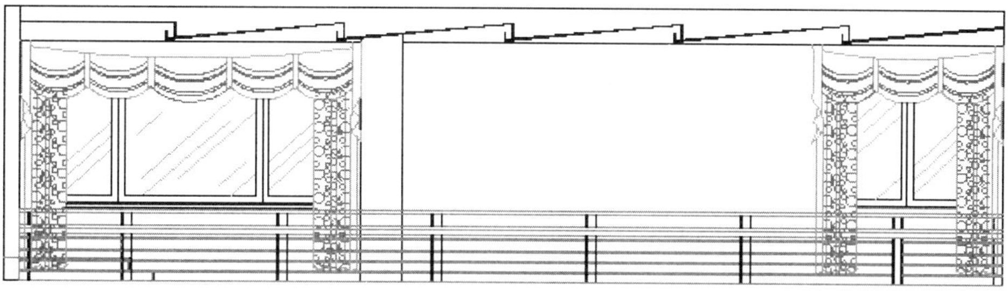

图11-86 插入结果

7 使用快捷键“CO”激活【复制】命令，对右侧的窗帘进行多重复制，结果如图11-87所示。

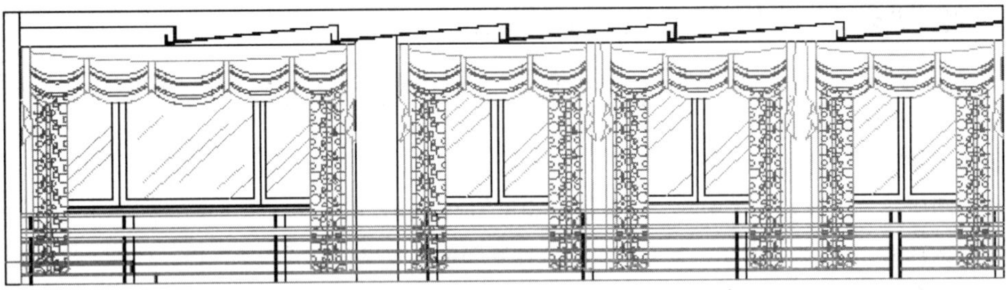

图11-87 复制结果

8 重复执行【插入块】命令，选择本书配套光盘中的“图块文件”目录下的“日光灯管.dwg”图块文件，采用默认参数设置，捕捉如图11-88所示的端点，将其插入到立面图中，插入结果如图11-89所示。

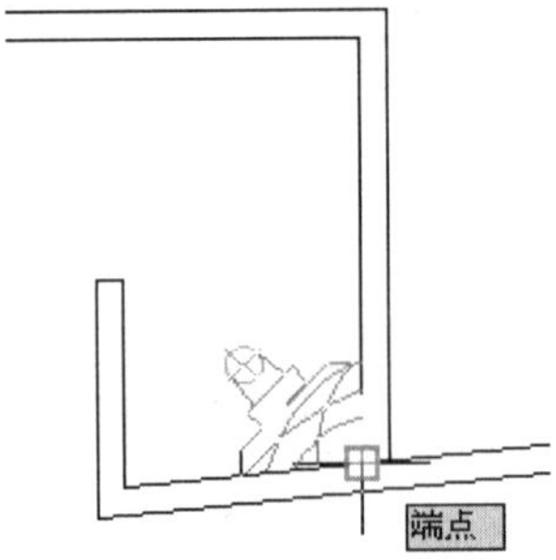

图11-88 捕捉端点

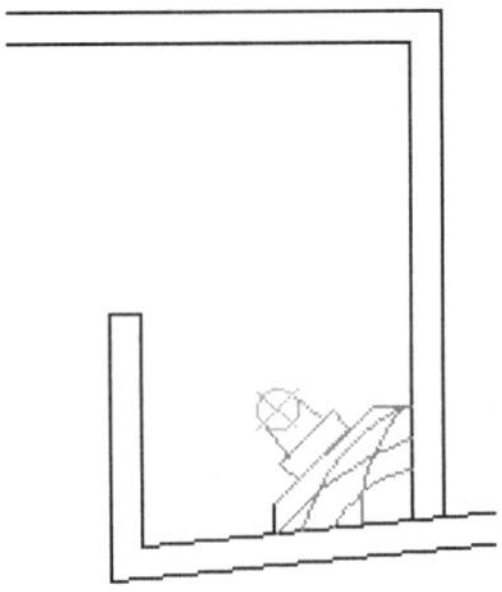

图11-89 插入结果

9 使用快捷键“CO”激活【复制】命令，将插入的日光灯管图块分别复制到其他位置上，结果如图11-90所示。

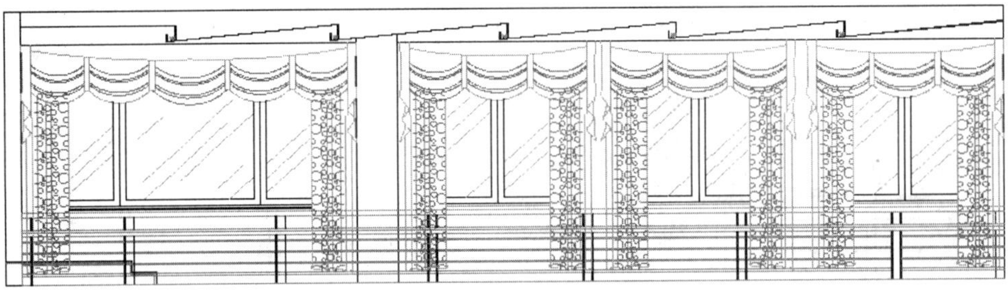

图11-90 复制结果

10 使用快捷键“X”激活【分解】命令，将左侧的窗帘和扶栏两个图块分解。

11 使用快捷键“TR”激活【修剪】命令，对扶栏和窗帘轮廓线进行修剪，并删除残余图线，结果如图11-91所示。

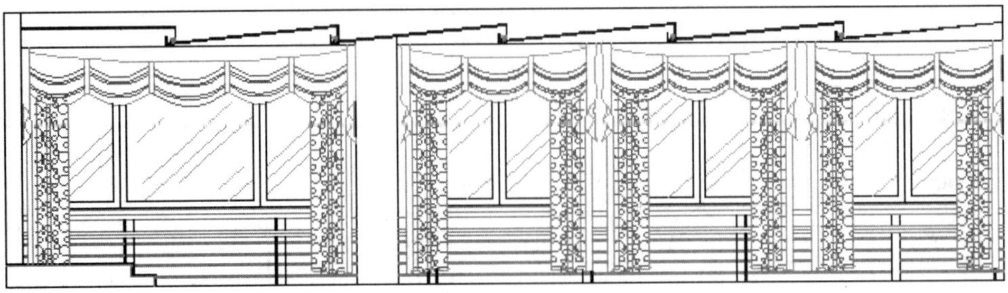

图11-91 修剪结果

至此，多功能厅A向立面构件图绘制完毕，下一小节将绘制立面柱。

11.4.3　绘制A向墙面立面柱

1. 继续上一节的操作。
2. 在【图层控制】下拉列表中将“轮廓线”层设置为当前操作层。
3. 执行菜单栏中的【绘图】|【矩形】命令，以如图11-92所示的端点作为左下角点，绘制长宽都为500的柱身轮廓线，绘制结果如图11-93所示。

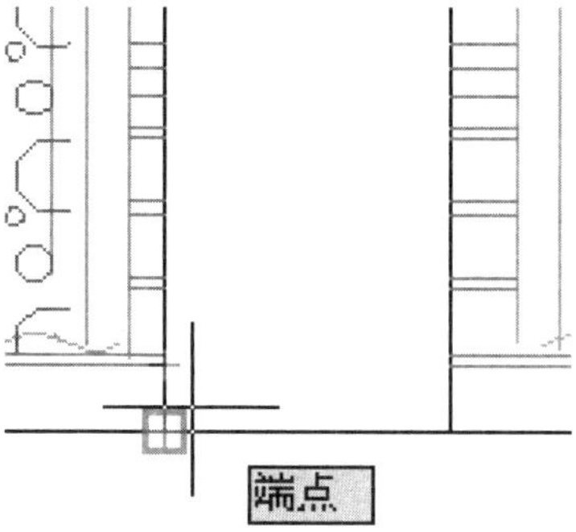

图11-92 捕捉端点

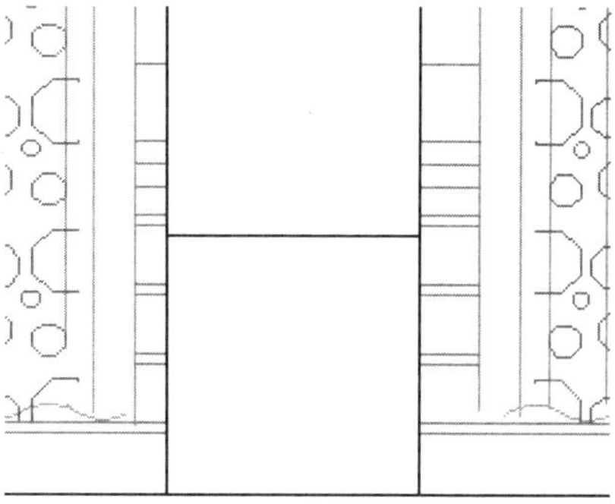

图11-93 绘制结果

4. 重复执行【矩形】命令，配合【自】命令，以刚绘制的矩形的左上侧角点作为参照点，以点（@0,20）作为基点，以点（@500,400）为对角点继续绘制一个矩形。
5. 修改当前颜色为“洋红”，然后使用快捷键“H”激活【图案填充】命令，在打开的【图案填充和渐变色】对话框中设置填充图案，并设置填充参数如图11-94所示。
6. 单击“添加：拾取点”按钮，返回绘图区域，在下侧的矩形中单击拾取填充区域，该区域显示虚线。
7. 按Enter键再次回到【图案填充和渐变色】对话框，单击 确定 按钮进行填充，填充结果如图11-95所示。

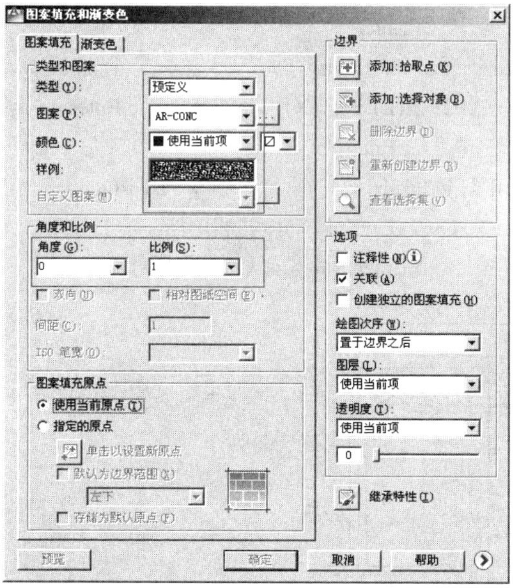

图11-94 设置参数

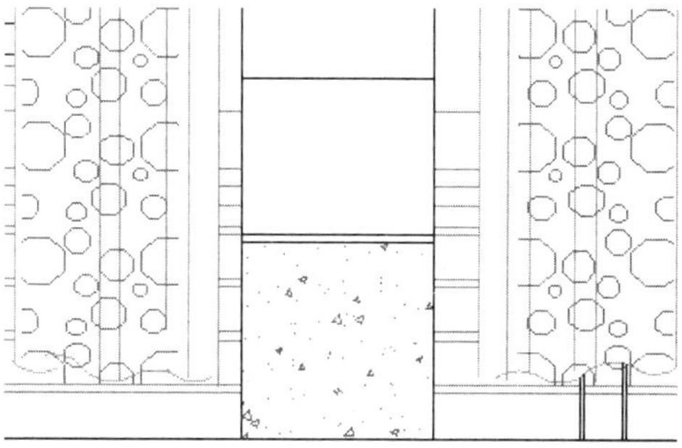

图11-95 填充结果

8. 修改当前颜色为100号色，然后再次执行【图案填充】命令，在打开的【图案填充和渐变色】对话框中设置填充图案如图11-96所示，为上侧的矩形填充图案，填充结果如图11-97所示。

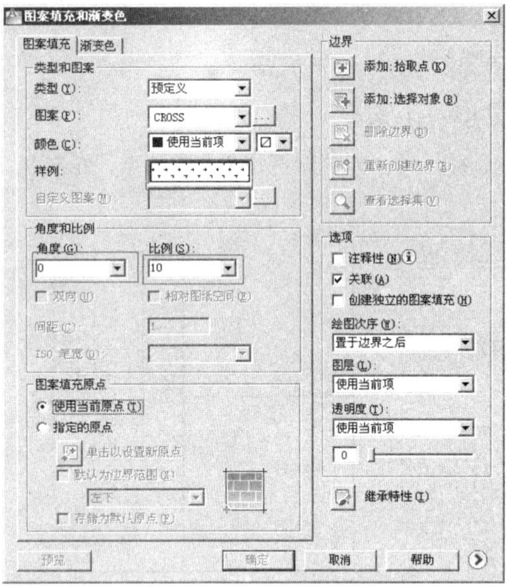

图11-96 设置参数

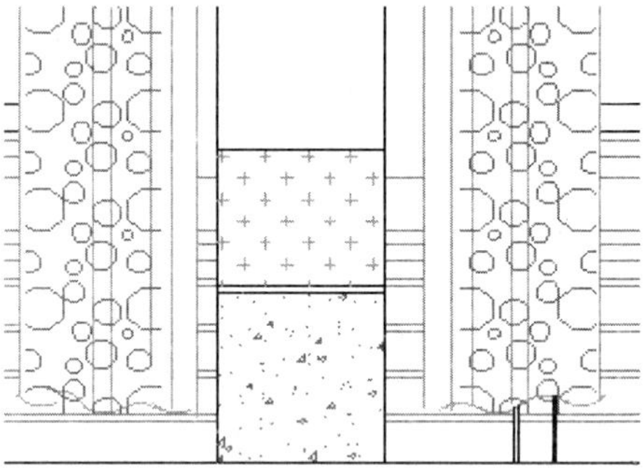

图11-97 填充结果

9 执行菜单栏中的【修改】|【矩形阵列】命令，对矩形及其图案进行阵列。命令行提示如下：

```
命令: _arrayrect
    选择对象:                                          //选择矩形及其填充图案
    选择对象:                                          // Enter
    类型 = 矩形  关联 = 是
    为项目数指定对角点或 [基点(B)/角度(A)/计数(C)] <计数>:  // Enter
    输入行数或 [表达式(E)] <4>:                         //6 Enter
    输入列数或 [表达式(E)] <4>:                         //1 Enter
    指定对角点以间隔项目或 [间距(S)] <间距>:            // Enter
    指定行之间的距离或 [表达式(E)] <1443.5516>:         //420 Enter
    按 Enter 键接受或 [关联(AS)/基点(B)/行(R)/列(C)/层(L)/退出(X)] <退出>:   //c Enter
    输入列数或 [表达式(E)] <1>:                         //1 Enter
    指定列数之间的距离或 [总计(T)/表达式(E)] <1443.5516>:              //1 Enter
    按 Enter 键接受或 [关联(AS)/基点(B)/行(R)/列(C)/层(L)/退出(X)] <退出>:
                                                       // Enter，阵列结果如图11-98所示
```

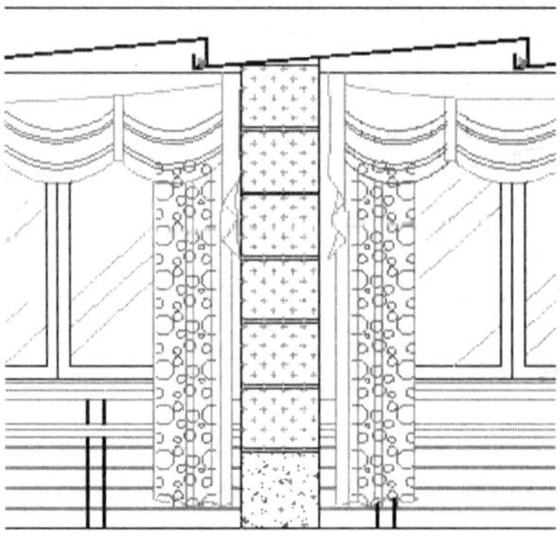

图11-98 阵列结果

至此，多功能厅A向墙面立面柱绘制完毕。下一小节将为多功能厅A向立面图标注尺寸。

11.4.4 标注多功能厅A向立面图尺寸

1. 继续上一节的操作。
2. 在【图层控制】下拉列表中将“尺寸层”设置为当前操作层，在【颜色控制】列表中将颜色设置为“ByLayer”。
3. 执行菜单栏中的【格式】|【标注样式】命令，在打开的【标注样式】对话框中将“建筑标注”设置为当前样式，并修改标注比例为45。
4. 激活【构造线】命令，沿立面图外轮廓线绘制四条构造线作为尺寸线定位辅助线。命令行提示如下：

```
命令: _xline
    指定点或 [水平(H)/垂直(V)/角度(A)/二等分(B)/偏移(O)]:   //hEnter
    指定通过点:                                   //捕捉上侧轮廓线的外端点
    指定通过点:                                   //捕捉下侧轮廓线的外端角点
    指定通过点:                                   //Enter
命令:                                             //Enter
    指定点或 [水平(H)/垂直(V)/角度(A)/二等分(B)/偏移(O)]: //VEnter
    指定通过点:                                   //捕捉左侧轮廓线的外端点
    指定通过点:                                   //捕捉右侧轮廓线的外端点
    指定通过点:                                   //Enter，结果如图11-99所示
```

图11-99 绘制构造线

5. 激活【偏移】命令，将绘制的构造线向外偏移500个绘图单位，并删除源构造线。命令行提示如下：

```
命令: _offset
    当前设置: 删除源=否  图层=源  OFFSETGAPTYPE=0
    指定偏移距离或 [通过(T)/删除(E)/图层(L)] <通过>:          //eEnter
    要在偏移后删除源对象吗？[是(Y)/否(N)] <否>:              //yEnter
    指定偏移距离或 [通过(T)/删除(E)/图层(L)] <通过>:          //500Enter
    选择要偏移的对象，或 [退出(E)/放弃(U)] <退出>:            //单击上方水平构造线
    指定要偏移的那一侧上的点，或 [退出(E)/多个(M)/放弃(U)] <退出>:
                                                             //在构造线上方拾取一点
    选择要偏移的对象，或 [退出(E)/放弃(U)] <退出>:            //单击下方水平构造线
    指定要偏移的那一侧上的点，或 [退出(E)/多个(M)/放弃(U)] <退出>:
```

```
                                                    //在构造线下方拾取一点
选择要偏移的对象，或 [退出(E)/放弃(U)] <退出>:        //单击左侧垂直构造线
指定要偏移的那一侧上的点，或 [退出(E)/多个(M)/放弃(U)] <退出>:
                                                    //在构造线左边拾取一点
选择要偏移的对象，或 [退出(E)/放弃(U)] <退出>:        //单击右侧垂直构造线
指定要偏移的那一侧上的点，或 [退出(E)/多个(M)/放弃(U)] <退出>:
                                                    //在构造线右边拾取一点
选择要偏移的对象，或 [退出(E)/放弃(U)] <退出>: //Enter，结束操作，结果如图11-100所示
```

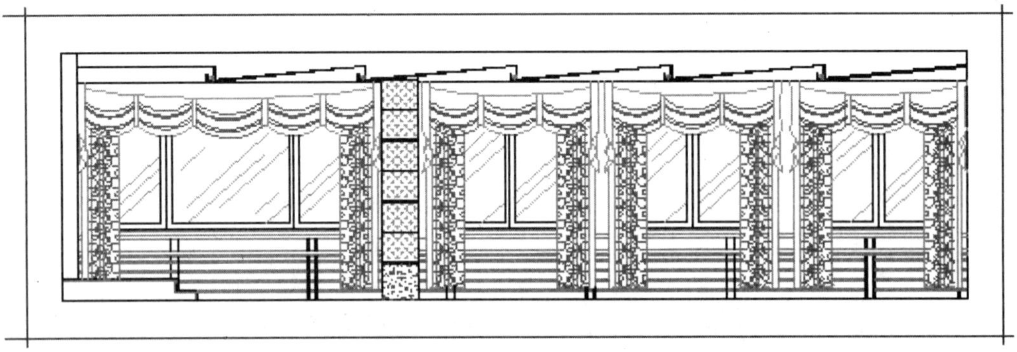

图11-100 偏移构造线

6 单击【标注】工具栏中的按钮，激活【线性】命令，配合“端点”捕捉功能标注第一个基准尺寸。命令行提示如下：

```
命令: _dimlinear
    指定第一个延伸线原点或 <选择对象>:
            //由如图11-101所示的端点向左引出追踪线，捕捉追踪线与辅助线的交点
    指定第二条延伸线原点:
            //由如图11-102所示的端点向左引出追踪线，捕捉追踪线与辅助线的交点
    指定尺寸线位置或
    [多行文字(M)/文字(T)/角度(A)/水平(H)/垂直(V)/旋转(R)]:
            //向左引导光标输入300 Enter，标注第一个尺寸，如图11-103所示
```

图11-101 捕捉交点

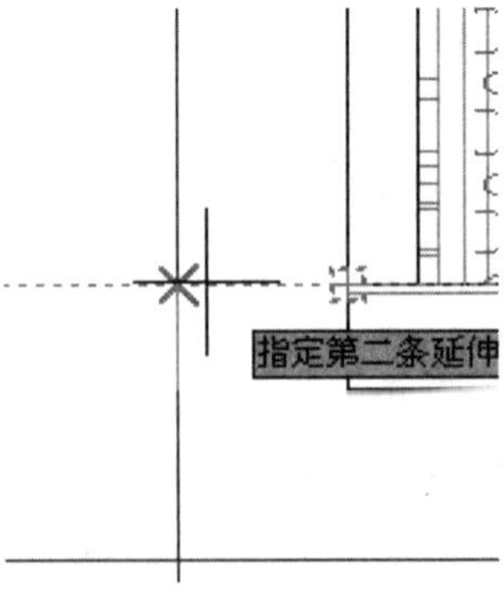

图11-102 捕捉交点

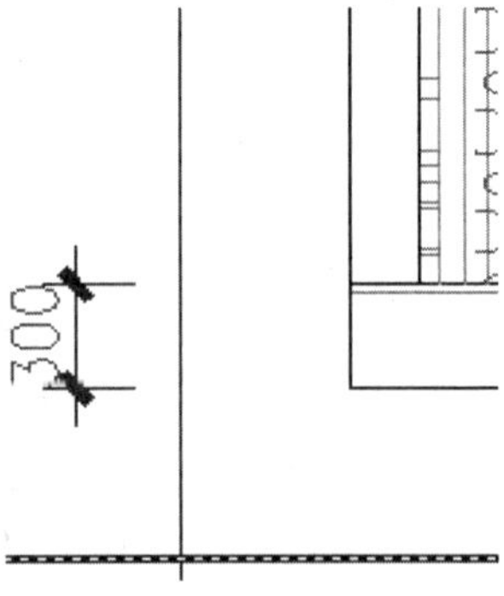

图11-103 标注结果

7 使用相同的方法，标注下方的第一个基准尺寸。然后单击【标注】工具栏中的按钮，激活【连续】标注命令，配合捕捉和追踪功能标注侧面和下方的连续尺寸，结果如图11-104所示。

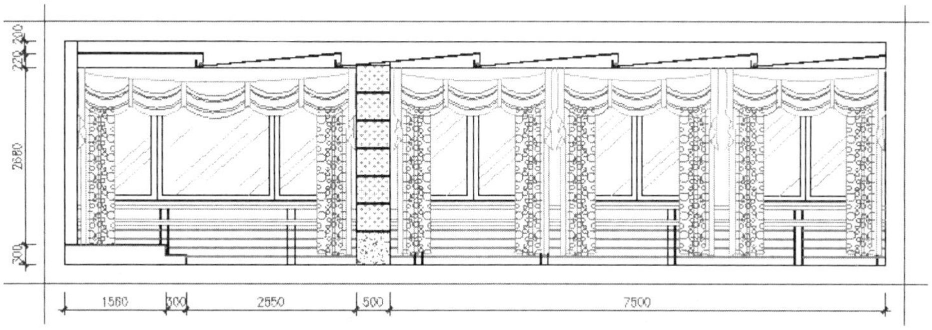

图11-104 标注连续尺寸

8 单击【标注】工具栏中的⊢按扭，配合捕捉功能标注侧面和下方的总尺寸，结果如图11-105所示。

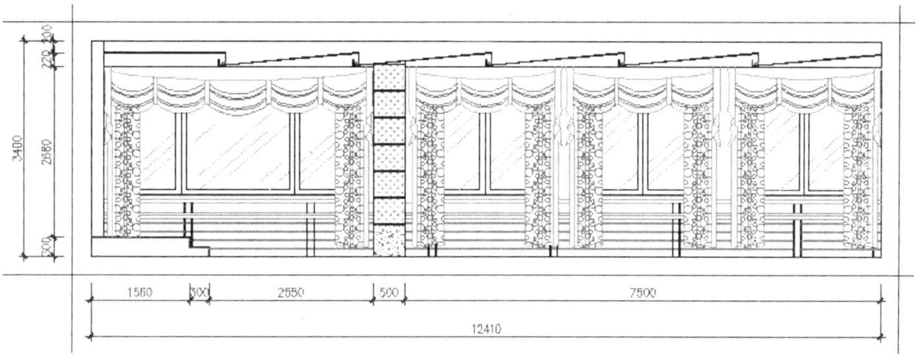

图11-105 标注侧面和下方的总尺寸

9 参照上述操作，综合使用【线性】、【连续】和【编辑标注文字】等命令，分别标注其他位置的尺寸，最后删除尺寸定位辅助线，完成多功能厅A向立面图尺寸的标注，结果如图11-106所示。

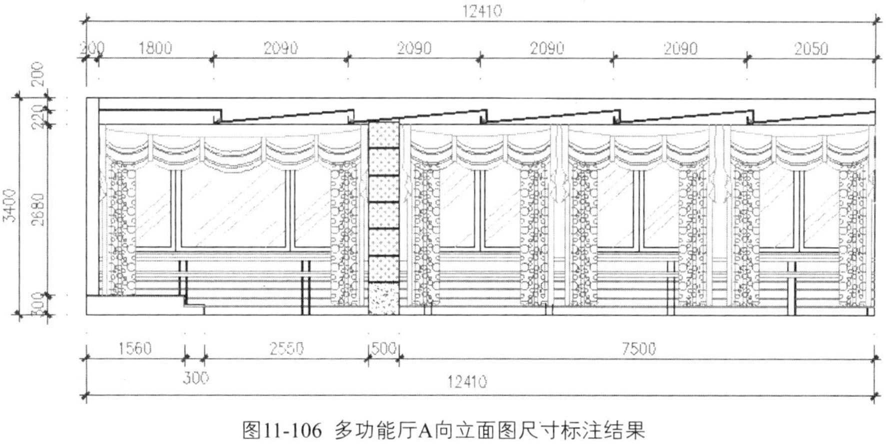

图11-106 多功能厅A向立面图尺寸标注结果

至此，多功能厅A向立面图尺寸标注完毕。下一小节将为多功能厅A向立面图标注文字注解。

11.4.5 标注多功能厅A向墙面材质注解

这一节继续来标注多功能厅A向立面图材质注解，在标注材质注解时，将使用引线标注来标注材质注解。

1 继续上一节的操作。

2 在【图层控制】下拉列表中将“文本层”设置为当前操作层。

3 执行菜单栏中的【格式】|【标注样式】命令，在打开的【标注样式】对话框中设置当前尺寸样式的箭头大小为0.8、文字样式为“仿宋体”、尺寸比例为50。

4 使用快捷键“LE”激活【快速引线】命令，输入“S”按Enter键打开【引线设置】对话框，设置引线参数如图11-107和图11-108所示。

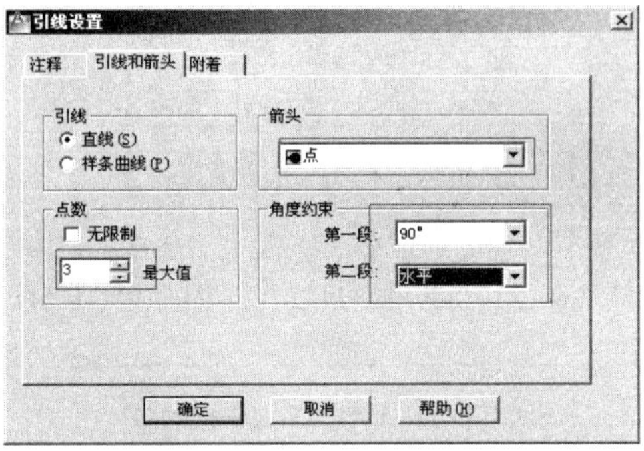

图11-107 【引线和箭头】选项卡

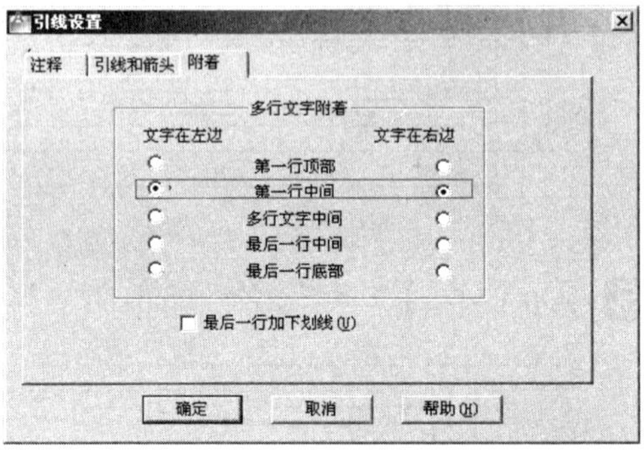

图11-108 【附着】选项卡

5 单击 确定 按钮回到绘图区，根据命令行的提示指定引线点，绘制引线并输入引线注释，标注结果如图11-109所示。

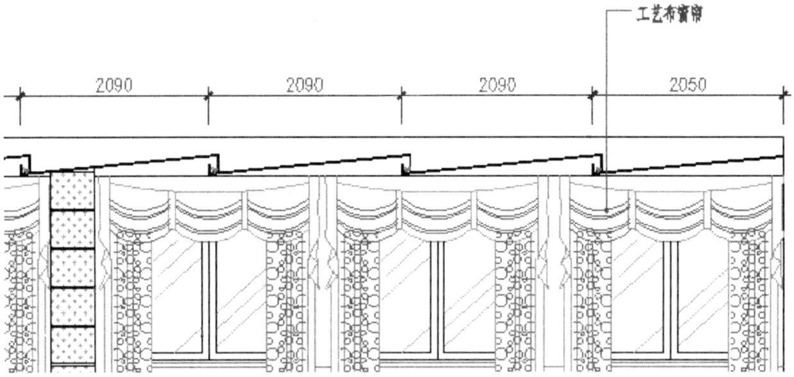

图11-109 标注结果

6 重复执行【快速引线】命令，按照当前的引线参数设置，标注其他位置的引线注释，结果如图11-110所示。

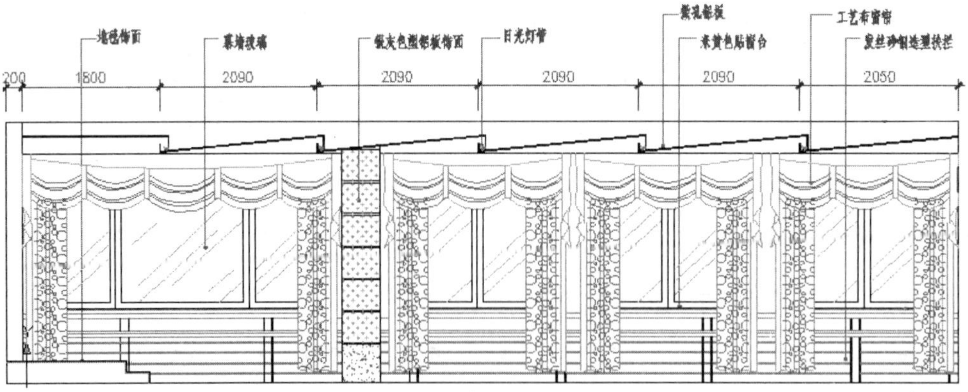

图11-110 标注其他引线注释

7 至此，多功能厅A向装修立面图绘制完毕，最后执行【另存为】命令，将图形命名存储为“多功能厅A向装修立面图.dwg”文件。

11.5　绘制多功能厅C向装修立面图

本节继续来绘制多功能厅C向装修立面图，与A向立面图不同的是，C向立面图主要是针对墙面的装饰设计，如图11-111所示。

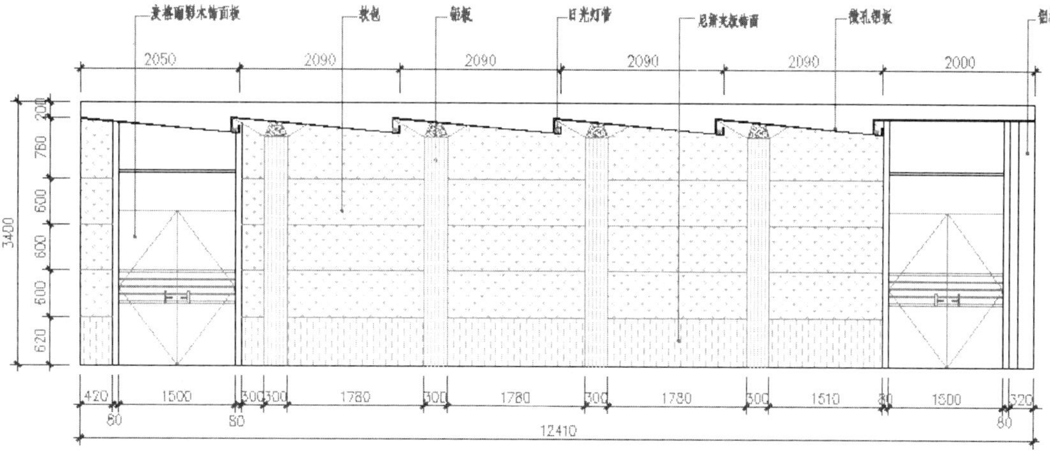

图11-111 多功能厅C向装修立面图

11.5.1　绘制多功能厅C向立面轮廓图

这一节首先来绘制多功能厅C向立面轮廓图，在绘制该立面轮廓图时，可以在A向立面图的基础上进行绘制，需要说明的是，要注意两个立面图相似之处与区别，同时也要参照平面布置图。

1. 打开上节存储的“多功能厅A向装修立面图.dwg”文件。
2. 在【图层控制】下拉列表中设置“轮廓线”为当前操作层。
3. 使用快捷键“E”激活【删除】命令，删除A向立面图中不需要的图形对象，保留可用的部分，删除结果如图11-112所示。

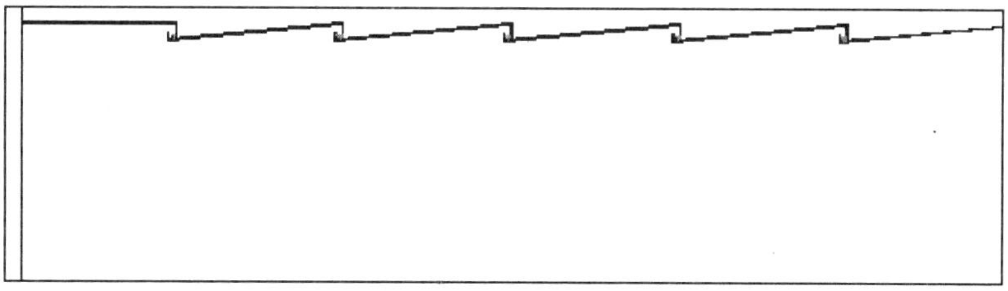

图11-112 删除结果

4. 执行菜单栏中的【修改】|【镜像】命令，对图形进行水平镜像，作为C向立面图轮廓，结果如图11-113所示。

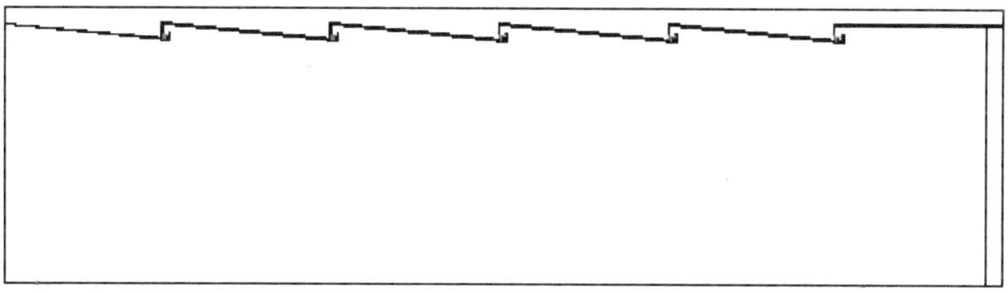

图11-113 镜像结果

5 执行菜单栏中的【修改】|【偏移】命令，将最左侧的垂直轮廓线向右偏移420、500、2000和2080个绘图单位，将右侧的垂直边向左偏移320、400、1900、1980个绘图单位，将最上侧的水平边向下偏移870和900个绘图单位，结果如图11-114所示。

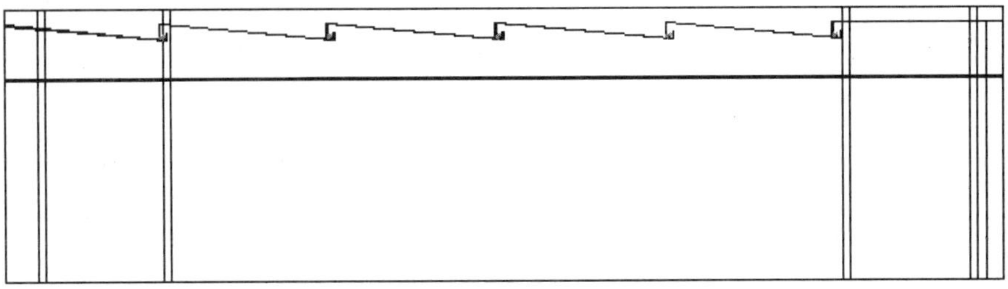

图11-114 偏移结果

6 继续执行菜单栏中的【修改】|【修剪】命令，对偏移的各图线进行修剪，结果如图11-115所示。

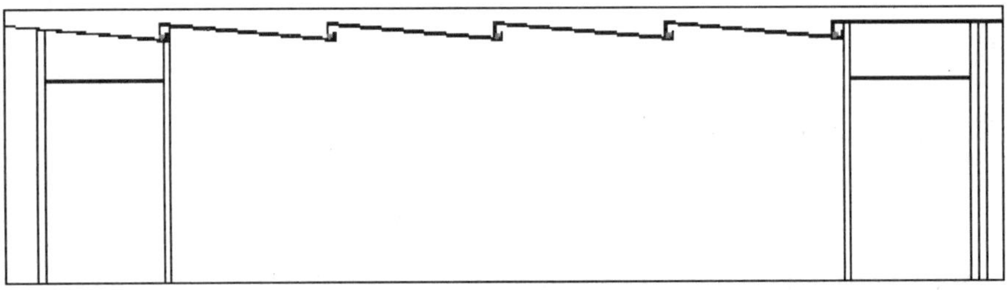

图11-115 修剪结果

至此，多功能厅C向立面轮廓图绘制完毕。下一小节将绘制C向立面图墙面装饰线。

11.5.2 绘制多功能厅C向立面图墙面装饰线

1 继续上一节的操作。

2 使用快捷键“I”激活【插入块】命令，选择本书配套光盘中的“图块文件”目录下的“立面双开门.dwg”图块文件。

3 采用默认参数，将该图块文件插入到立面图中，插入点为图11-116所示的端点，插入结果如图11-117所示。

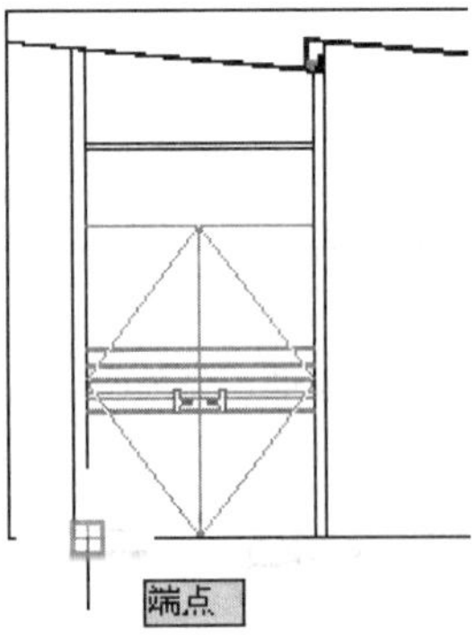

图11-116 捕捉端点

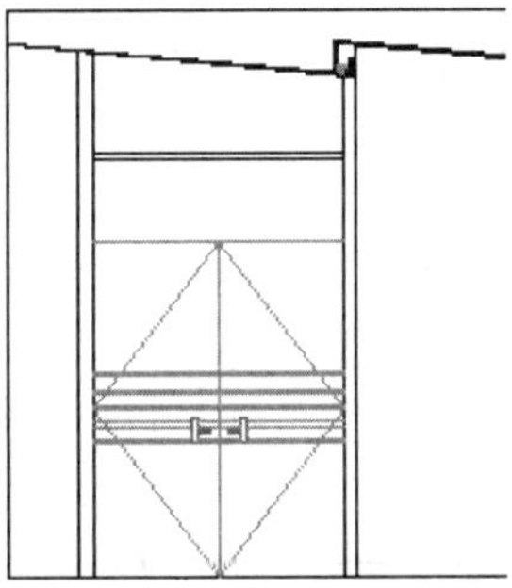

图11-117 插入结果

4 使用快捷键“CO”激活【复制】命令，配合“端点”捕捉功能将插入的立面门复制到右边位置，结果如图11-118所示。

5 执行菜单栏中的【修改】|【偏移】命令，将最左侧的垂直轮廓线向右偏移2380和2680个绘图单位，将最上侧的水平边向下偏移450个绘图单位，并将偏移出的三条图线放置到“家具层”上，结

果如图11-119所示。

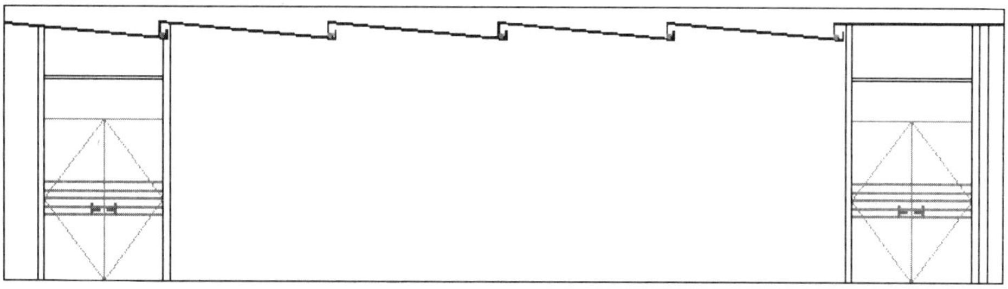

图11-118 复制立面床开门

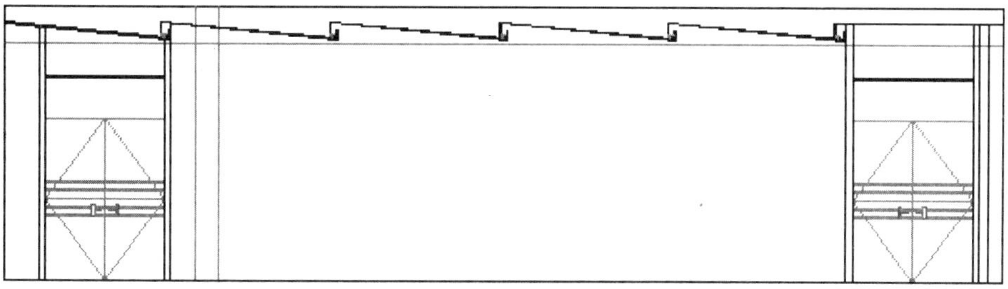

图11-119 偏移结果

6 执行菜单栏中的【绘图】|【构造线】命令，通过左侧偏移图线的交点，绘制角度为69.2°的构造线，如图11-120所示。

7 重复执行【构造线】命令，通过右侧偏移线的交点，绘制角度为32和110.8°的两条构造线，如图11-121所示。

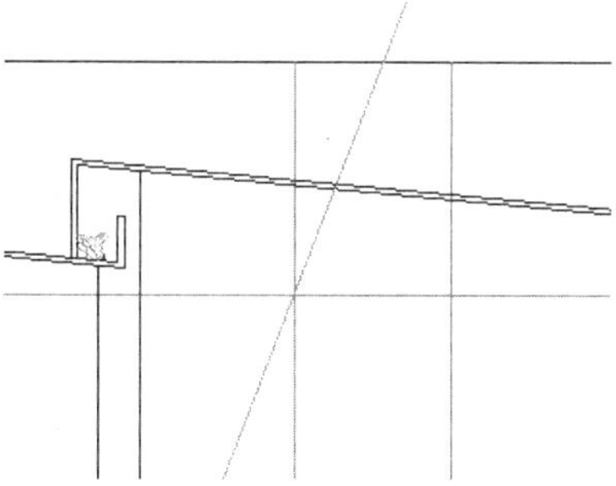

图11-120 绘制构造线

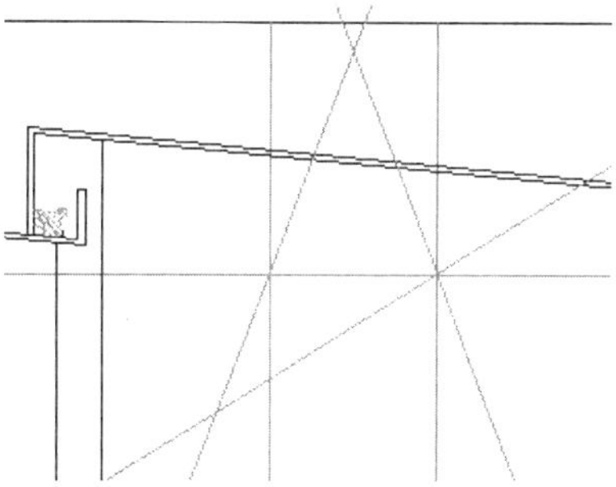

图11-121 绘制另外两条构造线

8 使用快捷键“TR”激活【修剪】命令，对各图线进行修剪，结果如图11-122所示。

9 使用快捷键“L”激活【直线】命令，配合端点捕捉功能绘制如图11-123所示的倾斜图线。

10 使用快捷键“TR”激活【修剪】命令，以刚绘制的倾斜图线作为边界，对左侧的垂直图线进行修剪，结果如图11-124所示。

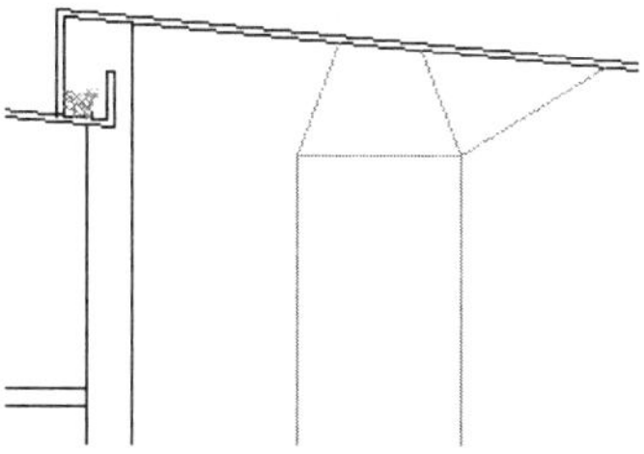

图11-122 修剪结果

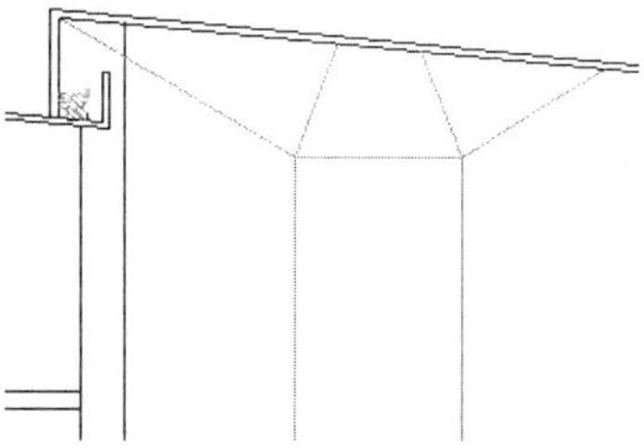

图11-123 绘制倾斜图线

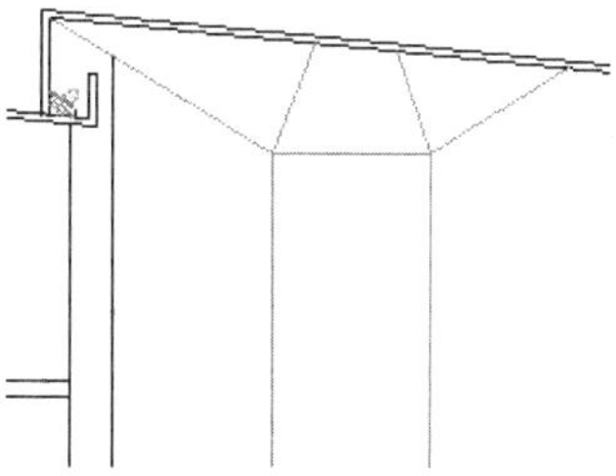

图11-124 修剪结果

11 执行菜单栏中的【修改】|【矩形阵列】命令，对如图11-125所示的图线进行阵列。命令行提示如下：

```
命令: _arrayrect
    选择对象:                                    //选择如图11-125所示的图线
    选择对象:                                    // Enter
    类型 = 矩形  关联 = 是
    为项目数指定对角点或 [基点(B)/角度(A)/计数(C)] <计数>:          // Enter
    输入行数或 [表达式(E)] <4>:                  //1 Enter
    输入列数或 [表达式(E)] <4>:                  //4 Enter
    指定对角点以间隔项目或 [间距(S)] <间距>:     // Enter
    指定列之间的距离或 [表达式(E)] <1704.4325>:  //2000 Enter
    按 Enter 键接受或 [关联(AS)/基点(B)/行(R)/列(C)/层(L)/退出(X)] <退出>:
                                                 // Enter，阵列结果如图11-126所示
```

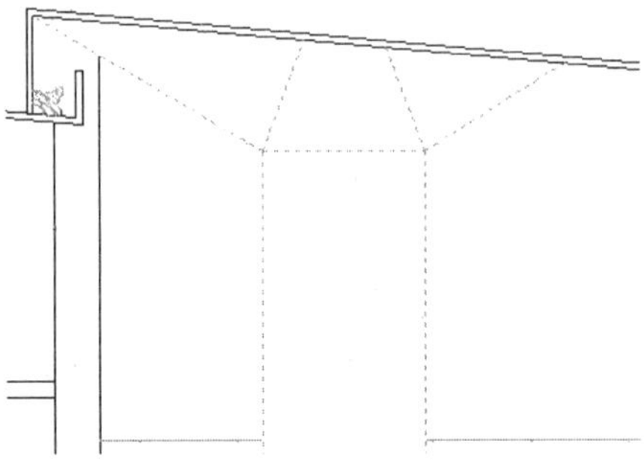

图11-125 选择对象

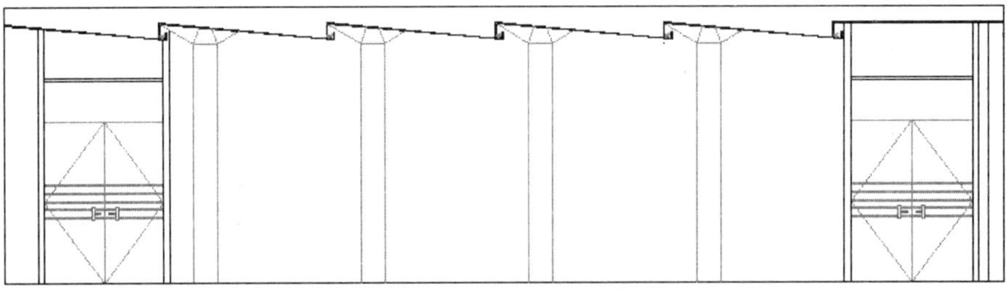

图11-126 阵列结果

12 激活【偏移】命令，将最下侧的水平轮廓线向上偏移620个绘图单位，然后将偏移出的水平轮廓线再向上偏移600、1200和1800个绘图单位，并将偏移出的各图线放置到“家具层”上，结果如图11-127所示。

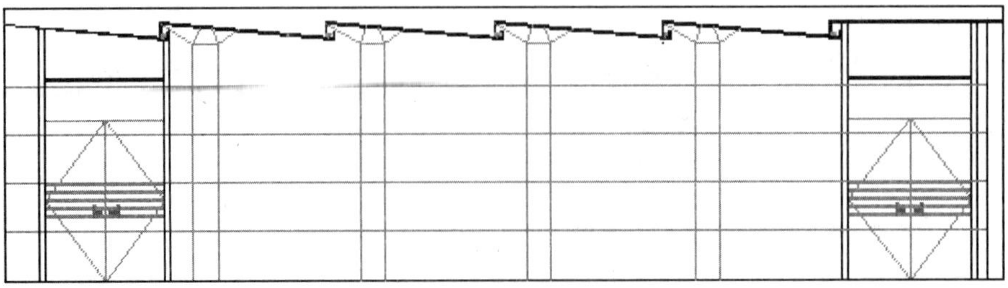

图11-127 偏移结果

13 使用快捷键“TR”激活【修剪】命令，对偏移出的各水平图线进行修剪，结果如图11-128所示。

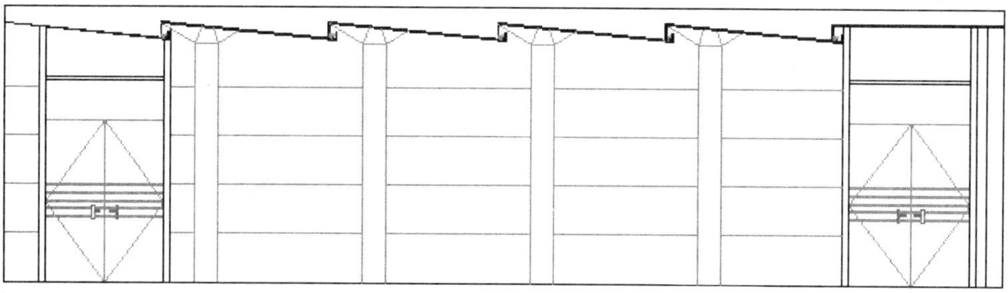

图11-128 修剪结果

14 修改当前颜色为30号色，然后使用快捷键“H”激活【图案填充】命令，在打开的【图案填充和渐变色】对话框中选择名为“DASH”的图案，设置“角度”为90，设置“比例”为25，其他设置保持默认。

15 单击“添加：拾取点”按钮，返回到绘图区，在立面图下方的空白位置单击，以拾取填充区域，按Enter键回到【图案填充和渐变色】对话框，单击确定按钮确认，对该区域进行填充，结果如图11-129所示。

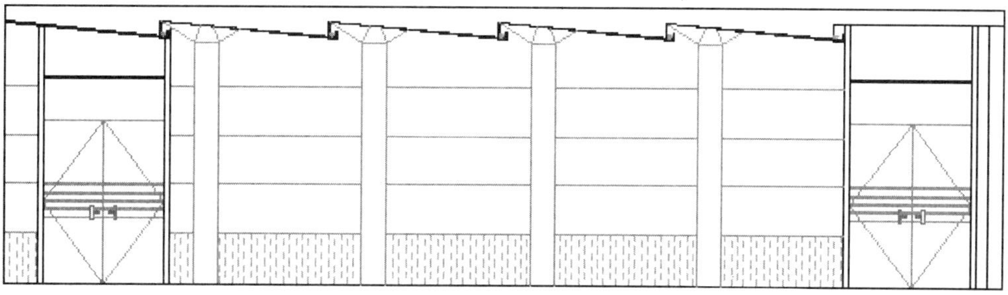

图11-129 填充结果

16 执行菜单栏中的【格式】|【线型】命令，加载一种名为DOT的线型，并将此线型设置为当前线型。

17 修改当前颜色为221号色，然后再次执行【图案填充】命令，在打开的【图案填充和渐变色】对话框中选择名为“GRASS”的图案，设置“角度”为0，设置“比例”为5，其他设置保持默认。

18 单击“添加：拾取点”按钮，返回到绘图区，在立面图其他空白位置单击，以拾取填充区域，按Enter键回到【图案填充和渐变色】对话框，单击确定按钮确认，对该区域进行填充，结果如图11-130所示。

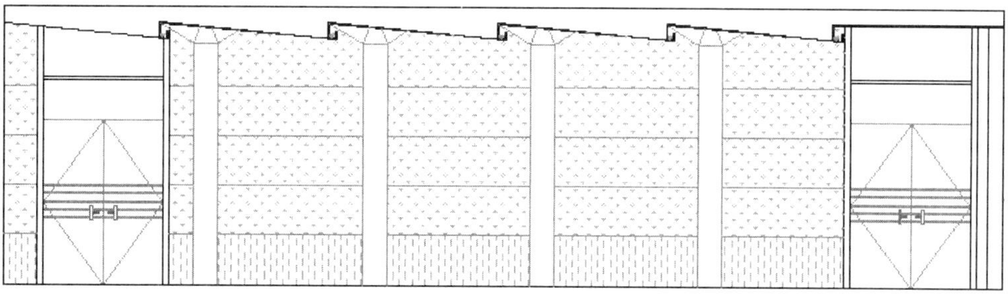

图11-130 填充结果

19 修改当前颜色为230号色，然后再次执行【图案填充】命令，在打开的【图案填充和渐变色】对话框中选择名为“AR-SAND”的图案，设置“角度”为0，设置“比例”为1，其他设置保持默认。

20 单击 “添加：拾取点”按钮，返回到绘图区，在立面图立柱上方空白位置单击，以拾取填充区域，按Enter键回到【图案填充和渐变色】对话框，单击 确定 按钮确认，对该区域进行填充，结果如图11-131所示。

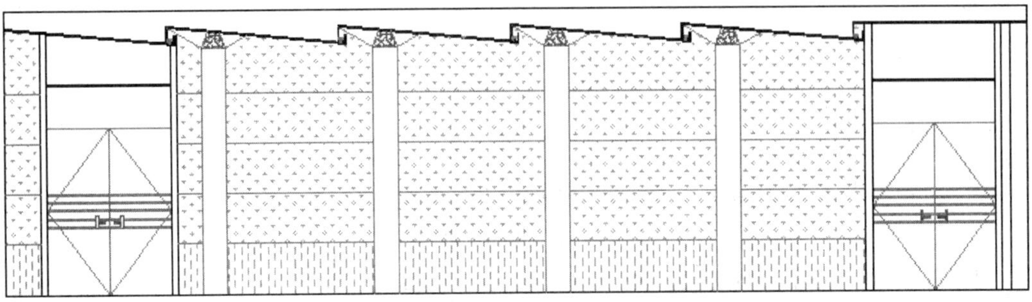

图11-131 填充结果

21 修改当前颜色为91号色，然后再次执行【图案填充】命令，在打开的【图案填充和渐变色】对话框中选择名为“ISO02W100”的图案，设置“角度”为90，设置“比例”为10，其他设置默认。

22 单击 “添加：拾取点”按钮，返回到绘图区，在立面图立柱位置单击，以拾取填充区域，按Enter键回到【图案填充和渐变色】对话框，单击 确定 按钮确认，对该区域进行填充，结果如图11-132所示。

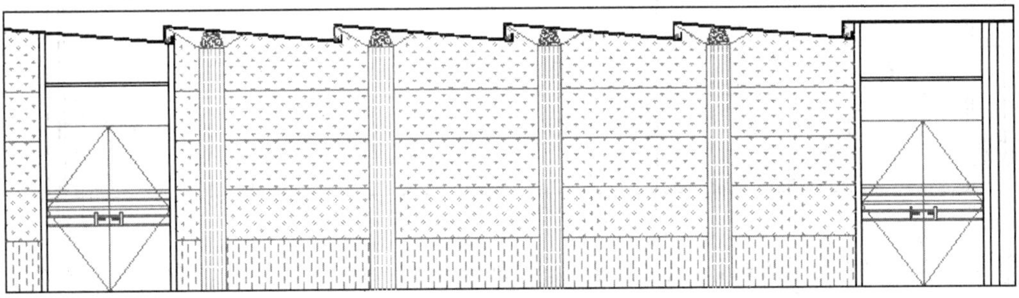

图11-132 填充结果

至此，多功能厅C向墙面装饰线绘制完毕，下一节为多功能厅C向立面图标注尺寸。

11.5.3 标注包间C向立面图尺寸

1 继续上一节的操作。

2 在【图层控制】下拉列表中将“尺寸层”设置为当前操作层，并设置当前颜色为“ByLayer”。

3 执行菜单栏中的【格式】|【标注样式】命令，在打开的【标注样式管理器】对话框中将“建筑标注”设置为当前样式，并修改标注比例为45。

4 激活【构造线】命令，沿立面图外轮廓线绘制四条构造线，然后将构造线向外偏移300个绘图单位，作为尺寸线定位辅助线，然后删除源构造线。

5 单击【标注】工具栏中的按扭，配合端点捕捉功能标注第一个基准尺寸，命令行提示如下：

```
命令: _dimlinear
    指定第一个延伸线原点或 <选择对象>:
                    //由如图11-133所示的端点向下引出追踪线，捕捉追踪线与辅助线的交点
    指定第二条延伸线原点:
                    //由如图11-134所示的端点向下引出追踪线，捕捉追踪线与辅助线的交点
```

指定尺寸线位置或
[多行文字(M)/文字(T)/角度(A)/水平(H)/垂直(V)/旋转(R)]:
//向下引导光标输入300 Enter，标注第一个尺寸，如图11-135所示

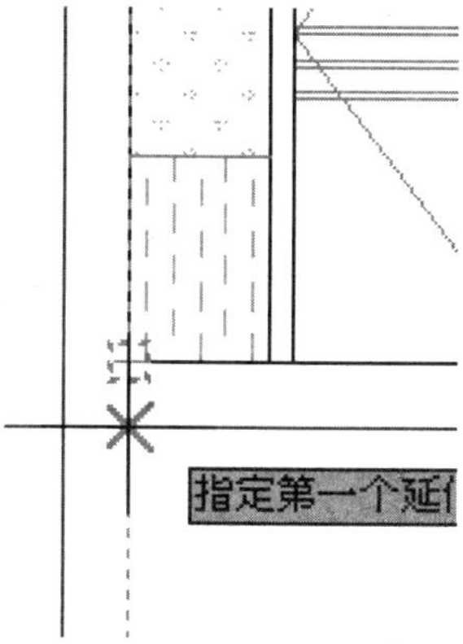

图11-133 捕捉交点

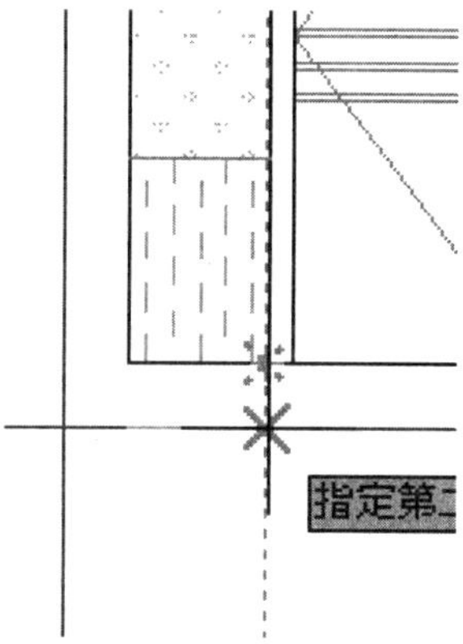

图11-134 捕捉交点

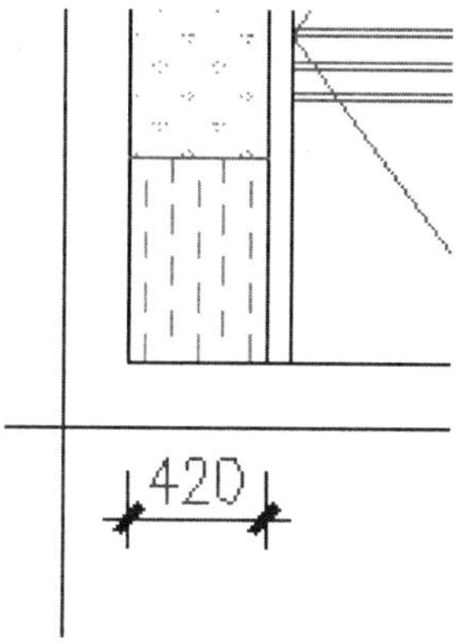

图11-135 标注基准尺寸

6 单击【标注】工具栏上的“连续”标注按扭，配合捕捉和追踪功能，标注下方的连续尺寸作为细部尺寸，如图11-136所示。

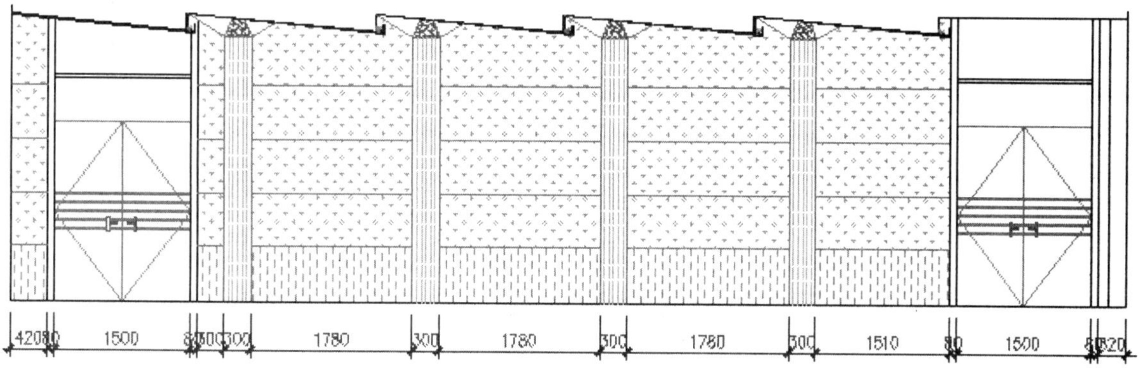

图11-136 标注连续尺寸

7 执行【编辑标注文字】命令，对重叠的尺寸文字进行协调，结果如图11-137所示。

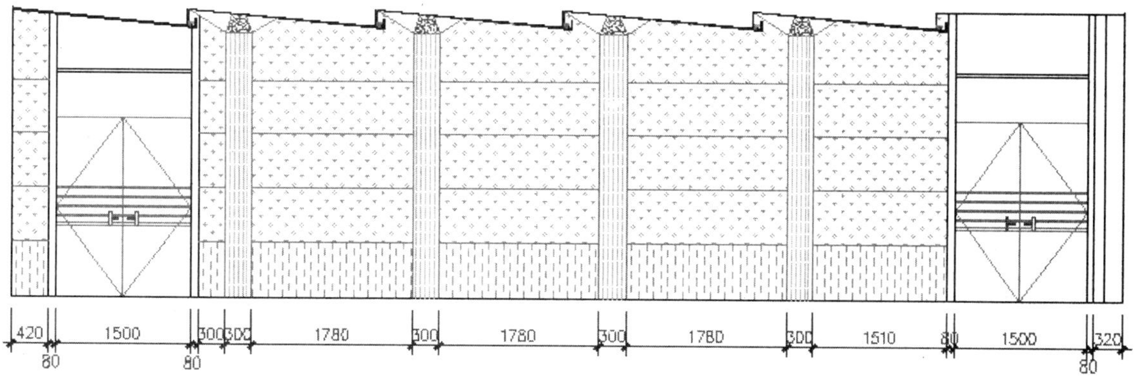

图11-137 编辑尺寸标注

8 再次单击【标注】工具栏中的按扭，配合捕捉功能标注如图11-138所示的总尺寸。

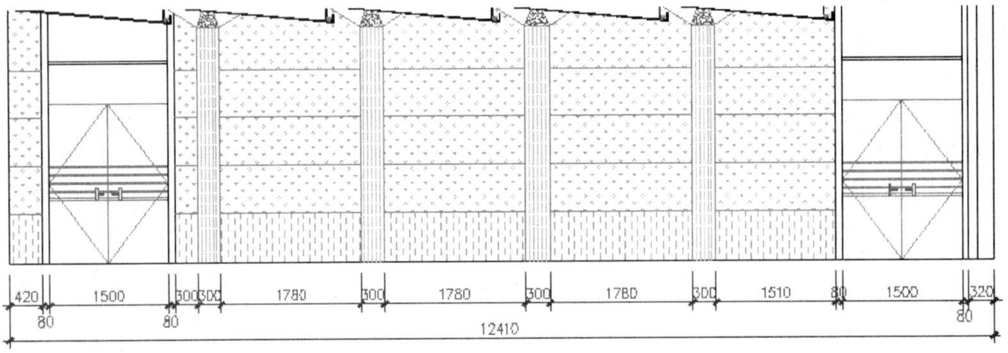

图11-138 标注总尺寸

9 参照上述操作，综合使用【线性】、【连续】等命令分别标注其他位置的尺寸，标注结果如图11-139所示。

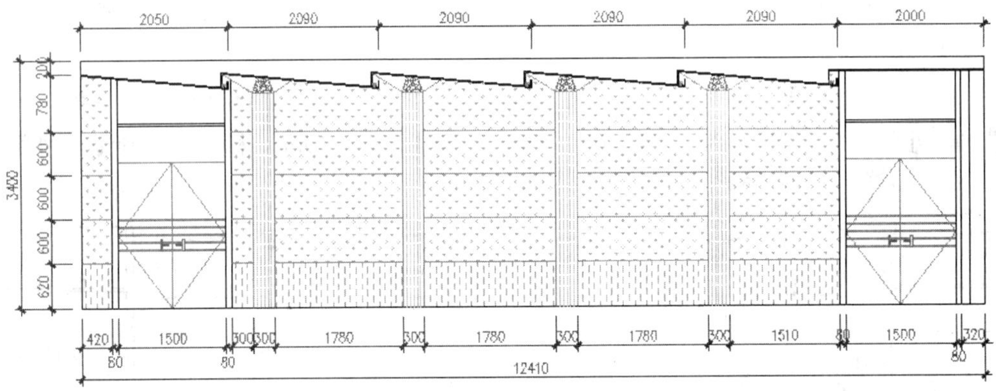

图11-139 标注其他尺寸

至此，多功能厅C向立面图尺寸标注完毕。下一小节将为多功能厅C立面图标注文字注解。

11.5.4 标注多功能厅C向墙面材质注解

1 继续上一节的操作。

2 使用快捷键“LA”激活【图层】命令，在打开的对话框中设置“文本层”为当前操作层。

3 使用快捷键“D”激活【标注样式】命令，设置当前尺寸样式的箭头大小为0.8、文字样式为“仿宋体”、尺寸比例为50。

4 使用快捷键“LE”激活【快速引线】命令，输入“S”按Enter键打开【引线设置】对话框，设置引线参数如图11-140和图11-141所示。

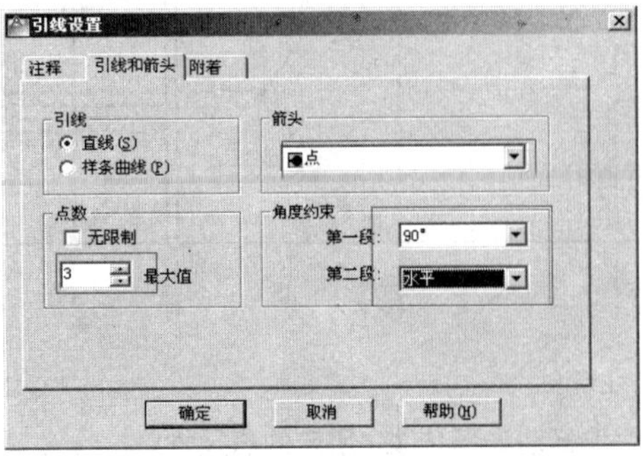

图11-140 【引线和箭头】选项卡

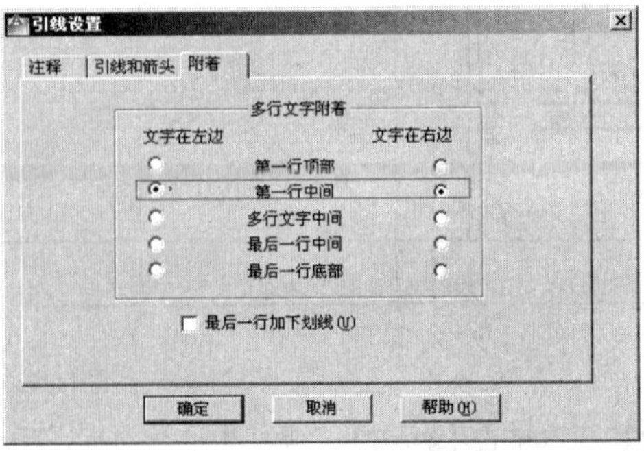

图11-141 【附着】选项卡

5 单击[确定]按钮关闭该对话框，根据命令行的提示指定引线点，绘制引线并输入文字，标注第一个文字注解，如图11-142所示。

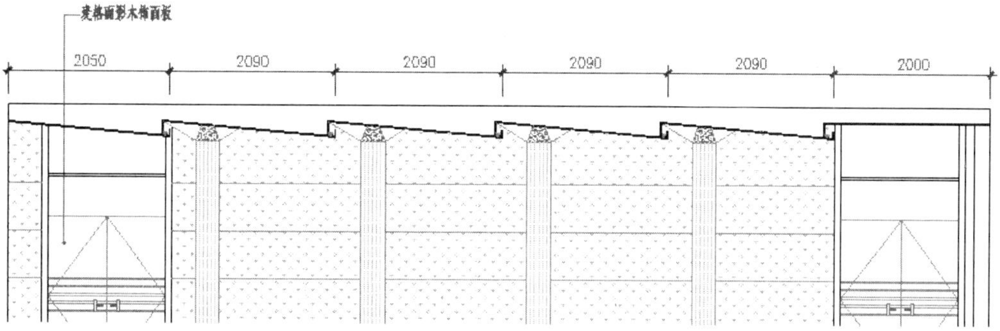

图11-142 标注结果

6 重复执行【快速引线】命令，按照当前的引线参数设置，标注其他位置的引线注释，结果如图11-143所示。

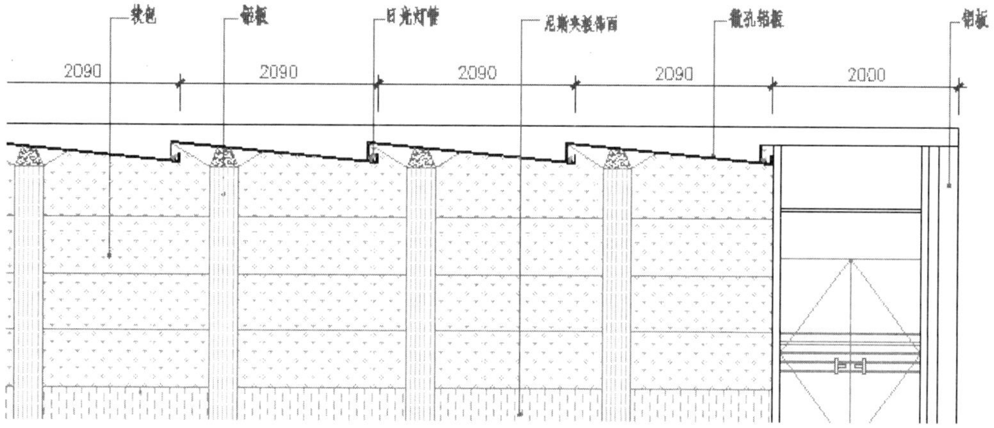

图11-143 标注其他引线注释

7 至此，多功能厅C向装修立面图绘制完毕，结果如图11-144所示。

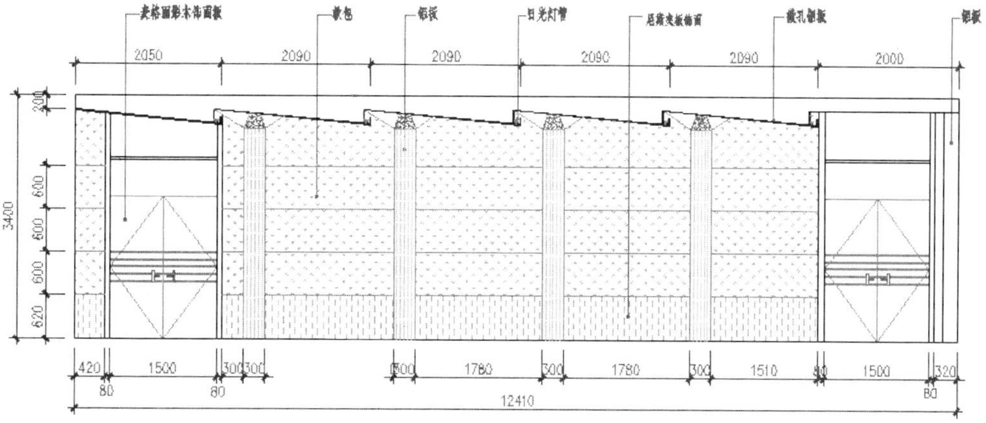

图11-144 多功能厅C向装修立面图

8 最后执行【另存为】命令，将图形命名存储为“多功能厅C向装修立面图.dwg”文件。

11.6　本章小结

多功能厅既不同于家装也不同于一般的工装，多功能厅由于其特殊用途，在装修时要考虑多种因素，要严格按照行业标准要求来进行装修。这一章我们通过绘制多功能厅的室内装饰设计图纸，对多功能厅的设计思路、设计理念和设计流程做了全面讲解，希望通过本章内容的学习，读者能掌握这些知识。

第12章　室内图纸的后期输出与数据交换

本章视频教学导航

小节名称	视频路径	视频长度
了解AutoCAD打印空间	视频文件\第12章\12.1.avi	00：01：08
配置绘图仪打印设备	视频文件\第12章\12.2.avi	00：03：20
模型空间内快速出图	视频文件\第12章\12.3.avi	00：07：45
布局空间内精确出图	视频文件\第12章\12.4.avi	00：04：52
多视口并列打印出图	视频文件\第12章\12.5.avi	00：10：49
AutoCAD&3DMax间的数据转换	视频文件\第12章\12.6.avi	00：03：13
AutoCAD&Photoshop间的数据转换	视频文件\第12章\12.7.avi	00：02：19

12.1　了解AutoCAD打印空间

AutoCAD为用户提供了两种操作空间，即模型空间和布局空间。模型空间是图形设计的主要操作空间，它与绘图输出没有直接关系，仅属于一个辅助的出图空间，可以打印一些要求比较低的图形。

布局空间则是图形打印的主要操作空间，它与打印输出密切相关，用户不仅可以在此空间内打印单个或多个图形，还可以使用单一比例打印、多种比例打印，在调整出图比例和协调图形位置方面比较方便。

12.2　配置绘图仪打印设备

在打印图形之前，首先需要配置打印设备，使用【绘图仪管理器】命令则可以配置绘图仪设备、定义和修改图纸尺寸等。执行【绘图仪管理器】命令主要有以下几种方法。

- 执行菜单栏中的【文件】|【绘图仪管理器】命令。
- 在命令行输入Plottermanager。
- 单击【输出】选项卡|【打印】面板上的按钮。

下面通过配置光栅文件格式的打印机，学习【绘图仪管理器】命令的使用方法，具体操作步骤如下。

1 执行菜单栏中的【文件】|【绘图仪管理器】命令，打开如图12-1所示的【Plotters】窗口。

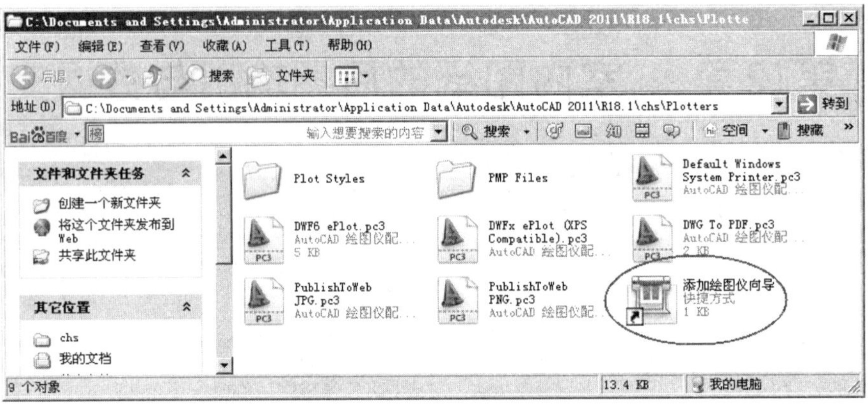

图12-1 【Plotters】窗口

2 双击【添加绘图仪向导】图标，打开如图12-2所示的【添加绘图仪—简介】对话框。

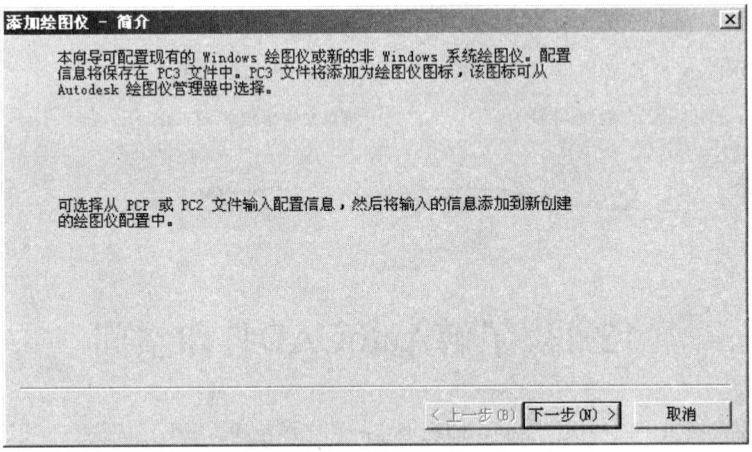

图12-2 【添加绘图仪—简介】对话框

3 依次单击下一步(N) >按钮，打开【添加绘图仪–绘图仪型号】对话框，设置绘图仪型号及其生产商，如图12-3所示。

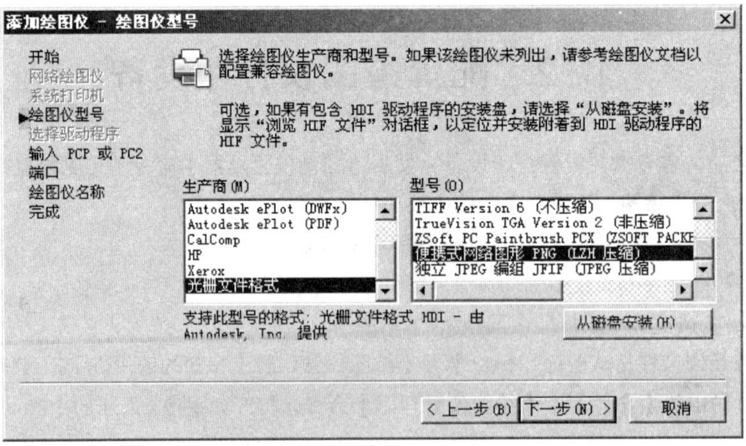

图12-3 绘图仪型号

4 依次单击下一步(N) >按钮，打开如图12-4所示的【添加绘图仪–绘图仪名称】对话框，用于为添加的绘图仪命名，在此采用默认设置。

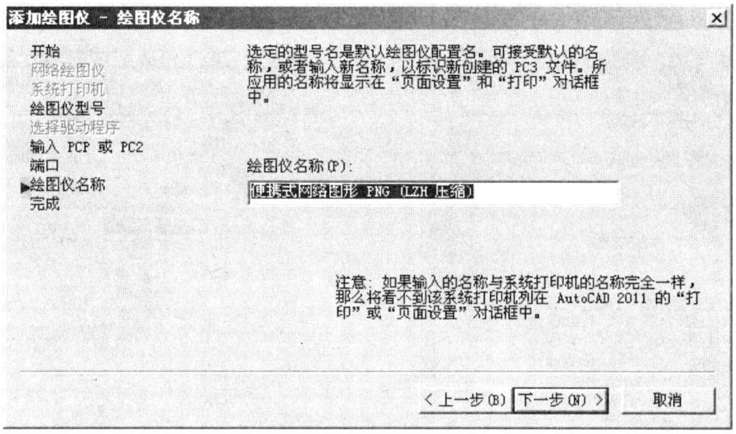

图12-4 【添加绘图仪 – 绘图仪名称】对话框

5 单击[下一步(N) >]按钮，打开如图12-5所示的【添加绘图仪 – 完成】对话框。

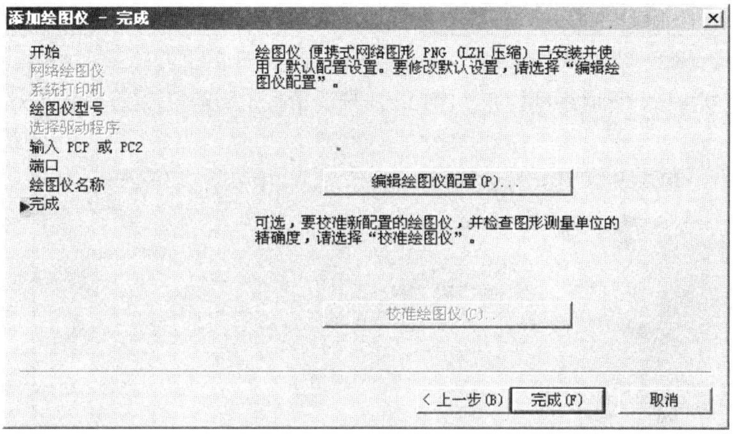

图12-5 完成绘图仪的添加

6 单击[完成(F)]按钮，添加的绘图仪会自动出现在【Plotters】窗口内，如图12-6所示。

图12-6 添加绘图仪

每一款型号的绘图仪都自配有相应规格的图纸尺寸，但有时这些图纸尺寸与打印图形很难相匹配，需要用户重新定义图纸尺寸。

7 在【Plotters】对话框中双击图12-6所示的打印机，打开【绘图仪配置编辑器】对话框。

8 在【绘图仪配置编辑器】对话框中展开【设备和文档设置】选项卡，如图12-7所示。

9 单击【自定义图纸尺寸】选项，打开【自定义图纸尺寸】选项组，如图12-8所示。

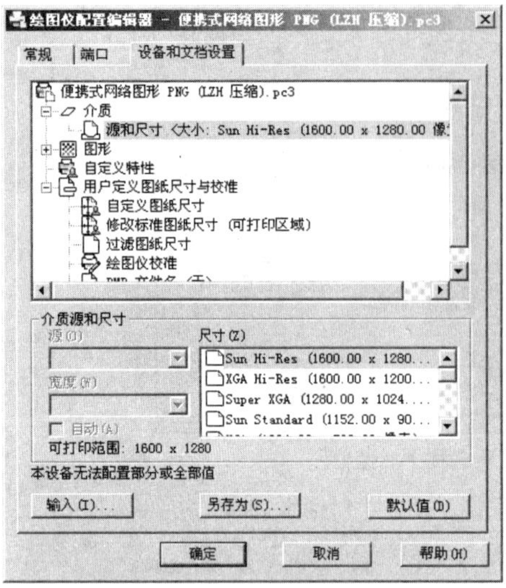

图12-7 【设备和文档设置】选项卡

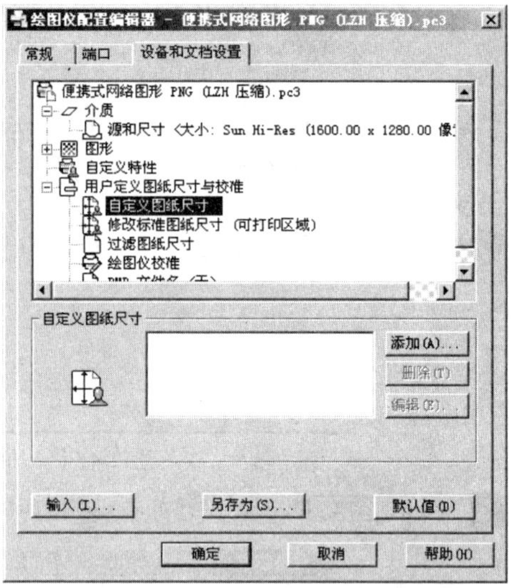

图12-8 打开【自定义图纸尺寸】选项组

10 单击添加(A)...按钮，此时系统打开如图12-9所示的【自定义图纸尺寸–开始】对话框，开始自定义图纸尺寸。

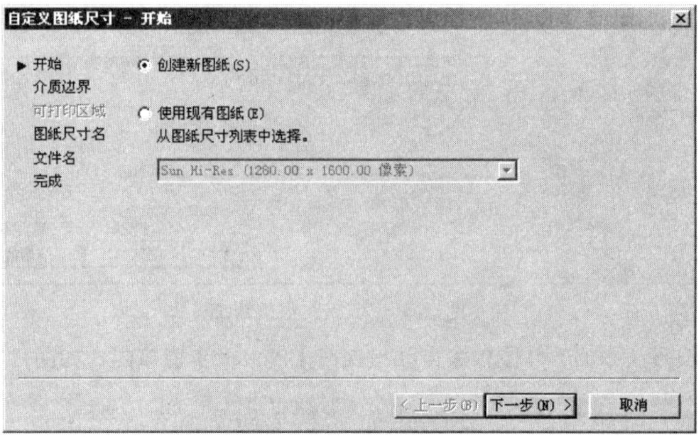

图12-9 自定义图纸尺寸

11 单击下一步(N) >按钮，打开【自定义图纸尺寸–介质边界】对话框，然后分别设置图纸的宽度、高度以及单位，如图12-10所示。

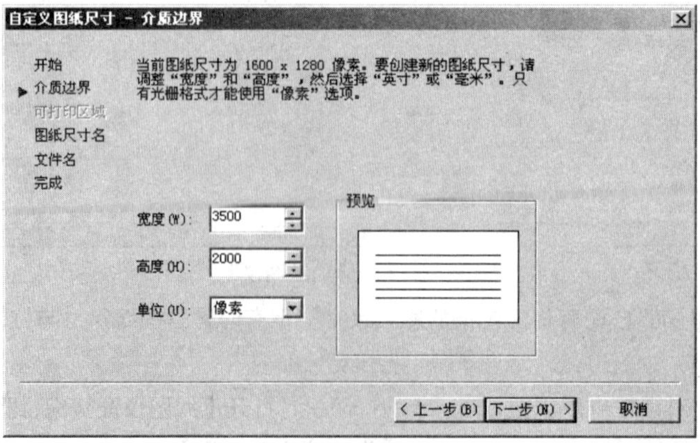

图12-10 设置图纸尺寸

12 依次单击 下一步(N) > 按钮，直至打开如图12-11所示的【自定义图纸尺寸–完成】对话框，完成图纸尺寸的自定义过程。

13 单击 完成(F) 按钮，结果新定义的图纸尺寸自动出现在【自定义图纸尺寸】选项组中，如图12-12所示。

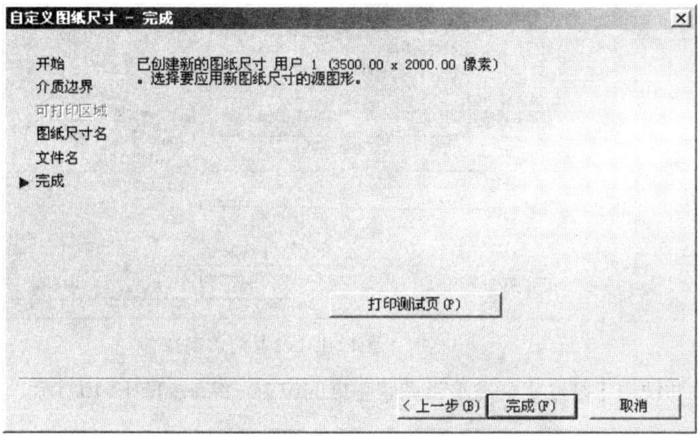

图12-11 【自定义图纸尺寸–完成】对话框

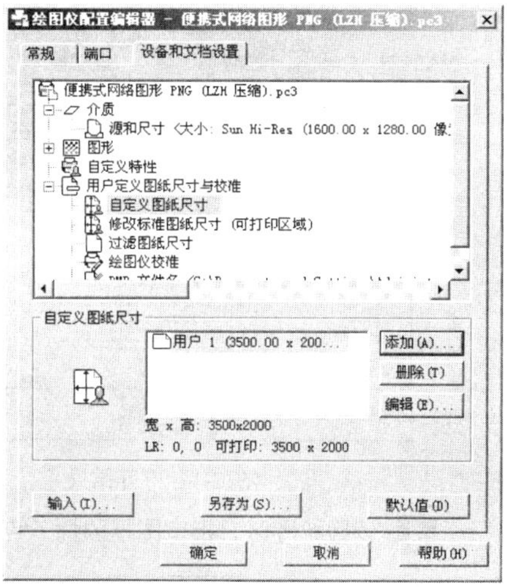

图12-12 图纸尺寸的定义结果

14 如果用户需要将此图纸尺寸进行保存，可以单击 另存为(S)... 按钮。如果用户仅在当前使用一次，可以单击 确定 按钮即可。

12.3　在模型空间内快速出图

本案例在模型空间内将某跃二层主卧室立面装修图打印输出到4号图纸上，来学习模型操作空间中图纸的快速打印技巧。本例打印效果如图12-13所示。

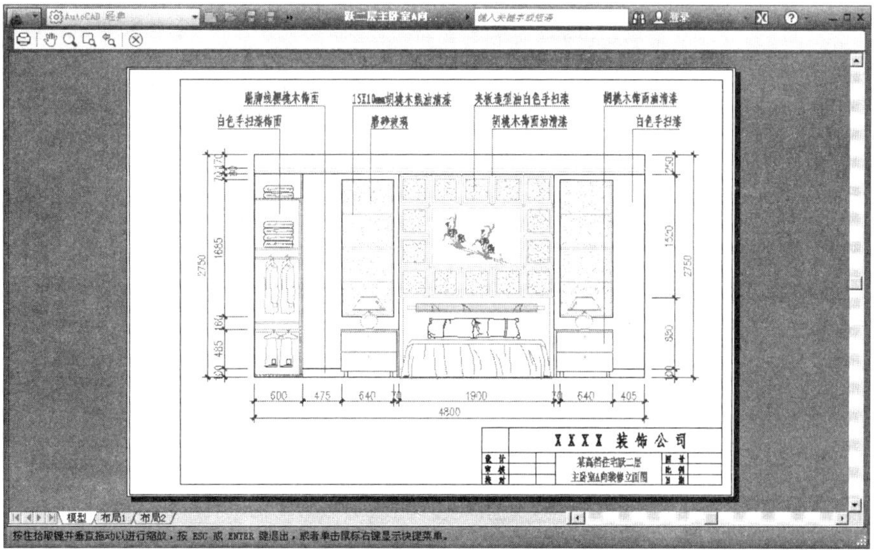

图12-13 打印效果

1 执行【打开】命令，打开本书配套光盘中的“效果文件\第12章\跃二层主卧室A向立面图.dwg”，如图12-14所示。

2 展开【图层控制】下拉列表，将“0图层”设置为当前操作层。

3 使用快捷键“I”激活【插入块】命令，插入本书配套光盘中的“图块文件\A4-H.dwg”，其参数设置如图12-15所示。

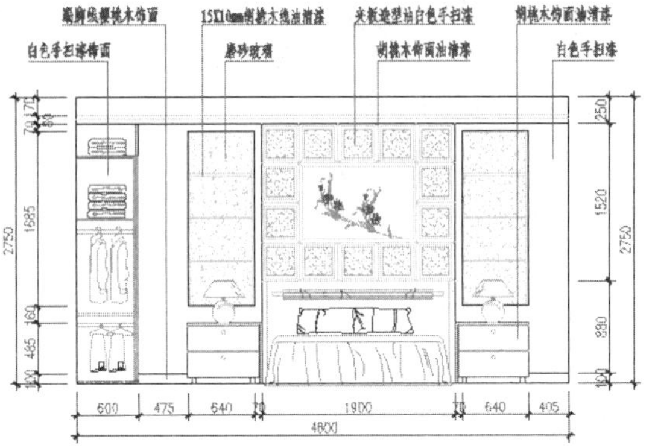

图12-14 打开结果

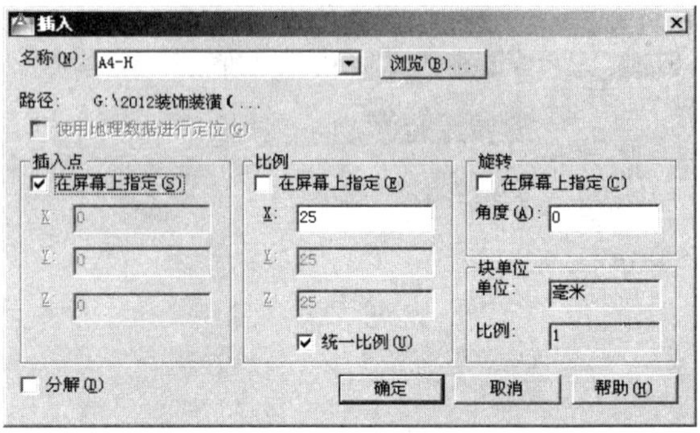

图12-15 设置插入参数

4 返回绘图区，指定图框的插入点，然后使用【移动】命令适当调整图框的位置，结果如图12-16所示。

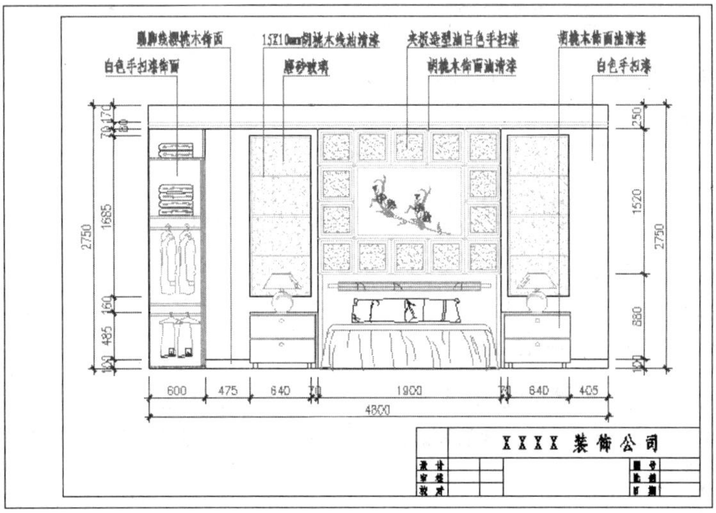

图12-16 插入结果

5 执行【文件】|【绘图仪管理器】菜单命令，在打开的对话框中双击“DWF6 ePlot”图标，如图12-17所示。

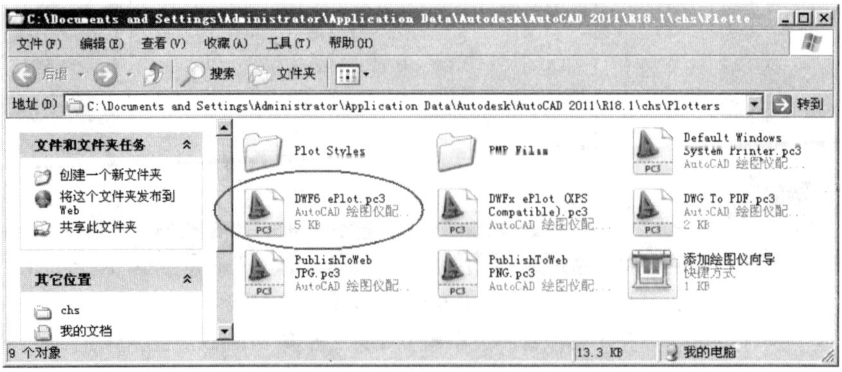

图12-17 双击打印机图标

6 此时系统打开如图12-18所示的【绘图仪配置编辑器- DWF6 ePlot.pc3】对话框。

7 展开【设备和文档设置】选项卡，选择“用户定义图纸尺寸与校准”目录下“修改标准图纸尺寸（可打印区域）”选项，如图12-19所示。

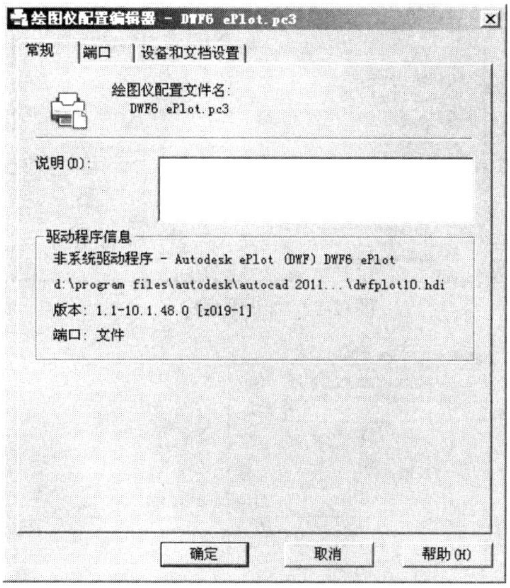

图12-18 【绘图仪配置编辑器—DWF6 ePlot.pc3】对话框

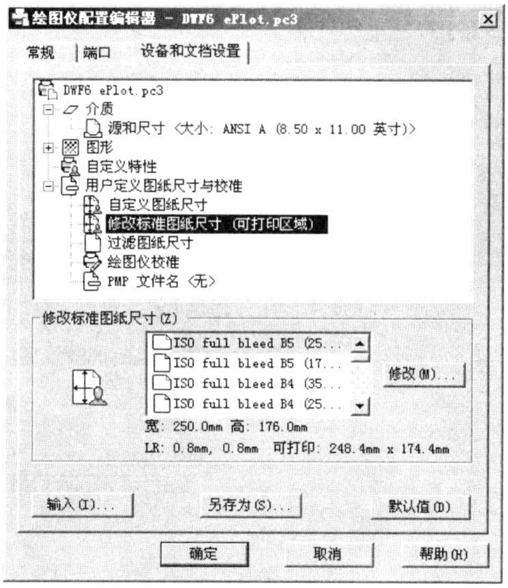

图12-19 展开【设备和文档设置】选项卡

8 在【修改标准图纸尺寸】选项组内选择“ISO A4图纸尺寸”，单击 修改(M)... 按钮，在打开的【自定义图纸尺寸—可打印区域】对话框中设置参数如图12-20所示。

9 单击 下一步(N) > 按钮，在打开的【自定义图纸尺寸—完成】对话框中列出了所修改后的标准图纸的尺寸，如图12-21所示。

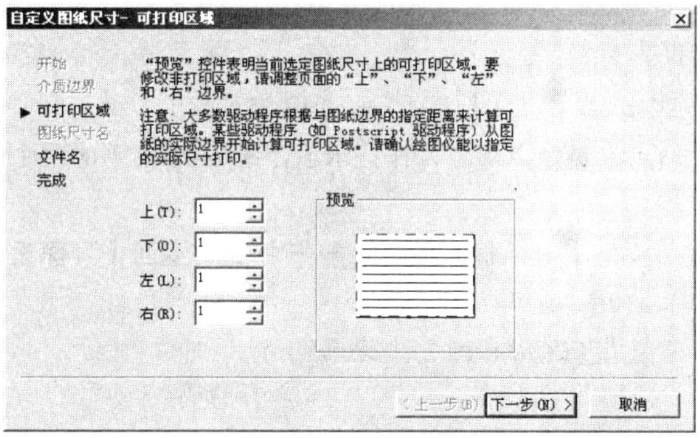

图12-20 修改图纸打印区域

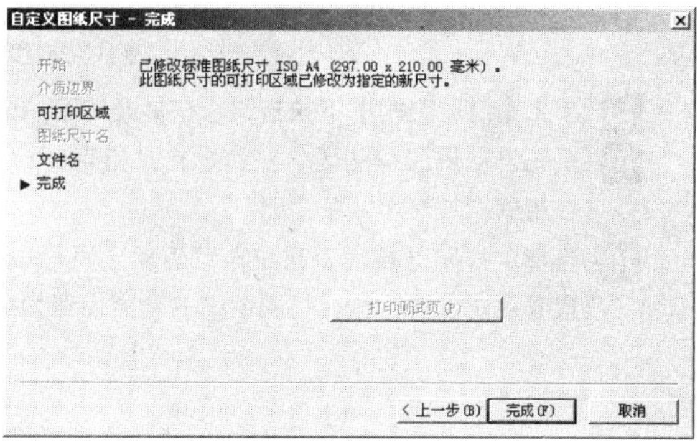

图12-21 【自定义图纸尺寸—完成】对话框

10 单击 完成 按钮系统返回【绘图仪配置编辑器—DWF6 ePlot.pc3】对话框，然后单击 另存为(S)... 按钮，将当前配置进行保存，如图12-22所示。

11 单击 保存(S) 按钮，返回【绘图仪配置编辑器—DWF6 ePlot.pc3】对话框，然后单击 确定 按钮，结束命令。

12 执行菜单栏中的【文件】|【页面设置管理器】命令，在打开的对话框中单击 新建(N)... 按钮，为新页面设置赋名，如图12-23所示。

13 单击 确定 按钮，打开【页面设置—模型】对话框，设置打印机的名称、图纸尺寸、打印偏移、打印比例和图形方向等页面参数如图12-24所示。

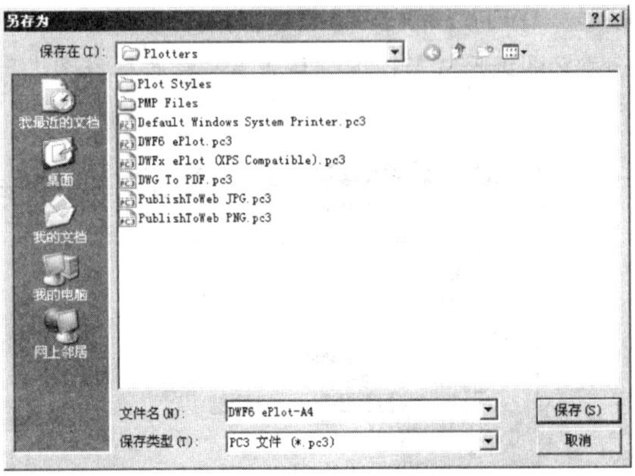

图12-22 【另存为】对话框

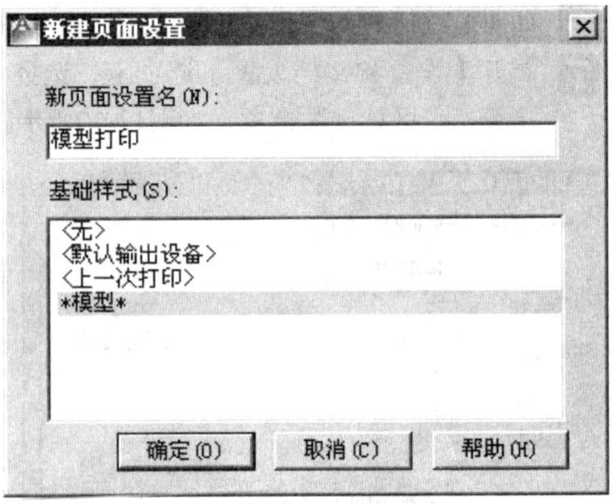

图12-23 为新页面命名

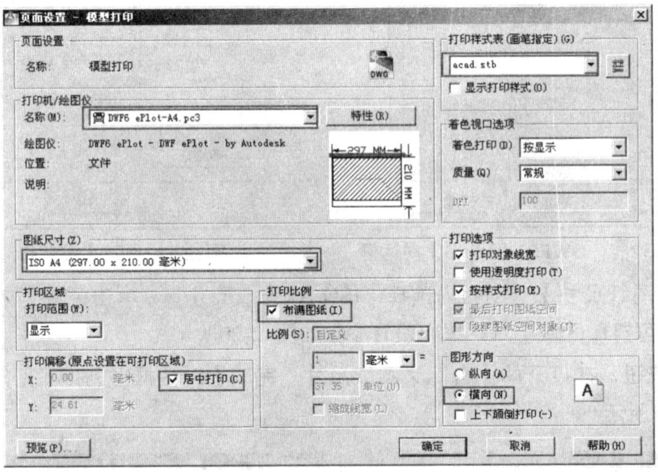

图12-24 设置页面参数

14 单击【打印范围】下拉按钮，在展开的下拉列表中选择【窗口】选项，如图12-25所示。

15 系统自动返回绘图区，在命令行“指定第一个角点、对角点等”操作提示下，捕捉4号图框的两个对角点作为打印区域。

16 当指定打印区域后，系统自动返回【页面设置—模型】对话框，单击 确定 按钮，返回【页面设置管理器】对话框，将刚创建的新页面置为当前，如图12-26所示。

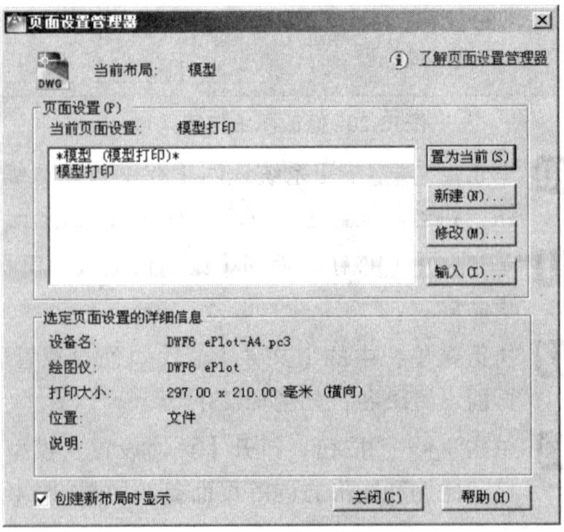

图12-25 窗口打印

图12-26 设置当前页面

17 使用【窗口缩放】视图调整工具将标题栏区域进行放大显示，如图12-27所示。

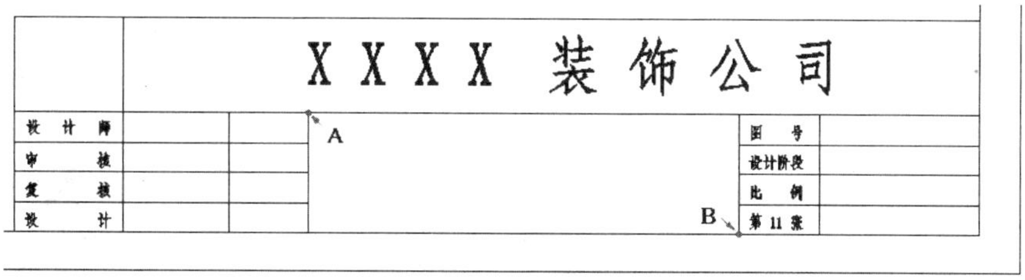

图12-27 窗口缩放

18 执行【文字样式】命令，将“宋体”设置为当前文字样式，并修改字体高度为100。

19 使用快捷键“T”激活【多行文字】命令，打开【文字格式】编辑器，然后设置文字样式、字体高度、对正方式，并输入图名，结果如图12-28所示。

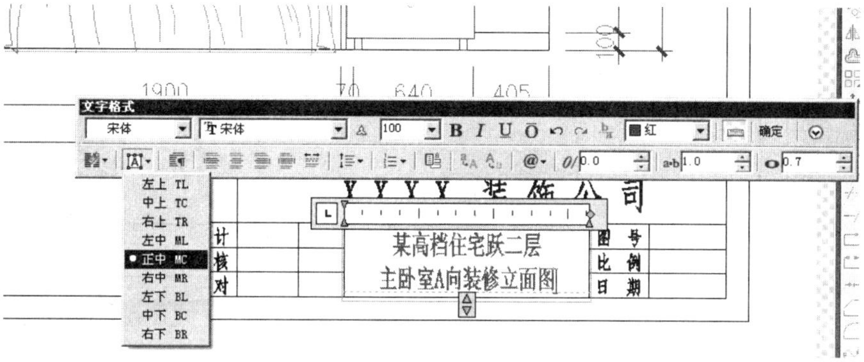

图12-28 标注文字

20 执行菜单栏中的【文件】|【打印预览】命令，对当前图形进行打印预览，预览结果如图12-13所示。

21 单击鼠标右键，在打开的快捷菜单中选择【打印】命令，此时系统打开如图12-29所示的【浏览打印文件】对话框，在此对话框内设置打印文件的保存路径及文件名。

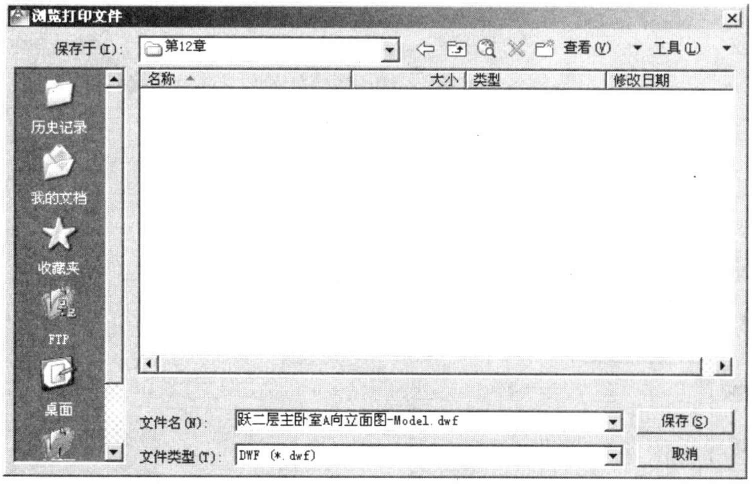

图12-29 保存打印文件

22 单击 保存 按钮，系统打开【打印作业进度】对话框，等此对话框关闭后，打印过程即可结束。

23 最后使用【另存为】命令，将当前文件另存储为“模型快速打印.dwg”。

12.4 在布局空间内精确出图

本例将在布局空间内按照1:40的精确出图比例，将某高档住宅跃一层装修布置图打印输出到2号图纸上，来学习在布局空间精确出图的操作方法和操作技巧。本例打印效果如图12-30所示。

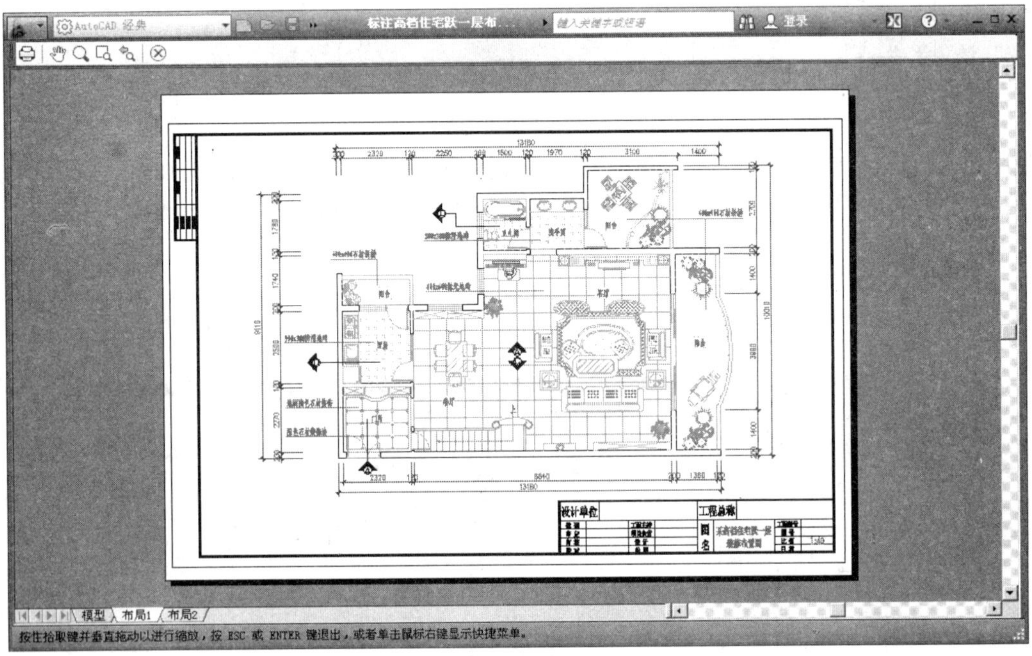

图12-30 打印效果

1 打开本书配套光盘中的“\效果文件\第6章\标注高档住宅跃一层布置图.dwg”，如图12-31所示。

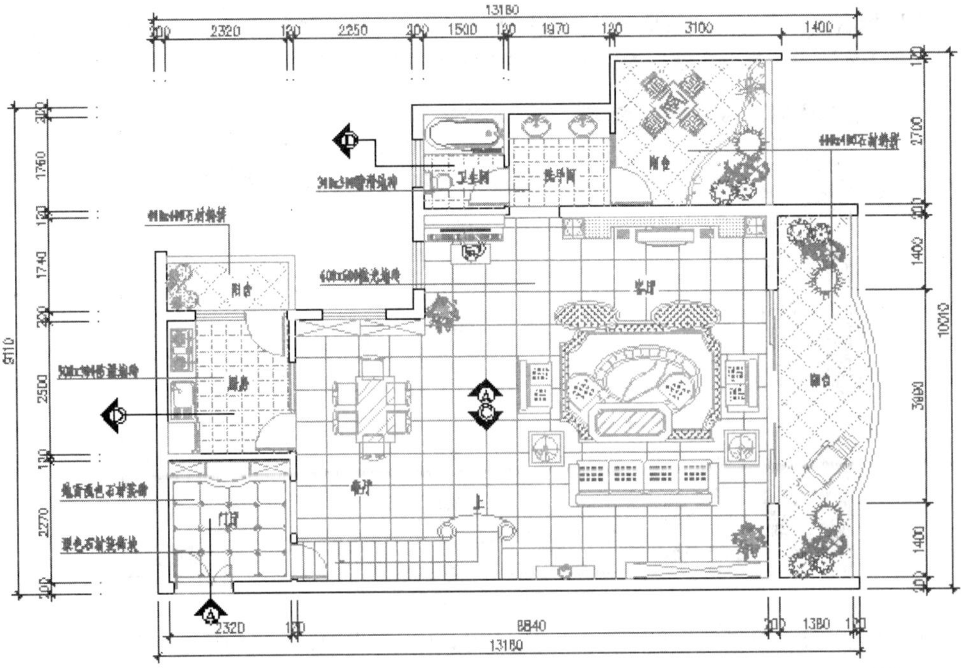

图12-31 打开结果

2 单击绘图区底部的布局1标签，进入“布局1”操作空间，如图12-32所示。

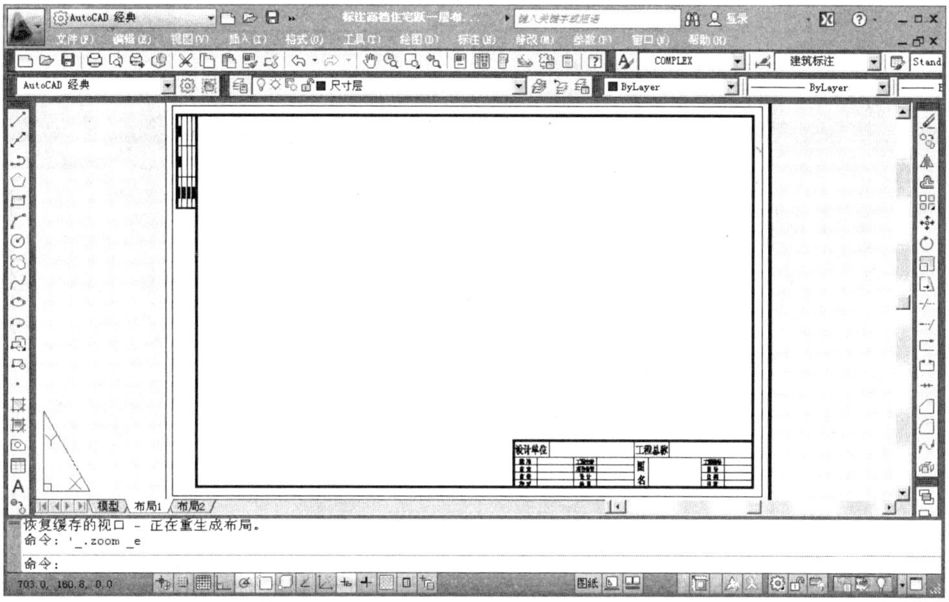

图12-32 进入布局空间

3 将“0图层”设为当前操作层，然后执行菜单栏中的【视图】|【视口】|【多边形视口】命令，分别捕捉内框各角点，创建一个多边形视口，结果如图12-33所示。

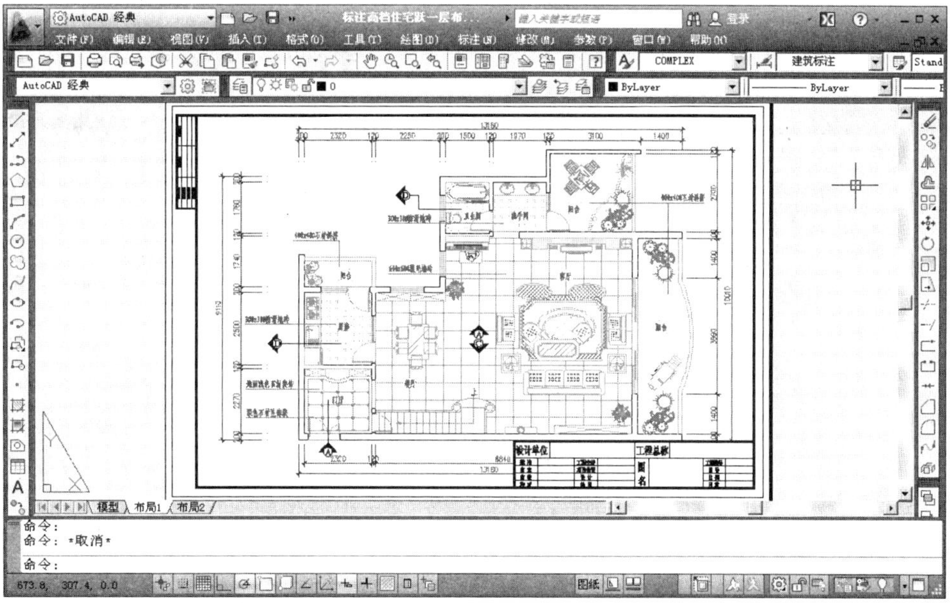

图12-33 创建多边形视口

4 在状态栏中单击图纸按钮，激活刚创建的多边形视口。

5 打开【视口】工具栏，并调整出图比例为“1:40”，如图12-34所示，图形的显示效果如图12-35所示。

图12-34 【视口】工具栏

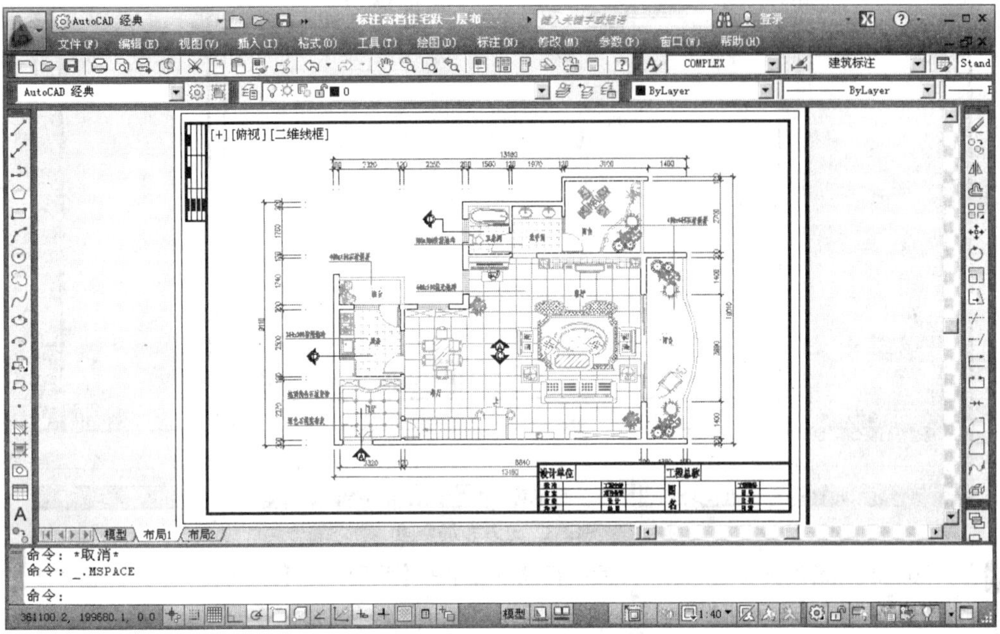

图12-35 显示效果

6 执行【实时平移】命令，调整平面图在视口内的位置，结果如图12-36所示。

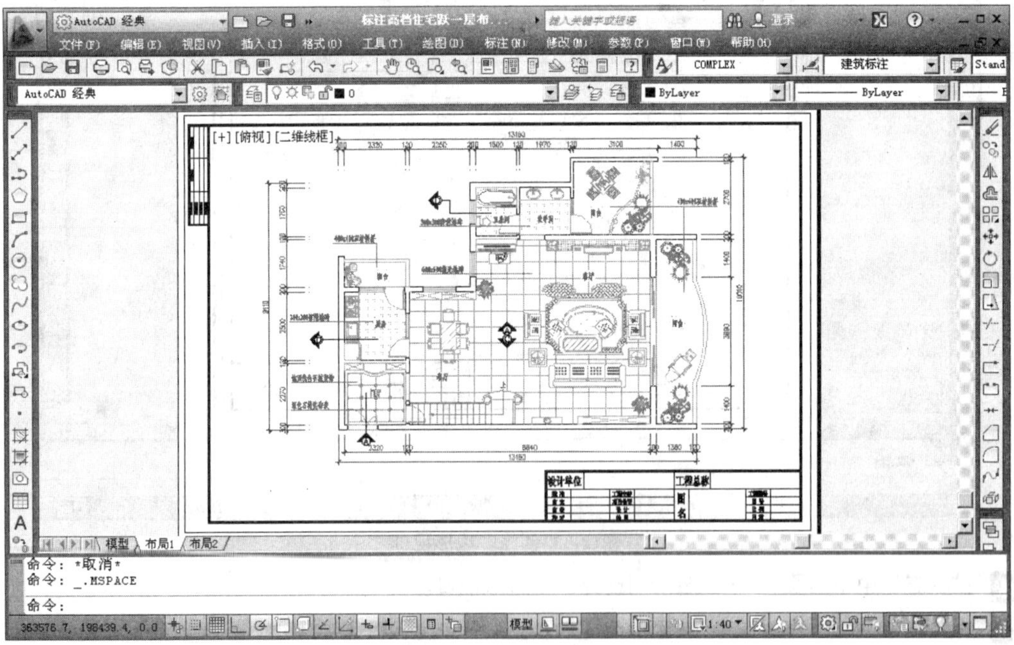

图12-36 调整图形位置

7 单击状态栏中的模型按钮，返回图纸空间，然后使用【窗口缩放】工具调整视图，结果如图12-37所示。

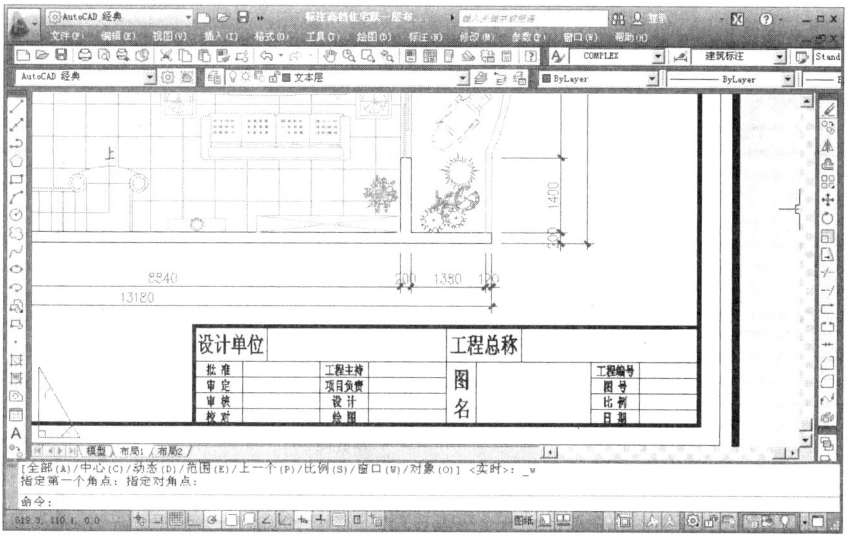

图12-37 调整视图

8 展开【图层控制】下拉列表，设置“文本层”为当前操作层。

9 展开【文字样式控制】下拉列表，设置当前文字样式为“宋体”。

10 使用快捷键“T”激活【多行文字】命令，分别捕捉如图12-38所示的两个角点A和B，打开【文字格式】编辑器。

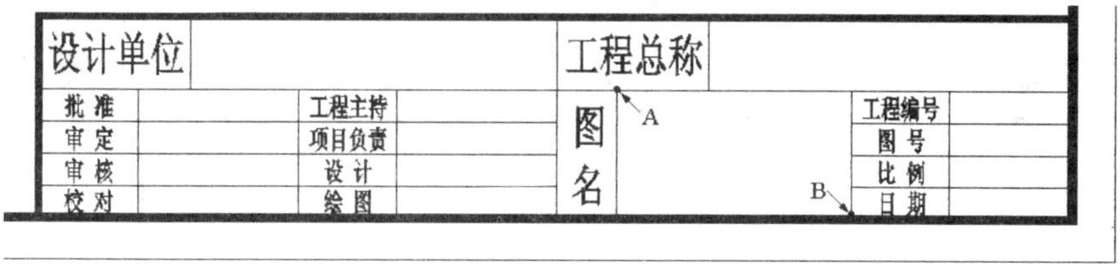

图12-38 窗口缩放

11 在【文字格式】编辑器中设置字体高度为6，对正方式为正中对正，输入“某高档住宅跃一层装修布置图”，如图12-39所示。

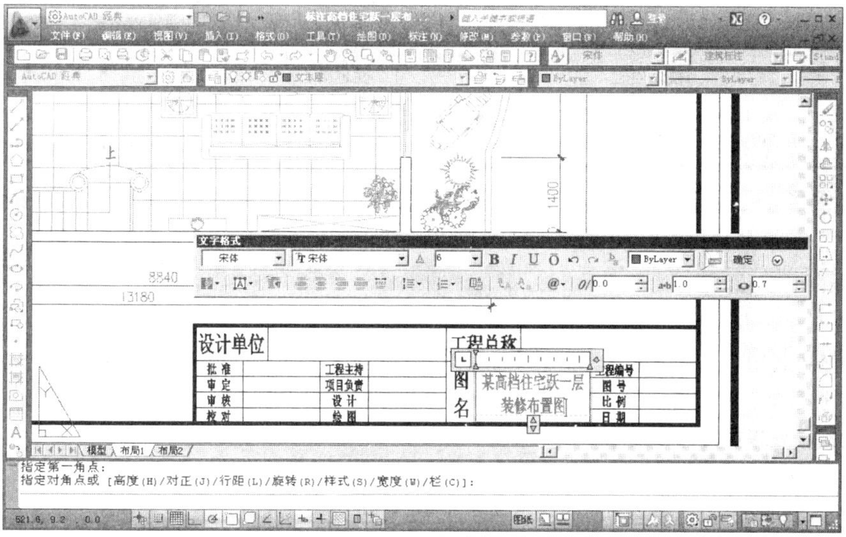

图12-39 标注文字

12 单击确定按钮关闭【文字格式】编辑器，结果为标题栏填充图名，如图12-40所示。

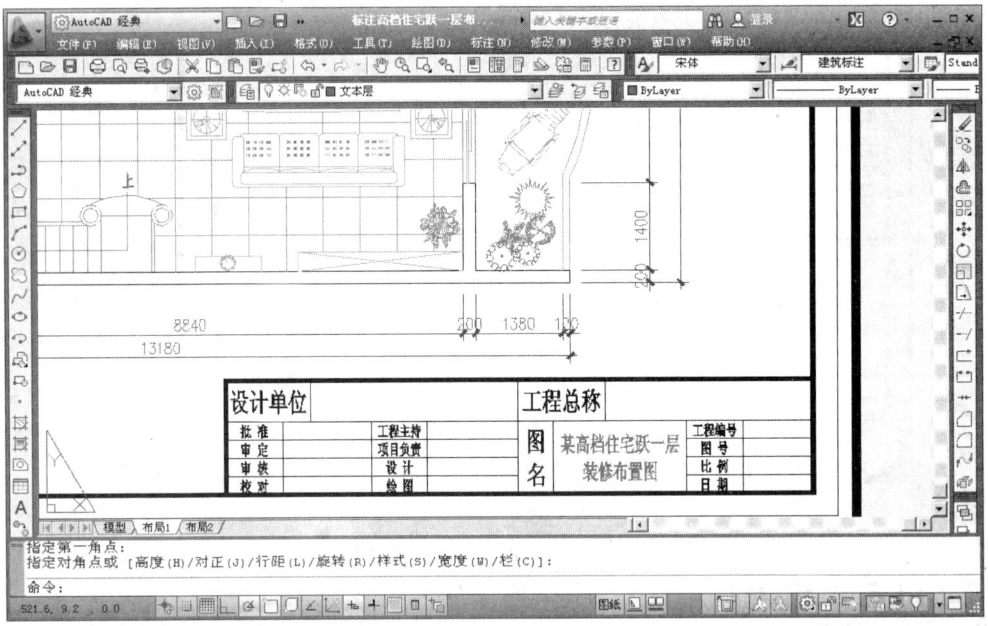

图12-40 填充图名

13 参照上述操作步骤，执行【多行文字】命令，为标题栏填充比例，结果如图12-41所示。

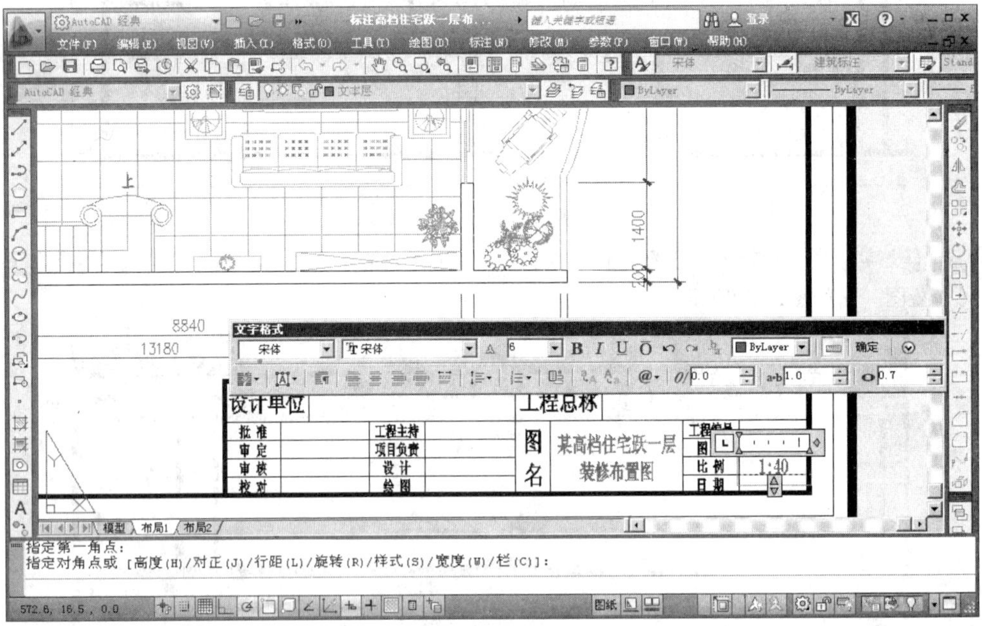

图12-41 填充比例

14 执行菜单栏中的【视图】|【缩放】|【全部缩放】命令，调整视图，结果如图12-42所示。

15 单击【标准】工具栏中的按钮，打开【打印—布局1】对话框，然后单击预览(P)...按钮，对图形进行预览，效果如图12-30所示。

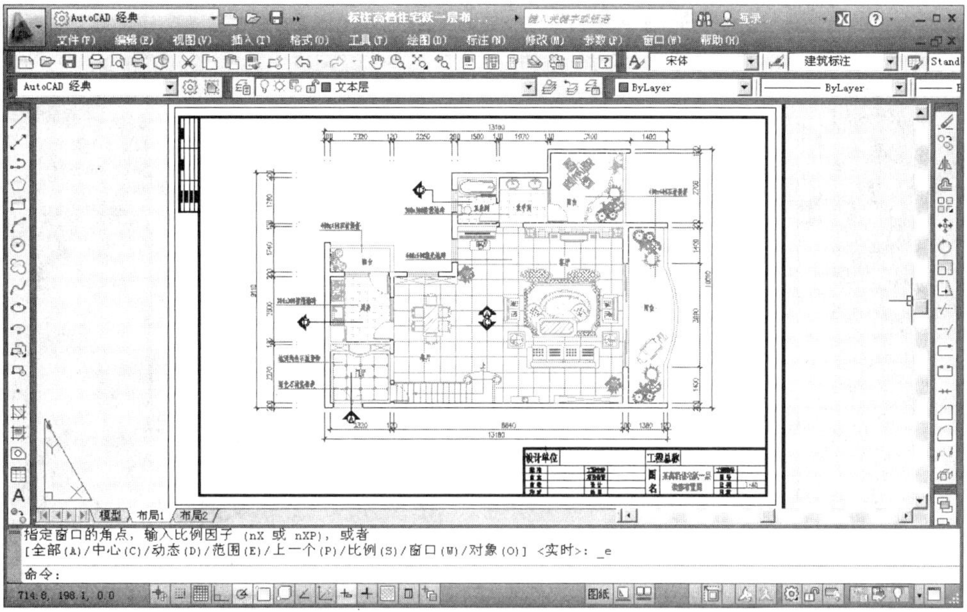

图12-42 调整视图

16 按Esc键退出预览状态，返回【打印—布局1】对话框，单击 确定 按钮。

17 系统打开【浏览打印文件】对话框，设置文件的保存路径及文件名如图12-43所示。

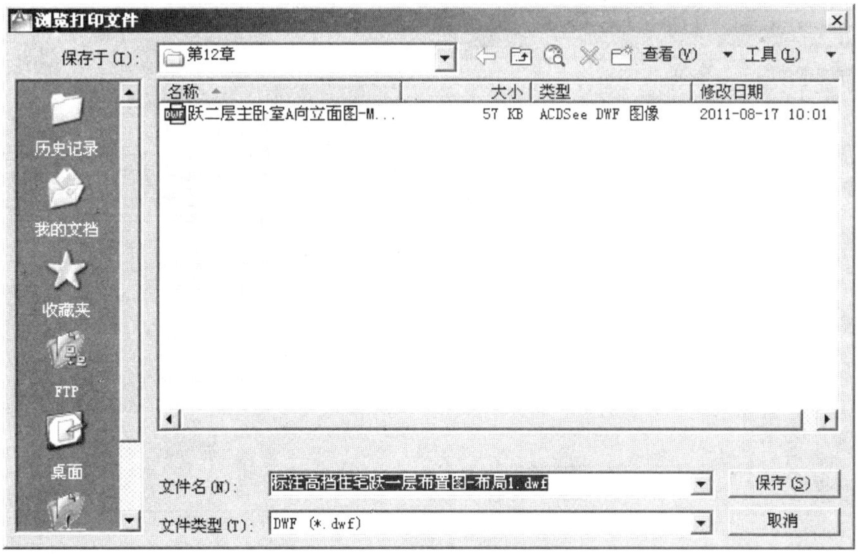

图12-43 保存打印文件

18 单击 保存... 按钮即可进行精确打印。

19 最后执行【另存为】命令，将当前文件另存储为“布局打印.dwg”。

12.5　多视口并列打印出图

本例通过将某普通住宅的客厅、餐厅、书房等室内装修立面图等打印输出到同一张图纸上，主要学习多视口并列打印的操作方法和操作技巧。本例打印预览效果如图12-44所示。

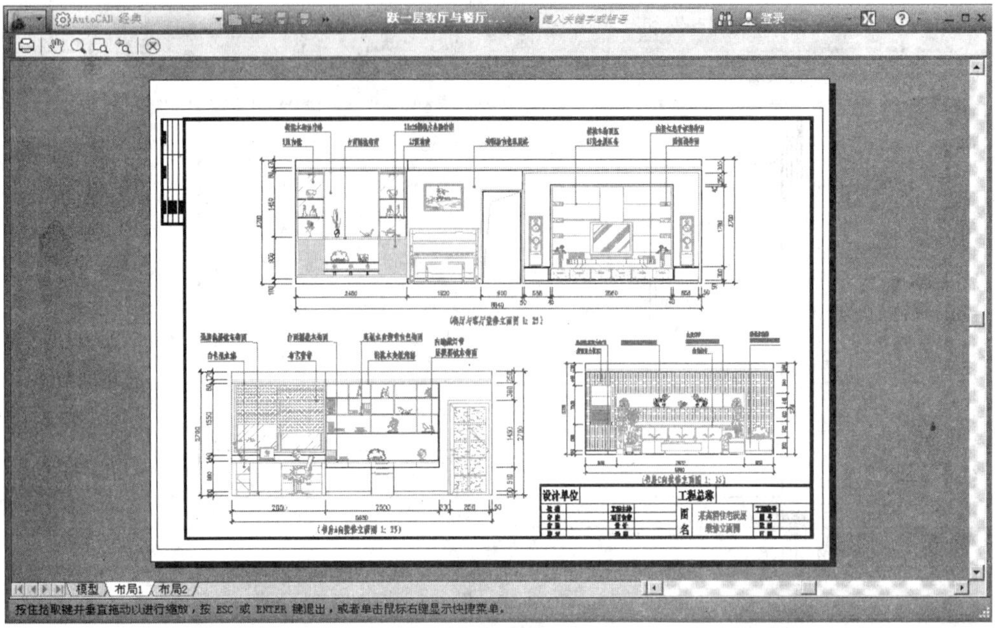

图12-44 打印效果

1 打开本书配套光盘中的“效果文件\第8章\跃一层客厅与餐厅A向立面图.dwg”、“跃二层书房A向立面图.dwg”、“跃二层书房C向立面图.dwg”三个文件，如图12-45所示。

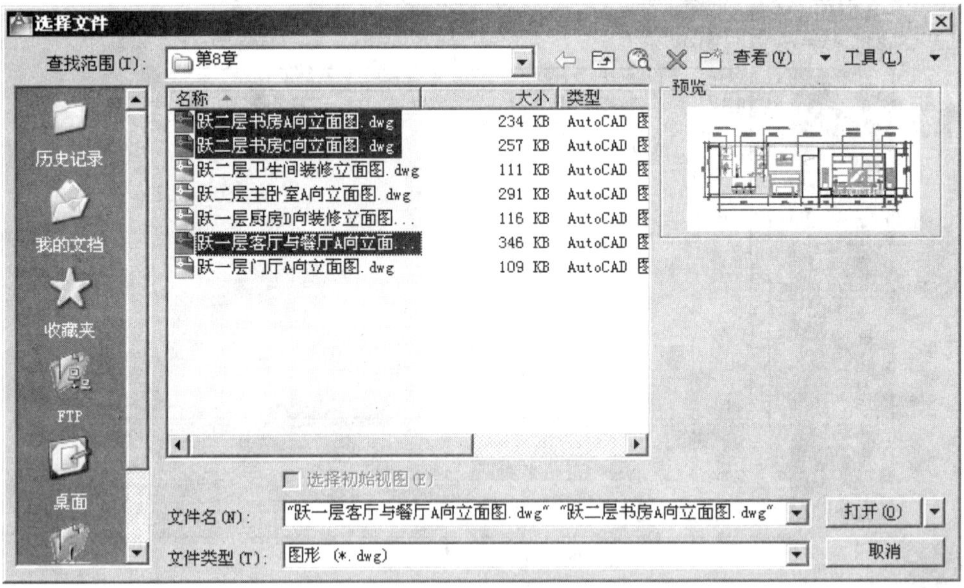

图12-45 选择文件

2 执行菜单栏中的【窗口】|【垂直平铺】命令，将各文件进行垂直平铺，并使用视图调整工具调整各文件，使文件内的图形完全显示，结果如图12-46所示。

3 使用多文档间的数据共享功能，分别将其他三个文件中的立面图以块的方式共享到一个文件中，并将其最大化显示，结果如图12-47所示。

4 进入布局1空间，并将“0图层”设置为当前操作层。

5 使用快捷键“REC”激活【矩形】命令，配合端点捕捉和中点捕捉功能，绘制如图12-48所示的三个矩形。

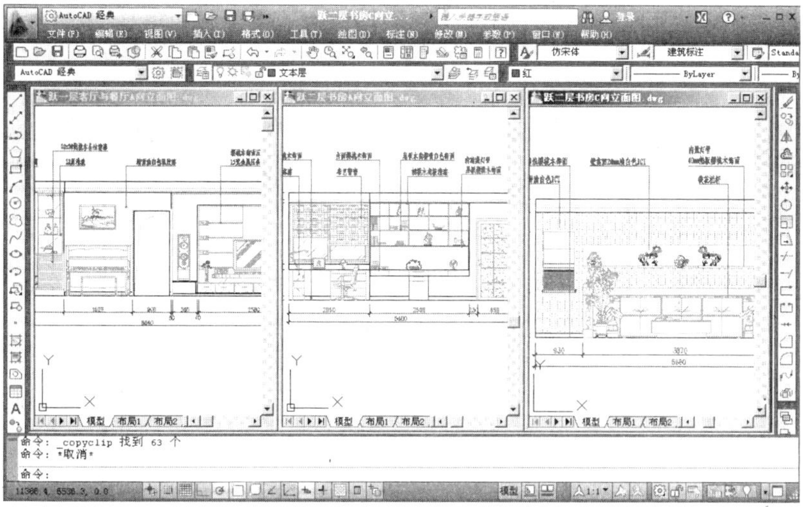

图12-46 调整结果

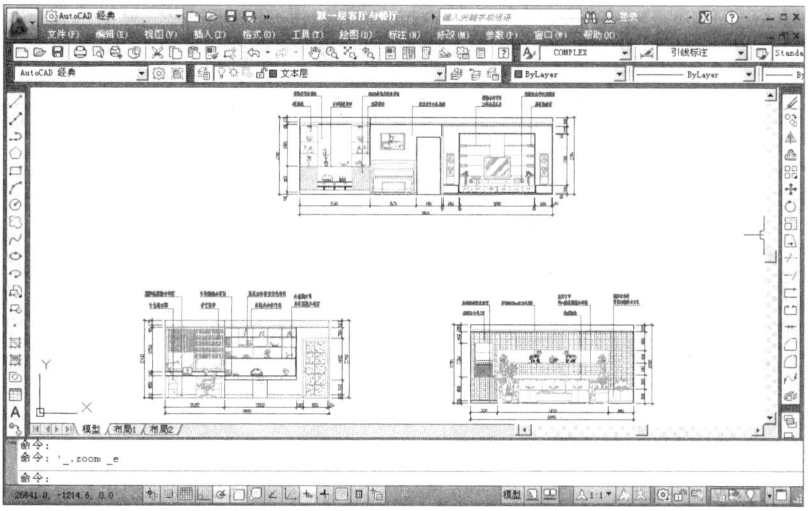

图12-47 调整图形位置

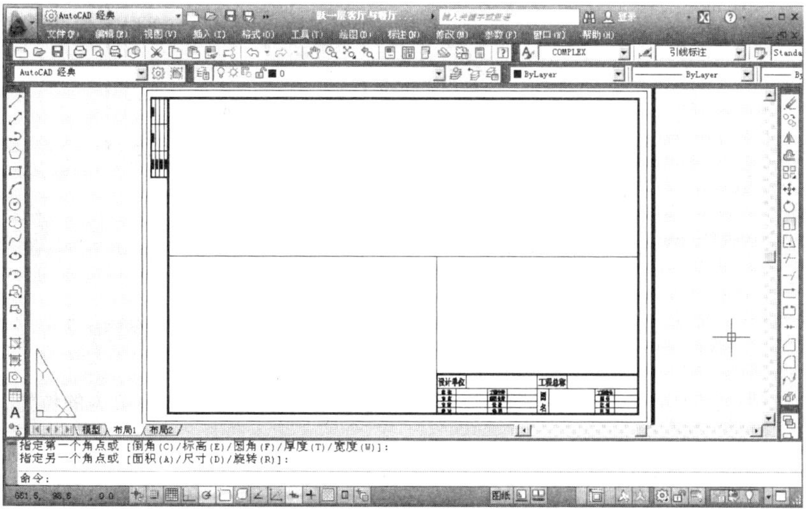

图12-48 绘制矩形

6 执行菜单栏中的【视图】|【视口】|【对象】命令，选择上侧的矩形，将其转化为矩形视口，结果如图12-49所示。

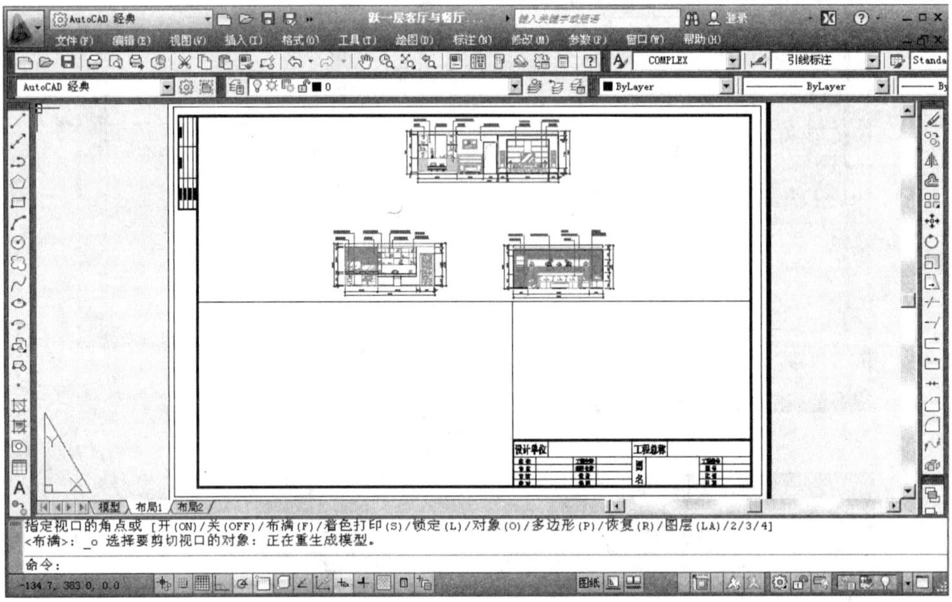

图12-49 创建对象视口

7 重复执行【对象视口】命令，分别将另外两个矩形转化为矩形视口，结果如图12-50所示。

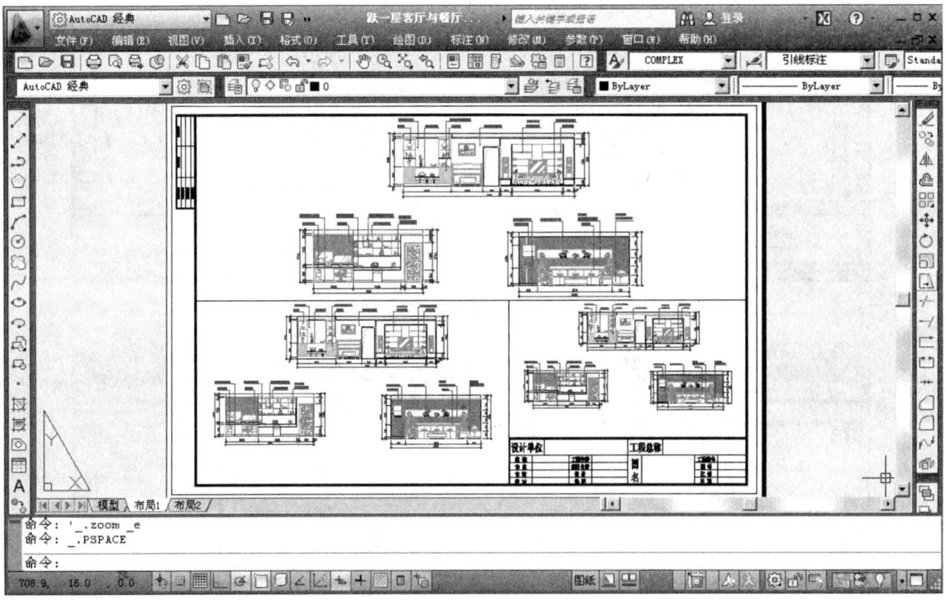

图12-50 创建矩形视口

8 单击状态栏中的图纸按钮，激活上侧的视口，然后在【视口】工具栏内调整比例为1:25，如图12-51所示。

9 执行菜单栏中的【视图】|【平移】|【实时】命令，调整图形在视口内的位置，结果如图12-52所示。

10 激活左下侧视口，调整比例为1:25，然后使用【实时平移】工具调整图形的出图位置，如图12-53所示。

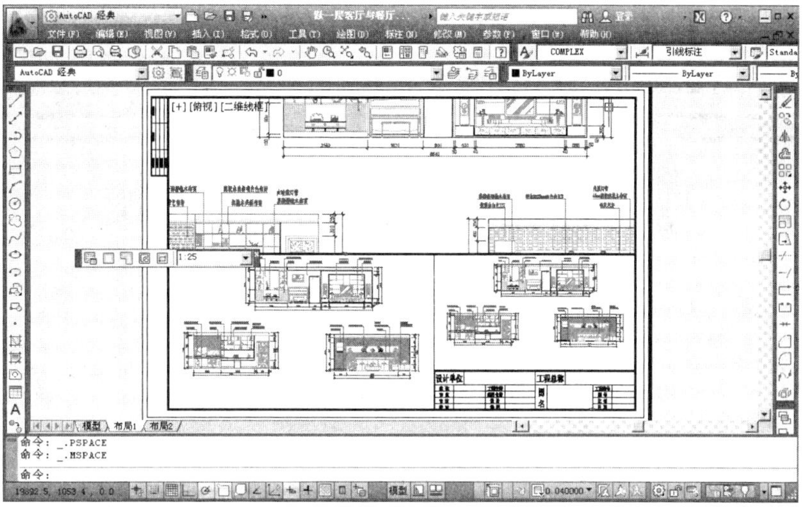

图12-51 调整比例

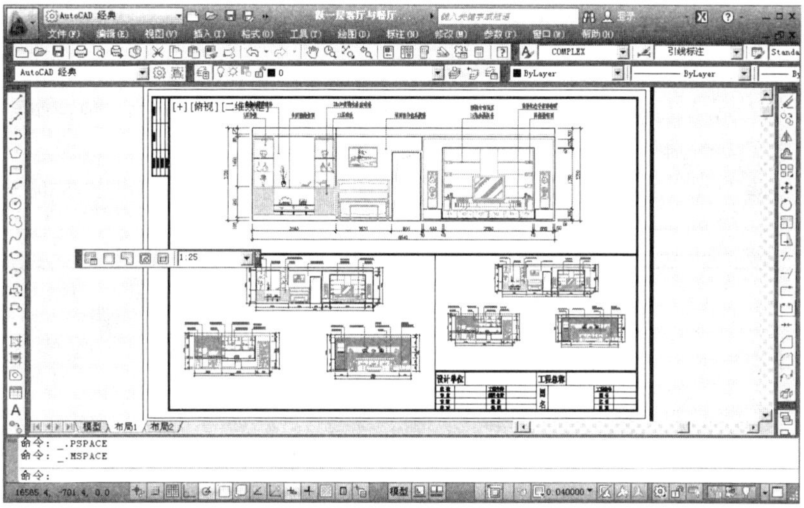

图12-52 调整出图位置

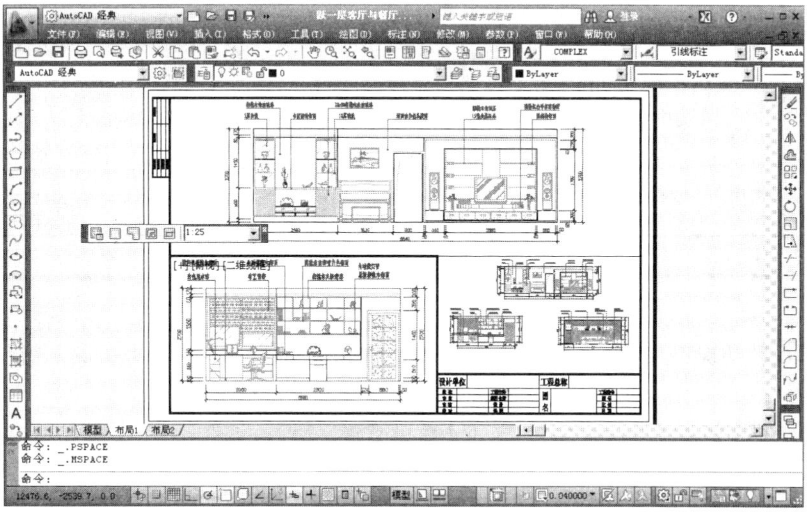

图12-53 调整结果

11 激活右下侧视口，调整比例为1:35，然后使用【实时平移】工具调整图形的出图位置，如图12-54所示。

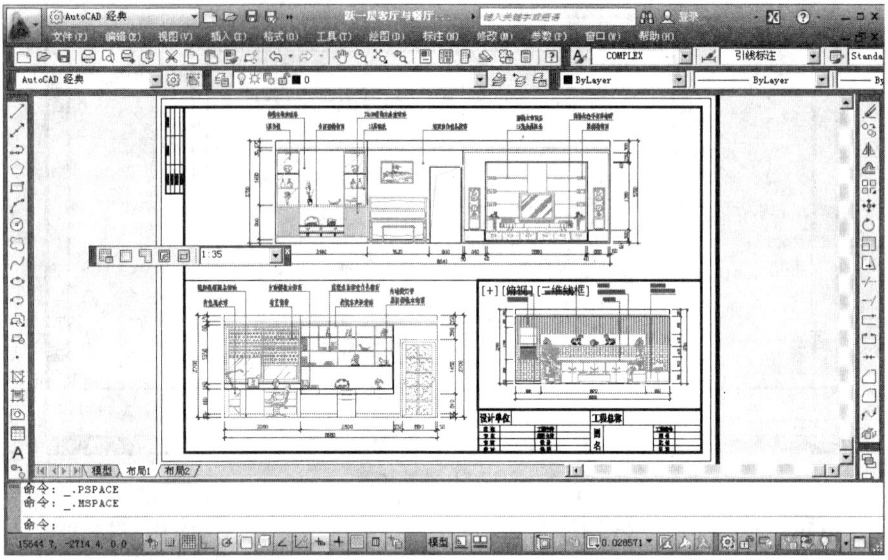

图12-54 调整比例及位置

12 返回图纸空间，然后展开【图层控制】下拉列表，将“文本层”设置为当前操作层。

13 展开【文字样式控制】下拉列表，将“仿宋体”设置为当前文字样式。

14 使用快捷键“DT”激活【单行文字】命令，设置文字高度为6，标注如图12-55所示的文字。

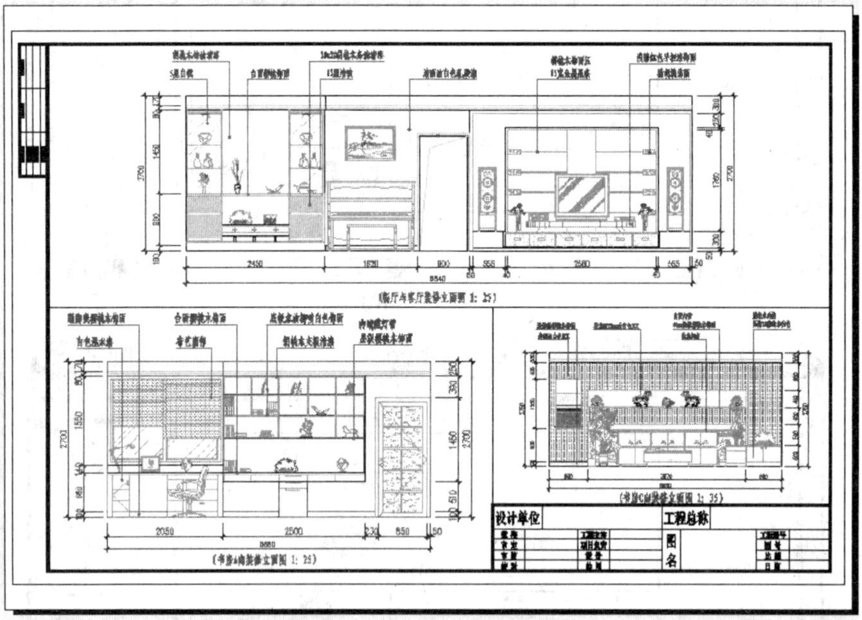

图12-55 标注文字

15 选择四个矩形视口边框线，将其放到其他的Defpoints图层上，并将此图层关闭，结果如图12-56所示。

16 执行菜单栏中的【视图】|【缩放】|【窗口缩放】命令，调整视图，结果如图12-57所示。

17 使用快捷键“T”激活【多行文字】命令，设置文字样式、字体高度、对正方式如图12-58所示，为标题栏填充图名，填充结果如图12-59所示 。

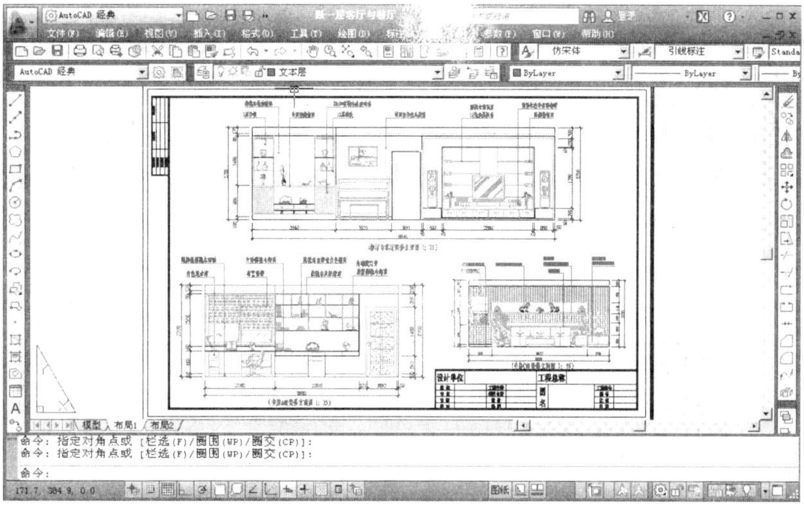

图12-56 隐藏视口边框

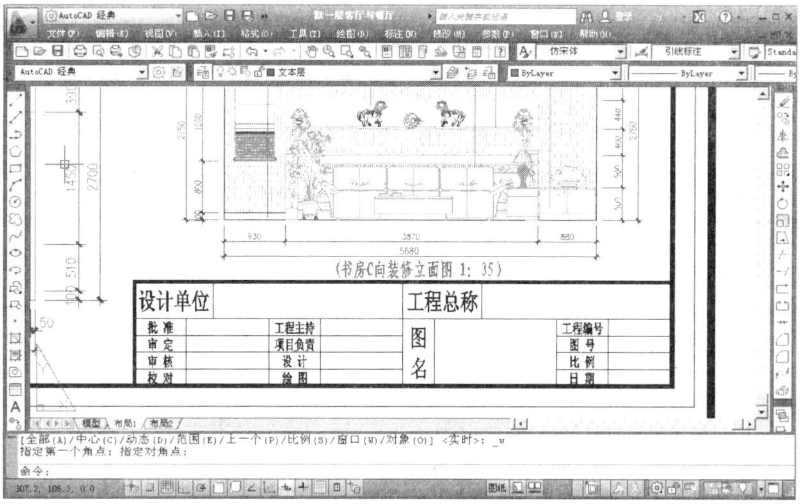

图12-57 调整视图

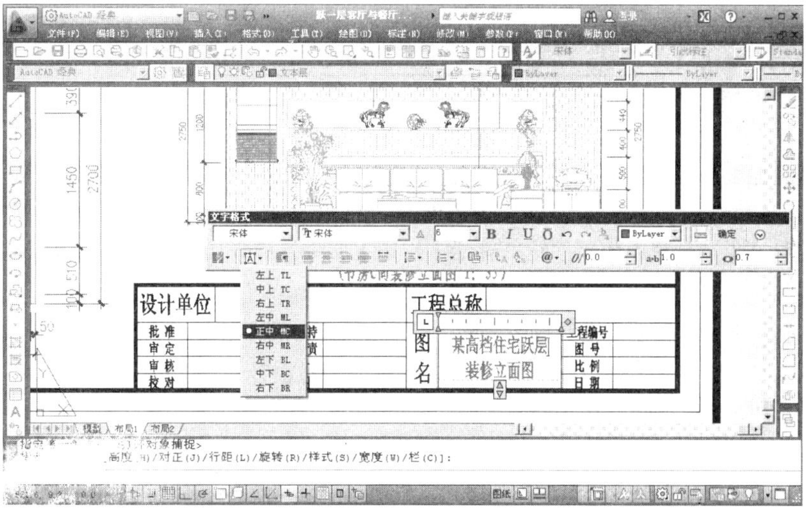

图12-58 设置文字参数

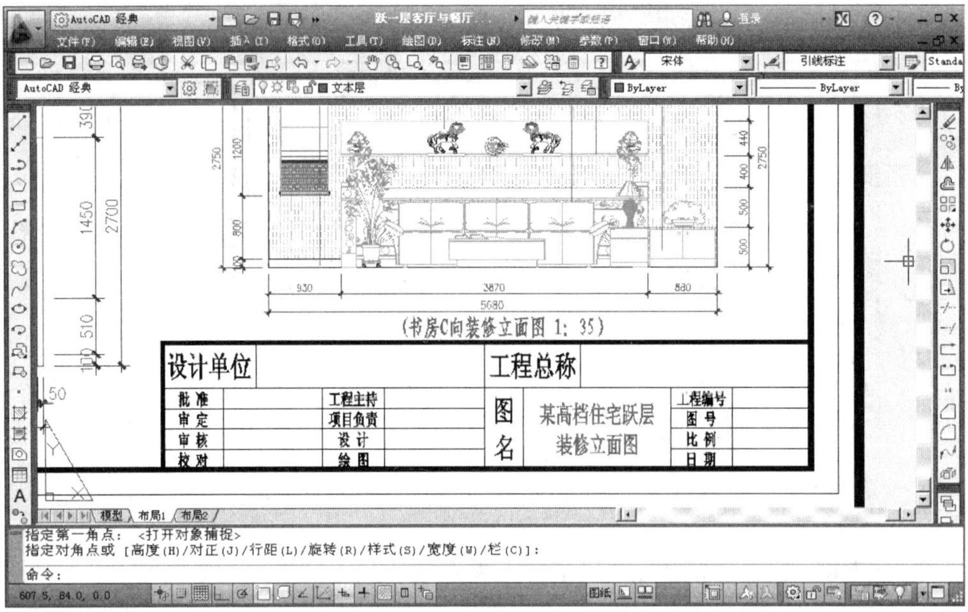

图12-59 填充结果

18 执行菜单栏中的【视图】|【缩放】|【范围缩放】命令，调整视图，结果如图12-60所示。

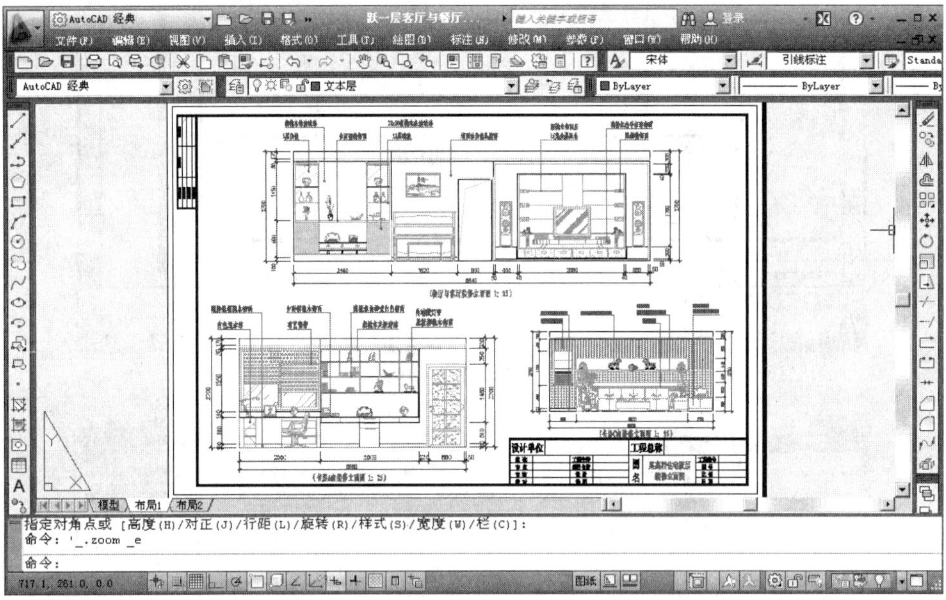

图12-60 范围缩放

19 单击【标准】工具栏中的按钮，激活【打印】命令，打开如图12-61所示的【打印—布局1】对话框。

20 单击 预览(P)... 按钮，对图形进行打印预览，效果如图12-44所示。

21 退出预览状态，返回【打印—布局1】对话框单击 确定 按钮，在打开的【浏览打印文件】对话框中保存打印文件，如图12-62所示。

22 单击 保存... 按钮，系统弹出【打印作业进度】对话框，系统将按照所设置的参数进行打印。

23 最后使用【另存为】命令将图形另存储为“多视口打印.dwg”。

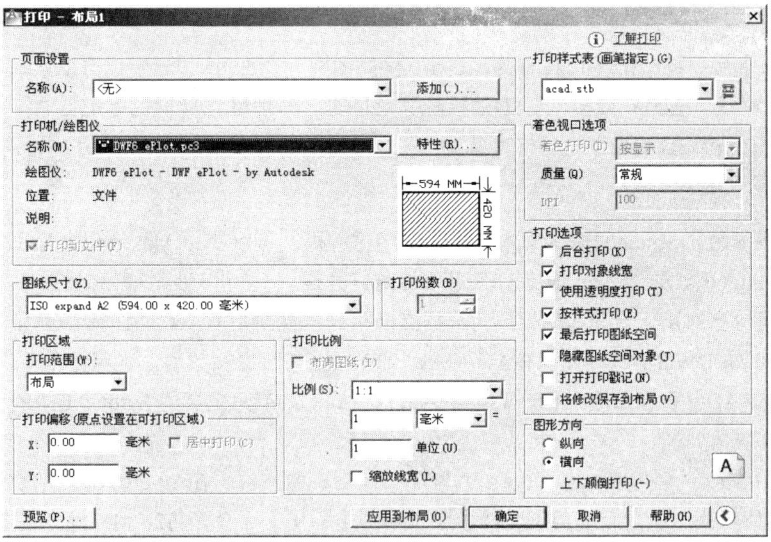

图12-61 【打印布局1】对话框

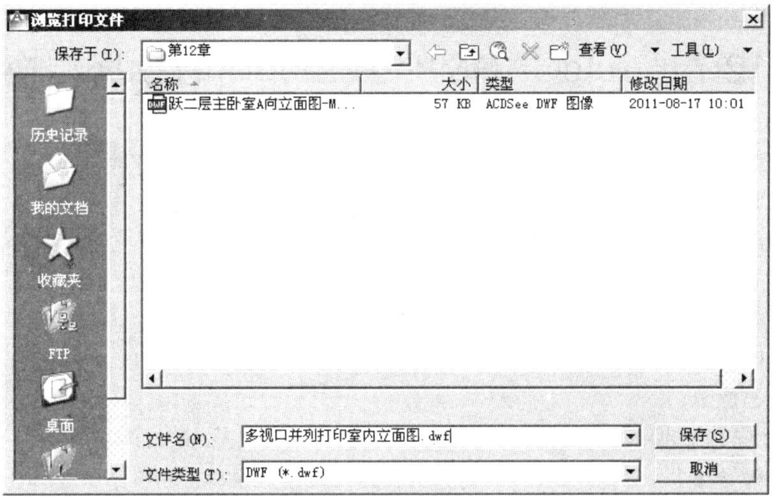

图12-62 保存打印文件

12.6 AutoCAD&3dsMax间的数据转换

AutoCAD精确强大的绘图和建模功能，加上3ds Max无与伦比的特效处理及动画制作功能，既克服了AutoCAD的动画及材质方面的不足，又弥补了3ds Max建模的烦琐与不精确。在这两种软件之间存在有一条数据互换的通道，用户完全可以综合两者的优点来构造模型。

AutoCAD与3ds Max都支持多种图形文件格式，下面学习这两种软件之间进行数据转换时，使用到的三种文件格式。

1. DWG格式

此种格式是一种常用的数据交换格式，即在3ds Max中可以直接读入该格式的AutoCAD图形，而不需要经过第三种文件格式。使用此种格式进行数据交换，可能为用户提供图形的组织方式（如图层、图块）上的转换，但是此种格式不能转换材质和贴图信息。

2. DXF格式

使用【Dxfout】命令将CAD图形保存为“Dxf”格式的文件，在3D Max中也可以读入该图形。不过此种格式属于一种文本格式，它是在众多的CAD建模程序之间进行一般数据交换的标准格式。使用此种格式，可以将AutoCAD模型转化为3D Max中的网格对象。

3. DOS格式

这是DOS环境下的3DStudio的基本文本格式，使用这种格式可以使3d Max转化为AutoCAD的材质和贴图信息，并且它是从AutoCAD向3d Max输出ARX对象的最好办法。

用户可以根据自己的实际情况选择相应的数据交换格式，如果是从AutoCAD转换到3d Max中的模型尽可能参数化，则可以选择DWG格式；如果在AutoCAD和3d Max来回交换数据，也可使用择DWG格式；如果在3d Max中保留AutoCAD材质和贴图坐标，则可使用3DS格式；如果只需要将AutoCAD中的三维模型导入到3d Max，则可以使用DXF格式。

另外，使用3d Max创建的模型也可转化为“DWG”格式的文件，在Auto CAD应用软件中打开，进一步进行细化处理。具体操作方法是，使用【文件】菜单中的【输出】命令，将3d Max模型直接保存为DWG格式的图形。

12.7 AutoCAD&Photoshop间的数据转换

AutoCAD绘制的图形，除了可以使用3ds Max处理外，同样也可以使用Photoshop对其进行更细腻的光影、色彩等处理。具体介绍如下。

1）使用【输出】命令。执行菜单栏中的【文件】|【输出】命令，打开【输出数据】对话框，将【文件类型】设置为“Bitmap（*.bmp）”选项，再确定一个合适的路径和文件名，即可将当前CAD图形文件输出为位图文件。

2）使用“打印到文件”方式输出位图。使用此种方式时，需要事先添加一个位图格式的光栅打印机，然后再进行打印输出位图。

虽然AutoCAD可以输出BMP格式图片，但Photoshop却不能输出AutoCAD格式图片。不过在AutoCAD中可以通过【光栅图像参照】命令插入BMP、JPG、GIF等格式的图形文件。执行菜单栏中的【插入】|【光栅图像参照】命令，打开【选择参照文件】对话框，然后选择所需的图像文件，如图12-63所示。

图12-63 【选择参照文件】对话框

读·书·笔·记

单击打开(O)按钮，打开如图12-64所示的【附着图像】对话框，根据需要设置图片文件的插入点、插入比例和旋转角度。单击确定按钮，按提示完成操作。

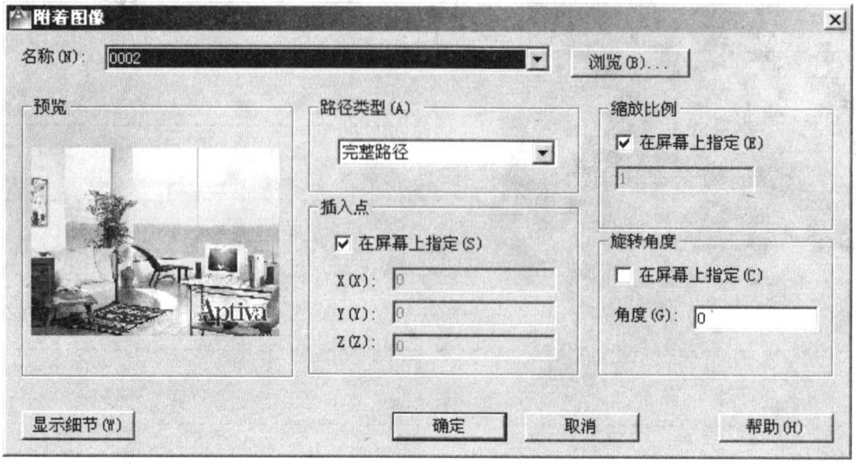

图12-64 【附着图像】对话框

12.8　本章小结

打印输出是施工图设计的最后一个操作环节，只有将设计成果打印输出到图纸上，才算完成了整个绘图流程。本章主要针对这一环节，通过模型打印、布局打印、并列视口打印三个典型操作案例，学习了AutoCAD的后期打印输出功能以及与其他软件间的数据转换功能，使打印出的图纸能够完整准确地表达出设计结果，让设计与生产实践紧密结合起来。

总 策 划：北京希望电子出版社
责任编辑：王 强 赵丽丽
封面设计：深度文化

中文版 AutoCAD 2012 室内装饰装潢制图

本书针对当今日益火爆的室内装修业，通过对普通住宅、高档跃层住宅、星级酒店包间、KTV包间、多功能厅等多个室内装修案例的具体实施，详细讲解了不同功能的房间的设计要素和特点。

本书共12章内容，包括室内装饰装潢设计基础、室内设计的前期准备工作——制作样板、普通住宅室内平面设计案例、普通住宅室内吊顶设计案例、普通住宅室内立面设计案例、高档住宅跃一层设计案例、高档住宅跃二层设计案例、高档住宅室内立面设计案例、KTV包厢空间设计案例、星级酒店包间设计案例、多功能厅室内设计案例以及室内图纸的后期输出与数据交换。通过本书的学习，可以使读者熟练掌握AutoCAD 2012绘图软件的操作方法和绘图技巧，并进一步学到如何设计建筑装修图，以及如何进行建筑装修图的后期输出等知识。

本书附赠1张DVD光盘，包括本书案例的视频教学文件、素材文件、图块文件、样板文件、效果文件及附赠的软件基础知识视频讲解文件，读者可以随时调用素材文件学习案例的制作方法，或跟随教学视频进行学习，以更快、更好地掌握所学知识。

分类建议：
计算机／辅助制图／AutoCAD

需要本书或技术支持的读者，请与北京清河6号信箱（邮编100085）发行部联系

发 行 部 电 话：010–62978181(总机)转发行部，010–82702675(邮购)
技术支持电话：010–62978181转535
010–62978181转225(新媒体)

北京希望电子出版社网址：www.bhp.com.cn
传 真：010–82702698
E–mail：tbd@bhp.com.cn
投 稿：wuty@bhp.com.cn

ISBN 978-7-80248-662-1

9 787802 486621 >

定价：59.80元（配1张DVD光盘）